中国石油产品大全

王先会　编

中国石化出版社

内 容 提 要

本书收录了石油燃料、石油溶剂与化工原料、润滑剂和相关产品、石油蜡、石油沥青、石油焦等各类石油产品约700余种，分别介绍了其产品性能、生产方法、主要用途、技术条件、注意事项、生产厂家等内容。

本书可供从事石油产品及添加剂的生产、科研、经销的有关人员参考使用。

图书在版编目（CIP）数据

中国石油产品大全．／王先会编．—北京：中国石化出版社，2018.10

ISBN 978-7-5114-4470-7

Ⅰ．①中…Ⅱ．①王…Ⅲ．①石油产品-介绍-中国 Ⅳ．①TE626

中国版本图书馆CIP数据核字（2018）第226408号

中国石化出版社出版发行

地址：北京市朝阳区吉市口路9号

邮编：100020　电话：(010)59964500

发行部电话：(010)59964526

http://www.sinopec-press.com

E-mail:press@sinopec.com

北京柏力行彩印有限公司印刷

全国各地新华书店经销

*

880×1230毫米 16开本 50.25印张 2彩页 1477千字

2019年1月第1版　2019年1月第1次印刷

定价：260.00元

序

石油和石油化工业作为我国的支柱性产业，在国民经济中占有举足轻重的地位。据统计，2015年我国石油消费量为5.43亿吨，对外依存度首破60%，目前我国已经是世界第一大石油进口和消费国。随着我国国民经济的快速发展，石油及石油产品在工农业生产、交通运输以及人们日常生活中的应用越来越广泛，对经济和社会发展的影响也日趋深远。

石油产品主要包括各种燃料油（汽油、煤油、柴油等）和润滑油以及液化石油气、溶剂油、石蜡、沥青、石油焦等。我国目前生产的各类石油产品，累计起来已达到上千种之多，其应用领域广泛，涉及社会生产与生活的方方面面。为了充分地利用好宝贵的石油资源，并使之发挥出更好的经济和社会效益，需要较为全面和系统地向社会普及和宣传石油产品生产和应用方面的基本知识。这项工作是石油石化行业有关单位以及相关科技工作者应该承担的责任和义务。现在，由中国石化润滑油有限公司王先会高工主持编写，中国石化出版社出版这部《中国石油产品大全》，可以说是做了一件非常有意义的事情。

《中国石油产品大全》这部图书，从产品性能、生产方法、主要用途、技术参数、注意事项、生产厂家等方面，较为全面和系统地阐述了各类石油产品的基础知识。该书内容丰富、品种齐全、语言精练，是一部很有实用价值的工具书。其中所涉及的各类产品，是以中石化、中石油、中海油三大石油公司为主体，同时涵盖国内骨干民营企业以及美孚、壳牌等国外企业生产的重要产品和新产品，基本反映出了当今我国石油产品的生产和质量现状。

希望本书的出版发行，对于进一步提高我国石油产品的生产、销售和市场服务水平，更深入地宣传和普及好石油产品的应用知识，以及帮助人们正确地选择和使用石油产品等方面，起到积极的推动和促进作用。

2017年12月

前　言

石油产品是以石油或石油某一部分做原料，而直接生产出来的各种商品的总称。根据各种石油产品的主要特征不同，将石油产品分为石油燃料、石油溶剂与化工原料、润滑剂及有关产品、石油蜡、石油沥青、石油焦6大类。其中燃料产量最大，约占总产量的90%；而润滑剂及有关产品品种最多，产量却仅占5%。

以石油为原料，通过石油炼制过程可将其加工为各种石油产品。石油炼制主要生产装置有原油蒸馏(常、减压蒸馏)、热裂化、催化裂化、加氢裂化、石油焦化、催化重整以及炼厂气加工、石油产品精制等。按组分的轻重不同，主要生产液化石油气、汽油、喷气燃料、煤油、柴油、燃料油、润滑油、石油蜡、石油沥青、石油焦以及多种石油化工原料。

2017年以来，我国的石油对外依存度达67.4%，较上年上涨3%。国家统计局数据显示，2017全年原油加工量至创记录的5.678亿吨；此前海关总署公布的数据显示，2017年全年原油进口量突破4亿吨，创历史新高至4.188亿吨。2017年1～12月份，我国实际原油加工总量为56777万吨，累计增长5%，其中成品油(汽、柴、煤)产量为34776万吨，同比增长3%。同期，我国石脑油实现产量3401万吨，溶剂油实现产量271万吨。统计资料显示，2017年我国润滑油表观消费量为674万吨，全年累计实现润滑油产量651万吨。根据润滑脂专业委员会统计资料，2017年我国润滑脂产量为40.81万吨。2017年我国石油沥青和石油焦产量分别达到3980万吨和2722万吨。

石油炼制工业和国民经济的发展十分密切，无论工业、农业、交通运输和国防建设都离不开石油产品。石油燃料是使用方便、较洁净、能量利用效率较高的液体燃料。各种交通运输工具和军用机动设备，如飞机、汽车、内燃机车、拖拉机、坦克、船舶和舰艇等，所使用的燃料主要都是石油炼制工业提供的。处在运动中的机械，都需要一定数量的各种润滑剂(润滑油、润滑脂等)，以减少机件的摩擦和延长使用寿命。石油蜡被广泛地应用于食品、医药、日用化学、橡胶、塑料、皮革、造纸、电子、纺织等行业。石油沥青作为基础建设材料、原料和燃料，应用范围包括交通运输、建筑、农业、水利工程等领域。石油焦广泛用于冶金、化工等工业作为电极或生产化工产品的原料。石油炼制工业提供的石油化工原料，可用于生产合成纤维、合成橡胶、塑料以及化肥、农药等。

经过新世纪以来的高速发展，我国目前已成为仅次于美国的全球第二大炼油国，产能规模和技术都有了长足发展。国内炼油格局已经逐步演变成中国石化、中国石油、地炼三足鼎立，中国海油、中国化工等大国企局部占优的形势，且多种所有制形式并存、内外资兼有、多元化市场竞争的炼油业新格局。炼油行业多元化趋势明显，市场程度更高，竞争更加激烈。我国润滑油脂以及特种油品的生产厂家众多，而各类润滑剂及相关产品的品种牌号又十分复杂。从我国润滑油脂产业目前形成的格局来看，可将生产企业大致分为三种类型：一是具有资源优势的中国石化、中国石油两大集团，即长城润滑油和昆仑润滑油；二是美孚、壳牌、BP、加德士、福斯、嘉实多、道达尔等外资企业；三是以龙蟠、中华、壳牌统一、路路达、零公里、康普顿、引航、莱克、奥吉娜、惠源等品牌为代表的民营或合资企业。

面对我国石油产品生产现状以及规模庞大的石油产品经营市场，非常需要从专业技术角度把最新的、质量领先的、相对全面的石油产品知识进行总结归纳，以较为系统地介绍推荐给广大的使用者和经营者。鉴于此目的，特编写了这部《中国石油产品大全》。

本书累计收录了各类石油产品700余种，分别介绍了其产品性能、生产方法、主要用途、技术条件、注意事项、生产厂家等内容。本书可供从事石油产品及添加剂的生产、科研、经销的有关人员参考使用。

在本书编写过程中，得到中国石油化工股份有限公司的有关领导以及国内石油炼制行业相关专家、学者的指导和帮助，在此表示衷心的感谢。由于作者水平有限，书中难免有各种各样的缺点和错误，敬请广大读者批评指正。

编　者

目　录

1 燃料

1.1 气体燃料

1.1.1 天然气

产品性能

天然气是一种多组分的混合气态化石燃料，主要成分是烷烃，其中甲烷占绝大多数，另有少量的乙烷、丙烷和丁烷。它主要存在于油田、气田、煤层和页岩层。天然气燃烧后无废渣、废水产生，相较煤炭、石油等能源有使用安全、热值高、洁净等优势。天然气又可分为伴生气和非伴生气两种。

生产方法

天然气也同原油一样埋藏在地下封闭的地质构造之中，有些和原油储藏在同一层位，有些单独存在。对于和原油储藏在同一层位的天然气，会伴随原油一起开采出来。对于只有单相气存在的，其开采方法与原油的开采方法十分相似。天然气开采时一般采用自喷方式。因为气井压力一般较高，且天然气属于易燃易爆气体，对采气井口装置的承压能力和密封性能的要求比采油井口装置要高。

主要用途

天然气是制造氮肥的最佳原料，具有投资少、成本低、污染少等特点。天然气占氮肥生产原料的比重，世界平均为80%左右。天然气具有的清洁性能，使其特别多地用作居民生活用燃料。随着人民生活水平的提高及环保意识的增强，大部分城市对天然气的需求明显增加。天然气作为民用燃料的经济效益也大于工业燃料。以天然气代替汽车用油，具有价格低、污染少、安全等优点。

技术参数

天然气按高位发热量，总硫、硫化氢和二氧化碳含量分为一类、二类和三类。作为民用燃料的天然气，总硫和硫化氢含量应符合一类气或二类气的技术指标。天然气的国家标准见表1-1-1。

表1-1-1 天然气国家标准(GB 17820—2012)

项目		一类	二类	三类
高位发热量[a]/(MJ/m^3)	≥	36.0	31.4	31.4
总硫(以硫计)[a]/(mg/m^3)	≤	60	200	350
硫化氢[a]/(mg/m^3)	≤	6	20	350
二氧化碳/%	≤	2.0	3.0	—
水露点[b,c]/℃		在交接点压力下，水露点应比输送条件下最低环境温度低5℃。		

a 本标准中气体体积的标准参比条件是101.325 kPa，20℃。
b 在输送条件下，当管道管顶埋地温度为0℃时，水露点应不高于-5℃。
c 进入输气管道的天然气，水露点的压力应是最高输送压力。

注意事项

在天然气交接点的压力和温度条件下，天然气中应不存在液态烃。天然气中固体颗粒含量应不影响天然气的输送和利用。作为城镇燃气的天然气，应具有可以察觉的臭味。燃气中加臭剂的最小量应符合GB 50028—2006中3.2.3的规定。使用加臭剂后，当天然气泄漏到空气中，达到爆炸下限的20%时，应能察觉。城镇燃气加臭剂应符合GB 50028—2006中3.2.4的规定。作为城镇燃气的天然气，其分类和基本特性应符合GB/T 1367.1。天然气在输送和使用的过程中，应执行GB 50183、GB 50251和GB 50028的有关规定，还应遵守国家和当地的安全法规。

生产厂家

中国石油天然气股份有限公司、中国石油化工股份有限公司、中国海洋石油有限公司。

1.1.2 车用压缩天然气

产品性能

压缩天然气(简称 CNG)甲烷含量一般在 90% 以上，是将天然气加压并以气态形式储存在容器中。以天然气为汽车燃料，具有燃料价格相对便宜，辛烷值高，汽车排气污染小等优点。压缩天然气除可利用油田及天然气田里的天然气外，还可用人工制造生物沼气(主要成分是甲烷)。

生产方法

低压原料气进入 CNG 加气站后，经调压计量、脱硫、脱水、加压、储存、充装等环节，最后输出高压压力大于(20MPa)车用压缩天然气。

主要用途

适用于作为车用燃料的压缩天然气。

技术参数

车用压缩天然气国家标准见表 1-1-2。

表 1-1-2 车用压缩天然气国家标准(GB 18047—2000)

项　目		技术指标
高位发热量/(MJ/m^3)	>	31.4
总硫(以硫计)/(mg/m^3)	≤	200
硫化氢/(mg/m^3)	≤	15
二氧化碳/%	≤	3.0
氧气/%	≤	0.5
水露点/℃		在汽车驾驶的特定地理区域内，在最高操作压力下，水露点不应高于-13℃；当最低气温低于-8℃，水露点应比最低气温低 5℃
注：本标准中气体体积的标准参比条件是 101.325kPa，20℃		

注意事项

压缩天然气的储存容器应符合国家现行的《固定式压力容器安全技术监察规程》和《气瓶安全监察规程》中的有关规定。压缩天然气钢瓶应符合 GB 17258《汽车用压缩天然气钢瓶》的有关规定。在操作压力和温度下，压缩天然气中不应存在液态烃。压缩天然气中固体颗粒直径应小于 5μm。压缩天然气应有可察觉的臭味。无臭味或臭味不足的天然气应加臭。加臭剂的最小量应符合当天然气泄漏到空气中，达到爆炸下限的 20% 浓度时，应能察觉。加臭剂常用具有明显臭味的硫醇、硫醚或其他含硫有机化合物配制。车用压缩天然气在使用时，应考虑其抗爆性能。车用压缩天然气在使用时，应考虑其沃泊指数(华白数)，同一气源各加气站的压缩天然气，其燃气类别应保持不变。

生产厂家

中国石油天然气股份有限公司、中国石油化工股份有限公司、中国海洋石油有限公司。

1.1.3 液化天然气(LNG)

产品性能

液化天然气(LNG)的主要成分是甲烷，还有少量的乙烷和丙烷。无色、无味、无毒、无腐蚀性。天然气在常压和-162℃左右可液化，液化天然气的体积约为气态体积的 1/625。在常压下，LNG 的密度约为 430～470kg/m^3(因组分不同而略有差异)。燃点约为 650℃，热值为 52MMBtu/t(1MMBtu=2.52×10^8cal)。在空气中的爆炸极限(体积)为 5%～15%。LNG 的燃点及爆炸极限高于汽油，所以不易发生爆炸，安全性能好。

生产方法

将气田开采出来的天然气，经过脱水、脱酸性气体、脱其余杂质处理后，采用制冷工艺，深冷至-162℃变为液体。

主要用途

主要作为发电厂、工厂、家庭用户的燃料外，其中所含的甲烷可用作制造肥料、甲醇溶剂及合成醋酸等化工原料。另外，其所含的乙烷和丙烷可经裂解而生成乙烯及丙烯，是塑料产品的重要原料。

技术参数

液化天然气的一般特性见表1-1-3，蒸发速率见表1-1-4。

表1-1-3　液化天然气的一般特性(GB/T 19204—2003)

常压下泡点时的性质	LNG例1	LNG例2	LNG例3
摩尔分数/%			
N_2	0.5	1.79	0.36
CH_4	97.5	93.9	87.20
C_2H_6	1.8	3.26	8.61
C_3H_8	0.2	0.69	2.74
iC_4H_{10}	—	0.12	0.42
nC_4H_{10}	—	0.15	0.65
C_5H_{12}	—	0.09	0.02
相对分子质量/(kg/kmol)	16.41	17.07	18.52
泡点温度/℃	-162.6	-165.3	-161.3
密度/(kg/m^3)	431.6	448.8	468.7
0℃和101 325kPa条件下单位体积液体生成的气体体积/(m^3/m^3)	590	590	568
0℃和101 325kPa条件下单位质量液体生成的气体体积/(m^3/10^3 kg)	1 367	1 314	1 211

表1-1-4　液化天然气蒸发速率(GB/T 19204—2003)

材料	60 s后单位面积的速率/(kg/(m^2·h))
骨料	480
湿沙	240
干沙	195
水	190
标准混凝土	130
轻胶体混凝土	65

注意事项

LNG 接触到皮肤时，可造成与烧伤类似的起疱灼伤。从 LNG 中漏出的气体也非常冷，并且能致灼伤。如暴露于这种寒冷气体中，即使时间很短，不足以影响面部和手部的皮肤，但是，像眼睛一类脆弱的组织仍会受到伤害。人体未受保护的部分不允许接触装有 LNG 而未经隔离的管道和容器，这种极冷的金属会粘住皮肉而且拉开时将会将其撕裂。严重或长时间地暴露在寒冷的蒸气和气体中能引起冻伤。局部疼痛经常给出冻伤的警示，但有时会感觉不到疼痛。较长时间在极冷的环境中呼吸能损伤肺部。短时间暴露可引起呼吸不适。

当处理 LNG 时，如果预见到将暴露于 LNG 的环境之中，则应使用合适的面罩或安全护目镜以保护眼睛。操作任何物品时，如其正在或已经与寒冷的液体或气体接触，则应一直戴上皮手套。应戴宽松的手套并在接触到溅落的液体时能够迅速脱去。即使戴上手套，也只应短时间握住设备。

天然气是一种窒息剂。氧气通常占空气体积的 20.9%。大气中的氧气含量低于 18% 时，会引起窒。在空气中含高浓度天然气时由于缺氧会产生恶心和头晕。然而一旦从暴露环境中撤离，则症状会快消失。在进人可能存在天然气的地方之前，应测量该处大气中氧气和烃类的含量。

在处理 LNG 失火时，推荐使用干粉(最好是碳酸钾)灭火器。与处理 LNG 有关的人员应经过对液体引发的火灾使用干粉灭火器的训练。高倍数泡沫材料或泡沫玻璃块可用于覆盖 LNG 池火并能极大地降低其辐射作用。必须保证水的供应以用于冷却目的，或在设备允许的情况下用于泡沫的产生。但是水不可用于灭此类火。

生产厂家

新疆广汇液化天然气发展有限公司、河南中原绿能高科有限公司、大连液化天然气有限公司、江苏液化天然气有限公司、广东大鹏液化天然气有限公司、中海油天津液化天然气有限公司、上海清泰液化天然气有限公司。

1.1.4 液化石油气(LPG)

产品性能

无色气体或黄棕色油状液体，是丙烷和丁烷的混合物，通常伴有少量的丙烯和丁烯。闪点-74 ℃，引燃温度 426～537 ℃，爆炸上限 33%(体积分数)，爆炸下限 5%(体积分数)。由天然气所得的液化气的成分基本不含烯烃，而炼油厂由于采用催化裂化技术，生产的液化石油气中还会含有丙烯和丁烯等不饱和烃。一种强烈的气味剂乙硫醇被加入液化石油气，这样石油气的泄漏会很容易被发觉。与其他燃料比较，具有独特的优点。液化石油气是由 C_3(碳三)、C_4(碳四)组成的碳氢化合物，可以全部燃烧，污染少，在现代化城市中应用可大大减少过去以煤、柴为燃料造成的污染。同样重量 LPG 的发热量 LPG 的发热量相当于煤的 2 倍，液态发热量为 45185～45980kJ/kg。LPG 在常温常压下是气体，在一定的压力下或冷冻到一定温度可以液化为液体，可用火车(或汽车)槽车、LPG 船在陆上和水上运输。

生产方法

液化石油气一般是从油气田、炼油厂或乙烯厂石油气中获得。油田的液化石油气是在伴生气的处理过程中的轻烃产品。炼油厂液化石油气是在进行原油催化裂解与热裂解时所得到的副产品。

主要用途

适用于作工业及民用燃料。

技术参数

液化石油气的组成和挥发性分为 3 个品种，包括商品丙烷(要求高挥发性时使用)、商品丁烷(要求低挥发性时使用)、商品丙丁烷混合物(要求中等挥发性时使用)。油气田液化石油气国家标准见表 1-1-5。

表 1-1-5　油气田液化石油气(GB 11174—2011)

项目		质量指标			试验方法
		商品丙烷	商品丙丁烷混合物	商品丁烷	
密度(15℃)/(kg/m³)		报告			SH/T 0221[a]
蒸气压(37.8℃)/kPa	不大于	1 430	1 380	485	GB/T 12576
组分[b]					SH/T 0230
C_3烃类组分(体积分数)/%	不小于	95	—	—	
C_4及C_4以上烃类组分(体积分数)/%	不大于	2.5	—	—	
(C_3+C_4)烃类组分(体积分数)/%	不小于	—	95	95	
C_5及C_5以上烃类组分(体积分数)/%	不大于	—	3.0	2.0	
残留物					SY/T 7509
蒸发残留物/(mL/100 mL)	不大于	0.05			
油渍观察		通过[c]			
铜片腐蚀(40℃,1h)/级	不大于	1			SH/T 0232
总硫含量/(mg/m³)	不大于	343			SH/T 0222
硫化氢(需满足下列要求之一):					
乙酸铅法		无			SH/T 0125
层析法/(mg/m³)	不大于	10			SH/T 0231
游离水		无			目测[d]

a　密度也可用 GB/T 12576 方法计算，有争议时以 SH/T 0221 为仲裁方法。

b　液化石油气中不允许人为加入除加臭剂以外的非烃类化合物。

c　按 SY/T 7509 方法所述，每次以 0.1 mL 的增量将 0.3 mL 溶剂-残留物混合液滴到滤纸上，2 min 后在日光下观察，无持久不退的油环为通过。

d　有争议时，采用 SH/T 0221 的仪器及试验条件目测是否存在游离水。

注意事项

根据 GB 12268，液化石油气属于危险化学品第 2 类第 2.1 项易燃气体，其危险性标志按 GB 13690 和 GB 190 进行。液化石油气储罐应设在储罐区。液化石油气储存场所应符合 GB 50016 和 GB 50028 的要求，应设“易燃品，严禁烟火”等醒目的标志牌。液化石油气应装人液化石油气储罐或液化石油气专用钢瓶储存。液化石油气储罐的设计、制造、使用及维修应符合 GB 150 的规定并遵守《固定式压力容器安全技术监察规程》的要求。储存液化石油气应符合《气瓶安全监察规程》的规定和 GB 5842 的要求。按 GB 14193 规定充装钢瓶、严禁超量充装。用铁路罐车、汽车罐车或专用轮船运输液化石油气时，除了执行《特种设备安全监察条例》外，铁路罐车运输应遵守《液化气体铁路罐车安全管理规程》的要求；汽车罐车运输应遵守《液化气体汽车罐车安全监察规程》的要求；钢瓶汽车槽车运输应遵守《气瓶安全监察规程》的要求。轮船运输应遵守 GB 18180 的规定。

生产厂家

中国石油天然气股份有限公司、中国石油化工股份有限公司、中国海洋石油有限公司。

1.1.5　车用液化石油气

产品性能

车用液化石油气是液化石油气的一种，其基本组成为丙烷和丁烷。按液化石油气的组成将其分类为车用丙烷、车用丁烷、车用丙、丁烷混合物等。液化石油气的蒸气压直接影响着汽车的起动性和加速性，与液化石油气的组分有关。不同成分在热值上和沸点上有很大区别。丙烷沸点低极易汽化，作为车用燃料，发动机冷起动性好，但热值低；丁烷沸点高，低温下汽化困难，发动机冷起动困难，但热值高，发动机动力性好。烯烃、硫分、水分等有害物质的含量，对发动机性能及其本身都有极大的害处。烯烃有杭暴性差、燃烧易冒黑烟、结焦等缺点，不适合作汽车燃料；硫分有强烈的腐性性，对发动机的部件有腐蚀作用，且燃烧后生成 SO_2，容易形成酸雨，污染环境；水分会促使硫分的有害作用，且在低温时，液化石油气与水分接触回生成水化物，使管道、阀门等堵塞，影响其正常工作。液化石油气中含有一定非烃类物质，如水溶性酸碱、有机酸、活性硫化物等，会对金属造成腐蚀。

生产方法

原油加工过程中产生的以碳三、碳四为主的气体馏分，经过分馏、脱硫等工艺加工精制而得。

主要用途

适用于点燃式内燃机使用。-10 号车用液化石油气应在环境温度不低于-10℃时使用；-5 号车用液化石油气应在环境温度不低于 5℃时使用；0 号车用液化石油气应在环境温度不低于 0℃时使用；10 号车用液化石油气应在环境温度不低于 10℃时使用；20 号车用液化石油气应在环境温度不低于 20℃时使用。

技术参数

根据发动机正常运行所需的最小蒸气压和燃料使用的环境温度，将车用液化石油气划分为-10 号、-5 号、0 号、10 号、20 号共 5 个牌号。车用液化石油气国家标准见表 1-1-6。

表 1-1-6　车用液化石油气国家标准(GB 19159—2012)

项目		质量指标	试验方法
密度(15℃)/(kg/m^3)		报告	SH/T 0221[a]
马达法辛烷值MON	不小于	89.0	附录 A
二烯烃(包括1,3-丁二烯)摩尔分数/%	不大于	0.5	SH/T 0614
硫化氢		无	SH/T 0125
铜片腐蚀(40℃,1h)/级	不大于	1	SH/T 0232
总硫含量(含赋臭剂[b])/(mg/kg)	不大于	50	ASTM D 6667[c]
蒸发残留物/(mg/kg)	不大于	60	EN 15470
C5及以上组分质量分数/%	不大于	2.0	SH/T 0614
蒸气压(40℃,表压)/kPa	不大于	1 550	附录 B[d]
最低蒸气压(表压)为 150 kPa 的温度/℃[e]			ISO 8973 和附录 C
-10号	不高于	-10	
-5号	不高于	-5	
0号	不高于	0	
10号	不高于	10	
20号	不高于	20	
游离水[f]		通过	EN 15469
气味		体积浓度达到燃烧下限的20%时有明显异味	附录 E

续表

项目	质量指标	试验方法
a 测定方法也包括用 ISO 8973。 b 气味检测未通过时，需要添加赋臭剂。 c 试验方法也包括用 SH/T 0222，结果有争议时，以 ASTM D 6667 为仲裁方法。 d 试验方法也包括用 ISO 8973 和附录 C，结果有争议时，以附录 B 为仲裁方法。 e 在指定温度下，应采用 ISO 8973 和附录 C 来共同确定产品分级。对于生产企业内容质量控制，可以利用附录 D 提供的方法确定分级。 f 在 0℃和饱和蒸气压下，目测车用液化石油气中不含游离水。允许加入不大于 2 000mg/kg 的甲醇，但不允许加入除甲醇外的防冰剂及其他非烃化合物。		

注意事项

车用液化石油气的储存容器应符合 GB 150 的规定，并执行《固定式压力容器安全技术监察规程》的要求。安装在汽车上的液化石油气钢瓶应执行 GB 17259 的规定和《气瓶安全监察规程》的要求，气瓶的充装应执行 GB 14193 的规定。铁路罐车应执行《液化气体铁路罐车安全管理规程》的要求。汽车罐车应执行《液化气体汽车罐车安全监察规程》的要求。

生产厂家

中国石油天然气股份有限公司、中国石油化工股份有限公司、中国海洋石油有限公司。

1.2 馏分燃料

1.2.1 车用汽油

产品性能

沸点范围为 30～205℃。车用汽油应在任何工作条件下都能形成均匀的混合气，并在任何负荷下都能正常燃烧。此外，还要有一定的化学安定性，以利贮存，并要求在燃烧过程中不应生成积炭和结胶。其质量或使用性能主要用抗爆性、蒸发性和氧化安定性。①抗爆性。车用汽油抵御爆燃的发生，保证正常燃烧的能力。车用汽油和空气的混合气在汽油机燃烧室中由火花塞发火点燃后，火焰应均衡稳定地传播到整个燃烧室。若燃烧室内火焰前锋尚未引燃的混合气因过氧化物过浓而氧化急骤进行，以致自行着火，产生高温、高压、高速的压力波，冲击汽缸和活塞并发出金属敲击声，即为爆燃。爆燃是一种非正常燃烧现象，会使发动机功率下降，燃料消耗增多，严重的还会损伤机件。引起发动机爆燃的一个主要原因是汽油抗爆性不好造成的。汽油的抗爆性用辛烷值表示，辛烷值有实验辛烷值和道路辛烷值之分。提高汽油机的压缩比可获得较高的热效率，但容易发生爆燃。因此，压缩比高的发动机要用辛烷值较高的汽油。②蒸发性。在一定温度、压力下汽油吸热从液态转变为气态的能力。蒸发性取决于汽油的饱和蒸气压和馏分组成。汽油馏分可分为轻、中、重三部分，以初馏点和 10%、50%、90% 馏出温度及终馏点控制其组成，使之能适应汽车在不同条件下运行的要求。汽油机的低温起动性取决于汽油的饱和蒸气压和 10% 的馏出温度或 70℃的馏出量。汽油机在低温季节走热过程中，如果汽油蒸发性太差，常会出现怠速不稳、加速迟缓、抖动甚至熄火等不良现象。馏出温度低，则走热需时短。但汽油的蒸发性过强，易在油路中引起气阻和化油器结霜现象。汽油的 90% 馏出温度和终馏温度过高，表明汽油不易完全气化，会引起各缸汽油分配不匀，燃烧不完全，燃烧室发生积炭等问题。为适应不同气候条件下的需要，抗爆性相同的汽油有蒸发性等级不同或冬用和夏用两种产品供选择。③氧化安定性。汽油在一定的外界条件下抵抗氧化作用的能力，简称安定性。汽油在贮存中会氧化生成胶质和腐蚀性氧化物。胶质沉积在汽车的燃料供给系统中会使供油量减少，发动机功率下降；胶质沉积在进气系统，会粘连进气门杆与导管，妨碍气门工作。胶质燃烧困难，其危害更甚于重馏分。含有裂化组分的汽油都要加入抗氧防胶剂和金属钝化剂，以改善汽油的安定性；有时还用汽油清净剂来抑制化油器和进气系统中的沉积物。

生产方法

原油经过蒸馏或重质烃类原料经过二次加工(热转化或催化转化)得到的,并加有适量添加剂而成。

主要用途

适用于作为点火式内燃机(汽油机)的燃料。

技术参数

车用汽油(Ⅳ)按研究法辛烷值分为90号、93号和97号3个牌号,车用汽油(Ⅴ)、车用汽油(ⅥA)和车用汽油VIB按研究法辛烷值分为89号、92号和95号3个牌号。车用汽油(Ⅳ)、车用汽油(Ⅴ)和车用汽油(ⅥA/ⅥB)国家标准分别见表1-2-1、表1-2-2、表1-2-3和表1-2-4。企业有条件生产和销售98号车用汽油(Ⅴ)和车用汽油(ⅥA/ⅥB)时,其技术要求应符合表1-2-5和表1-2-6的要求。

表1-2-1 车用汽油(Ⅳ)国家标准(GB 17930—2016)

项目		质量指标			试验方法
		90	93	97	
抗爆性:					
研究法辛烷值(RON)	不小于	90	93	97	GB/T 5487
抗爆指数(RON+MON)/2	不小于	85	88	报告	GB/T 503、GB/T 5487
铅含量[a]/(g/L)	不大于	0.005			GB/T 8020
馏程:					GB/T 6536
10%蒸发温度/℃	不高于	70			
50%蒸发温度/℃	不高于	120			
90%蒸发温度/℃	不高于	190			
终馏点/℃	不高于	205			
残留量(体积分数)/%	不大于	2			
蒸气压[b]/kPa					GB/T 8017
11月1日~4月30日		42~85			
5月1日~10月31日		40~68			
胶质含量/(mg/100 mL)					GB/T 8019
未洗胶质含量(加入清净剂前)	不大于	30			
溶剂洗胶质含量	不大于	5			
诱导期/min	不小于	480			GB/T 8018
硫含量[c]/(mg/kg)	不大于	50			SH/T 0689
硫醇(满足下列指标之一,即判断为合格):					
博士试验		通过			NB/SH/T 0174
硫醇硫含量(质量分数)/%	不大于	0.001			GB/T 1792
铜片腐蚀(50℃,3 h)/级	不大于	1			GB/T 5096
水溶性酸或碱		无			GB/T 259
机械杂质及水分		无			目测[d]
苯含量[e](体积分数)/%	不大于	1.0			SH/T 0713
芳烃含量[f](体积分数)/%	不大于	40			GB/T 11132
烯烃含量[f](体积分数)/%	不大于	28			GB/T 11132
氧含量[g](质量分数)/%	不大于	2.7			NB/SH/T 0663

续表

项目		质量指标			试验方法
		90	93	97	
甲醇含量[a](质量分数)/%	不大于	0.3			NB/SH/T 0663
锰含量[h]/(g/L)	不大于	0.008			SH/T 0711
铁含量[a]/(g/L)	不大于	0.01			SH/T 0712

a　车用汽油中，不得人为加入甲醇以及含铅或含铁的添加剂。

b　也可采用 SH/T 0794 进行测定，在有异议时，以 GB/T 8017 方法为准。换季时，加油站允许有 15 天的置换期。

c　也可采用 GB/T 11140、SH/T 0253、ASTM D7039 进行测定，在有异议时，以 SH/T 0689 方法为准。

d　将试样注入 100 mL 玻璃量筒中观察，应当透明，没有悬浮和沉降的机械杂质和水分，在有异议时，以 GB/T 511 和 GB/T 260 方法为准。

e　也可采用 SH/T 0693 进行测定，在有异议时，以 SH/T 0713 方法为准。

f　对于 97 号车用汽油，在烯烃、芳烃总含量控制不变的前提下，可允许芳烃的最大值为 42%(体积分数)。也可采用 NB/SH/T 0741 进行测定，在有异议时，以 GB/T 11132 方法为准。

g　也可采用 SH/T 0720 进行测定，在有异议时，以 NB/SH/T 0663 方法为准。

h　锰含量是指汽油中以甲基环戊二烯三羰基锰形式存在的总锰含量，不得加入其他类型的含锰添加剂。

表 1-2-2　车用汽油(Ⅴ)国家标准(GB 17930—2016)

项目		质量指标			试验方法
		89	92	95	
抗爆性:					
研究法辛烷值(RON)	不小于	89	92	95	GB/T 5487
抗爆指数(RON+MON)/2	不小于	84	87	90	GB/T 503、GB/T 5487
铅含量[a]/(g/L)	不大于	0.005			GB/T 8020
馏程:					GB/T 6536
10%蒸发温度/℃	不高于	70			
50%蒸发温度/℃	不高于	120			
90%蒸发温度/℃	不高于	190			
终馏点/℃	不高于	205			
残留量(体积分数)/%	不大于	2			
蒸气压[b]/kPa:					GB/T 8017
11 月 1 日 ~4 月 30 日		45 ~ 85			
5 月 1 日 ~10 月 31 日		40 ~ 65[c]			
胶质含量/(mg/100 mL)					GB/T 8019
未洗胶质含量(加入清净剂前)	不大于	30			
溶剂洗胶质含量	不大于	5			
诱导期/min	不小于	480			GB/T 8018
硫含量[d]/(mg/kg)	不大于	10			SH/T 0689
硫醇(博士试验)		通过			NB/SH/T 0174
铜片腐蚀(50℃, 3 h)/级	不大于	1			GB/T 5096
水溶性酸或碱		无			GB/T 259

续表

项目		质量指标			试验方法
		89	92	95	
机械杂质及水分		无			目测[e]
苯含量[f](体积分数)/%	不大于	1.0			SH/T 0713
芳烃含量[g](体积分数)/%	不大于	40			GB/T 11132
烯烃含量[g](体积分数)/%	不大于	24			GB/T 11132
氧含量[h](质量分数)/%	不大于	2.7			NB/SH/T 0663
甲醇含量[a](质量分数)/%	不大于	0.3			NB/SH/T 0663
锰含量[a]/(g/L)	不大于	0.002			SH/T 0711
铁含量[a]/(g/L)	不大于	0.01			SH/T 0712
密度[i](20℃)/(kg/m³)		720～775			GB/T 1884、GB/T 1885

a　车用汽油中，不得人为加入甲醇以及含铅、含铁和含锰的添加剂。

b　也可采用SH/T 0794进行测定，在有异议时，以GB/T 8017方法为准。换季时，加油站允许有15天的置换期。

c　广东、海南全年执行此项要求。

d　也可采用GB/T 11140、SH/T 0253、ASTM D7039进行测定，在有异议时，以SH/T 0689方法为准。

e　将试样注入100 mL玻璃量筒中观察，应当透明，没有悬浮和沉降的机械杂质和水分，在有异议时，以GB/T 511和GB/T 260方法为准。

f　也可采用GB/T 28768、GB/T 30519和SH/T 0693进行测定，在有异议时，以SH/T 0713方法为准。

g　对于95号车用汽油，在烯烃、芳烃总含量控制不变的前提下，可允许芳烃的最大值为42%(体积分数)也可采用GB/T 28768、GB/T 30519、NB/SH/T 0741进行测定，在有异议时，以GB/T 11132方法为准。

h　也可采用SH/T 0720进行测定，在有异议时，以NB/SH/T 0663方法为准。

i　也可采用SH/T 0604进行测定，在有异议时，以GB/T 1884、GB/T 1885方法为准。

表1-2-3　车用汽油(ⅥA)国家标准(GB 17930—2016)

项目		质量指标			试验方法
		89	92	95	
抗爆性：					
研究法辛烷值(RON)	不小于	89	92	95	GB/T 5487
抗爆指数(RON+MON)/2	不小于	84	87	90	GB/T 503、GB/T 5487
铅含量[a]/(g/L)	不大于	0.005			GB/T 8020
馏程：					GB/T 6536
10%蒸发温度/℃	不高于	70			
50%蒸发温度/℃	不高于	110			
90%蒸发温度/℃	不高于	190			
终馏点/℃	不高于	205			
残留量(体积分数)/%	不大于	2			
蒸气压[b]/kPa：					GB/T 8017
11月1日～4月30日		45～85			
5月1日～10月31日		40～65[c]			
胶质含量/(mg/100 mL)					GB/T 8019

续表

项目		质量指标			试验方法
		89	92	95	
未洗胶质含量(加入清净剂前)	不大于	30			
溶剂洗胶质含量	不大于	5			
诱导期/min	不小于	480			GB/T 8018
硫含量[d]/(mg/kg)	不大于	10			SH/T 0689
硫醇(博士试验)		通过			NB/SH/T 0174
铜片腐蚀(50℃，3 h)/级	不大于	1			GB/T 5096
水溶性酸或碱		无			GB/T 259
机械杂质及水分		无			目测[e]
苯含量[f](体积分数)/%	不大于	0.8			SH/T 0713
芳烃含量[g](体积分数)/%	不大于	35			GB/T 30519
烯烃含量[g](体积分数)/%	不大于	18			GB/T 30519
氧含量[h](质量分数)/%	不大于	2.7			NB/SH/T 0663
甲醇含量[a](质量分数)/%	不大于	0.3			NB/SH/T 0663
锰含量[a]/(g/L)	不大于	0.002			SH/T 0711
铁含量[a]/(g/L)	不大于	0.01			SH/T 0712
密度[i](20℃)/(kg/m^3)		720～775			GB/T 1884、GB/T 1885

a 车用汽油中，不得人为加入甲醇以及含铅、含铁和含锰的添加剂。
b 也可采用 SH/T 0794 进行测定，在有异议时，以 GB/T 8017 方法为准。换季时，加油站允许有 15 天的置换期。
c 广东、海南全年执行此项要求。
d 也可采用 GB/T 11140、SH/T 0253、ASTM D7039 进行测定，在有异议时，以 SH/T 0689 方法为准。
e 将试样注入 100 mL 玻璃量筒中观察，应当透明，没有悬浮和沉降的机械杂质和水分。在有异议时，以 GB/T 511 和 GB/T 260 方法为准。
f 也可采用 GB/T 28768、GB/T 30519 和 SH/T 0693 进行测定，在有异议时，以 SH/T 0713 方法为准。
g 也可采用 GB/T 11132、GB/T 28768 进行测定，在有异议时，以 GB/T 30519 方法为准。
h 也可采用 SH/T 0720 进行测定，在有异议时，以 NB/SH/T 0663 方法为准。
i 也可采用 SH/T 0604 进行测定，在有异议时，以 GB/T 1884、GB/T 1885 方法为准。

表 1-2-4 车用汽油(ⅥB)国家标准(GB 17930—2016)

项目		质量指标			试验方法
		89	92	95	
抗爆性：					
研究法辛烷值(RON)	不小于	89	92	95	GB/T 5487
抗爆指数(RON+MON)/2	不小于	84	87	90	GB/T 503、GB/T 5487
铅含量[a]/(g/L)	不大于	0.005			GB/T 8020
馏程：					GB/T 6536
10%蒸发温度/℃	不高于	70			
50%蒸发温度/℃	不高于	110			
90%蒸发温度/℃	不高于	190			

续表

项目		质量指标			试验方法
		89	92	95	
终馏点/℃	不高于	205			
残留量(体积分数)/%	不大于	2			
蒸气压[b]/kPa 11月1日~4月30日 5月1日~10月31日		45~85 40~65[c]			GB/T 8017
胶质含量/(mg/100 mL) 未洗胶质含量(加入清净剂前) 溶剂洗胶质含量	不大于 不大于	30 5			GB/T 8019
诱导期/min	不小于	480			GB/T 8018
硫含量[d]/(mg/kg)	不大于	10			SH/T 0689
硫醇(博士试验)		通过			NB/SH/T 0174
铜片腐蚀(50℃，3 h)/级	不大于	1			GB/T 5096
水溶性酸或碱		无			GB/T 259
机械杂质及水分		无			目测[e]
苯含量[f](体积分数)/%	不大于	0.8			SH/T 0713
芳烃含量[g](体积分数)/%	不大于	35			GB/T 30519
烯烃含量[g](体积分数)/%	不大于	15			GB/T 30519
氧含量[h](质量分数)/%	不大于	2.7			NB/SH/T 0663
甲醇含量[a](质量分数)/%	不大于	0.3			NB/SH/T 0663
锰含量[a]/(g/L)	不大于	0.002			SH/T 0711
铁含量[a]/(g/L)	不大于	0.01			SH/T 0712
密度[i](20℃)/(kg/m^3)		720~775			GB/T 1884、GB/T 1885

a 车用汽油中，不得人为加入甲醇以及含铅、含铁和含锰的添加剂。

b 也可采用SH/T 0794进行测定，在有异议时，以GB/T 8017方法为准。换季时，加油站允许有15天的置换期。

c 广东、海南全年执行此项要求。

d 也可采用GB/T 11140、SH/T 0253、ASTM D7039进行测定，在有异议时，以SH/T 0689方法为准。

e 将试样注入100 mL玻璃量筒中观察，应当透明，没有悬浮和沉降的机械杂质和水分。在有异议时，以GB/T 511和GB/T 260方法为准。

f 也可采用GB/T 28768、GB/T 30519、SH/T 0693进行测定，在有异议时，以SH/T 0713方法为准。

g 也可采用GB/T 11132、GB/T 28768进行测定，在有异议时，以GB/T 30519方法为准。

h 也可采用SH/T 0720进行测定，在有异议时，以NB/SH/T 0663方法为准。

i 也可采用SH/T 0604进行测定，在有异议时，以GB/T 1884、GB/T 1885方法为准。

表 1-2-5　98 号车用汽油(Ⅴ)技术要求和试验方法

项目		质量指标	试验方法
抗爆性:			
研究法辛烷值(RON)	不小于	98	GB/T 5487
抗爆指数(RON+MON)/2	不小于	93	GB/T 503、GB/T 5487
铅含量[a]/(g/L)	不大于	0.005	GB/T 8020
馏程:			GB/T 6536
10%蒸发温度/℃	不高于	70	
50%蒸发温度/℃	不高于	120	
90%蒸发温度/℃	不高于	190	
终馏点/℃	不高于	205	
残留量(体积分数)/%	不大于	2	
蒸气压[b]/kPa			GB/T 8017
11 月 1 日~4 月 30 日		45~85	
5 月 1 日~10 月 31 日		40~65[c]	
胶质含量/(mg/100 mL):			GB/T 8019
未洗胶质含量(加入清净剂前)	不大于	30	
溶剂洗胶质含量	不大于	5	
诱导期/min	不小于	480	GB/T 8018
硫含量[d]/(mg/kg)	不大于	10	SH/T 0689
硫醇(博士试验)		通过	NB/SH/T 0174
铜片腐蚀(50℃, 3 h)/级	不大于	1	GB/T 5096
水溶性酸或碱		无	GB/T 259
机械杂质及水分		无	目测[e]
苯含量[f](体积分数)/%	不大于	1.0	SH/T 0713
芳烃含量[g](体积分数)/%	不大于	40	GB/T 11132
烯烃含量[g](体积分数)/%	不大于	24	GB/T 11132
氧含量[h](质量分数)/%	不大于	2.7	NB/SH/T 0663
甲醇含量[a](质量分数)/%	不大于	0.3	NB/SH/T 0663
锰含量[a]/(g/L)	不大于	0.002	SH/T 0711
铁含量[a]/(g/L)	不大于	0.01	SH/T 0712
密度[i](20℃)/(kg/m³)		720~775	GB/T 1884、GB/T 1885

a　车用汽油中，不得人为加入甲醇以及含铅、含铁和含锰的添加剂。

b　也可采用 SH/T 0794 进行测定，在有异议时，以 GB/T 8017 方法为准。换季时，加油站允许有 15 天的过渡期。

c　广东、海南全年执行此项要求。

d　也可采用 GB/T 11140、SH/T 0253、ASTM D7039 进行测定，在有异议时，以 SH/T 0689 方法为准。

e　将试样注入 100 mL 玻璃量筒中观察，应当透明，没有悬浮和沉降的机械杂质和水分，在有异议时，以 GB/T 511 和 GB/T 260 方法为准。

f　也可采用 GB/T 28768、GB/T 30519、SH/T 0693 进行测定，在有异议时，以 SH/T 0713 方法为准。

g　对于 98 号车用汽油，在烯烃、芳烃总含量控制不变的前提下，可允许芳烃的最大值为 42%(体积分数)，也可采用 GB/T 28768、GB/T 30519 和 NB/SH/T 0741 进行测定，在有异议时，以 GB/T 11132 方法为准。

h　也可采用 SH/T 0720 进行测定，在有异议时，以 NB/SH/T 0663 方法为准。

i　也可采用 SH/T 0604 进行测定，在有异议时，以 GB/T 1884、GB/T 1885 方法为准。

表 1-2-6　98 号车用汽油(ⅥA)(ⅥB)技术要求和试验方法

项目		质量指标	试验方法
抗爆性:			
研究法辛烷值(RON)	不小于	98	GB/T 5487
抗爆指数(RON+MON)/2	不小于	93	GB/T 503、GB/T 5487
铅含量[a]/(g/L)	不大于	0.005	GB/T 8020
馏程:			GB/T 6536
10%蒸发温度/℃	不高于	70	
50%蒸发温度/℃	不高于	110	
90%蒸发温度/℃	不高于	190	
终馏点/℃	不高于	205	
残留量(体积分数)/%	不大于	2	
蒸气压[b]/kPa			GB/T 8017
11 月 1 日～4 月 30 日		45～85	
5 月 1 日～10 月 31 日		40～65[c]	
胶质含量/(mg/100 mL):			GB/T 8019
未洗胶质含量(加入清净剂前)	不大于	30	
溶剂洗胶质含量	不大于	5	
诱导期/min	不小于	480	GB/T 8018
硫含量[d]/(mg/kg)	不大于	10	SH/T 0689
硫醇(博士试验)		通过	NB/SH/T 0174
铜片腐蚀(50℃,3 h)/级	不大于	1	GB/T 5096
水溶性酸或碱		无	GB/T 259
机械杂质及水分		无	目测[e]
苯含量[f](体积分数)/%	不大于	0.8	SH/T 0713
芳烃含量[g](体积分数)/%	不大于	38	GB/T 30519
烯烃含量[g](体积分数)/%	不大于	15	GB/T 30519
氧含量[h](质量分数)/%	不大于	2.7	NB/SH/T 0663
甲醇含量[a](质量分数)/%	不大于	0.3	NB/SH/T 0663
锰含量[a](g/L)	不大于	0.002	SH/T 0711
铁含量[a]/(g/L)	不大于	0.01	SH/T 0712
密度[i](20℃)/(kg/m^3)		720～775	GB/T 1884、GB/T 1885

a　车用汽油中,不得人为加入甲醇以及含铅、含铁和含锰的添加剂。

b　也可采用 SH/T 0794 进行测定,在有异议时,以 GB/T 8017 方法为准。换季时,加油站允许有 15 天的过渡期。

c　广东、海南全年执行此项要求。

d　也可采用 GB/T 11140、SH/T 0253、ASTM D7039 进行测定,在有异议时,以 SH/T 0689 方法为准。

e　将试样注入 100 mL 玻璃量筒中观察,应当透明,没有悬浮和沉降的机械杂质和水分,在有异议时,以 GB/T 511 和 GB/T 260 方法为准。

f　也可采用 GB/T 28768、GB/T 30519 和 SH/T 0693 进行测定,在有异议时,以 SH/T 0713 方法为准。

g　也可采用 GB/T 11132、GB/T 28768 进行测定,在有异议时,以 GB/T 30519 方法为准。

h　也可采用 SH/T 0720 进行测定,在有异议时,以 NB/SH/T 0663 方法为准。

i　也可采用 SH/T 0604 进行测定,在有异议时,以 GB/T 1884、GB/T 1885 方法为准。

注意事项

向用户销售的符合本标准的车用汽油所使用的加油机和容器都应标明下列标志：90 号汽油(Ⅲ)，93 号汽油(Ⅲ)、97 号汽油(Ⅲ)、90 号汽油(Ⅳ)、93 号汽油(Ⅳ)，97 号汽油(Ⅳ)，89 号汽油(Ⅴ)、92 号汽油(Ⅴ)、95 号汽油(Ⅴ)或98 号汽油(Ⅴ)，并应标识在汽车驾驶者可以看见的地方。根据 GB 13690，车用汽油属于易燃液体，产品的标志、包装、运输和贮存及交货验收按 SH 0164、GB 13690 和 GB 190 进行。

生产厂家

中国石油化工股份有限公司、中国石油天然气股份有限公司、中国海洋石油有限公司。

1.2.2 煤油

产品性能

无色或浅黄色液体，略带臭味。比起汽油来煤油比较黏稠，也比较不易燃。其闪点在 55 至 100℃之间。煤油蒸气比空气重得多，与空气混合可能形成爆炸气。在分馏石油时煤油的沸点在汽油和柴油之间，约在 160～280℃。

生产方法

原油或其馏分油通过不同加工工艺制得。

主要用途

1 号煤油为低硫煤油，适用于点灯照明及无烟道的煤油燃烧器；也可用于煤矿洗煤、铜矿提纯、金属热处理工艺和铝制品加工等方面，也可作为防锈油的基础油原料。2 号煤油为普通煤油，适用于有烟道的煤油燃烧器、清洗设备和作为溶剂使用。

技术参数

根据用途和硫含量不同，分为 1 号煤油和 2 号煤油两个牌号。煤油产品国家标准见表 1-2-7。

表 1-2-7　煤油国家标准(GB 253—2008)

项目		质量指标		试验方法
		1	2	
色度，号	不小于	+25	+16	GB/T 3555
硫醇硫(质量分数)/%	不大于	0.003		GB/T 1792
硫含量[a](质量分数)/%	不大于	0.04	0.10	GB/T 380 GB/T 11140 GB/T 17040 SH/T 0253 SH/T 0689
馏程 10%馏出温度/℃ 终馏点/℃	 不高于 不高于	 205 300		GB/T 6536
闪点(闭口)/℃	不低于	38		GB/T 261
冰点[b]/℃	不高于	-30		GB/T 2430 SH/T 0770
运动黏度(40℃)/(mm^2/s)		1.0～1.9		GB/T 265
铜片腐蚀(100℃，3 h)/级	不大于	1		GB/T 5096
机械杂质及水分		无		目测[c]

续表

项目	质量指标		试验方法
	1	2	
水溶性酸或碱	无		GB/T 259
密度[d](20℃)/(kg/m³)　不大于	840		GB/T 1884 和 GB/T 1885、SH/T 0604
燃烧性[e]:			
1)16 h 试验			
平均燃烧速率/(g/h)	18～26	—	GB/T 11130
火焰宽度变化/mm　不大于	6	—	
火焰高度降低/mm　不大于	5	—	
灯罩附着物颜色　不深于	轻微白色	—	
或 2)8 h 试验+烟点			
8h 试验	合格	合格	SH/T 0178
烟点/mm　不小于	25	20	GB/T 382

a　有争议时以 SH/T 0253 为仲裁试验方法。
b　有争议时以 GB/T 2430 为仲裁试验方法。
c　目测方法是：将样品注入 100 mL 玻璃量筒中，在室温 20℃±5℃下观察，透明、没有悬浮和沉降物，即为无机械杂质及水分，有争议时以 GB/T 511 和 GB/T 260 为仲裁试验方法。
d　有争议时以 GB/T 1884 及 GB/T 1885 为仲裁试验方法。
e　有争议时以 GB/T 11130 为仲裁试验方法。

注意事项

标志、包装、运输和贮存及交货验收按 SH 0164 进行。

生产厂家

中国石油化工股份有限公司、中国石油天然气股份有限公司、中国海洋石油有限公司。

1.2.3　3 号喷气燃料

产品性能

密度适宜，热值高，燃烧性能好，能迅速、稳定、连续、完全燃烧，且燃烧区域小，积碳量少，不易结焦；低温流动性好，能满足寒冷低温地区和高空飞行对油品流动性的要求。热安定性和抗氧化安定性好，可以满足超音速高空飞行的需要。洁净度高，无机械杂质及水分等有害物质。硫含量尤其是硫醇性硫含量低，对机件腐蚀小。高空性能和燃烧性能好，可确保燃烧完全、稳定、积炭小、冒烟少，在高空飞行中不产生气阻，蒸发损失小。

生产方法

天然原油经加氢裂化煤油馏分或经精制的直馏煤油馏分，按需要加入适量添加剂调和而成制得

主要用途

适用于航空涡轮发动机。

技术参数

3 号喷气燃料国家标准见表 1-2-8。

表 1-2-8 3 号喷气燃料国家标准(GB 6537—2006)

项目		指标	试验方法
外观		室温下清澈透明，目视无不溶解水及固体物质	目测
颜色	不小于	+25[a]	GB/T 3555
组成			
总酸值/(mg KOH/g)	不大于	0.015	GB/T 12574
芳烃含量(体积分数)/%	不大于	20.0[b]	GB/T 11132
烯烃含量(体积分数)/%	不大于	5.0	GB/T 11132
总硫含量(质量分数)/%	不大于	0.20[c]	GB/T 380 GB/T 11140 GB/T 17040 SH/T 0253 SH/T 0689
硫醇性硫(质量分数)/%	不大于	0.002 0	GB/T 1792
或博士试验[d]		通过	SH/T 0174
直馏组分(体积分数)/%		报告	
加氢精制组分(体积分数)/%		报告	
加氢裂化组分(体积分数)/%		报告	
挥发性			
馏程:			GB/T 6536
初馏点/℃		报告	
10% 回收温度/℃	不高于	205	
20% 回收温度/℃		报告	
50% 回收温度/℃	不高于	232	
90% 回收温度/℃		报告	
终馏点/℃	不高于	300	
残留量(体积分数)/%	不大于	1.5	
损失量(体积分数)/%	不大于	1.5	
闪点(闭口)/℃	不低于	38	GB/T 261
密度(20℃)/(kg/m^3)		775~830	GB/T 1884，GB/T 1885

续表

项目		指标	试验方法
流动性			
冰点/℃	不高于	-47	GB/T 2430，SH/T 0770[e]
黏度/(mm^2/a)			GB/T 265
20℃	不小于	1.25[f]	
-20℃	不大于	8.0	
燃烧性			
净热值/(MJ/kg)	不小于	42.8	GB/T 384[g]，GB/T 2429
烟点/mm	不小于	25.0	GB/T 382
或烟点最小为 20 mm 时，			
萘系烃含量(体积分数)/%	不大于	3.0	SH/T 0181
或辉光值	不小于	45	GB/T 11128
腐蚀性			
铜片腐蚀(100℃，2 h)/级	不大于	1	GB/T 5096
银片腐蚀(50℃，4 h)/级	不大于	1[h]	SH/T 0023
安定性			
热安定性(260℃，2.5 h)			GB/T 9169
压力降/kPa	不大于	3.3	
管壁评级		小于 3，且无孔雀蓝色或异常沉淀物	
洁净性			
实际胶质/(mg/100 mL)	不大于	7	GB/T 8019，GB/T 509[i]
水反应			GB/T 1793
界面情况/级	不大于	1b	
分离程度/级	不大于	2[j]	
固体颗粒污染物含量/(mg/L)	不大于	1.0	SH/T 0093
导电性			
电导率(20℃)/(pS/m)		50～450[k]	GB/T 6539
水分离指数			SH/T 0616
未加抗静电剂	不小于	85	
加入抗静电剂	不小于	70	
润滑剂			
磨痕直径 *WSD*/mm	不大于	0.65[l]	SH/T 0687
经铜精制工艺的喷气燃料，油样应按 SH/T 0182 方法测定铜离子含量，不大于 150μg/kg。			

a　对于民用航空燃料，从炼油厂输送到客户，输送过程中的颜色变化不允许超出以下要求：初始赛波特颜色大于+25，变化不大于 8；初始赛波特颜色在 25～15 之间，变化不大于 5；初始赛波特颜色小于 15 时，变化不大于 3。

b　对于民用航空燃料的芳烃含量(体积分数)规定为不大于 25.0%。

c　如有争议时，以 GB/T 380 为准。

d　硫醇性硫和博士试验可任做一项，当硫醇性硫和博士试验发生争议时，以硫醇性硫为准。

e　如有争议以 GB/T 2430 为准。

f　对于民用航空燃料，20℃的黏度指标不作要求。

g　如有争议时，以 GB/T 384 为准。

h　对于民用航空燃料，此项指标可不要求。

i　如有争议时，以 GB/T 8019 为准。

j　对于民用航空燃料不要求报告分离程度。

k　如燃料不要求加抗静电剂，对此项指标不作要求。燃料离厂时要求大于 150 pS/m。

l　民用航空燃料要求 *WSD* 不大于 0.85mm。

注意事项

本产品的标志、包装、运输、贮存及交货验收按 SH 0164 进行。产品的贮运管理必须严格，从生产、贮运到使用，务必保持产品的洁净性，不受外来污染，不得混入杂油。所用盛装容器、管线、机泵等应专用，符合有关规定。在使用前要经过充分沉降和过滤，除掉水分和杂质，并应采取保持产品洁净性综合措施，按规定经常清洗贮罐，排放罐底水，备有完善的过滤/分离设施，防止微生物繁殖及堵塞油滤，确保使用质量。产品为易燃液体，微毒，贮运场地严禁烟火，装卸要使用铜质工具，以防发生火花，抽注油或倒罐时，油罐与活管必须用导电金属丝线接地。

生产厂家

中国石油兰州石化公司、中国石油大庆石化公司。

1.2.4 普通柴油

产品性能

普通柴油也称轻柴油，是密度相对较轻的一类柴油。通常指 200 ~ 350℃馏分。有时也掺入一部分裂化产物。与重柴油相比，质量要求较严，十六烷值较高，黏度较小，凝固点和含硫量较低。应具备良好的发火性和低温流动性，还要有适当的蒸发性、黏度和安定性。①发火性。轻柴油喷入气缸内遇到高温高压空气而自燃发火的性能，以十六烷值表示。十六烷值高，表示轻柴油的发火性好，柴油机工作平稳、柔和，低温起动性好；十六烷值太低，则发火迟缓，气缸内积累的可燃混合气多，发火后压力和温度猛烈上升，柴油机工作粗暴，运转不平稳，噪声大，并可能损伤轴瓦。如果十六烷值过高(超过 65 ~ 70)，则轻柴油发火过快，与空气来不及充分混合即燃烧，会造成后燃期长，燃烧不完全，油耗增多。汽车用轻柴油的十六烷值一般以 40 ~ 50 为宜。②低温流动性。柴油机的工作环境温度降低时，轻柴油具有的流动性能。良好的低温流动性可保证轻柴油在燃料供给系统中正常的过滤和输送。低温流动性可用浊点、凝点或冷滤堵塞点等指标评价。浊点是轻柴油冷却时开始析出石蜡结晶体因而呈现混浊的最高温度；凝点是轻柴油继续冷却失去流动性的最高温度；冷滤点是轻柴油析出的石蜡晶体能够堵塞规定的低温过滤装置的最高温度。大多数商品轻柴油系石蜡基原油炼制，以浊点控制其最低温度失之过严，以凝点控制则失之过宽。凝点低，馏分相应较轻。汽车用轻柴油的凝点至少应比最低使用环境温度低 5℃。③蒸发性。轻柴油在一定的温度、压力下，由液态转变为气态的能力。它影响柴油机的起动性、工作可靠性、燃料经济性和机件磨损。轻柴油的蒸发性用 50%、90% 或 95% 的馏出温度控制。如果馏分太重，蒸发缓慢，则低温起动困难，后燃期长，燃烧不完全，且易引起机油稀释，加剧发动机磨损；馏分太轻(低沸点化合物多)，则十六烷值低，不易发火，加以蒸发快，更易使柴油机工作粗暴。④黏度。液体流动时，分子间产生内摩擦阻力的性质。轻柴油的黏度是保证喷油雾化、喷油距离，以及高压油泵与喷嘴柱塞副润滑要求的指标。高速柴油机用的柴油黏度是 20℃时 2.5 ~ 8.0mm^2/s。⑤安定性。含有裂化馏分的轻柴油安定性差，在贮存期易产生胶质和有机酸。胶质和有机酸易使喷嘴结焦，燃烧室内积炭增多。在轻柴油中加入适量抗氧防胶剂能提高其安定性。此外，轻柴油含硫量也是一个重要使用性能指标，它影响气缸的磨损。许多国家规定的含硫量容许值为 0.5%，中国规定不超过 0.2%。为防止轻柴油的酸性燃烧产物的腐蚀作用，柴油机须用有碱性的润滑油润滑。

生产方法

石油直馏馏分、催化裂化馏分和精制热裂化馏分调制而成。

主要用途

适用于拖拉机、内燃机车、工程机械、船舶和发电机组等压燃式发动机，以及 GB19756 中规定的三轮汽车和低速货车。其中 10 号普通柴油适用于风险率为 10% 的最低气温在 12℃以上的地区使用；5 号普通柴油适用于风险率为 10% 的最低气温在 8℃以上的地区使用；0 号普通柴油适用于风险率为 10% 的最低气温在 4℃以上的地区使用；-10 号普通柴油适用于风险率为 10% 的最低气温在-5℃以上的地区使用；-20 号普通柴油适用于风险率为 10% 的最低气温在-14℃以上的地区使用；-35 号普通柴油适用于风险率为 10% 的最低气温在-29℃以上的地区使用；-50 号普通柴油适用于风险率为 10% 的最低气温在-44℃以上的地区使用。

技术参数

普通柴油国家标准见表 1-2-9。

表 1-2-9 普通柴油国家标准(GB 252—2015)

项目	5 号	0 号	-10 号	-20 号	-35 号	-50 号	试验方法
色度/号 不大于	3.5						GB/T 6540
氧化安定性(以总不溶物计)/(mg/100 mL) 不大于	2.5						SH/T 0175
硫含量[a]/(mg/kg) 不大于	350(2017 年 6 月 30 日以前) 50(2017 年 7 月 1 日开始) 10(2018 年 1 月 1 日开始)						SH/T 0689
酸度(以 KOH 计)/(mg/100 mL) 不大于	7						GB/T 258
10% 蒸余物残炭[b](质量分数)/% 不大于	0.3						GB/T 268
灰分(质量分数)/% 不大于	0.01						GB/T 508
铜片腐蚀(50 ℃, 3 h)/级 不大于	1						GB/T 5096
水份[c](体积分数)/% 不大于	痕迹						GB/T 260
机械杂质[c]	无						GB/T 511
运动黏度(20℃)/(mm^2/s)	3.0 ~ 8.0			2.5 ~ 8.0	1.8 ~ 7.0		GB/T 265
凝点/℃ 不高于	5	0	-10	-20	-35	-50	GB/T 510
冷滤点/℃ 不高于	8	4	-5	-14	-29	-44	SH/T 0248
闪点(闭口)/℃ 不低于	55				45		GB/T 261
着火性[d](应满足下列要求之一)							
十六烷值 不小于	45						GB/T 386
十六烷值数 不小于	43						SH/T 0694
馏程:							GB/T 6536
50% 回收温度/℃ 不高于	300						
90% 回收温度/℃ 不高于	355						
95% 回收温度/℃ 不高于	365						
润滑性							SH/T 0765
校正磨痕直径(60℃)/μm 不大于	460						
密度(20℃)[e]/(kg/m^3)	报告						GB/T 1884 和 GB/T 1885
脂肪酸甲酯[f](体积分数)/% 不大于	1.0						GB/T 23801

a 可用 GB/T 380 GB/T 11140、GB/T 17040、ASTM D7039 方法测定。结果有争议时，以 SH/T 0689 方法为准。

b 若普通柴油中含有硝酸酯型十六烷值改进剂，10% 蒸余物残炭的测定，应用不加硝酸酯的基础燃料进行。柴油中是否含有硝酸酯型十六烷值改进剂的检验方法见附录 B。可用 GB/T 17144 方法测定。结果有争议时，以 GB/T 268 方法为准。

c 可用目测法，即将试样注入 100 mL 玻璃量筒中，在室温(20℃±5℃)下观察，应当透明，没有悬浮和沉降的水分及机械杂质。结果有争议时，按 GB/T 260 或 GB/T 511 测定。

续表

项目	5号	0号	-10号	-20号	-35号	-50号	试验方法
d 由中间基或环烷基原油生产的各号普通柴油的十六烷值或十六烷指数允许不小于40(有特殊要求者由供需双方确定)，十六烷指数的计算也可用 GB/T 11139。结果有争议时，以 GB/T 386 方法为准。 e 也可采用 SH/T 0604 方法，结果有争议时，以 GB/T 1884 和 GB/T 1885 方法为准。 f 脂肪酸甲酯应满足 GB/T 20828 的要求。							

注意事项

根据 GB 13690，普通柴油属于易燃液体，产品的标志、包装、运输和贮存及交货验收按 SH 0164、GB 13690 和 GB 190 进行。根据 GB 13690，普通柴油属于易燃液体，其危险性警示见 GB 20581 中第8章的警示说明。

生产厂家

中国石油化工股份有限公司、中国石油天然气股份有限公司、中国海洋石油有限公司。

1.2.5 车用柴油

产品性能

车用柴油与普通柴油主要区别，主要在于硫含量和十六烷值等指标(2013年7月1日后车柴与普柴的硫含量指标要求相同)。车用柴油可以起到保护环境，改善发火性，延长车辆使用寿命等作用。①环保。使用车用柴油一个主要的作用体现在尾气排放上。目前的普通柴油仅能满足国家第Ⅰ、Ⅱ阶段机动车污染物的排放要求，而车用柴油可以满足国家第Ⅲ阶段机动车污染物的排放要求。车用柴油中硫含量的降低和多环芳烃(PAHs)的控制，可以有效控制汽车尾气中固体颗粒物(PM)、硫氧化物(SO_x)和氮氧化物(N_xO_y)的排放，降低形成酸雨的几率，并且能够减缓车辆发动机系统的腐蚀。②发火性。车用柴油十六烷值的提高，对车辆的着火性和抗爆性有一定的作用。十六烷值太低，车辆会产生爆震，冷车启动困难，油耗增高，不利于车辆正常使用。③延长寿命。相比普通柴油，车用柴油的润滑性能也有更严格的要求，可以减少发动机件的磨损，从而延长发动机使用寿命。

生产方法

由原油经过蒸馏、催化裂化、加氢裂化、减粘裂化、焦化等过程生产的柴油馏分调配而成(还需经精制和加入添加剂)。

主要用途

适用于压燃式发动机汽车，但可不包括 GB9756 中所规定的三轮汽车和低速货车。其中

5号车用柴油适用于风险率为10%的最低气温在8℃以上的地区使用；

0号车用柴油适用于风险率为10%的最低气温在4℃以上的地区使用；

-10号车用柴油适用于风险率为10%的最低气温在-5℃以上的地区使用；

-20号车用柴油适用于风险率为10%的最低气温在-14℃以上的地区使用；

-35号车用柴油适用于风险率为10%的最低气温在-29℃以上的地区使用；

-50号车用柴油适用于风险率为10%的最低气温在-44℃以上的地区使用。

技术参数

车用柴油(Ⅳ)、车用柴油(Ⅴ)和车用柴油(Ⅵ)的国家标准分别见表1-2-10、表1-2-11和表1-2-12。

表1-2-10 车用柴油(Ⅳ)国家标准(GB 19147—2016)

项目	质量指标						试验方法
	5号	0号	-10号	-20号	-35号	-50号	
氧化安定性(以总不溶物计)/(mg/100 mL) 不大于	2.5						SH/T 0175

续表

项目		质量指标						试验方法
		5 号	0 号	-10 号	-20 号	-35 号	-50 号	
硫含量[a]/(mg/kg)	不大于	50						SH/T 0689
酸度(以 KOH 计)/(mg/100 mL)	不大于	7						GB/T 258
10% 蒸余物残炭[b](质量分数)/%	不大于	0.3						GB/T 17144
灰分(质量分数)/%	不大于	0.01						GB/T 508
铜片腐蚀(50 ℃, 3 h)/级	不大于	1						GB/T 5096
水含量[c](体积分数)/%	不大于	痕迹						GB/T 260
机械杂质[d]		无						GB/T 511
润滑性 校正磨痕直径(60℃)/μm	不大于	460						SH/T 0765
多环芳烃含量[e](质量分数)/%	不大于	11						SH/T 0806
运动黏度[f](20℃)/(mm^2/s)		3.0～8.0		2.5～8.0		1.8～7.0		GB/T 265
凝点/℃	不高于	5	0	-10	-20	-35	-50	GB/T 510
冷滤点/℃	不高于	8	4	-5	-14	-29	-44	SH/T 0248
闪点(闭口)/℃	不低于	60			50	45		GB/T 261
十六烷值	不小于	49			46	45		GB/T 386
十六烷指数[g]	不小于	46			46	43		SH/T 0694
馏程: 50% 回收温度/℃ 90% 回收温度/℃ 95% 回收温度/℃	 不高于 不高于 不高于	 300 355 365						GB/T 6536
密度[h](20℃)/(kg/m^3)		810～850			790～840			GB/T 1884 GB/T 1885
脂肪酸甲酯含量[i](体积分数)/%	不大于	1.0						NB/SH/T 0916

a 也可采用 GB/T 11140 和 ASTM D7039 进行测定，结果有异议时，以 SH/T 0689 方法为准。

b 也可采用 GB/T 268 进行测定，结果有异议时，以 GB/T 17144 方法为准。若车用柴油中含有硝酸酯型十六烷值改进剂，10% 蒸余物残炭的测定使用不加硝酸酯的基础燃料进行。车用柴油中是否含有硝酸酯型十六烷值改进剂的检验方法见附录 B。

c 可用目测法，即将试样注入 100 mL 玻璃量筒中，在室温(20℃±5℃)下观察，应当透明，没有悬浮和沉降的水分。也可采用 GB/T 11133 和 SH/T 0246 测定，结果有异议时，以 GB/T 260 方法为准。

d 可用目测法，即将试样注入 100 mL 玻璃量筒中，在室温(20℃±5℃)下观察，应当透明，没有悬浮和沉降的杂质。结果有异议时，以 GB/T 511 方法为准。

e 也可采用 SH/T 0606 进行测定，结果有异议时，以 SH/T 0806 方法为准。

f 也可采用 GB/T 30515 进行测定，结果有异议时，以 GB/T 265 方法为准。

g 十六烷指数的计算也可采用 GB/T 11139。结果有异议时，以 SH/T 0694 方法为准。

h 也可采用 SH/T 0604 进行测定，结果有异议时，以 GB/T 1884 和 GB/T 1885 方法为准。

i 脂肪酸甲酯应满足 GB/T 20828 要求。也可采用 GB/T 23801 进行测定，结果有异议时，以 NB/SH/T 0916 方法为准。

表 1-2-11　车用柴油（V）国家标准（GB 19147—2016）

项目	质量指标						试验方法
	5 号	0 号	-10 号	-20 号	-35 号	-50 号	
氧化安定性（以总不溶物计）/（mg/100 mL）　不大于	2.5						SH/T 0175
硫含量[a]/（mg/kg）　不大于	10						SH/T 0689
酸度（以 KOH 计）/（mg/100 mL）　不大于	7						GB/T 258
10% 蒸余物残炭[b]（质量分数）/%　不大于	0.3						GB/T 17144
灰分（质量分数）/%　不大于	0.01						GB/T 508
铜片腐蚀（50℃，3h）/级　不大于	1						GB/T 5096
水含量[c]（体积分数）/%　不大于	痕迹						GB/T 260
机械杂质[d]	无						GB/T 511
润滑性 校正磨痕直径（60℃）/μm　不大于	460						SH/T 0765
多环芳烃含量[e]（质量分数）/%　不大于	11						SH/T 0806
运动黏度[f]（20℃）/（mm^2/s）	3.0～8.0		2.5～8.0		1.8～7.0		GB/T 265
凝点/℃　不高于	5	0	-10	-20	-35	-50	GB/T 510
冷滤点/℃　不高于	8	4	-5	-14	-29	-44	SH/T 0248
闪点（闭口）/℃　不低于	60			50	45		GB/T 261
十六烷值　不小于	51			49	47		GB/T 386
十六烷指数[g]　不小于	46			46	43		SH/T 0694
馏程： 50% 回收温度/℃　不高于 90% 回收温度/℃　不高于 95% 回收温度/℃　不高于	 300 355 365						GB/T 6536
密度[h]（20℃）/（kg/m^3）	810～850			790～840			GB/T 1884 GB/T 1885
脂肪酸甲酯含量[i]（体积分数）/%　不大于	1.0						NB/SH/T 0916

a　也可采用 GB/T 11140 和 ASTM D7039 进行测定，结果有异议时，以 SH/T 0689 方法为准。

b　也可采用 GB/T 268 进行测定，结果有异议时，以 GB/T 17144 方法为准。若车用柴油中含有硝酸酯型十六烷值改进剂，10% 蒸余物残炭的测定使用不加硝酸酯的基础燃料进行。车用柴油中是否含有硝酸酯型十六烷值改进剂的检验方法见附录 B。

c　可用目测法，即将试样注入 100 mL 玻璃量筒中，在室温（20℃±5℃）下观察，应当透明，没有悬浮和沉降的水分。也可采用 GB/T 11133 和 SH/T 0246 测定，结果有异议时，以 GB/T 260 方法为准。

d　可用目测法，即将试样注入 100 mL 玻璃量筒中，在室温（20℃±5℃）下观察，应当透明，没有悬浮和沉降的杂质。结果有异议时，以 GB/T 511 方法为准。

e　也可采用 SH/T 0606 进行测定，结果有异议时，以 SH/T 0806 方法为准。

f　也可采用 GB/T 30515 进行测定，结果有异议时，以 GB/T 265 方法为准。

g　十六烷指数的计算也可采用 GB/T 11139。结果有异议时，以 SH/T 0694 方法为准。

h　也可采用 SH/T 0604 进行测定，结果有异议时，以 GB/T 1884 和 GB/T 1885 方法为准。

i　脂肪酸甲酯应满足 GB/T 20828 要求。也可采用 GB/T 23801 进行测定，结果有异议时，以 NB/SH/T 0916 方法为准。

表 1-2-12　车用柴油(Ⅵ)国家标准(GB 19147—2013)

项目	质量指标						试验方法
	5 号	0 号	-10 号	-20 号	-35 号	-50 号	
氧化安定性(以总不溶物计)/(mg/100 mL)　不大于	2.5						SH/T 0175
硫含量[a]/(mg/kg)　不大于	10						SH/T 0689
酸度(以 KOH 计)/(mg/100 mL)　不大于	7						GB/T 258
10% 蒸余物残炭[b](质量分数)/%　不大于	0.3						GB/T 17144
灰分(质量分数)/%　不大于	0.01						GB/T 508
铜片腐蚀(50℃，3h)/级　不大于	1						GB/T 5096
水含量[c](体积分数)/%　不大于	痕迹						GB/T 260
润滑性 校正磨痕直径(60℃)/μm　不大于	460						SH/T 0765
多环芳烃含量[d](质量分数)/%　不大于	7						SH/T 0806
总污染物含量/(mg/kg)　不大于	24						GB/T 33400
运动黏度[e](20℃)/(mm^2/s)	3.0～8.0		2.5～8.0		1.8～7.0		GB/T 265
凝点/℃　不高于	5	0	-10	-20	-35	-50	GB/T 510
冷滤点/℃　不高于	8	4	-5	-14	-29	-44	SH/T 0248
闪点(闭口)/℃　不低于	60			50	45		GB/T 261
十六烷值　不小于	51			49	47		GB/T 386
十六烷指数[f]　不小于	46			46	43		SH/T 0694
馏程: 50% 回收温度/℃　不高于 90% 回收温度/℃　不高于 95% 回收温度/℃　不高于	300 355 365						GB/T 6536
密度[g](20℃)/(kg/m^3)	810～845			790～840			GB/T 1884 GB/T 1885
脂肪酸甲酯含量[h](体积分数)/%　不大于	1.0						NB/SH/T 0916

a　也可采用 GB/T 11140 和 ASTM D7039 进行测定，结果有异议时，以 SH/T 0689 方法为准。

b　也可采用 GB/T 268 进行测定，结果有异议时，以 GB/T 17144 方法为准。若车用柴油中含有硝酸酯型十六烷值改进剂，10% 蒸余物残炭的测定应使用不加硝酸酯的基础燃料进行。车用柴油中是否含有硝酸酯型十六烷值改进剂的检验方法见附录 B。

c　可用目测法，即将试样注入 100 mL 玻璃量筒中，在室温(20℃±5℃)下观察，应当透明，没有悬浮和沉降的水分。也可采用 GB/T 11133 和 SH/T 0246 测定，结果有异议时，以 GB/T 260 方法为准。

d　也可采用 SH/T 0606 进行测定，结果有异议时，以 SH/T 0806 方法为准。

e　也可采用 GB/T 30515 进行测定，结果有异议时，以 GB/T 265 方法为准。

f　十六烷指数的计算也可采用 GB/T 11139。结果有异议时，以 SH/T 0694 方法为准。

g　也可采用 SH/T 0604 进行测定，结果有异议时，以 GB/T 1884 和 GB/T 1885 方法为准。

h　脂肪酸甲酯应满足 GB/T 20828 要求。也可采用 GB/T 23801 进行测定，结果有异议时，以 NB/SH/T 0916 方法为准。

注意事项

向用户销售的符合本标准表1、表2和表3要求的车用柴油所使用的加油机和容器都应明确标示产品的名称、牌号和等级。根据GB 13690，车用柴油属于易燃液体，产品的标志、包装、运输和贮存及交货验收应按SH 0164，GB 13690和GB 190进行。根据GB 13690，车用柴油属于易燃液体，其危险性警示见GB 20581中第8章的警示性说明。

生产厂家

中国石油化工股份有限公司、中国石油天然气股份有限公司、中国海洋石油有限公司。

1.3 渣油燃料

1.3.1 燃料油

产品性能

燃料油也叫重油、渣油，为黑褐色黏稠状可燃液体，黏度适中，燃料性能好，发热量大。燃料油主要由石油的裂化残渣油和直馏残渣油制成的，其特点是黏度大，含非烃化合物、胶质、沥青质多。燃料油的性质主要取决于原油本性以及加工方式，而决定燃料油品质的主要规格指标包括黏度，硫含量，倾点等供发电厂等使用的燃料油还对钒、钠含量作有规定。①黏度。黏度是燃料油最重要的性能指标，是划分燃料油等级的主要依据。它是对流动性阻抗能力的度量，它的大小表示燃料油的易流性、易泵送性和易雾化性能的好坏。对于高黏度的燃料油，一般需经预热，使黏度降至一定水平，然后进入燃烧器以使在喷嘴处易于喷散雾化。目前国内较常用的是40℃运动黏度(馏分型燃料油)和100℃运动黏度(残渣型燃料油)。②含硫量。燃料油中的硫含量过高会引起金属设备腐蚀的和环境污染。根据含硫量的高低，燃料油可以划分为高硫、中硫、低硫燃料油。在石油的组分中除碳、氢外，硫是第三个主要组分，虽然在含量上远低于前两者，但是其含量仍然是很重要的一个指标。按含硫量的多少，燃料油一般又有低硫(LSFO)与高硫(HSFO)之分，前者含硫在1%以下，后者通常高达3.5%甚至4.5%或以上。③闪点。是油品安全性的指标。表征一油品着火燃烧的危险程度，习惯上也正是根据闪点对危险品进行分级。闪点愈低愈危险，愈高愈安全。④水分。它的存在会影响燃料油的凝点，随着含水量的增加，燃料油的凝点逐渐上升。此外，它还会影响燃料机械的燃烧性能，可能会造成炉膛熄火、停炉等事故。⑤灰分。它是燃烧后剩余不能燃烧的部分，特别是催化裂化循环油和油浆燃料油后，硅铝催化剂粉末会使泵、阀磨损加速。另外，灰分还会覆盖在锅炉受热面上，使传热性变坏。⑥机械杂质。机械杂质会堵塞过滤网，造成抽油泵磨损和喷油嘴堵塞，影响正常燃烧。

生产方法

由原油蒸馏、热裂化等过程所得的渣油制得，有时还加入适量轻质馏分油以调整其黏度，也可以由页岩油加工和煤液化等获得。根据加工工艺流程，燃料油可以分为常压燃料油、减压燃料油、催化燃料油和混合燃料油。

主要用途

广泛用作船舶锅炉、大型低速柴油机、发电站锅炉、玻璃、陶瓷、金属热处理、冶炼等工业的加热过程用的燃料。1号和2号是馏分燃料油，适用于家用或工业小型燃烧器上使用。特别是1号适用于汽化型燃烧器，或用于储存条件要求低倾点燃料油的场合。4号轻和4号是重质馏分燃料油，或者是馏分燃料油与残渣燃料油混合而成的燃料油。适用于要求该黏度范围的工业燃烧器上。5号轻、5号重、6号和7号是黏度和馏程范围递增的残渣燃料油。适用于工业燃烧器。为了装卸和正常雾化，燃料油通常需要预热。

技术参数

燃料油石化行业标准见表1-3-1。

表 1-3-1　燃料油石化行业标准（SH/T 0356—1996）

项目		质量指标								试验方法
		1号	2号	4号轻	4号	5号轻	5号重	6号	7号	
闪点（闭口）/℃	不低于	38	38	38	55	55	55	60	—	GB/T 261
闪点（开口）/℃	不低于	—	—	—	—	—	—	—	130	GB/T 3536
水和沉淀物/%（体积分数）	不大于	0.05	0.05	0.50[1)]	0.50[1)]	1.00[1)]	1.00[1)]	2.00[1)]	3.00[1)]	GB/T 6533
馏程/℃										GB/T 6536
10%回收温度	不高于	215	—	—	—	—	—	—	—	
90%回收温度	不低于	—	282	—	—	—	—	—	—	
	不高于	288	338	—	—	—	—	—	—	
运动黏度/（mm^2/s）										
40℃	不小于	1.3	1.9	1.9	5.5	—	—	—	—	GB/T 265
	不大于	2.1	3.4	5.5	24.0[2)]	—	—	—	—	或
100℃	不小于	—	—	—	—	5.0	9.0	15.0	—	GB/T 11137
	不大于	—	—	—	—	8.9[2)]	14.9[2)]	50.0[2)]	185	
10%蒸余物残炭/%（质量分数）	不大于	0.15	0.35	—	—	—	—	—	—	SH/T 0160
灰分/%（质量分数）	不大于	—	—	0.05	0.10	0.15	0.15	—	—	GB/T 508
硫含量/%（质量分数）	不大于	0.50	0.50	—	—	—	—	—	—	GB/T 380 或 GB/T 388 或 GB/T 11140
铜片腐蚀（50 ℃，3 h）/级	不大于	3	3	—	—	—	—	—	—	GB/T 5096
密度（20℃）/（kg/m^3）										
不小于		—	—	872[3)]	—	—	—	—	—	GB/T 1884 及
不大于		846	872	—	—	—	—	—		GB/T 1885
倾点/℃[4)]	不高于	-18	-6	-6	-6	—	—	5)	—	GB/T 3535

注：1　本标准的某一个牌号燃料油只有一个指标不符合，也不能自动改为下一级牌号。除非它符合下一级牌号的全部要求。然而，对特殊操作条件的个别指标的修改可在买方、卖方和生产厂间协商。

2　试验方法也可采用第2章所列的相应方法。但是表1中规定的试验方法是仲裁方法。

1）用 GB/T 260 蒸馏方法测得的水分加上用 GB/T 6531 抽提法测得的沉淀物的总量不应超过表上所示的值。对6号燃料油抽提法所得的沉淀物不得超过 0.50%（质量分数），当水分和沉淀物超过1%（体积分数）时，应在总量中全部扣除。当7号燃料油的水分和沉淀物超过2%（体积分数）时，应在总量中全部扣除。当有异议时，以 GB/T 6533 测定结果为准。

2）当需要低硫燃料油的情况下，可根据供需双方商定，供给黏度小的燃料油。

3）这个限值是为了保证最低的热值，也为了避免误报为2号燃料油和不正确的使用。

4）只要储存和使用需要，可以规定较低和较高的倾点，但当规定倾点低于-18℃时，2号燃料油的黏度应不小于 $1.7mm^2/s$，同时不控制90%的回收温度。

5）如果需要低硫燃料油，6号燃料油应分等级为低倾点的（不高于+15℃）或高倾点的（不控制最高值），如果油罐和管线无加热设施，应使用低倾点的燃料油。

注意事项

标志、包装、运输、贮存及交货验收按 SH 0164 进行。

生产厂家

中国石油化工股份有限公司、中国石油天然气股份有限公司、中国海洋石油有限公司、大连西太平洋石油化工有限公司、福建炼化有限公司 、广州番禺华鸿油品有限公司 、广东中油高富燃料油有限公司、江苏陵光集团、青岛广源集团公司 、山东滨化集团有限责任公司、山东华星石油化工集团有限公司、延安石化工业公司延长油矿管理局 、延练实业集团公司。

1.3.2 船用燃料油

产品性能

船用燃料油是大型低速柴油机的燃料油，其主要使用性能是要求燃料能够喷油雾化良好，以便燃烧完全，降低耗油量，减少积炭和发动机的磨损。黏度是表示燃油自身流动时的内阻力，作为评定油料流动性的指标。燃油的黏度对雾化、燃烧、净化、驳运等都有很大影响。黏度在很大程度上决定雾化的形状和颗粒大小。雾化形状和分布是与燃烧室相配合的。雾化后的燃油经加热蒸发与燃烧室中的空气混合，形成可燃的混合气。因此燃烧不仅取决于雾化质量(越细越好)和雾化形状，还取决于燃烧室中油雾与空气互相扰动状态。当黏度增加时，由于燃油的流动性变差，分散较困难，燃油形成的油雾颗粒变大，雾化锥体瘦而长，与空气混合不均匀，导致燃烧不完全。当黏度过低时，雾化锥体粗而短，向四周扩散，没有达到设计规定的距离，造成局部混合浓度不良，同样不利于燃烧，同时会使高压油泵的柱塞和套筒副及喷油嘴的针阀偶件因润滑不良而过度磨损。燃油中的硫燃烧后会造成低温腐蚀。柴油机在变速航行、减速、空载等低负荷运行时，燃烧室温度下降后会造成水分凝结，遇到燃烧后生成的二氧化硫(部分二氧化硫转变为三氧化二硫)，产生了酸性水溶液，会对燃烧系统和排气系统的金属发生侵蚀。如果柴油机燃烧含有大量残碳物的燃油，势必延长燃烧时间，造成排气温度升高、冒黑烟、冒火星等。燃烧室结碳通常与冒黑烟和马力减小同时发生，还使燃烧室部件的温度异常，导致缸套异常磨损、活塞环断裂和燃烧室部件龟裂等严重后果。结碳也会产生在喷油嘴上，将影响雾化质量而进一步影响燃烧。船用燃料油还要要严格控制水分和机械杂质，否则会堵塞油路、滤油器或喷嘴而造成中途停船，甚至发生危险事故。安定性不好的燃料油会由于沉淀的沥青、胶质油泥堵塞供油管线，或者停机后胶住油泵或喷嘴而无法启动。因此，船用燃料油的储存安定性极为重要。最近有许多国家的船用燃料油都加入了防油泥沉淀添加剂。为使燃烧性能好，减少喷嘴和炉膛结焦，除要求有较好的安定性外，还要求含硬沥青少。

生产方法

由石油的裂化残渣油或直馏残渣与轻质馏分油调制而成。

主要用途

适用于作为船用柴油机及锅炉燃料，也适用于同样或类似制造的固定式柴油机和其他船舶用机械。

技术参数

船用燃料油按照产品用途和性能分为两组(D 组和 R 组)，D 组为馏分燃料或主要是馏分燃料，R 组为残渣燃料。船用馏分燃料油国家标准见表 1-3-2，船用残渣燃料油国家标准见表 1-3-3。

表 1-3-2　船用馏分燃料油国家标准(GB 17411—2015)

项目		指标				试验方法
		DMX	DMA	DMZ	DMB	
运动黏度(40℃)/(mm^2/s)	不大于	5.500	6.000	6.000	11.00	GB/T 265
	不小于	1.400	2.000	3.000	2.000	
密度/(kg/m^3)(满足下列要求之一)						
15℃	不大于	—	890.0	890.0	900.0	GB/T 1884 和
20℃	不大于		886.5	886.5	896.5	GB/T 1885[a]
十六烷指数	不小于	45	40	40	35	SH/T 0694
硫含量[b](质量分数)/%	不大于					
Ⅰ		1.00	1.00	1.00	1.50	
Ⅱ		0.50	0.50	0.50	0.50	GB/T 17040[c]
Ⅲ		0.10	0.10	0.10	0.10	
闪点(闭口)/℃	不低于	60.0	60.0	60.0	60.0	GB/T 261(步骤 A)

续表

项目		指标				试验方法
		DMX	DMA	DMZ	DMB	
硫化氢[d]/(mg/kg)	不大于	2.00	2.00	2.00	2.00	IP 570(步骤 A)
酸值(以 KOH 计)/(mg/g)	不大于	0.5	0.5	0.5	0.5	GB/T 7304
总沉积物(热过滤法)(质量分数)/%	不大于	—	—	—	0.10[e]	SH/T 0701
氧化安定性/(mg/100 mL)	不大于	2.5	2.5	2.5	2.5[f]	SH/T 0175
10%蒸余物残炭(质量分数)/%	不大于	0.30	0.30	0.30	—	GB/T 17144
残炭(质量分数)/%	不大于	—	—	—	0.30	
浊点/℃	不大于	-16	—	—	—	GB/T 6986
倾点[g]/℃	不高于					GB/T 3535
冬季		—	-6	-6	0	
夏季			0	0	6	
外观		清澈透明[h]			[e,f,i]	目测
水分(体积分数)/%	不大于	—	—		0.30[e]	GB/T 260
灰分(体积分数)/%	不大于	0.010	0.010	0.010	0.010	GB/T 508
滑润性						SH/T 0765
校正磨痕直径(WS1.4)(60℃)/μm	不大于	520	520	520	520[j]	

a 测定方法也包括 SH/T 0604，结果有争议时，以 GB/T 1884 和 GB/T 1885 为仲裁方法。

b 尽管给出了限值，买方应该按照船舶行驶区域的有关法规限制确定最大硫含量，参见附录 C。

c 测定方法也包括 GB/T 387、GB/T 11140、SH/T 0172、SH/T 0253、SH/T 0689、NB/SH/T 0842，结果有争议时，以 GB/T 17040 为仲裁方法，采用试验前各方认可的有证的硫标准物质。

d 参见附录 D，该项目由供需双方协商是否检测。

e 如果样品不透明，要求做总沉淀物(热过滤法)和水分试验，如果样品透明，总沉淀物(热过滤法)和水分试验可以不做。

f 如果样品不透明，氧化安定性试验可不做，氧化安定性限值不适用，此时应测定总沉淀物(热过滤法)。

g 买方应确保倾点适合船上设备要求，尤其是船舶运行在寒冷气候环境下。

h 样品注入 100 mL 量筒中，在 20～25℃温度下，在光线好的地方(非强光和黑暗)观察，应无可见沉淀物和水。

i 如果样品不透明，润滑性试验可不做，润滑性限值不适用。

j 此要求适用于硫含量低于 0.050%(500mg/kg)清澈透明的燃料。

注意事项

根据 GB 13690，船用燃料油属于易燃液体，产品的包装、标志、运输、贮存及交货验收按 SH 0164，GB 13690 和 GB 190 进行，其危险性警示见 GB 20581 中第 8 章的警示性说明。

生产厂家

中国石油化工股份有限公司、中国石油天然气股份有限公司。

1.3.3 炉用燃料油

产品性能

炉用燃料油分为馏分型和残渣型两类。黏度是燃料油最重要的性能指标，国内馏分型较常用的是 40℃运动黏度，残渣型燃料油常用 100℃运动黏度。燃料油中的硫过高会引起金属设备腐蚀和环境污染，闪点过低会带来着火的隐患。水分的存在会影响燃料油的凝点及燃料性能，会造成炉膛熄火、停炉等事故。灰分是燃料后剩余不能燃料的部分，掺入燃料油后，会加速泵、阀磨损，若覆盖在锅炉受热面上，则使传热性变坏。机械杂质过高会堵塞过滤网，造成抽油泵磨损和喷油嘴堵塞，影响正常燃料。

生产方法

馏分油燃料油可以通过直接蒸馏原油或其他加工如加氢裂化后在蒸馏得到，也可由直馏重油和一定比例的柴油混合而成。残渣型燃料油主要是减压渣油、或裂化残油或二者的混合物，或调入适量裂化轻油制成。

主要用途

适用于各种工业炉或锅炉作为燃料。

技术参数

根据产品运动黏度细分，馏分型炉用燃料油分为 2 个牌号，残渣型炉用燃料油分为 4 个牌号。炉用燃料油国家标准见表 1-3-4。

注意事项

产品标志、包装、运输和贮存及交货验收按 SH 0164 进行。根据 GB 13690，闪点低于 61℃的馏分型燃料油属于危险化学品的第 3 类易燃液体，此类产品的标志、包装按照 GB 13690 和 GB 190 进行。属于易燃液体的馏分型燃料油的安全问题应符合相关法律、法规和标准的规定。

生产厂家

中国石油化工股份有限公司、中国石油天然气股份有限公司。

1.3.4 燃气轮机液体燃料

产品性能

燃气轮机液体燃料包括石脑油、煤油、柴油、重油等。重质液体燃料将释放更多辐射热，故燃烧系统中热部件温度较高，但常含有腐蚀性元素，对热部件寿命是不利的。轻质油中有害杂质含量很小，也可能从运输和贮存时带入。燃气轮机对燃料中的杂质极为敏感，为保证燃气轮机正常运行，就应严格控制杂质含量。①水。液体燃料中的水是以两种形式存在的，即溶解水和游离水。溶解水能转变成游离水，游离水同油罐的腐蚀、微生物的生长、燃气轮机的功率损失以及燃烧室的熄火密切相关。②固体颗粒杂质。液体燃料中的悬浮污物和固体颗粒物质能引起燃料系统元件的磨损和堵塞。净化设备和燃气轮机的维护费用会因这些杂质含量的增高而增加。③微生物。在液体燃料的储存期间，微生物(细菌和真菌)的生长也是一种杂质的来源。微生物总是存在的，如果条件对它们的生长有利，就能生成一种粘性沉淀物积聚在一起，容易堵塞燃气轮机的燃料系统。另外还有一种能使硫酸盐还原的细菌，能在燃油中产生具有腐蚀性的硫化物。④钒。钒可形成低熔点化合物，如五氧化二钒(在 690℃时熔化)对高温合金制造的涡轮叶片具有强烈腐蚀作用。因此，一般规定在液体燃料中钒的含量不应超过 2ppm。⑤钾和钠。钾和钠可与钒结合成低熔点共熔物(熔点为 565℃)。同燃料中的硫相结合又可生成熔点在燃气轮机工作范围内的硫酸盐，这些共熔物会引起严重的腐蚀。⑥氯。燃料中含有少量的氯化物。它在沉积时生成氯化氢或氯气，这种化合物或元素会加速燃气轮机中奥氏体材料的腐蚀。⑦硫。在一般情况下，硫能生成二氧化硫、三氧化硫，它们可与燃料灰分中的钠和钾的化合物结合成硫酸盐，其熔点在燃气轮机工作范围之内，因此这些化合物会引起涡轮叶片的严重腐蚀。

生产方法

石油直馏和二次加工产品或其调合而成。

主要用途

适用于非航空用的燃气轮机。

技术参数

燃气轮机液体燃料国家标准见表 1-3-5。

表 1-3-3 船用残渣燃料油国家标准(GB 17411—2015)

项目		指标 RMA 10	RMB 30	RMD 80	RME 180	RMG 180	RMG 380	RMG 500	RMG 700	RMK 380	RMK 500	RMK 700	试验方法
运动黏度(50℃)/(mm^2/s)	不大于	10.00	30.00	80.00	180.0	180.0	380.0	500.0	700.0	380.0	500.0	700.0	GB/T 11137
密度/(kg/m^3)(满足下列要求之一)													GB/T 1884 和 GB/T 1885[a]
15℃	不大于	920.0	960.0	975.0	991.0	991.0				1 010.0			
20℃	不大于	916.5	956.6	971.6	987.6	987.6				1 006.6			
碳芳香度指数(CCAI)	不大于	850	860	860	860	870				870			见附录 F
硫含量[b](质量分数)/%	不大于												GB/T 17040[c]
Ⅰ		3.50		3.50									
Ⅱ		0.50		0.50									
Ⅲ		0.10											
闪点(闭口)/℃	不低于	60.0	60.0	60.0	60.0	60.0				60.0			GB/T 261(步骤 B) 参见附录 G
硫化氢[d]/(mg/kg)	不大于	2.00	2.00	2.00	2.00	2.00				2.00			IP 570(步骤 A)
酸值[e]/(以 KOH 计)/(mg/kg)	不大于	2.5	2.5	2.5	2.5	2.5				2.5			GB/T 7304
总沉积物(老化法)(质量分数)/%	不大于	0.10	0.10	0.10	0.10	0.10				0.10			SH/T 0702
残炭(质量分数)/%	不大于	2.50	10.00	14.00	15.00	18.00				20.00			GB/T 17144
倾点[f]/℃	不高于												GB/T 3535
冬季		0	0	30	30	30				30			
夏季		6	6	30	30	30				30			

续表

项目		指标											试验方法
		RMA 10	RMB 30	RMD 80	RME 180	RMG 180	RMG 380	RMG 500	RMG 700	RMK 380	RMK 500	RMK 700	
水分[g](体积分数)/%	不大于	0.30	0.50	0.50	0.50	0.50				0.50			GB/T 260
灰分(质量分数)/%	不大于	0.040	0.070	0.070	0.070	0.100				0.150			GB/T 508
矾/(mg/kg)	不大于	50	150	150	150	350				450			IP 501[h]
钠/(mg/kg)	不大于	50	100	100	50	100				100			IP 501
铝+硅/(mg/kg)	不大于	25	40	40	50	60				60			IP 501[i]
净热值/(MJ/kg)	不小于	39.8											GB/T 384[j]
使用过的润滑油(ULO)/(mg/kg)		燃料油应不含 ULO，符合下述条件之一，认为燃料油含有 ULO：											IP501
钙和锌		钙>30 且锌>15											
钙和磷		钙>30 且磷>15											

注：残渣燃料油的清洁度和相容性参见附录 L。

a 测定方法也包括 SH/T 0604，结果有争议时，以 GB/T 1884 和 GB/T 1885 为仲裁方法。

b 尽管给出了限值，买方应该按照船舶行驶区域的有关法规限制确定最大硫含量，参见附录 C。

c 测定方法也包括 GB/T 387、GB/T 11140、SH/T 0172，结果有争议时，以 GB/T 17040 为仲裁方法，采用试验前各方认可的有证的硫标准物质。

d 参见附录 D，本标准该项目由供需双方协商是否检测。

e 参见附录 H。

f 买方应确保倾点适合船上设备要求。尤其是船舶运行在寒冷气候。

g 水分超过 0.5% 的应与需方协商并经用户认可，但最高不大于 1.0%。

h 测定方法也包括 GB/T 12575、SH/T 0715、ISO 14597，结果有争议时，以 IP 501 为仲裁方法。参见附录 I。

i 测定方法也包括 SH/T 0706，结果有争议时，以 IP 501 为仲裁方法。参见附录 J。

j 热值也可以由附录 E 计算获得，结果有争议时，以 GB/T 384 为仲裁方法。

表 1-3-4　炉用燃料油国家标准(GB 25989—2010)

序号	项目	馏分型		残渣型				试验方法
		F-D1	F-D2	F-R1	F-R2	F-R3	F-R4	
1	运动黏度/(mm^2/s) 40℃ 100℃	≯5.5 —	>5.5~24.0 -	- 5.0~15.0	- >15.0~25.0	- >25.0~50	- >50~185	GB/T 265 GB/T 11137
2	闪点/℃　不低于 闭口 开口	55 -	60 -	80 -	80 -	80 -	- 120	GB/T 261 GB/T 267
3	硫含量(质量分数)/%　不大于	1.0	1.5	1.5	2.5	2.5	2.5	GB/T 17040[b] GB/T 387 SH/T 0172
4	水和沉淀物(体积分数)/%　不大于	0.50	0.50	1.00[e]	1.00[e]	2.00[e]	3.0[e]	GB/T 6533
5	灰分(质量分数)/%　不大于	0.05	0.10	报告	报告	报告	报告	GB/T 508
6	酸值(以 KOH 计)/(mg/g)　不大于	报告		2.0				GB/T 7304
7	馏程(250℃回收体积分数)/%	-		报告				GB/T 6536
8	倾点/℃	报告						GB/T 3535
9	密度(20℃)/(kg/m^3)	报告						GB/T 1884 GB/T 1885
10	水溶性酸或碱	报告						GB/T 259

注 1：表中馏分型炉用燃料油的第 1 项、第 2 项、第 3 项、第 4 项和第 5 项技术要求为强制性的，残渣型炉用燃料油的第 1 项、第 2 项、第 3 项和第 6 项技术要求为强制性的，其余为推荐性的。

注 2：对炉用燃料油中钒、铝、硅、钙、锌和磷等元素的要求由供需双方协商确定。

a　为了符合国家或地方环保法规要求，或为满足热处理、有色金属、玻璃和陶瓷等生产特殊使用需求，由买卖双方协商提供低硫燃料油。

b　有争议时，以 GB/T 17040 为仲裁方法。

c　对于水分和沉淀物总量超过 1.0% 的应在总量中扣除。

表 1-3-5 燃气轮机液体燃料国家标准(GB/T 29114—2012)

项目	质量指标						试验方法
	ISO-F-[a]						
	DST0	DST1 DMT1	DST2 DMT2	DST3 DMT3	RST3 RMT3	RST4 RMT4	
	低闪点石油馏分(石脑油型)	中闪点石油馏分[喷气燃料(煤油)型]	石油馏分(柴油型)	低灰分石油馏分	低灰分残渣燃料或含有石油炼制中重组分的馏分油	包含石油炼制中重组分的石油燃料	
闪点(闭口)/℃ 不低于	-	38(陆用) 43(海用)	56(陆用) 60(海用)	56(陆用) 60(海用)	60	60	GB/T 261
运动黏度 40℃/(mm^2/s) 100℃/(mm^2/s)	 ≥1.3 -	 1.3~2.4 -	 1.3~5.5 -	 1.3~11.0 -	 1.3~20.0 -	 - ≤55	GB/T 265
15℃密度/(kg/m^3) 不大于	报告	报告	880	900	920	996	GB/T 1884 GB/T 1885
馏程 90%(体积分数)回收温度/℃ 不高于	288	288	365	-	-	-	GB/T 6536
倾点[b]/℃ 不高于	-	-18	-6	报告	报告	报告	GB/T 3535
残炭(质量分数)/% 不大于	0.15 (10%蒸余物)	0.15 (10%蒸余物)	0.15 (10%蒸余物)	0.25	1.50	报告	SH/T 0160
灰分(质量分数)/% 不大于	0.01	0.01	0.01	0.01	0.03	0.15	GB/T 508
水分(体积分数)/% 不大于	0.05	0.05	0.05	0.30	0.50	1.0	GB/T 260
沉淀物(体积分数)/% 不大于	0.01	0.01	0.01	0.05	0.05	0.25	GB/T 6531
硫含量(质量分数)/% 不大于	0.5	0.5	-	-	-	-	GB/T 12700
	0.5	0.5	1.3	2.0	2.0	4.5	GB/T 17040[d]
铜片腐蚀/级 不大于	1(50℃,3 h)	1(100℃,3 h)	1(50℃,3 h)	-	-	-	GB/T 5096
计算法净热值/(MJ/kg) 不低于	报告	42.8	41.6	40.0	40.0	39.4	见附录 A

a 由于原油是多种多样的，无需定义原油的类别。如果采用原油为工业用涡轮发动机的燃料，这种用法须由涡轮发动机制造者和用户达成一致。

b 冬季低于 6℃操作时，燃料系统应有加热设施。

c 燃气涡轮发动机废热回收装置要求另外控制硫含量，以防止对冷却末端的腐蚀。

d 硫含量的测定方法也可采用 GB/T 387、GB/T 11140、SH/T 0172，有争议时以 GB/T 17040 为仲裁方法。

注意事项

产品标志、包装、运输和贮存及交货验收按 SH 0164 进行。根据 GB 13690，闪点低于 61℃的馏分型燃料属于危险化学品的第 3 类易燃液体，此类产品的标志、包装按照 GB 13690 和 GB 190 的要求进行。根据 GB 13690 的规定，燃气轮机液体燃料属于易燃液体，其危险性警示见 GB 20581-2006 中第 8 章的警示说明。该燃料当闪点低于 38℃或薪度(40℃)小于 1.3 mm^2/s 时，用户应考虑机组燃料系统防火安全设计。

生产厂家

中国石油化工股份有限公司、中国石油天然气股份有限公司。

1.4 代用燃料

1.4.1 车用燃料甲醇

产品性能

易燃液体。闪点 8℃，自燃点 436℃。有毒。在空气中爆炸极限 6.3% ~6.5%。车用燃料甲醇具有如下特性：①热值低。甲醇热值约为汽油的一半，汽油机使用甲醇燃料，较适当地提高供油量，从而使混合气热值大体与汽油的混合气热值相当或略高。②含氧高。甲醇含氧高，燃烧充分，可大幅度降低尾气排放中的一氧化碳和碳氢化合物，比汽油更清洁、更环保。③辛烷值较高。汽油机使用甲醇燃料可以适当提高压缩比，有利于提高发动机的动力性能和经济性能。④汽化潜热大。甲醇汽化潜热为汽油的 3.7 倍，可降低发动机的热量，但冷启动差。⑤闪点高。甲醇的闭口闪点为 12℃，远远高于汽油、天然气，储运及使用更安全。

生产方法

通过造气、净化(脱硫)、除 CO_2 等工艺将煤或天然气转化成合成气(CO 和 H_2)，在高温、高压、催化作用下合成甲醇，再通过精馏精制得成品。

主要用途

适合于生产各类甲醇汽油燃料。

技术参数

车用燃料甲醇国家标准见表 1-4-1。

表 1-4-1 车用燃料甲醇(GB/T 23510—2009)

项目	指标
外观	无色透明液体，无可见杂质
密度(ρ_{20})/(g/cm^3)	0.791 ~0.793
沸程(0℃，101.3kPa，在 64.0℃ ~ 65.5℃范围内，包括 64.6℃±0.1℃)/℃ ≤	1.0
水/%(质量分数) ≤	0.15
酸(以 HCOOH 计)/%(质量分数) ≤ 或碱(以 NH_3 计)/%(质量分数) ≤	0.003 0.000 8
无机氯含量/(mg/L) ≤	1
钠含量/(mg/kg) ≤	2
蒸发残渣/%(质量分数) ≤	0.003
注：当需要测定甲醇的质量分数时，其试验方法参见附录 A。	

注意事项

储存在干燥、通风、低温、不受日光直接照射并隔绝热源、火种的地方。不得与易燃、易爆及腐蚀性物品混合存放。

生产厂家

新奥集团股份有限公司、山西华顿实业有限公司、陕西长征新能源有限公司、兖矿集团有新公司、江苏南大高科技产业有限公司、平煤蓝天化工股份有限公司、陕西神木化学工业有限公司。

1.4.2 M15 甲醇汽油

产品性能

甲醇掺入量一般为5% ~20%。以掺入15%者为最多，称M15甲醇汽油。抗爆性能好，研究法辛烷值(RON)随甲醇掺入量的增加而增高，马达法辛烷值(MON)则不受影响。燃烧排出物的毒性比普通含铅汽油小，排气中一氧化碳含量也较少。其热效率、启动性、燃烧清洁性良好，具有降低排放、节省石油、安全方便等特点。不足之处是易于分层，对汽油发动机的腐蚀性和对橡胶材料的溶胀率都较大，低温运转性和冷起动性较差，动力性也不及纯汽油。

生产方法

在不添加含氧化合物的液体烃类中，加入一定量工业用甲醇及改善使用性能的添加剂后制成。加入量(体积分数)为15%，称为M15。

主要用途

适用于作点燃式内燃机的燃料。

技术参数

M15车用甲醇汽油按照研究法辛烷值分为90号、93号和97号三个牌号。车用甲醇汽油(Ⅱ)和车用甲醇汽油(Ⅲ)中国标准化协会标准见表1-4-2、表1-4-3。M15车用甲醇汽油浙江省地方标准见表1-4-4。

表1-4-2 车用甲醇汽油(Ⅱ)中国标协标准(CAS 147—2007)

项目		质量指标			试验方法
		90	93	97	
抗爆性:					
研究法辛烷值(RON)	不小于	90	93	97	GB/T 5487
抗爆指数(RON+MON)/2	不小于	85	88	报告	GB/T 503、GB/T 5487
车用燃料甲醇含量(体积分数)/%		14.85 ~ 15.15			SH/T 0663
铅含量[a]/(g/L)	不大于	0.005			GB/T 8020
馏程					GB/T 6536
10%蒸发温度/℃	不高于	70			
50%蒸发温度/℃	不高于	110			
90%蒸发温度/℃	不高于	185			
终馏点/℃	不高于	205			
残留量/%(体积分数)	不大于	2			
蒸气压/kPa					GB/T 8017
从9月16日~3月15日	不大于	90			
从3月16日~9月15日	不大于	86			
实际胶质/(mg/100mL)	不大于	5			GB/T 8019
诱导期/min	不大于	480			GB/T 8018
硫含量(质量分数)/%	不大于	0.05			GB/T 380

续表

项目	质量指标			试验方法
	90	93	97	
硫醇(需要满足下列要求之一)： 博士试验 硫醇硫含量/%(质量分数) 不大于	 通过 0.001			 SH/T 0174 GB/T 1792
铜片腐蚀(50℃，3h)级， 不大于	1			GB/T 5096
水溶性酸或碱	无			GB/T 259
机械杂质	无			按7.2进行
水分/%(体积分数) 不大于	0.10			SH/T 0246
苯含量[b]/%(体积分数) 不大于	2.5			SH/T 0693、SH/T 0713
烯烃含量[c]/%(体积分数) 不大于	34			GB/T 11132、SH/T 0741
芳烃含量[c]/%(体积分数) 不大于	38			GB/T 11132、SH/T 0741
低温抗相分离性能(-20℃ 48h)	清亮透明，无相分离			按7.3进行
遇水抗相分离性能(加水0.30% 振荡5min)	静置48h后，无相分离			按7.4进行
锰含量[d]/(g/L) 不大于	0.016			SH/T 0711
铁含量[a]/(g/L) 不大于	0.01			SH/T 0712

a 车用甲醇汽油中，不得人为加入甲醇以及含铅或含铁的添加剂。

b 在有异议时，以SH/T 0713方法测定结果为准。

c 在含量测定有异议时，以GB/T 11132方法测定结果为准。

d 锰含量是指车用甲醇汽油中以甲基环戊二烯三羰基锰形式存在的总锰含量，不得加入其他类型的含锰添加剂。

表1-4-3 车用甲醇汽油(Ⅲ)中国标协标准(CAS 147—2007)

项目	质量指标			试验方法
	90	93	97	
抗爆性： 研究法辛烷值(RON) 不小于 抗爆指数(RON+MON)/2 不小于	 90 85	 93 88	 97 报告	 GB/T 5487 GB/T 503、GB/T 5487
车用燃料甲醇含量(体积分数)/%	14.85~15.15			SH/T 0663
铅含量[a]/(g/L) 不大于	0.005			GB/T 8020
馏程： 10%蒸发温度/℃ 不高于 50%蒸发温度/℃ 不高于 90%蒸发温度/℃ 不高于 终馏点/℃ 不高于 残留量/%(体积分数) 不大于	 70 110 185 205 2			GB/T 6536
蒸气压/kPa 从9月16日~3月15日 不大于 从3月16日~9月15日 不大于	 90 86			GB/T 8017
实际胶质/(mg/100mL) 不大于	5			GB/T 8019
诱导期/min 不小于	480			GB/T 8018

续表

项目		质量指标			试验方法
		90	93	97	
硫含量(质量分数)/%	不大于	0.015			GB/T 380
硫醇(需要满足下列要求之一): 博士试验 硫醇硫含量(质量分数)/%	 不大于	 通过 0.001			 SH/T 0174 GB/T 1792
铜片腐蚀(50℃, 3h)/级,	不大于	1			GB/T 5096
水溶性酸或碱		无			GB/T 259
机械杂质		无			按7.2进行
水分(体积分数)/%	不大于	0.10			SH/T/ 0246
苯含量[b](体积分数)/%	不大于	1.0			SH/T 0693、SH/T 0713
芳烃含量[c](体积分数)/%	不大于	34			GB/T 11132、SH/T 0741
烯烃含量[c](体积分数)/%	不大于	38			GB/T 11132、SH/T 0741
低温抗相分离性能(-20℃ 48h)		清亮透明,无相分离			按7.3进行
遇水抗相分离性能(加水0.30% 振荡5min)		静置48h后,无相分离			按7.4进行
锰含量[d]/(g/L)	不大于	0.014			SH/T 0711
铁含量[a]/(g/L)	不大于	0.01			SH/T 0712

a 车用甲醇汽油中,不得人为加入甲醇以及含铅或含铁的添加剂。

b 在有异议时,以SH/T 0713方法测定结果为准。

c 在含量测定有异议时,以GB/T 11132方法测定结果为准。

d 锰含量是指车用甲醇汽油中以甲基环戊二烯三羰基锰形式存在的总锰含量,不得加入其他类型的含锰添加剂。

表1-4-4 M15车用甲醇汽油浙江省地方标准

项目		质量指标			试验方法
		90号	93号	97号	
甲醇含量(体积分数)/%		13~15			附录A
抗爆性:					
辛烷值(RON)	不小于	90	93	97	GB/T 5487
抗爆指数(RON+MON)/2	不小于	85	88	报告	GB/T 503、GB/T 5487
铅含量[a]/(g/L)	不大于	0.005			GB/T 8020
馏程: 10%蒸发温度/℃ 50%蒸发温度/℃ 90%蒸发温度/℃ 终馏点/℃ 残留量/%(体积分数)	 不高于 不高于 不高于 不高于 不大于	 70 120 190 205 2			GB/T 6536
蒸气压/kPa 11月1日~4月30日 5月1日~10月31日	 不大于 不大于	 90 86			GB/T 8017
实际胶质/(mg/100mL)	不大于	5			GB/T 8019

项目		质量指标			试验方法
		90 号	93 号	97 号	
未洗胶质/(mg/100 mL)	不大于	70			GB/T 8019
诱导期/min	不小于	480			GB/T 8018
硫含量[b](质量分数)/%	不大于	0.045			GB/T 380、GB/T 11140、SH/T 0253、SH/T 0689 SH/T 0742
硫醇(需要满足下列条件之一): 博士试验 硫醇硫含量(质量分数)/%	 不大于	 通过 0.001			 SH/T 0174 GB/T 1792
铜片腐蚀(50℃, 3h)/级	不大于	1			GB/T 5096
水溶性酸或碱		无			GB/T 259
机械杂质		无			目测[c]
水分(质量分数)/%	不大于	0.15			GB/T 6283
苯含量[d](体积分数)/%	不大于	2.2			SH/T 0693、SH/T 0713
芳烃含量[e](体积分数)/%	不大于	36			GB/T 11132、SH/T 0741
烯烃含量[e](体积分数)/%	不大于	31.5			GB/T 11132、SH/T 0741
锰含量[f]/(g/L)	不大于	0.018			SH/T 0711
铁含量[a]/(g/L)	不大于	0.01			SH/T 0712
外观		室温 20℃下清亮透明，不分层，不含悬浮物和沉淀物。			目测
低温抗相分离性能(-20℃ 4h)		清亮透明，无相分离			见 6.1
遇水抗相分离性能(加水 0.15% 4h)		清亮透明，无相分离			见 6.2

注：应加入有效的金属腐蚀抑制剂和有效的符合 GB 19592 的汽油清净剂。

a 不得人为加入。

b 在有异议时，以 GB/T 380 方法测定结果为准。

c 将试样注入 100 mL 玻璃量筒中观察，应当透明，无悬浮和沉降的机械杂质及水分。在有异议时，以 GB/T 511 方法测定结果为准。

d 在有异议时，以 SH/T 0713 方法测定结果为准。

e 在有异议时，以 GB/T 11132 方法测定结果为准。

f 锰含量是指车用甲醇汽油中甲基环戊二烯三羰基锰(MMT)形式存在的总锰含量，不得加入其他类型的含锰添加剂。

注意事项

车用甲醇汽油只作为点燃式发动机的燃料，不得作为其他用途。严禁口腔、眼睛和皮肤接触到车用甲醇汽油，配制、装卸和加油人员应有相应的防护措施，避免过量吸入有害蒸汽。严禁使用车用甲醇汽油洗手，擦洗衣物，灌注打火机和作喷灯燃料。工业用甲醇及车用甲醇汽油是有毒易燃品，使用场所必须警示严禁烟火；溢出时，应立刻用水冲洗；着火时，应用二氧化碳灭火器或干粉灭火器、砂子和石棉布等进行灭火和扑救。工业用甲醇有毒，严禁入口，避免与皮肤接触，溅到皮肤或眼睛时，应迅速用大量清水冲洗，如发生意外，应急速医治。

生产厂家

大庆油田化工有限公司、浙江赛孚能源科技有限公司、山西东方深蓝醇醚燃料科技有限公司、山西丰喜新能源开发有限公司、山西华俄甲醇燃料调配中心(有限公司)、山西晋安科贸有限公司、山西新能醇醚燃料有限公司、山西新源煤化燃料有限公司、山西华顿实业有限公司、贵州东方红升新能源有限公司、贵州壮丽精醇石化有限公司、贵州龙和能源有限公司、黔西南康达生物能源科技有限公司、山东中荣新能源科技有限公司。

1.4.3 车用甲醇汽油(M30)

产品性能

甲醇燃料量为30%，汽油70%时称为M30甲醇汽油。M30甲醇汽油的特点：①辛烷值高。该产品的辛烷值比同标号汽油提高2~3个单位。②动力性强。高清洁嘉源M30甲醇汽油配制中，复配有洁净剂等可增强动力的组分物质，与同类产品比较，动力性明显增强。③能耗率低。该产品的助溶剂中加放了提高热值成分。④高清洁性。使用高清洁嘉源M30甲醇汽油的有害排放物CO、HC、NO_x可降低30%~50%，是解决机动车辆排放污染，改善环境质量的有效途径之一。同时，M15甲醇汽油可以有效清洁车辆供油、燃料系统积碳，延长发动机使用寿命。⑤通用性好。高清洁嘉源M30甲醇汽油在不改变汽车发动机结构及参数的情况下，直接使用能满足发动机的动力要求和稳定运行。⑥保持期长。高清洁嘉源M30甲醇汽油在水分含量不超标或正常温度范围内，稳定保持1年以上，可以满足储存、运输、销售和使用各环节所需的时间。

生产方法

由车用燃料甲醇、车用汽油及添加剂复配而成。

主要用途

适用于作车用点燃式内燃机的燃料。

技术参数

车用甲醇汽油(M30)浙江省地方标准见表1-4-5，M30车用甲醇汽油山西省地方标准见表1-4-6。

表1-4-5 车用甲醇汽油(M30)浙江省地方标准(DB33/T 756.2—2009)

项目		质量指标			试验方法
		90号	93号	97号	
甲醇含量(体积分数)/%		27~30			附录A
抗爆性:					
辛烷值(RON)	不小于	90	93	97	GB/T 5487
抗爆指数(RON+MON)/2	不小于	85	88	报告	GB/T 503、GB/T 5487
铅含量[a]/(g/L)	不大于	0.004			GB/T 8020
馏程:					GB/T 6536
10%蒸发温度/℃	不高于	70			
50%蒸发温度/℃	不高于	120			
90%蒸发温度/℃	不高于	190			
终馏点/℃	不高于	205			
残留量/%(体积分数)	不大于	2			
蒸气压/kPa					GB/T 8017
11月1日至4月30日	不大于	90			
5月1日至10月31日	不大于	86			
实际胶质/(mg/100mL)	不大于	5			GB/T 8019
未洗胶质/(mg/100 mL)	不大于	70			GB/T 8019
诱导期/min	不小于	480			GB/T 8018

续表

项目		质量指标			试验方法
		90 号	93 号	97 号	
硫含量[b]（质量分数）/%	不大于	0.04			GB/T 380、GB/T 11140、SH/T 0253、SH/T 0689 SH/T 0742
硫醇（需满足下列条件之一）： 博士试验 硫醇硫含量（质量分数）/%	 不大于	 通过 0.001			 SH/T 0174 GB/T 1792
铜片腐蚀（50℃，3h）/级	不大于	1			GB/T 5096
水溶性酸或碱		无			GB/T 259
机械杂质		无			目测[c]
水分（质量分数）/%	不大于	0.15			GB/T 6283
苯含量[d]（体积分数）/%	不大于	2.0			SH/T 0693、SH/T 0713
芳烃含量[e]（体积分数）/%	不大于	32			GB/T 11132、SH/T 0741
烯烃含量[e]（体积分数）/%	不大于	28			GB/T 11132、SH/T 0741
锰含量[f]/（g/L）	不大于	0.018			SH/T 0711
铁含量[a]/（g/L）	不大于	0.01			SH/T 0712
外观		室温 20℃下清亮透明，不分层，不含悬浮物和沉淀物。			目测
低温抗相分离性能（-20℃ 4h）		清亮透明，无相分离			见 6.1
遇水抗相分离性能（加水 0.15%　4h）		清亮透明，无相分离			见 6.2

注：应加入有效的金属腐蚀抑制剂和有效的符合 GB 19592 的汽油清净剂。

a 不得人为加入。

b 在有异议时，以 GB/T 380 方法测定结果为准。

c 将试样注入 100 mL 玻璃量筒中观察，应当透明，无悬浮和沉降的机械杂质及水分。在有异议时，以 GB/T 511 方法测定结果为准。

d 在有异议时，以 SH/T 0713 方法测定结果为准。

e 在有异议时，以 GB/T 11132 方法测定结果为准。

f 锰含量是指车用甲醇汽油中以甲基环戊二烯三羰基锰（MMT）形式存在的总锰含量，不得加入其他类型的含锰添加剂。

表 1-4-6　M30 车用甲醇汽油山西省地方标准（DB14/T 614—2011）

项　　目		质量指标		试验方法
		93 号	97 号	
甲醇含量[a]/%（体积分数）		28～32		附录 A、附录 B
抗爆性： 研究法辛烷值（RON） 抗爆指数（RON+MON）/2	 不小于 不小于	 93 88	 97 报告	 GB/T 5487 GB/T 503、GB/T 5487
铅含量[b]/（g/L）	不大于	0.0035		GB/T 8020

续表

项　　目		质量指标		试验方法
		93 号	97 号	
馏程： 10% 蒸发温度/℃ 50% 蒸发温度/℃ 90% 蒸发温度/℃ 终馏点/℃ 残留量/%（体积分数）	 不高于 不高于 不高于 不高于 不大于	 60 100 180 205 2		GB/T 6536
饱和蒸气压[c]/kPa 11 月 1 日至 4 月 30 日 5 月 1 日至 10 月 31 日	 不大于 不大于	 88 80		GB/T 8017 SH/T 0794
实际胶质/(mg/100 mL)	不大于	5		GB/T 8019
诱导期/min	不小于	480		GB/T 8018
硫含量[d]/%（质量分数）	不大于	0.015		GB/T 380 、GB/T 11140 SH/T 0253、SH/T 0689、SH/T 0742
硫醇（需满足下列条件之一）： 博士试验 硫醇硫含量/%（质量分数）	 不大于	 通过 0.001		 SH/T 0174 GB/T 1792
铜片腐蚀(50 ℃，3 h)/级	不大于	1		GB/T 5096
水溶性酸或碱		无		GB/T 259
机械杂质		无		目测[e]
水分[f]/%（质量分数）	不大于	0.15		SH/T 0246、GB/T 6283
苯含量[g]/%（体积分数）	不大于	1.0		SH/T 0693、SH/T 0713
芳烃含量[h]/%（体积分数）	不大于	35		GB/T 11132、SH/T 0741
烯烃含量[h]/%（体积分数）	不大于	25		GB/T 11132、SH/T 0741
锰含量[i]/(g/L)	不大于	0.016		SH/T 0711
铁含量[b]/(g/L)	不大于	0.01		SH/T 0712
低温抗相分离性能(-20 ℃，4 h) 11 月 1 日至 3 月 31 日		清亮透明，无相分离		见 6.1
遇水抗相分离性能(20 ℃加水 0.2 %，4 h)		清亮透明，无相分离		见 6.2

注：应加入有效的金属腐蚀抑制剂和有效的符合 GB 19592 的车用汽油清净剂。

不得人为加入对车辆可靠性和后处理系统有害的含卤化物的添加剂及含铁、铅和磷的添加剂。

a　附录 B 为快速检测法，在有异议时，以附录 A 方法测定结果为准。

b　不得人为加入。

c　在有异议时，以 GB/T 8017 测定结果为准。

d　在有异议时，以 SH/T 0689 方法测定结果为准。

e　将试样注入 100 mL 玻璃量筒中观察，应当透明，无悬浮和沉降的机械杂质。在有异议时，以 GB/T 511 方法测定结果为准。

f　在有异议时，以 GB/T 6283 方法测定结果为准。

g　在有异议时，以 SH/T 0713 方法测定结果为准。

h　在有异议时，以 GB/T 11132 方法测定结果为准。

i　锰含量是指车用甲醇汽油中甲基环戊二烯三羰基锰(MMT)形式存在的总锰含量，不得加入其他类型的含锰添加剂。

注意事项

标志符合 GB 190 要求。凡向用户销售符合本标准的车用甲醇汽油(M30)所使用的加油机泵和容器都应标明下列标志:“M30 甲醇汽油 90 号”,“M30 甲醇汽油 93 号”或“M30 甲醇汽油 97 号”,并应标志在汽车驾驶员易看见的地方。包装、运输、贮存及交货验收按 SH 0164 进行。本部分产品在运输、贮存过程中应使用专用的管道、容器和机泵,并且这些储罐、泵、管线索、计量器的密封件和材质应适应车用甲醇汽油的要求。在贮运使用过程中,要保证管道、容器、机泵和油箱整个系统干净和不含水,以保证产品质量,如果发生相分离,分出的水相应送往专门污水处理厂进行处理。本部分产品在出厂后,贮存期为六个月以内,超过贮存期,由质检部门检验合格后方可使用。装卸与加油时,尽量减少油蒸汽的挥发。配制,装卸,加油人员应做相应防护措施,不允许口腔、眼睛、皮肤接触本油品,避免吸入油蒸汽。不允许用嘴吸油,不允许用油品洗手、擦洗衣服和机件。车用甲醇汽油(M30)着火时应用沙了、氟蛋白抗溶泡沫灭火剂、石棉布等进行扑救。车用甲醇汽油(M30)溢出时,应进行专门处理。甲醇汽油的分配和计量系统中应避免使用未经防护的铝材料和没有衬里的丁睛橡胶分配软管。本品只用于作点燃式内燃机的燃料,不得作任何其他用途。

生产厂家

大庆油田化工有限公司、浙江赛孚能源科技有限公司、山西东方深蓝醇醚燃料科技有限公司、山西丰喜新能源开发有限公司、山西华俄甲醇燃料调配中心(有限公司)、山西晋安科贸有限公司、山西新能醇醚燃料有限公司、山西新源煤化燃料有限公司、福建玖阳环保燃油科技有限公司、济南苏势能源科技有限公司、山东中荣新能源科技有限公司。

1.4.4 车用甲醇汽油(M50)

产品性能

在车用汽油中,加入一定量的变性燃料甲醇后,用作点燃式内燃机的燃料,加入变性燃料甲醇量为50%(体积分数)时称为 M50 甲醇汽油。①辛烷值高,能显著提高燃料的混合辛烷值,增强抗爆性能,可以提高发动机的压缩比,从而提高发动机的功率。②甲醇是高含氧量物质,它在气缸内完全燃烧时所需要的过量空气系数可以远远小于燃用汽油时所要求的值,燃烧更为充分。③挥发性好,有利于与空气的混和。甲醇汽油的可燃界限宽,燃烧速度快,可以实现稀薄燃烧,有利于提高发动机热效率,对排气净化及降低油耗有利。④可显著降低尾气排放。甲醇具有很高的氧含量,发动机应用甲醇汽油燃烧更加完全,且提高了发动机的热效率,因此可减少汽车常规运行时尾气中一氧化碳和碳氢化合物(CH)等废气排放。⑤在高油价、低甲醇价格情况下,经济上甲醇燃料占有很大优势。

生产方法

由车用燃料甲醇、车用汽油及添加剂复配而成。

主要用途

适用于作车用点燃式内燃机的燃料。

技术参数

车用甲醇汽油(M50)浙江省地方标准见表 1-4-7。

表 1-4-7 车用甲醇汽油(M50)浙江省地方标准(DB33/T 756.3—2009)

项目		质量指标	试验方法
		97	
甲醇含量(体积分数)/%		45~50	附录 A
抗爆性:			
辛烷值(RON)	不小于	97	GB/T 5487
抗爆指数(RON+MON)/2	不小于	报告	GB/T 503、GB/T 5487

续表

项目		质量指标	试验方法
		97	
铅含量[a]/(g/L)	不大于	0.003	GB/T 8020
馏程:			GB/T 6536
10%蒸发温度/℃	不高于	70	
50%蒸发温度/℃	不高于	120	
90%蒸发温度/℃	不高于	190	
终馏点/℃	不高于	205	
残留量/%(体积分数)	不大于	2	
饱和蒸气压/kPa			GB/T 8017
11月1日~4月30日	不大于	86	
5月1日~10月31日	不大于	72	
实际胶质/(mg/100mL)	不大于	5	GB/T 8019
未洗胶质/(mg/100 mL)	不大于	70	GB/T 0819
诱导期/min	不小于	480	GB/T 8018
硫含量[b](质量分数)/%	不大于	0.03	GB/T 380、GB/T 11140、SH/T 0253、SH/T 0689 SH/T 0742
硫醇(需满足下列条件之一):			
博士试验		通过	SH/T 0174
硫醇硫含量(质量分数)/%	不大于	0.001	GB/T 1792
铜片腐蚀(50℃, 3h)/级	不大于	1	GB/T 5096
水溶性酸或碱		无	GB/T 259
机械杂质		无	目测[c]
水分(质量分数)/%	不大于	0.15	GB/T 6283
苯含量[d](体积分数)/%	不大于	1.4	SH/T 0693、SH/T 0713
芳烃含量[e](体积分数)/%	不大于	22	GB/T 11132、SH/T 0741
烯烃含量[e](体积分数)/%	不大于	19	GB/T 11132、SH/T 0741
锰含量[f]/(g/L)	不大于	0.018	SH/T 0711
铁含量[a]/(g/L)	不大于	0.01	SH/T 0712
外观		室温20℃下清亮透明,不分层,不含悬浮物和沉淀物。	目测
低温抗相分离性能(-20℃ 4h)		清亮透明,无相分离	见6.1
遇水抗相分离性能(加水0.15% 4h)		清亮透明,无相分离	见6.2

注:应加入有效的金属腐蚀抑制剂和有效的符合GB 19592的汽油清净剂。

a 不得人为加入。

b 在有异议时,以GB/T 380方法测定结果为准。

c 将试样注入100 mL玻璃量筒中观察,应当透明,无悬浮和沉降的机械杂质及水分。在有异议时,以GB/T 511方法测定结果为准。

d 在有异议时,以SH/T 0713方法测定结果为准。

e 在有异议时,以GB/T 11132方法测定结果为准。

f 锰含量是指车用甲醇汽油中甲基环戊二烯三羰基锰(MMT)形式存在的总锰含量,不得加入其他类型的含锰添加剂。

注意事项

标志符合 GB 190 要求。凡向用户销售符合本标准的车用甲醇汽油(M50)所使用的加油机泵和容器都应标明下列标志:“M50 甲醇汽油 97 号”，并应标志在汽车驾驶员易看见的地方。包装、运输、贮存及交货验收按 SH 0164 进行。本部分产品在运输、贮存过程中应使用专用的管道、容器和机泵，并且这些储罐、泵、管线索、计量器的密封件和材质应适应车用甲醇汽油的要求。在贮运使用过程中，要保证管道、容器、机泵和油箱整个系统干净和不含水，以保证产品质量，如果发生相分离，分出的水相应送往专门污水处理厂进行处理。本部分产品在出厂后，贮存期为六个月以内，超过贮存期，由质检部门检验合格后方可使用。装卸与加油时，尽量减少油蒸汽的挥发。配制，装卸，加油人员应做相应防护措施，不允许口腔、眼睛、皮肤接触本油品，避免吸入油蒸气。不允许用嘴吸油，严禁用油品洗手、擦洗衣服和机件。车用甲醇汽油(M50)着火时应用沙了、氟蛋白抗溶泡沫灭火剂、石棉布等进行扑救。车用甲醇汽油(M50 溢出时，应进行专门处理。

生产厂家

大庆油田化工有限公司、浙江赛孚能源科技有限公司、山西东方深蓝醇醚燃料科技有限公司、山西丰喜新能源开发有限公司、山西华俄甲醇燃料调配中心(有限公司)、山西晋安科贸有限公司、山西新能醇醚燃料有限公司、山西新源煤化燃料有限公司。

1.4.5 车用甲醇汽油(M85)

产品性能

M85 甲醇汽油是一种新型车用清洁能源，由 84% ~86% 的甲醇和 16% ~14% 的车用汽油及改善使用性能的添加剂所组成。其产品特性:①动力性好。燃料甲醇辛烷值高(103)，分子量小，能够充分燃烧，燃料甲醇与汽油的空燃比为 0.92:1，能有效提高发动机的动力。②环保性好。燃料甲醇含氧，发动机燃烧生成的有害气体比汽油少。尾气排放可比使用汽油减少 30% ~50%，有利于保护大气环境。③安全性好。甲醇汽油的保守溶合期近 90 天。在此期限内不分层、不变质。甲醇汽油的比重比汽油高，气压比汽油小、传导性好，发生意外事故的可能性小。④经济性好。燃料甲醇可以用高硫劣质煤气化合成，用焦炉气合成，经济性更好。按目前燃料甲醇与汽油能耗比 1.5:1 衡量，车使用 M85 甲醇燃料比使用汽油成本降低 1/3 左右，汽车排放越大，节约效果越明显。⑤能节省与替代石油。有利于国家调整能源结构，实施符合国情的能源战略，保证社会经济的可持续发展。

生产方法

由 84% ~86%(体积分数)的甲醇和 16% ~14%(体积分数)的车用汽油(符合 GB 17930)及改善使用性能的添加剂调合而成。

主要用途

适用于作为点燃式发动机汽车的燃料。

技术参数

车用甲醇汽油(M85)国家标准见表 1-4-8。

表 1-4-8 车用甲醇汽油(M85)国家标准(GB/T 23799—2009)

项目	质量指标	试验方法
外观	橘红色透明液体，不分层，不含悬浮和沉降的机械杂质	目测[a]
甲醇+多碳醇(C_2 ~ C_8)(体积分数)/%	84 ~ 86	附录 A(测甲醇)、SH/T 0663(测多碳醇)
烃化合物+脂肪族醚[b](体积分数)/%	14 ~ 16	附录 B

续表

项目		质量指标	试验方法
蒸气压/kPa			
11 月 1 日 ~4 月 30 日	不大于	78	SH/T 0794
5 月 1 日 ~10 月 31 日	不大于	68	
铅含量[c]/(mg/L)	不大于	2.5	GB/T 8020、ASTM D5059
硫含量[d]/(mg/kg)	不大于	80	GB/T 11140、SH/T 0253、SH/T 0689
多碳醇(C_2 ~ C_8)(体积分数)/%	不大于	2	SH/T 0663
酸度(按乙酸计算)/(mg/kg)	不大于	50	ASTM D 1613
实际胶质/(mg/ 100 mL)	不大于	5	GB/T 8019
未洗胶质/(mg/ 100 mL)	不大于	20	GB/T 8019
有机氯含量/(mg/kg)	不大于	2	GB/T 18612
无机氯含量(以 Cl^- 计)[e]/(mg/kg)	不大于	1	附录 C、ASTM D512(方法 C)
钠含量/(mg/kg)	不大于	2	GB/T 17476
水份[f](质量分数)/%	不大于	0.5	ASTM E203、GB/T 6283
锰含量[g]/(mg/L)	不大于	2.9	SH/T 0711

注：应加入有效的金属腐蚀抑制剂和有效的符合 GB 19592 的车用汽油清净剂。

不得人为加入对车辆可靠性和后处理系统有害的含卤化物的添加剂及含铁、含铅和含磷的添加剂。

a 将试样注入 100 mL 玻璃量筒中观察，应当为橘红色透明液体，没有悬浮和沉降的机械杂质，在有异议时，以 GB/T 511 方法测定结果为准；橘红色是由于在车用甲醇汽油(M85)中加入了烛红(别名苏丹四)染料后形成的，烛红的添加量应为 8 ~ 10 mg/kg，烛红染料索引号为 C. I. Solvent Red 24(26105)，除此不得再人为添加其他类型的染料。

b “烃化合物+脂肪族醚”为符合 GB/T 17930 的车用汽油。也可以根据甲醇、其他醇和水的含量，从 100 中减去其加和值，得到“烃化合物+脂肪族醚”的含量。但在有异议时，以附录 B 方法测定结果为准。

c 在有异议时，以 GB/T 8020 方法测定结果为准，采用试验方法 ASTM D 5059 时，需用甲醇(分析纯试剂)作为溶剂来制备校准溶液，以防止碳氢比较大的差异而引起误差。

d 在有异议时，以 SH/T 0689 方法测定结果为准。采用试验方法 GB/T 11140 时，需用甲醇(分析纯试剂)作为溶剂来制备校准溶液，以防止碳氢比较大的差异而引起误差。

e 在有异议时，以附录 C 方法测定结果为准。

f 在有异议时，以 ASTM E 203 方法测定结果为准。

g 锰含量是由于调入了车用汽油后引入的，是指以甲基环戊二烯三羰基锰形式存在的总锰含量，除此不得再人为添加其他类型的含锰添加剂。

注意事项

符合本标准的车用甲醇汽油(M85)在运输、贮存过程中应使用专用的管道、容器和机泵。这些贮罐、泵、管线、计量器的密封件和材质应适应车用甲醇汽油(M85)的要求。在贮存运输过程中，要保证整个系统干净和不含水，同时应严防外界水的吸人，对成品贮罐须安装带有干燥剂的呼吸阀。如果发生相分离，应进行专门处理。车用甲醇汽油(M85)的分配和计量设备中使用未经保护的铝器件，会导致不溶性铝化合物进人燃料并造成汽车燃油滤网堵塞。而且，即使采用保护性铝器件，也会由于燃料与丁睛橡胶分配软管接触而增加了燃料的电导率，使这种腐蚀效应加剧。因此，在车用甲醇汽油(M85)的分配和计量系统中应避免使用未经防护的铝材料和没有衬里的丁脂橡胶分配软管。车用甲醇汽油(M85)中的甲醇蒸气对神经系统有刺激作用，吸人人体内，可引起失明和中毒。因此装卸与加油时，尽量减少车用甲醇汽油(M85)蒸气的挥发。严禁口腔、眼睛、皮肤接触本品，避免吸人车用甲醇汽油(M85)蒸气。配制、装卸、加油人员应做相应防护措施，避免过量吸人有害蒸气。

车用甲醇汽油(M85)一旦溅到皮肤和眼睛里，应迅速用大量的清水冲洗，急速医疗。严禁用嘴吸车用甲醇汽油(M85)，严禁用车用甲醇汽油(M85)洗手、擦洗衣服、机件、灌注打火机和作喷灯燃料。车用甲醇汽油(M85)着火时应用沙子、氟蛋白抗溶泡沫灭火剂、石棉布等进行扑救。车用甲醇汽

油(M85)溢出时，应进行专门处理。本标准规定的车用甲醇汽油(M85)只适用于作车用甲醇汽油(M85)点燃式发动机汽车的燃料，不得用于任何其他用途。

生产厂家

山西华顿实业有限公司、南京巨澜科技开发有限责任公司、山西佳新能源化工实业有限公司、西安祺祥牌能源科技发展有限公司。

1.4.6 车用甲醇汽油(M100)

产品性能

汽车使用的M100甲醇汽油的优点：①动力性能强。甲醇汽油燃烧完全，动力性强，可提高发动机的效率，与普通汽油相比，节能效果明显，加速性能优良。车用甲醇汽油在发动机中热效率高，低速时动力性接近于传统汽油，高速时动力性优于传统汽油。通过调整燃料供给量，做到汽车动力性不下降，同时发动机压缩比的提高，动力性优于同类发动机。同时，甲醇汽油能有效地预防和消除汽车部件的积炭形成，有利疏通油路，延长车辆发动机寿命，辛烷值高，抗爆性好，降低油耗噪音，具有高效动力节省燃油，能提高发动机的效率，增强动力。②排放环保性能好。汽车使用甲醇汽油叫以改善排放，产品生产过程采用清洁化工艺中无“三废”，本品不含铅等燃烧后排出的气体清洁无害，有利于环境保护，尾气常规排放大幅下降。甲醇汽油由于含氧量高，燃烧充分，能有效地减少50%以上的有害气体排放，其中CO、HC和NO_x排放降低90%以上。汽车使用的M100甲醇汽油的缺点：①甲醇极性强。极易造成发动机和供油系统金属腐蚀和橡胶臆胀，缩短汽车寿命。②润滑性差。甲醇汽化潜热大，润滑性差，易造成发动机汽缸壁摩擦加大，损坏发动机。③热值低，甲醇热值是汽油的一半，消耗量比汽油大。

生产方法

在纯度99.9%的甲醇中添加适量的功能添加剂制成。

主要用途

适用于火花点燃式的电喷汽油发动机各类车型。

技术参数

车用甲醇汽油(M100)山西省地方标准见表1-4-9。

表1-4-9 车用甲醇汽油(M100)山西省地方标准(DB14/T 614—2011)

项目	质量指标	试验方法
甲醇含量/%(体积分数)不小于	97	附录A
烃类化合物+脂肪族醚/%(体积分数) 不大于	1	见5.2
多碳醇(C_2 ~ C_8)/%(体积分数) 不大于	2	SH/T 0663
实际胶质/(mg/100mL) 不大于	5	GB/T 8019
未洗胶质/(mg/100mL) 不大于	20	GB/T 8019
酸度(以HCOOH计)/%(质量分数) 不大于	0.004	GB 338
有机氯/(mg/kg) 不大于	1.5	GB/T 18612
无机氯(以Cl^-计)/(mg/kg) 不大于	1	附录B
钠含量/(mg/kg) 不大于	2	GB/T 17476
水分/%(质量分数) 不大于	0.5	GB/T 6283

注意事项

油泵应更换为耐醇泵。出现油表不准现象，安装油表保护器即可。温度低于15℃，汽车难启动，可加装冷启动装置，或增大汽油添比例即可解决。

生产厂家

山西佳新能源化工实业有限公司、山西华顿实业有限公司、山西东方深蓝醇醚燃料科技有限公司、山西丰喜新能源开发有限公司、山西华俄甲醇燃料调配中心有限公司、山西晋安科贸有限公司、山西新能醇醚燃料有限公司、山西新源煤化燃料有限公司。

1.4.7 变性燃料乙醇

产品性能

由于水分的增加易造成乙醇汽油相分离（上层为含乙醇的油相，下层为富含乙醇的水相），导致汽车运转故障。同时乙醇有较强的吸湿性，所以对水分必须严加控制，以避免出现油水相分离的问题。限制甲醇、实际胶质、无机氯、酸度、铜、Phe 等指标，目的是防止车用乙醇汽油在发动机燃烧过程中腐蚀金属部件及堵塞管路系统。

生产方法

以淀粉质(玉米、小麦等)、糖质(薯类)为原料，经发酵、蒸馏制 得乙醇，脱水后再添加变性剂(车用无铅汽油)变性的燃料乙醇。

主要用途

按规定的比例与汽油混合，作为点燃式内燃机的燃料。

技术参数

变性燃料乙醇国家标准见表 1-4-10。

表 1-4-10 变性燃料乙醇国家标准(GB 18350—2013)

项目		指标
外观		清澈透明，无可见悬浮物和沉淀物
乙醇 ϕ/%	≥	92.1
甲醇 ϕ/%	≤	0.5
溶剂洗胶质/(mg/100 mL)	≤	5.0
水分 ϕ/%	≤	0.8
无机氯(以 Cl^- 计)/(mg/L)	≤	8
酸度(以乙酸计)/(mg/L)	≤	56
铜/(mg/L)	≤	0.08
pH		6.5~9.0
硫/(mg/kg)	≤	30

注意事项

库区应符合 GB50016 建筑防火设计规范要求，同时按 GB 50074 石油库设计规范建立防火系统。产品不得与易燃、易爆、腐蚀等物品混合存放，还应与食用酒精库分开。装卸时应轻装轻卸，防止剧烈震荡、撞击，远离热源、火种。

生产厂家

河南天冠集团、吉林燃料乙醇有限责任公司、安徽丰原生物化学股份有限公司、黑龙江华润金玉酒精有限公司、山东东久集团。

1.4.8 车用乙醇汽油调合组分油(Ⅳ)

产品性能

辛烷值高，抗爆性好；硫和硫醇硫含量低，苯含量低，无腐蚀性，有利环保。无机械杂质及水分，洁净性好；馏程适宜，蒸发性适度；诱导期长，安定性好。

生产方法

主要以催化裂化精制汽油、重整脱苯汽油、加氢汽油等组分以及改善使用性的添加剂调和而成。

主要用途

产品适用于添加乙醇后，作为调和满足 GB 18351 车用乙醇汽油(E10)的组分油。

技术参数

车用乙醇汽油调合组分油按车用乙醇汽油的研究法辛烷值分为 90 号、93 号、97 号三个牌号。车用乙醇汽油调合组分油(Ⅳ)国家标准见表 1-4-11。

表 1-4-11 车用乙醇汽油调合组分油(Ⅳ)国家标准(GB/T 22030—2013)

项目		质量指标			试验方法
		90 号	93 号	97 号	
抗爆性：					
研究法辛烷值(RON)	不小于	88.0	91.0	95.5	GB/T 5487
抗爆指数(RON+MON)/2	不小于	83.5	86.5	报告	GB/T 503、GB/T 5487
铅含量[a]/(g/L)	不大于	0.005			GB/T 8020
馏程：					GB/T 6536
10%蒸发温度/℃	不高于	70			
50%蒸发温度/℃	不高于	120			
90%蒸发温度/℃	不高于	190			
终馏点/℃	不高于	205			
残留量/%(体积分数)	不大于	2			
蒸气压[b]/kPa					GB/T 8017
11 月 1 日～4 月 30 日		37～78			
5 月 1 日～10 月 31 日		35～61			
胶质含量/(mg/100mL)					GB/T 8019
未洗胶质含量(加入清净剂前)	不大于	30			
溶剂洗胶质含量	不大于	5			
诱导期/min	不小于	540			GB/T 8018
硫含量[c]/(mg/kg)	不大于	50			SH/T 0689
硫醇(需要满足下列要求之一)：					
博士试验		通过			SH/T 0174
硫醇硫含量(质量分数)/%	不大于	0.001			GB/T 1792
铜片腐蚀(50℃，3h)/级	不大于	1			GB/T 5096
水溶性酸或碱		无			GB/T 259
机械杂质及水分		无			目测[d]
有机含氧化合物[e](质量分数)/%	不大于	0.5			SH/T 0663
苯含量[f](体积分数)/%	不大于	1.0			SH/T 0693
芳烃含量[g](体积分数)/%	不大于	43			GB/T 11132
烯烃含量[g](体积分数)/%	不大于	30			GB/T 11132
锰含量[h]/(g/L)	不大于	0.008			SH/T 0711
铁含量[a]/(g/L)	不大于	0.010			SH/T 0712

续表

<table>
<tr><td rowspan="2">项目</td><td colspan="3">质量指标</td><td rowspan="2">试验方法</td></tr>
<tr><td>90 号</td><td>93 号</td><td>97 号</td></tr>
<tr><td colspan="5">a 车用乙醇汽油调合组分油中，不得人为加入含铅或铁的添加剂。
b 允许采用 SH/T 0794 进行测定。有异议时，以 GB/T 0817 测定结果为准。
c 允许采用 GB/T 11140、SH/T 0253 进行测定。有异议时，以 SH/T 0689 测定结果为准。
d 将试样注入 100 mL 玻璃量筒中观察，应当透明，没有悬浮和沉降的机械杂质和水分。有异议时，以 GB/T 511 和 GB/T 260 测定结果为准。
e 不得人为加入，允许采用 SH/T 0720 进行测定。有异议时，以 SH/T 0663 测定结果为准。
f 允许采用 SH/T 0693 进行测定。有异议时，以 SH/T 0713 测定结果为准。
g 对于 97 号车用乙醇汽油调合组分油，在烯烃、芳烃总含量控制不变的前提下，可允许芳烃含量(体积分数)的最大值为 45%。允许采用 NB/SH/T 0741 进行测定，有异议时，以 GB/T 11132 测定结果为准。
h 锰含量是指在车用乙醇汽油调合组分组中以甲基环戊二烯三羰基锰形式存在的总锰含量。不得加入其他类型的含锰添加剂。</td></tr>
</table>

注意事项

产品的标志、包装、运输、贮存及交货验收按 SH 0164 进行。如车用乙醇汽油调合组分油中含锰，运输和贮存时应避光。符合本标准的车用乙醇汽油调合组分油在贮存、运输过程中，要求整个系统洁净且不含水。对水含量的监控要引起足够的重视。根据 GB 13690，车用乙醇汽油调合组分油属于易燃液体，其危险性警示遵照 GB 20581—2006 中第 8 章的警示性说明。

生产厂家

中国石油化工股份有限公司、中国石油天然气股份有限公司、吉林松原石油化工股份有限公司

1.4.9 车用乙醇汽油(E10)

产品性能

乙醇汽油是一种由粮食及各种植物纤维加工成的燃料乙醇，以 10% 比例与普通汽油混配形成的新型替代能源。乙醇调入到汽油中，可以代替 MTBE(甲基叔丁基醚)来提高汽油的辛烷值，提高汽油的氧含量，所以乙醇汽油的辛烷值高、抗爆性好，有效改善油品的性能和质量，可以使汽油燃烧充分，还不影响汽车的行驶性能。乙醇汽油作为一种新型清洁燃料，是目前世界上可再生能源的发展重点，可以有效节约石油资源，促进农业生产良性循环，减轻环境污染。车用燃料乙醇汽油主要优点：①提高燃油品质，降低尾气排放。车用燃料乙醇按 10% 的比例调配入汽油中，可使氧含量达到 3.5%，助燃效果好，能使汽油中不能燃部分充分燃烧，提高了汽油的燃烧效率。使用车用乙醇汽油，在不进行发动机改造的前提下，动力性能基本不变，尾气排放的 CO 和 HC 化合物平均减少 30% 以上，有效的降低和减少了有害的尾气排放。②乙醇汽油动力性好。乙醇甲烷值高(RON 为 111)，可采用高压缩比提高发动机的热效率和动力性。加上其蒸发潜热大，能提高发动机的进气量，从而提高发动机的动力性。③乙醇汽油燃烧充分减少积炭。车用乙醇汽油由于燃烧彻底，解决了普通汽油燃烧不完全所形成的炭粒积聚现象，能有效地预防和消除发动机燃烧室、气门、火花塞、排气管、消声器等部位积炭的产生。避免了因积炭形成而引起的故障，延长部件使用寿命。车用燃料乙醇主要缺点：①蒸发潜热大。乙醇的汽化潜热大，蒸发潜热是汽油 2 倍多，蒸发潜热大会使乙醇类燃料低温启动和低温运行性能恶化，影响混合气的形成及燃烧速度，导致汽车动力性、经济性及冷启动性的下降，不利于汽车的加速性。②热值低，乙醇的热值只有汽油的 61%。③易产生气阻。乙醇的沸点只有 78℃，在发动机正常工作温度下，很容易产生气阻，使燃料供给量降低甚全中断供油。④腐蚀性。乙醇在燃烧过程中，会产生乙酸，对汽车金属特别是铜有腐蚀作用。⑤与材料适应性差。乙醇是一种优良的溶剂，易对汽车密封橡胶及其他合成非金属材料产生一定的轻微腐蚀、溶胀、软

化或龟裂作用。⑥易分层。乙醇易于吸水，车用乙醇汽油的含水量超过标准指标后，容易发生液相分离，影响使用。

生产方法

采用符合 GB/T 22030 的车用乙醇汽油调合组分油中，加入符合 GB 18350 的 10%（体积分数）的变性燃料乙醇调合而成。

主要用途

用作车用点燃式发动机的燃料。

技术参数

车用乙醇汽油（E10）国家标准见表 1-4-12。

表 1-4-12 车用乙醇汽油（E10）国家标准（GB 18351—2013）

项目		质量指标			试验方法
		90 号	93 号	97 号	
抗爆性：					
研究法辛烷值（RON）	不小于	90	93	97	GB/T 5487
抗爆指数（RON+MON）/2	不小于	85	88	报告	GB/T 503、GB/T 5487
铅含量[a]/（g/L）	不大于	0. 005			GB/T 8020
馏程：					GB/T 6536
10% 蒸发温度/℃	不高于	70			
50% 蒸发温度/℃	不高于	120			
90% 蒸发温度/℃	不高于	190			
终馏点/℃	不高于	205			
残留量/%（体积分数）	不大于	2			
蒸气压[b]/kPa					GB/T 8017
11 月 1 日～4 月 30 日	不大于	42～85			
5 月 1 日～10 月 31 日	不大于	40～68			
胶质含量/（mg/100mL）	不大于				GB/T 8019
未洗胶质含量（加入清净剂前）		30			
溶剂洗胶质含量		5			
诱导期/min	不大于	480			GB/T 8018
硫含量质量分数[c]/（mg/kg）	不大于	50			SH/T 0689
硫醇（需满足下列指标之一，即判断为合格）：					
博士试验		通过			SH/T 0174
硫醇硫含量（质量分数）/%	不大于	0. 001			GB/T 1792
铜片腐蚀（50℃，3h）/级	不大于	1			GB/T 5096
水溶性酸或碱		无			GB/T 259
机械杂质		无			目测[d]
水分（质量分数）/%	不大于	0. 20			SH/T 0246
乙醇含量（体积分数）/%		10. 0±2. 0			SH/T 0663
其他有机含氧化合物（质量分数）[e]/%	不大于	0. 5			SH/T 0663
苯含量[f]（体积分数）/%	不大于	1. 0			SH/T 0693
芳烃含量[g]（体积分数）/%	不大于	40			GB/T 11132
烯烃含量[g]（体积分数）/%	不大于	28			GB/T 11132

续表

项目		质量指标			试验方法
		90 号	93 号	97 号	
锰含量[h]/(g/L)	不大于	0.008			SH/T 0711
铁含量[a]/(g/L)	不大于	0.010			SH/T 0712

a 车用乙醇汽油(E10)中，不得人为加入含铅或含铁的添加剂。

b 允许采用 SH/T 0794 进行测定。在有异议时，以 GB/T 0817 测定结果为准。

c 允许采用 GB/T 11140、SH/T 0253 进行测定。在有异议时，以 SH/T 0689 方法测定结果为准。

d 将试样注入 100 mL 玻璃量筒中观察，应当透明，没有悬浮和沉降的机械杂质及分层。在有异议时，以 GB/T 511 方法测定结果为准。

e 不得人为加入，允许采用 SH/T 0720 进行测定。有异议时，以 SH/T 0663 测定结果为准。

f 允许采用 SH/T 0713 进行测定。在有异议时，以 SH/T 0693 方法测定结果为准。

g 对于 97 号车用乙醇汽油(E10)，在烯烃、芳烃总含量控制不变的前提下，可允许芳烃的最大值为 42%(体积分数)。允许采用 NB/SH/T 0741 进行测定，在有异议时，以 GB/T 11132 方法测定结果为准。

h 锰含量是指车用乙醇汽油(E10)中以甲基环戊二烯三羰基锰形式存在的总锰含量。不得加入其他类型的含锰添加剂。

注意事项

符合本标准的车用乙醇汽油(El0)在运输、贮存过程中应使用专用的管道、容器和机泵。对这些储罐、泵、管线、计量器的密封件和材质的要求可参考车用乙醇汽抽的相关规定。在贮存、运输过程中，整个系统应干净和不含水。如果发生相分离，分离出的水相应送往专门的废水处理厂进行处理。车用乙醇汽油(E10)中如含锰，运输和贮存时应避光。根据 GB 13690，车用乙醇汽油(E10)属于易燃液体，其危险性警示遵照 GB 20581—2006 中第 8 章的警示性说明。

生产厂家

中国石油天然气股份有限公司、中国石油化工股份有限公司。

1.4.10 柴油机燃料调合用生物柴油(BD 100)

产品性能

生物柴油是以大豆、花生、油菜籽、玉米、棉籽、葵花籽、小桐籽、光皮树、黄连木、工程藻类等含油植物和猪油、牛油、鱼油等动物油脂以及废食用油为原料酯化而成的可再生能源。按化学成分分析，生物柴油是一种高脂酸甲酯(或乙酯)。生物柴油是通过以不饱和油酸 C_{18} 为主要成分的甘油酯分解而获得的，可与石油柴油以任意比例混合。与石油柴油相比，具有以下特点。①优良的环保特性。生物柴油的生物降解性高达 98%，降解速率是普通柴油的 2 倍，可大大减轻意外泄漏时对环境的污染。硫含量极低，芳香烃含量少，燃烧后可有效减少机动车尾气中 CO、CO_2、SO_x、HC 以及总颗粒物质的排放，但 NO_x 排放略微增高。②燃烧性能。十六烷值高，燃烧性能好于柴油，燃烧残留物呈中性使发动机机油的使用寿命加长。③低温启动性能。生物柴油具有良好的发动机低温启动性能，冷滤点达到-20℃。④润滑性。可以降低发动机供油系统和缸套的摩擦损失，增加发动机的使用寿命，从而间接降低发动机的成本。⑤安全性。生物柴油的闪点高于石化柴油，它不属于危险燃料，在运输、储存、使用等方面的优点明显。⑥可再生性。生物柴油是一种可再生能源，其资源不会像石油、煤炭那样会枯竭。但是，生物柴油也存在一些缺点。①含水率较高，最大可达 30%~45%。水分有利于降低油的黏度、提高稳定性，但降低了油的热值。②生物柴油具有较高的溶解性，作燃料时易于溶胀发动机的橡塑部分，需要定期更换。③生物柴油作汽车燃料时 NOx 的排放量比石油柴油略有增加。④原料对生物柴油的性质有很大影响，若原料中饱和脂肪酸，如棕榈酸或硬脂酸含量高，则生物柴油的低温流动性可能较差⑤若多元不饱和脂肪酸，如亚油酸或亚麻酸含量高，则生物柴油的氧化安定性可能较差，这需要加入相应的添加剂来解决。

生产方法

是以植物油、动物油脂、废餐饮油等作原料，与醇类(甲醇、乙醇)经酯交换反应获得，最典型的为脂肪酸甲酯。一般用 BD 100 表示。

主要用途

可作为组分与矿物柴油调合成符合相关柴油标准的柴油机燃料，而用于汽车、拖拉机、内燃机车、工程机械、船舶和发电机组等压燃式发动机。

技术参数

柴油机燃料调合用生物柴油(BD 100)国家标准见表 1-4-13。

表 1-4-13 柴油机燃料调合用生物柴油(BD 100)国家标准(GB/T 20828—2007)

项目		质量指标		试验方法
		S500	S50	
密度(20℃)/(kg/m³)		820～900		GB/T 2540
运动黏度(40℃)/(mm²/s)		1.9～6.0		GB/T 265
闪点(闭口)/℃	不低于	130		GB/T 261
冷滤点/℃		报告		SH/T 0248
硫含量(质量分数)/%	不大于	0.05	0.005	SH/T 0689
10%蒸余物残炭(质量分数)/%	不大于	0.3		GB/T 17144
硫酸盐灰分(质量分数)/%	不大于	0.020		GB/T 2433
水含量(质量分数)/%	不大于	0.05		SH/T 0246
机械杂质		无		GB/T 511
铜片腐蚀(50℃，3 h)/级	不大于	1		GB/T 5096
十六烷值	不小于	49		GB/T 386
氧化安定性(110℃)/h	不小于	6.0		EN 14112
酸值/(mgKOH/g)	不大于	0.80		GB/T 264

注意事项

标志、包装、运输、贮存及交货验收按 SH 0164 进行。

生产厂家

重庆天润能源开发有限公司、海南正和生物能源公司、四川古杉油脂化工公司、福建卓越新能源发展公司、福建源华能源科技有限公司、无锡华宏生物燃料有限公司、丹东市精细化工厂、湖南天源生物清洁能源有限公司、湖南海纳百川生物工程有限公司、云南盈鼎生物能源股份有限公司 。

1.4.11 生物柴油调合燃料(B5)

产品性能

将生物柴油(BD 100)与石油柴油按一定比例调介成生物柴油调合燃料，可明显改善燃料的防锈性、润滑性，但可能对其氧化安定性和低温性能造成不利影响，需要加入相应的抗氧剂和降凝剂。低比例生物柴油调合燃料(B5)的润滑性、氧化女定性、馏程、闪点、运动黏度、腐蚀性、防锈性以及十六烷值均可满足 GB/T 25199—2010 标准中的质量指标要求，冷滤点可满足 GB/T 25199—2010 标准中 B5 车用柴油 0 号、5 号的质量指标要求。

生产方法

由2% ~5%(体积分数)生物柴油(BD 100)与95% ~98%(体积分数)石油柴油调合而成。

主要用途

B5轻柴油适用于GB 252所适用的压燃式发动机；B5车用柴油适用于GB 19147所适用的压燃式发动机。其中10号适用于风险率为10%的最低气温在12℃以上的地区使用；5号适用于风险率为10%的最低气温在8℃以上的地区使用；0号适用于风险率为10%的最低气温在4℃以上的地区使用；-10号适用于风险率为10%的最低气温在-5℃以上的地区使用。

技术参数

B5轻柴油国家标准见表1-4-14，B5车用柴油国家标准见表1-4-15。

表1-4-14　B5轻柴油国家标准(GB/T 25199—2010)

项目		质量指标				试验方法
		10号	5号	0号	-10号	
氧化安定性，总不溶物/(mg/100 mL)	不大于	2.5				SH/T 0175
硫含量(质量分数)/%	不大于	0.15				GB/T 380[a]
酸值(以KOH计)/(mg/g)	不大于	0.09				GB/T 7304[b]
10%蒸余物残炭[c](质量分数)/%	不大于	0.3				GB/T 17144
灰分(质量分数)/%	不大于	0.01				GB/T 508
铜片腐蚀(50℃，3 h)/级	不大于	1				GB/T 5096
水含量(质量分数)/%	不大于	0.035				SH/T 0246
机械杂质		无				GB/T 511[d]
运动黏度(20℃)/(mm^2/s)		3.0~8.0				GB/T 265
闪点(闭口)/℃	不低于	55				GB/T 261
冷滤点/℃	不高于	12	8	4	-5	SH/T 0248
凝点/℃	不高于	10	5	0	-10	GB/T 510
十六烷值	不小于	45[e]				GB/T 386
密度(20℃)/(kg/m^3)		报告				GB/T 1884 GB/T 1885[f]
馏程： 50%回收温度/℃ 90%回收温度/℃ 95%回收温度/℃	 不高于 不高于 不高于	 300 355 365				GB/T 6536
生物柴油(脂肪酸甲酯，FAME)含量(体积分数)/%		2~5				GB/T 23801[g]

a　可用GB/T 11140、GB/T 17040、SH/T 0253和SH/T 0689方法测定，结果有争议时，以GB/T 380方法为准。

b　可用GB/T 264方法测定，结果有争议时，以GB/T 7304方法为准。

c　若柴油中含有硝酸酯型十六烷值改进型，10%蒸余物残炭的测定，应用不加硝酸酯的基础燃料进行。柴油中是否含有硝酸酯型十六烷值改进剂的检验方法见附录A。可用GB/T 268方法测定，结果有争议时，以GB/T 17144方法为准。

d　可用目测法，即将试样注入100 mL玻璃量筒中，在室温(20℃±5℃)下观察，应当透明，没有悬浮和沉降的机械杂质，结果有争议时，按GB/T 511方法测定。

e　由中间基或环烷基原油生产的石油柴油调合的BS轻柴油十六烷值允许不小于40(有特殊要求时，由供需双方确定)。

f　可用SH/T 0604、GB/T 2540方法测定，结果有争议时，以GB/T 1884和GB/T 1885方法为准。

g　可用ASTM D7371方法测定，结果有争议时，以GB/T 23801方法为准。

表 1-4-15　B5 车用柴油国家标准(GB/T 25199—2010)

项目		质量指标			试验方法
		5 号	0 号	-10 号	
氧化安定性，总不溶物/(mg/100 mL)	不大于	2.5			SH/T 0175
硫含量(质量分数)/%	不大于	0.035			SH/T 0689[a]
酸值(以 KOH 计)/(mg/g)	不大于	0.09			GB/T 7304[b]
10%蒸余物残炭[c](质量分数)/%	不大于	0.3			GB/T 17144
灰分(质量分数)/%	不大于	0.01			GB/T 508
铜片腐蚀(50℃，3 h)/级	不大于	1			GB/T 5096
水含量(质量分数)/%	不大于	0.035			SH/T 0246
机械杂质		无			GB/T 511[d]
运动黏度(20℃)/(mm^2/s)		3.0～8.0			GB/T 265
闪点(闭口)/℃	不低于	55			GB/T 261
冷滤点/℃	不高于	8	4	-5	SH/T 0248
凝点/℃	不高于	5	0	-10	GB/T 510
十六烷值	不小于	49			GB/T 386
密度(20℃)/(kg/m^3)		810～850			GB/T 1884 GB/T 1885[e]
馏程：					GB/T 6536
50%回收温度/℃	不高于	300			
90%回收温度/℃	不高于	355			
95%回收温度/℃	不高于	365			
润滑性(HFRR)，磨痕直径(60℃)/μm	不大于	460			SH/T 0765
生物柴油(脂肪酸甲酯，FAME)含量(体积分数)/%		2～5			GB/T 23801[f]
多环芳烃(质量分数)/%	不大于	11			SH/T 0606[g]

a　可用 GB/T 380、GB/T 11140、GB/T 17040 和 SH/T 0253 方法测定，结果有争议时，以 SH/T 0689 方法为准。

b　可用 GB/T 264 方法测定，结果有争议时，以 GB/T 7304 方法为准。

c　若柴油中含有硝酸酯型十六烷值改进型，10%蒸余物残炭的测定，应用不加硝酸酯的基础燃料进行。柴油中是否含有硝酸酯型十六烷值改进剂的检验方法见附录 A。可用 GB/T 268 方法测定，结果有争议时，以 GB/T 17144 方法为准。

d　可用目测法，即将试样注入 100 mL 玻璃量筒中，在室温(20℃±5℃)下观察，应当透明，没有悬浮和沉降的机械杂质，结果有争议时，按 GB/T 511 方法测定。

e　也可采用 SH/T 0604、GB/T 2540 方法测定，结果有争议时，以 GB/T 1884 和 GB/T 1885 方法为准。

f　可用 ASTM D7371 方法测定，结果有争议时，以 GB/T 23801 方法为准。

g　可用 SH/T 0806 方法测定，结果有争议时，以 SH/T 0606 方法为准。

注意事项

根据 GB 12268，生物柴油调合燃料(B5)属于易燃液体，其涉及的安全问题应符合相关法律、法规和标准的规定。标志、包装、运输、贮存及交货验收按 SH 0164 进行。

生产厂家

中海油新能源投资有限公司。

1.4.12 生物柴油调合燃料(B10)

产品性能

与 B5 比较，通过适当增加生物柴油的掺混比例，可在一定程度上减少燃用石油柴油对环境带来的污染问题，有利于保护生态环境。生物柴油与石化柴油混合燃料后，功率略有下降，燃油消耗率有所上升；烟度、CO 和 HC 排放减少，且随着生物柴油掺混比例的升高而降低。但是，NO_x 排放上升，且随着生物柴油掺混比例的升高而增加。

主要用途

B10 普通柴油，是 6% ~10%(体积分数)生物柴油(BD100)与 90% ~94%(体积分数)0 号 普通柴油的调合而成；B10 车用柴油，是 6% ~10%(体积分数)生物柴油(BD100)与 90% ~94%(体积分数)0 号 车用柴油的调合而成。

生产方法

B10 普通柴油，适用于 GB 252 所适用的压燃式发动机；B10 车用柴油适用于 GB 19147 所适用的压燃式发动机。

技术参数

B10 普通柴油云南省地方标准见表 1-4-16，B10 车用柴油云南省地方标准见表 1-4-17。

表 1-4-16 B10 普通柴油云南省地方标准(DB53/ 450—2013)

项目		质量指标	试验方法
硫含量[a](质量分数)/%	不大于	0.2(2013 年 6 月 30 日以前) 0.035(2013 年 7 月 1 日以后)	SH/T 0689
酸值[b]/(mgKOH/g)	不大于	0.16	GB/T 7304
10%蒸余物残炭[c](质量分数)/%	不大于	0.3	GB/T 17144
灰分(质量分数)/%	不大于	0.01	GB/T 508
铜片腐蚀(50 ℃，3 h)/级	不大于	1	GB/T 5096
水含量(质量分数)/%	不大于	0.035	SH/T 0246
机械杂质[d]		无	GB/T 511
运动黏度(20 ℃)/(mm /s²)		3.0 ~8.0	GB/T 265
闪点(闭) / ℃	不低于	55	GB/T 261
冷滤点/ ℃	不高于	4	SH/T 0248
凝点/ ℃	不高于	0	GB/T 510

续表

项目		质量指标	试验方法
十六烷值	不小于	45	GB/T 386
氧化安定性(110 ℃)/h	不小于	6	见附录 A
密度(20 ℃)/(kg/m³)		报告	GB/T 1884 GB/T 1885
馏程 50% 回收温度/ ℃ 90% 回收温度/ ℃ 95% 回收温度/ ℃	 不高于 不高于 不高于	 300 355 365	GB/T 23801
生物柴油(脂肪酸甲酯，FAME)含量(体积分数)/%		6 ~ 10	GB/T 6536

a 可用 GB/T 11140、GB/T 17040 和 SH/T 0253 方法测定，结果有争议时，以 SH/T 0689 方法为准。

b 可用 GB/T 264 方法测定，结果有争议时，以 GB/T 7304 方法为准。

c 若柴油中含有硝酸酯型十六烷值改进剂，10% 蒸余物残炭的测定，应用不加硝酸酯的基础燃料进行。柴油中是否 含有硝酸酯型十六烷值改进剂的检验方法见 GB 252。可用 GB/T 268 方法测定，结果有争议时，以 GB/T 17144 方法为准。

d 可用目测法，即将试样注入 100 mL 玻璃量筒中，在室温(20 ℃±5 ℃)下观察，应当透明，没有悬浮和沉降的机 械杂质。结果有争议时，以 GB/T 511 方法为准。

表 1-4-17　B10 车用柴油云南省地方标准(DB53/450—2013)

项目		质量指标	试验方法
硫含量[a](质量分数)/%	不大于	0. 035	SH/T 0689
酸值[b]/(mgKOH/g)	不大于	0. 16	GB/T 7304
10% 蒸余物残炭[c] (质量分数)/%	不大于	0. 3	GB/T 17144
灰分(质量分数)/%	不大于	0. 01	GB/T 508
铜片腐蚀(50 ℃，3 h)/级		1	GB/T 5096
水含量(质量分数)/%	不大于	0. 035	SH/T 0246
机械杂质[d]	不大于	无	GB/T 511
运动黏度(20 ℃)/(mm²/s)		3. 0 ~ 8. 0	GB/T 265
闪点(闭)/℃	不低于	55	GB/T 261
冷滤点/℃	不高于	4	SH/T 0248
凝点/℃	不高于	0	GB/T 510
十六烷值	不小于	49	GB/T 386
氧化安定性(110 ℃)/h	不小于	6	见附录 A
密度(20 ℃)/(kg/m³)		810 ~ 850	GB/T 1884 GB/T 1885

续表

项目		质量指标	试验方法
馏程：			
50%回收温度/℃	不高于	300	GB/T 6536
90%回收温度/℃	不高于	355	
95%回收温度/℃	不高于	365	
润滑性(HFRR)，直径(60℃)/μm	不大于	460	SH/T 0765
多环芳烃[e](质量分数)/%	不大于	11	SH/T 0606
生物柴油(脂肪酸甲酯，FAME)含量[f](体积分数)/%		6~10	GB/T 23801

a 可用 GB/T 11140、GB/T 17040 和 SH/T 0253 方法测定，结果有争议时，以 SH/T 0689 方法为准。
b 可用 GB/T 264 方法测定，结果有争议时，以 GB/T 7304 方法为准。
c 若柴油中含有硝酸酯型十六烷值改进剂，10%蒸余物残炭的测定，应用不加硝酸酯的基础燃料进行。柴油中是否 含有硝酸酯型十六烷值改进剂的检验方法见 GB 252。可用 GB/T 268 方法测定，结果有争议时，以 GB/T 17144 方法为准。
d 可用目测法，即将试样注入 100 mL 玻璃量筒中，在室温(20 ℃±5 ℃)下观察，应当透明，没有悬浮和沉降的机 械杂质。结果有争议时，以 GB/T 511 方法为准。
e 也可采用 SH/T0806 方法测定，结果有争议时，以 SH/T 0606 方法为准。
f 也可采用 ASTM D7371 方法测定，结果有争议时，以 GB/T23081 为准。

注意事项

根据 GB 12268，生物柴油调合燃料(B10、B20)属于易燃液体，其涉及的安全问题应符合相关法律、法规和标准的规定。标志、包装、运输、贮存及交货验收按 SH 0164 进行。

生产厂家

云南盈鼎生物能源股份有限公司。

1.4.13 生物柴油调合燃料(B20)

产品性能

与常规柴油相比，B20 生物柴油具有下述特性：①润滑性能好。②优良的环保特性。硫含量低，二氧化硫和硫化物的排放低，可大大减轻意外泄漏时对环境的污染。③较好的低温发动机启动性能。④较好的安全性能。闪点高，运输、储存、使用方面安全。⑤十六烷值高，燃烧性能好于柴油。

生产方法

采用 11%~20%(体积分数)生物柴油(BD100)与 89%~80%(体积分数)0 号普通柴油的调合而成。

主要用途

适用于拖拉机、内燃机车、工程机械、船舶和发电机组等压燃式发动机。

技术参数

生物柴油调合燃料(B20)云南省地方标准见表 1-4-18。

表 1-4-18 生物柴油调合燃料(B20)云南省地方标准(DB53/ 451—2013)

项目		质量指标	试验方法
硫含量[a](质量分数)/%	不大于	0.2(2013 年 6 月 30 日以前) 0.035(2013 年 7 月 1 日以后)	SH/T 0689
酸值[b]/(mgKOH/g)	不大于	0.24	GB/T 7304

续表

项目		质量指标	试验方法
10%蒸余物残炭[c]（质量分数）/%	不大于	0.3	GB/T 17144
灰分（质量分数）/%	不大于	0.01	GB/T 508
铜片腐蚀（50℃，3h）/级	不大于	1	GB/T 5096
水含量（质量分数）/%	不大于	0.04	SH/T 0246
机械杂质[d]		无	GB/T 511
运动黏度（40℃）/（mm^2/s）		1.9～6.0	GB/T 265
闪点（闭口）/℃	不低于	58	GB/T 261
冷滤点/℃	不高于	4	SH/T 0248
凝点/℃	不高于	0	GB/T 510
十六烷值	不小于	45	GB/T 386
氧化安定性（110℃）/ h	不小于	6	附录 A
密度（20℃）/（kg/m^3）		报告	GB/T 1884 GB/T 1885
馏程 50%回收温度/℃ 90%回收温度/℃ 95%回收温度/℃	 不高于 不高于 不高于	 300 355 365	GB/T 6536
生物柴油（脂肪酸甲酯，FAME）含量（体积分数）/%		11～20	GB/T 23801

a 可用 GB/T 11140、GB/T 17040 和 SH/T 0253 方法测定，结果有争议时，以 SH/T 0689 方法为准。

b 可用 GB/T 264 方法测定，结果有争议时，以 GB/T 7304 方法为准。

c 若柴油中含有硝酸酯型十六烷值改进剂，10%蒸余物残炭的测定，应用不加硝酸酯的基础燃料进行。柴油中是否含有硝酸酯型十六烷值改进剂的检验方法见 GB 252 附录 B。可用 GB/T 268 方法测定，结果有争议时，以 GB/T 17144 方法为准。

d 可用目测法，即将试样注入 100mL 玻璃量筒中，在室温（20℃±5℃）下观察，应当透明，没有悬浮和沉降的机械杂质。结果有争议时，以 GB/T 511 方法为准。

注意事项

标志、包装、运输、贮存及交货验收按 SH 0164 进行。根据 GB 12268，生物柴油普通调合燃料（B20）属于易燃液体，其涉及的安全问题应符合相关法律、法规和标准的规定。

生产厂家

云南盈鼎生物能源股份有限公司。

2 溶剂和化工原料

2.1 轻质溶剂油和化工原料

2.1.1 纯甲烷

产品性能

常温常压下为无色，无味的气体，具有窒息性的易燃气体。熔点-182.5℃，沸点-161.4℃。比空气轻，极难溶于水，溶于醇、乙醚。甲烷和空气成适当比例的混合物，遇火花会发生爆炸。化学性质相当稳定，跟强酸、强碱或强氧化剂(如 $KMnO_4$)等一般不起反应。在适当条件下会发生氧化、热解及卤代等反应。

生产方法

由深冷法自天然气提取制得。

主要用途

用于标准混合气的制备、催化剂评价、金属与合金的渗碳、微生物培养、冷冻剂以及化工原料等。

技术参数

纯甲烷化工行业标准见表2-1-1。

表2-1-1 纯甲烷化工行业标准(HG/T 3633—1999)

项目		指标		
		优等品	一等品	合格品
甲烷纯度/10^{-2}(体积分数)	≥	99.995	99.99	99.9
乙烷含量/10^{-6}(体积分数)	≤	15	25	600
氧(氩)含量/10^{-6}(体积分数)	≤	5	10	50
氮含量/10^{-6}(体积分数)	≤	15	35	250
氢含量/10^{-6}(体积分数)	≤	5	10	50
水含量/10^{-6}(体积分数)	≤	5	15	50

注意事项

储存于阴凉、通风处。存储温度不宜超过40℃。远离火种、热源。防止阳光直射。应与氧气、压缩空气等分开存放。切记混储混运。储存间内的照明、通风等设施应采用防爆，禁止使用易产生火花的机械设备和工具。搬运时轻装轻卸，防止钢瓶及附件破损。吸入高浓度甲烷时，会导致缺氧、窒息、引起中毒。当甲烷浓度大于10%时产生眼睛和前额的受压感，浓度更高时，开始出现呼吸急促、疲劳、恶心、呕吐等窒息症状，并能导致失去知觉。出现以上症状的患者需立即撤离现场，转至通风处或送医院救治。出现火灾时，应用雾状水，二氧化碳或者干粉灭火剂灭火。

生产厂家

深圳协兴昌工业气体有限公司、济宁协力特种气体有限公司、佛山科的气体化工有限公司、深圳深特工业气体有限公司、广州粤佳气体有限公司。

2.1.2 纯乙烷

产品性能

无色无嗅易燃气体。在某些天然气中的含量为5%～10%，仅次于甲烷，并以溶解状态存在于石油中。沸点-88.6℃，闪点<-50℃。为可燃气体，在一定的浓度下如遇火可产生爆炸。不溶于水，微溶于乙醇、丙酮，溶于苯。与氟、氯等接触会发生剧烈的化学反应。

生产方法

工业上由天然气或炼油厂的裂化气中分离制取。

主要用途

主要用作蚀刻气、标准气、校正气等. 工业上用于热处理以及制乙烯、氯乙烯、氯乙烷、冷冻剂等。

技术参数

纯乙烷企业标准见表 2-1-2。

表 2-1-2 纯乙烷企业标准

项目		质量指标
C_2H_6/%(体积分数)	不小于	99.9
$N_2/10^{-6}$(体积分数)	不大于	10
$O_2/10^{-6}$(体积分数)	不大于	5
$H_2O/10^{-6}$(体积分数)	不大于	5
$C_2H_4/10^{-6}$(体积分数)	不大于	50
$C_3H_8/10^{-6}$(体积分数)	不大于	500
$CH_4/10^{-6}$(体积分数)	不大于	300

注意事项

储存于阴凉、通风的库房。远离火种、热源。库温不宜超过 30℃。应与氧化剂、卤素分开存放，切忌混储。采用防爆型照明、通风设施。禁止使用易产生火花的机械设备和工具。储区应备有泄漏应急处理设备。本品易燃，与空气混合能形成爆炸性混合物，遇热源和明火有燃烧爆炸的危险。高浓度时，有单纯性窒息作用。空气中浓度大于 6% 时，出现眩晕、轻度恶心、麻醉症状；达 40% 以上时，可引起惊厥，甚至窒息死亡。把乙烷当作制冷剂存放的时候，直接与液乙烷接触会导致冻伤。

生产厂家

长沙高科气体有限公司、广州粤佳气体有限公司。

2.1.3 工业丙烷

产品性能

无色气体，纯品无臭。熔点-187.6℃，沸点-42.1℃，闪点-104℃，引燃温度 450℃。相对不溶于水，在低温下容易与水生成固态水合物，引起天然气管道的堵塞。丙烷在较高温度下与过量氯气反应生成四氯化碳和四氯乙烯 $Cl_2C=CCl_2$；在气相与硝酸作用，生成 1-硝基丙烷 $CH_3CH_2CH_2NO_2$、2-硝基丙烷$(CH_3)_2CHNO_2$、硝基乙烷 $CH_3CH_2NO_2$ 和硝基甲烷 CH_3NO_2 等的混合物。

生产方法

炼厂气经脱硫、分离而制得。

主要用途

主要用于金属零件淬火、渗碳的保护气、与丁烷混合做雾化剂、脱沥青溶剂及高热值燃料。

技术参数

工业丙烷石化行业标准见表 2-1-3。

表 2-1-3　工业丙烷石化行业标准（SH 0553—1993）

项目			工业丙烷			试验方法
			95 号	85 号	70 号	
组分	丙烷/%（体积分数）	不小于	95	85	70	SH/T 1141
	C_2 烃类/%（体积分数）	不大于	报告	报告	3	
	不饱和烃/%（体积分数）		报告	报告	报告	
	丁烷/%（体积分数）	不小于	—	—	—	SH/T 0230
	C_5 及 C_5 以上烃类/%（体积分数）	不大于	—	—	—	
	不饱和烃/%（体积分数）		—	—	—	
蒸气压（37.8℃）/kPa		不大于	1 430	1 430	1 430	GB/T 6602[1)]
铜片腐蚀/级		不大于	1	1	1	SH/T 0232
总硫含量/（mg/m^3）		不大于	10	20	30	SH/T 0222
注：1）蒸气压允许用 GB/T 12576 进行计算，当有争议时，以 GB/T 6602 为准。						

注意事项

工业丙烷储罐必须符合《固定式压力容器安全技术监察规程》的要求。汽车和火车运输、充装丙烷及其标志，必须符合国家劳动总局颁发的《（81）劳总锅字 1 号》关于《液化石油气汽车槽车安全管理规定》和 GB 10478 关于《液化石油气铁道罐车技术参数》的要求。钢瓶运输只能一层摆放，所用钢瓶必须符合 GB 5842 的要求，并应有橡胶或聚乙烯护圈。储运丙烷容器的容积及使用的量具，按有关计量单位计算、校验，或以供需双方所同意的方法进行换算与标定。

生产厂家

中国石油天然气股份有限公司、中国石油化工股份有限公司。

2.1.4　气雾剂级丙烷（A-108）

产品性能

无毒、无味。熔点-187.1℃。沸点-42.2℃。微溶于水，溶于醇、醚。与空气混合后形成爆炸性混和物，爆炸极限 2.4% ~9.5%（体积分数）。化学性质稳定，不易发生化学反应。存在于天然气及石油热解气体中。

生产方法

以含丙烷的原料，经过一定工艺处理得到。

主要用途

主要用作气雾推进剂。

技术参数

气雾剂级丙烷（A-108）国家标准见表 2-1-4。

表 2-1-4　气雾剂级丙烷国家标准（GB/T 22026—2008）

项目		指标
丙烷的质量分数/%	≥	95.0
乙烷及以下的质量分数/%	≤	0.5

续表

项目		指标
(丁烷+异丁烷)质量分数/%	≤	4.5
总不饱和烃的质量分数/%	≤	0.01
水的质量分数/%	≤	0.005
硫含量/(μg/mL)	≤	3
残留物(38℃)/(mL/100mL)	≤	0.05
蒸气压(21.1℃)/MPa		0.72～0.77

注意事项

装有气雾剂级丙烷的钢瓶为带压容器，在装卸运输过程中要保持通风，必须扣好安全帽，严禁撞击、拖拉、摔落和直接曝晒，远离明火。钢瓶运输应符合中华人民共和国铁路、公路对危险货物运输的有关规定。气雾剂级丙烷应贮存在通风、阴凉、干燥的地方，仓贮温度不宜超过30℃；应与氧气、压缩空气、氧化剂等分开存放；不得靠近热源，严禁日晒雨淋。贮存间内的照明、通风等设施应采用防爆型，开关设在仓外；贮存间必须有严禁烟、火的警示牌；有防火防爆技术措施，禁止使用易产生火花的机械设备和工具，配备相应品种和数量的消防器材。气雾剂级丙烷属易燃气体，与空气混合能形成爆炸性混合物，遇明火、高热能引起燃烧爆炸。气雾剂级丙烷属低毒类化学品，健康危害主要表现为麻醉和弱刺激。急性中毒主要表现为头痛、头晕、嗜睡、恶心、酒醉状态，严重者可出现昏迷；慢性影响出现头痛、头晕、睡眠不佳、易疲倦等症状；当出现上述症状时，应及时从现场撤离。当环境中气雾剂级丙烷浓度较高时，现场人员应采取必要的防护措施，佩带防护器具。

生产厂家

上海西西爱尔气雾推进剂制造与罐装有限公司、浙江蓝天环保高科技股份有限公司、深圳彩虹精细化工股份有限公司、上海大造气雾剂有限公司、中国石化中原油气高新股份有限公司天然气化工厂、濮阳海宏华益化工有限公司、山东金莱尔化工有限公司。

2.1.5 工业丁烷

产品性能

丁烷又称正丁烷。无色气体，有轻微的不愉快气味。沸点－0.5℃，闪点－60℃，引燃温度287℃。不溶于水，易溶醇、氯仿。易燃易爆。与空气混合能形成爆炸性混合物，遇热源和明火有燃烧爆炸的危险。与氧化剂接触猛烈反应。

生产方法

油田气、湿天然气或炼厂气经脱硫、分离而制得。

主要用途

主要用作玻壳加工、机械制造业、纺织印染业的高热值燃料、打火机专用气及化工发泡剂。

技术参数

工业丁烷石化行业标准见表2-1-5。

表 2-1-5　工业丁烷石化行业标准(SH 0553—1993)

项目			工业丁烷			试验方法
			95 号	85 号	70 号	
组分	丙烷/%(体积分数)	不小于	—	—	—	SH/T 1141
	C_2 烃类/%(体积分数)	不大于	—	—	—	
	不饱和烃/%(体积分数)		—	—	—	
	丁烷/%(体积分数)	不小于	95	85	70	SH/T 0230
	C_5 及 C_5 以上烃类/%(体积分数)	不大于	无	1	2	
	不饱和烃/%(体积分数)		报告	报告	报告	
蒸气压(37.8℃)/kPa		不大于	485	485	485	GB/T 6602[1)]
铜片腐蚀/级		不大于	1	1	1	SH/T 0232
总硫含量/(mg/m^3)		不大于	30	40	50	SH/T 0222
注：1)蒸气压允许用 GB/T 12576 进行计算，当有争议时，以 GB/T 6602 为准。						

注意事项

工业丁烷储罐，必须符合《固定式压力容器安全技术监察规程》的要求。汽车和火车运输、充装丁烷及其标志，必须符合国家劳动总局颁发的《81)劳总锅字 1 号》关于《液化石油气汽车槽车安全管理规定》和 GB 10478 关于《液化石油气铁道罐车技术参数》的要求。钢瓶运输只能一层摆放，所用钢瓶必须符合 GB 5842 的要求，并应有橡胶或聚乙烯护圈。储运丙烷容器的容积及使用的量具，按有关计量单位计算、校验，或以供需双方所同意的方法进行换算与标定。

生产厂家

中国石油天然气股份有限公司、中国石油化工股份有限公司。

2.1.6　气雾剂级正丁烷(A-17)

产品性能

无色透明液体，不混浊和无异臭。熔点-138.85℃，沸点 0.5℃，折光率(20℃)1.3326，闪点-60℃。溶于乙醇和氯仿。化学性质稳定，对金属无腐蚀，不与湿气反应。高度易燃，在空气中的爆炸界限 1.9%~8.5%，是石油精炼或天然汽油制造的副产品。

生产方法

以含正丁烷的原料，经过一定工艺处理得到。

主要用途

主要用作气雾推进剂。

技术参数

气雾剂级正丁烷(A-17)国家标准见表 2-1-6。

表 2-1-6　气雾剂级正丁烷(A-17)国家标准(GB/T 22024—2008)

项目		指标
正丁烷的质量分数/%	≥	95.0
乙烷的质量分数/%	≤	0.1
丙烷的质量分数/%	≤	1.0
异丁烷的质量分数/%	≤	4.0
总不饱和烃的质量分数/%	≤	0.01
水的质量分数/%	≤	0.005

续表

项目		指标
硫含量/(μg/mL)	≤	3
残留物(38℃)/(mL/100mL)	≤	0.05
蒸气压(21.1℃)/MPa		0.11~0.13

注意事项

首次使用的钢瓶必须确保钢瓶内干燥与清洁；对重复使用的钢瓶，在产品使用后钢瓶内应保持正压。装有气雾剂级正丁烷的钢瓶为带压容器，在装卸运输过程中要保持通风，必须扣好安全帽，严禁撞击、拖拉、摔落和直接曝晒，远离明火。钢瓶运输应符合中华人民共和国铁路、公路对危险货物运输的有关规定。气雾剂级正丁烷应贮存在通风、阴凉、干燥的地方，仓贮温度不宜超过30℃；应与氧气、压缩空气、氧化剂等分开存放；不得靠近热源，严禁日晒雨淋。贮存间内的照明、通风等设施应采用防爆型，开关设在仓外；贮存间必须有严禁烟、火的警示牌；有防火防爆技术措施，禁止使用易产生火花的机械设备和工具，配备相应品种和数量的消防器材。气雾剂级正丁烷属易燃气体，与空气混合能形成爆炸性混合物，遇明火、高热能引起燃烧爆炸。气雾剂级正丁烷属低毒类化学品。健康危害主要表现为麻醉和弱刺激。急性中毒主要表现为头痛、头晕、嗜睡、恶心、酒醉状态，严重者可出现昏迷；慢性影响出现头痛、头晕、睡眠不佳、易疲倦等症状；当出现上述症状时，应及时从现场撤离。当环境中气雾剂级正丁烷浓度较高时，现场人员应采取必要的防护措施，佩带防护器具。

生产厂家

浙江蓝天环保高科技股份有限公司、上海艾洛索化工技术研究所、深圳彩虹精细化工股份有限公司、上海西西爱尔气雾推进剂制造与罐装有限公司、广东莱雅化工有限公司、上海大造气雾剂有限公司、中国石化中原油气高新股份有限公司天然气化工厂、濮阳海宏华益化工有限公司、山东金莱尔化工有限公司、濮阳市中炜精细化工有限公司。

2.1.7 工业用异丁烷(HC-600a)

产品性能

常温常压下为无色可燃性气体。熔点-159.4℃。沸点-11.73℃。微溶于水，可溶于乙醇、乙醚等。与空气形成爆炸性混合物，爆炸极限为1.9%~8.4%(体积分数)。

生产方法

由天然气、炼厂气和裂解气经物理从分离等获得，也可由正丁烷经异构化制得。

主要用途

主要替代二氟二氯甲烷(F_{12})Ⅰ型产品主要用作致冷剂，Ⅱ型产品主要用作气雾剂推进剂。

技术参数

工业用异丁烷(HC-600a)国家标准见表2-1-7。

表2-1-7 工业用异丁烷(HC-600a)国家标准(GB/T 19465—2004)

项目		指标	
		Ⅰ型	Ⅱ型
异丁烷的质量分数/%	≥	99.5	95.0
总不饱和烃的质量分数/%		—	由供需双方协商确定
水的质量分数/%	≤	0.002	0.005
酸(以HCl计)的质量分数/%	≤	0.000 1	—
蒸发残留物的质量分数/%	≤	0.01	—

续表

项目		指标	
		Ⅰ型	Ⅱ型
高沸点残留物(38℃)/(mL/100 mL)	≤	—	0.05
硫含量/(μg/mL)	≤	1	3
气相中不凝性气体的体积分数(25℃)/%	≤	1.5	—
蒸气压(21.1℃)/MPa		—	0.21～0.23

注意事项

首次使用的钢瓶必须确保钢瓶内干燥与清洁；对重复使用的钢瓶，在产品使用后钢瓶内应保持正压。装有工业用异丁烷的钢瓶为带压容器，在装卸运输过程中要保持通风，必须扣好安全帽，严禁撞击、拖拉、摔落和直接曝晒，远离明火。钢瓶运输应符合中华人民共和国铁路、公路对危险货物运输的有关规定。工业用异丁烷应贮存在通风、阴凉、干燥的地方，仓贮温度不宜超过30℃；应与氧气、压缩空气、氧化剂等分开存放；不得靠近热源，严禁日晒雨淋。贮存间内的照明、通风等设施应采用防爆型，开关设在仓外；贮存间必须有严禁烟、火的警示牌；有防火防爆技术措施，禁止使用易产生火花的机械设备和工具，配备相应品种和数量的消防器材。工业用异丁烷属易燃气体。与空气混合能形成爆炸性混合物，遇明火、高热能引起燃烧爆炸。工业用异丁烷属低毒类化学品。健康危害主要表现为麻醉和弱刺激。急性中毒主要表现为头痛、头晕、嗜睡、恶心和酒醉状态，严重者可出现昏迷；慢性影响出现头痛、头晕、睡眠不佳和易疲倦等症状；当出现上述症状时，应及时从现场撤离。当环境中工业用异丁烷浓度较高时，现场人员应采取必要的防护措施，佩带防护器具。

生产厂家

浙江海圳荣液化石油气工业有限公司、上海西西艾尔气雾推进剂制造与罐装有限公司。

2.1.8 气雾剂级异丁烷(A-31)

产品性能

熔点-159.6℃，沸点-11.7℃。替代氟里昂CFC，其ODP值、GWP值均为零，是理想的环保产品。

生产方法

以含异丁烷的原料，经过一定工艺处理得到。

主要用途

主要用作气雾推进剂。

技术参数

气雾剂级异丁烷(A-31)国家标准见表2-1-8。

表2-1-8 气雾剂级异丁烷(A-31)国家标准(GB/T 22025—2008)

项目		指标
异丁烷的质量分数/%	≥	95.0
乙烷的质量分数/%	≤	0.1
丙烷的质量分数/%	≤	2.5
正丁烷的质量分数/%	≤	2.5
总不饱和烃的质量分数/%	≤	0.01
水的质量分数/%	≤	0.005
硫含量/(μg/mL)	≤	3

续表

项目		指标
残留物(38℃)/(mL/100mL)	≤	0.05
蒸气压(21.1℃)/MPa		0.21~0.23

注意事项

首次使用的钢瓶必须确保钢瓶内干燥与清洁；对重复使用的钢瓶，在产品使用后钢瓶内应保持正压。装有气雾剂级异丁烷的钢瓶为带压容器，在装卸运输过程中要保持通风，必须扣好安全帽，严禁撞击、拖拉、摔落和直接曝晒，远离明火。钢瓶运输应符合中华人民共和国铁路、公路对危险货物运输的有关规定。气雾剂级异丁烷应贮存在通风、阴凉、干燥的地方，仓贮温度不宜超过30℃；应与氧气、压缩空气、氧化剂等分开存放；不得靠近热源，严禁日晒雨淋。贮存间内的照明、通风等设施应采用防爆型，开关设在仓外；贮存间必须有严禁烟、火的警示牌；有防火防爆技术措施，禁止使用易产生火花的机械设备和工具，配备相应品种和数量的消防器材。气雾剂级异丁烷属易燃气体。与空气混合能形成爆炸性混合物，遇明火、高热能引起燃烧爆炸。气雾剂级异丁烷属低毒类化学品。健康危害主要表现为麻醉和弱刺激。急性中毒主要表现为头痛、头晕、嗜睡、恶心、酒醉状态，严重者可出现昏迷；慢性影响出现头痛、头晕、睡眠不佳、易疲倦等症状；当出现上述症状时，应及时从现场撤离。当环境中气雾剂级异丁烷浓度较高时，现场人员应采取必要的防护措施，佩带防护器具。

生产厂家

浙江蓝天环保高科技股份有限公司、上海西西爱尔气雾推进剂制造与罐装有限公司、广东莱雅化工有限公司、上海大造气雾剂有限公司、中国石化中原油气高新股份有限公司天然气化工厂、濮阳海宏华益化工有限公司、山东金莱尔化工有限公司、菏泽西冷化工有限公司、濮阳中炜精细化工有限公司、山东德州化工有限公司。

2.1.9 工业用环戊烷油

产品性能

无色透明液体。无可见杂质，无悬浮物，无异臭。相对密度 0.745，熔点 -93.8℃，沸点 49.3℃。不溶于水，溶于乙醇、丙酮等有机溶剂。性质较稳定，一般不发生开环反应，而较易发生取代反应，如和溴反应时与烷烃相似，需在光照条件下主要起游离基取代反应。

生产方法

以工业石脑油、轻柴油裂解加氢经过精馏得到。

主要用途

替代一氟三氯甲烷(CFC-11)，主要用作聚氨酯发泡剂。

技术参数

工业用环戊烷油国家标准见表 2-1-9。

表 2-1-9 工业用环戊烷油国家标准(GB/T 18825—2002)

项目		指标
环戊烷的质量分数/%	≥	95.0
正己烷的质量分数/%	≤	0.001
苯的质量分数/%	≤	0.000 1
其他 C_6 及 C_6 以下烃类的质量分数/%		余量
水的质量分数/%	≤	0.015
硫含量/(μg/mL)	≤	2

注意事项

工业用环戊烷应贮存在阴凉、通风的库房中，贮存时应防晒、避火源及氧化剂；应防止包装破损。工业用环戊烷是高度易燃的有机液体，在空气中爆炸极限 1.5% ~8.7%（体积分数）。由于环戊烷蒸气比空气重，可沿地面流动，还可能造成远处着火。可使用泡沫或干粉灭火器灭火。应避免设备静电电荷积累。工业用环戊烷刺激眼睛和皮肤，对中枢神经系统发生作用，接触可能引起皮炎，吸入可能引起头晕、兴奋和麻醉作用，应注意避免吸入蒸气和接触皮肤。

生产厂家

美龙环戊烷化工有限公司、北京东方亚科力化工科技有限公司、大庆亿鑫源化工有限公司。

2.1.10 工业己烷

产品性能

无色易挥发液体。有微弱的特殊气味。凝固点-93.5℃，沸点 68.95℃，熔点-95℃，相对密度 0.6603(20/4℃)，折射率 1.37506，闪点(开口)-20℃，自燃点 260℃。难溶于水，可溶于乙醇，易溶于乙醚、氯仿、酮类等有机溶剂。馏分范围窄，蒸发、干燥速度快，芳烃及硫含量低，毒性小。

生产方法

以直馏汽油或铂重整抽余油为原料，通过精密分馏和深度脱硫、脱芳烃等工艺制得。

主要用途

主要用作丙烯、丁烯聚合溶剂、乙丙橡胶聚合溶剂等。

技术参数

工业己烷国家标准见表 2-1-10。

表 2-1-10 工业己烷国家标准(GB 17602—1998)

项目		质量指标	试验方法
密度(20℃)/(kg/m^3)		655 ~681	GB/T 1884 和 GB/T 1885
气味[1]		无残留异味	附录 A
贝壳松脂丁醇值[1]		报告	GB/T 11134
溴指数	不大于	1 000	GB/T 11136
颜色(满足下列两指标之一)			
赛波特色号	不小于	+28	GB/T 3555[2]
铂-钴色号	不大于	10	GB/T 3143
馏程			
初馏点/℃	不低于	63	附录 B
干点/℃	不高于	71	
硫含量/(mg/kg)	不大于	10	SH/T 0253
不挥发物/(mg/100 mL)	不大于	1	附录 C
苯含量/%(质量分数)	不大于	0.1	GB/T 17474

注：1)除作为植物油脂抽提溶剂外，可执行协议指标。
2)有争议时，该方法为仲裁方法。

注意事项

按 SH 0164 进行。当作为植油脂抽提溶剂时，应做到专罐、专线、专车、不得与其他油品混装。存放于阴凉通风处，注意防火、防爆、防静电。

生产厂家

吉化北方锦龙精细化工厂、吉林化学工业公司、齐鲁石油化工公司、大庆亿鑫源化工有限公司、溧阳联成溶剂有限公司。

2.1.11 高纯度正己烷

产品性能

在常态下为无色，透明，带汽油味的液体。不溶于水，溶于醇和醚。极易燃，受热或遇明火有燃烧爆炸的危险。自燃点260℃。

生产方法

直馏汽油窄馏分和铂重整抽余油加氢浓缩制取的粗正己烷为原料，经精密精馏可获得高纯正己烷产品。

主要用途

主要用作工业试剂和医药溶剂，也可用于植物油萃取以及作为烯烃聚合和颜料的溶剂。

技术参数

分析纯正己烷企业标准见表2-1-11，食品、医药级正己烷企业标准见表2-1-12。

表2-1-11 分析纯正己烷企业标准

项 目		质量指标	试验方法
密度(15℃)/(g/mL)		0.664～0.669	GB/T 1884
塞伯特色号	不大于	30	GB/T 3555
馏程/℃			GB/T 6536
IBP	不低于	66.1	
DP	不高于	69.4	
5%～95%	不大于	1.5	
溴指数/(mgBr/100g)	不大于	100	GB/T 11136
芳烃/10^{-6}	不大于	5.0	GB/T 17474
硫含量/10^{-6}	不大于	1	SH/T 0253
不挥发物/(mg/100mL)	不大于	0.001	GB 17602
正已烷/%	不大于	95	UOP 690-87
紫外吸收			GB/T 11081
195nmS	不大于	1.00	
210nm	不大于	0.20	
220nm	不大于	0.07	
250nm	不大于	0.005	

表2-1-12 食品、医药级正己烷企业标准

项 目		质量指标	试验方法
密度(20℃)/(kg/m^3)		660～680	GB/T 1884
气味		无残留异味	
溴指数	不大于	1000	GB/T 11136
颜色/铂-钴色号	不大于	10	GB/T 3555
不挥发物/(mg/100mL)	不大于	1	GB 17602
苯含量/10^{-6}	不大于	100	色谱分析

续表

项 目		质量指标	试验方法
水含量/10^{-6}	不大于	200	GB/T11133
硫/10^{-6}	不大于	5	SH/T 0253
正己烷/%	不小于	80	UOP 690-87
馏程			GB/T 6536
5%温度/℃	不小于	66	
95%温度/℃	不大于	71	

注意事项

贮存在通风、阴凉的库房内。远离火种、热源。仓间温度不宜超过30℃。防止阳光直射。保持容器密封。应与氧化剂分开存放。储存间内的照明、通风等设施应采用防爆型，开关设在仓外。

生产厂家

辽阳裕丰化工有限公司、中国石化金陵石化公司。

2.1.12 正庚烷

产品性能

无色易挥发液体。熔点-90.5℃，沸点98.5℃，相对密度0.68，闪点-4℃，引燃温度204℃。不溶于水，溶于醇，可混溶于乙醚、氯仿。易燃，其蒸气与空气可形成爆炸性混合物。遇热源和明火有燃烧爆炸的危险。与氧化剂接触发生化学反应或引起燃烧。高速冲击、流动、激荡后可因产生静电火花放电引起燃烧爆炸。其蒸气比空气重，能在较低处扩散到相当远的地方，遇明火会引着回燃。

生产方法

石油蒸馏所得碳氢化合物，经过分馏、精制等工艺制得。

主要用途

主要用于农药中间体、医药中间体及电子产品的清洗等。

技术参数

工业级正庚烷企业标准见表2-1-13，医药级正庚烷企业标准见表2-1-14。

表2-1-13 工业级正庚烷企业标准

项 目		质量指标	分析方法
密度(15.5℃)/(kg/m^3)		688~700	GB/T1884 GB/T1885
馏程/℃		87~92	GB/T6536
馏程范围/℃	不大于	3	GB/T6536
庚烷纯度/%	不低于	90	色谱分析
芳烃/10^{-6}	不大于	200	SH/T0245
硫含量/10^{-6}	不大于	1	SH/T0253
苯/10^{-6}	不大于	100	色谱分析
水分含量/10^{-6}	不大于	50	GB/T11133
不挥发物/(mg/100mL)	不大于	1	GB/T3209

续表

项　　目	质量指标	分析方法
溴指数/(mgBr/100mg) 不大于	1	电量法
色度(铂-钴)/号　　不大于	10	GB/T3143
铜片腐蚀试验(50℃，3h)	颜色无变化	GB/T378

表 2-1-14　医药级正庚烷企业标准

项　　目		质量指标	分析方法
密度(15.5℃)/(kg/m^3)		688～700	GB/T 1884 GB/T 1885
馏程/℃		91～99	GB/T 6536
馏程范围/℃	不大于	9	GB/T 6536
庚烷纯度/%	不低于	95	色谱分析
芳烃/10^{-6}	不大于	200	SH/T 0245
硫含量/10^{-6}	不大于	1	SH/T 0253
苯/10^{-6}	不大于	100	色谱分析
水分含量/10^{-6}	不大于	50	GB/T 11133
不挥发物/(mg/100ml)	不大于	1	GB/T 3209
溴指数/(mgBr/100mg)	不大于	1	电量法
色度(铂-钴)/号	不大于	10	GB/T 3143
铜片腐蚀试验(50℃，3h)		颜色无变化	GB/T 378

注意事项

贮存在通风、阴凉的库房内。远离火种、热源。仓间温度不宜超过 30℃。防止阳光直射。保持容器密封。应与氧化剂分开存放。储存间内的照明、通风等设施应采用防爆型，开关设在仓外。

生产厂家

辽阳裕丰化工有限公司、大庆亿鑫源化工有限公司、溧阳联成溶剂有限公司、滁州润达溶剂有限公司。

2.1.13　石油苯

产品性能

无色透明易挥发、非极性液体。具有高折射性和强烈的芒香味，易燃有毒。密度为 0.879，凝固点大于或等于 5.40℃，沸点为 80.1℃。溶于乙醇、乙醚、丙酮、四氯化碳、二硫化碳等许多有机溶剂，不溶于水。燃烧时发出光亮而带烟的火焰。其蒸汽与空气形成爆炸性混合物，爆炸极限为 1.5%～8%（体积分数）。

生产方法

由石油轻馏分经预加氢精制、催化重整和分离所得。

主要用途

石油苯是基本化工原料，主要用于生产苯乙烯、环乙烷、苯酚、苯胺、硝基苯、合成洗涤剂，还可作为油漆涂料及农药等的溶剂。

技术参数

产品按质量分为石油苯-535、石油苯-545 两个类别。石油苯国家标准见表 2-1-15。

表 2-1-15　石油苯国家标准(GB/T 3405—2011)

项目		质量指标		试验方法
		石油苯-535	石油苯-545	
外观		透明液体、无不溶水及机械杂质		目测[a]
颜色(铂-钴色号)	不深于	20	20	GB/T 3143 ASTM D 1209[b]
纯度(质量分数)/%	不小于	99. 80	99. 90	ASTM D 4492
甲苯(质量分数)/%	不大于	0. 10	0. 05	ASTM D 4492
非芳烃(质量分数)/%	不大于	0. 15	0. 10	ASTM D 4492
噻吩/(mg/kg)	不大于	报告	0. 6	ASTM D 1685 ASTM D 4735[c]
酸洗比色		酸层颜色不深于 1 000 mL 稀酸中含 0. 20g 重铬酸钾的标准溶液	酸层颜色不深于 1 000 mL 稀酸中含 0. 10g 重铬酸钾的标准溶液	GB/T 2012
总硫含量/(mg/kg)	不大于	2	1	SH/T 0253[d] SH/T 0689
溴指数/(mg/100 g)	不大于	—	20	SH/T 0630 SH/T 1551[e] SH/T 1767
结晶点(干基)/℃	不低于	5. 35	5. 45	GB/T 3145
1，4-二氧己烷(质量分数)/%		由供需双方商定		ASTM D 4492
氮含量/(mg/kg)		由供需双方商定		SH/T 0657 ASTM D 6069
水含量/(mg/kg)		由供需双方商定		SH/T 0246 ASTM E 1064
密度(20℃)/(kg/m^3)		报告		GB/T 2013 SH/T 0604
中性试验		中性		GB/T 1816

a　将试样注入 100 mL 玻璃量筒中，在(20±3)℃下观察，应是透明、无不溶水及机械杂质。对机械杂质有争议时，用 GB/T 511 方法进行测定，结果应为无。
b　在有异议时，ASTM D 1209 为仲裁法。
c　在有异议时，ASTM D 4735 为仲裁法。
d　在有异议时，SH/T 0253 为仲裁法。
e　在有异议时，SH/T 1551 为仲裁法。

注意事项

包装、标志、运输、贮存及交货验收按 SH 0164 进行。石油苯的主要成分是苯。根据 GB 13690，石油苯属于第 3 类易燃液体和第 6 类有毒品，其危险性标志按 GB 13690 和 GB 190 进行。

生产厂家

中国石油天然气股份有限公司、中国石油化工股份有限公司。

2. 1. 14　石油甲苯

产品性能

外观为透明液体。硫含量低，不含硫化氢、二硫化碳、硫酸性硫等有害杂质，色泽好，质量稳定，纯度可达99.90%以上。易燃，其蒸气与空气可形成爆炸性混合物。遇明火、高热极易燃烧爆炸。与氧化剂能发生强烈反应。流速过快，容易产生和积聚静电。其蒸气比空气重，能在较低处扩散到相当远的地方，遇明火会引着回燃。

生产方法

由催化重整工艺所得重整生成油或乙烯裂解工艺所得的轻焦油，经过精制和分离等工艺制得。

主要用途

适用于用作作硝化、合成工艺的化工原料和溶剂。

技术参数

本标准所属产品按照质量分为Ⅰ号和Ⅱ号两个品种。石油甲苯国家标准见表2-1-16。

表2-1-16 石油甲苯国家标准(GB/T 3406—2010)

项目	质量指标		试验方法
	Ⅰ号	Ⅱ号	
外观	透明液体、无不溶水及机械杂质		目测[a]
颜色(Hazen单位——铂-钴色号) 不深于	10	20	GB/T 3143 ASTM D 1209[b]
密度(20℃)/(kg/m^3)	—	865～868	GB/T 2013[c] SH/T 0604
纯度(质量分数)/% 不小于	99.9	—	ASTM D 6526
烃类杂质含量:			
苯含量(质量分数)/% 不大于	0.03	0.10	GB/T 3144 ASTM D 6526[d]
C_8芳烃含量(质量分数)/% 不大于	0.05	0.10	
非芳烃含量(质量分数)/% 不大于	0.1	0.25	
酸洗比色	酸层颜色不深于1 000 mL稀酸中含0.2 g重铬酸钾的标准溶液		GB/T 2012
总硫含量/(mg/kg) 不大于	2		SH/T 0253[e] SH/T 0689
蒸发残余物/(mg/100 mL) 不大于	3		GB/T 3209
中性试验	中性		GB/T 1816
溴指数/(mg/100 g)	由供需双方商定		SH/T 0630 SH/T 1551 SH/T 1767

a 将试样注入100 mL玻璃量筒中，在20℃±3℃下观察，应透明、无不溶水及机械杂质。对机械杂质有争议时，用GB/T 511方法进行测定，结果应为无。

b 有争议时，以ASTM D 1209为仲裁方法。

c 有争议时，以GB/T 2013为仲裁方法。

d 有争议时，以ASTM D 6526为仲裁方法。

e 有争议时，以SH/T 0253为仲裁方法。

注意事项

标志、包装、运输和贮存及交货验收按SH 0164进行。石油甲苯的主要成分是甲苯。根据GB 13690，石油甲苯属于第3类易燃液体和第6类有毒品，其危险性标志按GB 13690和GB 190进行。石油甲苯属于易燃液体和有毒品，其涉及的安全问题应符合相关法律、法规和标准的规定。应查阅

《危险化学品安全管理条例》和由供应商提供的化学品安全技术说明书。

生产厂家

中国石油化工股份有限公司、中国石油天然气股份有限公司。

2.1.15 石油混合二甲苯

产品性能

本品系邻、间、对二甲苯的混合物。外观为无色透明液体。易挥发，有芳香气味。沸点137～143 ℃。含硫少，不含硫醇性硫和二硫化碳等有害杂质。能与无水乙醇、醚、氯仿混合，几乎不溶于水。有一定毒性，易燃爆。

生产方法

将石油轻馏分混合苯经过加氢精制，催化重整，分离而得。

主要用途

适用于用作化工原料或溶剂。

技术参数

按照总馏程范围分为3℃石油混合二甲苯和5℃石油混合二甲苯。石油混合二甲苯国家标准见表2-1-17。

表2-1-17 石油混合二甲苯国家标准(GB/T 3407—2010)

项目		质量指标		试验方法
		3℃混合二甲苯	5℃混合二甲苯	
外观		透明液体、无不溶水及机械杂质		目测[a]
颜色(Hazen单位铂-钴色号)	不深于	20		GB/T 3143
密度(20℃)/(kg/m^3)		862～868	860～870	GB/T 2013[b] SH/T 0604
馏程/℃				GB/T 3146[c]
初馏点	不低于	137.5	137	
终馏点	不高于	141.5	143	
总馏程范围	不大于	3	5	
酸洗比色		酸层颜色不深于1 000 mL稀酸中含0.3 g重铬酸钾的标准溶液	酸层颜色不深于1 000 mL稀酸中含0.5 g重铬酸钾的标准溶液	GB/T 2012
总硫含量/(mg/kg)	不大于	2		SH/T 0253[d] SH/T 0689
蒸发残余物/(mg/100 mL)	不大于	3		GB/T 3209
铜片腐蚀		通过		GB/T 11138
中性试验		中性		GB/T 1816
溴指数/(mg/100 g)		供需双方商定		SH/T 0630 SH/T 1551 SH/T 1767

续表

项目	质量指标		试验方法
	3℃混合二甲苯	5℃混合二甲苯	

a 将试样注入 100 mL 玻璃量筒中，在 20℃±3℃下观察，应透明、无不溶水及机械杂质。对机械杂质有争议时，用 GB/T 511 方法进行测定，结果应为无。
b 有争议时，以 GB/T 2013 为仲裁方法。
c 有争议时，以蒸馏法为仲裁方法。
d 有争议时，以 SH/T 0253 为仲裁方法。

注意事项

标志、包装、运输和贮存及交货验收按 SH 0164 进行。石油混合二甲苯为邻二甲苯、间二甲苯、对二甲苯和乙苯等的混合物。根据 GB 13690，石油混合二甲苯属于第 3 类易燃液体和第 6 类有毒品，其危险性标志按 GB 13690 和 GB 190 进行。石油混合二甲苯属于易燃液体和有毒品，其涉及的安全问题应符合相关法律、法规和标准的规定。应查阅《危险化学品安全管理条例》和由供应商提供的化学品安全技术说明书。

生产厂家

中国石油化工股份有限公司、中国石油天然气股份有限公司。

2.1.16 石脑油

产品性能

俗称轻油、白电油。是石油提炼后的一种油质的产物，由不同的碳氢化合物混合组成。主要成分是含 C_5 ~ C_{11} 的链烷、环烷或芳烃。在常温、常压下为无色透明或微黄色液体，有特殊气味，不溶于水。密度在 650 ~ 750kg/m^3。

生产方法

通常由原油直接蒸馏而得到，也可以由二次加工汽油进行加氢精制后获得。

主要用途

主要用作化肥、乙烯生产和催化重整原料，也可以用于生产溶剂油或作为汽油产品的调和组分。

技术参数

石脑油企业标准见表 2-1-18，乙烯装置专用石脑油企业标准见表 2-1-19。

表 2-1-18 石脑油企业标准

项目			质量指标		试验方法
			1 号	2 号	
颜色/赛波特色号		不小于	+20		GB/T 3555
密度(20℃)/ kg/m^3			G50-750		GB/T 1884-1885
馏程	初馏点/ ℃		报告		GB/T6536
	50% 馏出温度/℃		报告		
	终馏点/℃	不高于	205		
烷烃、环烷烃含量/%(体积分数)		不小于	70	90	GB/T 11132
烯烃含量/ %(体积分数)		不大于	2.0		GB/T 11132

续表

项　　目		质量指标		试验方法
		1号	2号	
硫含量/%(质量分数)	不大于	0.05		GB/T 380
铅含量/(μg/kg)	不大于	100		SH/T0242
砷含量/(μg/kg)		报告		SH/T　0629

表2-1-19　乙烯装置专用石脑油企业标准

项目		质量指标	试验方法
颜色/赛波特色号	不小于	+20	ASTM D 156/ 6045
密度(15℃)/(kg/m³)		650~740	ASTM D4052
初馏点/℃	不低于	25	ASTM D 86
终馏点/℃	不高于	204	ASTM D 86
烷烃/%(体积分数)	不小于	65	ASTM D 5134/6293
烯烃含量/%(体积分数)	不大于	1	ASTM D 5134/6293
芳烃含量/%(体积分数)	不大于	15	ASTM D 5134/6293
硫含量/(mg/kg)	不大于	650	ASTM D 2622/5453
氯含量/(mg/kg)	不大于	1	ASTMD 4929 UOP779-92
铅含量/(μg/kg)	不大于	150	SH/T 0242
砷含量/(μg/kg)	不大于	20	SH/T 0167
汞含量/(μg/kg)	不大于	1	UOP 938
蒸气压/psi	不大于	13	ASTM D 323/5191
氧化物/(mg/kg)	不大于	50	SGS-RSOP-1-024

注意事项

石脑油蒸气可引起眼及上呼吸道刺激症状，如浓度过高，几分钟即可引起呼吸困难、紫绀等缺氧症状。该液体使皮肤不适，能引起皮炎。该物质可加重原有的皮肤病。该物质可刺激眼睛，长期接触引起炎症反应。反复长期接触可导致结膜炎。对环境有危害，对水体、土壤和大气可造成污染。摄入较大的剂量可引起恶心、呕吐、麻醉、无力、头晕、呼吸表浅、腹胀、意识丧失和抽搐，可发生中枢神经系统抑制。本品易燃，具刺激性。其蒸气与空气可形成爆炸性混合物，遇明火、高热能引起燃烧爆炸。其蒸气比空气重，能在较低处扩散到相当远的地方，遇火源会着火回燃。

生产厂家

中国石油化工股份有限公司、中国石油天然气股份有限公司。

2.1.17　石油酸

产品性能

又名环烷酸，为深棕色油状液体。精制后为透明的淡黄色或橙色液体，有特殊气味。由于原油性质及馏分的不同，所得环烷酸的子量、相对密度、黏度、凝固点和折射率也有差异 。

生产方法

含环烷基原油中的煤油或柴油馏分，经碱洗得到“碱渣”，其中含环烷酸钠，经硫酸酸化、水洗，得粗酸，再经二次蒸馏，得精制成品。

主要用途

主要用于制取环烷酸盐类，其钠盐是廉价乳化剂、农业助长剂、纺织工业的去污剂，铅、锰、钴、铁、钙等盐类是印刷油墨及涂料的干燥剂，铜盐、汞盐用作木材防腐剂及农药、杀菌剂，铝盐用于润滑脂及凝固汽油和照明弹，镍、钴、钼盐可作为有机合成催化剂和催干剂。某些酯类或盐类还可作为特殊油品的添加剂，如环烷酸的高碳数脂肪族酯类适于作精密机械油，用于电话机、钟表、计量器等方面。

技术参数

石油酸石化行业标准见表 2-1-20。

表 2-1-20 石油酸石化行业标准

项目		质量指标								试验方法
		一级品				合格品				
		85 号	75 号	65 号	55 号	85 号	75 号	65 号	55 号	
纯酸值/(mgKOH/g)	不小于	210	200	185	175	210	200	185	175	SH/T 0092
粗酸值/(mgKOH/g)		报告				报告				SH/T 0092
石油酸含量/%(质量分数)	不小于	85	75	65	55	85	75	65	55	SH/T 0092
水分/%(质量分数)	不大于	2								GB/T 260
脂肪酸含量/%(质量分数)	不大于	2				报告				附录 A
色度/号(稀释)	不大于	7				报告				GB/T 6540[1)]
注：1)用 85% 符合 GB 253 煤油中合格稀释后测定。										

注意事项

包装、储存、运输及交货验收按 SH0164 进行。

生产厂家

新疆独山子天利高新技术股份有限公司。

2.2 汽油及煤油型溶剂油

2.2.1 植物油抽提溶剂

产品性能

无色透明液体。该溶剂为混合溶剂，其主要成分为液体烷烃类化合物，如 2-甲基戊烷、3-甲基戊烷、正己烷、甲基环戊烷、环己烷等。能与除蓖麻油以外的多数液态油脂混溶，可溶解低级脂肪酸。

生产方法

石油直馏馏分、重整抽余油或凝析油馏分经精制而成。

主要用途

主要用于油脂和天然香料、色素等其他脂溶性物质的浸出抽提。

技术参数

植物油抽提溶剂国家标准见表 2-2-1。

表 2-2-1 植物油抽提溶剂国家标准(GB 16629—2008)

项目		指标	试验方法
馏程：			
初馏点/℃	不低于	61	GB/T 6536
干点/℃	不高于	76	

续表

项目		指标	试验方法
苯含量(质量分数)/%	不大于	0.1	GB/T 17474
密度(20℃)/(kg/m³)		655~680	GB/T 1884 和 GB/T 1885 SH/T 0604[a]
溴指数	不大于	100	GB/T 11136
色度/号	不小于	+30	GB/T 3555
不挥发物/(mg/100 mL)	不大于	1.0	GB/T 3209
硫含量(质量分数)/%	不大于	0.000 5	SH/T 0253[b] SH/T 0689
机械杂质及水分		无	目测[c]
铜片腐蚀(50℃, 3h)/级	不大于	1	GB/T 5096

a 有争议时，以 GB/T 1884 和 GB/T 1885 为仲裁试验方法。

b 有争议时，以 SH/T 0253 为仲裁试验方法。

c 将试样注入 100 mL 的玻璃量筒中，室温下观察，试样应透明、无悬浮及沉降物。

注意事项

包装与贮运按 SH 0164 进行，当作为植油脂抽提溶剂时，应做到专罐、专线、专车、不得与其他油品混装。存放于阴凉通风处，注意防火、防爆、防静电。易挥发、易燃、易爆。大量吸入有麻醉性，其中所含少量芳烃及硫化物杂质有较大毒性。主要侵入途径是吸入或皮肤接触。

生产厂家

青岛中商华天溶剂油公司、中国石油化工股份有限公司、中国石化中原油气高新股份有限公司。

2.2.2 航空洗涤汽油

产品性能

馏程 40~180℃。含有适量的芳烃。溶解力强，易挥发，清洗性能好，不腐蚀金属。易燃。与空气混合会发生爆炸。

生产方法

天然原油制得的直馏轻汽油，不含裂化馏分和四乙基铅。

主要用途

用于精密机件的洗涤。

技术参数

航空洗涤汽油石化行业标准见表 2-2-2。

表 2-2-2 航空洗涤汽油石化行业标准[SH/T 0114—1992(1998)]

项目		质量指标	试验方法
馏程:			GB/T 255
初馏点/℃	不低于	40	
10% 馏出温度/℃	不高于	80	
50% 馏出温度/℃	不高于	105	
90% 馏出温度/℃	不高于	145	

续表

项目		质量指标	试验方法
干点/℃	不高于	180	
残留及损失量(质量分数)/%	不大于	2.5	
酸度，mgKOH/100 mL	不大于	1	GB/T 258
水溶性酸或碱		无	GB/T 259
铜片腐蚀(50℃，3h)/级	不大于	1	GB/T 5096
硫含量(质量分数)/%	不大于	0.05	GB/T 380
碘值/(gI/100g)	不大于	10	SH/T 0234
实际胶质/(mg/100 mL)	不大于	2	GB/T 509
机械杂质及水分		无	2)
注：1)使用航空洗涤汽油的工作场所，空气中的汽油浓度不得超过0.3mg/L。 2)将试样注入100mL玻璃量筒中观察。应当透明，没有悬浮和沉降的机械杂质及水分。在有异议时，按GB/T 511和GB/T 260方法进行测定。			

注意事项

本产品的包装、标志、贮运及交货验收按SH 0164进行。

生产厂家

中国石油化工股份有限公司、中国石油天然气股份有限公司。

2.2.3 油漆工业用溶剂油

产品性能

又称涂料溶剂油。介于汽油与煤油之间的石油馏分。无色透明液体。密度约0.779～0.782。初馏点不低于145℃，在200℃时有98%馏出，干点不高于210℃。闪点大于32℃。酸价小于0.05。主要是脂肪烃，但因石油产地不同还含有不同数量的芳香烃类。不含硫。它能溶解松香、植物油、甘油硬脂、长油度醇酸树脂等。

生产方法

以原油的直馏馏分，或经再加工制得。

主要用途

广泛用以代替松节油用于油性漆、酯胶漆、酚醛漆和醇酸漆中作溶剂，以降低黏度而便于施工。

技术参数

油漆工业用溶剂油石化行业标准见表2-2-3。

表2-2-3 油漆工业用溶剂油[SH 0005—1990(1998)]

项目		质量指标		试验方法
		一级品	合格品	
外观		透明、无悬浮物和机械杂质及不溶解于水		目测1)
闪点(闭口)/℃	不低于	33	33	GB/T 261
色度/号	不小于	+25	—	GB/T 3555
芳烃含量2)/%	不大于	15	15	SH/T 0118
贝壳松脂丁醇值		报告	—	GB/T 11134
溴值/(gBr/100 g)	不大于	5	—	GB/T 11135
博士试验		通过	—	SH/T 0174

续表

项目		质量指标		试验方法
		一级品	合格品	
馏程/℃				GB/T 6536
初馏点	不低于	140	140	
98%馏出温度	不高于	200	200	
铜片腐蚀/级				GB/T 5096
100℃/3h	不大于	1	—	
50℃/3h	不大于	—	1	
密度(20℃)/(kg/m³)				
	不小于	750	—	GB/T 1884
	不大于	816	790	GB/T 1885
注：1)将试样注入100 mL的玻璃量筒中，在20℃±5℃下观察，试样必须透明，无悬浮物和机械杂质及不溶解于水。 2)此项指标根据用户需要允许生产厂和用户协商。				

注意事项

标志、包装、运输、贮存及交货验收按SH 0164进行。

生产厂家

中国石油化工股份有限公司、中国石油天然气股份有限公司。

2.2.4 橡胶工业用溶剂油

产品性能

外观为无色透明液体。沸点范围应较窄，芳香烃含量较少，以保证有良好的挥发性。国产120号溶剂油即橡胶溶剂油，其98%馏分温度不高于120℃，相对密度0.730。

生产方法

由原油直馏馏分或催化重整抽余油制得。

主要用途

适用于作橡胶工业的溶剂。

技术参数

橡胶工业用溶剂油石化行业标准见表2-2-4。

表2-2-4 橡胶工业用溶剂油石化行业标准[SH 0004—1990(1998)]

项目		质量指标			试验方法
		优级品	一级品	合格品	
密度(20℃)/(kg/m³)	不大于	700	730	—	GB/T 1884 GB/T 1885
馏程:					GB/T 6536
初馏点/℃	不低于	80	80	80	
100℃馏出量/%	不小于	98	93	—	
120℃馏出量/%	不小于	—	98	98	
残留量/%	不大于	1.0	1.5	—	
溴值/(gBr/100 g)	不大于	0.12	0.14	0.31	SH/T 0236

续表

项目		质量指标			试验方法
		优级品	一级品	合格品	
芳香烃含量/%	不大于	1.5	3.0	3.0	SH/T 0166
硫含量/%	不大于	0.018	0.020	0.050	GB/T 380[1]
博士试验		通过		—	SH/T 0174
水溶性酸或碱		无			GB/T 259
机械杂质及水分[2]		无			
油渍试验[3]		合格			

注：1）允许用 SH/T 0253 测定。在有异议时，用 GB/T 380 仲裁。

2）将试样注入 100 mL 玻璃量筒中，在室温 20℃±5℃观察，必须透明，不允许有悬浮和沉降的机械杂质及水。有异议时，按 GB/T 511 和 GB/T 260 进行测定。

3）将溶剂油经蒸馏测定的残留物，用小滤纸滤入干净的容积为 10～25mL 的试管或量筒中，用吸管取其滤液往清洁的滤纸同一处滴 3 滴，然后将此滤纸在室温 20℃±5℃下放置 30min，如滤纸上没有油渍存在，即认为合格。

注意事项

标志、包装、运输、贮存及交货验收按 SH 0164 进行。使用橡胶工业用溶剂油的工作场所、空气中溶剂浓度不得超过 300mg/m^3。

生产厂家

中国石油化工股份有限公司、中国石油天然气股份有限公司。

2.2.5 油漆及清洗用溶剂油

产品性能

无色透明液体。易燃，易挥发，不含四乙基铅，硫含量低。具有无毒、无味、芳香烃含量低、溶解力强、易挥发、无残留、无腐蚀等优点。是一种用途广泛的有机溶剂。

生产方法

国内传统溶剂油生产包括切取馏分和精制两个过程。切取馏分过程通常有以下三种途径：由常压塔直接切取；将相应的轻质直馏馏分再切割成适当的窄馏分；和将催化重整抽余油进行分馏。各种溶剂油馏分一般都需要经过精制加工。以改善色泽，提高安定性，除去腐蚀性物质和降低毒性等。常用的精制方法有碱洗，白土精制和加氢精制等。

催化重整抽余油是我国生产 6 号抽提溶剂油和 120 号橡胶工业用溶剂油的主要原料来源. 但是，由于抽余油中含有用一般分馏方法很难脱除的不饱和烃，会导致油品安定性差，因此必须进行精制。精制方法主要有加氢精制和非加氢精制（如白土精制和分子筛精制）两种。

主要用途

1 号（中沸点）产品干燥时间短、挥发速度快，主要用做快干型油漆溶剂（或稀释剂），也可用做毛纺羊毛脱脂剂及精密仪器清洗剂。2 号（高沸点、低干点）用做油漆溶剂（或稀释剂）以及干洗溶剂。作干洗和清洗剂时，清洗物不易留痕迹。3 号（高沸点）主要用做油漆溶剂（或稀释剂）以及干洗溶剂。作为油漆溶剂（或稀释剂）时，与 1 号产品比较，挥发速度慢、溶解能力强。也广泛用于金属表面的清洗。4 号（高沸点、高闪点）用在工作环境要求油漆、除油污及衣物干洗剂闪点较高的场合。5 号（煤油型）适用于作金属表面除油污溶剂。具有低挥发、闪点高、环境污染小、易回收的特点，尤其适用于轴承及金属部件防锈油脂的脱除。

技术参数

油漆及清洗用溶剂油国家标准见表 2-2-5。

表 2-2-5　油漆及清洗用溶剂油国家标准（GB 1922—2006）

序号	项目		1号		2号			3号			4号			5号		试验方法
			中芳型	低芳型	普通型	中芳型	低芳型	普通型	中芳型	低芳型	普通型	中芳型	低芳型	中芳型	低芳型	
1	芳烃含量[a]（体积分数）/%		2～8	0～<2	8～22	2～<8	0～<2	8～22	2～<8	0～<2	8～22	2～<8	0～<2	2～8	0～<2	GB/T 11132 SH/T 0166 SH/T 0245 SH/T 0411 SH/T 0693
2	外观		透明，无沉淀及悬浮物													目测[b]
3	闪点（闭口）/℃	不低于	4		38			38			60			65		SH/T 0733[c] GB/T 261
4	颜色	不深于	赛波特色号+28 或铂-钴色号 10		赛波特色号+25 或铂-钴色号 25			赛波特色号+25 或铂-钴色号 25			赛波特色号+25 或铂-钴色号 25			赛波特色号+25		GB/T 3555 GB/T 3143
5	溴值/（gBr/100 kg）	不大于	5											—		GB/T 11135[d] SH/T 0236
6	博士试验		—		通过											SH/T 0174
7	馏程															GB/T 6536
	初馏点/℃	不低于	115		150			150			175			200		
	50% 蒸发温度/℃	不高于	130		175			180			200			—		
	干点/℃	不高于	155		185			215			215			300		
	残留量（体积分数）/%	不大于	—		1.5			1.5			1.5			—		
8	水溶性酸碱		—		无											GB/T 259
9	铜片腐蚀/级	不大于														GB/T 5096
	100℃，3 h		—		—			—			—			1		
	50℃，3 h		1		1			1			1			—		
10	密度（20℃）/（kg/m^3）		报告													GB/T 1884 GB/T 1885

注 1：表中第 1 项和第 3 项技术要求为强制性，其他为推荐性。

注 2：如果用户要求溶剂油的贝壳松脂丁醇值，技术指标由供需双方协商，试验方法采用 GB/T 11134。

a　芳烃的测定可根据馏程选择适当的方法。采用 SH/T 0166、SH/T 0245 和 SH/T 0411 测定时，标准样品按体积百分数配制。有争议时，当芳烃含量（体积分数）大于 5% 时，采用 GB/T 11132 方法仲裁；当芳烃含量（体积分数）小于 5% 时，1 号采用 SH/T 0166 方法，2 号、3 号、4 号采用 SH/T 0245 方法，5 号采用 SH/T 0411 方法仲裁。

b　将试样注入 100 mL 量筒中，室温下观察，无悬浮物及游离水。有争议时分别采用 GB/T 511 和 GB/T 260 方法。

c　对于预估闪点高于室温 10℃ 以上的样品允许采用 GB/T 261，有争议时采用 SH/T 0733 方法。

d　有争议时采用 GB/T 11135 方法。

注意事项

储存于阴凉、通风的库房。远离火种、热源。库温不宜超过30℃。保持容器密封。应与氧化剂分开存放，切忌混储。采用防爆型照明、通风设施。禁止使用易产生火花的机械设备和工具。储区应备有泄漏应急处理设备和合适的收容材料。运输时运输车辆应配备相应品种和数量的消防器材及泄漏应急处理设备。夏季最好早晚运输。运输时所用的槽(罐)车应有接地链，槽内可设孔隔板以减少震荡产生静电。严禁与氧化剂等混装混运。运输途中应防曝晒、雨淋，防高温。中途停留时应远离火种、热源、高温区。装运该物品的车辆排气管必须配备阻火装置，禁止使用易产生火花的机械设备和工具装卸。

生产厂家

中国石油化工股份有限公司、中国石油天然气股份有限公司、茂名高山海洋石油化工有限公司、沧州炼油厂特种油有限公司、清江石化有限公司。

2.2.6 环保溶剂油

产品性能

无色透明液体。低硫、低芳、无毒、无味。馏份窄，饱和烃含量大于99%，产品稳定性好。溶解力强，挥发性好。

生产方法

以直馏馏份油、加氢裂化馏份油或低硫直馏航煤为原料，经深度加氢精制后分馏而成。

主要用途

适用于作金属防锈油、金属清洗剂、纺织印染助剂、衣服干洗剂、涂料、油漆稀释剂等行业。

技术参数

环保溶剂油D40企业标准见表2-2-6。

表2-2-6 环保溶剂油企业标准(Q/MSH16—2005)

项目		质量指标				试验方法
		D30	D40	D65	D80	
馏程/℃						GB/T 6536
初馏点	不低于	1130	159	190	200	
干点	不高于	161	200	230	250	
密度(20℃)/(kg/m³)		实测	实测	实测	实测	GB/T 1884
黏度(40℃)/(mm²/s)		实测	实测	实测	实测	GB/T 265
芳烃含量/%(m)	不大于	0.1	0.2	0.2	0.3	AMS 140.31
闪点(闭口)/℃	不低于	—	40	65	80	GB/T 261
硫含量/(mg/kg)	不大于	2.0	2.0	2.0	2.0	SH/T 0689
溴值/(mgBr/100g)	不大于	15	15	40	40	SH/T 0236
颜色(赛波特比色)/号	不小于	+30	+30	+30	+30	GB/T 3555

注意事项

包装、贮存、运输及交货验收按SH 0164进行。贮存于阴凉通风、远离火源。

生产厂家

茂名石化实华股份有限公司。

2.2.7 脱芳溶剂油

产品性能

无气味低芳烃透明液体。低硫、无毒、环保、溶解力强、挥发性好、窄馏份，可以取代进口的同类产品。属于工业清洗领域ODS(消耗臭氧层物质)清洗剂的替代品。具有洗净力强、与材料相容性好、无毒、不污染环境、不破坏臭氧层等优势。可用作涂料工业和印染助剂等的溶剂。

生产方法

石油溶剂经加氢脱芳烃工艺制得。

技术参数

脱芳溶剂油技术条件见表2-2-7。

表2-2-7 脱芳溶剂油技术条件(Q/SH1070 101—2003)

项目		D-40	D-60	试验方法
馏程				
初馏点/℃	不低于	150	180	GB/T 6536
干点/℃	不高于	200	210	
密度(20℃)/(kg/m^3)		770~805	780~820	GB/T 1884 GB/T 1885
运动黏度(40℃)/(mm^2/s)		1.1~1.6	1.1~1.6	GB/T 265
闪点/℃	不低于	40	60	GB/T 261
色度/号	不小于	+28	+28	GB/T 3555
芳烃含量/%	不大于	0.5	0.5	UOP495 SH/T0409
溴值/(gBr/100g)	不大于	0.1	0.1	GB/T 11135
硫含量/(μg/g)	不大于	5	5	SH/T 0253
水溶性酸及碱		无	无	GB/T 259
机械杂质/%		无	无	GB/T 511
水分/%		无	无	GB/T 260
铜片腐蚀(50℃, 3h)		合格	合格	GB/T 378

注意事项

储存于阴凉、通风的库房。远离火种、热源。

生产厂家

中国石化金陵石化有限公司炼油厂。

2.2.8 Exxsol™脱芳溶剂油

产品性能

在保持良好的溶解特性的同时，也能达到安全、健康和环保的标准。芳烃含量低至极低。能减少气味和毒性，有相对较高的职业接触极限。馏程范围窄。闪点高，干燥时间快。

主要用途

用于涂料工业、粘合剂工业、气雾杀虫剂、金属加工润滑、除油、防锈、衣服干洗油、液体电热杀虫剂、矿物萃取助剂、硅胶黏合剂、污水处理剂、低芳香烃印刷油墨、化学反应用溶剂及载剂、乳化液载剂等。

技术参数

脱芳香烃脂肪族类溶剂油典型数据见表2-2-8。

表 2-2-8 脱芳香烃脂肪族类溶剂油典型数据

项目	Hexane	Heptane	SBP80/100	D30	D40	D60	D80	D110	D130	试验方法
流程/℃										
初馏点	66	94	85	142	163	185	208	248	279	ASTM D86
终馏点	69	98	102	156	187	215	236	265	313	ASTM D1078
闪点/℃	<0	<0	<0	29	45	64	82	114	140	ASTM D56 ASTM D93
密度/(g/cm³)	0.675	0.696	0.729	0.766	0.775	0.793	0.795	0.808	0.827	ASTM D4052
芳烃含量/%	0.001	0.001	<0.01	<0.01	<0.1	0.05	0.2	0.4	1	ASTM D1319
相对挥发速度	1146	465	499	52	12	3	1	<1	<1	EC-M-F01

注意事项

储存于阴凉、通风的库房。远离火种、热源。

生产厂家

埃克森-美孚化工公司。

2.2.9 Isopar™异构烷烃溶剂油

产品性能

属高纯度的合成异构烷烃。基本无味。馏程范围窄。闪点高，干燥时间快。芳烃浓度超低。与大部分包装材料相容。化学稳定性高，成品使用寿命长。凝固点低，电导率低。表面张力小，具有一流的润湿性和表面扩展性。

主要用途

用于低味涂料、化学反应用溶剂及载剂、喷墨型油墨溶剂、PVC 增塑溶胶降粘剂，以及金属加工润滑、除油、防锈等。环烷烃类溶剂油用于粘合剂工业、印刷工业用清洗剂、工业清洗剂等。

技术参数

Isopar™异构烷烃溶剂油典型数据见表 2-2-9。

表 2-2-9 Isopar™异构烷烃溶剂油典型数据

项目	ISOPAR C	ISOPAR E	ISOPAR G	ISOPAR H	ISOPAR L	ISOPAR M	ISOPAR V	试验方法
初沸点/℃	98	115	167	179	185	225	273	ASTM D86 ASTM D1078
终沸点/℃	104	140	176	188	199	255	310+	ASTM D86 ASTM D1078
闪点/℃	<0	7	44	54	64	92	130	ASTM D56 ASTM D93
密度(15℃)/(g/cm³)	0.698	0.723	0.748	0.758	0.764	0.790	0.822	ASTM D 4052
黏度(25℃)/(mm²/s)	0.72	0.85	1.49	1.80	1.60	3.57	14.80	ASTM D 445
颜色	+30	+30	+30	+30	+30	+30	+30	ASTM D156 ASTM D1500
芳香烃含量/%	<0.001	<0.005	<0.005	<0.001	<0.01	0.01	0.1	ASTM D 1319
相对挥发速度	446	186	18	9	4	<1	<1	EC-M-F01
苯胺点/℃	78	72	84	85	82	89	92	ASTM D 611
溴值/(mg/100g)	<5	<5	<5	<5	<5	<5	225	ASTM D 2701

注意事项

储存于阴凉、通风的库房。远离火种、热源。

生产厂家

埃克森-美孚化工公司

2.2.10 Nappar™ 环烷烃溶剂油

产品性能

无味，溶解力强。可减少传统溶剂造成的环境和毒物影响。其溶解特性处于脂肪族和芳烃溶剂之间。

主要用途

用于粘合剂工业，以及作为印刷工业清洗剂、工业清洗剂等。

技术参数

Nappar™ 环烷烃溶剂油典型数据见表 2-2-10。

表 2-2-10 Nappar™ 环烷烃溶剂油典型数据

项目	Cyclohexane	Nappar6	Nappar10	试验方法
初馏点/℃	78.5	78	165	ASTM D86 ASTM D1078
干点/℃	82.5	80	185	ASTM D86 ASTM D1078
密度/(g/cm^3)	0.785	0.763	0.814	ASTM D4052
芳烃含量/%	0.0150	0.0001	0.4	ASTM D1319
硫含量/10^{-6}	1	≤5	≤5	ASTM D5453

注意事项

储存于阴凉、通风的库房。远离火种、热源。

生产厂家

埃克森-美孚化工公司

2.2.11 Nappar™ 正构烷烃溶剂油

产品性能

硫含量一般低于 5×10^{-6}

主要用途

用于气雾杀虫剂、PVC 增塑溶胶降粘剂等。

技术参数

Nappar™ 正构烷烃溶剂油典型数据见表 2-2-11。

表 2-2-11 Nappar™ 正构烷烃溶剂油典型数据

项目	Norpar12	Norpar13	Norpar14	Norpar15	试验方法
初馏点/℃	189	222	241	249	ASTM D86 ASTM D1078
干点/℃	218	242	251	274	ASTM D86 ASTM D1078
密度/(g/cm^3)	0.749	0.762	0.766	0.772	ASTM D4052
芳烃含量/%	0.01	0.01	0.01	<0.0050(苯)	ASTM D1319
硫含量/10^{-6}	≤5	≤5	≤5	≤10	ASTM D5453

注意事项

储存于阴凉、通风的库房。远离火种、热源。

生产厂家

埃克森-美孚化工公司

2.3 芳香烃型溶剂油

2.3.1 高沸点芳烃溶剂

产品性能

具有芳烃含量高，溶解力强、毒性低、气味小、闪点高、挥发速度适中、化学物理性能稳定等特点。

生产方法

炼油化工装置副产物 $C_9 \sim C_{10+}$ 重芳烃馏分切割。

主要用途

适用于作涂料的稀释剂和用于生产农药乳化剂等化工产品的原料。

技术参数

高沸点芳烃溶剂分为 SA-1000，SA-1500 二类，国家标准见表 2-3-1。

表 2-3-1 高沸点芳烃溶剂国家标准(GB/T 29497—2013)

项目		质量指标		试验方法
		SA-1 000	SA-1 500	
外观		透明液体、无悬浮物和可见水		目测
芳烃含量(体积分数)/%	不大于	95	95	GB/T 11132
馏程				GB/T 6536
初馏点/℃	不低于	149	177	
50% 回收温度/℃		报告	报告	
干点/℃	不高于	180	215	
闪点(闭口)/℃	不低于	38	61	GB/T 261
密度(20℃)/(g/cm^3)		0. 861 ~0. 878	0. 877 ~0. 907	GB/T 1884[a] GB/T 1885
色度(铂-钴色号)/号	不大于	10	10	GB/T 3143
铜片腐蚀(100℃，0. 5h)		通过	通过	GB/T 11138
混合苯胺点/℃	不高于	18	18	GB/T 262

a 测定方法也包括 SH/T 0604，结果有争议时以 GB/T 1884 和 GB/T 1885 为仲裁方法。

注意事项

根据 GB 13690，高沸点芳烃溶剂属于易燃液体，产品的包装、标志、运输、贮存及交货验收按 SH 0164，GB 13690 和 GB 190 进行。有关高沸点芳烃溶剂涉及安全方面的内容应包括在该产品的“化学品安全技术说明书”中。生产商或供应商应提供其产品符合 GB/T 16483 规定的化学品安全技术说明书。

生产厂家

中国石油化工股份有限公司、中国石油天然气股份有限公司、苏州久泰集团公司、江苏华伦化工有限公司、常熟联邦化工有限公司、漂阳诚兴化工有限公司、新疆独山子天利实业总公司、深圳江海天化工产品有限公司、山东石大胜华化工股份有限公司、北京燕化高新技术股份有限公司、金陵石化公司炼油厂、上海炼福化工溶剂公司、吴江宏伟环保助剂有限公司、浙江平湖石油溶剂化工有限公司、石家庄市鑫安精细化工有限公司。

2.3.2 S系列高沸点芳烃溶剂油

产品性能

芳烃含量都在98%以上，溶解性良好。其闪点极高，毒性低，使用安全。具有溶解力强、毒性低、气味小、沸点高、挥发慢。不含水和烯烃、不含氯和重金属。化学物理性能稳定及流平性好。溶解性优良，特别是在蒸发的后阶段能发挥高溶解力。

生产方法

利用重整芳烃为原料精制而得。

主要用途

广泛应用于涂料工业，特别适用于烘烤型涂料，也可作为精密机械的清洗剂及调配农药乳化剂。

技术参数

S系列高沸点芳烃溶剂油企业标准见表2-3-2。

表2-3-2 S系列高沸点芳烃溶剂油企业标准

项目	S-600	S-800	S-1000	S-1500	S-1800	S-2000	试验方法
芳烃含量/%	98	98	98	98	98	98	GB/T 385
馏程 初馏点/℃ 不低于 98%馏出温度/℃ 不高于	145 165	155 180	160 190	180 212	190 245	220 285	GB/T 6536
闪点(闭口)/℃ 不低于	38	40	42	60	65	90	GB/T 261
苯胺点/℃ 不大于	14	14	14.5	16	16.5	18	GB/T 262
密度(20℃)/(g/cm³)	0.860～0.870	0.866～0.877	0.872～0.880	0.875～0.900	0.915～0.940	0.960～0.990	GB 1884
外观	水白色透明液体	水白色透明液体	水白色透明液体	水白色透明液体	水白色透明液体	微黄色透明液体	目测
腐蚀(铜片)	合格	合格	合格	合格	合格	合格	GB/T 5096
赛波特色度 不小于	+30	+30	+30	+30	+27	+25	GB/T 3535
用途	油漆、农药、涂料等	双氧水、油漆、涂料等	双氧水、油漆、油墨、农药、涂料等	杀虫剂、农药、乳化剂、涂料等	杀虫剂、农药、乳化剂、涂料等	PCV制品、橡胶等	—

注意事项

储存于阴凉、通风的库房。远离火种、热源。

生产厂家

苏州久泰集团、山东石大胜华化工股份有限公司、北京燕化高新技术股份有限公司、江苏华伦化工有限公司、中国石化金陵石化公司、吴江万事达环保溶剂有限公司、中国石化集团清江石化有限公司、淄博德成化工有限公司、浙江森太化工股份有限公司、上海炼福化工溶剂公司。

2.3.3 Solvesso®芳香烃类溶剂油

产品性能

馏程窄，纯度高。芳烃浓度基本在99%以上，具有高溶解性和可控的挥发特性。

主要用途

用于涂料工业、农药溶剂、化学反应用溶剂及载剂等。

技术参数

Solvesso®芳香烃类溶剂油典型数据见表2-3-3。

表2-3-3　Solvesso®芳香烃类溶剂油典型数据

项目	Solvesso® 100	Solvesso® 150	Solvesso® 200	试验方法
初沸点/℃	162	185	230	ASTM D86 ASTM D1078
终沸点/℃	178	206	283	ASTM D86 ASTM D1078
闪点/℃	47	69	104	ASTM D56 ASTM D93
密度(15℃)/(g/cm³)	0.876	0.893	0.992	ASTM D4052
黏度(25℃)/(mm²/s)	0.90	1.23	2.89	ASTM D0445
颜色	+30	+30	Light 0.5	ASTM D156 ASTM D1500
芳香烃含量/%	99	99	99.8	ASTM D1319
相对挥发速度	22	5	<1	EC-M-F01
苯胺点/℃	14	16	13	ASTM D611
溴值/(mg/100g)	6	55	1023	ASTM D2701

注意事项

储存于阴凉、通风的库房。远离火种、热源。

生产厂家

埃克森-美孚化工公司。

2.3.4　环保型溶剂白油

产品性能

白色无味液体。无环境污染，对人体无伤害。洗净度高，对天然纤维组织具有保护性。干层快，闪点高。

生产方法

采用石油的润滑油馏分经脱蜡、化学精制或加氢精制而得到。

主要用途

适用于生产医用手套用橡胶稀释剂、气雾剂、杀虫剂、环保型防锈剂、油漆、涂料等。

技术参数

环保型溶剂白油技术条件见表2-3-4。

表2-3-4　环保型溶剂白油技术条件

项目			质量指标	分析方法
密度(20℃)/(kg/m³)			报告	GB/T 1884
馏程	初馏点/℃	不低于	140	GB/T6536
	干点/ ℃	不高于	250	
颜色/赛氏号		不低于	+28	GB/T 3555

续表

项目		质量指标	分析方法
芳烃/%	不大于	05	Q/JSHO800. 39
溴值/(gBr/100g)	不大于	1. 0	GB/T0236
苯胺点/℃	不小于	70	GB/T262
易碳化物(100℃)		通过	GB/T11079
硫/(mg/g)	不大于	1	SH/T0253
氮/(mg/g)	不大于	1	Q/JSHO800. 55
闪点(闭口)/℃	不低于	42	GB/T261
倾点/℃	不高于	-20	GB/T 3535
铜片腐蚀(100℃ ,3h)/级	不大于	1	GB/T 5096
紫外吸光度(260~420nm)/cm	不大于	0. 1	GB/T 11081

注意事项

储存于阴凉、通风的库房。远离火种、热源。

生产厂家

常州长润石油有限公司。

2. 4 油墨专用溶剂油

2. 4. 1 2731 油墨溶剂油

产品性能

外观为无色、透明的油状液体。具有良好的橡胶相容性、耐热性、非污染性、贮存稳定性和光安定性。易燃、易挥发。

生产方法

2731 油墨溶剂油是用轻质矿物油经过深度精制而成。

主要用途

可用作油墨溶剂油的原料和油墨调制原料油。

技术参数

2731 油墨溶剂油企业标准见表 2-4-1。

表 2-4-1 2731 油墨溶剂油企业标准

项目		质量指标	试验方法
馏程/℃			GB/T 6536
初馏点	不低于	270	
干点	不高于	310	
运动黏度(40 ℃)/(mm^2/s)		实测	GB/T 1884
密度(20℃)/(kg/m^3)		实测	GB/T 265
倾点/ ℃	不高于	-5	SH/T 3535
闪点(闭口)/ ℃	不低于	100	GB/T 261
芳烃含量/%	不大于	2. 0	SH/T 0689
水溶性酸或碱		无	SH/T 0236
机械杂质		无	GB/T 3555
外观		无色/透明的油状液体	目测

注意事项

必须贮存于阴凉通风及备有防火设施的地方。运输、贮存必须符合 SH 0164《石油产品包装、贮运及交货验收规则》的要求。

生产厂家

茂名富力华石化有限公司。

2.4.2 彩色油墨溶剂油

产品性能

颜色纯净、气味低微、溶解性好、环保性佳、用途广泛。

生产方法

采用加氢原料经过精馏切割，精制而成。

主要用途

适用于制造各种高档油墨。

技术参数

彩色油墨溶剂油企业标准见表 2-4-2。

表 2-4-2 彩色油墨溶剂油企业标准

项目		质量指标						试验方法
		HY2427 A	HY2427	HY2731 A	HY2731	HY3136 A	HY3136	
外观		透明油状液体，无机械杂质及水						目测
馏程	初馏点/℃ 不低于	200	200	270	270	300	300	GB/T6536
	95%馏出温度/℃ 不高于	270	270	310	310	360	360	
运动黏度(40℃)/(mm^2/s)		2.0±0.5	2.0±0.5	4.0±0.5	4.0±0.5	5.0～6.5	5.0～6.5	GB/T265
闪点(闭口)/℃ 不低于		85	85	110	110	120	120	GB/T261
芳烃含量/% 不大于		1	8	1	8	1	8	SH/T0409

注意事项

包装、贮存、运输及交货验收按 SH 0164 进行。贮存于阴凉通风、远离火源。

生产厂家

广东新华粤石化股份有限公司。

3 润滑油基础油

3.1 矿物基础油

3.1.1 通用润滑油基础油

产品性能

矿物基础油应用广泛，用量约90%以上。矿物基础油的化学成分包括高沸点、高分子量烃类和非烃类混合物。其组成一般为烷烃(直链、支链、多支链)、环烷烃(单环、双环、多环)、芳烃(单环芳烃、多环芳烃)、环烷基芳烃以及含氧、含氮、含硫有机化合物和胶质、沥青质等非烃类化合物。其中Ⅰ、Ⅱ类基础油技术指标可与美孚同类油品规格相当，Ⅲ类基础油技术指标与美孚及韩国SK公司等同类油品规格相当。

生产方法

石油馏分经溶剂精制、白土补充精制或加氢补充精制工艺或经加氢(包括全加氢或混合加氢及异构脱蜡等)工艺制得。

主要用途

可用于调配粘温性要求不很高的润滑油。

技术参数

按饱和烃含量和黏度指数的高低分三类共七个品种，其中Ⅰ类分为MVI、HVI、HVIS、HVIW四个品种，Ⅱ类分为HVIH，HVIP两个品种；Ⅲ类只设VHVI一个品种。MVI中黏度指数Ⅰ类基础油、HVI高黏度指数Ⅰ类基础油、HVIS高黏度指数深度精制Ⅰ类基础油、HVIW高黏度指数低凝Ⅰ类基础油、HVIH高黏度指数加氢Ⅱ类基础油、HVIP高黏度指数加氢优质Ⅱ类基础油、VHVI高黏度指数加氢Ⅲ类基础油的企业标准、分别见表3-1-1、表3-1-2、表3-1-3、表3-1-4、表3-1-5、表3-1-6、表3-1-7。

注意事项

标志、包装、运输和贮存及交货验收应按SH 0164规定的执行。

生产厂家

中国石油油大庆炼化分公司、中国石油油大庆石化分公司、中国石油油大连石化分公司、中国石油油兰州石化分公司、中国石油油抚顺石化分公司、中国石油油克拉玛依石化分公司、中国石油油独山子石化分公司。

3.1.2 MVI润滑油基础油

产品性能

为中黏度指数基础油，黏度指数40～80。

生产方法

原油经常减压蒸馏切割后，经糠醛抽提、酮苯脱蜡和白土精制而制得。

主要用途

适用于配制黏温性能要求不高的润滑油。

技术参数

MVI基础油企业标准见表3-1-8。

注意事项

包装、贮运及交货验收按SH 0164进行。贮运过程应专罐、专线，容器应干净，以防污染。

生产厂家

中国石化燕山石化公司。

表 3-1-1　MVI 中黏度指数 I 类基础油企业标准(Q/SY 44—2009)

项目		MVI									试验方法
		150	300	400	500	600	750	90BS	120BS	150BS	
运动黏度 mm^2/s	40℃	28.0 ~ <34.0	50.0 ~ <62.0	74.0 ~ <90.0	90.0 ~ <110	110 ~ <120	135 ~ <160	报告	报告	报告	GB/T 265
	100℃	报告	报告	报告	报告	报告	报告	17.0 ~ <22.0	22.0 ~ <28.0	28.0 ~ <34.0	
外观		透明	透明	透明	透明	透明	透明	透明	透明	透明	目测
色度/号	不大于	1.0	2.0	2.5	3.0	3.5	4.0	5.5	5.5	6.0	GB/T 6540
黏度指数	不小于	80	80	80	80	80	80	80	80	80	GB/T 1995
闪点(开口)/℃	不低于	170	200	210	215	220	225	240	255	270	GB/T 3536
倾点/℃	不高于	-12	-9	-9	-5	-5	-5	-5	-5	-5	GB/T 3535
酸值/(mg(KOH)/g)	不大于	0.05	0.05	0.05	0.05	0.05	0.05	0.10	0.10	0.10	GB/T 4945[a], GB/T 7304
饱和烃(质量分数)/%		报告	报告	报告	报告	报告	报告	报告	报告	报告	SH/T 0607, SH/T 0753
残炭(质量分数)/%	不大于	—	0.02	0.03	0.03	0.035	0.04	0.50	0.50	0.50	GB/T 268, GB/T 17144[a]
密度(20℃)/(kg/m^3)		报告	报告	报告	报告	报告	报告	报告	报告	报告	GB/T 1884, GB/T 1885 SH/T 0604
苯胺点/℃		报告	报告	报告	报告	报告	报告	报告	报告	报告	GB/T 262
硫含量(质量分数)/%		报告	报告	报告	报告	报告	报告	报告	报告	报告	GB/T 387, GB/T 17040 SH/T 0689, SH/T 0253
氮含量(质量分数)/%		报告	报告	报告	报告	报告	报告	报告	报告	报告	GB/T 9170, SH/T 0657
碱性氮(质量分数)/%		报告	报告	报告	报告	报告	报告	报告	报告	报告	SH/T 0162
抗乳化度 min	54℃(40-40-0)　不大于	10	15	15	—	—	—	—	—	—	GB/T 7305
	82℃(40-37-3)　不大于	—	—	—	10	10	15	15	15	15	
蒸发损失(Noack 法，250℃，1h)(质量分数)/%	不大于	23	—	—	—	—	—	—	—	—	SH/T 0059[a], SH/T 0731
氧化安定性(旋转氧弹法，150℃)/min	不小于	200	200	200	200	200	200	200	130	130	SH/T 0193

a　为有争议时的仲裁方法。

表 3-1-2　HVI 高黏度指数 I 类基础油企业标准(Q/SY 44—2009)

项目			HVI							试验方法
			150	200	400	500	650	90BS	120BS	
运动黏度/(mm^2/s)	40℃		28.0～<34.0	35.0～<42.0	74.0～<90.0	90.0～<110	120～<135	报告	报告	GB/T 265
	100℃		报告	报告	报告	报告	报告	17.0～<22.0	22.0～<28.0	
外观			透明	透明	透明	透明	透明	透明	透明	目测
色度/号		不大于	1.5	2.0	3.0	3.5	4.5	4.5	4.5	GB/T 6540
黏度指数		不小于	100	98	95	95	95	95	95	GB/T 1995
闪点(开口)/℃		不低于	200	210	225	235	255	260	265	GB/T 3536
倾点/℃		不高于	-12	-9	-7	-7	-5	-5	-5	GB/T 3535
酸值/(mg(KOH)/g)		不大于	0.02	0.02	0.03	0.03	0.03	0.03	0.03	GB/T 4945[a]，GB/T 7304
饱和烃(质量分数)/%			报告	报告	报告	报告	报告	报告	报告	SH/T 0607，SH/T 0753
残炭(质量分数)/%		不大于	—	—	0.10	0.15	0.25	0.30	0.60	GB/T 268，GB/T 17144[b]
密度(20℃)/(kg/m^3)			报告	报告	报告	报告	报告	报告	报告	GB/T 1884，GB/T 1885 SH/T 0604
苯胺点/℃			报告	报告	报告	报告	报告	报告	报告	GB/T 262
硫含量(质量分数)/%			报告	报告	报告	报告	报告	报告	报告	GB/T 387，GB/T 17040 SH/T 0689，SH/T 0253
氮含量(质量分数)/%			报告	报告	报告	报告	报告	报告	报告	GB/T 9170，SH/T 0657
碱性氮(质量分数)/%			报告	报告	报告	报告	报告	报告	报告	SH/T 0162
蒸发损失(Noack 法，250℃，1h)(质量分数)/%		不大于	20	15	—	—	—	—	—	SH/T 0059[a]，SH/T 0731
氧化安定性(旋转氧弹法，150℃)/min		不小于	200	200	190	170	150	150	150	SH/T 0193
低温动力黏度(-15℃)/(mPa·s)			报告	—	—	—	—	—	—	GB/T 6538

a　为有争议时的仲裁方法。

表 3-1-3 HVIS 高黏度指数深度精制 I 类基础油企业标准(Q/SY 44—2009)

项目			HVIS							试验方法
			150	200	400	500	650	120BS	150BS	
运动黏度/(mm²/s)	40℃		28.0 ~ <34.0	35.0 ~ <42.0	74.0 ~ <90.0	90.0 ~ <110	120 ~ <135	报告	报告	GB/T 265
	100℃		报告	报告	报告	报告	报告	22.0 ~ <28.0	28.0 ~ <34.0	
外观			透明	透明	透明	透明	透明	透明	透明	目测
色度/号		不大于	1.0	1.5	2.0	2.5	3.5	4.5	5.0	GB/T 6540
黏度指数		不小于	100	98	95	95	95	95	95	GB/T 1995
闪点(开口)/℃		不低于	200	210	225	235	255	290	300	GB/T 3536
倾点/℃		不高于	-15	-9	-9	-9	-7	-5	-5	GB/T 3535
酸值/(mg(KOH)/g)		不大于	0.02	0.02	0.03	0.03	0.03	0.03	0.03	GB/T 4945[a], GB/T 7304
饱和烃(质量分数)/%			报告	报告	报告	报告	报告	报告	报告	SH/T 0607, SH/T 0753
残炭(质量分数)/%		不大于	—	—	0.10	0.15	0.25	0.50	0.60	GB/T 268, GB/T 17144[a]
密度(20℃)/(kg/m³)			报告	报告	报告	报告	报告	报告	报告	GB/T 1884, GB/T 1885, SH/T 0604
苯胺点/℃			报告	报告	报告	报告	报告	报告	报告	GB/T 262
硫含量(质量分数)/%			报告	报告	报告	报告	报告	报告	报告	GB/T 387, GB/T 17040 SH/T 0689, SH/T 0253
氮含量(质量分数)/%			报告	报告	报告	报告	报告	报告	报告	GB/T 9170, SH/T 0657
碱性氮含量(质量分数)/%			报告	报告	报告	报告	报告	报告	报告	SH/T 0162
抗乳化度/min	54℃(40-40-0)	不大于	10	10	15	—	—	—	—	GB/T 7305
	82℃(40-37-3)	不大于	—	—	—	15	15	25	25	
蒸发损失(Noack 法, 250℃, 1h)(质量分数)/%		不大于	20	15	—	—	—	—	—	SH/T 0059[a], SH/T 0731
氧化安定性(旋转氧弹法, 150℃)/min		不小于	200	200	200	200	200	180	180	SH/T 0193

a 为有争议时的仲裁方法。

表 3-1-4　HVIW 高黏度指数低凝 I 类基础油企业标准(Q/SY 44—2009)

项目			HVIW						试验方法
			150	200	400	500	650	120BS	
运动黏度/(mm²/s)	40℃		28.0～<34.0	35.0～<42.0	74.0～<90.0	90.0～<110	120～<135	报告	GB/T 265
	100℃		报告	报告	报告	报告	报告	22.0～<28.0	
外观			透明	透明	透明	透明	透明	透明	目测
色度/号		不大于	1.5	2.0	2.5	3.0	4.0	4.5	GB/T 6540
黏度指数		不小于	100	98	95	95	95	95	GB/T 1995
闪点(开口)/℃		不低于	200	210	225	235	255	290	GB/T 3536
倾点/℃		不高于	-16	-16	-12	-12	-12	-12	GB/T 3535
酸值/(mg(KOH)/g)		不大于	0.02	0.02	0.03	0.03	0.03	0.03	GB/T 4945[a]，GB/T 7304
饱和烃(质量分数)/%			报告	报告	报告	报告	报告		SH/T 0607，SH/T 0753
残炭(质量分数)/%		不大于	—	—	0.10	0.15	0.25	0.60	GB/T 268，GB/T 17144[a]
密度(20℃)/(kg/m³)			报告	报告	报告	报告	报告	报告	GB/T 1884，GB/T 1885 SH/T 0604
苯胺点/℃			报告	报告	报告	报告	报告	报告	GB/T 262
硫含量(质量分数)/%			报告	报告	报告	报告	报告	报告	GB/T 387，GB/T 17040 SH/T 0253，SH/T 0689
氮含量(质量分数)/%			报告	报告	报告	报告	报告	报告	GB/T 9170，SH/T 0657
碱性氮(质量分数)/%			报告	报告	报告	报告	报告	报告	SH/T 0162
蒸发损失(Noack 法，250℃，1h)(质量分数)/%		不大于	17	13	—	—	—	—	SH/T 0059[a]，SH/T 0731
氧化安定性(旋转氧弹法，150℃)/min		不小于	200	200	200	180	180	150	SH/T 0193
低温动力黏度(-20℃)/(mPa·s)			报告	报告	—	—	—	—	GB/T 6538

a　为有争议时的仲裁方法。

表 3-1-5 HVIH 高黏度指数加氢Ⅱ类基础油企业标准（Q/SY 44—2009）

项目			HVIH											试验方法
			2	4	5	6	8	10	12	14	26 120BS	30 150BS	150BSM	
运动黏度/（mm^2/s）	40℃		报告	报告	报告	报告	报告	报告	报告	报告	报告	报告	报告	GB/T 265
	100℃		1.50～<2.50	3.50～<4.50	4.50～<5.50	5.50～<6.50	7.50～<9.00	9.00～<11.0	11.0～<13.0	13.0～<15.0	22.0～<28.0	28.0～<34.0	28.0～<34.0	
外观			透明	透明	透明	透明	透明	透明	透明	透明	透明	透明	透明	目测
色度/号		不大于	0.5	0.5	0.5	0.5	0.5	0.5	0.5	0.5	1.0	1.0	1.0	GB/T 6540
黏度指数		不小于	90	100	95	95	95	95	95	95	90	90	80	GB/T 1995
闪点（开口）/℃		不低于	140	180	200	210	220	220	235	255	260	270	270	GB/T 3536
倾点/℃		不高于	−25	−15	−15	−12	−12	−12	−12	−12	−9	−9	−9	GB/T 3535
酸值/（mg（KOH）/g）		不大于	0.01	0.01	0.01	0.01	0.01	0.01	0.01	0.01	0.02	0.02	0.02	GB/T 4945[a]，GB/T 7304
浊点/℃		不高于	−15	−10	−10	−10	−5	−5	−5	−5	报告	报告	报告	GB/T 6986
饱和烃（质量分数）/%		不小于	90	90	90	90	90	90	90	90	90	90	90	SH/T 0607，SH/T 0753[a]
密度（20℃）/（kg/m^3）			报告	报告	报告	报告	报告	报告	报告	报告	报告	报告	报告	GB/T 1884，GB/T 1885 SH/T 0604
硫含量/（μg/g）		不大于	50	50	50	50	50	50	50	50	50	50	50	GB/T 17040，SH/T 0689[a]， SH/T 0253
氧化安定性（旋转氧弹法，150℃）/min		不小于	250	250	250	250	250	250	250	250	250	250	250	SH/T 0193
蒸发损失（Noack 法，250℃，1h）（质量分数）/%		不大于	—	18	15	13	—	—	—	—	—	—	—	SH/T 0059[a]，SH/T 0731
抗乳化度/min	54℃（40-40-0）	不大于	10	10	10	10	10	—	—	—	—	—	—	GB/T 7305
	82℃（40-37-3）	不大于	—	—	—	—	—	15	15	25	25	25	25	
低温动力黏度/（mPa·s）	−25℃		—	报告	—	—	—	—	—	—	—	—	—	GB/T 6538
	−20℃		—	—	报告	报告	—	—	—	—	—	—	—	

a 为有争议时的仲裁方法。

表 3-1-6　HVIP 高黏度指数加氢优质Ⅱ类基础油企业标准(Q/SY 44—2009)

项目			HVIP								试验方法
			2	4	5	6	8	10	12	14	
运动黏度/(mm²/s)	40℃		报告	报告	报告	报告	报告	报告	报告	报告	GB/T 265
	100℃		1.50 ~ <2.50	3.50 ~ <4.50	4.50 ~ <5.50	5.50 ~ <6.50	7.50 ~ <9.00	9.00 ~ <11.0	11.0 ~ <13.0	13.0 ~ <15.0	
外观			透明	透明	透明	透明	透明	透明	透明	透明	目测
色度/号		不大于	0.5	0.5	0.5	0.5	0.5	0.5	0.5	0.5	GB/T 6540
黏度指数		不小于	110	110	110	110	110	110	110	110	GB/T 1995
闪点(开口)/℃		不低于	140	200	205	210	220	230	230	240	GB/T 3536
倾点/℃		不高于	-30	-18	-18	-18	-15	-15	-15	-15	GB/T 3535
酸值/(mg(KOH)/g)		不大于	0.01	0.01	0.01	0.01	0.01	0.01	0.01	0.01	GB/T 4945[a]，GB/T 7304
浊点/℃		不高于	-20	-10	-10	-10	-5	-5	-5	-5	GB/T 6986
饱和烃(质量分数)/%		不小于	90	90	90	90	90	90	90	90	SH/T 0607，SH/T 0753[a]
密度(20℃)/(kg/m³)			报告	报告	报告	报告	报告	报告	报告	报告	GB/T 1884，GB/T 1885 SH/T 0604
硫含量/(μg/g)		不大于	10	10	10	10	10	10	10	10	GB/T 17040，SH/T 0689[a]，SH/T 0253
氧化安定性(旋转氧弹法，150℃)/min		不小于	300	300	300	300	300	300	300	300	SH/T 0193
蒸发损失(Noack 法，250℃，1h)(质量分数)/%		不大于	—	15	13	9	—	—	—	—	SH/T 0059[a]，SH/T 0731
抗乳化度/min	54℃(40-40-0)	不大于	10	10	10	10	10	—	—	—	GB/T 7305
	82℃(40-37-3)	不大于	—	—	—	—	—	15	15	15	
低温动力黏度/(mPa·s)	-25℃		—	报告	—	—	—	—	—	—	GB/T 6538
	-20℃		—	—	报告	报告	—	—	—	—	

a　为有争议时的仲裁方法。

表 3-1-7　高黏度指数加氢Ⅲ类基础油企业标准（Q/SY 44—2009）

项目			VHVI									试验方法
			2	4	5	6	8	10	12	14	20 90BS	
运动黏度/（mm^2/s）	40℃		报告	报告	报告	报告	报告	报告	报告	报告	报告	GB/T 265
	100℃		1. 50 ~ <2. 50	3. 50 ~ <4. 50	4. 50 ~ <5. 50	5. 50 ~ <6. 50	7. 50 ~ <9. 00	9. 00 ~ <11. 0	11. 0 ~ <13. 0	13. 0 ~ <15. 0	17. 0 ~ <22. 0	
外观			透明	透明	透明	透明	透明	透明	透明	透明	透明	目测
色度/号		不大于	0. 5	0. 5	0. 5	0. 5	0. 5	0. 5	0. 5	0. 5	1. 0	GB/T 6540
黏度指数		不小于	120	120	120	120	120	120	120	120	120	GB/T 1995
闪点（开口）/℃		不低于	140	200	205	210	220	230	230	240	265	GB/T 3536
倾点/℃		不高于	−30	−18	−18	−18	−18	−18	−18	−18	−18	GB/T 3535
酸值/（mg（KOH）/g）		不大于	0. 01	0. 01	0. 01	0. 01	0. 01	0. 01	0. 01	0. 01	0. 02	GB/T 4945[a]，GB/T 7304
浊点/℃		不高于	−20	−10	−10	−10	−5	−5	−5	−5	报告	GB/T 6986
饱和烃（质量分数）/%		不小于	90	90	90	90	90	90	90	90	90	SH/T 0607，SH/T 0753
密度（20℃）/（kg/m^3）			报告	报告	报告	报告	报告	报告	报告	报告	报告	GB/T 1884，GB/T 1885 SH/T 0604
硫含量/（μg/g）		不大于	10	10	10	10	10	10	10	10	10	GB/T 17040，SH/T 0689[a]，SH/T 0253
氧化安定性（旋转氧弹法，150℃）/min		不小于	300	300	300	300	300	300	300	300	300	SH/T 0193
蒸发损失（Noack 法，250℃，1h）（质量分数）/%		不大于	—	15	13	9	—	—	—	—	—	SH/T 0059[a]，SH/T 0731
抗乳化度/min	54℃（40−40−0）	不大于	10	10	10	10	10	—	—	—	—	GB/T 7305
	82℃（40−37−3）	不大于	—	—	—	—	—	15	15	15	25	
低温动力黏度/（mPa·s）	−25℃		—	报告	—	—	—	—	—	—	—	GB/T 6538
	−20℃		—	—	报告	报告	—	—	—	—	—	

a　为有争议时的仲裁方法。

表 3-1-8　MVI 基础油企业标准

项目		质量指标						试验方法
		150	350	400	500	650	750	
外观		透明						目测[a]
运动黏度/(mm^2/s)	40℃	28.0～<34.0	65.0～<74.0	74.0～<90.0	90.0～<110.0	120～<135	135～<160	GB/T 265
	100℃	报告						
色度/号	不大于	1.5	3	3	3.5	4	4.5	GB/T 6540
饱和烃/%		报告						SH/T 0753
硫/%		报告						GB/T 387 GB/T 17040 SH/T 0689 GB/T 11140
黏度指数	不小于	60						GB/T 1995
闪点(开口)/℃	不低于	170	200	200	215	225		GB/T 3536
倾点/℃	不高于	-9	-5	-5	-5	-5		GB/T 3535
中和值/(mgKOH/g)	不大于	0.05			报告			GB/T 7304 GB/T 4945
残炭/%	不大于	—	0.1	0.1	0.15	0.3	0.4	GB/T 268 GB/T 17144
密度(20℃)/(kg/m^3)		报告						GB/T 1884 SH/T 0604
碱性氮/%		报告						SH/T 0162
氧化安定性(旋转氧弹法[b]，150℃)/min	不小于	180	180		130	130	130	SH/T 0193

a　将油品注入 100ml 洁净量筒中，油品应均匀透明，如有争议时，将油温控制在 25℃±2℃下，应均匀透明。

b　试验补充规定：

注：1. 加入 0.8% T501. 采用精度为千分之一的天平，称取 0.88 g T501 于 250 mL 烧杯中，继续加入待测油样，至总重为 110g(供平行试验用)。将油样均匀加热至 50～60℃，搅拌 15 分钟，冷却后装入玻璃瓶备用。

2. 建议抗氧剂采用锦州石化公司生产的 2，6-二叔丁基对甲酚(T501)一级品。

3. 试验用铜丝最好使用一次即更换。

3.1.3　HVI 润滑油基础油

产品性能

为高黏度指数基础油，要求黏度指数大于 80。

生产方法

原油经常减压蒸馏切割后，经糠醛抽提、酮苯脱蜡和白土精制而制得。

主要用途

用于配制黏温性能要求较高的润滑油。

技术参数

按黏度指数不同，分为 HVI Ⅰa、HVI Ⅰb、HVI Ⅰc 等类型。各类基础油企业标准分别见表 3-1-9、表 3-1-10 和表 3-1-11。

表 3-1-9 HVI Ia 基础油企业标准

项目		质量指标						试验方法
		150	350	400	500	650	750	
外观		透明						目测[a]
运动黏度/(mm^2/s)	40℃	28.0～<34.0	62.0～<74.0	74.0～<90.0	90.0～<110.0	120～<135	135～<160	GB/T 265
	100℃	报告						
色度/号	不大于	1.5	3.0	3.5	4.0	5.0		GB/T 6540
饱和烃/%		报告						SH/T 0753
硫/%		报告						GB/T 387 GB/T 17040 SH/T 0689 GB/T 11140
黏度指数	不小于	80						GB/T 1995
闪点(开口)/℃	不低于	200	220	225	235	255		GB/T 3536
倾点/℃	不高于	-9	-5	-5	-5	-5	-5	GB/T 3535
中和值/(mgKOH/g)	不大于	0.05			报告			GB/T 7304 GB/T 4945
残炭/%	不大于	—	0.10	0.10	0.15	0.3		GB/T 268 GB/T 17144
密度(20℃)/(kg/m^3)		报告						GB/T 1884 SH/T 0604
碱性氮/%		报告						SH/T 0162
氧化安定性(旋转氧弹法[b], 150℃)/min	不小于	180	180		130	130	130	SH/T 0193

注：a 将油品注入 100mL 洁净量筒中，油品应均匀透明，如有争议时，将油温控制在 25℃±2℃下，应均匀透明。

b 试验补充规定：

1. 加入 0.8% T501. 采用精度为千分之一的天平，称取 0.88 gT501 于 250 mL 烧杯中，继续加入待测油样，至总重为 110g(供平行试验用)。将油样均匀加热至 50～60℃，搅拌 15min，冷却后装入玻璃瓶备用。
2. 建议抗氧剂采用锦州石化公司生产的 2，6-二叔丁基对甲酚(T501)一级品。
3. 试验用铜丝最好使用一次即更换。

表 3-1-10　HVI Ib 基础油企业标准

项　目		质量指标						试验方法
		150	350	400	500	650	750	
外观		透明						目测[a]
运动黏度/(mm^2/s)	40℃	28. 0 ~ <34. 0	62. 0 ~ <74. 0	74. 0 ~ <90. 0	90. 0 ~ <110. 0	120 ~ <135	135 ~ <160	GB/T 265
	100℃	报告						
色度/号	不大于	1. 5	3. 0	3. 5	4. 0	5. 0		GB/T 6540
饱和烃/%		报告						SH/T 0753
硫/%		报告						GB/T 387 GB/T 17040 SH/T 0689 GB/T 11140
黏度指数	不小于	90						GB/T 1995
闪点(开口)/℃	不低于	200	220	225	235	255		GB/T 3536
倾点/℃	不高于	-12	-9	-9	-5	-5	-5	GB/T 3535
中和值/(mgKOH/g)	不大于	0. 03	0. 05					GB/T 7304 GB/T 4945
残炭/%	不大于	—	0. 10	0. 10	0. 15	0. 3		GB/T 268 GB/T 17144
密度(20℃)/(kg/m^3)		报告						GB/T 1884 SH/T 0604
苯胺点/℃		报告						GB/T 262
氮/%		报告						GB/T 917 SH/T 0704
碱性氮/%		报告						SH/T 0162
抗乳化度(54℃, 40-40-0)/min	不大于	10	15		—			GB/T 7305
氧化安定性(旋转氧弹法[c], 150℃)/min	不小于	200			180		150	SH/T 0193

a 将油品注入 100mL 洁净量筒中，油品应均匀透明，如有争议时，将油温控制在 25℃±2℃下，应均匀透明。

b 作为气轮机油、抗磨液压油专用基础油时增加本项指标。

c 试验补充规定：

注：1. 加入 0. 8% T501。采用精度为千分之一的天平，称取 0. 88 gT501 于 250 mL 烧杯中，继续加入待测油样，至总重为 110g(供平行试验用)。将油样均匀加热至 50 ~ 60℃，搅拌 15min，冷却后装入玻璃瓶备用。

2. 建议抗氧剂采用锦州石化公司生产的 2，6-二叔丁基对甲酚(T501)一级品。

3. 试验用铜丝最好使用一次即更换。

表 3-1-11　HVI Ic 基础油企业标准

项 目		质量指标						试验方法
		150	350	400	500	650	750	
外观		透明						目测[a]
运动黏度/(mm^2/s)	40℃	28.0 ~ <34.0	62.0 ~ <74.0	74.0 ~ <90.0	90.0 ~ <110.0	120 ~ <135	135 ~ <160	GB/T 265
	100℃	报告						
色度/号	不大于	1.5	3.0	3.5	4.0	5.0		GB/T 6540
饱和烃/%		报告						SH/T 0753
硫/%		报告						GB/T 387 GB/T 17040 SH/T 0689 GB/T 11140
黏度指数	不小于	95						GB/T 1995
闪点(开口)/℃	不低于	200	220	225	235	255		GB/T 3536
倾点/℃	不高于	-15	-12					GB/T 3535
中和值/(mgKOH/g)	不大于	0.03	0.05					GB/T 7304 GB/T 4945
残炭/%	不大于	—	0.10	0.10	0.15	0.3		GB/T 268 GB/T 17144
密度(20℃)/(kg/m^3)		报告						GB/T 1884 SH/T 0604
苯胺点/℃		报告						GB/T 262
氮/%		报告						GB/T 9170 SH/T 0704
碱性氮/%		报告						SH/T 0162
蒸发损失(Noack 法，250℃，1h)/%	不大于	17	—					SH/T 0059
氧化安定性(旋转氧弹法[b]，150℃)/min	不小于	200			180		150	SH/T 0193

a. 将油品注入 100mL 洁净量筒中，油品应均匀透明，如有争议时，将油温控制在 25℃±2℃下，应均匀透明。

b. 试验补充规定：

c. 作为气轮机油、抗磨液压油专用基础油时增加抗乳化测定，指标执行 HVI1b 的要求。

注：1. 加入 0.8% T501。采用精度为千分之一的天平，称取 0.88 gT501 于 250 mL 烧杯中，继续加入待测油样，至总重为 110g(供平行试验用)。将油样均匀加热至 50 ~ 60℃，搅拌 15min，冷却后装入玻璃瓶备用。

2. 建议抗氧剂采用锦州石化公司生产的 2，6-二叔丁基对甲酚(T501)一级品。

3. 试验用铜丝最好使用一次即更换。

注意事项

包装、贮运及交货验收按 SH 0164 进行。贮运过程应专罐、专线，容器应干净，以防污染。

生产厂家

中国石化燕山石化公司。

3.1.4 Ⅰ类润滑油基础油

产品性能

经过糠醛溶剂精制和白土补充精制得到的Ⅰ类润滑油基础油，降低了油品的颜色，残炭值和酸值，提高了油品的黏温性能，以及抗氧化安定性。

生产方法

采用糠醛溶剂精制和白土补充精制技术制成。

主要用途

适合于调和各种工业用油以及部分车用油。

技术参数

Ⅰ类润滑油基础油的典型数据见表 3-1-12。

表 3-1-12 Ⅰ类润滑油基础油典型数据

项目	150SN	250SN	400SN	500SN	试验方法
色度	<1.5	2.0	2.0	2.5	GB/T 6540
运动黏度(40℃)/(mm²/s)	30.50	46.5	83.6	98.56	GB/T 265
黏度指数	98	94	83	84	GB/T 1995
倾点/℃	-12	-12	-9	-9	GB/T 3535
闪点/℃	206	208	210	220	GB/T 3536

注意事项

盛装及储存润滑油的容器必须干净清洁，运输和储存过程中要特别注意防止混入水分和杂质。

生产厂家

宁波永润石化科技有限公司。

3.1.5 基础油 T22

产品性能

具有优良的溶解能力，在操作中可以溶解更多的添加剂、油泥和残渣，同时又只含极低的多环芳烃成分。这同样也使乳液配方稳定性良好。此外 T22 具有良好的金属亲和力、冷却性能以及低温性能。

生产方法

石油经过减压蒸馏和加氢处理生产而成。

主要用途

适用于多种不同操作的金属加工液配方，如拉拔、压铸、钻孔、攻丝、磨削、切削和轧制等，也可用于生产低温润滑脂、自动变速箱润滑油以及导轨油等。

技术参数

基础油 T22 的典型数据见表 3-1-13。

表 3-1-13　基础油 T22 典型数据

项目	典型值	试验方法
密度(15℃)(kg/dm^3)	0.902	ASTM D4052
运动黏度/(mm^2/s) 40℃ 100℃	22.3 3.7	ASTM D445
闪点(闭口)/℃	174	ASTM D93A
倾点/℃	-45	ASTM D97
铜腐蚀(3h)	1	ASTM D130
硫含量/%	0.06	ASTM D2622
苯胺点/℃	75	ASTM D611
折光率(20℃)	1.494	ASTM D1747
颜色	<0.5	ASTM D1500
总酸值/(mgKOH/g)	<0.01	ASTM D974
碳型组成/% CA CN CP	10 43 47	ASTM D2140
外观(15℃)	清澈明亮	ASTM D4176
二甲亚砜萃取物/%	2.0	IP 346

注意事项

应储存在通风、干燥的仓库中。避免受热、受潮。远离氧化剂保存。

生产厂家

尼纳斯石油(上海)有限公司。

3.1.6　基础油 T110

产品性能

具有优良的溶解能力，在润滑脂生产中会有效地影响生产参数，如加热温度、皂消耗量和油稀释量等，还会影响润滑脂的最终性能，如结构和平滑度和聚合物相容性。此外，T110 还赋予润滑脂良好的低温性能。

生产方法

石油经过减压蒸馏和加氢处理生产而成。

主要用途

适用于生产润滑脂的皂化和冷却阶段，还应用于拉拔液、冲压液、挤压液、钢轧制液、处理和气缸油。

技术参数

基础油 T110 的典型数据见表 3-1-14。

表 3-1-14　基础油 T110 典型数据

项目	典型值	试验方法
密度(15℃)/(kg/dm³)	0.917	ASTM D4052
运动黏度/(mm²/s) 40℃ 100℃	 109 8.3	ASTM D445
闪点(闭口)/℃	212	ASTM D93A
倾点/℃	-30	ASTM D97
铜腐蚀(3h)	1	ASTM D130
硫含量/%	0.06	ASTM D2622
苯胺点/℃	86	ASTM D611
折光率(20℃)	1.502	ASTM D1747
颜色	<1.0	ASTM D1500
总酸值/(mg KOH/g)	<0.01	ASTM D974
碳型组成/% CA CN CP	 11 41 48	ASTM D2140
外观(15℃)	清澈明亮	ASTM D4176
二甲亚砜萃取物/%	2.0	IP 346

注意事项

应储存在通风、干燥的仓库中。避免受热、受潮。远离氧化剂保存。

生产厂家

尼纳斯石油(上海)有限公司。

3.1.7　基础油 T3

产品性能

具有优异的低温性能，倾点非常低，在低温下运动黏度也很低。通过相对高度的精制，实现芳烃含量很低同时提供良好的溶解力。在水基金属加工液中乳化稳定性良好，在纯油产品中有很好的冷却性能和金属亲和力。

生产方法

石油经过减压蒸馏和加氢处理生产而成。

主要用途

替代溶剂用于金属加工液配方，如冲洗液、磨削液、珩磨油和研磨液，以及电腐蚀或电火花加工(EDM)等，还适用于液压油。

技术参数

基础油 T3 的典型数据见表 3-1-15。

表 3-1-15　基础油 T3 典型数据

项目	典型值	试验方法
密度(15℃)/(kg/dm^3)	0.871	ASTM D4052
运动黏度/(mm^2/s) 40℃ 100℃	 3.6 1.3	ASTM D445
闪点(闭口)/℃	106	ASTM D93A
倾点/℃	<-70	ASTM D97
铜腐蚀(3 h)	1	ASTM D130
硫含量/%	0.05	ASTM D2622
苯胺点/℃	64	ASTM D611
折光率(20 ℃)	1.473	ASTM D1747
颜色	<0.5	ASTM D1500
总酸值/(mg KOH/g)	<0.01	ASTM D974
烃类分析/% CA CN CP	 7 52 41	红外
外观(15℃)	清澈明亮	ASTM D4176
二甲亚砜萃取物/%	<1.0	IP 346

注意事项

应储存在通风、干燥的仓库中。避免受热、受潮。远离氧化剂保存。

生产厂家

尼纳斯石油(上海)有限公司。

3.1.8　基础油 T9

产品性能

具有优异的溶解能力，在操作中可以溶解更多的添加剂、油泥和残渣，同时又只含极低的多环芳烃成分。这同样也使乳液配方有了良好的稳定性。此外，还具有很好的金属亲和力、冷却性能以及低温性能。

生产方法

石油经过减压蒸馏和加氢处理生产而成。

主要用途

适用于在常规的水基金属加工液中，如铜轧制、热铝轧制、冷钢轧制、拉拔、铣削等；半合成加工液如压铸、拉拔、铣削、钻孔、攻丝、转向和研磨等；纯油中加工液，如铣削铰孔、攻丝、齿轮切削和抛光等。也可用于液压油、低温液压油、减震器油和冷冻机油，以及用来生产低温润滑脂。

技术参数

基础油 T9 的典型数据见表 3-1-16。

表 3-1-16　基础油 T9 典型数据

项目	典型值	试验方法
密度(15℃)/(kg/dm³)	0.889	ASTM D4052
运动黏度/(mm²/s) 40℃ 100℃	 9.1 2.3	ASTM D445
闪点(闭口)/℃	148	ASTM D93A
倾点/℃	-57	ASTM D97
铜腐蚀(3 h)	1	ASTM D130
硫含量/%	0.03	ASTM D2622
苯胺点/℃	70	ASTM D611
折光率(20 ℃)	1.487	ASTM D1747
颜色	<0.5	ASTM D1500
总酸值/(mg KOH/g)	<0.01	ASTM D974
碳型组成/% CA CN CP	 10 45 45	ASTM D2140
外观(15℃)	清澈明亮	ASTM D4176
二甲亚砜萃取物/%	2.0	IP 346

注意事项

应储存在通风、干燥的仓库中。避免受热、受潮。远离氧化剂保存。

生产厂家

尼纳斯石油(上海)有限公司

3.1.9　基础油 T400

产品性能

具有优良的溶解能力，在润滑脂生产中会有效地影响生产参数，如加热温度、皂消耗量和对于油稀释量等，还会影响润滑脂的最终性能，如结构和聚合物相容性。

生产方法

石油经过减压蒸馏和加氢处理生产而成。

主要用途

适用于生产润滑脂、工业齿轮油、拉拔液、锻造液、钢轧制液、处理液和气缸油。

技术参数

基础油 T400 的典型数据见表 3-1-17。

表 3-1-17　基础油 T400 典型数据

项目	典型值	试验方法
密度(15℃)/(kg/dm³)	0.922	ASTM D4052
运动黏度/(mm²/s) 40℃ 100℃	375 18	ASTM D445 ASTM D445
闪点(闭口)/℃	256	ASTM D93A
倾点/℃	-21	ASTM D97
铜腐蚀(3 h)	1	ASTM D130
硫含量/%	0.12	ASTM D2622
苯胺点/℃	98	ASTM D611
折光率(20 ℃)	1.507	ASTM D1747
颜色	<2.5	ASTM D1500
总酸值/(mg KOH/g)	<0.01	ASTM D974
碳型组成/% CA CN CP	12 34 54	ASTMD2140
外观(15℃)	清澈明亮	ASTM D4176
二甲亚砜萃取物/%	2.0	IP 346

注意事项

应储存在通风、干燥的仓库中。避免受热、受潮。远离氧化剂保存。

生产厂家

尼纳斯石油(上海)有限公司

3.1.10　基础油 BBT28

产品性能

易于操作，有很高的黏性。在钢表明摩擦较低，负荷高。

生产方法

基础油和石油馏分调制而成。

主要用途

适用于相对低速度高负荷的润滑剂，如开式齿轮、轴套和元件轴承，此外还有润滑脂和钢丝绳润滑剂等。

技术参数

基础油 BBT28 的典型数据见表 3-1-18。

表 3-1-18　基础油 BBT28 典型数据

项目	典型值	试验方法
密度(15℃)/(kg/dm^3)	0.94	ASTM D4052
运动黏度/(mm^2/s) 40℃ 100℃	 710 29	ASTM D445
闪点(闭口)/℃	220	ASTM D93A
倾点/℃	-15	ASTM D97
硫含量/%	0.5	ASTM D2622
苯胺点/℃	90	ASTM D611
颜色	>8.0	ASTM D1500
中和值/(mg KOH/g)	0.6	ASTM D664

注意事项

应储存在通风、干燥的仓库中。避免受热、受潮。远离氧化剂保存。

生产厂家

尼纳斯石油(上海)有限公司

3.1.11　基础油 NS8

产品性能

具有优异的低温性能。高精制程度使使油品有很低的芳烃含量，但仍保持良好的溶解力。

生产方法

石油经过减压蒸馏和加氢处理生产而成。

主要用途

适用于液压油、减震器和大量的金属加工液，如研磨、珩磨、抛光、转向、锯割和攻丝，以及拉拔和铜轧制等。

技术参数

基础油 NS8 的典型数据见表 3-1-19。

表 3-1-19　基础油 NS8 典型数据

项目	典型值	试验方法
密度(15℃)/(kg/dm)^3	0.879	ASTM D4052
运动黏度/(mm^2/s) 40℃ 100℃	 7.6 2.1	ASTM D445
闪点(闭口)/ ℃	145	ASTM D93A
倾点/℃	-63	ASTM D97

续表

项目	典型值	试验方法
铜腐蚀(3 h)	1	ASTM D130
硫含量/%	0.01	ASTM D2622
苯胺点/℃	76	ASTM D611
折光率(20 ℃)	1.479	ASTM D1747
颜色	<0.5	ASTM D1500
总酸值/(mg KOH/g)	<0.01	ASTM D974
碳型组成/% CA CN CP	 4 52 44	ASTM D2140
外观(15℃)	清澈明亮	ASTM D4176
二甲亚砜萃取物/%	1.0	IP 346

注意事项

应储存在通风、干燥的仓库中。避免受热、受潮。远离氧化剂保存。

生产厂家

尼纳斯石油(上海)有限公司

3.1.12 基础油 NS100

产品性能

具有良好的热稳定性和低温性能。高精制程度使它只有很低的芳烃含量，但仍保持良好的溶解力。

生产方法

石油经过减压蒸馏和加氢处理生产而成。

主要用途

适用于生产润滑脂和金属加工液，如拉拔、冲压、挤出、钢轧制、保护和处理等，也用于其他工业油如锭子油。

技术参数

基础油 NS100 的典型数据见表 3-1-20。

表 3-1-20 基础油 NS100 典型数据

项目	典型值	试验方法
密度(15℃)/(kg/dm^3)	0.907	ASTM D4052
运动黏度/(mm^2/s) 40℃ 100℃	 96 8.6	ASTM D445

续表

项目	典型值	试验方法
闪点(闭口)/℃	212	ASTM D93A
倾点/℃	-33	ASTM D97
铜腐蚀(3 h)	1	ASTM D130
硫含量/%	<0.01	ASTM D2622
苯胺点/℃	95	ASTM D611
折光率(20 ℃)	1.496	ASTM D1747
颜色	<1.0	ASTM D1500
总酸值/(mg KOH/g)	<0.01	ASTM D974
碳型组成/% CA CN CP	 6 43 51	ASTM D2140
外观(15℃)	清澈明亮	ASTM D4176
二甲亚砜萃取物/%	1.0	IP 346

注意事项

应储存在通风、干燥的仓库中。避免受热、受潮。远离氧化剂保存。

生产厂家

尼纳斯石油(上海)有限公司

3.1.13 基础油 S100B

产品性能

符合美国 FDA 178.3620(B)标准。高精制程度使它提供了很好的抗氧剂感受性。此外，还表现出良好的溶解力和高温稳定性。

生产方法

石油经过减压蒸馏和加氢处理生产而成。

主要用途

S100B 可用于短时间接触食品的食用加工润滑。还适用于大量的金属加工液、导轨油、齿轮油、冲洗液和润滑脂。

技术参数

基础油 S100B 的典型数据见表 3-1-21。

表 3-1-21 基础油 S100B 典型数据

项目	典型值	试验方法
密度(15℃)/(kg/dm^3)	0.895	ASTM D4052
运动黏度/(mm^2/s) 40℃ 100℃	100 8.9	ASTM D445
闪点(闭口)/℃	214	ASTM D93A
倾点/℃	-36	ASTM D97
铜腐蚀(3 h)	1	ASTM D130
硫含量%	0.01	ASTM D2622
苯胺点/℃	104	ASTM D611
折光率(20℃)	1.487	ASTM D1747
赛氏颜度	+30	ASTM D156
总酸值/(mg KOH/g)	<0.01	ASTM D974
碳型组成/% CA CN CP	<1 44 55	ASTM D2140
外观(15℃)	清澈明亮	ASTM D4176
二甲亚砜萃取物/%	<1.0	IP 346

注意事项

应储存在通风、干燥的仓库中。避免受热、受潮。远离氧化剂保存。

生产厂家

尼纳斯石油(上海)有限公司。

3.1.14 工业白油

产品性能

无色、无嗅、无味、透明的油状液体。具有良好的氧化安定性、润滑性。

生产方法

石油润滑油馏分经脱蜡、化学精制或加氢而制得。

主要用途

在化纤生产中可用作合成纤维表面处理剂、润滑剂，以改善合成纤维的集束性和平滑性；在塑料工业中，可用作润滑剂、脱模剂和增塑剂。另外，还可作为纺织机械及精密仪器的润滑油，压缩机密封用油，铝材加工油等。

技术参数

工业白油石化行业标准见表 3-1-22。

表 3-1-22　工业白油石化行业标准(SH/T 0006—2002)

项目	质量指标											试验方法
等级	优级品							合格品				
牌号	5	7	10	15	32	68	100	5	7	10	15	
运动黏度(40℃)/(mm^2/s)	4. 14 ~ 5. 06	6. 12 ~ 7. 48	9. 00 ~ 11. 0	13. 5 ~ 16. 5	28. 8 ~ 35. 2	61. 2 ~ 74. 8	90. 0 ~ 110	4. 14 ~ 5. 06	6. 12 ~ 7. 48	9. 00 ~ 11. 0	13. 5 ~ 16. 5	GB/T 265
闪点(开口)/℃　不低于	110	130	140	150	180	200	200	110	130	140	150	GB/T 3536
倾点/℃　不高于	-5			-10				3			2	GB/T 3535
颜色/赛氏号　不低于	+30							+20			+24	GB/T 3555
腐蚀试验(100℃, 3h)/级	1											GB/T 5096
水分/%	无											GB/T 260
机械杂质/%	无											GB/T 511
水溶性酸或碱	无											GB/T 259
硫酸显色试验	通过							—				附录 A
硝基萘试验	通过							—				附录 B
外观	本产品为无色、无味、无荧光、透明的油状液体											目测

注意事项

标志、包装、运输、储存及交货验收按 SH 0164 进行。

生产厂家

中国石油抚顺石化分公司、中国石油大庆炼化公司、中国石油克拉玛依石化公司、中国石化集团杭州炼油厂、中国石化高桥分公司、中国石化荆门分公司、沧州华海炼油化工有限公司、中国石化集团清江石油化工有限公司、中国石化茂名分公司。

3.1.15 低凝白油

产品性能

深度低凝工艺处理过的低凝白油，比溶剂脱蜡油和加氢异构降凝油具有更低的倾点，以及优异的低温流动性能，同时可提高基础油和添加剂的相容性。能部分的替代 PAO，节省调和成本。

生产方法

采用第三代无溶剂尿素干脱脱蜡技术制成。

主要用途

60N 低凝白油适合于调和超低温特种油品或者 45#变压器油。100N、150N、250N、500N、600N 适合于调和中高端车用油、工业用油、以及超低温特种油品。

技术参数

低凝白油的典型数据见表 3-1-23。

表 3-1-23 低凝白油典型数据

项目	60N	100N	150N	250N	500N	600N	试验方法
运动黏度/(mm^2/s)							GB/T 265
100℃	2.2	4.2	5.3	7.5	10.8	12	
0℃	—	—	—	—	1089	1150	
-15℃	—	—	—	2400	—	—	
-18℃	—	—	1250	—	—	—	
-24℃	—	1200	—	—	—	—	
-30℃	300	—	—	—	—	—	
-40℃	900	—	—	—	—	—	
黏度指数	96	103	105	105	103	102	GB/T 1995
倾点(℃)	-58	-42	-42	-40	-40	-36	GB/T 3535

注意事项

盛装及储存润滑油的容器必须干净清洁，运输和储存过程中要特别注意防止混入水分和杂质。

生产厂家

宁波永润石化科技有限公司。

3.1.16 化妆用白油

产品性能

无色、无臭、无异味透明的油状液体。基本组成为饱和烃结构，芳香烃、含氮、氧、硫等物质近似于零。具有良好的氧化安定性，化学稳定性，光安定性。溶于乙醚，氯仿，汽油及苯等溶剂，不溶于水和乙醇。纯度高。具有良好的抗氧性和化学稳定性。

生产方法

采用石油的润滑油馏分经脱蜡、化学或加氢精制而得。

主要用途

适用于作化妆品原料用以制作发乳、发油、发蜡、口红、面油、护发脂等，还可用于轻型机械仪表的润滑油等。

技术参数

化妆用白油石化行业标准见表 3-1-24。

注意事项

标志、包装、运输、储存及交货验收按 SII 0164 进行。

生产厂家

中国石油大庆炼化公司、中国石油克拉玛依石化公司、中国石化集团杭州炼油厂。

3.1.17 食品级白油

产品性能

无色、无味、无荧光、透明的油状液体。

生产方法

采用石油的润滑油馏分经脱蜡、化学精制或加氢精制而得。

主要用途

适用于食品上光、防粘、脱模、消泡、密封、抛光和食品机械、手术器械的防锈、润滑及延长酒、醋、水果、蔬菜、罐头的储存期等。

技术参数

食品级白油国家标准见表 3-1-25。

注意事项

标志、包装、运输、储存及交货验收按 SH 0164 进行。

生产厂家

中国石油大庆炼化公司林源炼油厂、中国石油克拉玛依石化公司、中国石化集团杭州炼油厂。

3.2 合成基础油

3.2.1 抚顺聚 α-烯烃合成油

产品性能

具有成本低的优点。高低温性能优异，工作温度范围大，闪点高，使用安全，结焦少，使用寿命长。黏度指数高，黏温性能好，抗乳化，抗泡性能优异，电气性能，热稳定性及化学稳定性优良。无毒，无刺激性，生物降解性良好。

生产方法

采用软蜡为原料生产而成。

主要用途

适用于调制汽轮机油、高低温航空润滑油、高低温润滑脂基础油、寒区及严寒区内燃机油、齿轮油、液压油、冷冻机和自动传动液、高黏度航空润滑油、数控机床油、空气压缩机油、变压器油、绝缘油、高压开关油、金属加工液、导热油 、食品及纺织机械用白油等。

技术参数

抚顺石化公司聚 α-烯烃(PAO) 企业标准见表 3-2-1。

表 3-1-24 化妆用白油石化行业标准(SH 0007—1990)

项目	质量指标								试验方法
等级	优级品				一级品				
牌号	10	15	26	36	10	15	26	36	
运动黏度(40℃)/(mm²/s)	7. 6 ~ 12. 4	12. 5 ~ 17. 5	24 ~ 28	32. 5 ~ 39. 5	7. 6 ~ 12. 4	12. 5 ~ 17. 5	24 ~ 28	32. 5 ~ 39. 5	GB/T 265
闪点(开口)/℃ 不低于	140	150	160	160	140	150	160	160	GB/T 3536
稠环芳烃，紫外吸光度/cm(260 ~ 350nm) 不大于	0. 1				0. 2				GB/T 11081
酸碱性试验	中性[1)]								
易炭化物	通过								GB/T 7364
硫化物	通过								SH/T 0136
重金属/ppm 不大于	30								SH/T 0405
砷/ppm 不大于	2								SH/T 0130
固态石蜡	通过								SH/T 0134
水分	无								GB/T 260
机械杂质	无								GB/T 511
外观	无色、无嗅、无味、无荧光、透明的油状液体								目测

注：1)本产品 10 mL 加入 10 mL 中性乙醇，煮沸后静置，乙醇层对湿润的石蕊试纸应保持中性。

表 3-1-25　食品级白油国家标准(GB 4853—2008)

项目		质量指标					试验方法
		低、中黏度				高黏度	
		1 号	2 号	3 号	4 号	5 号	
运动黏度(100℃)/(mm^2/s)		2.0~3.0	3.0~7.0	7.0~8.5	8.5~11	≥11	GB/T 265
运动黏度(40℃)/(mm^2/s)		报告	报告	报告	报告	报告	GB/T 265
初馏点/℃	不低于	200	200	200	200	350	SH/T 0558
5%(质量分数)蒸馏点碳数	不小于	12	17	22	25	28	SH/T 0558
5%(质量分数)蒸馏点温度/℃	不低于	224	287	356	391	422	SH/T 0558
平均相对分子质量[a]	不小于	250	300	400	480	500	SH/T 0398 SH/T 0730
颜色，赛氏号	不低于	+30	+30	+30	+30	+30	GB/T 3555
水溶性酸或碱		无	无	无	无	无	GB/T 259
易炭化物		通过	通过	通过	通过	通过	GB/T 11079
稠环芳烃，紫外吸光度(260~350nm)/cm	不大于	0.1	0.1	0.1	0.1	0.1	GB/T 11081
固态石蜡		通过	通过	通过	通过	通过	SH/T 0134
铅含量[b]/(mg/kg)	不大于	1	1	1	1	1	附录 A GB/T 5009.75
砷含量/(mg/kg)	不大于	1	1	1	1	1	GB/T 5009.76
重金属含量/(mg/kg)	不大于	10	10	10	10	10	GB/T 5009.74

a　平均相对分子质量的仲裁试验方法为 SH/T 0730。

b　铅的仲裁试验方法为附录 A。

表 3-2-1　抚顺石化公司聚 α-烯烃(PAO) 企业标准

项目		质量指标				试验方法
		PAO-4	PAO-8	PAO-12	PAO-20	
运动黏度(100℃)/(mm^2/s)		3 ~ 5	7 ~ 9	11 ~ 13	≥20	GB/T 265
黏度指数	不小于	100	100	100	100	GB/T 1995
色度/号	不大于	0.5	1.0	1.5	2.0	GB/T 6540
闪点(开口)/℃	不低于	160	230	245	260	GB/T 3536
凝点/℃	不高于	-55	-50	-45	-30	GB/T 510
氧化安定性(旋转氧弹法)150℃/min	不小于	200	180	180	180	SH/T 0193
抗乳化度(54℃，40-37-3)/min	不大于	10	10	10	10	GB/T 7305
苯胺点/℃		实　测				GB/T 262
密度(20℃)		实　测				GB/T 1884
机械杂质/%		无				GB/T 511

注意事项

按基础油不同品种、牌号分罐储存，避免造成油品间的相互污染。储存温度应保持在50℃以下。运输和储存过程中，要特别注意防止混入水份和杂质。储运过程应注意防止外流污染环境。润滑油品属可燃物品，要严防着火事故。

生产厂家

中国石油抚顺石化公司。

3.2.2 兰州聚α-烯烃合成油

产品性能

倾点低，黏度指数高，黏温性能好。高温蒸发损失小，氧化安定性好。对抗氧剂有良好的感受性。

生产方法

采用软蜡为原料生产而成。

主要用途

适用于调制发动机油、冰箱压缩机油、冷冻机油、抗磨液压油和其他工业用油，还可用于工业白油、油膜轴承油及日用化工用油等。

技术参数

兰化聚烯烃合成油企业标准见表3-2-2。

表3-2-2 聚烯烃合成油企业标准

项目		质量指标								试验方法
		PAO2	PAO4	PAO6	PAO8	PAO10	PAO12	PAO14	PAO16	
运动黏度/(mm^2/s) 40℃ 100℃		报告 1~3	报告 3~5	报告 57	报告 7~9	报告 9~11	报告 11~13	报告 13~15	报告 15~17	GB/T265
黏度指数		90	100	110	110	110	110	120	120	GB/T1995
凝点/℃	不高于	-30	-40	-45	-45	-45	-45	-45	-45	GB/T510
闪点(开口)/℃	不低于	145	180	200	200	200	200	240	240	GB/T3536
溴价/(gBr/100g)	不大于	2								SH/T0236
酸值/(mgKOH/g)	不大于	0.01								GB/T 264
机械杂质/%	不大于	0.05								GB/T511
密度/(g/cm^3)		报告								GB/T1884
外观		水白色或淡黄色透明液体								目测

注意事项

按基础油不同品种、牌号分罐储存，避免造成油品间的相互污染。储存温度应保持在50℃以下。运输和储存过程中，要特别注意防止混入水份和杂质。储运过程应注意防止外流污染环境。润滑油品属可燃物品，要严防着火事故。

生产厂家

中国石油兰州石化公司。

3.2.3 SinoSyn® PAOs聚α-烯烃

产品性能

属API第Ⅳ类基础油。具有良好的高低温性能、抗氧化性能和粘温性能，低的蒸发损失，极好的水解安定性，是极端条件下润滑油的理想组分。

生产方法

以 α-烯烃为原料，在催化剂的作用下发生聚合反应，最后通过加氢饱和得到的产品。

主要用途

推荐用于各种工业及车辆润滑剂，包括齿轮油、液压油、内燃机油、压缩机油、润滑脂及其他功能液。

技术参数

根据 100℃运动黏度分为 10、40、100、150 等牌号，其典型数据见表 3-2-3。

表 3-2-3　SinoSyn® PAOs 基础油典型数据

项目	SinoSyn® PAO10	SinoSyn® PAO40	SinoSyn® PAO100	SinoSyn® PAO150	试验方法
外观	清亮透明	清亮透明	清亮透明	清亮透明	目测
密度(15.6 ℃)/(g/cm³)	0.835	0.850	0.853	0.855	ASTM D1298
运动黏度/(mm²/s)					ASTM D445
100℃	9.9	40.5	100.8	155	
40℃	61	387.4	1，258	1，780	
黏度指数	148	156	170	200	ASTM D2270
闪点(开口)/℃	260	295	300	300	ASTM D92
倾点/ ℃	-52	-40	-33	-23	ASTM D97
色度	<0.5	<0.5	<0.5	<0.5	ASTM D1500
酸值/(mgKOH/g)	0.01	0.01	0.01	0.01	ASTM D974
水含量/10^{-6}	30	30	30	30	ASTM D6304

注意事项

远离热源、火源及强氧化物，置于密封容器中，并保存在干燥、阴凉、通风良好的环境中。发生火灾时，可选用干化学制剂(干粉)、二氧化碳、消防水雾、泡沫进行灭火。根据当地法规处理残留物和包装物。

生产厂家

上海纳克润滑技术有限公司。

3.2.4 SpectraSyn™ 聚 α-烯烃油

产品性能

包括从低黏度到高黏度，再到超高黏度指数的系列产品。

生产方法

乙烯齐聚工艺生产而得。

主要用途

可以调配高档车辆润滑剂，例如轿车发动机油、重负荷柴油机油、车用齿轮油和其他传动系统润滑油，各种工业齿轮油、压缩机油、高温链条油和液压油等工业用油，也可作为润滑脂基础油。

技术参数

SpectraSyn 聚 α-烯烃油典型数据见表 3-2-4。

表 3-2-4 SpectraSyn 聚 α-烯烃油典型数据

项目		PAO 2	PAO 4	PAO 6	PAO 8	PAO 10	PAO 40	PAO 100	试验方法
外观		透明清亮							目测
色度		≤0.5							ASTM D1500
闪点(开口)/℃		157	220	246	260	266	281	283	ASTM D92
运动黏度/(mm^2/s)	100℃	1.7	4.1	5.8	8.0	10.0	39.0	100	ASTM D445
	40℃	5	19	31	48	66	396	1240	
	-40℃	262	2900	7800	19000	39000	—	—	
倾点/℃		-66	-66	-57	-48	-48	-36	-30	ASTM D97
相对密度(15.6℃/15.6℃)		0.798	0.820	0.827	0.833	0.835	0.850	0.853	ASTM D1298
总酸值/(mgKOH/g)		≤0.05					≤0.1		ASTM D974
水分/10^{-6}		≤50							ASTM D6304
黏度指数		—	126	138	139	137	147	170	ASTM D2270
蒸发损失(NOACK)/%		—	14	6.4	3.3	3.2	—	—	ASTM D5800

注意事项

按基础油不同品种、牌号分罐储存，避免造成油品间的相互污染。储存温度应保持在 50℃以下。运输和储存过程中，要特别注意防止混入水分和杂质。储运过程应注意防止外流污染环境。润滑油品属可燃物品，要严防着火事故。

生产厂家

埃克森美孚化工公司。

3.2.5 SpectraSyn Plus™ 高级聚 α-烯烃(PAO)

产品性能

具有更低的低挥发性和优异的低温流动性。调配的合成润滑油可具有下列优点：①延长换油周期；②更好的燃油经济性和能效；③提高抗磨性能；④更宽的工作温度范围；⑤与矿物油混合使用，能够以较低的成本获得良好的低温性能和挥发性能。

生产方法

乙烯齐聚工艺生产而得。

主要用途

广泛地应用于汽车和工业领域。

技术参数

SpectraSyn Plus™ 高级聚 α 烯烃(PAO)典型数据见表 3-2-5。

表 3-2-5 SpectraSyn Plus™ 高级聚 α-烯烃(PAO)典型数据

项目	PAO3.6	PAO4	PAO6	试验方法
运动黏度/(mm^2/s)				ASTM D445
100℃	3.6	3.9	5.9	
40℃	15.4	17.2	30.3	
黏度指数	120	126	143	ASTM D2270
倾点/℃	<-65	<-60	<-54	ASTM D97

续表

项目	PAO3.6	PAO4	PAO6	试验方法
闪点/℃	224	228	246	ASTM D92
Noack 挥发率/%	<17	<12	<6	ASTM D5800
总酸值/(mgKOH/g)	<0.05	<0.05	<0.05	ASTM D974

注意事项

按基础油不同品种、牌号分罐储存，避免造成油品间的相互污染。储存温度应保持在50℃以下。运输和储存过程中，要特别注意防止混入水份和杂质。储运过程应注意防止外流污染环境。润滑油品属可燃物品，要严防着火事故。

生产厂家

埃克森美孚化工公司。

3.2.6 SpectraSyn Ultra™ 聚α-烯烃油

产品性能

包括从低黏度到高黏度，再到超高黏度指数的系列产品。

生产方法

乙烯齐聚工艺生产而得。

主要用途

可以调配高档车辆润滑剂，例如轿车发动机油、重负荷柴油机油、车用齿轮油和其他传动系统润滑油，各种工业齿轮油、压缩机油、高温链条油和液压油等工业用油，也可作为润滑脂基础油。

技术参数

SpectraSyn Ultra™ 聚α-烯烃油典型数据见表3-2-6。

表3-2-6　SpectraSyn 聚α-烯烃油典型数据

项目		PAO 150	PAO 300	PAO 1000	试验方法
外观		透明清亮			目测
ASTM 色度		≤0.5			ASTM D1500
闪点(开口)/℃ 不低于		265	265	265	ASTM D92
运动黏度/(mm^2/s)	100℃	150	300	1000	ASTM D445
	40℃	1500	3100	10000	
	-40℃	—	—	—	
黏度指数		214	235	305	ASTM D2270
倾点/℃		-33	-27	-18	ASTM D97
相对密度(15.6℃/15.6℃)		0.850	0.852	0.855	ASTM D1298
总酸值/(mgKOH/g)		≤0.1			ASTM D974
水分/10^{-6}		≤50			ASTM D4928

注意事项

按基础油不同品种、牌号分罐储存，避免造成油品间的相互污染。储存温度应保持在50℃以下。运输和储存过程中，要特别注意防止混入水分和杂质。储运过程应注意防止外流污染环境。润滑油品属可燃物品，要严防着火事故。

生产厂家

埃克森美孚化工公司。

3.2.7 SpectraSyn Elite™ 茂金属聚α-烯烃基础油

产品性能

与传统合成聚 α-烯烃相比，具有更高的调和效率和性能。这些优良的性能包括：①黏度指数，可在更宽的温度范围内保持优异性能；②剪切稳定性，可实现更长的换油周期；③低温特性，可提供卓越的冷启动性能和流动性。

生产方法

采用专有的茂金属催化技术制备而成。

主要用途

适用于在极端苛刻运行条件下对稳定性要求非常高的工业润滑油，可与低黏度合成液(聚α-烯烃、矿物油)混合使用，以调配成各种工业和汽车润滑油及润滑脂。

技术参数

SpectraSyn Elite™ 茂金属聚 α-烯烃基础油的典型数据见表 3-2-7。

表 3-2-7 SpectraSyn Elite™ 茂金属聚 α-烯烃基础油的典型数据

项目	SpectraSyn Elite™150	SpectraSyn Elite™65	试验方法
运动黏度/(mm^2/s)			ASTM D445
100℃	156	65	
40℃	1705	614	
黏度指数	208	179	ASTM D2270
倾点/℃	-33	-42	ASTM D97
闪点/℃	282	277	ASTM D92
总酸值/(mgKOH/g)	<0.05	<0.1	ASTM D974

注意事项

按基础油不同品种、牌号分罐储存，避免造成油品间的相互污染。储存温度应保持在 50℃以下。运输和储存过程中，要特别注意防止混入水分和杂质。储运过程应注意防止外流污染环境。润滑油品属可燃物品，要严防着火事故。

生产厂家

埃克森美孚化工公司。

3.2.8 SynNaph® AN23 烷基萘

产品性能

属 API 第 V 类基础油，具有卓越的热氧化稳定性，闪点高，蒸发损失低，极好的水解安定性，优异的添加剂溶解性，与密封材料良好的相容性。

生产方法

采用 α-烯烃与精萘在催化剂的作用下发生烷基化反应，再通过后处理精制而得得到的合成基础油。

主要用途

推荐用于各种工业及车辆润滑剂，包括齿轮油、液压油、内燃机油、压缩机油、润滑脂及其他功能液。

技术参数

SynNaph® AN23 烷基萘的典型数据见表 3-2-8。

表 3-2-8　SynNaph® AN23 烷基萘的典型数据

项　目	典型值	试验方法
外观	清澈透明淡黄色液体	目测
密度(20 ℃)/(g/cm³)	0.875	ASTM D1298
运动黏度/(mm²/s) 100℃ 40℃	 21 208	ASTM D445
黏度指数	120	ASTM D2270
闪点(开口)/℃	300	ASTM D92
倾点/℃	-39	ASTM D97
酸值/(mgKOH/g)	0.01	ASTM D974
苯胺点/℃	118	ASTM D611

注意事项

远离热源、火源及强氧化物，置于密封容器中，并保存在干燥、阴凉、通风良好的环境中。发生火灾时，可选用干化学制剂（干粉）、二氧化碳、消防水雾、泡沫进行灭火。根据当地法规处理残留物和包装物。

生产厂家

上海纳克润滑技术有限公司。

3.2.9　Synesstic™ 烷基萘

产品性能

是一种特制的烷基萘，属于 API Ⅴ类基础油。具有优异的水解稳定性、热氧化安定性、添加剂溶解性、破乳化性及与密封材料的良好相容性。

主要用途

与其他各类基础油调和，尤其是与 PAO 调和，能提高汽车和工业润滑油的性能。主要应用合成及半合成的发动机油、齿轮油、液压油、压缩机油等。

技术参数

Synesstic™ 烷基萘典型数据见表 3-2-9。

表 3-2-9　Synesstic™ 烷基萘典型数据

项目	Synesstic™ 5	Synesstic™ 12	试验方法
相对密度(15.6℃/15.6℃)	0.908	0.887	ASTM D1298
运动黏度/(mm²/s) 100℃ 40℃	 4.7 29	 12.4 109	ASTM D445
黏度指数	74	105	ASTM D2270
倾点/℃	-39	-36	ASTM D92
闪点/℃	222	258	ASTM D97

续表

项目	Synesstic™ 5	Synesstic™12	试验方法
色度(ASTM)/号	<1.5	<4.0	ASTM D1500
含水量/10^{-6}	<50	<50	ASTM D6304
总酸值/(mgKOH/g)	<0.05	<0.05	ASTM D974
水解安定性(总酸值增加)/(mgKOH/g)	0.02	0.02	
热稳定性(运动黏度增加)/%	0.4	1.1	
氧化稳定性(DCP-IP)/min	60+	60+	

注意事项

按基础油不同品种、牌号分罐储存，避免造成油品间的相互污染。储存温度应保持在50℃以下。运输和储存过程中，要特别注意防止混入水分和杂质。储运过程应注意防止外流污染环境。润滑油品属可燃物品，要严防着火事故。

生产厂家

埃克森-美孚化工公司。

3.2.10 烷基苯合成油

产品性能

烷基苯合成油与聚α-烯烃油的不同之处，是结构中含有芳烃。根据组成中烷烃的多少，有单烷基苯 、二烷基苯、三烷基苯。本品属于烷基化产物中的重馏分，具有高闪点、低凝点的优良性能。

生产方法

在制备洗涤剂用直链烷基苯时，大约可得到约占总量10%的重烷基苯。从烷基苯中分离出来，在塔底就得到产品。

主要用途

广泛用作冷冻机油、电器用油、增缩剂和导热油的基础油，也可作为烷基苯磺酸钙清净分散剂的原料。

技术参数

重烷基苯典型数据见表3-2-10。

表3-2-10 重烷基苯典型数据

项目	0#	1#	2#	试验方法
密度/(g/cm³)	0.86	0.86	0.87	GB/T 1884
运动黏度(50℃)/(mm²/s)	12	6.0	18	GB/T 265
闪点(开口)/℃	160	160	160	GB/T 3536
凝固点/℃	-40	-40	-40	GB/T 510
色度(APHA)	2.5	0.5	3.5	
流程/℃				
5%	310	310	330	
95%	485	360	485	

注意事项

按基础油不同品种、牌号分罐储存，避免造成油品间的相互污染。储存温度应保持在50℃以下。

运输和储存过程中，要特别注意防止混入水分和杂质。储运过程应注意防止外流污染环境。润滑油品属可燃物品，要严防着火事故。

生产厂家

中国石化南京金陵石化公司、中国石油抚顺石油化工公司。

3.2.11 癸二酸二辛酯(DOS)

产品性能

淡黄色或无色透明油状液体。色泽(APHA)<40。酸值<0.1mgKOH/g。酯含量>99%。灰分<0.01%。相对密度(25℃)0.911~0.913。黏度(25℃)0.025Pa·s。凝固点-40℃。沸点377℃。闪点(开口)215℃。着火点257~263℃。折射率1.449~1.451(25℃)。在水中的溶解度(20℃)0.02%。溶于烃类、醇类、酮类、酯类、氯代烃类，不溶于二元醇类。

生产方法

癸二酸和2-乙基己醇为原料制得。

主要用途

是优良的耐寒增塑剂，主要用于聚氯乙烯、氯乙烯共聚物、硝酸纤维素、乙基纤维素及合成橡胶等，也用作喷气发动机的润滑油。

技术参数

癸二酸二辛酯化工行业标准见表3-2-11。

表3-2-11 癸二酸二辛酯化工行业标准(HB/T 3502—2008)

项目		指标		
		优等品	一等品	合格品
外观		透明、无可见杂质的油状液体		
色度/(Pt-Co)号	≤	20	30	60
纯度/%	≥	99.5	99.0	99.0
密度(20℃)/(g/cm³)		0.913~0.917		
酸值/(mgKOH/g)	≤	0.04	0.07	0.10
水分/%	≤	0.05		0.1
闪点(开口杯法)/℃	≥	215	210	205

注意事项

储存于阴凉、通风的库房。远离火种、热源。应与氧化剂分开存放，切忌混储。配备相应品种和数量的消防器材。运输前应先检查包装容器是否完整、密封，运输过程中要确保容器不泄漏、不倒塌、不坠落、不损坏。严禁与氧化剂等混运。

生产厂家

通辽康斯特油化有限责任公司、桐乡化工有限公司、无锡梁溪精细化工有限公司、浙江华泰精细化工有限公司、河南庆安化工高科技股份有限公司。

3.2.12 己二酸二辛酯(DOA)

产品性能

无色透明微具气味的油状液体。相对密度(*d*25/4)0.922。增塑效率高，受热变色性小，可赋予制品较好的低温柔软性和耐光性。具有良好的润滑性，制品的手感性好。多与DOP、DBP等主要增塑剂并用于耐寒性农业用薄膜，冷冻食品包装膜、电线电缆包覆层、人造革、板材、户外用水管等。

生产方法

己二酸与2-乙基己醇为原料经酯化法制得。

主要用途

本品是聚氯乙烯、氯乙烯共聚物、聚苯乙烯、硝酸纤维素、乙基纤维素和合成橡胶的典型耐寒增塑剂。

技术参数

己二酸二辛酯化工行业标准见表3-2-12。

表3-2-12　己二酸二辛酯(DOA)化工行业标准(HB/T 3873—2006)

项目		指标		
		优等品	一等品	合格品
外观		透明、无可见杂质的油状液体		
色度/(Pt Co)号	≤	20	50	120
纯度/%	≥	99.5	99.0	98.0
酸值/(mgKOH/g)	≤	0.07	0.15	0.20
水分/%	≤	0.10	0.15	0.20
密度(20℃)/(g/cm^3)		0.924~0.929	0.924~0.929	0.924~0.929
闪点/℃	≥	190	190	190

注意事项

储存于阴凉、通风的库房。远离火种、热源。应与氧化剂分开存放，切忌混储。配备相应品种和数量的消防器材。运输前应先检查包装容器是否完整、密封，运输过程中要确保容器不泄漏、不倒塌、不坠落、不损坏。严禁与氧化剂等混运。

生产厂家

河南庆安化工高科技股份有限公司、淄博蓝帆化工有限公司、桐乡市化工有限公司、辽阳嘉志实业有限公司、北宁闾峰化工厂。

3.2.13　邻苯二甲酸二辛酯(DOP)

产品性能

微具气味的油状透明液体。相对密度0.986。水溶解度(25℃)≤0.01%。综合性能好，与聚氯乙烯、合成树脂、硝酸纤维素和橡胶等特有良好的相容性。

生产方法

邻苯二甲酸酐与辛醇(2-乙基己醇)经酯化法制得。

主要用途

作为使用最广泛的一种增塑剂，广泛用于PVC各种软质塑料制品的加工。例如薄膜、人造革、电线、电缆、模塑品等。

技术参数

邻苯二甲酸二辛酯国家标准见表3-2-13。

表3-2-13　邻苯二甲酸二辛酯国家标准(GB/T 11406—2001)

项目		指标		
		优等品	一等品	合格品
色度/(Pt-Co)号	≤	30	40	60
纯度/%	≥	99.5	99.0	
密度(20℃)/(g/cm^3)		0.982~0.988		

续表

项目	指标		
	优等品	一等品	合格品
酸度(以苯二甲酸计)/% ≤	0.010	0.015	0.030
水分/% ≤	0.10	0.15	
闪点/℃ ≥	196	192	
体积电阻率/(10^9Ω·m) ≥	1.0	1)	—
1)根据用户需要，由供需双方协商，可增加体积电阻率指标。			

注意事项

储存于阴凉、通风的库房。远离火种、热源。应与氧化剂分开存放，切忌混储。配备相应品种和数量的消防器材。运输前应先检查包装容器是否完整、密封，运输过程中要确保容器不泄漏、不倒塌、不坠落、不损坏。严禁与氧化剂等混运。

生产厂家

河南庆安化工高科技股份有限公司、山东齐鲁增塑剂股份有限公司、桐乡化工有限公司、山东齐鲁增塑剂股份有限公司。

3.2.14 邻苯二甲酸二丁酯

产品性能

无色透明油状液体、微具芳香味。相对密度1.045。具有优良的溶解性、分散性、粘着性，漆膜的柔软性和稳定性。对硝酸纤维素、聚苯乙烯等大多数有机溶剂和烃类都有极好的相溶性。

生产方法

以邻苯二甲酸酐与正丁醇经酯化法制得。

主要用途

本品是纤维素树脂和聚氯乙烯的主增塑剂，适用于硝酸纤维素涂料。

技术参数

邻苯二甲酸二丁酯国家标准见表3-2-14。

表3-2-14 邻苯二甲酸二丁酯国家标准(GB 11405—2006)

项目	指标		
	优等品	一等品	合格品
外观	透明、无可见杂质的油状液体		
色度/(Pt-Co)号 ≤	20	25	60
纯度/% ≥	99.5	99.0	98.0
密度(20℃)/(g/cm^3)	1.044～1.048		
酸值/(mgKOH/g) ≤	0.07	0.12	0.20
闪点/℃ ≥	160		
水分/% ≤	0.10	0.15	0.20

注意事项

储存于阴凉、通风的库房。远离火种、热源。应与氧化剂分开存放，切忌混储。配备相应品种和数量的消防器材。运输前应先检查包装容器是否完整、密封，运输过程中要确保容器不泄漏、不倒塌、不坠落、不损坏。严禁与氧化剂等混运。

生产厂家

淄博蓝帆化工有限公司、河南庆安化工高科技股份有限公司、桐乡化工有限公司、山东宏信化工股份有限公司。

3.2.15 对苯二甲酸二辛酯

产品性能

无色至淡黄透明油状液体。密度(20℃)0.981～0.986g/cm³。沸点383℃。凝固点-48℃。与目前常用的邻苯二甲酸二异辛酯(DOP)相比，具有耐热、耐寒、难挥发、抗抽出、柔软性和电绝缘性能好等优点，在制品中显示出优良的持久性、耐肥皂水性及低温柔软性。因其挥发性低，使用DOTP能完全满足电线电缆耐温等级要求。

生产方法

对苯二甲酸和2-乙基己醇为原料制得。

主要用途

是聚氯乙烯(PVC)塑料用的一种性能优良的主增塑剂。可广泛应用于耐70°C电缆料(国际电工委员会IEC标准)及其他各种PVC软质制品中。还可用于合成橡胶的增塑剂、涂料添加剂、精密仪器润滑剂、润滑剂添加剂，也可作为纸张的软化剂。

技术参数

对苯二甲酸二辛酯化工行业标准见表3-2-15。

表3-2-15 对苯二甲酸二辛酯化工行业标准(HB/T 2423—2008)

项目		指标		
		优等品	一等品	合格品
外观		透明、无可见杂质的油状液体		
色度/(Pt-Co)号	≤	30	50	100
纯度/%	≥	99.5	99.0	98.5
密度(20℃)/(g/cm³)		0.981～0.985		
酸值/(mgKOH/g)	≤	0.02	0.03	0.04
水分/%	≤	0.03	0.05	0.10
闪点(开口杯法)/℃	≥	210		205
体积电阻率[a]/(Ω·m)	≥	2×10^{10}	1×10^{10}	0.5×10^{10}

a 根据用户要求检测项目。

注意事项

贮存在干燥、通风的库房内，贮存期从生产之日起为6个月。本产品超过贮存期后，按本标准规定检验合格后仍可使用。运输时要避免日晒、雨淋。在搬运时轻装轻卸，防止猛烈撞击。

生产厂家

河南庆安化工高科技股份有限公司。

3.2.16 邻苯二甲酸二异丁酯

产品性能

无色透明液体。密度1.038g/cm³。沸点327℃。闪点177℃。凝固点-50℃。折射率1.4900。与各种纤维素和聚氯乙烯、聚苯乙烯、聚乙酸乙烯等树脂具有良好相溶性。

生产方法

邻苯二甲酸酐与异丁醇经酯化法制得。

主要用途

可作为纤维素树脂、乙烯基树脂、丁腈橡胶和氯化橡胶等的增塑剂。

技术参数

邻苯二甲酸二异丁酯化工行业标准见表3-2-16。

表3-2-16　邻苯二甲酸二异丁酯化工行业标准(HB/T 4071—2008)

项目		指标		
		优等品	一等品	合格品
外观		透明、无可见杂质的油状液体		
色度/(Pt-Co)号	≤	25	35	60
纯度/%	≥	99.5	99.0	98.5
密度(20℃)/(g/cm³)		1.037～1.044		
酸值/(mgKOH/g)	≤	0.06	0.12	0.20
水分/%	≤	0.10	0.15	0.20
闪点(开口杯法)/℃	≥	160	155	155

注意事项

应贮存在通风、干燥的库房内，贮存期从生产之日起为6个月。本产品超过贮存期后，按本标准规定检验合格后仍可使用。运输时要避免日晒、雨淋。在搬运时轻装轻卸，防止猛烈撞击。

生产厂家

河南庆安化工高科技股份有限公司。

3.2.17　PriEco® 2006双酯

产品性能

属可生物降解二元脂肪酸双酯。具有高的黏度指数、优异的低温特性、良好的抗氧化稳定性与低挥发性，良好的生物可降解性，在润滑行业具有广泛的应用。

生产方法

饱和二元脂肪酸与一元醇在催化剂的作用发生酯化反应，最后通过水洗蒸馏后处理得到的产品。

主要用途

推荐用于各种工业及车辆润滑剂，包括齿轮油、液压油、内燃机油、压缩机油、润滑脂及其他功能液。

技术参数

PriEco® 2006双酯的典型数据见表3-2-17。

表3-2-17　PriEco® 2006双酯典型数据

项　目	典型值	试验方法
外观	微黄色透明液体	目测
密度(20℃)/(g/cm³)	0.917	ASTM D1298
运动黏度/(mm²/s) 100℃ 40℃	 3.3 11.68	ASTM D445
黏度指数	155	ASTM D2270
闪点(开口)/℃	223	ASTM D92
倾点/℃	<-60	ASTM D97
酸值/(mgKOH/g)	0.05	ASTM D974

注意事项

远离热源、火源及强氧化物，置于密封容器中，并保存在干燥、阴凉、通风良好的环境中。发生火灾时，可选用干化学制剂（干粉）、二氧化碳、消防水雾、泡沫进行灭火。根据当地法规处理残留物和包装物。

生产厂家

上海纳克润滑技术有限公司。

3.2.18 PriEco® 2013 双酯

产品性能

PriEco® 2013 产品是可生物降解二元脂肪酸双酯，具有超高的黏度指数、优异的低温特性、良好的抗氧化稳定性与低挥发性，在润滑行业具有广泛的应用。

生产方法

饱和二元脂肪酸与一元醇在催化剂的作用发生酯化反应，最后通过水洗蒸馏后处理得到的产品。

主要用途

推荐用于各种工业及车辆润滑剂，包括齿轮油、液压油、内燃机油、压缩机油、润滑脂及其他功能液。

技术参数

PriEco® 2013 双酯的典型数据见表 3-2-18。

表 3-2-18 PriEco® 2013 双酯典型数据

项　目	典型值	试验方法
外观	清澈透明液体	目测
密度(20 ℃)/(g/cm^3)	0.925	ASTM D1298
运动黏度/(mm^2/s) 100℃ 40℃	 5.047 22.28	ASTM D445
黏度指数	163	ASTM D2270
闪点(开口)/℃	260	ASTM D92
倾点/℃	<-60	ASTM D97
酸值/(mgKOH/g)	0.01	ASTM D974
诺亚克蒸发损失/%	3.0	ASTM D5800

注意事项

远离热源、火源及强氧化物，置于密封容器中，并保存在干燥、阴凉、通风良好的环境中。发生火灾时，可选用干化学制剂（干粉）、二氧化碳、消防水雾、泡沫进行灭火。根据当地法规处理残留物和包装物。

生产厂家

上海纳克润滑技术有限公司。

3.2.19 PriEco® 2016 合成酯

产品性能

PriEco® 2016 产品是高度支链化酯类油，具有优异的低温特性、良好的抗氧化稳定性与低挥发性，显著的燃烧清净性，易生物降解，特别适应用金属加工油液产品。

生产方法

饱和二元脂肪酸与一元醇在催化剂的作用发生酯化反应，最后通过水洗蒸馏后处理得到的产品。

主要用途

推荐用于金属加工液低温液压油。

技术参数

PriEco® 2016 合成酯的典型数据见表 3-2-19。

表 3-2-19　PriEco® 2016 合成酯典型数据

项　目	典型值	试验方法
外观	清澈透明液体	目测
密度(20 ℃)/(g/cm³)	0.945	ASTM D1298
运动黏度(40 ℃)/(mm²/s)	3.86	ASTM D445
闪点(开口)/℃	136	ASTM D92
倾点/℃	-70	ASTM D97
酸值/(mgKOH/g)	0.03	ASTM D974

注意事项

远离热源、火源及强氧化物，置于密封容器中，并保存在干燥、阴凉、通风良好的环境中。发生火灾时，可选用干化学制剂（干粉）、二氧化碳、消防水雾、泡沫进行灭火。根据当地法规处理残留物和包装物。

生产厂家

上海纳克润滑技术有限公司。

3.2.20　偏苯三酸三辛酯

产品性能

透明油状液体。密度(20℃)0.988，折光率(n_{20}^{D})1.485，沸点(1 mmHg)258℃，熔点46℃。是一种耐热和耐久型主增塑剂，兼具聚酯增塑剂和单体增塑剂的优点，增塑效率和加工性能与邻苯二甲酸酯类增塑剂相近。相容性、塑化性能、低温性能较聚酯增塑剂优，电性能优良。

生产方法

偏苯三酸配与2-乙基己醇经醋化法制得。

主要用途

主要用于105℃级耐热电线电缆料以及其他要求耐热和耐久性的板材、片材、密封垫等制品。

技术参数

偏苯三酸三辛酯化工行业标准见表 3-2-20。

表 3-2-20　偏苯三酸三辛酯化工行业标准(HB/T 3874—2006)

项目		指标		
		优等品	一等品	合格品
外观		透明、无可见杂质的油状液体		
色度/(Pt-Co)号	≤	50	80	120
酸值/(mgKOH/g)	≤	0.15	0.20	0.30
酯含量/%	≥	99.5	99.0	98.0
体积电阻率/(10⁹Ω·m)	≥	5	3	3
水分/%	≤	0.10	0.15	0.20
密度(20℃)/(g/cm³)		0.984～0.991	0.984～0.991	0.984～0.991
闪点/℃	≥	240	240	240

注意事项

存放在通风、干燥的仓库或货棚中。在符合本标准规定的运输、贮存条件下，自生产之日起贮存期为六个月。本产品超过贮存期后，按本标准规定检验合格后仍可使用。运输过程应防止猛烈撞击。

生产厂家

淄博蓝帆化工股份有限公司、河南庆安化工高科技股份有限公司、瑞安中威油脂有限公司。

3.2.21 三羟甲基丙烷油酸酯

产品性能

黄色油状液体。由多元醇和高级不饱和脂肪酸酯化而成。具有优良的粘温特性，良好的低温特性，高温稳定性和低挥发性，能满足较高的润滑要求。广泛用于金属切削、拉丝等加工用基础油、航空发动机润滑油、润滑油的添加剂等。

生产方法

三羟甲基丙烷与植物油酸或动物油酸为原料制得。

主要用途

主要用作金属切削、拉丝等加工的润滑油。

技术参数

三羟甲基丙烷油酸酯轻工行业标准见表3-2-21。

表3-2-21 三羟甲基丙烷油酸酯轻工行业标准(QB/T 2975—2008)

项目		指标	
		A型	B型
外观(25℃)		微黄色至黄色透明液体	
酸值/(mgKOH/g)	≤	1.5	
皂化值/(mgKOH/g)		180.0~190.0	178.0~188.0
闪点/℃	≥	310	
倾点/℃	≤	-21	-27
水分/%	≤	0.1	
运动黏度(40℃)/(mm^2/s)		48.0~55.0	46.0~52.0

注意事项

应贮存在通风良好，环境温度在0~45℃的仓库中，避免雨水和曝晒。在规定的运输和包装条件下，在包装完整未经启封的情况下，从生产之日起保质期不低于一年。在装运过程中应封口向上，防止日晒雨淋。

生产厂家

浙江皇马化工集团有限公司、江苏天鹏同仁精细化工有限公司、上海千为油脂科技有限公司。

3.2.22 三羟甲基丙烷椰子油酸酯

产品性能

淡黄色透明液体。属多元醇酯类，耐热性较好，黏温性好，润滑性能突出，不易挥发。

主要用途

用于金属加工油及化纤油剂。

技术参数

三羟甲基丙烷椰子油酸酯企业标准见表3-2-22。

表 3-2-22　三羟甲基丙烷椰子油酸酯企业标准

项目		质量指标
外观		淡黄色透明液体
酸值/(mgKOH/g)	不大于	0.8
皂化值/(mgKOH/g)		235～245
羟值/(mgKOH/g)	不大于	10.0
闪点(开口)/℃	不低于	280℃
黏度(40℃) /(mm^2/s)		33～40

注意事项

储存于阴凉、通风的库房。远离火种、热源。应与氧化剂分开存放，切忌混储。配备相应品种和数量的消防器材。运输前应先检查包装容器是否完整、密封，运输过程中要确保容器不泄漏、不倒塌、不坠落、不损坏。严禁与氧化剂等混运。

生产厂家

江苏天鹏同仁精细化工有限公司、上海千为油脂科技有限公司、浙江皇马化工集团有限公司。

3.2.23　三羟甲基丙烷三辛酸酯

产品性能

淡黄色油状液体。

主要用途

可作为润滑油的添加剂、润滑剂、化纤油剂。

技术参数

三羟甲基丙烷三辛酸酯企业标准见表 3-2-23。

表 3-2-23　三羟甲基丙烷三辛酸酯企业标准

项目	质量指标
倾点/℃	-58
外观	液体
黏度(40℃)/(mm^2/s)	23.6
皂化值/(mgKOH/g)	295～305
酸值/(mgKOH/g)	1.0

注意事项

储存于阴凉、通风的库房。远离火种、热源。应与氧化剂分开存放，切忌混储。配备相应品种和数量的消防器材。运输前应先检查包装容器是否完整、密封，运输过程中要确保容器不泄漏、不倒塌、不坠落、不损坏。严禁与氧化剂等混运。

生产厂家

江苏天鹏同仁精细化工有限公司、上海千为油脂科技有限公司。

3.2.24　季戊四醇四油酸酯

产品性能

黄色透明油状液体。运动黏度(40℃)68.3 mm^2/s，黏度指数 188。具有良好的高温稳定性，低挥发性，优良的黏温性能，良好的低温特性。润滑性能优异、黏度指数高、抗燃性好，生物降解率达

90% 以上。

生产方法

季戊四醇四油酸酯经酯交换制得。

主要用途

适用于金属加工油、液压传动油等的基础油，以及金属高温加工用油、航空发动机润滑油、橡胶、塑料的添加剂。

技术参数

季戊四醇四油酸酯企业标准见表 3-2-24。

表 3-2-24　季戊四醇四油酸酯企业标准

项　目		PETO-A	PETO-B	PETO-C
外观		无色或淡黄色透明液体	黄色透明液体	深黄色透明液体
运动黏度/(mm^2/s) 40℃ 100℃		 60～70 12.5～13.5	 60～70 12.5～13.5	 60～70 12.5～13.5
黏度指数	不小于	180	180	180
酸值/(mgKOH/g)	不大于	1	1	5
闪点(开口)/℃	不低于	300	290	270
倾点/℃	不高于	-25	-20	-10
羟值/(mgKOH/g)	不大于	15	15	20

注意事项

储存于阴凉、通风的库房。远离火种、热源。应与氧化剂分开存放，切忌混储。配备相应品种和数量的消防器材。运输前应先检查包装容器是否完整、密封，运输过程中要确保容器不泄漏、不倒塌、不坠落、不损坏。严禁与氧化剂等混运。

生产厂家

聊城瑞捷化学有限公司、浙江皇马化工集团公司、江苏天鹏同仁精细化工有限公司、上海千为油脂科技有限公司。

3.2.25　聚乙二醇单油酸酯

产品性能

微黄色透明液体。具有良好的平滑、乳化和相溶性能，抗静电好。与各种助剂复配成家用和工业用洗涤剂，具有良好的乳化、润滑和分散能力。

生产方法

聚乙二醇经酯交换制得。

主要用途

在金属业中用作油脂脱蜡和冷却润滑添加剂。纺织业中用作柔软剂、抗静电剂。

技术参数

聚乙二醇单油酸酯企业标准见表 3-2-25。

表 3-2-25　聚乙二醇单油酸酯企业标准

项目	质量指标
外观(25℃)	微黄色透明液体
酸值/(mgKOH/g)　　不大于	2.0
pH 值(1%)	6.0～7.0
皂化值/(mgKOH/g)	82.0±3.0

注意事项

储存于阴凉、通风的库房。远离火种、热源。应与氧化剂分开存放，切忌混储。配备相应品种和数量的消防器材。运输前应先检查包装容器是否完整、密封，运输过程中要确保容器不泄漏、不倒塌、不坠落、不损坏。严禁与氧化剂等混运。

生产厂家

浙江皇马化工集团公司、江苏天鹏同仁精细化工有限公司。

3.2.26　聚乙二醇双油酸酯

产品性能

黄色透明液体。易溶于油及有机溶剂，具有良好的平滑、乳化作用，润滑性良好。

生产方法

聚乙二醇经酯交换制得。

主要用途

广泛用于制造合成纤维油剂。

技术参数

聚乙二醇双油酸酯企业标准见表 3-2-26。

表 3-2-26　聚乙二醇双油酸酯企业标准

项目	PEG400	PEG600
外观(25℃)	黄色透明液体	黄色透明液体
酸值/(mgKOH/g)　　不大于	5.0	7.0
羟值/(mgKOH/g)　　不大于	10.0	10.0
皂化值/(mgKOH/g)	120.0±3.0	98.0±3.0

注意事项

储存于阴凉、通风的库房。远离火种、热源。应与氧化剂分开存放，切忌混储。配备相应品种和数量的消防器材。运输前应先检查包装容器是否完整、密封，运输过程中要确保容器不泄漏、不倒塌、不坠落、不损坏。严禁与氧化剂等混运。

生产厂家

浙江皇马化工集团公司、江苏天鹏同仁精细化工有限公司、南京威尔化工有限公司

3.2.27　新戊基多元醇混合脂肪酸酯

产品性能

淡黄色透明液体。无毒性，生物降解性好，对环境无影响。具有极度不对称结构，这就决定了它具有优良的低温性能，同时兼具良好的耐高温性能、润滑性和油溶性。

生产方法

新戊基多元醇经酯交换制得。

主要用途

主要用作在极低温环境下工作的中、高档润滑油，如在高寒地区使用的多级发动机油(5W-40、0W-30、0W-40 等)及多级齿轮油等，也可用作航空仪表油、电器用油等。

技术参数

新戊基多元醇混合脂肪酸酯典型数据见表 3-2-27。

表 3-2-27 新戊基多元醇混合脂肪酸酯典型数据

项目	15	22	32	46	68	100	150
外观	淡黄色透明液体						
运动黏度/(mm^2/s)							
40℃	15	22	32	46	68	100	150
100℃	3.5	4.5	6.0	7.0	10.0	13	18
闪点(开口)/℃	190	210	230	240	240	250	250
凝点/℃	-70	-70	-65	-65	-60	-60	-50
机械杂质/%	≯0.01						
水溶性酸或碱	无						
水分	痕迹						

注意事项

储存于阴凉、通风的库房。远离火种、热源。应与氧化剂分开存放，切忌混储。配备相应品种和数量的消防器材。运输前应先检查包装容器是否完整、密封，运输过程中要确保容器不泄漏、不倒塌、不坠落、不损坏。严禁与氧化剂等混运。

生产厂家

衢州恒顺化工有限公司。

3.2.28 新戊基多元醇高级脂肪酸酯

产品性能

淡黄色透明液体。具有优良的耐热性能。闪点高、挥发性低、不结碳。在保证高温性能的同时，仍具有较好的低温流动性，黏度指数在 150 以上；无毒性，无异味，生物降解性好，对环境无影响。

生产方法

新戊基多元醇经酯交换制得。

主要用途

主要作为高温润滑油的基础油，使用温度为 200～300℃。

技术参数

合成高温润滑油典型数据见表 3-2-28。

表 3-2-28 合成高温润滑油典型数据

项目	15	22	32	46	68	100	150	220	320
外观	淡黄色透明液体								
黏度/(mm^2/s)									
40℃	15	22	32	46	68	100	150	220	320
100℃	3.5	5.0	6.0	8.0	11.0	14.5	20.0	24.0	32.0
闪点(开口)/℃	230	250	260	260	270	270	280	290	300
凝点/℃	-40	-40	-35	-30	-25	-25	-20	-20	-15
机械杂质/% 不大于	0.01								
水溶性酸或碱	无								
水分	痕迹								

注意事项

储存于阴凉、通风的库房。远离火种、热源。应与氧化剂分开存放，切忌混储。配备相应品种和数量的消防器材。运输前应先检查包装容器是否完整、密封，运输过程中要确保容器不泄漏、不倒塌、不坠落、不损坏。严禁与氧化剂等混运。

生产厂家

衢州恒顺化工有限公司。

3.2.29 PriEco® 3000 多元醇酯基础油

产品性能

PriEco® 3000 产品是可生物降解饱和脂肪酸多元醇酯，具有优异的低温特性、良好的抗氧化稳定性与低挥发性，低蒸发损失和良好的生物可降解性。

生产方法

三羟甲基丙烷多元醇与一元饱和脂肪酸酯化反应而成，最后经过水洗、蒸馏、后处理得到的多元醇酯。

主要用途

在润滑行业具有广泛的应用，推荐用于各种工业及车辆润滑剂，包括齿轮油、液压油、内燃机油、压缩机油、润滑脂及其他功能液。

技术参数

PriEco® 3000 多元醇酯基础油的典型数据见表 3-2-29。

表 3-2-29 PriEco® 3000 多元醇酯基础油典型数据

项 目	典型值	试验方法
密度(20 ℃)/(g/cm³)	0.94	ASTM D1298
运动黏度/(mm²/s) 100℃ 40℃	 4.4 19.5	ASTM D445
黏度指数	140	ASTM D2270
闪点(开口)/℃	250	ASTM D92
倾点/℃	-51	ASTM D97
酸值/(mgKOH/g)	0.05	ASTM D974
诺亚克蒸发损失/%	3.0	ASTM D5800
生物降解率/%	90	CEC-L-33-T-82

注意事项

远离热源、火源及强氧化物，置于密封容器中，并保存在干燥、阴凉、通风良好的环境中。发生火灾时，可选用干化学制剂（干粉）、二氧化碳、消防水雾、泡沫进行灭火。根据当地法规处理残留物和包装物。

生产厂家

上海纳克润滑技术有限公司。

3.2.30 PriEco® 3009 多元醇酯基础油

产品性能

是可生物降解饱和脂肪酸多元醇酯。具有优异的低温特性、良好的抗氧化稳定性与低挥发性。

生产方法

季戊四醇多元醇与一元饱和脂肪酸酯化反应而成，最后经过水洗、蒸馏、后处理得到的多元醇酯。

主要用途

在润滑行业具有广泛的应用，特别适于高温情况下。推荐用于各种工业及车辆润滑剂，包括齿轮油、液压油、内燃机油、压缩机油、润滑脂及其他功能液等。

技术参数

PriEco® 3009 多元醇酯基础油的典型数据见 3-2-30。

表 3-2-30　PriEco® 3009 多元醇酯基础油的典型数据

项　目	典型值	试验方法
外观	无色透明液体	目测
密度(20 ℃)/(g/cm³)	0.99	ASTM D1298
运动黏度/(mm²/s) 100℃ 40℃	 5.0 24.5	ASTM D445
黏度指数	134	ASTM D2270
闪点(开口)/℃	266	ASTM D92
倾点/℃	-58	ASTM D97
酸值/(mgKOH/g)	0.04	ASTM D974
色度	1	ASTM D1500
诺亚克蒸发损失/%	4.5	ASTM D5800
碘值/(gI/100g)	0.3	ASTM D5554
羟值/(mgKOH/g)	2	ASTM D1957

注意事项

远离热源、火源及强氧化物，置于密封容器中，并保存在干燥、阴凉、通风良好的环境中。发生火灾时，可选用干化学制剂（干粉）、二氧化碳、消防水雾、泡沫进行灭火。根据当地法规处理残留物和包装物。

生产厂家

上海纳克润滑技术有限公司。

3.2.31　PriEco® 3009 多元醇酯基础油

产品性能

是可生物降解饱和脂肪酸多元醇酯。具有优异的低温特性、良好的抗氧化稳定性与低挥发性。

生产方法

季戊四醇多元醇与一元饱和脂肪酸酯化反应而成，最后经过水洗、蒸馏、后处理得到的多元醇酯。

主要用途

推荐用于各种工业及车辆润滑剂，包括齿轮油、液压油、内燃机油、压缩机油、润滑脂及其他功能液。

技术参数

PriEco® 3009 多元醇酯基础油的典型数据见表 3-2-31。

表 3-2-31　PriEco® 3009 多元醇酯基础油典型数据

项　目	典型值	试验方法
外观	无色透明液体	目测
密度(20 ℃)/(g/cm^3)	0.99	ASTM D1298
运动黏度/(mm^2/s) 100℃ 40℃	 5.0 24.5	ASTM D445
黏度指数	134	ASTM D2270
闪点(开口)/℃	266	ASTM D92
倾点/℃	-58	ASTM D97
酸值/(mgKOH/g)	0.04	ASTM D974
色度	1	ASTM D1500
诺亚克蒸发损失/%	4.5	ASTM D5800
碘值/(gI/100g)	0.3	ASTM D5554
羟值/(mgKOH/g)	2	ASTM D1957

注意事项

远离热源、火源及强氧化物，置于密封容器中，并保存在干燥、阴凉、通风良好的环境中。发生火灾时，可选用干化学制剂（干粉）、二氧化碳、消防水雾、泡沫进行灭火。根据当地法规处理残留物和包装物。

生产厂家

上海纳克润滑技术有限公司。

3.2.32　PriEco® 3011 多元醇酯基础油

产品性能

是可生物降解饱和脂肪酸多元醇酯。具有优异的低温特性、良好的抗氧化稳定性与低挥发性。

生产方法

多元醇与一元饱和脂肪酸酯化反应而成，最后经过水洗、蒸馏、后处理得到。

主要用途

推荐用于各种工业及车辆润滑剂，包括齿轮油、液压油、内燃机油、压缩机油、润滑脂及其他功能液。

技术参数

PriEco® 3011 多元醇酯基础油的典型数据见表 3-2-32。

表 3-2-32　PriEco® 3011 多元醇酯基础油典型数据

项　目	典型值	试验方法
密度(20 ℃)/(g/cm^3)	0.99	ASTM D1298
运动黏度/(mm^2/s) 100℃ 40℃	 14 135	ASTM D445
黏度指数	100	ASTM D2270

续表

项　目	典型值	试验方法
闪点(开口)/℃	300	ASTM D92
倾点/℃	-40	ASTM D97
酸值/(mgKOH/g)	0.06	ASTM D974
色度	1	ASTM D1500

注意事项

远离热源、火源及强氧化物，置于密封容器中，并保存在干燥、阴凉、通风良好的环境中。发生火灾时，可选用干化学制剂（干粉）、二氧化碳、消防水雾、泡沫进行灭火。根据当地法规处理残留物和包装物。

生产厂家

上海纳克润滑技术有限公司。

3.2.33　PriEco® 3018 多元醇酯基础油

产品性能

是可生物降解饱和脂肪酸多元醇酯。具有优异的高温性能、良好的抗氧化稳定性与低挥发性。

生产方法

多元醇与一元饱和脂肪酸酯化反应，最后经过水洗、蒸馏、后处理得到。

主要用途

推荐用于各种工业及车辆润滑剂，包括齿轮油、液压油、内燃机油、压缩机油、润滑脂及其他功能液。

技术参数

PriEco® 3018 多元醇酯基础油的典型数据见表3-2-33。

表3-2-33　PriEco® 3018 多元醇酯基础油典型数据

项　目	典型值	试验方法
密度(20 ℃)/(g/cm^3)	0.99	ASTM D1298
运动黏度/(mm^2/s) 100℃ 40℃	 18 150	ASTM D445
黏度指数	133	ASTM D2270
闪点(开口)/℃	310	ASTM D92
倾点/℃	-25	ASTM D97
酸值/(mgKOH/g)	0.06	ASTM D974
色度	4	ASTM D1500

注意事项

远离热源、火源及强氧化物，置于密封容器中，并保存在干燥、阴凉、通风良好的环境中。发生火灾时，可选用干化学制剂（干粉）、二氧化碳、消防水雾、泡沫进行灭火。根据当地法规处理残留物和包装物。

生产厂家

上海纳克润滑技术有限公司。

3.2.34 PriEco® 3030 多元醇酯基础油

产品性能

是可生物降解饱和脂肪酸多元醇酯。具有优异的高低温特性、良好的抗氧化稳定性与低挥发性。

生产方法

多元醇与一元饱和脂肪酸酯化反应，最后经过水洗、蒸馏、后处理得到。

主要用途

推荐用于各种工业及车辆润滑剂，包括齿轮油、液压油、内燃机油、压缩机油、润滑脂及其他功能液。

技术参数

PriEco® 3030 多元醇酯基础油的典型数据见表 3-2-34。

表 3-2-34 PriEco® 3030 多元醇酯基础油典型数据

项　目	典型值	试验方法
密度(20 ℃)/(g/cm^3)	0.99	ASTM D1298
运动黏度/(mm^2/s) 100℃ 40℃	 25.6 310	ASTM D445
黏度指数	106	ASTM D2270
闪点(开口)/℃	305	ASTM D92
倾点/℃	-40	ASTM D97
酸值/(mgKOH/g)	0.2	ASTM D974
色度	3	ASTM D1500

注意事项

远离热源、火源及强氧化物，置于密封容器中，并保存在干燥、阴凉、通风良好的环境中。发生火灾时，可选用干化学制剂（干粉）、二氧化碳、消防水雾、泡沫进行灭火。根据当地法规处理残留物和包装物。

生产厂家

上海纳克润滑技术有限公司。

3.2.35 PriEco® 3068 多元醇酯基础油

产品性能

是可生物降解饱和脂肪酸多元醇酯。具有优异的低温特性、良好的抗氧化稳定性与低的积碳倾向，在润滑行业具有广泛的应用，特别适于高温情况下。

生产方法

多元醇与一元饱和脂肪酸酯化反应，最后经过水洗、蒸馏、后处理得到的多元醇酯。

主要用途

推荐用于各种工业及车辆润滑剂，包括齿轮油、液压油、内燃机油、压缩机油、润滑脂及其他功能液。

技术参数

PriEco® 3068 多元醇酯基础油的典型数据见表 3-2-35。

表 3-2-35　PriEco® 3068 多元醇酯基础油典型数据

项　目	典型值	试验方法
外观	浅黄色透明液体	目测
密度(20 ℃)/(g/cm^3)	0.96	ASTM D1298
运动黏度/(mm^2/s) 100℃ 40℃	 8.8 64	ASTM D445
黏度指数	111	ASTM D2270
闪点(开口)/℃	271	ASTM D92
倾点/℃	-42	ASTM D97
水含量/%	0.02	ASTM D1533
酸值/(mgKOH/g)	0.01	ASTM D974
羟值/(mgKOH/g)	2	ASTM D1957
蒸发损失(204 ℃, 6.5h)/%	2	ASTM D972

注意事项

远离热源、火源及强氧化物，置于密封容器中，并保存在干燥、阴凉、通风良好的环境中。发生火灾时，可选用干化学制剂（干粉）、二氧化碳、消防水雾、泡沫进行灭火。根据当地法规处理残留物和包装物。

生产厂家

上海纳克润滑技术有限公司。

3.2.36　PriEco® 6000 不饱和多元醇酯基础油

产品性能

是不饱和多元醇酯。具有优异的高温特性、良好的抗氧化稳定性与低挥发性。

生产方法

多元醇与一元不饱和脂肪酸酯化反应，最后经过水洗、蒸馏、后处理得到。

主要用途

推荐用于难燃液压油的调配，以及金属加工液中。

技术参数

PriEco® 6000 不饱和多元醇酯基础油的典型数据见表 3-2-36。

表 3-2-36　PriEco® 6000 不饱和多元醇酯基础油典型数据

项　目	典型值	试验方法
外观	黄色透明黏稠液体	目测
密度(20 ℃)/(g/cm^3)	0.90	ASTM D1298
运动黏度/(mm^2/s) 100℃ 40℃	 9.53 46.45	ASTM D445
黏度指数	195	ASTM D2270
闪点(开口)/℃	345	ASTM D92
燃点/℃	386	ASTM D92

续表

项　目	典型值	试验方法
倾点/℃	-45	ASTM D97
酸值/(mgKOH/g)	0.35	ASTM D974
色度	2	ASTM D1500
水分/%	0.07	ASTM D1533 法 B

注意事项

远离热源、火源及强氧化物，置于密封容器中，并保存在干燥、阴凉、通风良好的环境中。发生火灾时，可选用干化学制剂（干粉）、二氧化碳、消防水雾、泡沫进行灭火。根据当地法规处理残留物和包装物。

生产厂家

上海纳克润滑技术有限公司。

3.2.37 PriEco® 6001 不饱和多元醇酯基础油

产品性能

是不饱和多元醇酯。具有优异的高温特性、良好的抗氧化稳定性与低挥发性，良好的生物可降解性。

生产方法

多元醇与一元不饱和脂肪酸酯化反应，最后经过水洗、蒸馏、后处理得到。

主要用途

推荐用于难燃液压油的调配，以及金属加工液中。

技术参数

PriEco® 6001 不饱和多元醇酯基础油的典型数据见表 3-2-37。

表 3-2-37　PriEco® 6001 不饱和多元醇酯基础油典型数据

项　目	典型值	试验方法
外观	黄色透明黏稠液体	目测
密度(20 ℃)/(g/cm³)	0.91	ASTM D1298
运动黏度/(mm²/s) 100℃ 40℃	 13 65	ASTM D445
黏度指数	208	ASTM D2270
闪点(开口)/℃	310	ASTM D92
倾点/℃	-27	ASTM D97
酸值/(mgKOH/g)	0.5	ASTM D974
色度	2	ASTM D1500
水分/%	0.05	ASTM D1533 法 B

注意事项

远离热源、火源及强氧化物，置于密封容器中，并保存在干燥、阴凉、通风良好的环境中。发生火灾时，可选用干化学制剂（干粉）、二氧化碳、消防水雾、泡沫进行灭火。根据当地法规处理残留物和包装物。

生产厂家

上海纳克润滑技术有限公司。

3.2.38 PriEco® 8004 苯多酸酯基础油

产品性能

PriEco® 8004 产品是苯多酸酯，具有优异的高温特性、良好的抗氧化稳定性与低挥发性，在润滑行业具有广泛的应用，清净性好，积碳倾向非常低，特别适于高温情况下。

生产方法

本产品是采用偏苯多元醇与一元醇酯化反应，再经过蒸馏、后处理精制而成。

主要用途

推荐用于各种工业及车辆润滑剂，包括齿轮油、液压油、内燃机油、压缩机油、润滑脂及其他功能液。

技术参数

PriEco® 8004 苯多酸酯基础油的典型数据见表 3-2-38。

表 3-2-38 PriEco® 8004 苯多酸酯基础油典型数据

项　目	典型值	试验方法
外观	黄色透明黏稠液体	目测
密度(20 ℃)/(g/cm^3)	0.973	ASTM D1298
运动黏度/(mm^2/s) 100℃ 40℃	 8 51.7	ASTM D445
黏度指数	124	ASTM D2270
闪点(开口)/℃	282	ASTM D92
倾点/℃	-40	ASTM D97
酸值/(mgKOH/g)	0.05	ASTM D974
色度	0.5	ASTM D1500
水分/%	0.07	ASTM D1533 法 B
诺亚克蒸发损失/%	0.4	DIN 51581

注意事项

远离热源、火源及强氧化物，置于密封容器中，并保存在干燥、阴凉、通风良好的环境中。发生火灾时，可选用干化学制剂（干粉）、二氧化碳、消防水雾、泡沫进行灭火。根据当地法规处理残留物和包装物。

生产厂家

上海纳克润滑技术有限公司。

3.2.39 PriEco® 8005 苯多酸酯基础油

产品性能

PriEco® 8005 产品是苯多酸酯，具有优异的高温特性、良好的抗氧化稳定性与低挥发性，在润滑行业具有广泛的应用，清净性好，积碳倾向非常低，特别适于高温情况下。

生产方法

采用偏苯多元醇与一元醇酯化反应，再经过蒸馏、后处理精制而成。

主要用途

推荐用于各种工业及车辆润滑剂，包括齿轮油、液压油、内燃机油、压缩机油、润滑脂及其他功能液。

技术参数

PriEco® 8005 苯多酸酯基础油的典型数据见表 3-2-39。

表 3-2-39　PriEco® 8005 苯多酸酯基础油典型数据

项　目	典型值	试验方法
外观	黄色透明黏稠液体	目测
密度(20 ℃)/(g/cm³)	0.99	ASTM D1298
运动黏度/(mm²/s) 100℃ 40℃	 11.8 90.7	ASTM D445
黏度指数	121	ASTM D2270
闪点(开口)/℃	284	ASTM D92
倾点/℃	-45	ASTM D97
酸值/(mgKOH/g)	0.05	ASTM D974
色度	1	ASTM D1500
水分/%	0.07	ASTM D1533 法 B
诺亚克蒸发损失/%	1.8	DIN 51581

注意事项

远离热源、火源及强氧化物，置于密封容器中，并保存在干燥、阴凉、通风良好的环境中。发生火灾时，可选用干化学制剂（干粉）、二氧化碳、消防水雾、泡沫进行灭火。根据当地法规处理残留物和包装物。

生产厂家

上海纳克润滑技术有限公司。

3.2.40　PriEco® 8010 苯多酸酯基础油

产品性能

PriEco® 8010 产品是苯多酸酯，具有优异的高温特性、良好的抗氧化稳定性与低挥发性，在润滑行业具有广泛的应用，清净性好，积碳倾向非常低。

生产方法

采用偏苯多元醇与一元醇酯化反应，再经过蒸馏、后处理精制而成。

主要用途

推荐用于各种工业及车辆润滑剂，包括齿轮油、液压油、内燃机油、压缩机油、润滑脂及其他功能液。

技术参数

PriEco® 8010 苯多酸酯基础油的典型数据见表 3-2-40。

表 3-2-40　PriEco® 8010 苯多酸酯基础油典型数据

项　目	典型值	试验方法
外观	无色至浅黄色透明液体	目测
密度(20 ℃)/(g/cm³)	0.97	ASTM D1298
运动黏度/(mm²/s) 100℃ 40℃	 10.01 84.44	ASTM D445
黏度指数	98	ASTM D2270
闪点(开口)/℃	275	ASTM D92
倾点/℃	50	ASTM D97
酸值/(mgKOH/g)	< 0.1	ASTM D974
水分/%	0.07	ASTM D1533 法 B

注意事项

远离热源、火源及强氧化物，置于密封容器中，并保存在干燥、阴凉、通风良好的环境中。发生火灾时，可选用干化学制剂（干粉）、二氧化碳、消防水雾、泡沫进行灭火。根据当地法规处理残留物和包装物。

生产厂家

上海纳克润滑技术有限公司。

3.2.41　Esterex™酯类油

产品性能

热稳定性和氧化安定性好，具有良好的润滑性、可生物降解性 、清净性和分散性，蒸发损失低 。

生产方法

可以单独用作合成油的基础油，也可以和其他基础油料一起使用。使用合成油可以提高设备的可靠性，延长设备和油品的使用寿命并降低能量消耗。

主要用途

可用于汽车发动机油、传动装置用油、二冲程油、工业齿轮油、液压油、空气压缩机油、高温链条油、润滑脂、可生物降解油等。

技术参数

Esterex™酯类油典型数据见表 3-2-41。

表 3-2-41　Esterex™酯类油典型数据

产品	相对密度(15.6℃/15.6℃)	运动黏度/(mm²/s)		黏度指数	倾点/℃	闪点/℃	色度(ASTM)	含水量/10^{-6}	总酸值/(mgKOH/g)
		100℃	40℃						
A32	0.928	2.7	9	149	-63	207	<0.5	<500	<0.08
A34	0.922	3.2	12	137	-60	199	<0.5	<1000	<0.08
A41	0.921	3.5	14	134	-63	231	<0.5	<500	0.02
A51	0.915	5.3	27	133	-57	240	<0.5	<350	0.02
P35	0.994	3.5	18	47	-45	—	<0.5	<1000	<0.07

续表

产品	相对密度（15.6℃/15.6℃）	运动黏度/(mm^2/s)		黏度指数	倾点/℃	闪点/℃	色度（ASTM）	含水量/10^{-6}	总酸值/（mgKOH/g）
		100℃	40℃						
P61	0.967	5.4	38	62	-42	224	<0.5	<1000	<0.07
P81	0.955	8.5	86	55	-33	229	<0.5	<1000	<0.14
TM101	0.990	10.0	92	86	-36	221	<0.5	<1000	<0.16
TM111	0.978	11.9	129	76	-33	241	<0.5	<1000	<0.16
TM141	0.969	14.3	170	77	-39	262	0.5	<500	0.03
DB121	0.914	13.4	95	142	-42	300	<2.0	<500	0.25
NP343	0.945	4.3	19	136	-48	257	0.5	<350	0.02
NP372	0.940	7.0	50	96	-39	235	<0.5	<500	0.04
NP396	0.918	9.4	47	187	-48	281	1.0	<500	0.12
NP451	0.993	5.0	25	130	-60	255	<0.5	<500	0.01
NP471	0.967	6.7	38	132	-51	276	<0.5	<500	0.03
NP4101	0.929	11.5	59	193	-27	326	<1.0	<500	0.33
C4261	0.980	27.3	275	131	-36	267	1.0	<500	1.0
C4461	1.020	42.4	437	149	-33	265	<2.0	—	1.4

注意事项

储存于阴凉、通风的库房。远离火种、热源。应与氧化剂分开存放，切忌混储。配备相应品种和数量的消防器材。运输前应先检查包装容器是否完整、密封，运输过程中要确保容器不泄漏、不倒塌、不坠落、不损坏。严禁与氧化剂等混运。

生产厂家

埃克森美孚化工公司。

3.2.42 磷酸三甲苯酯

产品性能

无色油状液体，有芳香气味。剧毒，空气中最高容许浓度 3mg/m^3。熔点 -40.6℃。沸点 185.4℃。相对密度 1.08。可混溶于乙醇、乙醚、乙酸乙酯等多数有机溶剂。

生产方法

混合甲酚与三氯化磷反应，再经氯化水解，或混合甲酚与三氯氧磷反应，真空蒸馏而制得。

主要用途

主要用于塑料增塑剂和喷漆增塑剂。

技术参数

磷酸三甲苯酯化工行业标准见表 3-2-42。

表 3-2-42　磷酸三甲苯酯化工行业标准(HG/T 2689—2005)

项目		质量指标		
		优等品	一等品	合格品
酸值(以 KOH 计)/(mg/kg)	≤	0.05	0.10	0.25
加热减量/%	≤	0.10	0.10	0.20
闪点/℃	≥	230	230	220
游离酚(以苯酚计)/%	≤	0.05	0.10	0.25
体积电阻率[a]/(Ω·m)	≥	1×10^9	1×10^9	—
热稳定性[a](Pt-Co)号	≤	100	—	—
a　根据用户要求检验。				

注意事项

贮存在通风、阴凉、干燥的仓库内，堆放整齐。并不得超过两个包装高度。在规定的贮运条件下，贮存期为六个月。运输时应避免日晒和受潮，在搬运时轻装轻卸。

生产厂家

江苏维科特瑞化工有限公司、天津联瑞阻燃材料有限公司。

3.2.43　合成润滑剂用聚醚

产品性能

具有良好的润湿性能。闪点高、黏度指数高，挥发低、倾点低，对金属和橡胶的作用很小。在高温下使用所生成的氧化物完全溶解在所剩的液体中，或者完全挥发掉，设备中不留沉积物。由于氧原子的存在，同水或其他组分混合时实际上不会燃烧。可利用起始剂的不同及聚合度的不同，灵活地调整聚醚产品性能，以满足各种不同的使用要求。

生产方法

以环氧乙烷(EO)环氧丙烷(PO)为主要原料，在起始剂和催化剂作用下开环聚合或共聚制得。

主要用途

用作高温润滑油、齿轮油、压缩机油、抗燃液压液、制动液、金属加工液以及特种润滑脂基础油。

技术参数

水溶性聚醚系列产品反典型据见表 3-2-43，水不溶性聚醚系列产品的典型据见表 3-2-44。

表 3-2-43　聚醚系列产品典型数据

产品名称	运动黏度/(mm^2/s)		黏度指数	酸值/(mgKOH/g)	闪点开口/℃	倾点/℃	水分/%
	40℃	100℃					
SDM-401	15	4	150	0.05	170	-50	0.1
SDM-005C	20	4.8	160	0.05	180	-50	0.1
SDM-01B	30	6.5	160	0.05	200	-45	0.1
SDM-015C	46	10.5	150	0.05	200	-45	0.1
SDM-260	50	11	200	0.05	220	-40	0.1
SDM-02C	68	13	200	0.05	220	-40	0.1
SDM-03C	100	18.5	200	0.05	220	-40	0.1
SDM-660	146	26	210	0.05	220	-40	0.1

续表

产品名称	运动黏度/(mm^2/s)		黏度指数	酸值/(mgKOH/g)	闪点开口/℃	倾点/℃	水分/%
	40℃	100℃					
SDM-04C	150	29	210	0.05	220	-40	0.1
SDM-05C	220	43.5	235	0.05	230	-38	0.1
SDM-760	220	44	240	0.05	230	-38	0.1
SDM-055C	360	66	260	0.05	230	-35	0.1
SDD-05D	260	46	230	0.05	245	-20	0.1
SDD-06D	320	58	240	0.05	240	-36	0.1
SDD-07D	460	80	250	0.05	240	-35	0.1
SDD-08D	1000	180	280	0.05	240	-31	0.1
SDT-055C	360		240	0.05	240	-35	0.1
SDT-07B	680	110	260	0.05	230	-30	0.1
SDT-07C	760	120	260	0.05	230	-30	0.1
SDT-08C	1100	166	270	0.05	230	-30	0.1
SDT-09C	1500	250	290	0.05	230	-30	0.1

表 3-2-44 水不溶性聚醚系列产品的典型数据

规格	运动黏度/(mm^2/s)		黏度指数	酸值/(mgKOH/g)	闪点(开口)/℃	倾点/℃	水分/%
	40℃	100℃					
SDM-01A	32	6	150	0.05	200	-45	0.1
SDM-015A	36	6.5	150	0.05	200	-45	0.1
SDM-46	46	9	170	0.05	200	-45	0.1
SDM-56	56	10	170	0.05	200	-45	0.1
SDM-02A	68	13	180	0.05	215	-45	0.1
SDM-03A	100	17.5	190	0.05	220	-45	0.1
SDM-035A	125	21.8	195	0.05	220	-40	0.1
SDM-04A	150	26	200	0.05	220	-40	0.1
SDM-05A	220	37	210	0.05	220	-40	0.1
SDM-055A	330	51	225	0.05	220	-40	0.1
SDD220	143	23	190	0.05			0.1
SDD-230	260	45	220	0.05	220	-30	0.2
SDD-240	380	60	220	0.05	220	-30	0.2
SDT-05A	220	34	190	0.05	220	-30	0.2
SDT-055A	330	55	220	0.05	220	-30	0.2
SDT-06A	460	70	230	0.1	230	-30	0.2
SDT-07A	680	105	250	0.1	230	-30	0.2

注意事项

运输时注意轻装、轻卸。储存于阴凉、通风干燥处。储存期1年，一年后，复检合格仍可使用。

生产厂家

南京威尔化工有限公司。

3.2.44 环保型(R-134a)汽车空调压缩机油专用基础油

产品性能

在高温或极低温条件下，都能保持与制冷剂的相溶性。具有良好的冷热安定性，极好的润滑性及化学稳定性。

生产方法

以环氧乙烷(EO)环氧丙烷(PO)为主要原料制得。

主要用途

适用于R-134a作制冷剂的汽车等空调压缩机油的基础油。

技术参数

环保型(R-134a)汽车空调压缩机油专用基础油典型数据见表3-2-45。

表3-2-45 环保型(R-134a)汽车空调压缩机油专用基础油典型数据

项目	SDDM-46	SDDM-100
运动黏度/(mm^2/s) 40℃ 100℃	 46 10	 100 20
黏度指数	212	225
闪点(开口)/℃	210	215
倾点/℃	-45	-45
羟值/(mgKOH/g)	5	5
酸值/(mgKOH/g)	0.05	0.05

注意事项

运输时注意轻装、轻卸。储存于阴凉、通风干燥处。储存期1年，一年后，复检合格仍可使用。

生产厂家

南京威尔化工有限公司。

3.2.45 磷酸三异丙基苯酯(IPPP)

产品性能

无色或浅黄色油状液体。阻燃效果好。无味，口毒性很低，几乎无毒，且生物分解性强。密度1.190 。闪点220℃。具有很高的防腐性。具有很好的相溶性、抗氧性、热稳定性，可提高制品的耐磨性、耐侯性、防腐作用。

生产方法

三异丙基苯酚和三氯氧磷合成制得。

主要用途

可用作抗燃液压油以及切削油、齿轮油、压延油的抗压添加剂。

技术参数

磷酸三异丙基苯酯(IPPP)技术参数见表3-2-46。

表 3-2-46　磷酸三异丙基苯酯(IPPP)技术参数

项目		质量指标
运动黏度(25℃)/(mm²/s)		45～55
闪点(开口)/℃	不低于	220
酸值/(mgkoH/g)	不大于	0.5
相对密度(20℃)		1.167～1.185
挥发度/%	小于	0.5

注意事项

储存于阴凉、通风的库房。远离火种、热源。防止阳光直射。保持容器密封。应与氧化剂、碱类分开存放，切忌混储。配备相应品种和数量的消防器材。储区应备有泄漏应急处理设备和合适的收容材料。

生产厂家

徐州建平化工有限公司、天津联瑞化工有限公司、上海南威化工有限公司。

3.2.46　甲基硅油

产品性能

无色、无味、无毒，不易挥发的液体。呈中性。闪点高，凝点低。表面张力小，压缩率大，抗切变性能好，黏温系数小，润滑性能好。具有优良的电气绝缘性能，耐电弧、电晕、憎水、防潮性能，同时还具有良好的生理惰性。黏度范围广，粘温性能良好。疏水性能好，并具有很高的抗剪能力。在隔绝空气或惰性气体中，长期使用温度可达200℃，可在50～180℃温度内长期使用。只要加入10～100 μg/g的硅油就具有良好的消泡剂作用。消震性能受温度影响小。

生产方法

将二甲基环硅氧烷与六甲基二硅氧烷按一定比例在配料釜中混合均匀，通过泵输送至反应塔或聚合釜，在固体酸催化下进行开环聚合反应得到粗品。所得硅油粗产品，泵入脱低设备脱除低沸物，再经过滤、分装，得到成品。

主要用途

适用于具有强烈机械震动及环境温度变化大的场合下，如汽车仪表、飞机的着陆装置等。广泛用于电气绝缘、脱模、消泡、阻尼、防震、滚压、防尘、防水、高低湿润等方面，在各种精密机械、仪器及仪表中，用作液体防震、阻尼材料。与橡胶、塑料、金属等的不粘性，又用做各种橡胶、塑料制品成型加工的脱模剂，及用于精密铸造中。也可做为在高温下钢对钢的滚动磨擦，或钢与其他金属磨擦时的润滑剂，但由于在常温下甲基硅油润滑性能并不特别好，一般情况下，并不推荐做为常温下金属间的润滑剂。

技术参数

甲基硅油化工行业标准见表3-2-47。

表 3-2-47　甲基硅油化工行业标准(HG/T 2366—1992)

项目 指标 等级 型号		201-10			201-20		
		优等品	一等品	合格品	优等品	一等品	合格品
运动黏度(25℃)/(mm²/s)		10±1		10±2	20±2		20±4
黏温系数		0.55～0.59		—	0.56～0.60		—
倾点/℃	≤	-60			-55		

续表

项目 \ 指标 \ 等级 \ 型号	201-10			201-20		
	优等品	一等品	合格品	优等品	一等品	合格品
闪点/℃ ≥	165	160	150	220	210	200
密度(25℃)/(g/cm^3)	0.931~0.939			0.946~0.955		
折光率(25℃)	1.3970~1.4010		1.3900~1.4010	1.3980~1.4020		1.3950~1.4050
相对介电常数(25℃,50Hz)	2.62~2.68		—	2.65~2.71		—
挥发分(150℃,3h)/% ≤	—					
酸值/(mgKOH/g) ≤	0.03	0.05	0.10	0.03	0.05	0.10
项目 \ 指标 \ 等级 \ 型号	201-50			201-100		
	优等品	一等品	合格品	优等品	一等品	合格品
运动黏度(25℃)/(mm^2/s)	50±5		50±8	100±5		100±8
黏温系数	0.57~0.61		—	0.58~0.62		—
倾点/℃ ≤	-52					
闪点/℃ ≥	280	270	260	310	300	290
密度(25℃)/(g/cm^3)	0.956~0.964			0.961~0.969		
折光率(25℃)	1.4000~1.4040		1.4000~1.4100	1.4005~1.4045		1.4000~1.4100
相对介电常数(25℃,50Hz)	2.69~2.75		—	2.70~2.76		—
挥发分(150℃,3h)/% ≤	—			0.5	1.0	1.5
酸值/(mgKOH/g) ≤	0.03	0.05	0.10	—		
项目 \ 指标 \ 等级 \ 型号	201-200			201-315		
	优等品	一等品	合格品	优等品	一等品	合格品
运动黏度(25℃)/(mm^2/s)	200±10		200±16	315±15		315±25
黏温系数	0.58~0.62		—	0.58~0.62		—
倾点/℃ ≤	-50					
闪点/℃ ≥	310	300	290	310	300	290
密度(25℃)/(g/cm^3)	0.964~0.972			0.965~0.973		
折光率(25℃)	1.4013~1.4053		1.4000~1.4100	1.4013~1.4053		1.4000~1.4100
相对介电常数(25℃,50Hz)	2.72~2.78		—	2.72~2.78		—
挥发分(150℃,3h)/% ≤	0.5	1.0	1.5	0.5	1.0	1.5
酸值/(mgKOH/g) ≤	—					
项目 \ 指标 \ 等级 \ 型号	201-400			201-500		
	优等品	一等品	合格品	优等品	一等品	合格品
运动黏度(25℃)/(mm^2/s)	400±20		400±25	500±25		500±30
黏温系数	0.58~0.62		—	0.58~0.62		—
倾点/℃ ≤	-50			-47		
闪点/℃ ≥	315	305	295	315	305	295
密度(25℃)/(g/cm^3)	0.965~0.973			0.966~0.974		
折光率(25℃)	1.4013~1.4053		1.4000~1.4100	1.4013~1.4053		1.4000~1.4100

续表

项目 指标 等级 型号	201-400			201-500		
	优等品	一等品	合格品	优等品	一等品	合格品
相对介电常数(25℃，50Hz)	2.72～2.78		—	2.72～2.78		—
挥发分(150℃，3h)/%　≤	0.5	1.0	1.5	0.5	1.0	1.5
酸值/(mgKOH/g)　≤	—					
项目 指标 等级 型号	201-800			201-1000		
	优等品	一等品	合格品	优等品	一等品	合格品
运动黏度(25℃)/(mm^2/s)	800±40		800±50	1 000±50		1 000±80
黏温系数	0.58～0.62		—	0.58～0.62		—
倾点/℃　≤	-47					
闪点/℃　≥	320	310	300	320	310	300
密度(25℃)/(g/cm^3)	0.966～0.974			0.967～0.975		
折光率(25℃)	1.401 3～1.405 3		1.400 0～1.410 0	1.401 3～1.405 3		1.400 0～1.410 0
相对介电常数(25℃，50Hz)	2.72～2.78		—	2.72～2.78		—
挥发分(150℃，3h)/%　≤	0.5	1.0	1.5	0.5	1.0	1.5
配值/(mgKOH/g)　≤	—					
项目 指标 等级 型号	201-2 000			201-5 000		
	优等品	一等品	合格品	优等品	一等品	合格品
运动黏度(25℃)/(mm^2/s)	2 000±100		2 000±160	5 000±250		5 000±400
黏温系数	0.58～0.62		—	0.59～0.63		—
倾点/℃　≤	-47			-45		
闪点/℃　≥	325	315	305	330	320	310
密度(25℃)/(g/cm^3)	0.967～0.975					
折光率(25℃)	1.401 3～1.405 3		1.400 0～1.410 0	1.401 5～1.405 5		1.401 0～1.412 0
相对介电常数(25℃，50Hz)	2.72～2.78		—	2.73～2.79		—
挥发分(150℃，3h)/%　≤	0.5	1.0	1.5	0.5	1.0	1.5
酸值/(mgKOH/g)　≤	—					

注意事项

按非危险品储存及运输。应储存在洁净、密封、无铅或锡合金的容器中，避免接触酸、碱及其他杂质，不要接触火。自生产之日起，保质期为三年。超过保质期的产品，复检合格仍可使用。

生产厂家

上海龙旭化工有限公司、蚌埠鑫盛化工有限公司、淄博火炬精细化工有限公司、中昊晨光化工研究院、随州恒生精细化工有限公司、浙江新安集团开化合成材料有限公司、平湖联合化学制品有限公司。

3.2.47 乙基硅油

产品性能

无色至浅黄色透明液体。无毒、无腐蚀性。溶于甲苯、乙醚、氯仿等有机溶剂。GF-2、GF-3

乙基硅油可与矿物油、酯类任意混合。黏度随温度的变化小，凝固点低，介电性能好，热稳定性和耐辐射性能好。润滑性能好，蒸气压低，挥发性小，不易燃烧，可压缩性大，无毒性，无腐蚀性，保存期长。

生产方法

各种乙基乙氧基硅烷在盐酸存在下进行水解并缩合成聚硅醚，经分子重排，再在真空下分馏，即可得到各种不同黏度的乙基硅油。

主要用途

可用作仪器仪表、传感器的阻尼液，汽车减震器油，纺织机械油等。

技术参数

乙基硅油企业标准见表 3-2-48。

表 3-2-48　乙基硅油企业标准

项目	GF-2	GF-3	润滑油-3#	仪表油-4#
外 观	淡黄色液体	淡黄色液体	淡黄色液体	淡黄色液体
相对密度	0.95～0.98	0.98～1.02	0.95～1.05	0.96～0.98
运动黏度(50℃)/(mm^2/s)	16～21	700～1500	220～300	17～21
闪点(开口)/℃　　大于	150	220	260	170

注意事项

按非危险品储存及运输。应储存在洁净、密封、无铅或锡合金的容器中，避免接触酸、碱及其他杂质，不要接触火。

生产厂家

武汉化学工业研究所。

3.2.48　甲基苯基硅油

产品性能

产品为无色或淡黄色透明液体。同甲基硅油一样，它具有优良的电气绝缘性能和优良的抗臭氧，耐电晕，憎水防潮性能。黏温系数小，表面张力小，耐剪切，可压缩性大。由于分子链引入了苯基，使具有比甲基硅油更好的耐高、低温性能，抗辐射性能，润滑性和溶解性能。对紫外光显示出特有的强吸收，工作温度为-50～250℃。凝点低、耐热性好，闪点高，膨胀系数小，电气性能优异。

生产方法

八甲基环四硅氧烷、二甲基四苯基二硅氧烷及甲基苯基二乙氧基硅烷的水解物，在催化剂存在下进行调聚反应来制取而得。

主要用途

作为各类压力变送器仪表用的温度变化场合下的压力讯号传递填充油，以及大型电力电容器的绝缘浸渍剂，能大大提高比特性参数，工作温度范围宽，能完全替代氯化联苯。主要用作绝缘、润滑、阻尼、防震、防潮、防尘及高温液压油和高温热载体。

技术参数

甲基苯基硅油企业标准见表 3-2-49。

表 3-2-49　甲基苯基硅油企业标准

项目	质量指标
外观	无色至淡黄色透明油状物，无机械杂质
折光率(ND_{25})	1.470～1.485

续表

项目		质量指标
运动黏度(25℃)/(mm²/s)		25～40
闪点(开口)/°C	不低于	240
介质损耗角正切值(25℃，50Hz)	不大于	1×10⁻³
介电常数(50Hz)		2.6～3.0
击穿强度(2.5mm，25℃，50Hz)/kV	不低于	30
体积电阻系数(25℃)/(Ω·cm)	不低于	1×10¹⁴

注意事项

按非危险品储存及运输。应储存在洁净、密封、无铅或锡合金的容器中，避免接触酸、碱及其他杂质，不要接触火。接触过苯甲基硅油的容器可以使用溶剂汽油、二甲苯、甲苯、乙酸乙酯等进行清洗。如果发现苯甲基硅油变浑浊而又无机械杂质，可能已被其他油品污染，使用时需要考虑污染可能带来的问题。苯甲基硅油如混入肉眼可见机械杂质，可以采用过滤的方式出去杂质，使用普通定性滤纸即可，过滤后应清澈透明。

生产厂家

蚌埠科贝有机硅有限公司、蚌埠鑫盛化工有限公司、中蓝晨光化工研究院有限公司、江苏宝应化工助剂厂、上海爱世博有机硅材料有限公司、上海树脂厂有限公司。

3.2.49 氟氯碳油

产品性能

无色透明液体。具有优良的化学稳定性、热稳定性和耐腐蚀性能。密度大、无闪点。在常压200℃以下环境中使用。

生产方法

氟氯碳油的生产方法有两种：一种是由三氟氯乙烯在链转移剂存在下用过氧化物引发聚合，得到相对分子质量为500～2000的调聚物；另一种是由高相对分子质量聚三氟氯乙烯经热裂解制得。

主要用途

适用于与强腐蚀介质接触的齿轮等机械设备、仪器仪表的润滑以及陀螺仪表的灌充液。特别适用于作防腐蚀、防爆隔离液及液氧泵、氧气压缩机润滑油。

技术参数

氟氯碳油企业标准见表3-2-50。

表3-2-50 氟氯碳油企业标准(Q/SH CHC 024—2002)

项 目		4835号抗化学介质仪表油	4836号抗化学介质仪表油	4837号抗化学介质仪表油	4838号抗化学介质润滑油	4840号抗化学介质润滑油
外观		无色透明液体	红色透明液体	无色透明液体	无色透明或半透明液体	无色透明或半透明液体
运动黏度/(mm²/s)						
25℃	不大于	-	15	25	-	-
30℃		10～20	-	-	-	-
50℃		-	-	-	≯20	40～60
密度/(kg/m³)						
25℃		-	1850～1950	1850～1950	1900～1950	-
30℃		1880～1910	-	—	-	-
酸值/(mgKOH/g)	不大于	0.05	0.05	0.05	0.05	0.05
凝点/℃	不高于	-15	-20	-15	—	—

注意事项

按非危险品储存及运输。应储存在洁净、密封、无铅或锡合金的容器中，避免接触酸、碱及其他杂质，不要接触火。

生产厂家

中国石化润滑油有限公司。

3.2.50 聚全氟异丙醚(全氟聚醚抗化学介质合成油)

产品性能

无色透明液体。具有优良的化学稳定性、热稳定性和低温性能。可在20.0MPa以下压力以下环境中使用。

生产方法

合成方法主要有2种，包括全氟环氧化物的阴离子聚合法和全氟烯烃直接光氧化法。

主要用途

适用于与强腐蚀介质接触的齿轮等设备的润滑以及陀螺仪表的灌充液。

技术参数

聚全氟异丙醚企业标准见表3-2-51。

表3-2-51 聚全氟异丙醚企业标准(Q/SH CHC 022—2002)

项 目	4803号抗化学介质润滑油	4807号抗化学介质润滑油	FM-1抗化学介质仪表油	FM-2抗化学介质润滑油	FM-3抗化学介质润滑油
外观	无色透明液体	无色透明液体	无色透明液体	无色透明液体	无色透明液体
固体杂质	无	无	无	无	无
水含量	无	无	无	无	无
运动黏度/(mm^2/s)					
25℃ 不大于	-	-	7	15	-
50℃	30~40	-	-	-	15~22
70℃	—	75~105	—	-	-
密度(25℃)/(kg/m^3)			1800~1850	1830~1860	1850~1880
酸值/(mgKOH/g)不大于	0.05	0.05	0.05	0.05	0.05
凝点/℃ 不高于	-40	-20	-60	-55	-50
腐蚀(ZL4金属试片，100℃，3h)	合格	合格	—	—	—

注意事项

按非危险品储存及运输。应储存在洁净、密封、无铅或锡合金的容器中，避免接触酸、碱及其他杂质，不要接触火。

生产厂家

中国石化润滑油有限公司。

4　润滑剂和有关产品

4.1　内燃机油

4.1.1　汽油机油

产品性能

汽油机油是用来润滑汽油发动机缸壁与活塞、曲轴、连杆、凸轮轴与轴瓦、挺杆与摇臂等部位的润滑油。润滑油的黏度关系到发动机的启动性、机件的磨损程度、燃油和润滑油的消耗量及功率损失的大小。黏度过大过小都不理想，必须大小适宜。汽油机油应具有良好的分散性能和清净性能，能把附着在气缸壁及活塞上的氧化产物清洗下来并使之均匀地分散在机油中。汽油机轴承系统要承受很大的负荷，如主轴承为5～10MPa，连杆轴承为7～14MPa，个别部件承受的负荷更高。在高负荷、高速的条件下，汽油机油应具有良好的抗磨损性能。在发动机工作过程中，润滑油在金属的催化作用下，受氧气及燃烧产物的影响，会产生氧化、聚合、缩合等反应物。汽油机油应具有优异的热氧化安定性和高温抗氧化性能。机油在发动机运转中，由于曲轴的高速运转起到剧烈搅拌作用，很容易产生泡沫。抗泡性是发动机油的重要质量指标，润滑油需有抑制泡沫的产生及消泡的作用。SE汽油机油的抗氧化性能及控制汽油机高温沉积物、锈蚀和腐蚀的性能优于SD或SC。SF抗汽油机油氧化和抗磨损性能优于SE，同时还具有控制汽油机沉积、锈蚀和腐蚀的性能，并可代替SE。SG汽油机油改进了SF控制发动机沉积物、磨损和油的氧化性能，同时还具有抗锈蚀和腐蚀的性能，并可代替SF、SF/CD、SE或SE/CC。SH和GF-1汽油机油在控制发动机沉积物、油的氧化、磨损、锈蚀和腐蚀等方面的性能优于SG，并可代替SG。GF-1与SH相比，增加了对燃料经济性的要求。SJ和GF-2汽油机油在挥发性、过滤性、高温泡沫性和高温沉积物控制等方面的性能优于SH，可代替SH，并可在SH以前的"S"系列等级中使用。GF-2与SJ相比，增加了对燃料经济性的要求，GF-2可代替GF-1。SL和GF-3汽油机油在挥发性、过滤性、高温泡沫性和高温沉积物控制等方面的性能优于SJ，可代替SJ，并可在SJ以前的"S"系列等级中使用。GF-3与SL相比，增加了对燃料经济性的要求，GF-3可代替GF-2。SM和GF-4汽油机油在高温氧化和清净性能、高温磨损性能以及高温沉积物控制等方面的性能优于SL，可代替SL，并可在SL以前的"S"系列等级中使用。GF-4与SM相比，增加了对燃料经济性的要求，GF-4可代替GF-3。SN和GF-5汽油机油在高温氧化和清净性能、低温油泥以及高温沉积物控制等方面的性能优于SM。可代替SM，并可在SM以前的"S"系列等级中使用。对于资源节约型SN油品，除具有上述性能外，强调燃料经济性、对排放系统和涡轮增压器的保护以及与含乙醇最高达85%的燃料的兼容性能。GF-5与资源节约型SN相比，性能基本一致，GF-5可代替GF-4。

生产方法

采用精制矿物油、合成油或精制矿物油与合成油的混合油为基础油，加入多种添加剂制成。

主要用途

适用于在各种操作条件下使用的汽车四冲程汽油发动机，如轿车、轻型卡车、货车和客车发动机的润滑。

技术参数

汽油机油黏温性能要求见表4-1-1，汽油机油理化性能和模拟性能要求见表4-1-2，汽油机油发动机试验要求见表4-1-3。

表 4-1-1　汽油机油黏温性能要求（GB 11121—2006）

项　目		低温动力黏度/（mPa·s）不大于	边界泵送温度/℃ 不大于	运动黏度（100℃）/（mm^2/s）	黏度指数 不小于	倾点/℃ 不高于
试验方法		GB/T 6538	GB/T 9171	GB/T 265	GB/T 1995、GB/T 2541	GB/T 3535
质量等级	黏度等级	—	—	—	—	—
SE、SF	0W-20	3 250（-30℃）	-35	5.6～<9.3	—	-40
	0W-30	3 250（-30℃）	-35	9.3～<12.5	—	
	5W-20	3 500（-25℃）	-30	5.6～<9.3	—	-35
	5W-30	3 500（-25℃）	-30	9.3～<12.5	—	
	5W-40	3 500（-25℃）	-30	12.5～<16.3	—	
	5W-50	3 500（-25℃）	-30	16.3～<21.9	—	
	10W-30	3 500（-20℃）	-25	9.3～<12.5	—	-30
	10W-40	3 500（-20℃）	-25	12.5～<16.3	—	
	10W-50	3 500（-20℃）	-25	16.3～<21.9	—	
	15W-30	3 500（-15℃）	-20	9.3～<12.5	—	-23
	15W-40	3 500（-15℃）	-20	12.5～<16.3	—	
	15W-50	3 500（-15℃）	-20	16.3～<21.9	—	
	20W-40	4 500（-10℃）	-15	12.5～<16.3	—	-18
	20W-50	4 500（-10℃）	-15	16.3～<21.9	—	
	30	—	—	9.3～<12.5	75	-15
	40	—	—	12.5～<16.3	80	-10
	50	—	—	16.3～<21.9	80	-5

项　目		低温动力黏度/（mPa·s）不大于	低温泵送黏度/（mPa·s）在无屈服应力时，不大于	运动黏度（100℃）/（mm^2/s）	高温高剪切黏度（150℃，$10^6 s^{-1}$）/（mPa·s）不小于	黏度指数 不小于	倾点/℃ 不高于
试验方法		GB/T 6538、ASTM D5293[c]	SH/T 0562	GB/T 265	SH/T 0618[d]、SH/T 0703、SH/T 0751	GB/T 1995、GB/T 2541	GB/T 3535
质量等级	黏度等级	—	—	—	—	—	
SG、SH、GF-1[a]、SJ、GF-2[b]、SL、GF-3	0W-20	6 200（-35℃）	60 000（-40℃）	5.6～<9.3	2.6	—	-40
	0W-30	6 200（-35℃）	60 000（-40℃）	9.3～<12.5	2.9	—	
	5W-20	6 600（-30℃）	60 000（-35℃）	5.6～<9.3	2.6	—	-35
	5W-30	6 600（-30℃）	60 000（-35℃）	9.3～<12.5	2.9	—	
	5W-40	6 600（-30℃）	60 000（-35℃）	12.5～<16.3	2.9	—	
	5W-50	6 600（-30℃）	60 000（-35℃）	16.3～<21.9	3.7	—	
	10W-30	7 000（-25℃）	60 000（-30℃）	9.3～<12.5	2.9	—	-30
	10W-40	7 000（-25℃）	60 000（-30℃）	12.5～<16.3	2.9	—	
	10W-50	7 000（-25℃）	60 000（-30℃）	16.3～<21.9	3.7	—	

续表

项　目		低温动力黏度/(mPa·s)不大于	低温泵送黏度/(mPa·s)在无屈服应力时，不大于	运动黏度(100℃)/(mm^2/s)	高温高剪切黏度(150℃，10^6s^{-1})/(mPa·s)不小于	黏度指数不小于	倾点/℃不高于
试验方法		GB/T 6538、ASTM D5293[c]	SH/T 0562	GB/T 265	SH/T 0618[d]、SH/T 0703、SH/T 0751	GB/T 1995、GB/T 2541	GB/T 3535
质量等级	黏度等级	—	—	—	—	—	
SG、SH、GF-1[a]、SJ、GF-2[b]、SL、GF-3	15W-30	7 000(-20℃)	60 000(-25℃)	9.3～<12.5	2.9	—	-25
	15W-40	7 000(-20℃)	60 000(-25℃)	12.5～<16.3	3.7	—	
	15W-50	7 000(-20℃)	60 000(-25℃)	16.3～<21.9	3.7	—	
	20W-40	9 500(-15℃)	60 000(-20℃)	12.5～<16.3	3.7	—	-20
	20W-50	9 500(-15℃)	60 000(-20℃)	16.3～<21.9	3.7	—	
	30	—	—	9.3～<12.5	—	75	-15
	40	—	—	12.5～<16.3	—	80	-10
	50	—	—	16.3～<21.9	—	80	-5

a　10W 黏度等级低温动力黏度和低温泵送黏度的试验温度均升高 5℃，指标分别为：不大于 3 500 mPa·s 和 30 000 mPa·s。

b　10W 黏度等级低温动力黏度的试验温度升高 5℃，指标为：不大于 3 500 mPa·s。

c　GB/T 6538—2000 正在修订中，在新标准正式发布前 0W 油使用 ASTM D5293：2004 方法测定。

d　为仲裁方法。

表 4-1-2　汽油机油模拟性能和理化性能要求(GB 11121—2006)

项　　目	质量指标									试验方法
	SE	SF	SG	SH	GF-1		SJ		GF-2	SL、GF-3	
水分(体积分数)/%　不大于	痕迹										GB/T 260
泡沫性(泡沫倾向/泡沫稳定性)/(mL/mL)											
24℃　不大于	25/0		10/0				10/0			10/0	GB/T 12579[a]
93.5℃　不大于	150/0		50/0				50/0			50/0	
后 24℃　不大于	25/0		10/0				10/0			10/0	
150℃　不大于	—		报告				200/50			100/0	SH/T 0722[b]
蒸发损失[c](质量分数)/%　不大于		5W-30	10W-30	15W-40	0W 和 5W	所有其他多级油	0W-20、5W-20、5W-30、10W-30	所有其他多级油			
诺亚克法(250℃，1 h)	—	25	20	18	25	20	22	20	22	15	SH/T 0059
或											
气相色谱法(371℃馏出量)											
方法 1	—	20	17	15	20	17	—	—	—	—	SH/T 0558
方法 2	—	—	—	—	—	—	17	15	17	—	SH/T 0695
方法 3	—	—	—	—	—	—	17	15	17	10	ASTM D6417

续表

项目	质量指标								试验方法
	SE	SF	SG	SH	GF-1	SJ	GF-2	SL、GF-3	
过滤性% 不大于			5W-30 10W-30	15W-40					
EOFT 流量减少	—		50	无要求	50	50	50	50	ASTM D6795
EOWTT 流量减少									
用 0.6% H_2O	—		—		—	报告	—	50	ASTM D6794
用 1.0% H_2O	—		—		—	报告	—	50	
用 2.0% H_2O	—		—		—	报告	—	50	
用 3.0% H_2O	—		—		—	报告	—	50	
均匀性和混合性	—		与 SAE 参比油混合均匀						ASTM D6922
高温沉积物/mg 不大于									
TEOST	—		—		—	60	60	—	SH/T 0750
TEOST MHT	—		—		—	—	—	45	ASTM D7097
凝胶指数 不大于	—		—		—	12 无要求	12[d]	12[d]	SH/T 0732
机械杂质(质量分数)/% 不大于	0.01								GB/T 511
闪点(开口)/℃(黏度等级) 不低于	200(0W、5W 多级油);205(10W 多级油);215(15W、20W 多级油);220(30);225(40);230(50)								GB/T 3536
磷(质量分数)/% 不大于	见表 2(2)		0.12[e]		0.12	0.10[f]	0.10	0.10[g]	GB/T 17476[h]、SH/T 0296、SH/T 0631 SH/T 0749

a 对于 SG、SH、GF-1、SJ、GF-2、SL 和 GF-3,需首先进行步骤 A 试验。

b 为 1 min 后测定稳定体积。对于 SL 和 GF-3 可根据需要确定是否首先进行步骤 A 试验。

c 对于 SF、SG 和 SH,除规定了指标的 5W/30、10W/30 和 15W/40 之外的所有其他多级油均为“报告”。

d 对于 GF-2 和 GF-3,凝胶指数试验是从-5℃开始降温直到黏度达到 400 000 mPa·s(40 000cP)时的温度或温度达到-40℃时试验结束,任何一个结果先出现即视为试验结束。

e 仅适用于 5W-30 和 10W-30 黏度等级。

f 仅适用于 0W-20、5W-20、5W-30 和 10W-30 黏度等级。

g 仅适用于 0W-20、5W-20、0W-30、5W-30 和 10W-30 黏度等级。

h 仲裁方法。

续表

项　　目	质　量　指　标		试验方法
	SE、SF	SG、SH、GF-1、SJ、GF-2、SL、GF-3	
碱值[a](以 KOH 计)/mg/g	报告		SH/T 0251
硫酸盐灰分[a](质量分数)%	报告		GB/T 2433
硫[a](质量分数)/%	报告		GB/T 387、GB/T 388、GB/T 11140、GB/T 17040、GB/T 17476、SH/T 0172 SH/T 0631、SH/T 0749
磷[a](质量分数)/%	报告	见表 2(1)	GB/T 17476、SH/T 0296、SH/T 0631、SH/T 0749
氮[a](质量分数)/%	报告		GB/T 9170、SH/T 0656、SH/T 0704

a　生产者在每批产品出厂时要向使用者或经销者报告该项目的实测值，有争议时以发动机台架试验结果为准。

表 4-1-3　汽油机油发动机试验要求(GB 11121—2006)

质量等级	项　　目		质　量　指　标	试验方法
SE	L-38 发动机试验			SH/T 0265
	轴瓦失重[a]/mg	不大于	40	
	剪切安定性[b]			SH/T 0265
	100℃运动黏度/(mm^2/s)		在本等级油黏度范围之内（适用于多级油）	GB/T 265
	程序ⅡD 发动机试验			
	发动机锈蚀平均评分	不小于	8.5	SH/T 0512
	挺杆粘结数		无	
	程序ⅢD 发动机试验			SH/T 0513
	黏度增长(40℃，40h)/%	不大于	375	SH/T 0783
	发动机平均评分(64h)			
	发动机油泥平均评分	不小于	9.2	
	活塞裙部漆膜平均评分	不小于	9.1	
	油环台沉积物平均评分	不小于	4.0	
	环粘结		无	
	挺杆粘结		无	
	擦伤和磨损(64h)			
	凸轮或挺杆擦伤		无	
	凸轮加挺杆磨损/mm			
	平均值	不大于	0.102	
	最大值	不大于	0.254	
	程序ⅤD 发动机试验			
	发动机油泥平均评分	不小于	9.2	
	活塞裙部漆膜平均评分	不小于	6.4	SH/T 0514
	发动机漆膜平均评分	不小于	6.3	SH/T 0672
	机油滤网堵塞/%	不大于	10.0	
	油环堵塞/%	不大于	10.0	

续表

质量等级	项　　目		质　量　指　标	试验方法
SE	压缩环粘结		无	
	凸轮磨损/mm			
	平均值		报告	
	最大值		报告	
SF	L-38 发动机试验			SH/T 0265
	轴瓦失重[a]/mg	不大于	40	
	剪切安定性[b]			SH/T 0265
	100℃运动黏度/(mm²/s)		在本等级油黏度范围之内（适用于多级油）	GB/T 265
	程序ⅡD 发动机试验			SH/T 0512
	发动机锈蚀平均评分	不小于	8.5	
	挺杆粘结数		无	
	程序ⅢD 发动机试验(64 h)			SH/T 0513
	黏度增长(40℃)/%	不大于	375	SH/T 0783
	发动机平均评分			
	发动机油泥平均评分	不小于	9.2	
	活塞裙部漆膜平均评分	不小于	9.2	
	油环台沉积物平均评分	不小于	4.8	
	环粘结		无	
	挺杆粘结		无	
	擦伤和磨损			
	凸轮或挺杆擦伤		无	
	凸轮加挺杆磨损/mm			
	平均值	不大于	0.102	
	最大值	不大于	0.203	
	程序ⅤD 发动机试验			SH/T 0514
	发动机油泥平均评分	不小于	9.4	SH/T 0672
	活塞裙部漆膜平均评分	不小于	6.7	
	发动机漆膜平均评分	不小于	6.6	
	机油滤网堵塞/%	不大于	7.5	
	油环堵塞/%	不大于	10.0	
	压缩环粘结		无	
	凸轮磨损/mm			
	平均值	不大于	0.025	
	最大值	不大于	0.064	
SG	L-38 发动机试验			SH/T 0265
	轴瓦失重/mg	不大于	40	
	活塞裙部漆膜评分	不小于	9.0	
	剪切安定性，运转 10 h 后的运动黏度		在本等级油黏度范围之内（适用于多级油）	SH/T 0265 GB/T 265
	程序ⅡD 发动机试验			SH/T 0512
	发动机锈蚀平均评分	不小于	8.5	
	挺杆粘结数		无	

续表

质量等级	项　　目		质　量　指　标	试验方法
SG	程序ⅢE发动机试验			SH/T 0758
	黏度增长(40℃，375%)/h	不小于	64	
	发动机油泥平均评分	不小于	9.2	
	活塞裙部漆膜平均评分	不小于	8.9	
	油环台沉积物平均评分	不小于	3.5	
	环粘结(与油相关)		无	
	挺杆粘结		无	
	擦伤和磨损(64 h)			
	凸轮或挺杆擦伤		无	
	凸轮加挺杆磨损/mm			
	平均值	不大于	0.030	
	最大值	不大于	0.064	
	程序VE发动机试验			SH/T 0759
	发动机油泥平均评分	不小于	9.0	
	摇臂罩油泥评分	不小于	7.0	
	活塞裙部漆膜平均评分	不小于	6.5	
	发动机漆膜平均评分	不小于	5.0	
	机油滤网堵塞/%	不大于	20.0	
	油环堵塞/%		报告	
	压缩环粘结(热粘结)		无	
	凸轮磨损/mm			
	平均值	不大于	0.130	
	最大值	不大于	0.380	
SH	L-38发动机试验			SH/T 0265
	轴瓦失重/mg	不大于	40	
	剪切安定性，运转10 h后的运动黏度		在本等级油黏度范围之内 (适用于多级油)	SH/T 0265 GB/T 265
	或			
	程序Ⅷ发动机试验			ASTM D6709
	轴瓦失重/mg	不大于	26.4	
	剪切安定性，运转10 h后的运动黏度		在本等级油黏度范围之内 (适用于多级油)	
	程序ⅡD发动机试验			SH/T 0512
	发动机锈蚀平均评分	不小于	8.5	
	挺杆粘结数		无	
	或			SH/T 0763
	球锈蚀试验			
	平均灰度值/分	不小于	100	
	程序ⅢE发动机试验			SH/T 0758
	黏度增长(40℃，375%)/h	不小于	64	
	发动机油泥平均评分	不小于	9.2	
	活塞裙部漆膜平均评分	不小于	8.9	
	油环台沉积物平均评分	不小于	3.5	
	环粘结(与油相关)		无	
	挺杆粘结		无	

续表

质量等级	项　　目		质　量　指　标	试验方法
SH	擦伤和磨损(64 h)			
	凸轮或挺杆擦伤		无	
	凸轮加挺杆磨损/mm			
	平均值	不大于	0.030	
	最大值	不大于	0.064	
	或			
	程序ⅢF 发动机试验			ASTM D 6984
	运动黏度增长(40℃，60h)/%	不大于	325	
	活塞裙部漆膜平均评分	不小于	8.5	
	活塞沉积物评分	不小于	3.2	
	凸轮加挺杆磨损/mm	不大于	0.020	
	热黏环		无	
	程序 VE 发动机试验			SH/T 0759
	发动机油泥平均评分	不小于	9.0	
	摇臂罩油泥评分	不小于	7.0	
	活塞裙部漆膜平均评分	不小于	6.5	
	发动机漆膜平均评分	不小于	5.0	
	机油滤网堵塞/%	不大于	20.0	
	油环堵塞/%		报告	
	压缩环粘结(热粘结)		无	
	凸轮磨损/mm			
	平均值	不大于	0.127	
	最大值	不大于	0.380	
	或			ASTM D 6891
	程序ⅣA 阀系磨损试验			
	平均凸轮磨损/mm	不大于	0.120	ASTM D 6593
	加：程序 VG 发动机试验			
	发动机油泥平均评分	不小于	7.8	
	摇臂罩油泥评分	不小于	8.0	
	活塞裙部漆膜平均评分	不小于	7.5	
	发动机漆膜平均评分	不小于	8.9	
	机油滤网堵塞/%	不大于	20.0	
	压缩环热粘结		无	
GF-1	L-38 发动机试验			SH/T 0265
	轴瓦失重/mg	不大于	40	
	活塞裙部漆膜评分	不小于	9.0	SH/T 0265
	剪切安定性，运转 10 h 后的运动黏度		在本等级油黏度范围之内（适用于多级油）	GB/T 265
	程序ⅡD 发动机试验			SH/T 0512
	发动机锈蚀平均评分	不小于	8.5	
	挺杆粘结数		无	

续表

质量等级	项目		质量指标	试验方法
GF-1	程序ⅢE 发动机试验			SH/T 0758
	黏度增长(40℃，64 h)/%	不大于	375	
	发动机油泥平均评分	不小于	9.2	
	活塞裙部漆膜平均评分	不小于	8.9	
	油环台沉积物平均评分	不小于	3.5	
	环粘结(与油相关)		无	
	挺杆粘结		无	
	擦伤和磨损			
	凸轮或挺杆擦伤		无	
	凸轮加挺杆磨损/mm			
	平均值	不大于	0.030	
	最大值	不大于	0.064	
	油耗/L	不大于	5.1	
	程序 VE 发动机试验			SH/T 0759
	发动机油泥平均评分	不小于	9.0	
	摇臂罩油泥评分	不小于	7.0	
	活塞裙部漆膜平均评分	不小于	6.5	
	发动机漆膜平均评分	不小于	5.0	
	机油滤网堵塞/%	不大于	20.0	
	油环堵塞/%		报告	
	压缩环粘结(热粘结)		无	
	凸轮磨损/mm			
	平均值	不大于	0.130	
	最大值	不大于	0.380	
	程序Ⅵ发动机试验			SH/T 0757
	燃料经济性改进评价/%	不小于	2.7	
SJ	L-38 发动机试验			SH/T 0265
	轴瓦失重/mg	不大于	40	
	剪切安定性，运转 10 h 后的运动黏度		在本等级油黏度范围之内 (适用于多级油)	SH/T 0265 GB/T 265
	或			
	程序Ⅷ发动机试验			ASTM D 6709
	轴瓦失重/mg	不大于	26.4	
	剪切安定性，运转 10 h 后的运动黏度		在本等级油黏度范围之内 (适用于多级油)	
	程序ⅡD 发动机试验			SH/T 0512
	发动机锈蚀平均评分	不小于	8.5	
	挺杆粘结数		无	
	或			SH/T 0763
	球锈蚀试验			
	平均灰度值/分	不小于	100	

续表

质量等级	项　　目		质　量　指　标	试验方法
SJ	程序ⅢE 发动机试验			SH/T 0758
	黏度增长(40℃，375%)/h	不小于	64	
	发动机油泥平均评分	不小于	9.2	
	活塞裙部漆膜平均评分	不小于	8.9	
	油环台沉积物平均评分	不小于	3.5	
	环粘结(与油相关)		无	
	挺杆粘结		无	
	擦伤和磨损(64 h)			
	凸轮或挺杆擦伤		无	
	凸轮加挺杆磨损/mm			
	平均值	不大于	0.030	
	最大值	不大于	0.064	
	或			
	程序ⅢF 发动机试验			ASTM D 6984
	运动黏度增长(40℃，60 h)/%	不大于	325	
	活塞裙部漆膜平均评分	不小于	8.5	
	活塞沉积物评分	不小于	3.2	
	凸轮加挺杆磨损/mm	不大于	0.020	
	热粘环		无	
	程序 VE 发动机试验			SH/T 0759
	发动机油泥平均评分	不小于	9.0	
	臂罩油泥评分	不小于	7.0	
	活塞裙部漆膜平均评分	不小于	6.5	
	发动机漆膜平均评分	不小于	5.0	
	机油滤网堵塞/%	不大于	20.0	
	油环堵塞/%		报告	
	压缩环粘结(热粘结)		无	
	凸轮磨损/mm			
	平均值	不大于	0.127	
	最大值	不大于	0.380	
	或			
	程序ⅣA 阀系磨损试验			ASTM D 6891
	平均凸轮磨损/mm	不大于	0.120	
	加			
	程序 VG 发动机试验			ASTM D 6593
	发动机油泥平均评分	不小于	7.8	
	摇臂罩油泥评分	不小于	8.0	
	活塞裙部漆膜平均评分	不小于	7.5	
	发动机漆膜平均评分	不小于	8.9	
	机油滤网堵塞/%	不大于	20.0	
	压缩环热粘结		无	

续表

质量等级	项　　目		质 量 指 标	试验方法
GF-2	L-38 发动机试验			SH/T 0265
	轴瓦失重/mg	不大于	40	
	剪切安定性，运转 10 h 后的运动黏度		在本等级油黏度范围之内 （适用于多级油）	SH/T 0265 GB/T 265
	程序ⅡD 发动机试验			SH/T 0512
	发动机锈蚀平均评分	不小于	8.5	
	挺杆粘结数		无	
	程序ⅢE 发动机试验			SH/T 0758
	黏度增长(40℃，375%)/h	不小于	64	
	发动机油泥平均评分	不小于	9.2	
	活塞裙部漆膜平均评分	不小于	8.9	
	油环台沉积物平均评分	不小于	3.5	
	环粘结(与油相关)		无	
	凸轮加挺杆磨损/mm			
	平均值	不大于	0.030	
	最大值	不大于	0.064	
	油耗/L	不大于	5.1	
	程序 VE 发动机试验			SH/T 0759
	发动机油泥平均评分	不小于	9.0	
	摇臂罩油泥评分	不小于	7.0	
	活塞裙部漆膜平均评分	不小于	6.5	
	发动机漆膜平均评分	不小于	5.0	
	机油滤网堵塞/%	不大于	20.0	
	油环堵塞/%		报告	
	压缩环粘结(热粘结)		无	
	凸轮磨损/mm			
	平均值	不大于	0.127	
	最大值	不大于	0.380	
	活塞内腔顶部沉积物		报告	
	环台沉积物		报告	
	汽缸筒磨损		报告	
	程序ⅥA 发动机试验			ASTM D 6202
	燃料经济性改进评价/%	不小于		
	0W-20 和 5W-20		1.4	
	其他 0W-××和 5W-××		1.1	
	10W-××		0.5	

续表

质量等级	项　　目	质　量　指　标	试验方法
SL	程序Ⅷ发动机试验 轴瓦失重/mg　不大于 剪切安定性，运转 10 h 后的运动黏度	 26.4 在本等级油黏度范围之内 （适用于多级油）	ASTM D 6709
	球锈蚀试验 平均灰度值/分　不小于	 100	SH/T 0763
	程序ⅢF 发动机试验 运动黏度增长(40℃，80 h)/%　不大于 活塞裙部漆膜平均评分　不小于 活塞沉积物评分　不小于 凸轮加挺杆磨损/mm　不大于 热粘环 低温黏度性能[c]	 275 9.0 4.0 0.020 无 报告	ASTM D 6984 GB/T 6538 SH/T 0562
	程序ⅤE 发动机试验 平均凸轮磨损/mm　不大于 最大凸轮磨损/mm　不大于	 0.127 0.380	SH/T 0759
	程序ⅣA 阀系磨损试验 平均凸轮磨损/mm　不大于	 0.120	ASTM D6891
	程序ⅤG 发动机试验 发动机油泥平均评分　不小于 摇臂罩油泥评分　不小于 活塞裙部漆膜平均评分　不小于 发动机漆膜平均评分　不小于 机油滤网堵塞/%　不大于 压缩环热粘结 环的冷粘结 机油滤网残渣/% 油环堵塞/%	 7.8 8.0 7.5 8.9 20.0 无 报告 报告 报告	ASTM D6593

续表

<table>
<tr><th>质量等级</th><th>项　　目</th><th colspan="3">质　量　指　标</th><th>试验方法</th></tr>
<tr><td rowspan="8">GF-3</td><td>程序Ⅷ发动机试验
轴瓦失重/mg　不大于
剪切安定性，运转 10 h 后的运动黏度</td><td colspan="3">
26.4
在本等级油黏度范围之内
（适用于多级油）</td><td>ASTM D6709</td></tr>
<tr><td>球锈蚀试验
平均灰度值/分　不小于</td><td colspan="3">
100</td><td>SH/T 0763</td></tr>
<tr><td>程序ⅢF 发动机试验
运动黏度增长(40℃，80 h)/%　不大于
活塞裙部漆膜平均评分　不小于
活塞沉积物评分　不小于
凸轮加挺杆磨损/mm　不大于
热粘环
油耗/L　不大于
低温黏度性能[c]</td><td colspan="3">
275
9.0
4.0
0.020
不允许
5.2
报告</td><td>ASTM D6984

GB/T 6538
SH/T 0562</td></tr>
<tr><td>程序ⅤE 发动机试验
平均凸轮磨损/mm　不大于
最大凸轮磨损/mm　不大于</td><td colspan="3">
0.127
0.380</td><td>SH/T 0759</td></tr>
<tr><td>程序ⅣA 阀系磨损试验
平均凸轮磨损/mm　不大于</td><td colspan="3">
0.120</td><td>ASTM D6891</td></tr>
<tr><td>程序ⅤG 发动机试验
发动机油泥平均评分　不小于
摇臂罩油泥评分　不小于
活塞裙部漆膜平均评分　不小于
发动机漆膜平均评分　不小于
机油滤网堵塞/%　不大于
压缩环热粘结
环的玲粘结
机油滤网残渣/%
油环堵塞/%</td><td colspan="3">
7.8
8.0
7.5
8.9
20.0
无
报告
报告
报告</td><td>ASTM D6593</td></tr>
<tr><td>程序ⅥB 发动机试验</td><td>0W-20
5W-20</td><td>0W-30
5W-30</td><td>10W-30
和其他多级油</td><td rowspan="2">ASTM D6837</td></tr>
<tr><td>16 h 老化后燃料经济性改进评价，FEI 1/%　不小于
96 h 老化后燃料经济性改进评价，FEI 2/%　不小于
FEI 1+FEI 2/%　不小于</td><td>2.0
1.7
—</td><td>1.6
1.3
3.0</td><td>0.9
0.6
1.6</td></tr>
</table>

续表

质量等级	项　目	质　量　指　标	试验方法
注 1：对于一个确定的汽油机油配方，不可随意更换基础油，也不可随意进行黏度等级的延伸。在基础油必须变更时，应按照 API 1509 附录 E“轿车发动机油和柴油机油 API 基础油互换准则”进行相关的试验并保留试验结果备查；在进行黏度等级延伸时，应按照 API 1509 附录 F“SAE 黏度等级发动机试验的 API 导则”进行相关的试验并保留试验结果备查。 注 2：发动机台架试验的相关说明参见 ASTM D4485“S 发动机油类别”中的脚注。 a　亦可用 SH/T 0264 方法评定，指标为轴瓦失重不大于 25 mg。 b　按 SH/T 0265 方法运转 10 h 后取样，采用 GB/T 265 方法测定 100℃运动黏度，在用 SH/T 0264 方法评定轴瓦腐蚀时，剪切安定性用 SH/T 0505 方法测定，指标不变。如有争议以 SH/T 0265 和 GB/T 265 方法为准。 c　根据油品低温等级所指定的温度，使用试验方法 GB/T 6538 和 SH/T 0562 测定 80 h 试验后的油样。			

注意事项

存放在油品库内或放置通风干燥处。应轻装轻卸，严禁猛烈撞击。防止桶裂，防止阳光辐射，防止雨淋，严禁烟火及使用明火。

生产厂家

中国石化润滑油有限公司、中国石油天然气股份有限公司润滑油分公司、江苏龙蟠石化有限公司、路路达润滑油(无锡)有限公司 、大庆引航石化有限公司、北京中润华油石油化工有限公司、山东零公里石油化工有限公司、江苏高科石化有限公司、沈阳奥吉娜化工有限公司、福建莱克石化有限公司、西安石油大佳润实业有限公司、江苏惠源高级润滑油有限公司、浙江丹弗王力润滑油有限公司、壳牌统一(北京)石油化工有限公司、青岛康普顿科技股份有限公司、玉柴马石油润滑油公司、天津日石润滑油脂有限公司、山西日本能源润滑油有限公司、壳牌(中国)有限公司、埃克森美孚(中国)投资公司、道达尔(中国)有限公司、嘉实多(深圳)有限公司、BP(中国)投资有限公司、福斯(中国)油品有限公司。

4.1.2　柴油机油

产品性能

柴油机是以柴油为燃料的压燃式发动机，一般长时间高速行驶的工况比较多，其热负荷通常都高于汽油发动机，故对润滑油的高温清净性要求较高。燃料中的硫含量，即使是高质量的柴油，硫含量也为汽油的 10 倍，某些渣油型柴油机燃料，其硫含量可为汽油硫含量的 100 倍以上。柴油中的高硫含量导致活塞环和缸套的腐蚀磨损。同时，硫的燃烧产物还能加速润滑油生成沉积物。柴油机需要更好的酸中和性能。柴油机内的温度比汽油机高，油品氧化加剧，容易产生漆膜和沉积物，柴油机需要更好的热氧化安定性。随着柴油机油规格的升级，对油品的各项性能要求越来越高，尤其是油品的抗磨性能，这表现为油品所要求通过的与抗磨性能相关的发动机台架试验越来越多，对油品的抗磨性能要求越来越苛刻。柴油机压缩比大大高于汽油机，功率也更大，而且柴油机是靠活塞压缩高压混合气，压力和温度急剧升高，达到燃点后自燃。因此，柴机油要承受更高的温度和剪切作用。在柴油机油中抗腐剂含量高，使用中能在轴瓦表面生成一层保护膜来减轻轴瓦的腐蚀，并提高其耐磨性能。CC 柴油机油对于柴油机具有控制高温沉积物和轴瓦腐蚀的性能，对于汽油机具有控制锈蚀、腐蚀和高温沉积物的性能。CD 柴油机油具有控制轴瓦腐蚀和高温沉积物的性能，并可代替 CC。CF 柴油机油可代替 CD。CF-2 柴油机油可代替 CD-Ⅱ。CF 柴油机油可代替 CD。CG-4 柴油机油可有效控制高温活塞沉积物、磨损、腐蚀、泡沫、氧化和烟臭的累积，并可代替 CF-4、CE、CD 和 CC。CH-4 柴油机油可凭借其在磨损控制、高温稳定性和烟臭控制方面的特性，可有效地保持发动机的耐久性；对于非铁金属的腐蚀、氧化和不溶物的增稠、泡沫性以及由于剪切所造成的黏度损失，可提供优良的保护。其性能优于 CG-4，并可代替 CG-4、CF-4 、CE、CD 和 CC。CI-4 柴油机油在装有废气再循环装置的系统里使用可保持发动机的耐久性。对于腐蚀性和与烟臭有关的磨损倾向、活塞沉积物、以及由于烟臭累积所引起的黏温性变差、氧化增稠、机油消耗、泡沫性、密封材料的适应性降低和由于剪切所造成的黏度损失，可提供优良的保护。其性能优于 CH-4，并可代替 CH-4、CG-4、CF-4、CE、CD 和 CC。CG-J 柴油机油对于使用废气后处理系统的发动机，如使用硫的质量分数大于 0.0015% 的燃料，可能会影响废气后处理系统的耐久性和/或机油的换油期。此种油品在装有微粒过滤器和其他后处理系统里使用可特别有效地保持排放控制系统的耐久性。对于催化剂中毒的控制、微粒过滤器的堵塞、发动机磨损、活塞沉积物、高低温稳定性、烟臭处理特性、氧化增稠、泡沫性和由于剪切所造成的黏度损失可，可提供优良的保护。其性能优于 CI-4，并可代替 CI-4、CH-4、CG-4、CF-4、CE、CD 和 CC。

生产方法

采用精制矿物油、合成油或精制矿物油与合成油的混合油为基础油，加入多种添加剂或复合剂制成。

主要用途

适用于以柴油为燃料的四冲程柴油发动机，如卡车、客车和货车柴油发动机、农业用、工业用和建设用柴油发动机的润滑。CC 柴油机油用于中负荷及重负荷下运行的自然吸气、涡轮增压和机械增压式柴油机以及一些重负荷汽油机。CD 柴油机油用于需要高效控制磨损及沉积物或使用包括高硫燃料自然吸气、涡轮增压和机械增压式柴油机以及要求使用 API CD 级油的柴油机。CF 柴油机油用于非道路间接喷射式柴油发动机和其他柴油发动机，也可用于需有效控制活塞沉积物、磨损和含铜轴瓦腐蚀的自然吸气、涡轮增压和机械增压式柴油机。CF-2 柴油机油。CF-2 用于需高效控制气缸、环表面胶合和沉积物的二冲程柴油发动机。CF-4 柴油机油用于高速、四冲程柴油发动机以及要求使用 API CF-4 级油的柴油机，特别适用于高速公路行驶的重负荷卡车。CG-4 柴油机油用于可在高速公路和非道路使用的高速、四冲程柴油发动机，能够使用硫的质量分数小于 0. 05% ~0. 5% 的柴油燃料。CH-4 柴油机油用于高速、四冲程柴油发动机。能够使用硫的质量分数不大于 0. 5% 的柴油燃料。CI-4 柴油机油用于高速、四冲程柴油发动机，能够使用硫的质量分数不大于 0. 5% 的柴油燃料。CG-J 柴油机油用于高速、四冲程柴油发动机，能够使用硫的质量分数不大于 0. 05% 的柴油燃料。

技术参数

柴油机油黏温性能要求见表 4-1-4，柴油机油理化性能和模拟台架性能要求见表 4-1-5，柴油机油使用性能要求见表 4-1-6。

表 4-1-4　柴油机油黏温性能要求(GB 11122—2006)

项　　目		低温动力黏度/(mPa·s)不大于	边界泵送温度/℃不高于	运动黏度(100℃)/(mm^2/s)	高温高剪切黏度(150℃，$10^6 s^{-1}$)/(mPa·s)不小于	黏度指数不小于	倾点/℃不高于
试验方法		GB/T 6538	GB/T 9171	GB/T 265	SH/T 0618[b]、SH/T 0703、SH/T 0751	GB/T 1995、GB/T 2541	GB/T 3535
质量等级	黏度等级	—	—	—	—	—	
CC[a]、CD	0W-20	3 250(-30℃)	-35	5.6~<9.3	2.6	—	-40
	0W-30	3 250(-30℃)	-35	9.3~<12.5	2.9	—	
	0W-40	3 250(-30℃)	-35	12.5~<16.3	2.9	—	
	5W-20	3 500(-25℃)	-30	5.6~<9.3	2.6	—	-35
	5W-30	3 500(-25℃)	-30	9.3~<12.5	2.9	—	
	5W-40	3 500(-25℃)	-30	12.5~<16.3	2.9	—	
	5W-50	3 500(-25℃)	-30	16.3~<21.9	3.7	—	
CC[a]、CD	10W-30	3 500(-20℃)	-25	9.3~<12.5	2.9	—	-30
	10W-40	3 500(-20℃)	-25	12.5~<16.3	2.9	—	
	10W-50	3 500(-20℃)	-25	16.3~<21.9	3.7	—	
	15W-30	3 500(-15℃)	-20	9.3~<12.5	2.9	—	-23
	15W-40	3 500(-15℃)	-20	12.5~<16.3	3.7	—	
	15W-50	3 500(-15℃)	-20	16.3~<21.9	3.7	—	
	20W-40	4 500(-10℃)	-15	12.5~<16.3	3.7	—	-18
	20W-50	4 500(-10℃)	-15	16.3~<21.9	3.7	—	
	20W-60	4 500(-10℃)	-15	21.9~<26.1	3.7	—	
	30	—	—	9.3~<12.5	—	75	-15
	40	—	—	12.5~<16.3	—	80	-10
	50	—	—	16.3~<21.9	—	80	-5
	60	—	—	21.9~<26.1	—	80	-5

a　CC 不要求测定高温高剪切黏度。

b　为仲裁方法。

项　　目		低温动力黏度/(mPa·s)不大于	低温泵送黏度/(mPa·s)在无屈服应力时，不大于	运动黏度(100℃)/(mm^2/s)	高温高剪切黏度(150℃，$10^6 s^{-1}$)/(mPa·s)不小于	黏度指数不小于	倾点/℃不高于
试验方法		GB/T 6538 ASTM D5293[b]	SH/T 0562	GB/T 265	SH/T 0618[c]、SH/T 0703、SH/T 0751	GB/T 1995、GB/T 2541	GB/T 3535
质量等级	黏度等级	—	—	—	—	—	

续表

项目		低温动力黏度/(mPa·s) 不大于	低温泵送黏度/(mPa·s)(无屈服应力时) 不大于	运动黏度(100℃)/(mm^2/s)	高温高剪切黏度(150℃, 10^6s^{-1})/(mPa·s) 不小于	黏度指数 不小于	倾点/℃ 不高于
质量等级	黏度等级	—	—	—	—	—	
CF、CF-4、CH-4、CI-4[a]	0W-20	6 200(-35℃)	60 000(-40℃)	5.6~<9.3	2.6	—	-40
	0W-30	6 200(-35℃)	60 000(-40℃)	9.3~<12.5	2.9	—	
	0W-40	6 200(-35℃)	60 000(-40℃)	12.5~<16.3	2.9	—	
	5W-20	6 600(-30℃)	60 000(-35℃)	5.6~<9.3	2.6	—	-35
	5W-30	6 600(-30℃)	60 000(-35℃)	9.3~<12.5	2.9	—	
	5W-40	6 600(-30℃)	60 000(-35℃)	12.5~<16.3	2.9	—	
	5W-50	6 600(-30℃)	60 000(-35℃)	16.3~<21.9	3.7	—	
	10W-30	7 000(-25℃)	60 000(-30℃)	9.3~<12.5	2.9	—	-30
	10W-40	7 000(-25℃)	60 000(-30℃)	12.5~<16.3	2.9	—	
	10W-50	7 000(-25℃)	60 000(-30℃)	16.3~<21.9	3.7	—	
CF、CF-4、CH-4、CI-4[a]	15W-30	7 000(-20℃)	60 000(-25℃)	9.3~<12.5	2.9	—	-25
	15W-40	7 000(-20℃)	60 000(-25℃)	12.5~<16.3	3.7	—	
	15W-50	7 000(-20℃)	60 000(-25℃)	16.3~<21.9	3.7	—	
	20W-40	9 500(-15℃)	60 000(-20℃)	12.5~<16.3	3.7	—	-20
	20W-50	9 500(-15℃)	60 000(-20℃)	16.3~<21.9	3.7	—	
	20W-60	9 500(-15℃)	60 000(-20℃)	21.9~<26.1	3.7	—	
	30	—	—	9.3~<12.5	—	75	-15
	40	—	—	12.5~<16.3	—	80	-10
	50	—	—	16.3~<21.9	—	80	-5
	60	—	—	21.9~<26.1	—	80	-5

a CI-4所有黏度等级的高温高剪切黏度均为不小于3.5 mPa·s，但当SAE J300指标高于3.5 mPa·s时，允许以SAE J300为准。

b GB/T 6538-2000正在修订中，在新标准正式发布前0W油使用ASTM D5293：2004方法测定。

c 为仲裁方法。

表4-1-5 柴油机油理化性能要求(GB 11122—2006)

项目	质量指标				试验方法
	CC CD	CF CF-4	CH-4	CI-4	
水分(体积分数)/% 不大于	痕迹	痕迹	痕迹	痕迹	GB/T 260
泡沫性(泡沫倾向/泡沫稳定性)/(mL/mL)					CB/T 12579[a]
24℃ 不大于	25/0	20/0	10/0	10/0	
93.5℃ 不大于	150/0	50/0	20/0	20/0	
后24℃ 不大于	25/0	20/0	10/0	10/0	

续表

项目	质量指标					试验方法
	CC CD	CF CF-4	CH-4		CI-4	
蒸发损失(质量分数)/% 不大于			10W-30	15W-40		
诺亚克法(250℃, 1 h)或	—	—	20	18	15	SH/T 0059
气相色谱法(371℃馏出量)	—	—	17	15	—	ASTM D6417
机械杂质(质量分数)/% 不大于	0. 01					GB/T 511
闪点(开口)/℃(黏度等级) 不低于	200(0W、5W 多级油); 205(10W 多级油); 215(15W、20W 多级油); 220(30); 225(40); 230(50); 240(60)					GB/T 3536

a CH-4、CI-4 不允许使用步骤 A。

项目	质量指标	试验方法
	CC、CD、CF、CF-4、CH-4、CI-4	
碱值(以 KOH 计)[a]/(mg/g)	报告	SH/T 0251
硫酸盐灰分[a](质量分数)/%	报告	GB/T 2433
硫[a](质量分数)/%	报告	GB/T 387、CB/T 388、 GB/T 11140、GB/T 17040 GB/T 17476、 SH/T 0172、SH/T 0631、SH/T 0749
磷[a](质量分数)/%	报告	CB/T 17476、SH/T 0296、 SH/T 0631、SH/T 0749
氮[a](质量分散)/%	报告	GB/T 9170、SH/T 0656、 SH/T 0704

a 生产者在每批产品出厂时要向使用者或经销者报告该项目的实测值，有争议时以发动机台架试验结果为准。

表 4-1-6　柴油机油使用性能要求(GB 11122—2006)

品种代号	项　目		质　量　指　标			试验方法
CC	L-38 发动机试验					SH/T 0265
	轴瓦失重[a]/mg	不大于	50			
	活塞裙部漆膜评分	不小于	9.0			
	剪切安定性[b]		在本等级油黏度范围之内			SH/T 0265
	100℃运动黏度/(mm²/s)		(适用于多级油)			GB/T 265
	高温清净性和抗磨试验(开特皮勒 1H2 法):					GB/T 9932
	顶环槽积炭填充体积(体积分数)/%	不大于	45			
	总缺点加权评分	不大于	140			
	活塞环侧间隙损失/mm	不大于	0.013			
CD	L-38 发动机试验					SH/T 0265
	轴瓦失重[a]/mg	不大于	50			
	活塞裙部漆膜评分	不小于	9.0			
	剪切安定性[b]		在本等级油黏度范围之内			SH/T 0265
	100℃运动黏度/(mm²/s)		(适用于多级油)			GB/T 265
	高温清净性和抗磨试验(开特皮勒 1G2 法)					GB/T 9933
	顶环槽积炭填充体积(体积分数)/%	不大于	80			
	总缺点加权评分	不大于	300			
	活塞环侧间隙损失/mm	不大于	0.013			
CF	L-38 发动机试验		一次试验	二次试验平均	三次试验平均[c]	SH/T 0265
	轴瓦失重/mg	不大于	43.7	48.1	50.0	
	剪切安定性		在本等级油黏度范围之内			SH/T 0265
	100℃运动黏度/(mm²/s)或		(适用于多级油)			GB/T 265
	程序Ⅷ发动机试验					ASTM D6709
	轴瓦失重/mg	不大于	29.3	31.9	33.0	
	剪切安定性		在本等级油黏度范围之内			
	100℃运动黏度/(mm²/s)		(适用于多级油)			
	开特皮勒 1M-PC 试验		二次试验平均	三次试验平均	四次试验平均	ASTM D6618
	总缺点加权评分(WTD)	不大于	240	MTAC[d]	MTAC	
	顶环槽充炭率(体积分数)(TGF)/%	不大于	70[e]			
	环侧间隙损失/mm	不大于	0.013			
	活塞环粘结		无			
	活塞、环和缸套擦伤		无			

续表

品种代号	项目	质量指标			试验方法
CF-4	L-38 发动机试验				SH/T 0265
	轴瓦失重/mg　　不大于	50			
	剪切安定性 100℃运动黏度/(mm²/s)	在本等级油黏度范围之内 (适用于多级油)			SH/T 0265 GB/T 265
	或				
	程序Ⅷ发动机试验				ASTM D6709
	轴瓦失重/mg　　不大于	33.0			
	剪切安定性 100℃运动黏度/(mm²/s)	在本等级油黏度范围之内 (适用于多级油)			
	开特皮勒 1K 试验[f]	二次试验平均	三次试验平均	四次试验平均	SH/T 0782
	缺点加权评分(WDK)　　不大于	332	339	342	
	顶环槽充炭率(体积分数)(TGF)/%　　不大于	24	26	27	
	顶环台重炭率(TLHC)/%　　不大于	4	4	5	
	平均油耗/((g/kW)/h)(0～252 h)　　不大于	0.5	0.5	0.5	
	最终油耗/((g/kW)/h)(228～252 h)　　不大于	0.27	0.27	0.27	
	活塞环粘结	无	无	无	
	活塞环和缸套擦伤	无	无	无	
	MackT-6 试验				ASTM RR: D-2-1219 或 SH/T 0761
	优点评分　　不小于	90			
	或				
	MackT-9 试验				
	平均顶环失重/mg　　不大于	150			
	缸套磨损/mm　　不大于	0.040			
	MackT-7 试验				ASTM RR: D-2-1220 或 SH/T 0760
	后 50 h 运动黏度平均增长率(100℃)/((mm²/s)/h)　　不大于	0.040			
	或				
	MackT-8 试验(T-8A)				
	(100～150) h 运动黏度平均增长率(100℃)/((mm²/s)/h)　　不大于	0.20			
	腐蚀试验				GB/T 5096
	铜浓度增加/(mg/kg)　　不大于	20			
	铅浓度增加/(mg/kg)　　不大于	60			
	锡浓度增加/(mg/kg)	报告			
	铜片腐蚀/级　　不大于	3			

续表

品种代号	项　目	质量指标			试验方法
CH-4	柴油喷嘴剪切试验 剪切后的100℃运动黏度/(mm^2/s) 不小于	XW-30[g] 9.3		XW-40[g] 12.5	ASTM D6278 GB/T 265
	开特皮勒1K试验 缺点加权评分(WDK)　不大于 顶环槽充炭率(TGF)(体积分数)/% 不大于 顶环台重炭率(TLHC)/%　不大于 油耗/((g/kW)/h)(0~252 h)　不大于 活塞、环和缸套擦伤	一次试验 332 24 4 0.5 无	二次试验平均 347 27 5 0.5 无	三次试验平均 353 29 5 0.5 无	SH/T 0782
	开特皮勒1P试验 缺点加权评分(WDP)　不大于 顶环槽炭(TGC)缺点评分　不大于 顶环台炭(TLC)缺点评分　不大于 平均油耗/(g/h)(0~360 h)　不大于 最终油耗/(g/h)(312~360 h)　不大于 活塞、环和缸套擦伤	一次试验 350 36 40 12.4 14.6 无	二次试验平均 378 39 46 12.4 14.6 无	三次试验平均 390 41 49 12.4 14.6 无	ASTM D6681
	MackT-9试验 修正到1.75%烟炱量的平均缸套 磨损/mm　不大于 平均顶环失重/mg　不大于 用过油铅变化量/(mg/kg)　不大于	一次试验 0.025 4 120 25	二次试验平均 0.026 6 136 32	三次试验平均 0.0271 144 36	SH/T 0761
	MackT-8试验(T-8E) 4.8%烟炱量的相对黏度(*RV*)[h]　不大于 3.8%烟炱量的黏度增长/(mm^2/s)　不大于	一次试验 2.1 11.5	二次试验平均 2.2 12.5	三次试验平均 2.3 13.0	SH/T 0760
	滚轮随动件磨损试验(RFWT) 液压滚轮挺杆销平均磨损/mm　不大于	一次试验 0.007 6	二次试验平均 0.008 4	三次试验平均 0.009 1	ASTM D5966
	康明斯M11(HST)试验 修正到4.5%烟炱量的摇臂垫平均 失重/mg　不大于 机油滤清器压差/kPa　不大于 平均发动机油泥，CRC优点评分　不小于	一次试验 6.5 79 8.7	二次试验平均 7.5 93 8.6	三次试验平均 8.0 100 8.5	ASTM D6838
	程序ⅢE发动机试验 黏度增长(40℃，64 h)/% 不大于 或 程序ⅢF发动机试验 黏度增长(40℃，60 h)/%　不大于	一次试验 200 295	二次试验平均 200 (MTAC) 295 (MTAC)	三次试验平均 200 (MTAC) 295 (MTAC)	SH/T 0758 ASTM D6984
	发动机油充气试验 空气卷入(体积分数)/%　不大于	一次试验 0.8	二次试验平均 8.0 (MTAC)	三次试验平均 8.0 (MTAC)	ASTM D6894
	高温腐蚀试验 试后油铜浓度增加/(mg/kg)　不大于 试后油铅浓度增加/(mg/kg)　不大于 试后油锡浓度增加/(mg/kg)　不大于 试后油铜片腐蚀/级　不大于		 20 120 50 3		SH/T 0754 GB/T 5096

续表

品种代号	项　　目		质　量　指　标			试验方法
CI-4	柴油喷嘴剪切试验		XW-30[g]		XW-40[g]	ASTM D6278
	剪切后的100℃运动黏度/(mm^2/s)	不小于	9.3		12.5	GB/T 265
	开特皮勒1K试验		一次试验	二次试验平均	三次试验平均	SH/T 0782
	缺点加权评分(WDK)	不大于	332	347	353	
	顶环槽充炭率(体积分数)(TGF)/%	不大于	24	27	29	
	顶环台重炭率(TLHC)/%	不大于	4	5	5	
	平均油耗/((g/kW)/h)(0~252 h)	不大于	0.5	0.5	0.5	
	活塞、环和缸套擦伤		无	无	无	
	开特皮勒1R试验		一次试验	二次试验平均	三次试验平均	ASTM D6923
	缺点加权评分(WDR)	不大于	382	396	402	
	顶环槽炭(TGC)缺点评分	不大于	52	57	59	
	顶环台炭(TLC)缺点评分	不大于	31	35	36	
	最初油耗(IOC)/(g/h)，(0~252 h) 平均值	不大于	13.1	13.1	13.1	
	最终油耗/(g/h)，(432~504 h) 平均值	不大于	IOC+1.8	IOC+1.8	IOC+1.8	
	活塞、环和缸套擦伤		无	无	无	
	环粘结		无	无	无	
	MackT-10试验		一次试验	二次试验平均	三次试验平均	ASTM D6987
	优点评分	不小于	1 000	1 000	1 000	
	MackT-8试验(T-8E)		一次试验	二次试验平均	三次试验平均	SH/T 0760
	4.8%烟炱量的相对黏度(*RV*)[h]	不大于	1.8	1.9	2.0	
	滚轮随动件磨损试验(RFWT)		一次试验	二次试验平均	三次试验平均	ASTM D5966
	液压滚轮挺杆销平均磨损/mm	不大于	0.007 6	0.008 4	0.009 1	
	康明斯M11(EGR)试验		一次试验	二次试验平均	三次试验平均	ASTM D6975
	气门搭桥平均失重/mg	不大于	20.0	21.8	22.6	
	顶环平均失重/mg	不大于	175	186	191	
	机油滤清器压差(250 h)/kPa	不大于	275	320	341	
	平均发动机油泥，CRC优点评分	不小于	7.8	7.6	7.5	
	程序ⅢF发动机试验		一次试验	二次试验平均	三次试验平均	ASTM D6984
	黏度增长(40℃，80 h)/%	不大于	275	275 (MTAC)	275 (MTAC)	
	发动机油充气试验		一次试验	二次试验平均	三次试验平均	ASTM D6894
	空气卷入(体积分数)/%	不大于	8.0	8.0 (MTAC)	8.0 (MTAC)	
	高温腐蚀试验		0W、5W、10W、15W			SH/T 0754
	试后油铜浓度增加/(mg/kg)	不大于	20			
	试后油铅浓度增加/(mg/kg)	不大于	120			
	试后油锡浓度增加/(mg/kg)	不大于	50			
	试后油铜片腐蚀/级	不大于	3			GB/T 5096

续表

品种代号	项　目	质 量 指 标	试验方法
CI-4	低温泵送黏度 (Mack T-10 或 Mack T-10A 试验，75 h 后试验油，-20℃)/(mPa·s)　不大于 如检测到屈服应力 低温泵送黏度/(mPa·s)　不大于 屈服应力/Pa　不大于	0W、5W、10W、15W 25 000 25 000 35(不含 35)	SH/T 0562 ASTM D6896
	橡胶相容性 体积变化/% 丁腈橡胶 硅橡胶 聚丙烯酸脂 氟橡胶 硬度限值 丁腈橡胶 硅橡胶 聚丙烯酸脂 氟橡胶 拉伸强度/% 丁腈橡胶 硅橡胶 聚丙烯酸脂 氟橡胶 延伸率/% 丁腈橡胶 硅橡胶 聚丙烯酸脂 氟橡胶	 +5/-3 +TMC 1006[i]/-3 +5/-3 +5/-2 +7/-5 +5/-TMC 1006 +8/-5 +7/-5 +10/-TMC 1006 +10/-45 +18/-15 +10/-TMC 1006 +10/-TMC 1006 +20/-30 +10/-35 +10/-TMC 1006	ASTM D11. 15

注 1：对于一个确定的柴油机油配方，不可随意更换基础油，也不可随意进行黏度等级的延伸。在基础油必须变更时，应按照 API 1509 附录 E“轿车发动机油和柴油机油 API 基础油互换准则”进行相关的试验并保留试验结果备查；在进行黏度等级延伸时，应按照 API 1509 附录 F“SAE 黏度等级发动机试验的 API 导则”进行相关的试验并保留试验结果备查。

注 2：发动机台架试验的相关说明参见 ASTM D4485“C 发动机油类别”中的脚注。

[a] 亦可用 SH/T 0264 方法评定，指标为轴瓦失重不大于 25 mg。

[b] 按 SH/T 0265 方法运转 10 h 后取样，采用 GB/T 265 方法测定 100℃运动黏度。在用 SH/T 0264 评定轴瓦腐蚀时，剪切安定性用 SH/T 0505 和 GB/T 265 方法测定，指标不变。如有争议时，以 SH/T 0265 和 GB/T 265 方法为准。

[c] 如进行 3 次试验，允许有 1 次试验结果偏离。确定试验结果是否偏离的依据是 ASTM E178。

[d] MTAC 为“多次试验通过准则”的英文缩写。

[e] 如进行 3 次或 3 次以上试验，一次完整的试验结果可以被舍弃。

[f] 由于缺乏关键性试验部件，康明斯 NTC 400 不能再作为一个标定试验，在这一等级上需要使用一个两次的 1K 试验和模拟腐蚀试验取代康明斯 NTC 400。按照 ASTM D4485：1994 的规定，在过去标定的试验台架上运行康明斯 NTC 400 试验所获得的数据也可用以支持这一等级。
原始的康明斯 NTC 400 的限值为：
凸轮轴滚轮随动件销磨损：不大于 0.051 mm；
顶环台(台)沉积物，重碳覆盖率，平均值(%)：不大于 15；
油耗(g/s)：试验油耗第二回归曲线应完全落在公布的平均值加上参考油标准偏差之内。

[g] XW 代表表 1 中规定的低温黏度等级。

[h] 相对黏度(*RV*)为达到 4.8% 烟炱量的黏度与新油采用 ASTM D6278 剪切后的黏度之比。

[i] TMC 1006 为一种标准油的代号。

注意事项

存放在油品库内或放置通风干燥处。应轻装轻卸，严禁猛烈撞击。防止桶裂，防止阳光辐射，防止雨淋，严禁烟火及使用明火。

生产厂家

中国石化润滑油有限公司、中国石油天然气股份有限公司润滑油分公司、江苏龙蟠石化有限公司、路路达润滑油(无锡)有限公司 、大庆引航石化有限公司、北京中润华油石油化工有限公司、山东零公里石油化工有限公司、江苏高科石化有限公司、沈阳奥吉娜化工有限公司、福建莱克石化有限公司、西安石油大佳润实业有限公司、江苏惠源高级润滑油有限公司、浙江丹弗王力润滑油有限公司、壳牌统一(北京)石油化工有限公司、青岛康普顿科技股份有限公司、玉柴马石油润滑油公司、天津日石润滑油脂有限公司、山西日本能源润滑油有限公司、壳牌(中国)有限公司、埃克森美孚(中国)投资公司、道达尔(中国)有限公司、嘉实多(深圳)有限公司、BP(中国)投资有限公司、福斯(中国)油品有限公司。

4.1.3 农用柴油机油

产品性能

具有优良的润滑性，能保持发动机清洁。防腐、防锈、抗氧、抗磨等性能良好，可防止机件氧化、锈蚀，保护机件不被磨损。

生产方法

精制矿物油为基础油，加入适量添加剂制成。

主要用途

适用于以单缸柴油机为动力的三轮汽车(原三轮农用运输车)、拖拉机运输机组、小型拖拉机发动机的润滑，还可用于其他以单缸柴油机为动力的小型农机具，如抽水机、发电机等。

技术参数

农用柴油机油国家标准见表4-1-7。

表4-1-7 农用柴油机油国家标准(GB 20419—2006)

项目	质量指标						试验方法
黏度等级(按GB/T 14906)	10W-30	15W-30	15W-40	30	40	50	
运动黏度(100℃)/(mm^2/s)	9.3~<12.5	9.3~<12.5	12.5~<16.3	9.3~<12.5	12.5~<16.3	17.0~<21.9	GB/T 265
黏度指数 不小于	—			60			GB/T 1995 GB/T 2541
闪点(开口)/℃ 不低于	195	200	205	210	215	220	GB/T 3536
倾点/℃ 不高于	-30	-23	-23	-12	-3	0	GB/T 3535
低温动力黏度/(mPa·s) 不大于	3 500 (-20℃)	3 500 (-15℃)	3 500 (-15℃)	—	—	—	GB/T 6538
铜片腐蚀/级 不大于	1						GB/T 5096
机械杂质(质量分数)/% 不大于	0.01						GB/T 511
水分(体积分数)/% 不大于	痕迹						GB/T 260

续表

项 目	质 量 指 标						试验方法
黏度等级(按 GB/T 14906)	10W-30	15W-30	15W-40	30	40	50	
泡沫性(泡沫倾向/泡沫稳定性/(mL/mL) 24℃ 不大于 93.5℃ 不大于 后 24℃ 不大于	25/0 150/0 25/0						GB/T 12579
磷(质量分数)/% 不小于	0.04						GB/T 17476[a] SH/T 0296 SH/T 0631 SH/T 0749
碱值(以 KOH 计)/(mg/g) 不小于	2.0						SH/T 0251
抗磨性(四球机试验) 磨斑直径(392 N/60 min,75℃/1 200 rpm)/mm 不大于	0.55						SH/T 0189
a 仲裁方法。							

注意事项

存放在油品库内或放置通风干燥处。应轻装轻卸，严禁猛烈撞击。防止桶裂，防止阳光及雨雪的辐射，防止雨淋，严禁烟火及使用明火。

生产厂家

中国石化润滑油有限公司。

4.1.4 铁路内燃机车柴油机油

产品性能

路内燃机车的机械负荷和热负荷系数都很大，强化系数高，且长期在野外行驶，日益使用较多的重质燃料，工作条件差。要求具有优异的高温润滑性、清净分散性和抗腐蚀性。三代油具有优异的高温润滑性、清净分散性和抗腐蚀性。抗磨性好，可防止机件过度磨损，延长使用寿命。碱值高，酸中和能力强，能有效防止燃料燃烧产物对机件的腐蚀。符合国家标准 GB/T 17038 内燃机车柴油机油三代油及美国机车保养员协会 LMOA 三代油规格要求。四代油质量相当于 LMOA 铁路内燃机车四代油水平。五代柴油机油比四代油有更长的使用寿命，质量性能符合美国机车者协会 LMOA 五代油、美国通用电气公司 GE-K61436、通用马达公司 GM-EMD-MI1760 规格要求。

生产方法

采用精制的矿物润滑油为基础油，加入多种添加剂调制成。

主要用途

三代油适用于要求使用美国机车保养员协会 LMOA 第三代油的铁路柴油内燃机车的润滑，如东风 4、北京、东方红、进口 ND2、ND4 等。使用环境温度-10～40℃。四代油适用于要求使用美国机车保养员协会 LMOA 四代油的各种进口及国产铁路内燃机车柴油发动机的润滑。如北京型、东风 8B、东风 11、进口 NY5、NY6、NY7、ND5 等铁路增压内燃机车发动机，其中无锌油适用于银轴承内燃机车柴油机的润滑。五代油适用于使用高硫燃料(S>0.5%)的高增压、大功率、高机械负荷、高热效率的铁路内燃机的润滑，特别适用于国产新型燃油电子喷射、改善废气排放的12V280ZJ大功率柴油机及GE公司、GM公司分部认可的各种进口大功率铁路内燃机车发动机。

技术参数

铁路内燃机车柴油机油国家标准见表4-1-8，铁路内燃机车柴油机油铁道行业标准见表4-1-9。

表4-1-8　铁路内燃机车柴油机油(GB/T 17038—1997)

项　　目		质量指标					试验方法
品　　种		三代	四代				—
		—	含锌		非锌		—
黏度等级		40	20 W/40	40	20 W/40	40	—
运动黏度(100℃)/(mm^2/s)		14~16	14~16	14~16	14~16	14~16	GB/T 265
低温动力黏度(-10℃)/(mPa·s)　不大于		—	4 500	—	4 500	—	GB/T 6538
边界泵送温度/℃　不高于		—	-15	—	-15	—	GB/T 9171
黏度指数[1]　不小于		90	—	90	—	90	GB/T 2541
总碱值/(mgKOH/g)　不小于		8	11	11	11	11	GB/T 7304
闪点(开口)/℃　不低于		225	215	225	215	225	GB/T 3536
倾点/℃　不高于		-5	-18	-5	-18	-5	GB/T 3535
沉淀物[8]/%　不大于		0.01	0.01	0.01	0.01	0.01	GB/T 6531
水分/%　不大于		痕迹	痕迹	痕迹	痕迹	痕迹	GB/T 260
硫酸盐灰分/%		报告	—	报告	—	报告	GB/T 2433
钙含量/%　不小于		0.35	0.45	0.42	0.45	0.42	SH/T 0270[3]
锌含量/%　不小于		0.09	0.09	0.10	—	—	SH/T 0226[4]
泡沫性(泡沫倾向性/泡沫稳定性)/(mL/mL)	24℃　不大于	25/0	25/0	25/0	25/0	25/0	GB/T 12579
	93℃　不大于	150/0	150/0	150/0	150/0	150/0	
	后24℃　不大于	25/0	25/0	25/0	25/0	25/0	
氧化安定性试验(强化法)(总评分)　不大于		10	8	8	—	—	SH/T 0299
CE氧化试验	运动黏度增长率(100℃)/%　不大于	—	—	—	10	10	附录A
	碱值下降率/%　不大于	—	—	—	28	28	
高温摩擦磨损试验(B法)[5]，摩擦评价级/mm　不大于		0.30	0.30	0.30	0.30	0.30	SH/T 0577
承载能力试验[6]，失效载荷级　不小于		9	9	9	7	7	SH/T 0306
剪切安定性试验[7]，运动黏度(100℃)/(mm^2/s)　不小于		—	12.5	—	12.5	—	SH/T 0265 GB/T 265
高温氧化和轴瓦腐蚀试验[8]	轴瓦腐蚀失重/mg　不大于	50	50	50	50	50	SH/T 0265
	活塞裙部漆膜评分　不小于	9.0	9.0	9.0	9.0	9.0	

续表

项目			质量指标					试验方法
品种			三代	四代				—
			一	含锌		非锌		—
高温清净性和抗磨损性试验[9)]	顶环槽积炭填充体积/%	不大于	80	80	80	80	80	GB/T 9933
	加权总评分	不大于	300	300	300	300	300	
	活塞环侧间隙损失/mm	不大于	0.013	0.013	0.013	0.013	0.013	

1)用 MVI 基础油生产的产品，黏度指数为不小于 65。
2)可采用 GB/T 511 测定机械杂质，指标不变，有争议时以 CB/T 6531 为准。
3)允许用原子吸收光谱法(SH/T 0228)和 SH/T 0309 测定，有争议时以 SH/T 0270 为准。
4)允许用原子吸收光谱法(SH/T 0228)和 SH/T 0309 测定，有争议时以 SH/T 0226 为准。
5)属保证项目，每一年评定一次。
6)属保证项目，每两年评定一次。
7)属保证项目，每两年评定一次。按 SH/T 0265 方法运转 10 h 后取样，采用 GB/T 265 方法测定 100℃ 运动黏度。
8)属保证项目，每两年评定一次。
9)属保证项目，每四年审定一次，必要时进行评定。

表 4-1-9　铁路内燃机车柴油机油铁道行业标准(TB/T 2956—2009)

项目	质量指标					试验方法
	三代油	单级四代油	多级四代油	单级五代油	多级五代油	
运动黏度(100℃)/(mm²/s)	14.0～16.0					GB/T 265
黏度指数	≥90	≥90	—	≥90	—	GB/T 1995 或 GB/T 2541[a]
低温动力黏度(-10℃)/(mPa·s)	—	—	≤4500	—	≤4500	GB/T 6538
倾点/℃	≤-3	≤-3	≤-18	≤-3	≤-18	GB/T 3535
闪点(开口)/℃	≥220	≥220	≥216	≥220	≥216	GB/T 3536
机械杂质(质量分数)/%	≤0.01					GB/T 511
水分(质量分数)/%	痕迹					GB/T 260
总碱值/(mgKOH/g)	≥9.0	≥12.0	≥12.0	≥15.0	≥15.0	TB/T 2545
钙含量(质量分数)/%	≥0.34	≥0.42	≥0.45	≥0.50	≥0.50	附录 A[a] 或光谱法
锌含量(质量分数)/%	≥0.10	≥0.12	≥0.10	≥0.12	≥0.12	或光谱法

续表

项目		质量指标					试验方法
		三代油	单级四代油	多级四代油	单级五代油	多级五代油	
泡沫性（泡沫倾向性/泡沫稳定性）/（mL/mL）	24℃	≤25/0					GB/T 12579
	93.5℃	≤150/0					
	后 24℃	≤25/0					
边界泵送温度/℃		—	—	≤-15	—	≤-15	GB/T 9171
高温摩擦磨损试验（B 法）综合评价值		≤0.20					SH/T 0577
氧化安定性试验（强化法）总分		≤5.0	≤5.0	≤5.0	—	—	附录 B（a 法）
		—	—	—	≤10.0	≤10.0	附录 B（b 法）
曲轴箱模拟试验	评级/级	<4.0	<4.0	<4.0	<4.0	<4.0	附录 C
	胶重/mg	≤15.0	≤15.0	≤25.0	≤15.0	≤25.0	
红外光谱，相关系数		≥0.985					GB/T 6040
高温清净性（开特皮勒 1 G_2 法）	总缺点加权总评分	≤300					GB/T 9933
	顶环槽充炭（体积分数）/%	≤80					
高温氧化和轴瓦腐蚀性（L-38 发动机试验）	轴瓦腐蚀失重/mg	≤50					SH/T 0265
	活塞裙部漆膜评分	≥9.0					
	剪切安定性（10 h 后取样 100℃运动黏度）/（mm^2/s）	—	—	≥12.5	—	≥12.5	
[a] 仲裁方法。							

注意事项

避免日晒雨淋，散装润滑油须储存在室内。若长期储存，最高温度不应超过 45℃。

生产厂家

中国石化润滑油有限公司、中国石油天然气股份有限公司润滑油分公司、河北辛集腾跃实业有限公司、鞍山海华油脂化学有限公司、上海海联润滑材料科技有限公司、天津日石润滑油脂有限公司。

4.1.5 二冲程汽油机油

产品性能

二冲程发动机采用机油与汽油进入发动机前先行混合好，然后经过缝隙经曲轴箱而进入燃烧室，此种混合物在燃烧作功的同时，也润滑了汽缸壁和曲轴。EGB 二冲程汽油机油具有良好的润滑性和清净性，可防止高温下活塞环粘结，减少燃烧室沉积物，有效防止提前点火，保持发动机清洁。EGC 二冲程汽油机油为低烟二冲程汽油机油，具有良好的润滑性和更好清净性，可抑制引起发动机动力降低的排气系统沉积物。EGD 二冲程汽油机油具有良好的润滑性和更好清净性，同时可抑制引起发动机动力降低的排气系统沉积物，且良好的清净性可防止在苛刻条件下活塞的粘结。

生产方法

采用精制矿物油、合成烃油或精制矿物油与合成烃油混合为基础油，加入清净剂、分散剂和抑制剂等多种添加剂调制而成。

主要用途

适用于缓和条件工作的小型风冷二冲程汽油机。

技术参数

基于四个发动机试验的 6 项性能指数，二冲程汽油机油被分为 3 个等级，按性能从低到高分为 EGB，EGC 和 EGD。二冲程汽油机油技术参数见表 4-1-10。

表 4-1-10　二冲程汽油机油技术参数

项　　目		质量指标			试验方法
		EGB	EGC	EGD	
运动黏度(100℃)/(mm²/s)	不小于	6.5			GB/T 265
闪点(闭口)/℃	不小于	70			GB/T 261
水分(质量分数)/%	不大于	痕迹			GB/T 260
机械杂质(质量分数)/%	不大于	0.01			GB/T 511
倾点[a]/℃	不大于	-20			GB/T 3535
硫酸盐灰分(质量分数)/%	不大于	0.18			GB/T 2433
润滑性指数	不小于	95	95	95	SH/T 0668
初始扭矩指数	不小于	98	98	98	SH/T 0668
清净性指数	不小于	85	95	—	SH/T 0667
		—	—	125	SH/T 0710
活塞裙部漆膜指数	不小于	85	90	—	SH/T 0667
		—	—	95	SH/T 0710
排烟指数	不小于	45	85	85	SH/T 0646
排气系统堵塞指数	不小于	45	90	90	SH/T 0669
[a] 每个数值代表一个指数，把参比油 JATRE-1 的性能指数定为 100。					

注意事项

存放于阴凉干燥处，勿曝晒。防止水、机械杂质及其他油品混入。换油时应将润滑系统清洗干净，以免污染新油。

生产厂家

中国石化润滑油有限公司、中国石油天然气股份有限公司润滑油分公司、江苏龙蟠石化有限公司、路路达润滑油(无锡)有限公司 、大庆引航石化有限公司、北京中润华油石油化工有限公司、山东零公里石油化工有限公司、江苏高科石化有限公司、沈阳奥吉娜化工有限公司、福建莱克石化有限公司、西安石油大佳润实业有限公司、江苏惠源高级润滑油有限公司、浙江丹弗王力润滑油有限公司、壳牌统一(北京)石油化工有限公司、青岛康普顿科技股份有限公司、玉柴马石油润滑油公司、天津日石润滑油脂有限公司、山西日本能源润滑油有限公司、壳牌(中国)有限公司、埃克森美孚(中国)投资公司、道达尔(中国)有限公司、嘉实多(深圳)有限公司、BP(中国)投资有限公司、福斯(中国)油品有限公司。

4.1.6 水冷二冲程汽油机油

产品性能

具有环境友好的清净性，又具有优良的润滑性，可保证机械可靠运行。

生产方法

采用高黏度指数基础油，加入多种添加剂制成。

主要用途

适合于各种功率的水冷二冲程汽油发动机的润滑。

技术参数

水冷二冲程汽油机油的技术参数见表4-1-11。

表4-1-11 水冷二冲程汽油机油(SH/T 0676—2005)

项目		质量指标		试验方法
		TC-W2	TC-W3	
运动黏度(100℃)/(mm^2/s)		6.5~9.3		GB/T 265
闪点(开口)/℃	不低于	70		GB/T 3536
倾点/℃	不高于	-28		GB/T 3535
机械杂质/%(质量分数)	不大于	0.01		GB/T 511
水分/%(质量分数)	不大于	痕迹		GB/T 260
锈蚀试验 锈蚀面积/%	不大于	参比油锈蚀面积		SH/T 0633
滤清器堵塞倾向试验 流动速率变化/%	不大于	20		SH/T 0634
早燃倾向试验，发生早燃次数	不多于	参比油的早燃次数		SH/T 0647
润滑性试验，平均扭矩降	不大于	参比油平均扭矩降		SH/T 0670
低温流动性/混溶性试验 低温流动性(-25℃)/(mPa·s) 混溶性(-25℃)，翻转次数	 不大于 不大于	 7500 参比油的110%		SH/T 0671
相容性试验		—	通过	SH/T 0697
清净性及一般性能评定		通过		SH/T 0648
清净性及一般性能评定 OMC 70HP 法		—	通过	SH/T 0708
清净性及一般性能评定 Mercury 15HP 法		—	通过	SH/T 0709

注意事项

存放于阴凉干燥处，勿曝晒。防止水、机械杂质及其他油品混入。换油时应将润滑系统清洗干净，以免污染新油。

生产厂家

中国石化润滑油有限公司、中国石油天然气股份有限公司润滑油分公司。

4.1.7 长城金吉星汽油机油 JUSTAR J500 SL 5W-40

产品性能

具备优异的积炭、油泥抑制能力，抗磨损性能，能保持发动机清洁，更适用于城市长期开开停停的拥堵路况。低温启动性能优良，可满足寒冷地区使用需求。

生产方法

采用强效清洁配方制成。

主要用途

适用于采用多气阀、涡轮增压(TSI 及 TFSI 等)或者自然吸气发动机的各种都市轿车。

技术参数

长城金吉星汽油机油 JUSTAR J500 SL 5W-40 的典型数据见表 4-1-12。

表 4-1-12 长城金吉星汽油机油 JUSTAR J500 SL 5W-40 的典型数据

项 目	5W-40	试验方法
运动黏度(100℃)/(mm^2/s)	14.41	GB/T 265
闪点(开口)/℃	226	GB/T 3536
倾点/℃	-44	GB/T 3535

注意事项

存放在油品库内或放置通风干燥处。应轻装轻卸，严禁猛烈撞击。防止桶裂，防止雨淋，严禁烟火及使用明火。

生产厂家

中国石化润滑油有限公司。

4.1.8 长城金吉星汽油机油 JUSTAR J500 SM /GF-4 5W-30

产品性能

可提高燃油经济性，延长三元催化转化装置使用寿命。低温启动性、抗磨损性、抗氧化性、清洁分散性等性能优异。满足 API SM、ILSAC GF-4、宝马 BMW Longlife-01、通用 GM 9986166、标志-雪铁龙 PSA B712233、PSAB712294、保时捷、戴姆勒-克莱斯勒 MB229.1、MB229.3、现代 MS 515-06 等规格要求。

生产方法

采用高品质合成基础油与特有环保配方制成。

主要用途

适用于采用多气阀、缸内直喷(GDI 及 FSI 及 SIDI 等)、涡轮增压(TSI 及 TFSI 等)的各种都市轿车，包括要求使用 SM、SL、SJ、SH 等级别机油的发动机，特别推荐用于奔驰 E 级、宝马 5 系、丰田皇冠、现代劳恩斯、讴歌等各种高级轿车、赛车、客车。

技术参数

长城金吉星汽油机油 JUSTAR J500 SM /GF-4 5W-30 的典型数据见表 4-1-13。

表 4-1-13　长城金吉星汽油机油 JUSTAR J500 SM /GF-4 5W-30 典型数据

项 目	5W-30	试验方法
运动黏度(100℃)/(mm²/s)	11. 29	GB/T 265
闪点(开口)/℃	226	GB/T 3536
倾点/℃	-41	GB/T 3535

注意事项

存放在油品库内或放置通风干燥处。应轻装轻卸，严禁猛烈撞击。防止桶裂，防止阳光及雨雪的辐射，防止雨淋，严禁烟火及使用明火。

生产厂家

中国石化润滑油有限公司。

4.1.9　长城金吉星汽油机油 JUSTAR J600F SN/GF-5 5W-30

产品性能

具有有效提高燃油经济性，可延长三元催化转化装置使用寿命。高温抗磨性能、低温启动性、抗氧化性优异，可有效防止机油变稠，延长换油周期。能有效减少油泥堆积，抑制积炭生成。满足 API SN/CF、SN/GF-5 5W-30 、ILSAC GF-5 等规格要求。

生产方法

采用高品质合成基础油与特有环保配方制成。

主要用途

适用于采用各种多气阀、可变气门正时(VVT)、缸内直喷(GDI、FSI 及 SIDI)、涡轮增压(TSI 及 TFSI)等新技术发动机及长换油期的各种豪华轿车。

技术参数

长城金吉星汽油机油 JUSTAR J600F SN/GF-5 5W-30 的典型数据见表 4-1-14。

表 4-1-14　长城金吉星汽油机油 JUSTAR J600F SN/GF-5 5W-30 典型数据

项 目	5W-30	试验方法
运动黏度(100℃)/(mm²/s)	10. 70	GB/T 265
闪点(开口)/℃	226	GB/T 3536
倾点/℃	-41	GB/T 3535

注意事项

存放在油品库内或放置通风干燥处。应轻装轻卸，严禁猛烈撞击。防止桶裂，防止阳光及雨雪的辐射，防止雨淋，严禁烟火及使用明火。

生产厂家

中国石化润滑油有限公司。

4.1.10　长城金吉星汽油机油 JUSTAR J700F SN /GF-5 5W-30

产品性能

独特的抗磨减磨添加剂，可有效减少发动机部件磨损，延长发动机寿命。低温启动性能和高温润滑性能优异，适合各地区全天候使用。具有优良的高温抗氧化性能和清净分散性能，可全面抑制积炭和油泥的生成。满足 API SN/CF、ACEA A3/B3-08、A3/B4-08、宝马 BMW Longlife-01、戴姆勒 MB 229. 3、保时捷 Porsche A40、大众 VW 502 00/505 00、雷诺 Renault RN0700/0710、API SN、

ILSAC GF-5 及通用汽车 GM Dexos1 等规格要求。

生产方法

采用高品质全合成基础油调合而成。

主要用途

适用于各种多气阀、可变气门正时(VVT)、缸内直喷(GDI、FSI 及 SIDI)、涡轮增压(TSI 及 TFSI)等新技术发动机及长换油期的各种豪华轿车；可用于要求使用 SN、SM、SL、SJ 等级别发动机的发动机和整车上。

技术参数

长城金吉星汽油机油 JUSTAR J700F SN /GF-5 5W-30 的典型数据见表 4-1-15。

表 4-1-15 长城金吉星汽油机油 JUSTAR J700F SN /GF-5 5W-30 典型数据

项 目	5W-30	试验方法
运动黏度(100℃)/(mm^2/s)	11.15	GB/T 265
闪点(开口)/℃	226	GB/T 3536
倾点/℃	-41	GB/T 3535

注意事项

存放在油品库内或放置通风干燥处。应轻装轻卸，严禁猛烈撞击。防止桶裂，防止阳光及雨雪的辐射，防止雨淋，严禁烟火及使用明火。

生产厂家

中国石化润滑油有限公司。

4.1.11 长城金吉星 JUSTAR J700U SN/CF 0W-40

产品性能

具有优异的低温启动性能和高温润滑性能，可满足极端天气和恶劣工况对发动机的要求。含有独特的抗磨减摩添加剂，能有效减少发动机部件磨损，延长发动机寿命。高温抗氧化性能和清净分散性能优异，可全面抑制积炭和油泥的生成，延长的换油周期。满足 API SN/CF、ACEA A3-02 规格要求。

生产方法

采用高品质全合成基础油制成。

主要用途

适用于采用多气阀、可变气门正时(VVT)、缸内直喷(GDI 及 FSI 及 SIDI)、涡轮增压(TSI 及 TFSI)等新技术发动机及长换油周期的各种豪华轿车。

技术参数

金吉星 JUSTAR J700USN/CF 0W-40 的典型数据见表 4-1-16。

表 4-1-16 金吉星 JUSTAR J700U SN/CF 0W-40 典型数据

项目	典型值	试验方法
运动黏度(100℃)/(mm^2/s)	14.22	GB/T 265
闪点(开口)/℃	240	GB/T 3536
倾点/℃	-54	GB/T 3535

注意事项

存放在油品库内或放置通风干燥处。应轻装轻卸，严禁猛烈撞击。防止桶裂，防止阳光及雨雪的辐射，防止雨淋，严禁烟火及使用明火。

生产厂家

中国石化润滑油有限公司。

4.1.12 长城尊龙 TULUX T500/ CI-4 柴油机油 15W-40

产品性能

专为 EGR 和涡轮增压发动机设计，满足欧Ⅳ、欧Ⅴ排放发动机的使用要求。烟炱耐受能力强，可有效避免引起单损、机油稠化、供油困难等问题。清洁分散性能优异，能减少沉积物形成，保持机油滤网清洁。沃尔沃 VDS-3、戴姆勒 MB 228.1/228.3、曼 M3275、康明斯 CES 20078/20076/20071 等多项国际发动机厂技术认证。具有优良的抗磨性能，可减少发动机缸套、轴瓦部位磨损。产品符合 API CI-4 规格要求。

主要用途

适用于工况恶劣的重负荷车辆使用，适用于城市重负荷公交车辆、客运车辆，包括要求使用 CI-4、CH-4、CF-4、CF、CD 等级别机油的发动机，如进口或合资的沃尔沃、戴姆勒、康明斯、曼等品牌。

技术参数

长城尊龙 TULUX T500/ CI-4 15W-40 柴油机油的典型数据见表 4-1-17。

表 4-1-17 长城尊龙 TULUX T500/ CI-4 15W-40 柴油机油典型数据

项 目	15W-40	试验方法
运动黏度(100℃)/(mm^2/s)	15.85	GB/T 265
闪点(开口)/℃	236	GB/T 3536
倾点/℃	-34	GB/T 3535

注意事项

存放在油品库内或放置通风干燥处。应轻装轻卸，严禁猛烈撞击。防止桶裂，防止阳光辐照，防止雨淋，严禁烟火及使用明火。

生产厂家

中国石化润滑油有限公司。

4.1.13 长城尊龙 TULUX T600/CJ-4 柴油机油 15W-40

产品性能

可有效分散烟灰及沉积物，控制发动机油泥和活塞环沉积物，保证发动机清洁，降低摩擦磨损引起的动能损失。具有优异的高温抗氧化性能，能降低高温油泥和高温沉积物对发动机腐蚀、磨损造成的影响，延长发动机的使用寿命。蒸发损失低，可有效改善高温条件下因机油的蒸发对燃料经济性能、油耗、尾气排放及发动机磨损的影响。能为采用废气再循环装置(EGR)或有柴油颗粒过滤器(DPF)等技术的环保柴油发动机提供有效保护，满足欧Ⅳ/欧Ⅴ排放要求。良好的橡胶相容性，有效保护密封材料，防止泄漏。产品符合 API CJ-4、API SM、奔驰 MB 228.3、卡特皮勒 cat ecf-3/ecf-1 等规格要求。

生产方法

采用高黏度指数基础油配以功能极强的抗氧化添加剂等添加剂调制而成。

主要用途

适用于采用废气再循环装置(EGR)或者带有柴油颗粒过滤器(DPF)的各种进口柴油发动机驱动的所有载重车型，也适用于没有装配 EGR 或 DPF 的各种进口或国产柴油发动机驱动的车辆，包括要求使用 CJ-4、CI-4+、CI-4、CH-4、CG-4、CF-4 等级别机油的发动机。

技术参数

长城尊龙 T600/CJ-4 柴油机油 15W-40 的典型数据见表 4-1-18。

表 4-1-18　长城尊龙 T600/CJ-4 柴油机油 15W-40 典型数据

项 目	5W-40	试验方法
运动黏度(100℃)/(mm^2/s)	14.23	GB/T 265
闪点(开口)/℃	242	GB/T 3536
倾点/℃	-37	GB/T 3535

注意事项

存放在油品库内或放置通风干燥处。应轻装轻卸，严禁猛烈撞击。防止桶裂，防止阳光辐射，防止雨淋，严禁烟火及使用明火。

生产厂家

中国石化润滑油有限公司。

4.1.14　长城 CNG 压缩天然气发动机油 15W-40

产品性能

具有优良的高温润滑性和清净分散性，能保持发动机部件清洁。油品较低的灰分可防止火花塞堵塞，减少排放污染。防腐性、防锈性和抗磨性良好。可防止提前点火、气门积炭、磨损和粘环。符合美国石油学会 API SF 规格要求。

生产方法

采用精炼的高黏度指数基础油加入新型低灰分清洁型复合添加剂制成。

主要用途

适用于各类以压缩天然气(CNG)为燃料的大客车，如装有康明斯、奔驰、东风、上柴等公司生产的天然气发动机的大型客车。

技术参数

长城 CNG 压缩天然气发动机油的典型数据见表 4-1-19。

表 4-1-19　长城 CNG 压缩天然气发动机油典型数据

项目	典型值	试验方法
运动黏度(100℃)/(mm^2/s)	14.99	GB/T265
闪点(开口)/℃	224	GB/T3536
倾点/℃	-27	GB/T3535

注意事项

存放在油品库内或放置通风干燥处。应轻装轻卸，严禁猛烈撞击。防止桶裂，防止阳光辐射，防止雨淋，严禁烟火及使用明火。

生产厂家

中国石化润滑油有限公司。

4.1.15　长城 LPG/CNG 轿车燃气发动机油Ⅰ型 15W-40

产品性能

可有效避免由传统机油中高灰份组分产生的过多沉积物造成的发动机机件磨损，火花塞堵塞及发动机的爆震等问题。具有优良的氧化稳定性和抗氧化性能，可抵御天然气发动机高温对机油性能的影响，保持发动机平稳的工作状态，保护阀系免受磨损。含有独特添加剂成分，可在汽车发动机的阀门、阀座上形成有效的保护膜，避免阀系磨损。分散性能优异，可有效阻止由尾气氮化物引起的机油硝化，避免油泥的生成，有效减少高低温沉积物保证发动机部件的洁净。符合美国石油学会

API SF 规格要求。

生产方法

采用新型低灰分配方制成。

主要用途

适用于以单一 LPG、CNG 为燃料的轿车及以 LPG/汽油或 CN G/汽油双燃料轿车。

技术参数

长城 LPG/CNG 轿车燃气发动机油的典型数据见表 4-1-20。

表 4-1-20 长城 LPG/CNG 轿车燃气发动机油典型数据

项目	典型值	试验方法
运动黏度(100℃)/(mm^2/s)	15.01	GB/T 265
闪点(开口)/℃	223	GB/T 3536
倾点/℃	-24	GB/T 3535

注意事项

存放在油品库内或放置通风干燥处。应轻装轻卸，严禁猛烈撞击。防止桶裂，防止阳光辐射，防止雨淋，严禁烟火及使用明火。

生产厂家

中国石化润滑油有限公司。

4.1.16 长城 LPG/CNG 轿车燃气发动机油 Ⅱ 型 15W-40

产品性能

可有效降低燃气干涩引起的发动机磨损，减少沉积物的生成，避免火花塞堵塞及发动机提前点火。高低温性能优异，能避免开开停停造成的黑色油泥的形成。油品具有较长的换油期，满足环保需求。符合美国石油学会 API SJ/CF 规格要求。

生产方法

采用新型低灰分、低磷配方制成。

主要用途

适用于以单一 LPG、CNG 为燃料的轿车及以 LPG/汽油或 CN G/汽油双燃料轿车。

技术参数

长城 LPG/CNG 轿车燃气发动机油 II 型的典型数据见表 4-1-21。

表 4-1-21 长城 LPG/CNG 轿车燃气发动机油 II 型典型数据

项目	典型值	试验方法
运动黏度(100℃)/(mm^2/s)	14.2	GB/T 265
闪点(开口)/℃	232	GB/T 3536
倾点/℃	-27	GB/T 3535

注意事项

存放在油品库内或放置通风干燥处。应轻装轻卸，严禁猛烈撞击。防止桶裂，防止阳光及雨雪的辐射，防止雨淋，严禁烟火及使用明火。

生产厂家

中国石化润滑油有限公司。

4.1.17 长城 LPG 客车发动机油

产品性能

专为 LPG 客车发动机设计，可有效解决由燃气引起的润滑不良及机件磨损，降低磨损并有效减少沉积物的生成，避免火花塞堵塞及发动机提前点火。具有优异的高低温性能，避免高速、低速交叉行驶时黑色油泥的形成，确保有效润滑。符合美国石油学会 API SJ/CF 规格要求。

生产方法

采用精制的高黏度指数基础油与新型低灰分清洁型复合添加剂调制而成。

主要用途

适用于以 LPG 为燃料的客车或油气双燃料客车的发动机润滑，如潍柴、玉柴、东风等公司生产的 LPG 发动机。

技术参数

长城 LPG 客车发动机油的典型数据见表 4-1-22。

表 4-1-22　长城 LPG 客车发动机油典型数据

项目	典型值	试验方法
运动黏度(100℃)/(mm^2/s)	15.02	GB/T 265
闪点(开口)/℃	228	GB/T 3536
倾点/℃	-27	GB/T 3535

注意事项

存放在油品库内或放置通风干燥处。应轻装轻卸，严禁猛烈撞击。防止桶裂，防止阳光及雨雪的辐射，防止雨淋，严禁烟火及使用明火。

生产厂家

中国石化润滑油有限公司。

4.1.18 长城醇星乙醇汽油发动机专用油 10W-40

产品性能

对产品的碱值进行了限定，可确保对酸性物质的有效中和，进一步提高了防锈蚀性和抗磨性。可有效中和乙醇燃烧生成的酸性物质，防止对发动机造成腐蚀和锈蚀。能减少乙醇对橡胶材料的腐蚀，确保发动机的良好密封。

生产方法

采用深度精制的高黏度指数基础油与多种优质添加剂调配而成。

主要用途

适用于各类使用乙醇汽油的汽油发动机润滑，同时也适用于其他各类要求使用 SJ、SG 汽油机油的轿车发动机润滑。

技术参数

长城醇星乙醇汽油发动机专用油的典型数据见表 4-1-23。

表 4-1-23　长城醇星乙醇汽油发动机专用油典型数据

项目	典型值	试验方法
运动黏度(100℃)/(mm^2/s)	14.71	GB/T 265
闪点(开口)/℃	217	GB/T 3536
倾点/℃	-31	GB/T 3535

注意事项

存放在油品库内或放置通风干燥处。应轻装轻卸，严禁猛烈撞击。防止桶裂，防止阳光及雨雪的辐射，防止雨淋，严禁烟火及使用明火。

生产厂家

中国石化润滑油有限公司。

4.1.19 长城船用系统油

产品性能

具有优异的分水性、抗氧化性及稳定性。清净分散性良好，能有效分散油泥，保持发动机的清洁。防锈性、防腐蚀性优良。

生产方法

采用石蜡基矿物基础油和多种添加剂调制而成。

主要用途

适用于低速十字头船用发动机的曲轴箱润滑及船尾轴等辅助设备的润滑。

技术参数

长城船用系统油的典型数据见表4-1-24。

表4-1-24 长城船用系统油典型数据

项目	典型值				试验方法
	3006	3008	4006	4008	
SAE 黏度等级	30	30	40	40	—
运动黏度(100℃)/(mm^2/s)	11.24	11.74	13.25	13.55	GB/T 265
黏度指数	30	30	40	40	GB/T 2541
闪点(开口)/℃	232	238	243	244	GB/T 3536
倾点/℃	-9	-9	-9	-9	GB/T 3535
总碱值/(mgKOH/g)	5.5	7.4	5.5	7.2	GB/T 7304

注意事项

在没有经过试验(混溶试验)情况下，两种不同公司的船用油不允许随便混合使用。

生产厂家

中国石化润滑油有限公司。

4.1.20 长城船用气缸油

产品性能

具有优异的酸中和性，可有效中和劣质燃料燃烧产生的酸性物质。抗磨损性良好，能延长发动机部件的使用寿命。清净分散性良好，可有效防止活塞环槽和缸套气口处的积碳。扩散性良好，能使油品迅速到达钢壁表面，形成油膜。

生产方法

采用深度精制石蜡基矿物基础油，加入功能添加剂调制而成。

主要用途

适用于燃烧不同硫含量燃料的低速十字头船舶柴油发动机的气缸润滑。其中5040适用于使用低硫燃料(硫含量低于2.5%)的十字头船用柴油机气缸润滑，5070适用于使用硫含量低于3.5%燃料的十字头船用柴油机气缸润滑，50100适用于使用高硫燃料(硫含量大于3.5%)的十字头船用柴油机气缸润滑。

技术参数

长城船用气缸油的典型数据见表4-1-25。

表4-1-25 长城船用气缸油典型数据

项目	典型值			试验方法
	5040	5070	50100	
SAE黏度等级	50	50	50	—
运动黏度(100℃)/(mm^2/s)	19.24	20.30	20.34	GB/T 265
黏度指数	97	94	94	GB/T 2541
闪点(开口)/℃	238	243	244	GB/T 3536
倾点/℃	-9	-9	-9	GB/T 3535
总碱值/(mgKOH/g)	41.6	71.8	100.2	GB/T 7304

注意事项

在没有经过试验(混溶试验)情况下，两种不同公司的船用油不允许混合使用。

生产厂家

中国石化润滑油有限公司。

4.1.21 长城船用中速机油

产品性能

具有优良的酸中和能力，能有效抑制因含硫燃料燃烧而产生的酸性物质的腐蚀。抗氧化性能及防腐性良好，可抑制氧化物的生成。清净分散性优良，从而保持发动机清洁。分水性和防锈性良好。

生产方法

采用精选高黏度指数基础油，加入精选的多种添加剂制成。

主要用途

适用于以高硫、重质燃油为燃料的中速筒状船用柴油发动机或柴油发电机组的润滑。

技术参数

长城船用中速机油的典型数据见表4-1-26。

表4-1-26 长城船用中速机油典型数据

项目	典型值			试验方法
	4012	4030	4040	
SAE黏度等级	40	40	40	—
运动黏度(100℃)/(mm^2/s)	12.71	14.36	15.50	GB/T 265
黏度指数	92	94	93	GB/T 1995
闪点(开口)/℃	241	233	229	GB/T 3536
倾点/℃	-12	-12	-12	GB/T 3535
总碱值/(mgKOH/g)	12.8	30.4	42.2	GB/T 7304

注意事项

在没有经过试验(混溶试验)情况下，两种不同公司的船用油不允许随便混合使用。

生产厂家

中国石化润滑油有限公司。

4.1.22 长城全合成二冲程赛车机油

产品性能

可降低尾气排放，保持发动机清洁。能有效防止发动机活塞的擦伤和粘结，延长发动机的使用寿命，使发动机变速反应迅速。含有稀释剂，便于与预先喷注系统或自动润滑油喷注系统的汽油混溶。符合 ISO EGD 等技术规范。

生产方法

采用合成基础油与各种功能添加剂调和而成。

主要用途

适合于极其苛刻条件下工作的二冲程发动机，如卡丁车和竞赛摩托车，也可用于伐木链锯、割草机和雪橇等各种机械。建议燃润比为 25 ~ (50 : 1)。

技术参数

长城全合成二冲程赛车机油的典型数据见表 4-1-27。

表 4-1-27 长城全合成二冲程赛车机油典型数据

项目	典型值	试验方法
运动黏度(100℃)/(mm^2/s)	6.92	GB/T 265
黏度指数	165	GB/T 2541
倾点/℃	-15	GB/T 3535
闪点(开口)/℃	102	GB/T 261

注意事项

存放于阴凉干燥处，勿曝晒。防止水、机械杂质及其他油品混入。换油时应将润滑系统清洗干净，以免污染新油。

生产厂家

中国石化润滑油有限公司。

4.1.23 长城捷豹 100(SE)系列摩托车机油

产品性能

具有良好的摩擦性能，可防止离合器打滑。润滑性能良好，能发动机清洁。满足美国石油学会 API SE 规格要求。

生产方法

采用精制的高黏度指数优质基础油，选择具有剪切稳定性能的黏度指数改进剂和优质功能添加剂调合而成。

主要用途

适合于各种风冷、水冷式低中档四冲程摩托车的润滑。

技术参数

长城捷豹 100(SE)系列摩托车机油的典型数据见表 4-1-28。

表 4-1-28　长城捷豹 100(SE)系列摩托车机油典型数据

项目	典型值	试验方法
运动黏度/(mm^2/s) 100℃ 40℃	 13.52 131.6	GB/T 265
黏度指数	98	GB/T 1995
倾点/℃	-14	GB/T 3535
闪点/℃	230	GB/T 3536

注意事项

避免混入水和杂质。不可将本品用于二冲程发动机。

生产厂家

中国石化润滑油有限公司。

4.1.24　长城捷豹 200(SF)系列摩托车机油

产品性能

满足国家标准 GB11121 和美国石油学会 API SF 规格要求。

生产方法

采用深度精制的高黏度指数的基础油加入多种添加剂调和而成。

主要用途

适合于各种进口和国产四冲程摩托车发动机。

技术参数

长城捷豹 200(SF)系列摩托车机油的典型数据见表 4-1-29。

表 4-1-29　长城捷豹 200(SF)系列摩托车机油典型数据

项目	典型值				试验方法
	10W-30	10W-40	15W-40	20W-50	
运动黏度/(mm^2/s) 100℃ 40℃	 10.60 65.96	 15.76 104.8	 15.38 112.4	 18.98 163.0	GB/T 265
黏度指数	150	160	144	132	GB/T 1995
倾点/℃	-34	-34	-24	-19	GB/T 3535
闪点(开口)/℃	230	228	230	240	GB/T 3536

注意事项

避免混入水和杂质。不可将本品用于二冲程发动机。

生产厂家

中国石化润滑油有限公司。

4.1.25　长城捷豹 300(SG)系列摩托车机油

产品性能

符合美国石油学会 API SG 和 JASO MA 规格要求。

生产方法

采用深度精制的高黏度指数基础油，选择黏度指数改进剂和功能性添加剂调和而成。

主要用途

适合于各种风冷、水冷式中档四冲程摩托车的润滑，如五羊-本田、嘉陵、大阳、太阳、厦杏、珠峰、建设、比亚桥、南方、轻骑、钱江、隆鑫、宗申、银钢、长铃、赤兔马、春兰、豪爵、力帆、新大州、麦科特、精通等摩托车发动机。

技术参数

长城捷豹300(SG)系列摩托车机油的典型数据见表4-1-30。

表4-1-30　长城捷豹300(SG)系列摩托车机油典型数据

项目	典型值		试验方法
	10W-40	15W-40	
运动黏度/(mm^2/s) 100℃ 40℃	 14.00 90.21	 14.98 111.0	GB/T 265
黏度指数	160	140	GB/T 1995
倾点/℃	-34	-24	GB/T 3535
闪点/℃	226	228	GB/T 3536

注意事项

避免混入水和杂质。不可将本品用于二冲程发动机。

生产厂家

中国石化润滑油有限公司。

4.1.26　长城捷豹王SJ系列四冲程摩托车机油

产品性能

符合美国石油学会API SJ规格要求，同时满足JASO MA规格。

生产方法

采用深度精制的高黏度指数基础油，选择黏度指数改进剂和功能性添加剂调和而成。

主要用途

适合于各种风冷、水冷式高档四冲程摩托车发动机的润滑，特别适合于排量大于250mL的四冲程摩托车，如本田、铃木、雅马哈、川崎等进口、合资品牌及国内生产的摩托车。

技术参数

长城捷豹王SJ系列四冲程摩托车机油的典型数据见表4-1-31。

表4-1-31　长城捷豹王SJ系列四冲程摩托车机油典型数据

项目	典型值	试验方法
运动黏度/(mm^2/s) 100℃ 40℃	 14.19 93.47	GB/T 265
黏度指数	156	GB/T 1995
倾点/℃	-34	GB/T 3535
闪点/℃	226	GB/T 3536

注意事项

避免混入水和杂质。不可将本品用于二冲程发动机。

生产厂家

中国石化润滑油有限公司。

4.1.27 长城全合成捷豹王四冲程摩托车机油10W-50

产品性能

符合JASO MA及API SJ规格要求，获得日本汽车标准化组织JASO MA四冲程摩托车机油认证。

生产方法

采用合成烃基础油，配以优质的添加剂调和而成。

主要用途

适用于高性能的风冷、水冷式高档四冲程摩托车发动机的润滑，包括赛车发动机和带涡轮增压装置的发动机。

技术参数

长城全合成捷豹王四冲程摩托车机油的典型数据见表4-1-32。

表4-1-32 长城全合成捷豹王四冲程摩托车机油典型数据

项目	典型值	试验方法
运动黏度（100℃）/（mm^2/s）	18.1	GB/T 265
黏度指数	157	GB/T 1995
密度(20℃)/(kg/m^3)	868	GB/T 1884
闪点(开口)/℃	235	GB/T 3536
倾点/℃	-30	GB/T 3535

注意事项

避免混入水和杂质。不可将本品用于二冲程发动机。

生产厂家

中国石化润滑油有限公司。

4.1.28 昆仑固定式燃气发动机油7801（无灰型）

产品性能

无灰分配方。具有优良的抗氧化和抗硝化能力，可有效保持发动机清洁，长换油周期。防腐蚀性能良好，能减少发动机部件腐蚀磨损，延长设备的安全运行周期和备件使用寿命。清净性和分散性优异，可防止燃烧室内积炭过多，保持火花塞干净，延长过滤器寿命，降低维护费用。

主要用途

适用于二冲程燃气发动机(压缩机组)的润滑。

技术参数

昆仑固定式燃气发动机油7801（无灰型)的典型数据见表4-1-33。

表4-1-33 昆仑固定式燃气发动机油7801（无灰型)典型数据

项目	典型值	试验方法
运动黏度/(mm^2/s) 100℃ 40℃	 13.88 135.0	GB/T 265

续表

项目	典型值	试验方法
黏度指数	99	GB/T 2541
闪点(开口)/℃	242	GB/T 3536
倾点/℃	-18	GB/T 3535
总碱值/mgKOH/g	2. 29	SH/T 0251
硫酸盐灰分/%	0. 09	GB/T 2433

注意事项

避免混入水和杂质。

生产厂家

中国石油天然气股份有限公司润滑油分公司。

4. 1. 29 昆仑固定式燃气发动机油 7805（低灰型）

产品性能

具有抗磨损、抗氧化、硝化性能，可有效延长换油周期，减少焦化和活塞顶部积炭。优质低灰分配方，可有效控制沉积物并降低阀系磨损，保持火花塞清洁。清净性和分散性良好，能保持发动机清洁，延长过滤器寿命，降低维护费用。

主要用途

适用于以天然气、煤层气等为燃料的二冲程和四冲程燃气发动机(压缩机组)的润滑。

技术参数

昆仑固定式燃气发动机油 7805(低灰型)的典型数据见表 4-1-34。

表 4-1-34 昆仑固定式燃气发动机油 7805(低灰型)典型数据

项目	40	试验方法
硫酸盐灰分/%	0. 55	GB/T 2433
100℃运动黏度/(mm^2/s)	14. 52	GB/T 265
黏度指数	84	GB/T 6538
闪点(开口)/ ℃	236	GB/T 3536
倾点/℃	-23	GB/T 3535
泡沫性/(mL/mL) 24℃ 93. 5℃ 后 24℃	 0/0 10/0 0/0	GB/T 12579

注意事项

避免混入水和杂质。

生产厂家

中国石油天然气股份有限公司润滑油分公司。

4. 1. 30 固定式燃气发动机油 7810（中灰型）

产品性能

中灰分配方。具有良好的清净性和分散性，有效延长换油期，减少焦化和活塞顶部积炭。酸中和能力和碱保持能力强，可有效对抗酸性燃气的腐蚀。抗磨性和抗擦伤性优异，有效减少发动机使用过程中的部件磨损，减轻燃气发动机衬里承受重荷时的擦伤，延长设备的安全运行周期和备件使用寿命。

主要用途

适用于天然气、煤层气、油田气及沼气等为燃料的四冲程燃气发动机(压缩机组)的润滑。

技术参数

昆仑固定式燃气发动机油 7810 (中灰型)的典型数据见表 4-1-35。

表 4-1-35　昆仑固定式燃气发动机油 7810 (中灰型)典型数据

项目	40	15W-40	20W-50	试验方法
运动黏度/(mm^2/s) 100℃ 40℃	 15.0 158	 15.0 110.8	 18.4 170.0	GB/T 265
黏度指数	95	141	121	GB/T 2541
碱值/(mgKOH/g)	7.25	7.05	7.05	SH/T 0251
硫酸盐灰分/%	0.94	0.95	1.11	GB/T 2433
倾点/℃	-25	-27	-24	GB/T 3535
闪点(开口)/℃	246	222	244	GB/T 3536
液相锈蚀试验(蒸馏水，24h)	无锈	无锈	无锈	GB/T 11143

注意事项

避免混入水和杂质。

生产厂家

中国石油天然气股份有限公司润滑油分公司。

4.1.31　龙蟠至尊 SM 汽油机油 5W-40

产品性能

具有优异的抗氧化、抗磨损性能。抗氧化、抗磨损性能优良，在高转速、大扭矩条件下能给予发动机的活塞、活塞环区、轴瓦等部位更强的抗磨保护。优越的高温氧化稳定性和清净分散性良好，可分散积碳并抑制胶质、油泥等沉积物再生，防止因漆膜积碳附着导致机件异常磨损。达到 ILSAC GF-4 节能标准，通过 MAXSYN 抗磨损试验。实现同时具备优良的低温流动性和高温抗磨损性能。可降低运行阻力，有效节能。

生产方法

采用优质合成基础油及进口高品质添加剂作为原料配制而成。具有优越的抗氧化、抗磨损性能。

主要用途

适用于具有高转速和较大扭矩的高性能轿车发动机。

技术参数

龙蟠至尊 SM 汽油机油 5W-40 的典型数据见表 4-1-36。

表 4-1-36　龙蟠至尊 SM 汽油机油 5W-40 典型数据

项目	典型值	试验方法
运动黏度(100℃)/(mm^2/s)	14.5～15.01	ASTM D445
运动黏度(40℃)/(mm^2/s)	82.46～96.04	ASTM D445

续表

项目	典型值	试验方法
黏度指数	162～187	GB/T 1995
倾点/℃	-40	ASTM D97
低温动力黏度(-30℃)/(mPa·s)	2138～6370	GB/T 6538
起泡性/(mL/mL)	0/0	GB/T 12579

注意事项

保证远离儿童、避免误食。废油(液)送至官方批准的废油(液)处理中心，切勿直接倾倒在泥土、排水管道及水中，以免危害自然环境及人体健康。

生产厂家

江苏龙蟠科技股份有限公司。

4.1.32 龙蟠至尊 SN 汽油机油

产品性能

具有优异的抗氧化、抗磨损性能。抗氧化、抗磨损性能优良，在高转速、大扭矩条件下能给予发动机的活塞、活塞环区、轴瓦等部位更强的抗磨保护。优越的高温氧化稳定性和清净分散性良好，可分散积碳并抑制胶质、油泥等沉积物再生，防止因漆膜积碳附着导致机件异常磨损。达到 ILSAC GF-5 节能标准，通过 MAXSYN 抗磨损试验。实现同时具备优良的低温流动性和高温抗磨损性能，有效降低发动机运行阻力，提高燃油经济性。

生产方法

采用优质合成基础油及进口高品质添加剂作为原料配制而成。

主要用途

适用于具有更高转速和较大扭矩的高性能轿车发动机润滑。

技术参数

龙蟠至尊 SN 汽油机油的典型数据见表 4-1-37。

表 4-1-37 龙蟠至尊 SN 汽油机油典型数据

项目	典型值		试验方法
	0W-30	0W-40	
运动黏度(100℃)/(mm^2/s)	10.02	14.83	ASTM D445
倾点/℃	-48	-48	ASTM D97
低温动力黏度(-35℃)/(mPa·s)	4531	4803	ASTM D5293
低温泵送黏度(-40℃)/(mPa·s)	28298	29186	ASTM D4684
凸轮和挺杆擦伤	无	无	ASTM D4984

注意事项

保证远离儿童、避免误食。废油(液)送至官方批准的废油(液)处理中心，切勿直接倾倒在泥土、排水管道及水中，以免危害自然环境及人体健康。

生产厂家

江苏龙蟠科技股份有限公司。

4.1.33 龙蟠喜压 CH-4 柴油机油

产品性能

可有效提升油压并保持油压稳定。在低温启动、高温运行、重负荷工况下油压始终稳定。磁性油膜可防止引擎异常磨损。含优异的清净分散剂、摩擦性能改进剂，可持续分散烟炱、防止沉积物附着。

生产方法

采用独特的磁性油膜技术制成。

主要用途

适用于国内各主流厂商的客车、重型运输车及各种工程机械发动机系统。

技术参数

喜压 CH-4 柴油机油产品的典型数据见表 4-1-38。

表 4-1-38 喜压 CH-4 柴油机油产品典型数据

项目	典型值		试验方法
	20W-50	5W-50	
运动黏度(100℃)/(mm^2/s)	20.02	19.89	ASTM D445
黏度指数	134	194	ASTM D2270
倾点/℃	-36	-42	ASTM D97
低温动力黏度/(mPa·s)	—	4555	ASTM D5293
高温高剪切黏度(150℃，10^6s^{-1})/(mPa·s)	>3.7	2.8	ASTM D5481
活塞、环、缸套擦伤	无	无	ASTM D6681

注意事项

保证远离儿童、避免误食。废油(液)送至官方批准的废油(液)处理中心，切勿直接倾倒在泥土、排水管道及水中，以免危害自然环境及人体健康。

生产厂家

江苏龙蟠科技股份有限公司。

4.1.34 龙蟠高粘王高增压柴油机油 CI-4 5W-50

产品性能

加入黏度性能改良高分子聚合物，具有更高的高温黏度、黏度指数、高温高剪切黏度。可保障在高温条件下轴瓦、活塞、活塞环区得到充分润滑，防止异常磨损。

生产方法

采用独特的 HVHS 黏度增强技术制成。

主要用途

适用于要求使用 CI-4 级油品的高增压、大功率、重负荷柴油发动机系统。

技术参数

高粘王 CH-4 柴油机油的典型数据见表 4-1-39。

表 4-1-39　高粘王 CH-4 柴油机油典型数据

项目	典型值	试验方法
	5W-50	
运动黏度(100℃)/(mm^2/s)	20.1	ASTM D445
运动黏度(40℃)/(mm^2/s)	122.1	ASTM D445
黏度指数	188	ASTM D2270
倾点/℃	-37	ASTM D97
低温动力黏度(-30℃)/(mPa·s)	3572	GB/T 6538

注意事项

保证远离儿童、避免误食。废油(液)送至官方批准的废油(液)处理中心，切勿直接倾倒在泥土、排水管道及水中，以免危害自然环境及人体健康。

生产厂家

江苏龙蟠科技股份有限公司。

4.1.35　龙蟠四季通通用型发动机油 CJ-4 5W-50

产品性能

具有优异的高低温性能，在低温下可顺畅启动，在高温环境下能保持油压稳定。氧化安定性、抗剪切性能及清净分散性优良，换油周期长，能有效降低引擎运行阻力，提升燃油经济性。

生产方法

采用进口高品质基础油和优质添加剂复配而成。

主要用途

适用于各类型主流厂商的汽油发动机和柴油发动机。尤其适用于区域跨度大、温差范围大的区域。

技术参数

四季通通用型发动机油 CJ-4 5W-50 的典型数据见表 4-1-40。

表 4-1-40　四季通通用型发动机油 CJ-4 5W-50 典型数据

项目	5W-50	试验方法
运动黏度(100℃)/(mm^2/s)	19.51	ASTM D445
黏度指数	192	ASTM D2270
倾点/℃	-45	ASTM D97
低温动力黏度/(mPa·s)	4328	ASTM D5293
高温高剪切黏度(150℃，$10^6 s^{-1}$)/(mPa·s)	2.9	ASTM D5481
活塞、环、缸套擦伤	无	ASTM D6681

注意事项

保证远离儿童、避免误食。废油(液)送至官方批准的废油(液)处理中心，切勿直接倾倒在泥土、排水管道及水中，以免危害自然环境及人体健康。

生产厂家

江苏龙蟠科技股份有限公司。

4.1.36 路路达船用汽缸油

产品性能

具有良好的酸中和能力，能有效中和因燃料高硫燃油而产生的强酸，降低气缸及活塞的腐蚀及磨损。抗磨损性能良好，可减少活塞缸套的摩擦磨损，延长发动机部件的使用寿命。清净分散性能良好，能有效防止活塞环槽和缸套气口处的积炭，确保发动机燃烧室内的清洁。扩散性能良好，使油品迅速到达气缸表面，形成油膜，有效降低摩擦磨损；黏温性能优异，能满足更高压力和更高温度新型发动机的润滑要求。

生产方法

采用深度精制的矿物油为基础油，加入适量的清净剂、分散剂、抗氧抗腐剂等多种功能添加剂调制而成。

主要用途

适用于燃烧含硫燃料的低速十字头柴油发动机的气缸润滑，5010、5040、5060、5070 分别适用于燃用硫含量为 1.0%、2.5%、3.0%、3.5% 的重质燃料。

技术参数

路路达船用汽缸油的主要技术指标见表 4-1-41。

表 4-1-41 路路达船用汽缸油主要技术指标

分析项目		质量指标				试验方法
		5010	5040	5060	5070	
运动黏度(100℃)/(mm^2/s)		17.5～21.9				GB/T 265
总碱值/(mgKOH/g)	不小于	9.0	38.0	58.0	68.0	SH/T 0251
黏度指数	不小于	90				GB/T 2541
闪点(开口)/℃	不低于	220				GB/T 3536
倾点/℃	不高于	-10				GB/T 3535
水分/%	不大于	0.03				GB/T 260

注意事项

勿放置于严寒或高温的地方。请勿与其他油品混用。防止水分、机械杂质混入。

生产厂家

路路达润滑油(无锡)有限公司。

4.1.37 路路达船用中速筒状活塞柴油机

产品性能

具有优良的抗氧抗腐蚀性及酸中的速度，能有效中和因燃料高硫燃油而产生的强酸，有效降低气缸及活塞的腐蚀及磨损。清净分散性优良，对发动机的关键部位提供保护，可防止积炭和重油污染。热氧化安定性优良，可有效地防止高温沉积物的形成，延长用油寿命。碱值保持性优良，能有效地防止因氧化作用而造成的碱值下降。抗磨性优良，在高温和高压下保证有足够的油膜强度，降低摩擦磨损。抗水分性优良，在分离机中于水和其他污染物迅速分离。

生产方法

采用优质润滑油馏分，经过脱蜡及深度精制后，加入适量的清净剂、分散剂、抗氧抗腐剂、分水剂等多种功能添加剂调制而成。

主要用途

3015 船用油适用于燃料含硫量低于 1.5% 重质燃料的船用柴油机气缸和曲轴箱的润滑，包括主机和辅机。3030 船用油适用于燃料含硫量低于 3. 0% 重质燃料的船用柴油机气缸和曲轴箱的润滑，包括主机和辅机。4015 船用油适用于燃料含硫量低于 1. 5% 重质燃料的船用柴油机气缸和曲轴箱的润滑，包括主机和辅机。4030 船用油适用于燃料含硫量低于 3. 0% 重质燃料的船用柴油机气缸和曲轴箱的润滑，包括主机和辅机。4040 船用油适用于燃料含硫量低于 3. 5% 重质燃料的船用柴油机气缸和曲轴箱的润滑，包括主机和辅机。

技术参数

路路达船用中速筒状活塞柴油机的主要技术指标见表 4-1-42。

表 4-1-42　路路达船用中速筒状活塞柴油机主要技术指标

分析项目		质量指标					试验方法
		3015	3030	4015	4030	4040	
运动黏度(100℃)/(mm²/s)		9. 3 ~ 12. 5		17. 5 ~ 21. 9			GB/T 265
总碱值/(mgKOH/g)	不小于	14	28	14	28	38	SH/T 0251
黏度指数	不小于	90					GB/T 2541
闪点(开口)/℃	不小于	220					GB/T 3536
倾点/℃	不高于	-10					GB/T 3535
水分/%	不大于	痕迹					GB/T 260

注意事项

勿放置于严寒或高温的地方。请勿与其他油品混用。防止水分、机械杂质混入。

生产厂家

路路达润滑油(无锡)有限公司。

4. 1. 38　美孚速霸™1000 10W-30

产品性能

具有良好的保护作用，可延长发动机寿命。符合 API SN，ILSAC GF-5、API SM、API CF 等规格要求。

生产方法

优质矿物基础油调制而成。

主要用途

适用于行驶条件不太严苛(如公路行驶)及行驶速度较低或稳定的汽油和柴油动力车辆。

技术参数

美孚速霸™1000 10W-30 的典型数据见表 4-1-43。

表 4-1-43　美孚速霸™1000 10W-30 典型数据

项目	典型值	试验方法
运动黏度 /(mm²/s) 40℃ 100℃	 65. 5 10. 5	ASTM D445
黏度指数	149	ASTM　D2270
硫化灰分/%	0. 8	ASTM D874
高温高剪切黏度(150℃)/ (mPa · s)	3. 2	ASTM D4683

续表

项目	典型值	试验方法
倾点 /℃	-36	ASTM D97
闪点/℃	220	ASTM D92
密度(15℃)/(kg/L)	0.870	ASTM D4052

注意事项

存放在油品库内或放置通风干燥处。应轻装轻卸，严禁猛烈撞击。防止桶裂，防止阳光及雨雪的辐射，防止雨淋，严禁烟火及使用明火。

生产厂家

埃克森美孚(中国)投资有限公司。

4.1.39 美孚速霸TM2000 5W-40

产品性能

可满足 API SN、API SM、API CF 规格要求。

生产方法

半合成基础油调制而成。

主要用途

适用于高速公路长速行车或停停走走的市内行驶最新的轿车、越野吉普车、轻型卡车和箱型车。包括正常至时而严酷的作业条件、涡轮增压器高性能汽油和柴油发动机。

技术参数

美孚速霸TM2000 5W-40 的典型数据见表 4-1-44。

表 4-1-44 美孚速霸TM2000 5W-40 典型数据

项目	典型值	试验方法
运动黏度 /(mm^2/s) 40℃ 100℃	 79 13.0	ASTM D 445
黏度指数	166	ASTM D 2270
硫化灰分/%	0.8	ASTM D874
高温高剪切黏度(150℃)/(mPa·s)	3.7	ASTM D4683
倾点 /℃	-33	ASTM D97
闪点/℃	220	ASTM D92
密度(15℃)/(kg/L)	0.86	ASTM D4052

注意事项

存放在油品库内或放置通风干燥处。应轻装轻卸，严禁猛烈撞击。防止桶裂，防止阳光及雨雪的辐射，防止雨淋，严禁烟火及使用明火。

生产厂家

埃克森美孚(中国)投资有限公司。

4.1.40 美孚速霸 3000 XE1 5W-40

产品性能

可延长柴油和汽油车辆的使用寿命，并保持其尾气减排系统的效率。在高温下长时间作业，不会造成油品氧化增稠和变质。具有优良的低温流动性，车辆在冬天可轻松启动并且油品迅速地在发动机内循环。满足 ACEA C3、API SM 等规格要求。获得 Volkswagen 大众（汽油/ 柴油）502 00 / 505 00 / 505 01、Porsche 保时捷 A40、BMW 宝马 Longlife 04 等制造商批准。

生产方法

合成基础油与高性能低灰分调制而成。

主要用途

满足主要汽车制造商对 最新发动机油规格的要求，并与大多数最新柴油发动机颗粒过滤器和所有汽油发动机催化转换器兼容。适用于需要 VW 502 00 / 505 00 / VW 505 01 批准的大众车系列，特别适用于保时捷车系列和宝马车系列。

技术参数

美孚速霸 3000 XE1 5W-40 的典型数据见表 4-1-45。

表 4-1-45 美孚速霸 3000 XE1 5W-40 典型数据

项目	典型值	试验方法
运动黏度/(mm^2/s) 40℃ 100℃	 74.9 12.8	ASTM D 445
硫酸盐灰分/%	0.8	ASTM D 874
磷含量/%	0.08	ASTM D4981
闪点/℃	230	ASTM D92
密度(15℃)/(kg/L)	0.85	ASTM D 4052
倾点/℃	-39	ASTM D 97

注意事项

存放在油品库内或放置通风干燥处。应轻装轻卸，严禁猛烈撞击。防止桶裂，防止阳光及雨雪的辐射，防止雨淋，严禁烟火及使用明火。

生产厂家

埃克森美孚(中国)投资有限公司。

4.1.41 美孚 1 号 0W-40

产品性能

具有优异的清洁功能与磨损防护作用。增强了减摩特性，可降低发动机磨损并减少沉积物，从而改善了燃油经济性。符合 API SN、SM、SL、SJ，ACEA A3/B3、A3/B4，Nissan GT-R 等规格要求。获得 MB-Approval 229.3、MB-Approval 229.5、BMW LONCLIFE OIL 01、VW 502 00/505 00、保时捷 A40 等制造商批准。

生产方法

采用高性能合成基础油调和而成。

主要用途

适用于最新的发动机技术，包括涡轮增压器、缸内直喷、柴油（无 DPF）和混合动力车型。

技术参数

美孚 1 号 0W-40 的典型数据见表 4-1-46。

表 4-1-46　美孚 1 号 0W-40 典型数据

项目	典型值	试验方法
运动黏度 /(mm^2/s) 40℃ 100℃	 75 13.5	ASTM D445
黏度指数	185	ASTM　D2270
低温泵送黏度(-40℃)/（mPa·s)	31，000	ASTM D4684
高温高剪切黏度(150℃)/(mPa·s)	3.8	ASTM D4683
总碱值(TBN) /(mgKOH/g)	11.8	ASTM D2896
硫酸盐灰分 /%	1.3	ASTM D874
磷含量/%	0.1	ASTM D4981
闪点/℃	230	ASTM D92
密度（15.6℃)/(g/mL)	0.85	ASTM D4052

注意事项

存放在油品库内或放置通风干燥处。应轻装轻卸，严禁猛烈撞击。防止桶裂，防止阳光及雨雪的辐射，防止雨淋，严禁烟火及使用明火。

生产厂家

埃克森美孚(中国)投资有限公司。

4.1.42　美孚飞马 1 号

产品性能

独特的配方可以减少灰份沉积、活塞环槽沉积、缸套划伤，以及阀座和阀面磨损。合成基础油固有的高黏度指数可确保其在高温下形成比矿物油更具保护性的润滑油膜。在-54℃ 时仍然具有流动性，保证其良好的冷起动特性及寒冷温度下有效的润滑。具有低挥发性，有助于减少油耗并显著改进阀的润滑。在负荷、速度和温度多变的条件下，其独特的黏度特性及低牵 引系数可减少功率损失，提高燃油的经济性。抗氧化能力和热稳定性良好，可延长发动机和润滑油的使用寿命。获得 MB 226.9、MAN M 3271-1、MAN M 3271-2、MWM GmbH TR 0199-99-2105, Lube Oils for Gas Engines、WAUKESHA：COGENERATION、WAUKESA：12V / 18V 220 GL Applications、VOLVO：CNG FUELED BUS ENGINES、WARTSILA NSD：W25SG 等制造商认可。

生产方法

采用不含蜡的合成基础油及平衡的添加剂技术配制而成。

主要用途

推荐用于各种型式的燃气发动机。尤其适用于要求 0.5% 灰分含量燃气发动机油的高速、四冲程涡轮增压和自然吸气式燃气发动机，也可用于使用含硫量达 0.3%（硫化氢）替代能源气体的燃气发动机。

技术参数

美孚飞马 1 号的典型数据见表 4-1-47。

表 4-1-47　美孚飞马 1 号典型数据

项目	典型值	试验方法
运动黏度/(mm^2/s) 40℃ 100℃	 93.8 13.0	ASTM D445
黏度指数	137	ASTM D2270
硫酸盐灰分/%	0.51	ASTM D874
总碱值/(mgKOH/g)	6.5	ASTM D2896
倾点/℃	-48	ASTM D97
闪点/℃	238	ASTM D92

注意事项

存放在油品库内或放置通风干燥处。应轻装轻卸，严禁猛烈撞击。防止桶裂，防止阳光及雨雪的辐射，防止雨淋，严禁烟火及使用明火。

生产厂家

埃克森美孚(中国)投资有限公司。

4.1.43　美孚佳特 300 大功率十字头式柴油机系统油

产品性能

用于活塞冷却时，能防止在活塞冷却间形作沉积物。具备额外负荷能力。清净性良好，能保证发动机清洁。含碱性以中和腐蚀性酸。油质稳定。油水分离性好。使用寿命长。

主要用途

主要做为新型大功率十字头式柴油机的系统油。

技术参数

美孚佳特 300 大功率十字头式柴油机系统油的典型数据见表 4-1-48。

表 4-1-48　美孚佳特 300 大功率十字头式柴油机系统油典型数据

项目	典型值	试验方法
SAE 黏度等级	30	—
相对密度	0.897	ASTM D4052
倾点/℃	-15	ASTM D97
闪点/℃	265	ASTM D92
运动黏度/(mm^2/s) 40℃ 100℃	 108 11.8	ASTM D445
黏度指数	97	ASTM D2270
总碱值/(mgKOH/g)	6	ASTM D2896
硫酸化灰分/%	0.7	ASTM D874

注意事项

在没有经过试验(混溶试验)情况下，两种不同公司的船用油不允许混合使用。

生产厂家

埃克森美孚(中国)投资有限公司。

4.1.44 美孚佳特312柴油机油

产品性能

属中度碱值柴油机油。含碱性洁净分散剂及抗氧剂，能减少活塞积碳并降低活塞环与汽缸套磨损。符合美国石油协会API CD要求。

主要用途

适用于燃烧含硫量低于1.5%燃料的工业、船舶和铁路筒式活塞柴油机。

技术参数

美孚佳特312柴油机油的典型数据见表4-1-49。

表4-1-49 美孚佳特312柴油机油典型数据

项目	典型值	试验方法
相对密度	0.903	ASTM D4052
倾点/℃	-18	ASTM D97
闪点/℃	246	ASTM D92
运动黏度(40℃)/(mm^2/s)	108	ASTM D445

注意事项

在没有经过试验(混溶试验)情况下，两种不同公司的船用油不允许混合使用。

生产厂家

埃克森美孚(中国)投资有限公司。

4.1.45 美孚佳特30柴油机油

产品性能

专为燃烧重油的大型柴油发动机而设计。与重油相容良好。具有优异的抗氧化性和清洁性，可防止磨损。对于因高硫份燃油而形成的强酸，有良好的中和作用。

主要用途

适用于远洋、沿海及各类型中速筒式活塞柴油机，也用于新一代大功率的二冲程或四冲程发动机。

技术参数

美孚佳特30柴油机油的典型数据见表4-1-50。

表4-1-50 美孚佳特30柴油机油典型数据

项目	典型值		试验方法
	330	430	
运动黏度/(mm^2/s) 40℃ 100℃	 105 11.8	 143 14.5	ASTM D445
黏度指数	100	100	ASTM D2270
相对密度	0.911	0.913	ASTM D4052
总碱值/(mgKOH/g)	30	30	ASTM D2896
闪点/℃	254	256	ASTM D92
倾点/℃	-9	-9	ASTM D97
硫酸盐灰分/%	4.0	4.0	ASTM D874

注意事项

在没有经过试验(混溶试验)情况下，两种不同公司的船用油不允许随便混合使用。

生产厂家

埃克森美孚(中国)投资有限公司。

4.1.46 美孚佳特40

产品性能

专为燃烧重油的大型柴油发动机而设计。与重油相容良好。具有优异的抗氧化性和清洁性，可防止磨损。对于因高硫份燃油而形成的强酸，有良好的中和作用。

主要用途

适用于远洋、沿海及各类型中速筒式活塞柴油机，也用于新一代大功率的二冲程或四冲程发动机。

技术参数

美孚佳特40柴油机油的典型数据见表4-1-51。

表4-1-51 美孚佳特40柴油机油典型数据

项目	典型值		试验方法
	340	440	
运动黏度/(mm^2/s) 40℃ 100℃	 105 145	 11.8 14.5	ASTM D445
黏度指数	100	100	ASTM D2270
相对密度	0.917	0.919	ASTM D4052
总碱值/(mgKOH/g)	40	40	ASTM D2896
闪点/℃	248	257	ASTM D92
倾点/℃	-12	-9	ASTM D97
硫酸盐灰分/%	5.3	5.3	ASTM D874

注意事项

在没有经过试验(混溶试验)情况下，两种不同公司的船用油不允许随便混合使用。

生产厂家

埃克森美孚(中国)投资有限公司。

4.1.47 美孚佳特450柴油机油

产品性能

满足燃料含硫量高达2%，并经常以慢速运转的情况。获美国通用汽车公司电机机械(E.M.D)及通用电力公司(General Electric)认可。

主要用途

适用于严苛条件下操作的大功率、涡轮增压、中速筒式活塞柴油机。

技术参数

美孚佳特450柴油机油的典型数据见表4-1-52。

表 4-1-52　美孚佳特 450 柴油机油典型数据

项目	典型值	试验方法
运动黏度/(mm^2/s) 40℃ 100℃	 143 14.3	ASTM D445
黏度指数	97	ASTM D2270
相对密度	0.906	ASTM D4052
总碱值/(mgKOH/g)	13.5	ASTM D2896
闪点/℃	274	ASTM D92
倾点/℃	-15	ASTM D97
硫酸盐灰分/%	1.7	ASTM D874

注意事项

在没有经过试验(混溶试验)情况下，两种不同公司的船用油不允许随便混合使用。

生产厂家

埃克森美孚(中国)投资有限公司。

4.1.48　美孚佳特 SP 55 柴油机油

产品性能

具有优异的高温抗氧化及热稳定性、低挥发性、重载荷运行性、防腐蚀及发动机的清洁保护性。得到 WARTSILA 的认可。

主要用途

适用于燃烧高硫燃油及低滑油消耗、高平均有效压力的现代中速柴油机，特别是燃烧高硫燃油，最新的设计带有“燃烧环”的中速发动机。

技术参数

美孚佳特 SP55 柴油机油的典型数据见表 4-1-53。

表 4-1-53　美孚佳特 SP 55 柴油机油典型数据

项目	典型值	试验方法
SAE 黏度等级	40	—
运动黏度/(mm^2/s) 40℃ 100℃	 142 14.5	ASTM D445
黏度指数	100	ASTM D2270
相对密度	0.929	ASTM D4052
总碱值/(mgKOH/g)	55	ASTM D2896
闪点/℃	244	ASTM D92

续表

项目	典型值	试验方法
倾点/℃	-12	ASTM D97
硫酸盐灰分/%	7.1	ASTM D874

注意事项

在没有经过试验(混溶试验)情况下，两种不同公司的船用油不允许随便混合使用。

生产厂家

埃克森美孚(中国)投资有限公司。

4.1.49 美孚佳特1号SHC合成柴机油

产品性能

属合成柴机油。

主要用途

适合要求极低温度下迅速起动，有高操作负荷与高操作温度，燃烧轻柴油的高、中速筒式活塞柴油机。

技术参数

美孚佳特1号SHC合成柴机油的典型数据见表4-1-54。

表4-1-54 美孚佳特1号SHC合成柴机油典型数据

项目	典型值	试验方法
SAE黏度等级	20W-40	—
运动黏度/(mm^2/s) 40℃ 100℃	 110 14.5	ASTM D445
黏度指数	110	ASTM D2270
相对密度	0.872	ASTM D4052
总碱值/(mgKOH/g)	15	ASTM D2896
闪点/℃	250	ASTM D92
倾点/℃	-54	ASTM D97
硫酸盐灰分/%	1.6	ASTM D874

注意事项

在没有经过试验(混溶试验)情况下，两种不同公司的船用油不允许随便混合使用。

生产厂家

埃克森美孚(中国)投资有限公司。

4.1.50 美孚雷霆1号2T

产品性能

能保持发动机活塞和排气阀区的高度清洁，并具有优异的高温抗磨保护性，消除了烟的产生。

抗磨性良好，可延长发动机关键零件的寿命。摩擦特性优异，提高了燃料经济性。热和氧化稳定性良好。具有特殊的发动机清洁能力及防腐蚀保护性，可延长火花塞和气门寿命，减少活塞环卡住与活塞夹紧，防止预点火问题。符合美国石油协会(API) TC、日本汽车标准化组织(JASO) FC/FD，以及 ISO E-GD/E-GC、SAE Grade 1/2 等规范要求。

生产方法

采用合成基础油与添加剂配制而成。

主要用途

推荐用于最高性能摩托车、雪地车和低机油/燃料比链锯用二冲程发动机的润滑。

技术参数

美孚雷霆 1 号 2T 的典型数据见表 4-1-55。

表 4-1-55　美孚雷霆 1 号 2T 典型数据

项目	典型值	试验方法
运动黏度/(mm^2/s) 40℃ 100℃	 90 13. 8	ASTM D 445
黏度指数	154	ASTM D 2270
硫酸盐灰分/%	0. 15	ASTM D 874
高温高剪切油黏度(150℃)/(mPa · s)	3. 17	ASTM D 4683
倾点/℃	-42	ASTM D 97
闪点/℃	110	ASTM D 92
密度(15℃)/(kg/L)	0. 884	ASTM D 4052

注意事项

存放于阴凉干燥处，勿曝晒。防止水、机械杂质及其他油品混入。换油时应将润滑系统清洗干净，以免污染新油。

生产厂家

埃克森美孚(中国)投资有限公司。

4. 1. 51　美孚 1 号™雷霆 4T 10W-40

产品性能

具有优异的发动机清洁性、高温磨损保护性和抗腐蚀性。可以提高功率输出，减少摩擦损耗，提高功率，延长发动机寿命。热及氧化稳定性良好，特别是在空冷发动机的高操作温度下，可提供油膜保护，降低积垢形成。在低环境温度下，具有良好的效润滑行，启动容易，电池系统耗用低。抗锈蚀和腐蚀性良好，关键阀门机构和轴承元件寿命更长，能提高发动机整体性能和燃料经济性。满足 API SN、SM、SL、SH、SJ 以及 MA1 2006 等技术规范。

生产方法

采用高性能合成基础油和添加剂调和而成。

主要用途

特别推荐用于高性能摩托车用四冲程摩托车发动机的润滑。

技术参数

美孚 1 号™雷霆 4T 10W-40 的典型数据见表 4-1-56。

表 4-1-56　美孚 1 号™雷霆 4T 10W-40 典型数据

项目	10W-40	试验方法
运动黏度/(mm^2/s) 40℃ 100℃	 83.5 13.0	ASTM D 445
黏度指数	155	ASTM D 2270
倾点/℃	-45	ASTM D 97
闪点/℃	212	ASTM D 92
密度(15℃)/(kg/L)	0.86	ASTM D 4052

注意事项

避免混入水和杂质。不可将本品用于二冲程发动机。

生产厂家

埃克森美孚(中国)投资有限公司。

4.1.52　壳牌爱力士 50 润滑油

产品性能

具有优异的酸中和能力，有效中和因燃烧高含硫量重油产生的强酸，减少发动机发生腐蚀磨损的可能性。在汽缸、活塞、活塞环、环槽及活塞以下空间沉积物很少。汽缸和活塞环磨损小。清洁性优异，可延长发动机维修周期。

生产方法

采用深度精制的高黏度指基础油及烷基水杨酸盐添加剂调和而成。

主要用途

适用于烧含硫量在 1.0% ~3.5% 重质燃料的低速十字头船用柴油发动机的气缸润滑。

技术参数

壳牌爱力士 50 润滑油的典型数据见表 4-1-57。

表 4-1-57　壳牌爱力士 50 润滑油典型数据

项目	典型值	试验方法
	50	
运动黏度/(mm^2/s) 40℃ 100℃	 211.0 19.6	ASTM D445
密度(15℃)/(kg/m^3)	0.936	ASTM D 4052
黏度指数	113	ASTM D2270
闪点(闭口)/ ℃	210	ASTM D92
倾点/℃	-13	ASTM D97
总碱值 (TBN)/(mgKOH/g)	70	ASTM D2896
硫酸盐灰分/%	8.5	ASTM D874

注意事项

在没有经过试验(混溶试验)情况下，两种不同公司的船用油不允许混合使用。

生产厂家

壳牌(中国)有限公司。

4.1.53 壳牌迈力耐润滑油

产品性能

具有优异的氧化稳定性和热稳定性，确保油的使用寿命长。去污性良好，可有效排斥污物，保持发动机变速箱和其他装置的清洁。抗磨损性良好，能确保涂油部件最大限度的使用寿命。容易与水分离，不会形成稳定的乳化物。达到 API CC/CD、MIL-L2104C 等技术规范要求。

生产方法

采用矿物基础油和独特的添加剂制成。

主要用途

主要作为以重油为燃料的低速，十字头船用柴油机系统润滑油。

技术参数

壳牌迈力耐润滑油的典型数据见表 4-1-58。

表 4-1-58 壳牌迈力耐润滑油典型数据

项目	典型值	试验方法
	40	
运动黏度/(mm^2/s) 40℃ 100℃	 139 14.4	ASTM D445
密度(15℃)/(kg/m^3)	0.900	ASTM D 4052
黏度指数	102	ASTM D2270
总碱值/(mgKOH/g)	8.0	ASTM D2896
闪点(开口)/℃	229	ASTM D92
倾点/ ℃	-9	ASTM D97

注意事项

在没有经过试验(混溶试验)情况下，两种不同公司的船用油不允许随便混合使用。

生产厂家

壳牌(中国)有限公司。

4.1.54 壳牌佳力雅润滑油

产品性能

具有高度的清洁和分散性，有效保持发动机活塞的清洁。能有效拟制氧化物的形成，确保油的使用寿命长久。对含硫的柴油燃烧时产生的酸性物质具有中和作用，为发动机提供良好的抗腐蚀、防锈保护。在分离机中与水和其他污染物分离迅速。总碱值 12mgKOH/g。符合 API CD、MIL-L-2104C 等技术规范。

生产方法

采用矿物基础油和降凝，抗泡沫、抗磨损、清净及分散等添加剂制成。

主要用途

适用于燃烧轻质柴油的中速筒状柴油发动机，如高效中速筒状轮船柴油发动机、轮船辅助发动机、齿轮传动系统、涡轮增压器、船尾轴和其他轮船机械上。

技术参数

壳牌佳力雅润滑油的典型数据见表4-1-59。

表4-1-59　壳牌佳力雅润滑油典型数据

项目	典型值	试验方法
	40	
运动黏度/(mm^2/s) 40℃ 100℃	 139 14.4	ASTM D445
密度(15℃)/(kg/m^3)	0.900	ASTM D4052
黏度指数	102	ASTM D2270
总碱值/(mgKOH/g)	11.5	ASTM D2896
闪点(闭口)/℃	>225	ASTM D92
倾点/℃	-18	ASTM D97
硫酸盐灰分/%	1.35	ASTM D874
FZG失效/级	11	DIN5182

注意事项

在没有经过试验(混溶试验)情况下，两种不同公司的船用油不允许随便混合使用。

生产厂家

壳牌(中国)有限公司。

4.2　液压系统

4.2.1　液压油

产品性能

液压油用于液压传动系统中作中间介质，除起传递和转换能量的作用外，同时还起着液压系统内各部间件的润滑、防腐蚀、冷却、冲洗等作用。在液压油中添加一定量的抗磨和抗极压添加剂，可以提高油品的抗磨性和抗极压性能，满足润滑要求。液压油要求具有良好的抗氧化性，以减少氧化变质形成酸性物质和沉淀物对液压设备产生不良影响，并延长油品换油期。由于液压油经过泵、阀节流口和缝隙时，要经受剧烈的剪切作用，因此要求液压油具有良好的剪切安定性。此外，液压油还要求具有良好的防锈和防腐蚀性、抗水性、抗泡沫性、空气释放性、对密封材料的适应性、过滤性、低温性、清净性等。HL液压油为精制矿油，并改善其防锈和抗氧性。HM液压油为HL油，并改善其抗磨性。HV为液压油HM油，并改善其粘温性。HS液压油为无特定难燃性的合成液。

生产方法

采用精制基础油，添加多种添加剂调和而成。

主要用途

适用于在流体静压液压系统中作为液压传动介质。

技术参数

L-HL、L-HM、L-HV和HS液压油的国家标准，分别见表4-2-1、表4-2-2、表4-2-3和表4-2-4。

表 4-2-1 HL 液压油国家标准（GB 11118.1—2011）

项目	质量指标							试验方法
黏度等级（GB/T 3141）	15	22	32	46	68	100	150	
密度（20℃）[a]/（kg/m³）	报告							GB/T 1884 和 GB/T 1885
色度/号	报告							GB/T 6540
外观	透明							目测
闪点/℃ 开口 不低于	140	165	175	185	195	205	215	GB/T 3536
运动黏度/（mm²/s） 40℃	13.5～16.5	19.8～24.2	28.8～35.2	41.4～50.6	61.2～74.8	90～110	135～165	GB/T 265
0℃ 不大于	140	300	420	780	1 400	2 560	—	
黏度指数[b] 不小于	80							GB/T 1995
倾点[c]/℃ 不高于	-12	-9	-6	-6	-6	-6	-6	GB/T 3535
酸值[d]/（以 KOH 计）/（mg/g）	报告							GB/T 4945
水分（质量分数）/% 不大于	痕迹							GB/T 260
机械杂质	无							GB/T 511
清洁度	[e]							DL/T 432 和 GB/T 14039
铜片腐蚀（100℃，3 h）/级 不大于	1							GB/T 5096
液相锈蚀（24 h）	无锈							GB/T 11143（A 法）
泡沫性（泡沫倾向/泡沫稳定性）/（mL/mL） 程序Ⅰ（24℃） 不大于	150/0							GB/T 12579
程序Ⅱ（93.5℃） 不大于	75/0							
程序Ⅲ（后 24℃） 不大于	150/0							

续表

项目	质量指标							试验方法
黏度等级(GB/T 3141)	15	22	32	46	68	100	150	
空气释放值(50℃)/min　不大于	5	7	7	10	12	15	25	SH/T 0308
密封适应性指数　不大于	14	12	10	9	7	6	报告	SH/T 0305
抗乳化性(乳化液到 3 mL 的时间)/min 54℃　不大于 82℃　不大于	 30 —	 30 —	 30 —	 30 —	 30 —	 — 30	 — 30	GB/T 7305
氧化安定性 1 000 h 后总酸值(以 KOH 计)[f]/(mg/g)　不大于 1 000 h 后油泥/mg	 — —	 2.0 报告						GB/T 12581 SH/T 0565
旋转氧弹(150℃)/min	报告	报告						SH/T 0193
磨斑直径(392 N，60 min，75℃，1 2000 r/min)/mm	报告							SH/T 0189

[a] 测定方法也包括用 SH/T 0604。
[b] 测定方法也包括用 GB/T 2541，结果有争议时，以 GB/T 1995 为仲裁方法。
[c] 用户有特殊要求时，可与生产单位协商。
[d] 测定方法也包括用 GB/T 264。
[e] 由供需双方协商确定。也包括用 NAS 1638 分级。
[f] 黏度等级为 15 的油不测定，但所含抗氧剂类型和量应与产品定型时黏度等级为 22 的试验油样相同。

表 4-2-2　HM 液压油国家标准(GB 11118.1—2011)

项　　目	质量指标										试验方法
	L-HM(高压)				L-HM(普通)						
黏度等级(GB/T 3141)	32	46	68	100	22	32	46	68	100	150	
密度[a](20℃)/(kg/m³)	报告				报告						GB/T 1884 和 GB/T 1885
色度/号	报告				报告						GB/T 6540
外观	透明				透明						目测
闪点/℃ 开口　不低于	175	185	195	205	165	175	185	195	205	215	GB/T 3536
运动黏度/(mm²/s) 40℃	28.8 ~ 35.2	41.4 ~ 50.6	61.2 ~ 74.8	90 ~ 110	19.8 ~ 24.2	28.8 ~ 35.2	41.4 ~ 50.6	61.2 ~ 74.8	90 ~ 110	135 ~ 165	GB/T 265
0℃　不大于	—	—	—	—	300	420	780	1 400	2 560	—	
黏度指数[b]　不小于	95				85						GB/T 1995
倾点[c]/℃　不高于	-15	-9	-9	-9	-15	-15	-9	-9	-9	-9	GB/T 3535
酸值[d](以 KOH 计)/(mg/g)	报告				报告						GB/T 4945
水分(质量分数)/%　不大于	痕迹				痕迹						GB/T 260
机械杂质	无				无						GB/T 511
清洁度	[e]				[e]						DL/T 432 和 GB/T 14039
铜片腐蚀(100℃, 3 h)/级　不大于	1				1						GB/T 5096
硫酸盐灰分/%	报告				报告						GB/T 2433
液相锈蚀(24 h) A 法	—				无锈						GB/T 11143
B 法	无锈				—						

续表

项　　目	质 量 指 标										试 验 方 法
	L-HM(高压)				L-HM(普通)						
黏度等级(GB/T 3141)	32	46	68	100	22	32	46	68	100	150	
泡沫性(泡沫倾向/泡沫稳定性)/(mL/mL) 程序Ⅰ(24℃)　不大于 程序Ⅱ(93.5℃)　不大于 程序Ⅲ(后24℃)　不大于	150/0 75/0 150/0				150/0 75/0 150/0						GB/T 12579
空气释放值(50℃)/min　不大于	6	10	13	报告	5	6	10	13	报告	报告	SH/T 0308
抗乳化性(乳化液到3 mL的时间)/min 54℃　不大于 82℃　不大于	30 —	30 —	30 —	— 30	30 —	30 —	30 —	30 —	— 30	— 30	GB/T 7305
密封适应性指数　不大于	12	10	8	报告	13	12	10	8	报告	报告	SH/T 0305
氧化安定性 1 500 h后总酸值(以KOH计)/(mg/g)　不大于 1 000 h后总酸值(以KOH计)/(mg/g)　不大于 1 000 h后油泥/mg	2.0 — 报告				— 2.0 报告						GB/T 12581 GB/T 12581 SH/T 0565
旋转氧弹(150℃)/min	报告				报告						SH/T 0193

续表

项目	质量指标										试验方法
	L-HM(高压)				L-HM(普通)						
黏度等级(GB/T 3141)	32	46	68	100	22	32	46	68	100	150	
抗磨性 齿轮机试验[f]/失效级不小于	10	10	10	10	—	10	10	10	10	10	SH/T 0306
抗磨性 叶片泵试验(100 h，总失重)[f]/mg 不大于	—	—	—	—	100	100	100	100	100	100	SH/T 0307
抗磨性 磨斑直径(392 N，60 min，75℃，1 200 r/min)/mm	报告				报告						SH/T 0189
抗磨性 双泵(T6H20C)试验[f]											附录 A
叶片和柱销总失重/mg 不大于	15				—						
柱塞总失重/mg 不大于	300										
水解安定性											SH/T 0301
铜片失重/(mg/cm²) 不大于	0.2				—						
水层总酸度(以 KOH 计)/mg 不大于	4.0				—						
铜片外观	未出现灰、黑色				—						
热稳定性(135℃，168 h)											SH/T 0209
铜棒失重/(mg/200 mL) 不大于	10				—						
钢棒失重/(mg/200 mL)	报告				—						
总沉渣重/(mg/100 mL) 不大于	100				—						
40℃运动黏度变化率/%	报告				—						
酸值变化率/%	报告				—						
铜棒外观	报告				—						
钢棒外观	不变色				—						

续表

项　　目	质量指标										试验方法
	L-HM(高压)				L-HM(普通)						
黏度等级(GB/T 3141)	32	46	68	100	22	32	46	68	100	150	
过滤性/s 无水　　不大于 2%水[g]　　不大于	 600 600				 — —						SH/T 0210
剪切安定性(250次循环后,40℃运动黏度下降率)/%　　不大于	1				—						SH/T 0103

[a] 测定方法也包括用SH/T 0604。

[b] 测定方法也包括用GB/T 2541。结果有争议时，以GB/T 1995为仲裁方法。

[c] 用户有特殊要求时，可与生产单位协商。

[d] 测定方法也包括用GB/T 264。

[e] 由供需双方协商确定。也包括用NAS 1638分级。

[f] 对于L-HM(普通)泊，在产品定型时，允许只对L-HM 22(普通)进行叶片泵试验，其他各黏度等级油所含功能剂类型和量应与产品定型时L-HM 22(普通)试验油样相同。对于L-HM(高压)油，在产品定型时，允许只对L-HM 32(高压)进行齿轮机试验和双泵试验，其他各黏度等级油所含功能剂类型和量应与产品定型时L-HM 32(高压)试验油样相同。

[g] 有水时的过滤时间不超过无水时的过滤时间的两倍。

表 4-2-3　HV 液压油国家标准(GB 11118.1—2011)

项　目	质量指标							试验方法
黏度等级(GB/T 3141)	10	15	22	32	46	68	100	
密度[a](20℃)/(kg/m³)	报告							GB/T 1884 和 GB/T 1885
色度/号	报告							GB/T 6540
外观	透明							目测
闪点/℃ 开口　不低于 闭口　不低于	— 100	125 —	175 —	175 —	180 —	180 —	190 —	GB/T 3536 GB/T 261
运动黏度(40℃)/(mm²/s)	9.00～11.0	13.5～16.5	19.8～24.2	28.8～35.2	41.4～50.6	61.2～74.8	90～110	GB/T 265
运动黏度 1 500mm²/s 时的温度/℃　不高于	-33	-30	-24	-18	-12	-6	0	GB/T 265
黏度指数[b]　不小于	130	130	140	140	140	140	140	GB/T 1995
倾点[c]/℃　不高于	-39	-36	-36	-33	-33	-30	-21	GB/T 3535
酸值[d](以 KOH 计)/(mg/g)	报告							GB/T 4945
水分(质量分数)/%　不大于	痕迹							GB/T 260
机械杂质	无							GB/T 511
清洁度	[e]							DL/T 432 和 GB/T 14039
铜片腐蚀(100℃，3 h)/级　不大于	1							GB/T 5096
硫酸盐灰分/%	报告							GB/T 2433
液相锈蚀(24 h)	无锈							GB/T 11143(B 法)
泡沫性(泡沫倾向/泡沫稳定性)/(mL/mL) 程序Ⅰ(24℃)　不大于 程序Ⅱ(93.5℃)　不大于 程序Ⅲ(后 24℃)　不大于	 150/0 75/0 150/0							GB/T 12579

续表

项目		质量指标							试验方法
黏度等级(GB/T 3141)		10	15	22	32	46	68	100	
空气释放值(50℃)/min 不大于		5	5	6	8	10	12	15	SH/T 0308
抗乳化性(乳化液到 3 mL 的时间)/min 54℃ 不大于 82℃ 不大于		 30 —	 30 —	 30 —	 30 —	 30 —	 30 —	 — 30	GB/T 7305
剪切安定性(250 次循环后，40℃运动黏度下降率)/% 不大于		10							SH/T 0103
密封适应性指数 不大于		报告	16	14	13	11	10	10	SH/T 0305
氧化安定性 1 500 h 后总酸值(以 KOH 计)[f]/(mg/g) 不大于 1 000 h 后油泥/mg		 — —	 — —	 2.0 报告					GB/T 12581 SH/T 0565
旋转氧弹(150℃)/min		报告	报告	报告					SH/T 0193
抗磨性	齿轮机试验[g]/失效级 不小于	—	—	—	10	10	10	10	SH/T 0306
	磨斑直径(392 N，60 min，75℃，1 200 r/min)/mm	报告							SH/T 0189
	双泵(T6H20C)试验[g] 叶片和柱销总失重/mg 不大于 柱塞总失重/mg 不大于	 — —	 — —	 — —	 15 300				附录 A

续表

项目	质量指标							试验方法
黏度等级(GB/T 3141)	10	15	22	32	46	68	100	
水解安定性								SH/T 0301
铜片失重/(mg/cm^2)　不大于	0.2							
水层总酸度(以 KOH 计)/mg　不大于	4.0							
铜片外观	未出现灰、黑色							
热稳定性(135℃，168 h)								SH/T 0209
铜棒失重/(mg/200 mL)　不大于	10							
钢棒失重/(mg/200 mL)	报告							
总沉渣重/(mg/100 mL)　不大于	100							
40℃运动黏度变化/%	报告							
酸值变化率/%	报告							
铜棒外观	报告							
钢棒外观	不变色							
过滤性/s								SH/T 0210
无水　不大于	600							
2% 水[h]　不大于	600							

[a] 测定方法也包括用 SH/T 0604。

[b] 测定方法也包括用 GB/T 2541。结果有争议时，以 GB/T 1995 为仲裁方法。

[c] 用户有特殊要求时，可与生产单位协商。

[d] 测定方法也包括用 GB/T 264。

[e] 由供需双方协商确定。也包括用 NAS 1638 分级。

[f] 黏度等级为 10 和 15 的油不测定，但所含抗氧剂类型和量应与产品定型时黏度等级为 22 的试验油样相同。

[g] 在产品定型时，允许只对 L-HV 32 油进行齿轮机试验和双泵试验，其他各黏度等级所含功能剂类型和量应与产品定型时黏度等级为 32 的试验油样相同。

[h] 有水时的过滤时间不超过无水时的过滤时间的两倍。

表 4-2-4　HS 液压油国家标准(GB 11118.1—2011)

项　目		质量指标					试验方法
黏度等级(GB/T 3141)		10	15	22	32	46	
密度[a](20℃)/(kg/m³)		报告					GB/T 1884 和 GB/T 1885
色度/号		报告					GB/T 6540
外观		透明					目测
闪点/℃							GB/T 3536 GB/T 261
开口	不低于	—	125	175	175	180	
闭口	不低于	100	—	—	—	—	
运动黏度(40℃)/(mm²/s)		9.00～11.0	13.5～16.5	19.8～24.2	28.8～35.2	41.4～50.6	GB/T 265
运动黏度 1 500mm²/s 时的温度/℃	不高于	-39	-36	-30	-24	-18	GB/T 265
黏度指数[b]	不小于	130	130	150	150	150	GB/T 1995
倾点[c]/℃	不高于	-45	-45	-45	-45	-39	GB/T 3535
酸值[d](以 KOH 计)/(mg/g)		报告					GB/T 4945
水分(质量分数)/%	不大于	痕迹					GB/T 260
机械杂质		无					GB/T 511
清洁度		[e]					DL/T 432 和 GB/T 14039
铜片腐蚀(100℃，3 h)/级	不大于	1					GB/T 5096
硫酸盐灰分/%		报告					GB/T 2433
液相锈蚀(24 h)		无锈					GB/T 11143(B 法)
泡沫性(泡沫倾向/泡沫稳定性)/(mL/mL)							GB/T 12579
程序Ⅰ(24℃)	不大于	150/0					
程序Ⅱ(93.5℃)	不大于	75/0					
程序Ⅲ(后 24℃)	不大于	150/0					

续表

项目	质量指标					试验方法
黏度等级(GB/T 3141)	10	15	22	32	46	
空气释放值(50℃)/min 不大于	5	5	6	8	10	SH/T 0308
抗乳化性(乳化液到 3 mL 的时间)/min 54℃ 不大于	30					GB/T 7305
剪切安定性(250 次循环后，40℃运动黏度下降率)/% 不大于	10					SH/T 0103
密封适应性指数 不大于	报告	16	14	13	11	SH/T 0305
氧化安定性 1 500 h 后总酸值(以 KOH 计)[f]/(mg/g) 不大于 1 000 h 后油泥/mg	— —	— —	2.0 报告			GB/T 12581 SH/T 0565
旋转氧弹(150℃)/min	报告	报告	报告			SH/T 0193
抗磨性 齿轮机试验[g]/失效级 不小于	—	—	—	10	10	SH/T 0306
抗磨性 磨斑直径(392 N，60 min，75℃，1 200 r/min)/mm	报告					SH/T 0189
抗磨性 双泵(T6H20C)试验[g] 叶片和柱销总失重/mg 不大于 柱塞总失重/mg 不大于	— —	— —	— —	15 300		附录 A
水解安定性 铜片失重/(mg/cm^2) 不大于 水层总酸度(以 KOH 计)/mg 不大于 铜片外观	0.2 4.0 未出现灰、黑色					SH/T 0301

续表

项目		质量指标					试验方法
黏度等级(GB/T 3141)		10	15	22	32	46	
热稳定性(135℃，168 h)							SH/T 0209
铜棒失重/(mg/200 mL)	不大于			10			
钢棒失重/(mg/200 mL)				报告			
总沉渣重/(mg/100 mL)	不大于			100			
40℃运动黏度变化率/%				报告			
酸值变化率/%				报告			
铜棒外观				报告			
钢棒外观				不变色			
过滤性/s							SH/T 0210
无水	不大于			600			
2% 水[h]	不大于			600			

[a] 测定方法也包括用 SH/T 0604。

[b] 测定方法也包括用 GB/T 2541。结果有争议时，以 GB/T 1995 为仲裁方法。

[c] 用户有特殊要求时，可与生产单位协商。

[d] 测定方法也包括用 GB/T 264。

[e] 由供需双方协商确定。也包括用 NAS 1638 分级。

[f] 黏度等级为 10 和 15 的油不测定，但所含抗氧剂类型和量应与产品定型时黏度等级为 22 的试验油样相同。

[g] 在产品定型时，允许只对 L-HS 32 进行齿轮机试验和双泵试验，其他各黏度等级油所含功能剂类型和量应与产品定型时黏度等级为 32 的试验油样相同。

[h] 有水时的过滤时间不超过无水时的过滤时间的两倍。

注意事项

应存放阴凉干燥处，勿曝晒。严防水、机械杂质等污物以及其他油品混入混入油中。

生产厂家

中国石化润滑油有限公司、中国石油天然气股份有限公司润滑油分公司、江苏龙蟠石化有限公司、路路达润滑油(无锡)有限公司 、大庆引航石化有限公司、北京中润华油石油化工有限公司、山东零公里石油化工有限公司、江苏高科石化有限公司、沈阳奥吉娜化工有限公司、福建莱克石化有限公司、西安石油大佳润实业有限公司、江苏惠源高级润滑油有限公司、浙江丹弗王力润滑油有限公司、壳牌统一(北京)石油化工有限公司、青岛康普顿科技股份有限公司、玉柴马石油润滑油公司、天津日石润滑油脂有限公司、山西日本能源润滑油有限公司、壳牌(中国)有限公司、埃克森美孚(中国)投资公司、道达尔(中国)有限公司、嘉实多(深圳)有限公司、BP(中国)投资有限公司、福斯(中国)油品有限公司。

4.2.2　电厂用磷酸酯抗燃油

产品性能

外观透明、均匀，新油略呈淡黄色。自燃点高，一般在530℃以上。具有较高的电阻率，不会造成伺服阀腐蚀。氧化安定性、泡沫性良好。清洁度高，不会引起伺服阀的磨损、卡涩而引起的被迫停机事故。

生产方法

采用磷酸酯调和制得。

主要用途

适用于作为大型汽轮机调速系统以及小汽轮机高压旁路系统的液压介质。

技术参数

电厂用磷酸酯抗燃油包括新磷酸酯抗燃油和运行中磷酸酯抗燃油，该油品电力行业标准分别见表4-2-5和表4-2-6。

表4-2-5　新磷酸酯抗燃油电力行业标准(DL/T 571—2007)

项　目	指标	试验方法
外　观	无色或淡黄，透明	DL/T 429.1
密度(20℃)/(g/cm^3)	1.13～1.17	GB/T 1884
运动黏度(40℃)/(mm^2/s)	41.4～50.6	GB/T 265
倾　点/℃　≤	-18	GB/T 3535
闪　点/℃　≥	240	GB/T 3536
自燃点/℃　≥	530	DL/T 706
颗粒污染度(NAS 1638)/级　≤	6	DL/T 432
水　分/(mg/L)　≤	600	GB/T 7600

续表

项　目		指标	试验方法
酸　值/(mgKOH/g)　≤		0.05	GB/T 264
氯含量/(mg/kg)　≤		50	DL/T 433
泡沫特性/(mL/mL)	24℃　≤	50/0	GB/T 12579
	93.5℃　≤	10/0	
	24℃　≤	50/0	
电阻率(20℃)/(Ω·cm)　≥		1×10^{10}	DL/T 421
空气释放值(50℃)/min　≤		3	SH/T 0308
水解安定性	油层酸值增加/(mgKOH/g)　≤	0.02	SH/T 0301
	水层酸度/(mgKOH/g)　≤	0.05	
	铜试片失重(mg/cm²)　≤	0.008	

[a] 按 ISO 3448—1992 规定，磷酸酯抗燃油属于 VG46 级。

[b] NAS 1638 颗粒污染度分级标准见本标准附录 D。

表 4-2-6　运行中磷酸酯抗燃油电力行业标准（DL/T 571—2007）

项　目	指标	试验方法
外　观	透明	DL/T 429.1
密度 20℃/(g/cm³)	1.13～1.17	GB/T 1884
运动黏度(40℃，ISO VG46)/(mm²/s)	39.1～52.9	GB/T 265
倾　点/℃　≤	-18	GB/T 3535
闪　点/℃　≥	235	GB/T 3536
自燃点/℃　≥	530	DL/T 706
颗粒污染度(NAS 1638)/级　≤	6	DL/T 432

续表

项　目			指标	试验方法
水　分/（mg/L）		≤	1000	GB/T 7600
酸　值/（mgKOH/g）		≤	0.15	GB/T 264
氯含量/（mg/kg）		≤	100	DL/T 433
泡沫特性/（mL/mL）	24℃	≤	200/0	GB/T 12579
	93.5℃	≤	40/0	
	24℃	≤	200/0	
电阻率（20℃）/（Ω·cm）		≥	6×10^9	DL/T 421
矿物油含量/%		≤	4	本标准附录 C
空气释放值（50℃）/min		≤	10	SH/T 0308

注意事项

应存放阴凉干燥处，勿曝晒。严防水、机械杂质等污物以及其他油品混入混入油中。

生产厂家

天津滨海化工有限公司。

4.2.3　水-乙二醇液压液

产品性能

低温性、黏温性和对橡胶的适应性较好，难燃性较好，但比 HFDR 液差。具有优良的抗燃性，良好的防锈性、稳定性和润滑性。在接近高温、高压工作环境下具有良好的防火安全性。黏度指数高，能有效避免冷启动和气穴现象所带来的问题。对大多数橡胶适应性好，使用寿命长，对人体无伤害，对环境影响小。

生产方法

采用水和乙二醇为基础液，并加有油性、抗氧、防锈、抗泡等多种添加剂调制而成。

主要用途

广泛应用于有明火、高温环境下运行的液压系统。主要适用于钢铁、煤矿、轻工、化工、机械加工、塑料加工业中需要防火的液压系统，如炼焦炉门、拦焦车、压铸机、炉顶料钟、挤压机、转炉烟罩升降机构、锻压机、电炉启盖、倾料机构、铸造机、钢水包滑动水口、连铸机、热轧机、焊接机器人、塑料挤出机、自动焊接夹具、表面电镀机、玻璃成形机等。使用温度-20～55℃。

技术参数

水-乙二醇液压液的国家标准见表 4-2-7。

表 4-2-7　水-乙二醇液压液国家标准(GB/T 21449—2008)

项　　目		质　量　指　标				试　验　方　法
黏度等级(按 GB/T 3141)		22	32	46	68	—
运动黏度(40℃)/(mm^2/s)		19.8～24.2	28.8～35.2	41.4～50.6	61.2～74.8	GB/T 265
外观		清澈透明[a]				目测
水分(质量分数)/%	不小于	35				SH/T 0246
倾点/℃		报告				GB/T 3535
泡沫特性(泡沫倾向/泡沫稳定性)/(mL/mL)						GB/T 12579
25℃	不大于	300/10				
50℃	不大于	300/10				
25℃	不大于	300/10				
空气释放值(50℃)/min	不大于	20	20	25	25	SH/T 0308
pH 值(20℃)		8.0～11.0				ISO 20843
剪切安定性：						SH/T 0505
黏度变化率(20℃)/%		报告				
黏度变化率(40℃)/%		报告				
剪切前后 pH 值变化	不大于	±1.0				ISO 20843
剪切前后水分变化/%	不大于	8				SH/T 0246
抗腐蚀性(35℃±1℃，672 h±2 h)[b]		通过				SH/T 0752
密度(20℃)/(kg/m^3)		报告				GB/T 1884，GB/T 1885 或 GB/T 2540 或 SH/T 0604
橡胶相容性(60℃/168 h)：						GB/T 14832
丁腈橡胶(NBR 1)						
体积变化率/%	不大于	7				
硬度变化	不小于/不大于	-7/+2				
拉伸强度变化率/%		报告				
扯断伸长率变化率/%		报告				
芯式燃烧持久性		通过				SH/T 0785
歧管燃烧试验		通过				SH/T 0567
喷射燃烧试验		[c]				ISO 15029-1
老化特性：						ISO 4263-2
pH 值增长		[c]				
不溶物/%		[c]				
四球机试验：						
最大无卡咬负荷 P_B 值/N		[c]				GB/T 3142
磨斑直径(1 200 r/min，294 N，30 min，常温)/mm		[c]				SH/T 0189
FZG 齿轮机试验		[c]				SH/T 0306

注：本产品一般以配好的成品供应。根据 GB/T 16898 难燃液压液使用导则，使用温度一般为-20～50℃。

续表

项　　目	质　量　指　标	试　验　方　法
[a] 用一个直径大约 10 cm 的干净玻璃容器盛装水-乙二醇型难燃液压液，并在室温可见光下观察，外观应是清澈透明的，并且无可见的颗粒物质。 [b] 抗腐蚀试验所用的金属试片由生产单位和使用单位协商确定。若仅使用铜片，可采用 GB/T 5096 石油产品铜片腐蚀试验法(条件为 T_2 铜片，50℃，3 h)测定，作为出厂检验项目，不大于 1 级为通过。 [c] 指标值由供应者和使用者协商确定。		

注意事项

不能使用于具有铅、锡、镁、锌、镉或这些金属的化合物，如焊锡的系统中。以免腐蚀金属并造成液压液快速变质。为了保证抗燃性，必须保持液压液总的水含量。应添加蒸馏水、去离子水或冷凝水。一般情况下，开式油箱不超过 55℃，闭式油箱不超过 65℃。

生产厂家

中国石化润滑油有限公司、中油南充石化有限公司、本溪陆博化工有限公司、烟台恒鑫化工科技有限公司、壳牌统一(北京)石油化工有限公司、湖北白洪石油化工有限公司、上海禾泰特种润滑科技股份有限公司、上海德润宝特种润滑剂有限公司、好富顿(深圳)有限公司、壳牌(中国)有限公司、BP(中国)投资有限公司、埃克森美孚(中国)投资公司。

4.2.4 10 号航空液压油

产品性能

外观为红色透明液体。具有良好的低温稳定性，较低的凝点和较小的低温黏度。还具有优良的热安定性和氧化安定性。

生产方法

由直馏轻质馏分油，经脱蜡及深度精制，并加有增粘剂、抗氧剂及染色剂，但不得加有降凝剂。

主要用途

适用于航空液压机构的工作液，也可作为类似工作环境的其他液压机构的工作液。

技术参数

10 号航空液压油石化行业标准见表 4-2-8。

表 4-2-8　10 号航空液压油(SH 0358—1995)

项　　目		质　量　指　标	试　验　方　法
外观		红色透明液体	目　测
运动黏度/(mm^2/s)			GB/T 265
50℃	不小于	10	
-50℃	不大于	1 250	
腐蚀(70±2℃，24 h)/级	不大于	2	GB/T 5096
初馏点/℃	不低于	210	GB/T 6536
酸值/(mgKOH/g)	不大于	0.05	GB/T 264 ①
闪点(开口)/℃	不低于	92	GB/T 267
凝点/℃	不高于	-70	GB/T 510
水分/(mg/kg)	不大于	60	GB/T 11133

续表

项　　目		质 量 指 标	试 验 方 法
机械杂质/%		无	GB/T 511
水溶性酸或碱		无	GB/T 259
油膜质量(65℃±1℃, 72 h)		合格	②
低温稳定性(-60℃±1℃, 72 h)		合格	附录 A
超声波剪切(40℃运动黏度下降率)/% 不大于		16	SH/T 0505
氧化安定性(140℃, 60 h)			SH/T 0208
a. 氧化后运动黏度/(mm^2/s)			
50℃	不小于	9.0	
-50℃	不大于	1 500	
b. 氧化后酸值/(mgKOH/g)	不大于	0.15	
c. 腐蚀度/(mg/cm^2)			
钢片	不大于	±0.1	
铜片	不大于	±0.15	
铝片	不大于	±0.15	
镁片	不大于	±0.1	
密度(20℃)/(kg/m^3)	不大于	850	GB/T 1884 及 GB/T 1885

注：①用95%乙醇(分析纯)抽提，用0.1%溴麝香草酚蓝作指示剂。
②油膜质量的测定；将清洁的玻璃片浸入试油中取出，垂直地放在恒温器中干燥，在65℃±1℃下保持4 h，然后在15～25℃下冷却30～45 min，观察在整个表面上油膜不得呈现硬的粘滞状。

注意事项

在贮存和使用中，严防水分、杂质混入。

生产厂家

中国石油克拉玛依石化公司、无锡玉炼润滑油添加剂有限公司。

4.2.5 长城 AE 液压油

产品性能

具有较高的清洁度等级，可有效降低机械故障发生的频率。抗磨损性能优异，能有效防止液压元件的磨损。水分离性良好，可使油水迅速分离，避免油品乳化。低温启动性能和高温油膜保持性良好。空气释放性和抗泡沫特性良好，使运行中的油品中的气泡快速释放并快速消泡。倾点较低，具有良好地低温流动性能。产品符合 GB 11118 .1，ISO 11158 L-HM、Cincinnati P68、P70、P69，Parker-benison HF-0 规格要求。

生产方法

采用深度精制高品质基础油和进口优质复合添加剂调和而成。

主要用途

适用于高温、高压液压系统，移动设备和工业设备的液压系统，以及对清洁度有要求的各类设备高压液压系统的润滑与密封。

技术参数

长城 AE 液压油的典型数据见表 4-2-9。

表 4-2-9 长城 AE 液压油典型数据

项目	典型值				试验方法
	32	46	68	100	
运动黏度(40℃)/(mm^2/s)	33.2	45.88	68.5	99.1	GB/T 265
黏度指数	119	120	118	116	GB/T 2541
倾点/℃	-39	-33	-33	-27	GB/T 3535
清洁度/级	9	9	9	9	NAS 1683

注意事项

避免与矿物油型液压油混合使用。应定期检测油品中水含量，以免降低抗燃性。一般情况下，开式油箱不宜超过 55℃，闭式油箱不宜超过 65℃。温度过高，水分蒸发过度，会导致液压黏度增大，影响使用效果。

生产厂家

中国石化润滑油有限公司。

4.2.6 长城 AE-K 液压油

产品性能

具有优良的极压、抗磨损性能，可有效延长泵及系统的运转寿命。过滤性优异，可最大限度地减少过滤器堵塞。橡胶适应性良好，能有效保护密封材料，防止泄漏。还具有良好的水分离性能、黏温性能及剪切安定性。产品获得川崎重工(KHI)认可。

生产方法

采用深度精制的高品质基础油和添加剂调合而成。

主要用途

广泛适用于工业、移动式工程机械机械设备等高压液压系统，特别适用于采用 KPM 液压元件的工程机械液压系统。

技术参数

长城 AE-K 液压油的典型数据见表 4-2-10。

表 4-2-10 长城 AE-K 液压油典型数据

项目	典型值	试验方法
运动黏度(40℃)/(mm^2/s)	45.9	GB/T 265
黏度指数	112	GB/T 2541
闪点(开口)/℃	246	GB/T 3536
倾点/℃	-36	GB/T 3535
清洁度/级	9	NAS 1683

注意事项

避免与矿物油型液压油混合使用。应定期检测油品中水含量，以免降低抗燃性。一般情况下，开式油箱不宜超过 55℃，闭式油箱不宜超过 65℃。温度过高，水分蒸发过度，会导致液压黏度增大，影响使用效果。

生产厂家

中国石化润滑油有限公司。

4.2.7 长城 4632 酯型难燃液压油

产品性能

属于无毒、可生物降解的新一代绿色润滑剂。闪点、燃点高，阻燃性能好。黏度指数高，使用温度范围宽。与金属、非金属材料具有较好的适应性。生物降解率高，属于无毒、可生物降解的新一代绿色润滑剂。可作为磷酸酯型抗燃液压油的替代品。

生产方法

采用特定结构的合成油为基础油，并加有抗氧、防腐蚀和润滑等添加剂制成。

主要用途

适用于钢铁行业连铸生产线液压系统和高炉、拆炉机、热轧厂、铸造厂、钢水包阀、电站、煤矿等要求抗燃、安全性的液压系统。可替代磷酸酯型抗燃液压油。使用温度范围-20～130℃。

技术参数

长城 4632 酯型难燃液压油的典型数据见表表 4-2-11。

表 4-2-11　长城 4632 酯型难燃液压油典型数据

项目	32	46	68	100	试验方法
运动黏度/(mm^2/s) 40℃ 100℃	28.8～35.2 ≮7.0	41.4～50.6 ≮9.0	61.2～74.8 ≮11.0	90～110 ≮13.0	GB/T 265
黏度指数	≮180				GB/T 2541
闪点/℃	≮270				GB/T 3536
燃点/℃	≮300				GB/T 3536
岐管着火试验	通过				SH/T 0567

注意事项

本产品替代矿油液压油时，系统中矿油含量应小于5%；替代水基抗燃液压油时，系统中水含量应小于0.2%，替代磷酸酯和其他酯型抗燃液压油时，应注意相容性和密封件的适应性。

生产厂家

中国石化润滑油有限公司。

4.2.8 美孚 DTE™ 20 系列液压油

产品性能

具有优异的抗氧化性，可延长油品及滤油器的更换周期。可减低磨损，减少设备故障。能防止液压系统内部腐蚀，降低系统内湿气的作用。水分分离性良好，在受少量水污染的系统中，仍能正常作业。符合 DIN 51524-2 2006-09 要求，并获得 Vickers I-286-S、Vickers M-2950-S、Denison HF-0、Husky HS 207 等认可。

生产方法

采用基础油，调以能够中和运作中产生的腐蚀性物质的添加剂制成。

主要用途

适用于受沉淀物沉积影响重大的液压系统，如精密的数字控制机械、特别是采用低间隙伺服阀门系统。

技术参数

美孚 DTE 20 液压油的典型数据见表 4-2-12。

表 4-2-12　美孚 DTE 20 液压油典型数据

项目	21	22	24	25	26	27	28	试验方法
ISO 等级	10	22	32	46	68	100	150	—
运动黏度/(mm^2/s) 40℃ 100℃	 10.0 2.74	 21.0 4.5	 31.5 5.29	 44.2 6.65	 71.2 8.53	 95.3 10.9	 142.8 14.28	ASTM D445
黏度指数	98	98	98	98	98	98	98	ASTM D2270
密度(15℃)/(kg/L)	0.845	0.860	0.871	0.876	0.881	0.887	0.895	ASTM D1298
铜片腐蚀试验(3h，100℃)/级	1B	1B	1B	1B	1B	1B	1B	ASTM D130
锈蚀试验	合格	合格	合格	合格	合格	合格	合格	ASTM D665B
倾点/℃	-30	-30	-27	-27	-21	-21	-15	ASTM D97
闪点/℃	174	200	220	232	236	248	276	ASTM D92
泡沫试验(Ⅰ，Ⅱ，Ⅲ)/mL	20/0	20/0	20/0	20/0	20/0	20/0	20/0	ASTM D892

注意事项

储存及使用过程中避免进水及杂质。使用前应放掉其他油并将系统清洗干净，严禁与其他油品混用。

生产厂家

埃克森美孚(中国)投资有限公司。

4.2.9　美孚 DTE 超凡系列液压油

产品性能

防腐蚀性优异，可为严苛液压应用中的铜合金，例如高压轴向活塞泵，提供独特的防腐蚀保护。与金属加工工艺应用中的冷却介质具有很好的相容性。具有良好的抗高温性，抗氧化性及热稳定性，可延长油品和过滤器更换周期。具有高抗磨性和高的油膜强度。破乳化性良好，能在具有少量进水的系统中正常工作，并能迅速地将大部分的水分离。具有优异过滤器寿命，可减少维护和产品处置费用。能够通过水生生物毒性试验(LC-50，OECD 203)，同时最大限度减少沉积物的形成。产品符合 DIN 51524-2：2006-09、DIN 51524-3：2006-09、ISO 11158 L-HV、JCMAS HK VG32W（JCMAS P 041：2004)、JCMAS HK VG46W（JCMAS P 041：2004)、Bosch-Rexroth RE 90220-01、Arburg、Krauss-Maffei Kunststofftechnik 等规格要求。

生产方法

采用高品质基础油和无灰分抗磨添加剂配制而成。

主要用途

适用于高压、高输出泵工作在严苛条件下的液压系统，以及其他液压系统元件例如紧公差伺服阀和高精度数控(NC)机械工具等场合。

技术参数

美孚 DTE 超凡系列液压油的典型数据见表 4-2-13。

表 4-2-13　美孚 DTE 超凡系列液压油典型数据

项目	22	32	46	68	100	150	试验方法
运动黏度/(mm^2/s) 40℃ 100℃	 22.4 5.07	 32.7 6.63	 45.6 8.45	 68.4 11.17	 99.8 13.00	 155.6 17.16	ASTM D445
黏度指数	164	164	164	156	127	120	ASTM D2270
Brookfiled 黏度计黏度 /(mPa · s) -20℃ -30℃ -40℃	 - - 6390	 1090 3360 14240	 1870 7060 55770	 3990 16380 —	 11240 57800 —	 34500 - —	ASTM D2983
圆锥滚子轴承黏度损失/%	5	5	7	11	7	7	CEC L-45-A-99
密度（15℃)/(kg/L)	0.8418	0.8468	0.8502	0.8626	0.8773	0.8821	ASTM D4052
铜片腐蚀(100℃，3h)/级	1B	1B	1B	1B	1B	1B	ASTM D130
FZG 齿轮试验/级	—	12	12	12	12	12	DIN 51354
倾点/℃	-54	-54	-45	-39	-33	-30	ASTM D97
闪点/℃	224	250	232	240	258	256	ASTM D92
泡沫试验(Ⅰ, Ⅱ, Ⅲ)/(mL/mL)	20/0	20/0	20/0	20/0	20/0	20/0	ASTM D 892
介电强度/kV	54	49	41	—	—	—	ASTM D877
急性水生生物毒性（LC-50）	通过	通过	通过	通过	通过	通过	OECD 203

注意事项

储存及使用过程中避免进水及杂质。使用前应放掉其他油并将系统清洗干净，严禁与其他油品混用。

生产厂家

埃克森美孚(中国)投资有限公司。

4.2.10　美孚 SHC 500 合成抗磨液压油

产品性能

黏度指数高，在系统油温高达 120℃或低至-30℃条件下仍能正常操作。与可比矿物油基产品相比，有助于在更高温度与更低温度下实现设备的保护功能，并可延长润滑油与过滤器的更换间隔，同时确保清洁系统无故障操作。满足丹尼逊（Denison)HF-0、HF-1、HF-2 等规格要求。

生产方法

采用合成基础油与添加剂系统相调配而成。

主要用途

适用于高压及低压，采用齿轮泵、活塞泵或叶片泵的液压系统。

技术参数

美孚 SHC 500 合成抗磨液压油的典型数据见表 4-2-14。

表 4-2-14　美孚 SHC 500 合成抗磨液压油典型数据

项目	524	525	526	527	试验方法
ISO 黏度等级	32	46	68	100	
运动黏度/(mm^2/s) 40℃ 100℃	32 6.4	46 8.54	68 11.52	100 15.94	ASTM D445
Brookfield 黏度(-18℃)/(mPa·s)	923	1376	2385	4500	ASTM D2983
黏度指数	144	154	158	160	ASTM D2270
密度(15℃)/(kg/L)	0.852	0.8514	0.8535	0.8576	ASTM D4052
铜片腐蚀(100℃，3h)/级	1B.	1B.	1B.	1B.	ASTM D130
防锈性	通过	通过	通过	通过	ASTM D665B
FZG 齿轮试验/级	11	11	11	11	DIN 51354
倾点/℃	-56	-54	-53	-52	ASTM D97
闪点(开口)/℃	234	238	240	243	ASTM D92
泡沫试验(Ⅰ，Ⅱ，Ⅲ)/mL	50/0	50/0	50/0	50/0	ASTM D893
乳化(82℃，至 3mL 乳胶)/min	20	20	20	20	ASTM D1401

注意事项

储存及使用过程中避免进水及杂质。使用前应放掉其他油并将系统清洗干净，严禁与其他油品混用。

生产厂家

埃克森美孚(中国)投资有限公司。

4.2.11　美孚 EAL 224H 环保液压油

产品性能

容易被生物分解，不含毒性。具有优良的抗磨，油膜强度高。适合在一般及苛刻情况下操作的液压系统。通过 Vickers V-104C、35VQ25 及多种不同的活塞泵试验，符合 Hagglunds-Denision HF-O 及 TP 30283A 叶片泵试验的要求。

生产方法

采用高黏度指数的植物油及添加剂配制而成。

主要用途

适合工业用、船用及车用，包括高压系统，附有伺服阀门的系统及所有自动化机械设备等，也用于一般要求 ISO VG32 及 46 黏度及轻微极压的齿轮传动系统。

技术参数

美孚 EAL 224H 环保液压油的典型数据见表 4-2-15。

表 4-2-15 美孚 EAL 224H 环保液压油典型数据

项目	32	试验方法
运动黏度/(mm^2/s) 40℃ 100℃	 36.8 8.3	ASTM D445
黏度指数	212	ASTM D2270
相对密度	0.921	ASTM D4052
倾点/℃	-34	ASTM D97
闪点/℃	294	ASTM D92

注意事项

储存及使用过程中避免进水及杂质。使用前应放掉其他油并将系统清洗干净，严禁与其他油品混用。

生产厂家

埃克森美孚(中国)投资有限公司。

4.2.12 壳牌得力士 S 液压油

产品性能

具有良好的抗氧、化抗腐蚀和热稳定性，使用寿命长，可延长机器维护周期。液压泵抗磨损性优异。在叶片泵试验(IP281)中，零件失重值小于 20mg，在活塞泵试验(Lucas PM500，210bar，3000rpm，80℃)中，500 小时后滑块失重为 0.25g。过滤性能好，可节约购置过滤器的费用。可有效克服机器处于低负载和慢运作状态下造成的“爬行”现象，从而使液压缸柱塞运作平稳。分水性和空气释放性优良。可满足 Cincinnati Milacron P68-70，Denison HF-0，Rexroth，Viclers M-2952-S（泵抗磨试验)、M-2950-S（移动系统)、1-286-S(工业系统)，Frank Mohn，DIN 51524 第二部分等规格要求。

生产方法

采用矿物基础油与无锌抗磨添加剂等调制而成。

主要用途

广泛用于工业、航运和移动液压及传动系统中，还可作为润滑油广泛用于不同工业机械上，如齿轮传动器、轴承、工具机械、纺织机械和真空泵等。

技术参数

壳牌得力士 S 液压油的典型数据见表 4-2-16。

表 4-2-16 壳牌得力士 S 液压油典型数据

项目	S46	S68	试验方法
黏度级别	46	68	
ISO 分类	HM	HM	—
运动黏度/(mm^2/s) 40℃ 100℃	 46 6.97	 68 8.93	ASTM D445
黏度指数	108	105	ASTM D2270
密度(15℃)/(kg/L)	0.876	0.883	ASTM D4052

续表

项目	S46	S68	试验方法
闪点(开口)/℃	212	222	ASTM D92
倾点/℃	-30	-30	ASTM D97

注意事项

储存及使用过程中避免进水及杂质。使用前应放掉其他油并将系统清洗干净，严禁与其他油品混用。

生产厂家

壳牌(中国)有限公司。

4.2.13 壳牌得力士T液压油

产品性能

黏度指数改进剂具有高剪切稳定性，能确保油的黏度在重负荷和长时间的工作条件下保持稳定。抗磨损性优异，泵和系统的使用寿命长久。过滤性好。在出现水和钙质类污染物时，能最大限度地减少过滤器堵塞，节约用于购置精细过滤器的费用。“爬行”性优良。在液压缸运用先进的密封材料时，可有效克服机器处于低负载或低速运转状态，容易造成“爬行”现象。防腐蚀性良好，对钢铁和有色金属可提供长期抗腐蚀保护。空气释放性良好，避免产生气穴和气蚀。分水性良好。可满足Cincinnati Milacron P68-70，Denison HF-0，Rexroth，Viclers M-2952-S（泵抗磨试验）、M-2950-S（移动系统）、1-286-S(工业系统)，Frank Mohn，DIN 51524 第二部分等规格要求。

生产方法

采用优质矿物基础油和黏度指数改进剂、抗磨剂、抗腐蚀剂、抗氧化剂、降凝剂和抗泡剂等制成。

主要用途

适用于液压及传递系统，特别是在那些温度变化范围大或要求黏度受温度影响小的场合，也可用于普通负载的齿轮传动器、轴承和其他机械部件的润滑。

技术参数

壳牌得力士T液压油的典型数据见表4-2-17。

表4-2-17　壳牌得力士T液压油典型数据

项目	S46	S68	试验方法
黏度级别	46	68	—
ISO 分类	HM	HM	—
运动黏度/(mm^2/s)			ASTM D445
40℃	46	68	
100℃	6.97	8.93	
黏度指数	108	105	ASTM D2270
密度(15℃)/(kg/L)	0.876	0.883	ASTM D4052
闪点(开口)/℃	212	222	ASTM D92
倾点/℃	-30	-30	ASTM D97

注意事项

储存及使用过程中避免进水及杂质。使用前应放掉其他油并将系统清洗干净，严禁与其他油品混用。

生产厂家

壳牌(中国)有限公司。

4.2.14 壳牌爱乐施 C46 防火液压液

产品性能

剪切稳定性优异，其黏度在较长的使用内变化极小。抗磨损性优良。在通常的液压系统工作温度下，抗磨损性接近于抗磨矿物基础液压油。防火性好。与除软木、皮革以外的一般与矿物油相容的密封材料相适应。

生产方法

水、乙二醇调和而成，含有抗磨，防腐蚀和抗氧化等添加剂。

主要用途

特别适合于火灾极易发生的液压系统，如采矿业及冶金业中的连铸机、高炉等的液压系统。

技术参数

壳牌爱乐施 C46 防火液压液的典型数据见表 4-2-18。

表 4-2-18 壳牌爱乐施 C46 防火液压液典型数据

项目	C46	试验方法
ISO 流体类型	HFC	—
外观	黄色透明液体	目测
运动黏度/(mm^2/s)		ASTM D445
-20℃	2100	
0℃	344	
20℃	94	
40℃	40	
50℃	27	
65℃	16.5	
黏度指数(估计值)	140	ASTM D2270
密度(15℃)/(kg/L)	1.084	ASTM D4052
倾点/ ℃	-18	ASTM D97

注意事项

一般情况下，开式油箱不超过 55℃，闭式油箱不超过 65℃。

生产厂家

壳牌(中国)有限公司。

4.2.15 壳牌爱乐施 DR46 防火液压液

产品性能

具有优异的氧化稳定性和水解稳定性。

生产方法

采用三芳基磷酸酯并加入抗氧化、防水解、抗腐蚀等添加剂制成。

主要用途

适用于有防火要求的冶金及采矿行业中的液压和传动系统，如电弧炉、连铸机、钢坯卸料机、锻压及等火灾危险性大的液压系统。

技术参数

壳牌爱乐施 DR46 防火液压液的典型数据见表 4-2-19。

表 4-2-19　壳牌爱乐施 DR46 防火液压液典型数据

项目	DR46	试验方法
ISO 流体类型	HFD-R	—
运动黏度/(mm^2/s) 0℃ 40℃ 50℃ 100℃	 1600 43 26 5.3	ASTM D445
黏度指数	150	ASTM D2270
密度(15℃)/(kg/L)	1.125	ASTM D4052
倾点/℃	-18	ASTM D97

注意事项

应存放阴凉干燥处，勿曝晒。严防水、机械杂质等污物以及其他油品混入混入油中。

生产厂家

壳牌(中国)有限公司。

4.3　齿轮

4.3.1　普通车辆齿油

产品性能

具有良好的润滑性和抗磨性。在齿轮表面上可形成牢固的油膜，有良好的低温流动性。

生产方法

采用精致基础油，加入抗氧剂、防锈剂、抗泡剂和少量极压剂调配而成。

主要用途

适用于中等速度、负荷较苛刻的手动变速器及螺旋伞齿轮的润滑，不能用于双曲线齿轮装置的润滑。

技术参数

普通车辆齿油的石化行业标准见表 4-3-1。

表 4-3-1　普通车辆齿轮油石化行业标准(SH 0350—1992)

项　目		质量指标			试验方法
		80W-90	85W-90	90	
运动黏度(100℃)/(mm^2/s)		15～19	15～19	15～19	GB/T 265
表观黏度为 150Pa·s 时温度/℃	不高于	-26	-12	—	GB/T 11145
黏度指数		—	—	90	GB/T 1995
倾点/ ℃	不高于	-28	-18	-10	GB/T 3535
闪点(开口)/℃	不低于	170	180	190	GB/T 267

续表

项　目		质量指标			试验方法
		80W-90	85W-90	90	
水分/%	不大于	痕迹			GB/T 260
锈蚀试验 15 号钢棒 A 法		无锈			GB/T 11143
起泡性/(mL/mL) 24℃±0.5 93℃±0.5 后 24℃±0.5	不大于	 100/10 100/10 100/10			GB/T 12579
铜片腐蚀试验(100℃，3h)/级	不大于	1			GB/T 5096
最大无卡咬负荷(P_B)/kg	不小于	80			GB/T 3142
糠醛或酚含量(未加剂)		无			GB/T 504
机械杂质/%	不大于	0.05	0.02	0.02	GB/T 511
残炭(未加剂)/% 酸值(未加剂)/(mgKOH/g) 氯含量/% 锌含量/% 硫酸盐灰分/%		报告 报告 报告 报告 报告			GB/T 268 GB/T 4945 SH/T 0161 SH/T 0226 GB/T 2433

注意事项

存放在油品库内或放置通风干燥处。应轻装轻卸，严禁猛烈撞击。防止桶裂，防止阳光及雨雪的辐射，防止雨淋，严禁烟火及使用明火。

生产厂家

中国石化润滑油有限公司、中国石油天然气股份有限公司润滑油分公司、江苏龙蟠石化有限公司、路路达润滑油(无锡)有限公司 、大庆引航石化有限公司、北京中润华油石油化工有限公司、山东零公里石油化工有限公司、江苏高科石化有限公司、沈阳奥吉娜化工有限公司、福建莱克石化有限公司、西安石油大佳润实业有限公司、江苏惠源高级润滑油有限公司。

4.3.2　中负荷车辆齿轮油

产品性能

具有良好的流动性、抗擦伤性、抗锈蚀性及承载能力。符合 API GL-4 质量要求。

生产方法

采用精制矿油加抗氧剂、防锈剂、抗泡剂和极压剂等制成。

主要用途

适用于在低速高转矩、高速低转矩下操作的手动变速器箱、螺旋伞齿轮、特别是各种车用的准双曲面齿轮的润滑，以及规定使用(GL-4)质量水平的后桥主减速器。

技术参数

中负荷车辆齿轮油的交通行业标准见表 4-3-2。

表 4-3-2　中负荷车辆齿轮油交通行业标准(JT/T 224—2008)

项　　目		技术要求			试验方法
		90	85W-90	80W-90	
运动黏度(100℃)/(mm^2/s)		13.5~24.0	13.5~24.0	13.5~24.0	GB/T 265
黏度指数	≥	75	—	—	GB/T 2541
表观黏度达 150Pa·s 时的温度/℃	≤	—	-12	-26	GB/T 11145
闪点(开口)/℃	≥	180	180	165	GB/T 267
倾点/℃	≤	-10	-15	-27	GB/T 3535
机械杂质/%	≤	0.05	0.05	0.05	GB/T 511
水分	≤	痕迹	痕迹	痕迹	GB/T 260
铜片腐蚀(121℃, 3h)	≤	3b	3b	3b	GB/T 5096
锈蚀试验(15 号钢棒)		无锈	无锈	无锈	GB/T 11143 A 法
泡沫倾向性/泡沫稳定性/(mL/mL)	24℃±0.5℃　≤	100/0	100/0	100/0	GB/T 12579
	93℃±0.5℃　≤	100/0	100/0	100/0	
	后 24℃±0.5℃　≤	100/0	100/0	100/0	
磷含量/%		报告	报告	报告	SH/T 0296
硫含量/%		报告	报告	报告	GB/T 387

注意事项

存放在油品库内或放置通风干燥处。应轻装轻卸，严禁猛烈撞击。防止桶裂，防止阳光及雨雪的辐射，防止雨淋，严禁烟火及使用明火。

生产厂家

中国石化润滑油有限公司、中国石油天然气股份有限公司润滑油分公司、江苏龙蟠石化有限公司、路路达润滑油(无锡)有限公司 、大庆引航石化有限公司、北京中润华油石油化工有限公司、山东零公里石油化工有限公司、江苏高科石化有限公司、沈阳奥吉娜化工有限公司、福建莱克石化有限公司、西安石油大佳润实业有限公司、江苏惠源高级润滑油有限公司、浙江丹弗王力润滑油有限公司、壳牌统一(北京)石油化工有限公司、青岛康普顿科技股份有限公司、玉柴马石油润滑油公司、天津日石润滑油脂有限公司、山西日本能源润滑油有限公司、壳牌(中国)有限公司、埃克森美孚(中国)投资公司、道达尔(中国)有限公司、嘉实多(深圳)有限公司、BP(中国)投资有限公司、福斯(中国)油品有限公司。

4.3.3　重负荷车辆齿轮油

产品性能

具有很好的流动性，抗擦伤性能，抗锈蚀性能及承载能力。质量与美国石油会 APIGL-5 相当。

生产方法

采用深度精制基础油，加入具有抗氧、抗腐、极压抗磨、降凝、消泡等多种功能添加剂调制而成。

主要用途

适用于在高速冲击负荷、高速低扭矩和低速高扭矩工况下使用的车辆齿轮，尤其是配有双曲线齿轮车辆的润滑。

技术参数

重负荷车辆齿轮油国家标准见表 4-3-3。

表 4-3-3　重负荷车辆齿轮油国家标准(GB 13895—1992)

项　　目	质量指标						试验方法
黏度等级	75W	80W-90	85W-90	85W-140	90	140	—
运动黏度(100℃)/(mm^2/s)	≥4. 1	13. 5 ~ <24. 0	13. 5 ~ <24. 0	24. 0 ~ <41. 0	13. 5 ~ <24. 0	24. 0 ~ 41. 0	GB/T 265
倾点/℃	报告	报告	报告	报告	报告	报告	GB/T 3535
表观黏度达 150Pa · s 时的温度/℃　不高于	-40	-26	-12	-12	—	—	GB/T 11145
闪点(开)/℃　不低于	150	165	165	180	180	200	GB/T 3536
成沟点/℃　不高于	-45	-35	-20	-20	-17. 8	-6. 7	SH/T 0030
黏度指数　不低于	报告	报告	报告	报告	75	75	GB/T 2541
起泡性(泡沫倾向)/mL 24℃　不大于 93. 5℃　不大于 后 24℃　不大于	 20 50 20						GB/T 12579
腐蚀试验(铜片, 121℃, 3h)/级　不大于	3						GB/T 5096
机械杂质/%　不大于	0. 05						GB/T 511
水分/%　不大于	痕迹						GB/T 260
戊烷不溶物/%	报告						GB/T 8926A 法
硫酸盐灰分/%	报告						GB 2433
硫/%	报告						GB/T 387、GB/T 388 GB/T 11140 SH/T 0172①

续表

项　　目		质量指标	试验方法
磷/%		报告	SH/T 0296
氮/%		报告	SH/T 0224
钙/%		报告	SH/T 0270②
贮存稳定性			SH/T 0037
液体沉淀物/%(体积分数)	不大于	0.5	
固体沉淀物/%(质量分数)	不大于	0.25	
锈蚀性试验③			SH/T 0517
盖板锈蚀面积/%	不大于	1	
齿面，轴承及其他部件锈蚀情况	不大于	无锈	
抗擦伤试验③		通过	SH/T 0159④
承载能力试验③		通过	SH/T 0518⑤
热氧化稳定性③			
100℃运动黏度增长/%	不大于	100	GB/T 265
戊烷不溶物/%	不大于	3	GB/T 8926A 法
甲苯不溶物/%	不大于	2	GB/T 8926A 法

注：①生产单位可根据添加配方不同选择适合的测定方法。
②如果有其他金属，应该测定并报告实测结果，允许用原子吸收光谱测定。
③保证项目，每五年评定一次。
④75W 油在进行抗擦伤试验时，程度Ⅱ(高速)在 79℃开始进行，程度Ⅳ(冲击)在 93℃下开始进行。喷水冷却，最大温升不大于 5.5～8.3℃。
⑤75W 油在进行承载能力试验时，高速低扭矩在 104℃下进行，低速高扭矩在 93℃下进行。

注意事项

存放在油品库内或放置通风干燥处。应轻装轻卸，严禁猛烈撞击。防止桶裂，防止阳光及雨雪的辐射，防止雨淋，严禁烟火及使用明火。

生产厂家

中国石化润滑油有限公司、中国石油天然气股份有限公司润滑油分公司、江苏龙蟠石化有限公司、路路达润滑油(无锡)有限公司 、大庆引航石化有限公司、北京中润华油石油化工有限公司、山东零公里石油化工有限公司、江苏高科石化有限公司、沈阳奥吉娜化工有限公司、福建莱克石化有限公司、西安石油大佳润实业有限公司、江苏惠源高级润滑油有限公司、浙江丹弗王力润滑油有限公司、壳牌统一(北京)石油化工有限公司、青岛康普顿科技股份有限公司、玉柴马石油润滑油公司、天津日石润滑油脂有限公司、山西日本能源润滑油有限公司、壳牌(中国)有限公司、埃克森美孚(中国)投资公司、道达尔(中国)有限公司、嘉实多(深圳)有限公司、BP(中国)投资有限公司、福斯(中国)油品有限公司。

4.3.4 工业闭式齿轮油

产品性能

CKB 抗氧化防锈型普通工业齿轮油，具有较好的抗氧化、防锈、抗泡、抗乳化性能要求。CKC 极压型中负荷工业齿轮油比 CKB 具有较好的抗磨性。CKD 极压型重负荷工业齿轮油比 CKC 具有更好的抗磨性和热氧化安定性。

生产方法

采用深度精制矿物油或合成油馏分为基础油，加入功能添加剂调制而成。

主要用途

CKB 闭式工业齿轮油适用于齿应力小于 500N//mm^2，最大滑动速度与速度之比 $Vg/V<1/3$，一般负荷的螺旋齿轮、斜齿轮，在不高于 70℃ 温度下操作的一般齿轮和低速低负荷的涡轮涡杆润滑。CKC 闭式工业齿轮油适用于一般中重负荷、冲击载荷齿轮装置的润滑，如矿山、化工、机械、建材等行业齿轮传动。CKD 闭式工业齿轮油适用于重载荷、反复冲击载荷的齿轮装置润滑，如冶金、电力、矿山、化纤、化肥、水泥等工业设备。

技术参数

CKB 工业闭式齿轮油的国家标准见表 4-3-4，CKC 工业闭式齿轮油的国家标准见表 4-3-5，CKD 工业闭式齿轮油的国家标准见表 4-3-6。

表 4-3-4 CKB 工业闭式齿轮油国家标准(GB 5903—2011)

项　目		质量指标				试验方法
黏度等级(GB/T 3141)		100	150	220	320	
运动黏度(40℃)/(mm^2/s)		90.0～110	135～165	198～242	288～352	GB/T 265
黏度指数	不小于	90				GB/T 1995[a]
闪点(开口)/℃	不低于	180	200			GB/T 3536
倾点/℃	不高于	-8				GB/T 3535
水分(质量分数)/%	不大于	痕迹				GB/T 260
机械杂质(质量分数)/%	不大于	0.01				GB/T 511
铜片腐蚀(100℃，3h)/级	不大于	1				GB/T 5096
液相锈蚀(24h)		无锈				GB/T 11143(B法)
氧化安定性 总酸值达 2.0 mgKOH/g 的时间/h	不小于	750		500		GB/T 12581

续表

项　　目	质量指标				试验方法
黏度等级(GB/T 3141)	100	150	220	320	
旋转氧弹(150℃)/min	报告				SH/T 0193
泡沫性(泡沫倾向/泡沫稳定性)/(mL/mL)					GB/T 12579
程序Ⅰ(24℃)　不大于	75/10				
程序Ⅱ(93.5℃)　不大于	75/10				
程序Ⅲ(后24℃)　不大于	75/10				
抗乳化性(82℃)					GB/T 8022
油中水(体积分数)/%　不大于	0.5				
乳化层/mL　不大于	2.0				
总分离水/mL　不小于	30.0				

[a]测定方法也包括 GB/T 2541。结果有争议时，以 GB/T 1995 为仲裁方法。

表 4-3-5　CKC 工业闭式齿轮油国家标准(GB 5903—2011)

项　　目	质量指标											试验方法
黏度等级(GB/T 3141)	32	46	68	100	150	220	320	460	680	1000	1500	
运动黏度(40℃)/(mm²/s)	28.8~35.2	41.4~50.6	61.2~74.8	90.0~110	135~165	198~242	288~352	414~506	612~748	900~1100	1350~1650	GB/T 265
外观	透明											目测[a]
运动黏度(100℃)/(mm²/s)	报告											GB/T 265
黏度指数　不小于	90								85			GB/T 1995[b]
表观黏度达 150000 mPa·s 时的温度/℃												GB/T 11145
倾点/℃　不高于	-12				-9				-5			GB/T 3535
闪点(开口)/℃　不低于	180			200								GB/T 3536
水分(质量分数)/%　不大于	痕迹											GB/T 260
机械杂质(质量分数)/%　不大于	0.02											GB/T 511
泡沫性(泡沫倾向/泡沫稳定性)/(mL/mL)												GB/T 12579
程序Ⅰ(24℃)　不大于	50/0									75/10		
程序Ⅱ(93.5℃)　不大于	50/0									75/10		
程序Ⅲ(后24℃)　不大于	50/0									75/10		
铜片腐蚀(100℃，3h)/级　不大于	1											GB/T 5096
抗乳化性(82℃)												GB/T 8022
油中水(体积分数)/%　不大于	2.0							2.0				
乳化层/mL　不大于	1.0							4.0				
总分离水/mL　不小于	80.0							50.0				
液相锈蚀(24h)	无锈											GB/T 11143(B法)
氧化安定性(95℃，312 h)												SH/T 0123
100℃运动黏度增长/%　不大于	6											
沉淀值/mL　不大于	0.1											

续表

项　　目	质量指标											试验方法
黏度等级（GB/T 3141）	32	46	68	100	150	220	320	460	680	1000	1500	
极压性能（梯姆肯试验机法） OK 负荷值/N（lb）　　不小于	200（45）											GB/T 11144
承载能力 齿轮机试验/失效级　　不小于	10		12			>12						SH/T 0306
剪切安定性（齿轮机法） 剪切后 40℃运动黏度/（mm^2/s）	在黏度等级范围内											SH/T 0200

[a] 取 30～50 mL 样品，倒入洁净的量筒中，室温下静置 10 min 后，在常光下观察。

[b] 测定方法也包括 GB/T 2541。结果有争议时，以 GB/T 1995 为仲裁方法。

[c] 此项目根据客户要求进行检测。

表 4-3-6　CKD 工业闭式齿轮油国家标准（GB 5903—2011）

项　　目	质量指标								试验方法
黏度等级（GB/T 3141）	68	100	150	220	320	460	680	1000	
运动黏度（40℃）/（mm^2/s）	61.2～74.8	90.0～110	135～165	198～242	288～352	414～506	612～748	900～1100	GB/T 265
外观	透明								目测[a]
运动黏度（100℃）/（mm^2/s）	报告								GB/T 265
黏度指数　　不小于	90								GB/T 1995[b]
表观黏度达 150000 mPa·s 时的温度/℃	[c]								GB/T 11145
倾点/℃　　不高于	-12		-9				-5		GB/T 3535
闪点（开口）/℃　　不低于	180	200							GB/T 3536
水分（质量分数）/%　　不大于	痕迹								GB/T 260
机械杂质（质量分数）/%　　不大于	0.02								GB/T 511
泡沫性（泡沫倾向/泡沫稳定性）/（mL/mL） 程序Ⅰ（24℃）　　不大于 程序Ⅱ（93.5℃）　　不大于 程序Ⅲ（后 24℃）　　不大于	 50/0 50/0 50/0							 75/10 75/10 75/10	GB/T 12579
铜片腐蚀（100℃，3h）/级　　不大于	1								GB/T 5096
抗乳化性（82℃） 油中水（体积分数）/%　　不大于 乳化层/mL　　不大于 总分离水/mL　　不小于	 2.0 1.0 80.0							 2.0 4.0 50.0	GB/T 8022
液相锈蚀（24h）	无锈								GB/T 11143（B 法）
氧化安定性（121℃，312h） 100℃运动黏度增长/%　　不大于 沉淀值/mL　　不大于	 6 0.1							 报告 报告	SH/T 0123

续表

项　　目	质量指标								试验方法
黏度等级(GB/T 3141)	68	100	150	220	320	460	680	1000	
极压性能(梯姆肯试验机法) OK 负荷值/N(lb)　　不小于	267(60)								GB/T 11144
承载能力 齿轮机试验/失效级　　不小于	12			>12					SH/T 0306
剪切安定性(齿轮机法) 剪切后 40℃运动黏度/(mm^2/s)	在黏度等级范围内								SH/T 0200
四球机试验 烧结负荷(P_D)/N(kgf)　　不小于 综合磨损指数/N(kgf)　　不小于	2450(250) 441(45)								GB/T 3142
磨斑直径(196N，60min，54℃，1800r/min)/mm　　不大于	0.35								SH/T 0189

[a] 取 30～50mL 样品，倒入洁净的量筒中，室温下静置 10min 后，在常光下观察。
[b] 测定方法也包括 GB/T 2541。结果有争议时，以 GB/T 1995 为仲裁方法。
[c] 此项目根据客户要求进行检测。

注意事项

运输、储存中避免靠近火源和高温，避免水分灰尘及机械杂质混入。首次加油前，要对油箱及管路彻底清洗，按规定量加油。油量减少时，按规定补油，严防混油。

生产厂家

中国石化润滑油有限公司、中国石油天然气股份有限公司润滑油分公司、江苏龙蟠石化有限公司、路路达润滑油(无锡)有限公司 、大庆引航石化有限公司、北京中润华油石油化工有限公司、山东零公里石油化工有限公司、江苏高科石化有限公司、沈阳奥吉娜化工有限公司、福建莱克石化有限公司、西安石油大佳润实业有限公司、江苏惠源高级润滑油有限公司、浙江丹弗王力润滑油有限公司、壳牌统一(北京)石油化工有限公司、青岛康普顿科技股份有限公司、玉柴马石油润滑油公司、天津日石润滑油脂有限公司、山西日本能源润滑油有限公司、壳牌(中国)有限公司、埃克森美孚(中国)投资公司、道达尔(中国)有限公司、嘉实多(深圳)有限公司、BP(中国)投资有限公司、福斯(中国)油品有限公司。

4.3.5　合成工业齿轮油

产品性能

根据基础油类型不同分为合成烃型合成工业齿轮油和聚醚型合成工业齿轮油两大类，根据不同工况分为中负荷和重负荷系列。SCKC 表示中负荷合成烃型合成工业齿轮油，SCKD 表示重负荷合成烃型合成工业齿轮油，GCKC 表示中负荷聚醚型合成工业齿轮油，GCKD 表示重负荷聚醚型合成工业齿轮油。

生产方法

采用合成油为基础油，加入防锈、抗氧、极压抗磨等多种类型添加剂调制而成。

主要用途

适用于各种工业闭式齿轮传动装置的润滑。

技术参数

合成烃型合成工业齿轮油石化行业标准见表 4-3-7，聚醚型合成工业齿轮油石化行业标准见表 4-3-8。

表 4-3-7　合成工业齿轮油石化行业标准(NB/SH/T 0467—2010)

项　　目	质量指标															试验方法
品　　种	L-SCKC								L-SCKD							
黏度等级(按 GB/T 3141)	68	100	150	220	320	460	680	1000	100	150	220	320	460	680	1000	—
外观	均匀、透明，无可见悬浮物和污染物								均匀、透明，无可见悬浮物和污染物							目测
运动黏度(40℃)/(mm²/s)	61.2~74.8	90~110	135~165	198~242	288~352	414~506	612~748	900~1100	90~110	135~165	198~242	288~352	414~506	612~748	900~1100	GB/T 265
黏度指数　不小于	130								130							GB/T 1995
表观黏度达 150000mPa·s 时的温度/℃	报告								报告							GB/T 11145
倾点/℃　不高于	-40	-36	-30	-30	-30	-24	-24	-24	-36	-30	-30	-30	-24	-24	-24	GB/T 3535
闪点(开口)/℃　不低于	210	220	220	230	230	230	230	230	220	220	230	230	230	230	230	GB/T 3536
水分/%(体积分数)　不大于	痕迹								痕迹							GB/T 260
机械杂质/%(质量分数)　不大于	0.02								0.02							GB/T 511
泡沫特性(泡沫倾向/稳定性)/(mL/mL) 24℃　不大于 93.5℃　不大于 后 24℃　不大于	 50/0 50/0 50/0								 50/0 50/0 50/0							GB/T 12579
铜片腐蚀(100℃，3h)/级　不大于	1								1							GB/T 5096
液相锈蚀试验(B 法)	无锈								无锈							GB/T 11143

续表

项目	质量指标															试验方法
品种	L-SCKC								L-SCKD							
黏度等级(按 GB/T 3141)	68	100	150	220	320	460	680	1000	100	150	220	320	460	680	1000	—
抗乳化性(82℃)																GB/T 8022
油中水(体积分数)/% 不大于	2.0								2.0							
乳化层/mL 不大于	1.0								1.0							
总分离水/mL 不小于	80								80							
氧化安定性(312h)																SH/T 0123
95℃																
100℃运动黏度增长/% 不大于	6								—							SH/T 0024
沉淀值/mL 不大于	0.1								—							
121℃																
100℃运动黏度增长/% 不大于	—								6							SH/T 0024
沉淀值/mL 不大于	—								0.1							
承载能力(四球法)																GB/T 3142
烧结负荷 P_D/N 不小于	—								2450							
综合磨损指数/N 不小于	—								441							
抗磨损性能(四球机法)																
磨斑直径(1800r/min，196N，60min，54℃)/mm 不大于	—								0.35							SH/T 0189
承载能力(FZG 或 CL-100 齿轮机法)																SH/T 0306
失效级 不小于	9								12							

表 4-3-8　聚醚型合成工业齿轮油石化行业标准(NB/SH/T 0467—2010)

项　目		质量指标															试验方法
品　种		L-GCKC								L-GCKD							
黏度等级(按 GB/T 3141)		68	100	150	220	320	460	680	1000	100	150	220	320	460	680	1000	—
外观		均匀，透明，无可见悬浮物和污染物								均匀、透明，无可见悬浮物和污染物							目测
运动黏度(40℃)/(mm^2/s)		61.2~74.8	90~110	135~165	198~242	288~352	414~506	612~748	900~1100	90~110	135~165	198~242	288~352	414~506	612~748	900~1100	GB/T 265
黏度指数	不小于	160	170	180	190	200	220	220	220	170	180	190	200	220	220	220	GB/T 1995
表观黏度达 150000mPa·s 时的温度/℃		报告								报告							GB/T 11145
倾点/℃	不高于	-40	-36	-30	-30	-30	-24	-24	-24	-36	-30	-30	-30	-24	-24	-24	GB/T 3535
闪点(开口)/℃	不低于	210	220	220	230	230	230	230	230	220	220	230	230	230	230	230	GB/T 3536
水分/%(体积分数)		报告								报告							GB/T 260
机械杂质/%(质量分数)	不大于	0.02								0.02							GB/T 511
泡沫特性(泡沫倾向/稳定性)/(mL/mL)																	GB/T 12579
24℃	不大于	50/0								50/0							
93.5℃	不大于	50/0								50/0							
后 24℃	不大于	50/0								50/0							
铜片腐蚀(100℃，3h)/级	不大于	1								1							GB/T 5096
液相锈蚀试验(A 法)		无锈								无锈							GB/T 11143
氧化安定性(312h)																	SH/T 0123
95℃																	
100℃运动黏度增长/%	不大于	报告								—							
121℃																	
100℃运动黏度增长/%	不大于	—								报告							
承载能力(四球机法)																	GB/T 3142
烧结负荷 P_D/N	不小于	—								2450							
综合磨损指数/N	不小于	—								441							
抗磨损性能(四球机法)																	SH/T 0189
磨斑直径(1800r/min，196N，60min，54℃)/mm	不大于	—								0.35							
承载能力(FZG 或 CL-100 齿轮机法)																	SH/T 0306
失效级	不小于	报告								12							

注意事项

在使用过程中应防止局部过热和油温在100℃以上时长期运转。

生产厂家

中国石化润滑油有限公司。

4.3.6 蜗轮蜗杆油

产品性能

蜗轮蜗杆传动是齿轮传动的类型之一，其轴线相交，具有结构紧凑、变速比大、噪音低，但其机械运动以滑动摩擦为主，极难形成油楔，易产生干擦伤、划痕、烧结、磨损等。蜗轮蜗杆油具有润滑性好、抗擦伤性强（针对CKE/P蜗轮蜗杆油）、良好的防锈防腐性能、较强的抗氧化能力等特点。CKE为复合型蜗轮蜗杆油，CKE/P为极压型蜗轮蜗杆油。

生产方法

采用精制润滑油馏分或合成油为基础油，加入油性、抗氧、防锈等多种添加剂调制而成。

主要用途

CKE蜗轮蜗杆油主要用于铜-钢配对的圆柱型和双包围等类型的承受轻负荷、传动中平稳无冲击的蜗轮蜗杆副，包括该设备的齿轮及滑动轴承、气缸、离合器等部件的润滑，及在潮湿环境下工作的其他机械设备的润滑。CKE/P蜗轮蜗杆油主要用于铜-钢配对的圆柱型承受重负荷，传动中有振动和冲击的蜗轮蜗杆副，包括该设备的齿轮和直齿圆柱齿轮等部件的润滑，及其他机械设备的润滑。

技术参数

蜗轮蜗杆油的石化行业标准见表4-3-9。

注意事项

运输、储存中避免靠近火源和高温，避免水分灰尘及机械杂质混入。首次加油前，要对油箱及管路彻底清洗，按规定量加油。油量减少时，按规定补油，严防混油。

生产厂家

中国石化润滑油有限公司、中国石油天然气股份有限公司润滑油分公司、壳牌统一（北京）石油化工有限公司、天津日石润滑油脂有限公司、江苏高科石化股份有限公司。

4.3.7 普通开式齿轮油

产品性能

具有良好的粘附性、抗水性和氧化安定性，并具有良好的润滑性和防护性。

生产方法

采用矿物油馏分为基础油，并添加防锈等添加剂及适量沥青质而制得。

主要用途

适用于冶金、采矿、化工、建筑工业及野外工程机械的各种开放式齿轮传动装置，特别是各种粉碎机、球磨机、提升机、挖掘机的大型传动齿轮和转向齿轮，也用于各种齿圈、齿条、链齿轮和钢丝绳的润滑。

技术参数

CKH普通开式齿轮油的石化行业标准见表4-3-10。

注意事项

运输、储存中避免靠近火源和高温，避免水分灰尘及机械杂质混入。首次加油前，要对油箱及管路彻底清洗，按规定量加油。油量减少时，按规定补油，严防混油。

生产厂家

中国石化润滑油有限公司、鞍山海华油脂化学有限公司。

表 4-3-9　蜗轮蜗杆油石化行业标准(SH 0094—1991)

项　　目	质量指标																				试验方法
品　　种	L-CKE										L-CKE/P										
质量等级	一级品					合格品					一级品					合格品					
黏度等级(按 GB 3141)	220	320	460	680	1000	220	320	460	680	1000	220	320	460	680	1000	220	320	460	680	1000	
运动黏度(40℃)/(mm^2/s)	198~242	288~352	414~506	612~748	900~1100	198~242	288~352	414~506	612~748	900~1000	198~242	288~352	414~506	612~748	900~1100	198~242	288~352	414~506	612~748	900~1100	GB 265
闪点(开口)/℃　不低于	200	200	220	220	220	180	180	180	180	180	200	200	220	220	220	180	180	180	180	180	GB 3536
黏度指数　不小于	90					90					90					90					GB 1995
倾点/℃　不高于	-6					-6					-12					-6					GB 3535
水溶性酸或碱	无					无					—					—					GB 259
机械杂质/%　不大于	0.02					0.05					0.02					0.05					GB 511
水分/%　不大于	痕迹					痕迹					痕迹					痕迹					GB 260
中和值/(mgKOH/g)　不大于	1.3					1.3					1.0					1.3					GB 4945
皂化值/(mgKOH/g)	9~25					5~25					不大于25					不大于25					GB 8021
腐蚀试验(铜片，100℃，3h)/级　不大于	1					1					1					1					GB 5096
液相锈蚀试验：蒸馏水	无锈					无锈					—					无锈					GB 11143
合成海水	—					—					无锈					—					
沉淀值/mL　不大于	0.05					0.05					—					—					SH/T 0024

续表

项　　目	质量指标				试验方法
品　　种	L-CKE		L-CKE/P		
质量等级	一级品	合格品	一级品	合格品	
硫含量/%　不大于	1.00	1.00	1.25	1.25	SY 2688
氯含量[1]　不大于	—	—	0.03	—	ZB E30 002
抗乳化性(82℃，40-37-3mL)/min　不大于	60	—	60	—	GB 7305
泡沫性(泡沫倾向/泡沫稳定性)/(mL/mL) 24℃　不大于 93.5℃　不大于 后24℃　不大于	75/10 75/10 75/10	75/10 75/10 75/10	75/10 75/10 75/10	-/300 -/25 -/300	GB/T 12579
氧化安定性[2](酸值达到2mgKOH/g时间)/h　不小于	350	—	350	—	GB/T 12581
综合磨损指数(1500r/min)/N　不小于	—	—	392	392	GB 3142
剪切安定性试验[3](40℃运动黏度下降率)/%　不大于	6	—	6	—	SY 2628

注：①对矿油型，未加含氯添加剂时可不测定含氯量。
②保证项目，每年测一次。
③加有增黏剂的黏度级油必须测定。

表 4-3-10　普通开式齿轮油石化行业标准(SH/T 0363—1992)

项　目	质量指标					试验方法
黏度等级(按 100℃运动黏度划分)	68	100	150	220	320	—
相近的原牌号	1 号	2 号	3 号	3 号	4 号	—
运动黏度(100℃)/(mm^2/s)	60～75	90～110	135～165	200～245	290～350	附录 A
闪点(开口)/℃　不低于	200			210		GB/T 267
腐蚀试验(45 号钢片，100℃，3h)	合格					SH/T 0195
液相锈蚀试验(蒸馏水)	无锈					GB/T 11143
最大无卡咬负荷(P_B)/N(kgf)　不小于	686(70)					GB/T 3142
清洁性	必须无砂子和磨料					①
注：用 5～10 倍直馏汽油稀释、中速定量滤低过滤、乙醇苯混合液冲洗残渣，观察滤纸必须无砂子和磨料。						

4.3.8　长城高极压工业齿轮油

产品性能

具有优异的承载能力和抗乳化性能，能有效减少齿面擦伤，保证齿轮设备的正常运转。抗腐蚀性能优良，可有效抑制部件腐蚀磨损发生。热稳定性和抗氧化性能良好，能减少氧化物质的产生，延长油品使用寿命。

生产方法

采用深度精制高黏度指数基础油和添加剂制成。

主要用途

适用于各种重负荷工业齿轮设备、减速机的润滑，特别是冶金、矿山等行业中对油品极压性能具有较高要求的齿轮润滑系统。

技术参数

长城高极压工业齿轮油的典型数据见表 4-3-11。

表 4-3-11　长城高极压工业齿轮油典型数据

项目	220	320	460	试验方法
外观	透明	透明	透明	目测
运动黏度(40℃)/(mm^2/s)	228.1	325.0	445.6	GB/T 265
黏度指数	82	95	97	GB/T 2541
闪点(开口)/℃	228	238	242	GB/T 267
倾点/℃	-18	-15	-15	GB/T 3535
Timken 机试验(OK 负荷)/N	>267	>267	>267	GB/T 11144
烧结负荷 P_D/N	>4900	>4900	>4900	GB/T 3142

注意事项

运输、储存中避免靠近火源和高温，避免水分灰尘及机械杂质混入。首次加油前，要对油箱及管路彻底清洗，按规定量加油。油量减少时，按规定补油，严防混油。

生产厂家

中国石化润滑油有限公司。

4.3.9 长城得威 AP-S 工业齿轮油

产品性能

具有独特的抗微点蚀性能，可有效减少齿面和轴承过早损坏的风险。承载和抗磨性能优异，可减少钢-钢部件磨损，确保设备正常运转。耐温性能优良，在高温时可有效抑制油品高温氧化，即使在-40℃极低环境温度时也能给予齿轮良好的润滑保护。抗腐防锈及分水特性良好，可保护设备不产生锈蚀。使用寿命长相比于常规工业齿轮油，可大幅延长维护周期。产品符合 DIN 51517 Part III（cLP）、GB 5903-2011 （L-CKD）、ISO 12925-1 （L-CKD）、ANSI/AGMA 9005-E02（EP）、AIST 224、FLENDER（SIEMENS）BA 7300、SEB 181226、David Brown S1 . 53 101E 等规格要求。

生产方法

采用全合成基础油调制而成。

主要用途

适用于带有重载、冲击负荷以及在极低或极高温度和温度变化幅度较大等苛刻工况下工作的工业设备、船舶的正齿轮、斜齿轮、锥齿轮等齿轮与轴承系统的润滑，特别推荐用于要求超长使用寿命，很少进行维护或不易维护的系统。如钢铁、煤炭、建材、电力、矿山、石化、造纸等领域的输送机、磨煤机、挤出机、混料机、纸浆机等重型设备的工业齿轮减速箱，船舶推进器、甲板绞车、吊车、舵机等，露天煤矿的电铲、索斗铲等设备的减速箱，大型矿车电动轮边减速器，立磨、中速磨煤机、矿渣磨的磨辊轴承，风力发电设备增速箱，以及带有重载、冲击负荷以及在苛刻的环境温度下设备的齿轮等。

技术参数

长城得威 AP-S 工业齿轮油的典型数据见表 4-3-12。

表 4-3-12 长城得威 AP-S 工业齿轮油典型数据

项目	220	320	460	试验方法
运动黏度(40℃)/(mm^2/s)	216.8	319.7	444	GB/T 265
黏度指数	179	188	157	GB/T 2541
倾点/℃	-55	-43	-43	GB/T 267
铜片腐蚀(100℃，3h)/级	1b			GB/T 5096
梯姆肯试验，OK 负荷/N	246			GB/T 11144
液相锈蚀试验(合成海水法，B 法)	无锈			GB/T 11143
FZG 齿轮试验机试验(A/8.3/90)/失效级	12+			SH/T 0306
FZG 抗微点蚀试验(FVA Nr. 54) 失效等级 耐久试验	 10 高级			FVA Nr. 54

注意事项

运输、储存中避免靠近火源和高温，避免水分灰尘及机械杂质混入。首次加油前，要对油箱及管路彻底清洗，按规定量加油。油量减少时，按规定补油，严防混油。

生产厂家

中国石化润滑油有限公司。

4.3.10 长城得威 CKT 全合成重负荷工业齿轮油

产品性能

具有优异的承载能力、抗磨损性，可延长设备使用寿命。抗腐蚀、防锈性良好，能有效抑制部件的腐蚀磨损发生。清洁度高，适合高精密设备的润滑。高低温性良好，可在-40℃的低温环境中保证齿轮设备的正常运转。产品符合 USS 224、AGMA 250.04 等规格。

生产方法

采用合成型超高黏度指数基础油和多功能添加剂调和而成。

主要用途

适用于各种重负荷或冲击负荷，以边界润滑为主的齿轮润滑，也用于极端温度条件下的闭式齿轮机械润滑。

技术参数

长城得威 CKT 全合成重负荷工业齿轮油的技术参数见表 4-3-13。

表 4-3-13 长城得威 CKT 全合成重负荷工业齿轮油技术参数

项目	典型值		试验方法
	220	320	
运动黏度/(mm^2/s) 100℃ 40℃	 25.38 219.3	 33.68 318.6	GB/T 265
黏度指数	147	149	GB/T 2541
闪点(开口)/℃	248	252	GB/T 267
倾点/℃	-48	-42	GB/T 267

注意事项

使用温度在 100 ℃以内时，可用丁睛胶制密封件，持续温度较高时，建议采用氟橡胶或硅橡胶密封件。本品对工业油漆不适应，可用环氧树脂或改性酚醛树脂涂料。油位计宜用玻璃或聚酰胺材料制品。

生产厂家

中国石化润滑油有限公司。

4.3.11 长城得威 L-CKM 重负荷开式工业齿轮油

产品性能

属非溶剂型、非沥青型产品，不含重金属和氯离子。使用时不需用有机溶剂，可减少操作过程对环境和人员的危害，符合当今环保要求。流动性好，使用方便，易于在大尺寸、慢速运转齿轮表面充分润滑。黏附力良好，保证开式齿轮润滑需要。固体润滑材料可以在边界润滑条件下起到防止金属胶合、刮伤的作用。抗磨损性能良好，可延长设备使用寿命。

生产方法

采用精制合成基础油、多功能添加剂、固体润滑材料等制成。

主要用途

适用于水泥、电力、有色金属、钢铁、造纸等行业风扫煤磨、回转窑、熟料管磨机、烧结混料机、溢流磨、剥皮机等各类开式大小齿轮，以及装有 Lincoln、FARVAL、Vogel 等品牌自动喷射润滑装置的的润滑，也用于开式或半闭式低速运转齿轮、齿条的润滑，以及苛刻暴露工作环境下的钢缆、钢丝绳的润滑。

技术参数

长城得威 L-CKM 重负荷开式工业齿轮油的典型数据见表 4-3-14。

表 4-3-14　长城得威 L-CKM 重负荷开式工业齿轮油典型数据

项目	150	220	320	460	试验方法
运动黏度(100℃)/(mm^2/s)	140.2	236.2	332.2	482.1	GB/T 265
闪点(开口)/℃	238	236	236	240	GB/T 267
倾点/℃	-9	-9	-9	-9	GB/T 3535
液相锈蚀试验(蒸馏水法，A 法)	无锈	无锈	无锈	无锈	GB/T 11143

注意事项

运输、储存中避免靠近火源和高温，避免水分灰尘及机械杂质混入。首次加油前，要对油箱及管路彻底清洗，按规定量加油。油量减少时，按规定补油，严防混油。

生产厂家

中国石化润滑油有限公司。

4.3.12　长城风力发电设备传动系统专用油

产品性能

具有独特的抗微点蚀性能，有效减少齿面过早损坏的风险。承载和抗磨性能优异，可减少钢-钢部件磨损，确保设备正常运转。耐温性能优良，高温时有效抑制油品高温氧化，极端环境温度时齿轮也会得到良好的润滑保护。抗腐防锈及分水特性良好，可保护设备不产生锈蚀。产品符合 ISO 12925-1、ANSI/AGMA 9005-E02 、FLENDER、AIST 224 、SEB 181226、DIN 51517 Part Ⅲ(CLP)、David Brown S1.53 101E 等规格要求。

生产方法

采用特殊添加剂技术复配不同类型的高性能基础油调合而成。

主要用途

适用于风力发电增速齿轮箱，偏航、回转齿轮箱的润滑，其中合成型产品推荐使用在高原、寒冷地区、难以维护的风力发电机组齿轮箱。也可用于造纸、钢铁、纺织、水泥、木材加工等设备的齿轮润滑。

技术参数

长城风力发电设备传动系统专用油的典型数据见表 4-3-15。

表 4-3-15　长城风力发电设备传动系统专用油典型数据

	矿物型　320	低温型 320	合成型 320	试验方法
运动黏度(40℃)/(mm^2/s)	316.0	322.4	306.3	GB/T 265
黏度指数	98	127	153	GB/T 267
倾点/℃	-12	-26	-44	GB/T 3535
极压性能(Timken OK 值)/N	267	267	329	GB/T 11144
液相锈蚀(合成海水)	无锈	无锈	无锈	GB/T 11143
FZG 抗微点蚀试验 失效等级 耐久试验	 10 高级	 10 高级	 10 高级	FVA Nr. 54

注意事项

运输、储存中避免靠近火源和高温，避免水分灰尘及机械杂质混入。首次加油前，要对油箱及管路彻底清洗，按规定量加油。油量减少时，按规定补油，严防混油。

生产厂家

中国石化润滑油有限公司。

4.3.13 昆仑重负荷工业齿轮油 KG 68/150/220/460

产品性能

具有优异的极压抗磨性能，可有效地防止齿面擦伤、磨损和胶合。氧化安定性和热安定性优良，可延长油品使用寿命。防锈、防腐性优良，在齿轮油工作中进水情况下可有效地防止机件腐蚀。抗泡沫性良好，能起良好的润滑、散热作用。当齿轮箱进水后，油品可以在较短的时间内将水分出，避免油品由于乳化不好变质而失去使用性能。满足 AIST 224、ANSI/AGMA 9005－E02(EP)、ISO 12925－1、DIN 51517－3 等标准要求。

主要用途

适用于轧钢厂、船舶等多水工况，也适用于重负荷工业齿轮组合及其他引致震动负荷的齿轮。

技术参数

昆仑重负荷工业齿轮油 KG 68/150/220/460 的典型数据见表 4－3－16。

表 4－3－16　昆仑重负荷工业齿轮油 KG 6B/150/220/460 典型数据

项　　目	68	150	220	460	试验方法
运动黏度(40℃)/(mm^2/s)	72.08	151.0	202	220	GB/T 265
黏度指数	97	101	96	468.5	GB/T 1995
倾点/℃	－15	－18	－16	－9	GB/T 3535
水分/%	痕迹	痕迹	痕迹	痕迹	GB/T 260
泡沫性/(mL/mL) 24℃ 93.5℃ 后 24℃	 0/0 15/0 0/0	 0/0 10/0 0/0	 10/0 10/0 0/0	 0/0 0/0 0/0	GB/T 12579
铜片腐蚀(100℃，3h)/级	1b	1b	1b	1b	GB/T 5096
液相锈蚀试验(人工海水)	无锈	无锈	无锈	无锈	GB/T 11143
抗乳化性/min 54℃ 82℃	 14 —	 12 —	 — 15	 — 10	GB/T 7305
Timken 机试验(OK 负荷)/N	289	289	289	289	GB/T 11144
FZG 齿轮试验/级	>12	>12	>12	>12	SH/T 0306

注意事项

运输过程中必须有明显标记，防止其他种类的石油产品混淆。储存容器必须专用，尽量在户内或可控制气候环境下储存，容器必须防水、防潮、防机械杂质进入。要根据设备用油规定，选用质量级别和黏度级别合适的油品，不同类型的齿轮油不得混用。使用前应将所用容器、油罐、管线、阀门等认真清洗、检验合格，防止污染。

生产厂家

中国石油天然气股份有限公司润滑油分公司。

4.3.14 昆仑合成工业齿轮油 KG/S 150/220/320

产品性能

具有优异的氧化稳定性，换油周期延长，承载能力高，使用寿命长。低温流动性良好，适用于很宽的工作温度范围。牵引系数低，可降低能源消耗、齿轮接触温度和润滑油运行温度。防锈性能和抗乳化性能良好，对青铜、黄铜、钢铁起防锈保护作用，有效分离水分，保持高效润滑。满足 AIST 224、ISO 12925-1、ANSI/AGMA 9005-E02(EP)、DIN 51517-3 等标准要求。

主要用途

适用于工作温度-40～120℃，短期可达150℃的重负荷苛刻工况的正齿轮、螺旋伞齿轮、人字型齿轮及工业准双曲线齿轮润滑系统，包含齿轮和轴承的循环及油浴润滑系统、高齿比低效能的蜗轮蜗杆传动装置，特别适用于永久密封、终身润滑的齿轮系统。

技术参数

昆仑合成工业齿轮油 KG/S 150/220/320 的典型数据见表 4-3-17。

表 4-3-17 昆仑合成工业齿轮油 KG/S 150/220/320 的典型数据

项　目	150	220	320	试验方法
运动黏度(40℃)/(mm^2/s)	141.7	223.6	325.1	GB/T 265
黏度指数	150	150	155	GB/T 1995
倾点/℃	-42	-42	-42	GB/T 3535
闪点(开口)/℃	262	272	298	GB/T 3536
机械杂质/%	0.002	0.001	0.002	GB/T 511
水分/%	痕迹	痕迹	痕迹	GB/T 260
泡沫性/(mL/mL)				GB/T 12579
24℃	10/0	0/0	0/0	
93.5℃	10/0	10/0	0/0	
后 24℃	0/0	0/0	0/0	
铜片腐蚀(100℃，3h)/级	1b	1b	1b	GB/T 5096
液相锈蚀试验(人工海水)	无锈	无锈	无锈	GB/T 11143
抗乳化性(82℃，40-37-3)/min	12	16	14	GB/T 7305
旋转氧弹/min	1860	1620	1241	SH/T 0193
承载能力(P_B)/N	12356	1235.6	1863.3	GB/T 3142
磨斑直径(d_{392})/mm	0.34	0.33	0.34	SH/T 0189
FZG 齿轮机试验/失效级	大于 12	大于 12	大于 12	SH/T 0306

注意事项

运输过程中必须有明显标记，防止其他种类的石油产品混淆。储存容器必须专用，尽量在户内或可控制气候环境下储存，容器必须防水、防潮、防机械杂质进入。要根据设备用油规定，选用质量级别和黏度级别合适的油品，不同类型的齿轮油不得混用。使用前应将所用容器、油罐、管线、阀门等认真清洗、检验合格，防止污染。

生产厂家

中国石油天然气股份有限公司润滑油分公司。

4.4 涡轮机

4.4.1 涡轮机油

产品性能

TSA 汽轮机油黏度指数高，破乳化值、空气释放值低，氧化安定性好。TSE 汽轮机油具有良好的抗氧化安定性、防锈蚀性、抗乳化特性和抗泡沫性能，同时还具有突出的抗磨损和抗极压性能。TSE 是为润滑齿轮系统而较 TSA 增加了极压性要求的汽轮机油。TGA 燃气轮机油具有极其优良的氧化安定性、热安定性和防锈蚀性能，还具有良好的抗乳化性能和空气释放性能。TGE 燃气轮机油具有极其优良的氧化安定性、热安定性和防锈蚀性能，还具有良好的抗乳化性能和空气释放性能。TGE 是为润滑齿轮系统而较 TGA 增加了极压性要求的燃气轮机油。TGSB 为含有适当的抗氧剂和腐蚀抑制剂的精制矿物油型燃/汽轮机油，较 L-TSA 和 L-TGA 增加了耐高温氧化安定性和高温热稳定性。TGSE 是具有极压性要求的耐高温氧化安定性和高温热稳定性的燃/汽轮机油。

生产方法

采用精制矿物油或合成原料为基础油，加入抗氧剂、腐蚀抑制剂和抗磨剂等多种添加剂制成。

主要用途

TSA 汽轮机油适用于电力、工业、船舶及其他工业汽轮机组、水轮机组的润滑和密封，也可用作轻、中负荷的机床润滑油和液压油。TSE 抗磨汽轮机油适用于电力工业、冶金工业、石油化工及航运船舶的各种重负荷大功率汽轮发电机、汽轮压缩机、汽轮鼓风机和其他汽轮驱动装置，包括汽轮机主轴承、变速机构、传动齿轮和附属装置的润滑。TGA 燃气轮机油主要适用于各种工业燃气轮机、船舶燃气轮机轴承系统。TGE 燃气轮机油主要适用于各种工业燃气轮机、船舶燃气轮机的齿轮传动系统。TGSB 燃/汽轮机油主要适用于共用润滑系统的燃气-蒸汽联合循环涡轮机，也可单独用于蒸汽轮机或燃气轮机。TGSE 燃/汽轮机油主要适用于共用润滑系统的燃气-蒸汽联合循环涡轮机，也可单独用于蒸汽轮。

技术参数

TSA 汽轮机油国家标准见表 4-4-1，TSE 抗磨汽轮机油国家标准见表 4-4-2，TGA 和 TGE 燃气轮机油国家标准见表 4-4-3，TGSB 和 TGSE 燃/汽轮机油国家标准见表 4-4-4。

表 4-4-1 TSA 汽轮机油国家标准(GB 11120—2011)

项目		质量指标							试验方法
		A 级			B 级				
黏度等级(GB/T 3141)		32	46	68	32	46	68	100	
外观		透明			透明				目测
色度/号		报告			报告				GB/T 6540
运动黏度(40℃)/(mm^2/s)		28.8~35.2	41.4~50.6	61.2~74.8	28.8~35.2	41.4~50.6	61.2~74.8	90.0~110.0	GB/T 265
黏度指数	不小于	90			85				GB/T 1995[a]
倾点[b]/℃	不高于	-6			-6				GB/T 3535
密度(20℃)/(kg/m^3)		报告			报告				GB/T 1884 和 GB/T 1885[c]
闪点(开口)/℃	不低于	186		195	186		195		GB/T 3536
酸值(以 KOH 计)/(mg/g)	不大于	0.2			0.2				GB/T 4945[d]

续表

项目	质量指标							试验方法
	A 级			B 级				
黏度等级(GB/T 3141)	32	46	68	32	46	68	100	
水分(质量分数)/% 不大于	0.02			0.02				GB/T 11133[e]
泡沫性(泡沫倾向/泡沫稳定性)[f]/(mL/mL) 不大于 程序Ⅰ(24℃) 程序Ⅱ(93.5℃) 程序Ⅲ(后 24℃)	 450/0 50/0 450/0			 450/0 100/0 450/0				GB/T 12579
空气释放值(50℃)/min 不大于	5		6	5	6	8	—	SH/T 0308
铜片腐蚀(100℃，3h)/级 不大于	1			1				GB/T 5096
液相锈蚀(24h)	无锈			无锈				GB/T 11143 (B 法)
抗乳化性(乳化液达到 3mL 的时间)/min 不大于 54℃ 82℃	 15 —		 30 —	 15 —		 30 —	 — 30	GB/T 7305
旋转氧弹[g]/min	报告			报告				SH/T 0193
氧化安定性								
1000h 后总酸值(以 KOH 计)/(mg/g) 不大于	0.3	0.3	0.3	报告	报告	报告	—	GB/T 12581
总酸值达 2.0(以 KOH 计)/(mg/g)的时间/h 不小于	3500	3000	2500	2000	2000	1500	1000	GB/T 12581
1000h 后油泥/mg 不大于	200	200	200	报告	报告	报告	—	SH/T 0565
承载能力[h] 齿轮机试验/失效级 不小于	8	9	10	—				GB/T 19936.1
过滤性 干法/% 不小于 湿法	 85 通过			 报告 报告				SH/T 0805
清洁度[i]/级 不大于	— /18/15			报告				GB/T 14039

注：L-TSA 类分 A 级和 B 级，B 级不适用于 L-TSE 类。

[a] 测定方法也包括 GB/T 2541，结果有争议时，以 GB/T 1995 为仲裁方法。

[b] 可与供应商协商较低的温度。

[c] 测定方法也包括 SH/T 0604。

[d] 测定方法也包括 GB/T 7304 和 SH/T 0163，结果有争议时，以 GB/T 4945 为仲裁方法。

[e] 测定方法也包括 GB/T 7600 和 SH/T 0207，结果有争议时，以 GB/T 11133 为仲裁方法。

[f] 对于程序Ⅰ和程序Ⅲ，泡沫稳定性在 300s 时记录，对于程序Ⅱ，在 60s 时记录。

[g] 该数值对使用中油品监控是有用的。低于 250 min 属不正常。

[h] 仅适用于 TSE。测定方法也包括 SH/T 0306，结果有争议时，以 GB/T 19936.1 为仲裁方法。

[i] 按 GB/T 18854 校正自动粒子计数器。(推荐采用 DL/T 432 方法计算和测量粒子)。

表 4-4-2　TSE 汽轮机油国家标准（GB 11120—2011）

项　　目	质量指标							试验方法
	A 级			B 级				
黏度等级（GB/T 3141）	32	46	68	32	46	68	100	
外观	透明			透明				目测
色度/号	报告			报告				GB/T 6540
运动黏度（40℃）/（mm^2/s）	28.8 ~ 35.2	41.4 ~ 50.6	61.2 ~ 74.8	28.8 ~ 35.2	41.4 ~ 50.6	61.2 ~ 74.8	90.0 ~ 110.0	GB/T 265
黏度指数　不小于	90			85				GB/T 1995[a]
倾点[b]/℃　不高于	-6			-6				GB/T 3535
密度（20℃）/（kg/m^3）	报告			报告				GB/T 1884 和 GB/T 1885[c]
闪点（开口）/℃　不低于	186		195	186		196		GB/T 3536
酸值（以 KOH 计）/（mg/g）　不大于	0.2			0.2				GB/T 4945[d]
水分（质量分数）/%　不大于	0.02			0.02				GB/T 11133[e]
泡沫性（泡沫倾向/泡沫稳定性）[f]/（mL/mL）　不大于 程序Ⅰ（24℃） 程序Ⅱ（93.5℃） 程序Ⅲ（后 24℃）	 450/0 50/0 450/0			 450/0 100/0 450/0				GB/T 12579
空气释放值（50℃）/min　不大于	5		6	5	6	8	—	SH/T 0308
铜片腐蚀（100℃，3h）/级　不大于	1			1				GB/T 5096
液相锈蚀（24h）	无锈			无锈				GB/T 11143 （B 法）
抗乳化性（乳化液达到 3mL 的时间）/min　不大于 54℃ 82℃	 15 —		 30 —	 15 —		 30 —	 — 30	GB/T 7305
旋转氧弹[g]/min	报告			报告				SH/T 0193
氧化安定性 1000h 后总酸值（以 KOH 计）/（mg/g）　不大于 总酸值达 2.0（以 KOH 计）/（mg/g）的时间/h　不小于 1000h 后油泥/mg　不大于	 0.3 3500 200	 0.3 3000 200	 0.3 2500 200	 报告 2000 报告	 报告 2000 报告	 报告 1500 报告	 — 1000 —	 GB/T 12581 GB/T 12581 SH/T 0565
承载能力[h] 齿轮机试验/失效级　不小于	8	9	10	—				GB/T 19936.1
过滤性 干法/%　不小于 湿法	 85 通过			 报告 报告				SH/T 0805

续表

项　　目	质量指标							试验方法
	A 级			B 级				
黏度等级(GB/T 3141)	32	46	68	32	46	68	100	
清洁度[i]/级　　不大于	—/18/15			报告				GB/T 14039

注：L-TSA 类分 A 级和 B 级，B 级不适用于 L-TSE 类。

[a] 测定方法也包括 GB/T 2541，结果有争议时，以 GB/T 1995 为仲裁方法。

[b] 可与供应商协商较低的温度。

[c] 测定方法也包括 SH/T 0604。

[d] 测定方法也包括 GB/T 7304 和 SH/T 0163，结果有争议时，以 GB/T 4945 为仲裁方法。

[e] 测定方法也包括 GB/T 7600 和 SH/T 0207，结果有争议时，以 GB/T 11133 为仲裁方法。

[f] 对于程序Ⅰ和程序Ⅲ，泡沫稳定性在 300s 时记录，对于程序Ⅱ，在 60s 时记录。

[g] 该数值对使用中油品监控是有用的。低于 250 min 属不正常。

[h] 仅适用于 TSE。测定方法也包括 SH/T 0306，结果有争议时，以 GB/T 19936.1 为仲裁方法。

[i] 按 GB/T 18854 校正自动粒子计数器。（推荐采用 DL/T 432 方法计算和测量粒子）。

表 4-4-3　TGA 和 TGE 燃气轮机油国家标准(GB 11120—2011)

项　　目	质量指标						试验方法
	L-TGA			L-TGE			
黏度等级(GB/T 3141)	32	46	68	32	46	68	
外观	透明			透明			目测
色度/号	报告			报告			GB/T 6540
运动黏度(40℃)/(mm^2/s)	28.8～35.2	41.4～50.6	61.2～74.8	28.8～35.2	41.4～50.6	61.2～74.8	GB/T 265
黏度指数　　不小于	90			90			GB/T 1895[a]
倾点[b]/℃　　不高于	-6			-6			GB/T 3535
密度(20℃)/(kg/m^3)	报告			报告			GB/T 1884 和 GB/T 1885[c]
闪点/℃　　不低于 开口 闭口	 186 170			 186 170			 GB/T 3536 GB/T 261
酸值(以 KOH 计)/(mg/g)　　不大于	0.2			0.2			GB/T 4945[d]
水分(质量分数)/%　　不大于	0.02			0.02			GB/T 11133[e]
泡沫性(泡沫倾向/泡沫稳定性)[f]/(mL/mL)　　不大于 程序Ⅰ(24℃) 程序Ⅱ(93.5℃) 程序Ⅲ(后 24℃)	 450/0 50/0 450/0			 450/0 50/0 450/0			GB/T 12579
空气释放值(50℃)/min　　不大于	5		6	5		6	SH/T 0308
铜片腐蚀(100℃，3h)/级　　不大于	1			1			GB/T 5096

续表

项目	质量指标						试验方法
	L-TGA			L-TGE			
黏度等级(GB/T 3141)	32	46	68	32	46	68	
液相锈蚀(24h)	无锈			无锈			GB/T 11143(B 法)
旋转氧弹[g]/min	报告			报告			SH/T 0193
氧化安定性 1000h 后总酸值(以 KOH 计)/(mg/g) 不大于 总酸值达 2.0(以 KOH 计)/(mg/g)的时间/h 不小于 1000h 后油泥/mg 不大于	 0.3 3500 200	 0.3 3000 200	 0.3 2500 200	 0.3 3500 200	 0.3 3000 200	 0.3 2500 200	 GB/T 12581 GB/T 12581 SH/T 0565
承载能力 齿轮机试验/失效级 不小于	—			8	9	10	GB/T 19936.1[h]
过滤性 干法/% 不小于 湿法	85 通过			85 通过			SH/T 0805
清洁度[i] 不大于	—/17/14			—/17/14			GB/T 14039

[a]测定方法也包括 GB/T 2541，结果有争议时，以 GB/T 1995 为仲裁方法。
[b]可与供应商协商较低的温度。
[c]测定方法也包括 SH/T 0604。
[d]测定方法也包括 GB/T 7304 和 SH/T 0163，结果有争议时，以 GB/T 4945 为仲裁方法。
[e]测定方法也包括 GB/T 7600 和 SH/T 0207，结果有争议时，以 GB/T 11133 为仲裁方法。
[f]对于程序Ⅰ和程序Ⅲ，泡沫稳定性在 300s 时记录，对于程序Ⅱ，在 60s 时记录。
[g]该数值对使用中油品监控是有用的。低于 250 min 属不正常。
[h]测定方法也包括 SH/T 0306，结果有争议时，以 GB/T 19936.1 为仲裁方法。
[i]按 GB/T 18854 校正自动粒子计数器。(推荐采用 DL/T 432 方法计算和测量粒子)。

表 4-4-4 TGSB 和 TGSE 燃/汽轮机油国家标准(GB 11120—2011)

项目	质量指标						试验方法
	L-TGSB			L-TGSE			
黏度等级(GB/T 3141)	32	46	68	32	46	68	
外观	透明			透明			目测
色度/号	报告			报告			GB/T 6540

续表

项目	质量指标						试验方法
	L-TGSB			L-TGSE			
黏度等级(GB/T 3141)	32	46	68	32	46	68	
运动黏度(40℃)/(mm²/s)	28.8~35.2	41.4~50.6	61.2~74.8	28.8~35.2	41.4~50.6	61.2~74.8	GB/T 265
黏度指数　不小于	90			90			GB/T 1995[a]
倾点[b]/℃　不高于	-6			-6			GB/T 3535
密度(20℃)/(kg/m³)	报告			报告			GB/T 1884 和 GB/T 1885[c]
闪点/℃　不低于 开口 闭口	 200 190			 200 190			 GB/T 3536 GB/T 261
酸值(以 KOH 计)/(mg/g)　不大于	0.2			0.2			GB/T 4945[d]
水分(质量分数)/%　不大于	0.02			0.02			GB/T 11133[e]
泡沫性(泡沫倾向/泡沫稳定性)[f]/(mL/mL) 不大于 程序Ⅰ(24℃) 程序Ⅱ(93.5℃) 程序Ⅲ(后 24℃)	 450/0 50/0 450/0			 50/0 50/0 50/0			GB/T 12579
空气释放值(50℃)/min　不大于	5	5	6	5	5	6	SH/T 0308
铜片腐蚀(3h，100℃)/级　不大于	1			1			GB/T 5096
液相锈蚀(24h)	无锈			无锈			GB/T 11143(B 法)
抗乳化性(54℃，乳化液达到 3mL 的时间)/min　不大于	30			30			GB/T 7305
旋转氧弹/min　不小于	750			750			SH/T 0193
改进旋转氧弹[g]/%　不小于	85			85			SH/T 0193
氧化安定性 总酸值达 2.0(以 KOH 计)/(mg/g)的时间/h　不小于	3500	3000	2500	3500	3000	2500	GB/T 12581

续表

项　　目	质量指标						试验方法
	L-TGSB			L-TGSE			
黏度等级(GB/T 3141)	32	46	68	32	46	68	
高温氧化安定性(175℃，72h) 黏度变化/% 酸值变化(以 KOH 计)/(mg/g) 金属片重量变化/(mg/cm^2) 钢 铝 镉 铜 镁	 报告 报告 ±0.250 ±0.250 ±0.250 ±0.250 ±0.250			 报告 报告 ±0.250 ±0.250 ±0.250 ±0.250 ±0.250			ASTM D4636
承载能力 齿轮机试验/失效级　　不小于	—			8	9	10	GB/T 19936.1[i]
过滤性 干法/%　　不小于 湿法	 85 通过			 85 通过			SH/T 0805
清洁度[j]　　不大于	—/17/14			—/17/14			GB/T 14039

[a] 测定方法也包括 GB/T 2541，结果有争议时，以 GB/T 1995 为仲裁方法。

[b] 可与供应商协商较低的温度。

[c] 测定方法也包括 SH/T 0604。

[d] 测定方法也包括 GB/T 7304 和 SH/T 0163，结果有争议时，以 GB/T 4945 为仲裁方法。

[e] 测定方法也包括 GB/T 7600 和 SH/T 0207，结果有争议时，以 GB/T 11133 为仲裁方法。

[f] 对于程序Ⅰ和程序Ⅲ，泡沫稳定性在 300s 时记录，对于程序Ⅱ，在 60s 时记录。

[g] 取 300mL 油样，在 121℃下，以 3L/h 的速度通入清洁干燥的氮气，经 48h 后，按照 SH/T 0193 进行试验，用所得结果与未经处理的样品所得结果的比值的百分数表示。

[h] 测定方法也包括 GJB 563，结果有争议时，以 ASTM D4636 为仲裁方法。

[i] 测定方法也包括 SH/T 0306，结果有争议时，以 GB/T 19936.1 为仲裁方法。

[j] 按 GB/T 18854 校正自动粒子计数器。(推荐采用 DL/T 432 方法计算和测量粒子)。

注意事项

储存于阴凉干燥处，勿曝晒。换油时应将设备清洗干净。运行中严格进行临控，防止漏水、漏气和杂质污染，并定期切水和放出杂质，保持油品清洁不受水、铁锈、沉淀物等污染。油箱注油管应伸入油面以下以免产生泡沫。

生产厂家

中国石化润滑油有限公司、中国石油天然气股份有限公司润滑油分公司。

4.4.2　抗氨汽轮机油

产品性能

具有良好的抗氨性，与氨接触不发生化学变化，可防止沉淀物及皂类物质的生成。抗氧化性能及油水分离性好，使用周期长。

生产方法

采用精制的矿物基础油或合成烃油，加入特殊添加剂制成。

主要用途

适用于大型化肥装置离心式合成气压缩机、冰机及汽轮机组的润滑与密封。

技术参数

抗氨汽轮机油石化行业标准见表4-4-5。

表4-4-5　抗氨汽轮机油石化行业标准(SH/T 0362—1996)

项　目	质量指标								试验方法
	一等品				合格品				
牌　号	32	32D	46	65	32	32D	46	68	GB 3141
运动黏度(40℃)/(mm^2/s)	28.8~35.2		41.4~50.6	61.2~74.8	28.8~35.2		41.4~50.6	61.2~74.8	GB/T 265
黏度指数　不小于	95				95①				GB/T 1995
倾点/℃　不高于	-17	-27	-17		-17	-27	-17		GB/T 3535
闪点(开口)/℃　不低于	200				180				GB/T 3536
中和值 加剂前 加剂后(mgKOH/g)　不大于	报　告 0.03				报　告 0.06				GB/T 4945
灰分(加剂前)/%　不大于	0.005				0.005				GB/T 508
水分	无				无				GB/T 260
机械杂质	无				无				GB/T 511
氧化安定性(酸值达2.0mgKOH/g)/h　不小于	2000				1000				GB/T 12581②
破乳化时间(54℃，40-37-3)/min　不大于	15			20	30				GB/T 7305
液相锈蚀试验(15号钢棒，蒸馏水，24h)	无锈				无锈				GB/T 11143
抗氨试验	合格				合格				SH/T 0302

注：①中间基原油生产的抗氨汽轮机油黏度指数允许不低于75。

②氧化安定性试验做为保证项目，每年测定一次。

注意事项

储存于阴凉干燥处，勿曝晒。换油时应将设备清洗干净。运行中严格进行临控，防止漏水、漏气和杂质污染，并定期切水和放出杂质，保持油品清洁不受水、铁锈、沉淀物等污染。油箱注油管应伸入油面以下以免产生泡沫。

生产厂家

中国石化润滑油有限公司、中国石油天然气股份有限公司润滑油分公司。

4.4.3　长城威越燃气轮机油

产品性能

具有优异的热氧化稳定性，油泥倾向低，可有效保证涡轮机的长期稳定运行。极压抗磨性、防锈防腐性和分水性优良，可有效保护轴承，快速分离水分，防止设备的锈蚀。抗泡性和空气释放性能良好，可减少泵的气蚀。产品符合 GB 11120（L-TGA、TGE）、ABB 涡轮增压器公司 HZTV 600303（ISO VG68）等规格要求。

生产方法

采用优质加氢基础油和精选添加剂调和而成。

主要用途

适用于燃气轮机及燃气-蒸汽联合循环涡轮机的润滑，如石油化工和化肥工业燃气轮机的润滑和密封，也用于蒸汽汽轮机的润滑和密封。

技术参数

长城威越燃气轮机油的典型数据见表 4-4-6。

表 4-4-6　长城威越燃气轮机油典型数据

项目	典型值			试验方法
	32	46	68	
运动黏度（40℃）/（mm^2/s）	30. 2	45. 3	65. 3	GB/T 265
黏度指数	129	128	107	GB/T 1995
闪点（开口）/℃	242	250	265	GB/T 267
倾点/℃	-15	-15	-9	GB/T 3535
氧化安定性/h	>10000	>10000	>10000	GB/T 12581
FZG 齿轮试验/级	10	10	10	SH/T 0306

注意事项

储存于阴凉干燥处，勿曝晒。换油时应将设备清洗干净。运行中严格进行临控，防止漏水、漏气和杂质污染，并定期切水和放出杂质，保持油品清洁不受水、铁锈、沉淀物等污染。油箱注油管应伸入油面以下以免产生泡沫。

生产厂家

中国石化润滑油有限公司。

4. 4. 4　长城威越 L-TGF（M）32 极压燃气轮机油

产品性能

具有优异的高温氧化安定性，可控制油泥产生，有效减少漆膜的生成，防止伺服阀堵塞。极压抗磨性优良，能减少磨损，保护齿轮减速箱。抗泡性、空气释放性、抗乳化性、防锈防腐性等性能良好，可减少气蚀，防止设备的锈蚀。产品符合 GB 11120（L-TGE）、MHI MS04-MA-CL003、GE GEK 101941A 规格要求，并获得三菱重工 MS04-MA-CL003 规格认证。

生产方法

采用加氢基础油和特选添加剂调和而成。

主要用途

适用于带齿轮减速箱的高温燃气轮机及联合循环机组，如钢厂石化等的高炉煤气燃气轮机（BFG-GT）和基于 PBMR（球床模块高温气冷堆）技术的核能发电燃气轮机的润滑和密封。

技术参数

长城威越 L-TGF（M）32 极压燃气轮机油的典型数据见表 4-4-7。

表 4-4-7　长城威越 L-TGF(M)32 极压燃气轮机油典型数据

项目	典型值	试验方法
运动黏度(40℃)/(mm^2/s)	32.5	GB/T 265
黏度指数	107	GB/T 1995
闪点(开口)/℃	220	GB/T 267
倾点/℃	-12	GB/T 3535
旋转氧弹(150℃)/min	>1000	SH/T 0193
氧化安定性/h	>10000	GB/T 12581
FZG 齿轮试验/级	12	SH/T 0306

注意事项

储存于阴凉干燥处，勿曝晒。换油时应将设备清洗干净。运行中严格进行临控，防止漏水、漏气和杂质污染，并定期切水和放出杂质，保持油品清洁不受水、铁锈、沉淀物等污染。油箱注油管应伸入油面以下以免产生泡沫。

生产厂家

中国石化润滑油有限公司。

4.4.5　长城威越 L-TGSB(M)32 燃气轮机油

产品性能

具有优异的高温氧化安定性和油泥控制性能，可有效减少漆膜的产生，防止伺服阀堵塞，延长使用寿命。抗泡性、空气释放性、防锈防腐性等性能优良，能减少气蚀，防止设备的锈蚀。产品符合 GB 11120(L-TGE)、MHI MS04-MA-CL002 规格要求，获得三菱重工 MS04-MA-CL005 认证。

生产方法

采用加氢基础油和特选添加剂调和而成。

主要用途

适用于高温燃气轮机及联合循环机组及控制系统的润滑和密封。

技术参数

长城威越 L-TGSB(M)32 燃气轮机油的典型数据见表 4-4-8。

表 4-4-8　长城威越 L-TGSB(M)32 燃气轮机油典型数据

项目	典型值	试验方法
运动黏度(40℃)/(mm^2/s)	32.5	GB/T 265
黏度指数	125	GB/T 1995
闪点(开口)/℃	220	GB/T 267
倾点/℃	-12	GB/T 3535
旋转氧弹(150℃)/min	>1000	SH/T 0193
氧化安定性/h	>10000	GB/T 12581

注意事项

储存于阴凉干燥处，勿曝晒。换油时应将设备清洗干净。运行中严格进行临控，防止漏水、漏气和杂质污染，并定期切水和放出杂质，保持油品清洁不受水、铁锈、沉淀物等污染。油箱注油管应伸入油面以下以免产生泡沫。

生产厂家

中国石化润滑油有限公司。

4.4.6 长城威越长寿命汽轮机油

产品性能

具有优异的氧化安定性，可有效控制油泥的产生，保证油品具有超长的使用寿命。分水性能优良，可保证快速彻底分离因各种原因进入系统的水分。抗泡性、空气释放性、防锈防腐性等性能良好，能有效减少泵的气蚀，防止设备的锈蚀。产品符合 GB 11120（TSA，TGA）、Siemens TLV 901304、TLV 901305、Alstom Power HTGD 90117 等规格要求。

生产方法

采用基础油和多功能添加剂调和而成。

主要用途

适用于大功率超临界汽轮机、联合循环涡轮机组、大中型船舶及其他工业蒸汽汽轮机、燃气轮机、水轮机组的润滑和密封。

技术参数

长城威越长寿命汽轮机油的典型数据见表 4-4-9。

表 4-4-9 长城威越长寿命汽轮机油典型数据

项目	典型值			试验方法
	32	46	68	
运动黏度(40℃)/(mm^2/s)	32.2	43.6	63	GB/T 265
黏度指数	131	113	112	GB/T 1995
闪点(开口)/℃	228	232	225	GB/T 267
倾点/℃	-10	-13	-13	GB/T 3535
氧化安定性/h	>10000	>10000	>10000	GB/T 12581

注意事项

储存于阴凉干燥处，勿曝晒。换油时应将设备清洗干净。运行中严格进行临控，防止漏水、漏气和杂质污染，并定期切水和放出杂质，保持油品清洁不受水、铁锈、沉淀物等污染。油箱注油管应伸入油面以下以免产生泡沫。

生产厂家

中国石化润滑油有限公司。

4.4.7 长城威越长寿命极压汽轮机油

产品性能

具有优异的的极压抗磨性，可有效保护齿轮和轴承，减少维修和更换费用。氧化安定性优良，可以保证油品有超长的使用寿命，减少因设备换油造成的停工损失。分水性、抗泡性和空气释放性等性能良好，可快速分离因各种原因进入系统的水分，防止产生气穴。产品符合 GB 11120（L-TSE/TGE）、Siemens TLV 901304（EP）、TLV 901305（EP）、Alstom Power HTGD 90117（EP）等规格要求。

生产方法

采用深度精制基础油和多功能添加剂调和而成。

主要用途

适用于燃气-蒸汽联合发电机组的润滑，以及带齿轮减速装置的汽轮机、燃气轮机、工业驱动装置和船舶汽轮机的润滑和密封。

技术参数

长城威越长寿命极压汽轮机油的典型数据见表4-4-10。

表4-4-10　长城威越长寿命极压汽轮机油

项目	典型值			试验方法
	32	46	68	
运动黏度(40℃)/(mm^2/s)	32.2	46.27	66.1	GB/T 265
黏度指数	131	120	100	GB/T 1995
闪点(开口)/℃	228	252	255	GB/T 267
倾点/℃	-10	-15	-12	GB/T 3535
氧化安定性/h	>10000	>10000	>8000	GB/T 12581
FZG/级	10	10	10	SH/T 0306

注意事项

储存于阴凉干燥处，勿曝晒。换油时应将设备清洗干净。运行中严格进行临控，防止漏水、漏气和杂质污染，并定期切水和放出杂质，保持油品清洁不受水、铁锈、沉淀物等污染。油箱注油管应伸入油面以下以免产生泡沫。

生产厂家

中国石化润滑油有限公司

4.4.8　昆仑KTL长寿命汽轮机油(核电专用)

产品性能

具有优良的抗氧化性能、防锈性、油品使用寿命长。空气释放性优良，可降低气泡绝热压缩产生沉积物风险。抗乳化性优良，系统进水时迅速将水分出，确保设备高效运行。过滤性优良，可减少过滤器更换次数。配方中不含金属，可降低金属化合物堵塞过滤器风险，减轻对环境污染。满足GB 11120 TSA(B级)/TSA(A级)/TGA、DIN 51515-1/51515-2、西门子TLV 9013 04/9013 05、阿尔斯通HTGD 90 117 V0001 X、通用电气GEK 46506D/32568f等标准要求。

主要用途

适用于轴承温度65~110℃，没有齿轮变速装置的核电蒸汽轮机。

技术参数

昆仑KTL长寿命汽轮机油(核电专用)的典型数据见表4-4-11。

表4-4-11　昆仑KTL长寿命汽轮机油(核电专用)典型数据

项目	32	46	试验方法
运动黏度(40℃)/(mm^2/s)	30.5	44.4	GB/T 265
黏度指数	123	123	GB/T 2541
倾点/℃	-30	-30	GB/T 3535

续表

项目	32	46	试验方法
抗乳化性(54℃)/min	6	8	GB/T 7305
泡沫性(泡沫倾向/泡沫稳定性)/(mL/mL) 24℃ 93℃ 后 24℃	 30/0 15/0 30/0	 50/0 20/0 50/0	GB/T 12579
铜片腐蚀(100℃，3h)/级	1b	1b	GB/T 5096
液相锈蚀(合成海水，24h)	无锈	无锈	GB/T 11143 B 法
空气释放值(50℃)/min	2. 0	2. 1	SH/T 0308
氧化安定性(酸值达 2. 0mgKOH/g 时间)/h	>10000	>10000	GB/T 12581
过滤性/% 干法 湿法	 92 通过	 80 通过	SH/T 0805

注意事项

运输过程中必须有明显标记，防止其他各类的石油产品混淆。储存容器必须专用，尽量在户内或可控制气候环境下储存，容器必须防水、防潮、防机械杂质进入。要根据设备用油规定，选用质量级别和黏度级别合适的油品，不同类型的齿轮油不得混用。使用前应将所用容器、油罐、管线、阀门等认真清洗、检验合格，防止污染。

生产厂家

中国石油天然气股份有限公司润滑油分公司。

4. 4. 9 昆仑 KTL(EP)极压型长寿命汽轮机油(核电专用)

产品性能

具有优良的抗氧化性能、油品使用寿命长。极压抗磨性优异，可有效防止齿轮磨损，保证苛刻工况下机组正常运行，减少设备的维护和更换费用。空气释放性优良，可降低气泡绝热压缩产生沉积物风险。抗乳化性优良，系统进水时迅速将水分出，确保设备高效运行。过滤性优良，能减少过滤器更换次数。配方中不含金属，可降低金属化合物堵塞过滤器风险，减轻对环境污染。满足 GB 11120 TSE/TGE、DIN 51515－1/51515－2、西门子 TLV 9013 04/9013 05、阿尔斯通 HTGD 90 117 V0001 X、通用电气 GEK 46506D/32568f 等标准要求。

主要用途

适用于轴承温度 65～110℃，有齿轮变速装置的核电蒸汽轮机。

技术参数

昆仑 KTL(EP)极压型长寿命汽轮机油(核电专用)的典型数据见表 4-4-12。

表 4-4-12 昆仑 KTL(EP)极压型长寿命汽轮机油(核电专用)典型数据

项目	32	46	试验方法
运动黏度(40℃)/(mm^2/s)	30. 4	44. 4	GB/T 265
黏度指数	124	123	GB/T 2541
倾点/℃	-30	-30	GB/T 3535

续表

项目	32	46	试验方法
抗乳化性(54℃)/min	9	8	GB/T 7305
泡沫性(泡沫倾向/泡沫稳定性)/(mL/mL) 24℃ 93℃ 后 24℃	 40/0 20/0 30/0	 50/0 20/0 50/0	GB/T 12579
铜片腐蚀(100℃, 3h)/级	1b	1b	GB/T 5096
液相锈蚀试验(合成海水, 24h)	无锈	无锈	GB/T 11143 B 法
空气释放值(50℃)/min	1.8	2.1	SH/T 0308
氧化安定性(酸值达 2.0mgKOH/g 时间)/h	>10000	>10000	GB/T 12581
过滤性/% 干法 湿法	 92 通过	 80 通过	SH/T 0805
承载能力(FZG A/8.3/90), 失效级	10	10	SH/T 0306

注意事项

运输过程中必须有明显标记，防止其他种类的石油产品混淆。储存容器必须专用，尽量在户内或可控制气候环境下储存，容器必须防水、防潮、防机械杂质进入。要根据设备用油规定，选用质量级别和黏度级别合适的油品，不同类型的齿轮油不得混用。使用前应将所用容器、油罐、管线、阀门等认真清洗、检验合格，防止污染。

生产厂家

中国石油天然气股份有限公司润滑油分公司。

4.5 压缩机(包括冷冻机和真空泵)

4.5.1 空气压缩机油

产品性能

空气压缩机油主要用于压缩机汽缸运动部件及排气阀的润滑，并起防锈、防腐、密封和冷却作用。由于空压机一直处于高压、高温及有冷凝水存在的环境中，因此空压机油应具有优良的高温氧化安定性、低的积炭倾向性、适宜的黏度和黏温性能、及良好的油水分离性、防锈防腐性等。包括 DAA、DAB 两个品种，其中 DAA 为轻负荷产品，DAB 为中负荷产品。

生产方法

采用经深度精制的基础油，加入功能添加剂制成。

主要用途

DAA 空气压缩机油适用于有油润滑的往复式和滴油回转式轻负荷空气压缩机的润滑与密封，也用于滴油润滑的轻负荷螺杆式压缩机和叶片式压缩机。DAB 空气压缩机油适用于中、高负荷的往复式空气压缩机，也用于滴油润滑的轻、中负荷回转式空气压缩机。

技术参数

空气压缩机油国家标准见表 4-5-1。

表 4-5-1 空气压缩机油国家标准(GB 12691—1990)

项目	质量指标										试验方法
品种	L-DAA					L-DAB					
黏度等级(按 GB 3141)	32	46	68	100	150	32	46	68	100	150	—
运动黏度/(mm^2/s) 40℃	28.8~35.2	41.6~50.6	61.2~74.8	90.0~110	135~165	28.8~35.2	41.6~50.6	61.2~74.8	90.0~110	135~165	GB/T 265
100℃	报告					报告					
倾点/℃ 不高于	-9				-3	-9				-3	GB/T 3535
闪点(开口)/℃ 不低于	175	185	195	205	215	175	185	195	205	215	GB/T 3536
腐蚀试验(铜片，100℃，3h)/级 不大于	1					1					GB/T 5096
抗乳化性(40-37-3)/min											GB/T 7305
54℃ 不大于	—					30			—		
82℃ 不大于	—					—			30		
液相锈蚀试验(蒸馏水)	—					无锈					GB/T 11143
硫酸盐灰分/%	—					报告					GB/T 2433
老化特性:											GB/T 12709
a. 200℃，空气											
蒸发损失/% 不大于	15					—					
康氏残炭增值/% 不大于	1.5			2.0		—					
b. 200℃，空气，三氧化二铁											
蒸发损失/% 不大于	—					20					
康氏残炭增值/% 不大于	—					2.5		3.0			
减压蒸馏蒸出 80% 后残留物性质:											GB/T 9168
a. 残留物康氏残炭/% 不大于	—					0.3			0.6		GB/T 268
b. 新旧油 40℃运动黏度之比 不大于	—					5					GB/T 265
中和值/(mgKOH/g)											GB/T 4945
未加剂	报告					报告					
加剂后	报告					报告					
水溶性酸或碱	无					无					GB/T 259
水分/% 不大于	痕迹					痕迹					GB/T 260
机械杂质/% 不大于	0.01					0.01					GB/T 511

注意事项

存放时置于阴凉通风处。防止混入水分、机械杂质。勿爆晒，防止变质。不要与其他油品混用。若必须与其他厂家油混用时，应先做相溶性试验。不得用于氧气、氨、氯气和其他酸性气体等压缩机。

生产厂家

中国石化润滑油有限公司、中国石油天然气股份有限公司润滑油分公司、江苏龙蟠石化有限公司、路路达润滑油(无锡)有限公司 、大庆引航石化有限公司、北京中润华油石油化工有限公司、山东零公里石油化工有限公司、江苏高科石化有限公司、沈阳奥吉娜化工有限公司、福建莱克石化有限公司、西安石油大佳润实业有限公司、江苏惠源高级润滑油有限公司、浙江丹弗王力润滑油有限公司、壳牌统一(北京)石油化工有限公司、青岛康普顿科技股份有限公司、玉柴马石油润滑油公司。

4.5.2 DAG 轻负荷喷油回转式空气压缩机油

产品性能

具有良好的氧化安定性和抗乳化性能，还具有良好的润滑性能、防锈蚀性能和良好的粘温特性。

生产方法

采用精制高黏度指数基础油加入抗氧、防锈、抗泡沫等多种添加剂调制而成。

主要用途

适用于空气排气温度<90℃，有效工作压力<800kPa 的轻负荷喷油内冷回转式(螺杆式、滑片式)空气压缩机的润滑系统。

技术参数

轻负荷喷油回转式空气压缩机油国家标准见表 4-5-2。

表 4-5-2 轻负荷喷油回转式空气压缩机油国家标准(GB 5904—1986)

项　目	质量指标						试验方法
黏度等级	N15	N22	N32	N46	N68	N100	GB/T 3141
运动黏度(40℃)/(mm^2/s)	13.5～16.5	19.8～24.2	28.8～35.2	41.4～50.6	61.2～74.8	90.0～100	GB/T 265
黏度指数　不小于	90						GB/T 2541
倾点/℃　不高于	-9						GB/T 3535
闪点(开口)/℃　不低于	165	175	190	200	210	220	GB/T 267
腐蚀(T_3 铜片，100℃，3h)/级　不大于	1						GB/T 5096
起泡性(24℃)/mL： 泡沫倾向　不大于 泡沫稳定性　不大于	 100 0						GB/T 12579
破乳化性(到乳化层为 3mL 的时间)/min： 54℃　不大于	30						GB/T 7305
82℃　不大于						30	
防锈试验(15 号钢)	无锈						SY 2674(用蒸馏水)
氧化安定性/h　不少于	1000						GB/T 12581
机械杂质/%　不大于	0.01						GB/T 511
水分/%　不大于	痕迹						GB/T 260
水溶性酸或碱	无						GB/T 259
残炭(加剂前)/%	报告						GB/T 268

注意事项

存放时置于阴凉通风处。防止混入水分、机械杂质。勿爆晒，防止变质。不要与其他油品混用。若必须与其他厂家油混用时，应先做相溶性试验。不得用于氧气、氨、氯气和其他酸性气体等压缩机。

生产厂家

中国石化润滑油有限公司、中国石油天然气股份有限公司润滑油分公司、江苏龙蟠石化有限公司、路路达润滑油(无锡)有限公司 、大庆引航石化有限公司、北京中润华油石油化工有限公司、山东零公里石油化工有限公司、江苏高科石化有限公司、沈阳奥吉娜化工有限公司、福建莱克石化有限公司、西安石油大佳润实业有限公司、江苏惠源高级润滑油有限公司、浙江丹弗王力润滑油有限公司、壳牌统一(北京)石油化工有限公司、青岛康普顿科技股份有限公司、玉柴马石油润滑油公司。

4.5.3 铁路机车空气压缩机油

产品性能

具有优良的抗氧化、抗乳化、防锈防腐蚀和低温性能，可满足在全国范围全天候条件下的润滑需要，达到了提速、重载、安全运输的要求。

生产方法

铁路机车往复式空气压缩机油以深度精制中间基矿物油为基础油调制而成，铁路机车螺杆式空气压缩机油以合成油为基础油调制而成。

主要用途

适用于内燃、电力机车往复式空气压缩机和螺杆式空气压缩机的润滑。

技术参数

铁路机车往复式空气压缩机油铁道行业标准见表4-5-3，铁路机车螺杆式空气压缩机油铁道行业标准见表4-5-4。

表4-5-3 铁路机车往复式空气压缩机油铁道行业标准(TB/T 3257—2011)

项目		质量指标		试验方法
		TKY46W[a]	TKY200W[b]	
运动黏度/(mm^2/s)	40℃	41.4~50.6	—	GB/T 265
	100℃	—	13~15	
黏度指数		≥85	≥75	GB/T 1995 或 GB/T 2541
倾点/℃		≤-30	≤-18	GB/T 3535
闪点(开口)/℃		≥190	≥230	GB/T 3536
铜片腐蚀(100℃，3h)/级		≤1b		GB/T 5096
抗乳化性能/min	54℃	≤20(40-37-3)	—	GB/T 7305
	82℃	—	≤20(40-37-3)	
抗泡性能(泡沫倾向性/泡沫稳定性，24℃)/(mL/mL)		≤100/10		GB/T 12579
液相锈蚀试验(A法)		无锈		GB/T 11143
老化特性(200℃、空气、Fe_2O_3)	蒸发损失(质量分数)/%	≤20		GB/T 12709
	残炭增值(质量分数)/%	≤2.5	≤3.0	

续表

项目		质量指标		试验方法
		TKY46W[a]	TKY200W[b]	
减压蒸馏蒸出80%后残留物性质[c]	残留物康氏残炭(质量分数)/%	≤0.3	0.6	GB/T 9168 GB/T 268 GB/T 265
	新旧油40℃黏度之比	≤5		
酸值/(mgKOH/g)	加剂前	≤0.1		GB/T 264
	加剂后	≤0.4		
水溶性酸或碱		无		GB/T 259
水分(质量分数)/%		≤痕迹		GB/T 260
机械杂质(质量分数)/%		≤0.01		GB/T 511

[a]TKY46W 适用于6K型机车复式空气压缩机；
[b]TKY200W 适用于除6K型机车外的其他各型内燃、电力机车往复式空气压缩机；
[c]铁路机车往复式空气压缩机油减压蒸馏试验按 GB/T 9168 规定执行，其减压蒸馏蒸出80%后残留物的康氏残炭和新旧油40℃黏度之比试验项目分别按 GB/T 268、GB/T 265 测定。

表4-5-4 铁路机车螺杆式空气压缩机油铁道行业标准(TB/T 3257—2011)

项目		质量指标			试验方法
		TKY32L	TKY46L	TKY57L	
运动黏度(40℃)/(mm^2/s)		28.8~35.2	41.4~50.6	51.3~62.7	GB/T 265
黏度指数		≥120			GB/T 1995 或 GB/T 2541
倾点/℃		≤-40			GB/T 3535
闪点(开口)/℃		≥220			GB/T 3536
铜片腐蚀(100℃，3h)/级		≤1b			GB/T 5096
液相锈蚀试验(A法)		无锈			GB/T 11143
抗泡性能(泡沫倾向性/泡沫稳定性，24℃)/(mL/mL)		≤20/0			GB/T 12579
抗乳化性能(54℃)/min		≤15(40-37-3)			GB/T 7305
氧化安定性(150℃，8h，通空气，Fe，Cu片)	100℃运动黏度增加/%	≤3.0			附录A
	酸值增加值/(mgKOH/g)	报告			
	沉淀值/g	报告			
四球磨斑直径(392N，30min，室温)/mm		报告			SH/T 0189
挥发失重(80℃，8h)/%		报告			TB/T 2986 的附录B

续表

项　　目	质量指标			试验方法
	TKY32L	TKY46L	TKY57L	
空气释放值(50℃)/min	≤10			SH/T 0308
水溶性酸或碱	无			GB/T 259
机械杂质(质量分数)/%	≤0.01			GB/T 511
水分(质量分数)/%	≤痕迹			GB/T 260

注意事项

避免日晒雨淋，散装润滑油须储存在室内。若长期储存，最高温度不应超过45℃。

生产厂家

中国石油新疆独山子石化公司。

4.5.4 冷冻机油

产品性能

制冷系统由压缩机、冷凝器、膨胀阀、蒸发器等系统部件组成。冷冻机油在压缩机内的功能是润滑压缩机摩擦面，减少摩擦工损耗，防止磨损，散发压缩和摩擦产生的热量，并在活塞(或转子)与气缸的间隙部位和压缩机轴封部位起到密封作用，防止制冷剂泄漏。冷冻机油有适宜的黏度和良好的粘温性能，与制冷剂接触时具有良好的热稳定性和化学稳定性，与制冷剂有适当的溶解性能，润滑性能优良，水含量低，与材料有较好的相容性。此外，冷冻机油还有良好的低温流动性、氧化安定性和密封性能。DRA冷冻机油具有优良的低温流动性和氧化安定性，并具有良好的润滑性能和密封性能。DRB冷冻机油具有优良的低温流动性、热安定性和润滑性，与氨制冷剂共存时具有良好的相溶性和化学稳定性。DRD冷冻机油具有优良的低温流动性、热安定性和润滑性，与氯氟烃制冷剂共存时具有良好的相溶性和化学稳定性。DRE冷冻机油具有优良的低温流动性、热安定性和润滑性，与氯氟烃、氢氯氟烃等制冷剂共存时具有良好的相溶性和化学稳定性。DRG冷冻机油具有优良的低温流动性、热安定性和润滑性，与烃类制制冷剂共存时具有良好的相溶性和化学稳定性。

生产方法

采用深度精制矿物基础油、合成基础油等，加入抗氧防腐、金属钝化、降凝、抗泡等多种添加剂调制而成。

主要用途

DRA冷冻机油适用于以氨为工质，开启式或半封闭满液式蒸发器的工业用和商业用制冷压缩机。DRB冷冻机油适用于以氨为工质，开启式压缩机或工厂厂房装置用的工业用和商业用制冷压缩机。DRD冷冻机油适用于以氢氟烃类为工质的制冷压缩机，包括车用空调、家用制冷、民用商用空调、热泵、商业制冷(包括运输制冷)等。DRE冷冻机油适用于以氢氯氟烃类为工质的制冷压缩机，包括车用空调、家用制冷、民用商用空调、热泵、商业制冷(包括运输制冷)等。DRG冷冻机油适用于以烃类为工质的工厂厂房用的低负载制冷装置，包括工业制冷、家用制冷、民用商用空调、热泵等。

技术参数

DRA、DRB、DRD冷冻机油的国家标准见表4-5-5，DRE、DRG冷冻机油的国家标准见表4-5-6。

表 4-5-5　DRA、DRB、DRD 冷冻机油国家标准（GB/T 16630—2012）

项　目	质量指标																								试验方法
品　种	L-DRA						L-DRB						L-DRD												
黏度等级（GB/T 3141）	15	22	32	46	68	100	22	32	46	68	100	150	7	10	15	22	32	46	68	100	150	220	320	460	
外观	清澈透明						清澈透明						清澈透明												目测[a]
运动黏度（40℃）/（mm^2/s）	13.5～16.5	19.8～24.2	28.8～35.2	41.4～50.6	61.2～74.8	90.0～110	19.8～24.2	28.8～35.2	41.4～50.6	61.2～74.8	90.0～110	135～165	6.12～7.48	9.00～11.0	13.5～16.5	19.8～24.2	28.8～35.2	41.4～50.6	61.2～74.8	90.0～110	135～165	198～242	288～352	414～506	GB/T 265
倾点/℃　不高于	-39	-36	-33	-33	-27	-21	[b]						-39	-39	-39	-39	-39	-39	-36	-33	-30	-21	-21	-21	GB/T 3535
闪点/℃　不低于	150		160		170		200						130		150		180		180		210				GB/T 3536
密度（20℃）/（kg/m^3）	报告						报告						报告												GB/T 1884[c] 及 GB/T 1885
酸值（以 KOH 计）/（mg/g）　不大于	0.02[d]						[b]						0.10[d]												GB/T 4945[e]
灰分（质量分散）/%　不大于	0.005[d]						—						—												GB/T 508
水分/（mg/kg）　不大于	30[f]						350[g]						100[h] 300[g]												ASTM D6304[i]
颜色/号　不大于	1	1	1	1.5	2.0	2.5	[b]						[b]												GB/T 6540
机械杂质（质量分数）/%	无						无						无												GB/T 511
泡沫性（泡沫倾向/泡沫稳定性，24℃）/（mL/mL）	报告						报告						报告												GB/T 12579

续表

项目	质量指标																								试验方法
品种	L-DRA						L-DRB						L-DRD												
黏度等级（GB/T 3141）	15	22	32	46	68	100	22	32	46	68	100	150	7	10	15	22	32	46	68	100	150	220	320	460	
铜片腐蚀（T_2 铜片，100℃，3h）/级 不大于	1						1						1												GB/T 5096
击穿电压/kV 不小于	1						—						25												GB/T 507
化学稳定性（175℃，14d）	—						—						无沉淀												SH/T 0698
残炭（质量分数）/% 不大于	0.05[d]						—						—												GB/T 268
氧化安定性（140℃，14h）氧化油酸值（以KOH计）/（mg/g） 不大于 氧化油沉淀（质量分数）/% 不大于	0.2 0.02						[b]						—												SH/T 0196

续表

项　　目	质量指标																								试验方法
品　　种	L-DRA						L-DRB						L-DRD												
黏度等级（GB/T 3141）	15	22	32	46	68	100	22	32	46	68	100	150	7	10	15	22	32	46	68	100	150	220	320	460	
极压性能（法莱克斯法）失效负荷/N	报告						报告						报告												SH/T 0187
压缩机台架试验[k]	通过						通过						通过												供需双方商定

[a] 将试样注入 100 mL 玻璃量筒中，在 20℃±3℃下观察，应透明、无不溶水及机械杂质。

[b] 指标由供需双方商定。

[c] 试验方法也包括 SH/T 0604。

[d] 不适用于含有添加剂的冷冻机油。

[e] 试验方法也包括 GB/T 7304，有争议时，以 GB/T 4945 为仲裁方法。

[f] 仅适用于交货时密封容器中的油。装于其他容器时的水含量由供需双方另订协议。

[g] 仅适用于交货时密封容器中的聚（亚烷基）二醇油。装于其他容器时的水含量由供需双方另订协议。

[h] 仅适用于交货时密封容器中的酯类油。装于其他容器时的水含量由供需双方另订协议。

[i] 试验方法也包括 GB/T 11133 和 NB/SH/T 0207，有争议时，以 ASTM D6304 为仲裁方法。

[j] 该项目是否检测由供需双方商定，如果需要应不小于 25kV。

[k] 压缩机台架试验（包括寿命试验、结焦试验和与各种材料的相容性试验等）为本产品定型时和用油者首次选用本产品时必做的项目。当生产冷冻机油的原料和配方有变动时，或转厂生产时应重做台架试验。如果供油者提供的产品，其红外线谱图与通过压缩机台架试验的油样谱图相一致，又符合本标准所规定的理化指标或供需双方另订的协议指标时，可以不再进行压缩机台架试验。红外线谱图可以采用 ASTM E1421：1999（2009）方法测定。

表 4-5-6　DRE、DRG 冷冻机油国家标准(GB/T16630-2012)

项　目	质量指标																							试验方法
品　种	L-DRE											L-DRG												
黏度等级(GB/T 3141)	15	22	32	46	56[a]	68	100	150	220	320	460	8[a]	10	15	22	32	46	68	100	150	220	320	460	
外观	清澈透明											清澈透明												目测[b]
运动黏度(40℃)/(mm²/s)	13.5~16.5	19.8~24.2	28.8~35.2	41.4~50.6	50.8~61.0	61.2~74.8	90.0~110	135~165	198~242	288~352	414~506	8.5~9.0	9.0~11.0	13.5~16.5	19.8~24.2	28.8~35.2	41.4~50.6	61.2~74.8	90.0~110	135~165	198~242	288~352	414~506	GB/T 265
倾点/℃　不高于	-39	-36	-36	-33	-30	-27	-24	-18	-15	-12	-9	-48	-45	-39	-36	-33	-33	-24	-24	-21	-15	-12	-9	GB/T 3535
闪点/℃　不低于	150		160		170		180	210		225		145	150			160		170		210			225	GB/T 3536
密度(20℃)/(kg/m³)	报告											报告												GB/T 1884[c] 及 GB/T 1885
酸值(以 KOH 计)/(mg/g)　不大于	0.02[d]											0.02[d]												GB/T 4945[e]
灰分(质量分数)/%　不大于	0.005[d]											—												GB/T 508
水分/(mg/kg)不大于	30[d]											30[f]												ASTM D6304[g]
颜色/号　不大于	0.5	1.0	1.0	1.5	2.0	2.0	h					h	h	0.5	1.0	1.0	1.5	2.0	h					GB/T 6540

续表

项　　目	质量指标																							试验方法
品　　种	L-DRE											L-DRG												
黏度等级（GB/T 3141）	15	22	32	46	56[a]	68	100	150	220	320	460	8[a]	10	15	22	32	46	68	100	150	220	320	460	
泡沫性（泡沫倾向/泡沫稳定性，24℃）/（mL/mL）	报告											报告												GB/T 12579
机械杂质（质量分数）/%	无											无												GB/T 511
铜片腐蚀（T_2 铜片 100℃，3h）/级　不大于	1											1												GB/T 5096
击穿电压/kV　不小于	25											25												GB/T 507
残炭（质量分数）/%　不大于	0.03[d]											0.03[d]												GB/T 268
絮凝点[i]/℃　不高于	-45	-42	-42	-42	-42	-42	-35	-20				-42	-42	-42	-42	-42	-35	-35	-30	-25	-20			GB/T 12577
化学稳定性（175℃，14d）	无沉淀											[j]												SH/T 0698

续表

项 目	质量指标																							试验方法
品 种	L-DRE											L-DRG												
黏度等级（GB/T 3141）	15	22	32	46	56[a]	68	100	150	220	320	460	8[a]	10	15	22	32	46	68	100	150	220	320	460	
极压性能（法莱克斯法）失效负荷/N	报告											报告												SH/T 0187
压缩机台架试验[k]	通过											通过												供需双方商定

[a] 不属于 ISO 黏度等级。

[b] 将试样注入 100 mL 玻璃量筒中，在 20℃±3℃下观察，应透明、无不溶水及机械杂质。

[c] 试验方法也包括 SH/T 0604。

[d] 不适用于含有添加剂的冷冻机油。

[e] 试验方法也包括 GB/T 7304，有争议时，以 GB/T 4945 为仲裁方法。

[f] 仅适用于交货时密封容器中的油。装于其他容器时的水含量由供需双方另订协议。

[g] 试验方法也包括 GB/T 11133 和 NB/SH/T 0207，有争议时，以 ASTM D6304 为仲裁方法。

[h] 指标由供需双方商定。

[i] 只适用于深度精制的矿物油或合成烃油。

[j] 该项目是否检测由供需双方商定，如需要，应为无沉淀。

[k] 压缩机台架试验（包括寿命试验，结焦试验和与各种材料的相容性试验等）为本产品定型时和用油者首次选用本产品时必做的项目。当生产冷冻机油的原料和配方有变动时，或转厂生产时应重做台架试验。如果供油者提供的每批产品，其红外线谱图与通过压缩机台架试验的油样谱图相一致，又符合本标准所规定的理化指标或供需双方另订的协议指标时，可以不再进行压缩机台架试验。红外线谱图可以采用 ASTM E1421：1999（2009）方法测定。

注意事项

储存在阴凉干燥处，避免阳光直射，保持良好通风。避免与火或者高温物体接触，防止油蒸气的发散。使用时必须先把润滑系统清洗干净。避免污染新油。防止混入水分、粉尘和其他污染杂质。不同用途以及不同品牌的油不能混合使用。

生产厂家

中国石化润滑油有限公司、中国石油天然气股份有限公司润滑油分公司。

4.5.5 汽车空调冷冻机油

产品性能

属于汽车空调 R134a 制冷剂配套用冷冻机油，与 HFC-134a 冷媒有极好兼容性、化学及热稳定性。同时具有优良的润滑性，能减低磨擦、降低温度，延长压缩机寿命。

生产方法

以聚乙二醇类合成油为基础油，添加抗氧化剂、防腐蚀剂等添加剂制成。

主要用途

适用于以 R134a 为制冷介质的汽车空调压缩机。适用温度范围：-30～150℃。

技术参数

汽车空调冷冻机油的石化行业标准见表 4-5-7。

表 4-5-7 汽车空调冷冻机油石化行业标准(NB/SH/T 0849—2010)

项　　目		质量指标				试验方法
		46	68	100	150	
外观		透明、均匀液体				目测
运动黏度/(mm^2/s) 40℃ 100℃		 41.4～50.6 报告	 61.2～74.8 报告	 90～110 报告	 135～165 报告	GB/T 265
闪点(开口)/℃	不低于	200				GB/T 3536
倾点/℃	不高于	-35				GB/T 3535
酸值/(mgKOH/g)	不大于	0.15				GB/T 7304[a]
腐蚀试验(T_2 铜，100℃，3h)/级	不大于	1				GB/T 5096
击穿电压/kV	不小于	25				GB/T 507
水含量/(mg/kg)		报告				GB/T 11133
与制冷剂相溶性(油分率 5%)/℃	不大于	-35		报告		SH/T 0699
化学稳定性(密封玻璃管法，175℃，14d)		不沉淀				SH/T 0698
贮存稳定性(24℃±22℃，365d)		合格				SH/T 0451
承载能力/(四球法)/N 最大无卡咬负荷 P_B 烧结负荷 P_D 综合磨损指数 *ZMZ*		 报告 报告 报告				GB/T 3142
相容性[b]		合格				GJB 562

[a]采用设置终点法。

[b]此项目不作为必检项目，可由供需双方协商确定。

注意事项

储存在阴凉干燥处，避免阳光直射，保持良好通风。避免与火或者高温物体接触，防止油蒸气的发散。使用时必须先把润滑系统清洗干净。避免污染新油。防止混入水分、粉尘和其他污染杂质。不同用途以及不同品牌的油不能混合使用。

生产厂家

中国石化润滑油有限公司。

4.5.6 矿物油型真空泵油

产品性能

具有较低的饱和蒸气压，在泵中低压和高温的工作条件下不易蒸发，以免降低泵的极限真空度。热安定性良好，可避免真空泵油在工作条件下造成返油蒸气压增大，真空状态变坏和影响泵的使用寿命。此外，还有较好的润滑性、密封性能、防水性和抗乳化性能。

生产方法

采用深度精制的石蜡基油为基础油，添加抗氧等添加剂调制而成。

主要用途

适用于无腐蚀性气体的各种容积真空泵(机械真空泵)的密封与润滑，也适用于罗茨真空泵(机械增压泵)齿轮传动系统的润滑。

技术参数

矿物油型真空泵油石化行业标准见表4-5-8。

表4-5-8 矿物油型真空泵油石化行业标准(SH/T 0528—1992)

项目		质量指标							试验方法
质量等级		优级品			一级品			合格品	
黏度等级(按GB/T 3141)		46	68	100	46	68	100	100	—
运动黏度(40℃)/(mm^2/s)		41.4~50.6	61.2~74.8	90~110	41.4~50.6	61.2~74.8	90~110	90~110	GB/T 265
黏度指数	不小于	90			90			—	GB/T 2541
密度(20℃)/(kg/m^3)	不大于	880	882	884	880	882	884	—	GB/T 1884或GB/T 1885
倾点/℃	不高于	-9			-9			-9	GB/T 3535
闪点(开口)/℃	不低于	215	225	240	215	225	240	206	GB/T 3536
中和值/(mgKOH/g)	不大于	0.1			0.1			0.2	GB/T 4945
色度/号	不大于	0.5	1.0	2.0	1.0	1.5	2.5	—	GB/T 6540
残炭/%	不大于	0.02	0.03	0.05	0.05	0.05	0.10	0.20	GB/T 268
抗乳化性(40-37-3mL)/min									GB/T 7305
54℃	不大于	10	15	—	30	30	—	—	
82℃	不大于	—	—	20	—	—	30	报告	
腐蚀试验(铜片，100℃，3h)/级	不大于	1			1			—	GB/T 5096

续表

项　　目	质量指标			试验方法
质量等级	优级品	一级品	合格品	
泡沫性(泡沫倾向/泡沫稳定性)/(mL/mL)				GB/T 12579
24℃　不大于	100/0	—	—	
93.5℃　不大于	75/0	—	—	
后24℃　不大于	100/0	—	—	
氧化安定性 a. 酸值到2.0mg KOH/g时间①/h　不小于	1000	—	—	GB/T 12581
b. 旋转氧弹(150℃)/min	报告	—	—	SH/T 0193
水溶性酸及碱	无	无	无	GB/T 259
水分/%	无	无	无	GB/T 260
机械杂质/%	无	无	无	GB/T 511
灰分/%　不大于	—	—	0.005	GB/T 508

饱和蒸气压/kPa								SH/T 0293
20℃　不大于	—	—	—	—	—	—	5.3×10^{-5}	
60℃　不大于	6.7×10^{-6}	6.7×10^{-7}	1.3×10^{-7}	1.3×10^{-5}	1.3×10^{-6}	6.7×10^{-7}	报告	

极限压力/kPa				JB/T 7266②
分压　不大于	2.7×10^{-5}	6.7×10^{-5}	—	
全压	报告	—	—	

注：①为保证项目。
②必须用双级优级真空泵作为试验用泵。

注意事项

油品应存放阴凉干燥处。应保持油品清洁，防止杂质和水份混入。储存时容器必须保持密封，防止受潮。

生产厂家

中国石化润滑油有限公司、中国石油天然气股份有限公司润滑油分公司。

4.5.7　矿物油型扩散泵油

产品性能

化学性能稳定。具有低的蒸发性和良好的真空性、氧化安定性、抗乳化性和抗泡沫性。

生产方法

采用润滑油馏分，经溶剂脱蜡、溶剂精制和补充精制所得的油料，再经分子蒸馏切割为窄馏分，然后通过吸附精制及真空脱气制得。

主要用途

适用于各种类型的玻璃和金属扩散泵作工作液，也适用于真空冶炼、电子及原子能工业的要求和其他需要获得高真空环境的系统。

技术参数

矿物油型扩散泵油石化行业标准见表4-5-9。

表 4-5-9 矿物油型扩散泵油石化行业标准(SH 0529—1992)

项目		质量指标			试验方法
		46	68	100	
运动黏度(40℃)/(mm^2/s)		41.4~50.6	61.2~74.8	90~100	GB/T 265
平均分子量	不小于	380	420	450	SH/T 0220 附录 B
色度/号	不大于	0.5	1.0	2.0	GB/T 6540
倾点/℃	不高于	-9	-9	-9	GB/T 3535
闪点(开口)/℃	不低于	220	230	250	GB/T 3536
机械杂质/%		无	无	无	GB/T 511
水分/%		无	无	无	GB/T 260
中和值/(mgKOH/g)	不大于	0.01	0.01	0.01	GB/T 4945
灰分/%	不大于	0.005	0.005	0.005	GB/T 508
残炭/%	不大于	0.02	0.03	0.05	GB/T 268
腐蚀试验(铜片，100℃，3h)/级	不大于	1	1	1	GB/T 5096
饱和蒸气压(20℃)/kPa	不大于	5×10^{-9}	1×10^{-9}	5×10^{-10}	SH/T 0293
极限压强(全压)/kPa	不大于	7×10^{-8}	5×10^{-8}	3×10^{-8}	GB/T 6306
热安定性(150℃，24h)		报告	报告	报告	附录 A

注意事项

应密封存放，不准混入其他油类、水分和杂质。换油时将扩散泵内用 120 号溶剂汽油清洗、烘干，按规定量加入扩散泵油。

生产厂家

中国石油大连石化公司、江苏高科石化股份有限公司、北京四方特种油品厂、北京石大中油石油化工技术有限公司。

4.5.8 长城 DGA-G 抗氨往复式压缩机气缸油

产品性能

具有优异的抗结焦性和清净分散性，避免或减少沉积物在高温表面生成积炭，长期使用结焦少。抗氨、润滑等性能良好，不会与氨发生反应，可有效减少气阀表面、活塞与气缸壁的磨损。

生产方法

采用深度精制基础油和多功能添加剂调和而成。

主要用途

适用于活塞式氨压缩机、氢氮气压缩机气缸的润滑。

技术参数

长城 DGA-G 抗氨往复式压缩机气缸油的典型数据见表 4-5-10。

表 4-5-10 长城 DGA-G 抗氨往复式压缩机气缸油典型数据

项目	典型值		试验方法
	32	46	
运动黏度(40℃)/(mm^2/s)	99.34	152.7	GB/T 265
闪点(开口)/℃	248	256	GB/T 267
倾点/℃	-18	-18	GB/T 3535
抗氨试验	合格	合格	SH/T 0302

注意事项

存放时置于阴凉通风处。防止混入水分、机械杂质。勿爆晒，防止变质。不要与其他油品混用。若必须与其他厂家油混用时，应先做相溶性试验。不得用于氧气、氨、氯气和其他酸性气体等压缩机。

生产厂家

中国石化润滑油有限公司。

4.5.9 长城 DGA-Q 抗氨往复式压缩机曲轴箱油

产品性能

具有优异的氧化安定性，使用寿命长。油水分离、润滑、抗氨等性能良好，可减少水分对压缩机的危害，有效减少磨损，同时不会与氨发生反应。

生产方法

采用深度精制基础油和多功能添加剂调和而成。

主要用途

适用于活塞式氨压缩机、氢氮气压缩机及其他压缩介质中含有氨气的压缩机曲轴箱的润滑与密封。

技术参数

长城 DGA-Q 抗氨往复式压缩机曲轴箱油的典型数据见表 4-5-11。

表 4-5-11 长城 DGA-Q 抗氨往复式压缩机曲轴箱油典型数据

项　目	典型值		试验方法
	46	68	
运动黏度(40℃)/(mm^2/s)	43.20	67.17	GB/T 265
闪点(开口)/℃	212	216	GB/T 267
倾点/℃	-18	-18	GB/T 3535
水分	无	无	GB/T 260
抗氨试验	合格	合格	SH/T 0302

注意事项

存放时置于阴凉通风处。防止混入水分、机械杂质。勿爆晒，防止变质。不要与其他油品混用。若必须与其他厂家油混用时，应先做相溶性试验。不得用于氧气、氨、氯气和其他酸性气体等压缩机。

生产厂家

中国石化润滑油有限公司。

4.5.10 长城 DAH 喷油回转式空气压缩机油

产品性能

具有优异的氧化及热稳定性，油品寿命更长，减少油泥在油箱和排放管线中形成，同时可以延长过滤器寿命，降低总体维护费用。水油分离、抗磨损等性能优良，可减少油品被携带到下游设备中，降低油品乳化的可能性，避免聚集式过滤器堵塞，降低转子、轴承和齿轮磨损。防锈性能良好，能提高油品对部件的保护性，减少因锈蚀产生的磨损等故障。在正常工作状态下，可以达到 4000h 的换油周期。

生产方法

采用加氢基础油，加入多种添加剂调和而成。

主要用途

适用于排气压力高达 15bar，排气温度 100～110℃ 的移动或固定螺杆式空气压缩机，或者旋转滑片式空气压缩机。也可用于带有高速齿轮传动的离心式压缩机或者轴流式空气压缩机的润滑系统。

技术参数

长城 DAH 喷油回转式空气压缩机油典型数据见表 4-5-12。

表 4-5-12　长城 DAH 喷油回转式空气压缩机油典型数据

项目	典型值		试验方法
	32	46	
运动黏度(40℃)/(mm^2/s)	31.50	44.69	GB/T 265
闪点(开口)/℃	232	236	GB/T 267
倾点/℃	-21	-18	GB/T 3535
抗乳化性(40-37-3，54℃)/min	5	10	GB/T 7305
铜片腐蚀(100℃，3h)/级	1b	1b	GB/T 5096
D943 试验/h	>9000	>6000	GB/T 12581

注意事项

存放时置于阴凉通风处。防止混入水分、机械杂质。勿爆晒，防止变质。不要与其他油品混用。若必须与其他厂家油混用时，应先做相溶性试验。不得用于氧气、氨、氯气和其他酸性气体等压缩机。

生产厂家

中国石化润滑油有限公司。

4.5.11　长城 4502 合成压缩机油

产品性能

具有优异的高温氧化安定性，使用寿命长，使用寿命达 4000～8000h。高低温性良好，低温流动性能优异。闪点高、燃点高，蒸发挥发度低。残炭低，不易结焦。

生产方法

采用合成油为基础油加有多种添加剂调和而成。

主要用途

广泛用于钢铁、水泥、化工、机械、电子等行业所用小、中大型单级或多级往复式、回转式空气压缩机的润滑。其中 32 到 68 号主要适用于低、中压回转式压缩机，也可用于中、小型往复式压缩机，100 到 220 号主要用于中、高压往复式压缩机及大型回转式压缩机。使用温度范围：回转式压缩机为-40～110℃，往复式为-35～200℃，短期可达 220℃。

技术参数

长城 4502 合成压缩机油的典型数据见表 4-5-13。

表 4-5-13　长城 4502 合成压缩机油典型数据

项目	典型值					试验方法
	32	46	68	100	150	
运动黏度(40℃)/(mm^2/s)	32.0	46.3	67.5	98.4	149.3	GB/T 265
中和值/(mgKOH/g)	0.16	0.20	0.17	0.19	0.18	GB/T 4945
闪点(开口)/℃	216	230	242	250	248	GB/T 267
凝点/℃	-59	-55	-52	-45	-45	GB/T 510
抗乳化性能/min	5	4.8	2.1	8	3.5	GB/T 7305

续表

项目	典型值					试验方法
	32	46	68	100	150	
残炭/% 氧化前 氧化后	 0.02 0.04	 0.02 0.04	 0.04 0.06	 0.03 0.06	 0.03 0.07	GB/T 268

注意事项

勿与其他润滑油混用，不同润滑油之间可能会发生物理或化学反应，导致性能大大降低。使用在与橡胶、塑料、油漆等非金属材料接触的润滑部位时，事先应进行材料相容性试验。本产品在使用中，见光或长期高温下颜色变深属正常现象，不影响使用效果。使用后及时封盖，以避免水分、灰尘等杂质的混入。

生产厂家

中国石化润滑油有限公司。

4.5.12 长城4503合成空气压缩机油

产品性能

具有优异的氧化安定性。积炭倾向性低，使用寿命长，蒸发损失小，油耗低。黏温和低温性能优良，能保证压缩机低温下顺利启动和高温下得到良好的润滑。油水分离性及抗泡性能良好，使空气中凝结于油的水分能迅速分离。防锈、抗腐蚀、抗磨等性能良好，能防止压缩机部件腐蚀和部件表面的异常磨损。

生产方法

采用特定结构半合成油为基础油，并加入优质高效添加剂精制而成。

主要用途

适用于排气温度不大于130℃，排气压力不大于1500kPa条件下的轻、中负荷回转式空气压缩机的润滑密封，也可用于其他各种往复式和离心式压缩机的润滑。

技术参数

长城4503合成压缩机油的典型数据见表4-5-14。

表4-5-14 长城4503合成压缩机油典型数据

项目	典型值					试验方法
	32	46	68	100	150	
运动黏度(40℃)/(mm^2/s)	30.64	44.09	67.10	95.62	151.2	GB/T 265
黏度指数	121	110	105	93	92	GB/T 2541
倾点/℃	-38	-36	-30	-27	-21	GB/T 3535
闪点(开口)/℃	232	236	246	254	258	GB/T 3536
抗乳化性(40-37-3)/min	5	5	7	8	10	GB/T 7305
液相锈蚀试验	无锈	无锈	无锈	无锈	无锈	GB/T 11143
铜片腐蚀(100℃，3h)/级	1b	1b	1b	1b	1b	GB/T 5096
泡沫特性(泡沫倾向/稳定性)/(mL/mL) 24℃ 93.5℃ 后24℃	 0/0 10/0 0/0	 0/0 10/0 0/0	 0/0 10/0 0/0	 5/0 20/0 0/0	 10/0 20/0 0/0	GB/T 12579

续表

项目	典型值					试验方法
	32	46	68	100	150	
老化特性试验(200℃，250mL 空气/min，Fe_2O_3) 蒸发损失/% 康氏残炭增加/%	 8.12 0.21	 6.31 0.32	 5.40 0.45	 4.54 0.95	 3.72 1.22	SH/T 0192
四球试验(75℃，1200r/min) 磨斑直径(392N，60min)/mm	 0.47	 0.45	 0.45	 0.43	 0.43	GB/T 12583

注意事项

勿与其他润滑油混用，不同润滑油之间可能会发生物理或化学反应，导致性能大大降低。使用在与橡胶、塑料、油漆等非金属材料接触的润滑部位时，事先应进行材料相容性试验。本产品在使用中，见光或长期高温下颜色变深属正常现象，不影响使用效果。使用后及时封盖，以避免水分、灰尘等杂质的混入。

生产厂家

中国石化润滑油有限公司。

4.5.13 长城4506合成压缩机油

产品性能

具有优异的热氧化安定性、抗高温结焦和积炭等性能，可防止润滑油高温下变质，增强压缩机高温下工作的安全性。与材料适应性良好，能避免系统使用中出现泄漏。热传导性能优良，可降低压缩机运行温度。高低温性能优良，保证系统宽温度范围内正常运转。可保证压缩机系统长达6000～8000h工作寿命。

生产方法

采用合成油为基础油，并加入极压、抗氧、抗腐蚀等多种添加剂精制而成。

主要用途

广泛用于钢铁、水泥、化工、机械、电子等行业所用小、中大型单级或多级往复式、回转式空气压缩机的润滑，特别适用于离心式和螺杆式压缩机。使用温度范围：回转式压缩机-50～120℃，往复式-40～200℃，短期可达220℃。

技术参数

长城4506合成压缩机油的典型数据见表4-5-15。

表4-5-15　长城4506合成压缩机油典型数据

项目	典型值				试验方法
	32	46	68	100	
运动黏度(40℃)/(mm^2/s)	31.1	46.5	64.7	97.7	GB/T 265
黏度指数	130	127	138	138	GB/T 2541
中和值/(mgKOH/g)	0.16	0.20	0.17	0.19	GB/T 4945
闪点(开口)/℃	252	260	270	272	GB/T 267
凝固点/℃	<-60	-58	-56	-48	GB/T 3535
抗乳化性能/min	2	4.8	2.1	5	GB/T 7305
腐蚀(T_2铜片，100℃，3h)/级	1b	1b	1b	1b	GB/T 5095
残炭/%	0.02	0.02	0.02	0.02	GB/T 268

注意事项

使用在与橡胶、塑料、油漆等非金属材料接触的润滑部位时，事先应进行材料相容性试验。本产品在使用中，见光或长期高温下颜色变深属正常现象，不影响使用效果。

生产厂家

中国石化润滑油有限公司。

4.5.14 长城4508合成压缩机油

产品性能

具有优异的热氧化安定性、抗高温结焦和积炭等性能，可防止润滑油高温下变质，增强压缩机高温下工作的安全性。与材料适应性良好，能避免系统使用中出现泄漏。热传导性能优良，可降低压缩机运行温度。高低温性能优良，保证系统宽温度范围内正常运转。可保证压缩机系统长达6000～8000h工作寿命。

生产方法

采用合成油为基础油，并加入多种优质添加剂精制而成。

主要用途

适用于低、中压回转式螺杆压缩机。使用温度范围-40～110℃。

技术参数

长城4508合成压缩机油的典型数据见表4-5-16。

表4-5-16　长城4508合成压缩机油典型数据

项目	典型值	试验方法
运动黏度(40℃)/(mm^2/s)	47.05	GB/T 265
黏度指数	167	GB/T 2541
酸值/(mgKOH/g)	0.05	GB/T 264
闪点(开口)/℃	265	GB/T 267
凝点/℃	-48	GB/T 3535
腐蚀(T_2铜片，100℃，3h)/级	1b	GB/T 5096

注意事项

使用在与橡胶、塑料、油漆等非金属材料接触的润滑部位时，事先应进行材料相容性试验。本产品在使用中，见光或长期高温下颜色变深属正常现象，不影响使用效果。

生产厂家

中国石化润滑油有限公司。

4.5.15 长城4511合成压缩机油

产品性能

具有优良的抗氧化性能，在接触高温高压乙烯等气体的过程中，油品能够保持性能长期稳定，不会形成油泥、漆膜等。黏度指数高，压缩机在低温条件下能够正常启动运转。抗轻烃稀释性能优良，可使高压乙烯压缩机得到足够有效的润滑。与金属、密封件等材料有良好的适应性，可保证压缩机金属部件、密封件等长期运行有效。经NSF评审(NSF Registration No. 141406)，达到H1级(可偶尔与食品接触的润滑剂)。

生产方法

采用特选的聚烷撑乙二醇基础油制成。

主要用途

适用于乙烯生产厂高压聚乙烯装置超高压往复式压缩机气缸的润滑和密封，也可用于其他烃类气体往复式和回转式压缩机气缸的润滑。

技术参数

长城 4511 合成压缩机油的典型数据见表 4-5-17。

表 4-5-17 长城 4511 合成压缩机油典型数据

项目	典型值	试验方法
外观	浅黄色透明液体	目测
运动黏度/(mm^2/s) 40℃ 100℃	 220.3 41.19	GB/T 265
黏度指数	243	GB/T 2541
酸值/(mgKOH/g)	0.01	GB/T 254
闪点(开口)/℃	247	GB/T 267
凝点/℃	-46	GB/T 510
机械杂质/%	无	GB/T 511
灰分/%	0.001	GB/T 508
残炭/%	0.01	GB/T 268
腐蚀(T_2 铜片，100℃，3h)/级	1b	GB/T 5096

注意事项

应贮存在清洁、干燥通风的场所，不能露天存放。本品有一定的吸湿性，应保持产品的外包装和内包装完好无损。本产品与油漆接触后可能会发生溶解，与有机玻璃等塑料件接触后会发生溶解现象。使用时避免与漆膜、有机玻璃等塑料件接触。

生产厂家

中国石化润滑油有限公司。

4.5.16 长城 4511-1 乙烯压缩机油

产品性能

抗轻烃稀释性能优异，在压缩乙烯等轻烃气体的过程中，压缩机能够得到足够有效的润滑。低温流动性能良好，压缩机在低温条件下能够正常启动运转。抗氧化性能优良，在接触高温高压乙烯等气体的过程中，油品能够保持性能长期稳定，不结焦、不会形成油泥、漆膜等。粘压性能良好，可保证油品在极高的压力下都能够保持正常的流动性。容水性优异，润滑剂中的水分达到 3500mg/kg，其润滑性能都不会受到影响。与金属、密封件等材料有良好的适应性，可保证压缩机金属部件、密封件等长期运行有效。无毒，获得 NSF-H1 食品级认证。

生产方法

采用特选的聚烷撑乙二醇基础油，配以食品级添加剂精制而成。

主要用途

适用于高压低密度聚乙烯（HP-LDPE）工艺中高压、超高压往复压缩机以及其他烃类气体压缩机气缸内部的润滑。

技术参数

长城 4511-1 合成压缩机油的典型数据见表 4-5-18。

表 4-5-18 长城 4511-1 合成压缩机油典型数据

项目	典型值	试验方法
外观	无色至浅黄色透明液体	目测
运动黏度/(mm^2/s) 40℃ 100℃	 267.8 46.93	GB/T 265

续表

项目	典型值	试验方法
黏度指数	236	GB/T 2541
闪点(开口)/℃	257	GB/T 267
倾点/℃	-20	GB/T 3535
灰分/%	0.002	GB/T 508
残炭/%	0.05	GB/T 268
腐蚀(T_2 铜片，100℃，3h)/级	1b	GB/T 5096

注意事项

应贮存在清洁、干燥通风的场所，不能露天存放。本品有一定的吸湿性，应保持产品的外包装和内包装完好无损。本产品与油漆接触后可能会发生溶解，与有机玻璃等塑料件接触后会发生溶解现象。使用时避免与漆膜、有机玻璃等塑料件接触。

生产厂家

中国石化润滑油有限公司。

4.5.17 长城 4512 合成压缩机油

产品性能

具有高的闪点、低的倾点、良好的化学稳定性、润滑性、抗磨性和防锈性。不易被二氧化碳、烃类气体所稀释，运转过程中保持良好的润滑性。可降低设备磨损，保护设备不受腐蚀，显著地延长设备换油周期。

生产方法

采用合成油为基础油，加有多种精选添加剂调和而成。

主要用途

适用于化肥、化学、食品饮料工业和造气工业中的多级高压二氧化碳压缩机气缸的润滑和密封。也可用于压力达 20MPa，气体出口温度达 150℃的多级往复式高压压缩机。

技术参数

长城 4512 合成压缩机油的典型数据见表 4-5-19。

表 4-5-19 长城 4512 合成压缩机油典型数据

项目	典型值	试验方法
外观	黄色至棕色透明液体	目测
运动黏度(40℃)/(mm^2/s)	223.5	GB/T 265
黏度指数	212	GB/T 2541
闪点(开口)/℃	255	GB/T 267
凝点/℃	-38	GB/T 510
中和值/(mgKOH/g)	0.10	GB/T 4945
水分/%	0.05	GB/T 260

注意事项

存放时置于阴凉通风处。防止混入水分、机械杂质。勿爆晒，防止变质。不要与其他油品混用。若必须与其他厂家油混用时，应先做相溶性试验。

生产厂家

中国石化润滑油有限公司。

4.5.18 长城 4513 合成压缩机油

产品性能

在高温下具有优良的化学稳定性，不易形成残炭和胶质。对密封材料和被压缩气体无反应，具有水溶性。对烃类气体溶解度低，在运转中，可防止被压缩气体稀释，保持适当的操作黏度，可延长使用时间和设备寿命。

生产方法

采用合成油为基础油，加入多种添加剂调和而成。

主要用途

适用于炼油厂、油气田、焦化厂、矿井、压缩天然气、瓦斯气、液化丙烷、氯-氟衍生物、乙烯、丁二烯、氯乙烯等烃类气体的增压输送、灌瓶和分离回收的气体压缩机，特别适用于压缩这些气体的螺杆式压缩机的润滑。

技术参数

长城 4513 合成压缩机油的典型数据见表 4-5-20。

表 4-5-20 长城 4513 合成压缩机油典型数据

项目	典型值				试验方法
	68	100	150	220	
运动黏度/(mm^2/s) 40℃ 100℃	 68.45 14.03	 101.0 19.80	 151.2 28.87	 221.5 39.4	GB/T 265
黏度指数	214	220	227	231	GB/T 2541
密度(20℃)/(g/mL)	1.0125	1.0312	1.0402	1.0424	GB/T 1884
闪点(开口)/℃	261	264	269	271	GB/T 267
凝点/℃	-49	-46	-42	-40	GB/T 510
腐蚀(T_2 铜片，100℃，3h)/级	1b	1b	1b	1b	GB/T 5096

注意事项

存放时置于阴凉通风处。防止混入水分、机械杂质。勿爆晒，防止变质。不要与其他油品混用。若必须与其他厂家油混用时，应先做相溶性试验。

生产厂家

中国石化润滑油有限公司。

4.5.19 长城 4513-1 合成压缩机油

产品性能

具有良好的润滑性、黏温性，能有效地促使压缩机长期安全稳定的运行。热安定性和抗泡性优异，可防止油品高温变质。与烷烃具有独特的溶解、分离性能。与所接触的金属与非金属材料有良好的适应性，可提高体积效率，降低能耗，延长机器使用寿命。闪点高、凝点低、灰分低、残炭低。

生产方法

采用精制合成油为基础油，并均衡复配各种添加剂精制而成。

主要用途

适用于油气田、石油化工和天然气加工工艺中轻烃为介质的大型螺杆式压缩机的润滑。使用温度范围-35～150℃。

技术参数

长城 4513-1 合成压缩机油的典型数据见表 4-5-21。

表 4-5-21　长城 4513-1 合成压缩机油典型数据

项目	典型值	试验方法
外观	红棕色透明液体	目测
运动黏度(40℃)/(mm^2/s)	按需要提供	GB/T 265
黏度指数	≮170	GB/T 2541
闪点(开口)/℃	≮220	GB/T 267
凝点/℃	≯-40	GB/T 510
中和值/(mgKOH/g)	≯0.20	GB/T 4945
水分/%	≯0.20	GB/T 260

注意事项

存放时置于阴凉通风处。防止混入水分、机械杂质。勿爆晒，防止变质。不要与其他油品混用。若必须与其他厂家油混用时，应先做相溶性试验。

生产厂家

中国石化润滑油有限公司。

4.5.20　长城氧气压缩机油

产品性能

采用含氟基础油经精制加工制成。本产品无闪点，不燃烧，也不支持燃烧。抗氧化性强，可以抵抗 18MPa 纯氧的冲击。具有化学惰性，可以抵抗强酸、强碱、F_2、UF6 等强腐蚀介质的侵蚀。润滑性能优良，可有效地减少运动部件的摩擦磨损。表面张力低，快速铺展，均匀成膜。产品符合 SH 0434 规格要求。

主要用途

适用于氧气压缩机的润滑，以及氧气输送泵、与氧气接触的轴承和阀门的润滑，也可用于氟气、三氟化氮等强氧化、强腐蚀气体的压缩机、输送泵、轴承、阀门的润滑。

技术参数

长城氧气压缩机油的典型数据见表 4-5-22。

表 4-5-22　长城氧气压缩机油典型数据

项目	典型值			试验方法
	4838	4839	4840	
外观	无色透明液体	无色透明或半透明液体	无色透明或半透明液体	目测
密度(25℃)/(g/L)	1900～1950	1900～2000	1920～2000	GB/T 1884
运动黏度(50℃)/(mm^2/s)	≤20	20～40	40～60	GB/T 265
闪点(开口)/℃	无	无	无	GB/T 267
凝点/℃	≤-12	≤-10	≤0	GB/T 510
酸值/(mg KOH/g)	≤0.05	≤0.05	≤0.05	GB/T 510
水含量/%	无	无	无	GB/T 260

注意事项

存放时置于阴凉通风处。防止混入水分、机械杂质。勿爆晒，防止变质。不要与其他油品混用。若必须与其他厂家油混用时，应先做相溶性试验。

生产厂家

中国石化润滑油有限公司。

4.5.21 长城4521合成烃冷冻机油

产品性能

与氨制冷剂的互溶性很小，使系统中的油含量少，不影响换热。具有较好的低温流动性，较高的抗氧化性能、热化学安定性，对绝缘、密封材料具有良好的适应性，使用寿命长。采用无酸添加剂，可防止脂肪酸铵盐的生成，以及胶质、漆膜和油泥的形成，提高了设备的可靠性和效率。抗氧化性和热化学安定性良好，对绝缘、密封材料具有良好的适应性。

生产方法

采用合成油为基础油，加有多种添加剂调和而成。

主要用途

广泛用于食品与化工等行业中氨制冷系统的旋转螺杆式、往复式及旋转叶片式等类型压缩机的润滑，也可应用于R2 1等制冷剂压缩机的润滑，如冰箱、冷柜、空调器、中央空调、冷藏车、冷水机和冷库等场合。使用温度范围-60～150℃，短期可达170℃。

技术参数

长城4521合成烃冷冻机油的典型数据见表4-5-23。

表4-5-23 长城4521合成烃冷冻机油典型数据

项目	典型值				试验方法
	32	46	68	100	
运动黏度(40℃)/(mm^2/s)	31.8	46.2	67.8	98.5	GB/T 265
中和值/(mgKOH/g)	0.02	0.02	0.03	0.02	GB/T 2541
闪点(开口)/℃	240	252	258	260	GB/T 3536
倾点/℃	<-60	-56	-53	-50	GB/T 3535
水含量/(μg/g)	28	28	29	30	GB/T 11133
腐蚀(T_2铜片，100℃，3h)/级	1b	1b	1b	1b	GB/T 5096

注意事项

储存在阴凉干燥处，避免阳光直射，保持良好通风。避免与火或者高温物体接触，防止油蒸气的发散。使用时必须先把润滑系统清洗干净。避免污染新油。防止混入水份、粉尘和其他污染杂质。不同用途以及不同品牌的油不能混合使用。

生产厂家

中国石化润滑油有限公司。

4.5.22 长城4522合成制冷压缩机油

产品性能

与烷烃具有独特的溶解、分离性能，能满足制冷系统的用油要求。具有低凝点、低灰分、低残碳的特点。有良好的润滑性、黏温性、高温热氧化安定性和抗泡沫件，使用寿命长。

生产方法

采用精制合成油为基础油，加入多种精选添加剂调合而成。

主要用途

适用于油气田、石油化工和天然气加工工艺中以轻烃为制冷剂的大型螺杆式压缩机的润滑。使用温度范围：-35～150℃。

技术参数

长城4522合成制冷压缩机油的典型数据见表4-5-24。

表 4-5-24　长城 4522 合成制冷压缩机油典型数据

项目	典型值	试验方法
外观	红棕色透明液体	目测
运动黏度(40℃)/(mm^2/s)	155.0	GB/T 265
黏度指数	195	GB/T 2541
闪点(开口)/℃	235	GB/T 3536
凝点/℃	-44	GB/T 510
中和值/(mgKOH/g)	0.10	GB/T 4945

注意事项

储存在阴凉干燥处，避免阳光直射，保持良好通风。避免与火或者高温物体接触，防止油蒸气的发散。使用时必须先把润滑系统清洗干净。避免污染新油。防止混入水分、粉尘和其他污染杂质。不同用途以及不同品牌的油不能混合使用。

生产厂家

中国石化润滑油有限公司。

4.5.23　长城 4523 合成冷冻机油

产品性能

倾点低、氟里昂絮凝点低，低温下无蜡生成，低温流动性较好。抗氧化性、热化学安定性优异，使用寿命长。可 减少胶质、漆膜和油泥的形成，提高设备的可靠性和效率。

生产方法

采用烷基苯合成油为基础油，并加有多种添加剂调和而成。

主要用途

广泛用于采用多种制冷剂(如 R11、R12、R23、氨等)的制冷系统，主要适用压缩机类型为往复式和旋转式，包括冰箱、冷柜、空调器、车用空调、中央空调、冷藏车、冷水机和冷库的全封闭式、半封闭式和开启式等各类型的制冷压缩机。使用温度范围-50～150℃，短期可达 170℃。

技术参数

长城 4523 合成冷冻机油的典型数据见表 4-5-25。

表 4-5-25　长城 4523 合成冷冻机油典型数据

项目	典型值					试验方法
	32	46	56	68	100	
运动黏度(40℃)/(mm^2/s)	31.8	46.2	56.1	67.8	98.5	GB/T 265
闪点(开口)/℃	210	213	220	230	234	GB/T 3536
倾点/℃	-55	-55	-52	-50	-45	GB/T 3535
絮凝点/℃	-59	-58	-52	-48	-44	GB/T 12577
中和值/(mgKOH/g)	0.01	0.02	0.03	0.03	0.02	GB/T 4945
水含量/(μg/g)	28	28	29	29	30	ASTM D6304
腐蚀(T_2 铜片，100℃，3h)/级	1b	1b	1b	1b	1b	GB/T 5096
绝缘强度/kV	35	35	35	35	35	GB/T 507

注意事项

储存在阴凉干燥处，避免阳光直射，保持良好通风。避免与火或者高温物体接触，防止油蒸气的发散。使用时必须先把润滑系统清洗干净。避免污染新油。防止混入水分、粉尘和其他污染杂质。不同用途以及不同品牌的油不能混合使用。

生产厂家

中国石化润滑油有限公司。

4.5.24 长城 4524 合成冷冻机油

产品性能

无毒、可生物降解，对环境无害。具有优良的高低温性，倾点低、闪点高、黏度范围宽。与符合环保要求的 HFCl34a、R404、R407 等替代制冷剂，有良好的互溶性和热化学安定性。与压缩机内的金属和非金属材料相容性好。

生产方法

采用合成油为基础油，加入多种添加剂调和而成。

主要用途

适用于以 HFCl34a、R404、R407 等为工作介质的各种类型制冷系统，如家用空调、汽车空调压缩机的润滑。使用温度范围-40～150℃，短期可达 170℃。

技术参数

长城 4524 合成冷冻机油的典型数据见表 4-5-26。

表 4-5-26 长城 4524 合成冷冻机油典型数据

项目	典型值				试验方法
	32	46	68	100	
运动黏度(40℃)/(mm^2/s)	31.63	45.18	66.87	97.46	GB/T 265
闪点(开口)/℃	240	247	260	263	GB/T 3536
酸值/(mgKOH/g)	0.03	0.03	0.04	0.04	GB/T 260
倾点/℃	-53	-50	-48	-40	GB/T 3535
水含量/(μg/g)	65	65	65	65	GB/T 11133
腐蚀(T_2 铜片，100℃，3h)/级	1b	1b	1b	1b	GB/T 5096
与 R134a 的临界溶解温度/℃	-22	-23	-23	-24	SH/T 0699

注意事项

储存在阴凉干燥处，避免阳光直射，保持良好通风。避免与火或者高温物体接触，防止油蒸气的发散。使用时必须先把润滑系统清洗干净。避免污染新油。防止混入水分、粉尘和其他污染杂质。不同用途以及不同品牌的油不能混合使用。

生产厂家

中国石化润滑油有限公司。

4.5.25 长城 4529 合成冷冻机油

产品性能

具有良好的热稳定性和化学稳定性，可防止油品在高温或化学介质中变质。抗磨性优良，能减少制冷压缩机磨损。吸湿性低，可防毛细管堵塞。电绝缘性高，保证使用安全。与冷媒 R134a 相溶性好，不水解，无腐蚀，可保证压缩机正常工作。

生产方法

采用合成油为基础油，并加入高效添加剂精制而成。

主要用途

适用于采用新冷媒 R134a 的移动、汽车空调用往复式、斜盘式、旋片式、涡旋式等制冷压缩机，也可用于同类家用空调、冰箱制冷压缩机，以及采用 R134a 冷媒的工业制冷机械螺杆机、离心机等。

技术参数

长城 4529 合成冷冻机油的典型数据见表 4-5-27。

表 4-5-27　长城 4529 合成冷冻机油典型数据

项目	典型值				试验方法
	46	68	100	120	
运动黏度/(mm^2/s) 40℃ 100℃	 49.501 0.71	 67.901 4.5	 102.92 0.83	 121.52 4.0	GB/T 265
黏度指数	219	225	229	233	GB/T 2541
闪点(开口)/℃	237	239	249	253	GB/T 3536
中和值/(mgKOH/g)	0.05	0.05	0.05	0.05	GB/T 4945
倾点/℃	-43	-43	-45	-42	GB/T 3535
腐蚀(T_2 铜片，100℃，3h)/级	1a	1a	1a	1a	GB/T 5096
水分/(μg/g)	45	45	45	65	GB/T 11133

注意事项

储存在阴凉干燥处，避免阳光直射，保持良好通风。避免与火或者高温物体接触，防止油蒸气的发散。使用时必须先把润滑系统清洗干净。避免污染新油。防止混入水分、粉尘和其他污染杂质。不同用途以及不同品牌的油不能混合使用。

生产厂家

中国石化润滑油有限公司。

4.5.26 昆仑空气压缩机油 L-DAB 68/100/150

产品性能

具有优异的氧化安定性与热稳定性，不易形成积炭。抗氧化腐蚀性能良好，能保持高温排气阀及油路系统清净性。极压抗磨性能优异，可有效保证设备的正常润滑。防锈抗腐蚀性能良好，有助于提高压缩机部件的使用寿命。化学稳定性和相容性良好，与涂料、密封件相容性好。高低温性能优良，可满足高低温极端苛刻条件下使用要求。闪点高，挥发性低，提高了使用安全性和可靠性，节能效果明显。ISO 6743-3 等标准要求。

主要用途

适用于各种往复(活塞)式空气压缩机的润滑，最终排气温度可达 200℃；也适用于轴流式与离心式压缩机；同时也广泛应用于船舶、舰艇两级及以上往复式压缩机的润滑系统。

技术参数

昆仑空气压缩机油 L-DAB 68/100/150 的典型数据见表 4-5-28。

表 4-5-28 昆仑空气压缩机油 L-DAB 68/100/150 典型数据

项目	68	100	150	试验方法
40℃运动黏度/(mm^2/s)	67.60	101.7	144.5	GB/T 265
100℃运动黏度/(mm^2/s)	7.890	11.17	12.77	GB/T 265
倾点/℃	-22	-12	-6	GB/T 3535
闪点/℃	238	266	254	GB/T 3536
铜片腐蚀试验(100℃, 3h)/级	1b	1b	1b	GB/T 5096
液相锈蚀试验(蒸馏水)	无锈	无锈	无锈	GB/T 11143
硫酸盐灰分/%	0.011	0.06	0.02	GB/T 2433
老化特性(200℃, 空气, Fe_2O_3) 蒸发损失/%	9.2	2.66	9.2	SH/T 0192
抗乳化性(40-37-3)/(mL/min) 54℃ 82℃	 25 —	 — 12	 — 25	GB/T 7305
水溶性酸或碱	无	无	无	GB/T 259

注意事项

运输过程中必须有明显标记，防止其他种类的石油产品混淆。储存容器必须专用，尽量在户内或可控制气候环境下储存，容器必须防水、防潮、防机械杂质进入。要根据设备用油规定，选用质量级别和黏度级别合适的油品，不同类型的压缩机油不得混用。使用前应将所用容器、油罐、管线、阀门等认真清洗、检验合格，防止污染。

生产厂家

中国石油天然气股份有限公司润滑油分公司。

4.5.27 昆仑空气压缩机油 L-DAC 46/68/100

产品性能

具有优异的氧化安定性与热稳定性，不易形成积炭。抗氧化腐蚀性能良好，能保持高温排气阀及油路系统清净性。极压抗磨性能优异，有效保证设备的正常润滑。防锈抗腐蚀性能良好，有助于延长提高压缩机部件的使用寿命。化学稳定性和相容性良好，高低温性能优良，可满足高低温极端苛刻条件下使用要求。闪点高，挥发性低，提高了使用安全性和可靠性，节能效果明显。

主要用途

适用于各种往复(活塞)式空气压缩机的润滑，最终排气温度可达 200℃；也适用于轴流式与离心式压缩机；同时也广泛应用于船舶、舰艇两级及以上往复式压缩机的润滑系统。

技术参数

昆仑空气压缩机油 L-DAC 46/68/100 的典型数据见表 4-5-29。

表 4-5-29 昆仑空气压缩机油 L-DAC 46/68/100 典型数据

项目	46	68	100	试验方法
运动黏度(40℃)/(mm^2/s)	43.72	63.53	106.2	GB/T 265
黏度指数	135	135	142	GB/T 2541
倾点/℃	-36	-36	-48	GB/T 3535

续表

项目	46	68	100	试验方法
闪点(开口)/℃	270	270	268	GB/T 3536
水分/%	痕迹	痕迹	痕迹	GB/T 260
酸值/(mg/KOH/g)	0.22	0.22	0.22	GB/T 4945
机械杂质/%	0.005	0.005	0.005	GB/T 511
腐蚀试验(铜片100℃，3h)/级	1a	1a	1a	GB/T 5096
抗乳化性(40-37-3)/min 54℃ 82℃	10	10	13	GB/T 7305
水溶性酸或碱	无	无	无	GB/T 259
液相锈蚀试验(蒸馏水)	无锈	无锈	无锈	GB/T 11143
氧化特性试验(200℃，空气，Fe_2O_2) 蒸发损失/% 康氏残炭增值/%	5.62 0.05	2.30 0.37	1.74 0.34	SH/T 0192
减压蒸出80%后残留物性质 残留物康氏残炭/% 新旧油40℃运动黏度之比	0.02 1.91	0.02 1.92	0.01 2.81	GB/T 268 GB/T 265
承载能力(CL-100齿轮机法)/失效级	11	12	12	SH/T 0306

注意事项

运输过程中必须有明显标记，防止其他种类的石油产品混淆。储存容器必须专用，尽量在户内或可控制气候环境下储存，容器必须防水、防潮、防机械杂质进入。要根据设备用油规定，选用质量级别和黏度级别合适的油品，不同类型的压缩机油不得混用。使用前应将所用容器、油罐、管线、阀门等认真清洗、检验合格，防止污染。

生产厂家

中国石油天然气股份有限公司润滑油分公司。

4.6 主轴、轴承和有关离合器

4.6.1 轴承油

产品性能

为精密机床及类似设备主轴、轴承的专用润滑油。具有良好的黏温特性，可防止因主轴工作温度及环境温度变化较大时，黏度的变化过大而影响其润滑性能。机床主轴在采用循环润滑方式时，要求主轴轴承油长期使用而不变质，所以要求具有良好的抗氧化性。由于油品在主轴润滑系统工作过程中，不可避免地会混入空气中的凝聚水或机床冷却液，因此要求油品具有良好的防锈性。包括FC和FD两个品种，FC为抗氧防锈型油，FD为抗氧防锈抗磨型油。

生产方法

采用矿物基础油调入抗氧防锈及减磨添加剂而成。

主要用途

适用于锭子、轴承、液压系统、齿轮和汽轮机等工业机械设备，FC还可适用于有关离合器。

技术参数

轴承油石化行业标准见表4-6-1。

表 4-6-1　轴承油石化行业标准[SH 0017—1990(2007)]

项　目	质　量　指　标																									试验方法
品　种	L-FC											L-FD														
质量等级	一级品											一级品							合格品[1)]							
黏度等级(按 GB 3141)	2	3	5	7	10	15	22	32	46	68	100	2	3	5	7	10	15	22	2	3	5	7	10	15	22	—
运动黏度(40℃)/(mm²/s)	1.98~2.42	2.88~3.52	4.14~5.06	6.12~7.48	9.00~11.0	13.5~16.5	19.8~24.2	28.8~35.2	41.4~50.6	61.2~74.8	90~110	1.98~2.42	2.88~3.52	4.14~5.06	6.12~7.48	9.00~11.0	13.5~16.5	19.8~24.2	1.98~2.42	2.83~3.52	4.14~5.06	6.12~7.48	9.00~11.0	13.5~16.5	19.8~24.2	GB/T 265
黏度指数　不小于	—			报告								—				报告				—		报告				GB/T 2541
倾点/℃　不高于	-18					-12					-5	-12							—							GB/T 3535
凝点/℃　不高于	—											—							-15							GB/T 510
闪点/℃ 开口　不低于	—			115	140			160	180			—			115	140			—							GB/T 3536
闪点/℃ 闭口　不低于	70	80	90	—								70	80	90	—				60	70	80	90	100	110	120	GB/T 261
中和值/(mgKOH/g)	报告											报告							—							GB/T 4945
泡沫性(泡沫倾向/泡沫稳定性，24℃)/(mL/mL)　不大于	100/10											100/10							—							GB/T 12579
腐蚀试验(铜片，100℃，3h)/级　不大于	1(50℃)		1									1(50℃)		1					1(50℃)		1					GB/T 5096
液相锈蚀试验(蒸馏水)	无锈											无锈							—							GB/T 11143
抗磨性 最大无卡咬负荷 P_B/N　不小于	—											—							343	392		441		490		GB/T 3142
磨斑直径[2)](196 N，60 min，75℃，1 500r/min)/mm 不大于	—											0.5														SH/T 0017

续表

项　目	质　量　指　标					试验方法
品　种	L-FC		L-FD			
质量等级	一级品		一级品		合格品[1]	
氧化安定性 酸值到 2.0mg KOH/g 时间[3]/h　不小于	—	1 000	—	1 000	—	GB/T 12581
氧化后酸值增加/(mg KOH/g)　不大于 氧化后沉淀/%　不大于	0.2 0.02	— —	0.2 0.02	— —	0.2 0.02	SH/T 0196 (用 100℃)
橡胶密封适应性指数	报告		报告		—	SH/T 0305
硫酸盐灰分/%	—		报告		—	GB/T 2433
色度/号	报告		报告		报告	GB/T 6540
水分/%　不大于	痕迹		痕迹		痕迹	GB/T 260
机械杂质/%　不大于	无	0.007	无		无	GB/T 511
抗乳化性(40-37-3mL)/min　不大于	报告 (黏度等级≤22 用 25℃， 32～68 用 54℃，100 用 82℃)		报告(用 25℃)		—	GB/T 7305

注：1)1995 年 1 月 1 日 起取消 L-FD(合格品)。

2)FD2(一级品)的磨斑直径测定的温度条件为 50℃。

3)为保证项目。

注意事项

根据设备用油规定，选用质量级别和黏度级别合适的油品。储存容器必须专用，贮运过程中必须防水、防潮、防止机械杂质混入。防止异物污染。

生产厂家

中国石化润滑油有限公司、中国石油天然气股份有限公司润滑油分公司。

4.6.2 昆仑100号油膜轴承油

产品性能

具有优异的抗磨损、防锈、防腐蚀以及抗乳化性。是应钢铁工业向高速化、大型化、精细化发展要求而出现的一类特殊新油品。相当于美孚公司500系列中的525产品，属抗氧化、抗乳化、防锈、抗磨型油膜轴承油。

生产方法

采用深度精制的基础油为主要组分，加入高性能添加剂调制而成。

主要用途

可以代替相当于美孚威格力533或Shell VitreaM220的油品，满足钢厂预精轧机组特殊工况的使用要求。

技术参数

昆仑100号油膜轴承油的典型数据见表4-6-2。

表4-6-2　昆仑100号油膜轴承油典型数据

项目	典型值	试验方法
运动黏度（40℃）/（mm^2/s）	88.95	GB/T 265
黏度指数	98	GB/T 2541
倾点/℃	-21	GB/T 3535
腐蚀试验（铜片，100℃，3h）/级	1b	GB/T 5096
液相锈蚀(A法/B法)	无锈/无锈	GB/T 11143

注意事项

根据设备用油规定，选用质量级别和黏度级别合适的油品。储存容器必须专用，贮运过程中必须防水、防潮、防止机械杂质混入。防止异物污染。防止与其他油品混用，不同类型的齿轮油也不得混用。

生产厂家

中国石油天然气股份有限公司润滑油分公司。

4.6.3 昆仑220号油膜轴承油

产品性能

具有较高的黏度指数，良好的极压抗磨性能、抗乳化性能及抗氧防锈性能。质量水平相当于Mobil Vacuoline 533、Shell Vitrea M220油。

生产方法

采用深度精制的基础油组分为基础油，加入油性、极压剂 、抗氧、抗乳化和抗腐防锈等添加剂调制而成。

主要用途

可以代替相当于美孚威格力533或Shell VitreaM220的油品，满足钢厂预精轧机组特殊工况的使用要求。

技术参数

昆仑220号油膜轴承油的典型数据见表4-6-3。

表 4-6-3　昆仑 220 号油膜轴承油典型数据

项　目	典型值	试验方法
运动黏度(40℃)/(mm^2/s)	229.2	GB/T 265
黏度指数	95	GB/T 2541
倾点/℃	-15	GB/T 3535
闪点(开口)/℃	260	GB/T 3536
腐蚀试验(铜片，100℃，3h)/级	1b	GB/T 5096
液相锈蚀试验		GB/T 11143
蒸馏水	无锈	
合成海水	无锈	
旋转氧弹(150℃)/min	574	SH/T 0193
抗乳化试验(82℃，40-37-3mL)/min	7	GB/T 7305

注意事项

尽量避免与其他油品混合使用。在储运和使用过程中，应避免水分和杂质混入。

生产厂家

中国石油天然气股份有限公司润滑油分公司。

4.6.4　昆仑 460 号抗氧防锈型油膜轴承油

产品性能

具有优异的水分离性能，可保证使用期间分离水和杂质。抗氧化降解能力良好，可延长油品的使用寿命，降低换油成本。

生产方法

采用中间基原油加工生产的光亮油组分为基础油，加入油性、抗氧、抗乳化和抗腐防锈等添加剂调制而成。

主要用途

主要用于全液体润滑系统(特别是那些受水污染严重的润滑系统)中滑动轴承的润滑，也可用于金属轧机中的支承滚柱轴承。

技术参数

昆仑 460 号抗氧防锈型油膜轴承油的典型数据见表 4-6-4。

表 4-6-4　昆仑 460 号抗氧防锈型油膜轴承油典型数据

项　目	典型值	试验方法
40℃运动黏度/(mm^2/s)	88.95	GB/T 265
黏度指数	98	GB/T 2541
倾点/℃	-21	GB/T 3535
铜片腐蚀(100℃，3h)/级	1b	GB/T 5096
防锈试验(蒸馏水法)	无锈/无锈	GB/T 11143

注意事项

首次使用时，应将润滑系统清洗干净。勿与其他油品混用，不同润滑油之间可能会发生物理或化学反应导致性能下降 使用后及时封盖以避免水分、灰尘等杂质的混入。

生产厂家

中国石油天然气股份有限公司润滑油分公司。

4.6.5 美孚威格力 100 系列高速线材轧机循环油

产品性能

属高质量、高黏度指数的纯矿物油。具有良好抗乳化性及氧化稳定性。符合摩根厂(Morgan)所制造的铝锡合金轴承(Morgoil Bearings)的润滑油要求。

生产方法

采用深度精制基础油，添加多种添加剂而制得。

主要用途

适用于以循环系统润滑轴承和齿轮的轧钢机及其他工业的类似装置。

技术参数

美孚威格力 100 系列高速线材轧机循环油的典型数据见表 4-6-5。

表 4-6-5 美孚威格力 100 系列高速线材轧机循环油典型数据

项目	128	133	137	146	148	试验方法
ISO 黏度等级	150	220	320	460	680	—
相对密度	0.895	0.897	0.900	0.903	0.908	ASTM D4052
倾点/℃	-18	-18	-15	-12	-9	ASTM D97
闪点(开口)/℃	204	224	238	263	293	ASTM D92
运动黏度/(mm^2/s) 40℃ 100℃	 157 14.7	 220 18.8	 320 24.2	 460 30.4	 680 39.0	ASTM D445
黏度指数	96	96	96	95	95	ASTM D2270

注意事项

储存时防止水分，杂质混入。使用时密切注意油品的含水量。

生产厂家

埃克森美孚(中国)投资有限公司。

4.6.6 美孚威格力 500 系列油膜轴承油

产品性能

属于专为美国摩根厂(Morgan)高速线材轧机而设计的轧钢机循环油。除具有威格力 100 系列的性能外，还有优异的防锈和抗磨性。

生产方法

采用深度精制基础油，添加多种添加剂而制得。

主要用途

适用于 Morgan 厂制造之所有各种高速线材轧机循环系统，包括轴承、齿轮、调校螺杆，也适用于轧钢机支辊轴承循环系统。

技术参数

美孚威格力 500 系列油膜轴承油的典型数据见表 4-6-6。

表 4-6-6　美孚威格力 500 系列油膜轴承油典型数据

项目	525	528	533	537	546	548	试验方法
ISO 黏度等级	100	150	220	320	460	680	—
相对密度	0.889	0.894	0.898	0.901	0.904	0.914	ISO 12185
倾点/℃	-15	-15	-15	-15	-15	-7	ASTM D97
闪点(开口)/℃	230	240	250	270	290	290	ASTM D92
运动黏度/(mm^2/s) 40℃ 100℃	92.9 10.7	148 14.6	223 19.2	320 24.0	468 30.7	680 35.2	ASTM D445
黏度指数	98	97	97	95	95	83	ASTM D2270

注意事项

储存时防止水分，杂质混入。使用时密切注意油品的含水量。

生产厂家

埃克森美孚(中国)投资有限公司。

4.6.7　壳牌万利得 T 润滑油

产品性能

具有优异的分水性，可防止乳化液的形成，有效地保护轴承。抗氧化性良好，能抵抗高温下因氧化而生成的油泥和酸性物质，延长用油寿命。加入无锌抗磨剂，可提高负荷性，防止齿轮磨损。加入油性剂，使用油水分离机时不会影响添加剂性能。

生产方法

采用溶剂精制石蜡基矿物油和抗氧化、抗磨损、抗乳化等添加剂制成。

主要用途

适用于无扭线材轧机油膜轴承润滑。

技术参数

壳牌万利得 T 润滑油的典型数据见表 4-6-7。

表 4-6-7　壳牌万利得 T 润滑油典型数据

项目	100	220	试验方法
运动黏度/(mm^2/s) 40℃ 100℃	100 11.4	220 20	ASTM D445
黏度指数	99	97	ASTM D2270
闪点(闭口)/℃	254	260	ASTM D93

注意事项

储存时防止水分，杂质混入。使用时密切注意油品的含水量。

生产厂家

壳牌(中国)有限公司。

4.6.8 壳牌威达利 M 润滑油

产品性能

具有良好的氧化稳定性能，确保油的有效使用期。分水性好，有效防止油水乳化液的形成，确保轴承的有效润滑。黏度指数高，油的黏度受温度变化的影响较小。符合摩根公司(Morgan Construction Company)对轴颈轴承润滑油的要求。

生产方法

采用溶剂精炼石蜡基矿物油和防锈蚀、抗氧化等多种添加剂制成。

主要用途

适用于重载工业轴承和循环系统的润滑油，特别是钢厂设备，板带轧机油膜轴承的润滑。

技术参数

壳牌威达利 M 润滑油的典型数据见表 4-6-8。

表 4-6-8 壳牌威达利 M 润滑油典型数据

项目	150	220	320	460	570	680	试验方法
运动黏度/(mm^2/s)							
40℃	150	220	320	460	570	680	ASTM D445
100℃	14.8	18.8	24.2	31.0	32.0	37.0	
黏度指数	95	96	96	95	80	80	ASTM D2270
密度 /(kg/L)	0.877	0.887	0.891	0.896	0.902	0.910	ISO 12185
闪点(闭口)/℃	243	249	255	260	265	270	ASTM D 93
倾点/℃	-12	-12	-12	-9	-6	-6	ASTM D 97

注意事项

储存时防止水分，杂质混入。使用时密切注意油品的含水量。

生产厂家

壳牌(中国)有限公司。

4.7 导轨油

4.7.1 L-G 导轨油

产品性能

具有良好的抗磨性、防锈性及氧化安定性、无腐蚀性，有良好的金属湿润性、黏附性、极压性及防爬性。

生产方法

采用精制的基础油，加入抗氧、防锈、油性和增黏添加剂调制而成。

主要用途

32 可用于镗床、坐标镗床、磨床、万能工具磨床；68 用于内园磨床、万能磨床、滚齿机床、坐标镗床；100 用于光学坐标镗床；150 用于坐标镗床、落地镗床等。

技术参数

L-G 导轨油的石化行业标准见表 4-7-1。

表 4-7-1　L-G 导轨油石化行业标准［SH/T 0361—1998(2007)］

<table>
<tr><th>项　目</th><th colspan="7">质量指标</th><th>试验方法</th></tr>
<tr><td>品种(按 GB/T 7631.11)</td><td colspan="7">L-G</td><td>—</td></tr>
<tr><td>黏度等级(按 GB/T 3141)</td><td>32</td><td>46</td><td>68</td><td>100</td><td>150</td><td>220</td><td>320</td><td>—</td></tr>
<tr><td>运动黏度(40℃)/(mm^2/s)</td><td>28.8～35.2</td><td>41.4～50.6</td><td>61.2～74.8</td><td>90～110</td><td>135～165</td><td>198～242</td><td>288～352</td><td>GB/T 265</td></tr>
<tr><td>黏度指数</td><td colspan="7">报告[1)]</td><td>GB/T 1995</td></tr>
<tr><td>密度(20℃)/(kg/m^3)</td><td colspan="7">报告[1)]</td><td>GB/T 1884
GB/T 1885</td></tr>
<tr><td>中和值/(mgKOH/g)</td><td colspan="7">报告[1)]</td><td>GB/T 4945</td></tr>
<tr><td>外观(透明度)</td><td colspan="4">清彻透明</td><td colspan="3">透明</td><td>目测[2)]</td></tr>
<tr><td>闪点(开口)/℃　不低于</td><td>150</td><td>160</td><td colspan="5">180</td><td>GB/T 3536</td></tr>
<tr><td>腐蚀试验(铜片，60℃，3h)/级　不大于</td><td colspan="7">2</td><td>GB/T 5096</td></tr>
<tr><td>液相锈蚀试验(蒸馏水法)</td><td colspan="7">无锈</td><td>GB/T 11143</td></tr>
<tr><td>倾点/℃　不高于</td><td colspan="5">-9</td><td colspan="2">-3</td><td>GB/T 3535</td></tr>
<tr><td>抗磨性[1)]
磨斑直径(200N，60min，1500r/min)/mm　不大于</td><td colspan="7">0.5[3)]</td><td>SH/T 0189</td></tr>
<tr><td>橡胶相容性</td><td colspan="7">4)</td><td>GB/T 1690</td></tr>
<tr><td>黏-滑特性</td><td colspan="7">5)</td><td>5)</td></tr>
<tr><td>加工液相容性</td><td colspan="7">4)</td><td>2)</td></tr>
<tr><td>机械杂质/%(质量分数)　不大于</td><td colspan="5">无</td><td colspan="2">0.01</td><td>GB/T 511</td></tr>
<tr><td>水分/%(质量分数)　不大于</td><td colspan="7">痕迹</td><td>GB/T 260</td></tr>
<tr><td colspan="9">1)这些特性对于机械制造者来说是重要的，但它可随机械设计、材料和操作环境等条件的变化而变化，特性数据应由供油者提供。
2)供需双方可共同商定测试方法。
3)尽管四球机试验结果与导轨油的实际使用在吻合程度上有争议，但对于用户在选用导轨油而了解其抗磨性数据时有一定的参考价值，四球机试验条件和指标水平都是建议性的(如果采用转速为 1200 r/min 时，应在化验报告单上予以注明)。
4)供需双方应经常交流测定的数据。
5)按供、需双方同意的方法测定，由供应者提供数据(我国曾采用“广州机床研究所”自建的模拟导轨润滑系统的实际台架来测定导轨油的静-动摩擦系数的差值，从而了解导轨油在低速下的“爬行”情况，为研制导轨油筛选配方和产品定型起到了指导作用)。</td></tr>
</table>

注意事项

导轨油是纯净性高的产品，容器和加油工具必须保持清洁密封，防止水分、杂质混入。导轨油不宜用于液压系统，也不得与其他油品混用。

生产厂家

中国石化润滑油有限公司、中国石油天然气股份有限公司润滑油分公司、江苏高科石化股份有限公司、西安石油大佳润实业有限公司。

4.7.2 HG 液压导轨油

产品性能

具有良好的抗氧化性、防锈性、抗磨防粘性和黏-滑性。

生产方法

采用深度精制基础油，加入抗氧、防锈、油性、抗磨、抗泡等添加剂调制而成。

主要用途

适用于液压和导轨共用润滑系统的机床，也可用于精密机床导轨的润滑，如高精度万能磨床、高精度半自动万能外圆磨床、齿轮磨床、螺丝磨床，平面磨床等的液压导轨系统。还可用于要求有良好粘-滑性的其他机械润滑部位。

技术参数

HG 液压导轨油的国家标准见表 4-7-2。

表 4-7-2 HG 液压导轨油国家标准（GB 11118.1—2011）

项 目	质量指标				试验方法
黏度等级(GB/T 3141)	32	46	68	100	
密度[a](20℃)/(kg/m^3)	报告				GB/T 1884 和 GB/T 1885
色度/号	报告				GB/T 6540
外观	透明				目测
闪点/℃ 开口 不低于	175	185	195	205	GB/T 3536
运动黏度(40℃)/(mm^2/s)	28.8～35.2	41.4～50.6	61.2～74.8	90～110	GB/T 265
黏度指数[b] 不小于	90				GB/T 1995
倾点[c]/℃ 不高于	-6	-6	-6	-6	GB/T 3535
酸值[d](以 KOH 计)/(mg/g)	报告				GB/T 4945
水分(质量分数)/% 不大于	痕迹				GB/T 260
机械杂质	无				GB/T 511
清洁度	[e]				DL/T 432 和 GB/T 14039
铜片腐蚀(100℃，3 h)/级 不大于	1				GB/T 5096
液相锈蚀(24 h)	无锈				GB/T 11143(A 法)
皂化值(以 KOH 计)/(mg/g)	报告				GB/T 8021
泡沫性(泡沫倾向/泡沫稳定性)/(mL/mL) 程序Ⅰ(24℃) 不大于 程度Ⅱ(93.5℃) 不大于 程序Ⅲ(后 24℃) 不大于	 150/0 75/0 150/0				GB/T 12579
密封适应性指数 不大于	报告				SH/T 0305

续表

项　目	质量指标				试验方法
黏度等级(GB/T 3141)	32	46	68	100	
抗乳化性(乳化液到 3 mL 的时间)/min 54℃ 82℃	报告 —			— 报告	GB/T 7305
黏滑特性(动静摩擦系数差值)[f]　不大于	0.08				SH/T 0361 的附录 A
氧化安定性 1 000h 后总酸值/(以 KOH 计)/(mg/g)　不大于 1 000h 后油泥/mg 旋转氧弹(150℃)/min	2.0 报告 报告				GB/T 12581 SH/T 0565 SH/T 0193
抗磨性 齿轮机试验/失效级　不小于 磨斑直径(392 N, 60 min, 75℃, 1200 r/min)/mm	10 报告				SH/T 0306 SH/T 0189

[a] 测定方法也包括用 SH/T 0604。
[b] 测定方法也包括用 GB/T 2541。结果有争议时，以 GB/T 1995 为仲裁方法。
[c] 用户有特殊要求时，可与生产单位协商。
[d] 测定方法也包括用 GB/T 264。
[e] 由供需双方协商确定。也包括用 NAS 1638 分级。
[f] 经供、需双方商定后也可以采用其他黏滑特性测定法。

注意事项

使用及贮存过程中要严防杂质及水分混入。不要与其他油品混用。要保持油箱及导轨的清洁，换油时，油箱及导轨要清洗干净。

生产厂家

中国石化润滑油有限公司、中国石油天然气股份有限公司润滑油分公司、壳牌统一(北京)石油化工有限公司。

4.7.3　长城导轨油

产品性能

具有良好的抗磨性、抗氧化安定性、防锈防腐性。其黏-滑特性，可防止出现“爬行”现象。符合 SH/T 0361、ISO/TR 10481 等技术规范。

生产方法

采用矿物基础油和添加剂制成。

主要用途

适用于磨床、车床、刨床、镗床、钻床等机床的导轨润滑，其中低黏度导轨油(32、68)用于水平导轨，高黏度导轨油(150、220)用于垂直导轨。

技术参数

长城导轨油的典型数据见表 4-7-3。

表 4-7-3　长城导轨油典型数据

项目	典型值			试验方法
	68	100	150	
运动黏度(40℃)/(mm^2/s)	69.24	101.6	143.4	GB/T 265
闪点(开口)/℃	233	254	272	GB/T 3536
倾点/℃	-21	-21	-18	GB/T 3535
黏-滑特性(静动摩擦系数差值)	0.071	0.071	0.071	SH/T 0361

注意事项

导轨油是纯净性高的产品，容器和加油工具必须保持清洁密封，防止水分、杂质混入。导轨油不宜用于液压系统，也不得与其他油品混用。

生产厂家

中国石化润滑油有限公司。

4.7.4　长城普力 HG 液压导轨油

产品性能

具有优良的黏-滑特性，可防止出现“爬行”现象。抗磨损性、氧化安定性和橡胶适应性良好，可减少磨损及腐蚀，有效保护密封材料。符合 GB 11118.1(L-HG)、辛辛那提 P53 等技术规范要求。

生产方法

采用石蜡基矿物基础油和添加剂调和而成。

主要用途

适用于液压和导轨合用的系统润滑。

技术参数

长城普力 HG 液压导轨油的典型数据见表 4-7-4。

表 4-7-4　长城普力 HG 液压导轨油典型数据

项目	典型值		试验方法
	32	68	
运动黏度(40℃)/(mm^2/s)	30.46	63.62	GB/T 265
闪点(开口)/℃	226	242	GB/T 3536
倾点/℃	-15	-12	GB/T 3535
静动摩擦系数之比	0.77	0.77	SH/T 0361

注意事项

使用及贮存过程中要严防杂质及水分混入。不要与其他油品混用。要保持油箱及导轨的清洁，换油时，油箱及导轨要清洗干净。

生产厂家

中国石化润滑油有限公司。

4.7.5　壳牌通拿 T 导轨油

产品性能

具有优良的摩擦性，可减少镀塑导轨由于“爬行”而引起的振颤。氧化稳定性高，可在高温下使用，延长油品使用寿命。黏度指数高，在机床起动时黏度低，工作温度高时维持合适的黏度，不易泄漏。乳化分离性良好，可防止被乳化液冲走。防腐蚀良好，可有效保护机床金属表面。满足 Cincinnati Milacron P47，P50 和 P53 等技术规范要求要求。

生产方法

采用深度精炼的高黏度指数矿物油和具有粘附性的添加剂及其他特殊添加剂调制而成。

主要用途

适用于所有机床部件，包括使用循环系统润滑油的轴承和轮箱、机床液压系统(ISO 32 和 68)、机床导轨等。

技术参数

壳牌通拿 T 导轨油的典型数据见表 4-7-5。

表 4-7-5　壳牌通拿 T 导轨油典型数据

项目	典型值			试验方法
	T32	T68	T220	
ISO 黏度级别	32	68	220	—
ISO 类型	G/HG	G/HG	G	—
密度(15℃)/(kg/L)	0.872	0.882	0.894	ISO 12185
运动黏度(40℃)/(mm^2/s)	32	68	220	ASTM D445
黏度指数	105	103	100	ASTM D2270
闪点(开口)/℃	228	232	258	ASTM D92
倾点/℃	-30	-27	-18	ASTM D97
防锈性能(盐水试验)	无锈	无锈	无锈	ASTM D665

注意事项

使用及贮存过程中要严防杂质及水分混入。不要与其他油品混用。要保持油箱及导轨的清洁，换油时，油箱及导轨要清洗干净。

生产厂家

壳牌(中国)有限公司。

4.7.6 美孚威达数目系列机床导轨油

产品性能

油膜强度高。能满足机床因高度精确及慢速而必须消除爬行及震颤等现象的要求。可防止磨损及腐蚀，并能消除工件表面变色。与冷却系统中的水溶液冷却剂能迅速分离，有助于减轻润滑面被碱性冷却剂腐蚀。

生产方法

采用优质基础油和添加剂制成。

主要用途

适用于润滑机床导轨及滑槽。

技术参数

美孚威达数目系列机床导轨油的典型数据见表 4-7-6。

表 4-7-6　美孚威达数目系列机床导轨油典型数据

项目	典型值				试验方法
	1 号	2 号	3 号	4 号	
ISO 黏度等级	32	68	150	220	—
倾点/℃	-30	-33	-6	-3	ASTM D97
运动黏度 40℃/(mm²/s)	32	68	156	221	ASTM D445
闪点(开口)/℃	216	228	248	240	ASTM D92

注意事项

储存及使用过程中要严防杂质及水分混入。不要与其他油品混用。要保持油箱及导轨的清洁，换油时，油箱及导轨要清洗干净。

生产厂家

埃克森美孚(中国)投资有限公司。

4.7.7　美孚威格力 1400 系列液压导轨油

产品性能

在中等负荷时，有足够润滑性以消除滑台上震颤和爬行的现象。化学稳定性适度，可保持液压系统良好的工作状态。能提高加工表面光洁度和尺寸精度，减少切削刃堆积，提高成品材料的质量。抗锈蚀性优异，抗磨和防腐蚀保护性能可降低维护费用。

生产方法

采用高品质矿物基础油调以具有润滑性的独特添加剂配制而成。

主要用途

适用于液压油兼作导轨油的机床。

技术参数

美孚威格力 1400 系列液压导轨油的典型数据见表 4-7-7。

表 4-7-7　美孚威格力 1400 系列液压导轨油典型数据

项目	典型值		试验方法
	1405	1409	
ISO 黏度等级	32	68	—
密度(15℃)/(kg/L)	0.88	0.88	ASTM D4052
倾点/℃	-12	-6	ASTM D97
闪点(开口)/℃	210	218	ASTM D92
运动黏度/(mm²/s) 40℃ 100℃	 30.4 5.3	 64.6 8.3	ASTM D445
色度	3.0	3.0	ASTM D1500

注意事项

储存及使用过程中要严防杂质及水分混入。不要与其他油品混用。要保持油箱及导轨的清洁，换油时，油箱及导轨要清洗干净。

生产厂家

埃克森美孚(中国)投资有限公司。

4.8 气动工具油

4.8.1 美孚爱慕气动工具油

产品性能

具有优异的化学稳定性以及抗磨和抗腐蚀性，能防止油泥和沉淀物的形成，降低维护频率。具有足够的可乳化性，能吸收空气中携带的水分，减少水分对抗磨和抗腐蚀性的不利影响，不会形成黏性积垢而导致阀门动作迟滞。具有高黏度指数和低倾点的特点，在空气膨胀引起低温的情况下，可确保优良的润滑和防止结冰堵塞。在高温下可保持足够的油膜，极少产生油雾。

生产方法

由高品质基础油和添加剂配制而成。

主要用途

适用于地下和地表采矿场使用的气动工具的润滑。

技术参数

美孚爱慕气动工具油的典型数据见表4-8-1。

表4-8-1　美孚爱慕气动工具油典型数据

项目	524	525	527	529	530	532	试验方法
ISO 黏度等级	32	46	—	—	220	320	—
运动黏度/(mm^2/s)							ASTM D445
40℃	32	46	112.9	172	220	320	
100℃	5.5	7.3	11.4	16.5	19.7	24.9	
黏度指数	108	105	91	102	100	99	ASTM D2270
倾点/℃	-51	-30	-27	-24	-24	-21	ASTM D97
闪点(开口)/℃	170	188	204	220	220	232	ASTM D92
密度(15℃)/(kg/L)	0.880	0.883	0.899	0.893	0.898	0.902	ASTM D4052

注意事项

按基础油不同品种、牌号分罐储存，避免造成油品间的相互污染。储存温度应保持在50℃以下。运输和储存过程中，要特别注意防止混入水分和杂质。储运过程应注意防止外流污染环境。润滑油品属可燃物品，要严防着火事故。

生产厂家

埃克森美孚(中国)投资有限公司。

4.8.2 壳牌多机能100气动工具油

产品性能

具有优异的润滑和抗磨损性能，可以防止磨损、过热和钻机部件起火。具有良好的氧化稳定性能，能阻止油泥和其他有害氯化产物的产生。具有良好的防腐蚀性能。在空气膨胀过程中，可抵御关键部位表面上的凝结水的冲洗效应。

生产方法

由精炼的矿物油和抗磨损、防锈、粘附性添加剂以及抗氧化、抗泡沫添加剂调配而成。

主要用途

适用于在不同气候条件下工作的冲击型气动工具机械，包括在极低的环境温度条件下工作的气动机械(如凿岩机等)。

技术参数

壳牌多机能100气动工具油典型数据见表4-8-2。

表 4-8-2　壳牌多机能 100 气动工具油典型数据

项目	100	试验方法
密度(15℃)/(kg/L)	0.894	ASTM D4052
运动黏度/(mm^2/s) 40℃ 100℃	100 11.8	ASTM D445
黏度指数	107	ASTM D2270
闪点(开口)/℃	232	ASTM D92
倾点/℃	-30	ASTM D97

注意事项

按基础油不同品种、牌号分罐储存，避免造成油品间的相互污染。储存温度应保持在 50℃以下。运输和储存过程中，要特别注意防止混入水分和杂质。储运过程应注意防止外流污染环境。润滑油品属可燃物品，要严防着火事故。

生产厂家

壳牌(中国)有限公司。

4.9　全损耗系统用油

4.9.1　L-AN 全损耗系统用油

产品性能

具有良好的润滑性和防锈性，在低温-5℃以上有较好的流动性。

生产方法

采用各种黏度等级的精制润滑油基础油，加入适量抗氧化添加剂制得。

主要用途

适用于对润滑油无特殊要求的全损耗润滑系统，不适用于循环润滑系统。

技术参数

L-AN 全损耗系统用油的国家标准见表 4-9-1。

表 4-9-1　全损耗系统用油(GB/T 443—1989)

项　目	质量指标										试验方法
品种	L-AN										
黏度等级(按 GB 3141)	5	7	10	15	22	32	46	68	100	150	—
运动黏度(40℃)/(mm^2/s)	4.14~5.06	6.12~7.48	9.00~11.00	13.5~16.5	19.8~24.2	28.8~35.2	41.4~50.6	61.2~74.8	90.0~110	135~165	GB/T 265
倾点[1)]/℃　不高于	-5										GB/T 3535
水溶性酸或碱	无										GB/T 259
中和值/(mgKOH/g)	报告										GB/T 4945
机械杂质/%　不大于	无			0.005		0.007					GB/T 511
水分/%　不大于	痕迹										GB/T 260
闪点(开口)/℃　不低于	80	110	130	150			160		180		GB/T 3536
腐蚀试验(铜片，100℃，3h)/级　不大于	1										GB/T 5096

续表

项　目		质量指标			试验方法
品种		L-AN			
色度/号	不大于	2	2.5	报告	GB/T 6540
注：1)当本产品用于寒区时，其倾点指标可由供需双方协商后另订。					

注意事项

按基础油不同品种、牌号分罐储存，避免造成油品间的相互污染。储存温度应保持在50℃以下。运输和储存过程中，要特别注意防止混入水分和杂质。储运过程应注意防止外流污染环境。润滑油品属可燃物品，要严防着火事故。

生产厂家

上海锦海特种润滑油厂、济南优润化工有限公司。

4.9.2 车轴油

产品性能

具有良好的低温流动性和棉球吸油率，具有良好的黏温性和剪切安定性。

生产方法

矿物油馏分经脱蜡等工艺，加入增黏、降凝等多种添加剂制得。

主要用途

适用于铁路车辆和蒸汽机车滑动轴承的润滑。

技术参数

车轴油的石化行业标准见表4-9-2。

表4-9-2　车轴油石化行业标准[SH/T 0139—1995(2005)]

项　目		质量指标			试验方法
		冬用	夏用	通用	
运动黏度/(mm^2/s)					GB/T 265
40℃		30～40	70～80	报告	
50℃		报告	报告	31～36	
动力黏度(-40℃，剪切速率$3s^{-1}$)/(Pa·s)	不大于	150	—	175	附录A
黏度指数	不小于	—		95	GB/T 2541
闪点(开口)/℃	不低于	145	165	165	GB/T 3536
凝点/℃	不高于	-40	-10	-40	GB/T 510
倾点/℃	不高于	报告			GB/T 3535
挥发失重/%(质量分数)	不大于	—		3.5	附录B
剪切安定性(50℃运动黏度下降率)/%		—		实测	SH/T 0505
腐蚀(钢片，100℃，3h)		合　格			SH/T 0195
水溶性酸或碱		无			GB/T 259
水分	不大于	痕　迹			GB/T 260
机械杂质/%	不大于	0.05			GB/T 511

注意事项

按基础油不同品种、牌号分罐储存，避免造成油品间的相互污染。储存温度应保持在50℃以下。运输和储存过程中，要特别注意防止混入水分和杂质。储运过程应注意防止外流污染环境。润滑油品属可燃物品，要严防着火事故。

生产厂家

上海锦海特种润滑油厂。

4.10 电器绝缘油

4.10.1 变压器油

产品性能

具有优良的绝缘性、抗氧化安定性和低的介质损耗因数；热传导性能优异，对老化沉积物有较强的溶解力，而不致沉积在设备的内部构件上，使用寿命长。

生产方法

采用深度精制的矿物基础油，加入专用的添加剂调和而得。根据抗氧化添加剂含量的不同分为三个品种：不含抗氧化添加剂油用 U 表示；含微量抗氧化添加剂油用 T 表示；含抗氧化添加剂油用 I 表示。

主要用途

适用于变压器、开关及其他类似电气设备中作为绝缘和传热介质。

技术参数

未使用过的变压器油(通用)的国家标准见表 4-10-1，未使用过的变压器油(特殊)的国家标准见表 4-10-2，运行中变压器油的国家标准见表 4-10-3，运行中断路器油的国家标准见表 4-10-4。

表 4-10-1 未使用过的变压器油(通用)国家标准(GB 2536—2011)

项目			质量指标					试验方法
最低冷态投运温度(LCSET)			0℃	-10℃	-20℃	-30℃	-40℃	
功能特性[a]	倾点/℃	不高于	-10	-20	-30	-40	-50	GB/T 3535
	运动黏度/(mm^2/s)	不大于						GB/T 265
	40℃		12	12	12	12	12	
	0℃		1 800	—	—	—	—	
	-10℃		—		1 800	—	—	
	-20℃		—	—	1 800	—	—	
	-30℃		—	—	—	1 800	—	
	-40℃		—	—	—	—	2 500[b]	NB/SH/T 0837
	水含量[c]/(mg/kg)	不大于	30/40					GB/T 7600
	击穿电压(满足下列要求之一)/kV	不小于						GB/T 507
	未处理油		30					
	经处理油[d]		70					
	密度[e](20℃)/(kg/m^3)	不大于	895					GB/T 1884 和 GB/T 1885
	介质损耗因数[f](90℃)	不大于	0.005					GB/T 5654
精制/稳定特性[g]	外观		清澈透明、无沉淀物和悬浮物					目测[h]
	酸值(以 KOH 计)/(mg/g)	不大于	0.01					NB/SH/T 0836
	水溶性酸或碱		无					GB/T 259
	界面张力/(mN/m)	不小于	40					GB/T 6541
	总硫含量[i](质量分数)/%		无通用要求					SH/T 0689
	腐蚀性硫[j]		非腐蚀性					SH/T 0804
	抗氧化添加剂含量[k](质量分数)/%							SH/T 0802
	不含抗氧化添加剂油(U)		检测不出					
	含微抗氧化添加剂油(T)	不大于	0.08					
	含抗氧化添加剂油(I)		0.08～0.40					
	2-糠醛含量/(mg/kg)	不大于	0.1					NB/SH/T 0812

续表

<table>
<tr><td colspan="3">项　目</td><td colspan="5">质量指标</td><td rowspan="2">试验方法</td></tr>
<tr><td colspan="3">最低冷态投运温度(LCSET)</td><td>0℃</td><td>-10℃</td><td>-20℃</td><td>-30℃</td><td>-40℃</td></tr>
<tr><td rowspan="5">运行特性[l]</td><td colspan="2">氧化安定性(120℃)</td><td colspan="5" rowspan="2">1.2</td><td rowspan="3">NB/SH/T 0811</td></tr>
<tr><td rowspan="3">试验时间：
(U)不含抗氧化添加剂油：164 h
(T)含微量抗氧化添加剂油：332 h
(I)含抗氧化添加剂油：500 h</td><td>总酸值(以 KOH 计)/(mg/g)　不大于</td></tr>
<tr><td>油泥(质量分数)/%　不大于</td><td colspan="5">0.8</td></tr>
<tr><td>介质损耗因数[f](90℃)　不大于</td><td colspan="5">0.500</td><td>GB/T 5654</td></tr>
<tr><td colspan="2">析气性/(mm^3/min)</td><td colspan="5">无通用要求</td><td>NB/SH/T 0810</td></tr>
<tr><td rowspan="3">健康、安全和环保特性(HSE)[m]</td><td colspan="2">闪点(闭口)/℃　不低于</td><td colspan="5">135</td><td>GB/T 261</td></tr>
<tr><td colspan="2">稠环芳烃(PCA)含量(质量分数)/%　不大于</td><td colspan="5">3</td><td>NH/SH/T 0838</td></tr>
<tr><td colspan="2">多氯联苯(PCB)含量(质量分数)/(mg/kg)</td><td colspan="5">检测不出[n]</td><td>SH/T 0803</td></tr>
<tr><td colspan="9">注 1：“无通用要求”指由供需双方协商确定该项目是否检测，且测定限值由供需双方协商确定。
注 2：凡技术要求中的“无通用要求”和“由供需双方协商确定是否采用该方法进行检测”的项目为非强制性的。</td></tr>
<tr><td colspan="9">[a] 对绝缘和冷却有影响的性能。
[b] 运动黏度(-40℃)以第一个黏度值为测定结果。
[c] 当环境湿度不大于 50% 时，水含量不大于 30 mg/kg 适用于散装交货；水含量不大于 40 mg/kg 适用于桶装或复合中型集装容器(IBC)交货。当环境湿度大于 50% 时，水含量不大于 35 mg/kg 适用于散装交货；水含量不大于 45 mg/kg 适用于桶装或复合中型集装容器(IBC)交货。
[d] 经处理油指试验样品在 60℃下通过真空(压力低于 2.5 kPa)过滤流过一个孔隙度为 4 的烧结玻璃过滤器的油。
[e] 测定方法也包括用 SH/T 0604。结果有争议时，以 GB/T 1884 和 GB/T 1885 为仲裁方法。
[f] 测定方法也包括用 GB/T 21216。结果有争议时，以 GB/T 5654 为仲裁方法。
[g] 受精制深度和类型及添加剂影响的性能。
[h] 将样品注入 100 mL 量筒中，在 20℃±5℃下目测。结果有争议时，按 GB/T 511 测定机械杂质含量为无。
[i] 测定方法也包括用 GB/T 11140、GB/T 17040、SH/T 0253、ISO 14596。
[j] SH/T 0804 为必做试验。是否还需要采用 GB/T 25961 方法进行检测由供需双方协商确定。
[k] 测定方法也包括用 SH/T 0792。结果有争议时，以 SH/T 0802 为仲裁方法。
[l] 在使用中和/或在高电场强度和温度影响下与油品长期运行有关的性能。
[m] 与安全和环保有关的性能。
[n] 检测不出指 PCB 含量小于 2 mg/kg，且其单峰检出限为 0.1 mg/kg。</td></tr>
</table>

表 4-10-2　未使用过的变压器油(特殊)国家标准(GB 2536—2011)

项　目			质量指标					试验方法
最低冷态投运温度(LCSET)			0℃	-10℃	-20℃	-30℃	-40℃	
功能特性[a]	倾点/℃	不高于	-10	-20	-30	-40	-50	GB/T 3535
	运动黏度/(mm^2/s)	不大于						GB/T 265
	40℃		12	12	12	12	12	
	0℃		1 800	—	—	—	—	
	-10℃		—	1 800	—	—	—	
	-20℃		—	—	1 800	—	—	
	-30℃		—	—	—	1 800	—	
	-40℃		—	—	—	—	2 500[b]	NB/SH/T 0837
	水含量[c]/(mg/kg)	不大于	30/40					GB/T 7600
	击穿电压(满足下列要求之一)/kV	不小于						GB/T 507
	未处理油		30					
	经处理油[d]		70					
	密度[e](20℃)/(kg/m^3)	不大于	895					GB/T 1884 和 GB/T 1885
	苯胺点/℃		报告					GB/T 262
	介质损耗因数[f](90℃)	不大于	0. 005					GB/T 5654
精制/稳定特性[g]	外观		清澈透明、无沉淀物和悬浮物					目测[h]
	酸值(以 KOH 计)/(mg/g)	不大于	0. 01					NB/SH/T 0836
	水溶性酸或碱		无					GB/T 259
	界面张力/(mN/m)	不小于	40					GB/T 6541
	总硫含量[i](质量分数)/%	不大于	0. 15					SH/T 0689
	腐蚀性硫[j]		非腐蚀性					SH/T 0804
	抗氧化添加剂含量[k](质量分数)/%							SH/T 0802
	含抗氧化添加剂油(I)		0. 08 ~ 0. 40					
	2-糠醛含量/(mg/kg)	不大于	0. 05					NB/SH/T 0812
运行特性[l]	氧化安定性(120℃)							NB/SH/T 0811
	试验时间：(I)含抗氧化添加剂油：500 h	总酸值(以 KOH 计)/(mg/g) 不大于	0. 3					
		油泥(质量分数)/% 不大于	0. 05					
		介质损耗因数[f](90℃) 不大于	0. 050					GB/T 5654
	析气性/(mm^3/min)		报告					NB/SH/T 0810
	带电倾向(ECT)/(μC/m^3)		报告					DL/T 385

续表

项　目		质量指标					试验方法
最低冷态投运温度(LCSET)		0℃	-10℃	-20℃	-30℃	-40℃	
健康、安全和环保特性(HSE)[m]	闪点(闭口)/℃　不低于	135					GB/T 261
	稠环芳烃(PCA)含量(质量分数)/%　不大于	3					NB/SH/T 0838
	多氯联苯(PCB)含量(质量分数)/(mg/kg)	检测不出[n]					SH/T 0803

注：凡技术要求中“由供需双方协商确定是否采用该方法进行检测”和测定结果为“报告”的项目为非强制性的。

[a]对绝缘和冷却有影响的性能。

[b]运动黏度(-40℃)以第一个黏度值为测定结果。

[c]当环境湿度不大于50%时，水含量不大于30 mg/kg适用于散装交货；水含量不大于40 mg/kg适用于桶装或复合中型集装容器(IBC)交货。当环境湿度大于50%时，水含量不大于35 mg/kg适用于散装交货；水含量不大于45 mg/kg适用于桶装或复合中型集装容器(IBC)交货。

[d]经处理油指试验样品在60℃下通过真空(压力低于2.5 kPa)过滤流过一个孔隙度为4的烧结玻璃过滤器的油。

[e]测定方法也包括用SH/T 0604。结果有争议时，以GB/T 1884和GB/T 1885为仲裁方法。

[f]测定方法也包括用GB/T 21216。结果有争议时，以GB/T 5654为仲裁方法。

[g]受精制深度和类型及添加剂影响的性能。

[h]将样品注入100 mL量筒中，在20℃±5℃下目测。结果有争议时，按GB/T 511测定机械杂质含量为无。

[i]测定方法也包括用GB/T 11140、GB/T 17040、SH/T 0253、ISO 14596。结果有争议时，以SH/T 0689为仲裁方法。

[j]SH/T 0804为必做试验。是否还需要采用GB/T 25961方法进行检测由供需双方协商确定。

[k]测定方法也包括用SH/T 0792。结果有争议时，以SH/T 0802为仲裁方法。

[l]在使用中和/或在高电场强度和温度影响下与油品长期运行有关的性能。

[m]与安全和环保有关的性能。

[n]检测不出指PCB含量小于2 mg/kg，且其单峰检出限为0.1 mg/kg。

表4-10-3　运行中变压器油国家标准(GB 7595—2017)

序号	检测项目	设备电压等级 kV	质量指标		检验方法
			投入运行前的油	运行油	
1	外观		透明、无沉淀物和悬浮物		外观目视
2	色度/号		≤2.0		GB/T 5540
3	水溶性酸(pH值)		>5.4	≥4.2	GB/T 7598
4	酸值[a](以KOH计)/(mg/g)		≤0.03	≤0.10	GB/T 264
5	闪点(闭口)[b]/℃		≥135		GB/T 261
6	水分[c]/(mg/L)	330～1 000	≤10	≤15	GB/T 7600
		220	≤15	≤25	
		≤110及以下	≤20	≤35	
7	界面张力(25℃)/(mN/m)		≥35	≥25	GB/T 6541
8	介质损耗因数(90℃)	500～1 000	≤0.005	≤0.020	GB/T 5654
		≤330	≤0.010	≤0.040	

续表

序号	检测项目	设备电压等级 kV	质量指标		检验方法
			投入运行前的油	运行油	
9	击穿电压/kV	750～1 000	≥70	≥65	GB/T 507
		500	≥65	≥55	
		330	≥55	≥50	
		66～220	≥45	≥40	
		35 及以下	≥40	≥35	
10	体积电阻率[d](90℃)/(Ω·m)	500～1 000	$\geqslant 6\times10^{10}$	$\geqslant 1\times10^{10}$	DL/T 421
		≤330		$\geqslant 5\times10^{9}$	
11	油中含气量[e]/%（体积分数）	750～1 000	≤1	≤2	DL/T 703
		330～500		≤3	
		电抗器		≤5	
12	油泥与沉淀物[f]/%（质量分数）		—	≤0.02（以下可忽略不计）	GB/T 8926—2012
13	析气性	≥500	报告		NB/SH/T 0810
14	带电倾向[g]/(pC/mL)		—	报告	DL/T 385
15	腐蚀性硫[h]		非腐蚀性		DL/T 285
16	颗粒污染度/粒[i]	1 000	≤1 000	≤3 000	DL/T 432
		750	≤2 000	≤3 000	
		500	≤3 000	—	
17	抗氧化添加剂含量(质量分数)/%（含抗氧化添加剂油）		—	大于新油原始值的60%	SH/T 0802
18	糠醛含量(质量分数)/(mg/kg)		报告	—	NB/SH/T 0812 DL/T 1355
19	二苄基二硫醚(DBDS)含量（质量分数）/(mg/kg)		检测不出[j]	—	IEC 62697-1

[a] 测试方法也包括 GB/T 28552，结果有争议时，以 GB/T 264 为仲裁方法。

[b] 测试方法也包括 DL/T 1354，结果有争议时，以 GB/T 261 为仲裁方法。

[c] 测试方法也包括 GB/T 7601，结果有争议时，以 GB/T 7600 为仲裁方法。

[d] 测试方法也包括 GB/T 5654，结果有争议时，以 DL/T 421 为仲裁方法。

[e] 测试方法也包括 DL/T 423，结果有争议时，以 DL/T 703 为仲裁方法。

[f] “油泥与沉淀物”按照 GB/T 8926—2012（方法 A）对“正戊烷不溶物”进行检测。

[g] 测试方法也包括 DL/T 1095，结果有争议时，以 DL/T 385 为仲裁方法。

[h] DL/T 285 为必做试验，是否还需要采用 GB/T 25961 或 SH/T 0804 方法进行检测可根据具体情况确定。

[i] 指 100 mL 油中大于 5μm 的颗粒数。

[j] 检测不出指 DBDS 含量小于 5mg/kg。

注意事项

储存及使用中，要严防杂质和水分混入。注意防潮。

生产厂家

中国石化润滑油有限公司、中国石油天然气股份有限公司润滑油分公司、江苏高科石化股份有限公司、连云港泛美润滑油有限公司。

表 4-10-4　运行中断路器用油国家标准(GB 7595—2017)

序号	项　目	质量指标	检验方法
1	外状	透明、无游离水分、无杂质或悬浮物	外观目视
2	水溶性酸(pH 值)	≥4.2	GB/T 7598
3	击穿电压/kV	110kV 以上，投运前或大修后≥45 运行中≥40 110kV 及以下，投运前或大修后≥40 运行中≥35	GB/T 507

4.10.2　低温开关油

产品性能

具有良好的电性能和抗氧化性，倾点低。低温黏度事宜，在低温下能保持良好的流动性和散热性能。

生产方法

采用适宜的环烷基馏分油为原料，加入适量的抗氧剂制成。

主要用途

适用于户外寒冷气候条件下，油浸开关的绝缘和灭弧。

技术参数

低温开关油的国家标准见表 4-10-5。

表 4-10-5　低温开关油国家标准(GB 2536—2011)

项　目			质量指标	试验方法
最低冷态投运温度(LCSET)			-40℃	
功能特性[a]	倾点/℃	不高于	-60	GB/T 3535
	运动黏度/(mm^2/s)	不大于		GB/T 265
	40℃		3.5	
	-40℃		400[b]	NB/SH/T 0837
	水含量[c]/(mg/kg)	不大于	30/40	GB/T 7600
	击穿电压(需满足下列要求之一)/kV	不小于		GB/T 507
	未处理油		30	
	经处理油[d]		70	
	密度[e](20℃)/(kg/m^3)	不大于	895	GB/T 1884 和 GB/T 1885
	介质损耗因数[f](90℃)	不大于	0.005	GB/T 5654
精制/稳定特性[g]	外观		清澈透明、无沉淀物和悬浮物	目测[h]
	酸值(以 KOH 计)/(mg/g)	不大于	0.01	NB/SH/T 0836
	水溶性酸或碱		无	GB/T 259
	界面张力/(mN/m)	不小于	40	GB/T 6541
	总硫含量[i](质量分数)/%		无通用要求	SH/T 0689
	腐蚀性硫[j]		非腐蚀性	SH/T 0804
	抗氧化添加剂含量[k](质量分数)/%			SH/T 0802
	含抗氧化添加剂油(I)		0.08～0.40	
	2-糠醛含量/(mg/kg)	不大于	0.1	NB/SH/T 0812

续表

<table>
<tr><th colspan="3">项　目</th><th>质量指标</th><th rowspan="2">试验方法</th></tr>
<tr><td colspan="3">最低冷态投运温度(LCSET)</td><td>-40℃</td></tr>
<tr><td rowspan="5">运行特性[l]</td><td colspan="2">氧化安定性(120℃)</td><td rowspan="2">1.2</td><td rowspan="3">NB/SH/T 0811</td></tr>
<tr><td rowspan="3">试验时间：(Ⅰ)含抗氧化添加剂油：500h</td><td>总酸值(以 KOH 计)/(mg/g)　不大于</td></tr>
<tr><td>油泥(质量分数)/%　不大于</td><td>0.8</td></tr>
<tr><td>介质损耗因数[f](90℃)　不大于</td><td>0.500</td><td>GB/T 5654</td></tr>
<tr><td colspan="2">析气性/(mm^3/min)</td><td>无通用要求</td><td>NB/SH/T 0810</td></tr>
<tr><td rowspan="3">健康、安全和环保特性(HSE)[m]</td><td colspan="2">闪点(闭口)/℃　不低于</td><td>100</td><td>GB/T 261</td></tr>
<tr><td colspan="2">稠环芳烃(PCA)含量(质量分数)/%　不大于</td><td>3</td><td>NB/SH/T 0838</td></tr>
<tr><td colspan="2">多氯联苯(PCB)含量(质量分数)/(mg/kg)</td><td>检测不出[n]</td><td>SH/T 0803</td></tr>
<tr><td colspan="5">注 1：“无通用要求”指由供需双方协商确定该项目是否检测，且测定限值由供需双方协商确定。
注 2：凡技术要求中的“无通用要求”和“由供需双方协商确定是否采用该方法进行检测”的项目为非强制性的。</td></tr>
<tr><td colspan="5">[a] 对绝缘和冷却有影响的性能。
[b] 运动黏度(-40℃)以第一个黏度值为测定结果。
[c] 当环境湿度不大于 50% 时，水含量不大于 30 mg/kg 适用于散装交货；水含量不大于 40 mg/kg 适用于桶装或复合中型集装容器(IBC)交货。当环境湿度大于 50% 时，水含量不大于 35 mg/kg 适用于散装交货；水含量不大于 45 mg/kg 适用于桶装或复合中型集装容器(IBC)交货。
[d] 经处理油指试验样品在 60℃下通过真空(压力低于 2.5 kPa)过滤流过一个孔隙度为 4 的烧结玻璃过滤器的油。
[e] 测定方法也包括用 SH/T 0604。结果有争议时，以 GB/T 1884 和 GB/T 1885 为仲裁方法。
[f] 测定方法也包括用 GB/T 21216。结果有争议时，以 GB/T 5654 为仲裁方法。
[g] 受精制深度和类型及添加剂影响的性能。
[h] 将样品注入 100 mL 量筒中，在 20℃±5℃下目测。结果有争议时，按 GB/T 511 测定机械杂质含量为无。
[i] 测定方法也包括用 GB/T 11140、GB/T 17040、SH/T 0253、ISO 14596。
[j] SH/T 0804 为必做试验。是否还需要采用 GB/T 25961 方法进行检测由供需双方协商确定。
[k] 测定方法也包括用 SH/T 0792。结果有争议时，以 SH/T 0802 为仲裁方法。
[l] 在使用中和/或在高电场强度和温度影响下与油品长期运行有关的性能。
[m] 与安全和环保有关的性能。
[n] 检测不出指 PCB 含量小于 2 mg/kg，且其单峰检出限为 0.1 mg/kg。</td></tr>
</table>

注意事项

储存及使用中，要严防杂质和水分混入。注意防潮。

生产厂家

中国石油天然气股份有限公司润滑油分公司、中国石化润滑油有限公司。

4.10.3 长城硅油变压器油

产品性能

在高低温环境下都具有良好的绝缘和冷却性能。热稳定性、化学稳定性、氧化稳定性优异，满足变压器油的使用寿命要求。与固体绝缘材料相容性好。闪点和燃点高，具有自熄特性。油品生物降解性好，无毒无害。产品符合 IEC 60836、ASTM D4652、JISC 2320 等规格要求。

生产方法

采用聚二甲基硅氧烷为基础油制成。

主要用途

适用于电压等级为10kV、25kV、35kV等级的硅油变压器的绝缘和冷却介质，应用于低压配电站、车载牵引变压器、风力发电机等场合。

技术参数

长城硅油变压器油的典型数据见表4-10-6。

表4-10-6 长城硅油变压器油典型数据

项　　目	典型值	试验方法
运动黏度(25℃)/(mm^2/s)	50	GB/T 265
密度(20℃)	0.96	GB/T 1884
酸值/(mgKOH/g)	0.01	SH/T 0836
体积电阻(90℃)/(Ω·m)	10^{12}	SH/T 0019
击穿电压/kV	65	GB/T 507
介质损耗(90℃)/%	0.036	GB/T 5654

注意事项

储存及使用中，要严防杂质和水分混入。注意防潮。

生产厂家

中国石化润滑油有限公司。

4.10.4 长城酯型变压器油

产品性能

主要组成的元素只包括炭、氧和氢，不含任何有毒有害的元素或物质。具有优异的可生物降解性，在较短的时间内能被活性微生物(细菌)生物降解为二氧化碳和水，对环境无危害。热稳定性和阻燃性良好，化学稳定性优异。

生产方法

由多元醇酯制成，含有微量性能添加剂。

主要用途

广泛用于城市区域或建筑物内的变压器，如杆状式变压器、抽头变压器等，也可用于海上平台用油浸式变压器。

技术参数

长城酯型变压器油的典型数据见表4-10-7。

表4-10-7 长城酯型变压器油典型数据

项　　目	典型值	试验方法
外观	清澈透明液体	—
运动黏度/(mm^2/s) 100℃ 40℃ -20℃	 4.643 21.79 750	GB/T 265
密度(20℃)/(g/cm^3)	0.983	GB/T 1884
闪点(开口)/℃	252	GB/T 261
燃点/℃	304	GB/T 3536
倾点/℃	-48	GB/T 3535

续表

项　　目	典型值	试验方法
酸值/(mgKOH/g)	0.01	GB/T 0836
水含量/(mg/kg)	150	GB/T 7600
击穿电压/kV	67	GB/T 507
介损因子(90℃)	0.02	GB/T 5654
体积电阻率(90℃)/(GΩ·m)	2.9	SH/T 0019

注意事项

本品吸水性较强，贮存过程中注意密封，尽量减少与空气的接触。

生产厂家

中国石化润滑油有限公司。

4.10.5　长城高燃点绝缘油

产品性能

具有较高燃点，可降低火灾风险。电气和绝缘性能与普通变压器油相当。氧化安定性良好，可保证变压器长周期正常运转。

生产方法

采用大分子烃类基础油和精选抗氧剂组成，不含 PCB(多氯联苯)。

主要用途

适用于对防火等级具有较高要求的小型油浸式变压器的绝缘、冷却介质使用，尤其适合于城市电网中高层建筑、机车及风电等行业。

技术参数

长城高燃点绝缘油的典型数据见表 4-10-8。

表 4-10-8　长城高燃点绝缘油典型数据

项目	典型值		试验方法
	合成烃型	矿物型	
运动黏度/(mm^2/s)			GB/T 265
0℃	507	1800	
40℃	55	108	
100℃	8.8	12.5	
倾点/℃	-48	-21	GB/T 3535
燃点/℃	314	320	GB/T 3536
击穿电压(间距 2.5mm 交货时)/kV	53	47.1	GB/T 507
介质损耗因数(90℃)	0.0010	0.0014	GB/T 5654
界面张力 /(mN/m)	41.8	44.7	GB/T 6541

注意事项

储存及使用中，要严防杂质和水分混入。注意防潮。

生产厂家

中国石化润滑油有限公司。

4.10.6　昆仑 Kl25X/45X 变压器油

产品性能

具有传热迅速、氧化安定性好、电气性能优异等特点。具有优异的电气绝缘性能，击穿电压高、介质损耗因数小。可有效防止高压电场下的放电现象和功率损失。热安定性和氧化安定性良好，可防止使用过程中形成酸和油泥，延长电气设备的使用寿命。黏度较低，可提供有效的冷却性和热传递性。低温性能优良，不含蜡和降凝剂，不会发生微生物污染。富含环烷烃和适宜的芳香烃，保证溶解电气设备运行过程中形成的油泥而避免破坏绝缘材料和影响传热。抗析气性能适宜，可防止气隙放电破坏固体绝缘。环境友好，不含任何多氯联笨。符合 GB 2536—2011、IEC 60296—2003(Ⅰ)高级别和 ASTM D3487-09 Ⅱ类标准要求。通过 SIEMENS 公司评定。符合 SIEMENS 公司 TIN901293(Edltion 2006-07)规格要求；通过 ABB 公司规定，符合 ABB 公司 IZBA 117001—1 规格中 HI-B 要求。

生产方法

适度精制的低黏度、低频点环烷基基础油加入优质抗氧复合添加剂调制而成。

主要用途

适用于 500kV 及以上电压等级大容量电力变压器、电抗器等电气设备。

技术参数

昆仑 KI25X/45X 变压器油的典型数据见表 4-10-9。

表 4-10-9　昆仑 KI25X/45X 变压器油典型数据

项目	KI25X	KI45X	试验方法
密度(20℃)/(kg/m^3)	884.6	878.9	GB/T 1884
运动黏度(40℃)/(mm^2/s)	9.652	9.606	GB/T 265
倾点/℃	<-24	<-45	GB/T 3535
闪点(闭口)/℃	143	144	GB/T 261
中和值/(mgKOH/g)	<0.01	<0.01	GB/T 4945
击穿电压(间隔 2.5mm 交货时)/kV	66	60	GB/T 507
介质损耗因数(90℃)	<0.001	<0.001	GB/T 5654
界面张力/(mN/m)	45.6	49	GB/T 6541
水分(出厂)/(mg/kg)	17.6	20.5	SH/T 0207
析气性/(μL/min)	+3	+2	GB/T 11142

注意事项

储存及使用中，要严防杂质和水分混入。注意防潮。

生产厂家

中国石油天然气股份有限公司润滑油分公司。

4.10.7　昆仑 KI50X/50GX 变压器油

产品性能

具有传热迅速、氧化安定性好、电气性能优异和抗析气性好等特点。具有优异的电气绝缘性能，击穿电压高、介质损耗因数小。可有效防止高压电场下的放电现象和功率损失。热安定性和氧化安定性优异，可防止使用过程中形成酸和油泥，延长电气设备的使用寿命。黏度低，低温性能优良，不含降凝剂，倾点可低至-50℃。环烷烃和芳香烃含量适宜，可保证溶解电气设备运行过程中形成的油泥而避免破坏绝缘材料和影响传热。环境友好，不含任何多氯联笨。符合 GB 2536—2011、IEC60296—2003(Ⅰ)高级别和 ASTM D3487(2009)Ⅱ类标准要求。通过 ABB 公司评定，符合 ABB 公司 IZBA 117001—1 规格中 HI-A 要求。

生产方法

采用环烷基原油为原料，采用特殊工艺生产的窄馏分基础油，加入优质抗氧复合添加剂调制而成。

主要用途

适用于采用ABB公司技术制造的高压、特高压直流换流变(HVDC/UHVDC)和500kV及以上的超高压、特高压交流变压器等电气设备。

技术参数

昆仑KI50X/50GX变压器油的典型数据见表4-10-10。

表4-10-10 昆仑KI50X/50GX变压器油典型数据

项目	KI50X	KI50GX	试验方法
密度(20℃)/(kg/m³)	873.6	885.3	GB/T 1884
运动黏度/(mm²/s)	738.2	866.1	GB/T 265
20℃	15.82	16.92	
40℃	7.636	7.766	
倾点/℃	-56	<-49	GB/T 3535
闪点(闭口)/℃	146	138	GB/T 261
中和值/(mgKOH/g)	<0.01	<0.01	GB/T 4945
水分/(mg/kg)	11	<20	SH/T 0207
击穿电压(交货时)/kV	88	65	GB/T 507
介质损耗因数(90℃)	0.0007	0.0004	GB/T 5654
界面张力/(mN/m)	48	45	GB/T 6541
抗氧剂含量/%	0.31	—	IEC 666
极性芳烃含量/%	0.15	—	IZBA 076001-1
总硫含量/%	<0.05	—	ASTM D2622
氧化安定性/h	>288	—	GB/T 12580
析气性/(μL/min)	—	<-10	GB/T 11142

注意事项

变压器油非常容易受潮气、各种固体颗粒、纤维等污染,因此,变压器油必须保持干燥和清洁。储存容器必须专用,严禁接触发动机油、液压油和齿轮油等润滑油,并且尽量放置在户内或可控制的气候环境下。

生产厂家

中国石油天然气股份有限公司润滑油分公司。

4.11 热传导油

4.11.1 有机热载体

产品性能

具有良好的热稳定性,以及适宜的低黏度和较好的黏温性能。无毒、无腐蚀性、无环境污染。对设备无压力要求,操作方便。

生产方法

根据化学组成可分类为合成型有机热载体和矿物油型有机热载体。合成型有机热载体以化学合成工艺生产制得。矿物油型有机热载体以石油为原料,经蒸馏和精制(包括溶剂精制和加氢精制)工艺制得。

主要用途

主要适用于各种类型的间接式传热系统,但不得直接用于加热或冷却具有氧化作用的化学品。

技术参数

有机热载体的国家标准见表4-11-1。

表 4-11-1　有机热载体国家标准(GB 23971—2009)

项　目	质量指标								试验方法或引用文件
	L—QB		L—QC[a]		L—QD[a]				
	280	300	310	320	330	340	350	×××	
最高允许使用温度[b]	280	300	310	320	330	340	350	×××	GB/T 23800
外观	清澈透明，无悬浮物								目测
自燃点/℃　不低于	最高允许使用温度								SH/T 0642
闪点(闭口)/℃　不低于	100								GB/T 261
闪点(开口)[c]/℃　不低于	180		—						GB/T 3536
硫含量(质量分数)/%　不大于	0.2								GB/T 388、GB/T 11140、GB/T 17040、SH/T 0172、SH/T 0689[e]
氯含量/(mg/kg)　不大于	20								附录 B
酸值(以 KOH 计)/(mg/g) 不大于	0.05								GB/T 4945[e]、GB/T 7304
铜片腐蚀(100℃，3h)/级　不大于	1								GB/T 5096
水分/(mg/kg)　不大于	500								GB/T 11133、SH/T 0246 ASTM D6304[e]
水溶性酸碱	无								GB/T 0259
倾点/℃　不高于	-9				报告[d]				GB/T 3535
密度(20℃)/(kg/m^3)	报告[d]								GB/T 1884 和 GB/T 1885 SH/T 0604
灰分(质量分数)/%	报告[d]								GB/T 508
馏程 初馏点[f]/℃ 2%/℃	 报告[d] 报告[d]								 SH/T 0558 GB/T 6536
沸程(气相)/℃	报告[d]								GB/T 7534
残炭(质量分数)/%　不大于	0.05								GB/T 268[e]、SH/T 0170、GB/T 17144

续表

项　目	质量指标								试验方法或引用文件
	L—QB		L—QC[a]		L—QD[a]				
	280	300	310	320	330	340	350	×××	
运动黏度/(mm²/s)									GB/T 265
0℃	报告[d]						报告[d]		
40℃　　不大于	40						报告[d]		
100℃	报告[d]						报告[d]		
热氧化安定性(175℃，72h)[g]									附录 C
黏度增长(40℃)/%　　不大于	40		—						
酸值增加(以 KOH 计)/(mg/g)　　不大于	0.8								
沉渣/(mg/100g)　　不大于	50								
热稳定性(最高允许使用温度下加热)	720h				1 000h				GB/T 23800
外观	透明、无悬浮物和沉淀				透明、无悬浮物和沉淀				
变质率/%　　不大于	10				10				

[a] L—QC 和 L—QD 类有机热载体应在闭式系统中使用。

[b] 在实际使用中，最高工作温度较最高允许使用温度至少应低 10℃，L—QB 和 L—QC 的最高允许液膜温度为最高允许使用温度加 20℃，L—QD 的最高允许液膜温度为最高允许使用温度加 30℃，相关要求见《锅炉安全技术监察规程》。

[c] 有机热载体在开式传热系统中使用时，要求开口闪点符合指标要求。

[d] 所有“报告”项目，由生产商或经销商向用户提供实测数据，以供选择。

[e] 测定结果有争议时，硫含量测定以 SH/T 0689 为仲裁方法、酸值测定以 GB/T 4945 为仲裁方法、残炭以 GB/T 268 为仲裁方法、水分以 ASTM D6304 为仲裁方法。

[f] 初馏点低于最高工作温度时，应采用闭式传热系统。

[g] 热氧化安定性达不到指标要求时，有机热载体应在闭式系统中使用。

注意事项

不同种类、同黏度等级不同厂家生产的导热油不能混存、混用。防止机械杂物进入，确保油品纯度。

生产厂家

中国石化润滑油有限公司、中国石油天然气股份有限公司润滑油分公司、北京燕宏兴导热油有限公司、北京燕欣联石油化工有限公司、沈阳福特润滑油科技有限公司、山东恒利石油化工股份有限公司、沧州正大石化产品有限公司、河南封丘恒泰石油化工有限公司、苏州首诺导热油有限公司、舒尔茨亚太(上海)化学有限公司。

4.11.2　导热油-400(联苯-联苯醚混合物)

产品性能

无腐蚀性，热稳定性好，在适用范围 12～400℃间能长期使用。安全性能好，高温时饱和蒸汽压力低，既可用于气相加热、又可用于液相加热。与美国 Therminol-vp-1、Dowtherm-A，日本 Therm-

S-300 及西德 Diphy1 等同类产品可混合使用。

生产方法

采用联苯和联苯醚混合配制的低共熔混合物，联苯与联苯醚的质量比为 26.5∶73.5。

主要用途

主要用作高温热传导液。

技术参数

导热油-400 的化工行业标准见表 4-11-2。

表 4-11-2　导热油-400(联苯-联苯醚混合物)化工行业标准(HG/T 2546—1993)

项　目	指　标		
	优等品	一等品	合格品
密度 $\rho_{20}/(g/cm^3)$	1.060～1.064		
结晶点/℃　≥	12.0	11.8	11.6
水分/%　≤	0.03	0.05	0.08
馏程(0℃，101.325 kPa)			
馏出体积 95%(体积分数)的温度区间/℃	256.5～258.0	255.0～258.0	253.0～258.0
黏度 $\eta_{20}/(mPa·s)$	4.0～4.4		

注意事项

不同种类、同黏度等级不同厂家生产的导热油不能混存、混用。防止机械杂物进入，确保油品纯度。

生产厂家

山东英可利导热油公司、苏州黄海导热油有限公司。

4.11.3　氢化三联苯

产品性能

透明油状液体。凝固点低-30℃，高温下渗透性小，345℃条件下可液相操作，是性能优异的液相高温导热油。与美国 Therminol-66、Dowtherm-RP，法国 Gilotherm-TH，日本 Therm-s-900 导热油为同类产品，并可混合使用。

生产方法

氢化三联苯是由不同比例的邻、间、对三联苯混合物部分氢化而得。

主要用途

适用于石油化工、合成纤维、合成树脂、医药、印染等行业的高温热传导及供热设备系统。

技术参数

氢化三联苯(高温液相导热油)企业标准见表 4-11-3。

表 4-11-3 氢化三联苯企业标准

项目		质量指标	试验方法
密度(20℃)/(g/cm^3)		1.000～1.010	GB/T 4472
色度/号	不大于	1	ASTM D1500
闪点/℃	不低于	170	GB/T 267
水分/(mg/kg)	不大于	300	GB/T 6283
运动黏度(40℃)/(mm^2/s)		21.0～29.6	GB/T 265
馏程/℃			GB/T 255
初馏点	不低于	330	
5%	不低于	335	
95%	不高于	420	

注意事项

不同种类、同黏度等级不同厂家生产的导热油不能混存、混用。防止机械杂物进入，确保油品纯度。

生产厂家

苏州黄海导热油有限公司、江苏中能化学有限公司、苏州贝乐导热油有限公司、舒尔茨亚太(上海)化学有限公司。

4.12 热处理油(液)

4.12.1 热处理油

产品性能

具有良好的冷却性能和热氧化安定性，淬火后工件易清洗，使用周期长。在规定的使用温度下，有较低的黏度和较高的黏度指数。闪点燃点高，可减少油的蒸发量和油烟对大气的污染，以保证使用的安全。热氧化安定性优良，能避免油品的黏度、残炭值和酸值急剧增加并产生不溶于油的沉淀物，而影响油品的冷却性能。

生产方法

采用矿精制物基础油，与催冷、抗氧等添加剂调制而成。

主要用途

适用于作钢(尤其是合金钢)及其他合金材料淬火和回火等工艺用冷却介质。其中普通淬火油用于小尺寸及淬透性好的材料淬火；快速淬火油用于中、大型材料淬火；超速淬火油用于大型及淬透性差的材料淬火；快速光亮淬火油用于中型及淬透性差的材料在可控气氛下淬火；1 号真空淬火油用于中型材料在真空状态下淬火；2 号真空淬火油用于淬透性好的材料在真空状态下淬火；1 号等温(分级)淬火油用于 120℃左右热油淬火；2 号等温(分级)淬火油用于 160℃左右热油淬火；1 号回火油用于 150℃左右回火；2 号回火油用于 200℃左右回火。

技术参数

热处理油的石化行业标准见表 4-12-1。

表 4-12-1　热处理油石化行业标准(SH/T 0564—2005)

项　目 \ 分类及牌号 / 名称		冷淬火油						热粹火油		回火油		试验方法
		普通淬火油	快速淬火油	超速淬火油	快速光亮淬火油	1 号真空淬火油	2 号真空淬火油	1 号等温、分级淬火油	2 号等温、分级淬火油	1 号回火油	2 号回火油	
运动黏度/(mm²/s) 40℃	不大于	30	26	17	38	40	90	—	—	—	—	GB/T 265
100℃	不大于	—	—	—	—	—	—	20	35	30	50	
闪点(开口)/℃	不低于	180	170	160	180	170	210	200	250	230	280	GB/T 3536
燃点/℃	不低于	200	190	180	200	190	230	220	280	250	310	GB/T 3536
水分/%	不大于	痕迹			无			痕迹		痕迹		GB/T 260
倾点/℃	不高于	-9			-5			-5		-5		GB/T 3535
腐蚀(铜片，100℃，3h)/级	不大于	1						1		1		GB/T 5096
光亮性/级	不大于	3	2	2	1			2		—		附录 A
饱和蒸气压(20℃)/kPa	不高于	—			—	6.7×10⁻⁶		—		—		SH/T 0293
热氧化安定性 黏度比[1)]	不大于	1.5						1.5		1.4		SB/T 0219
热氧化安定性 残炭增加值/%	不大于	1.5						1.5		1.5		
冷却性能 特性温度(80℃时)/℃	不低于	520	600	585	600	600	585	—		—		SH/T 0220
冷却性能 800→400℃时间(80℃时)/s	不大于	5.0	4.0	—	4.5	5.5	7.5	—		—		
冷却性能 800→300℃时间(80℃时)/s	不大于	—		6.0	—			—		—		
冷却性能 特性温度(120℃时)/℃	不低于	—	500	—				600		—		
冷却性能 800→400℃时间(120℃时)/s	不大于	—						5.0	5.5	—		
冷却性能 特性温度(160℃时)/℃	不低于	—						—	600	—		
冷却性能 800→400℃时间(160 时)/s	不大于	—						—	6.0	—		

注：1)冷淬火油测定温度为 40℃；热淬火油和回火油测定温度为 100℃。

注意事项

储存在阴凉干燥处，勿曝晒。淬火油的淬火温度不应超过80℃。加强通风、降低油气浓度，避免着火和改善环境。定期过滤和清理油槽。严禁水分及其他油品的混入，如含水量超过0.03%，应沉降过滤后再用。

生产厂家

中国石化润滑油有限公司、中国石油天然气股份有限公司润滑油分公司、壳牌统一(北京)石油化工有限公司、苏州特种化学品有限公司、上海大联石油化工有限公司、上海宁政远化工有限公司、溧阳金安特润油品有限公司、中油南充石化有限公司、石家庄华跃特种润滑油脂有限公司、北京欧润石化产品有限公司、深圳德捷力化工有限公司、青州鹏奥化工有限公司、北京燕山特种润滑油有限公司、北京华立精细化工公司、南京科润精细化工有限公司、山东力特石油化工有限公司。

4.12.2 LT-2000PAG 水基淬火液

产品性能

浅黄色半透明液体。对水有逆溶性。克服了水冷却速度快，易使工件开裂，油品冷却速度慢，淬火效果差且易燃等缺点。能有效改善工作环境，提高零件的淬火质量，降低生产成本。

生产方法

由聚醚类高分子材料添加多种防锈、防腐等优质添加剂精制而成。

主要用途

适用于碳素钢、低合金钢、渗碳钢、弹簧钢、轴承钢等的淬火。

技术参数

LT-2000PAG 水基淬火液的企业标准见表4-12-2。

表4-12-2 LT-2000PAG 水基淬火液企业标准

产品名称		质量指标		试验方法
检测项目		LT-2000A	LT-2000B	
外观		微黄色黏稠液体	微黄色黏稠液体	—
运动黏度(40℃)/(mm^2/s) 不低于		285	350	GB/T 265
密度/(g/cm^3)		1.07	1.12	GB/T 1884
pH 值		9	10	GB/T 9724
浊点		73℃	74℃	GB/T 6986
防锈性		≥5%具有良好的防锈性		—
冷却性能(油温30℃，不搅拌)	最大冷却速度/(℃/s)	162	174	JB/T 6955
	最大冷却速度所在温度/℃	700	745	
	300℃时冷却速度/(℃/s)	53	45	

注意事项

工作温度一般为35～50℃，铝合金为25℃以下。大截面高淬透性合金钢需要高浴温，高浓度，以避免工件产生不利的应力。为了延长溶液的使用寿命，在使用中要注意适当搅拌，防止霉菌的生成。

生产厂家

山东力特石油化工有限公司。

4.12.3 KERUN PAG 水溶性淬火液

产品性能

无闪点，不燃烧，可消除火患的隐患。属于清洁的环保产品，无毒，无气味，无油污，无油雾，能改善作业环境，易于排放。使用的黏度低于淬火油，工件带出量明显减少，易清洗。由于附在工件上的 PAG 淬火剂在回火时不产生有害气体，无烟雾，所以不清洗也可以直接回火。

生产方法

采用聚烷撑二醇聚合物、加添加剂而成。

主要用途

广泛应用于齿轮、轴承、标准件、弹簧、离合器、活塞环、五金、工模具及曲轴等行业。

技术参数

KERUN PAG 水溶性淬火液的企业标准见表 4-12-3。

表 4-12-3 KERUN PAG 水溶性淬火液企业标准

项目	KR6480	KR6380	试验方法
外观	半透明浅黄绿色黏稠液体		目测
密度(20℃)/(g/cm^3)	1.09	1.07	GB/T 1884
运动黏度(40℃)/(mm^2/s) 不小于	480	380	GB/T 265
浊点/℃	70±5	75±5	GB/T 6986
pH 值	9±1	9±1	GB/T 9724

注意事项

工作温度一般为 35～50℃。铝合金为 25℃以下。大截面高淬透性合金钢需要高浴温，高浓度，以避免工件产生不利的应力。为了延长溶液的使用寿命，在使用中要注意适当搅拌，防止霉菌的生成。

生产厂家

南京科润工业介质有限公司。

4.12.4 PAG 水溶性淬火剂

产品性能

易溶于水，改变浓度可与水配制成多种不同冷却特性的淬火液。能消除淬裂和软点，使工件获得高而且均匀的表面硬度以及足够的淬硬深度，减小工件的淬火变形。化学稳定性高，使用寿命长。不燃烧，无火灾危险。无烟气，生产环境清洁。对工件和淬火槽有防锈作用。淬火后的工件可不清洗而直接回火。适用于多类钢件作整体浸淬、感应加热淬火以及铝合金件固溶加热后淬火。

主要用途

主要用于各类碳素钢、渗碳钢、弹簧钢、轴承钢制工件做整体浸淬和感应加热淬火。

技术参数

PAG 水溶性淬火剂的企业标准见表 4-12-4。

表 4-12-4 PAG 水溶性淬火剂企业标准

项目	质量指标			试验方法
	8～20	8～50	8～60	
外观	浅黄绿色微浊黏稠液体			目测
密度(20℃)/(g/cm^3)	1.09			GB/T 1884
pH 值	9.0～11.0			GB/T 9724
防锈性	合格			—
运动黏度(40℃)/(mm^2/s)	360±40	280±30	280±30	GB/T 265
凝点/℃	-10	-11	-11	GB/T 510
浊点/℃	70	73	73	GB/T 6986

注意事项

工作温度一般为35~50℃。铝合金为25℃以下。大截面高淬透性合金钢需要高浴温，高浓度，以避免工件产生不利的应力。为了延长溶液的使用寿命，在使用中要注意适当搅拌，防止霉菌的生成。

生产厂家

北京华立精细化工公司。

4.12.5 8-60 PAG 水溶性淬火剂

产品性能

具有一般淬火介质的优点，消耗量低，性能稳定。易溶于水，改变浓度可与水配制成多种不同冷却特性的淬火液。能消除淬裂和软点，使工件获得高而且均匀的表面硬度和足够的淬硬深度，并减小工件的淬火变形。

主要用途

适于多类钢件作整体浸淬、感应加热淬火以及铝合金件固溶加热后淬火，特别是45 钢和40Cr 类钢件做整体淬火和感应加热淬火。45、30CrMo：5%~8%；40Cr、40Mn：5%~12%。

技术条件

8-60PAG 水溶性淬火剂的企业标准见表4-12-5。

表4-12-5 8-60PAG 水溶性淬火剂企业标准

项目	质量指标	试验方法
外观	浅黄绿色微浊黏稠液体	目测
密度(20℃)/(g/cm^3)	1.09	GB/T 884
pH 值	9.0~11.0	GB/T 9724
防锈性	合格	—
运动黏度 (40℃)/ (mm^2/s)	280±30	GB/T 265
凝点/℃	-11	GB/T 510
浊点/℃	73	GB/T 6986

注意事项

工作温度一般为35~50℃。铝合金为25℃以下。大截面高淬透性合金钢需要高浴温，高浓度，以避免工件产生不利的应力。为了延长溶液的使用寿命，在使用中要注意适当搅拌，防止霉菌的生成。

生产厂家

北京华立精细化工公司。

4.13 金属加工用油

4.13.1 半合成切削液

产品性能

均匀透明液体。具有优良的润滑、冷却、防锈、清洗性能，使用周期长、低毒低污染，确保使用安全。

生产方法

采用精制矿物油、油性剂、极压剂等多种添加剂制成。

主要用途

MAE(防锈型)具有工序间防锈期不低于3天的微乳化液。适用于防锈性要求高的切(磨)削加工；MAF(多效型)具有防锈性、减摩性和(或)极压(EP)性的微乳化液。适用于多种金属(含难加工材料)多工序(车、钻、镗、铰、攻丝等)重切削或强力磨削加工。

技术参数

半合成切削液的机械行业标准见表4-13-1。

表4-13-1 半合成切削液机械行业标准(JB/T 7453—2013)

序号	项目			技术要求		试验方法
				MAE	MAF	
1	浓缩物	外观		均匀透明液体		JB/T 7453 5.1
2		储运安定性		无变色、无分层，呈均匀液体		JB/T 7453 5.2
3	稀释液	相态		均匀透明或半透明		JB/T 7453 5.3
4		pH值		8.0~10.0		JB/T 7453 5.4
5		消泡性/(mL/10min)		≤2		JB/T 7453 5.5
6		表面张力/(mN/m)		≤40		JB/T 7453 5.6
7		腐蚀试验	HT300灰铸铁	24h试验后，检验合格		JB/T 7453 5.7
			T2紫铝	8h试验后，检验合格		
			2A12铝	8h试验后，检验合格		
8		防锈试验	HT300灰铸铁单片	24h试验后，检验合格		JB/T 7453 5.8
			HT300灰铸铁叠片	8h试验后，检验合格		
9		稀释液安定性	油	无		JB/T 7453 5.9
			皂	无		
10		食盐允许量		无相分离		JB/T 7453 5.10
11		硬水适应性		未见絮状物或析出物		JB/T 7453 5.11
12		极压性 P_D 值/N		—	≤1100	JB/T 7453 5.12
13		减摩性 u 值		—	≤0.13	JB/T 7453 5.13

注意事项

储存于阴凉干燥的库房内。储存温度<40℃。严禁日晒雨淋。勿与其他乳化油混用，以免影响使用效果。使用过程中工作液不慎溅入眼中，立即用大量清水冲洗。

生产厂家

北京统一石油化工有限公司、泰伦特化学有限公司、常州海纳金属助剂有限公司、广州联诺化工科技有限公司、安美科技股分有限公司、广州机械科学研究院、武汉华中特种油有限公司、武汉玻尔科技股分有限公司、东亚石油化工(东莞)有限公司、北京奥力助兴石化有限公司、苏州埃尔普润滑油有限公司 、沧州华润化工有限公司、长沙耐尔特种油品有限公司、深圳宝顺达科技有限公司、上海森帝润滑技术有限公司、宜兴月盛助剂有限公司、上海荣晟精细化工有限公司、巴索国际贸易(上海)有限公司、上海德润宝特种润滑剂有限公司。

4.13.2 合成切削液

产品性能

具有优良的表面渗透性、冷却性、润滑性、清洗性和防锈性。外观为浅褐色及暗色均匀半流体，使用寿命长，无需更换水箱，无腐蚀，有较好的防锈性能。适用于钢铁、铜、铝及其合金的磨削和切削等加工。

生产方法

采用多种表面活性剂、防锈剂、润滑剂和助剂等配制而成。

主要用途

产品其浓缩液可以是液态、膏状和固体粉剂等形态。使用时，用一定比例的水稀释后，形成透明或半透明的稀释液，适用于金属车削、铣削等多种切削加工工艺的润滑、冷却、防锈等。

技术参数

MAG 类，与水混合的浓缩物具有防锈性的透明液体，也可含有填充剂；MAH 类，具有减摩性和(或)极压性的 MAG 型浓缩物。合成切削液的国家标准见表 4-13-2。

表 4-13-2 合成切削液国家标准(GB/T 6144—2010)

<table>
<tr><th colspan="2" rowspan="2">项　目</th><th colspan="2">质量指标</th><th rowspan="2">试验方法</th></tr>
<tr><th>L-MAG</th><th>L-MAH</th></tr>
<tr><td rowspan="2">浓缩物</td><td>外观</td><td colspan="2">液态：无分层、无沉淀、呈均匀液体
膏状：无异相物析出，呈均匀膏状
固体粉剂：无坚硬结块物，易溶于水的均匀粉剂</td><td>目测[a]</td></tr>
<tr><td>贮存安定性</td><td colspan="2">无分层、相变及胶状等，试验后能恢复原状</td><td>见 5.1</td></tr>
<tr><td rowspan="9">稀释液</td><td>透明度</td><td colspan="2">透明或半透明</td><td>见 5.2</td></tr>
<tr><td>pH 值</td><td colspan="2">8.0～10.0</td><td>见 5.3</td></tr>
<tr><td>消泡性/(mL/10 min)　不大于</td><td colspan="2">2</td><td>见 5.4</td></tr>
<tr><td>表面张力/(mN/m)　不大于</td><td colspan="2">40</td><td>见 5.5</td></tr>
<tr><td>腐蚀试验[b](50℃±2℃)/h
一级灰口铸铁，A 级　不小于
紫铜，B 级　不小于
LY12 铝，B 级　不小于</td><td>
24
8
8</td><td>
24
4
4</td><td>见 5.6</td></tr>
<tr><td>防锈性试验(35℃±2℃)
单片，24h
叠片，4h</td><td>
合格
合格</td><td>
合格
合格</td><td>见 5.7</td></tr>
<tr><td>最大无卡咬负荷 P_B 值/N　不小于</td><td>200</td><td>540</td><td>GB/T 3142</td></tr>
<tr><td>对机床油漆的适应性[c]</td><td colspan="2">允许轻微失光和变色，但不允许油漆起泡，开裂和脱落</td><td>附录 A</td></tr>
<tr><td>NO_2 浓度检测[d]</td><td colspan="2">报告</td><td>见 5.8</td></tr>
<tr><td colspan="5">注：试液制备，用蒸馏水配制。</td></tr>
<tr><td colspan="5">[a] 在 15～35℃温度下，用 100 mL 量筒量取 100 mL 被测液态浓缩物，静置 21 h 后观察。
[b] 产品只用于黑色金属加工时，不受紫铜和 LY12 铝试验结果限制。
[c] 可根据用户需要，进行针对性试验。
[d] 当测定值大于 0.1 g/L 时视为含有亚硝酸钠。含有亚硝酸钠的产品需测定经口摄取半数致死量 LD_{50}、经皮肤接触 24 h 半数致死量 LD_{50} 和蒸汽吸入半数致死量 LD_{50}，按照 GB 13690—1992 中 3.6 判定产品是否属于有毒品。</td></tr>
</table>

注意事项

储存在通风处，避免日晒雨淋。应保持设备清洁，尽量减少油污进入水箱，防止早期变质。按推荐浓度稀释使用，并定期补充新液。原使用乳化油和其他油类切削液的机床，应将机床冷却箱及管路等部位用净水冲洗干净。

生产厂家

中国石化润滑油有限公司、泰伦特化学有限公司、常州海纳金属助剂有限公司、广州联诺化工科技有限公司、安美科技股分有限公司、广州机械科学研究院、武汉华中特种油有限公司、武汉玻尔科技股分有限公司、东亚石油化工(东莞)有限公司、北京统一石油化工有限公司、四川自贡星宇精细化工有限公司 、沧州华润化工有限公司、广州南星精细化工厂、河北阜城胜利塑胶油脂厂、成都亚川油脂有限公司、青岛润畅防锈材料有限公司、巴索国际贸易(上海)有限公司、上海德润宝特种润滑剂有限公司。

4.13.3 长城 M0006 特种切削油

产品性能

具有优良的润滑性，能延长刀具的使用寿命。冷却性良好，能及时带走加工时产生的热量。加工过程中产生的切削物易沉淀，切面光滑。

生产方法

采用深度精制矿物油为基础油，加入多种功能添加剂调和而成。

主要用途

适用于半导体材料、人造宝石、光学玻璃、玉石的切割加工的润滑，也适用于钟表元件的机械加工润滑。

技术参数

长城 M0006 特种切削油的典型数据见表 4-13-3。

表 4-13-3 长城 M0006 特种切削油典型数据

项目	典型值	试验方法
运动黏度(40℃)/(mm^2/s)	4.468	GB/T 265
闪点(闭口)/℃	106	GB/T 261
凝点/℃	-9	GB/T 510
腐蚀试验(T_2 铜片，50℃，3 h)/级	1	GB/T 5096

注意事项

储存于常温阴凉干燥处。使用前应清洗设备，注意勿污染新油。

生产厂家

中国石化润滑油有限公司。

4.13.4 长城 YKM96-06 非活性切削油

产品性能

具有优异的极压、润滑性，可保护刀具及机床，保持工件的表面光洁度。冷却性良好，能消除刀具和工件因温度变化而产生的应力影响。防锈、防腐性好，可免去工序间防锈处理。低活性，低油雾、高闪点，满足健康、安全要求。黏度低，带走量少。

生产方法

采用精制矿物油为基础油，与非活性极压、抗磨、润滑、防锈等添加剂调制而成。

主要用途

适用于黑色金属及有色金属如铜及其合金、铝及其合金等的磨、车、铰、钻、攻丝等工序。

技术参数

长城 YKM96-06 非活性切削油的典型数据见表 4-13-4。

表 4-13-4　长城 YKM96-06 非活性切削油典型数据

项目	典型值	试验方法
运动黏度(40℃)/(mm^2/s)	20.19	GB/T 265
闪点(开口)/℃	186	GB/T 3536
凝点/℃	-12	GB/T 510
酸值/(mgKOH/g)	0.38	GB/T 264

注意事项

储存于常温阴凉干燥处。使用前应清洗设备，注意勿污染新油。

生产厂家

中国石化润滑油有限公司。

4.13.5　长城 M0016 磨削油

产品性能

具有良好的极压性，能提高工件的精度和光洁度。冷却性良好，能及时带走加工时产生的热量，并延长砂轮的使用寿命。润滑性和减摩性较好，强力磨削时不易发生烧结。

生产方法

采用深度精制矿物油为基础油，加入多种功能添加剂调和而成。

主要用途

适用于高速强力磨削和其他类型金属切削工艺的润滑及冷却。

技术参数

长城 M0016 磨削油的典型数据见表 4-13-5。

表 4-13-5　长城 M0016 磨削油典型数据

项目	典型值		试验方法
	22	40	
运动黏度(40℃)/(mm^2/s)	18.45	40.38	GB/T 265
闪点(开口)/℃	160	170	GB/T 3536
凝点/℃	-6	-7	GB/T 510
腐蚀试验(T_2 铜片，100℃，3 h)/级	2a	2a	GB/T 5096

注意事项

储存于常温阴凉干燥处。使用前应清洗设备，注意勿污染新油。

生产厂家

中国石化润滑油有限公司。

4.13.6　长城电火花加工油

产品性能

低硫低芳烃，无毒、无味，可明显改善工作环境。黏度小，流动性好，具有良好的冷却性和排屑性，可使电极和工件的表面迅速冷却，并及时排除电极间隙的电蚀产物。闪点较高，安全性好。

生产方法

采用深度精制矿物油为基础油，加入多种复合添加剂调和而成。

主要用途

适用于作为电火花加工过程中的工作液。

技术参数

长城电火花加工油的技术参数见表4-13-6。

表4-13-6　长城电火花加工油技术参数

项目	典型值		试验方法
	M0251	M0252	
运动黏度(40℃)/(mm^2/s)	1.489	2.234	GB/T 265
腐蚀试验(铜片，100℃，3 h)	合格	合格	GB/T 378
闪点(闭口)/℃	78	101	GB/T 261
水分/%	无	无	GB/T 260

注意事项

储存于常温阴凉干燥处。使用前应清洗设备，注意勿污染新油。

生产厂家

中国石化润滑油有限公司。

4.13.7　长城 M1210 线切割乳化油

产品性能

棕褐色均匀液体。具有优良的乳化性和防锈性，可满足工序间的防锈要求。冷却性和清洗性优良，可使电极和工件的表面迅速冷却，并及时排除电极间隙的电蚀产物，提高加工速度。灭弧效果好，可提高切割速度，并延长钼丝使用寿命。

生产方法

采用深度精制矿物油为基础油，加入多种功能添加剂调和而成。

主要用途

适用于作为电火花线切割机床的工作液。推荐使用浓度2%～10%。

技术参数

长城 M1210 线切割乳化油的技术参数见表4-13-7。

表4-13-7　长城 M1210 线切割乳化油技术参数

项目	典型值	试验方法
浓缩液外观	棕褐色均匀液体	目测
5%乳化液 pH 值	8	SH/T 0365 附录一
5%乳化液安定性(24 h) 皂 油	 0.2 0	SH/T 0365 附录一
5%乳化液防锈性(单片，一级灰口铸铁)/h	>8	SH/T 0365 附录二

注意事项

储存于常温阴凉干燥处。使用前应清洗设备，注意勿污染新油。

生产厂家

中国石化润滑油有限公司。

4.13.8 长城 M1010 防锈乳化油

产品性能

均匀半透明液体。具有优良的防锈性和乳化性，能够满足加工工序间的防锈要求。冷却性和清洗性良好，可使刀具和工件表面迅速冷却，提高加工速度。

生产方法

采用深度精制矿物油为基础油，加入多种功能添加剂调和而成。

主要用途

适用于机械加工行业黑色金属的车、磨、钻、铣、拉等加工过程的冷却和润滑。使用浓度2%～10%。

技术参数

长城 M1010 防锈乳化油的典型数据见表 4-13-8。

表 4-13-8　长城 M1010 防锈乳化油典型数据

项　目	典型值	试验方法
浓缩液外观	均匀半透明液体	目测
5%乳化液 pH 值	8.2	SH/T 0365 附录一
5%乳化液稳定性(24h) 纯油层/mL 乳化皂层/mL 乳化液状态	 0 1.0 E	SH/T 0365 附录一
5%乳化液防锈性(一级灰口铸铁)/h 单片 叠片	 >24 >4	SH/T 0365 附录二
5%乳化液消泡性能/mL	0.5	SH/T 0365T 附录五

注意事项

储存于常温阴凉干燥处。使用前应清洗设备，注意勿污染新油。稀释水的硬度应控制在 200μg/g 以下。

生产厂家

中国石化润滑油有限公司。

4.13.9 长城 M1013 极压乳化油

产品性能

棕色半透明液体。具有优异的润滑性和极压性，满足有极压要求的机加工过程润滑要求。防锈性、乳化性、冷却性和清洗性优良，能够满足加工工序间的防锈要求，可使刀具和工件表面迅速冷却，提高加工速度。

生产方法

采用深度精制矿物油为基础油，加入多种功能添加剂调和而成。

主要用途

适用于极压要求较高的金属切削、拉削、攻丝、攻牙等机加工过程，如直径在 8～24mm 的铁螺母和直径在 16mm 以下的钢螺母的拉拔或拉丝加工。推荐使用浓度 10%～20%。

技术参数

长城 M1013 极压乳化油的典型数据见表 4-13-9。

表 4-13-9　长城 M1013 极压乳化油典型数据

项目	典型值	试验方法
浓缩液外观	棕色半透明液体	目测
10% 乳化液 pH 值	8.5	SH/T 0365 附录一
10% 乳化油最大无卡咬负荷（P_B）/N	755	GB/T 3142
10% 乳化液安定性(3h) 乳化皂层/mL 纯油层/mL	 1.0 0	SH/T 0365 附录一
10% 乳化液防锈性(一级灰口铸铁，单片 24h)	合格	SH/T 0365 附录二

注意事项

储存于常温阴凉干燥处。使用前应清洗设备，注意勿污染新油。

生产厂家

中国石化润滑油有限公司。

4.13.10　长城 4903 金属切削乳化油

产品性能

棕色透明液体。具有良好的冷却性、润滑性、防锈性和防霉性，可减少刀具磨损，提高产品精度，防护机床及工件，延长的使用寿命。

生产方法

采用基础油、乳化剂、防锈剂和其他添加剂调配而成。

主要用途

适用于黑色金属的磨、车、镗、绞、钻、铣及锯削加工的冷却和润滑，对工件可短期防锈。

技术参数

长城 4903 金属切削乳化油的典型数据见表 4-13-10。

表 4-13-10　长城 4903 金属切削乳化油典型数据

项目	油外观	试验方法
油外观	棕色透明液体	目测
乳化液 pH 值	7.5 ~ 9.5	SH/T 0365 附录一

注意事项

储存于常温阴凉干燥处。使用前应清洗设备，注意勿污染新油。

生产厂家

中国石化润滑油有限公司。

4.13.11　长城 M2051 微乳液型切削液

产品性能

棕色透明液体。加工液呈半透明液体，易于观察。具有优良的防锈性和冷却性，加工时消泡少，不起油雾。冷却性良好，可使刀具和工件表面迅速冷却，提高加工速度。

生产方法

采用矿物油、适量水并加入表面活性剂等多种功能添加剂调和而成。

主要用途

适用于金属切削、磨削等加工过程的冷却、清洗与润滑。

技术参数

长城 M2051 微乳液型切削液的典型数据见表 4-13-11。

表 4-13-11　长城 M2051 微乳液型切削液典型数据

项 目	典型值	试验方法
油基外观	棕色透明液体	目测
5% 稀释液 pH 值	8.2	SH/T 0365 附录一
5% 稀释液防锈性试验(单片铸铁，24 h)	合格	SH/T 0365 附录二
5% 稀释液腐蚀试验(55℃，全浸) 灰口铸铁(24h) 紫铜片（6 h） LY12 铝片（6 h）	 合格 合格 合格	SH/T 0365 附录四

注意事项

储存于常温阴凉干燥处。使用前应清洗设备，注意勿污染新油。

生产厂家

中国石化润滑油有限公司。

4.13.12　长城 M3010 全合成金属加工液

产品性能

使用液为无色透明液体，加工时不起泡，对机床油漆无影响。具有优良的冷却性和防锈性，对铜及铜合金也有一定的防腐性。不含亚硝酸钠，对皮肤、眼睛无刺激。

生产方法

采用多种水溶性功能添加剂调制而成。

主要用途

适用于黑色金属车削、铣削等切削加工工艺。推荐使用浓度 5% ~10%。

技术参数

长城 M3010 全合成金属加工液的典型数据见表 4-13-12。

表 4-13-12　长城 M3010 全合成金属加工液典型数据

项 目	典型值	试验方法
透明度	透明	目测
pH 值	8.8	SH/T 0365 附录一
消泡性(10min)/mL	0	SH/T 0365 附录五
腐蚀试验(一级灰口铸铁，24 h)/级	A	SH/T 0365 附录二
亚硝酸根定性试验	无	—

注意事项

储存于常温阴凉干燥处。使用前应清洗设备，注意勿污染新油。

生产厂家

中国石化润滑油有限公司。

4.13.13　NC100 切削油

产品性能

棕色透明油状液。具有良好的润滑、冷却、清洗性能，摩擦系数低用作精密切削加工。用于一般切削，与常用切削油相比，加工工件表面粗糙度降低 0.5 倍，切削效果提高 50% ~100% 。可显著提高切削效率和延长刀具使用寿命。

生产方法

由精制矿物油及活性添加剂、油性剂、防锈剂和专用传热添加剂等调和而成。

主要用途

适用于车削、铣削、插齿、刨齿、滚齿、拉削、钻削等加工；适用于碳钢、部分合金钢、铜合金、铝合金、不锈钢等材料的切削/磨削加工。

技术参数

NC100 切削油的典型数据见表 4-13-13。

表 4-13-13　NC100 切削油典型数据

项目	质量指标	试验方法
外观	棕色透明油状液	目测
运动黏度(40℃)/(mm^2/s)	15	GB/T 265
闪点(开口)/℃	>150	GB/T 267
烧结负荷 P_D 值/N	>4000	GB/T 3142
最大无卡咬负荷 P_B 值/N	710	GB/T 3142
腐蚀试验(100℃±2℃) 紫铜片	合格	GB/T 391

注意事项

存放于阴凉干爽处，避免阳光直射。

生产厂家

广州联诺化工科技有限公司。

4.13.14　NC200A-7A 铜铝切削油

产品性能

棕色透明油状液。具有良好的润滑、冷却、低油烟及抗烧结抗高温氧化性能，摩擦系数低。低黏度，高闪点，蒸发量少。不含活性硫成分，对铜铝等有色金属无腐蚀。无气味，对皮肤不过敏，属于环保型产品。

生产方法

由油性添加剂、抗磨添加剂、抗烧结添加剂、高温抗氧剂、防锈添加剂及半合成基础油等配制而成。

主要用途

适用于铝合金高速切削加工，也可用于锌合金加工。

技术参数

NC200A-7A 铜铝切削油的企业标准见表 4-13-14。

表 4-13-14　NC200A-7A 铜铝切削油企业标准

项目	质量指标	试验方法
外观	棕色透明油状液	目测
运动黏度(40℃)/(mm^2/s)	7 ~ 8	GB/T 265

续表

项目		质量指标	试验方法
水溶性酸碱		无	GB/T 259
闪点（开口）/℃　　大于		175	GB/T 267
摩擦系数　　小于		0.09	德里油性试验机
腐蚀试验（100℃±2℃）	铜片	合格	GB/T 391
	紫铜片	合格	GB/T 391

注意事项

存放于阴凉干爽处，避免阳光直射。将本油品直接加到切削油箱中循环使用、导轨油的混入不会影响其加工性能。

生产厂家

广州联诺化工科技有限公司。

4.13.15 NC300 攻牙油

产品性能

深褐色油液。具有优异的极压性、抗粘焊性和氧化稳定性，可显著提高切削效率和延长刀具使用寿命。极良好的润滑性、极压抗磨性，优秀的防锈性及高温抗氧化安定性。黏度低、冷却性高、金属屑沉降性良好；气味低、烟雾低，可保护操作环境。

生产方法

由精制矿物油及活性极压添加剂、油性剂、防锈剂和专用传热添加剂等调配而成。

主要用途

适用于不锈钢、硬质合金材料的切削、滚丝、攻牙、高速滚齿、高速插齿、拉削、扩孔和深孔转等加工工艺以及其他苛刻条件下的金属加工。

技术参数

NC300 攻牙油的企业标准见表 4-13-15。

表 4-13-15　NC300 攻牙油企业标准

项目	质量指标	试验方法
外观	深褐色油液	目测
运动黏度(40℃)/(mm^2/s)	30～35	GB/T 265
闪点(开口)/℃　　不低于	180	GB/T 3536
最大无卡咬负荷 P_B 值/N　　不小于	880	GB/T 3142
烧结负荷 P_D 值/N　　不小于	6800	GB/T 3142
腐蚀试验(铜片)/级	3～4	GB/T 391
腐蚀试验(100℃±2℃，紫铜片)/级	3～4	GB/T 5096

注意事项

存放于阴凉干爽处，避免阳光直射。将本品直接加到切削油箱中循环使用，或者直接施用于工件上。

生产厂家

广州联诺化工科技有限公司。

4.13.16 NC600钻孔油

产品性能

深褐色油液。具有良好的润滑、冷却、清洗性能，摩擦系数低。油膜强度高，可保证高的进给度和切削率，延长刀具使用寿命并阻止刀瘤的形成。加工光洁度和精度良好。流动性好，渗透性能优异，具有良好的排屑能力。无油雾，减轻了工作环境对健康产生的影响。

生产方法

由精制矿物油及活性添加剂、油性剂、防锈剂和专用传热添加剂等调和而成。

主要用途

适用于合金钢、不锈钢、高镍合金、高强度高硬度黑色金属、钢铁、钛合金等材料的深孔钻、镗钻、抢钻等钻削加工，也用于高强度金属的珩磨、精加工和重负荷加工。

技术参数

NC600钻孔油的企业标准见表4-13-16。

表4-13-16 NC600钻孔油企业标准

项目		质量指标	试验方法
外观		深褐色油液	目测
运动黏度(40℃)/(mm^2/s)		13～15	GB/T 265
闪点(开口)/℃	不低于	160	GB/T 267
最大无卡咬负荷 P_B 值/N	不小于	710	GB/T 3142
烧结负荷 P_D 值/N	不小于	4000	GB/T 3142
腐蚀(100℃±2℃，紫铜片)		合格	GB/T 391

注意事项

存放于阴凉干爽处，避免阳光直射。将本油品直接加到切削油箱中循环使用。

生产厂家

广州联诺化工科技有限公司。

4.13.17 SCC102A-M长效乳化油

产品性能

黄色黏稠液体。属于高性能长效乳化油，专门为钛合金、钢加工而设计。不会形成刀瘤，确保加工面(盲孔攻丝等)的光洁度好，可减少刀具的磨损。对钛合金、钢表面有良好的抗氧化保护作用。不含氯、亚硝酸盐、苯酚等有害物质，属于环保型产品。抗微生物稳定性能强，不容易变质，使用寿命最长可达1年。清洗性防锈能良好，可确保工件表面和设备的清洁和防锈。

主要用途

适合应用于钛合金、钢的各种加工工艺，包括车、铣、钻、磨、铰孔、盲孔、通孔、攻丝和线切割等。

技术参数

SCC102A-M长效乳化油的典型数据见表4-13-17。

表 4-13-17　SCC102A-M 长效乳化油典型数据

项目	典型值	试验方法
外观	黄色黏稠液体	目测
pH 值(5%)	8.7～9.1	pH 计法
铝片腐蚀试验(5%，55℃，3h)/级	1	GB/T 5096
铸铁屑防锈试验(35℃±2℃，2%，2h)	2a	IP287

注意事项

存放于阴凉干爽处，避免阳光直射。加工中心使用 4%～8%，粗加工 3%～5%，精加工 6%～10%。

生产厂家

广州联诺化工科技有限公司。

4.13.18　SCC103A-1 长效防锈乳化油

产品性能

黄色黏稠液体。不含氯、亚硝酸盐、苯酚等有害物质，属于环保型产品。对铝合金表面有良好的抗氧化保护作用，不会形成刀瘤，确保加工面(盲孔攻丝等)的光洁度好，保护刀具，减少刀具的磨损。抗微生物稳定性能强，不容易变质，使用寿命最长可达 1 年。清洗性和防锈能良好，能确保工件表面和设备的清洁和防锈。

主要用途

适用于加工中心、自动车床、数控机床等设备的车削、铣、磨、钻、攻丝、铰孔等加工工艺，例如发动机、变速箱壳体以及其他精密铝合金零件的加工等，也可用于铜不锈钢、铸铁、碳钢等。

技术参数

SCC103A-1 长效防锈乳化油的企业标准见表 4-13-18。

表 4-13-18　SCC103A-1 长效防锈乳化油企业标准

项目	质量指标	试验方法
外观	黄色黏稠液体	目测
pH 值(5%)	8.7～9.1	pH 计法
铝片腐蚀试验(5%，100℃，3h)/级	1	GB/T 5096
铸铁块防锈试验(35℃±2℃)/h　不小于		SH/T 0365 附录 2
单片	24	
叠片	12	
铸铁屑防锈试验(35℃±2℃，1.5%，无锈斑)/h　不小于	5	XFTS0201

注意事项

存放于阴凉干爽处，避免阳光直射。加工中心使 4%～10%。

生产厂家

广州联诺化工科技有限公司。

4.13.19　CC101-8A 不锈钢乳化液

产品性能

深棕色透明油液。具有良好的稳定性、极压润滑性、冷却性、清洗性及防锈性。可明显提高加工效率和产品光洁度，延长刀具使用寿命。含有特种极压润滑添加剂，可显著减少刀具的磨损。含有高分子水/油溶性防锈剂，对设备及工件有极好的防锈性。泡沫倾向低，清洗性能好。使用寿命长，符合环保要求，提高生产效率。对操作者皮肤无伤害，对机台油漆无影响。

生产方法

由精制矿油、油性剂、极压剂、防锈剂及乳化剂、杀菌剂等经特殊工艺配制而成。

主要用途

适用于多种 CNC 加工中心、组合机床等车削、磨削、钻削、拉削及攻丝等加工，可满足各类钢材(特别是磨具钢)、合金钢、不锈钢、铝合金等材料的切削加工。

技术参数

CC101-8A 不锈钢乳化液的典型数据见表 4-13-19。

表 4-13-19　CC101-8A 不锈钢乳化液典型数据

项目	质量指标	试验方法
外观	深棕色透明油液	目测
pH 值(5%)	9.0～9.3	pH 计法
折光系数	0.95	手持折光仪
铸铁块防锈试验(35℃±2℃)/h　不小于		SH/T 0365 附录 2
单片	24	
叠片	6	
铸铁屑防锈试验（35℃±2℃，5%，无锈斑)/h 不小于	8	XFTS0201

注意事项

存放于阴凉干爽处，避免阳光直射。配水比：1∶20～1∶30。

生产厂家

广州联诺化工科技有限公司。

4.13.20　SCC638D-FX 半合成水性切削液

产品性能

荧光绿液体。不含氯、亚硝酸盐、苯酚等有害物质，属于环保型产品。不会形成刀瘤，可确保加工面(内槽加工盲孔攻丝等)的光洁度，减少刀具的磨损。对铝表面有良好的保护作用(防止铝表面变色或“长毛”)。抗微生物稳定性能强，使其具有较长的使用寿命。清洗性能好，可确保工件表面和设备清洁。

主要用途

适用于加工中心、自动车床、数控机床等设备的车削、铣、磨、钻、攻丝、铰孔等加工工艺，例如发动机、变速箱壳体以及其他如 6061、7075、ADC12 等精密铝合金零件的加工等，也可用于不锈钢、碳钢、铜等的加工。

技术参数

SCC638D-FX 半合成水性切削液的企业标准见表 4-13-20。

表 4-13-20　SCC638D-FX 半合成水性切削液企业标准

项目	质量指标	试验方法
外观	荧光绿液体	目测
pH 值(5%)	8.7～9.0	pH 计法
铝片腐蚀试验(5%，100℃，3h)/级	1	GB/T5096

续表

项目		质量指标	试验方法
铸铁块防锈试验(35℃±2℃)/h	不小于		SH/T 0365 附录 2
单片		24	
叠片		8	
铸铁屑防锈试验(35℃±2℃，1.5%，无锈斑)/h	不小于	3	XFT S0201
折光系数		3.0～3.2	手持折光仪

注意事项

存放于阴凉干爽处，避免阳光直射。加工中心使用 4%～8%。

生产厂家

广州联诺化工科技有限公司。

4.13.21 SCC618A 切削液

产品性能

浅黄色液体。是长寿命环保型半合成切削液，配水后形成半透明微乳化液。含特殊的极压添加剂和油性剂，因此具有优良的极压性和润滑性，能满足铜、钢、铸铁和铝合金的多种工艺加工。SCC618A 不含亚硝酸盐等有害物质，属于环保切削液。泡沫倾向低，不易起泡。能有效地保护刀具，减少刀具的磨损，大大延长刀具使用周期，降低使用成本。抗微生物稳定性能强，工作液使用周期可长达一年。防锈性能极强，工序间防锈最长可达 20 天。清洗性能良好，可确保工件表面和设备清洁。

主要用途

适合用于 CNC 加工中心、自动车床、数控机床、多功能组合机床等设备的车、铣、磨、钻、镗、攻丝、拉削等加工工艺，主要金属材料包括铜、铸铁、不锈钢、碳钢和铝合金等。

技术参数

SCC618A 切削液的典型数据见表 4-13-21。

表 4-13-21 SCC618A 切削液典型数据

项目	典型值	试验方法
外观	浅黄色液体	目测
pH 值(5%)	8.5～9.5	pH 计
折光系数	3.0	折光仪
铸铁屑防锈试验(35℃±2℃，1.5%，无锈斑)/h 不小于	1	IP287

注意事项

存放于阴凉干爽处，避免阳光直射。磨削 2%～3%；车削等中等难度加工 4%～6%；难度较大的加工 6%～12%。

生产厂家

广州联诺化工科技有限公司。

4.13.22 SCC618 长寿命环保切削液

产品性能

浅黄色液体。是长寿命环保型半合成切削液，配水后形成半透明微乳化液。含特殊的极压添加剂和油性剂，具有极好的极压性和润滑性，能通用于钢、铸铁和不锈钢的多种工艺加工。不含亚硝酸盐等有害物质，属于环保型产品。

主要用途

适用于 CNC 加工中心、自动车床、数控机床、多功能组合机床等设备的车、铣、磨、钻、镗、攻丝、拉削等加工工艺，金属材料主要是铸铁、不锈钢、碳钢和不锈钢等。

技术参数

长寿命环保切削液 SCC618 的典型数据见表 4-13-22。

表 4-13-22　SCC618 长寿命环保切削液典型数据

项目	典型值	试验方法
外观	浅黄色液体	目测
pH 值(5%)	8.5～9.5	pH 计
折光系数	3.2	折光仪
铸铁屑防锈试验(35℃±2℃，1.5%，无锈斑)/h 不小于	1	XFTS0201

注意事项

存放于阴凉干爽处，避免阳光直射。磨削 2%～3%，车削等中等难度加工 4%～6%，难度较大的加工 6%～12%。

生产厂家

广州联诺化工科技有限公司。

4.13.23　SCC760 全合成切削液

产品性能

荧光绿液体。是一种全合成水基切削液，用水稀释后形成清澈、透明的荧光绿色溶液。具有优异的生物稳定性和防锈性能，对导轨油泄漏导致的污染有良好的抵抗性。不含氯、亚硝酸盐、苯酚等有害物质，属于环保型产品。含有极压添加剂，使其具有高效的加工能力，可减少刀具的磨损。消泡性良好，不易起泡。抗生物性能稳定，最长使用寿命可超过二年。防锈性能优良，工序间防锈最长可达 20 天。

主要用途

用于 CNC 加工中心、数控机床和多功能组合机床的车削、铣、磨削、钻孔、攻丝等加工工艺。

技术参数

SCC760 全合成切削液的典型数据见表 4-13-23。

表 4-13-23　SCC760 全合成切削液典型数据

项目	典型值	试验方法
外观	荧光绿液体	目测
pH 值(3%)	8.5～9.5	pH 计法
折光系数	2.2	折光仪
铸铁屑防锈试验(35℃±2℃，1.5%，无锈斑)/h 不小于	1	XFTS0201

注意事项

存放于阴凉干爽处，避免阳光直射。加工中心使用4% ~5%，难度较大的加工工艺6% ~10%。

生产厂家

广州联诺化工科技有限公司。

4.13.24 SCC750-17AA 水性环保磨削液

产品性能

无色透明液体。具有良好的极压润滑性、防锈性、冷却性、沉降性和清洗性。抗微生物分解能力强，在不同的水硬度条件下，仍可保持其稳定性，是新一代高性能的多用途的水性环保磨削液。含特种极压润滑添加剂，可显著减少砂轮磨损。采用高分子水/油溶性防锈剂，对设备及工件(特别是铸铁)有良好的防锈性。无泡沫倾向，清洗性能好，比同类产品有更好的金属屑沉降性。透明度高，有利于监察工件的表面加工状态及切削液消耗量，不会刺激皮肤，保护操作者健康。使用寿命长，一年以上更换期，符合环保要求，减少浪费，提高生产效率。对操作工人皮肤无伤害、及机台油漆无影响，且有保护作用。

生产方法

采用特制的高性能极压添加剂、防锈剂等其他添加剂复配而成。

主要用途

适合于铸铁、不锈钢的磨削加工，也适合于其他钢材的磨削加工，或对泡沫要求比较高的 CNC 加工中心使用。

技术参数

SCC750-17AA 水性环保磨削液的典型数据见表4-13-24。

表4-13-24 SCC750-17AA 水性环保磨削液典型数据

项目	典型值	试验方法
外观	无色透明液体	目测
pH 值(5%)	9.15	pH 计法
原液折光	33	折光仪
折光系数(5%)	2.0	折光仪
铝片腐蚀试验(55℃，5%，3h)	3 级	GB/T 5096
铸铁屑防锈试验(35℃±2℃，2%，无锈斑，2h)/级	1	IP287

注意事项

存放于阴凉干爽处，避免阳光直射。配水比例1∶5 ~1∶10。

生产厂家

广州联诺化工科技有限公司。

4.13.25 铸铁切削液 SCC750

产品性能

与水混合时可形成稳定的透明浅黄色溶液。具有良好的极压润滑性、防锈性、冷却性、沉降性和清洗性。抗微生物分解能力强，在不同的水硬度条件下，仍可保持其稳定性，是新一代高性能的多用途的无泡磨削液。

生产方法

选用特制的高性能极压添加剂、防锈剂等其他添加剂复配而成。

主要用途

适合于铸铁、不锈钢的磨削加工，也适合于其他钢材的磨削加工，或对泡沫要求比较高的 CNC 加工中心使用。

技术参数

SCC750 铸铁切削液的典型数据见表 4-13-25。

表 4-13-25　SCC750 铸铁切削液典型数据

项目	典型值	试验方法
外观	浅黄色浓缩液体	目测
pH 值(3%)	9.0～9.5	pH 计法
折光系数	2.0	折光仪
铸铁屑防锈试验(35℃±2℃，1.5%)/级　　不小于	1	XFTS0201

注意事项

存放于阴凉干爽处，避免阳光直射。磨削配水比 1∶30 ～1∶50，切削配水比 1∶20 ～1∶25。

生产厂家

广州联诺化工科技有限公司。

4.13.26　MPS10-HH 冷镦成型油

产品性能

深褐色油状液。具有良好的润滑性、极压抗磨性 、防锈性及高温抗氧化安全性等。可有效保护冲棒(冲针)及模具，延长使用寿命，降低综合成本。高耐温性能良好，不易产生油泥，对抵挡磷化处理的线材也有一定的清净沉降性。气味低、烟雾低，保护操作环境。

生产方法

以精制矿物油为基础，复配入极压、油性及防锈等多种特殊添加剂调配而成。

主要用途

适用于标准件及非标准件的多工位成型加工工艺。

技术参数

MPS10-HH 冷镦成型油的企业标准见表 4-13-26。

表 4-13-26　MPS10-HH 冷镦成型油企业标准

项目	质量指标	试验方法
外观	深褐色油状液	目测
运动黏度(40℃)/(mm^2/s)	100～120	GB/T 265
水分	无	GB/T 260
闪点/℃　　不低于	200	GB/T 3536
四球烧结负荷 P_D 值/N　　不小于	5000	GB/T 3142

注意事项

存放于阴凉干爽处，避免阳光直射。

生产厂家

广州联诺化工科技有限公司。

4.13.27 MPS03 不锈钢成型油

产品性能

深褐色油液。具有良好的润滑性、极压抗磨性 、防锈性及高温抗氧化安全性等。能有效地保护模具，满足标准件及非标件的多工位成型加工要求，加工温度可达500℃。耐高温性能好，不易产生油泥。气味低、烟雾低，保护操作环境。

主要用途

适用于冷镦、冷挤压不锈钢螺母、螺钉、高强度螺栓、套筒、不锈钢空心、半空心铆钉等的成型加工。

技术参数

MPS03 不锈钢成型油的企业标准见表 4-13-27。

表 4-13-27 MPS03 不锈钢成型油企业标准

项目	质量指标	试验方法
外观	深褐色油液	目测
运动黏度(40℃)/(mm^2/s)	150～260	GB/T 265
最大无卡咬负荷 P_B 值/N 不小于	710	GB/T 3142
四球烧结负荷 P_D 值/N 不小于	5000	GB/T 3142

注意事项

存放于阴凉干爽处，避免阳光直射。

生产厂家

广州联诺化工科技有限公司。

4.13.28 MPS02A 成型油

产品性能

深褐色油状液。具有良好的润滑性、极压抗磨性 、防锈性及高温抗氧化安全性等。

生产方法

以精制矿物油为基础，复配入极压、油性及防锈等多种特殊添加剂调配而成。

主要用途

适用于碳钢冷镦、高强度螺栓、套筒、空心及半空心铆钉等的成型加工，也可用于铝铆钉的成型加工。

技术参数

MPS02A 成型油的企业标准见表 4-13-28。

表 4-13-28 MPS02A 成型油企业标准

项目	质量指标	试验方法
外观	深褐色油状液	目测
运动黏度(40℃)/(mm^2/s)	80～120	GB/T 265
水分	无	GB/T 260
闪点/℃ 不小于	200	GB/T 3536
烧结负荷 P_D 值/N 不小于	4000	GB/T 3142
最大无卡咬负荷 P_B 值/N 不小于	710	GB/T 3142

注意事项

存放于阴凉干爽处，避免阳光直射。

生产厂家

广州联诺化工科技有限公司。

4.13.29 BT-18 冲压拉伸油

产品性能

黄色透明油液。具有优良的润滑性、冷却性和渗透性，能防止冲模与工件的粘结，提高表面质量，延长模具寿命。能有效防止铝材、铜材的氧化腐蚀问题及拉伸时拉花、拉裂等现象。可防止铝、铜氧化，降低废品。减少环境污染，容易清洗，提高工效。

生产方法

由精炼矿物油、合成酯，添加高分子润滑剂等调制而成。

主要用途

适用于铝材、铜材的冲压、拉伸工艺时的润滑。

技术参数

BT-18 冲压拉伸油的典型数据见表 4-13-29。

表 4-13-29 BT-18 冲压拉伸油典型数据

项目	典型值	试验方法
外观	黄色透明油液	目测
闪点(开口)/ ℃	>180	GB/T 267
运动黏度（40℃）/(mm²/s)	80 ~ 150	GB/T 265
最大无卡咬负荷 P_B 值/N	710	GB/T 3142
铜、铝片腐蚀 （100℃，3h)	合格	SH/T 0195

注意事项

存放于阴凉干爽处，避免阳光直射。

生产厂家

广州联诺化工科技有限公司。

4.13.30 APS036 挥发性冲剪油

产品性能

无色透明液体，是一种免清洗的冲剪油。完全无味，符合环保食品要求。低沸点基础油，具有良好的挥发性和退火清净性。润滑性能优异，可获得较大翻边高度的铝孔。

生产方法

由高精制挥发性基础油及挥发性抗氧剂、润滑剂等添加剂调合而成。

主要用途

适用于铝箔翅片冲压、冷轧板、铜管的打孔、拉伸、压延和弯曲加工的工艺油，以及空调散热器中铝箔翅片、铜部件的加工，也适合其他与食品接触的铝箔航空快餐盒、铝箔等冲压拉伸加工。

技术参数

APS036 挥发性冲剪油的企业标准见表 4-13-30。

表 4-13-30　APS036 挥发性冲剪油企业标准

项目	质量指标	试验方法
外观	无色透明液体	目测
运动黏度(40℃)/(mm^2/s)	1.1～1.3	GB/T 265
闪点/℃　不低于	50	GB/T 3536
腐蚀试验(100℃，3h，铝、铜)	合格	GB/T 5085
最大无卡咬负荷 P_B 值/N　不小于	610	GB/T 3142

注意事项

储存在阴凉、通风的地方、严禁火源。

生产厂家

广州联诺化工科技有限公司。

4.13.31　MM20A 温镦成型油

产品性能

浅黄色液体。具有良好的润滑性、极压抗磨性 、防锈性及高温抗氧化安全性等。可有效保护冲棒(冲针)及模具，延长使用寿命，降低综合成本。含高温抗烧结添加剂，高耐温性能好，加工温度可达 800℃，不易产生油泥。气味低、烟雾低，保护操作环境。

主要用途

适合温镦不锈钢螺母、螺帽，也可用于其他不锈钢零件的温镦加工。

技术参数

MM20A 温镦成型油的企业标准见表 4-13-31。

表 4-13-31　MM20A 温镦成型油企业标准

项目	质量指标	试验方法
外观	浅黄色	目测
运动黏度(40℃)/(mm^2/s)	180～280	GB/T 265
机械杂质	无	GB/T 511
最大无卡咬负荷 P_B 值/N　不小于	920	GB/T 3142
四球烧结负荷 P_D 值/N　不小于	6800	GB/T 3142

注意事项

存放于阴凉干爽处，避免阳光直射。

生产厂家

广州联诺化工科技有限公司。

4.13.32　HYG 热轧油

产品性能

对环境和水处理无不良影响，其中，极压添加剂中的有机化合物，能以极性基团吸附于金属轧辊表面，形成强韧的油膜而起到良好的润滑作用，降低工作辊和带钢表面的磨擦系数，保护轧辊表面氧化膜。在热轧的高温高压下，能提高轧辊的使用寿命和带钢表面质量。

生产方法

采用高度精制的植物油和合成油为基础油，加入极压、油性、分散、抗氧化和防锈等添加剂制成。

主要用途

适用于各类机架的热轧润滑工艺。

技术参数

HYG 热轧油的企业标准见表 4-13-32。

表 4-13-32　HYG 热轧油企业标准

项　目		质量指标				试验方法
		HYG—1	HYG—2	HYG—3	HYG—4	
运动黏度(40℃)/(mm^2/s)		108 ~ 132	54 ~ 66	58 ~ 66	90 ~ 110	GB/T 265
密度(20℃)/(g/cm^3)		0.87 ~ 0.90				GB/T 2541
闪点(开口)/℃	不低于	185				GB/T 3536
倾点/℃	不大于	-2	-15			GB/T 3535
铜片腐蚀(100℃ 3h)/级	不大于	2	1		2	GB/T 5096
液相锈蚀(蒸馏水)		无锈				GB/T 11143
水分/%		无				GB/T 260
机械杂质/%	不大于	0.02		0.015		GB/T 511
水溶性酸碱		无				GB/T 259
四球 P_B 值/kg	不小于	80		100		GB/T 3142
四球磨损直径 D(60kg，30min)/mm	不大于	0.6				SH/T 0819

注意事项

贮于干燥、阴凉、通风库内。轻装轻卸，密封防漏。贮存期为一年。本品不宜和其他牌号油品混合使用，如需混合，必须先做混溶性试验。

生产厂家

靖江恒丰化工有限公司。

4.13.33　恒丰冷轧油

产品性能

具有优异的轧制润滑性能，能有效降低轧制负荷。高温高压下的耐热划伤性良好、在长期在高温高压下使用仍能保持稳定的耐热划伤性，可防止了机震的发生，提高轧制速度。乳化稳定性优异，操作管理简单，可长期稳定使用。粒径分布集中，既确保了适当的钢板表面的附着性，又降低了油泥的生成，从而降低了油耗，提高了轧机和钢板表面的清洁性。还具有优异的防锈以及抗油焦功能、退火清洁、脱脂、抗腐蚀、水处理等性能，钢板表面质量稳定，对环境无不良影响。

生产方法

采用高度精制的植物油和合成脂为基础油，添加二盐基酸油性向上剂、S 系极压剂、P-C 极压剂等制成。

主要用途

适用于各种机架的热轧制润滑工艺。

技术参数

恒丰冷轧油的典型数据见表 4-13-33。

表 4-13-33 恒丰冷轧油典型数据

项目	HFCR	NE-96A	503KM	CM-104K	708TMV	36BT	UD16	实验方法
密度/(g/cm^3)	0.92	0.93	0.92	0.91	0.92	0.90	0.92	GB/T 1884
黏度(50℃)/(mm^2/s)	28	34	46	20	41	10	36.7	GB/T 265
酸值/(mgKOH/g)	6	6	15	6	13	6	10.7	GB/T 264
皂化值/(mgKOH/g)	195	183	182	160	180	42	187	GB/T 8021
pH 值(5%)	5.6	6.6	6.2	5.4	5.6	6.0	4.7	SH/T 0069
倾点/℃	6	5	5	5	5	-5	8	GB/T 3535

注意事项

轻装轻卸，密封防漏。贮于干燥、阴凉、通风库内。贮存期为一年。不宜和其他牌号油品混合使用，如需混合，必须先做混溶性试验。

生产厂家

靖江恒丰化工有限公司。

4.13.34 MHF 不锈钢管外壁轧制油

产品性能

具有良好的极压抗磨性、抗氧化安定性、防腐防锈性。在使用过程中具有黏度低、润滑性好、不易磨损轧机主轴头、加工后表面光洁度好、易清洗等特点。

生产方法

由精制矿物油和耐高温合成油作为基础油，加入多种进口氯系极压剂、非活性硫极压剂、油性剂、金属减活剂、抗氧剂等调配而成

主要用途

适用于不锈钢、高镍钢在拉拔、冷挤、深拉等成型加工时的润滑、能够保证拉拔对象在极苛刻条件下仍能得到有效的润滑，其中，MHF-A 适用于外壁加工润滑，MHF-B 适用于内壁加工润滑要求。

技术参数

MHF-A 不锈钢管外壁轧制油企业标准见表 4-13-34，MHF-B 不锈钢管外壁轧制油企业标准见表 4-13-35。

表 4-13-34 MHF-A 不锈钢管外壁轧制油企业标准

项 目	质量指标	试验方法
运动黏度(40℃)/(mm^2/s)	120 ~ 150	GB/T 265
倾点/℃ 不高于	-5	GB/T 3535

续表

项　目			质量指标	试验方法
闪点(开口)/℃		不低于	170	GB/T 267
酸值/(mgKOH/g)			3～10	GB/T 264
水溶性酸碱		不大于	无	GB/T 259
机械杂质/%		不大于	0.05	GB/T 511
密度(20℃)/(g/cm^3)			0.85～1.15	GB/T 1884
水分/%		不大于	痕迹	GB/T 260
液相锈蚀(A法)		不大于	无锈	GB/T 11143
极压性能	P_B 值/kg	不低于	90	GB/T 3142
	烧结负荷/kg	不低于	400	GB/T 3142

表 4-13-35　MHF-B 不锈钢管外壁轧制油企业标准

项　目		质量指标	试验方法
外　观		浅咖啡色半流动膏状	目测
水溶性酸碱		无	GB/T 259
水分/%	不大于	痕迹	GB/T 260
氯含量/%	不小于	20	附录
脂肪含量/%		1～3	附录

注意事项

轻装轻卸，密封防漏：贮于干燥、阴凉、通风库内，贮存期为一年。不宜和其他牌号钢管拉拔油混合使用，如需混合，必须先做混溶性试验。

生产厂家

靖江恒丰化工有限公司。

4.13.35　WD 系列铜拉丝润滑油

产品性能

棕黄色至浅褐色半透明均匀液体，是乳化型的水溶性拉丝油。无毒、无特殊异味、使用安全，使用后乳液处理方便。具有凝点低、流动性好、易于乳化、润滑抗磨性能好、乳液稳定、抗氧化防色变能力强等优点。同时，由于加入有高效抗菌剂和泡沫抑制剂，显著延长了溶液的使用周期。

生产方法

采用优质基础油与多种添加剂配制而成。

主要用途

适用于铜、铝拉丝润滑。

技术参数

WD 系列铜拉丝润滑油的企业标准见表 4-13-36。

表 4-13-36　WD 系列铜拉丝润滑油企业标准

项　目		质量指标	试验方法
油基外观(15～35℃)		棕黄色至浅褐色半透明均匀液体	Q/321282GHH01
运动黏度(50℃)/(mm^2/s)		5.00～10.0	
倾点/℃　不高于		-2	
自乳化性		合格	
5%乳化液 pH 值		7.5～8.5	
5%乳化液稳定性(15～30℃，1h)	分油	无	
	析皂量/%　不大于	2.0	
5%乳化液腐蚀实验(55℃±2℃，全浸，T3 铜片，3h)		合格	
食盐允许量(15～35℃，4h)		无相分离	

注意事项

按照一定比例添加于水中，并搅拌或循环均匀变成乳状液体后使用。配置浓度：大拉 9%、中拉 6%、小拉 3%以下。产品可用不同硬度的水质进行调配。不宜和其他牌号拉丝油或乳化液混合使用，如需混合，必须先做混溶性试验。轻装轻卸，密封防漏。贮于干燥、阴凉、通风库内。贮存期为一年。

生产厂家

靖江恒丰化工有限公司。

4.13.36　DAISKIN 系列平整液

产品性能

具有优异的单体防锈力，对于人体以及其他生物、环境无毒性及不良影响。成分性状为非结晶质类型，因而不会发生由于成分堆积、成分固化所造成的压入性伤痕、板道印等问题。能维持低粘性性状，具有优异的钢板及轧辊表面清洗力，因而不会发生由于校平辊、剪切辊等上的粘稠物的堆积所造成的钢板脏污。具有良好的浸透性，对于钢板后续的表面处理(磷酸盐处理、镀锌或镀锡等)均无不利影响。不生成由于和防锈油反应所形成的黏稠的胶状物质，因而可以避免由于剪切辊、冲压成型模具上的黏稠物的堆积所造成的尺寸精度不良，以及钢板重叠送入所造成的模具破损等问题。含有有机酸盐，平整后涂上防锈油的钢板的脱脂性能优异。

生产方法

由有机防锈、清洗、润滑等组分制成。

主要用途

适用于冷轧钢板退火后的湿平整工艺。

技术参数

DAISKIN 系列平整液的典型数据见表 4-13-37。

表 4-13-37　DAISKIN 系列平整液典型数据

产品名称	TK-808	P-95	P-56S	P-56N	ST-200	ND-10	P-201S	测定方法
外　观	淡黄褐色透明	黄色透明	淡黄褐色透明	淡黄褐色透明	黄色透明	淡黄褐色透明	淡黄色透明	目　测
密度(15℃)/(g/cm^3)	1.04	1.05	1.04	1.07	1.04	1.08	1.05	GB/T 2541
pH(10%溶液)	9.4	10.8	9.7	9.1	8.8	9.8	8.3	SH/T 0069
碱值(10%溶液)	9.8	19.2	3.4	3.1	0.5	5.1	4.0	大同方法
摩擦系数(10%溶液)	0.33	0.41	0.30	0.30	0.15	0.40	0.30	曾田式钟摆式油性试验机
COD 值	3000	3000	2500	3000	1000	1400	7500	GB 11914—89
平整材料	冷轧板	冷轧板	冷轧板	冷轧板	不锈钢板	不锈钢板	镀锌钢板	—

注意事项

贮于干燥、阴凉、通风库内，仓储温度最好保持在 0～35℃之间。平整液在实际使用中必须经由 8～20 个喷嘴，总流量在 4～20L/min 喷射于工作辊或钢板表面，喷射压力为 2.0～6.0kg/cm^2。残留于钢带表面的平整液必须使用干燥的压缩空气进行有效吹扫，吹扫压力应为 4～7kg/cm^2。标准配液浓度是将平整液浓缩液以 5% 的体积浓度溶解于水中，实际使用中可以根据防锈的要求允许浓度在 3%～7% 的范围内进行调整。稀释水水质要求见表 4-13-38。

表 4-13-38　稀释水水质要求

Cl^-	$<30\times10^{-6}$
SO_4^{2-}	$<30\times10^{-6}$
总硬度	$<80\times10^{-6}$
pH 值	6.5～7.5
总菌数	$<10^3$

生产厂家

靖江恒丰化工有限公司。

4.13.37　TC—2 冷轧轧制油

产品性能

棕色油状液体。为稳定型轧制油。具有良好的润滑性、冷却性、清洗性、工序防锈性、耐腐蚀性和抗热擦伤能力。对延长轧辊的寿命、降低能耗、提高轧制速度以及对带钢保持良好的板型、表面质量和达到要求的板材厚度有重要作用。符合退火时特定工况的挥发速率，残留量低，轧后带钢可以不经脱脂直接退火。能最大限度的发挥乳化液的润滑和冷却作用，降低钢板表面铁粉含量。使用寿命长。

生产方法

由矿物油、合成酯、天然油脂、乳化剂和极压抗磨剂、高分子捕碳剂、抗氧剂制成。

主要用途

适用于单机架可逆轧机及多机架连轧机，轧制宽度≤900mm，厚度不小于0.20mm的碳钢薄板，可满足轧制速度≤10m/s的要求。

技术参数

TC—2冷轧轧制油的企业标准见表4-13-39。

表4-13-39　TC—2冷轧轧制油的企业标准

项目		质量指标	试验方法
外观		棕色油状液体	目测
运动黏度(40℃)/(mm^2/s)	不大于	68	GB/T 265
皂化值/(mgKOH/g)	不小于	95	GB/T 8021
酸值/(mgKOH/g)	不大于	12	GB/T 264
闪点(开口)/℃	不小于	190	GB/T 3536
密度(20℃)/(kg/m^3)	不小于	900	GB/T 1884
黏度指数	不小于	120	GB/T 2541
凝固点/℃	不高于	-12	GB/T 510
3%乳化液P_B/kg	不小于	90	GB/T 3142

注意事项

存放于阴凉干燥之处。防止水分、杂质混入而影响产品质量。

生产厂家

武汉一枝花油脂化工有限公司。

4.13.38　TC-6冷轧轧制油

产品性能

暗棕红色油状液体。易乳化。具有良好的润滑性、冷却性、清净性、工序防锈性、耐腐蚀性和抗热擦伤能力。对延长轧辊寿命、降低能耗、提高轧制速度以及对带钢保持良好的板型、表面质量和达到要求的板材厚度起着重要作用。能降低钢板表面铁粉含量。使用寿命长。

生产方法

由矿物油、合成酯、乳化剂和极压剂、抗氧剂制成。

主要用途

适用于在多辊系可逆轧机上轧制宽度≤1250mm，厚度不小于0.18mm的碳钢及不锈钢薄板。

技术参数

TC-6 冷轧轧制油的企业标准见表 4-13-40。

表 4-13-40　TC-6 冷轧轧制油企业标准

项目		质量指标	试验方法
外观		暗棕红色油状液体	目测
运动黏度(50℃)/(mm^2/s)		50～60	GB/T 265
皂化值/(mgKOH/g)	不小于	120	GB/T 8021
酸值/(mgKOH/g)	不大于	12	GB/T 264
密度(20℃)/(kg/m^3)	不小于	900	GB/T 1884
凝点/℃	不高于	-15	GB/T 510
2%乳化液 ESI		0.7～0.8	—
2%乳化液 P_B/kg	不小于	90	GB/T 3142
2%乳化液 P_D/kg	不小于	160	GB/T 3142

注意事项

要求用软水(硬度<10ppm)配制轧制乳化液，一般使用浓度为 2%～3%，最佳使用温度在 40～50℃，循环使用。在使用过程中须定期对乳化液抽样检验，定期补充水分和油量，定期开启磁性过滤器等过滤装置，以保持工作状态轧制乳化液所需的工艺条件，同时也可作为酸洗机组的钢板预涂油。要调节好吹扫装置的吹扫压力和角度，保证轧后钢板表面干燥。

生产厂家

武汉一枝花油脂化工有限公司。

4.13.39　TC-9 冷轧轧制油

产品性能

棕色油状液体。是一种“轧机清净钢板”轧制油，轧后带钢不经电解脱脂直接退火。具有良好的润滑性、冷却性、清净性、工序防锈性、耐腐蚀性和抗热擦伤能力。对延长轧辊寿命、降低能耗、提高轧制速度以及对带钢保持良好的板型、表面质量和达到要求的板材厚度起着重要作用。能降低钢板表面铁粉含量。使用寿命长。

生产方法

由矿物油、合成酯、乳化剂和其他添加剂制成。

主要用途

适用于在中低速可逆轧机冷连轧机组上轧制宽度≤500mm，厚度不小于 0.15mm 的碳钢薄板，可满足轧制速度≤6m/s 的要求。

技术参数

TC-9 冷轧轧制油的企业标准见表 4-13-41。

表 4-13-41　TC-9 冷轧轧制油的企业标准

项目	质量指标	试验方法
外观	棕色油状液体	目测
运动黏度(50℃)/(mm^2/s)	28～46	GB/T 265
皂化值/(mgKOH/g)　不小于	46	GB/T 8021
酸值/(mgKOH/g)　不大于	10	GB/T 264
2% pH　不小于	7.5	pH 试纸
密度/(kg/m^3)　不小于	900	GB/T 1884

注意事项

用自来水(硬度≤100ppm)配成1%～4%浓度的乳化液循环使用，也可作为酸洗机组的钢板预涂油。要调节好吹净装置的吹扫压力及角度，保证轧后钢板表面干燥。

生产厂家

武汉一枝花油脂化工有限公司。

4.13.40　TC-11 冷轧轧制油

产品性能

棕色油状液体。具有良好的润滑性、冷却性、清净性、工序防锈性、耐腐蚀性和抗热擦伤能力。对延长轧辊寿命、降低能耗、提高轧制速度以及对带钢保持良好的板型、表面质量和达到要求的板材厚度起着重要作用。能降低钢板表面铁粉含量。使用寿命长。

生产方法

由合成酯、动植物油、乳化剂和其他添加剂制成。

主要用途

适用于在可逆轧机上轧制宽度≤1450mm，厚度不小于0.18mm的碳钢薄板。

技术参数

TC-11 冷轧轧制油的企业标准见表4-13-42。

表 4-13-42　TC-11 冷轧轧制油企业标准

项目	质量指标	试验方法
外观	棕色油状液体	目测
运动黏度 (50℃)/(mm^2/s)	50～60	GB/T 265
皂化值/(mgKOH/g)　不小于	180	GB/T 8021
酸值 /(mgKOH/g)　不大于	18	GB/T 264
凝固点/℃　不高于	8	GB/T 267
密度/(kg/m^3)　不小于	900	GB/T 1884

注意事项

存放于阴凉干燥之处。防止水分、杂质混入而影响产品质量。使用时，用软水或脱盐水配成1.5%～3.5%浓度的乳化液循环使用，也可作为酸洗机组的钢板预涂油。要调节好吹净装置的吹扫压力及角度，保证轧后钢板表面干燥。

生产厂家

武汉一枝花油脂化工有限公司。

4.13.41 TC-30冷轧轧制油

产品性能

棕色油状液体。为“轧机清净钢板”轧制油，轧后带钢不经电解脱脂直接退火。有良好的润滑性、冷却性、清净性、工序防锈性、耐腐蚀性和抗热擦伤能力。有良好的退火挥发速率，残碳低，轧后带钢符合不经脱脂直接退火的工艺要求。能最大限度的发挥乳化液的润滑和冷却作用，降低钢板表面铁粉含量。乳化液使用寿命长。

生产方法

由精炼矿物油、合成酯、乳化剂和其他添加剂制成。

主要用途

适用于在中低速可逆轧机上轧制宽度≤800mm，厚度不小于0.15mm的碳钢薄板，可满足轧制速度≤10m/s的要求。

技术参数

TC-30冷轧轧制油的企业标准见表4-13-43。

表4-13-43　TC-30冷轧轧制油企业标准

项目	质量指标	试验方法
外　观	棕色油状液体	目测
运动黏度(40℃)/(mm^2/s)	41±5	GB/T 265
皂化值/(mgKOH/g)	120±10	GB/T 8021
酸值/(mgKOH/g)不大于	10	GB/T 264
2% pH	6～7	pH试纸
密度(20℃)/(kg/m^3)　不小于	900	GB/T 1884

注意事项

存放于阴凉干燥之处。防止水分、杂质混入而影响产品质量。

生产厂家

武汉一枝花油脂化工有限公司。

4.13.42 铝箔油

产品性能

外观无色透明、不易挥发、水样液体。产品低芳烃、低毒。

生产方法

采用分子筛抽余油为原料，在催化剂、温度、氢气条件下，加氢精制、蒸馏后得到。

主要用途

可用于铝箔、型材等产品生产中的润滑，也可作为特种润滑油，用于各类需要精密润滑的场合。

技术参数

铝箔油的企业标准见表4-13-44。

表 4-13-44　铝箔油企业标准

项 目		质量指标		试验方法
		1 号	2 号	
密度(20℃)/(kg/m³)		实测	实测	GB/T 1884
馏程 初馏点/℃ 干点/℃	 不低于 不高于	 203 247	 230 275	GB/T 6536
运动黏度(40℃)/(mm²/s)		1.7～1.9	2.3～2.5	GB/T 265
闪点(闭口)/℃	不低于	80	105	GB/T 261
硫含量/ppm	不大于	1	1	SH/T 0253
芳烃含量/%	不大于	0.5	0.5	SH/T 0409
颜色(赛氏)	不低于	+30	+30	GB/T 3555
铜片腐蚀(100℃，3h)/级	不大于	1	1	GB/T 5096
机械杂质及水		无	无	目测
注：将试样注入 100mL 玻璃筒中，在 20(±5℃)时观察，试样必须透明，无悬浮物和机械杂质及不溶解水。在有异议时，按 GB/T 511 和 GB/T 260 方法进行测定。				

注意事项

储存时严禁在太阳下长时间暴晒，要远离火源。

生产厂家

抚顺石油化工公司石化三厂、沧炼特种油品有限公司。

4.13.43　DV 高效多功能切削油

产品性能

具有优良的润滑、防锈、冷却性能，对铸铁和难加工材料有优良的加工性能，可满足车、铣、镗、铰、珩磨、辊光、攻丝等各种切削工艺要求。能替代进口切削油，对提高刀具耐用度和免除工序间防锈有显著效果。

主要用途

适于难加工材料切削。

技术参数

DV 高效多功能切削油的典型数据见表 4-13-45。

表 4-13-45　DV 高效多功能切削油典型数据

项目	DV-1	DV-2	试验方法
运动黏度(40℃)/(mm²/s)	7～10	18～20	GB/T 265
闪点(开口)/℃	>140	170	GB/T 267
酸值/(mgKOH/g)	<2	4	GB/T 264
凝点/℃	<-15	-18	GB/T 510

续表

项目	DV-1	DV-2	试验方法
水分	痕迹	痕迹	GB/T 260
腐蚀(100℃，3h，钢片，铜片)	合格	合格	GB/T 5096
最大无卡咬负荷 P_B 值/N	588	1079	GB/T 3142
四球烧结负荷 P_D/N	1568	3920	GB/T 3142
毒性	无	无	防疫检验

注意事项

使用本切削油前，须将原用油清除干净，以免影响使用效果。不能混入其他油品与水分。

生产厂家

广州机械科学研究院。

4.13.44 Q1 精密切削油

产品性能

棕色透明油状液。具有良好的润滑、冷却、清洗性能，摩擦系数达到菜腔滑调籽油的水平，可代替动植物油用作精密切削加工。用于一般切削，与常用切削油相比，加工工件表面粗糙降低 0.5 倍。切削效率 50% ~100% 。

生产方法

由油性添加剂、抗磨添加剂、防锈添加剂及矿油配制而成。

主要用途

可代替动植物油作用精密切削加工，适用于碳钢、部分合金钢、铜合金、铝合金等材料的车削、铣削、插齿、刨齿、滚齿、拉削、钻削等加工。

技术参数

Q1 精密切削油的企业标准见表 4-13-46。

表 4-13-46 Q1 精密切削油企业标准

项目	质量指标	试验方法
外观	棕色透明油状液	目测
运动黏度(40℃)/(mm^2/s)	19 ~ 25	GB/T 265
水溶性酸碱	无	GB/T 259
闪点(开口)/℃不低于	130	GB/T 267
腐蚀试验 钢片(3h) 紫铜片(100℃ ±2℃)	 合格 合格	GB/T 391
摩擦系数 小于	0. 11	德里油性试验机

注意事项

可将本油品直接加到切削油箱中循环使用。

生产厂家

广州机械科学研究院。

4.13.45 ST-2 不锈钢冲压拉伸油

产品性能

深黄色油液。具有优良的极压性能、较高的油膜强度、较小的摩擦系数及良好的防锈等性能。抗烧结能力高，可延长模具使用寿命，减少产品拉伤，提高产品表面质量。

生产方法

以精制矿物油为基础，加有多种添加剂调制而成。

主要用途

适用于冲压加工，如加工链条、扬声器华司等五金件的模具润滑，以及拉伸加工，如不锈钢餐具、不锈钢音像磁头、钮扣电池及电壳等工件的模具润滑。

技术参数

ST-2 不锈钢冲压拉伸油的企业标准见表 4-13-47。

表 4-13-47 ST-2 不锈钢冲压拉伸油企业标准

性能	质量指标	试验方法
外观	深黄色油液	目测
运动黏度(40℃)/(mm^2/s)	220	GB/T 265
闪点(开口)/℃不低于	180	GB/T 267
腐蚀试验钢片(3h，100℃)	合格	GB/T 391
最大无卡咬负荷 P_B 值/N 不小于	1176	GB/T 3142
四球烧结负荷 P_D/N 不小于	6860	GB/T 3142
摩擦系数 小于	0.1	德里油性试验机

注意事项

本油品直接均匀涂刷到工作表面即可。

生产厂家

广州机械科学研究院。

4.13.46 Q2 极压切削油

产品性能

具有强的极压性，对于高速、重切削加工，对不锈钢、轴承钢、合金钢等难加工材料，有明显效果，可代替硫化切削油使用。

生产方法

由硫、氯等极压添加剂，油性添加剂及矿物油制成。

主要用途

适合于高中碳钢、合金钢、轴承钢、工具钢、工模钢、不锈钢等材料的深孔钻、高速攻丝、板牙、高速钻孔、多轴车削、滚齿、拉削等切削加工。

技术参数

Q2 极压切削油的企业标准见表 4-13-48。

表 4-13-48　Q2 极压切削油企业标准

项目	质量指标		试验方法
	Q2-10	Q2-10B	
外观	浅黄色油状液	深棕色油状液	目测
水溶性酸碱	无	无	GB/T 269
闪点(开口)/℃不低于	130	130	GB/T 267
运动黏度(40℃)/(mm^2/s)	9～15	9～15	GB/T 265
腐蚀试验（钢片，100℃±2℃，3h）	合格	合格	GB/T 391
四球烧结负荷/N　不小于	6076	6076	GB/T 3142

注意事项

将本油品直接加到切削油箱中循环使用。

生产厂家

广州机械科学研究院。

4.13.47　HDH 高速合成电火花加工油

产品性能

无色清亮透明液体。芳烃含量几乎接近零，对人体无任何刺激及损伤，是一种环保型产品。黏度低，闪点高，抗氧化性能好，换油周期长。含有相应的添加剂，供电加工过程可保持较快的加工速度。

生产方法

选取适应高强度电流击的正构烷烃或异构烷烃加入相应的添加剂调制而成。

主要用途

适合大小机床及精加工和粗加工。

技术参数

HDH 高速合成电火花加工油的企业标准见表 4-13-49。

表 4-13-49　HDH 高速合成电火花加工油企业标准

项目	质量指标	试验方法
外观	无色清亮透明	目测
闪点(开口)/℃　不低于	105	GB/T 261
运动黏度(40℃)/(mm^2/s)	2.0～2.4	GB/T 265
芳烃含量/%　不大于	0.1	GB/T 1077
水分/%	无	GB/T 260
腐蚀试验（100℃，3h，紫铜片）/级	1A	GB/T 243

注意事项

直接将油加入油箱中使用。

生产厂家

广州机械科学研究院。

4.13.48 Q7 高速铝合金切削油

产品性能

深黄色油状液。具有优良的润滑、防锈、冷却性能，对有优良的加工性能，可满足铝合金、金属铝材料的高速和普通切削加工要求，可提高加工工件表面质量，延长刀具使用寿命。

生产方法

由多种油性添加剂、防锈剂、极压剂和精制优质矿物油调制而成。

主要用途

适用于铝合金、金属铝材料的高速和普通切削加工。

技术参数

Q7 高速铝合金切削油的企业标准见表 4-13-50。

表 4-13-50 Q7 高速铝合金切削油企业标准

项目	质量指标	试验方法
外观	深黄色油状液	目测
闪点(开口)/℃ 不低于	168	GB/T 267
运动黏度(40℃)/(mm^2/s)	8～13	GB/T 265
腐蚀试验(100℃±2℃，3h) 铝片 紫铜片/级	 合格 1	GB/T 391
四球烧结负荷/N 不小于	1960	GB/T 3142

注意事项

使用本油品前将原用油液清除干净，以免混入其他油品及水分，可储存一年。

生产厂家

广州机械科学研究院。

4.13.49 Q12 金属加工多功能乳化油

产品性能

棕色透明油液。具有良好的稳定性、极压润滑性、冷却性、清洗性及防锈性，可满足多种金属切削加工工艺要求，可明显提高加工效率，延长刀具使用寿命。对不锈钢等难加工材料及高速、重载切削加工效果显著。

生产方法

由精制矿油、油性剂、极压剂、防锈剂及乳化剂等配制而成。

主要用途

适用于碳钢、铸铁、合金钢、不锈钢等材料的车、磨、钻、拉削、攻丝等切削加工。

技术参数

Q12 金属加工多功能乳化油的企业标准见表 4-13-51。

表 4-13-51 Q12 金属加工多功能乳化油企业标准

项目	质量指标	试验方法
外观	棕色透明油液	目测
pH 值(2% 溶液)	8 ~ 9	pH 值试纸
乳液稳定性(15 ~ 35℃，24h)/mL 析油 析皂	 无 无	SH/T 0365
乳液腐蚀性(55℃ ±2℃) 钢片(24h) 紫铜片(8h)	合格 合格	SH/T 0365
乳液防锈性(35℃ ±2℃) 铸铁单片(24h) 铸铁迭片(8h)	 合格 合格	SH/T 0365
最大无卡咬负荷(5% 水溶液)/N 不小于	784	GB/T 3142

注意事项

用自来水按比例稀释成白色乳状液即可使用。水稀释比：磨削为 1：40 ~ 1：50，车、钻、镗 1：20，攻丝、扳牙 1：15。

生产厂家

广州机械科学研究院。

4.13.50 WR-1 微乳切削液

产品性能

具有良好的极压润滑性、防锈性冷却性和清洗性。抗微生物分解能力强，使用寿命为普通乳化油的 4 ~ 6 倍。乳化颗粒小，乳液呈浅绿色半透明，乳液稳定。采用水溶性和油溶性防锈剂，可防止设备及工件防锈。能迅速渗透到切削区，达到高效冷却效果。

主要用途

适合用于数控机床，多功能组合机床，加工中心，也可用于其他集中冷却润滑系统。

技术参数

WR-1 微乳切削液的企业标准见表 4-13-52。

表 4-13-52 WR-1 微乳切削液企业标准

项目		质量指标	试验方法
外观	浓缩物	棕色透明液体	目测
	稀释液(4%)	浅绿色半透明	目测
pH 值		8 ~ 9	广泛试纸
乳化稳定性/mL	油	无	SH/T 0365
	皂	无	
防锈性铸铁	单片，24h	无锈	GB/T 6144
	迭片，16h	无锈	

续表

项目		质量指标	试验方法
腐蚀试验	铸铁，24h	合格	GB/T 6144
	紫铜，24h	合格	
	铝，24h	合格	

注意事项

水箱、工作台及有关管道应清洗干净。使用浓度：1：15～1：30。稀释用水硬度一般应小于400ppm。使用过程中应及时补充。

生产厂家

广州机械科学研究院。

4.13.51 GMY 高速磨削液

产品性能

浅黄色半透明黏稠液。不含动、植物油和矿物油，不含任何硫、磷、氯添加剂的水溶性离子型冷却液。具有良好的润滑、冷却、清洗和防锈性能。性能稳定，无毒、对环境无污染，易排放。可取代多种进口磨削液和乳化液，对提高加工效率和砂轮耐用度有显著作用。

主要用途

适用于多种材质的高速和普通速度的磨削加工。

技术参数

GMY 高速磨削液的典型数据见表 4-13-53。

表 4-13-53 GMY 高速磨削液典型数据

项　　目		典型值	试验方法
5%稀释液	pH 值	8.5～9.5	pH 试纸
	表面张力/(mN/m)	<35	BEHR-180 张力仪
	最大无卡咬负荷 P_B 值/N	>700	GB/T 3142
	摩擦系数 μ	0.136	德里试验机
	消泡时间/min	2	GB/T 6144
	防锈试验/级 单片(24h) 迭片(8h)	 A A	GB/T 6144

注意事项

按砂轮速度及工艺要求，选择合适的使用浓度。高速磨削(砂轮线速度在 40m/s 以上)5%～6%；普通磨削(砂轮线速度 35m/s 以下)4%～5%，用自来水稀释，其水溶液为浅黄色半透明。使用本品前应清洗机床冷却系统，避免与原使用冷却液相混而影响使用效果。使用期间，视需要按比例补充新液。

生产厂家

广州机械科学研究院。

4.13.52 Q101 全合成多功能切削液

产品性能

绿色透明稠状液。不含亚硝酸钠及硫、氯、磷、酸等物质，对黑色金属及铜、铝等有色金属均有良好的防锈性能。对细菌，霉菌有较强抗御能力的，不易腐败变质，在不加防霉剂的情况下仍能有较长的使用寿命。

生产方法

由高效防锈、润滑添加剂，表面活性剂等制成。

主要用途

适用于车、钻、磨及加工中心等多种切削加工。

技术参数

Q101 全合成多功能切削液的典型数据见表 4-13-54。

表 4-13-54 Q101 全合成多功能切削液典型数据

<table>
<tr><th colspan="2">项 目</th><th>典型值</th><th>试验方法</th></tr>
<tr><td colspan="2">产品外观</td><td>绿色透明稠状液</td><td>目测</td></tr>
<tr><td rowspan="5">2%稀释液</td><td>外观</td><td>浅绿色透明液</td><td>目测</td></tr>
<tr><td>pH 值</td><td>8.5～9.5</td><td>pH 试纸</td></tr>
<tr><td>腐蚀试验(55℃±2℃)
铸铁
紫铜</td><td>
合格
合格</td><td>GB/T 6144</td></tr>
<tr><td>防锈试验(35℃±2℃)
铸铁单片(24h)/级
金属铁迭片(8h)/级</td><td>
A
A</td><td>GB/T 6144</td></tr>
<tr><td>消泡试验</td><td>合格</td><td>GB/T 6144</td></tr>
<tr><td>5%稀释液</td><td>最大无卡咬负荷 P_B 值/N</td><td>686</td><td>GB/T 3142</td></tr>
</table>

注意事项

用自来水稀释使用，对一般切削加工，用5%的浓度，对磨削加工用3%的浓度。

生产厂家

广州机械科学研究院。

4.13.53 HM 环保型高效磨削液

产品性能

不含硝酸钠、没有硫、氯添加剂和矿物油。对环境和人体无不良影响。具有优良的润滑、冷却、防锈和消泡性能，不会腐败变质、使用周期长等特点。

主要用途

适用于各种钢材及铸铁的缓进给强力磨削、成型磨削及普通床加工时应用。

技术参数

HM 环保型高效磨削液的典型数据见表 4-13-55。

表 4-13-55　HM 环保型高效磨削液典型数据

项目		典型值		试验方法
		HM-11	HM-12	
外观	母液	无色透明黏稠液	无色透明黏稠液	目测
	5% 稀释液	无色透明液	无色透明液	目测
5% 稀释液	pH 值	8.5 ~ 9.0	8.5 ~ 9.0	试纸法
	消泡时间/min	<10	<20	GB/T 6144
	腐蚀试验(55℃ ±2℃) 铸铁 铜片	 合格 合格	 合格 合格	GB/T 6144
	防锈试验(35℃ ±2℃)/级 单片(24h) 迭片(8h)	 A A	 A A	GB/T 6144
	最大无卡咬负荷 P_B 值/N	300	300	GB/T 3142
	四球烧结负荷 P_D/N	1270	1270	GB/T 3142
	毒性试验	无	无	防疫检验

注意事项

用水稀释至 4% ~5% 浓度使用。

生产厂家

广州机械科学研究院。

4.13.54　HM 缓进给强力磨削液

产品性能

具有优良的润滑、冷却、防锈和消泡性能，并有使用期长，对人体无毒害，环境污染小等特点。

主要用途

适用于各种钢材及铸铁的缓进给强力磨削、成型磨削及普遍磨削机床。

技术参数

HM 缓进给强力磨削液的典型数据见表 4-13-56。

表 4-13-56　HM 缓进给强力磨削液典型数据

<table>
<tr><th colspan="2" rowspan="2">项目</th><th colspan="4">典型值</th><th rowspan="2">试验方法</th></tr>
<tr><th>HM-1</th><th>HM-2</th><th>HM-3</th><th>HM-4</th></tr>
<tr><td rowspan="2">外观</td><td>母液</td><td>绿色透明
黏稠液</td><td>无色透明
黏稠液</td><td>无色透明
黏稠液</td><td>橙黄色
黏稠液</td><td>目测</td></tr>
<tr><td>5% 稀释液</td><td>浅绿色
透明液</td><td>无色
透明液</td><td>无色
透明液</td><td>浅绿色
透明液</td><td>目测</td></tr>
<tr><td rowspan="7">5%
稀释液</td><td>pH 值</td><td>9.0～10</td><td>8.5～9.0</td><td>8.5～9.0</td><td>8.5～9.0</td><td>试纸法</td></tr>
<tr><td>消泡时间/min</td><td><6</td><td><10</td><td><6</td><td><10</td><td>GB/T 6144</td></tr>
<tr><td>腐蚀试验(55℃±2℃)
铸铁
铜片</td><td>合格
合格</td><td>合格
合格</td><td>合格
合格</td><td>合格
合格</td><td>GB/T 6144</td></tr>
<tr><td>防锈试验(35℃±2℃)/级
单片(24h)
迭片(8h)</td><td>A(72h)
A</td><td>A
A</td><td>A
A</td><td>A
A</td><td>GB/T 6144</td></tr>
<tr><td>最大无卡咬负荷 P_B 值/N</td><td>580</td><td>580</td><td>294</td><td>580</td><td>GB/T 3142</td></tr>
<tr><td>四球烧结负荷 P_D/N</td><td>1270</td><td>1270</td><td>1490</td><td>1270</td><td>GB/T 3142</td></tr>
<tr><td>毒性试验</td><td>无</td><td>无</td><td>无</td><td>无</td><td>防疫检验</td></tr>
</table>

注意事项

HM-1 以 5%～8% 浓度用于工序间防锈，用去离子水更好。HM-2 用于冲洗压力在 0.5MPa，循环量 150L/min 左右的缓进给磨削加工，用自来水稀释 4%～5% 浓度使用，用去离子水更好。HM-3 用于冲洗压力在 1～0.6MPa，循环量 300L/min 左右的缓进给磨削加工，用自来水稀释 4%～5% 浓度使用，用去离子水更好。HM-6 用法同 HM-2。

生产厂家

广州机械科学研究院。

4.13.55　HM-22C 环保型球墨铸铁磨削液

产品性能

不含亚硝酸盐和硫、氯、酚，不含防腐剂。能够沉降球墨铸铁磨削加工过程中产生的极细微的磨屑，从而保证加工质量，使加工液体保持清洁透明，便于观察加工效果。还具有极佳的防锈性、低发泡性、使用寿命长等特点。

生产方法

由特效沉降剂、防锈剂、极压润滑剂、助剂等调配而成。

主要用途

适合于铸铁、球墨铸铁的强力磨削加工，也可用于其他金属材质的磨削加工。

技术参数

HM-22C 环保型球墨铸铁磨削液的企业标准见表 4-13-57。

表 4-13-57　HM-22C 环保型球墨铸铁磨削液企业标准

项目			质量指标	试验方法
外观	母液		透明液体	目测
	5% 稀释液		透明液体	目测
5% 稀释液	pH 值		8.0～9.0	GB/T 6144
	防锈试验（铸铁，35℃±2℃，单片，24h）/级		A	GB/T 6144
	腐蚀试验（铸铁，黄铜，55℃±2℃）		合格	GB/T 6144
	消泡时间/s	不大于	20	GB/T 6144
	四球烧结负荷 P_D /N	不小于	1300	GB/T 3142

注意事项

用自来水（去离子水更佳）稀释成 4%～5% 溶液使用。使用 HM-22C 产品前，应清洗干净机床与水箱，避免与其他类型的金属加工液混用而影响使用效果。在加工过程中定期经常性的除去水箱中的沉渣，维护加工液的清洁透明。定期检验维护槽液，延长加工液的使用寿命。

生产厂家

广州机械科学研究院。

4.13.56　COUPEX 015 SUPER 重负荷金属切削油

产品性能

琥珀色液体。无氯型金属切削油。具有良好的湿润性，防止磨削砂轮的阻塞，延长砂轮寿命并获得稳定高效的加工。能够减少对环境的危害，提高对操作人员的安全防护。基础油可以减少加工过程中油雾的产生。在进行高速磨削时，产生的油雾也是较低的。

主要用途

广泛用于各种金属加工，特别是各种钢材的困难加工，如 CBN 磨削、深孔钻、铰孔、攻丝等。

技术参数

COUPEX 015 SUPER 重负荷金属切削油的典型数据见表 4-13-58。

表 4-13-58　COUPEX 015 SUPER 重负荷金属切削油典型数据

项目	典型值	试验方法
颜色	琥珀色液体	目测
密度（15℃）/（kg/m^3）	871	ASTM D4052
运动黏度（40℃）/（mm^2/s）	15	ASTM D445

注意事项

存于干燥通风处。长期存放温度为4～35℃。储存期六个月。为使产品保持最佳工作状态，应使产品避免接触水。

生产厂家

奎克化学(中国)有限公司。

4.13.57 COUPEX 004 环保型珩磨油

产品性能

琥珀色液体。无味油性切削油。不含氯化物极压添加剂。具有优良的湿润性，可有效防止砂轮污损，从而延长砂轮寿命，以提高操作效率及质量的稳定性。与绝大部分研磨介质和抛光带兼容，演唱磨石寿命和提高表面光洁度。金属加工后很容易被水溶性清洗剂清洗。过滤性好，有利于延长切削液寿命，提高操作效率。能够减少对环境的影响，提高工作安全性，简化废液处理，降低处理费用。

主要用途

适用于黑色金属和有色金属的加工，如珩磨、研磨、轻负荷车削以及带式抛光。

技术参数

COUPEX004 环保型珩磨油的典型数据见表4-13-59。

表4-13-59 COUPEX 004 环保型珩磨油典型数据

项目	典型值	试验方法
颜色	琥珀色液体	目测
密度(15℃)/(kg/m^3)	837	ASTM D4052
运动黏度(40℃)/(mm^2/s)	5	ASTM D445
闪点(闭口)/℃	150	ASTM D93
倾点/℃	-9	ASTM D97
铜片腐蚀(100℃, 3 h)	3b	ASTM D130
氯含量/%	0	ASTM D808

注意事项

存于干燥通风处。长期存放温度为4～35℃。

生产厂家

奎克化学(中国)有限公司。

4.13.58 QUAKERAL 370 水溶性切削液

产品性能

琥珀色液体。不含氯、酚、亚硝酸盐和二乙醇胺(DEA)。具有良好的润滑性和防锈防腐性，可延长刀具的使用寿命，提高表面光洁度。

主要用途

适用于各种难加工金属如钛合金，铝合金以及合金钢的各种苛刻加工，如拉削、缓进级磨削、枪钻、滚齿、铰削、攻丝、涡轮加工等。推荐浓度5%～10%。

技术参数

QUAKERAL 370 水溶性切削液的典型数据见表 4-13-60。

表 4-13-60　QUAKERAL 370 水溶性切削液典型数据

项目	典型值	试验方法
外观	琥珀色液体	目测
活性成分（油 / 脂）/ %	61	—
密度（15℃）/(kg/m^3)	977	ASTM D4052
运动黏度（40℃）/(mm^2/s)	52	ASTM D445
总碱度/(mg KOH/g)	61	ASTM D2896

注意事项

存于干燥通风处。长期存放温度为 4 ~ 35℃。适合硬度为 100 ~ 360ppm 的水。为确保冷却液槽的寿命，应定期用折光仪或滴定法来测定乳化液的浓度。使用中需通过过滤设备除去固体污物，并用除油装置去除杂油。

生产厂家

奎克化学(中国)有限公司。

4. 13. 59　QUAKERCOOL 7101 多用途极压切削液

产品性能

黄色液体 。不含各类氯化和硫化添加剂、酚、亚硝酸盐和二乙醇胺(DEA)。

主要用途

适用于铸铁，各类合金钢以及铝合金材料的高难度加工。浓度范围 4% ~10% 。

技术参数

QUAKERCOOL 7101 多用途极压切削液的典型数据见表 4-13-61。

表 4-13-61　QUAKERCOOL 7101 多用途极压切削液典型数据

项目	典型值	试验方法
外观（原液）	黄色液体	目测
外观(乳化液)	不透明至乳白色	目测
pH（5%，水 10DH ）	9. 40	试纸法
运动黏度(40℃)/(mm^2/s)	69	ASTM D445
密度(15℃)/(kg/m^3)	961	ASTM D4052
碱值/(mg KOH/g)	82. 0	ASTM D2896
锈蚀(4%，10DH，2h)	0	—
COD 值/(mg O_2/1%)	2102	—
倾点 /℃	<4	ASTM D97
酸滴定/ mL	0. 76	ASTM D664
折光系数	0. 90	折光仪

续表

项目	典型值	试验方法
折光仪读数 2% 5% 7%	 1.8 4.5 6.3	折光仪
氯含量/ %	0	ASTM D808
硫含量/%	0	ASTM D5453

注意事项

存于干燥通风处。长期存放温度为 4 ~ 35℃。水硬度范围：80 ~ 400ppm。为确保冷却液槽的寿命，定期用折光仪或滴定法来测定乳化液的浓度。需通过过滤设备除去固体污物，并用除油装置去除杂油。

生产厂家

奎克化学(中国)有限公司。

4.13.60 QUAKERCOOL 3750H 生物稳定多功能极压金属加工液

产品性能

清澈黄色液体。是一种含有矿物油的高性能乳化液。使用寿命长，缓冲能力强。具有优良的润湿及成膜特性，可确保加工面的表面粗糙度。抗生物性优异，在推荐的浓度下使用，能防锈性良好 且对皮肤无刺激。

主要用途

适用于铸铁、钢、高合金钢及铝合金的切削及磨削加工，如车削、钻孔、铣削、铰孔、拉削及磨削等。推荐使用浓度 2% ~12% 。

技术参数

QUAKERCOOL3750H 生物稳定多功能极压金属加工液的典型数据见表 4-13-62。

表 4-13-62 QUAKERCOOL 3750H 生物稳定多功能极压金属加工液典型数据

项目	典型值	试验方法
外观(原液)	清澈黄色	目测
外观(稀释液)	不透明	目测
pH(5%)	9.25	试纸法
运动黏度(40℃)/(mm^2/s)	140	ASTM D445
密度(15℃)/(kg/m^3)	1026	ASTM D4052
倾点/ ℃	<4	ASTM D97
浓度范围/ %	2 ~ 12	—
折光系数	0.75	折光仪
氯含量/%	<0.1	ASTM D808
硫含量 /%	<0.50	ASTM D5453

注意事项

存于干燥通风处。长期存放温度为 4～35℃。特别为硬水设计，可适用于甚至超过 1000ppm 的水质。

生产厂家

奎克化学(中国)有限公司。

4.13.61 QUAKER 622-BIO 极压乳化液

产品性能

琥珀色的清澈液体。具有优异的极压性、润滑性和抗微生物稳定性。在水质变硬时，乳化液仍具有良好的稳定性。对各种金属均有良好的防腐性。可满足汽车制造工业对使用寿命和环保等新的要求。

主要用途

推荐用于铝合金缸盖，铸铁和合金钢等工件的重负荷机械加工。使用浓度范围 5%～10%，其中磨削 4%～5%，拉削 8%～10%。

技术参数

QUAKER 622-BIO 极压乳化液的典型数据见表 4-13-63。

表 4-13-63 QUAKER 622-BIO 极压乳化液典型数据

项目	典型值	试验方法
外观	清澈，琥珀色的液体	目测
气味	无	—
倾点/℃	-12	ASTM D97
运动黏度(40℃)	68	ASTM D445
密度(15℃)/(kg/m^3)	1001	ASTM D4052
氯含量/%	<9.5	ASTM D808
硫含量/%	<0.01	ASTM D5453

注意事项

存于干燥通风处。长期存放温度为 4～35℃。

生产厂家

奎克化学(中国)有限公司。

4.13.62 QUAKER 590HM 黄铜加工乳化液

产品性能

琥珀色液体。是一种含有合成极性润滑剂、防腐剂和其他添加剂的产品。具有优良的冷却性和抗生物性。乳化稳定性优异。过滤性良好，能快速排出浮油。泡沫低，溶液透明。符合黄铜和含铜合金的机加工的要求。

主要用途

适用于所有黄铜和铜合金的加工。浓度范围 4%～6%。

技术参数

QUAKER590HM 黄铜加工乳化液的典型数据见表 4-13-64。

表 4-13-64　QUAKER 590HM 黄铜加工乳化液典型数据

项目	典型值	试验方法
外观（原液）	琥珀色	目测
外观（乳化液）	灰白到白色	目测
pH(5% 水溶液)	8.7	试纸法
运动黏度(20℃)/(mm^2/s)	440	ASTM D445
密度(15℃)/(kg/m^3)	944	ASTM D4052
倾点 /℃	< 4	ASTM D97
折光系数	1.456	折光仪
磷含量/%	< 0.1	ASTM D1091
氯含量/%	< 0.05	ASTM D808
硫含量/%	< 0.5	ASTM D5453

注意事项

存于干燥通风处。长期存放温度为 4 ~35℃。

生产厂家

奎克化学(中国)有限公司。

4.13.63　QUAKER 823 LF 极压无氯乳化液

产品性能

淡琥珀色液体。不含氯和硫。在环境保护方面可以满足更高的要求。具有优良的润滑性能、冷却性和湿温性。可兼容各种防锈涂料。容易去除刀具表面的碎屑。抗微生物性良好，对各种金属的很好的防腐性。无泡沫产生。

主要用途

适用于所有金属和合金，如钢铁、不锈钢、铬镍铁合金、铝、铜等的机加工操作。推荐使用浓度 4% ~10%。

技术参数

QUAKER 823 LF 极压无氯乳化液的典型数据见表 4-13-65。

表 4-13-65　QUAKER 823 LF 极压无氯乳化液典型数据

项目	典型值	试验方法
外观(原液)	淡琥珀色液体	目测
外观(稀释液)	稳定的白色	目测
pH(5%水中)	9.2	试纸法
运动黏度(40℃)/(mm^2/s)	58.7	ASTM D445
密度/(kg/m^3)	0.973	ASTM D4052

续表

项目	典型值	试验方法
总碱度 /(mgKOH/g)	38.5	ASTM D2896
倾点/℃	<4	ASTM D97
折光系数	0.65	折光仪

注意事项

储存于干燥的环境中，储存温度 4 ~ 40℃。

生产厂家

奎克化学(中国) 有限公司。

4.13.64 QUAKER 3755 BIO 半合成切削液

产品性能

轻度混浊的黄色液体。不含氯、酚、亚硝酸盐和二乙醇胺(DEA)。具有良好的清洁性，可保证加工工件的清洁。不产生粘性沉积物，从而确保良好的切屑沉降性。低泡沫性可降低空气混入，减少在泵排放口产生气蚀。

主要用途

适合多种中等负荷到重负荷的机械加工，如无心磨、钻孔、铣削、铰孔、攻丝和车削。使用浓度为 4% ~6%。

技术参数

QUAKER 3755 BIO 半合成切削液的典型数据见表 4-13-66。

表 4-13-66 QUAKER 3755 BIO 半合成切削液典型数据

项目	典型值	试验方法
外观	轻度混浊的黄色液体	目测
活性成分（油脂）/ %	45	—
密度（15℃）/（kg/m^3）	993	ASTM D4052
运动黏度（40℃）/(mm^2/s)	106	ASTM D445
总碱度/（mg KOH/g)	106	ASTM D2896

注意事项

存于干燥通风处。长期存放温度为 4 ~35℃。适合硬度为 40 ~ 270ppm 的水。为确保冷却液槽的寿命，定期用折光仪或滴定法来测定乳化液的浓度。需通过过滤设备除去固体污物，并用除油装置去除杂油。

生产厂家

奎克化学(中国) 有限公司。

4.13.65 MICROCUT 5000-MOD 无氯半合成切削液

产品性能

琥珀色液体。是一种低含油量的半合成切削液。具有优异的抗泡性和润湿性，从而确保优良的表面质量，不留有任何残留物质。抗菌性良好，对各种金属都有很好的防腐防锈性。气味低。乳化液通常成透明状，在硬水中有可能成半透明状。

主要用途

广泛应用于各种切削和磨削加工中，如钢、铸铁、铝、铝合金的各种机加工。浓度范围3% ~ 10 %。

技术参数

MICROCUT 5000-MOD 无氯半合成切削液的典型数据见表 4-13-67。

表 4-13-67　MICROCUT 5000-MOD 无氯半合成切削液典型数据

项目	典型值	试验方法
外观（原液）	琥珀色液体	目测
外观（稀释液）	透明	目测
pH 值	10.2	试纸法
运动黏度（40℃）/(mm^2/s)	3.2	ASTM D445
密度（15℃）/(kg/m^3)	1048	ASTM D4052
碱值 /(mg KOH/g)	85.9	ASTM D2896
倾点 /℃	< 4	ASTM D97
折光系数	0.41	折光仪
折光仪读数 4% 5% 6%	 1.4 1.75 2.0	折光仪

注意事项

存于干燥通风处。长期存放温度为 4 ~ 35℃。

生产厂家

奎克化学(中国)有限公司。

4.13.66　QUAKERCOOL 6200 极压多功能半合成乳化液

产品性能

琥珀色的清澈液体。不含酚、亚硝酸盐和二乙醇胺(DEA)。具有优异的极压性和润滑性。抗微生物稳定性良好，适当维护，使用寿命可达到 2 年以上。适用水硬度范围广，乳化液具有良好的稳定性。抗杂油能力强，对各种金属均有良好的防腐性。清洁性优良，能保证加工工件的清洁。

主要用途

适用于铝合金，铸铁，不锈钢和合金钢等工件的重负荷机械加工。推荐使用浓度：磨削 4% ~ 5%，切削 5% ~8%，钻孔 5% ~8%，铣削 4% ~8%，拉削 8% ~12%，铰孔 8% ~12% 。

技术参数

QUAKERCOOL 6200 极压多功能半合成乳化液的典型数据见表 4-13-68。

表 4-13-68　QUAKERCOOL 6200 极压多功能半合成乳化液典型数据

项目	典型值	试验方法
活性成分（油 / 酯）/ %	61	—
外观	清澈，琥珀色的液体	目测
气味	无	—
倾点/ ℃	-12	ASTM D97
运动黏度(40℃)/(mm^2/s)	66	ASTM D445
密度(15℃) /(kg/m^3)	1.0	ASTM D4052
总碱度/ (mg KOH/g)	68	ASTM D2896

注意事项

存于干燥通风处。长期存放温度为 4 ~35℃。

生产厂家

奎克化学(中国)有限公司。

4.13.67　MICROCUT 6F-FB 半合成切削液

产品性能

琥珀褐色液体。是一种含较低矿物油成分的半合成机加工磨削液。乳化液呈透明状，使用硬水配制时为半透明状。可确保产品表面光洁度，无残余物驻留。抗生物化学性好，对金属加工均有良好的抗腐蚀能力。无异味。适合所有的铸铁、钢材的切削和磨削加工。

主要用途

推建浓度操作范围 3% ~5%。

技术参数

MICROCUT 6F-FB 半合成切削液的典型数据见表 4-13-69。

表 4-13-69　MICROCUT 6F-FB 半合成切削液典型数据

项目	典型值	试验方法
外观（原液）	琥珀褐色液体	目测
外观(配制后)	透明液体	目测
pH 值（4% 浓度）	9.5	试纸法
运动黏度（20℃ ）	40	ASTM D445
密度（15℃)/(kg/m^3)	1037	ASTM D4052
总碱度/(mg KOH/g)	102	ASTM D2896
倾点/ ℃	≤4	ASTM D97
折光仪数值	2.33	折光仪
折光仪读数 3% 4% 5%	 1.29 1.72 2.15	折光仪

注意事项

存于干燥通风处。长期存放温度为4～35℃。

生产厂家

奎克化学(中国)有限公司。

4.13.68 QUAKERCOOL 2772 多用途全合成加工液

产品性能

透明无色液体。不含矿物油。具有优异的润滑性，可确保工件良好的表面光洁度。抗菌性和防腐防锈性优异。

主要用途

适用于铸铁、钢材和铝合金的切削加工，以及铜线的拉拔加工。浓度范围5%～10%。

技术参数

QUAKERCOOL 2772 多用途全合成加工液的典型数据见表4-13-70。

表4-13-70 QUAKERCOOL 2772 多用途全合成加工液典型数据

项目	典型值	试验方法
外观（原液）	透明无色液体	目测
pH（5%）	8.90	试纸法
运动黏度(20℃)/(mm^2/s)	28～34	ASTM D445
密度(15℃)/(kg/m^3)	1072	ASTM D4052
倾点/℃	<4	ASTM D97
碱值/(mg KOH/g)	94.5	ASTM D2896
折光系数	0.55	折光仪
氯含量/%	<0.01	ASTM D808
硫含量 %	<0.01	ASTM D5453

注意事项

储存于干燥的环境中，储存温度4～40℃。

生产厂家

奎克化学(中国)有限公司。

4.13.69 QUAKER 2769 DL 全合成磨削液

产品性能

透明的黄色液体。不含氯、酚、亚硝酸盐和二乙醇胺(DEA)。抗杂油性良好，能够防止污油对砂轮的阻塞，从而延长砂轮的寿命并确保磨削加工的稳定。具有良好的冷却性，在高生产率的情况下可确保工件质量。清洁性良好，能保证加工工件的清洁。不会产生黏性沉积物，从而确保良好的切屑沉降性，使工件有较好的可视性和更好的工作条件。

主要用途

适用于各种硬质钢的普通磨削加工，以及各种合金钢以及不锈钢的各种苛刻磨削加工，包括无心磨、外圆磨、表面磨等。使用浓度3%～5%。

技术参数

QUAKER 2769 DL 全合成磨削液的典型数据见表4-13-71。

表 4-13-71　QUAKER 2769 DL 全合成磨削液典型数据

项目	典型值	试验方法
外观	透明的黄色液体	目测
密度（15℃）/(kg/m³)	1091	ASTM D4052
运动黏度（40℃）/(mm²/s)	11	ASTM D445
总碱度 /(mg KOH/g)	151	ASTM D2896

注意事项

储存于干燥的环境中，储存温度 4 ~40℃。储存期 6 个月。

生产厂家

奎克化学(中国)有限公司。

4. 13. 70　壳牌凯利 404 M-10 金属加工油

产品性能

不含氯，不含重金属，挥发性低，芳香烃含量低。具有良好的负荷能力，可延长刀具使用寿命，提高工件加工质量。含有高效的抗油雾添加剂，能减少油雾的产生。含有活性硫，可使黄色金属变色。

生产方法

采用深度精炼的矿物基础油和添加剂调配而成。

主要用途

适合于深孔钻和磨削加工，也可用于低至中强度合金钢的攻丝和拉削加工、滚齿加工以及自动车床的加工。

技术参数

壳牌凯利 404M-10 金属加工油的典型数据见表 4-13-72。

表 4-13-72　壳牌凯利 404M-10 金属加工油典型数据

项目	典型值	试验方法
运动黏度(40℃)/(mm²/s)	10	ASTM D445
密度(20 ℃)/(g/mL)	0. 870	ASTM D4052
闪点(开口)/℃	165	ASTM D92
颜色	黄色	目测

注意事项

储存于干燥通风处。防止混入水分和杂质。

生产厂家

壳牌(中国)有限公司。

4. 13. 71　壳牌凯利 405 金属加工油

产品性能

黄色液体。不含氯，不含重金属，挥发性低，芳香烃含量低。具有良好的负荷能力，在延长刀具使用寿命的同时获得良好的工件加工质量。同时，高效的抗油雾添加剂，减少油雾的产生。含有活性硫，可使黄色金属变色。

生产方法

采用深度精制的矿物基础油和抗磨和极压等添加剂调配而成。

主要用途

适合于自动车床的通用加工、滚齿加工以及螺纹和齿面的研磨加工，以及中至高强度合金钢、低炭钢和铝镁合金的加工。

技术参数

壳牌凯利 405 金属加工油的典型数据见表 4-13-73。

表 4-13-73 壳牌凯利 405 金属加工油典型数据

项目	典型值		试验方法
	M-22	M-32	
运动黏度(40℃)/(mm^2/s)	22.0	32.0	ASTM D445
密度(20 ℃)/(g/mL)	0.865	0.868	ASTM D4052
闪点(开口)/℃	190	200	ASTM D92
颜色	黄色	黄色	目测

注意事项

储存于干燥通风处。防止混入水分和杂质。

生产厂家

壳牌(中国)有限公司。

4.13.72 壳牌凯利 601 金属加工油

产品性能

浅棕色液体。不含氯，不含重金属，挥发性低，芳香烃含量低。具有良好的负荷能力，高含量添加剂和良好的极压性可允许大的加工量，并提高加工效率和工件加工质量，延长刀具使用寿命。添加高效的抗油雾剂，能减少油雾的产生。含有活性硫，可使黄色金属变色。

生产方法

采用深度精制的矿物基础油和抗磨和极压等添加剂调配而成。

主要用途

适合于高强度合金钢、不锈钢、耐热钢(奥氏体钢)等金属材料德拉削、深孔钻、攻丝、齿轮切割与成型等高难度的加工工艺，也用于研磨加工。

技术参数

壳牌凯利 601 金属加工油的典型数据见表 4-13-74。

表 4-13-74 壳牌凯利 601 金属加工油典型数据

项目	典型值		试验方法
	M-12	M-22	
运动黏度(40℃)/(mm^2/s)	12.0	22.0	ASTM D445
密度(20 ℃)/(g/mL)	0.882	0.882	ASTM D4052
闪点(开口)/℃	165	190	ASTM D92
颜色	浅棕色	浅棕色	目测

注意事项

储存于干燥通风处。防止混入水分和杂质。

生产厂家

壳牌(中国)有限公司。

4.13.73 壳牌万安205 M-5金属加工油

产品性能

不含氯和活性硫，不含重金属，挥发性低，芳香烃含量低。具有良好的负荷能力，在延长刀具使用寿命的同时获得良好的工件加工质量。加入抗油雾添加剂，减少油雾的产生。

生产方法

采用深度精制的矿物基础油和抗磨和极压等添加剂调配而成。

主要用途

适用于铸铁、表面淬火钢、热阻钢及不锈钢的搪磨和抛光，也可用于铝镁等轻质金属的加工、玻璃的高速切削。

技术参数

壳牌万安205 M-5金属加工油的典型数据见表4-13-75。

表4-13-75 壳牌万安205M-5金属加工油典型数据

项目	典型值	试验方法
运动黏度(40℃)/(mm^2/s)	4.4	ASTM D445
密度(20 ℃)/(g/mL)	0.827	ASTM D4052
闪点(开口)/℃	125	ASTM D92
颜色	浅黄色	目测

注意事项

储存于干燥通风处。防止混入水分和杂质。

生产厂家

壳牌(中国)有限公司。

4.13.74 壳牌万安2425 S-14金属磨削加工油

产品性能

不含氯和活性硫，不含重金属，挥发性低，芳香烃含量低。具有良好的负荷能力，在延长刀具使用寿命的同时获得良好的工件加工质量。气味小，颜色较淡，便于个人观察磨削过程。

生产方法

采用深度精制的矿物基础油和抗磨和极压等添加剂调配而成。

主要用途

适用于使用钻石、陶瓷或者立方氮化硼(CBN)砂轮，对高速钢的凹槽磨屑加工，也可用于螺旋伞齿轮齿面和各种钢材和有色金属的平面和柱面磨削加工。

技术参数

壳牌万安2425 S-14金属磨削加工油的典型数据见表4-13-76。

表 4-13-76　壳牌万安 2425 S-14 金属磨削加工油典型数据

项目	典型值	试验方法
运动黏度(40℃)/(mm^2/s)	13.5	ASTM D445
密度(20 ℃)/(g/mL)	0.863	ASTM D4052
闪点(开口)/℃	170	ASTM D92
倾点/℃	-12	ASTM D97
颜色	黄色	目测

注意事项

储存于干燥通风处。防止混入水分和杂质。

生产厂家

壳牌(中国)有限公司。

4.13.75　壳牌万安 401 金属加工油

产品性能

不含氯和活性硫，不含重金属，挥发性低，芳香烃含量低。具有良好的负荷能力，在延长刀具使用寿命的同时获得良好的工件加工质量。加入抗油雾添加剂，减少油雾的产生。空气释放性良好，泡沫少。不含活性硫，不会使黄色金属变色。气味小，对皮肤没有刺激作用。

生产方法

采用深度精制的矿物基础油和抗磨和极压等添加剂调配而成。

主要用途

适合于低至中强度合金钢、黄色金属和轻金属(如镁)的加工。

技术参数

壳牌万安 401 金属加工油的典型数据见表 4-13-77。

表 4-13-77　壳牌万安 401 金属加工油典型数据

项目	典型值		试验方法
	F-22	F-32	
运动黏度(40℃)/(mm^2/s)	22	32	ASTM D445
密度(20 ℃)/(g/mL)	0.865	0.868	ASTM D4052
闪点(开口)/℃	190	210	ASTM D92
颜色	黄色	黄色	目测

注意事项

储存于干燥通风处。防止混入水分和杂质。

生产厂家

壳牌(中国)有限公司。

4.13.76　壳牌 Sitala A 2407 水溶性金属加工液

产品性能

不含氯、亚硝酸盐、二元胺和硼酸，对皮肤没有刺激作用。具有优良的防腐蚀和生物稳定性，使用寿命长，操作成本低。含有极压添加剂。

生产方法

采用深度精炼的矿物基础油、乳化剂和其他添加剂配制而成。

主要用途

作为通用型金属切削液，可使于高拉伸强度的钢材的加工，也适合于铝及铝合金的加工。稀释浓度6% ~10%。

技术参数

壳牌 Sitala A 2407 水溶性金属加工液的典型数据见表4-13-78。

表4-13-78　壳牌 Sitala A 2407 水溶性金属加工液典型数据

项目	典型值	试验方法
矿物油含量/%	60	—
运动黏度(20℃)/(mm^2/s)	70	ASTM D455
密度(15℃)/(g/mL)	0.929	ASTM D1298
pH 值(3% 乳化液)	9.2	DIN 51369
折光指数	0.9	折光仪

注意事项

存于干燥通风处。长期存放温度为4 ~35℃。

生产厂家

壳牌(中国)有限公司。

4.13.77　壳牌 Adrana D2215.04 水溶性金属加工液

产品性能

属半合成型水溶性金属加工液。不含氯、亚硝酸盐、二元胺和重金属元素，对皮肤没有刺激作用。外观为半透明状，油滴尺寸极小。具有良好的抗泡沫性、冷却能力和润滑性能，工件加工精度高。生物稳定性良好，乳化液使用寿命长，可降低操作成本。抗腐蚀性良好，能保护刀具、加工工件和导轨。

主要用途

适用于中等加工强度钢材的加工，也适合于铸铁和铝材的加工。稀释浓度4% ~7%。

技术参数

壳牌 Adrana D2215.04 水溶性金属加工液的典型数据见表4-13-79。

表4-13-79　壳牌 Adrana D2215.04 水溶性金属加工液典型数据

项目	典型值	试验方法
矿物油含量/%	32	—
运动黏度(20℃)/(mm^2/s)	110	ASTM D455
密度(15℃)/(g/mL)	1.029	ASTM D1298
pH 值(3% 乳化液)	9.2	DIN 51369
折光指数	1.2	折光仪

注意事项

储存于阴凉干燥的库房内。储存温度<40℃。严禁日晒雨淋。勿与其他乳化油混用，以免影响使用效果。使用过程中工作液不慎溅入眼中，立即用大量清水冲洗。

生产厂家

壳牌(中国)有限公司。

4.13.78 壳牌 Metalina D202 水溶性金属加工液

产品性能

属具有生物稳定性的全合成型水溶性磨削金属加工液。不含氯和二元胺。具有良好的的抗菌能力，可降低操作成本。抗腐蚀性优异。不含矿物油，冷却性优异，可延长刀具使用寿命。不含乳化剂，污染油将与冷却液可自动分层。金属磨削碎屑容易沉积，便于清除，有利于提高工件表面加工精度。不易形成黏稠沉积物。与密封材料、油漆相容，对皮肤刺激少。

主要用途

适用于各种材料的平面和柱面研磨。稀释浓度 3% ~5%。

技术参数

壳牌 Metalina D202 水溶性金属加工液的典型数据见表 4-13-80。

表 4-13-80 壳牌 Metalina D202 水溶性金属加工液典型数据

项目	典型值	试验方法
矿物油含量/%	0	—
运动黏度(40℃)/(mm^2/s)	21	ASTM D445
密度(20 ℃)/(g/mL)	1.113	ASTM D1298
pH 值(5% 乳化液)	9.2	DIN 51369
折光指数	1.5	折光仪

注意事项

储存在通风处，避免日晒雨淋。应保持设备清洁，尽量减少油污进入水箱，防止早期变质。

生产厂家

壳牌(中国)有限公司。

4.13.79 壳牌 Adrana D2420 水溶性金属加工液

产品性能

属含极压添加剂半合成型水溶性金属加工液。不含氯、亚硝酸盐、二元胺和重金属元素，对皮肤没有刺激作用。外观为半透明状，油滴尺寸极小，乳化液稳定性高。具有良好的冷却能力和润滑性能，工件加工精度高。生物稳定性良好，乳化液使用寿命长，降低操作成本。

主要用途

适用于钢材和较高强度的合金钢材的加工，也用于黄色金属、铝及铝合金和铸铁的加工。稀释浓度 4% ~7%。

技术参数

壳牌 Adrana D2420 水溶性金属加工液的典型数据见表 4-13-81。

表 4-13-81 壳牌 Adrana D2420 水溶性金属加工液典型数据

项目	典型值	试验方法
矿物油含量/%	27	—
密度(15℃)/(g/mL)	0.985	ASTM D1298
pH 值(5% 乳化液)	9.1	DIN 51369
折光指数	1.2	折光仪

注意事项

储存于阴凉干燥的库房内。储存温度<40℃。严禁日晒雨淋。勿与其他乳化油混用，以免影响使

用效果。使用过程中工作液不慎溅入眼中，立即用大量清水冲洗。

生产厂家

壳牌(中国)有限公司。

4.13.80 美孚真力士20轧制油

产品性能

可承受高压，防止轧辊表面的油膜破裂，确保轧辊湿润及清洁。

生产方法

采用精炼窄馏分低黏度矿物油，加入添加剂制成。

主要用途

24、24B可作为铝或其他有色金属，钢等冷轧用油，也可作为抛光用油。26、26A则可作为有色金属、钢、不锈钢等在多轧辊机的冷轧用油。

技术参数

美孚真力士20轧制油的典型数据见表4-13-82。

表4-13-82 美孚真力士20轧制油典型数据

项目	典型值				试验方法
	24	24B	26	26A	
相对密度	0.84	0.84	0.86	0.87	ASTM D941
倾点/℃	-11	-7	-18	-17	ASTM D97
运动黏度/(mm^2/s) 40℃ 100℃	 8.6 4.9	 8.7 4.9	 15.8 7.9	 15.9 7.85	ASTM D455
闪点/℃	136	132	154	160	ASTM D97

注意事项

储存及使用过程中，要注意避免受污染。

生产厂家

埃克森美孚(中国)投资有限公司。

4.13.81 SOMENTOR N复合轧制油

产品性能

具有良好的压薄性，冷却效能高。退火时完全蒸发掉，不留污渍，可免除杂油。在循环系统中有良好的过滤性。

生产方法

采用高度精炼基础油配以活性滚轧添加剂制成。

主要用途

适用于铁及有色类金属，例如铜和铝滚轧。N 35适用于铝的冷轧。N 36适用于铝箔的光亮精轧。N 60适用于铜及铜合金的冷轧，也适用于碳钢及不锈钢条的冷轧。N 65具有较高的皂化值，专用于不锈钢的冷轧。

技术参数

SOMENTOR N复合轧制油的典型数据见表4-13-83。

表 4-13-83 SOMENTOR N 复合轧制油典型数据

项目	典型值				试验方法
	N 35	N 36	N 60	N 65	
密度(15℃)/(kg/L)	0.796	0.797	0.850	0.893	ASTM D1298
倾点 /℃	-6	-6	0	0	ASTM D97
运动黏度(40℃)/(mm^2/s)	1.80	1.85	8.20	9.00	ASTM D455
闪点 /℃	80	80	145	140	ASTM D92
酸值/(mg KOH/g)	<0.1	<0.1	0.1	0.1	ASTM D2896
灰分 /%	<0.01	<0.01	0.01	0.01	ASTM D482

注意事项

储存及使用过程中，要注意避免受污染。

生产厂家

埃克森美孚(中国)投资有限公司。

4.13.82 美孚特效火花机油

产品性能

介电性高、导电率低、稳定性好。能有效地冲离由放电加工所产生的金属碎屑，抑制强烈的火花向四方放射，提高加工精度。没有难闻的气味，不刺激皮肤。

主要用途

适用于作为电火花加工过程中的工作液。

技术参数

美孚特效火花机油的典型数据见表 4-13-84。

表 4-13-84 美孚特效火花机油典型数据

项目	典型值	试验方法
相对密度	0.79	ASTM D941
闪点/℃	100	ASTM D93
颜色/赛波特号	>+25	ASTM D156
运动黏度(40℃)/(mm^2/s)	2.35	ASTM D455
蒸馏沸点/℃ 最初 干点	 242 268	ASTM D86
铜片腐蚀	1	ASTM D130

注意事项

储存于常温阴凉干燥处。使用前应清洗设备，注意勿污染新油。

生产厂家

埃克森美孚(中国)投资有限公司。

4.13.83 SOMNTOR S 乳化性轧制油

产品性能

含增进润滑性的添加剂以及杀菌剂，可控制乳化液里的细菌滋生。还含可以阻止热水产生氢气的添加剂，使轧辊不会产生胀裂现象。与水混和并形成具一定稳定性的乳化液。能保护轧制机械及工件免被侵蚀。起泡倾向低。退火时残液完全蒸发掉，使工件表面保持清洁。纯油具高碱度，酸中和性良好。

主要用途

适用于热轧及冷轧的操作。S100 可与水形成稳定的乳化剂，用作可逆轧机的钢材冷轧。S132 可与水形成稳定的乳化剂，用作铜及铜合金的热轧和冷轧操作。

技术参数

SOMNTOR S 乳化性轧制油的典型数据见表 4-13-85。

表 4-13-85 SOMNTOR S 乳化性轧制油典型数据

项目	S100	S132	试验方法
密度(15℃)/(kg/L)	0.890	0.887	ASTM D1298
运动黏度(40℃)/(mm^2/s)	30	40	ASTM D445
闪点/℃	200	190	ASTM D92
与水乳化的浓度/%	5~10	3~10	—

注意事项

储存在通风、干燥的仓库中。调制乳化剂时应把剂加进水里去。用过滤器及离心机把杂油及金属屑清除掉。保持酸碱度(pH 值)高于 8.0，以防止细菌滋生。定期监测乳化液的下列项目：用折射仪量度轧制油的浓度；用微滤网以测油的过滤性；用离心法测定乳化稳定性；酸碱度(pH 值)；杂油污染程度；用红外线光谱仪监测轧制添加剂浓度。

生产厂家

埃克森美孚(中国)投资有限公司。

4.13.84 美孚宝素 67 铝轧制油

产品性能

在室温下与低于 10dH 硬度的自来水搅拌后便很容易乳化而无需预热。具有良好的润滑性和良好的轧制品表面。在高轧制速度下，仍能有较大的压缩率。乳化溶液容易调制，乳化液使用寿命长久，乳化液在高温下保持稳定。

生产方法

采用矿物油、乳化剂、分散剂及润滑性添加剂调配而成。

主要用途

适用于作为热轧铝材、铝合金及冷轧及热轧有色金属的冷却和润滑剂。

技术参数

美孚宝素 67 铝轧制油的典型数据见表 4-13-86。

表 4-13-86 美孚宝素 67 铝轧制油典型数据

项目	典型值	试验方法
相对密度	0.92	ASTM D941
倾点/℃	-41	ASTM D97
运动黏度(40℃)/(mm^2/s)	65	ASTM D455
色度(ASTM)	1.5	ASTM D1500

注意事项

储存于阴凉、干燥、通风的库房内。

生产厂家

埃克森美孚(中国)投资有限公司。

4.13.85 美孚宝素 68 铝轧制油

产品性能

属最新的热轧铝材用乳化液。比传统的热轧铝材用乳化液有更高的压延率，可减少轧制降低轧制力及能量消耗，提高表面光亮度。

主要用途

适用于双向的初轧、精轧或串联轧机，不宜用于红铜及黄铜的热轧及中轧。

技术参数

美孚宝素 68 铝轧制油的典型数据见表 4-13-87。

表 4-13-87 美孚宝素 68 铝轧制油典型数据

项目	典型值	试验方法
外观	清澈液体	目测
相对密度	0.92	ASTM D941
总碱度/(mg KOH/g)	8.9	ASTM D2896
中和值 /(mg KOH/g)	12.3	ASTM D97
皂化值 /(mg KOH/g)	36.2	ASTM D455
色度(ASTM)	2.0	ASTM D1500

注意事项

储存于阴凉、干燥、通风的库房内。

生产厂家

埃克森美孚(中国)投资有限公司。

4.13.86 美孚克特 102 多用途矿物型水溶切削液

产品性能

采用特殊配方精制而成。不含氯、酚及氯化物添加剂。乳液稳定，可与广泛硬度的水相结合。含油量高，切削效果好，对刀具有良好的润滑和防腐蚀保护作用，且不产生污渍。

主要用途

适用于铁金属、有色金属如铝及铜的加工。

技术参数

美孚克特 102 多用途矿物型水溶切削液的典型数据见表 4-13-88。

表 4-13-88 美孚克特 102 多用途矿物型水溶切削液典型数据

项目	典型值	试验方法
相对密度	0.92	ASTM D941
3% 浓度时 pH 值	9.4	试纸法
乳液型式	微细白色奶油状	目测

注意事项

避光、避火存放，密封保存。

生产厂家

埃克森美孚(中国)投资有限公司。

4.13.87 美孚克特147切削液

产品性能

是一种长寿命、生物稳定性、高性能的金属加工液。不含氟、酚及氯化物添加剂。与水混合后形成乳状溶液。在大多数稀释水质中具有良好的稳定性。具有优异的抗菌能力，可以减少维护成本，延长使用寿命。适当的含油量可以确保夹具和加工后的工件不被腐蚀，并且可以防止在机床导轨和夹具上留有黏性的残余物。对铝等有色金属和包括不锈钢在内的钢铁合金，具有良好的机加工性。

主要用途

可取代矿物油和植物油用于高强度钢的攻丝和螺纹加工。

技术参数

美孚克特147切削液的典型数据见表4-13-89。

表4-13-89 美孚克特147切削液典型数据

项目	典型值	试验方法
相对密度	0.94	ASTM D941
3%浓度时pH值	9.0	试纸法
乳液型式	牛奶状	目测

注意事项

避光、避火存放，密封保存。

生产厂家

埃克森美孚(中国)投资有限公司。

4.13.88 美孚克特200多用途半合成切削液

产品性能

不含亚硝酸盐和氯。在水中易于乳化并形成稳定的微乳化液。含油量较高，具有优异的切削性以及车床润滑和防腐蚀保护能力。可提高加工表面的光洁度和尺寸精度，减少废品。在不影响工具寿命或造成其他不利影响的前提下，能加快进料速度和车床速度，提高生产率。

生产方法

采用基础油、乳化剂和添加剂制成。

主要用途

推荐用于各种硬度金属的机加工作业。其中222适用于普通的切削和打磨。232适用于中等至高强度机加工。242适用于较高强度的加工，尤其适用于铝金属加工。

技术参数

美孚克特200多用途半合成切削液的典型数据见表4-13-90。

表 4-13-90 美孚克特 200 多用途半合成切削液的典型数据

项目	典型值			试验方法
	222	232	242	
浓缩液 外观 相对密度(20℃)	 琥珀色液体 0.99	 琥珀色液体 0.967	 绿色液体 0.973	 目测
稀释液 外观(3%) pH 值(3%) 铸铁腐蚀测试，转折点/ %	 透明 9.4 ~ 9.8 2	 半透明 9.2 ~ 9.6 2	 绿色透明 8.8 ~ 9.0 2	 目测 试纸法

注意事项

避光、避火存放，密封保存。

生产厂家

埃克森美孚(中国)投资有限公司。

4.13.89 CASTROL HONILO 480 油性抛光搪磨油

产品性能

无色透明液体。是一种含极压添加剂的低黏度油性切削及搪磨用油。对工作区有良好的渗透能力，不会对非铁金属造成腐蚀，可延长砂轮及磨石的使用寿命。在铝及铝合金的切削、抽线、冷轧及锻造，有良好的效果。

主要用途

适用于各种金属特别是铸铁的抛光及搪磨加工，也能用于轻负荷的车削、铣削及钻孔。

技术参数

CASTROL HONILO 480 油性抛光搪磨油的典型数据见表 4-13-91。

表 4-13-91 CASTROL HONILO 480 油性抛光搪磨油典型数据

项目	典型值	试验方法
外观	无色透明	目测
相对密度（20℃）	0.87	IP160
运动黏度(40℃)/(mm^2/s)	4.5	IP71
闪点(闭口)/℃	>110	IP34
铜板腐蚀试验(3h，100℃)	1A	IP154
添加剂含量/% 脂类 氯 磷 硫	 3 ~ 9 <1 无 无	 — — — —

注意事项

避光、避火存放，密封保存。不适用于非铁金属。

生产厂家

嘉实多(深圳)有限公司。

4.13.90 CASTROL ILOCUT 603 油性切削油

产品性能

淡黄色澄清液。可以防止切屑及刀具的熔合，能给予切削刀具充分的润滑。外观颜色清淡，易于观察。

生产方法

采用精炼硫物油添加硫化脂肪制成。

主要用途

适用于 45 ~65t 拉力或极难加工的较低拉力的钢材，如鉆孔 、切齿、攻牙、搓牙 、车削等。

技术参数

CASTROL ILOCUT 603 油性切削油的典型数据见表 4-13-92。

表 4-13-92 CASTROL ILOCUT 603 油性切削油典型数据

项目	典型值	试验方法
外观	淡黄色澄清液	目测
密度（20℃）	0.88	IP160
运动黏度(40℃)/(mm^2/s)	33	IP71
闪点(闭口)/℃	≮180	IP34
铜锈试验	变黑	IP154
极压添加剂含量/%		
硫	1	—
脂肪	3 ~9	—

注意事项

避光、避火存放，密封保存。

生产厂家

嘉实多(深圳)有限公司。

4.13.91 海能重负荷金属加工油

产品性能

清澈透明液体，是一种低黏度无氯加工油。几乎无气味，不伤皮肤。可降低油雾产生。符合 JIS K2241 性能要求。抗磨极压性能优异，能延长刀具使用寿命。氧化安定性优异，可延长油品使用寿命。与密封兼容性和油漆兼容性良好。

生产方法

深度精炼基础油，复合高效抗油雾添加剂调制而成。

主要用途

适用于各种中高强度合金钢、不锈钢、耐热钢、碳钢、钛合金和有色金属加工，适应于深孔钻、车削、铣削、钻孔、铰孔、螺纹加工等各种加工工艺。

技术参数

海能重负荷金属加工油的典型数据见表 4-13-93。

表 4-13-93　海能重负荷金属加工油典型数据

项目	典型值	试验方法
外观	清澈透明	目测
密度（15℃）/(kg/m³)	0.851	ASTM D1298
运动黏度(40℃)/(mm²/s)	22.2	ASTM D445
闪点(开口)/℃	193	ASTM D92
倾点/℃	-19	ASTM D97
铜片腐蚀(100℃，3h)/级	1b	ASTM D130
最大无卡咬负荷(P_B 值)/N	1060	DIN 51354

注意事项

避光、避火存放，密封保存。

生产厂家

欧陆宝(北京)石化产品有限公司。

4.13.92　康佰高性能复合切削油

产品性能

清澈透明液体。具有良好的润滑性能，可显著降低切削时的摩擦阻力，延长刀具使用寿命。氧化安定性优异，可延长油品使用寿命。温度适应性能良好，可保证在较宽温度范围内正常使用。

生产方法

精选精制深度极高的基础油，复合抗氧、抗磨、防锈等多种添加剂调制而成。

主要用途

适用于切削、研磨、放电等金属除去工艺，也用于车床、铣床、数控机床等冲压、深拉、压延、旋压、线材拉拔、冷锻和热锻、挤压和模压等金属成型工艺。

技术参数

康佰高性能复合切削油的典型数据见表 4-13-94。

表 4-13-94　康佰高性能复合切削油典型数据

项目	典型值		试验方法
ISO VG	15	22	—
外观	清澈透明	清澈透明	目测
密度（15℃）/(kg/m³)	0.842	0.864	ASTM D1298
运动黏度(40℃)/(mm²/s)	17.2	19.5	ASTM D445
闪点(开口)/℃	123	152	ASTM D92
倾点/℃	-22	-18	ASTM D97
铜片腐蚀(100℃，3h)/级	1b	1b	ASTM D130
最大无卡咬负荷(P_B 值)/N	970	1120	DIN 51354

注意事项

避光、避火存放，密封保存。

生产厂家

欧陆宝(北京)石化产品有限公司。

4.13.93 艾朵电火花机工作液

产品性能

无色透明液体。是一种超纯度的合成石蜡液，不含氮、硫、芳香族化合物及其他杂质。符合 INGERSOLL(France)、ONA (Spain ang France)、Agie(Switzerland and France)、CHARMILLES TECHNOLOGIES(SWITZERLAND)等性能要求。无毒，对皮肤无刺激性。电极磨损低，氧化稳定性高，介电强度高，与橡胶和塑料部件相容性好。热学性质优良，可进行有效冷却，工件加工后表面光洁度良好。低流动性，可使金属碎屑迅速通过狭窄的火花隙冲去。透明度高，提高了操作过程的可见度。高闪点，操作更安全。

主要用途

在高频电火花下可用作火花导体及绝缘体。

技术参数

艾朵电火花机工作液的典型数据见表 4-13-95。

表 4-13-95 艾朵电火花机工作液典型数据

项目	典型值	试验方法
密度 (15℃)/(kg/L)	0.751	ASTM D1298
外观	无色	目测
运动黏度(40℃)/(mm^2/s)	1.90	ASTM D445
闪点(开口)/℃	95	ASTM D92
倾点/℃	-12	ASTM D97
初沸点/℃	215	—
终沸点/℃	236	—

注意事项

避光、避火存放，密封保存。

生产厂家

欧陆宝(北京)石化产品有限公司。

4.13.94 索佳高性能乳化切削液

产品性能

半透明均匀液体。易于与水混合，可形成具有防锈性的稳定乳状液。对刀具和工件进行充分的冷却和润滑，从而大幅度提高生产率。通过快速分离碎屑和磨垢，延长乳状液的使用寿命。不含亚硝酸、苯酚和氯，对人体健康和环境无害。可防止黑色金属锈蚀。

生产方法

由基础油、乳化剂和抗生物剂制成。

主要用途

适用于要求对刀具和工件进行最大冷却的一般切削和磨削操作。下列油水比适用于不同的切削和磨削操作，适应于中等强度钢、铝、铜及金属合金材料。与水混合，也可用作大型压机和辊轧机的液压介质。

技术参数

索佳高性能乳化切削液的典型数据见表 4-13-96。

表 4-13-96　索佳高性能乳化切削液典型数据

项目	典型值	试验方法
外观	半透明均匀液体	目测
相对密度(15/15℃)	0.894	ASTM D1298
运动黏度(40℃)/(mm^2/s)	40.21	ASTM D445
闪点/℃	220	ASTM D92
倾点/℃	-9	ASTM D97
pH 值	9.1	DIN 51369

注意事项

不可用于极压、重载等苛刻的操作环境，不得用于镁的加工，因为镁屑会与水发生剧烈的燃烧反应。稀释液浓度要求见表 4-13-97。

表 4-13-97　稀释液浓度要求

加工工艺	油水比
磨削	1∶40～1∶60
轻型切削	1∶30～1∶40
六角车床、螺纹切削、铣削及钻孔	1∶20
拉削、车螺纹、齿轮切削	1∶10

生产厂家

欧陆宝(北京)石化产品有限公司。

4.13.95　削露多功能半合成切削液

产品性能

棕黄色半透明均匀油体。具有优异的减摩性、极压性能，显著降低切削时的摩擦阻力。含有生物稳定抑制剂，可抑制真菌和细菌滋生。防锈性能优良，可减缓设备的锈蚀，延长使用寿命。粘温性和流动性良好，可保证在较宽温度范围内正常使用。能以任意比例与水混合，便于使用。

生产方法

矿物油辅以极压剂、减摩剂、乳化剂、防锈剂等多种添加剂复合而成。

主要用途

适用于钢、铁、铝及其合金粗加工和精加工工序，用于冲压、深拉、压延、旋压、线材拉拔、冷锻和热锻、挤压、模压等金属成型工艺。

技术参数

削露多功能半合成切削液的典型数据见表 4-13-98。

表 4-13-98　削露多功能半合成切削液典型数据

项目	典型值			试验方法
等级	MAF-1	MAF-2	MAF-3	
外观	棕黄色半透明均匀油体			目测
密度/(g/cm^3)	1.032	1.041	1.047	ASTM D1298
运动黏度(40℃)/(mm^2/s)	45	56	62	ASTM D445
pH 值	8.7	9.1	9.4	DIN 51369
凝点/℃	-25	-33	-38	ASTM D97
不挥发成分/%	46	49	52	—
硫含量/%	2.4	3.1	3.5	ASTM D5453
起泡时间(24℃±2℃)/h	0.6	0.5	0.4	—
金属腐蚀试验(室温，48h)	通过	通过	通过	ASTM D665

注意事项

避光、避火存放，密封保存。

生产厂家

欧陆宝(北京)石化产品有限公司。

4.13.96　圣佳高性能全合成切削液

产品性能

透明或半透明液体。不含氯、亚硝酸盐和 PTBB，不含有害物质，对人体无害。与水混合后可形成一种使用寿命长、稳定、均匀、透明的合成液。乳液稳定性高，可明显延长使用周期，因此可明显提高经济效益。防锈蚀能力强，使得可稀释能力增强，冷却剂用量可以大大减少。极压性能优异，能极大限度地减少工具的磨损，提高工件的尺寸精度，延长刀具的使用寿命。抗微生物能力强，节省杀菌剂的用量，可明显降低维护费用。

主要用途

适用于钢材、铸铁、铝材及其他有色金属较难的切削、钻削和磨削，单机或集中供液均可。推荐的使用浓度：一般加工过程 3% ~5%；较难的切削加工约 10%；磨削 2% ~5%。

技术参数

圣佳高性能全合成切削液的典型数据见表 4-13-99。

表 4-13-99　圣佳高性能全合成切削液典型数据

项目	典型值	试验方法
外观	透明或半透明液体	目测
密度(15℃)/(kg/L)	1.02	ASTM D1298
运动黏度(40℃)/(mm^2/s)	10.5	ASTM D445
凝点/℃	-25	ASTM D97
pH 值	9.0	DIN 51369
消泡性/(mL/10min)	1	—
最大无卡咬负荷(P_B 值)/kg	96	DIN 51354

注意事项

避光、避火存放，密封保存。

生产厂家

欧陆宝(北京)石化产品有限公司。

4.14 暂时保护防腐蚀用油

4.14.1 防锈油

产品性能

除指纹型防锈油具有一定的人汗置换性。溶剂稀释型软膜防锈油，具有油膜薄、不清洗可直接使用的特点。溶剂稀释型硬膜防锈油，耐候性和防锈能力较强。具有使用方便、干燥快、涂膜不粘手等特点。对黑色金属和有色金属均有较好的防锈性，并有较好的人汗置换性。脂型防锈油对钢、铜、铝等金属均有较好的防锈性。润滑油型防锈油具有良好的抗湿热性和一定的润滑性。气相防锈油具有良好的气相防锈性、一定的酸中和性和抗湿热性。

生产方法

以石油溶剂、润滑油基础油等为基础原料，加入多种添加剂调制而成。

主要用途

适用于以钢铁为主的金属材料及其制品的暂时防腐保护。

技术参数

分为除指纹型防锈油、溶剂稀释型防锈油、脂型防锈油、润滑油型防锈油和气相防锈油五种类型，根据膜的性质、油品的黏度等细分为15个牌号，如表4-14-1所示。各类产品石化行业标准见表4-14-1～表4-14-6的规定。

表4-14-1　防锈油分类(SH/T 0692—2000)

种　类			代号 L-	膜的性质	主要用途
除指纹型防锈油			RC	低黏度油膜	除去一般机械部件上附着的指纹，达到防锈目的
溶剂稀释型防锈油	Ⅰ		RG	硬质膜	室内外防锈
	Ⅱ		RE	软质膜	以室内防锈为主
	Ⅲ	1号	REE-1	软质膜	以室内防锈为主 (水置换型)
		2号	REE-2	中高黏度油膜	
	Ⅳ		RF	透明，硬质膜	室内外防锈
脂型防锈油			RK	软质膜	类似转动轴承类的高精度机加工表面的防锈，涂敷温度80℃以下
润滑油型防锈油	Ⅰ	1号	RD-1	中黏度油膜	金属材料及其制品的防锈
		2号	RD-2	低黏度油膜	
		3号	RD-3	低黏度油膜	
	Ⅱ	1号	RD-4-1	低黏度油膜	内燃机防锈，以保管为主，适用于中负荷，暂时运转的场合
		2号	RD-4-2	中黏度油膜	
		3号	RD-4-3	高黏度油膜	
气相防锈油		1号	RQ-1	低黏度油膜	密闭空间防锈
		2号	RQ-2	中黏度油膜	

表 4-14-2　L-RC 除指纹型防锈油石化行业标准（SH/T 0692—2000）

项　目		质量指标	试验方法
闪点/℃	不低于	38	GB/T 261
运动黏度(40℃)/(mm^2/s)	不大于	12	GB/T 265
分离安定性		无相变，不分离	SH/T 0214
除指纹性		合格	SH/T 0107
人汗防蚀性		合格	SH/T 0106
除膜性(湿热后)		能除膜	SH/T 0212
腐蚀性(质量变化)/(mg/cm^2)		钢　±0. 1 铝　±0. 1 黄铜　±1. 0 锌　±3. 0 铅　±45. 0	SH/T 0080[1)]
湿热(A 级)/h	不小于	168	GB/T 2361
1)试验片种类可与用户协商			

表 4-14-3　溶剂稀释型防锈油石化行业标准（SH/T 0692—2000）

项　目		质量指标					试验方法
		L-RG	L-RE	L-REE-1	L-REE-2	L-RF	
闪点/℃　不低于		38	38	38	70	38	GB/T 261
干燥性		不粘着状态	柔软状态	柔软状态	柔软或油状态	指触干燥(4h) 不粘着(24h)	SH/T 0063
流下点/℃　不低于		80	—	—		80	SH/T 0082
低温附着性		合格					SH/T 0211
水置换性		—		合格		—	SH/T 0036
喷雾性		膜连续					SH/T 0216
分离安定性		无相变，不分离					SH/T 0214
除膜性	耐候性后	除膜(30 次)	—	—	—		SH/T 0212[1)]
	包装贮存后	—	除膜(15 次)	除膜(6 次)	除膜(15 次)		
透明性		—		能看到印记			附录 B
腐蚀性(质量变化)/(mg/cm^2)		钢　±0. 2　黄铜　±1. 0　锌　±7. 5 铝　±0. 2　镁　±0. 5　镉　±5. 0 铬　不失去光泽					SH/T 0080[2)]

续表

项　目		质量指标					试验方法
		L-RG	L-RE	L-REE-1	L-REE-2	L-RF	
膜厚/μm　不大于		100	50	25	15	50	SH/T 0105
防锈性	湿热(A级)/h 不小于	—	720[1]	720[1]	480	720[1]	GB/T 2361
	盐雾(A级)/h 不小于	336	168	—	—	336	SH/T 0081
	耐候(A级)/h 不小于	600	—	—	—	—	SH/T 0083
	包装贮存(A级)/d 不小于	—	360	180	90	360	SH/T 0584[1]

1)为保证项目，定期测定；
2)试验片种类可与用户协商

表4-14-4　L-RK脂型防锈油石化行业标准（SH/T 0692—2000）

项　目		质量指标	试验方法
锥入度(25℃)/0.1mm		200～325	GB/T 269
滴熔点/℃　不低于		55	GB/T 8026
闪点/℃　不低于		175	GB/T 3536
分离安定性		无相变，不分离	SH/T 0214
蒸发量/%(质量分数)　不大于		1.0	SH/T 0035
吸氧量/kPa(100 h，99℃)　不大于		150	SH/T 0060
沉淀值/mL　不大于		0.05	SH/T 0215
磨损性		无伤痕	SH/T 0215
流下点/℃　不低于		40	SH/T 0082
除膜性		除膜(15次)	SH/T 0212
低温附着性		合格	SH/T 0211
腐蚀性(质量变化)/(mg/cm²)		钢 ±0.2　黄铜 ±0.2　锌 ±0.2 铅 ±1.0　铝 ±0.2　镁 ±0.5 镉 ±0.2 除铅外，无明显锈蚀、污物及变色	SH/T 0080[1]
防锈性	湿热(A级)/h　不小于	720	GB/T 2361[2]
	盐雾(A级)/h　不小于	120	SH/T 0081
	包装贮存(A级)/d　不小于	360	SH/T 0584[2]

续表

项　目	质量指标	试验方法
1)试验片种类可与用户协商。 2)为保证项目，定期测定。		

表 4-14-5　润滑油型防锈油石化行业标准（SH/T 0692—2000）

项　目		质量指标						试验方法
		L-RD-1	L-RD-2	L-RD-3	L-RD-4-1	L-RD-4-2	L-RD-4-3	
闪点/℃	不低于	180	150	130	170	190	200	GB/T 3536
倾点/℃	不高于	-10	-20	-30	-25	-10	-5	GB/T 3535
运动黏度/(mm²/s)　40℃		100±25	18±2	13±2				GB/T 265
运动黏度/(mm²/s)　100℃					—	9.3～12.5	16.3～21.9	GB/T 265
低温动力黏度(-18℃)/(mPa·a)	不大于		—	—	2 500	—	—	GB/T 6538
黏度指数	不小于		—	—	75	70		GB/T 1995
氧化安定性(165.5℃，24 h)								附录 C
黏度比	不大于				3.0	2.0		附录 C
总酸值增加/(mgKOH/g)	不大于	—	—	—	3.0	3.0		附录 C
挥发性物质量/%(质量分数)	不大于	—	—	—	2			SH/T 0660
泡沫性(泡沫量)/mL								GB/T 12579
24℃	不大于				300			GB/T 12579
93.5℃	不大于				25			GB/T 12579
后 24℃	不大于	—	—	—	300			GB/T 12579
酸中和性		—	—	—	合格			SH/T 0660
叠片试验，周期		协议			—			附录 A
铜片腐蚀(100℃，3h)/级	不大于	2			—			GB/T 5096
除膜性，湿热后		能除膜						SH/T 0212
防锈性　湿热(A 级)/h	不小于	240	192		480			GB/T 2361
防锈性　盐雾(A 级)/h	不小于	48	—		—			SH/T 0081
防锈性　盐水浸渍(A 级)/h	不小于	—			20			SH/T 0025

表 4-14-6　气相防锈油石化行业标准（SH/T 0692—2000）

项　目		质量指标		试验方法
		L-RQ-1	L-RQ-2	
闪点/℃	不低于	115	120	GB/T 3536
倾点/℃	不高于	-25.0	-12.5	GB/T 3535
运动黏度/(mm²/s)	100℃	—	8.5～13.0	GB/T 265
运动黏度/(mm²/s)	40℃	不小于 10	95～125	GB/T 265
挥发性物质量/%(质量分数)	不大于	15	5	SH/T 0660

续表

项　目		质量指标		试验方法
		L-RQ-1	L-RQ-2	
黏度变化/%		-5～20		附录 D
沉淀值/mL　不大于		0.05		SH/T 0215
烃溶解性		无相变，不分离		SH/T 0660
酸中和性		合格		SH/T 0660
水置换性		合格		SH/T 0036
腐蚀性(质量变化)/(mg/cm^2)		铜　±1.0 钢　±0.1 铝　±0.1		SH/T 0080
防锈性	湿热(A 级)/h　不小于	200		GB/T 2361
	气相防锈性	无锈蚀		SH/T 0660
	暴露后气相防锈性	无锈蚀		
	加温后气相防锈性	无锈蚀		

注意事项

贮存应远离热源，严禁明火。防锈油脂应避免日晒雨淋、露天存放以及与酸性物质和强氧化剂接触。发生火灾，可用泡沫、干粉、二氧化碳、砂石/土进行灭火。泄漏在地上的防锈油脂可用木屑、黄砂吸附。皮肤接触后请用中性肥皂和温水清洗。眼睛接触后请用大量清洁水冲洗。不同防锈油脂不能混用，同时防止异物污染，严防机杂及水分混入。不同金属制品零件及不同表面处理的零件，不得互相接触存放，以免产生接触腐蚀。

生产厂家

中国石化润滑油有限公司、中国石油天然气股份有限公司润滑油分公司、中国石化集团杭州炼油厂、北京航天中达科技发展有限公司、重庆恒牌石化有限公司、长沙耐尔特种油品有限公司、南京润友化工添加剂有限公司、南京三宁油品开发有限公司、上海斯瑞文特种油品科技有限公司、淄博百利达化工有限公司、烟台狮王石化工业有限公司、无锡路路达石油制品有限公司、武汉海鸥防锈包装材料有限公司、苏州特种化学品有限公司、上海洁安精细化工有限公司、潍坊鸿泰包装制品有限公司、沈阳防锈包装材料有限公司、烟台狮王石化工业有限公司、长沙军工民用产品研究所、蓬莱鹏程特种化工有限公司、宁波鄞州四达表面处理材料厂、杭州恒润凡士林制造有限公司、上海大联石油化工有限公司、河北辛集兰星特种油品厂、四川迈斯拓石油化工科技有限公司、安庆中天石油化工有限公司、中国石油玉门油田公司炼油化工总厂。

4.14.2　长城薄层防锈油

产品性能

油膜涂层薄，具有较强的渗透性能。抗湿热性和抗重叠性优良，抗盐雾性良好，可作为黑色金属制品的封存防锈或海运防锈。油膜具有自动修复性能。涂油零部件在使用时可不必清洗，直接装配。

生产方法

轻质矿物油为基础油，加入防锈等多种复合添加剂调合而成。

主要用途

适用于黑色金属制品及零部件不同周期的封存防锈或海运防锈。R5115 防锈油适用于黑色金属制品在室内仓储条件下的短期封存防锈，可应用于工件相互叠加包装的防锈工艺。R5125、R5126 防锈油适用于黑色金属制品在室内仓储条件下的中长期封存防锈，尤其适用于要求工件相互叠加包装的防锈工艺。R5133、R5133A 防锈油适用于黑色金属制品的长期封存防锈，尤其适用于需要通过海洋运输出口遇盐雾环境条件下周转期长的的金属制品的封存。

技术参数

长城薄层防锈油的典型数据见表 4-14-7。

表 4-14-7　长城薄层防锈油典型数据

项 目	典型值					试验方法
牌号	R5115	R5125	R5126	R5133	R5133A	
运动黏度(40℃)/(mm^2/s)	4.240	4.986	5.216	8.124	6.012	GB/T 265
闪点(闭口)/℃	74	78	78	82	80	GB/T 261
腐蚀试验(钢片，55℃±2℃，7 天)/级 黄铜片 钢片	 1 0	 1 0	 1 0	 1 0	 1 0	SH/T 0080
湿热试验(钢片，49℃±1℃，A 级)/天	17	22	27	65	63	GB/T 2361
盐雾试验(钢片，35℃±1℃，A 级)/天	1	2	3	8	8	SH/T 0081
人汗置换性(钢片)	合格	合格	合格	合格	合格	SH/T 0311
叠片试验(钢片，49℃±1℃，7 天)	合格	合格	合格	—	—	SH/T 0367
膜厚/μm	10.52	12.76	13.45	23.96	21.32	SH/T 0105

注意事项

使用前应对金属零部件进行除锈、清洗、干燥等工序。使用时可刷涂、浸涂或喷涂。勿用手直接接触已涂油的金属部件，以免破坏所形成的防护油膜。R5133/R5133A 薄层防锈油不适用于互叠加包装要求的金属零部件的防锈方式。

生产厂家

中国石化润滑油有限公司。

1.14.3　长城 R5003 脱水防锈油

产品性能

油膜涂层薄，具有较强的渗透性能。抗湿热性良好，可满足黑色金属制品的工序间防锈要求。水膜置换性优良，能快速脱除金属表面的水膜。

生产方法

以轻质矿物油为基础油，加入多种复合添加剂调合而成。

主要用途

适用于钢、铜等金属及电镀件经水剂加工或清洗后的表面少量残留水分的排除及工序间防锈工艺。

技术参数

长城 R5003 脱水防锈油的典型数据见表 4-14-8。

表 4-14-8　长城 R5003 脱水防锈油典型数据

项　目	典型值	试验方法
运动黏度(40℃)/(mm^2/s)	2.259	GB/T 265
闪点(闭口)/℃	74	GB/T 261
腐蚀试验(55℃±2℃，7d)/级 黄铜片 钢片	 1 0	SH/T 0080
水膜置换试验(钢片)	合格	SH/T 0036
湿热试验(钢片，49℃±1℃，A 级)/d	12	GB/T 2361

注意事项

直接浸涂，用于金属表面少量残留水分的排除。使用中应注意及时去除油槽底部水分、杂质并补充新油。脱水处理后的产品如需长期防护，应另外再使用封存防锈油。勿用手直接接触已涂油的金属部件，以免破坏所形成的防护油膜。

生产厂家

中国石化润滑油有限公司。

4.14.4　长城 R5003 脱水防锈油

产品性能

油膜涂层薄，具有较强的渗透性能。抗湿热性良好，可满足黑色金属制品的工序间防锈要求。水膜置换性优良，能快速脱除金属表面的水膜。

生产方法

轻质矿物油为基础油，加入多种复合添加剂调合而成。

主要用途

适用于钢、铜等金属及电镀件经水剂加工或清洗后的表面少量残留水分的排除及工序间防锈工艺。

技术参数

长城 R5003 脱水防锈油的典型数据见表 4-14-9。

表 4-14-9　长城 R5003 脱水防锈油典型数据

项　目	典型值	试验方法
运动黏度(40℃)/(mm^2/s)	2.259	GB/T 265
闪点(闭口)/℃	74	GB/T 261
腐蚀试验(55℃±2℃，7d)/级 黄铜片 钢片	 1 0	SH/T 0080
水膜置换试验(钢片)	合格	SH/T 0036
湿热试验(钢片，49℃±1℃，A 级)/d	12	GB/T 2361

注意事项

直接浸涂，用于金属表面少量残留水分的排除。使用中应注意及时去除油槽底部水分、杂质并补充新油。脱水处理后的产品如需长期防护，应另外再使用封存防锈油。勿用手直接接触已涂油的金属部件，以免破坏所形成的防护油膜。

生产厂家

中国石化润滑油有限公司。

4.14.5 长城轴承用润滑防锈油

产品性能

具有优良的抗湿热性和一定的抗盐雾性，能有效保持涂油产品的清净度和润滑要求。减振性能良好，不影响润滑脂的减振效果。油品的生产过滤精度达到5μm以下，不会对轴承产品涂油时所用自动循环喷涂设备造成堵塞。

生产方法

以深度精制矿物为基础油，加入防锈等多种复合添加剂调合而成。

主要用途

适用于各种光亮、洁净金属制品(如轴承、钢球、传动轴)表面的中、长期封存防锈，其中R5322轴承用润滑防锈油适合钢球和精密微型轴承的防锈工艺，R5322A、R5322B和R5322C、R5322D轴承用润滑防锈油分别适合小型和中型轴承的防锈工艺，R5322E和R5322F轴承用润滑防锈油分别适合大型和特大型冶金轴承的防锈工艺。

技术参数

长城轴承用润滑防锈油的典型数据见表4-14-10。

表4-14-10 长城轴承用润滑防锈油典型数据

项目	典型值							试验方法
牌号	R5322	R5322A	R5322B	R5322C	R5322D	R5322E	R5322F	
运动黏度(40℃)/(mm^2/s)	10.68	24.73	49.91	116.6	159.7	230.4	303.1	GB/T 265
闪点(开口)/℃	142	170	196	205	215	220	242	GB/T 3536
湿热试验(钢片，49℃±1℃，A级)/d	>20							GB/T 2361
盐雾试验(钢片，35℃±1℃，A级)/d	>3							SH/T 0081
机械杂质/%(质量分数)	无							GB/T 511
抗磨损性能(294N，30min)/mm	<0.50							SH/T 0189

注意事项

使用前应对金属零部件进行除锈、清洗、干燥等工序。使用时可刷涂、浸涂或喷涂。勿用手直接接触已涂油的金属部件，以免破坏所形成的防护油膜。

生产厂家

中国石化润滑油有限公司。

4.14.6 长城R5326系列防锈油

产品性能

具有优良的抗湿热性和一定的抗盐雾性。润滑性良好，油膜具有自动修复性能，可作为防锈润滑两用油。涂油零部件在使用时可不必清洗，直接装配。

生产方法

深度精制矿物油为基础油，加入防锈等多种复合添加剂调合而成。

主要用途

适用于黑色金属制品(如铸件)的中期封存防锈工艺。

技术参数

长城R5326系列防锈油的典型数据见表4-14-11。

表 4-14-11　长城 R5326 系列防锈油典型数据

项 目	典型值		试验方法
牌号	R5326A	R5326B	
运动黏度(40℃)/(mm²/s)	25.33	45.52	GB/T 265
闪点(闭口)/℃	110	116	GB/T 261
腐蚀试验(钢片，55℃±2℃，7d)/级	0		SH/T 0080
湿热试验(钢片，49℃±1℃，A 级)/d	>20		GB/T 2361
盐雾试验(钢片，35℃±1℃，A 级)/d	3		SH/T 0081

注意事项

使用前应对金属零部件进行除锈、清洗、干燥等工序。使用时可刷涂、浸涂或喷涂。勿用手直接接触已涂油的金属部件，以免破坏所形成的防护油膜。

生产厂家

中国石化润滑油有限公司。

4.14.7　长城 R5317 液压润滑防锈油

产品性能

具有优良的防锈性，能满足液压油箱系统较长周期的封存防锈或海运出口防锈的工况要求。抗氧化安定性良好，在高温高压条件下油品不易氧化变质，延长使用寿命。抗乳化性良好，能与混入油中的水迅速分离，以免形成乳化液导致液压系统金属材质的锈蚀和降低使用效果。抗磨性及润滑性良好，可保证液压油泵、液压马达、控制阀和油缸中的摩擦副在高压、高速苛刻条件下得到正常的润滑，减少磨损。

生产方法

以深度精制矿物油为基础油，加入多种功能添加剂调合而成。

主要用途

适用于各类液压油箱、机床变速系统、齿轮箱内部及其他需要润滑和防锈双重保护作用的应用场合。

技术参数

长城 R5317 液压润滑防锈油的典型数据见表 4-14-12。

表 4-14-12　长城 R5317 液压润滑防锈油典型数据

项 目	典型值	试验方法
运动黏度(40℃)/(mm²/s)	48.49	GB/T 265
闪点(开口)/℃	216	GB/T 3536
腐蚀试验(45#钢片，100℃，3h)	合格	SH/T 0080
盐雾试验(钢片，35℃±1℃，A 级)/d	2	SH/T 0081
湿热试验(钢片，49℃±1℃，A 级)/d	12	GB/T 2361
空气释放值(50℃)/min	6.8	SH/T 0308
抗乳化性(40-37-3，54℃)/min	25	GB/T 7305
最大无卡咬负荷(P_B 值)/N	932	

注意事项

使用前应对金属零部件进行除锈、清洗、干燥等工序。勿用手直接接触已涂油的金属部件，以免破坏所形成的防护油膜。

生产厂家

中国石化润滑油有限公司。

4.14.8 长城 R5313 系列防锈油

产品性能

具有优良的抗湿热性和人汗置换性，能将金属表面残存的汗液置换除去。抗氧化性能良好，可满足缓和工作条件下设备试车时的润滑要求。

生产方法

深度精制矿物油为基础油，加入多种复合添加剂调合而成。

主要用途

适用于黑色金属制品及零部件的中期封存防锈，也可作为机床液压系统、齿轮箱等部位校验、试车的润滑和防锈。

技术参数

长城 R5313 系列防锈油的典型数据见表 4-14-13。

表 4-14-13 长城 R5313 系列防锈油典型数据

项 目	典型值			试验方法
黏度等级	15	32	46	
运动黏度(40℃)/(mm^2/s)	15.57	32.67	46.05	GB/T 265
闪点(开口)/℃	172	185	210	GB/T 3536
水溶性酸及碱	无			GB/T 259
腐蚀试验(T3 铜片，100℃，3h)	合格			SH/T 0080
人汗置换性(钢片)	合格			SH/T 0311
湿热试验(钢片，49℃±1℃，A 级)/d	>8			GB/T 2361

注意事项

使用前应对金属零部件进行除锈、清洗、干燥等工序。勿用手直接接触已涂油的金属部件，以免破坏所形成的防护油膜。

生产厂家

中国石化润滑油有限公司。

4.14.9 长城 R5316 硅钢铁芯润滑防锈油

产品性能

具有良好的防锈性，可满足加工后铁芯和其他黑色金属的中、短期的封存防锈要求。油膜具有自动修复性能，也可作为交流接触的硅钢片落料时冲模的润剂。涂油的硅钢铁芯可直接装配，不影响交流接触器的断电释放。

生产方法

深度精制矿物油为基础油，加入多种复合添加剂调合而成。

主要用途

适用于交流接触的硅钢片落料时冲模的润滑及加工后铁芯的防锈，也可适用于其他黑色金属的中短期封存防锈。

技术参数

长城 R5316 硅钢铁芯润滑防锈油的典型数据见表 4-14-14。

表 4-14-14 长城 R5316 硅钢铁芯润滑防锈油典型数据

项 目	典型值	试验方法
运动黏度(40℃)/(mm^2/s)	12.90	GB/T 265
闪点(开口)/℃	156	GB/T 3536
水分	痕迹	GB/T 260
倾点/℃	-21	GB/T 3535
腐蚀试验(100℃, 3h) T3 铜片 45#钢片	 合格 合格	SH/T 0080
湿热试验(钢片, 49℃±1℃, A 级)/ d	12	GB/T 2361

注意事项

使用前应对金属零部件进行除锈、清洗、干燥等工序。勿用手直接接触已涂油的金属部件，以免破坏所形成的防护油膜。勿与其他油品混用。

生产厂家

中国石化润滑油有限公司。

4.14.10 长城静电喷涂防锈油

产品性能具有优异的防锈性能，能满钢板中长期叠加封存防锈的要求。清洗性能良好，易清洗去除，不影响后续工序的加工。绝缘性能优良，击穿电压合适，能保证静电涂油机的正常工作，安全性好。表面张力适宜，雾化效果好，涂油均匀。

生产方法

深度精制的矿物油作为基础油，添加多种防锈剂和表面活性剂调配而成。

主要用途

适用于国内外静电喷涂机对冷轧薄板的静电涂油防锈，其中 R5181 静电喷涂防锈油适用于普碳钢板的涂油防锈工艺，R5182 静电喷涂防锈油适用于镀锌钢板的涂油防锈工艺。

技术参数

长城静电喷涂防锈油的典型数据见表 4-14-15。

表 4-14-15 长城静电喷涂防锈油典型数据

项 目	典型值		试验方法
牌号	R5181	R5182	
外观	红棕色至棕褐色液体		目测
运动黏度(40℃)/(mm^2/s)	12.13	12.32	GB/T 265
闪点(开口)/℃	165	166	GB/T 3536
水分	痕迹	痕迹	GB/T 260
湿热试验(钢片, 49℃±1℃, A 级)/d	>30	>25	GB/T 2361
盐雾试验(钢片, 35℃±1℃, A 级)/d	5	4	SH/T 0081

注意事项

不能与其他公司的油品混用，储存和运输过程中应避免水分和杂质混入。使用前应对金属板材进行除锈、清洗、干燥等工艺处理。勿用手直接接触已涂油的金属板材，以免破坏所形成的防护油膜。为保证放锈油使用效果，建议先使用气相防锈纸为涂油的冷轧薄板表面进行包装，然后再用聚乙烯塑料膜(PE)包裹在气相防锈纸外面进行封存处置(避免用 PVC 聚氯乙烯塑料膜)，最后将涂油包装好的钢卷打包妥善保存。

生产厂家

中国石化润滑油有限公司。

4.14.11　长城 R5301 磨削润滑防锈油

产品性能

具有良好的极压性和减摩性，能提高被加工件的表面精度和光洁度。冷却性良好，能及时带走工件加工时产生的热量并延长砂轮的使用寿命。防锈性良好，能满足加工后产品的中期封存防锈的要求。油品色浅，有利于操作者在加工过程中观察被加工件的表面质量。

生产方法

深度精制矿物油为基础油，加入多种复合添加剂调合而成。

主要用途

适用于黑色金属制品(如轴承套圈产品)较轻负荷的磨削、切削润滑和冷却工艺，且可在金属表面形成一定的防护油膜，并可满足加工后产品室内仓储条件下的中期封存防锈要求。

技术参数

长城 R5301 磨削润滑防锈油的典型数据见表 4-14-16。

表 4-14-16　长城 R5301 磨削润滑防锈油典型数据

项 目	典型值	试验方法
色度/号	1.5	
运动黏度(40℃)/(mm^2/s)	7.242	GB/T 265
闪点(开口)/℃	132	GB/T 3536
腐蚀试验(T2 铜片，100℃，3h)/级	1b	
湿热试验(钢片，49℃±1℃，A 级)/d	10	GB/T 2361
最大无卡咬负荷(P_B 值)/N	618	GB/T 3142

注意事项

使用本品时不能和其他公司油品混用。贮存和运输过程中应避免水分和杂质混入。勿用手直接接触已涂油的金属制品，避免破坏所形成的防护油膜。

生产厂家

中国石化润滑油有限公司。

4.14.12　长城 R5231 防锈油

产品性能

具有优异的抗湿热性和抗盐雾性，可满足黑色金属制品的长期封存防锈和海运防锈要求。人汗置换性能良好，能将金属表面残存的汗液置换除去。油膜具有自动修复性能。

生产方法

深度精制矿物油为基础油，加入多种复合添加剂调合而成

主要用途

适用于黑色金属材料及其制品在海洋运输或室内仓储条件下长期存放过程中的封存防锈，如五金工具、机件、标准件等产品的封存防锈，封存防锈周期1～2年。

技术参数

长城R5231防锈油的典型数据见表4-14-17。

表4-14-17 长城R5231防锈油典型数据

项 目	典型值	试验方法
外观	棕色膏状物	目测
腐蚀试验(钢片，55℃±2℃，7d)/级	0	SH/T 0080
湿热试验(49℃±1℃，A级)/d 钢片 铸铁片	 32 12	GB/T 2361
盐雾试验(钢片，35℃±1℃，A级)/d	9	SH/T 0081
叠片试验(钢片，49℃±1℃，7d)	合格	SH/T 0367

注意事项

使用前应对金属零部件进行除锈、清洗、干燥等工序。勿用手直接接触已涂油的金属部件，以免破坏所形成的防护油膜。需热涂使用时，加热油温控制在40～50℃之间最适宜。

生产厂家

中国石化润滑油有限公司。

4.14.13 长城R5312系列防锈油

产品性能

具有良好的抗湿热性，可满足黑色金属制品的中、短期封存的防锈要求。润滑性良好，可作为防锈润滑两用油。油膜具有自动修复性能。

生产方法

深度精制矿物油为基础油，加入多种复合添加剂调合而成。

主要用途

适用于机床变速系统、齿轮箱内部的润滑和防锈以及各种黑色金属制品和其他机械零件库存及产品的出厂的中、短期封存防锈。

技术参数

长城R5312系列防锈油的典型数据见表4-14-18。

表4-14-18 长城R5312系列防锈油典型数据

项 目	典型值			试验方法
黏度等级	10	20	30	
运动黏度(50℃)/(mm^2/s)	10.20	21.07	30.30	GB/T 265
闪点(开口)/℃	168	186	196	GB/T 3536
水溶性酸及碱	无	无	无	GB/T 259
腐蚀试验(T3铜片，100℃，3h)	合格	合格	合格	
湿热试验(10#钢片，49℃±1℃，A级)/d	>9	>9	>9	GB/T 2361

注意事项

使用前应对金属零部件进行除锈、清洗、干燥等工序。使用时可刷涂、浸涂或喷涂。勿用手直接接触已涂油的金属部件，以免破坏所形成的防护油膜。

生产厂家

中国石化润滑油有限公司。

4.14.14 长城 R5001 防锈油

产品性能

防锈性良好，可作为油浸封存防锈和工序间防锈。抗氧化安定性良好，油品使用过程中不易氧化变质。油浸后的金属制品在使用时可不必清洗，直接装配。

生产方法

深度精制矿物油为基础油，加入多种复合添加剂调合而成。

主要用途

适用于微型轴承、钟表元件等黑色金属制品的油浸封存防锈和工序间防锈

技术参数

长城 R5001 防锈油的典型数据见表 4-14-19。

表 4-14-19 长城 R5001 防锈油典型数据

项 目	典型值	试验方法
运动黏度(40℃)/(mm^2/s)	10.02	GB/T 265
闪点(开口)/℃	152	GB/T 3536
水溶性酸及碱	无	GB/T 259
腐蚀试验(T3 铜片，100℃，3h)	合格	
湿热试验(钢片，49℃±1℃，A 级)/d	6	GB/T 2361

注意事项

使用前应对金属零部件进行除锈、清洗、干燥等工序。使用时可刷涂、浸涂或喷涂。勿用手直接接触已涂油的金属部件，以免破坏所形成的防护油膜。

生产厂家

中国石化润滑油有限公司。

4.14.15 KLA8402 薄层长效封存防锈油

产品性能

可以通过浸渍、刷抹、喷涂等方法使用，溶剂挥发后能在金属表面形成透明油膜，形成的油膜可用烃类溶剂或合适的碱性清洗剂去除。防锈期长，性能稳定。使用安全，工作人员无须专门防护。水置换性能良好。

生产方法

精制矿物油、高闪点溶剂油为基础油，添加防锈剂、抗氧剂等优质添加剂调制而成。

主要用途

适用于对汽车部件、型材、管材及其他机器设备的长期封存，或运输过程中的腐蚀防护。

技术参数

KLA8402 薄层长效封存防锈油的典型数据见表 4-14-20。

表 4-14-20　KLA8402 薄层长效封存防锈油典型数据

项 目	典型值	试验方法
外观	棕色	目测
运动黏度(40℃)/(mm^2/s)	2.161	GB/T 265
闪点(开口)/℃	64	GB/T 3536
水分/%	0	GB/T 260
防护时间		
室内/月	>24	—
室外/月	>18	—
防锈性能		
盐雾箱/d	7	SH/T 0081
湿热箱/d	38	GB/T 2361

注意事项

转运过程中应将所使用容器、油罐、管线、阀门等认真清洗、检验合格防止污染。储存容器必须专用并且尽量在户内或可控制的气候环境下储存。储存容器必须防水、防潮、防机械杂质进入。室内储存确需室外储存时须将桶平放以免水分侵入并保护桶上标识不被擦除。储存温度不能高于60℃，避免暴晒和严寒。

生产厂家

中国石油天然气股份有限公司润滑油分公司。

4.14.16　KLA8403 润滑型防锈油

产品性能

可以通过浸渍、刷抹、喷涂等方法使用，溶剂挥发后能在金属表面形成透明油膜。防锈期长，性能稳定。水置换性能良好。对转动或滑动部件，具有良好的腐蚀防护及润滑性能。

生产方法

精制矿物油为基础油，添加防锈剂、抗磨剂、抗氧剂等优质添加剂调制而成。

主要用途

适用于对汽车部件、型材、管材及其他机器设备的长期封存，或运输过程中的腐蚀防护。

技术参数

KLA8403 润滑型防锈油的典型数据见表 4-14-21。

表 4-14-21　KLA8403 润滑型防锈油典型数据

项 目	典型值	试验方法
外观	棕色	目测
运动黏度(40℃)/(mm^2/s)	54	GB/T 265
闪点(开口)/℃	75	GB/T 3536
水分/%	0	GB/T 260
防护时间/月		
室内	>24	—
室外	>12	—
防锈性能		
盐雾箱/d	7	SH/T 0081
湿热箱/d	44	GB/T 2361

注意事项

转运过程中应将所使用容器、油罐、管线、阀门等认真清洗、检验合格防止污染。储存容器必须专用并且尽量在户内或可控制的气候环境下储存。储存容器必须防水、防潮、防机械杂质进入。室内储存确需室外储存时须将桶平放以免水分侵入并保护桶上标识不被擦除。储存温度不能高于60℃，避免暴晒和严寒。

生产厂家

中国石油天然气股份有限公司润滑油分公司。

4.14.17 KLA8404 聚苯胺型防锈油

产品性能

由于油溶性苯胺聚合物的存在，使本产品具有突出的抗盐雾性能。盐雾性能优异，水置换性能良好，防锈期长，性能稳定。使用安全工作人员无须专门防护。

生产方法

以精制矿物油、高闪点溶剂油为基础油，添加油溶性苯胺聚合物、防锈剂、抗氧剂等优质添加剂调制而成。

主要用途

适用于对汽车部件、型材、管材及其他机器设备的长期封存，或运输过程中的腐蚀防护。

技术参数

KLA8404 聚苯胺型防锈油的典型数据见表 4-14-22。

表 4-14-22 KLA8404 聚苯胺型防锈油典型数据

项 目	典型值	试验方法
外观	棕黑色	目测
运动黏度(40℃)/(mm^2/s)	44	GB/T 265
闪点(开口)/℃	85	GB/T 3536
水分/%	0	GB/T 260
防护时间/月		
室内	>24	—
室外	>12	—
防锈性能		
盐雾箱/d	11	SH/T 0081
湿热箱/d	80	GB/T 2361

注意事项

转运过程中应将所使用容器、油罐、管线、阀门等认真清洗、检验合格防止污染。储存容器必须专用并且尽量在户内或可控制的气候环境下储存。储存容器必须防水、防潮、防机械杂质进入。室内储存确需室外储存时须将桶平放以免水分侵入并保护桶上标识不被擦除。储存温度不能高于60℃，避免暴晒和严寒。

生产厂家

中国石油天然气股份有限公司润滑油分公司。

4.14.18 KLA8405 薄层防锈油

产品性能

棕色透明液体。无特殊异味，属非易燃易爆品。具有优良的抗湿热、抗盐雾性能，防锈效果良好。产品性能稳定、使用后易清除、成本低。无油品沉淀的问题、使用安全。

生产方法

采用精制矿物油，并以防锈剂为主剂，辅以抗氧剂调配而成。

主要用途

适用于钢、铜及铜合金、镀锌钝化、镀铬钝化、法兰硅钢片等制件库存油封。在需要工序间封存、长期封存防锈的钢铁生产、金属加工等行业有广泛的应用。

技术参数

KLA8405 薄层防锈油的典型数据见表 4-14-23。

表 4-14-23 KLA8405 薄层防锈油典型数据

项 目	典型值	试验方法
外观	棕色	目测
运动黏度(40℃)/(mm^2/s)	33.21	GB/T 265
闪点(开口)/℃	202	GB/T 3536
水分/%	痕迹	GB/T 260
防锈性能		
盐雾箱/h	168	SH/T 0081
湿热箱/h	360	GB/T 2361

注意事项

置于密闭容器内、闭光妥善保存。防止水、灰尘、异物侵入。本油品可与国内外各石油公司相同黏度等级油品互换使用，但不可混兑使用。在常温、开放工况的条件使用，应避免水、汗等杂质混入产品中，从而影响产品的防锈效果。尽量避免接触皮肤，使用时最好戴防渗手套。如不慎进入眼睛，应立即用大量的清洁水进行冲洗至少 15min。

生产厂家

中国石油天然气股份有限公司润滑油分公司。

4.14.19 KLA8406 轴承减振防锈润滑油

产品性能

可以通过浸渍、刷抹、喷涂等方法使用，溶剂挥发后能在金属表面形成透明油膜。具有良好的减振性能和润滑性能。防锈期长，性能稳定。使用安全，工作人员无须专门防护。

生产方法

以精制矿物油、高闪点溶剂油为基础油，添加防锈剂、油性剂、抗磨极压剂等优质添加剂调制而成。

主要用途

适用于对轴承产品的长期封存或运输过程中的腐蚀防护。

技术参数

KLA8406 轴承减振防锈润滑油的典型数据见表 4-14-24。

表 4-14-24　KLA8406 轴承减振防锈润滑油典型数据

项 目	典型值	试验方法
运动黏度(40℃)/(mm^2/s)	67.2	GB/T 265
闪点(开口)/℃	81	GB/T 3536
最大无卡咬负荷((P_B 值)/N	632	GB/T 3142
防锈性能		
盐雾箱/h	7	SH/T 0081
湿热箱/h	38	GB/T 2361
振动值降低(6308/C3Z1 轴承)/dB	9	JB/T 5314

注意事项

转运过程中应将所使用容器、油罐、管线、阀门等认真清洗、检验合格防止污染。储存容器必须专用并且尽量在户内或可控制的气候环境下储存。储存容器必须防水、防潮、防机械杂质进入。室内储存确需室外储存时须将桶平放以免水分侵入并保护桶上标识不被擦除。储存温度不能高于60℃，避免暴晒和严寒。

生产厂家

中国石油天然气股份有限公司润滑油分公司。

4.14.20　GY-12 溶剂挥发型薄层防锈油

产品性能

符合 SGS 标准要求，属于环保型防锈油。

生产方法

新型缓蚀剂、成膜剂、助剂及石油溶剂配制而成。

主要用途

适用于各类黑色金属制品的封存防锈。

技术参数

GY-12 溶剂挥发型薄层防锈油的典型数据见表 4-14-25。

表 4-14-25　GY-12 溶剂挥发型薄层防锈油典型数据

项目	质量指标	试验方法
外观	浅黄色透明油状物	目测
闪点/℃	≥40(可调节)	GB/T 261
喷涂性	油膜连续	GB/T 4879
腐蚀试验(7d)/级		SH/T 0080
钢	A	
铸铁	A	
黄铜	A	
湿热试验/级		GB/T 2361
钢 (30d)	A	
铸铁(30d)	A	
黄铜(20d)	A	
盐雾试验(10 #钢，24h)	通过	SH/T 0081
封存防锈试验(钢、铸铁)	2 年无锈	目测

注意事项

应在通风的场所进行操作。远离热源，禁止火源，注意防火安全。

生产厂家

广州机械科学研究院。

4.14.21 GY-11A 水溶性环保防锈剂

产品性能

不含亚硝酸钠以及硫、磷、氯、酚等对人体及环境有毒有害物质。对钢铁制件及铜件等具有良好的缓蚀性能。

生产方法

由多种缓蚀剂及助剂按预定比例复配而成。

主要用途

适用于体积小的机械零件工序间浸泡防锈，以及适用于机械零件采用水基清洗剂清洗后的直接防锈处理。

技术参数

GY-12 溶剂挥发型薄层防锈油的典型数据见表 4-14-26。

表 4-14-26 GY-12 溶剂挥发型薄层防锈油典型数据

项 目	典型值	试验方法
外观	无色透明液体	目测
pH 值(5% 浓度)	8 ~9.5	pH 试纸
腐蚀试验(原液，55℃±2℃，7d) 铸铁 黄铜	 合格 合格	SH/T 0080
湿热试验(原液封存，49℃±1℃，RH≥95%)/级 钢(30d) 黄铜(15d)	 A A	GB/T 2631
防锈试验(铸铁 5% 液，35℃±2℃，RH≥95%) 单片(48h) 迭片(24h)	 合格 合格	GB/T 6144
烧结负荷(P_D)/N	1176	GB/T 3142
最大无卡咬负荷(P_B)/N	176	GB/T 3142

注意事项

根据不同用途和不同产品的实际需要加入，搅拌均匀即可。

生产厂家

广州机械科学研究院。

4.14.22 RP016A 硬膜防锈油

产品性能

具有防锈膜干爽，防锈时间长(2 ~3 年)的特点，对潮湿和含盐的气雾有较强的抗蚀能力。干性膜致密，对雨水及盐雾有良好的隔绝性。不含树脂成分，表面容易清洗。

生产方法

由成模剂、油溶性缓蚀剂、改性蜡膜以及特殊溶剂等经过特殊工艺配制而成。

主要用途

适用于新设备导轨面、及其他易生锈部位、汽车底盘等对防锈要求高场合的防锈。

技术参数

RP016A 硬膜防锈油的典型数据见表 4-14-27。

表 4-14-27 RP016A 硬膜防锈油典型数据

项 目	典型值	试验方法
外观	红褐色透明油状液	目测
盐雾试验(NSS)/h	≥500	GB/T 10125
喷涂性(5℃±1℃)	油膜连续	GB/T 4879
水置换性	完全置换	GB/T 4879

注意事项

在储存和停止使用时应避免污染。该油品可以采用刷涂等方式。涂油时工件表面应清洁，不存在油污、手汗和水分，以确保防锈质量。避免在油品内混入水分等异物。

生产厂家

广州联诺化工科技有限公司。

4.14.23 RP014D 薄层防锈油

产品性能

属挥发性长期防锈油，具有优良的抗盐雾、排水性能和抗手汗性能，防锈时间很长。抗盐雾和抗酸雾性能良好，能够满足苛刻的海上运输防锈需要。平均厚度为 3.5 ~ 5.0 μm，不影响工件的外观。易清洗，不影响后序加工，对烤漆件和塑料件等无影响。符合出口国际市场的环保要求。

生产方法

由成膜剂、油溶性缓蚀剂和精制石油溶剂经特殊工艺调配而成。

主要用途

可用于精密五金零件的防锈，特别适合于碳钢件和铸铁类零件的防锈处理。

技术参数

RP014D 薄层防锈油的典型数据见表 4-14-28。

表 4-14-28 RP014D 薄层防锈油典型数据

项 目	典型值	试验方法
外观	浅黄色液体	目测
运动黏度(40℃)/(mm^2/s)	1.6	GB/T 265
闪点 /℃	45	GB/T 267
喷涂性(5℃±1℃)	油膜连续	GB/T 4879

注意事项

可以采用浸泡，刷涂或喷涂等方式。涂油时工件表面应清洁，尽可能不存在油污、手汗和水分，以确保防锈质量。油品在储存和使用过程中应避免污染，防止溶剂挥发和避免混入水分等异物。

生产厂家

广州联诺化工科技有限公司。

4.14.24 RP014A-SY 速干防锈油

产品性能

属挥发性长期防锈油。具有优良的抗盐雾和抗手汗性能，防锈时间很长。油膜很薄，平均厚度为 1～2μm，不影响工件的外观。抗盐雾性能良好，能够满足苛刻的海上运输防锈需要。符合出口国际市场的环保要求。

生产方法

由成膜剂、油溶性缓蚀剂和精制石油溶剂经特殊工艺调配而成。

主要用途

可用于精密五金零件的防锈，特别适合于碳钢件和铸铁类零件的防锈处理。

技术参数

RP014A-SY 速干防锈油的典型数据见表 4-14-29。

表 4-14-29 RP014A-SY 速干防锈油典型数据

项　　目	典型值	试验方法
外观	浅黄色液体	目测
运动黏度(40℃)/(mm^2/s)	1.6	GB/T 265
喷涂性(5℃±1℃)	油膜连续	GB/T 4879
盐雾试验(NSS，45#钢)/h	>72	GB/T 10125

注意事项

可以采用浸泡，刷涂或喷涂等方式。涂油时工件表面应清洁，尽可能不存在油污、手汗和水分，以确保防锈质量。油品在储存和使用过程中应避免污染，防止溶剂挥发和避免混入水分等异物。

生产厂家

广州联诺化工科技有限公司。

4.14.25 RP018A 防锈水

产品性能

对钢铁制件及铜件等具有良好的缓蚀性能。通常的包装材料，如聚乙烯薄膜、复合纸、中性蜡纸或苯甲酸钠防锈纸配合包装封存，防锈实效可达一年以上。稀释至 10%～15% 浓度后使用，喷撒于中间库堆放的机械件上，每周再重复喷洒一次，可以达到中间库防锈的目的。将机械零件浸泡于 4%～10% 的稀释液中，有包装工艺，防锈时间可达 2～3 个月。

生产方法

由多种缓蚀剂及多种助剂按比例复配而成。

主要用途

适用于机械零件采用水基清洗剂清洗后的直接防锈处理，也适用于体积较大的机械件短期防锈处理，以及体积小的机械零件工序间浸泡防锈。

技术参数

RP018A 防锈水的典型数据见表 4-14-30。

表 4-14-30 RP018A 防锈水典型数据

项　　目	典型值	试验方法
外观	均相液	目测
pH 值	9～9.5	GB/T 261
铸铁屑防锈	1 级，无锈点	IP287

注意事项

置于阴凉干燥处密封存放。使用时，保证原液与水调配搅拌均匀。禁止混入金属碎屑、绒毛等杂物。

生产厂家

广州联诺化工科技有限公司。

4.14.26 RP018D 短期防锈水

产品性能

无毒，不含亚硝酸钠，对钢铁制件等具有良好的缓蚀性能。稀释到 10% ~15% 后使用，喷撒于中间库堆放的机械件上，每隔周再重复喷洒一次，可以达到中间库防锈的目的。

生产方法

由多种缓蚀剂及多种助剂按比例复配而成。

主要用途

适用于体积较大的机械件短期防锈处理，以及体积小的机械零件工序间浸泡防锈。

技术参数

RP018D 短期防锈水的典型数据见表 4-14-31。

表 4-14-31 RP018D 短期防锈水典型数据

项　　目		典型值	试验方法
外观		均相液	目测
pH 值		9.0 ~9.5	
腐蚀试验(7d)/级	钢	0	SH/T 0080
	铸铁	0	
	黄铜	0	
湿热试验(30d)/级	钢	0	GB/T 2361
	铸铁	0	
	黄铜	0	
封存防锈试验(钢、铸铁、黄铜)		半年以上	目测

注意事项

置于阴凉干燥处密封存放。使用时，保证原液与水调配搅拌均匀。禁止混入金属碎屑、绒毛等杂物。

生产厂家

广州联诺化工科技有限公司。

4.14.27 SF/Y 116G 溶剂稀释型超薄硬膜防锈油

产品性能

不含亚硝酸盐、铬酸盐、磷酸盐等。具有油膜薄，干燥快、透明美观等特点。防锈性能优异。快干非黏性硬膜，透明美观，油膜薄(10 ~15μm)。石油溶剂易于擦除。

生产方法

采用树脂和聚合物为成膜材料，复配油溶性缓蚀剂调至而成。

主要用途

适用于黑色金属、铜及铜合金、铝及铝合金、镀锌板凳金属材料的室内外封存防护。封存防锈期 2 年以上。

技术参数

SF/Y 116G 溶剂稀释型超薄硬膜防锈油的技术参数见表 4-14-32。

表 4-14-32　SF/Y 116G 溶剂稀释型超薄硬膜防锈油技术参数

项　目		SF/Y116G	试验方法
外观		深棕色透明液体	目测
膜厚/μm		10～15	SH/T 0105
回复温度/℃	不高于	15	
指触干燥时间/min	不大于	15	SH/T 0063
湿热试验(10 号钢，A 级)/h	不少于	720	SH/T 2361
盐雾试验(10 号钢，A 级)/h	不少于	72	SH/T 0081
腐蚀性试验/(mg/cm^2)		合格	SH/T 0080

注意事项

存放于阴凉通风处，防止日晒雨淋。密封保存，避免混入水分或其他杂质。按易燃化学品贮存和保管。使用时要确保金属工件表面清洁干燥，且油料温度不能低于 15℃。浸、喷、刷均可。溶剂油通风晾干后即可包装。为保证油膜厚度，使用中应适量补充挥发损失的 120#溶剂油。停止使用时油槽应加盖密封。应在通风的场所进行操作，远离热源，禁止火源，注意防火安全。

生产厂家

沈阳防锈包装材料有限公司。

4.14.28　FD 静电喷涂防锈油

产品性能

具有良好的电性能，保证静电喷涂油机的正常工作。表面张力适宜，雾化均匀。防锈性能优良。

生产方法

精制矿物油添加多种防锈剂和助剂组成。

主要用途

适用于冶金行业冷轧薄板的涂油防锈。

技术参数

FD 静电喷涂防锈油的企业标准见表 4-14-33。

表 4-14-33　FD 静电喷涂防锈油企业标准

项目		FD-3310	FD-3320	测试方法
外观		红棕色液体	红棕色液体	目测
密度（20℃）/(kg/m^3)		0.82～0.90	0.88～0.92	GB/T2540
运动黏度(40℃)/(mm^2/s)		10±2	20±5	GB/T265
倾点/℃	不高于	-10	-10	GB/T 3535
闪点/℃	不低于	130	180	GB/T 267
酸值/(mgKOH/g)	不大于	0.6	0.6	GB/T 264
水分		痕迹	痕迹	GB/T 260
机械杂质/%	不大于	0.02	0.02	GB/T 511
人汗置换性(钢性)		合格	合格	SH/T 0311

续表

项目		FD-3310	FD-3320	测试方法
水置换性(钢性)		合格	合格	SH/T 0036
湿热试验/ d 45#钢 铸铁	不小于	 14 —	 14 10	GB/T 2361
盐雾试验（钢)/d	不小于		5	SH/T 0081
盐水浸渍(钢)/d	不小于	5		
腐蚀试验/d 45#钢 铸铁 黄铜	不小于	 7 7 7	 7 7 7	SH/T 0080
叠片试验(钢)/d	不小于	7	7	SH/T 0367
导电性		0.2~0.4	0.2~0.4	
击穿电压 /kV	不小于	25	25	GB/T 507

注意事项

存放于阴凉干燥之处。防止水分、杂质混入。

生产厂家

武汉一枝花油脂化工有限公司

4.14.29 优耐 ECP500 静电喷涂防锈油

产品性能

具有优良的电性能，导电率低，保证静电喷涂机的正常工作。适合的表面张力，保证雾化优良。有极好的防锈性能和一定的润滑性。

生产方法

采用精制矿物基础油，添加多种功能添加剂调配而成。

主要用途

适用于静电喷涂机对冷轧薄板的涂油防锈。

技术参数

优耐 ECP500 静电喷涂防锈油的企业标准见表 4-14-34。

表 4-14-34　优耐 ECP500 静电喷涂防锈油企业标准

项目		510	520	试验方法
外观		红棕色液体	红棕色液体	目测
密度(15℃)/(kg/L)		0.875	0.885	GB/T 1884
运动黏度(40℃)/(mm^2/s)		16 ± 2	16 ± 2	GB/T 265
闪点(开口)/ ℃	不低于	145	140	GB/T 3536
倾点/℃	不高于	-15	-15	GB/T 355
酸值/(mgKOH/g)	不大于	1.5	1	GB/T 8021
腐蚀性(55℃±2℃，7d，45#钢)/级		1	1	SH/T 0080

续表

项目	510	520	试验方法
盐雾试验(45#钢)/d	4	4	SH/T 0081
湿热试验(45#钢，14d)/级 叠片试验(7d，45# 钢)/级 人汗置换性 水置换性	A 1 合格 合格	A 1 合格 合格	GB/T 2361 SH/T 0367 SH/T 0311 SH/T 0036

注意事项

不应储存在超过60℃或严寒的环境中，更不应暴露在强光下。当温度在凝固点以上时，容器应密封、加盖放置。操作者避免与油品接触。要保持良好的个人卫生。若可能有长时间或重复的接触，应穿戴好防护衣物。

生产厂家

德国北欧石油(中国)投资有限公司。

4.14.30 ZYS-203 薄层防锈油

产品性能

不分层、不沉淀、无机械杂质，无臭味，易清洗。

生产方法

采用多种优质防锈剂和基础油制成。

主要用途

适用于轴承及汽车、摩托车零件、同床、块规、钢球等精密机械零件的防锈封存。防锈期二年以上。

技术参数

ZYS-203 优质薄层防锈油的技术参数见表4-14-35。

表 4-14-35 ZYS-203 薄层防锈油技术参数

项 目	质量指标	试验方法
外观	透明均匀油体	目测
湿热试验	合格	GB/T 2361
盐水浸渍试验	合格	SH/T 0025
全浸腐蚀试验(55℃±1℃，7d)	合格	SH/T 0081
重迭试验收(49℃)	合格	SH/T 0367

注意事项

储存在干燥通风的库房内。严禁日晒、雨淋。使用时远离火源。

生产厂家

洛阳轴承研究所有限公司。

4.14.31 ZYS-991 轴承减振润滑防锈油

产品性能

不沉淀分层，可使轴承的振动值平均降低1～3dB。具有良好的减摩抗磨性，满足轴承的一般润滑要求。

生产方法

矿物基础油与防锈、防腐蚀、抗氧、减磨等添加剂制成。

主要用途

主要用于低噪声轴承的封存润滑，也可用于钢、铜、铝等金属零部件的防锈封存。防锈可达到1~2年。

技术参数

ZYS-991轴承减振润滑防锈油的主要技术参数见表4-14-36。

表4-14-36　ZYS-991轴承减振润滑防锈油技术参数

项 目	质量指标	试验方法
外观	透明均匀油体	目测
湿热试验(49℃±1℃，14d)	合格	GB/T 2361
盐雾试验	合格	SH/T 0081
全浸腐蚀试验(55℃±1℃，7d)	合格	SH/T 0080
重迭试验(49℃±1℃ ，14d)	合格	SH/T 0367

注意事项

储存在干燥通风的库房内。严禁日晒、雨淋。使用时远离火源。

生产厂家

洛阳轴承研究所有限公司。

4.14.32　TS-1脱水防锈油

产品性能

能脱除金属表面的水分，并在其上附着一层防锈油膜而保护金属不受腐蚀，具有脱水和防锈双重功能。

生产方法

采用多种防锈剂及润滑油等制成。

主要用途

适用于黑色金属和有色金属的加工件，如机加工车间、表面处理车间、热处理车间、水剂清洗工段及入库存前零件的脱水油封，或工作状态与水接触，而在停止运转时需要油封的机件等。工序间防锈期2月以上。

技术参数

TS-1脱水防锈油的企业标准见表4-14-37。

表4-14-37　TS-1脱水防锈油企业标准

项目		质量指标	试验方法
外观		棕红色透明油状液体	目测
水分	不大于	痕迹	GB/T 260
水溶性酸或碱		无	GB/T 259
水置换性		无锈蚀、无污浊	SH/T 0036

续表

项目		质量指标	试验方法
湿热试验/级			GB/T 2361
(45#钢，5d)	不大于	0	
(H62 铜，5d)	不大于	1	
(LY-12 铝，5d)	不大于	1	
叠片试验(钢片，5d)/级	不大于	0	SH/T 0367
腐蚀试验/级			SH/T 0081
(45#钢，5d)	不大于	0	
(H62 铜，5d)	不大于	1	
(LY-12 铝，5d)	不大于	1	
人汗置换性（45#钢 ）		无锈	SH/T 0311

注意事项

金属工件表面若有油污或铁屑应先在含表面活性剂的清洗液中清洗干净，然后再浸入置换性防锈油中，浸油时间应大于1min，不时振动，效果更佳。对于孔隙、盲孔和内腔的零部件，在浸油过程中翻动、抖动以利于彻底脱水。浸油油槽的底部应设计成锥形，并安装阀门，以使定期限排除槽内沉积的水分和其他污物。

生产厂家

南京三宁油品开发有限公司。

4.14.33 TS-5 脱水防锈油

产品性能

在室温下将工件表面的大量水分脱除，具有脱水、防锈的双重性能。可简化防锈工艺，提高防锈质量，节约能源，并可与901 和 F-35 防锈油配套使用。

生产方法

采用于低黏度矿物基础油、磺酸盐及各种添加剂调制而成。

主要用途

适用于钢和铸铁件的加工、表面处理、喷砂、热处理、化学防锈工艺，水清洗等工序间需脱去水分的防锈工艺工序间防锈期两个月以上。

技术参数

脱水防锈油企业标准见表4-14-38。

表 4-14-38　TS-5 脱水防锈油企业标准

项目		质量指标	试验方法
外观		棕红色透明油状液体	目测
水置换性		无锈蚀、无污浊	SH/T 0036
湿热试验(45#钢，5d)/级	不大于	A	GB/T 2361
叠片试验(钢片，5d)/级	不大于	0	SH/T 0367

续表

项目	质量指标	试验方法
腐蚀试验(45#钢，5d)/级 不大于	0	SH/T 0081
人汗置换性（45#钢 ）	无锈蚀	SH/T 0311

注意事项

金属工件表面若有油污或铁屑应先在含表面活性剂的清洗液中清洗干净，然后再浸入置换性防锈油中，浸油时间应大于1min，不时振动，效果更佳。对于孔隙、盲孔和内腔的零部件，在浸油过程中翻动、抖动以利于彻底脱水。浸油油槽的底部应设计成锥形，并安装阀门，以使定期限排除槽内沉积的水分和其他污物。

生产厂家

南京三宁油品开发有限公司。

4.14.34 MD-907 冷涂型防锈脂

产品性能

色泽鲜艳，涂覆性好。生产方法

主要用途

适用于常温下涂刷机床等大件的封存防锈处理，对钢件包装封存，封存期在三年以上，对铜也有较好的防锈效果。

技术参数

MD-907 冷涂型防锈脂的企业标准见表4-14-39。

表4-14-39 MD-907 冷涂型防锈脂企业标准

项 目	质量指标	试验方法
外观	桔红色均匀油膏	目测
滴点/℃ 不低于	55	SH/T 0115
水溶性酸或碱	无	GB/T 259
锥入度(25℃，150g)/0.1mm 不小于	200	GB/T 269
水分	无	GB/T 512
油基稳定性	合格	
叠片试验钢片(7d)/级 不大于	0	SH/T 0367
腐蚀试验(14d)		SH/T 0081
铸铁片	合格	
铜片	合格	
湿热试验/d		GB/T 2361
钢片 不少于	30	
铸铁片 不少于	14	

注意事项

存放于阴凉干燥处。使用过程中，不应混入其他防锈油脂，以免影响使用效果。

生产厂家

南京三宁油品开发有限公司。

4.14.35　6911 防锈润滑脂

产品性能

具有良好的防锈性、润滑性和抗氧化安定性，对黑色金属和有色金属均有良好的防锈效果。油膜较厚，粘附性好。防锈期可达 2 年以上。

生产方法

采用烃类稠化剂稠化精制矿油，并加有各种防锈、抗氧、抗磨添加剂精制而成。

主要用途

适用于钢、铁等黑色金属和铜、铝等有色金属的封存防锈，特别适合于露在室外工作的链条、铰链、缆绳、滑道等部件的长期防锈和润滑。

技术参数

6911 防锈润滑脂的典型数据见表 4-14-40。

表 4-14-40　6911 防锈润滑脂典型数据

项　目		典型值		试验方法
		A	B	
外观		黄色均匀油膏	黄色均匀油膏	目测
滴点/℃	不低于	55	80	GB/T 4929
水溶性酸碱/%		无	无	GB/T 259
水分/%		无	无	GB/T 512
盐雾(45#钢，35℃±1℃)/d	不小于	14	14	SH/T 0681
湿热试验(45#钢，49℃±1℃)/d	不小于	30	30	GB/T 2361
四球试验(1500r/min) P_B/N	不小于	800	800	GH/T 3142

注意事项

使用热除法，即将本品加热到滴点以上 10℃左右使其变成液体，将工件浸入其中或涂刷在工件表面即可。勿与其他防锈油脂混用。

生产厂家

武汉博达特种润滑技术有限公司。

4.14.36　FR951 防锈脂

产品性能

防锈膜厚，耐大气、耐湿热、抗盐雾。粘附性强，油膜不流挂，对于机床导轨和设备非涂装面等大面积防锈有良好效果。封存防锈期可达 2 年以上。

生产方法

采用高黏度润滑油为基础油，加入多种防锈剂和稠化剂调制而成。

主要用途

适用于机床导轨、工作台面和其他设备非涂装面等大面积中、长期防锈。

技术参数

FR951 防锈脂的企业标准见表 4-14-41。

表 4-14-41　FR951 防锈脂企业标准

项　目	质量指标	试验方法
外观	浅褐色均匀油膏	目测
滴点 / ℃　不低于	50	GB/T 1929
腐蚀试验(80℃ ±2℃，钢片，14d)/级 不大于	0	—
湿热试验(钢片，49℃ ±1℃)/d　不小于	30	GB/T 2361
盐雾试验(钢片，35℃ ±1℃)/d　不小于	14	SH/T 0080

注意事项

使用前应对金属零部件进行除锈、清洗、干燥等处理。加热使用时，油温不得超过 80℃，溶解均匀后，小件可浸涂或刷涂；大件可刷涂，涂层油膜必须均匀，不要漏刷。勿用手直接接触已涂油的金属部件。贮存、运输和使用过程中应避免水分和杂质混入，远离火源、热源。

生产厂家

安庆中天石油化工有限公司。

4.14.37　SYQ-10 气相防锈油

产品性能

呈棕红色透明油状。不仅具有普通防锈油的接触性能，还具有良好的气相防锈能力和润滑性。是结构复杂的大型设备内腔密闭系统的理想防锈材料。

生产方法

主要用途主要用于发动机、传动装置、齿轮箱、油压装置、压缩剂等密闭系统内腔金属表面的封存防锈。封存防锈期达一年以上。

技术参数

SYQ-10 气相防锈油的企业标准见表 4-14-42。

表 4-14-42　SYQ-10 气相防锈油企业标准

项　目	质量指标	试验方法
运动黏度(40℃)/(mm^2/s)　不小于	10	GB/T 265
闪点/℃　不低于	115	GB/T 3536
倾点/℃　不高于	-25	GB/T 3535
湿热试验(钢)/级	A	GB/T 2361
水置换性(钢)	无腐蚀和污渍	SH/T 0036
腐蚀失重(7d)/(mg/cm^2) 钢 铝 铜	 ±0.1 ±0.1 ±0.1	SH/T 0080
气相防锈性(碳钢)	无锈	SH/T 0660
暴露后的气象防锈性(碳钢)	无锈	SH/T 0660

注意事项

避光保存。使用时尽量保持金属表面干净，保持良好通风。

生产厂家

苏州特种化学品有限公司。

4.14.38 ANTICORIT OHK 低噪音快干式防锈油

产品性能

形成一层薄的、含油、不固化的保护膜。油膜薄，对铁和有色金属尤其是对抗手汗，具有优良的防锈性能。润滑性能好，并具有排水的作用。

主要用途

可用于各种零部件，如汽车发动机连杆、曲轴等部件，壳体以及板材件如车身冷轧钢板冲压件的中、长期防锈。特别适用于轴承的防锈，在轴承行业得到广泛应用。

技术参数

ANTICORIT OHK 低噪音快干式防锈油的典型数据见表 4-14-43。

表 4-14-43 ANTICORIT OHK 低噪音快干式防锈油典型数据

项 目	典型值					试验方法
	230	230L	210	305	315	
运动黏度(40℃)/(mm^2/s)	2.08	0.94	1.29	1.75	2.21	DIN-ISO 2049
闪点/℃	60	—	>40	>65	>65	DIN-ISO 2592
密度（15℃)/(g/mL)	0.81	0.757	0.788	0.794	0.808	DIN 51757
油膜质量/(g/ m^2)	3.0	2.5	1.0	0.6	1.5	FLP * F3
盐雾试验	72	42	24	4	8	DIN 50021SS

注意事项

储存时应注意通风、防火，加盖密封。使用时应将工件表面锈迹、油污等清洗干净。

生产厂家

福斯润滑油中国有限公司。

4.14.39 ANTICORIT DW BIO 溶剂型防锈剂

产品性能

形成极薄的油模，具有良好的排水性能。抗潮湿性优异。

主要用途

适用于表面经过磷化或镀层处理的金属制品的短、中期防锈。

技术参数

ANTICORIT DW BIO 溶剂型防锈剂的典型数据见表 4-14-44。

表 4-14-44 ANTICORIT DW BIO 溶剂型防锈剂典型数据

项 目	典型值	试验方法
运动黏度(20℃)/(mm^2/s)	3.3	DIN-ISO 2049
闪点/℃	62	DIN-ISO 2592
密度（15℃)/(g/mL)	0.811	DIN 51757
油膜质量/(g/ m^2)	0.8	FLP * F3
盐雾试验	912	DIN 50021SS

注意事项

储存时注意通风、防火。使用时遵守相关安全规定。

生产厂家

福斯润滑油中国有限公司。

4.14.40 福斯 ANTICORIT DWF 8301 脱水型防锈剂

产品性能

最新一代不含钡、具有脱水性能的防锈剂，在金属表面可形成稳定的薄蜡膜。抗乳化性能和防锈性能优异。其极薄的蜡膜与通用的发动机油，齿轮油相容，使用时不用去除。无味。具有稳定的抗酸碱污染性能。

主要用途

适用于金属零部件、工具(刀具)、机床部件、齿轮、发动机及其零部件的防锈，包括零件工序间、储存及运输过程中的防锈保护。

技术参数

福斯 ANTICORIT DWF 8301 脱水型防锈剂的典型数据见表 4-14-45。

表 4-14-45 福斯 ANTICORIT DWF 8301 脱水型防锈剂典型数据

项 目	典型值	试验方法
色度	3.0	GB/T 6540
闪点(闭口)/℃	> 67	GB/T 261
密度（15℃）/(g/mL)	0.794	GB/T 1884
运动黏度（20℃）/(mm^2/s）	4.01	GB/T 265
挥发残留 /%	25	FLP[a]-V-01
3min 脱水率/%	100	FLV[a]-W-03
防锈测试（10 号钢板） 盐雾试验 潮湿箱试验	70 h，A 级 > 35d，A 级	SH/T 0081 GB/T 2361
[a] 为福斯试验室标准。		

注意事项

如为原装密封储存，可在 5 ~40℃之间室内保存至少三年。通常以浸涂方式使用，也可采用喷涂方式，使用时遵守相关安全事项规定。

生产厂家

福斯润滑油中国有限公司。

4.15 润滑脂

4.15.1 钙基润滑脂

产品性能

淡黄色至暗褐色色均匀油膏。具有良好的润滑性、抗水性和胶体安定性，较好的可泵送性。当应用的环境温度高于 90℃时，结构中的水就会挥发，最后导致脂的结构破坏而失去润滑性。另外，当环境温度低于-10℃时，因为水的存在，水会在 0℃冻结，而影响脂的低温性能。钙基脂的缺点，还有在高速抗摩轴承中稳定性不足。

生产方法

采用动植物油与石灰制成的钙皂稠化中等黏度的矿物基础油，并以水作为胶溶剂而制成。

主要用途

适用于汽车、拖拉机、水泵、中小型电动机等各种工农业机械的滚动轴承和易与水或潮气接触部位的润滑。使用温度-10～60℃。

技术参数

钙基润滑脂国家标准见表4-15-1。

表4-15-1　钙基润滑脂国家标准（GB/T 491—2008）

项　目	质量指标				试验方法
	1号	2号	3号	4号	
外观	淡黄色至暗褐色均匀油膏				目测
工作锥入度/0.1 mm	310～340	265～295	220～250	175～205	GB/T 269
滴点/℃　不低于	80	85	90	95	GB/T 4929
腐蚀（T_2 铜片，室温，24h）	铜片上没有绿色或黑色变化				GB/T 7326 乙法
水分（质量分数）/%　不大于	1.5	2.0	2.5	3.0	GB/T 512
灰分（质量分数）/%　不大于	3.0	3.5	4.0	4.5	SH/T 0327
钢网分油（60℃，24h）（质量分数）/%　不大于	—	12	8	6	SH/T 0324
延长工作锥入度（10000次）与工作锥入度差值/（1/10mm）　不大于	—	30	35	40	GB/T 269
水淋流失量（38℃，1h）（质量分数）/%　不大于	—	10	10	10	SH/T 0109[a]

[a] 水淋后，轴承烘干条件为77℃，16h

注意事项

钙基脂的耐热性差，因为它是以水为稳定剂的钙皂的水化物，在100℃左右便水解，超过100℃时便丧失稠度。所以应注意不要超过规定的使用温度，以免失水，破坏结构，引起油皂分离，失去润滑作用。使用要求比较高的精密轴承不应选用钙基脂，而应选用锂基脂或其他产品。更换润滑脂时，要将轴承洗净擦干。钙基脂不要露天存放，防止日晒雨淋，灰砂侵入。包装容器应清洁，不允许砂粒、灰尘、水等杂质混入脂内。桶盖要盖好，受污染的润滑脂，应刮出另行收集存放。

生产厂家

中国石化润滑油有限公司、山东祥源润滑脂有限公司、山东东营祺特润滑脂有限公司、河北永年强润润滑脂有限公司、上海海菱润滑脂二厂有限公司、长沙众城石油化工有限公司、鞍山海华油脂化学有限公司、抚顺士博特种润滑油脂制造有限公司、南阳福来石油化学有限公司、邯郸昌盛油脂制造有限公司、湖北白涓石油化工有限公司、成都蜀光石油化学有限公司、中国石油天然气股份有限公司润滑油分公司、天津津冠润滑脂有限公司、苏州润达油脂化工有限公司、辽宁路派克实业有限公司、太原石化工贸有限公司、山东红星化工有限公司、河南长城特种润滑脂有限公司、邯郸大地润滑油脂有限公司、哈尔滨百润油品集团有限公司、四川迈斯拓石油化工科技有限公司。

4.15.2　钠基润滑脂

产品性能

为中滴点润滑脂，具有易溶于水、易清洗的特点。采用不同饱和度的脂肪酸、不同黏度的矿油和不同的冷却方式，可以制得不同纤维长短的钠基润滑脂。较长的纤维结构有良好的拉丝性，可以使用于振动较大、温度较高的滚动或滑动轴承上。由于长纤维钠基润滑脂的内摩擦大，与金属表面粘着力低，不适用于高速低负荷的机械润滑。对齿轮的润滑性能好、防护性好、原材料成本低等优点。具有优良的防护性，因为它本身可吸收外来的水蒸汽，延缓了水蒸气渗透到金属表面的过程。缺点是抗水性差，有形成凝胶的倾向。

生产方法

采用脂肪酸(或脂肪)与过量的氢氧化钠在基础油中直接反应而制成。

主要用途

适用于一般中等负荷机械设备的润滑。不适用于与水相接触的润滑部位。使用温度-10～110℃。

技术参数

钠基润滑脂国家标准见表4-15-2。

表4-15-2　钠基润滑脂国家标准[GB/T 492—1989(2004)]

项　目	质量指标		试验方法
	2号	3号	
滴点/℃　不低于	160	160	GB/T 4929
锥入度/0.1mm 工作 延长工作(10万次)　不大于	 265～295 375	 220～250 375	GB/T 269
腐蚀试验(T_2铜片，室温，24h)	铜片无绿色或黑色变化		GB/T 7326中乙法
蒸发量(99℃，22h)/%(质量分数)　不大于	2.0	2.0	GB/T 7325
注：原料矿物油运动黏度(40℃)为41.4～165mm^2/s。			

注意事项

钠基脂的耐水性差，遇水易乳化，所以不能用于与潮湿空气或与水接触的润滑部位。其他注意事项同一般润滑脂。

生产厂家

中国石化润滑油有限公司、长沙吉成油脂化工有限公司、山东祥源润滑脂有限公司、长沙众城石油化工有限公司、苏州润达油脂化工有限公司、辽宁路派克实业有限公司、太原石化工贸有限公司、四川迈斯拓石油化工科技有限公司。

4.15.3　铝基润滑脂

产品性能

呈微细结晶稠厚膏状物。不含水，也不溶于水。具有良好的耐水性、黏附性(在金属表面上黏附力强)、拉丝性、触变性、泵送性。只能在较低温度下(50℃左右)使用。与其他润滑脂混合配制，可改善它的耐热性。

生产方法

采用脂肪酸铝皂为稠化矿物基础油制成。

主要用途

适用于与水接触的机械部件如海上起重机械的润滑，也适于作为防腐、防锈材料。

技术参数

铝基润滑脂石化行业标准见表4-15-3。

表 4-15-3　铝基润滑脂石化行业标准(SH/T 0371-1992)

项　目		质量指标	试验方法
外观		淡黄色到暗褐色的光滑透明油膏	目测
滴点/℃	不低于	75	GB/T 4929
工作锥入度/0.1 mm		230～280	GB/T 269
防护性能		合格	SH/T 0333
水分		无	GB/T 512
杂质(酸分解法)		无	GB/T 513
皂含量/%	不低于	14	SH/T 0319

注意事项

使用时要洗净轴承，干燥后将脂充填到轴承内滚道和滚动体里，以保证良好的润滑。包装容器应清洁，储存于干燥避光处。启用后应及时将容器盖严，以防灰尘、砂粒等杂质混入，影响使用效果。

生产厂家

中国石化润滑油有限公司、中国石油天然气股份有限公司润滑油分公司。

4.15.4　钡基润滑脂

产品性能

黄到暗褐色均质软膏。具有良好的机械安定性，抗水性极压性、粘着性和一定防护性能。

生产方法

采用脂肪酸钡皂稠化精制的中等黏度矿物基础油制成。

主要用途

适用于油泵、水泵、船的推进器等摩擦部位的润滑。

技术参数

钡基润滑脂石化行业标准见表 4-15-4。

表 4-15-4　钡基润滑脂石化行业标准[SH/T 0379—1992(2003)]

项目		质量指标	试验方法
外观		黄色到暗褐色均质软膏	目测
滴点/℃	不低于	135	GB/T 4929
工作锥入度/0.1mm		200～260	GB/T 269
腐蚀(钢片，铜片，100℃，3h)		合格	SH/T 0331 及注
杂质(酸分解法)/%	不大于	0.20	GB/T 513
水分/%	不大于	痕迹	GB/T 512
矿物油运动黏度(40℃)/(mm^2/s)		41.4～74.8	GB/T 265
注：腐蚀试验用 T3 铜片及含碳 0.4%～0.5% 的钢片进行。			

注意事项

肢体安定性较差，不宜长期贮存。

生产厂家

中国石化润滑油有限公司、长沙吉成油脂化工有限公司。

4.15.5 通用锂基润滑脂

产品性能

滴点较高，有优良的抗水性、结构稳定性和剪切稳定性；氧化稳定性、防腐蚀性、极压抗磨性能可以通过加入添加剂而明显改善。氧化稳定性好，剪切稳定性优良。稠化剂的微粒越小，润滑脂的噪音性能越好，低黏度的环烷基油具有良好的降低噪音的效果，高分子聚合物可以改善润滑性能，降低噪音。具有较好的胶体安定性。具有较好的抗水性，可以使用于潮湿和与水接触的机械部位。

生产方法

采用羟基脂肪酸锂皂稠化精制矿物基础油，加有抗氧、防锈等添加剂制成。

主要用途

可取代钙基、钠基及钙-钠基脂，系这些润滑脂的换代产品。广泛适用于各种机械设备的滚动轴承和滑动轴承及其他摩擦部位的润滑。使用温度-20～120℃。

技术参数

通用锂基润滑脂国家标准见表4-15-5。

表4-15-5　通用锂基润滑脂国家标准（GB/T 7324—2010）

项　目		质量指标			试验方法
		1号	2号	3号	
外观		浅黄至褐色光滑油膏			目测
工作锥入度/0.1 mm		310～340	265～295	220～250	GB/T 269
滴点/℃	不低于	170	175	180	GB/T 4929
腐蚀（T_2 铜片，100℃，24h）		铜片无绿色或黑色变化			GB/T 7326，乙法
钢网分油（100℃，24 h）（质量分数）/%	不大于	10	5		SH/T 0324
蒸发量（99℃，22h）（质量分数）/%	不大于	2			GB/T 7325
杂质（显微镜法）/（个/cm^3）					SH/T 0336
10μm以上	不大于	2 000			
25μm以上	不大于	1 000			
75μm以上	不大于	200			
125μm以上	不大于	0			
氧化安定性（99℃，100 h，0.760 MPa）压力降/MPa	不大于	0.070			SH/T 0325
相似黏度（-15℃，10 s^{-1}）/（Pa·s）	不大于	800	1 000	1 300	SH/T 0048
延长工作锥入度（100 000次）/（0.1 mm）	不大于	380	350	320	GB/T 269
水淋流失量（38℃，1 h）（质量分数）/%	不大于	10	8		SH/T 0109
防腐蚀性（52℃，48 h）		合格			GB/T 5018

注意事项

产品应在室内存放，避免日晒雨淋。避免水杂、机杂侵入污染。使用后应当抹平表面，防止析油。不可与其他润滑脂混合使用，换脂前应当将轴承清洗干净。

生产厂家

中国石化润滑油有限公司、中国石油天然气股份有限公司润滑油分公司、长沙众城石油化工有限公司、南阳福来石化公司、上海海菱润滑脂厂有限公司、鞍山海华油脂化学有限公司、武汉石油集团金狮石化有限公司、济南华鲁实业有限公司、华北石油曙光化工有限公司、无锡惠源高级润滑油有限公司、吉林江城油脂化工有限公司、抚顺士博特种润滑脂制造公司、上海海菱润滑脂二厂有限公司、壳牌统一(北京)石油化工有限公司、中国石油玉门油田分公司炼油化工总厂、沈阳东润石油化学厂、杭州新亚石油化工有限公司、山东红星化工有限公司、河南长城特种润滑脂有限公司、山东长鸣化工有限公司、天津津冠润滑脂有限公司、保定富尧润滑油脂有限公司、新乡恒星化工有限公司、天津金海利油脂有限公司、山东东营大王胜润化工厂、保定华润油脂化工有限公司、哈尔滨永润石油化工有限公司、河南新乡祥云油脂有限公司、北京天业龙翔润滑脂有限公司、北京华润捷润滑油脂有限公司、邯郸大地润滑油脂有限公司、哈尔滨百润油品集团卫星油脂加工厂、杭州新港石油化工有限公司、四川迈斯拓石油化工有限公司、长沙吉成油脂化工有限公司、杭州得润宝油脂有限公司、武汉博达特种润滑技术有限公司、无锡意格尔润滑科技有限公司、淄博中油路博特润滑油有限公司、东营长城化工有限公司、无锡飞天油脂有限公司、太原亚美亚润滑油有限公司、唐山胜利油脂化工有限公司、天津澳路浦润滑油有限公司、路路达润滑油(无锡)有限公司、苏州润达油脂化工有限公司、潍坊卓润石油化工有限公司。

4.15.6　钙-钠基润滑脂

产品性能

黄色到深棕色的均匀软膏。具有较好的抗水性和耐热性，抗水性优于钠基脂，耐热性优于钙基脂。可以适应湿度不大、温度较高的工作环境。兼有钙基脂的抗水性和钠基脂的耐热性，具有良好的输送性与机械安定性。

生产方法

采用动植物油钙-钠基混合皂稠化中等黏度的矿物基础油制成。

主要用途

适用于各种类型的电动机、发电机、鼓风机、汽车、拖拉机和其他机械设备滚动轴承的润滑。2号适用于工作温度在85℃以下的滚动轴承，3号适用于工作温度在100℃以下的滚动轴承。

技术参数

钙-钠基润滑脂石化行业标准见表4-15-6。

表4-15-6　钙-钠基润滑脂石化行业标准[SH/T 0368—1992(2003)]

项　目		质量指标		试验方法
		2号	3号	
外观		由黄色到深棕色的均匀软膏		目测
滴点/℃	不低于	120	135	GB/T 4929
工作锥入度/0.1 mm		250～290	200～240	GB/T 269
腐蚀(40或50号钢片、59号黄铜片，100℃，3h)		合格		SH/T 0331
游离碱(NaOH)/%	不大于	0.2		SH/T 0329
游离有机酸		无		SH/T 0329
杂质(酸分解法)		无		GB/T 513
水分/%	不大于	0.7		GB/T 512
矿物油黏度(40℃)/(mm^2/s)		41.4～74.8		GB/T 265

注意事项

钙-钠基脂虽有一定的抗水性，但不如钙基脂，所以不要用在与水直接接触的润滑部位上。在低温情况下不适用。

生产厂家

中国石化润滑油有限公司、辽宁路派克实业有限公司、太原石化工贸有限公司。

4.15.7 复合钙基润滑脂

产品性能

具有良好的胶体安定性、机械安定性和氧化安定性，同时还具有良好的抗水性能和极压抗磨性能。滴点高、耐热性好。比钙基脂能耐更高的温度，因而避免了钙基脂不耐高温的缺点。复合钙皂在160℃时开始分解，形成酮类化合物，从而使它在高温下的应用受到了限制。由于除脂肪酸外引入低分子酸-醋酸制成复合钙皂，因此也提高了复合钙基润滑脂的极压性。复合钙基脂有较好的机械安定性和胶体安定性，可用于较高速的滚动轴承上，在使用中不易变稀或甩出。有一定的抗水性，可在潮湿环境或与水接触的情况下工作。由于有低分子酸-醋酸的存在，复合钙基润滑脂在常温和高温度条件下，表面吸水硬化，极大地影响其使用性能。缺点是在储存和使用过程中，有表面硬化的倾向，这会在使用中影响电机的启动性能。

生产方法

采用脂肪酸和醋酸制成的复合钙皂稠化高、中黏度矿物基础油而成。

主要用途

适用于宽温度范围内和负荷较大的机械、密封滚动轴承的润滑，如车辆轮毂轴承及水泵轴承的润滑。使用温度-20～150℃。

技术参数

复合钙基脂石化行业标准见表4-15-7。

表4-15-7 复合钙基脂石化行业标准[SH/T 0370 1995(2005)]

项 目		质量指标			试验方法
		1号	2号	3号	
工作锥入度/0.1mm		310～340	265～295	220～250	GB/T 269
滴点/℃	不低于	200	210	230	GB/T 4929
钢网分油(100℃，24h)/%	不大于	6	5	4	SH/T 0324
腐蚀(T_2铜片，100℃，24h)		铜片无绿色或黑色变化			GB/T 7326 乙法
蒸发量(99℃，22h)/%	不大于	2.0			GB/T 7325
水淋流失量(38℃，1h)/%	不大于	5			SH/T 0109
延长工作锥入度(100 000次)0.1mm变化率/%	不大于	25		30	GB/T 269
氧化安定性(99℃，100h，0.760MPa) 压力降/MPa		报告			SH/T 0325
表面硬化试验(50℃，24h) 不工作1/4锥入度差/0.1mm	不大于	35	30	25	附录A

注意事项

复合钙基脂的缺点是有表面硬化的趋势，不宜长期储存。

生产厂家

中国石化润滑油有限公司、中国石油天然气股份有限公司润滑油分公司、太原石化工贸有限公司、长沙吉成油脂化工有限公司、抚顺士博特种润滑油脂制造有限公司、上海海菱润滑脂二厂有限公司、长沙众城石油化工有限公司、鞍山海华油脂化学有限公司、无锡中石油润滑脂有限公司、保定华润油脂化工有限公司、天津津冠润滑脂有限公司、辽宁路派克实业有限公司、成都蜀光石油化学有限公司、潍坊卓润石油化工有限公司。

4.15.8 复合铝基润滑脂

产品性能

具有独特的热可逆性，是典型的高温润滑脂。具有优良的耐高温性、抗水性、机械安定性和泵送性。是高滴点润滑脂之一，具有较好的润滑性能。其结构中有最细小的皂纤维，稠化能力较强，可逆性良好。金属铝皂对基础油的催化氧化作用较锂基脂、钠基脂小许多，故复合铝基脂有良好的抗氧化性，泵送性也优于其他润滑脂，适合于集中润滑系统。复合铝基脂具有良好的抗水性，对金属的防护性良好，因而特别适用于钢铁工业。其缺点是制造成本高于普通多效锂基脂，对矿物油稠化能力强，但对硅油、酯类油、聚醚等稠化能力差，轴承寿命不及复合锂。

生产方法

采用硬脂酸及低分子酸的复合铝皂稠化高黏度矿基础油制成。

主要用途

适宜冶金、化学、造纸及其他行业高温、高湿条件下设备的润滑，特别是具有集中润滑系统的机械设备润滑，如大型轧钢机，烧结机等传送系统设备。

技术参数

复合铝基润滑脂石化行业标准见表4-15-8。

表4-15-8 复合铝基润滑脂石化行业标准[SH/T 0378—1992(2003)]

项目		质量指标			试验方法
		0号	1号	2号	
滴点/℃	不低于	235			GB/T 3498
工作锥入度/0.1mm		355~385	310~340	265~295	GB/T 269
腐蚀(T2铜片，100℃，24h)		铜片无绿色或黑色变化			GB/T 7326 乙法
钢网分油(100℃，24h)/%(质量分数)	不大于	—	10	7.0	SH/T 0324
蒸发量(99℃，22h)/%(质量分数)	不大于	1.0			GB/T 7325
氧化安定性(99℃，100h，0.770MPa) 压力降/MPa	不大于	0.070			SH/T 0325
水淋流失量(38℃，1h)/%(质量分数)	不大于	—	10	10	SH/T 0109
延长工作锥入度(100 000次)	不大于	420	390	360	GB/T 269
杂质/(个/cm^3) 25μm以上 75μm以上 125μm以上	 不大于 不大于 不大于	 3000 500 0			SH/T 0336
相似黏度(-10℃，$10s^{-1}$)/(Pa·s)	不大于	250	300	550	SH/T 0048
防腐蚀性/级	不大于	2			GB/T 5018

注意事项

储存于干燥避光处。0号产品存储时间较长时会有少量分油，搅匀后使用不影响使用效果。启用后应及时将容器盖严，防止灰尘、砂粒等杂质混入。

生产厂家

中国石化润滑油有限公司、新乡恒星化工有限责任公司、中国石油天然气股份有限公司润滑油分公司、保定华润油脂化工有限公司、长沙众城石油化工有限公司、上海海菱润滑脂厂有限公司、鞍山海华油脂化学有限公司、上海海菱润滑脂二厂有限公司、壳牌统一（北京）石油化工有限公司、天津津冠润滑脂有限公司、无锡飞天油脂有限公司、抚顺士博特种润滑油脂制造有限公司、河南濮阳长虹润滑脂有限公司、丹东东霸江润滑材料有限公司、苏州润达油脂化工有限公司、辽宁路派克实业有限公司、太原石化工贸有限公司、长沙吉成油脂化工有限公司、成都蜀光石油化学有限公司、苏州润达油脂化工有限公司。

4.15.9 膨润土润滑脂

产品性能

与一般皂基脂比较，有机膨润土无相转变变化，因此膨润土润滑脂没有滴点，其高温性仅决定于表面活性剂的耐高温性能。膨润土润滑脂的低温性主要决定于所选用基础油的低温性，同时也取决于稠化剂的用量。膨润土润滑脂的结构粒子应当要比皂纤维耐剪切，但是，由于膨润土已经过表面活性剂处理，因此，膨润土润滑脂的机械安定性随不同的表面活性剂的性能而变化。长时间在滚动轴承里使用，膨润土润滑脂容易变稀而流出。膨润土润滑脂对金属表面的防腐蚀性不好，必须添加有效的防锈剂来改善。由于膨润土稠化剂与基础油结合牢固，一方面表现出其优良的胶体安定性，另一方面表现基础油难于进入摩擦表面，因此抗磨性和抗擦伤性不太理想，影响其在高速滚动轴承里的使用。

生产方法

有机膨润土稠化高黏度矿物润滑油并加有添加剂制成。

主要用途

适用于中低速机械设备润滑，工作温度范围可达160℃以上。

技术参数

膨润土润滑脂石化行业标准见表4-15-9。

表4-15-9 膨润土润滑脂石化行业标准[SH/T 0536—1993(2003)]

项 目		质量指标			试验方法
		1号	2号	3号	
工作锥入度/0.1mm		310～340	265～295	220～250	GB/T 269
滴点/℃	不低于	270			GB/T 3498
钢网分油(100℃，30h)/%	不大于	5	5	3	SH/T 0324
腐蚀(T2铜片，100℃，24h)		铜片无绿色或黑色			GB/T 7326 乙法
蒸发量(99℃，22h)/%	不大于	1.5			GB/T 7325
水淋流失量(38℃，1h)/%	不大于	10			SH/T 0109
延长工作锥入度(100 000次)变化率/%	不大于	15	20	25	GB/T 269
氧化安定性[1](99℃，100h，0.770MPa) 压力降/MPa	不大于	0.070			SH/T 0325
相似黏度(0℃，$10s^{-1}$)/(Pa·s)		报告			SH/T 0048
1）为保证项目，每半年测定一次。如原料、工艺变动时必须进行测定。					

注意事项

使用前确保润滑部位清洁，勿与其他油脂混用。使用和储存时，严防杂质混入。

生产厂家

中国石化润滑油有限公司、长沙众城石油化工有限公司、杭州新亚石油化工有限公司、无锡中石油润滑脂有限公司、辽宁路派克实业有限公司、长沙吉成油脂化工有限公司、抚顺士博特种润滑油脂制造有限公司。

4.15.10 5201 硅脂

产品性能

耐热、耐寒，稠随温度变化小，防水性能好。可在物件表面形成防水膜，化学稳定性能好，可在物体表面形成防水膜。化学稳定性、除强酸、强碱外对一般金属及化学药品无作用，生理惰性为无毒品。

生产方法

二甲基硅油经气相法二氧化硅稠化而成。

主要用途

用于油田。路桥的专用脱模，半导体、晶体管的填充，高压绝缘子的防污闪及仪器表面的绝缘，光学仪器的有轴润滑，塑料脱模、橡胶脱模、消泡沫等。

技术参数

5201 硅脂化工行业标准见表 4-15-10。

表 4-15-10 5201 硅脂化工行业标准(HG/T 2502—1993)

指标 项目 \ 型号		5201-1			5201-2			5201-3		
等级		优等品	一等品	合格品	优等品	一等品	合格品	优等品	一等品	合格品
锥入度/0.1mm	不工作	200~260			200~250			170~200		
	工作 ≤	300	320	380	290	310	370	240	260	320
油离度/% ≤		6.0	8.0		7.0	8.0		7.0	8.0	
挥发物含量/% ≤		2.0		3.0	2.0		3.0	2.0		3.0
相对介电常数/(50 Hz)		2.6~3.0	2.5~3.1		2.6~3.0	2.5~3.1		2.6~3.0	2.5~3.1	
介质损耗因数/(50 Hz) ≤		8.0×10^{-4}	3.5×10^{-3}		8.0×10^{-4}	3.5×10^{-3}		8.0×10^{-4}	3.5×10^{-3}	
体积电阻率/(Ω·cm) ≥		1.0×10^{15}	5.0×10^{14}		1.0×10^{15}	5.0×10^{14}		1.0×10^{15}	5.0×10^{14}	
电气强度/(MV/m) ≥		18	12		18	12		18	12	
燃烧性		自熄								
腐蚀性		无蚀斑								
防水密封性		氯化钴试纸不返红色								

注意事项

按无毒非危险品运输．运输时应防止雨淋和日光曝晒。应贮放在通风干燥处，并应隔绝火源远离热源。本产品在-5~40℃条件下，自生产之日起贮存期为二年。超过贮存期，可按本标准规定进行复验，若复验结果仍符合本标准要求，则仍可使用。

生产厂家

上海树脂厂有限公司。

4.15.11 石墨钙基润滑脂

产品性能

黑色均匀油膏。耐水性好，在潮湿及水存在条件下，均能保持正常的润滑，对金属表面有良好的防护作用。具有优良的剪切安定性。添加磷片石墨可提高金属表面抗擦伤能力，降低摩擦系数。能适应重负荷、粗糙摩擦面的润滑，以及与水或潮气接触的设备。

生产方法

采用动植物油钙皂稠化矿物油并加有鳞片石墨制成。

主要用途

适用于压延机人字齿轮、汽车钢板弹簧、吊车、起重机齿轮转盘、矿山机械、绞车齿轮、钢丝绳索、升降机的滑板及其他粗糙、重负荷的摩擦部位。使用温度范围为-10～60℃。

技术参数

石墨钙基脂的石化行业标准见表4-15-11。

表4-15-11　石墨钙基脂石化行业标准(SH/T 0369—1992)

项目		质量指标	试验方法
外观		黑色均匀油膏	目测
滴点/℃	不低于	80	GB/T 4929
腐蚀(钢片，100℃，3h)		合格	SH /T 0331[1)]
安定性		合格	注[2)]、注[3)]
水分/%	不低于	2	GB/T 512

注：1)腐蚀试验用含碳0.4%～0.5%的钢片进行。
2）当验收时，安定性指标为生产厂保证项目毋需检查。
3）在密闭的玻璃容器中保存一个月无油析出。

注意事项

石墨钙基脂不适用于滚动轴承和较精密的机件。其他同钙基脂注意事项。

生产厂家

中国石化润滑油有限公司、中国石油天然气股份有限公司润滑油分公司、辽宁路派克实业有限公司、太原石化工贸有限公司、成都蜀光石油化学有限公司、四川迈斯拓石油化工科技有限公司。

4.15.12 极压锂基润滑脂

产品性能

与普通锂基润滑脂比较，具有更好的极压抗磨性、抗水性和防锈防腐性。可有效防止摩擦副的磨损、点蚀，延长设备的使用寿命。

生产方法

由脂肪酸锂皂稠化矿物润滑油并加入抗氧、极压添加剂所制得。

主要用途

适用于工作温度在-20～120℃范围的高负荷机械设备轴承及齿轮的润滑，也可用于集中润滑系统。

技术参数

极压锂基润滑脂国家标准见表4-15-12。

表 4-15-12　极压锂基润滑脂国家标准(GB/T 7323—2008)

项　目	质量指标				试验方法
	00 号	0 号	1 号	2 号	
工作锥入度/(1/10 mm)	400～430	355～385	310～340	265～295	GB/T 269
滴点/℃　不低于	165	170	175	175	GB/T 4929
腐蚀(T_2 铜片，100℃，24 h)	铜片无绿色或黑色变化				GB/T 7326 乙法
钢网分油(100℃，24 h)(质量分数)/%　不大于	—	—	10	5	SH/T 0324
蒸发量(99℃，22 h)(质量分数)/%　不大于	2.0				GB/T 7325
杂质(显微镜法)/(个/cm^3) 25μm 以上　不大于 75μm 以上　不大于 125μm 以上　不大于	 3 000 500 0				SH/T 0336
相似黏度(-10℃，10 s^{-1})/(Pa·s) 不大于	100	150	250	500	SH/T 0048
延长工作锥入度(100 000 次)/(1/10 mm)　不大于	450	420	380	350	GB/T 269
水淋流失量(38℃，1 h)(质量分数)/%　不大于	—	—	10		SH/T 0109
防腐蚀性(52℃，48 h)	合格				GB/T 5018
极压性能：(梯姆肯法)OK 值/N　不小于	133	156			SH/T 0203
(四球机法)P_A/N　不小于	588				SH/T 0202

注意事项

使用中要求洗净部件，干燥后装脂或集中泵送润滑。应在清洁、干燥避光处储存，启用后应及时盖严，以防水杂混入，影响使用效果。该脂不应与其他润滑脂混用。

生产厂家

中国石化润滑油有限公司、河南新乡祥云油脂有限公司、新乡恒星化工有限公司、杭州新港石油化工有限公司、中国石油天然气股份有限公司润滑油分公司、长沙众城石油化工有限公司、鞍山海华油脂化学有限公司、杭州新亚石油化工有限公司、天津金海利油脂有限公司、天津津冠润滑脂有限公司、苏州润达油脂化工有限公司、辽宁路派克实业有限公司、太原石化工贸有限公司、长沙吉成油脂化工有限公司、山东红星化工有限公司、山东长鸣化工有限公司、无锡飞天油脂有限公司、山东东营祺特润滑脂有限公司、山东青州弘盛润滑脂厂、上海海菱润滑脂二厂、壳牌统一(北京)石油化工有限公司、抚顺士博特种润滑油脂制造有限公司、河南濮阳长虹润滑脂有限公司、邯郸昌盛油脂制造有限公司、泸州易达石油化工有限公司、成都蜀光石油化学有限公司、四川迈斯拓石油化工科技有限公司、潍坊卓润石油化工有限公司。

4.15.13　二硫化钼极压锂基润滑脂

产品性能

除具有锂基脂良好的高低温性能、胶体安定性、氧化安定性、抗水性和防锈性能外，还具有突出的极压抗磨性能。

生产方法

由脂肪酸锂皂稠化矿物润滑油并加有极压添加剂及二硫化钼粉所制得。

主要用途

适用于工作温度在-20～120℃范围内轧钢机械、矿山机械、重型起重机械的润滑。

技术参数

二硫化钼极压锂基润滑脂的石化行业标准见表4-15-13。

表4-15-13　二硫化钼极压锂基润滑脂石化行业标准[SH/T 0587—1994(2003)]

项　目		质量指标			试验方法
		0号	1号	2号	
工作锥入度/0.1mm		355～385	310～340	265～295	GB/T 269
滴点/℃	不低于	170		175	GB/T 4929
腐蚀(T2铜片，100℃，24h)		铜片无绿色或黑色变化			GB/T 7326 乙法
蒸发量(99℃，22h)/%	不大于	2.0			GB/T 7325
钢网分油(100℃[a]，24h)/%	不大于	—	10	5	SH/T 0324
延长工作锥入度(100 000次)/0.1mm	不大于	420	390	360	GB/T 269
水淋流失量(38℃，1h)/%	不大于	—	10		SH/T 0109
防腐蚀性(52℃，48h)/级	不大于	1			GB/T 5018
极压性能(梯姆肯法)OK值/N	不小于	177			SH/T 0203
相似黏度(-10℃，$10s^{-1}$)/(Pa·s)	不大于	150	250	500	SH/T 0048

注意事项

使用中要求洗净部件，干燥后装脂或集中泵送润滑。应在清洁、干燥避光处储存，启用后应及时盖严，以防水杂混入，影响使用效果。该脂不应与其他润滑脂混用。

生产厂家

中国石化润滑油有限公司、中国石油天然气股份有限公司润滑油分公司、上海海菱润滑脂二厂有限公司、长沙众城石油化工有限公司、鞍山海华油脂化学有限公司、辽宁路派克实业有限公司、太原石化工贸有限公司、长沙吉成油脂化工有限公司、山东红星化工有限公司、河南长城特种润滑脂有限公司、无锡飞天油脂有限公司、壳牌统一(北京)石油化工有限公司、抚顺士博特种润滑油脂制造有限公司、湖北白涢石油化工有限公司、四川迈斯拓石油化工科技有限公司。

4.15.14　极压复合铝基润滑脂

产品性能

热可逆性独特，在使用部位受高温后冷却，仍能恢复良好的纤维结构。流动性良好，其中0号、1号脂适于长距离管道输送。具有良好的高温、极压、抗磨、抗水性能。有一定的防锈性能，能够防止润滑部位的锈蚀发生。

生产方法

由复合铝皂稠化矿物润滑油并加入极压添加剂所制得。

主要用途

适用于工作温度在-20～160℃范围的高负荷机械设备及集中润滑系统。

技术参数

极压复合铝基润滑脂的石化行业标准见表4-15-14。

表 4-15-14　极压复合铝基润滑脂石化行业标准[SH/T 0534—1993(2003)]

项　目		质量指标			试验方法
		0 号	1 号	2 号	
工作锥入度/0.1mm		355～385	310～340	265～295	GB/T 269
滴点/℃	不低于	235	240	240	GB/T 3498
腐蚀(T2 铜片，100℃，24h)		铜片无绿色或黑色			GB/T 7326 乙法
钢网分油(100℃，24h)/%(质量分数)	不大于	—	10	7	SH/T 0324
蒸发量(99℃，22h)/%(质量分数)	不大于	1.0			GB/T 7325
氧化安定性(99℃，100h，0.770MPa) 压力降/MPa	不大于	0.070			SH/T 0.325
水淋流失量(38℃，1h)/%(质量分数)	不大于	—	10	10	SH/T 0109
杂质(显微镜法)/(个/cm^3) 25μm 以上 75μm 以上 125μm 以上	 不大于 不大于 不大于	 3000 500 0			SH/T 0336
相似黏度(-10℃，$10s^{-1}$)/(Pa·s)	不大于	250	300	550	SH/T 0048
延长工作锥入度(100000 次)/0.1mm 变化率/%	不大于	10	13	15	GB/T 269
防腐蚀性(52℃，48h)/级	不大于	2			GB/T 5018
极压性能(梯姆肯法)OK 值/N	不小于	156			SH/T 0203

注：①基础油黏度由生产厂与用户协商确定。

②氧化安定性为保证项目，每半年测定一次。如原料、工艺变动时必须进行测定。

注意事项

使用中要求洗净部件，干燥后装脂或集中泵送润滑。应在清洁、干燥避光处储存，启用后应及时盖严，以防水杂混入，影响使用效果。该脂不应与其他润滑脂混用。

生产厂家

中国石化润滑油有限公司、新乡恒星化工有限公司、杭州新港石油化工有限公司、中国石油天然气股份有限公司润滑油分公司、长沙众城石油化工有限公司、鞍山海华油脂化学有限公司、天津津冠润滑脂有限公司、苏州润达油脂化工有限公司、辽宁路派克实业有限公司、太原石化工贸有限公司、长沙吉成油脂化工有限公司、山东红星化工有限公司、山东长鸣化工有限公司、无锡飞天油脂有限公司、山东东营祺特润滑脂有限公司、上海海菱润滑脂二厂、壳牌统一(北京)石油化工有限公司、河南濮阳长虹润滑脂有限公司、邯郸昌盛油脂制造有限公司、成都蜀光石油化学有限公司、潍坊卓润石油化工有限公司。

4.15.15　极压复合锂基润滑脂

产品性能

滴点高，轴承漏失量少，机械安定性和胶体安定性良好。与普通复合锂基润滑脂比较，具有优良的高温性、高极压性、抗水性和机械安定性，以及更长的使用寿命。

生产方法

由复合锂皂稠化矿物润滑油并加入极压添加剂所制得。

主要用途

适用于工作温度在-20～160℃范围的高负荷机械设备润滑。

技术参数

极压复合锂基润滑脂的石化行业标准见表4-15-15。

表4-15-15　极压复合锂基润滑脂石化行业标准［SH/T 0535—1993(2003)］

项　目	质量指标						试验方法
	一等品			合格品			
	1号	2号	3号	1号	2号	3号	
工作锥入度/0.1mm	310～340	265～295	220～250	310～340	265～295	220～250	GB/T 269
滴点/℃　不低于	260			250	260		GB/T 3498
腐蚀(T2铜片，100℃，24h)　不大于	2级			—			GB/T 7326甲法
	—			铜片无绿色或黑色			GB/T 7326乙法
水淋流失量(38℃，1h)/%(质量分数)　不大于	5			10			SH/T 0109
延长工作锥入度变化率/%： 10 000次　不大于 100 000次　不大于	 10 10			 — 15	 — 20		GB/T 269
漏失量(104℃，6h)/g　不大于	2.5			5.0	2.5		SH/T 0326
漏失量(163℃，60g，6h)/g　不大于	2.5			—			SH/T 0326
防腐蚀性(52℃，48h)/级　不大于	1			2			GB/T 5018
极压性能(四球机法)/N P_D　不小于 ZMZ　不小于	 3089 637			 3089 441			SH/T 0202
极压性能(梯姆肯法)OK值/N　不小于	200			156			SH/T 0203
抗磨性能(四球机法)/mm　不大于	0.5			—			SH/T 0204
蒸发度(180℃，1h)/%(质量分数)　不大于	—			5			SH/T 0337
钢网分油(100℃，24h)/%(质量分数)　不大于	—			6	5	3	SH/T 0324
氧化安定性[1](99℃，100h，0.770MPa) 压力降/MPa　不大于	—			0.070			SH/T 0325
相似黏度(-10℃，$10s^{-1}$)/(Pa·s)　不大于	500	800	1200	500	800	1200	SH/T 0048
轴承寿命[2](149℃)/h　不小于	400			—			SH/T 0428

注：1)为保证项目，每半年测定一次。如原料、工艺变动时必须进行测定。

2)为保证项目，每4年测定一次。如原料、工艺变动时必须进行测定。

注意事项

使用中要求洗净部件，干燥后装脂或集中泵送润滑。应在清洁、干燥避光处储存，启用后应及时盖严，以防水杂混入，影响使用效果。该脂不应与其他润滑脂混用。

生产厂家

中国石化润滑油有限公司、新乡恒星化工有限公司、杭州新港石油化工有限公司、中国石油天然气股份有限公司润滑油分公司、长沙众城石油化工有限公司、鞍山海华油脂化学有限公司、杭州新亚石油化工有限公司、天津津冠润滑脂有限公司、太原石化工贸有限公司、长沙吉成油脂化工有限公司、山东红星化工有限公司、山东长鸣化工有限公司、无锡飞天油脂有限公司、上海海菱润滑脂二厂、壳牌统一(北京)石油化工有限公司、抚顺士博特种润滑油脂制造有限公司、河南濮阳长虹润滑脂有限公司、邯郸昌盛油脂制造有限公司、泸州易达石油化工有限公司、成都蜀光石油化学有限公司、潍坊卓润石油化工有限公司。

4.15.16 极压聚脲润滑脂

产品性能

具有耐高温、长寿命、良好的抗氧化性、抗水性及极压性等特点。

生产方法

采用脲基化合物稠化多种基础油，并加入抗氧、抗腐蚀和抗极压等多效添加剂精制而成。

主要用途

用于冶金行业钢厂热连铸机集中润滑系统及其他处于高温、高负荷、水淋条件下工作设备的润滑与防护。

技术参数

极压聚脲润滑脂的石化行业标准见表4-15-16。

表4-15-16 极压聚脲润滑脂石化行业标准(SH/T 0789—2007)

项　目		质量指标			试验方法
		0号	1号	2号	
工作锥入度/0.1mm		355～385	310～340	265～295	GB/T 269
延长工作锥入度(10万次) 差值变化率[a]/%	不大于	15	20	25	GB/T 269
滴点/℃	不低于	250			GB/T 3498
钢网分油(100℃，24h)/%(质量分数)	不大于	—	8.0	5.0	SH/T 0324
腐蚀(T_2铜片，100℃，24h)		铜片无绿色或黑色变化			GB/T 7326 乙法
蒸发量(99℃，22h)/%(质量分数)	不大于	1.5			GB/T 7325
相似黏度(-40℃，$D=10s^{-1}$)/(Pa·s)	不大于	300	500	1000	SH/T 0048
水淋流失量(38℃，1h)/%(质量分数)	不大于	—	7.0	5.0	SH/T 0109
氧化安定性(100℃，100h，氧分压0.785MPa) 压力降/MPa	不大于	0.050			SH/T 0325
防腐蚀性能(52℃，48h)		合格			GB/T 5018
极压性能 TIMKEN法/N	不小于	178			SH/T 0203
极压性能 四球机法最大无卡咬负荷P_B/N	不小于	686			SH/T 0202
轴承寿命(149℃)/h	不小于	—	—	120	SH/T 0428

[a] 差值变化率计算方法为：工作十万次后的锥入度值与工作60次的锥入度值的差值，除以工作60次的锥入度值，乘以100%所得的百分数。

注意事项

需放置于通风良好、温度适宜的室内。桶盖启用后应严防沙尘等杂物混入，用后应及时将桶盖盖好。使用时将润滑面擦洗清洁，不得与其他油脂混用。如油脂内有少量渗油，可自行混和均匀后使用。

生产厂家

中国石化润滑油有限公司、新乡恒星化工有限公司、杭州新港石油化工有限公司、长沙众城石油化工有限公司、鞍山海华油脂化学有限公司、杭州新亚石油化工有限公司、中国石油天然气股份有限公司润滑油分公司、天津津冠润滑脂有限公司、苏州润达油脂化工有限公司、太原石化工贸有限公司、长沙吉成油脂化工有限公司、山东红星化工有限公司、山东长鸣化工有限公司、无锡飞天油脂有限公司、上海海菱润滑脂二厂、壳牌统一(北京)石油化工有限公司、成都蜀光石油化学有限公司、潍坊卓润石油化工有限公司。

4.15.17 极压膨润土润滑脂

产品性能

具有良好的耐高温性、机械安定性、氧化安定性、抗水性、防锈性，摩擦部位在较高温度下或较高环境温度下润滑脂不流失。极压抗磨性能良好，满足高负荷或有一定冲击负荷机械设备的轴承润滑。

生产方法

由有机膨润土稠化精制矿物油并加有极压、抗氧和防锈添加剂制成、

主要用途

适用于工作温度在-20～180℃温度范围内的高负荷机械设备润滑。

技术参数

极压膨润土润滑脂的石化行业标准见表4-15-17。

表4-15-17 极压膨润土润滑脂石化行业标准[SH/T 0537—1993(2003)]

项　目		质量指标		试验方法
		1号	2号	
工作锥入度/0.1mm		310～340	265～295	GB/T 269
滴点/℃	不低于	270		GB/T 3498
钢网分油(100℃，30g)/%	不大于	5		SH/T 0324
腐蚀(T2铜片，100℃，24h)		铜片无绿色或黑色		GB/T 7326 乙法
蒸发量(99℃，22h)/%	不大于	1.5		GB/T 7325
水淋流失量(38℃，1h)/%	不大于	10		SH/T 0109
延长工作锥入度(100000次)变化率/%	不大于	20	25	GB/T 269
氧化安定性[1)](99℃，100h，0.770MPa) 压力降/MPa	不大于	0.070		SH/T 0325
相似黏度(-15℃，$10s^{-1}$)/(Pa·s)	不大于	1200	1500	SH/T 0048
防腐蚀性(52℃，48h)/级	不大于	1		GB/T 5018
极压性能(四球机法)*ZMZ*值/N	不小于	490		SH/T 0202

注：1)为保证项目，每半年测定一次。如原料、工艺变动时必须进行测定。

注意事项

使用中要求洗净部件，干燥后装脂或集中泵送润滑。应在清洁、干燥避光处储存，启用后应及时盖严，以防水杂混入，影响使用效果。该脂不应与其他润滑脂混用。

生产厂家

中国石化润滑油有限公司、新乡恒星化工有限公司、杭州新港石油化工有限公司、长沙众城石油化工有限公司、天津津冠润滑脂有限公司、上海海菱润滑脂二厂、壳牌统一（北京）石油化工有限公司、成都蜀光石油化学有限公司。

4.15.18 钢丝绳表面脂

产品性能

褐色至深褐色均匀油膏。具有良好的化学安定性、防锈性、抗水性和低温性能。对金属表面有良好的粘附性。适用于钢丝绳的封存，同时具有润滑作用。

生产方法

石油烃或脂肪酸皂稠化矿物润滑油并加入抗氧、防锈等多种添加剂所制得。

主要用途

Ⅰ型为钢丝绳表面脂，适用于钢丝绳生产厂的封存防护和润滑。Ⅱ型为钢丝绳麻芯脂，适用于钢丝绳麻芯的润滑和防腐。Ⅲ型为钢丝绳维护用脂，适用于钢丝绳使用过程的防护和润滑。

技术参数

钢丝绳表面脂的石化行业标准见表 4-15-18。

表 4-15-18 钢丝绳表面脂石化行业标准（NB/SH/T 0387—2014）

项目		质量指标			试验方法
		Ⅰ	Ⅱ	Ⅲ	
		表面脂	麻芯脂	维护用脂	
外观		褐色至深褐色均匀油膏			目测
运动黏度[a]（100℃）/（mm^2/s）	≥	20	25	—	GB/T 265
滴点/℃	≥	65	60	—	附录 A
		—	—	160	GB/T 4929
工作锥入度/（1/10mm）		—	—	280～320	GB/T 269
腐蚀（45 号钢片，T_3 铜片，100℃，3h）		合格	合格	合格	SH/T 0331
水分（质量分数）/%	≤	痕迹	痕迹	痕迹	GB/T 260
水溶性酸或碱		无	无	无	GB/T 259
滑落试验（60℃，1h）		合格	—	合格	附录 B
湿热试验（10 号钢片，A 级）/d	≥	30	30	30	GB/T 2361
盐雾试验（10 号钢片，A 级）/d	≥	7	7	7	SH/T 0081
低温性能（-30℃，30min）		合格			附录 C

[a] 用户可与供应商协商。

注意事项

储存在干燥、通风、避阳光的仓库内。不可与其他润滑脂混用。

生产厂家

中国石化润滑油有限公司、中国石油天然气股份有限公司润滑油分公司、新乡恒星化工有限公司、长沙众城石油化工有限公司、辽宁路派克实业有限公司、长沙吉成油脂化工有限公司、抚顺士博特种润滑油脂制造有限公司、安庆中天石油化工有限公司、河北清河双桥油脂有限公司、杭州恒润凡士林制造有限公司、南阳丰达油脂有限公司。

4.15.19 无粘结预应力筋专用防腐润滑脂

产品性能

具有良好的化学安定性与防腐防锈性能，可防止各种腐蚀介质对预应力筋的侵蚀。还具有良好的粘附性、润滑性，能减少预应力筋之间的磨擦和磨损，与塑料等材料有良好的相容性，不使塑料浓胀、脆裂。

生产方法

采用脂肪酸混合金属皂稠化深度精制的矿物润滑油并加入多种添加剂而制得。

主要用途

适用于金属的封存、防护和机械的润滑，如大型建筑、机场、桥梁的无粘结预应力筋防腐防锈。

技术参数

无粘结预应力筋专用防腐润滑脂的建筑行业标准见表 4-15-19。

表 4-15-19 无粘结预应力筋专用防腐润滑脂建筑行业标准(JG/T 430—2014)

项目		质量指标			试验方法
		1 号	2 号	3 号	
工作锥入度/0.1mm		296～325	265～295	235～264	GB/T 269
滴点/℃	≥	165	170	175	GB/T 4929
钢网分油(100℃，24h)(质量分数)/%	≤	8.0	5.0	3.0	NB/SH/T 0324
水分(质量分数)/%		痕迹			GB/T 512
腐蚀(45 号钢片，100℃，24h)		合格			SH/T 0331
蒸发损失(99℃，22h)(质量分数)/%	≤	2.0			GB/T 7325
低温性能(-40℃，30min)		合格			附录 A
湿热试验(45 号钢片，30d)(锈蚀级别)/级	≤	B			GB/T 2361
盐雾试验(45 号钢片，30d)(锈蚀级别)/级	≤	B			SH/T 0081
氧化安定性(99℃，100h，758 kPa)	≤				
氧化后压力降/kPa		7.0			SH/T 0325
氧化后酸值/(mgKOH/g)		1.0			GB/T 264
相容性(65℃，40d)	≤				附录 B
护套材料的吸油率/%		10			
护套材料的拉伸强度变化率/%		30			
灰分(质量分数)/%	≤	10			SH/T 0327
注：用户对产品有特殊要求时，可由制造商和用户协商有关性能的要求。					

注意事项

存放于阴凉干燥处，避免水分、杂质混入而影响产品质量用户根据使用环境温度、压缩机或泵压力正确选择型号。

生产厂家

长沙吉成油脂化工有限公司、中国石化润滑油有限公司、长沙众城石油化工有限公司、天津津冠润滑脂有限公司、上海海菱润滑脂二厂有限公司。

4.15.20 润滑密封硅脂

产品性能

白色半透明均匀油膏。无味、化学惰性、无毒。导热率高、散热效果好、除湿气性能好、密封防灰尘，不会对橡胶和塑料产生伤害。耐老化，介电强度高，在电子、电气部件上使用安全。还有具有优良的热稳定性和化学稳定性、粘附性、流变性和介电性能。在高温下不会变干结焦，低温下不会冻结。无滴点，不易氧化，使用温度很高。在高温下，其润滑脂的稠度也比较稠。缺点是防护性比较差。因为硅胶表面有许多羟基，是亲水性的，所以一般制备硅胶脂必须经过硅胶表面改质，使其变成亲油的。润滑脂的摩擦性能较差，不适宜用作抗磨润滑脂的稠化剂。此外，还具有机械安定性差、老化硬化及长期受热失去润滑作用等缺点。

生产方法

由硅胶稠化硅油，并加有多种添加剂制成

主要用途

Ⅰ型产品适用于橡胶与金属间的密封和润滑，与某些化学品接触的玻璃、陶瓷或金属阀门旋器、接头等低速滑动部位的密封与润滑，电位器的阻尼、电器的绝缘与密封，液体联轴节的填充介质等，还可用于真空度达 1.33×10^{-4} Pa 的真空系统的润滑与密封。适用温度范围：-54～205℃，短期可达260℃。Ⅱ型产品适用于用作黑色金属部件(带螺纹或不带螺纹)的配合面的腐蚀抑制剂和润滑剂，也可用于电器的防护与绝缘。适用温度范围：-60～200℃。

技术参数

Ⅰ型润滑密封硅脂的石化行业标准见表4-15-20，Ⅱ型润滑密封硅脂的石化行业标准见表4-15-21。

表4-15-20 Ⅰ型润滑密封硅脂石化行业标准(NB/SH/T 0432—2013)

项　目		质量指标	试验方法
外观		白色半透明均匀油膏	目测
锥入度/0.1mm			
不工作锥入度		250～310	GB/T 269
工作锥入度	不大于	310	
压力分油/%(质量分数)	不大于	5.0	GB/T 392
蒸发度(200℃，1h)/%(质量分数)	不大于	2.0	SH/T 0337
腐蚀(100℃，3h)			
45号钢		合格	SH/T 0331[a]
LC9超硬铝合金		合格	
T2铜		合格	
相似黏度(-40℃，$10s^{-1}$)/(Pa·s)	不大于	1100	SH/T 0048
分油及蒸发(204℃，30h)/%(质量分数)			
钢网分油	不大于	6.0	NB/SH/T 0324[b]
蒸发损失	不大于	2.0	
抗水密封性		合格	附录A
高温稳定性试验(204℃，24h)			附录B
1/4锥入度/0.1mm		55～70	

续表

项　目		质量指标	试验方法
不溶性/%(质量分数) 蒸馏水 乙醇	 不大于 不大于	 0.4 7.0	附录 C
橡胶相容性(NBR-L 胶，70℃，168h) 体积变化/%(体积分数)		 -10 ~ +10	SH/T 0691
贮存稳定性(38℃，6 个月) 1/4 锥入度/0.1mm		 55 ~ 70	SH/T 0452

a 腐蚀试验中金属试片尺寸为 25mm×25mm×3mm，烧杯容积为 50mL。

b 测定分油及蒸发时，镍丝锥网应挂在玻璃棒上，使镍丝锥网悬挂于烧杯内。试验后按下列两式计算钢网分油和蒸发损失值，其余按 SH/T 0324 的程序进行。

$$钢网分油/\%(质量分数)=(P_1\times100)/W$$

$$蒸发损失/\%(质量分数)=(P_2\times100)/W$$

式中：

P_1——烧杯中分出油的质量，g；

P_2——整个装置的质量损失，g；

W——试验样品质量，g。

表 4-15-21　Ⅱ型润滑密封硅脂石化行业标准(NB/SH/T 0432—2013)

项　目		质量指标	试验方法
外观		白色半透明均匀油膏	目测
锥入度/0.1mm 工作锥入度		 250 ~ 320	GB/T 269
压力分油/%(质量分数)	不大于	8.0	GB/T 392
蒸发度(200℃，1h)/%(质量分数)	不大于	3.0	SH/T 0337
腐蚀(100℃，3h) 45 号钢 LC9 超硬铝合金 T2 铜		 合格 合格 合格	SH/T 0331[a]
相似黏度(-54℃，$25s^{-1}$)/(Pa·s)	不大于	250	SH/T 0048
分油及蒸发(150℃，24h)/%(质量分数) 钢网分油 蒸发损失	 不大于 不大于	 4.0 2.0	NB/SH/T 0324[b]
抗水密封性		合格	附录 A
不溶性/%(质量分数) 蒸馏水	 不大于	 1.0	附录 C
橡胶相容性(NBR-L 胶，70℃，168h) 体积变化/%(体积分数)		 报告	SH/T 0691

续表

项　目	质量指标	试验方法
氧化安定性(0.78MPa 氧压下，99℃，100h)　不大于 氧化后压力降/MPa 酸值变化/(mgKOH/g)	 0.034 5	SH/T 0335
贮存稳定性(38℃，6 个月) 1/4 锥入度/0.1mm	 62～75	SH/T 0452

a 腐蚀试验中金属试片尺寸为 25mm×25mm×3mm，烧杯容积为 50mL。

b 测定分油及蒸发时，镍丝锥网应挂在玻璃棒上，使镍丝锥网悬挂于烧杯内。试验后按下列两式计算钢网分油和蒸发损失值，其余按 SH/T 0324 的程序进行。

$$钢网分油/\%(质量分数)=(P_1\times100)/W$$

$$蒸发损失/\%(质量分数)=(P_2\times100)/W$$

式中：

P_1——烧杯中分出油的质量，g；

P_2——整个装置的质量损失，g；

W——试验样品质量，g。

注意事项

贮运和使用过程中，应防止灰尘污染。加注时，应将工具及加脂部位清洗干净并风干后再加注。

生产厂家

中国石化润滑油有限公司、山东莱州金泰硅业有限公司。

4.15.21　7903 耐油密封润滑脂

产品性能

黏稠均匀油膏。具有良好的耐汽油、煤油、润滑油、水、乙醇和石油液化气等介质的能力。在上述介质中，不溶解、不分散、而且具有润滑性。具有良好的耐高温性、粘附性和抗氧化性，以及耐压、不固化、抗振效果好、密封性能好、机件容易拆卸等特点。

生产方法

采用无机稠化剂稠化合成油，并加有抗氧、抗腐蚀等添加剂制成。

主要用途

适用于机械设备、机床、变速箱、管路、阀门及飞机燃油过滤器等与燃料油、润滑油、天然气、水或乙醇等介质接触的装配贴合面、轴封、螺纹接头、阀芯等部位的静密封面和低速下滑动、转动的动密封面的密封(或辅助密封)和润滑。使用温度范围：-10～150℃。

技术参数

7903 耐油密封润滑脂的典型数据见表 4-15-22。

表 4-15-22　7903 耐油密封润滑脂典型数据(SH/T 0011—1990)

项 目	质量指标	试验方法
外观	黏稠均匀油膏	目测
1/4 锥入度(不工作)/ 0.1mm	55～70	GB/T 269
滴点/℃　不低于	250	GB/T 3498

续表

项 目	质量指标	试验方法
抗水和抗水-乙醇性能 蒸馏水 水-乙醇(1∶1)	 通过[1)] 通过[1)]	SH/T 0453
抗燃料性 溶解度/%　　不大于 脂外观	 20 通过[2)]	附录 A
膜稳定性和钢腐蚀(45 号钢，100℃，7d)	通过[3)]	附录 B
贮存安定性(54℃，120d)	通过[4)]	SH/T 0452

注：1)浸泡后的脂不溶解，不分解，允许溶液轻微浑浊。
2) 浸入燃油的脂应无明显的改变。燃油不应引起脂膨胀、起泡或分解，脂对金属的粘附力也不应减弱。
3) 钢片上不应有树脂状沉积物或腐蚀迹象。
4) 贮存后的脂，不应出现分油、粒状物或任一不均匀现象

注意事项

使用前，用煤油(或汽油)，丙酮或合成洗涤剂兑水后将涂脂部位清洗干净，吹干或晾干后再涂抹本产品。启用后，应及时将盖封严，防止混入杂质及腐蚀性介质，以免影响使用效果。可用丙酮清洗或合成洗涤剂兑水后擦洗。

生产厂家

中国石化润滑油有限公司、武汉博达特种润滑技术有限公司。

4.15.22 7805 抗化学密封脂

产品性能

白色均匀油膏。具有抗四氧化二氮、偏二甲肼等的抗化学性能，以及良好的润滑性能和低温启动性。用于 DF-5 弹体氧化剂箱安溢活门、发动机氧化剂泵轴承和二级小型游动发动机摆动轴承润滑，可满足各种工作性能要求。

生产方法

以全氟聚醚为基础油，加入全氟树脂经精制加工制成。

主要用途

适用于接触特殊介质的活门的密封与润滑。

技术参数

7805 号抗化学密封脂的石化行业标准见表 4-15-23。

表 4-15-23　7805 号抗化学密封脂石化行业标准(NB/SH/T 0449—2013)

项 目	质量指标	试验方法
外观	白色均匀油膏	目测
滴点/℃　　不低于	120	GB/T 4929
1/4 锥入度/0.1mm	50 ~ 70	GB/T 269
蒸发度(100℃，1h)/%(质量分数)　　不大于	1	SH/T 0337[a]
分油量(200g±2g)/%(质量分数)　　不大于	7	GB/T 392
腐蚀(50℃，48h)	合格	SH/T 0331[b]

续表

项　目		质量指标	试验方法
杂质含量/(颗/cm^3) 直径≥25μm 直径≥75μm 直径≥125μm	 不大于 不大于 	 4000 120 无	SH/T 0336

a 恒温器使用自动恒温烘箱，蒸发皿放在烘箱内中间的一块玻璃板上。
b 本标准所用金属片(防锈铝合金)由 703 所提供。

注意事项

在储运过程中严禁杂质混入。勿与其他油脂混用。使用部位必须清洗干净。

生产厂家

中国石化润滑油有限公司、武汉博达特种润滑技术有限公司。

4.15.23 汽车通用锂基脂

产品性能

具有优良的机械安定性、胶体安定性、抗氧化性、抗水性、防锈性、热安定性。在载重汽车上使用，优于通用锂基脂。可延长润滑周期达 30000km 以上，行车距离 2 倍于钙基脂，同时可降低动力消耗，提高行车安全性。

生产方法

采用脂肪酸锂皂稠化矿油并加入抗氧、防锈等添加剂制得。

主要用途

能满足广大地区的国产和进口车辆对润滑脂的要求，适用于汽车轮毂轴承、底盘、水泵和发电机等摩擦部位的润滑。使用温度范围为-30～120℃。

技术参数

汽车通用锂基脂的国家标准见表 4-15-24 。

表 4-15-24　汽车通用锂基脂国家标准(GB/T 5671—2014)

项　目		质量指标		试验方法
		2 号	3 号	
工作锥入度/0.1mm		265～295	220～250	GB/T 269
延长工作锥入度(100000 次)，变化率/%	不大于	20		GB/T 269
滴点/℃	不低于	180		GB/T 4929
防腐蚀性(52℃，48h)		合格		GB/T 5018
蒸发量(99℃，22h)(质量分数)/%	不大于	2.0		GB/T 7325
腐蚀(T_2 铜片，100℃，24h)		铜片无绿色 或黑色变化		GB/T 7326，乙法
水淋流失量(79℃，1h)(质量分数)/%	不大于	10.0		SH/T 0109
钢网分油(100℃，30h)(质量分数)/%	不大于	5.0		NB/SH/T 0324
氧化安定性(99℃，100h，0.770MPa)，压力降/MPa	不大于	0.070		SH/T 0325

续表

项　目		质量指标		试验方法
		2号	3号	
漏失量(104℃，6h)/g	不大于	5.0		SH/T 0326
游离碱含量(以折合的 NaOH 质量分数计)/%	不大于	0.15		SH/T 0329
杂质含量(显微镜法)/(个/cm^3)				SH/T 0336
10μm 以上	不大于	2000		
25μm 以上	不大于	1000		
75μm 以上	不大于	200		
125μm 以上	不大于	0		
低温转矩(-20℃)/(mN·m)	不大于			SH/T 0338
启动		790	990	
运转		390	490	
注：如果需要，基础油运动黏度应该在实验报告中进行说明。				

注意事项

包装应密封良好，以免水分、灰尘的侵入和产品的氧化变质。产品应在室内存放，避免日晒雨淋。产品使用后应当抹平表面，防止析油。不可与其他润滑脂混合使用，不能加热熔化后使用。使用前应将润滑部位清洗干净。

生产厂家

中国石化润滑油有限公司、中国石油天然气股份有限公司润滑油分公司、新乡恒星化工有限公司、太原石化工贸有限公司、无锡飞天油脂有限公司、抚顺士博特种润滑油脂制造有限公司、成都蜀光石油化学有限公司。

4.15.24　铁道车辆滚动轴承润滑脂

产品性能

褐色至棕褐色均匀油膏。具有优良的机械安定性和氧化安定性，能有效延长润滑脂本身及轴承的使用寿命，确保长期使用中不甩脂。良好的高低温性能，可确保南北地区通用；良好的极压抗磨性，可确保重载条件下车辆安全运行。

生产方法

采用羟基硬脂酸混合皂稠化深度精制矿物油，加入高效添加剂而成。

主要用途

铁道车辆滚动轴承润滑脂的适用范围见表 4-15-25，铁道车辆滚动轴承Ⅲ型脂的铁道行业标准见表 4-15-26。

表 4-15-25　铁道车辆滚动轴承润滑脂的适用范围(TB/T 2548—2011)

滚动轴承润滑脂类型	适用范围		
	车型	最高运行速度/(km/h)	轴重/t
Ⅲ型润滑脂	客车	≤160	≤18
Ⅳ型润滑脂	货车	≤160	≤21
		≤140	≤25
	客车	≤200	≤17
		≤160	≤18

表 4-15-26(a) 铁道车辆滚动轴承Ⅲ型润滑脂铁道行业标准(TB/T 2548—2011)

项目		质量指标	试验方法
外观		棕色均匀油膏	目测
工作锥入度/0.1mm		280～310	GB/T 269
延长工作锥入度，10 万次与 60 次工作锥入度之差/0.1mm		-25～+25	GB/T 269
滴点/℃		≥190	GB/T 4929
腐蚀(T_3 铜片，100℃，3h)		合格	SH/T 0331
钢网分油(100℃，24h)/%(质量分数)		≤5.0	SH/T 0324
游离碱/NaOH%		≤0.10	SH/T 0329
游离有机酸/(mgKOH/g)		无	SH/T 0329
水分/%(质量分数)		≤痕迹	GB/T 512
水淋流失量(38℃，1h)/%(质量分数)		≤5.0	SH/T 0109
漏失量/g		≤5.0	SH/T 0326
防腐蚀性(52℃，48h)		合格	GB/T 5018
相似黏度(-20℃，$\bar{D}=10s^{-1}$)/(Pa·s)		≤800	SH/T 0048
极压性能(梯姆肯机法)，OK 值/N		≥200	SH/T 0203
抗磨性能(四球机法，392N，60min)，磨痕直径/mm		≤0.65	SH/T 0204
氧化安定性(99℃，500h，0.758MPa)，压力降/MPa		≤0.10	SH/T 0325
杂质含量/(个/cm^3)	10μm 以上	≤3000	SH/T 0336
	25μm 以上	≤1000	
	75μm 以上	≤200	
	125μm 以上	0	
有害粒子/级		≤1	SH/T 0322
基础油运动黏度/(mm^2/s)	40℃	120～135	GB/T 265
	100℃	13～15	
基础油黏度指数		≥95	GB/T 1995
基础油苯胺点/℃		≥105	GB/T 262
基础油凝点/℃		≤-8	GB/T 510

表 4-15-26(b) 铁道车辆滚动轴承Ⅳ型润滑脂铁道行业标准(TB/T 2548—2011)

项目	质量指标	试验方法
外观	褐色至棕褐色均匀油膏	目测
工作锥入度/0.1mm	265～295	GB/T 269
延长工作锥入度，10 万次与 60 次工作锥入度之差/0.1mm	-25～25	GB/T 269
滴点/℃	≥180	GB/T 4929
腐蚀(T_2 铜片，100℃，24h)	铜片无黑色或无绿色变化	GB/T 7326—1987(乙法)

续表

项　　目		质量指标	试验方法
钢网分油(100℃，24h)/%(质量分数)		≤5.0	SH/T 0324
水分/%(质量分数)		≤痕迹	GB/T 512
蒸发量(99℃，22h)/%(质量分数)		≤2.0	GB/T 7325
水淋流失量(38℃，1h)/%(质量分数)		≤4.0	SH/T 0109
防腐蚀性(52℃，48h)		合格	GB/T 5018
相似黏度(-20℃，$\bar{D}=10s^{-1}$)/(Pa·s)		≤1800	SH/T 0048
极压性能/N	四球机法，P_B 值	≥696	SH/T 0203
	梯姆肯机法，*OK* 值	≥178	
抗磨性能(四球机法，392N，60min)，磨痕直径/mm		≤0.60	SH/T 0204
氧化安定性(99℃，500h，0.758MPa)，压力降/MPa		≤0.10	SH/T 0325
滚筒安定性(80℃，50h)，试验后与试验前工作锥入度之差/0.1mm		≤70	SH/T 0122
杂质含量/(个/cm^3)	10μm 以上	≤2000	SH/T 0336
	25μm 以上	≤1000	
	75μm 以上	≤200	
	125μm 以上	0	
基础油运动黏度(40℃)/(mm^2/s)		≥130	GB/T 265
基础油黏度指数		≥85	GB/T 1995
基础油苯胺点/℃		≥100	GB/T 262
基础油凝点/℃		≤-10	GB/T 510

4.15.25　铁路机车轮对滚动轴承润滑脂

产品性能

褐色至棕褐色软膏。具有优良的机械安定性、胶体安定性、氧化安定性、抗水性、防锈性、极压抗磨性，以及长寿命等特点。满足各型铁路机车速度低于160km/h、轴重25t以下轮对滚动轴承(包括抱轴承)的用脂要求。是专为铁路机车轮对轴承的润滑脂。

生产方法

采用羟基硬脂酸混合皂稠化深度精制矿物油，加入高效添加剂而制成。

主要用途

适用于ND5进口内燃机车、8K、8G、6K进口电力机车，以及国产提速机车等轮对滚动轴承的润滑。使用温度范围为-40～120℃。

技术参数

铁路机车轮对滚动轴承润滑脂的铁道行业标准见表4-15-27。

表4-15-27　铁路机车轮对滚动轴承润滑脂铁道行业标准(TB/T 2955—1999)

项　　目	质 量 指 标	试 验 方 法
外观	褐色至棕褐色软膏	目测
工作锥入度/0.1mm	265～295	GB/T 269
滴点/℃　　不低于	170	GB/T 4929

续表

项　　目		质量指标	试验方法
腐蚀(T_2 铜片，100℃，24h)		铜片无黑色和绿色	GB/T 7326 乙法
钢网分油(100℃，24h)/%	不大于	5.0	SH/T 0324
水分/%	不大于	痕迹	GB/T 512
蒸发量(99℃，22h)/%	不大于	2.0	GB/T 7325
延长工作锥入度 (工作 10 万次锥入度之差)/0.1mm	不大于	±30	GB/T 269
水淋流失量(38℃，1h)/%	不大于	5.0	SH/T 0191
防腐蚀性(52℃，48h)/级	不大于	1	GB/T 5018
相似黏度(-20℃，s^{-1})/(Pa·s)	不大于	2000	SH/T 0048
极压性能(四球机法)P_B 值/N	不小于	696	SH/T 0202
极压性能(梯姆肯机法)OK 值/N	不小于	178	SH/T 0203
四球磨痕(392N，60min)磨痕直径/mm	不大于	0.60	SH/T 0204
氧化安定性(100℃，500h，0.78MPa) 压力降/MPa	不大于	0.17	SH/T 0325
杂质/(个/cm^3) 25μm 75μm 125μm	 不大于 不大于 不大于	 3000 500 0	SH/T 0336

注意事项

包装应密封良好，以免水分、灰尘的侵入和产品的氧化变质。产品应在室内存放，避免日晒雨淋。产品使用后应当抹平表面，防止析油。不可与其他润滑脂混合使用，不能加热熔化后使用。使用前应将润滑部位清洗干净。

生产厂家

中国石化润滑油有限公司。

4.15.26　89D 铁路制动缸润滑脂

产品性能

具有良好的机械安定性、胶体安定性、氧化安定性、抗水性、防锈性以及润滑密封性等，并能保持橡胶制动密封件的耐寒持久能力。

生产方法

采用羟基硬脂酸皂稠化合成油，加入高效添加剂而制成。

主要用途

适用于铁路机车车辆制动缸的润滑，特别适用于重载单元组合车辆制动缸润滑。使用温度范围为-50～120℃。

技术参数

89D 铁路制动缸润滑脂的铁道行业标准见表 4-15-28。

表 4-15-28　89D 铁路制动缸润滑脂铁道行业标准(TB/T 2788—1997)

项　目		质量指标	试验方法
工作锥入度/0.1mm		280～320	GB/T 269
滴点/℃	不低于	170	GB/T 4929
游离碱(NaOH)/%	不大于	0.15	SH/T 0329
腐蚀,(45 号钢片,100℃,3h)		合格	SH/T 0331
水分/%	不大于	痕迹	GB/T 512
钢网分油(100℃,21h)/%	不大于	10	SH/T 0324
水淋流失量(38℃,1h)/%	不大于	10	SH/T 0109
延长工作锥入度(10^5 次)/0.1mm	不大于	380	GB/T 269
氧化安定性(100℃,100h,0.785MPa),压力降/MPa	不大于	0.049	SH/T 0325
相似黏度(-50℃,$\bar{D}=10s^{-1}$)/(Pa·s)	不大于	1 500	SH/T 0048
杂质含量/(个/cm^3)　10μm 以上	不大于	5 000	SH/T 0336
25μm 以上	不大于	3 000	
75μm 以上	不大于	500	
125μm 以上	不大于	0	
橡胶浸脂后吸油增重率(70℃,24h)/%		0～10	GB/T 1690 及注①
橡胶浸脂后压缩耐寒系数保持率(-50℃)/%	不小于	80	GB/T 6034 及注②

注:①用符合 TB/T 2236-91 规定的 JH83-86 特制标准试件。
②橡胶试件同①。浸脂条件为 70℃,24h。

注意事项

应储存于仓库内,远离火种、热源。若长期暴露于高温下,可使润滑脂产生油皂分离。防止污物与水渗入,取用后应将桶盖盖紧。

生产厂家

中国石化润滑油有限公司。

4.15.27　铁道润滑脂(硬干油)

产品性能

绿揭至黑褐色半固体纤维状砖型油膏。具有稠度大,特别是 75℃时很高稠度。用于铁路机车大轴的轴颈滑动摩擦部位及其他低速、高温、重负荷的滑动摩擦部件,具有良好的润滑效果。

生产方法

由脂肪酸钠皂稠化高黏度矿物油并添加少量极压添加剂而制得。

主要用途

适用于蒸汽机车大轴及其他高速高压的摩擦副接触表面的润滑。

技术参数

铁道润滑脂(硬干油)的石化行业标准见表 4-15-29。

表 4-15-29 铁道润滑脂(硬干油)石化行业标准(NB/SH/T 0373—2013)

项 目		质量指标		试验方法
		9 号	8 号	
外观		绿褐至黑褐色半固体纤维状砖形油膏		目测
滴点/℃	不低于	180		GB/T 4929
块锥入度/(0.1mm) 25℃ 75℃		 20~35 50~75	 35~45 75~100	GB/T 269
游离有机酸含量(以油酸计)(质量分数)/%	不大于	0.3		SH/T 0329
游离碱含量(以 NaOH 计)(质量分数)/%	不大于	0.3		SH/T 0329
杂质含量(酸分解法)(质量分数)/%	不大于	0.2		GB/T 513
腐蚀(40 或 50 号钢片、59 号黄铜片,常温,24h)		合格		附录 A
水分含量(质量分数)/%	不大于	0.5		GB/T 512
矿物油含量(质量分数)/%	不小于	45	50	SH/T 0319

注意事项

应储存于仓库内,远离火种、热源。

生产厂家

中国石化润滑油有限公司。

4.15.28 风电发电机组轴承润滑脂

产品性能

具有优良的高低温性能,能够满足苛刻条件下的润滑要求。可以有效防止轴承微动腐蚀,湿气腐蚀及摩擦腐蚀,延长轴承及设备的使用寿命。

生产方法

采用高滴点复合皂稠化合成基础油,并加入特殊添加剂配制而成。

主要用途

适用于内陆及沿海风力发电机组轴承的润滑,适用温度范围-40~140℃

技术参数

风力发电机组主轴偏航变桨距轴承润滑脂的国家标准见表 4-15-30,风力发电机组发电机轴承润滑脂的国家标准见表 4-15-31。

表 4-15-30 风力发电机组主轴偏航变桨距轴承润滑脂国家标准(GB/T 33540.1—2017)

项目		质量指标	试验方法
锥入度 工作锥入度/(0.1mm) 延长工作锥入度(100000 次),锥入度变化率/%	 不大于	 290~320 15	GB/T 269
滴点/℃	不低于	250	GB/T 3498
油分离度(40℃,168h)(质量分数)/%		2~6	IP 121
铜片腐蚀(T_3 铜 片,100℃,24h)		无黑色或绿色变化	GB/T 7326 乙法
滚筒安定性(80℃,50h) 工作锥入度变化值/(0.1mm)		 -30~50	SH/T 0122

续表

项目		质量指标	试验方法
防锈性	不大于		SH/T 0700
蒸馏水		0-0	
盐水(0.5mol/L 氯化钠)		1-1	
氧化安定性(99℃，100h，760kPa)			SH/T 0325
压力降/kPa	不大于	40	
低温转矩(-40℃)/(mN·m)	不大于		SH/T 0338
起动转矩		1000	
运转转矩		100	
极压性能			SH/T 0202
烧结负荷 P_D/N	不小于	2450	
抗磨性能(392N，60min，75℃，1200r/min)			SH/T 0204
磨痕直径/mm	不大于	0.6	
抗微动磨损能力(SRV 法)(100N，4h，50℃，0.3mm，50Hz)			ASTM D7594
磨迹/mm		报告	
水分	不大于	痕迹	GB/T 512
杂质含量(显微镜法)/(个/cm^2)			SH/T 0336
75μm 以上	不大于	100	
125μm 以上	不大于	0	

注 1：基础油运动黏度/(40℃，mm^2/s)，若用户需求由供应商提供。
注 2：FE8 轴承试验，若客户需求由供需双方协商测试。
注 3：橡胶相容性，供需双方协商试验。

表 4-15-31　风力发电机组发电机轴承润滑脂国家标准(GB/T 33540.1—2017)

项目		质量指标	试验方法
锥入度			GB/T 269
工作锥入度/(0.1mm)		265~295	
延长工作锥入度(100000 次)，锥入度变化率/%	不大于	15	
滴点/℃	不低于	260	GB/T 3498
分油(锥网法，100℃，24h)(质量分数)/%	不大于	5	NB/SH/T 0324
铜片腐蚀(T_2 铜片，100℃，24h)		无黑色或绿色变化	GB/T 7326 乙法
滚筒安定性(100℃，50h)			SH/T 0122
工作锥入度变化/(0.1mm)		±80	
防锈性	不大于		SH/T 0700
蒸馏水		0-0	
盐水(0.5mol/L 氯化钠)		1-1	

续表

项目		质量指标	试验方法
氧化安定性(99℃，100h，760kPa) 压力降/kPa	不大于	40	SH/T 0325
低温转矩(-40℃)/(mN·m) 起动转矩 运转转矩	不大于	 1000 100	SH/T 0338
抗磨性能(392N，60min，75℃，1200r/min) 磨痕直径/mm	不大于	0.5	SH/T 0204
润滑脂润滑寿命(FE9 法)(A/1500/6000-140)(F_{50})/h	不小于	200	DIN 51821-1 和 DIN 51821-2
水分	不大于	痕迹	GB/T 512
杂质含量(显微镜法)/(个/cm^3) 75μm 以上 125μm 以上	 不大于 不大于	 100 0	SH/T 0336
注 1：基础油运动黏度/(40℃，mm^2/s)，若用户需求由供应商提供。 注 2：橡胶相容性，供需双方协商试验。			

4.15.29 风电发电机组开式齿轮润滑脂

产品性能

在重负荷及冲击负荷条件下，具有优良的减磨特性。还具有良好的粘附性和防腐蚀性。

生产方法

采用特种稠化剂与合成基础油并复配 EP 等高效添加剂制成。

主要用途

适用于风力发电机组偏航系统、变桨距系统的开式齿轮等的润滑。

技术参数

风力发电机组开式齿轮润滑脂国家标准见表 4-15-32。

表 4-15-32 风力发电机组开式齿轮润滑脂国家标准(GB/T 33540.2—2017)

项目		性能要求				试验方法
		00	0	1	2	
锥入度/0.1mm 不工作锥入度 60 次工作锥入度		 400～430 —	 355～385 —	 — 310～340	 — 265～295	GB/T 269
滴点/℃	不低于	150		160		GB/T 4929
腐蚀 T_2 铜，100℃，24h 45 号钢，100℃，3h		无黑色或绿色变化 合格				GB/T 7326 乙法 SH/T 0331

续表

项目	性能要求				试验方法
	00	0	1	2	
相似黏度(-30℃)/(Pa·s) 10s⁻¹ 20s⁻¹	报告 —		— 报告		SH/T 0048
滑落试验(70℃,48h)	合格				附录 A
油膜低温柔韧性(-40℃,30min)	合格				附录 B
蒸发损失(100℃,22h)(质量分数)/% 不大于	2.0				GB/T 7325
防锈性(蒸馏水,168h)/级 不大于	1-1				SH/T 0700
防腐蚀性(52℃,48h)	合格				GB/T 5018
盐雾试验(10 号钢,35℃,3d),级 不大于	0				SH/T 0081
湿热试验(10 号钢,49℃,7d),级 不大于	0				GB/T 2361
极压性能(27℃±8℃,1770r/min) 烧结负荷 P_D/N 不小于	6080				SH/T 0202
承载能力 梯姆肯 OK 值/N 不小于	133				NB/SH/T 0203
抗磨性能(75℃,1200r/min,392N,60min) 磨痕直径/mm 不大于	0.6				SH/T 0204

注意事项

应储存于仓库内,远离火种、热源。

生产厂家

中国石化润滑油有限公司、鞍山海华油脂化学有限公司、中国石油天然气股份有限公司润滑油分公司。

4.15.30 2 号航空润滑脂(202 润滑脂)

产品性能

米白色或浅红色油膏。高低温性能优良,保证润滑部件在宽温度范围内正常的润滑。具有良好的防锈与防护性,有效地防护金属部件不受外界的侵蚀。抗水性能优良,可保证产品可在潮湿的环境下使用。

生产方法

12-羟基硬脂酸锂皂稠化精制合成润滑油,并加有抗氧、防锈等多种添加剂精制而成。

主要用途

适用于在低温环境工作的润滑部件(如伺服电机、自动同步机、陀螺仪、小型精密仪表)的润滑

技术参数

2 号航空润滑脂的石化行业标准见表 4-15-33。

表 4-15-33　2 号航空润滑脂石化行业标准［SH 0375—1992（1988）］

项　目		质量指标	试验方法
外观[1]		由黄至浅褐色的均匀软膏	目测
滴点/℃	不低于	170	GB/T 4929
工作锥入度/0.1mm		285～315	GB/T 269
腐蚀（T_3 铜片，100℃，3h）		合格	SH/T 0331
水分		无	GB/T 512
游离碱（NaOH）/%	不大于	0.1	SH/T 0329
杂质（酸分解法）		无	GB/T 513
相似黏度（-30℃，$\bar{D}=10s^{-1}$）/（Pa·s）	不大于	1 500	SH/T 0048
漏斗分油（75℃，24h）/%		3～6	SH/T 0321
化学安定性（100℃，100h，0.80 MPa） 压力降/MPa	不大于	0.05	SH/T 0335
杂质（显微镜法）/（个/cm^3） 直径 25～75μm 直径 75～100μm 直径 100μm 以上	 不大于 不大于 	 1 500 600 无	SH/T 0336

注：1）将润滑脂在 50mm×30mm×2 mm 的玻璃板上涂成 1mm 厚的脂层，对光观察。

注意事项

使用前，请将润滑部位清洗干净后再加注本产品。请勿与其他油脂混用。贮存和使用过程中，应防止灰尘。

生产厂家

中国石油天然气股份有限公司润滑油分公司、中国石化润滑油有限公司、北京军鹰星润滑油加工厂。

4.15.31　3 号仪表润滑脂（54 号低温润滑脂）

产品性能

均匀凡士林状油膏。具有优良的润滑性和胶体安定性，确保仪表性能稳定，保证仪表部件长期的正常润滑。摩擦系数低，消音效果好。低温启动性良好，保证仪表在低温环境下的正常启动。与金属和塑料有较好的相容性。

生产方法

采用微晶蜡和仪表油制成。

主要用途

适用于润滑-60～55℃温度范围内工作的仪器。

技术参数

3 号仪表润滑脂的石化行业标准见表 4-15-34。

表 4-15-34　3 号仪表润滑脂石化行业标准[SH 0385—1992(1988)]

项　目		质量指标	试验方法
外观		均匀无块，凡士林状油膏	目测及注①
滴点/℃	不低于	60	SH/T 0115
工作锥入度/0.1mm		230～265	GB/T 269
腐蚀(铜、铝、钢片，100℃，3h)		合格	SH/T 0331 及注②
热安定性		合格	注③
游离有机酸/(mgKOH/g)	不大于	0.1	SH/T 0329 及注④
水分		无	GB/T 512
机械杂质		无	GB/T 511 及注⑤

注：①在玻璃上，涂约 1mm 厚的脂层，对光观察。

②腐蚀试验采用下列试片；

40，45，50 号或接近此号的钢片，T1，T2 或接近此号的铜片。按与鉴定时采用的纯度相当的铝片。

③热安定性试验：在 50mL 称量瓶里，以刮刀放入试样约 30g，盖好，放置恒温器中，于 55℃±1℃ 留置 24h，然后在干燥器内冷却至 15～20℃，如试样未分层，又未析出油滴，则认为合格。

④测定游离有机酸时，应将润滑脂溶于 50mL 新中和的乙醇和溶剂油混合液中。

⑤在机械杂质中，不准许有砂粒和其他摩擦性物质。

注意事项

使用前，请将润滑部位清洗干净后再加注本产品。请勿与其他油脂混用。贮存和使用过程中，应防止灰尘。

生产厂家

中国石油天然气股份有限公司润滑油分公司、中国石化润滑油有限公司、北京军鹰星润滑油加工厂。

4.15.32　7007、7008 号通用航空润滑脂

产品性能

符合美国 MIL-G-3278A 规格及英国 D.T.D825B 规格规定的要求。在产品使用性能上，7007 号脂可以替代英国 ISOFLEX LDS 18 脂，7008 号脂可以替代 Becan 325 壳牌 7 号脂。

生产方法

以皂基稠化剂稠化合成油，并加有结构改善剂及抗氧添加剂精制而成，其中 7008 号脂另加有优异的防锈添加剂。

主要用途

适用于航空电机轴承和齿轮、操作机构支点、组装联接以及某些仪器、仪表的润滑，也适用于非航空领域高速球轴承的润滑，如 5000r/min～20000r/min 的磨床主轴，2000r/min 连续工作的纺纱加捻机锭子轴承，3600r/min 气流纺分离式锭子轴承和寒区户外工作的机电设备的球轴承(如直流发电机)、仪器仪表电机轴承、高速家用微电机(如家用粉碎机、电动剃须刀)及低温液体输送泵(如甲烷、乙烷回流泵)电机等轴承的润滑。使用温度范围为-60～120℃

技术参数

7007、7008 号通用航空润滑脂的石化行业标准见表 4-15-35。

表 4-15-35　7007、7008 号通用航空润滑脂石化行业标准[SH 0437—1992(1988)]

项　目	质量指标		试验方法
	7007 号	7008 号	
外观	浅灰色至浅褐色均匀油膏	浅黄色至褐色均匀油膏	目测[1]
滴点/℃　不低于	160		SH/T 0115
1/4 锥入度/0.1 mm	55～76		GB/T 269
腐蚀(T3 铜片，100 ℃，3 h)	合格		SH/T 0331[2]
压力分油/%(质量分数)　不大于	25.0	26.0	GB/T 392
相似黏度(-50 ℃，10 s^{-1})/(Pa·s)　不大于	1 100	1 000	SH/T 0048
蒸发度(120 ℃)/%　不大于	2.0		SH/T 0337
化学安定性(0.78 MPa 氧压下，100 ℃，100 h) 压力降/MPa　不大于	0.034		SH/T 0335
滚筒安定性 1/4 锥入度变化值/0.1 mm	测定		SH/T 0122
承载能力(常温) 最大无卡咬负荷 P_B/N	测定		GB/T 3142
杂质含量/(颗数/cm^3) 直径 25～74 μm　不多于 直径 75～124 μm　不多于 直径大于等于 125 μm	 5 000 1 000 无		SH/T 0336
防护性能(45 号钢片，H62 黄铜片，60 ℃，48 h)	—	合格	SH/T 0333

注：1)本产品遇光变色，不影响使用。
2)金属片尺寸为 25 mm×25 mm×3 mm，烧杯容积为 50 mL。

注意事项

使用前，请将润滑部位清洗干净后再加注本产品。请勿与其他油脂混用。贮存和使用过程中，应防止灰尘。

生产厂家

中国石化润滑油有限公司。

4.15.33　特 7 号精密仪表脂

产品性能

浅黄色至褐色光滑均匀油膏。具有良好的润滑性，可保证精密仪表的正常润滑。防锈防护性优异，保证精密仪表不被锈蚀。摩擦阻力较小，低温启动性良好，能保证精密仪表在低温下正常启动。

生产方法

采用硬脂酸锂皂、微晶蜡稠化精密仪表油制成。

主要用途

适用于精密仪器仪表的轴承及摩擦部件上，作为润滑与防护剂。也适用于家用电器的润滑与防护。使用温度范围为-70～120℃。

技术参数

特 7 号精密仪表脂石化行业标准见表 4-15-36。

表 4-15-36 特 7 号精密仪表脂石化行业标准(NB/SH/T 0456—2014)

项目		质量指标	试验方法
外观		浅黄色至褐色光滑均匀油膏	目测
滴点/℃	不低于	180	GB/T 3498
相似黏度(-50 ℃, $10s^{-1}$)/(Pa·s)	不大于	1800	SH/T 0048
漏斗分油(50 ℃, 48 h)(质量分数)/%	不大于	2.5	附录 A
强度极限(50 ℃)/Pa		报告	SH/T 0323
水分(质量分数)/%		无	GB/T 512
机械杂质(质量分数)/%		无	GB/T 513
游离碱/NaOH%	不大于	0.05	SH/T 0329
蒸发度(120 ℃, 1 h)(质量分数)/%	不大于	2.5	SH/T 0337
腐蚀(40 号钢片、H62 黄铜片、LY11 硬铝合金片, 50 ℃, 48 h)		合格	附录 B
注：强度极限项目为推荐性检测项目，由产品的供需双方根据实际使用情况选择采用。			

注意事项

使用前，请将润滑部位清洗干净后再加注本产品。请勿与其他油脂混用。贮存和使用过程中，应防止灰尘。

生产厂家

中国石化润滑油有限公司。

4.15.34 特 221 号润滑脂

产品性能

浅黄色至浅褐色均匀油膏。具有良好的润滑性，可减少磨损。抗水性能良好，在潮湿环境下能保证部件润滑。高低温性能良好，在宽温度范围内也可满足润滑要求。防护性能良好，保证润滑部件不受到外界环境的侵蚀。

生产方法

采用硬脂酸钙和醋酸钙稠化硅油制成。

主要用途

适用于腐蚀性介质接触摩擦组合件，如金属与金属或金属与橡胶的接触面上，起润滑和密封作用，也可用于滚动轴承的润滑。使用温度范围为-60 ~ +150℃。

技术参数

特 221 号润滑脂石化行业标准见表 4-15-37。

表 4-15-37 特 221 号润滑脂石化行业标准(NB/SH/T 0459—2014)

项目		质量指标	试验方法
外观		浅黄色至浅褐色光滑均匀油膏	目测
滴点/℃	不低于	260	GB/T 3498[a]
工作锥入度/0.1mm 1/4 工作锥入度 工作锥入度[b]		 64 ~ 84 280 ~ 360	GB/T 269

续表

项　目		质量指标	试验方法
压力分油(200 g±5 g)(质量分数)/%	不大于	7.0	GB/T 392
水分(质量分数)/%	不大于	痕迹	GB/T 512
机械杂质(质量分数)/%	不大于	无	GB/T 513[c]
游离碱/NaOH%	不大于	0.08	SH/T 0329[d]
强度极限[b](50 ℃)/Pa	不小于	120	SH/T 0323
相似黏度(-50 ℃，$D=10s^{-1}$)/(Pa·s)	不大于	800	SH/T 0048
腐蚀(T3 铜，100 ℃，3 h)		合格	SH/T 0331[e]
蒸发度(150 ℃，1 h)(质量分数)/%	不大于	2.0	SH/T 0337

[a]测定滴点时，如发现润滑脂样品内有气泡，应将试样涂在玻璃片上，脂层厚度约 2 mm，在 70 ℃和残压 2.7 ~ 6.7 kPa 的真空干燥箱内放置 1 h，取出试样，在干燥器内冷至室温。然后按 GB/T 3498 进行分析。

[b]本项目为推荐检测项目，供需双方可根据实际情况选择采用。

[c]测定机械杂质时，置 20 g±0.1 g 试样于烧杯内，再慢慢加入 75 mL 馏程为 60 ~ 90 ℃的直馏汽油，搅拌均匀后倒入分液漏斗中，并用汽油洗净烧杯，洗涤液也一并移入分液漏斗中，在分液漏斗中加入 50% 醋酸 75 mL，强烈振摇直至试样完全分解为止。然后将分液漏斗中的混合液进行过滤。过滤完后，依次用苯乙醇(体积比 4 : 1)溶液、乙醇以及热蒸馏水冲洗过滤器，并将过滤器放入 105 ~ 110 ℃恒温箱中烘干。再按照 GB/T 513 进行分析。

[d]测定游离碱时，溶剂采用分析纯的苯，试样溶解后，趁热进行滴定。

[e]金属片尺寸：25 mm×25 mm×3 mm，烧杯容积为 50 mL。

注意事项

使用前，请将润滑部位清洗干净后再加注本产品。请勿与其他油脂混用。贮存和使用过程中，应防止灰尘。

生产厂家

中国石化润滑油有限公司。

4.15.35　7011 低温极压脂

产品性能

黑色均匀油膏。优良的低温性能，保证轴承低温下正常运转。良好的润滑性，保护轴承减少磨损。良好的机械安定性能和胶体安定性，可避免润滑脂流失。较低轴承漏失倾向，保证轴承的正常润滑。优异的极压性能，保证轴承在重负荷下的正常润滑。

生产方法

硬脂酸锂皂稠化酯类油，并加有胶体二硫化钼和抗氧添加剂等制成。

主要用途

适用于飞机的重负荷齿轮、襟翼操纵机构、尾轮和起落架支点轴承以及其他螺旋传动、链条传动等机械部件的润滑，也用于重型工件切削加工时，机床顶针的润滑减磨等。使用温度范围为-60 ~ 120℃。

技术参数

7011 低温极压脂的石化行业标准见表 4-15-38。

表 4-15-38 7011 低温极压脂石化行业标准(NB/SH/T 0438—2014)

项目		质量指标	试验方法
外观		黑色均匀油膏	目测
滴点/℃	不低于	170	GB/T 3498
1/4 工作锥入度/0.1 mm		60~76	GB/T 269
腐蚀(T3 铜, 100 ℃, 3h)		合格	SH/T 0331[a]
压力分油(质量分数)/%	不大于	25	GB/T 392
相似黏度(-50 ℃, $D=10\ s^{-1}$)/(Pa·s)	不大于	1100	SH/T 0048
蒸发度(120 ℃)(质量分数)/%	不大于	1.5	SH/T 0337
化学安定性(0.78 MPa 氧压下, 100 ℃, 100 h) 压力降/MPa	不大于	0.034	SH/T 0335
承载能力(常温)/N 综合磨损值 *ZMZ*	不小于	491	GB/T 3142
滚筒安定性 1/4 工作锥入度变化值/0.1 mm	不大于	30	SH/T 0122

[a] 金属片尺寸为 25 mm×25 mm×(3mm~5 mm), 烧杯容积为 50 mL。

注意事项

应贮存在清洁、干燥避光处。使用时, 应将润滑部位清洗干净。启用后, 应及时将盒盖封严, 以防杂质混入影响使用效果。

生产厂家

中国石化润滑油有限公司。

4.15.36 7112 号宽温航空润滑脂

产品性能

乳白色均匀油膏。具有优良的高低温性, 可保证润滑部位在宽温度范围内的正常润滑。氧化安定性优良, 在高温下有较长的轴承命。胺体定性良好, 具有稳定的使用性能。抗轴承漏失性良好, 能保证润滑脂不从轴承中漏失。

生产方法

复合稠化剂稠化合成油, 并加有抗氧、防腐蚀等多种添加剂精制而成。

主要用途

适用于宽温度范围内轻负荷下工作的仪器、仪表轴承和其他滚动轴承的润滑。如各种航空机载电机、电器、仪表、电动机构以及其他一些低温启动性要求高的仪器、仪表和微电机的润滑。使用温度范围为-70~180℃。

技术参数

7112 号宽温航空润滑脂的石化行业标准见表 4-15-39。

表 4-15-39　7112 号宽温航空润滑脂石化行业标准(SH/T 0445—1992)

项　目		质量指标	试验方法
外观		乳白色均匀光滑油膏	目测
滴点/℃	不低于	225[1)]	SH/T 0115
1/4 锥入度/0.1 mm		66~78	GB/T 269
压力分油/%(质量分数)	不大于	20	GB/T 392
蒸发度(180 ℃)/%(质量分数)	不大于	3.0	SH/T 0337
相似黏度(-60 ℃, $10s^{-1}$)/(Pa·s)	不大于	300	SH/T 0048
腐蚀(T3 铜片, 100 ℃, 3 h)		合格	SH/T 0331[1)]

注意事项

应贮存在清洁、干燥避光处。使用时，应将润滑部位清洗干净。启用后，应及时将盒盖封严，以防杂质混入影响使用效果。

生产厂家

中国石化润滑油有限公司。

4.15.37　7023 号低温航空润滑脂

产品性能

红色均匀油膏。胶体安定性、防护性、高低温性能明显优于矿油基 2 号低温脂，机械安定性优良。

生产方法

以复合酰胺盐稠化半合成油，并加有抗氧、防锈等添加剂制成。

主要用途

适用于飞机操纵系统、起落架收放系统等各种摩擦接点，军械的滑动部件，某些航空电机、微电机及仪表的轴承盒齿轮的润滑，以及原先使用 2 号低温脂和 9 号炮脂的部位。使用温度为-60～+120℃。

技术参数

7023 号低温航空润滑脂石化行业标准见表 4-15-40。

表 4-15-40　7023 号低温航空润滑脂石化行业标准(SH/T 0466—1992)

项　目		质量指标	试验方法
外观		红色均匀油膏	目测
滴点/℃	不低于	180	SH/T 0115
1/4 锥入度/0.1mm		66~76	GB/T 269
分油量/%(质量分数)	不大于		
压力法		20.0	GB/T 392
钢网法		6.0	SH/T 0324
蒸发度(120 ℃)/%(质量分数)	不大于	12.0	SH/T 0337
腐蚀(T3 铜片, 100 ℃, 3h)		合格	SH/T 0331[1)]
相似黏度(-50 ℃, $10s^{-1}$)/(Pa·s)	不大于	1100	SH/T 0048
抗水性(38 ℃±2 ℃)/%(质量分数)	不大于	15	SH/T 0109

续表

项　目		质量指标	试验方法
防护性能(45 号钢片、H62 号黄铜片，60 ℃，48h)		合格	SH/T 0333
化学安定性(0.78MPa 氧压下，100 ℃，100h) 压力降/MPa	 不大于	 0.029	SH/T 0335
机械杂质含量/(颗/cm^3) 直径 25～74μm 直径 75～124μm 直径大于等于 125μm	 不多于 不多于 	 5 000 1 000 无	SH/T 0336[2)]
注：1)金属片尺寸：25 mm×25 mm×3 mm，烧杯容积为 50 mL。 2)本产品允许有直径大于 100μm 至小于 125μm 的颗粒，但在由平均试样制备的十个试样片中发现大于或等于 125μm 的颗粒多于一颗时，则此润滑脂为不合格。			

注意事项

应贮存在清洁、干燥避光处。使用时，应将润滑部位清洗干净。

生产厂家

中国石化润滑油有限公司。

4.15.38　7407 齿轮润滑脂

产品性能

深棕色光滑均匀油膏。具有优良的极压性，油膜可承受冲击负荷为 2.45×10^5N /cm^2，保证齿轮的正常润滑的同时，在瞬间高强冲击负荷下也能保护齿轮正常运行。粘附性能优良，可保证齿轮有充足的油膜。复涂性优良，再润滑方便。

生产方法

采用复合皂稠化剂稠化矿物油和合成油的混合油，并加有抗氧、极压等添加剂制成。

主要用途

适用于各种低速，中、重负荷齿轮、链轮和联轴节等部位的润滑，适宜采用涂刷润滑方式。使用温度范围为-10～120℃。

技术参数

7407 齿轮润滑脂的石化行业标准见表 4-15-41。

表 4-15-41　7407 齿轮润滑脂石化行业标准(SH/T 0469—1994)

项目		质量指标	试验方法
外观		深棕色光滑均匀油膏	目测
滴点/℃	不低于	160	GB/T 3498
1/4 工作锥入度/0.1mm		75～90	GB/T 269
蒸发度(120℃，1h)/%	不大于	2.5	SH/T 0337
腐蚀(45 号钢片，100℃，3h)		合格	SH/T 0331
粘附性(66℃，150 r/min)粘附率/%		测定	附录 A
承载能力 最大无卡咬负荷 P_B/N 烧结负荷 P_D/N	 不小于 不小于	 1078 6080	GB/T 3142

注意事项

使用前，请将齿合部位用煤油或汽油彻底清洗干净，干后再涂抹本产品，使用中根据情况可每隔3～6月或更长时间补刷一次。适用于线速度小于4.5m/s齿轮的润滑，用于更高的线速度时，应注意观察润滑效果。不适用于未经跑合过的新齿轮。

生产厂家

中国石化润滑油有限公司。

4.15.39　套管、油管、管线管和钻柱构件用螺纹脂

产品性能

用在螺纹连接部位，可以起到辅助润滑、密封和保护作用。

生产方法

采用基础脂中加入石墨、铅粉、锌粉和鳞状铜粉等固体组分制成。

主要用途

适用于API圆螺纹和偏梯形螺纹的套管、油管和管线管连接部位。

技术参数

套管、油管、管线管和钻柱构件用螺纹脂的国家标准中，螺纹脂的物理性能和化学性能见表4-15-42，改进型螺纹脂控制和性能试验表4-15-43。

表4-15-42　螺纹脂的物理性能和化学性能（GB/T 23512—2015）

项目[a]		试验方法	指标要求[b]	
检验项目	检验状态		数据	要求
滴点/℃（°F）	M	ISO 2176或ASTM D2265	≥138(280)	S
蒸发量(100 ℃，24 h)(体积分数)/%	M	附录D	≤3.75	S
逸气量(66 ℃，120 h)/cm^3	M	附录G	≤20	S
分油量，[100 ℃，24 h(镍丝滤锥)]，(体积分数)/%	M	附录E	≤10.0	S
锥入度(25 ℃，工作60次)/(0.1mm) 产品可接受的范围(极差) -7 ℃，工作60次	M	附录C	≤±15 报告数据	S R
质量密度(和产品平均测量的差值)/%	M	制造商控制	≤±5.0	S
水沥滤(66 ℃，2 h)，质量分数/%	M	附录H	≤5.0	S
涂刷和粘着 低温涂用 66 ℃，质量分数/%	M	附录F	-7℃(19 °F)时能涂刷 ≤25	S R R

续表

项目[a]		试验方法	指标要求[b]	
检验项目	检验状态		数据	要求
腐蚀性 规定腐蚀水平	M	ASTM D4048	1B 或更好	R
防腐蚀性(38 ℃，500 h)，腐蚀面积/%	I	附录 L	<1.0	R
脂稳定性，12 个月储存 锥入度改变值/0.1mm 分油量，体积分数/%	M	制造商控制 附录 C 附录 E	 ≤±30 ≤10.0	 R R
脂稳定性，油田服役 (138 ℃，24 h)，体积分数/%	I	附录 M	≤25.0	R
注：本表中的值同附录 A，表 A.3 的值是不同的，表 A.3 上的值是 API RP 5A3 的原值和要求。由于油田操作高温要求和不同制造商螺纹脂配方之间质量密度的变化，它们已被修订并加入到说明中。				
[a]M：强制性的，I：资料性的； [b]S：规范性的，R：推荐性的。				

表 4-15-43 改进型螺纹脂控制和性能试验(GB/T 23512—2015)

试　验	要　求	试验方法
工作锥入度/0.1mm 25 ℃(77 ℉)(NLGI[a]，等级 1#) 在-18 ℃(0 ℉)冷却后	 310～340 ≥200	见附录 C 中的步骤
滴点/℃(℉)	≥88(190)	ASTM D566
蒸发量(100 ℃(212 ℉)，24 h) (质量分数)/%	≤2.0	见附录 D
分油量(66 ℃(151 ℉)，24 h) (质量分数)(镍丝滤锥)/%	≤5.0	见附录 E
逸气量(66 ℃(151 ℉)，120 h)/cm^3	≤20	见附录 G
水沥滤(质量分数)/% [66 ℃(151 ℉)，2 h 后]	≤5.0	见附录 H
涂刷性	在-18 ℃(0 ℉)能涂刷	见附录 F
注：在本表中所列的资料仅适用于 API 改进型螺纹脂配方。		
[a] 美国润滑脂协会 4635 Wyandotte Street，Kansas City，MO 64112-1596。		

注意事项

包装应当密封良好，以避免水分、灰尘的侵入和润滑脂的氧化变质。搬运和装卸润滑脂，应尽量轻取轻放，最好是竖立，避免过重地摔碰，也不要沿桶的边缘滚动。润滑脂应尽可能在室内存放，避免日晒雨淋，暂无室内储存条件的，也应采取防风雨等措施。润滑脂使用后应当抹平，防止析油。不能与不同类别的润滑脂混合使用，不能加热熔化后使用。

生产厂家

中国石油天然气股份有限公司润滑油分公司、华北石油曙光化工有限公司、唐山天成润滑油脂有限公司、中国石化润滑油有限公司。

4.15.40 7405 高温高压螺纹密封脂

产品性能

具有优异的氧化安定性能，防止润滑脂高温变质。防锈性能优良，保证螺纹丝扣不易产生锈蚀。有优良的密封性能，耐中等浓度盐酸、碱液、饱和氯化钙洗井液和含硫天然气等介质。防黏性能优良，保证丝扣宽温度范围内正常工作后容易拆卸。抗水性能良好，适宜潮湿环境下轴承的润滑。

生产方法

采用无机稠化剂稠化矿物油，并加有一定量的固体填料、高分子聚合物和抗腐蚀添加剂等制成。

主要用途

适用于油气田井下套管螺纹的润滑与密封，也适用于某些高温高压设备螺纹联接处的润滑与密封。一等品适用于深井或超深井的井下套管，使用温度达 200℃，可承受 59MPa 蒸汽压力，且能耐中等浓度的酸、碱及盐溶液等化学介质。合格品适用于井深 5 000m 以内的井下套管。

技术参数

7405 高温高压螺纹密封脂的石化行业标准见表 4-15-44。

表 4-15-44 7405 高温高压螺纹密封脂石化行业标准(SH/T 0595—1994)

项 目		质量指标		试验方法
		一等品	合格品	
外观		黑色均匀油膏		目侧
工作锥入度/0.1mm		300-340		GB/T 269
滴点/℃	不低于	250	200	GB/T 3498
钢网分油(65℃, 24h)/%	不大于	5.0	8.0	SH/T 0324
蒸发度(150℃, 1h)/%	不大于	2.0	3.0	SH/T 0337
相似黏度(-10℃, $10s^{-1}$)/(Pa·s)		测定		SH/T 0048
抗水淋性(65℃, 2h)/%	不大于	5.0		SH/T 0109
腐蚀(45 号钢, 100℃, 3h)		合格		SH/T 0331[1)]
逸气量(65℃, 120h)/mL	不大于	20	测定	附录 A
摩擦系数(常温, SRV 试验机)		测定		附录 B
注：1)金属片尺寸为 25mm×25mm×3mm，烧杯容积为 50mL。				

注意事项

使用前将涂脂部位清洗干净，吹干后再涂脂。勿与其他润滑脂混用。使用后及时封盖以避免水分、灰尘等杂质的混入。贮存于清洁、干燥、避光处。

生产厂家

中国石化润滑油有限公司。

4.15.41 钻具螺纹脂

产品性能

具有良好的密封、润滑、保护和防止粘扣等性能。

生产方法

基础脂与铅粉等添加剂调制而成。

主要用途

适用于油气田、矿山、地质钻具连接螺纹，不能用于套管和油管螺纹连接。

技术参数

钻具螺纹脂石油天然气行业标准见表4-15-45。

表4-15-45 钻具螺纹脂石油天然气行业标准(SY/T 5198—1996)

项 目	质 量 指 标
工作锥入度(25 ℃，150 g)/0.1 mm	290～350
滴点/℃	≥180(普通)，≥160(高寒)
蒸发度(100 ℃，24 h)/%	≤4
分油量(65 ℃，24 h)/%	≤5
腐蚀度(100 ℃，3 h)	在规定条件下无腐蚀痕迹
涂敷性能	不低于-20 ℃(普通)，-40 ℃(高寒)
水沥滤(65 ℃，2 h)/%	≤5

注意事项

涂敷螺纹前，应将接头内外螺纹清理干净。使用前应将螺纹脂搅匀。将外螺纹或内螺纹全长的2/3涂满螺纹脂，并保证在旋紧螺纹后，两台肩面见有足够的螺纹脂。敷好螺纹脂后进行连接时，应用大钳将其内螺纹旋至规定的扭距。螺纹脂应保持清洁，不得混入泥浆、水、沙子及其他杂物。

生产厂家

青岛拓普石油化工有限公司、河北东光中兴石油机械化工有限公司、河北任丘程发科技有限公司。

4.15.42 食品机械润滑脂

产品性能

无嗅、无味白色油膏。原料符合药典或药物学中规定的安全要求。具有良好的抗水性、防锈性、润滑性。经卫生防疫部门进行小白鼠消化道急性毒性试验为基本无毒润滑脂，蓄积毒性试验为无蓄积作用，骨髓细胞微核试验和睾丸染色体畸变试验均为阴性反应。不具致癌作用的可能性，符合食品安全性要求。

生产方法

采用脂肪酸钙皂稠化食品级白油，并加入添加剂而制成。

主要用途

适用于与食品接触的加工、包装、输送设备的润滑。最高使用温度100℃。

技术参数

食品机械润滑脂的国家标准见表4-15-46。

表 4-15-46　食品机械润滑脂国家标准[GB 15179—1994(2004)]

项　　目		质量指标	试验方法
外观		无异味白色油膏	感官检验
工作锥入度/0.1mm		265～295	GB/T 269
滴点/℃	不低于	135	GB/T 4929
钢网分油(100℃，30h)/%	不大于	7	SH/T 0324
腐蚀(T_3铜片，100℃，3h)		合格	SH/T 0331
蒸发量(99℃，22h)/%	不大于	3.0	GB/T 0337
水淋流失量(38℃，1h)/%	不大于	15	SH/T 0109
防腐蚀性/级	不大于	1	GB/T 5018
抗磨性能(室温，1450r/min，294N，30min)/mm	不大于	测定	SH/T 0204
延长工作锥入度(100000 次)/0.1mm	不大于	375	GB/T 269
盐水安定性(100000 次，加 10%盐水)/0.1mm	不大于	375	GB/T 269
基础油紫外吸光度(260～350nm)	不大于	0.1	GB/T 11081

注意事项

储存及使用中严防水分和杂质混入。

生产厂家

中国石化股份有限公司石油化工科学研究院。

4.15.43　7106、7107 光学仪器润滑脂

产品性能

黄色至浅褐色均匀油膏。具有优异的低温性，保证光学仪器低温下正常启动和运转。润滑性良好，保证光学仪器的正常润滑和减少磨损。密封性和粘附性良好，保证光学仪器的正常润滑。较低的蒸发损失和优良的“防雾”性能，从而保证光学镜头无油雾，确保光学仪器的光学性能。“防霉”性能优良，保证不会因微生物的滋生而影响使用性能。产品分为 7106 和 7107 两个牌号。

生产方法

采用脂肪酸铝皂、铅皂稠化硅油和优质矿物油，并加有防锈、抗氧和结构改善等添加剂制成。

主要用途

7106 适用于光学仪器较小间隙的滚动、滑动部位的润滑和密封。7107 适用于光学仪器较大间隙的滚动、滑动部位的润滑和密封。使用温度范围为-50～70℃。

技术参数

7106、7107 光学仪器润滑脂石化行业标准见表 4-15-47。

表 4-15-47　7106、7107 光学仪器润滑脂石化行业标准(SH/T 0443—1992)

项　目		质量指标		试验方法
		7106	7107	
外观		黄色至浅褐色均匀油膏，无硬粒夹杂物		目测
滴点/℃	不低于	95	95	SH/T 0115
1/4 锥入度/0.1 mm		60～75	45～60	GB/T 269

续表

项　目		质量指标		试验方法
		7106	7107	
压力分油/%（质量分数）	不大于	10.0	8.0	GB/T 392
蒸发度(120℃)/%（质量分数）	不大于	2.0	2.0	SH/T 0337
相似黏度(−40 ℃，10 s^{-1})/(Pa·s)	不大于	2 500	—	SH/T 0048
腐蚀(T3 铜片，100 ℃，3 h)		合格		SH/T 0331[1)]
杂质含量		合格		SH/T 0336
注：1)金属片尺寸为 25 mm×25 mm×3 mm，烧杯容积为 50 mL。				

注意事项

应贮存于清洁、干燥避光处。使用前，可用汽油等溶剂将润滑部位清洗干净并吹干后再加注本产品。启用后应及时将盒盖严，以免混入杂质影响使用效果。请勿与其他油脂混用。

生产厂家

中国石化润滑油有限公司、武汉博达特种润滑技术有限公司。

4.15.44　7105 光学仪器极压脂

产品性能

黑色均匀油膏。低温性优异，保证光学仪器低温下正常启动和运转。润滑极压性优异，保证光学仪器的正常润滑和减少磨损。密封性和粘附性良好，保证光学仪器的正常润滑。较低的蒸发损失和优良的“防雾”性能，保证光学镜头无油雾，确保光学仪器的光学性能。“防霉”性能优良，保证不会因微生物的滋生而影响使用性能。

生产方法

采用脂肪酸锂皂稠化酯类油和优质矿物基础油，并加有二硫化钼和抗氧、防锈、结构改善等添加剂制成。

主要用途

适用于光学仪器极压部位的润滑，如蜗轮、齿轮、钢铜轴和燕尾槽、滑道等。使用温度范围为-50～70℃。

技术参数

7105 光学仪器极压脂的石化行业标准见表 4-15-48。

表 4-15-48　7105 光学仪器极压脂石化行业标准[SH/T 0442—1992(1998)]

项　目		质量指标	试验方法
外观		黑色均匀油膏	目测
滴点/℃	不低于	160	SH/T 0115
1/4 锥入度/0.1 mm		50～65	GB/T 269
压力分油/%（质量分数）	不大于	15.0	GB/T 392
蒸发度(120℃)/%（质量分数）	不大于	1.0	SH/T 0337
相似黏度(−40 ℃，10 s^{-1})/(Pa·s)	不大于	2 000	SH/T 0048
腐蚀(T3 铜片，100 ℃，3 h)		合格	SH/T 0331[1)]
注：1)金属片尺寸为 25 mm×25 mm×3 mm，烧杯容积为 50 mL。			

注意事项

应贮存于清洁、干燥避光处。使用前，可用汽油等溶剂将润滑部位清洗干净并吹干后再加注本产品。启用后应及时将盒盖严，以免混入杂质影响使用效果。勿与其他油脂混用。

生产厂家

中国石化润滑油有限公司、武汉博达特种润滑技术有限公司。

4.15.45 7108 号光学仪器防尘脂

产品性能

白色至灰白色均匀油膏。高低温性能良好，保证光学仪器在宽温度范围内正常润滑。润滑性能良好，保证光学仪器充分的润滑。密封性能良好，保证光学仪器精密公差。粘附性能良好，保证脂的不流失，提供光学仪器有充足的润滑剂。防尘性能优异，确保光学仪器免受尘埃污染。

生产方法

采用无机稠化剂稠化合成油，并加有结构改善剂等添加剂精制而成。

主要用途

适用于光学仪器的内壁“防尘”。使用温度范围为-50～70℃。

技术参数

7108 号光学仪器防尘脂的石化行业标准见表表 4-15-49。

表 4-15-49 7108 号光学仪器防尘脂的石化行业标准(SH/T 0444—1992)

项　目		质量指标	试验方法
外观		白色至灰白色均匀油膏，无硬粒夹杂物	目测
1/4 锥入度/0.1 mm		55～70	GB/T 269
压力分油/%(质量分数)	不大于	10.0	GB/T 392
蒸发度(120℃)/%(质量分数)	不大于	1.0	SH/T 0337
相似黏度(-40 ℃，10 s^{-1})/(Pa·s)	不大于	600	SH/T 0048
腐蚀(T3 铜片，100 ℃，3 h)		合格	SH/T 0331[1)]
注：1)金属片尺寸为 25 mm×25 mm×3 mm，烧杯容积为 50 mL。			

注意事项

应贮存于清洁、干燥避光处。使用前，可用汽油等溶剂将润滑部位清洗干净并吹干后再加注本产品。启用后，应及时将盒盖严，以免混入杂质影响使用效果。请勿与其他油脂混用。

生产厂家

中国石化润滑油有限公司。

4.15.46 电力复合脂

产品性能

均匀油膏。具有良好的耐高温、耐潮湿、抗氧化、抗霉菌及抗化学腐蚀性能，还具有高温不流淌、低温不龟裂、理化性能稳定、使用寿命长的特点。能较大地降低接触电阻，从而达到降低温升，提高母线连接处的导电性，增强了电网运行的安全性，节省电能损耗，还可避免接触面产生电化腐蚀。可提高使用处的安全性能，为变电所、配电所的运行提供安全保证。

生产方法

由润滑脂并加有特种导电填料、抗氧化、抗腐蚀油性添加剂调制而成。

主要用途

广泛应用于变电所、配电所中的母线与母线、母线与设备接线端子连接处的接触面和开关触头的接触面上，相同和不同金属材质的导电体(铜与铜、铜与铝、铝与铝)的连接均可使用。

技术参数

电力复合脂电力行业标准见表4-15-50。

表4-15-50　电力复合脂电力行业标准(DL/T 373—2010)

项　目	质量指标
外观	均匀油膏，无明显颗粒状杂质
锥入度(25℃、150g)/0.1mm	200～315
滴点/℃	≥200
pH值	6.9～7.1
腐蚀(铜片、铝片、120℃、24h)	试品应无斑点和明显的不均匀颜色变化，膏体无胶皮状及硬膜
蒸发度(200℃、24h)/%	≤2
涂膏前后冷态接触电阻的变化系数	$X<1$
经有载冷热循环操作后接触电阻稳定系数	$K\leq1.5$
耐潮性能	$K\leq1.3$
耐盐雾腐蚀的性能	涂膏面无腐蚀，$K\leq1.5$
耐化工腐蚀气体的性能	电接触腐蚀面积小于接触面积的25%
低温性能(-40℃、24h)	无龟裂
体积电阻率(20℃)/(Ω·cm)	$\geq10^8$
额定电流下的温升	符合搪(镀)锡母排端头标准的规定
耐电化学腐蚀性能	$K\leq1.5$ 试验后母排电接触内表面用汽油擦拭干净后，用3～5倍放大镜观察，应无斑点和明显的不均匀的颜色变化，但铜排上允许有轻微的均匀变色
保质期	不低于5年

注意事项

产品按非危险品运输，运输中应防止雨水浸渍和阳光直接照射。在常温条件下储存，储存处应空气流通、干燥，勿与苯、甲苯、二甲苯等混放。

生产厂家

福州志坚导电膏开发有限公司。

4.15.47　电位器阻尼脂

产品性能

乳白色至浅褐色具有优异的阻尼性、润滑性和防锈性优良，阻尼适宜、能减少磨损，确保阻尼部件不受外界环境侵蚀。绝缘性优良，可保证电位器的安全性。密封性良好，不流失。

生产方法

由皂基或无机稠化剂稠化精制矿油或合成油制成。

主要用途

适用于旋转式电位器轴系或直滑式电位器滑片与滑轨的阻尼和润滑。

技术参数

电位器阻尼脂的石化行业标准见表4-15-51。

表 4-15-51　电位器阻尼脂石化行业标准（SH/T 0640—1997）

项目	质量指标				试验方法
	Ⅰ型	Ⅱ型	Ⅲ型	Ⅳ型	
外观	乳白色至浅褐色粘稠油膏				目测
1/4 工作锥入度/0.1 mm	40 ~ 56	60 ~ 76	80 ~ 96	100 ~ 116	GB/T 269
滴点/℃　不低于	200	250	200		GB/T 3498
蒸发度/%（质量分数）　不大于					SH/T 0337
100 ℃，1 h	2.0	—	—		
120 ℃，1 h	—	5.0	—		
200 ℃，1 h	—	—	2.0		
腐蚀（T3 铜，100 ℃，3 h）	合格				SH/T 0331
相似黏度（10 s^{-1}）/（Pa · s）					SH/T 0048
-40 ℃　不大于	—	—	300	150	
0℃　不大于	2 000	实测	—	—	
25 ℃	不小于 250	100 ~ 500	—	—	
旋转力矩（20 ℃，20 r/min，转 20 圈）/（mN · m）	实测	30 ~ 100	—	—	附录 A

注意事项

在贮存和运输过程中，防止水、杂质进入。禁止与其他脂混合使用。

生产厂家

中国石化润滑油有限公司。

4.15.48　多用途低温润滑脂

产品性能

均匀油膏。具有优异的低温润滑性能。化学安定性、抗水性、防锈性良好。机械安定性和胶体安定性优良。

生产方法

采用脂肪酸锂皂稠化精制矿物油并添加各种功能添加剂制成。

主要用途

适用于飞机的操作杆系统防护与润滑，各种精密仪表和无线电以及轻负荷、高转速、宽温度范围内的各种机械设备的滚动轴承和滑动轴承及其他磨损部件的润滑。使用温度范围为 -60 ~ 120℃。

技术参数

多用途低温润滑脂的国家军用标准见表 4-15-52。

表 4-15-52　多用途低温润滑脂国家军用标准(GJB 2660—1996)

项　　目		质量指标		试验方法
		A 型	B 型	
外观		浅黄色浅到浅褐色均匀油膏	黄色或红色均匀油膏	目测
相似黏度(-50℃，$-10s^{-1}$)/(Pa·s)	不大于	1100	1100	SH/T 0048
强度级限(50℃)/Pa		250～500	—	SH/T 0323
滴点/℃	不低于	180	180	GB/T 4929
压力分油/%	不大于	30	20	GB/T 392
腐蚀(T_2 铜片，100℃，3h)		合格	合格	SH/T 0331
氧化安定性(120℃，10h) 酸值/(mgKOH/g)	不大于	4.0	3.0	SH/T 0329
游离碱(NaOH)/%	不大于	0.1	—	SH/T 0329
水分		无	无	GB/T 512
机械杂质(酸分解法)		无	—	GB/T 513
杂质/(个/cm^3) 25～74μm 75～124μm 大于 125μm	 不大于 不大于 	 — — —	 5000 1000 无	SH/T 0336
蒸发度(120℃，1h)/%	不大于	25.0	12.0	SH/T 0321
工作锥入度/0.1mm		270～320	270～320	GB/T 269
防护性能(15 号铜片，H62 号铜片，60℃，18h)		—	合格	SH/T 0383 附录 B

注意事项

不可用大容器盛装，以免引起析油，如有少量析油，在常温下搅拌或研磨后继续使用。包装应密封良好，以免水分、灰尘的侵入和产品的氧化变质。应在室内存放，避免日晒雨淋。使用后应当抹平表面，防止析油。不可与其他润滑脂混合使用，不能加热熔化后使用。使用前应将润滑部位清洗干净。

生产厂家

中国石油天然气股份有限公司润滑油分公司。

4.15.49　无水钙基润滑脂

产品性能

具有优良的机械安定性、抗水性、胶体安定性和低温性能。使用温度比一般钙基脂高 30℃以上。

抗吸湿性和抗热硬化性均优于复合钙基脂。

生产方法

采用羟基脂肪酸钙皂稠化基础油，再加入添加剂制成。

主要用途

适用于严寒区汽车轮毂轴承和底盘、电机、风机轴承以及水泵轴承等机械部位润滑。使用温度范围为-45～110℃。

技术参数

无水钙基润滑脂企业标准见表4-15-53。

表4-15-53 无水钙基润滑脂企业标准

项　目		质量指标	试验方法
		2号	
工作锥入度/0.1mm		265～295	GB/T 269
滴点/℃	不低于	138	GB/T 4929
压力分油(1000g，30min)/%	不大于	25	GB/T 392
腐蚀(T3铜片，100℃，3h)		合格	SH/T 0331
蒸发量(99℃，22h)/%	不大于	10	GB/T 7325
相似黏度(-40℃，$10s^{-1}$)/(Pa·s)	不大于	1800	SH/T 0048
延长工作锥入度(加水10%，100 000次)/0.1mm			GB/T 269
增大	不大于	60	
减少	不大于	25	

注意事项

严防水分和杂质混入。不要与其他润滑脂产品或废旧的润滑脂混合使用。

生产厂家

四川蜀光石油化工有限公司、中国石化润滑油有限公司、中国石油天然气股份有限公司润滑油分公司。

4.15.50 白色锂基润滑脂

产品性能

白色光滑均匀结构的软膏。具有较好的抗水性和润滑性。

生产方法

采用硬脂酸皂稠化精制润滑油并加入添加剂而制成。

主要用途

适用于各种精密机床、纺织机械轴承、仪器仪表、微型马达、风扇、轴承、塑胶齿轮及五金件的润滑和防护。使用温度-20～120℃。

技术参数

白色特种润滑脂企业标准见表4-15-54。

表 4-15-54　白色特种润滑脂企业标准

项　目	质量指标				试验方法
	1 号	2 号	3 号	4 号	
外观	白色光滑均匀油膏				目测
滴点/℃　不低于	175	175	175	175	GB/T 4929
工作锥入度/ 0. 1mm	310～340	265～295	220～250	170～205	GB/T 269
腐蚀（铜片，100 ℃，3h）	合格	合格	合格	合格	SH/T 0331
游离碱 NaOH/%　不大于	0. 2	0. 2	0. 2	0. 2	SH/T 0329
机械杂质（酸分解法）	无	无	无	无	GB/T 513
分油量（压力法）/%　不大于	30	25	20	15	GB/T 392
水分/%	无	无	无	无	GB/T 512
氧化安定性(99 ℃，100h，0. 785MPa) 氧化后压力降/MPa　不大于	0. 029	0. 029	0. 029	0. 029	SH/T 0335
氧化后酸值/(mgKOH/g)　不大于	1. 0	1. 0	1. 0	1. 0	SH/T 0329

注意事项

包装容器应清洁，储存于干燥避光处。启用后应及时将容器密封，以防灰尘、砂粒等杂质混入。不可与其他同类产品混用。使用前应将润滑部位清洗干净。

生产厂家

苏州润达油脂化工有限公司、中国石化润滑油有限公司、中国石油天然气股份有限公司润滑油分公司、上海海菱润滑脂二厂有限公司、杭州新亚石油化工有限公司、苏州润达油脂化工有限公司、辽宁路派克实业有限公司、长沙吉成油脂化工有限公司、成都蜀光石油化学有限公司、潍坊卓润石油化工有限公司。

4. 15. 51　石墨锂基润滑脂

产品性能

具有良好的极压抗磨性、机械安定性、抗水性、防锈性和泵送性。加有石墨粉粒，能承受比锂基脂更苛刻的高负荷作业条件，通用性好，使用寿命长。

生产方法

采用锂皂稠化矿物基础油，添加石墨抗磨剂和防锈剂经特殊工艺加工而成。

主要用途

适用于压延机、锻造机、减速机等重负荷机械设备及齿轮、轴承润滑。

技术参数

石墨锂基润滑脂企业标准见表 4-15-55。

表 4-15-55　石墨锂基润滑脂企业标准

项　目	质量指标	试验方法
外观	黑色均匀油膏	外观
锥入度/0. 1mm	220～250	GB/T 269
滴点/ ℃	185	GB/T 3498
分油量(100℃，24h) /%	2. 0	SH/T 0324
蒸发损失量(99℃，24h) /%	2. 0	GB/T 7325
延长工作锥入度(10^5 次)/0. 1mm	290	GB/T 269
水淋流失量(38℃，1h)/ %	5	GB/T 3498
四球机试验 最大无卡咬负荷 P_B/kg	60	GB/T 3142
铜片腐蚀(100℃，24h)	合　格	GB/T 7326

注意事项

储存于阴凉干燥处，注意防潮防晒。不能和其他油脂混合使用，严禁混入其他杂物。换脂时应将先前用过的废脂、杂质清除干净后，方可涂加本产品。

生产厂家

青岛胜邦化工有限公司、抚顺石油化工公司、无锡惠联润滑油科技有限公司、中国石油天然气股份有限公司润滑油分公司。

4. 15. 52　复合锂基润滑脂

产品性能

与锂基脂相比，复合锂基润滑脂耐高温性能良好，具有更好的抗氧化能力和较高的轴承运转寿命，还具有良好的抗微动磨损性、机械安定性、胶体安定性及长的使用寿命。可替代锂基脂、高温钠基脂和复合钙基脂作高温机械的润滑剂。复合锂基脂有良好的高低温性、耐磨损性、耐水性、抗氧化性、机械安定性和粘附性，是一种长寿命高温润滑脂。复合锂基脂除了兼有普通锂基脂的多效性外，在高温性能上有了很大的改善。在温度较高的抗磨轴承中的比普通锂基脂具有更长的使用寿命。复合锂基脂的滴点比锂基润滑脂的滴点提高 100 ℃左右，使用温度可达 160℃。同时还具有较好的机械安定性和高温轴承性能。

生产方法

复合锂主要有两种类型：第一类是由羟基脂肪酸和脂肪族二元酸与氢氧化锂反应而制成的。第二类是硼酸锂、二元酸锂和羟基脂肪酸锂三组分复合制成。

主要用途

适用于高级轿车轮毂轴承部位的润滑，也适用于钢厂轧钢机、烧结机等高温轴承润滑使用。使用温度范围为-20～150℃，短时间可达 180℃。

技术参数

复合锂基润滑脂企业标准见表 4-15-56。

表 4-15-56　复合锂基润滑脂企业标准

项　目		质量指标		试验方法
		2 号	3 号	
工作锥入度/0.1mm		265～295	220～250	GB/T 269
滴点/℃	不低于	260	260	GB/T 3498
腐蚀(T_2 铜，100℃，24h)		铜片无绿色或黑色变化		GB/T 7326
钢网分油(100℃，24h)/%	不大于	3.0	3.0	SH/T 0324
蒸发量(99℃，22h)/%	不大于	1.0	1.0	GB/T 7325
水淋流失量(38℃，1h)/%	不大于	5.0	5.0	SH/T 0109
剪切安定性(25℃)/0.1mm				GB/T 269
1 万次剪切后差值	不大于	+30	+30	
10 万次剪切后差值	不大于	+90	+90	
防腐蚀性能(52℃，48h)/级	不大于	1	1	SH/T 5018
氧化安定性(99℃，100h，758Pa)				SH/T 0325
压力降/MPa	不大于	0.04	0.04	
极压性能(四球机法)				SH/T 0202
P_B/N	不小于	600	600	
磨痕直径/mm	不大于	0.55	0.55	
极压性能(梯姆肯法)OK 值/N	不小于	156	156	SH/T 0203
漏失量(104℃，6h)/g	不大于	3.0	3.0	SH/T 0326
相似黏度(-15℃，$10s^{-1}$)/(Pa·s)	不大于	600	800	SH/T 0048
机械杂质/(个/cm^3)				SH/T 0336
10μm 以上	不大于	5000	5000	
25μm 以上	不大于	3000	3000	
75μm 以上	不大于	500	5000	
125μm 以上	不大于	0	0	

注意事项

包装应密封良好，以免水分、灰尘的侵入和产品的氧化变质。产品应在室内存放，避免日晒雨淋，使用后应当抹平表面，防止析油。不可与其他润滑脂混合使用。使用前应将润滑部位清洗干净。

生产厂家

中国石油天然气股份有限公司润滑油分公司、邯郸昌盛油脂制造有限公司、中国石化润滑油有限公司、新乡恒星化工有限公司、成都蜀光石油化学有限公司、四川迈斯拓石油化工科技有限公司、上海海菱润滑脂二厂有限公司、长沙众城石油化工有限公司、鞍山海华油脂化学有限公司、无锡中石油润滑脂有限公司、天津津冠润滑脂有限公司、苏州润达油脂化工有限公司、辽宁路派克实业有限公司、太原石化工贸有限公司、哈尔滨百润油品集团有限公司、抚顺士博特种润滑油脂制造有限公司、丹东东霸江润滑材料有限公司、潍坊卓润石油化工有限公司。

4.15.53　复合磺酸钙基润滑脂

产品性能

具有良好的高温性、胶体安定性、抗水抗腐性，而且具有突出的极压抗磨性和机械安定性。除具备一般润滑脂的特点外，特别在耐高温性、抗极压性、耐水淋性和剪切安定性上具有非常明显的特点。此外，还具有优良的抗腐蚀性，能与传统的复合钙基脂相容。是一种具有优异的机械稳定性、良好的防水性、负载性和优异的抗高温性润滑脂。具有高滴点、高效能、长寿命、环境友好(具备降解功能)等的特点，是国际上公认的一类多功能润滑脂。比其他高温润滑脂如锂复合润滑脂、复合铝润滑脂及聚脲润滑脂等，性能更加完善，是一种全新理念的润滑产品。

生产方法

采用新型高碱值磺酸钙皂、脂肪酸钙皂及其他皂复合，稠化高黏度精制矿物润滑油，并添加高效能复合添加剂而制成。

主要用途

广泛应用于冶金、采矿、机械等行业。在冶金行业的炼钢连铸轴承的润滑、轧钢机轴承的润滑其优势更加明显，适用于高温、重负荷以及有水的环境下的润滑。如钢铁冶金行业连铸、热轧机工作辊轴承等，也可作为通用脂用于造纸业湿热环境下或其他重工业环境下设备的润滑。此外，还能够有效的对暴露在高温、重负载、水淋以及腐蚀条件下的接合点、凸轮轴、连接器、减速机、齿轮等进行润滑。使用温度-20～160℃。

技术参数

复合磺酸钙基润滑脂某企业标准见表4-15-57。

表4-15-57　复合磺酸钙基润滑脂企业标准

项　　目		质量指标			试验方法
		1号	2号	3号	
滴点/℃	不小于	330	350	360	GB/T 4929
工作锥入度/0.1mm		310～340	265～295	220～250	GB/T 269
腐蚀(T_2铜片，100℃，24h)		铜片无绿色或黑色变化			GB/T 7326 乙法
钢网分油量(100℃，24h)/%	不大于	2.1	1.6	1.3	SH/T 0324
水淋流失量(79℃，1h)/%	不大于	1.4	1.2	1.0	SH/T 0109
蒸发量（180℃，1h)/%	不大于	1			SH/T 7325
氧化安定性(99℃，100h，78.4×10^4Pa）压力降/MPa	不大于	1.5			SH/T 0325
相似黏度（-10℃，10s^{-1}）/(Pa·s)	不大于	410	600	800	SH/T 0048
极压性能(四球机法) P_B值/N P_D值/N	 不小于 不小于	 1372 7840	 1568 7840	 1568 7840	SH/T 0202

注意事项

存放于阴凉干燥处，避免水分、杂质混入而影响产品质量。使用时，应将润滑部位清洗干净。

生产厂家

新乡恒星化工有限公司、中国石化润滑油有限公司、长沙吉成油脂化工有限公司、长沙众城石油化工有限公司、河南新乡祥云油脂有限公司、鞍山海华油脂化学有限公司、杭州新亚石油化工有限公司、中国石油天然气股份有限公司润滑油分公司、保定华润油脂化工有限公司、天津津冠润滑脂有限公司、辽宁路派克实业有限公司、无锡惠联润滑油科技有限公司、无锡飞天油脂有限公司、丹东东霸江润滑材料有限公司、成都蜀光石油化学有限公司、潍坊卓润石油化工有限公司。

4.15.54 复合钡基润滑脂

产品性能

能显著降低高速轴承工作温度及提高轴承的工作寿命。具有优异的耐高速性能和耐磨性能。润滑性能优良，可承受较高的负载。抗剪能力、耐水性、防锈抗腐蚀性、耐高低温性和氧化安定性良好，使用寿命长。

生产方法

采用复合钡稠化剂稠化低黏度酯类合成油，并加有抗氧化、防锈蚀、抗腐蚀等添加剂精制而成。

主要用途

适用于冶金行业热轧、冷轧轧辊轴承、出钢辊道轴承，矿山机械、大型电机、热油泵等高温、重负荷机械设备摩擦部位的润滑。

技术参数

复合钡基润滑脂的企业标准见表4-15-58。

表4-15-58 复合钡基润滑脂企业标准

项　目		质量指标	试验方法
外观		淡黄色	目测
工作锥入度/0.1mm		265～295	GB/T 269
滴点/℃	不低于	250	GB/T 3498
腐蚀(T_2 铜片，100℃，24h)		铜片无绿色或黑色变化	GB/T 7326
钢网分油(100℃，24h)/%	不大于	5	SH/T 0324
蒸发量(99℃，22h)/%，	不大于	2.0	GB/T 7325
水淋流失量(79℃，1h)/%	不大于	5	SH/T 0109
极压性能(四球机法)P_D 值/N，不小于		8000	GB/T 12583
防腐蚀性(52℃，48h)		合格	GB/T 5018

注意事项

可使用刮涂、注脂机或手动脂枪等方式加注，只需将轴承槽的1/3填满即可。应保证注脂过程的清洁，不要与其他产品混用。由于工程橡胶、塑料的材质有许多不同成分，使用前先行测试，无误后再使用。

生产厂家

北京坤城润滑油加工厂、深圳埃科润滑材料有限公司。

4.15.55 聚脲润滑脂

产品性能

不含金属原子，在使用中对基础油无催化老化作用，因而具有良好的耐高温性能，较长的轴承寿命，以及良好的抗水性能、抗辐射性能和胶体安定性。作为润滑脂稠化剂的脲基化合物通常有双脲、四聚脲等。脲基稠化剂是分子中含有一个或多个脲基—NH—CO—NH—的化合物。脲基脂化学性能稳定，对酸性气体也很稳定，可以在摩擦环境很恶劣的情况下保持较好的润滑。

生产方法

采用异氰酸酯与胺类反应制得的脲基稠化剂稠化矿物或合成基础油而成。

主要用途

适用于高温、重载、高速、潮湿、雨淋、核辐射、存在酸碱等介质的苛刻环境条件下的机械润滑，如钢铁、造纸、汽车、化工、食品、建材等机械润滑。同时适用于寒区、严寒区的各种机械的润滑。

技术参数

聚脲润滑脂的企业标准见表4-15-59。

表4-15-59　聚脲润滑脂企业标准

项　目		质量指标	试验方法
		1号	
工作锥入度/0.1mm		310~340	GB/T 269
延长工作锥入度(10万次)/0.1mm	不大于	410	GB/T 269
滴点/℃	不低于	240	GB/T 3498
腐蚀(T_2铜片，100℃，24h)		铜片无绿色或黑色变化	GB/T 7326 乙法
钢网分油(100℃，24h)	不大于	7	SH/T 0324
蒸发量(99℃，22h)/%	不大于	2	GB/T 7325
相似黏度(-10℃，$10s^{-1}$)/(Pa·s)	不大于	1000	SH/T 0048
水淋流失量(38℃，1h)/级	不大于	10	SH/T 0109
防腐蚀性(52℃，48h)/级	不大于	1	GB/T 5018
氧化安定性(100℃，100h，0.77MPa)压力降/MPa	不大于	0.070	SH/T 5018

注意事项

存放于干净、安全、阴凉、通风的库房内。远离水源、火源、热源、腐蚀性物品。运输及加注过程应避开阴雨雪天气，搬运时谨慎操作，以防锐器及摔碰。

生产厂家

保定华润油脂化工有限公司、中国石化润滑油有限公司、中国石油天然气股份有限公司润滑油分公司、新乡恒星化工有限公司、长沙众城石油化工有限公司、无锡惠联润滑油科技有限公司、长沙吉成油脂化工有限公司、抚顺士博特种润滑油脂制造有限公司、南阳福来石油化学有限公司、鞍山海华油脂化学有限公司、保定华润油脂化工有限公司、辽宁路派克实业有限公司、丹东东霸江润滑材料有限公司、湖北白涢石油化工有限公司、潍坊卓润石油化工有限公司。

4.15.56　聚四氟乙烯润滑脂

产品性能

具有优良的抗磨和抗擦伤性能，摩擦系数极低。抗燃、抗热和氧化稳定性优异，挥发性低。与绝大多数密封材料、塑料和涂料相容。在高温下不会氧化、硬化或软化泄漏，在潮湿环境下能防止腐蚀。

生产方法

采用全氟稠化剂及特种合成油，并添加特种抗腐蚀添加剂精制而成。

主要用途

适用于高温烘房传动轴承的润滑，如拉伸拉幅机和热定型机链条轴承、半导体工业中真空设备等。此外，也用于要求极低摩擦系数的塑胶/塑胶、金属/塑胶及金属/橡胶接合面上的润滑和防护。

技术参数

聚四氟乙烯润滑脂的典型数据见表4-15-60。

表 4-15-60　聚四氟乙烯润滑脂典型数据

项 目	典型值	试验方法
锥入度(25℃)/ 0.1mm	270	GB/T 269
蒸发度(204℃，22h)/%	1.0	SH/T 0337
钢网分油 (99℃，30h)/ % (204℃，30h)/ %	 1.1 9.5	SH/T 0324

注意事项

勿与其他润滑脂混用，不同润滑脂之间可能会发生物理或化学反应导致性能大大下降。使用后及时封盖以避免水分、灰尘等杂质的混入。在与橡胶、塑料、油漆等非金属材料接触的润滑部位时，事先应进行材料相容性试验。

生产厂家

北京军鹰星润滑油脂公司、杭州新亚石油化工有限公司。

4.15.57　氮化硼润滑脂

产品性能

灰绿色均匀油脂。具有良好的氧化安定性和高温性能，高温下不碳化、不结焦、不流失、在300℃以上还能保持良好的润滑性。抗磨极压性优良，摩擦系数小，承载能力强。还有良好的抗水性、绝缘性、导热性和耐化学腐蚀性。不腐蚀金属。

生产方法

采用氮化硼稠化剂稠化基础油而制成。

主要用途

适用于冶金、化工行业的高温炉及高温反应釜的齿轮箱和减速机的润滑。1 号脂具有较大的稠度，还适用于密封较好的轴承的润滑，如烧结厂、陶瓷厂和耐火厂的各种窑车轴承及台车轴承，也适用于高温油漆烘干室悬挂运输链及辊道的各种轴承、轴销、链轮和其他高温摩擦件的润滑。

技术参数

氮化硼润滑脂的企业标准见表 4-15-61。

表 4-15-61　氮化硼润滑脂企业标准

项　目	质量指标			试验方法
	00 号	0 号	1 号	
外观	灰绿色均匀油脂			目测
滴点/℃　不低于	200	240	300	GB/T 3498
锥入度（25℃，150g）/0.1mm	400～430	355～385	310～340	GB/T 269
腐蚀(100℃，3h，钢片)	合格			SH/T 0331
水分/%　不大于	痕迹			GB/T 512
机械杂质(酸分解法)	无			GB/T 513

注意事项

使用前确保润滑部位清洁，勿与其他油脂混用。使用和储存时，严防杂质混入。

生产厂家

辽宁路派克实业有限公司、鞍山海华油脂化学有限公司、深圳埃科润滑材料有限公司、北京军鹰星润滑油脂公司。

4.15.58 7017-1 高低温润滑脂

产品性能

灰色均匀油膏。具有良好的高低温性能，尤其是高温性能特别优异，在高温下具有长的轴承寿命。抗水淋性能良好，可适应潮湿环境下轴承的润滑。抗氧化性良好，可保证在高温下的长期使用性能。防锈性良好，能使轴承部件不锈蚀。

生产方法

采用特种有机稠化剂稠化合成油，并加入多种高效添加剂精制而成。

主要用途

适用于高温、高速或严寒区野外工作及温度超过200℃以上的宽温度范围工作的滚动轴承的润滑，如航空电机、电器、离合器的推力轴承、高温风机、赛车轮轴承，也用于塑料拉伸拉幅机、涤纶热定型机、树脂整理机、熔盐泵电机、长环蒸化机、高温染色缸、蒸呢机、防缩机等高温操作运转轴承的润滑。使用温度范围为-60～250℃，短期可达280℃。

技术参数

7017-1 高低温润滑脂的石化行业标准见表4-15-62。

表4-15-62 7017-1 高低温润滑脂石化行业标准[SH 0431—1992(1998)]

项 目		质量指标	试验方法
外观		灰色均匀油膏	目测
滴点/℃	不低于	300	GB/T 3498
1/4 锥入度/0.1mm		65～80	GB/T 269
压力分油/%(质量分数)	不大于	15.0	GB/T 392
蒸发度/%(质量分数) 200℃ 250℃	不大于	 4.0 测定	SH/T 0337
相似黏度(-50℃，$10s^{-1}$)/(Pa·s)	不大于	1 800	SH/T 0048
腐蚀(T_3 铜片，100℃，3h)		合格	SH/T 0331[1)]
化学安定性(0.78MPa 氧压下，120℃，100h) 压力降/MPa	不大于	 0.034	SH/T 0335

注：1)金属片尺寸为25mm×25mm×3mm，烧杯容积为50mL。

注意事项

使用前，应将润滑部位清洗干净，晾干或吹干后再加注本产品。勿与其他油脂混用。启用后，应及时将盖封严，防止混入杂质

生产厂家

中国石化润滑油有限公司。

4.15.59 长城 7025 高温润滑脂

产品性能

具有良好的高温性和润滑性，特别在高温下具有良好的润滑效果和较长的使用寿命。不结焦，保证轴承的正常润滑。粘附性能良好，保证润滑部位有充足的润滑脂确保润滑性。在使用性能上与德国克虏伯公司 KS 365 AFF 脂相当。

生产方法

采用无机稠化剂稠化合成油，并加入结构改善剂和润滑剂精制而成。

主要用途

适用于各种工业装置和设备高温下工作的低速和中速重负荷滑动和滚动轴承、链条、齿轮的润滑，如火焰切割机、压光机、鼓风机、干燥箱、泥芯烘干炉等机械轴承的润滑。使用温度可达 300℃。

技术参数

长城 7025 高温润滑脂的典型数据见表 4-15-63。

表 4-15-63　长城 7025 高温润滑脂典型数据

项 目	典型值	试验方法
1/4 工作锥入度/0.1mm	72	GB/T 269
滴点/℃	>330	GB/T 3498
蒸发度(200℃，1h)/%	5.39	SH/T 0337
腐蚀(45 号钢片，100℃，3h)	合格	SH/T 0331

注意事项

使用前，将润滑部位用煤油或其他溶剂清洗干净，晾干或吹干后再加注本产品。启用后，应及时将盖封严，以防混入杂质。请勿与其他油脂混用，以免影响使用效果。应贮存于清洁、干燥及避光处。

生产厂家

中国石化润滑油有限公司。

4.15.60 长城 7019-1 极压高温润滑脂

产品性能

黄色光滑均匀油膏。具有良好的极压、抗磨性能，可有效润滑承载部位，减少磨损。氧化安定性能优良，能防止润滑脂高温变质，保证在高温下较长的使用寿命。防锈性能良好，可防止金属部件的腐蚀。抗微动磨损性能良好，可防止微动条件下的点蚀和磨损。

生产方法

采用复合皂稠化精制半合成油，并加入极压、抗氧、防锈等多种添加剂精制而成。

主要用途

适用于石油化工、纺织、印染、矿山、钢铁和浮法玻璃等各行业生产中的高温轴承，各种中、重负荷滚珠、滚柱、滑动轴承以及烘烤设备的齿轮、链条托轮等传动部位和连轴节等部位的润滑。00、0、1 稠度的产品用于集中润滑系统，使用温度范围为-30～150℃，短期可用于 180℃。

技术参数

长城 7019-1 极压高温润滑脂的典型数据见表 4-15-64。

表 4-15-64　长城 7019-1 极压高温润滑脂典型数据

项 目	典型值				试验方法
	0 号	1 号	2 号	3 号	
外观	黄色光滑均匀油膏				目测
锥入度/0. 1mm	360	324	267	239	GB/T 269
滴点/℃	>300	>300	>300	>330	GB/T 3498
蒸发度(180℃，1h)	2. 36	2. 2	1. 9	2. 68	SH/T 0337
相似黏度(-20℃，$10s^{-1}$)	430	721	1084	1438	SH/T 0048
腐蚀(45 号钢，100℃，3h)	合格	合格	合格	合格	SH/T 0331
承载能力 最大无卡咬负荷 P_B/N 综合磨损值 *ZMZ*/N	 1373 652	 1236 652	 1236 699	 1373 705	 GB/T 3142 SH/T 0202

注意事项

勿与其他润滑脂混用，不同润滑脂之间可能会发生物理或化学反应导致性能大大下降。使用后及时封盖以避免水分、灰尘等杂质的混入。

生产厂家

中国石化润滑油有限公司。

4. 15. 61　长城低温润滑脂

产品性能

外观光滑均匀。具有良好的机械安定性、氧化安定性、防锈性、极压性能，特别是优良的低温性能。启动和运转力矩较低，在低温环境下能保证润滑部位的良好运转。

生产方法

采用高级脂肪酸皂稠化半合成油，并加入多种添加剂制成。

主要用途

适用于严寒地区的各类轴承、齿轮及其他机械设备摩擦部位的润滑。使用温度范围为-40～120℃。

技术参数

长城低温润滑脂的典型数据见表 4-15-65。

表 4-15-65　长城低温润滑脂典型数据

项　目	典型值	试验方法
工作锥入度/0. 1mm	275	GB/T 269
滴点/℃	208	GB/T 4929
极压性能（四球法）P_B 值/N	618	GB/T 12583
低温转矩（-30℃）/(N·m) 起动转矩 运转转矩	 0. 15 0. 01	SH/T 0338
防腐蚀性（52℃，48h）	合格	GB/T 5018

注意事项

使用前，将润滑部位清洗干净。勿与其他油脂混用。贮存和使用过程中，应防止灰尘，杂质混入。

生产厂家

中国石化润滑油有限公司。

4.15.62 长城7023B号低温润滑脂

产品性能

浅黄色均匀油膏。具有优良的低温性能，保证使用部件在低温下的正常润滑。防锈与防护性优良，可有效地防护金属部件不受外界的侵蚀。润滑性良好，保证轴承正常润滑，减少轴承磨损。贮存安定性优异，保证产品的正常使用。胶体安定性和机械安定性优良，能保证产品不析油和不易变稀流失。粘附性良好，可确保产品附着在润滑部位。

生产方法

采用有机稠化剂稠化半合成油，并加有抗氧、防锈等多种添加剂精制而成。

主要用途

适用于汽车玻璃升降器等民用机械的润滑。使用温度范围为-50～140℃。

技术参数

长城7023B号低温润滑脂的典型数据见表4-15-66。

表4-15-66 长城7023B号低温润滑脂典型数据

项 目	典型值	试验方法
外观	浅黄色均匀油膏	目测
1/4工作锥入度/0.1mm	73	GB/T 269
滴点/℃	>250	GB/T 3498
压力分油/%	12.38	GB/T 392
腐蚀(T_3铜片，100℃，3h)	合格	SH/T 0331
化学安定性(0.78MPa氧压下，100℃，500h)压力降/MPa	0	SH/T 0325
相似黏度(-50℃，$20s^{-1}$)/(Pa·s)	876	SH/T 0048
防护性能(45#钢片，H62#铜片，60℃，48h)	合格	SH/T 0383 附录B
抗水淋性能(38℃±2℃)/%	7.82	SH/T 0109
蒸发度(120℃，1h)/%	7.79	SH/T 0337

注意事项

使用前，将润滑部位清洗干净。勿与其他油脂混用。贮存和使用过程中，应防止灰尘，杂质混入。

生产厂家

中国石化润滑油有限公司。

4.15.63 长城7015高低温润滑脂

产品性能

乳白色均匀油膏。滴点较高，高低温性能优良，可保证润滑部件在宽温度范围内正常的润滑。

胶体安定性和机械安定性优良，能使润滑部件有充分的润滑。抗水性能优良，可适应在潮湿的使用环境。

生产方法

采用有机稠化剂稠化合成油，并加入抗氧等添加剂精制而成。

主要用途

适用于在宽温度范围内工作的滚动轴承(如伺服电机、自动同步机、陀螺仪、小型精密仪表)的润滑。使用温度范围为-40～200℃。

技术参数

长城7015高低温润滑脂的典型数据见表4-15-67。

表4-15-67　长城7015高低温润滑脂典型数据

项 目	典型值	试验方法
外观	乳白色均匀油膏	目测
1/4工作锥入度/0.1mm	69	GB/T 269
滴点/℃	297	GB/T 3498
压力分油/%	16.89	GB/T 392
蒸发度(180℃，1h)/%	1.38	SH/T 0337
腐蚀(T_3铜片，100℃，3h)	合格	SH/T 0331
相似黏度(-60℃，$10s^{-1}$)/(Pa·s)	191	SH/T 0048
化学安定性(0.78MPa氧压下，100℃，100h)压力降/MPa	0	SH/T 0325

注意事项

在贮运和使用过程中，应避免灰尘和杂质混入。在使用时，应将润滑部位清洗干净，风干后再加注本产品。请勿与其他油脂混用。

生产厂家

中国石化润滑油有限公司。

4.15.64　长城7016高低温润滑脂

产品性能

浅黄色均匀油膏。具有良好的高低温性能，保证轴承在宽温度范围内的正常润滑。机械安定性和胶体安定性良好，可使轴承充分的润滑。抗水性能良好，允许轴承在潮湿环境下工作。在使用性能上与德国Kluber TK44N3、日本TORAG SILICONE SH44硅脂和美国DOWMOLYKOTE44产品相当。

生产方法

采用有机稠化剂稠化合成油，并加入抗氧等添加剂精制而成。

主要用途

适用于航空电机(如发电机、电动机、变流机等)的轴承以及其他在高温条件下运转的工业装置的各种滚动轴承的润滑。使用温度范围为-60～200℃，短期可达250℃。

技术参数

长城7016高低温润滑脂的典型数据见表4-15-68。

表 4-15-68　长城 7016 高低温润滑脂典型数据

项 目	典型值	试验方法
外观	浅黄色均匀油膏	目测
1/4 工作锥入度/0.1mm	62	GB/T 269
滴点/℃	315	GB/T 3498
压力分油/%	10.35	GB/T 392
蒸发度(200℃，1h)/%	1.07	SH/T 0337
腐蚀(T_3 铜片，100℃，3h)	合格	SH/T 0331
相似黏度(-50℃，$10s^{-1}$)/(Pa·s)	383	SH/T 0048
化学安定性(0.78MPa 氧压下，100℃，500h)，压力降/MPa	0	SH/T 0325

注意事项

应贮存于清洁、干燥避光处。贮运和使用中，应避免灰尘和杂质混入。在使用时，应将润滑部位清洗干净，风干后再加注本产品。勿与其他油混用。

生产厂家

中国石化润滑油有限公司。

4.15.65　长城 7036 高低温润滑脂

产品性能

浅黄色均匀油膏。按所用基础油 40℃运动黏度的不同划分为 7036(100)、7036(220)、7036(460)三个种类。具有优良的高低温性能，可使轴承宽温度范围内正常运转。润滑性良好，能减少轴承磨损。抗水淋性能良好，适宜潮湿环境下轴承的润滑。机械安定性能和胶体安定性优异，可避免润滑脂流失。氧化安定性能优异，能防止润滑脂高温变质。

生产方法

采用复合皂稠化合成油，并加入抗氧、极压抗磨等添加剂精制而成。

主要用途

适用于冶金、造纸和纺织等行业中高、低温工作的高负荷低速到中高速滚动轴承的润滑。使用温度范围为-40～180℃，短期可达 200℃。

技术参数

长城 7036 高低温润滑脂的典型数据见表 4-15-69。

表 4-15-69　长城 7036 高低温润滑脂典型数据

项 目	典型值			试验方法
	7036(100)	7036(220)	7036(460)	
外观	浅黄色均匀油膏			目测
工作锥入度/0.1mm	280	GB/T 269	270	GB/T 269
压力分油(1kg)/%	8.4	GB/T 3498	8.7	GB/T 392
滴点/℃	>300	>300	>300	GB/T 3498
蒸发度(180℃，1h)/%	4.3	3.2	2.9	SH/T 0337
相似黏度(-20℃，$10s^{-1}$)/(Pa·s)	432	462	579	SH/T 0048

续表

项 目	典型值			试验方法
	7036(100)	7036(220)	7036(460)	
轴承防锈/级	1	1	1	
腐蚀(45#钢，100℃，3h)	合格			SH/T 0331
抗水淋性能(38℃，1h)/%	3.49	3.58	2.66	SH/T 0109
四球试验(常温，1500r/min) 最大无卡咬负荷 P_B/N 烧结负荷 P_D/N	 785 2450	 785 2450	 882 3090	GB/T 3142

注意事项

典型勿与其他润滑脂混用，不同润滑脂之间可能会发生物理或化学反应导致性能下降。使用后及时封盖以避免水分、灰尘等杂质的混入。

生产厂家

中国石化润滑油有限公司。

4.15.66 长城泰博润滑脂

产品性能

具有优良的高低温性能，在我国东北地区低温冷冻实验室进行-55℃条件下低温试验，轴承运转正常。在海南湿热环境下，轴承无锈、无腐蚀。抗水冲刷性能和防腐蚀性能良好。

生产方法

采用复合锂皂稠化烯烃合成油，并加入极压、抗氧、防锈等添加剂，经特殊工艺制造而成。

主要用途

适用于高速、高温、超低温等条件下各种机械、车辆等轴承的润滑。推荐大型制冷设备的轴承润滑。使用温度范围为-60～180℃。

技术参数

长城泰博润滑脂的典型数据见表4-15-70。

表4-15-70 长城泰博润滑脂典型数据

项 目	典型值	试验方法
工作锥入度/0.1mm	284	GB/T 269
滴点/℃	301	GB/T 3498
钢网分油（100℃，30h)/%	2.4	SH/T 0324
延长工作锥入度 100000次与工作锥入度差值/0.1mm	15	GB/T 269
抗磨性能（四球法)(392N，60min)/mm	0.48	SH/T 0204
低温转矩（-40℃)/(N·m) 起动转矩 运转转矩	 0.22 0.03	SH/T 0338

注意事项

在贮运和使用过程中，应避免灰尘和杂质混入。在使用时，应将润滑部位清洗干净，风干后再加注本产品。请勿与其他油脂混用。

生产厂家

中国石化润滑油有限公司。

4.15.67 长城钢丝绳专用润滑脂

产品性能

防锈性良好，可有效隔绝钢丝绳与湿气、盐雾的接触，降低钢丝绳外部的腐蚀。粘附性和渗透性强，使用中不易流失和滑落，从而保持工作环境干净整洁。极压抗磨性优良，减少磨损，能延长钢丝绳使用寿命。抗水淋性良好，能抵抗雨水的冲刷，确保满足各种气候条件下的使用要求。

生产方法

采用羟基脂肪酸锂皂稠化精制矿物油，加入多种功能添加剂调和而成。

主要用途

适用于钢丝绳及需导轨、夹条、滑道、链条的润滑与封存。使用温度分为：-20～80℃。

技术参数

长城钢丝绳专用润滑脂的典型数据见表4-15-71。

表4-15-71　长城钢丝绳专用润滑脂典型数据

项　目	典型值	试验方法
工作锥入度/0.1mm	284	GB/T 269
腐蚀(T_3, 100℃，3h)	合格	SH/T 0331
水淋流失量（38℃，1h)/%	2.1	GB/T 0109
盐雾试验(钢片，35℃，A级)/d	3	SH/T 5018
滑落试验(55℃，1h)	合格	SH/T 0387 附录 A

注意事项

储存在干燥、通风、避阳光的仓库内。不可与其他润滑脂混用。

生产厂家

中国石化润滑油有限公司。

4.15.68 长城7417B号钢缆防护专用润滑脂

产品性能

抗腐蚀性能优异，对钢缆没有腐蚀性。有机稠化剂体系赋予润滑脂优异的抗水性能，在长期风吹雨淋的情况下，对钢缆提供良好的防护性。加入复配防锈添加剂，使润滑脂具有优异的防锈性能，在潮湿或遇水的情况下，润滑脂对钢缆不产生锈蚀。在海洋气候的环境中，也能有效保障对钢缆防护，具有长的使用寿命。胶体安定好，长期使用中不会因重力作用或温度作用自然析油，影响外观和使用寿命。粘附性良好，能保障润滑脂牢固的粘附在钢缆上，对钢缆提供良好的润滑和防护作用。

生产方法

采用脲基稠化剂稠化精制矿物油，并加有防锈、极压和抗氧等多种添加剂制成。

主要用途

专门为海上钻井平台钢缆和港口钢缆的润滑和防护而开发的钢缆防护润滑脂。适用于宽温度、潮湿环境的钢缆防护和润滑，也可适用于中、重负荷滚珠、滚柱轴承和齿轮的润滑。使用温度范围为-30～150℃ ，短期可达180℃。

技术参数

长城7417B号钢缆防护专用润滑脂的典型数据见表4-15-72。

表4-15-72　长城7417B号钢缆防护专用润滑脂典型数据

项目	典型值	试验方法
工作锥入度/0.1mm	275	GB/T 269
滴点/℃	278	GB/T 3498
防腐蚀性(52℃，48h)	合格	GB/T 5018
盐水浸泡(45#钢，49℃，7d)	合格	—
钢网分油(100 ℃，24h)/%	2.1	SH/T 0324
腐蚀试验(45#钢，100℃，24h)	合格	SH/T 0330
蒸发度(100℃，1h)/%	0.8	SH/T 0337
压力分油/%	1.02	GB/T 392
四球试验(1500r/min，室温)烧结负荷 P_D/N	6082	GB/T 3142

注意事项

储存在干燥、通风、避阳光的仓库内。不可与其他润滑脂混用。

生产厂家

中国石化润滑油有限公司。

4.15.69　长城7201轴承防锈润滑脂

产品性能

具有良好的高温性能，轴承寿命长，噪音低。抗水性能和防锈性能优良，抗酸性气体能力强。

生产方法

采用有机稠化剂稠化精制矿油，并加有抗氧、防锈等添加剂制成。

主要用途

适用于高温、重载、潮湿、有害介质等恶劣工况下运转机械的开式、密封轴承的防护与润滑，特别是要求低噪音、防锈、长寿命的家电设备的轴承的润滑与防护。适用温度范围：-20～+120℃，短期可达+150℃。

技术参数

长城7201轴承防锈润滑脂的典型数据见表4-15-73。

表 4-15-73 长城 7201 轴承防锈润滑脂典型数据

项 目	典型值		试验方法
	2 号	1.5 号	
锥入度(1/4 锥入度)/0.1mm	65	—	GB/T 269
滴点/℃	266	260	GB/T 3498
腐蚀(T3 铜片，100℃，3h)	合格	合格	SH/T 0331
压力分油/%	2.82	4.42	SH/T 0324
蒸发度(120℃)/%	0.87	0.91	SH/T 0337
相似黏度(-15℃，$10S^{-1}$)/(Pa·s)	857	668	SH/T 0048
防腐蚀性	1	1	GB/T 5014

注意事项

储运和使用过程中，应防止水分和杂质混入。

生产厂家

中国石化润滑油有限公司。

4.15.70 长城 FLZ-1、FLZ-3 抗化学介质润滑脂

产品性能

白色均匀油膏。为液氧泵轴承及管件专用润滑脂。具有优异的化学稳定性、润滑性和热稳定性。

生产方法

采用氟氯碳油为基础油，并加入全氟树脂经稠化加工而成。

主要用途

适用于接触强腐蚀性介质、强氧化剂存在的泵、阀门的润滑与密封。

技术参数

长城 FLZ-1、FLZ-3 抗化学介质润滑脂的典型数据见表 4-15-74。

表 4-15-74 长城 FLZ-1、FLZ-3 抗化学介质润滑脂典型数据

项 目	FLZ-1	FLZ-3	试验方法
外观	白色均匀油膏		目测
滴点/℃	104	104	GB/T 4929
1/4 工作锥入度/0.1mm	70	70	GB/T 269
分油量/%	4.0	9	GB/T 392
蒸发度(100℃，1h)/%	4.0	11	SH/T 0337

注意事项

推荐在 20.0MPa 以下压力，260℃以下环境中使用。避免与其他油品混用，密封、干燥、避光可长期储存。应避免与皮肤和眼睛直接接触，如有接触请立即用清水冲洗并请医务人员处理、治疗。

生产厂家

中国石化润滑油有限公司。

4.15.71 长城 FM Z-1、FM Z-2 抗化学介质润滑脂

产品性能

白色均匀油膏。具有优良的化学稳定性、润滑性和热稳定性。产品不燃烧，呈现化学惰性。

生产方法

采用氟醚油为基础油，并加入全氟树脂经稠化加工而成。

主要用途

适用于航天、航空、潜水、炼钢等行业中，与纯氧接触环境的润滑与密封。

技术参数

长城 F MZ-1、FM Z-2 抗化学介质润滑脂的典型数据见表 4-15-75。

表 4-15-75 长城 FM Z-1、FM Z-2 抗化学介质润滑脂典型数据

项 目	FMZ-1	FMZ-2	试验方法
外观	白色均匀油膏		目测
滴点/℃	122	122	GB/T 4929
1/4 工作锥入度/0. 1mm	2	74	GB/T 269
分油量/%	2. 4	4. 5	GB/T 392
蒸发度(100℃，1h)/%	4	4	SH/T 0337

注意事项

推荐在 20. 0MPa 以下压力环境中使用。避免与其他油品混用，密封、干燥可长期储存。应避免与皮肤和眼睛直接接触，如有接触请立即用清水冲洗并请医务人员处理、治疗。

生产厂家

中国石化润滑油有限公司。

4. 15. 72 长城 7903-4 耐甲醇密封脂

产品性能

具有优异的化学安定性能，防止润滑脂高温变质。耐甲醇性能良好，适宜与甲醇接触环境下轴承的润滑。机械安定性能优异，可避免润滑脂流失。高温性能优良，能保证轴承宽温度范围内正常运转。

生产方法

采用特种有机稠化剂稠化精制基础油，并加入高效添加剂精制而成。

主要用途

专为石油化工行业中与聚乙烯醇和甲醇蒸汽接触的轴承的润滑而设计。使用温度范围为-45 ~ 140℃，短期可达 160℃。

技术参数

长城 7903-4 耐甲醇密封脂的典型数据见表 4-15-76。

表 4-15-76 长城 7903-4 耐甲醇密封脂典型数据

项 目	典型值	试验方法
1/4 工作锥入度/0. 1mm	62	GB/T 269
滴点/℃	263	GB/T 3498
压力分油/%	4. 52	GB/T 392
相似黏度(-40℃，$10s^{-1}$)	1103	SH/T 0048
腐蚀(黄铜，100℃，3h)	合格	SH/T 0331
腐蚀(45 号钢片，100℃，3h)	合格	SH/T 0331
水分/%	0. 03	GB/T 512

注意事项

勿与其他润滑脂混用，不同润滑脂之间可能会发生物理或化学反应导致性能大大下降。使用后及时封盖以避免水分、灰尘等杂质的混入。使用在与橡胶、塑料、油漆等非金属材料接触的润滑部位时，事先应进行材料相容性试验。

生产厂家

中国石化润滑油有限公司。

4.15.73 长城 7903-5 高低温耐油密封脂

产品性能

米白色均匀光滑油膏。具有良好耐油性能。低温性能良好，可保证阀门在低温下的启动和密封。

生产方法

采用无机稠化剂稠化合成油，并加入抗氧、抗腐蚀等多种添加剂精制而成。

主要用途

适用于与原油、重质石油润滑油、水等介质接触的机械设备、机车、管道、阀门的辅助密封。使用温度范围为-40～150℃。

技术参数

长城 7903-5 高低温耐油密封脂的典型数据见表 4-15-77。

表 4-15-77　长城 7903-5 高低温耐油密封脂典型数据

项 目	典型值	试验方法
外观	米白色均匀光滑油膏	目测
1/4 工作锥入度/0.1mm	89	GB/T 269
滴点/℃	>300	GB/T 3498
腐蚀(T_2 铜片，100℃，24h)	合格	SH/T 0331
相似黏度(-50℃，$10s^{-1}$)/(Pa·s)	1800	SH/T 0048

注意事项

典型使用前，用煤油(或汽油)，丙酮或合成洗涤剂兑水后将涂脂部位清洗干净，吹干或晾干后再涂抹本产品。启用后，应及时将盖封严，防止混入杂质及腐蚀性介质，以免影响使用效果。不适用于溶剂油接触的管道、阀门的密封。

生产厂家

中国石化润滑油有限公司。

4.15.74 长城阀门密封润滑脂

产品性能

具有优良的抗汽油、耐乙醇、耐水能力，较宽的使用温度范围。密封润滑性优异，可以有效防止输送介质的泄漏。

生产方法

采用稠化剂稠化高级合成油，并加入多种添加剂而制成。

主要用途

适用于输送天然气、液化气、润滑油等介质的各种阀门部位，尤其是旋塞阀中。还用于机械设备、机床、变速箱、管路、燃油过滤器等与燃料油、润滑油、天然气、水或乙醇介质接触的油封、螺纹接头、阀兰等部位的静密封面和低速下滑动、移动的动密封面的密封和润滑。使用温度范围为-25～200℃。

技术参数

长城阀门密封润滑脂的典型数据见表4-15-78。

表4-15-78 长城阀门密封润滑脂典型数据

项 目	典型值	试验方法
1/4 非工作锥入度/0.1mm	59	GB/T 269
滴点/℃	>330	GB/T 3498
腐蚀（45 号钢，100℃，3h）	合格	SH/T 0331
抗水和抗水-乙醇（1∶1）溶液性能 蒸馏水 水-乙醇（1∶1）溶液	 合格 合格	SH/T 0453

注意事项

使用前，应将涂脂部位清洗干净并吹干后再涂抹本产品。在贮运和使用过程中，应避免混入杂质、以免影响使用效果。请勿与其他油脂混用。

生产厂家

中国石化润滑油有限公司。

4.15.75 长城7605耐油高温密封脂

产品性能

黑色均匀油膏。具有良好的耐矿油、水蒸汽等介质的性能。高温密封性良好，可保证在高温下的密封。防粘结性良好，能使保证螺纹的正常拆卸而不粘结。

生产方法

采用无机稠化剂稠化合成油，并加有极压添加剂精制而成。

主要用途

适用于热采井口装置闸板阀启闭密封部位的密封和润滑。7605-1 主要用于热采注汽井隔热油管、抽油杆、耐热密封器、井口装置等螺纹联结部位的密封和润滑。可在注汽温度350℃，压力17.5MPa 工况条件下使用。

技术参数

长城7605 耐油高温密封脂的典型数据见表4-15-79。

表4-15-79 长城7605耐油高温密封脂典型数据

项 目	7605	7605-1	试验方法
外观	黑色均匀油膏		目测
1/4 工作锥入度/0.1mm	70	77	GB/T 269
滴点/℃	>330	>330	GB/T 3498
压力分油(200g±5g)/%	2.43	2.43	GB/T 392

注意事项

使用前，应将涂脂部位清洗干净并吹干后再涂抹本产品。在贮运和使用过程中，应避免混入杂质、以免影响使用效果。请勿与其他油脂混用。

生产厂家

中国石化润滑油有限公司。

4.15.76 长城 7606 耐油高温密封脂

产品性能

具有良好的高低温性能，保证使用部位在宽温度范围内的正常润滑与密封。防腐蚀性良好，能使使用部件不受外界环境的侵蚀。极压性良好，保证使用部位在重负荷下正常的润滑与密封。还具有良好的橡胶相容性，保证使用部位的橡胶部件的溶胀或收缩在适宜的公差范围内。

生产方法

采用无机稠化剂稠化合成油，并加有抗氧、抗腐蚀等添加剂精制而成。

主要用途

适用于 N-674-70 橡胶密封圈的润滑与密封。使用温度范围为-45～120℃。

技术参数

长城 7606 耐油高温密封脂的典型数据见表 4-15-80。

表 4-15-80 长城 7606 耐油高温密封脂典型数据

项 目	典型值	试验方法
1/4 工作锥入度/0.1mm	62	GB/T 269
滴点/℃	242	GB/T 3498
压力分油/%	6.5	GB/T 392
蒸发度(120℃，1h)/%	4.3	SH/T 0337
腐蚀(T_3 铜片，100℃，3h)	合格	SH/T 0331
相似黏度(-35℃，$10s^{-1}$)/(Pa·s)	1478	SH/T 0048
化学安定性(0.78MPa 氧压下，100℃，100h)，压力降/MPa	0	SH/T 0325

注意事项

使用前，应将涂脂部位清洗干净并吹干后再涂抹本产品。在贮运和使用过程中，应避免混入杂质、以免影响使用效果。请勿与其他油脂混用。

生产厂家

中国石化润滑油有限公司。

4.15.77 长城 7501 高真空硅脂

产品性能

白色半透明光滑均匀油膏。具有优良的热稳定性和贮存安定性，使用寿命长。化学性质稳定，可抗溴等化学介质。还具有良好的电绝缘性、密封性、润滑性、材料适应性和粘附性。

生产方法

采用无机稠化剂稠化合成油，并加有多种添加剂和结构改善剂精制而成。

主要用途

适用于真空系统(真空度达 6.5×10^{-4}Pa)的接口、玻璃活塞、磨口接口、电接插件等连接部位的润滑与密封，广泛应用于电器、电子、电缆、玻璃、石油化工等行业。使用温度范围为-40～200℃。

技术参数

长城 7501 高真空硅脂的典型数据见表 4-15-81。

表 4-15-81 长城 7501 高真空硅脂的典型数据

项目	典型值	试验方法
外观	白色半透明光滑均匀油膏	目测
1/4 锥入度/0.1mm	52	GB/T 269
蒸发度(200℃)/%	0.86	SH/T 0337
相似黏度(-40℃，$10s^{-1}$)/(Pa·s)	510	SH/T 0048
压力分油/%	2.80	GB/T 392

注意事项

应贮存于清洁、干燥及避光处。使用前，应将玻璃活塞及接头以溶剂清洗干净并风干后再加注。启用后，应及时将盒盖严，以免混入杂质，影响使用效果。

生产厂家

中国石化润滑油有限公司。

4.15.78 长城 TBL-A 润滑脂

产品性能

具有优良的耐高温性，高温条件下使用寿命长。极压抗磨性能优良，能承受很高的载荷。还有良好的抗水性和防腐蚀性能。粘附性强，能够牢固的粘附在润滑脂部位。

生产方法

采用复合皂稠化矿物油，并加入多种添加剂而制成。

主要用途

适用于高速、重载条件下各种载货卡车及工程机械等机械设备的轮毂轴承、底盘等摩擦部位的润滑。使用温度范围为-25～180℃。

技术参数

长城 TBL-A 润滑脂的典型数据见表 4-15-82。

表 4-15-82 长城 TBL-A 润滑脂典型数据

项 目	典型值	试验方法
工作锥入度/0.1mm	242	GB/T 269
滴点/℃	292	GB/T 3498
极压性能(四球机法)P_D 值/N	2452	GB/T 12583
漏失量(104℃，6h)/g	0.1	SH/T 0326
抗磨性能(四球机法，392N，60min)/mm	0.45	SH/T 0204
防腐蚀性(52℃，48h)	合格	GB/T 5018
低温转矩(-20℃)/(N·m)	2.3	ASTM D4693

注意事项

储运过程中防止混入水和杂质。不可与其他润滑脂混用。

生产厂家

中国石化润滑油有限公司。

4.15.79 长城 TBL-B 润滑脂

产品性能

白色或浅黄色油膏。具有优良的耐高温性，高温条件下使用寿命长。抗微动磨损性能良好，可有效抑制汽车在运输过程中的轮毂轴承的磨损。抗水性和防腐蚀性能优良。耐低温性能好，可以在-40℃的条件下使用。橡胶相容性优良，与车辆常用的丁腈橡胶有较好的相容性。

生产方法

采用脲基稠化剂稠化半合成油，添加高效添加剂制成。

主要用途

适用于高档轿车轮毂轴承部位润滑。使用温度范围为-40～160℃。

技术参数

长城 TBL-B 润滑脂的典型数据见表 4-15-83。

表 4-15-83 长城 TBL-B 润滑脂典型数据

项 目	典型值	试验方法
外观	白色或浅黄色油膏	目测
工作锥入度/0.1mm	310	GB/T 269
滴点/℃	301	GB/T 3498
腐蚀(T_2 铜片，100℃，24h)	合格	GB/T 7326(乙法)
水淋流失量(79℃，1h)/%	1	SH/T 0109
低温转矩(-40℃)/(N·m)		SH/T 0338
启动	0.76	
运转	0.12	
SRV 磨痕直径/mm	0.4	SH/T 0721
漏失量(104℃，6h)/g	1.3	SH/T 0326

注意事项

储运过程中防止混入水和杂质。不可与其他润滑脂混用。

生产厂家

中国石化润滑油有限公司。

4.15.80 长城 HP-R 润滑脂

产品性能

蓝色均匀油膏。具有良好的极压抗磨性能，可满足重载汽车轮毂轴承的润滑。高温性能良好，高温粘附性强，可保证良好的润滑油膜。胶体安定性良好，润滑脂使用寿命长，可延长换脂周期。还具有良好的抗水性和防护性能。

生产方法

采用复合金属皂稠化精制矿物油，加有高效极压抗磨剂、防锈抗氧剂等制成。

主要用途

适用于高速、重载等苛刻条件下轿车、大型客车及重载卡车等车辆的轮轴承、底盘、电机水泵等摩擦部位的润滑。使用温度范围为-30～180℃。

技术参数

长城 HP-R 润滑脂的典型数据见表 4-15-84。

表 4-15-84　长城 HP-R 润滑脂典型数据

项　　目	典型值	试验方法
外观	蓝色均匀油膏	目　测
工作锥入度/0.1mm	241	GB/T 269
滴点/℃	321	GB/T 3498
钢网分油（100℃，24h）/%	2.2	SH/T 0324
延长工作锥入度（100000 次）与工作锥入度之差/0.1mm	50	GB/T 269
抗磨性能（392N，60min）/mm	0.60	SH/T 0204

注意事项

储运过程中防止混入水和杂质。不可与其他润滑脂混用。

生产厂家

中国石化润滑油有限公司。

4.15.81　长城高级轿车润滑脂

产品性能

具有优良的耐高温性，高温条件下使用寿命长。极压抗磨性能优良，能有效减少轴承的磨损。还有良好的抗水性和防腐蚀性能，高温、高速条件下不甩油、不流失。

生产方法

采用复合金属皂稠化精制矿物油，添加高效添加剂制成。

主要用途

适用于高档轿车轮毂轴承部位润滑。使用温度范围为-30～150℃。

技术参数

长城高级轿车润滑脂的典型数据见表 4-15-85。

表 4-15-85　长城高级轿车润滑脂典型数据

项　目	典型值	试验方法
工作锥入度/0.1mm	277	GB/T 269
滴点/℃	301	GB/T 3498
钢网分油（100℃，24h）/%	2.5	SH/T 0324
腐蚀（T_3 铜，100℃，3h）	合格	SH/T 0331
极压性能（四球法）P_B 值/N	706	GB/T 12583
延长工作锥入度（10^5 次）/ 0.1mm	306	GB/T 269
防腐蚀性（52℃，48h）	合格	GB/T 5018

注意事项

储运过程中防止混入水和杂质。不可与其他润滑脂混用。

生产厂家

中国石化润滑油有限公司。

4.15.82 长城 MP 润滑脂

产品性能

红色均匀光滑油膏。具有优良的机械安定性、结构稳定，使用中不易变稀和流失。润滑性能和高低温性能优良，使用寿命较长。对金属表面有良好的粘附力。防锈性能良好，可防止摩擦副金属表面锈蚀。

生产方法

采用12-羟基硬脂酸锂皂稠化精制高黏度基础油，并加入抗氧、防锈等添加剂制成。

主要用途

适用于中型重载汽车的轮毂轴承、底盘、电机、水泵等摩擦部位的润滑，也适用于各种机械设备的滑动、滚动摩擦部位的润滑。使用温度范围为-20～120℃。

技术参数

长城 MP 润滑脂的典型数据见表4-15-86。

表4-15-86 长城 MP 润滑脂典型数据

项　　目	典型值		试验方法
	2号	3号	
外观	红色均匀光滑油膏		目测
工作锥入度/0.1mm	274	233	GB/T 269
滴点/℃	197	199	GB/T 4929
腐蚀（T_2 铜，100℃，24h）	合格	合格	GB/T 7326
钢网分油（100℃，24h）/%	4.1	1.1	SH/T 0324
防腐蚀性（52℃，48h）	合格	合格	GB/T 5018

注意事项

储运过程中防止混入水和杂质。不可与其他润滑脂混用。

生产厂家

中国石化润滑油有限公司。

4.15.83 长城汽车底盘用润滑脂

产品性能

粘附性强，呈拉丝状。具有优良的抗水性，遇水不易乳化，在潮湿或有水存在的条件下，仍能保持正常润滑。润滑性和防护性良好。

生产方法

采用脂肪酸皂稠化高黏度矿物油，并加有特制增粘剂经特殊工艺制造而成。

主要用途

适用于汽车底盘、拖拉机等农用机械设备的润滑。使用温度范围为-10～60℃。

技术参数

长城汽车底盘用润滑脂的典型数据见表4-15-87。

表 4-15-87　长城汽车底盘用润滑脂典型数据

项　　目	典型值		试验方法
	2 号	3 号	
外观	绿色拉丝均匀光滑油膏		目测
工作锥入度/0.1mm	279	233	GB/T 269
压力分油/%	5.6	3.1	GB/T 392
滴点/℃	108	113	GB/T 4929
腐蚀（T_2 铜，室温，24h）	合格		GB/T 7326

注意事项

存放于清洁，干燥及避光处。不宜与其他油脂混用。

生产厂家

中国石化润滑油有限公司。

4.15.84　长城 G-2 万向节润滑脂

产品性能

具有优良的抗磨损性、抗氧防锈性、耐高低温性、机械安定性及橡胶相容性。

生产方法

采用复合锂皂稠化精制矿物油和合成油并加有抗氧、防锈、S-P 型极压抗磨添加剂制成。

主要用途

适用于汽车三销式等速万向节及其他滚针轴承摩擦部位的润滑。使用温度范围为-35～160℃。

技术参数

长城 G-2 万向节润滑脂的典型数据见表 4-15-88。

表 4-15-88　长城 G-2 万向节润滑脂典型数据

项　　目	典型值	试验方法
工作锥入度/0.1 mm	290	GB/T 269
滴点/℃	280	GB/T 3498
钢网分油（100℃，24h）/%	2.6	SH/T 0324
蒸发损失(99℃，22h)/%	0.50	GB/T 7325
防腐蚀性(52℃，48h)	合格	GB/T 5018
低温转矩(-35℃)/(N·m) 起动转矩 运转转矩	 0.88 0.06	SH/T 0338
氧化安定性(99℃，100h，758kPa) 压力降/kPa	35	SH/T 0325

注意事项

贮运过程中防止水分和杂质混入，不可与其他润滑脂混用。

生产厂家

中国石化润滑油有限公司。

4.15.85 长城 G-3 万向节润滑脂

产品性能

具有优良的抗磨损性，能够减少万向节部位的磨损。抗水性能良好，在与水接触或混合时润滑脂不易流失。防锈性能良好，可避免万向节部位发生锈蚀。此外，还具有优良的耐高低温性、机械安定性和橡胶相容性。

生产方法

采用新型稠化剂稠化精制矿物油和部分合成油并加有抗氧防锈剂、MoS_2及 S、P 等极压抗磨添加剂制成。

主要用途

适用于中高档汽车球笼式等速万向节的润滑和其他球节及滚动轴承的润滑。使用温度范围为-35～120℃。

技术参数

长城 G-3 万向节润滑脂的典型数据见表 4-15-89。

表 4-15-89　长城 G-3 万向节润滑脂典型数据

项　　目	典型值	试验方法
工作锥入度/ 0.1mm	285	GB/T 269
腐蚀（T_2 铜，100℃，24h）	合格	GB/T 7326
钢网分油（100℃，24h）/%	2.8	SH/T 0324
延长工作锥入度（100000 次）/0.1mm	295	GB/T 269
滴点/℃	190	GB/T 4929
蒸发损失(99℃，22h)/%	0.30	GB/T 7325
抗磨性能(四球机)，磨痕直径(392N，60min)/mm	0.46	SH/T 0204
低温转矩(-35℃)/(N·m) 起动转矩 运转转矩	 0.80 0.07	SH/T 0338

注意事项

在贮存和运输过程中，防止水、杂质进入。禁止与其他脂混合使用。

生产厂家

中国石化润滑油有限公司。

4.15.86 长城 TSCB-1 润滑脂

产品性能

具有良好的高低温性能。抗磨极压性能和润滑性能优良，摩擦系数较低，能够抑制 CVJ 部件在使用过程中出现异常磨损或金属疲劳。与硫化氯丁橡胶和橡胶弹性体有良好的相容性。还具有优良的机械安定性、抗水性、防锈性等。使用寿命较长，可最大限度地延长汽车的拆卸时间。

生产方法

采用高级脂肪酸锂皂稠化精制基础油，并加入抗氧防锈剂、MoS_2 等极压抗磨添加剂制成。

主要用途

适用于中高档汽车球笼式等速万向节的润滑和其他球节及滚动轴承的润滑。使用温度范围为-35～120℃。

技术参数

长城 TSCB-1 润滑脂的典型数据见表 4-15-90。

表 4-15-90　长城 TSCB-1 润滑脂典型数据

项　　目	典型值	试验方法
工作锥入度/0.1mm	295	GB/T 269
腐蚀（T_2 铜，100℃，24h）	合格	GB/T 7326
钢网分油（100℃，24h）/ %	2.2	SH/T 0324
延长工作锥入度(100000 次)与工作锥入度差值/ 0.1mm	10	GB/T 269
滴点/℃	192	GB/T 4929
蒸发损失(99℃，22h)/%	0.55	GB/T 7325
抗磨性能(四球机，392N，60min)/mm	0.43	SH/T 0204
流动压力/kPa 20℃ -35℃	 2.0 90.6	DIN 51805
动态防锈（Emcor 试验）	1	IP 220
氧化安定性(99℃，100h，758kPa)/kPa	10	SH/T 0325

注意事项

在贮存和运输过程中，防止水、杂质进入。禁止与其他脂混合使用。

生产厂家

中国石化润滑油有限公司。

4.15.87　长城 TSCT-1 润滑脂

产品性能

具有良好的润滑性和流动性能，可防止磨损锈斑和滚针断裂的发生。抗磨极压性能和润滑性能优良，能够抑制 CVJ 部件在使用过程中出现异常磨损或金属疲劳。摩擦系数低，有效降低移动式 CVJ 引发的噪音振动。高低温性能良好。与硫化氯丁橡胶有良好的相容性。还有优良的机械安定性、抗水性、防锈性等。

生产方法

采用高级脂肪酸锂皂稠化精制基础油并加入抗氧防锈剂、S、P 等极压抗磨剂等添加剂制成。

主要用途

适用于中高档汽车三销移动式等速万向节的润滑和其他设备的滚针轴承润滑。使用温度范围为-35～120℃。

技术参数

长城 TSCT-1 润滑脂的典型数据见表 4-15-91。

表 4-15-91　长城 TSCT-1 润滑脂典型数据

项　　目	典型值	试验方法
工作锥入度/ 0.1mm	351	GB/T 269
钢网分油（100℃，24h）/%	10.3	SH/T 0324

续表

项　　目	典型值	试验方法
延长工作锥入度(100000 次)与工作锥入度差值/ 0.1mm	5	GB/T 269
滴点/℃	200	GB/T 4929
蒸发损失(99℃，22h)/%	0.90	GB/T 7325
抗磨性能(四球机，392N，60min)/mm	0.43	SH/T 0204
流动压力/kPa 20℃ -35℃	 3.2 85.5	DIN 51805
动态防锈（Emcor 试验）	0	IP 220
氧化安定性(99℃，100h，758kPa)/kPa	33	SH/T 0325

注意事项

在贮存和运输过程中，防止水、杂质进入。禁止与其他脂混合使用。

生产厂家

中国石化润滑油有限公司。

4.15.88 长城 TBF-A 润滑脂

产品性能

具有优良的极压抗磨性、高低温适用性、机械安定性和防锈性。

生产方法

采用脂肪酸皂稠化精制矿物油，并加入抗氧剂、防锈剂、极压抗磨剂等添加剂，经特殊工艺制成。

主要用途

适用于汽车及其他等速万向节轴承的润滑，同时也适用于滚动轴承润滑。使用温度范围为-30～120℃。

技术参数

长城 TBF-A 润滑脂的典型数据见表 4-15-92。

表 4-15-92　长城 TBF-A 润滑脂典型数据

项目	典型值	试验方法
工作锥入度/0.1mm	279	GB/T 269
延长工作锥入度(100000 次)/0.1mm	292	GB/T 269
滴点/℃	188	GB/T 4929
防腐蚀性(52℃，48h)	合格	GB/T 5018
极压性能(四球法)P_D 值/N	2452	GB/T 12583
低温转矩(-20℃)/(N·m) 起动转矩 运转转矩	 0.278 0.035	SH/T 0338

注意事项

在贮存和运输过程中，防止水、杂质进入。禁止与其他脂混合使用。

生产厂家

中国石化润滑油有限公司。

4.15.89 长城 TBE-B 润滑脂

产品性能

具有较高的承载能力和优异的抗磨损性能。可有效降低因震动和冲击负荷产生的摩擦磨损。此外还有良好的防锈性、抗水性、耐高低温性、机械安定性、胶体安定性和氧化安定性等。使用周期长，可免维护。

生产方法

采用复合锂皂稠化剂稠化精制矿物油和部分合成油并添加抗氧剂、防锈剂、极压抗磨、增粘剂等添加剂制成。

主要用途

适用于低速和中速条件下的中重负荷滚动、滑动摩擦部位的润滑，如汽车摆臂滚针轴承、十字轴滚针轴承、轮毂轴承、汽车底盘等高温重负荷部位的润滑。使用温度范围：-30～180℃。

技术参数

长城 TBE-B 润滑脂的典型数据见表 4-15-93。

表 4-15-93 长城 TBE-B 润滑脂典型数据

项　目	典型值	试验方法
工作锥入度/0.1mm	280	GB/T 269
延长工作锥入度(100000 次)/0.1mm	310	GB/T 269
滴点/℃	316	GB/T 3498
腐蚀(T2 铜，100℃，24h)	合格	GB/T 7326
钢网分油(100℃，24h)/%	2.1	SH/T 0324
氧化安定性(99℃，100h，758kPa)压力降/ kPa	15	SH/T 0325
防腐蚀性(52℃，48h)	合格	GB/T 5018
极压性能(梯姆肯法)OK 值 / N	178	SH/T 0203
抗磨性能(392N，60min)/mm	0.42	SH/T 0204
极压性能(四球机法)P_D 值/N	3089	GB/T 12583
低温转矩(-30℃)/(N·m) 启动 运转	 0.535 0.035	SH/T 0338

注意事项

在贮存和运输过程中，防止水、杂质进入。禁止与其他脂混合使用。

生产厂家

中国石化润滑油有限公司。

4.15.90 长城 TBF-B 润滑脂

产品性能

具有良好的高温性能和黏稠性，高温不漏失。还有良好的低温启动性、机械安定性、抗磨极压性能、与硫化氯丁橡胶的相容性和抗水防锈性。

生产方法

采用脂肪酸锂-钙混合皂稠化精制矿物油并加入抗氧防锈和特殊减磨固体极压抗磨添加剂制成。

主要用途

适用于低档汽车主装和售后维修服务市场球笼式等速万向节的润滑，以及其他球节及滚动轴承的润滑。使用温度范围为-30～120℃。

技术参数

长城 TBF-B 润滑脂的典型数据见表 4-15-94。

表 4-15-94 长城 TBF-B 润滑脂典型数据

项 目	典型值	试验方法
工作锥入度/0.1mm	281	GB/T 269
腐蚀（T_2 铜，100℃，24h）	合格	GB/T 7326
钢网分油（100℃，24h）/%	2.9	SH/T 0324
延长工作锥入度(100000 次)/0.1mm	300	GB/T 269
滴点/℃	193	GB/T 4929
蒸发损失(99℃，22h)/%	0.18	GB/T 7325
低温转矩(-20℃)/(N·m) 起动转矩 运转转矩	 0.354 0.032	SH/T 0338
防腐蚀性(52℃，48h)	合格	GB/T 5018

注意事项

在贮存和运输过程中，防止水、杂质进入。禁止与其他脂混合使用。

生产厂家

中国石化润滑油有限公司。

4.15.91 长城 JMA 润滑脂

产品性能

具有优良的极压抗磨性，满足重负荷部位的润滑和防护。还具有良好的防锈性能、机械安定性和抗水性能。

生产方法

采用混合皂稠化精制矿物油并加有多种添加剂制成。

主要用途

适用于重型汽车十字轴万向节及其他滚柱轴承的润滑。使用温度范围为-20～120℃。

技术参数

长城 JMA 润滑脂的典型数据见表 4-15-95。

表 4-15-95　长城 JMA 润滑脂典型数据

项　目	典型值	试验方法
工作锥入度/0.1mm	263	GB/T 269
滴点/℃	192	GB/T 4929
腐蚀(T_2 铜，100℃，24h)	合格	GB/T 7326
钢网分油(100℃，24h)/%	0.2	SH/T 0324
氧化安定性(99℃，100h，758kPa)压力降 /kPa	18	SH/T 0325
防腐蚀性(52℃，48h)	合格	GB/T 5018

注意事项

在贮存和运输过程中，防止水、杂质进入。禁止与其他脂混合使用。

生产厂家

中国石化润滑油有限公司。

4.15.92　长城 CM 万向节润滑脂

产品性能

具有优良的抗磨损性、防护性能、耐高低温性能、机械安定性及橡胶相容性。

生产方法

采用混合皂稠化半合成基础油并加有多种高性能添加剂制成。

主要用途

适用于各种车辆的底盘万向节，球节及其他各摩擦部位的润滑。使用温度范围为-35～120℃。

技术参数

长城 CM 万向节润滑脂的典型数据见表 4-15-96。

表 4-15-96　长城 CM 万向节润滑脂典型数据

项　目	典型值	试验方法
工作锥入度/ 0.1mm	325	GB/T 269
滴点/ ℃	183	GB/T 4929
铜片腐蚀(T_2 铜，100℃，24h)	合格	GB/T 7326
延长工作锥入度(100000 次)/0.1 mm	349	GB/T 269
钢网分油 (100℃，24h)/%	3.8	SH/T 0324

注意事项

在贮存和运输过程中，防止水、杂质进入。禁止与其他脂混合使用。

生产厂家

中国石化润滑油有限公司。

4.15.93　长城 SHCVJ 汽车恒速万向节润滑脂

产品性能

具有优良的高温性能，可保证高速运转的万向节在高温下正常运转。低温启动性良好，能保证万向节在低温下的正常启动和润滑。极压抗磨性优良，可减少万向节的磨损、振动。抗水淋和防锈性能良好。综合性能优异，保证有较长的使用寿命。

生产方法

采用有机稠化剂稠化基础油，并加入抗氧、抗腐蚀等多种添加剂精制而成。

主要用途

适用于各种恒速万向节的润滑与防护，以及其他对抗水、防腐蚀、极压抗磨要求苛刻的场合。适用温度范围：-20～150℃，短期可达200℃。

技术参数

长城SHCVJ汽车恒速万向节润滑脂的典型数据见表4-15-97。

表4-15-97 长城SHCVJ汽车恒速万向节润滑脂典型数据

项 目	2.5号	2号	试验方法
工作锥入度/0.1mm	259	282	GB/T 269
滴点/℃	278	264	GB/T 3498
腐蚀(T_2铜片，100℃，3h)	1b	1b	SH/T 0331
蒸发度(150℃，1h)/%	1.2	1.5	SH/T 0337
相似黏度(-20℃，$20s^{-1}$)/(Pa·s)	968	884	SH/T 0048
压力分油/%	3.3	3.5	GB/T 392
剪切安定性，10万次工作锥入度/0.1mm	318	343	GB/T 269
四球试验P_B值/N	1118	4905	SH/T 0202

注意事项

启用后，应及时将盖封严，以防混入杂质。请勿与其他油脂混用，以免影响使用效果。产品见光后有颜色逐渐变深的现象，属正常现象。

生产厂家

中国石化润滑油有限公司。

4.15.94 长城SHCV J-WUT汽车恒速万向节润滑脂

产品性能

极压抗磨性优良，可减少万向节的磨损和振动。高低温性能优良，可保证万向节在高温下正常运转，在低温下的正常启动和润滑。抗水淋和防锈性能良好。综合性能优异，能保证较长的使用寿命。

生产方法

采用复合有机稠化剂稠化半合成基础油，并加入抗氧、抗腐蚀及特种抗磨剂等多种添加剂精制而成。

主要用途

适用于各种恒速万向节的润滑与防护，以及其他对抗水、防腐蚀、极压抗磨要求苛刻的场合。适用温度范围：-40～150℃，短期可达200℃。

技术参数

长城SHCV J-WUT汽车恒速万向节润滑脂的典型数据见表4-15-98。

表 4-15-98　长城 SHCV J-WUT 汽车恒速万向节润滑脂典型数据

项 目	典型值	试验方法
工作锥入度/0.1mm	282	GB/T 269
滴点/℃	254	GB/T 3498
腐蚀(45#钢片，100℃，3h)	合格	SH/T 0331
蒸发度(150℃，1h)/%	2.1	SH/T 0337
相似黏度(-30℃，$20s^{-1}$)/(Pa·s)	1090	SH/T 0048
低温转矩(-40℃)/(N·m) 启动转矩 运转力矩	 1.095 0.254	SH/T 0338
压力分油/%	3.0	GB/T 392
四球试验 P_B/N P_D/N	 1030 4095	SH/T 0202

注意事项

启用后，应及时将盖封严，以防混入杂质。请勿与其他油脂混用，以免影响使用效果。产品见光后有颜色逐渐变深的现象，属正常现象。

生产厂家

中国石化润滑油有限公司。

4.15.95　长城汽车软轴专用润滑脂

产品性能

具有优良的高低温性和化学安定性，能够满足润滑部位的长寿命。含大量的固体超细粉末，能够有效的降低摩擦系数。橡胶相容性良好，能满足与橡胶件接触部位的润滑。

生产方法

采用精制脂肪酸金属皂稠化合成油并加有多种高效添加剂和新型特种固体耐磨材料制成。

主要用途

适用于进口高档汽车、摩托车等车辆拉线部位的润滑。使用温度范围为-40～130℃。

技术参数

长城汽车软轴专用润滑脂的典型数据见表 4-15-99。

表 4-15-99　长城汽车软轴专用润滑脂典型数据

项　　目	典型值		试验方法
	1 号	2 号	
工作锥入度/0.1mm	334	291	GB/T 269
滴点/℃	199	212	GB/T 4929
钢网分油（100℃，24h)/%	6.6	3.4	SH/T 0324
耐水试验（90℃，3h)/级	1	1	—

续表

项　　目	典型值		试验方法
	1号	2号	
氧化安定性（99℃，100h，758kPa），压力降/kPa	7	15	SH/T 0325
流动压力/kPa 20℃ -40℃	 76 228	 98 239	DIN 51805

注意事项

使用前，应将涂脂部位清洗干净并吹干后再加注本产品。启用后，应及时将盒盖严，以免混入杂质影响使用效果。请勿与其他油脂混用。

生产厂家

中国石化润滑油有限公司。

4.15.96　长城3G润滑脂

产品性能

适应温度范围宽，能够满足汽车软轴在高低温条件下的运转要求。具有良好的化学安定性，使用寿命长。防护及防锈性良好，能够防止润滑表面发生锈蚀。

生产方法

采用无机稠化剂中等黏度合成油并加有抗氧、防锈等添加剂制成。

主要用途

适用于汽车软轴的润滑。使用温度范围为-40～150℃。

技术参数

长城3G润滑脂的典型数据见表4-15-100。

表4-15-100　长城3G润滑脂典型数据

项　　目	典型值	试验方法
工作锥入度/0.1mm	314	GB/T 269
滴点/℃	304	GB/T 3498
水分/%	痕迹	GB/T 512
腐蚀（T_3铜片，100℃，3h）	合格	SH/T 0331
相似黏度（-40℃，10s^{-1}）/（Pa·s）	555	SH/T 0048

注意事项

使用前，应将涂脂部位清洗干净并吹干后再加注本产品。启用后，应及时将盒盖严，以免混入杂质影响使用效果。请勿与其他油脂混用。

生产厂家

中国石化润滑油有限公司。

4.15.97　长城SHGL-9700软轴润滑脂

产品性能

具有优良的机械安定性和氧化安定性，可满足软轴的长期润滑要求。高低温性优良，能保证软轴在宽温度范围内的正常润滑。防护性良好，保证软轴免受外界环境的侵蚀

生产方法

采用有机稠化剂稠化合成油，并加入多种添加剂精制而成。

主要用途

适用于车用仪表软轴的润滑与防护。适用温度范围：-40～150℃。

技术参数

长城 SHGL-9700 软轴润滑脂的典型数据见表 4-15-101。

表 4-15-101　长城 SHGL-9700 软轴润滑脂典型数据

项 目	典型值	试验方法
1/4 工作锥入度/ 0. 1mm	71	GB/T 269
滴点/℃	275	GB/T 3498
腐蚀(45#钢片，100℃，3h)	合格	SH/T 0331
蒸发度(100℃，1h)/%	0. 36	SH/T 0337
相似黏度(-30℃，$10s^{-1}$)/（Pa·s)	1116	SH/T 0048

注意事项

使用前，应将涂脂部位清洗干净并吹干后再加注本产品。启用后，应及时将盒盖严，以免混入杂质影响使用效果。勿与其他油脂混用。

生产厂家

中国石化润滑油有限公司。

4. 15. 98　长城 4H 润滑脂

产品性能

具有优良的高低温性和化学安定性，能够满足长寿命要求。添加大量的固体超细粉末，可有效降低摩擦系数。橡胶相容性良好，能满足与橡胶件接触部位的润滑。具有一定的防护性能，可防止车辆拉线运转过程中的锈蚀。

生产方法

采用金属皂稠化特殊合成油并加有特效固体超细粉末等多种高效添加剂制成。

主要用途

适用于进口高档汽车、摩托车等车辆拉线部位的润滑。使用温度范围为-50～130℃。

技术参数

长城 4H 润滑脂的典型数据见表 4-15-102。

表 4-15-102　长城 4H 润滑脂典型数据

项　　目	典型值	试验方法
工作锥入度/0. 1mm	353	GB/T 269
滴点/℃	205	GB/T 4929
腐蚀（T_2 铜片，100℃，24h）	合格	GB/T 7326
钢网分油（100℃，24h)/%	2. 8	SH/T 0324
延长工作锥入度（10^5 次)/0. 1mm	347	GB/T 269
氧化安定性（99℃，100h，758kPa)压力降/kPa	29	SH/T 0325
蒸发损失（99℃，22h)/ %	0. 29	GB/T 7325

注意事项

使用前，应将涂脂部位清洗干净并吹干后再加注本产品。启用后，应及时将盒盖严，以免混入杂质影响使用效果。请勿与其他油脂混用。

生产厂家

中国石化润滑油有限公司。

4.15.99 长城 TBE-A 润滑脂

产品性能

具有优良的抗磨损性和耐高低温性。纤维结构合理，机械安定性及橡胶相容性良好。

生产方法

采用高级脂肪酸皂稠化合成油并加有多种高性能添加剂制成。

主要用途

适用于汽车钢-塑摩擦副的球节和其他塑料-钢摩擦部位的润滑。使用温度范围为-40～120℃。

技术参数

长城 TBE-A 润滑脂的典型数据见表 4-15-103。

表 4-15-103 长城 TBE-A 润滑脂的典型数据

项　目	典型值	试验方法
工作锥入度/0.1mm	283	GB/T 269
滴点/℃	200	GB/T 4929
铜片腐蚀(T_2铜片，100℃，24h)	合格	GB/T7326
低温转矩(-40℃)/(N·m) 启动转矩 运转转矩	 0.29 0.05	SH/T 0338
钢网分油（100℃，24h)/%	3.1	SH/T 0324

注意事项

使用前，应将涂脂部位清洗干净并吹干后再加注本产品。启用后，应及时将盒盖严，以免混入杂质影响使用效果。请勿与其他油脂混用。

生产厂家

中国石化润滑油有限公司。

4.15.100 长城 TBE-I 润滑脂

产品性能

白色均匀油膏。具有优异的高低温适用性、橡胶相容性和抗氧化性能。

生产方法

采用无机稠化剂稠化特殊合成油，经特殊工艺制成。

主要用途

适用于汽车、卡车、摩托车等里程表软轴的润滑，也适用于汽车横向稳定杆的润滑。使用温度范围为-50～200℃。

技术参数

长城 TBE-I 润滑脂的典型数据见表 4-15-104。

表 4-15-104 长城 TBE-I 润滑脂典型数据

项　目	典型值	试验方法
外观	白色均匀油膏	目测
工作锥入度/0.1mm	280	GB/T 269
滴点/℃	300	GB/T 3498
腐蚀(T_2 铜片，100℃，24h)	合格	GB/T 7326
相似黏度(-50℃，$10s^{-1}$)/(Pa·s)	140	SH/T 0048
水分/%	痕迹	GB/T 512
氧化安定性(99℃，100h，758kPa)压力降/kPa	12	SH/T 0325

注意事项

使用前，应将涂脂部位清洗干净并吹干后再加注本产品。启用后，应及时将盒盖严，以免混入杂质影响使用效果。请勿与其他油脂混用。

生产厂家

中国石化润滑油有限公司。

4.15.101 长城 LG 润滑脂

产品性能

具有优良的高低温性能、防锈性能和抗水性能。

生产方法

采用高级脂肪酸复合皂稠化精制矿物油并添加多种添加剂制成。

主要用途

适用于汽车拉杆部位的润滑。使用温度范围为-10～150℃。

技术参数

长城 LG 润滑脂的典型数据见表 4-15-105。

表 4-15-105　长城 LG 润滑脂典型数据

项　目	典型值	试验方法
工作锥入度/0.1mm	221	GB/T 269
滴点/℃	263	GB/T 3498
腐蚀（T_2 铜片，100℃，24h）	合格	GB/T 7326
蒸发量(99℃，22h)/%	0.3	GB/T 7325
水淋流失量（38℃，1h)/%	1	SH/T 0109
防腐蚀性（52℃，48h）	合格	GB/T 5018

注意事项

使用前，应将涂脂部位清洗干净并吹干后再加注本产品。启用后，应及时将盒盖严，以免混入杂质影响使用效果。请勿与其他油脂混用。

生产厂家

中国石化润滑油有限公司。

4.15.102 长城 LX 润滑脂

产品性能

具有优良的高低温性能、防锈性能、机械安定性和抗氧化性能。

生产方法

采用高级脂肪酸复合皂稠化合成油并添加多种添加剂制成。

主要用途

适用于汽车和摩托车拉线部位的润滑。使用温度范围为-40～150℃。

技术参数

长城 LX 润滑脂的典型数据见表 4-15-106。

表 4-15-106 长城 LX 润滑脂典型数据

项　目	典型值	试验方法
工作锥入度/0.1mm	287	GB/T 269
滴点/℃	300	GB/T 3498
流动压力（-40℃）/kPa	33.3	DIN 51805
钢网分油(100℃，24h)/%	1.9	SH/T 0324

注意事项

使用前，应将涂脂部位清洗干净并吹干后再加注本产品。启用后，应及时将盒盖严，以免混入杂质影响使用效果。请勿与其他油脂混用。

生产厂家

中国石化润滑油有限公司。

4.15.103 长城 SHB6 汽车车身附件润滑脂

产品性能

具有优异机械安定性，可保证润滑脂长期附着在车身附件上，起到润滑与防护的作用。高低温性优良，能保证车身附件在宽温度范围内的润滑与防护。防护性优异，可保证车身护件免受外界环境的侵蚀。氧化安定性优异，能实现车身附件的长期润滑与防护。抗水性优异，保证车身附件在潮湿环境下的正常润滑与防护。

生产方法

采用皂基稠化合成油，并加有多种添加剂精制而成。

主要用途

适用汽车车附件如玻璃升降器、门锁等的润滑与防护。使用温度范围为-30～120℃

技术参数

长城 SHB6 汽车车身附件润滑脂的典型数据见表 4-15-107。

表 4-15-107　长城 SHB6 汽车车身附件润滑脂典型数据

项 目	典型值	试验方法
工作锥入度/0.1mm	340	GB/T 269
滴点/℃	192	GB/T 4929
腐蚀(45#钢片，100℃，3h)	合格	SH/T 0331
腐蚀(锌片，100℃，3h)	合格	SH/T 0331
蒸发度(100℃，1h)/%	0.39	SH/T 0337
相似黏度(-20℃，$10s^{-1}$)/(Pa·s)	624	SH/T 0048
水淋流失量(40℃±1℃)/%	2.62	SH/T 0109
防腐蚀性(52℃，48h)/级	1	GB/T 5018

注意事项

使用前，应将涂脂部位清洗干净并吹干后再加注本产品。启用后，应及时将盒盖严，以免混入杂质影响使用效果。请勿与其他油脂混用。

生产厂家

中国石化润滑油有限公司

4.15.104　长城车门限位器润滑脂

产品性能

具有良好的高低温性能，确保在宽温度范围内的使用。粘附性能优良，可较好地粘附于润滑表面。抗水性能优良。加入 PTFE 粉末，使产品具有良好的润滑性。

生产方法

采用脂肪酸锂皂稠化全合成油，并加入 PTFE 粉末、防腐剂等添加剂制成。

主要用途

适用于汽车车门限位器等需高粘附性及优良高低温性能部位的润滑。使用温度范围为-40~120℃。

技术参数

长城车门限位器润滑脂的典型数据见表 4-15-108。

表 4-15-108　长城车门限位器润滑脂典型数据

项　目	典型值	试验方法
外观	合格	目测
工作锥入度/0.1mm	320	GB/T 269
滴点/℃	205	GB/T 4929
腐蚀（T_2 铜片，100℃，24h）	合格	GB/T 7326
防腐蚀性（52℃，48h）	合格	GB/T 5018
抗磨性能(四球机法)（392N，60min)/ mm	0.5	SH/T 0204

续表

项　目	典型值	试验方法
低温转矩(-30℃)/(N·m) 启动转矩 运转转矩	 0.153 0.045	SH/T 0338
水淋流失量 (38℃, 1h)/%	3	SH/T 0109
抗水性(90℃)/级	1	DIN 51807
基础油运动黏度(40℃)/(mm^2/s)	402	GB/T 265

注意事项

贮存和使用中尽量避免杂质的混入。

生产厂家

中国石化润滑油有限公司。

4.15.105　长城 7607 车辆制动系统密封脂

产品性能

黄褐色光滑均匀油膏。具有良好的高低温性能，保证了使用部位在宽温度范围内正常运转。氧化安定性和胶体安定性良好，可以达到长期稳定的润滑与密封。橡胶适应性良好，对丁腈橡胶部件的溶胀或收缩在适宜的公差范围内。抗水淋性能良好，适宜潮湿环境下的使用。

生产方法

采用混合皂基稠化剂稠化合成油，并加入抗氧、抗腐蚀等添加剂精制而成。

主要用途

适用于各种重型车等机动车辆气压制动系统气阀的橡胶活塞与缸壁间的润滑与密封。适用温度范围：-40～100℃，短期可用于 150℃。

技术参数

长城 7607 车辆制动系统密封脂的典型数据见表 4-15-109。

表 4-15-109　长城 7607 车辆制动系统密封脂典型数据

项 目	典型值	试验方法
外观	黄褐色光滑均匀油膏	目测
工作锥入度/0.1mm	333	GB/T 269
滴点/℃	204	GB/T 4929
钢网分油(40℃, 18h)/%	0.31	SH/T 0324
蒸发度(150℃, 1h)/%	0.86	SH/T 0337
腐蚀(T_2 铜片, 120℃, 3h)/级	1b	SH/T 0331
相似黏度(-40℃, $10s^{-1}$)/(Pa·s)	1073	SH/T 0048
抗水淋性能(79℃±1℃)/%	1.92	SH/T 0109

注意事项

存放于清洁，干燥及避光处。不宜与其他油脂混用，使用时，应将使用部位清洗干净后再加注本产品。使用后应及时将盖子盖严，避免混入杂质影响使用效果。使用时，要注意所选橡胶是否能与本产品相匹配。

生产厂家

中国石化润滑油有限公司。

4.15.106 长城 7607 车辆制动系统密封脂

产品性能

黄色至褐色均匀光滑油膏。与制动液良好的相容性，不会对制动液成分引起不良变化。胶体安定性良好，可保证使用部位稳定的润滑与密封。对三元乙丙橡胶有良好的适应性，与橡胶皮碗相容性好，溶胀或收缩在适宜的公差范围内。抗水淋性能良好，适宜潮湿环境下的使用。

生产方法

采用皂基稠化剂稠化合成油，并加入抗氧、抗腐蚀等多种添加剂精制而成。

主要用途

适用于汽车液压制动系统皮碗与金属之间的润滑与防护。使用温度范围为-40 ~ +110℃。

技术参数

长城 7608 液压制动系统密封脂的典型数据见表 4-15-110。

表 4-15-110　长城 7608 液压制动系统密封脂典型数据

项 目	典型值	试验方法
外观	黄色至褐色均匀光滑油膏	目测
1/4 工作锥入度/0.1mm	78	GB/T 269
滴点/℃	202	GB/T 4929
钢网分油(40℃，24h)/%	0.24	SH/T 0324
蒸发度(150℃，1h)/%	0.91	SH/T 0337
腐蚀(T_3 铜片，100℃，3h)	合格	SH/T 0331
相似黏度(-30℃，$10s^{-1}$)/(Pa·s)	888	SH/T 0048

注意事项

存放于清洁，干燥及避光处。不宜与其他油脂混用。使用时，应将使用部位清洗干净后再加注本产品。使用后应及时将盖子盖严，避免混入杂质影响使用效果。使用该脂时，要注意所选橡胶是否能与本产品相匹配。

生产厂家

中国石化润滑油有限公司。

4.15.107 长城 DZG 润滑脂

产品性能

具有优良的极压抗磨性，可有效防止和减少摩擦副的磨损。机械安定性和抗氧化性优异，使用寿命长。还具有良好的抗水性和防护性，能有效防止野外作业润滑部件的锈蚀。

生产方法

采用12-羟基硬脂酸混合皂稠化深度精制的矿物基础油，并加入极压、抗氧、防锈等高效添加剂制成。

主要用途

适用于挖掘机、推土机、叉车等工程机械设备的回转轴承、履带弹簧等部位的润滑，同时还可用于其他重型车辆和设备的摩擦部位润滑。使用温度范围为-25～125℃。

技术参数

长城DZG润滑脂的典型数据见表4-15-111。

表4-15-111 长城DZG润滑脂典型数据

项目	典型值		试验方法
	1号	2号	
工作锥入度/0.1mm	328	279	GB/T 269
延长工作锥入度 10^5次与工作锥入度差值(60次)/0.1mm	8	30	GB/T 269
滴点/℃	188	186	GB/T 4929
腐蚀(T_2铜片，100℃，24h)	合格	合格	GB/T 7326
钢网分油(100℃，24h)/%	5.8	3.9	SH/T 0324
极压性能（四球机法）P_D值/N	3089	3089	GB/T 12583
抗磨性能(四球机法，392N，60min)/mm	0.45	0.50	SH/T 0204
防腐蚀性(52℃，48h)	合格	合格	GB/T 5018

注意事项

贮存和使用中尽量避免杂质的混入。

生产厂家

中国石化润滑油有限公司。

4.15.108 长城154矿车专用润滑脂

产品性能

在剪切力的作用下能保持较好的润滑脂结构特征。粘附性优良。基础油黏度适中，性能优良。能够满足矿山、机械等行业中重负荷润滑部位的润滑要求。

生产方法

采用12-羟基硬脂酸锂皂稠化深度精制的矿物基础油，并加入抗氧、防锈等多种高效添加剂，经特殊工艺制造而成。

主要用途

适用于154矿车的轮毂轴承、牵引电机轴承及其他集中供脂系统设备的润滑。使用温度范围为-20～120℃。

技术参数

长城154矿车专用润滑脂的典型数据见表4-15-112。

表 4-15-112　长城 154 矿车专用润滑脂典型数据

项　目	典型值		试验方法
	T0 号	1 号	
工作锥入度/0.1mm	355	334	GB/T 269
滴点/℃	181	185	GB/T 4929
腐蚀（T_2 铜片，100℃，24h）	合格		GB/T 7326
钢网分油（100℃，24h）/%	—	5.0	SH/T 0324
延长工作锥入度（10 万次）/0.1mm	—	340	GB/T 269
极压性能（梯姆肯法）OK 值/N	178		SH/T 0203
防腐蚀性（52℃，48h）	合格		GB/T 5018

注意事项

贮存和使用中尽量避免杂质的混入。

生产厂家

中国石化润滑油有限公司。

4.15.109　长城 GP-9 硅脂

产品性能

能够克服南北温差，冬夏温差，使用温度范围广，满足车辆运行的需要。对制动阀件起到优良的辅助密封作用，杜绝漏气和串气。使阀件运动灵活，降低磨损，延长阀件使用寿命。对橡胶的影响小。与铁路系统制动阀中所用的各种类型橡胶制件相容。防锈性好，有效避免阀件受潮湿空气、腐蚀性介质引起的腐蚀。抗水，耐冲刷。遇水不分解，不流失，能够抵抗高压气流的冲刷。不含铅及其他对人体有害的物质。

生产方法

采用无机稠化剂稠化高级合成油，并加有多种添加剂制成。

主要用途

专用于铁路车辆制动阀阀件的辅助密封与润滑，也可用于其他与橡胶接触的设备润滑与防护。使用温度范围为-50～120℃。

技术参数

长城 GP-9 硅脂的典型数据见表 4-15-113。

表 4-15-113　长城 GP-9 硅脂典型数据

项　目	典型值	试验方法
滴点/℃	>300	GB/T 4929
工作锥入度/0.1mm	393	GB/T 269
腐蚀（T_3 铜片，100℃，3h）	合格	GB/T 7326 乙法
相似黏度（-50℃，$10s^{-1}$）/（Pa·s）	325	SH/T 0048
橡胶重量变化率（70℃，24h）/%	0.23	GB/T 1690
橡胶浸油后压缩耐寒系数保持率（-50℃）/%	95	GB/T 6034

注意事项

应储存于仓库内，远离火种、热源。若长期暴露于高温下，可使润滑脂产生油皂分离。防止污物与水渗入，取用后应将桶盖盖紧。

生产厂家

中国石化润滑油有限公司。

4.15.110 长城地铁轮轨润滑脂

产品性能

黑色均匀油膏。具有优异的流动性能，容易泵送。粘附性能优良，能够吸附于铁轨表面。抗磨性优良，可够减少轮、轨的磨耗。

生产方法

采用羟基脂肪酸锂皂稠化合成油并加入高效添加剂制成。

主要用途

适用于地下铁路及城市轨道车轮、轨部位的润滑，可泵送或涂抹。使用温度范围为-20～100℃。

技术参数

长城地铁轮轨润滑脂的典型数据见表4-15-114。

表4-15-114 长城地铁轮轨润滑脂典型数据

项　目	典型值	试验方法
外观	黑色均匀油膏	目测
工作锥入度/0.1mm	351	GB/T 269
水分/%	无	GB/T 512
相似黏度(-10℃，$10s^{-1}$)/(Pa·s)	496	SH/T 0048
滴点/℃	178	GB/T 4929
腐蚀(45号钢，100℃，3h)	合格	SH/T 0331

注意事项

应储存于仓库内，远离火种、热源。若长期暴露于高温下，可使润滑脂产生油皂分离。防止污物与水渗入，取用后应将桶盖盖紧。

生产厂家

中国石化润滑油有限公司。

4.15.111 长城中小型电机轴承润滑脂

产品性能

稠化剂的皂纤维结构合理，分布均匀，在剪切力的作用下能保持较好的润滑脂结构特征。有一定的防锈性能，能够防止轴承运转过程中的锈蚀。具有优良的降噪性，能有效改善轴承的振动性能。

生产方法

采用12-羟基硬脂酸锂皂稠化深度精制的矿物基础油，并加入抗氧、防锈等添加剂，经特殊工艺制造而成。

主要用途

适用于中小型电机的滚动轴承和其他较低负荷设备的滚动轴承的润滑。使用温度范围为-20～120℃。

技术参数

长城中小型电机轴承润滑脂的典型数据见表4-15-115。

表 4-15-115　长城中小型电机轴承润滑脂典型数据

项　目	典型值		试验方法
	2 号	3 号	
工作锥入度/0.1mm	281	239	GB/T 269
滴点/℃	196	202	GB/T 4929
延长工作锥入度（10 万次）/0.1mm	308	280	GB/T 269
杂质/（个/cm^3） 10μm 以上 25μm 以上 75μm 以上 125μm 以上	 200 0 0 0	 300 200 0 0	SH/T 0336
噪音值(6201 轴承) 启动异音数/N 运转异音数/N	 2 3	 3 3	JS 2702(004)
低温转矩（-20℃)/(N·m) 启动 运转	 0.22 0.05	 0.29 0.04	SH/T 0338
防腐蚀性（52℃，48h）	合格		GB/T 5018

注意事项

在贮存和运输过程中，防止水、杂质进入。禁止与其他脂混合使用。

生产厂家

中国石化润滑油有限公司。

4.15.112　长城低噪音轴承润滑脂

产品性能

稠化剂的皂纤维结构合理，分布均匀，在剪切力的作用下能保持较好的润滑脂结构特征。润滑脂的洁净度高，能够有效地降低轴承的振动值。防锈性能良好，能够防止轴承运转过程中的锈蚀。降噪性能优良。

生产方法

采用 12-羟基硬脂酸锂皂稠化深度精制的矿物基础油，并加入抗氧、防锈等添加剂，经特殊工艺制造而成。

主要用途

适用于中小型电机的滚动轴承和其他较低负荷设备的滚动轴承的润滑。使用温度范围为-20～120℃。

技术参数

长城低噪音轴承润滑脂的典型数据见表 4-15-116。

表 4-15-116　长城低噪音轴承润滑脂典型数据

项　目	典型值	试验方法
工作锥入度/0.1mm	281	GB/T 269
滴点/℃	196	GB/T 4929
氧化安定性（99℃，100h，758kPa）压力降/kPa	30	SH/T 0325
杂质/(个/cm^3) 10μm 以上 25μm 以上 75μm 以上 125μm 以上	 200 0 0 0	SH/T 0336
噪音值(6201 轴承) 启动异音数/N 运转异音数/N	 2 2	JS 2702(004)
低温转矩（-20℃)/(N·m) 启动 运转	 0.22 0.05	SH/T 0338
防腐蚀性（52℃，48h）	合格	GB/T 5018

注意事项

在贮存和运输过程中，防止水、杂质进入。禁止与其他脂混合使用。

生产厂家

中国石化润滑油有限公司。

4.15.113　长城 ADV 轴承润滑脂

产品性能

具有优异的降振动性能、降噪性能和防锈防腐蚀性能。

生产方法

采用羟基脂肪酸锂皂稠化适当黏度的精制矿物油，并加有抗氧、防锈等添加剂，经特殊工艺生产而成。

主要用途

适用于一般工作环境下的小型电机的滚动轴承和其他较低负荷设备滚动轴承的润滑，特别适用于内径为 15～45mm 的低噪音滚动轴承的润滑。使用温度范围为-20～120℃。

技术参数

长城 ADV 轴承润滑脂的典型数据见表 4-15-117。

表 4-15-117　长城 ADV 轴承润滑脂典型数据

项　目	典型值	试验方法
工作锥入度/0.1mm	283	GB/T 269
滴点/℃	207	GB/T 4929

续表

项　目	典型值	试验方法
杂质/(个/cm^3) 10μm 以上 25μm 以上 75μm 以上 125μm 以上	 400 100 0 0	SH/T 0336
噪音值（6201 轴承） 启动异音数/N 运转异音数/N	 2 3	JS 2702(004)

注意事项

在贮存和运输过程中，防止水、杂质进入。禁止与其他脂混合使用。

生产厂家

中国石化润滑油有限公司。

4.15.114　长城 HSC 轴承润滑脂

产品性能

与普通低噪音润滑脂相比具有更加优良的耐高温性能。静音性能和防漏油性能优良。与普通低噪音润滑脂相比具有更长的轴承润滑寿命。

生产方法

采用特殊锂皂稠化深度精制的矿物油并加有抗氧防锈等添加剂制成。

主要用途

适用于各种电机轴承以及终身润滑密封轴承的润滑。使用温度范围为-30～150℃。

技术参数

长城 HSC 轴承润滑脂的典型数据见表 4-15-118。

表 4-15-118　长城 HSC 轴承润滑脂典型数据

项目	典型值	试验方法
工作锥入度/0.1mm	281	GB/T 269
延长工作锥入度(10 万次)/0.1mm	336	GB/T 269
滴点/℃	196	GB/T 4929
钢网分油(100℃，24h)/%	1.6	SH/T 0324
水淋流失量(79℃，1h)/%	1.6	SH/T 0109
防腐蚀性(52℃，48h)	合格	GB/T 5018
氧化安定性(99℃，100h，758kPa)，压力降/kPa	10	SH/T 0325
低温转矩(-20℃)/(N·m) 启动力矩 运转力矩	 0.131 0.019	SH/T 0338
腐蚀(T_2 铜片，100℃，24h)	合格	GB/T 7326

注意事项

在贮存和运输过程中，防止水、杂质进入。禁止与其他脂混合使用。

生产厂家

中国石化润滑油有限公司。

4.15.115 长城 IM 低噪音轴承润滑脂

产品性能

基础油黏度适中，具有较好的低温流动性。静音性能优异，轴承在运转过程中的异音极少。氧化安定性和防锈性能良好，能够防止轴承运转过程中的锈蚀。

生产方法

采用羟基脂肪酸锂皂稠化深度精制矿物基础油，并加入抗氧、防锈等添加剂，经独特的加工工艺制造而成。

主要用途

适用于小型和微型电机的精密滚动轴承和其他较低负荷设备的滚动轴承的润滑，特别推荐一般工作温度下有静音要求的工业用精密仪器、家用电器等高档精密轴承的润滑，不推荐在低速重负荷工况下使用。使用温度范围为-20～120℃。

技术参数

长城 IM 低噪音轴承润滑脂的典型数据见表 4-15-119。

表 4-15-119 长城 IM 低噪音轴承润滑脂典型数据

项　目	典型值	试验方法
工作锥入度/0.1mm	288	GB/T 269
噪音值(6201 轴承) 启动异音数/N 运转异音数/N	 1 1	JS 2702(004)
杂质/(个/cm^3) 10μm 以上 25μm 以上 75μm 以上 125μm 以上	 100 0 0 0	SH/T 0336
滴点/℃	196	GB/T 4929
防腐蚀性（52℃，48h）	合格	GB/T 5018

注意事项

在贮存和运输过程中，防止水、杂质进入。禁止与其他脂混合使用。

生产厂家

中国石化润滑油有限公司。

4.15.116 长城 HSA 轴承润滑脂

产品性能

采用合成油和精制矿物油为基础油，能减小低温时的机械扭矩，在-30℃以上使用时具有良好的安定性。润滑寿命较长，具有良好的氧化安定性及防锈特性，能够防止轴承运转过程中的锈蚀。

生产方法

采用羟基脂肪酸锂皂稠化优质化学合成油和精制矿物油并添加特殊抗氧、防锈等添加剂，经独特的加工工艺制造而成。

主要用途

适用于较低温度下各种中小型密封轴承的长效润滑，不推荐低速重负荷工况下使用使用。使用温度范围为-40～130℃。

技术参数

长城 HSA 轴承润滑脂的典型数据见表 4-15-120。

表 4-15-120　长城 HSA 轴承润滑脂典型数据

项　目	典型值	试验方法
工作锥入度/0.1mm	280	GB/T 269
噪音值（6201 轴承） 启动异音数/N 运转异音数/N	 2 4	JS 2702(004)
滴点/℃	200	GB/T 4929
腐蚀（T_2 铜片，100℃，24h）	合格	GB/T 7326
杂质/(个/cm^3) 10μm 以上 25μm 以上 75μm 以上 125μm 以上	 300 0 0 0	SH/T 0336
防腐蚀性（52℃，48h）	合格	GB/T 5018
低温转矩(-35℃)/(N·m) 启动 运转	 0.22 0.03	SH/T 0338

注意事项

在贮存和运输过程中，防止水、杂质进入。禁止与其他脂混合使用。

生产厂家

中国石化润滑油有限公司。

4.15.117　长城 HSB 低噪音轴承润滑脂

产品性能

具有优异的静音性，可以有效抑制轴承运转时的异音低温性能优良，能减小低温时的机械扭矩。防锈性能优良，能够防止轴承运转过程中的锈蚀。

生产方法

采用高级脂肪酸皂稠化优质基础油并添加特殊添加剂，经特殊炼制和后处理工艺制成。

主要用途

适用于各类级别的中小型及微型低噪音轴承的低温润滑，同时可满足其他普通中小型电机轴承的润滑和防护。不推荐在低速重负荷下使用。使用温度范围为-40～130℃。

技术参数

长城 HSB 低噪音轴承润滑脂的典型数据见表 4-15-121。

表 4-15-121　长城 HSB 低噪音轴承润滑脂典型数据

项目	典型值	试验方法
工作锥入度/0.1mm	270	GB/T 269
滴点/℃	200	GB/T 4929
钢网分油(100℃，24h)/%	1.0	SH/T 0324
水淋流失量(38℃，1h)/%	4	SH/T 0109
腐蚀(T_2 铜片，100℃，24h)	合格	GB/T 7326
漏失量(104℃，6h)/g	0.3	SH/T 0326
氧化安定性(99℃，100h，758KPa)压力降/kPa	38	SH/T 0325
防腐蚀性(52℃，48h)	合格	GB/T 5018
低温转矩(-35℃)/(N·m) 启动力矩 运转力矩	 0.19 0.02	SH/T 0338
杂质(显微镜法)/(个/cm^3) 10μm 以上 25μm 以上 75μm 以上 125μm 以上	 80 0 0 0	SH/T 0336
噪音值(6201 轴承) 启动异音数/N 运转异音数/N	 1 1	JS 2702(004)

注意事项

在贮存和运输过程中，防止水、杂质进入。禁止与其他脂混合使用。

生产厂家

中国石化润滑油有限公司。

4.15.118　长城 TSA-L 低温长寿命轴承润滑脂

产品性能

优异的超低温性能，能显著减小较低温度下的机械扭矩。清洁度较高，杂质含量低，可以抑制轴承运转时的异音。氧化安定性及防锈特性良好，可以满足电机设备的终身润滑。

生产方法

采用高级脂肪酸皂稠化优质化学合成油并添加特殊添加剂，经独特的加工工艺制成。

主要用途

适用于各种中小型电机，工业精密仪器、办公及家用电器等滚动轴承的润滑，特别适用于微小型的低噪音精密轴承的终身润滑。不推荐在低速重负荷下使用。使用温度范围为-50～140℃。

技术参数

长城 TSA-L 低温长寿命轴承润滑脂的典型数据见表 4-15-122。

表 4-15-122 长城 TSA-L 低温长寿命轴承润滑脂典型数据

项目	典型值	试验方法
工作锥入度/0.1mm	275	GB/T 269
滴点/℃	198	GB/T 4929
噪音值(6201 轴承) 启动异音数/N 运转异音数/N	 1 1	JS 2702(004)
杂质(显微镜法)/(个/cm^3) 10μm 以上 25μm 以上 75μm 以上 125μm 以上	 200 0 0 0	SH/T 0336
低温转矩(-40℃)/(N·m) 启动力矩 运转力矩	 0.24 0.09	SH/T 0338
轴承寿命(125℃)/h	1000	ASTM D3336

注意事项

在贮存和运输过程中，防止水、杂质进入。禁止与其他脂混合使用。

生产厂家

中国石化润滑油有限公司。

4.15.119 长城 BHP 高温轴承润滑脂

产品性能

具有较高的清洁度，可抑制轴承在测试过程的异音。滴点较高，能满足 150℃高温条件下的润滑要求。添加高质量的抗磨添加剂，可满足一般程度的极压抗磨要求。

生产方法

采用高温稠化剂稠化优质矿物油并添加多效极压剂等制成。

主要用途

适用于高温环境下中小型精密轴承及微型轴承的润滑，特别适用于低噪音密封轴承的润滑和高温电机轴承及各类水泵轴承的润滑，也可满足其他负荷滚动轴承高温下的润滑防护。使用温度范围为-20～180℃。

技术参数

长城 BHP 高温轴承润滑脂的典型数据见表 4-15-123。

表 4-15-123　长城 BHP 高温轴承润滑脂典型数据

项　目	典型值	试验方法
工作锥入度/0.1mm	278	GB/T 269
噪音值（6201 轴承） 启动异音数/ N 运转异音数/ N	 2 2	JS 2702(004)
滴点/℃	321	GB/T 3498
极压性能（四球法）P_B 值/N	667	GB/T 12583
氧化安定性（99℃，100h，758kPa）压力降/kPa	16	SH/T 0325

注意事项

在贮存和运输过程中，防止水、杂质进入。禁止与其他脂混合使用。

生产厂家

中国石化润滑油有限公司。

4.15.120　长城 BLE 轴承润滑脂

产品性能

具有耐高温和使用长寿命性能。降噪音性能、良好的胶体安定性和防锈性能优异。在水蒸汽或潮湿的环境下能够有效地保护轴承避免生锈。

生产方法

采用有机稠化剂稠化矿物油、并加有抗氧、防锈等高性能添加剂精制而成。

主要用途

适用于 *DN* 值在 400000 以内的各种高速轴承的长效润滑。适用于各种中小型低噪音密封轴承，尤其适用于低噪音深沟球轴承，可满足高温电机、高温风扇等轴承的润滑要求。推荐用于长寿命密封轴承的润滑。使用温度范围为-30～200℃。

技术参数

长城 BLE 轴承润滑脂的典型数据见表 4-15-124。

表 4-15-124　长城 BLE 轴承润滑脂典型数据

项目	典型值	试验方法
工作锥入度/0.1mm	280	GB/T 269
滴点/℃	260	GB/T 3498
钢网分油(100℃，24h)/%	0.7	SH/T 0324
水淋流失量(79℃，1h)/%	0.5	SH/T 0109
腐蚀(T_2 铜片，100℃，24h)	铜片无绿色或黑色变化	GB/T 7326(乙)
高温轴承寿命(177℃)/h	178.5	ASTM D3336
防腐蚀性(52℃，48h)	合格	GB/T 5018
低温转矩(-20℃)/(N·m) 启动力矩 运转力矩	 0.42 0.05	SH/T 0338

注意事项

在贮存和运输过程中，防止水、杂质进入。禁止与其他脂混合使用。

生产厂家

中国石化润滑油有限公司。

4.15.121 长城 BLU-A 轴承润滑脂

产品性能

具有耐高温以及在高温下使用寿命长的性能。胶体安定性和防锈性能良。静音性能优异，尤其对于内径≥30mm 的深沟球轴承能够显著降低轴承的噪音，其振动值较普通低噪音润滑脂低 2 ~ 4dB。在水蒸汽或潮湿的环境下能够有效地保护轴承避免生锈。

生产方法

采用有机稠化剂稠化精制矿物油，并加有抗氧、防锈等高性能添加剂经特殊工艺精制而成。

主要用途

适用于各种中小型低噪音密封轴承，尤其适用于低噪音深沟球轴承，可满足高温电机、高温风扇等轴承的润滑要求。不推荐在低速重负荷下使用。使用温度范围为-30 ~ 180℃。

技术参数

长城 BLU-A 轴承润滑脂的典型数据见表 4-15-125。

表 4-15-125 长城 BLU-A 轴承润滑脂典型数据

项 目	典型值	试验方法
工作锥入度/0.1mm	275	GB/T 269
滴 点/℃	280	GB/T 3498
低温转矩(-20℃)/(N·m)		SH/T 0338
启动力矩	0.21	
运转力矩	0.02	
噪音值(6308 轴承)		JS 2702(004)
启动异音数/N	0	
启动振动值/dB	37	
运转异音数/N	0	
运转振动值/dB	38	
杂质含量/(个/cm^3)		SH/T 0336
10μm 以上	120	
25μm 以上	0	
75μm 以上	0	
125μm 以上	0	
腐蚀(T_2 铜片，100℃，24h)	合格	GB/T 7326
钢网分油(100℃，24h)/%	1.0	SH/T 0324
轴承寿命(177℃)/h	150	ASTM D3336

注意事项

在贮存和运输过程中，防止水、杂质进入。禁止与其他脂混合使用。

生产厂家

中国石化润滑油有限公司。

4.15.122 长城 BME 大型电机轴承润滑脂

产品性能

具有突出的高低温性能，高温条件下使用寿命长，低温启动性能好。剪切安定性良好，确保长期使用中不甩油。极压抗磨性能优良，电机在重负荷工作情况下的安全运转。

生产方法

采用复合锂皂稠化剂稠化深度精制矿物油和合成油，并加入抗氧、防锈、极压等添加剂，经特殊工艺制造而成。

主要用途

适用于大型电机轴承及发电机轴承的润滑。使用温度范围为-40～180℃。

技术参数

长城 BME 大型电机轴承润滑脂的典型数据见表 4-15-126。

表 4-15-126 长城 BME 大型电机轴承润滑脂典型数据

项　目	典型值	试验方法
工作锥入度/0.1mm	281	GB/T 269
钢网分油（100℃，24h）/%	2.0	SH/T 0324
滴点/℃	314	GB/T 3498
极压性能（四球机法）P_B 值/N	834	GB/T 12583
低温转矩（-20℃）/（N·m） 启动转矩 运转转矩	 0.26 0.03	SH/T 0338
抗磨性能（392N，60min）/mm	0.45	SH/T 0204
防腐蚀性（52℃，48h）	合格	GB/T 5018
轴承寿命(150℃)/h	80	ASTM D3336

注意事项

在贮存和运输过程中，防止水、杂质进入。禁止与其他脂混合使用。

生产厂家

中国石化润滑油有限公司。

4.15.123 长城 HTHS 高温高速轴承润滑脂

产品性能

较高的滴点，能满足 150℃高温条件下的润滑要求。低温启动性能良好。添加高质量的抗磨添加剂，可满足一般负荷的极压抗磨要求。运转部位摩擦热发生量低，可满足中高速轴承的润滑要求。

生产方法

采用复合锂皂稠化剂稠化高品质精制矿物油和合成油并添加抗氧剂、防锈剂、极压抗磨等添加剂制成。

主要用途

适用于高低温环境下中小型精密轴承及微型轴承的润滑，特别适用于高温低噪音密封轴承的润滑，同时可满足其他高低温中小型电机和高温一般负荷滚动轴承的润滑和防护；使用温度范围为-40～180℃。

技术参数

长城 HTHS 高温高速轴承润滑脂的典型数据见表 4-15-127。

表 4-15-127 长城 HTHS 高温高速轴承润滑脂的典型数据

项 目	典型值	试验方法
工作锥入度/0.1mm	278	GB/T 269
杂质/(个/cm^3) 10μm 以上 25μm 以上 75μm 以上 125μm 以上	 500 0 0 0	SH/T 0336
极压性能（四球法）P_B 值/N	667	GB/T 12583
低温转矩(-30℃)/(N·m) 启动转矩 运转转矩	 0.25 0.08	SH/T 0338
防腐蚀性（52℃，48h）	合格	GB/T 5018
轴承寿命(160℃)/h	51.2	ASTM D3336
滴点/℃	321	GB/T 3498
噪音值(6201 轴承) 启动异音数/N 运转异音数/N	 2 2	JS 2702(004)

注意事项

在贮存和运输过程中，防止水、杂质进入。禁止与其他脂混合使用。

生产厂家

中国石化润滑油有限公司。

4.15.124 长城 WTL 轴承润滑脂

产品性能

具有优良的耐高低温性能、耐高速性能和超长的轴承寿命。在高温高湿环境下，具有良好的抗水、防锈性能。在高温潮湿的环境下能够有效地保护轴承避免生锈。

生产方法

采用聚脲稠化剂稠化高品质合成油，并加有多种添加剂制成。

主要用途

适用于 *DN* 值在 600000 以内的各种高速轴承的长效润滑，尤其适用于各种高速轴承、高温电机轴承，高温风扇轴承的润滑。使用温度范围为-50～180℃。

技术参数

长城 WTL 轴承润滑脂的典型数据见表 4-15-128。

表 4-15-128　长城 WTL 轴承润滑脂典型数据

项　　目	典型值	试验方法
工作锥入度/0.1mm	230	GB/T 269
滴点/℃	280	GB/T 3498
钢网分油（100℃，24h）/%	0.4	SH/T 0324
水淋流失量（79℃，1h）/%	0.9	SH/T 0109
高浊轴承寿命（177℃）/h	500	ASTM D3336
防腐蚀性（52℃，48h）	合格	GB/T 5018
腐蚀（T_2 铜片，100℃，24h）	合格	GB/T 7326
低温转矩(-40℃)/(N·m) 启动转矩 运转转矩	 0.45 0.08	SH/T 0338

注意事项

在贮存和运输过程中，防止水、杂质进入。禁止与其他脂混合使用。

生产厂家

中国石化润滑油有限公司。

4.15.125　长城 WTH 轴承润滑脂

产品性能

具有优良的耐高低温性能、耐高速性能、静音性能和润滑性能。轴承寿命长，抗水、防锈性能良好。

生产方法

采用聚脲稠化剂稠化合成油，并加有抗氧、防锈、抗磨等添加剂以独特工艺精制而成。

主要用途

适用于 *DN* 值在 700000 以内的各种高速轴承的长效润滑，如各种电机、风扇、汽车空调电磁离合器、发动机张紧轮、交流发电机、汽车水泵、家用电器及办公等设备中的滚动轴承；也用于各种静音高温电机轴承、高温风扇轴承、长寿命以及终身润滑的密封轴承等。使用温度范围为-50~180℃。

技术参数

长城 WTH 轴承润滑脂的典型数据见表 4-15-129。

表 4-15-129　长城 WTH 轴承润滑脂的典型数据

项　　目	典型值	试验方法
工作锥入度/0.1mm	225	GB/T 269
滴 点/℃	280	GB/T 3498
钢网分油(100℃，24h)/%	0.5	SH/T 0324
水淋流失量(79℃，1h)/%	0.4	SH/T 0109
轴承寿命(177℃)/h	760	ASTM D3336
轴承防锈(52℃，48h)	合格	GB/T 5018

续表

项　　目	典型值	试验方法
低温转矩(-40℃)/(N·m) 启动力矩 运转力矩	 0.35 0.05	SH/T 0338
腐蚀(T_2 铜片，100℃，24h)	合格	GB/T 7326
离心分油(150℃)/%	5	P-VW1423
噪音值(6201 轴承) 启动异音数/N 运转异音数/N	 2 2	JS 2702(004)

注意事项

在贮存和运输过程中，防止水、杂质进入。禁止与其他脂混合使用。

生产厂家

中国石化润滑油有限公司。

1.15.126　长城减速机润滑脂

产品性能

是一种性能优良的半流体润滑脂。具有优良的极压、抗磨性能，可有效防止齿面的剥落、点蚀，延长减速机使用寿命。抗氧化性、机械安定性、防锈性和防腐蚀性良好。

生产方法

采用羟基脂肪酸锂皂稠化精制矿物油，加入极压抗磨添加剂制成。

主要用途

适用于非循环润滑的减速机齿轮润滑。00 号适用于齿轮中心距 400mm 以下的减速机，0 号适用于齿轮中心距 400mm 以上的减速机。使用温度范围为-20～120℃。

技术参数

长城减速机润滑脂的典型数据见表 4-15-130。

表 4-15-130　长城减速机润滑脂典型数据

项　　目	典型值		试验方法
	00 号	0 号	
工作锥入度/0.1mm	417	368	GB/T 269
滴点/℃	175	176	GB/T 4929
腐蚀（T_2 铜片，100℃，24h）	合格	合格	GB/T 7326
延长工作锥入度（10^5 次）/0.1mm	412	378	GB/T 269
防腐蚀性（52℃，48h）	合格	合格	GB/T 5018
极压性能（梯姆肯法）OK 值/N	>133	>156	SH/T 0203
极压性能（四球机法）P_B 值/N	>588	>588	SH/T 0202

注意事项

在贮存和运输过程中，防止水、杂质进入。禁止与其他脂混合使用。

生产厂家

中国石化润滑油有限公司。

4.15.127 长城 COMPLEX EP 润滑脂

产品性能

具有良好的极压抗磨性、低温流动性和泵送性。极压抗磨性优良，有效防止齿面的剥落、点蚀，延长齿轮使用寿命。高温防漏性能突出，有效防止齿轮箱泄漏对环境造成的污染。抗氧化性优良和机械安定性优良，具有较长的使用寿命。防护性能优良，可防止腐蚀性物质侵蚀金属表面。

生产方法

采用复合皂稠化精制矿物油并加入极压添加剂制成。

主要用途

适用于冶金行业连铸机冷床辊道减速机、天车减速机等高温、重负荷减速机的润滑，也可用于其他中、重负荷摩擦部位的润滑。使用温度范围为-30～120℃。

技术参数

长城 COMPLEX EP 润滑脂的典型数据见表 4-15-131。

表 4-15-131 长城 COMPLEX EP 润滑脂典型数据

项　目	典型值		试验方法
	00 号	0 号	
工作锥入度/0.1mm	412	370	GB/T 269
滴点/℃	210	266	GB/T 3498
表观黏度（-10℃，$10s^{-1}$）/（Pa·s）	84	90	JIS K2220.5.15
极压性能（梯姆肯法）*OK* 值/N	178	178	SH/T 0203
抗磨性能（四球机法）(392N，60min)/mm	0.47	0.45	SH/T 0204

注意事项

在贮存和运输过程中，防止水、杂质进入。禁止与其他脂混合使用。

生产厂家

中国石化润滑油有限公司。

4.15.128 长城高温极压齿轮润滑脂

产品性能

具有优良的高低温润滑性、防护性以及较高的承载能力和抗摩擦性。粘附性和抗水性良好，还具有良好的抗氧化性和抗剪切性。

生产方法

采用复合皂稠化精制矿物油并加入高效极压抗磨剂(不含铅)、抗氧剂、防锈剂、增黏剂等多种添加剂制成。

主要用途

适用于高温、较大负荷的齿轮箱、减速机以及其他一些温度高、负荷大、要求粘附性高的机械设备摩擦部位的润滑。使用温度范围为-20～180℃。

技术参数

长城高温极压齿轮润滑脂的典型数据见表 4-15-132。

表 4-15-132　长城高温极压齿轮润滑脂典型数据

项　目	典型值	试验方法
工作锥入度/0.1mm	328	GB/T 269
滴点/℃	266	GB/T 3498
极压性能（四球法）P_D 值/N	2452	GB/T 12583
极压性能（梯姆肯法）OK 值/N	156	SH/T 0203
抗磨性能（四球机法）(392N，60min)/mm	0.60	SH/T 0204
氧化安定性（99℃，100h，758kPa)压力降/kPa	46	SH/T 0325
防腐蚀性（52℃，48h)	合格	GB/T 5018

注意事项

在贮存和运输过程中，防止水、杂质进入。禁止与其他脂混合使用。

生产厂家

中国石化润滑油有限公司。

4.15.129　长城高温开式齿轮润滑脂 HL

产品性能

抗磨、极压性能优良，能够满足高负荷条件的需求。黏附性能优良，能够黏附在齿轮齿面上形成坚韧的润滑膜。低温性能优良，能够满足泵送的要求。有一定的防锈性能，能够对齿面有一定的保护作用。

生产方法

采用复合皂稠化剂稠化超高黏度合成基础油、并加有极压剂、防锈剂、抗磨剂、黏度指数改进剂等制成

主要用途

适用于要求高黏附性和高极压性的开式齿轮部位，尤其适用于开式齿轮传动的水泥行业回转设备和冶金行业的高负荷高温设备。使用温度范围为-20～180℃。供脂方式：手工涂抹或集中供脂。

技术参数

长城高温开式齿轮润滑脂 HL 的典型数据见表 4-15-133。

表 4-15-133　长城高温开式齿轮润滑脂 HL 典型数据

项　目	典型值			试验方法
	T0 号	00 号	000 号	
工作锥入度/0.1mm	375	425	475	GB/T 269
滴点/℃	227	194	—	GB/T 4929
极压性能(四球法) P_B 值/N P_D 值/N	 882 4900	 882 4900	 882 4900	SH/T 0202
抗磨性能(四球法)/mm	0.54	0.57	0.56	SH/T 0204
腐蚀(钢片，3h)	合格			SH/T 0331
基础油黏度/(mm^2/s) 40℃ 100℃	 4546 195			GB/T 265

注意事项

在贮存和运输过程中，防止水、杂质进入。禁止与其他脂混合使用。

生产厂家

中国石化润滑油有限公司。

4.15.130 长城7403高温齿轮脂

产品性能

具有良好的高温性，在高温下无稀释、烧干现象，可确保油膜正常、润滑良好。抗烧结能力优良，确保螺纹在高温重负荷下不会被焊结。

生产方法

采用复合皂稠化剂稠化合成油，并加入抗氧剂和二硫化钼等精制而成。

主要用途

适用于间隙运转的重负荷齿轮以及涡轮、涡杆的润滑。使用温度范围为-40～200℃

技术参数

长城7403高温齿轮脂的典型数据见表4-15-134。

表4-15-134 长城7403高温齿轮脂典型数据

项 目	典型值	试验方法
1/4不工作锥入度/0.1mm	54	GB/T 269
1/4工作锥入度/0.1mm	70	GB/T 269
滴点/℃	297	GB/T 3498
压力分油(300g±10g)/%	1.64	GB/T 392
蒸发度(250℃，1h)/%	8.45	SH/T 0337
腐蚀(45#钢片，100℃，3h)	合格	SH/T 0331
相似黏度(-30℃，$10s^{-1}$)/(Pa·s)	592	SH/T 0048

注意事项

使用前，请将涂脂部位清洗干净，吹干后再加注本产品。勿与其他油脂混用。

生产厂家

中国石化润滑油有限公司。

4.15.131 长城7408半流体齿轮润滑脂

产品性能

浅褐色半流体。具有优良的极压性能与适宜的粘附性，为齿轮提供良好的润滑保证。代替齿轮油，减少油箱泄漏，换油周期长，可减少设备维修工作量和润滑油脂的消耗。

生产方法

采用皂基稠化剂稠化基础油，并加入抗氧、极压、防锈等多种添加剂精制而成。

主要用途

适用于各种低、中速(线速度低于15m/s)的重负荷闭式齿轮、蜗轮、链轮等部位的润滑，特别适用于在高温、有粉尘、铁鳞的工作环境下作业的各种中速、重负荷闭式减速机的润滑，如油气田的各种型号抽油机(CYJ10-3-48HB 型、CYJ11-3-48 型)减速机齿轮的润滑，以及冶金行业的 5～30t 桥式行车减速机齿轮、17 辊矫直机主减速机、200 和 1200 热轧机的复合台、前台、指针减速机等部位的润滑。使用温度范围为-20～100℃。

技术参数

长城 7408 半流体齿轮润滑脂的典型数据见表 4-15-135。

表 4-15-135　长城 7408 半流体齿轮润滑脂典型数据

项目	典型值			试验方法
	0	00	000	
外观	浅褐色半流体			目测
滴点/℃	201	190	188	GB/T 4929
不工作锥入度/0.1mm	369	413	466	GB/T 269
蒸发度(120℃)/%	0.87	0.7	0.7	SH/T 0337
腐蚀(45#钢片，100℃，3h)	合格	合格	合格	SH/T 0331
承载能力				SH/T 0202
最大无卡咬负荷 P_B/N	1234	3924	624	
烧结负荷 P_D/N	1177	3090	566	
综合磨损值 *ZMZ*	1079	3090	521	

注意事项

不适用于新安装而未经跑合的齿轮，因不能带走跑合过程中产生的物质。在贮运和使用过程中，应防止水分和杂质混入。勿与其他润滑脂混用，不同润滑脂之间可能会发生物理或化学反应导致性能大大下降。使用后及时封盖以避免水分、灰尘等杂质的混入。

生产厂家

中国石化润滑油有限公司。

4.15.132　长城 7412 齿轮润滑脂

产品性能

浅黄色均匀油膏。具有良好的高低温性能，可保证齿轮在宽温度范围内的正常润滑。热稳定性良好，保证齿轮在高温下的正常润滑。机械安定性良好，保证齿轮润滑脂的稳定性，确保齿轮的正常润滑。极压性能优良，保证齿轮在重负荷下的正常润滑。综合性能优良，保证齿轮润滑有较长的使用寿命。

生产方法

采用有机稠化剂稠化合成油，并加入极压、抗氧、抗腐蚀等多种添加剂精制而成。

主要用途

适用于各种低、中速(线速度低于 15m/s)重负荷齿轮传动、蜗轮蜗杆传动系统和 P 型链式变速机机械的润滑。对于封闭式全寿命齿轮箱的润滑较为适宜。使用温度范围为-40～150℃。

技术参数

长城 7412 齿轮润滑脂的典型数据见表 4-15-136。

表 4-15-136　长城 7412 齿轮润滑脂典型数据

格项 目	典型值				试验方法
	0	00	000	0000	
外观	浅黄色均匀油膏				目测
不工作锥入度/0.1mm	368	421	457	490	GB/T 269
滴点/℃	259	225	210	209	GB/T 4929
蒸发度(150℃，1h)/%	1.42	0.93	1.12	1.20	SH/T 0337
腐蚀(45#钢片，100℃，3h)	合格	合格	合格	合格	SH/T 0331
极压性能					SH/T 0202
最大无卡咬负荷 P_B/N	1373	1305	1283	1305	
烧结负荷 P_D/N	4900	4900	4900	4900	
综合磨损值 *ZMZ*/N	690	837	692	680	

注意事项

因不能带走跑合过程中产生的物质，不适用于新安装未经跑合的齿轮。

生产厂家

中国石化润滑油有限公司。

4.15.133　长城 7420 重负荷齿轮润滑脂

产品性能

具有优异的极压抗磨性、保证在重负荷下良好的润滑性，保护齿轮，减少磨损。氧化安定性能优异，可防止润滑脂的氧化变质，延长使用寿命。粘附性优异，能避免润滑脂的流失，保证润滑部位的润滑。抗水淋性能良好，在有水存在的情况下也能良好的润滑。

生产方法

采用皂基稠化剂稠化高黏度基础油，并加入极细的固体润滑剂、极压抗磨、抗氧、防腐、防锈等添加剂精制而成。

主要用途

适用于各种类型的大型、重负荷、低速至中速的开式齿轮的润滑，负荷承载能力达 20000kg/cm^2 以上以及各种型号的齿形联轴节的润滑，如热电厂、水泥厂球磨机、机械厂锻压机等重负荷开式大齿轮的润滑。使用温度范围为-30～120℃。

技术参数

长城 7420 重负荷齿轮润滑脂的典型数据见表 4-15-137。

表 4-15-137　长城 7420 重负荷齿轮润滑脂典型数据

项 目	典型值			试验方法
	000	00	0	
锥入度/0.1mm	450	426	370	GB/T 269
相似黏度(-10℃，$20s^{-1}$)/(Pa·s)	340	400	680	SH/T 0048
滴点/℃	180	185	190	GB/T 4929
腐蚀(45#钢片，100℃，3h)	合格			SH/T 0331
粘附性(66℃，15min)/%	70	99.5		—
烧结负荷 P_D/N	>6082			SH/T 0202

注意事项

勿与其他润滑脂混用，使用后及时封盖以避免水分、灰尘等杂质的混入。本产品涂抹、油浴或喷射使用均可。因不能带走跑合过程中产生的物质，不适用于新安装未经跑合的齿轮。

生产厂家

中国石化润滑油有限公司。

4.15.134 长城 HTGL 润滑脂

产品性能

具有优良的粘附性、极压抗磨性、泵送性。粘附性能优良，对金属具有较强的附着能力，不易流失。可在摩擦副表面形成较厚的润滑油膜，具有足够的油膜强度。固体润滑剂可在超高温和冲击负荷下能保证润滑作用。滴点较高，能满足高温连续运转条件下的润滑要求。

生产方法

采用高温稠化剂稠化基础油并添加多效极压剂制成。

主要用途

适用于钢厂等连续注脂设备的润滑，特别是高温重负荷大型输送链条及其他低速重负荷摩擦部位的润滑和防护，如能热坯传送设备等特殊部位。使用温度范围为-10～200℃。

技术参数

长城 HTGL 润滑脂的典型数据见表 4-15-138。

表 4-15-138 长城 HTGL 润滑脂典型数据

项　目	典型值	试验方法
外观	合格	目测
工作锥入度/0.1mm	383	GB/T 269
滴点/℃	221	GB/T 4929
相似黏度（-10℃，$10s^{-1}$）/（Pa·s）	244	SH/T 0048
腐蚀（45#钢片，100℃，3h）	合格	GB/T 7326 乙法
流动压力（-10℃）/kPa	132	DIN 51805
极压性能（梯姆肯法）OK 值/N	156	SH/T 0203

注意事项

储存于仓库内。长期暴露于高温下，会使润滑脂油皂分离。温度不宜高于 35℃，包装容器应密封，防止混入水分和杂质。

生产厂家

中国石化润滑油有限公司。

4.15.135 长城混料机专用润滑脂 H

产品性能

具有优良的极压抗磨性能，可以满足高负荷条件下的润滑要求。粘附性优良，可以在润滑部位形成较厚的油膜。抗水性优良，可满足露天条件使用的要求。还有良好的防护性、喷射性能和高低温使用性能。

生产方法

采用脂肪酸锂皂稠化高黏度基础油，并加入石墨、极压抗磨剂、防锈剂等 多种添加剂制成。

主要用途

适用于冶金行业混料机开式齿轮及托辊的低速、重负荷条件下的润滑。使用温度范围：H-1

为-10～100℃；H-2 为-20～100℃。

技术参数

长城混料机专用润滑脂 H 的典型数据见表 4-15-139。

表 4-15-139　长城混料机专用润滑脂 H 典型数据

项目	典型值		试验方法
	H-1	H-2	
工作锥入度/0.1mm	425	475	GB/T 269
腐蚀(45 号钢，100 ℃，3h)	合格		SH/T 0331
极压性能(P_D值)/N	6080		GB/T 12583
抗磨性能(392N，60min)/mm	0.51		SH/T 0204

注意事项

在贮存和运输过程中，防止水、杂质进入。禁止与其他脂混合使用。

生产厂家

中国石化润滑油有限公司。

4.15.136　长城 SJ-100 润滑脂

产品性能

具有良好的耐高温性和极压抗磨性，能保证烧结机弹性滑道的正常润滑润滑。泵送性优良，可满足集中润滑系统的要求。

生产方法

采用复合锂皂稠化精制矿物油，并加入复合添加剂制成。

主要用途

适用于冶金行业烧结机的润滑。使用温度范围为-20～180℃。

技术参数

长城 SJ-100 润滑脂的典型数据见表 4-15-140。

表 4-15-140　长城 SJ-100 润滑脂典型数据

项　目	典型值			试验方法
	0 号	T0 号	1 号	
外观	合格			目测
工作锥入度/0.1mm	365	342	323	GB/T 269
滴点/℃	245	>250	>250	GB/T 4929
腐蚀（T_2 铜片，100℃，24h）	合格			GB/T 7326
相似黏度（-10℃，10s-1）/（Pa·s）	64	80	122	SH/T 0048
延长工作锥入度（10 万次）/0.1mm	—	—	336	GB/T 269
钢网分油（100℃，24h）/%	—	11.8	9.6	SH/T 0324
蒸发损失（99℃，22h）/%	—	0.94	0.48	GB/T 7325
极压性能（四球法）P_B 值/N	736	736	736	GB/T 12583

注意事项

在贮存和运输过程中，防止水、杂质进入。禁止与其他脂混合使用。

生产厂家

中国石化润滑油有限公司。

4.15.137 长城 SJ-400 润滑脂

产品性能

具有良好的低温泵送性。耐高温性好，在 180～200℃时不硬化，可有效防止输脂管堵塞。抗磨性能良好，可有效防止滑道早期磨损。密封性优良，可有效的降低烧结机漏风率，节省能源。

生产方法

采用有机稠化剂稠化精制矿物油，并加入抗磨、防腐添加剂制成。

主要用途

适用于冶金行业烧结机滑道、台车轮轴承、环冷机滚动轴承、重型给料机轴承、振动冷筛轴承等摩擦部位的润滑。使用温度范围为-20～180℃，短时间可到 200℃。

技术参数

长城 SJ-400 润滑脂的典型数据见表 4-15-141。

表 4-15-141 长城 SJ-400 润滑脂典型数据

项　目	典型值	试验方法
工作锥入度/0.1mm	336	GB/T 269
滴点/℃	302	GB/T 3498
腐蚀(T_2 铜片，100℃，24h)	合格	GB/T 7326
流动压力/ kPa -15℃ 0℃ 20℃	 17.5 6.2 4.1	DIN 51805
蒸发量(99℃，22h)/ %	0.08	GB/T 7325

注意事项

在贮存和运输过程中，防止水、杂质进入。禁止与其他脂混合使用。

生产厂家

中国石化润滑油有限公司。

4.15.138 长城 SJ-400A 润滑脂

产品性能

具有良好的低温泵送性。耐高温性好，在 180～200℃时不硬化，可有效防止输脂管堵塞。抗磨性能良好，可有效防止滑道早期磨损。密封性优良，可有效的降低烧结机漏风率，节省能源。

生产方法

采用有机稠化剂稠化精制矿物油，并加入抗磨、防腐添加剂制成。

主要用途

适用于冶金行业烧结机滑道、台车轮轴承、环冷机滚动轴承、重型给料机轴承、振动冷筛轴承等摩擦部位的润滑。使用温度范围为-20～180℃，短时间可到 200℃。

技术参数

长城 SJ-400A 润滑脂的典型数据见表 4-15-142。

表 4-15-142　长城 SJ-400A 润滑脂典型数据

项目	典型值	试验方法
工作锥入度/0.1mm	336	GB/T 269
滴点/℃	302	GB/T 3498
腐蚀(T_2 铜片，100℃，24h)	合格	GB/T 7326
流动压力/ kPa -15℃ 0℃ 20℃	 17.5 6.2 4.1	DIN 51805
蒸发量(99℃，22h)/ %	0.08	GB/T 7325

注意事项

在贮存和运输过程中，防止水、杂质进入。禁止与其他脂混合使用。

生产厂家

中国石化润滑油有限公司。

4.15.139　长城 7035 烧结机滑道专用密封脂

产品性能

具有优异的氧化安定性能，可防止润滑脂高温变质。高温性能优良，润滑脂在高温度条件下不变稀、不流失，可试滑道处于良好润滑状态。密封性能优良，使滑道密封效果好，减小漏风率，有效提高烧结效率和烧结质量。泵送性能良好，保证集中润滑系统供脂。润滑性良好，保护滑道减少磨损。

生产方法

采用特种有机稠化剂稠化矿油，并加入高效添加剂精制而成。

主要用途

适用于烧结机滑道的润滑与密封，及其他高温条件下需要润滑和密封的滑动磨擦部位。使用温度范围为-10～200℃。

技术参数

长城 7035 烧结机滑道专用密封脂的典型数据见表 4-15-143。

表 4-15-143　长城 7035 烧结机滑道专用密封脂典型数据

项 目	典型值	试验方法
工作锥入度/0.1mm	325	GB/T 269
滴点/℃	>330	GB/T 3498
压力分油(1kg)/%	2.56	GB/T 392
腐蚀(45#钢片，100℃，3h)	合格	GB/T 392
蒸发量(180℃，1h)/%	2.5	SH/T 0337
相似黏度(-10℃，$10s^{-1}$)/(Pa·s)	578	SH/T 0048
抗水淋性能(38℃，1h)/%	2.0	SH/T 0109

续表

项 目	典型值	试验方法
承载能力(常温，1500r/min) 最大无卡咬负荷 P_B/N 烧结负荷 P_D/N 磨迹直径 d(294N，30min)/mm	 1127 2450 0.31	GB/T 3142
密封试验 （动态，150℃，真空度不小于700mmHg)/h	>10	—
烘烤试验(180℃，2h)	不变色、不流失	—

注意事项

集中润滑系统使用本产品时，无须清洗整个润滑系统，只要用本产品将原用脂顶出即可。

生产厂家

中国石化润滑油有限公司。

4.15.140 长城7029连铸机脲基润滑脂

产品性能

具有优良的耐温性能，可保证轴承宽温度范围内正常运转。氧化安定性能性能优异，能防止润滑脂高温变质。抗酸性气体介质性能良好，适宜酸性气体介质环境下轴承的润滑。泵送性优良，保证集中润滑系统有效的润滑。抗水淋性能良好，适宜潮湿环境下轴承的润滑。润滑性良好，保护轴承减少磨损。综合性能优异的，保证高速轴承有较长的使用寿命。

生产方法

采用有机稠化剂稠化合成油，并加有高效添加剂精制而成。

主要用途

适用于高温潮湿环境下的中、重负荷滚珠、滚柱和滑动轴承的长期润滑。如钢铁厂连铸生产线轴承、水泵轴承及水泥厂易于接触水部位设备的轴承及齿轮的润滑。适用温度范围：-10～150℃，短期可达180℃。

技术参数

长城7029连铸机脲基润滑脂的典型数据见表4-15-144。

表4-15-144 长城7029连铸机脲基润滑脂典型数据

项 目	典型值				试验方法
	2号	1.5号	1号	0号	
工作锥入度/0.1mm	265～295	295～325	310～340	355～385	GB/T 269
滴点/℃	281	278	276	267	GB/T 3498
蒸发度(150℃)/%	1.2	1.5	1.9	2.5	SH/T 0337
相似黏度(-10℃，$10s^{-1}$)/(Pa·s)	873	387	453	251	SH/T 0048

注意事项

集中润滑系统使用时，不必拆洗整个润滑系统，只需顶出原用脂即可。

生产厂家

中国石化润滑油有限公司。

4.15.141 长城艾玛 EP 润滑脂

产品性能

具有优良的极压抗磨性能，适用于高负荷的工作环境。稠化剂的皂纤维结构合理，分布均匀，在剪切力的作用下能保持较好的润滑脂结构特征。介质稳定性和抗辐射性优良，适用于特殊的工作环境。

生产方法

采用新型脲基化合物稠化高黏度基础油并加有新型极压抗磨剂及其他多种添加剂制成。

主要用途

适用于冶金连铸设备的大包回转台、结晶器、扇形段辊道、拉矫机和摆剪机、输送辊的润滑，也适用连轧机及其他高温、重负荷设备的摩擦部位的轴承润滑。使用温度范围为-20～160℃，短时间可使用在 180℃润滑部位。

技术参数

长城艾玛 EP 润滑脂的典型数据见表 4-15-145。

表 4-15-145 长城艾玛 EP 润滑脂典型数据

项　目	典型值			试验方法
	0 号	1 号	T1 号	
工作锥入度/0.1mm	369	323	308	GB/T 269
滴点/℃	267	308	307	GB/T 3498
钢网分油（100℃，24h）/%	10.2	4.5	4.6	SH/T 0324
极压性能（梯姆肯法）OK 值/N	200	200	200	SH/T 0203
灰分/%	0.17	0.28	0.32	SH/T 0327
防腐蚀性（52℃，48h）	合格	合格	合格	GB/T 5018

注意事项

在贮存和运输过程中，防止水、杂质进入。禁止与其他脂混合使用。

生产厂家

中国石化润滑油有限公司。

4.15.142 长城 EMALUBE-L 润滑脂

产品性能

具有优良的耐高温性、机械安定性、防锈性、抗水性和泵送性。不含金属离子，可以防止稠化剂对基础油的催化氧化作用，有效延长使用寿命。

生产方法

采用新型脲基化合物稠化高黏度基础油并加有多种添加剂制成。

主要用途

适用于冶金行业连铸机、连轧机及其他行业超高温摩擦部位的集中润滑。使用温度范围为-20～200℃。

技术参数

长城 EMALUBE-L 润滑脂的典型数据见表 4-15-146。

表 4-15-146 长城 EMALUBE-L 润滑脂典型数据

项　目	典型值	试验方法
工作锥入度/0.1mm	345	GB/T 269
工作锥入度与不工作锥入度差/0.1mm	15	GB/T 269
滴点/℃	>260	GB/T 4929
腐蚀（T_2 铜片，100℃，24h）	合格	GB/T 7326 乙法
钢网分油（100℃，24h）/%	5.4	SH/T 0324
延长工作锥入度（10 万次）/0.1mm	355	GB/T 269
灰分/%	0.06	SH/T 0327
防腐蚀性（52℃，48h）/级	1	GB/T 5018
EMCOR（蒸馏水）/分	1	IP 220
轴承寿命（160℃）/h	486	SH/T 0428

注意事项

储存于仓库内。长期暴露于高温下，会使润滑脂油皂分离。温度不宜高于 35℃，包装容器应密封，防止混入水分和杂质。

生产厂家

中国石化润滑油有限公司。

4.15.143 长城 JZ 聚脲润滑脂

产品性能

淡黄色至浅褐色均匀光滑油膏。具有优良的高温性能，满足较高温度部位的润滑要求。稠化剂的皂纤维结构合理，分布均匀，在剪切力的作用下能保持较好的润滑脂结构。介质稳定性和抗辐射性优良。极压抗磨性良好。

生产方法

采用脲基化合物稠化矿物油，并加有抗氧剂、防锈剂、粘附剂等多种添加剂制成。

主要用途

适用于冶金行业高温、高负荷、宽温度范围和与不良介质接触的润滑场合，如钢厂连铸设备的结晶器、弧形辊道、弯曲辊道轴承等。使用温度范围为-20～200℃。

技术参数

长城 JZ 聚脲润滑脂的典型数据见表 4-15-147。

表 4-15-147 长城 JZ 聚脲润滑脂典型数据

项　目	典型值			试验方法
	0 号	1 号	2 号	
外观	淡黄色至浅褐色均匀光滑油膏			目测
工作锥入度/0.1mm	379	324	283	GB/T 269
滴点/℃	287	302	305	GB/T 4929
腐蚀（T_2 铜片，100℃，24h）	合格	合格	合格	GB/T 7326 乙法
防腐蚀性（52℃，48h）/级	1	1	1	GB/T 5018

注意事项

储存于仓库内。长期暴露于高温下，会使润滑脂油皂分离。温度不宜高于35℃，包装容器应密封，防止混入水分和杂质。

生产厂家

中国石化润滑油有限公司。

4.15.144 长城 JZ EP 聚脲润滑脂

产品性能

具有优良的极压抗磨性和耐高温性，满足高负荷以及较高温度的润滑部位要求。介质稳定性和抗辐射性优良。

生产方法

采用脲基化合物稠化精制矿物油，并加有多种添加剂制成。

主要用途

适用于冶金行业高温、高负荷、宽温度范围和与不良介质接触的润滑场合，如钢厂连铸设备的结晶器、弧形辊道、弯曲辊道轴承等。使用温度范围为-20～180℃。

技术参数

长城 JZ EP 聚脲润滑脂的典型数据见表4-15-148。

表4-15-148 长城 JZ EP 聚脲润滑脂典型数据

项　目	典型值					试验方法
	0号	T0号	1号	2T号	2号	
工作锥入度/0.1mm	372	349	327	318	285	GB/T 269
延长工作锥(10万次)/0.1mm	390	370	335	313	306	GB/T 269
滴点/℃	286	291	302	308	313	GB/T 4929
腐蚀（T_2铜片，100℃，24h）	合格	合格	合格	合格	合格	GB/T 7326 乙法
蒸发损失（99℃，22h）/%	0.4	0.3	0.2	0.1	0.1	GB/T 7325
极压性能(梯姆肯法)OK值/N	200	200	200	200	200	SH/T0203

注意事项

储存于仓库内。长期暴露于高温下，会使润滑脂油皂分离。温度不宜高于35℃，包装容器应密封，防止混入水分和杂质。

生产厂家

中国石化润滑油有限公司。

4.15.145 长城 JZ EP A 聚脲润滑脂

产品性能

具有优良的极压抗磨性能，适合高负荷的工作环境。高温性能优良，适合较高温度的润滑部位。介质稳定性和抗辐射性良好，适合特殊的工作环境。

生产方法

采用脲基化合物稠化精制矿物油，并加有极压抗磨等多种添加剂制成。

主要用途

适用于冶金行业高温、高负荷、宽温度范围和与不良介质接触的润滑场合，如钢厂连铸设备的结晶器、弧形辊道、弯曲辊道轴承等的润滑；使用温度范围为-20～160℃。

技术参数

长城 JZ EP A 聚脲润滑脂的典型数据见表 4-15-149。

表 4-15-149　长城 JZ EP A 聚脲润滑脂典型数据

项　目	典型值					试验方法
	0 号	T0 号	1 号	2T 号	2 号	
工作锥入度/0.1mm	372	349	327	311	285	GB/T 269
延长工作锥入度（10 万次）/0.1 mm	390	370	342	328	306	GB/T 269
滴点/℃	286	291	302	308	308	GB/T 3498
蒸发损失（99℃，22h）/%	0.4	0.3	0.2	0.1	0.1	GB/T 7325
钢网分油（100℃，24h）/%	3.7	3.2	3.0	2.6	2.4	SH/T 0324
极压性能(梯姆肯法)OK 值/N	200	200	200	200	200	SH/T 0203
防腐蚀性（52℃，48h）	合格	合格	合格	合格	合格	GB/T 5018

注意事项

在贮存和运输过程中，防止水、杂质进入。禁止与其他脂混合使用。

生产厂家

中国石化润滑油有限公司。

4.15.146　长城 JZ EP C 润滑脂

产品性能

具有优良的抗水性能，在水存在下保证轴承润滑良好，不乳化流失。极压抗磨性能优良，可有效防止金属表面磨损，延长设备使用寿命。防锈防腐蚀性优异，能有效阻止或延缓金属表面发生锈蚀。耐高温性能良好，在高温工作环境中不明显软化流失，保证设备正常运转。机械安定性和胶体安定性优良，可有效延缓和阻止杂质进入润滑部位。

生产方法

采用特殊稠化剂稠化深度精制的高黏度优质基础油，同时添加多种添加剂，经特殊工艺制做而成。

主要用途

适用于钢厂热轧、冷轧辊轴承、连铸设备的润滑，特别适用于在高温高负荷及与水接触的工业领域。使用温度范围为-20～160℃。供脂方式：集中供脂或手工抹脂。

技术参数

长城 JZ EP C 润滑脂的典型数据见表 4-15-150。

表 4-15-150　长城 JZ EP C 润滑脂的典型数据

项　目	典型值	试验方法
工作锥入度/0.1mm	305	GB/T 269
延长工作锥入度(10 万次)/0.1mm	325	GB/T 269
红外谱图(FT-IR)	合格	GB/T 6040
滴点/℃	330	GB/T 3498
腐蚀(T_2 铜片，100℃，24h)/级	1	GB/T 7326

续表

项　　目	典型值	试验方法
钢网分油(100℃，24h)/%	2.1	SH/T 0324
相似黏度(-10℃，$10s^{-1}$)/(Pa·s)	496	SH/T 0048
滚筒安定性(80℃，4h，165r/min)/0.1mm 不加水 加 10% 水	 332 315	SH/T 0122
水淋流失量(38℃，1h)/%	1.5	SH/T 0109
极压性能(四球法)烧结负荷(P_D 值)/N	4903	GB/T 12583
极压性能(梯姆肯法)OK 值/N	222	SH/T 0203
蒸发损失(99℃，22h)/%	0.3	GB/T 7325
防腐蚀性(52℃，48h)	合格	GB/T 5018

注意事项

在贮存和运输过程中，防止水、杂质进入。禁止与其他脂混合使用。

生产厂家

中国石化润滑油有限公司。

4.15.147　长城 JZ EP D 润滑脂

产品性能

具有优良的耐高温性，在较高温度下仍能保持适当的稠度。机械安定性良好，在剪切作用下软化程度较小。泵送性良好，能满足集中润滑的要求。极压抗磨性优良，可在较高负荷的润滑点使用。

生产方法

采用高温稠化剂稠化精制矿物油，加入抗氧剂、防锈剂、极压剂等多种高效添加剂制成。

主要用途

适用于冶金行业高温、高负荷、较宽温度范围的润滑场合，如冶金连铸设备的大包回转台、结晶器、弧形辊道、拉矫机、输送辊道等轴承部位的润滑，也可用于其他类似的高温重负荷摩擦部位的润滑。使用温度范围为-20～180℃。

技术参数

长城 JZ EP D 润滑脂的典型数据见表 4-15-151。

表 4-15-151　长城 JZ EP D 润滑脂典型数据

项　　目	典型值	试验方法
工作锥入度/0.1mm	294	GB/T 269
延长工作锥入度(10 万次)变化率/%	9.52	GB/T 269
滴点/℃	273	GB/T 3498
蒸发损失（99℃，22h)/%	0.14	GB/T 7325
防腐蚀性（52℃，48h)	合格	GB/T 5018
极压性能（梯姆肯法）OK 值/N	178	SH/T 0203
钢网分油（100℃，24h)/%	2.4	SH/T 0324
表观黏度(-10℃，$10s^{-1}$)/（Pa·s)	282	SH/T 0681
水淋流失量(38℃，1h)/%	3.25	SH/T 0109

注意事项

在贮存和运输过程中，防止水、杂质进入。禁止与其他脂混合使用。

生产厂家

中国石化润滑油有限公司。

4.15.148 长城 FPNR 润滑脂

产品性能

具有优良的高温性，可满足高温条件下的润滑要求。抗水性和泵送性良好，可满足有喷淋水工况条件和集中润滑要求。

生产方法

采用新型稠化剂稠化精制矿物油，并加有多种高效添加剂，经先进生产工艺加工制成。

主要用途

适用于连铸设备的集中供脂系统。使用温度范围为-10～180℃。

技术参数

长城 FPNR 润滑脂的典型数据见表 4-15-152。

表 4-15-152 长城 FPNR 润滑脂典型数据

项目	典型值			试验方法
	T1 号	1T 号	1 号	
外观	合格	合格	合格	目测
工作锥入度/0.1mm	313	348	319	GB/T 269
延长工作锥入度（10 万次）/0.1mm	363	362	363	GB/T 269
滴点/℃	281	308	281	GB/T 4929
相似黏度（-10℃，$10s^{-1}$）/（Pa·s）	252	210	252	SH/T 0048
钢网分油（100℃，24h）/%	—	—	5.3	SH/T 0324
流动压力（-10℃）/kPa	127	70	127	DIN 51805
水淋流失量（38℃，1h）/%	0.25	—	0.25	SH/T 0109

注意事项

储存于仓库内。长期暴露于高温下，会使润滑脂油皂分离。温度不宜高于 35℃，包装容器应密封，防止混入水分和杂质。

生产厂家

中国石化润滑油有限公司。

4.15.149 长城轧辊轴承润滑脂

产品性能

具有优良的抗水性，防锈性，保证设备在潮湿或有水存在下的防护与润滑。耐高温性优良，摩擦部位在较高温度下润滑脂不流失，可有效延长轴承在高温条件下的使用寿命。极压抗磨性良好，可满足高负荷或有一定冲击负荷机械设备轴承的润滑要求。

生产方法

采用复合金属皂稠化深度精制的矿物基础油，并加入抗氧、防锈、抗磨极压等添加剂制成。

主要用途

适用于润滑中小型轧机的轧辊轴承、立式轧机的轧辊轴承、中板轧机和翻板机设备轴承。使用温度：00 号、0 号为-20～150℃，其他牌号为-20～180℃。

技术参数

长城轧辊轴承润滑脂的典型数据见表 4-15-153。

表 4-15-153　长城轧辊轴承润滑脂典型数据

项　目	典型值					试验方法
	1 号	2T 号	2 号	T2 号	3 号	
工作锥入度/0.1mm	323	296	275	256	230	GB/T 269
滴点/℃	278	285	288	290	300	GB/T 4929
腐蚀（T_2 铜，100℃，24h）	合格					GB/T 7326 乙法
延长工作锥入度（10 万次）/0.1mm	360	335	314	290	281	GB/T 269
极压性能（四球法）/N P_D 值/N *LWI* 值/N	 3089 480.4	 3089 441	 3089 511.8	 3089 411	 3089 556.0	SH/T 0202
相似黏度（-10℃，$10s^{-1}$）/（Pa·s）	260	450	600	800	1280	SH/T 0048
极压性能（梯姆肯法）OK 值/N	156	156	156	156	156	SH/T0203
防腐蚀性（52℃，48h）/级	1	1	1	1	1	GB/T 5018

注意事项

储存于仓库内。长期暴露于高温下，会使润滑脂油皂分离。温度不宜高于 35℃，包装容器应密封，防止混入水分和杂质。

生产厂家

中国石化润滑油有限公司。

4.15.150　长城轧辊轴承润滑脂(ZN)

产品性能

具有优良的抗水性、防锈性，在潮湿或有水存在下对设备有良好的防护与润滑作用。极压抗磨性良好，满足高负荷或有一定冲击负荷机械设备的润滑要求。氧化安定性和机械安定性优良，在使用过程中有较长的使用寿命。在高剪切作用下不软化流失。

生产方法

采用复合金属皂稠化深度精制的矿物基础油，并加入抗氧、防锈、抗磨极压等添加剂制成。

主要用途

适用于中小型轧机的轧辊轴承、立式轧机的轧辊轴承、中板轧机和翻板机设备轴承。使用温度范围：00 号、0 号为-20～150℃，其他牌号为-20～180℃。

技术参数

长城轧辊轴承润滑脂(ZN) 的典型数据见表 4-15-154。

表 4-15-154　长城轧辊轴承润滑脂(ZN)典型数据

项　目	典型值					试验方法
	1 号	2T 号	2 号	T2 号	3 号	
工作锥入度/0.1mm	322	295	278	258	234	GB/T 269
滴点/℃	275	280	285	298	303	GB/T 4929
钢网分油（100℃，24h）/%	5.0	4.0	3.2	2.6	1.1	SH/T 0324
腐蚀（T_2 铜片，100℃，24h）	合格					GB/T 7326 乙法
极压性能（梯姆肯法）OK 值/N	156	156	156	156	156	SH/T0203
防腐蚀性（52℃，48h）/级	2	2	2	2	2	GB/T 5018

注意事项

储存于仓库内。长期暴露于高温下，会使润滑脂油皂分离。温度不宜高于 35℃，包装容器应密封，防止混入水分和杂质。

生产厂家

中国石化润滑油有限公司。

4.15.151　长城 Super Grease 润滑脂

产品性能

橙黄色均匀油膏。具有优异的高温性能，高温下能保持一定稠度，高温寿命长。极压抗磨性优良，特殊的球形稠化剂颗粒能在接触面形成微滚球层，可有效降低金属表面摩擦，延长设备使用周期。防锈抗腐蚀性能优良，能抵抗海水对金属摩擦表面的侵蚀。

生产方法

采用新型稠化剂稠化深度精制的高黏度矿物基础油，并加入抗氧、黏度指数改进剂等添加剂制成。

主要用途

适用于冶金行业热轧轧辊轴承、连铸设备的大包回转台、结晶器、二冷区、扇形段辊道、拉矫机和摆剪机、输送辊的润滑。使用温度范围为-20～160℃。

技术参数

长城 Super Grease 润滑脂的典型数据见表 4-15-155。

表 4-15-155　长城 Super Grease 润滑脂典型数据

项　目	典型值				试验方法
	0 号	1 号	2 号	3 号	
外观	橙黄色均匀油膏				目测
工作锥入度/0.1mm	372	325	283	237	GB/T 269
滴点/℃	210	330	330	330	GB/T 4929
钢网分油（100℃，24h）/%	—	3.2	2.3	2.1	SH/T 0324

续表

项　目	典型值				试验方法
	0 号	1 号	2 号	3 号	
滚筒安定性（80℃，100h）/0.1mm 100h 与 0h 1/4 锥入度之差 不加水 加水 20%	— —	±6 ±2	±9 ±3	±9 ±3	SH/T 0122
极压性能（梯姆肯法）OK 值/N	178	200	222	222	SH/T 0203
抗磨性能 （392N，60min）/mm P_D 值/N	0.49 2452	0.40 3920	0.41 4905	0.41 4905	SH/T 0204 SH/T 0202

注意事项

储存于仓库内。长期暴露于高温下，会使润滑脂油皂分离。温度不宜高于 35℃，包装容器应密封，防止混入水分和杂质。

生产厂家

中国石化润滑油有限公司。

4.15.152 长城 RM 轧辊轴承润滑脂

产品性能

具有优良的抗水性，遇水不乳化、不软化、不流失，并且保持粘附性和润滑性。耐高温性优良，摩擦部位在较高温度下或较高的环境温度下不流失。极压抗磨性能良好，满足有一定负荷的轴承润滑。机械安定性优良，在高剪切作用下不软化流失。

生产方法

采用脂肪酸金属皂稠化深度精制的矿物基础油，并加入抗氧、防锈等添加剂，经特殊工艺制造而成。

主要用途

适用于带钢、型材等中小型轧机的粗、中、精轧机的轧辊轴承，立式轧机的轧辊轴承，以及中板轧机和翻板机设备轴承。使用温度范围为-20～130℃。

技术参数

长城 RM 轧辊轴承润滑脂的典型数据见表 4-15-156。

表 4-15-156　长城 RM 轧辊轴承润滑脂的典型数据

项　目	典型值		试验方法
	T3 号	T1 号	
工作锥入度/0.1mm	216	281	GB/T 269
滴点/℃	195	190	SH/T 4929
腐蚀（T_2 铜片，100℃，24h）	合格		GB/T 7326
水淋流失量(38℃，1h)/%	0.5	0.5	SH/T 0109
滚筒安定性(80℃，4h，50mL 水)1/4 锥入度差值/0.1mm	6	9	SH/T 0122
极压性能(四球法)P_B 值/N	637	637	GB/T 12583

注意事项

在贮存和运输过程中，防止水、杂质进入。禁止与其他脂混合使用。

生产厂家

中国石化润滑油有限公司。

4.15.153 长城 MCR-A 轴承润滑脂

产品性能

具有优良的极压抗磨性能，球形稠化剂颗粒能在接触面形成微滚球层，有效降低金属表面摩擦，延长设备使用周期。粘附性能优异，在有水环境下仍能保持一定稠度和粘附性，能够有效的对摩擦表面进行保护。防锈抗腐蚀性能优良，能抵抗水及乳化液等对金属摩擦表面的侵蚀。

生产方法

采用新型特殊稠化剂稠化深度精制的高黏度矿物基础油，并加入抗氧、结构稳定剂等添加剂，经特殊工艺制造而成。

主要用途

适用于钢厂宽厚板轧机、热连轧机、冷轧辊轴承的润滑，特别适用于与水接触、高负荷的工业领域。使用温度范围为-20～160℃。供脂方式：集中供脂或手工抹脂。

技术参数

长城 MCR-A 轴承润滑脂的典型数据见表 4-15-157。

表 4-15-157 长城 MCR-A 轴承润滑脂典型数据

项　目	典型值	试验方法
工作锥入度/0.1mm	305	GB/T 269
腐蚀(T_2 铜片，100℃，24h)	合格	GB/T 7326
水淋流失量(79℃，1h)/%	1	SH/T 0109
极压性能(梯姆肯法)OK 值 / N	222	SH/T 0203
极压性能(四球机法)/N 烧结负荷(P_D 值) /N	 4900	SH/T 0202
防腐蚀性(52℃，48h)	合格	GB/T 5018
相似黏度(-10℃，$10s^{-1}$)/(Pa·s)	1000	SH/T 0048
抗磨性能(四球机法) 磨痕直径(392N，60min)/mm	 0.40	SH/T 0204
滚筒安定性(80℃)，0.1mm 16h 与 0h 1/4 锥入度差值 不加水 加水 20%	 9 12	SH/T 0122
机械安定性(10 万次，加水 10%)， 锥入度的变化值/0.1mm	 28	GB/T 269

注意事项

在贮存和运输过程中，防止水、杂质进入。禁止与其他脂混合使用。

生产厂家

中国石化润滑油有限公司。

4.15.154 长城PC轴承润滑脂

产品性能

具有优良的极压抗磨性能，可有效防止金属表面磨损，延长设备使用寿命。抗水性能优良，在水存在下保证轴承润滑良好，不乳化流失。耐高温性能良好，高温工作环境中不明显软化流失，可保证设备正常运转。防锈和防腐蚀性优异，能有效阻止或延缓金属表面发生锈蚀。

生产方法

采用新型复合磺酸钙稠化剂稠化深度精制的高黏度基础油，同时加有多种固体高效添加剂，经特殊工艺制造而成。

主要用途

适用于钢厂热连轧工作辊轴承、大型炉卷轧机工作辊轴承、冷轧辊轴承、大包回转台回转轴承，连铸设备等的润滑，特别适用于在高温高负荷及与水接触的工业领域。使用温度范围为-20～200℃。供脂方式：集中供脂或手工抹脂。

技术参数

长城PC轴承润滑脂的典型数据见表4-15-158。

表4-15-158 长城PC轴承润滑脂典型数据

项　目	典型值	试验方法
工作锥入度/0.1mm	332	GB/T 269
滴点/℃	>330	GB/T 3498
腐蚀(T_2铜片，100℃，24h)	合格	GB/T 7326
水淋流失量(79℃，1h)/%	0	SH/T 0109
极压性能(梯姆肯法)*OK*值/N	245	SH/T 0203
极压性能(四球机法)/N 烧结负荷(P_D值)/N	4900	GB/T 12583
防腐蚀性(52℃，48h)	合格	GB/T 5018
相似黏度(-10℃，$10s^{-1}$)/(Pa·s)	315	SH/T 0048
抗磨性能(四球机法) 磨痕直径(392N，60min)/mm	0.40	SH/T 0204

注意事项

在贮存和运输过程中，防止水、杂质进入。禁止与其他脂混合使用。

生产厂家

中国石化润滑油有限公司。

4.15.155 长城7035-1轧辊轴承润滑脂

产品性能

黄色均匀光亮油膏。具有优异的氧化安定性能，可防止润滑脂高温变质。粘附性优异，可避免润滑脂流失。润滑性良好，能保护轴承减少磨损。极压性能优良，保证轴承在重负荷条件下正常工作，可以明显降低轧辊轴承的损耗率，降低维修工作量。高温性能优良，保证轴承较高温度范围内正常运转。抗水淋性能良好，适合潮湿环境下轴承的润滑。综合性能优异，保证在高温、重负荷、水淋等条件下工作的轴承具有较长的使用寿命。

生产方法

采用特种有机稠化剂稠化优质基础油，并加入高效添加剂精制而成。

主要用途

适用于冶金行业高温、高湿、重负荷工况条件下运行热轧辊轴承的润滑。如初轧、预精轧、精轧轧辊轴承，也用于冶金行业处于湿热工况条件下运行的矫直和定径设备的润滑，以及各种大中型风机轴承、大型水泵轴承，中小型电机轴承、激振器轴承、联轴器等的润滑。

技术参数

长城7035-1轧辊轴承润滑脂的典型数据见表4-15-159。

表4-15-159　长城7035-1轧辊轴承润滑脂典型数据

项 目	1号	2号	试验方法
外观	黄色均匀光亮油膏		
1/4锥入度/0.1mm	78	68	GB/T 269
滴点/℃	312	320	GB/T 3498
抗水淋性(90℃，15min)/%	0.91	0.85	SH/T 0109
蒸发度(180℃，1h)/%	1.82	1.12	SH/T 0337
相似黏度(-10℃，$10s^{-1}$)/(Pa·s)	346	432	SH/T 0048
腐蚀(45#钢片，100℃，3h)	合格		SH/T 0331
钢网分油(100℃，24h)/%	3.23	2.86	SH/T 0324
承载能力(四球机法) 最大无卡咬负荷P_B/N 烧结负荷P_D/N	 1029 4900		SH/T 0202

注意事项

勿与其他润滑脂混用，不同润滑脂之间可能会发生物理或化学反应导致性能大大下降。使用后及时封盖以避免水分、灰尘等杂质的混入。

生产厂家

中国石化润滑油有限公司。

4.15.156　长城齿形联轴器润滑脂

产品性能

具有良好的极压性及抗微动磨损性。耐高温性优良，可满足中高负荷摩擦部位的润滑要求。

生产方法

采用复合锂皂稠化深度精制的矿物基础油，并加入极压、抗氧、防锈等添加剂制成。

主要用途

适用于冶金、化工等行业各种齿形联轴器、十字轴等中高负荷设备的润滑。使用温度范围为-20~180℃。

技术参数

长城齿形联轴器润滑脂的典型数据见表4-15-160。

表 4-15-160　长城齿形联轴器润滑脂典型数据

项　目	典型值			试验方法
	2 号	1 号(H)	2 号(H)	
工作锥入度/0.1mm	282	325	284	GB/T 269
滴点/℃	276	262	300	GB/T 4929
钢网分油（100℃，24h）/%	0.7	2.0	0.7	SH/T 0324
延长工作锥入度（10 万次）/0.1mm	305	343	292	GB/T 269
极压性能（四球法）P_D 值/N	4903	6080	4903	SH/T 0202
极压性能（梯姆肯法）OK 值/N	178	245	245	SH/T 0203

注意事项

储存于仓库内。长期暴露于高温下，会使润滑脂油皂分离。温度不宜高于 35℃，包装容器应密封，防止混入水分和杂质。

生产厂家

中国石化润滑油有限公司。

4.15.157　长城套管螺纹密封脂 LT

产品性能

含惰性固态密封组份，高温高压条件下具有优良的密封性能。含高效极压添加剂，对螺纹起到润滑保护作用，避免上、卸扣过程中对螺纹的损害。防锈、防腐性能良好，防止管件螺纹在储存和使用中发生锈蚀。施工方便，可用刷子刷涂。可耐中等浓度的酸碱。

生产方法

采用复合锂皂稠化剂稠化精致矿物油并加入抗氧、防锈及其他固体添加剂，经特殊工艺制成。

主要用途

适用于陆上与海上钻井套管、油管及其他管件连接螺纹的密封、润滑和防护，也可用于地质勘探和煤炭综采设备管件螺纹的润滑和密封。使用温度范围为-30～180℃。

技术参数

长城套管螺纹密封脂 LT 的典型数据见表 4-15-161。

表 4-15-161　长城套管螺纹密封脂 LT 典型数据

项　目	典型值	试验方法
工作锥入度/0.1mm	320	GB/T 269
锥入度（-17.8℃）/0.1mm	210	SY/T 5199 中附录 D
极压性能（四球法） P_B 值/N P_D 值/N	 637 7845	GB/T 12583
水沥滤（66℃，2h）/ %	0.09	SY/T 5199 中附录 E
逸气量（66℃，120h）/ mL	7.32	SY/T 5199 中附录 C
盐雾试验（10 号钢，14d）/级	B	SY/T 5199 中附录 J

注意事项

在贮存和运输过程中，防止水、杂质进入。禁止与其他脂混合使用。

生产厂家

中国石化润滑油有限公司

4.15.158 长城 MCL-A 储存润滑脂

产品性能

具有优异的防锈性能，对钢铁制件的抗盐雾能力优良，在潮湿及海上运输等环境下，可保持良好的防护性能。具有良好的低温性能。符合环保要求，产品配方中不含钡、铅、亚硝酸盐等限制使用的成分。

生产方法

采用复合皂稠化剂稠化深度精制的低凝基础油，并加入抗氧、防锈等添加剂，经特殊工艺制造而成。

主要用途

适用于石油套管、钻杆等石油专用管螺纹的储存与运输过程中的防护，也用于其他钢铁制件的防锈及润滑。使用温度范围为-35～140℃。

技术参数

长城 MCL-A 储存润滑脂的典型数据见表 4-15-162。

表 4-15-162 长城 MCL-A 储存润滑脂典型数据

项 目	典型值		试验方法
	T00 号	0 号	
工作锥入度/0.1mm	390	377	GB/T 269
滴点/℃	255	262	GB/T 4929
相似黏度($10s^{-1}$)/(Pa·s)			SH/T 0048
-30℃	1093	—	
-20℃	—	378	
盐雾试验(45#钢片，60d)/级	A	A	SY/T 5199 中附录 J
防腐蚀性(52℃，48h)	合格	合格	GB/T 5018

注意事项

在贮存和运输过程中，防止水、杂质进入。禁止与其他脂混合使用。

生产厂家

中国石化润滑油有限公司。

4.15.159 长城 7409 钻具螺纹润滑脂

产品性能

具有良好的高温性，在高温下防止螺纹粘扣，拆卸和清洗方便。极压抗磨性能良好，在高负荷、大扭矩应力条件下，避免螺纹擦伤和粘扣。密封性能和耐介质性能优良，可防止螺纹连接部位的泄漏。

生产方法

采用皂基稠化剂稠化基础油，并加入固体填料精制而成。

主要用途

适用于油气田和地质勘探钻井用的钻铤和钻杆组合件螺纹的密封润滑。使用温度范围为-15～200℃。

技术参数

长城7409钻具螺纹润滑脂的典型数据见表4-15-163。

表4-15-163 长城7409钻具螺纹润滑脂典型数据

项 目	典型值	试验方法
1/4工作锥入度/0.1mm	85	GB/T 269
蒸发度(150℃，1h)/%	1.35	SH/T 0337
腐蚀(45#钢片，100℃，3h)	合格	SH/T 0331
相似黏度(-10℃，$10s^{-1}$)/(Pa·s)	136	SH/T 0048

注意事项

使用前应将螺纹接头部位用煤油或其他溶剂清洗干净，晾干或吹干后再涂抹。勿与其他油脂混用。启用后，应及时将桶盖严，防止混入杂质及腐蚀介质，以免影响使用效果。

生产厂家

中国石化润滑油有限公司。

4.15.160 长城高温食品机械润滑脂

产品性能

通过NSF - H1食品级润滑脂认证。高低温润滑性和防护性能优良。橡胶相容性、抗水性能良好。所有原料都是经FDA认可，不含重金属及亚硝酸盐等危害人体健康的物质。

生产方法

采用复合皂稠化剂稠化食品级合成油，并添加食品级润滑添加剂，经特殊加工工艺而制成。

主要用途

适用于食品、饮料、肉制品、蔬菜加工、巧克力、制药、玩具及饲料等行业中加工、包装、输送等机械设备摩擦部位的润滑。使用温度范围为-40～180℃。

技术参数

长城高温食品机械润滑脂的典型数据见表4-15-164。

表4-15-164 长城高温食品机械润滑脂典型数据

项 目	典型值	试验方法
工作锥入度/0.1mm	280	GB/T 269
滴点/℃	295	GB/T 3498
钢网分油(100℃，24h)/%	3.5	SH/T 0324
水淋流失量(38℃，1h)/%	1.0	SH/T 0109
蒸发损失(99℃，22h)/%	0.5	GB/T 7325
抗磨性能(75℃，1200r/min，392N，60min)磨痕直径 d/mm	0.6	SH/T 0204
橡胶相容性(70℃，72h，丁苯橡胶SBR)		GB/T 1690
质量变化率/%	4.0	
体积变化率/%	6.0	
硬度变化，邵尔A氏硬度	-7	

注意事项

在贮存和运输过程中，防止水、杂质进入。禁止与其他脂混合使用。

生产厂家

中国石化润滑油有限公司。

4.15.161 长城 PL 高温食品润滑脂

产品性能

具有优良的高低温适用性。橡胶相容性优良，对橡胶良好的润滑性。产品取得饮用水行业 WRAS 认证。所有原料都是经 FDA 认可，不含重金属及亚硝酸盐等危害人体健康的物质。

生产方法

采用无机稠化剂稠化食品级合成油，经特殊加工工艺而制成。

主要用途

适用于生活饮用水输配管道及阀门的润滑与密封。使用温度范围为-50～200℃。

技术参数

长城 PL 高温食品润滑脂的典型数据见表 4-15-165。

表 4-15-165 长城 PL 高温食品润滑脂典型数据

项　目	典型值	试验方法
非工作锥入度/0.1mm		GB/T 269
25℃	278	
20℃	274	
0℃	241	
-20℃	214	
滴点/℃	310	GB/T 3498
橡胶相容性(40℃，72h)		GB/T 1690
丁苯橡胶 SBR		
体积变化率/%	-1.35	
质量变化率/%	-1.83	
硬度变化，邵尔 A 氏硬度	0	
三元乙丙橡胶 EPDM		
体积变化率/%	-0.71	
质量变化率/%	-1.17	
硬度变化，邵尔 A 氏硬度	-1	

注意事项

在贮存和运输过程中，防止水、杂质进入。禁止与其他脂混合使用。

生产厂家

中国石化润滑油有限公司。

4.15.162 长城 ES-A 润滑剂

产品性能

具有良好的热安定性和氧化安定性。高温性良好，能避免润滑脂在摩擦部位高温运转条件下发生流失。极压抗磨性及防锈性良好，能够减小摩擦，磨损，抵抗摩擦部位所受的冲击负荷。抗水性良好，能够在潮湿及与少量水混合条件下仍起到良好的润滑作用。

生产方法

采用复合皂稠化高黏度矿物油，并加有高效添加剂制成。

主要用途

适用于电动器具齿轮箱及其他高速运转防泄漏部位。使用温度范围为-30～150℃。

技术参数

长城 ES-A 润滑剂的典型数据见表 4-15-166。

表 4-15-166 长城 ES-A 润滑剂典型数据

项　　目	典型值	试验方法
工作锥入度/0.1mm	204	GB/T 269
滴点/℃	330	GB/T 3498
钢网分油（100℃，24h）/%	0.1	SH/T 0324
氧化安定性（99℃，100h，758kPa）压力降/kPa	15	SH/T 0325
防腐蚀性（52℃，48h）	合格	GB/T 5108

注意事项

在贮存和运输过程中，防止水、杂质进入。禁止与其他脂混合使用。

生产厂家

中国石化润滑油有限公司。

4.15.163 长城 ES-D 润滑剂

产品性能

具有良好的热安定性和氧化安定性。采用复合皂作为稠化剂，具有良好的高温性能，可有效防止润滑脂在摩擦部位高温运转时发生流失。选用高黏度矿物油和高黏度合成油，具有优异的粘附性和降噪性，可牢固的附着在金属表面，保护金属不致磨损及腐蚀。极压抗磨性能优良，可承受高负荷及冲击负荷。

生产方法

采用复合皂稠化精制矿物油及合成油，并加有多种添加剂制成。

主要用途

适用于微型电机齿轮箱及其他小齿轮的润滑，如电动工具、卷窗机、自动麻将机等传动齿轮的润滑，特别推荐用于减速比小于 20 的减速机械。使用温度范围为-10～150℃。

技术参数

长城 ES-D 润滑剂的典型数据见表 4-15-167。

表 4-15-167 长城 ES-D 润滑剂典型数据

项　　目	典型值	试验方法
工作锥入度/0.1mm	282	GB/T 269
滴点/℃	298	GB/T 3498
腐蚀(45#钢片，100℃，3h)	合格	SH/T 0331
钢网分油（100℃，24h）/%	0.2	SH/T 0324
极压性能(四球法）烧结负荷 P_D/N	2452	GB/T 12583
低温转矩（-10℃）/(N·m) 启动转矩 运转转矩	 0.23 0.04	SH/T 0338
防腐蚀性（52℃，48h）	合格	GB/T 5018

注意事项

在贮存和运输过程中，防止水、杂质进入。禁止与其他脂混合使用。

生产厂家

中国石化润滑油有限公司。

4.15.164 长城 ES-E 润滑剂

产品性能

稠化剂的皂纤维结构合理，分布均匀，在剪切力的作用下能保持较好的润滑脂结构特征。含有极压抗磨添加剂，能够有效地降低齿轮的摩擦磨损，抵抗齿轮摩擦面所受的冲击负荷。有一定的防锈性，能够防止齿轮运转过程中的锈蚀。

生产方法

采用有机稠化剂稠化深度精制矿物油，并加有高效添加剂制成。

主要用途

适用于电动器具齿轮箱及其他高速运转防泄漏部位。使用温度范围为-30～150℃。

技术参数

长城 ES-E 润滑剂的典型数据见表 4-15-168。

表 4-15-168 长城 ES-E 润滑剂典型数据

项　　目	典型值	试验方法
工作锥入度/0.1mm	299	GB/T 269
延长工作锥入度（10 万次）/0.1mm	333	GB/T 269
滴点/℃	252	GB/T 4929
钢网分油（100℃，24h）/%	3.0	SH/T 0324

注意事项

在贮存和运输过程中，防止水、杂质进入。禁止与其他脂混合使用。

生产厂家

中国石化润滑油有限公司。

4.15.165 长城 ES-F 润滑剂

产品性能

具有良好的热安定性、氧化安定性、优良的抗水性、防锈性能和机械安定性能。极压抗磨性能优良，可承受高负荷及冲击负荷。

生产方法

采用由高级脂肪酸复合皂稠化精制矿物油，并添加抗氧、极压和防锈等多种高效添加剂，经特殊工艺制造而成。

主要用途

适用于电动工具行业设备摩擦部位的润滑，特别适用于台式电锯齿轮的润滑。使用温度范围为-20～180℃。

技术参数

长城 ES-F 润滑剂的典型数据见表 4-15-169。

表 4-15-169　长城 ES-F 润滑剂典型数据

项　　目	典型值	试验方法
工作锥入度/0.1mm	278	GB/T 269
滴点/℃	266	GB/T 3498
腐蚀(T_2 铜片，100℃，24h)	合格	GB/T 7326
钢网分油（100℃，24h)/%	1.9	SH/T 0324
极压性能(四球法）烧结负荷 P_D/N	3089	GB/T 12583
延长工作锥入度(10 万次）/0.1mm	283	GB/T 269
防腐蚀性（52℃，48h)	合格	GB/T 5018

注意事项

在贮存和运输过程中，防止水、杂质进入。禁止与其他脂混合使用。

生产厂家

中国石化润滑油有限公司。

4.15.166　长城 7020 窑车轴承润滑脂

产品性能

具有良好的高温性能，尤其是在高温下具有较好的润滑性，保证窑车轴承在高温下的正常润滑。抗氧化能力优良，可保证润滑脂的高温性能。抗水性能和防护性能良好，可用于潮湿环境，保证润滑部件不受外界环境的侵蚀。

生产方法

采用无机稠化剂稠化合成油，并加有抗氧、极压等多种添加剂精制而成。

主要用途

适用于高温、低速、重负荷工况条件下的滚动轴承的润滑。如陶瓷、电磁、砖瓦隧道窑等窑车轴承及一些烘烤设备的链条和轴承的润滑，加脂处得当，轴承寿命可提高到 7 年。同时，也适用于烧结台车，静止加热的钢锭、铝锭、回火料车轴承，以及污水处理场活性炭再生炉上部中心轴承，焚烧炉、再生炉、再生排气机、喷漆烘干生产线等高温轴承的润滑。适用温度范围：长期 250℃，短期最高可达 300℃。

技术参数

长城 7020 窑车轴承润滑脂的典型数据见表 4-15-170。

表 4-15-170　长城 7020 窑车轴承润滑脂典型数据

项目	典 型 值	试验方法
1/4 工作锥入度/0.1mm	68	GB/T　269
滴点/℃	>330	GB/T　3498
压力分油/%	7.17	GB/T　392
蒸发度(250℃，1h)/%	4.18	SH/T　0337
腐蚀(45#钢片，100℃，3h)	合格	SH/T　0331

注意事项

启用后应及时封严，防止灰尘污染。在 250℃以上使用时发干，形成一层固体膜，仍能起润滑作用。

生产厂家

中国石化润滑油有限公司。

4.15.167 长城 7109 光学仪器润滑脂

产品性能

浅褐色均匀油膏。具有良好的拉丝性和粘附性，保证润滑脂粘附在光学仪器的润滑部位，确保润滑性。防霉性优良，抑止微生物在光学仪器内的滋生。高低温性能优良，保证轴承宽温度范围内正常运转。抗流散性良好，确保润滑脂不污染光学仪器。有不显雾性能，确保光学镜头的清洁。防护性优良，对光学仪器的金属部件有良好防护作用。可明显提高仪器质量，延长使用寿命，满足粘附性、耐湿性、防霉、防雾、防锈以及防扩散等方面的要求。

生产方法

采用皂基稠化剂稠化合成油，并加有抗氧、防锈等添加剂精制而成。

主要用途

适用于较大间隙的计量仪器、大地测量仪器、显微镜、航测遥感仪器、物理光谱和照相机等光学仪器的测量微调，调焦多头螺纹，蜗轮蜗杆、螺杆轴、转换器、升降螺旋、手轮机构、望远目镜等部位的润滑与密封，也适用于无线电仪器的电位器等部位的阻尼和润滑。使用温度范围为-40~120℃。

技术参数

长城 7109 光学仪器润滑脂的典型数据见表 4-15-171。

表 4-15-171　长城 7109 光学仪器润滑脂的典型数据

项　目	典型值	试验方法
外观	浅褐色均匀油膏	目测
1/4 工作锥入度/0.1mm	65	GB/T 269
滴点/℃	186	SH/T 0115
漏斗分油(50℃，24h)/%	0	SH/T 0324
蒸发度(120℃，1h)/%	0.81	SH/T 0337
腐蚀(T_3 铜片，100℃，3h)	合格	SH/T 0336

注意事项

应贮存于清洁、干燥避光处。使用前，应将涂脂部位清洗干净并吹干后再加注本产品。启用后，应及时将盒盖严，以免混入杂质影响使用效果。勿与其他油脂混用。

生产厂家

中国石化润滑油有限公司。

4.15.168 长城 7110 光学仪器润滑脂

产品性能

浅褐色均匀油膏。具有良好的拉丝性和粘附性，保证润滑脂粘附在光学仪器的润滑部位，确保润滑性。防霉性优良，抑止微生物在光学仪器内的滋生。高低温性能优良，保证轴承宽温度范围内正常运转。抗流散性良好，确保润滑脂不污染光学仪器。有不显雾性能，确保光学镜头的清洁。防护性优良，对光学仪器的金属部件有良好防护作用。可明显提高仪器质量，延长使用寿命，满足粘附性、耐湿性、防霉、防雾、防锈以及防扩散等方面的要求。

生产方法

采用皂基稠化剂稠化合成油，并加有抗氧、防锈等添加剂精制而成。

主要用途

适用于较小间隙得计量仪器、大地测量仪器、显微镜、航测遥感仪器、物理光谱和照相机等光学仪器的测量微调，调焦多头螺纹，蜗轮蜗杆、螺杆轴、转换器、升降螺旋、手轮机构、望远目镜等部位的润滑与密封，也适用于无线电仪器的电位器等部位的阻尼和润滑。使用温度范围为-40～120℃。

技术参数

长城7110光学仪器润滑脂的典型数据见表4-15-172。

表4-15-172　长城7110光学仪器润滑脂典型数据

项 目	典型值	试验方法
外观	浅褐色均匀油膏	目测
1/4工作锥入度/0.1mm	81	GB/T 269
滴点/℃	179	SH/T 0115
漏斗分油(50℃，24h)/%	0.11	SH/T 0324
蒸发度(120℃，1h)/%	0.89	SH/T 0337
腐蚀(T_3铜片，100℃，3h)	合格	SH/T 0336

注意事项

应贮存于清洁、干燥避光处。使用前，应将涂脂部位清洗干净并吹干后再加注本产品。启用后，应及时将盒盖严，以免混入杂质影响使用效果。勿与其他油脂混用。

生产厂家

中国石化润滑油有限公司。

4.15.169　昆仑HP高温润滑脂

产品性能

具有良好的机械安定性和氧化安定性，使用寿命长。抗水性和防锈性优良。极压抗磨性能优异，能有效防止摩擦部位的磨损和点蚀，延长使用寿命。

生产方法

采用新型复合锂皂稠化精制矿物油并加入多种添加剂制成。

主要用途

适用于高温、高负荷机械设备的润滑，如冶金轧钢机轴承、耐火器材窑车轴承、锻造机械、化工焙烧设备、机械加工热处理设备等。工作温度范围：-15～180℃。

技术参数

昆仑HP高温润滑脂的企业标准见表4-15-173。

表 4-15-173　昆仑 HP 高温润滑脂企业标准

项　　目		质量指标		试验方法
		2 号	3 号	
工作锥入度/0.1mm		265～295	220～250	GB/T 269
滴点/℃	不低于	250	250	GB/T 3498
钢网分油(100℃，24h)/%	不大于	5.0	5.0	SH/T 0324
腐蚀(T_2 铜，100℃，24h)		铜片无绿色或黑色变化		GB/T 7326 乙法
蒸发量(99℃，22h)/%	不大于	2.0	2.0	GB/T 7325
水淋流失量(38℃，1h)/%	不大于	5.0	5.0	SH/T 0109
延长工作锥入度(10 万次)/0.1mm	不大于	360	330	GB/T 269
防腐蚀性能(52℃，48h)/级	不大于	1	1	SH/T 5018
氧化安定性(99℃，100h，758Pa)压力降/kPa	不大于	70	70	SH/T 0325
极压性能(梯姆肯法)OK 值/N	不小于	156	156	SH/T 0203
漏失量(104℃，6h)/g	不大于	5.0	5.0	SH/T 0326
相似黏度(-10℃，$10s^{-1}$)/(Pa·s)	不大于	100	1500	SH/T 0048
机械杂质/(个/cm^3)				SH/T 0336
10μm 以上	不大于	5000	5000	
25μm 以上	不大于	3000	3000	
75μm 以上	不大于	500	500	
125μm 以上	不大于	0	0	

注意事项

使用中要求用脂部位清洗干净，干燥后装脂。应在清洁、干燥避光储存，启用后应及时盖严以防水杂混入。不可与其他润滑脂混用。

生产厂家

中国石油天然气股份有限公司润滑油分公司。

4.15.170　昆仑 2 号低温润滑脂

产品性能

浅黄色至深黄色均匀软膏。具有优异的的低温润滑性能。化学安定性和抗水防锈性良好。机械安定性和胶体安定性优良。

生产方法

采用高级脂肪酸锂皂稠化精制矿物油并添加各种功能添加剂制成。

主要用途

适用于飞机的操作杆系统防护与润滑，以及各种精密仪表和无线电以及轻负荷、高转速、宽温度范围内的各种机械设备的滚动轴承和滑动轴承及其他磨损部件的润滑。使用温度范围为-60

~120℃。

技术参数

昆仑2号低温润滑脂的企业标准见表4-15-174。

表4-15-174　昆仑2号低温润滑脂企业标准

项　　目		质量指标	试验方法
外观		浅黄色至深黄色均匀软膏	目测
滴点/℃	不低于	170	GB/T 4929
工作锥入度/0.1mm		270~320	GB/T 269
腐蚀(100℃，3h)		合格	SH/T 0331
压力分油/%	不大于	30	GB/T 392
蒸发量(60℃，24h)/%	不大于	4	SH/T 0321
游离碱(NaOH)/%	不大于	0.1	SH/T 0329
氧化安定性(78.5×10^{4}Pa，100h，99℃)			
压力降/Pa	不大于	3.5×10^4	SH/T 0335
氧化后酸值/(mgKOH/g)	不大于	1.0	SH/T 0329
机械杂质(酸分解法)		无	GB/T 513
相似黏度(-50℃，10s^{-1})/(Pa·s)	不大于	1100	SH/T 0048
强度极限(50℃)/Pa	不小于	250	SH/T 0323
水分		无	GB/T 512
注：腐蚀试验用下列金属片：T_2铜片，40号钢片，LY-12铝片。			

注意事项

不可用大容器盛装，以免引起析油，如有少量析油，在常温下搅拌或研磨后继续使用。包装应密封良好，以免水分、灰尘的侵入和产品的氧化变质。应在室内存放，避免日晒雨淋。使用后应当抹平表面，防止析油。不可与其他润滑脂混合使用，不能加热熔化后使用。使用前应将润滑部位清洗干净。

生产厂家

中国石油天然气股份有限公司润滑油分公司。

4.15.171　昆仑石墨防锈锂基润滑脂

产品性能

黑色均匀油膏。可提高产品抵抗流失的性能，增强润滑效果。具有良好的抗水性、机械安定性、防锈性和氧化安定性。同时还具有滴点高、高低温适应性好、使用温度范围广的特点，是一种多用途长寿命的润滑脂。

生产方法

采用脂肪酸锂皂稠化中黏度矿物油并加有防锈、抗氧添加剂及适量石墨粉而制成。

主要用途

适用于各类电动机汽车、拖拉机及采矿、纺织、冶金工业上轻、中负荷机械设备的滚动轴承和滑动轴承及其他磨擦部位的润滑，其中3号还可用于军队钢管、炮筒等器件上的润滑。

技术参数

昆仑石墨防锈锂基润滑脂的企业标准见表4-15-175。

表 4-15-175 昆仑石墨防锈锂基润滑脂企业标准

项目		质量指标			试验方法
		1 号	2 号	3 号	
外观		黑色均匀油膏			目测
滴点/℃	不低于	150	160	170	SH/T 0115
游离碱(NaOH)/%	不大于	0.1	0.1	0.15	SH/T 0329
工作锥入度/0.1mm		300～340	255～295	220～250	GB/T 269
分油量/%	不大于	30	25	15	GB/T 392
防护性能(40#～50#钢片，60℃，48 h)		-	-	合格	SH/T 0333
腐蚀(45#钢片，100 ℃，3h)		无			GB/T 513
机械杂质/%		无			GB/T 512
水分/%		合格			SH/T 0331

注意事项

储存和使用过程中应避免与其他油品混合。禁止水分、杂质混入。

生产厂家

中国石油天然气股份有限公司润滑油分公司。

4.15.172 昆仑汽车底盘润滑脂

产品性能

对金属具有较强的附着能力，不易流失。抗水性能优良，遇水不易乳化，在潮湿或有水条件下，仍能满足润滑要求。润滑性和防护性优良。

生产方法

采用混合皂稠化高黏度精制矿物油，并加有抗氧剂、增黏剂等功能添加剂，经特殊工艺制造而成。

主要用途

适用于汽车底盘，拖拉机等农用机械设备的润滑。使用温度范围为-15～120℃。

技术参数

昆仑汽车底盘润滑脂的企业标准见表 4-15-176。

表 4-15-176 昆仑汽车底盘润滑脂企业标准

项目		质量指标		试验方法
		2 号	3 号	
外观		浅黄色至褐色均匀软膏		目测
工作锥入度/0.1mm		265～295	220～250	GB/T 269
滴点/℃	不低于	150	150	GB/T 4929
压力分油/%	不大于	16	12	GB/T 392
腐蚀(T_2 铜片，100℃，24h)		合格	合格	GB/T 7326
水分/%	不大于	0.5	0.5	GB/T 512
游离碱(NaOH)/%	不大于	0.2	0.2	SH/T 0329

注意事项

不易露天存放，防止日晒雨淋，灰沙浸入和润滑脂氧化变质。润滑脂使用后应当抹平，防止析油。不能与不同类别的润滑脂混合使用，不能加热熔化后使用。更换润滑脂时，要把润滑部位洗净擦干。

生产厂家

中国石油天然气股份有限公司润滑油分公司。

4.15.173　昆仑3号汽车底盘脂-Ⅱ

产品性能

淡黄色至暗褐色均匀油膏。具有良好的机械安定性和氧化安定性，使用寿命长。抗水性及防腐蚀性良好，可应用于潮湿或与水接触的机械部件。

生产方法

采用羟基脂肪酸锂皂稠化高黏度矿物油并加入增黏剂等制成。

主要用途

适用于汽车轮轴承、底盘、水泵、电机等摩擦部位和拖拉机等农用机械、车辆的润滑，并可用于水泵、纺织等机械设备的润滑。使用温度范围为-20～120℃。

技术参数

昆仑3号汽车底盘脂-Ⅱ的典型数据见表4-15-177。

表4-15-177　昆仑3号汽车底盘脂-Ⅱ典型数据

项　　目	典型值	试验方法
外观	淡黄色至暗褐色均匀油膏	目测
工作锥入度/0.1mm	236	GB/T 269
滴点/℃	198	GB/T 4929
腐蚀(T_2铜片，100℃，24h)	铜片无绿色或黑色变化	GB/T 7326
钢网分油(100℃，24h)/%	2.3	SH/T 0324
水淋流失量(38℃，1h)/%	3.1	SH/T 0109

注意事项

不易露天存放。防止日晒雨淋，灰沙浸入和润滑脂氧化变质。

生产厂家

中国石油天然气股份有限公司润滑油分公司。

4.15.174　昆仑风电设备叶片轴承专用润滑脂

产品性能

能满足低温、高温、高低温交替变化、雨雪、沙尘等恶劣环境条件的要求，可对风电设备叶片轴承进行长效润滑与防护。具有极宽的使用温度范围，优异的防水性能、防腐蚀性能以及减摩、抗磨、极压性能。

生产方法

采用合成基础油和金属皂为稠化剂，辅以多种高性能添加剂精制而成。

主要用途

适用于风电设备叶片轴承润滑。使用温度范围为-65～110℃。

技术参数

昆仑风电设备叶片轴承专用润滑脂的典型数据见表4-15-178。

表4-15-178　昆仑风电设备叶片轴承专用润滑脂典型数据

项　　目	典型值	试验方法
滴点/℃	159	GB/T 3498
锥入度/0.1mm	265	CB/T 269
延长工作锥入度(10^5 次)/差值/0.1mm	+35	CB/T 269
钢网分油量(100℃，24h)/%	0.7	SH/T 0324
氧化安定性(99℃，100h，0.77MPa)压力降/MPa	0.0105	SH/T 3025
蒸发量(100℃，24h)/%	1.9	GB/T 7325
水淋流失量(38℃，1h)/%	3.4	SH/T 0109
腐蚀(T_2 铜片，100℃，24h)	通过	GB/T 7326
四球试验 P_B/N P_D/N 磨斑直径/mm	 1981 2540 0.45	SH/T 0189

注意事项

在贮存和运输过程中，防止水、杂质进入。禁止与其他脂混合使用。

生产厂家

中国石油天然气股份有限公司润滑油分公司。

4.15.175　昆仑主轴承专用润滑脂

产品性能

可适应风电设备转子频繁低温启动及重载低速连续运行的要求。具有较宽的使用温度范围和良好的防水及防腐蚀性能。承载能力高，可有效避免摩擦件在重载或冲击载荷下发生擦伤及胶合。减摩性能优良，可有效抑制轴承的摩擦升温。低温启动性能良好，可使设备在较宽温的温度范围内使用。具有长的使用寿命，可延长换脂、加脂周期，同时具有长的轴承抗磨寿命，能有效延长风力发电设备主轴承的工作寿命。

生产方法

采用合成基础油和特制金属皂为稠化剂制成。

主要用途

适用于风电设备主轴承润滑。使用温度范围为-40～200℃。

技术参数

昆仑风电设备叶片轴承专用润滑脂的典型数据见表 4-15-179。

表 4-15-179 昆仑风电设备叶片轴承专用润滑脂典型数据

项　目	典型值	试验方法
滴点/℃	300	GB/T 3498
锥入度/0.1mm	310	CB/T 269
延长工作锥入度(10^5 次)/差值/0.1mm	+25	CB/T 269
钢网分油量(100℃，24h)/%	1.68	SH/T 0324
氧化安定性(99℃，100h，0.77MPa)压力降/MPa	0.0154	SH/T 3025
蒸发量(100℃，24h)/%	0.9	GB/T 7325
水淋流失量(38℃，1h)/%	5.4	SH/T 0109
腐蚀(T_2 铜片，100℃，24h)	通过	GB/T 7326
四球试验 P_B/N P_D/N 磨斑直径/mm	 988 5390 0.55	SH/T 0189

注意事项

在贮存和运输过程中，防止水、杂质进入。禁止与其他脂混合使用。

生产厂家

中国石油天然气股份有限公司润滑油分公司。

4.15.176 昆仑风电设备发电机轴承专用润滑脂

产品性能

可满足风电设备发电机转子频繁低温启动及高温连续运行对轴承润滑脂的要求。具有较宽的使用温度范围和良好的防水及防腐蚀性能。承载能力高，可有效避免摩擦件在重载或冲击载荷下发生擦伤及胶合。减摩性能及降噪性能优良，可有效抑制发电机的摩擦升温，使发电机轴承平稳安静运行。低温启动性能良好，可使设备在较宽温度范围内以较小的摩擦力矩启动。具有长的使用寿命，可延长换脂、加脂周期，同时具有长的高温轴承抗磨寿命，能有效延长发电机轴承的工作寿命。

生产方法

采用合成基础油和特制金属皂为稠化剂制成。

主要用途

适用于风电设备主轴承的润滑。使用温度范围为-40～200℃。

技术参数

昆仑风电设备发电机轴承专用润滑脂的典型数据见表 4-15-180。

表 4-15-180　昆仑风电设备发电机轴承专用润滑脂典型数据

项　　目	典型值	试验方法
滴点/℃	315	GB/T 3498
锥入度/0.1mm	276	CB/T 269
延长工作锥入度(10^5 次)/差值/0.1mm	+35	CB/T 269
钢网分油量(100℃，24h)/%	0.98	SH/T 0324
氧化安定性(99℃，100h，0.77MPa)压力降/MPa	0.0203	SH/T 3025
蒸发量(100℃，24h)/%	0.8	GB/T 7325
腐蚀(T_2 铜片，100℃，24h)	通过	GB/T 7326
四球试验 P_B/N P_D/N 磨斑直径/mm	 1363 3430 0.49	SH/T 0189

注意事项

在贮存和运输过程中，防止水、杂质进入。禁止与其他脂混合使用。

生产厂家

中国石油天然气股份有限公司润滑油分公司。

4.15.177　昆仑风电设备偏航齿轮专用润滑脂

产品性能

可在较宽的环境温度范围内及野外恶劣气候条件下，对风电偏航齿轮进行有效防护。能适应风电偏航齿轮长期正常工作对减摩、抗磨及极压等润滑方面的要求。具有优异的防水及防腐蚀性能。承载能力高，可有效避免摩擦件在重载或冲击载荷下发生擦伤及胶合。减摩性及低温启动性能优良，可使设备在较宽温度范围内以较小的扭矩启动及运行。抗磨性能优异，可有效延长摩擦件的工作寿命。

生产方法

采用合成基础油和特制金属皂为稠化剂制成。

主要用途

适用于电场风电设备偏航齿轮的润滑与维护。使用温度范围为-30～200℃。

技术参数

昆仑风电设备偏航齿轮专用润滑脂的典型数据见表 4-15-181。

表 4-15-181　昆仑风电设备偏航齿轮专用润滑脂典型数据

项　　目	典型值	试验方法
滴点/℃	305	GB/T 3498
锥入度/0.1mm	320	CB/T 269
延长工作锥入度(10^5 次)/差值/0.1mm	+36	CB/T 269
钢网分油量(100℃，24h)/%	1.59	SH/T 0324
氧化安定性(99℃，100h，0.77MPa)压力降/MPa	0.0109	SH/T 3025

续表

项　　目	典型值	试验方法
蒸发量(100℃，24h)/%	0.5	GB/T 7325
腐蚀(T_2 铜片，100℃，24h)	通过	GB/T 7326
四球试验 P_B/N P_D/N 磨斑直径/mm	 834 6370 0.5	SH/T 0189

注意事项

在贮存和运输过程中，防止水、杂质进入。禁止与其他脂混合使用。

生产厂家

中国石油天然气股份有限公司润滑油分公司。

4.15.178　昆仑风电设备偏航轴承专用润滑脂

产品性能

可满足风电偏航轴承长期正常工作对减摩、抗磨及极压等润滑方面的要求。由于有自修复特性的新型高性能抗磨添加剂，可延长风电偏航轴承的寿命。具有较宽的使用温度范围和优异的防水及防腐蚀性能。承载能力高，可有效避免摩擦件在重载或冲击载荷下发生擦伤及胶合。减摩性及低温启动性能优良，可使设备在较宽温度范围内以较小的扭矩启动及运行。抗磨性能优异，可有效延长摩擦件的工作寿命。

生产方法

采用合成基础油和特制金属皂为稠化剂制成。

主要用途

适用于风电设备偏航轴承的润滑。使用温度范围为-40～200℃。

技术参数

昆仑风电设备发电机轴承专用润滑脂的典型数据见表4-15-182。

表4-15-182　昆仑风电设备发电机轴承专用润滑脂典型数据

项　　目	典型值	试验方法
滴点/℃	305	GB/T 3498
锥入度/0.1mm	266	CB/T 269
延长工作锥入度(10^5 次)/差值/0.1mm	+27	CB/T 269
钢网分油量(100℃，24h)/%	0.21	SH/T 0324
氧化安定性(99℃，100h，0.77MPa)压力降/MPa	0.0544	SH/T 3025
蒸发量(100℃，24h)/%	0.8	GB/T 7325
腐蚀(T_2 铜片，100℃，24h)	通过	GB/T 7326
四球试验 P_B/N P_D/N 磨斑直径/mm	 1294 2940 0.45	SH/T 0189

注意事项

在贮存和运输过程中，防止水、杂质进入。禁止与其他脂混合使用。

生产厂家

中国石油天然气股份有限公司润滑油分公司。

4.15.179 昆仑镀锌钢丝绳脂

产品性能

暗绿色均匀油膏。粘附性良好，能形成牢固的保护薄膜。抗水性良好，在使用中不受潮湿环境的影响。防锈性好，防护效果优良。

生产方法

采用矿物基础油调和并添加各种添加剂制成。

主要用途

适用于普通钢丝绳及异型股钢丝绳的防护，特别是镀锌钢丝绳的表面防护。使用温度范围为-30～50℃。

技术参数

昆仑镀锌钢丝绳脂的典型数据见表4-15-183。

表4-15-183 昆仑镀锌钢丝绳脂的典型数据

项　　目	典型值	试验方法
外观	暗绿色均匀油膏	目测
滴点/℃	66	SH/T 0115
运动黏度(100℃)/(mm^2/s)	21.6	GB/T 265
水溶性酸或碱	无	GB/T 259
滑落实验(55℃，1h)	六面不滑	SH/T 0387 附录 A
低温性能(-30℃，30min)	合格	SH/T 0387 附录 B
腐蚀(45号钢，T_3铜片，锌片，100℃，3h)	合格	SH/T 0331
水分/%	痕迹	GB/T 512
湿热试验(钢片，7d)/级	A	GB/T 2361
盐雾试验(钢片，7d)/级	A	SH/T 0081

注意事项

储存在干燥、通风、避阳光的仓库内。不可与其他润滑脂混用。

生产厂家

中国石油天然气股份有限公司润滑油分公司。

4.15.180 昆仑渔业钢丝绳脂

产品性能

浅棕色均匀油膏。粘附性好。抗水性良好，在使用中不受潮湿环境的影响。防锈性好，防护效果良好。

生产方法

采用矿物基础油调和并添加各种添加剂制成。

主要用途

适用于渔业用各种钢丝绳及股线的专业防护。使用温度范围为-30～50℃。

技术参数

昆仑渔业钢丝绳的典型数据见表 4-15-184。

表 4-15-184 昆仑渔业钢丝绳典型数据

项　　目	典型值	试验方法
外观	浅棕色均匀油膏	目测
滴点/℃	68	SH/T 0115
运动黏度(100℃)/(mm^2/s)	22. 4	GB/T 265
水溶性酸或碱	无	GB/T 259
滑落试验(55℃，1h)	六面不滑	SH/T 0387 附录 A
腐蚀(45 号钢，T_3 铜片，锌片，100℃，3h)	合格	SH/T 0331
低温性能(-30℃，30min)	合格	SH/T 0387 附录 B
水分/%	痕迹	GB/T 512
湿热试验(钢片，7d)/级	A	GB/T 2361
盐雾试验(钢片，7d)/级	A	SH/T 0081

注意事项

储存在干燥、通风、避阳光的仓库内。不可与其他润滑脂混用。

生产厂家

中国石油天然气股份有限公司润滑油分公司。

4. 15. 181 昆仑 LG 系列钢丝绳脂

产品性能

滴点高，可在较高温度下使用。粘附性好，能形成牢固的保护薄膜。抗水性良好，在使用中不受潮湿环境的影响。防锈性好。

生产方法

采用高黏度矿物油加入添加剂等制成。

主要用途

适用于矿山起重设备，如起重运输机、挖泥机、电铲、电梯、卷扬机、矿山提升机、牵引机等设备的钢丝绳润滑。使用温度范围为-30～60℃。

技术参数

昆仑 LG 系列钢丝绳脂的典型数据见表 4-15-185。

表 4-15-185 昆仑 LG 系列钢丝绳脂典型数据

项　　目	典型值			试验方法
	LG-60A	LG-70A	LG-80A	
外观	暗绿色均匀油膏	暗绿色均匀油膏	黑色均匀油膏	目测
滴点/℃	68	76	88	SH/T 0115
运动黏度(100℃)/(mm^2/s)	26. 5	36	156	GB/T 265
水溶性酸或碱	无	无	—	GB/T 259

续表

项　　目	典型值			试验方法
	LG-60A	LG-70A	LG-80A	
腐蚀(45 号钢，T_3 铜片，锌片，100℃，3h)	合格	合格	合格	SH/T 0331
滑落试验(55℃，1h)	六面不滑	六面不滑	六面不滑	SH/T 0387 附录 A
水分/%	痕迹	痕迹	痕迹	GB/T 512
低温性能(-30℃，30min)	合格	合格	合格	SH/T 0387 附录 B
湿热试验(钢片，7d)/级	A	A	A	GB/T 2361
盐雾试验(钢片，7d)/级	A	A	A	SH/T 0081

注意事项

储存在干燥、通风、避阳光的仓库内。不可与其他润滑脂混用。

生产厂家

中国石油天然气股份有限公司润滑油分公司。

4.15.182　昆仑工业开齿脂(KCY-1500)

产品性能

具有良好的氧化安定性，使用寿命长。防锈、防腐蚀性优良。与润滑油相比更有优良的密封和防漏作用。

生产方法

采用高级脂肪酸皂稠化精制矿物油并加入多种添加剂制成。

主要用途

适用于非极压型减速机齿轮箱的润滑，并可用于集中润滑系统。使用温度范围为-20～120℃。

技术参数

昆仑工业开齿脂(KCY-1500)的典型数据见表 4-15-186。

表 4-15-186　昆仑工业开齿脂(KCY-1500)典型数据

项　　目	典型值		试验方法
	0 号	00 号	
工作锥入度/0.1mm	368	416	GB/T 269
滴点/℃	185	171	GB/T 4929
腐蚀(T_2 铜片，100℃，24h)	铜片无绿色或黑色变化		GB/T 7326
蒸发量(99℃，22h)/%	0.82	0.76	GB/T 7325
相似黏度(-20℃，$10s^{-1}$)/(Pa·s)	543	452	SH/T 0048

注意事项

在贮存和运输过程中，防止水、杂质进入。禁止与其他脂混合使用。

生产厂家

中国石油天然气股份有限公司润滑油分公司。

4.15.183 恒化高温润滑脂

产品性能

黑色均匀油膏。具有良好的高温性、氧化安定性和抗水性。是由一种高性能润滑脂为载体，将大量的固体润滑剂带到润滑界面，起到高温润滑的作用，在滑动摩擦的金属表面可形成良好的固体润滑膜的高温润滑脂。具有良好的极压抗磨性，有一定的防锈性能，能够防止润滑部位的锈蚀发生。

主要用途

适用于水泥、玻璃、纺织、钢铁等行业的高温重负荷设备的摩擦部位(高温滑动轴承)的润滑。使用温度范围为-20～1000℃。

生产方法

采用复合皂稠化高精制矿物油，并加有大量的特殊固体添加剂制成。

技术参数

恒化长寿命高温润滑脂的企业标准见表4-15-187。

表4-15-187 恒化长寿命高温润滑脂企业标准

项目		质量指标			试验方法
		1号	2号	3号	
外观		黑色均匀油膏			目测
滴点/℃		无			GB/T 4929
工作锥入度/0.1mm		310～340	265～295	220～250	GB/T 269
腐蚀(45#钢，100℃，3h)		合格			SH/T 0331
高温试验(300℃，100h)		合格			SH/T 0428
显微镜杂质 /(个/cm^3)					SH/T 0336
25μm以上	不大于	3000			
75μm以上	不大于	500			
125μm以上	不大于	0			
相似黏度(-10℃，$10s^{-1}$)/(Pa·s)	不大于	800			SH/T 0048
延长工作锥入度(10万次)/0.1mm	不大于	350	320	300	GB/T 269
水淋流失量(38℃，1h)/%	不大于	5	5	5	SH/T 0109
防腐蚀性(52℃，48h)/级	不大于	1	1	1	GB/T 5018
抗擦伤能力OK值(梯姆肯法)/N	不小于	156	156	156	SH/T 0203

注意事项

只适用于非密封滑动轴承。使用过程中应定期加脂和清理润滑部位，加脂和清理周期根据润滑部位的运转工况条件而定。

生产厂家

新乡恒星化工有限公司。

4.15.184 恒化轧辊轴承润滑脂

产品性能

棕黄色到棕黑色。能够在轧钢机轧辊轴承所处的高温、重负荷、强水淋等恶劣工矿下，起到良好的润滑作用。主要技术指标超过了日本极压锂基脂质量水平，使用寿命长。

生产方法

采用复合金属稠化深度精制的矿物基础油，并加入抗氧、防锈、抗磨极压等添加剂，经特殊工艺制造而成。

主要用途

适用于钢铁企业轧机如线材轧机轴承的润滑。

技术参数

恒化轧辊轴承润滑脂的企业标准见表4-15-188。

表4-15-188 恒化轧辊轴承润滑脂企业标准

项目		质量指标					试验方法
		00号	0号	1号	2号	3号	
外观		棕黄色到棕黑色					目测
工作锥入度/0.1 mm		400~430	355~385	310~340	265~295	220~250	GB/T 269
滴点/℃	不小于	160	180	230	250	260	GB/T 4929
腐蚀(T_2铜片，100 ℃，24h)		铜片无绿色或黑色变化					GB/T 7326
蒸发量(99℃，22h)/%	不大于	3.0	3.0	3.0	2.0	2.0	SH/T 0337
水淋流失量(38℃，1h)/%	不大于	—	10.0	8.0	5.0	3.0	SH/T 0109
极压性能(梯肯姆法)*OK*值/N	不大于	166	166	166	166	166	SH/T 0203
延长工作锥入度(10万次)/0.1mm	不大于	—		380	350	300	GB/T 269
钢网分油量(100℃)/%		—		10	5	5	SH/ T0324
杂质(显微镜法)/(个/cm^3)							SH/T 0336
25μm	不大于	3000					
75μm	不大于	500					
125μm	不大于	0					
极压性能(四球机法)							SH/T 0202
P_B值/N	不小于	980					
P_D值/ N	不小于	1961					

注意事项

在贮存和运输过程中，防止水、杂质进入。禁止与其他脂混合使用。

生产厂家

新乡恒星化工有限公司。

4.15.185 恒化窑车轴承润滑脂

产品性能

具有良好的高温性能、抗氧性能、抗水性能及润滑性。

生产方法

采用无机稠化剂稠化合成油并加有抗氧极压等多种添加剂精制而成。

主要用途

适用于高温、低速、重荷工况条件下的滚动轴承润滑。如陶瓷、瓷砖、砖隧道等窑车轴及一些烘烤设备的链条和轴承的润滑。也适用于烧结台车，静止加热和钢锭、铝锭及一些高温烘干生产线的轴承润滑。

技术参数

恒化窑车轴承润滑脂的企业标准见表4-15-189。

表4-15-189　恒化窑车轴承润滑脂企业标准

项　　目		质量指标	试验方法
工作锥入度/0.1mm		265～295	GB/T 269
滴点/℃	不小于	300	GB/T 4929
压力分油量/%	不大于	10.0	GB/T 0324
蒸发量(250℃，1 h) /%	不大于	5.0	GB/T 7325
腐蚀(45#钢片，100℃，3h)		合格	GB/T 7326 乙法
防腐蚀性(52℃，48h)/级		1	GB/T 5018
水淋流失量(38℃，1h)/%	不大于	3	SH/T 0109
极压性能(四球机法)P_B 值/N		1980	SH/T 0202

注意事项

在贮存和运输过程中，防止水、杂质进入。禁止与其他脂混合使用。

生产厂家

新乡恒星化工有限公司。

4.15.186　新港600℃高温润滑脂

产品性能

具有良好的高温性能，尤其是在高温下具有较好的润滑性、抗氧化能力、抗水性和抗磨性，因此可在高温、恶劣环境中起到良好的润滑作用。在低温条件下，也能润滑良好。

生产方法

采用固体润滑剂、高级合成油和无灰抗磨型无机增稠剂，并加有抗氧、极压等多种添加剂精制而成。

主要用途

适用于高温、低速、重负荷等工况条件下的轴承的润滑。如窑车轴承及一些烘烤设备的链条和轴承的润滑，也用于需要润滑的炉门齿轮等其他一些烘干机械装置上。

技术参数

新港600℃高温润滑脂的典型数据见表4-15-190。

表4-15-190　新港600℃高温润滑脂典型数据

项目	质量指标	试验方法
工作锥入度/0.1mm	265～295	GB/T 269
腐蚀(T_2 铜片，100℃，24h)	合格	GB/T 7326(乙法)
钢网分油(100℃，24h)/%	≯1.0	SH/T 0324
滴点/℃	无滴点	GB/T 3498

注意事项

应在清洁、干燥避光储存。启用后应及时盖严以防水杂混入。不可与其他润滑脂混用。

生产厂家

杭州新港石油化工有限公司。

4.15.187 新港 XG/U4 超级车用润滑脂

产品性能

比皂基脂有更好的高低温性能，遇水在较长时间内均不乳化变质，高温高速下不会分散油脂，可降低轴承磨损，减少噪音和震动，能保护轴承免受杂质和尘埃的侵入，延长使用寿命。

生产方法

采用复合脲基稠化基础油，添加各类高档添加剂制成。

主要用途

适用于汽车轮毂轴承、底盘、水泵等摩擦部位的润滑，特别适用高速行驶的大客车、小车，各种载重超大型车，工程车等。使用温度范围为-30～200℃。

技术参数

新港 XG/U4 超级车用润滑脂的典型数据见表 4-15-191。

表 4-15-191 新港 XG/U4 超级车用润滑脂典型数据

项目	典型值		试验方法
	2号	3号	
工作锥入度/0.1mm	265～295	220～250	GB/T 269
滴点/℃	278	281	GB/T 4929
腐蚀(T_2 铜片，100℃，24h)	铜片无绿色或黑色变化		GB/T 7326(乙)
钢网分油(100℃，24h)/%	1.3	1.0	SH/T 0324
蒸发量(99℃，22h)/%	0.5	0.3	GB/T 7325
水淋流失量(38℃，1h)/%	0.9	0.7	SH/T 0109
四球试验			GB/T 3142
P_B/ kg	100	100	
P_D/ kg	315	315	

注意事项

使用本品时，要把润滑部位清洗干净，避免污染。

生产厂家

杭州新港石油化工有限公司。

4.15.188 新港 XG/U3 齿轮箱高级防漏专用润滑脂

产品性能

独特的"微球共晶"添加剂，使产品具有优异的抗磨极压性、抗水淋性和较好的防漏、降噪声能力。承受大载荷或冲击负荷的能力强。使用寿命长，可以使设备少检修或不检修。

生产方法

采用脲类化合物稠化精制矿油，添加各类防漏、抗氧、防锈、抗磨极压等多种添加剂制成。

主要用途

适用于各类齿轮减速箱，蜗轮减速装置，开式齿轮等。使用温度范围为-20～150℃。

技术参数

新港 XG/U3 齿轮箱高级防漏专用润滑脂的典型数据见表 4-15-192。

表 4-15-192 新港 XG/U3 齿轮箱高级防漏专用润滑脂典型数据

项目	典型值		试验方法
	00 号	000 号	
工作锥入度/ 0.1mm	400～430	445～475	GB/T 269
滴点/℃	245	240	GB/T 4929
腐蚀(T_2 铜片，100℃，24h)	铜片无绿色或黑色变化		GB/T 7326(乙)
防腐蚀性(25℃，48h)/级	1	1	GB/T 5018
氧化安定性(99℃，100h，0.76MPa)，压降/MPa	0	0	SH/T 0325
四球试验 P_B/kg P_D/kg	 100 250	 100 250	GB/T 3142

注意事项

先用 32 机械油经 24h 跑合后清洗净，再装入该半流体脂，旧减速机清洗后即可加入半流体脂，难于清洗旧减速成机也可放出旧油后直接补加入该半流体脂。加脂量达中间轴大齿根即可，其余齿面涂脂。或加脂到小齿轮，大齿轮不超过三个齿高。

生产厂家

杭州新港石油化工有限公司。

4.15.189 新港炉前辊道润滑脂

产品性能

具有优良的耐高温、抗氧化、防锈、抗磨极压性能。

生产方法

采用聚脲稠化优质基础油并添加多种功能添加剂制成。

主要用途

适用于钢厂炉前辊道高温、潮湿、重负荷轴承的润滑。使用温度：-20～200℃。

技术参数

新港炉前辊道润滑脂的典型数据见表 4-15-193。

表 4-15-193 新港炉前辊道润滑脂典型数据

项目	典型值			试验方法
	1 号	2 号	3 号	
工作锥入度/0.1mm	310～340	265～295	220～250	GB/T 269
滴点/℃	275	280	280	GB/T 4929
钢网分油(100℃，24h)/%	1.7	1.4	1.0	SH/T 0324
腐蚀(T_2 铜片，100℃，24h)	铜片无绿色或黑色变化			GB/T 7326(乙)
蒸发量(99℃，22h)/%	0.9	0.7	0.6	GB/T 7325
水淋流失量(38℃，1h)/%	0.9	0.7	0.5	SH/T 0109
四球试验 P_B/ kg P_D/ kg	 100 315	 100 315	 100 315	GB/T 3142

注意事项

在贮存和运输过程中，防止水、杂质进入。禁止与其他脂混合使用。

生产厂家

杭州新港石油化工有限公司。

4.15.190 新港 XG/U2 轧机、轧辊高级专用润滑脂

产品性能

具有良好的耐高温性、抗水淋性、机械安定性、抗酸碱性和较好的抗磨极压性、粘附性。特殊的“微球共晶”添加剂，使产品润滑性特别优异，而且无刺激性气味，对人体无害，符合环保要求。

生产方法

采用脲类化合物稠化高黏度基础油的复合物，并添加抗氧、防锈、极压等多种添加剂调制而成。

主要用途

适用于连轧、冷热轧机设备各部位轴承。也用于矿山、机械、交通运输行业处于高温、重负荷、潮湿等恶劣情况下的轴承润滑。使用温度范围为-20～200℃。

技术参数

众城 EP PU 润滑脂的典型数据见表 4-15-194。

表 4-15-194 众城 EP PU 润滑脂典型数据

项目	典型值			试验方法
	1 号	2 号	3 号	
工作锥入度 / 0.1mm	310～340	265～295	220～250	GB/T 269
滴点/ ℃	280	282	282	GB/T 3498
钢网分油(100℃，24h)/ %	2.5	2.5	2.0	SH/T 0324
腐蚀(T_2 铜片，100℃，24h)	铜片无绿色或黑色变化			GB/T 7326(乙)
蒸发量(99℃，22h)/ %	1.0	0.8	0.5	GB/T 7325
水淋流失量(38℃，1h) /%	1.2	1.0	0.5	SH/T 0109
延长工作锥入度(10 万次，变化率)/ %	12	10	9	GB/T 269
相似黏度(-10℃，$10s^{-1}$)/(Pa·s)	650	650	970	SH/T 0048
四球试验 P_B/kg P_D/kg	 100 315	 100 315	 100 315	GB/T 3142

注意事项

1 号适用于集中润滑系统，2 号、3 号适用于手工加脂润滑。集中润滑系统改用本品，不必拆洗整个润滑系统，只须将本品注入集中润滑系统中，排出原用的润滑脂，至本品从润滑点流出即可。

生产厂家

杭州新港石油化工有限公司。

4.15.191 新港 XG/U20 电动工具超级润滑脂

产品性能

具有一定的降噪和减振的性能。可满足有特殊要求的各类电动工具的润滑。

生产方法

采用锂皂稠化优质基础油，并添加抗氧、防锈、抗腐蚀、抗磨、极压等多种添加剂制成。

主要用途

适用于角磨机、冲击电钻、曲线锯和切割机等各类精品电动工具的齿轮和相关齿轮螺纹。最高使用温度可达 120℃。

技术参数

新港 XG/U20 电动工具超级润滑脂的典型数据见表 4-15-195。

表 4-15-195 新港 XG/U20 电动工具超级润滑脂典型数据

项目	典型值			试验方法
	1 号	2 号	3 号	
工作锥入度/0.1mm	310～340	265～295	220～250	GB/T 269
滴点/℃	170	175	180	GB/T 3498
钢网分油(100℃，24h)/%	0.8	0.7		SH/T 0324
腐蚀(T_2 铜片，100℃，24 h)	铜片无绿色或黑色变化			GB/T 7326(乙)
蒸发量(99℃，22h)/%	2.5	1.8	1.3	GB/T 7325

注意事项

本品不宜与其他润滑脂混合使用。

生产厂家

杭州新港石油化工有限公司

4.15.192 新港 XG/U22 电动工具特种润滑脂

产品性能

满足有特殊要求的各类电动工具的润滑。具有一定的降噪和减振的性能。与德国克虏伯公司的 MONLY 电锤脂相当。

生产方法

采用脲类化合物稠化深度精制基础油，并添加抗氧、防锈、抗腐蚀、抗磨、极压等多种添加剂制成。

主要用途

适用于冲击电钻、圆盘锯、曲线锯、角磨机、电锤和电镐等各类精品电动工具的齿轮和相关齿轮螺纹。最高适用温度可达 200℃。

技术参数

新港 XG/U22 电动工具特种润滑脂的典型数据见表 4-15-196。

表 4-15-196 新港 XG/U22 电动工具特种润滑脂典型数据

项目	典型值		试验方法
	2 号	3 号	
工作锥入度/0.1mm	265～295	220～250	GB/T 269
滴点/℃	278	280	GB/T 3498
钢网分油(100℃，24h)/%	0.8	0.7	SH/T 0324
腐蚀(T_2 铜片，100℃，24 h)	铜片无绿色或黑色变化		GB/T 7326(乙)
蒸发量(99℃，22h)/%	0.3	0.2	SH/T 0337

注意事项

本品不宜与其他润滑脂混合使用。

生产厂家

杭州新港石油化工有限公司。

4.15.193 海华多功能汽车底盘润滑脂

产品性能

黏稠拉丝性均匀油膏。具有优良的粘附性能和防护性能，并具有良好的剪切安定性和极压抗磨性能。相当于美国 ASTM D4950 汽车润滑脂分类 LB 级高温极压型底盘脂。

生产方法

采用优质高黏度基础油和复合稠化剂制成，还加有多种功能添加剂。

主要用途

适用于各种进口及国产的高速轿车及重负荷大、中型客货车的底盘，也适用于各种大型矿用汽车及工程车辆的底盘润滑。适合自动、半自动集中给油，也适合脂枪手工给油。

技术参数

海华多功能汽车底盘润滑脂的典型数据见表 4-15-197。

表 4-15-197 海华多功能汽车底盘润滑脂典型数据

项 目		质量指标		试验方法
		1 号	2 号	
外观		黏稠拉丝性均匀油膏		目测
滴点 /℃	不小于	170	170	GB/T 4929
工作锥入度（150g）/0.1mm		310 ~ 340	265 ~ 295	GB/T 269
钢网分油（100℃，24h）/ %	不大于	8	5	SH/T 0324
水淋流失（38℃，1h）/%	不大于	10	8	SH/T 0109
铜片腐蚀（T_2 铜片，100℃，24h）		铜片无绿色或黑色变化		GB/T 7326
防锈蚀性（52℃，48h）/级	不大于	1	1	GB/T 5018
剪切安定性（滚筒 4h）（锥入度差）/ 0.1mm	不大于	30	35	SH/T 0122
四球机 P_B 值 /N	不小于	600	600	SH/T 0202

注意事项

不易露天存放，防止日晒雨淋，灰沙浸入和润滑脂氧化变质。

生产厂家

鞍山海华油脂化学有限公司。

4.15.194 海华大型电铲专用润滑剂

产品性能

具有优异的极压抗磨性能，附着能力强，能防止摩擦表面间直接接触，润滑效果好。氧化安定性、胶体安定性和机械安定性良好。低温泵送性能优良，在低温的环境中仍能正常工作。防腐防锈性能优良，可延长设备寿命。

生产方法

采用精制合成基础油加入复合稠化剂和多种添加剂制成。

主要用途

适用于矿山 295B Ⅱ等大型电铲的走行机构、回转机构、推压机构、提升机构的开式齿轮及减速机齿轮润滑，也适用于其他大型挖掘机、装载机、吊车、铲车等设备的开式齿轮、链条及钢丝绳的润滑。

技术参数

海华大型电铲专用润滑剂的典型数据见表 4-15-198。

表 4-15-198　海华大型电铲专用润滑剂典型数据

项 目	典型值			试验方法
	25	65	95	
锥入度（25 ℃）/ 0. 1mm	400 ~ 450	400 ~ 450	400 ~ 450	GB/T 269
相似黏度（ -18 ℃，10s $^{-1}$ ）/（Pa・s）	250	650	1000	SH/T 0048
铜片腐蚀（100 ℃ ，24h ）	无绿色或黑色变化			GB/T 7326
四球机试验 P_B 值/N P_D 值/N	 882 6076	 882 6076	 882 6076	SH/T 0202
基础油运动黏度（ 100 ℃）/（mm^2/s）	25	65	100	GB/T 26
基础油倾点/ ℃	-35	-30	-30	GB/T 3535

注意事项

贮存和使用中尽量避免杂质的混入。

生产厂家

鞍山海华油脂化学有限公司。

4. 15. 195　海华高温链条润滑脂

产品性能

灰黑色黏稠型均匀油膏。主要特点是耐高温、抗氧化、抗水洗、防 锈蚀、抗磨损和抗擦伤。具有很好的粘附性能、润滑性能和防护性能。

生产方法

采用特种基础油和复合稠化剂制成。

主要用途

主要适用于冶金、机械、化工、建材等行业各种高温链条传送系统链轮、链条、链节、托辊及滑道等部位的润滑，也适用于其他高温齿轮、链条和钢丝绳的润滑。

技术参数

海华高温链条润滑脂的企业标准见表 4-15-199。

表 4-15-199　海华高温链条润滑脂企业标准

项 目	质量指标			试验方法
	0 号	1 号	2 号	
外观	灰黑色粘稠型均匀油膏			目测
滴点/ ℃　不低于	240	250	250	GB/T 3498
工作锥入度（ 25℃ ）/0. 1mm	355 ~ 385	310 ~ 340	265 ~ 295	GB/T 269

续表

项 目		质量指标			试验方法
		0 号	1 号	2 号	
蒸发损失（150℃，1h）/%	不大于	5	5	5	SH/T 0337
钢网分油（100℃，24h）/ %	不大于	—	8	6	SH/T 0324
铜片腐蚀（T_2，100℃，3h）	不大于	铜片无黑色或绿色变化			SH/T 0331
防锈蚀性（52℃，48h）/级	不大于	1	1	1	GB/T 5018
水淋流失（38℃，1h）/%	不大于	—	4	3	SH/T 0109
四球机 P_B 值/N P_D 值/N	 不小于 不小于	 600 2500	 600 2500	 600 2500	SH/T 0202

注意事项

在贮存和运输过程中，防止水、杂质进入。禁止与其他脂混合使用。

生产厂家

鞍山海华油脂化学有限公司。

4.15.196 海华 HP800 大型破碎机专用润滑脂

产品性能

具有优异的高低温性能，在温度多变的环境中，能保证润滑部位的正常运转。与金属表面附着力强，润滑性能优良。抗水性好，能在潮湿或有水的环境中长时间工作。还具有良好的抗氧化性和剪切安定性，延长换油周期。

生产方法

采用高黏度基础油、复合稠化剂和多功能添加剂及助剂精制而成。

主要用途

适用于冶金、采矿等行业各种大型矿石破碎机和岩石破碎机及配套设备的润滑，如德国布鲁伯公司的 800kW 大型圆锥式破碎机和配套的给矿机、布料机、排土机、振动筛、输送机等各部轴承、齿轮、齿圈、调正环、锁紧环、滑轮、滑道等重负荷摩擦部位的润滑。

技术参数

HP800 大型破碎机专用润滑脂的典型数据见表 4-15-200。

表 4-15-200 HP800 大型破碎机专用润滑脂典型数据

项 目	1 号	2 号	试验方法
滴点/ ℃	260	273	GB/T 4929
工作锥入度（25 ℃）/0.1mm	320	279	GB/T 269
氧化安定性(99 ℃ ，100 h，0.8 MPa)压力降/ MPa	0.05	0.05	SH/T 0325
极压性能 P_B 值/N P_D 值/N	 882 4900	 882 4900	GB/T 3142

注意事项

在贮存和运输过程中，防止水、杂质进入。禁止与其他脂混合使用。

生产厂家

鞍山海华油脂化学有限公司。

4.15.197 海华 HD 特种开式齿轮脂

产品性能

具有优异的极压抗磨性能，可有效防止和减少摩擦副的磨损、齿面剥落，延长齿轮寿命，满足重负荷摩擦部位的润滑。抗水淋性和粘附性能良好，在有水的条件下仍能形成良好的润滑膜。氧化安定性和剪切安定性优良，使用寿命长。

生产方法

采用优质高黏度基础油、复合稠化剂和多效能添加剂精制而成。

主要用途

适用于冶金、采矿石油、化工及各种大型工程机械的开式齿轮，特别是各种大型破碎机、球磨机、搅拌机、造球机和烧结机的重负荷开式齿轮。也适用于各种齿盘、齿条链条、丝杠、滑道和钢丝绳的润滑。使用温度范围为-20～150 ℃。

技术参数

HD 特种开式齿轮脂的典型数据见表 4-15-201。

表 4-15-201　HD 特种开式齿轮脂典型数据

项 目	0 号	1 号	2 号	试验方法
工作锥入度（25℃）/0.1mm	368	322	275	GB/T 269
滴点 /℃	200	245	275	GB/T 4929
四球机试验				SH/T 0202
P_B 值/N	1117	1117	1117	
磨痕直径/mm	0.41	0.41	0.41	

注意事项

在贮存和运输过程中，防止水、杂质进入。禁止与其他脂混合使用。

生产厂家

鞍山海华油脂化学有限公司。

4.15.198 海华振动筛轴承润滑脂

产品性能

在摩擦副表面形成较完整的润滑膜，并有足够的油膜强度，保证低转速和冲击负荷条件下良好的润滑。氧化安定性和胶体安定性优良。耐高温性能优异，能满足高温连续运转条件下的润滑要求。具有良好的抗振动、抗冲击、抗磨损和抗擦伤性能。低温性能优异，能保证振动筛在低温下或长期停用后能顺利启动。

生产方法

采用特种稠化剂和精制基础油，并添加多种功能添加剂精制而成。

主要用途

适用于冶金、采矿等行业的各种热振动筛和冷振动筛轴承的润滑，还用于其他一些重负荷、冲击负荷设备和高温环境下低转速轴承的润滑。使用温度范围为-25～160 ℃。

技术参数

海华振动筛轴承润滑脂的典型数据见表 4-15-202。

表 4-15-202 海华振动筛轴承润滑脂典型数据

项 目	0 号	1 号	2 号	试验方法
滴点/ ℃	252	260	275	GB/T 4929
锥入度(60 次 , 25 ℃)/0.1 mm	365	322	269	GB/T 269
剪切(10 万次)锥入度差 /0.1 mm	25	25	29	GB/T 269
相似黏度 (- 15 ℃ , $10s^{-1}$)/(Pa · s)	450	503	740	SH/T 0048
四球机 P_D 值/N	3920	3920	3920	GB/T 3142

注意事项

在贮存和运输过程中，防止水、杂质进入。禁止与其他脂混合使用。

生产厂家

鞍山海华油脂化学有限公司。

4.15.199 众城 TD-1 铁道螺栓长效防腐专用脂

产品性能

黑色均匀油膏。具有优良的抗水性、抗盐雾性及抗尿液性。氧化安定性、防锈性和粘附性良好。涂刷简单方便。涂刷在螺栓表面构成防护膜，可阻止外界雨水及腐蚀性气体等对金属的侵蚀，保证螺栓不产生锈死、粘扣。

生产方法

脂肪酸金属皂稠化精制矿物油，并加入润滑减磨剂、抗氧和金属减活计、防腐剂、防锈剂、粘附剂等多种添加剂而制成。

主要用途

适用于铁道线路、桥梁等相关螺栓的防护。使用温度范围为-30～120℃。

技术参数

TD-1 铁道螺栓长效防腐专用脂的典型数据见表 4-15-203。

表 4-15-203 TD-1 铁道螺栓长效防腐专用脂典型数据

项 目	典 型 值		试验方法
	000 号	1 号	
外观	褐色均匀油膏		目测
工作锥入度/0.1mm	460	320	GB/T 269
滴点/℃	—	176	GB/T 4929
腐蚀(45#钢片，100℃，24h)	合格		SH/T 0331
钢网分油(100℃，24h)/%	—	2.4	SH/T 0324
水淋流失量(38℃，1h)/%	—	3.1	SH/T 0109
盐雾试验(45 号钢片，30d)/级	1		SH/T 0081
湿热试验(45 号钢片，30d)/级	1		GB/T 2361

注意事项

贮存时防止水分、杂质混入而影响产品质量。

生产厂家

长沙众城石油化工有限公司。

4.15.200 众城链条润滑脂

产品性能

棕黄色到棕黑色均匀油膏。具有优良的抗水性和耐高温性。极压抗磨性良好，可降低传动部位的磨损。还有良好的防腐、防锈性，保护链条不锈蚀。粘附性良好，不易流失。

生产方法

主要用途特别适用于冶金等企业连铸机等设备传动链条的润滑及防护，也适用于矿山、机械制造等行业处于高温、水淋等情况下的传动链条。

技术参数

众城链条润滑脂的典型数据见表 4-15-204。

表 4-15-204 众城链条润滑脂典型数据

项 目	典型值		试验方法
	1 号	T2 号	
外观	棕黄色到棕黑色均匀油膏		目测
锥入度/0.1mm	324	249	GB/T 269
滴点/℃	294	296	GB/T 3498
腐蚀(T_2 铜片，100℃，24h)	合 格		GB/T 7326 乙法
水淋流失量(38℃，1h)/%	1.4	1.2	SH/T 0109
极压性能(梯姆肯法)*OK* 值/N	>165		SH/T 0203
钢网分油(100℃，24h)/%	1.8	1.7	SH/T 0324

注意事项

在贮存和运输过程中，防止水、杂质进入。禁止与其他脂混合使用。

生产厂家

长沙众城石油化工有限公司。

4.15.201 众城 EP PU 润滑脂

产品性能

具有优良的抗水性、耐高温性、极压抗磨性、防腐防锈性和粘附性。

生产方法

采用聚脲系有机化合物为稠化剂，以深度精制的矿物油或合成油为基础油，添加多种添加剂而制成。

主要用途

适用于钢铁企业的轧机轧辊滚动轴承的润滑，也用于矿山、机械、交通运输等行业处于高温、重负荷、潮湿等恶劣情况下轴承润滑。

技术参数

众城 EP PU 润滑脂的典型数据见表 4-15-205。

表 4-15-205　众城 EP PU 润滑脂典型数据

项目	典型值			试验方法
	0 号	1 号	2 号	
工作锥入度/0.1mm	375	330	275	GB/T 269
滴点/℃	267	292	304	GB/T 3498
钢网分油(100℃，24h)/%	—	3.0	1.3	SH/T 0324
水淋流失量(79℃，1h)/%	—	3.2	1.7	SH/T 0109
腐蚀(T_2 铜片，100℃，24h)	合格			GB/T 7326
极压性能(梯姆肯法)*OK* 值/N	>177.6			SH/T 0203

注意事项

在贮存和运输过程中，防止水、杂质进入。禁止与其他脂混合使用。

生产厂家

长沙众城石油化工有限公司。

4.15.202　众城万润 100 高温多效润滑脂

产品性能

具有优异的机械安定性，长时间使用润滑脂不易流失。优良耐高温性，高温下能保持一定的稠度不易流失，高温寿命长。极压抗磨性能优良，特殊的稠化剂颗粒能在接触面形成微滚球层，可有效降低金属表面摩擦，延长设备使用周期。防锈抗腐蚀性能优良，能够有效抵抗雨水及海水对金属表面的锈蚀等。

生产方法

采用新型稠化剂稠化合成油并加有抗氧剂添加剂制成。

主要用途

适用于钢铁、冶金、建筑等行业。尤其在与水接触、高温、重载或冲击负荷存在的工业领域，适用于冶金行业热轧厂和冷轧厂轧机设备的轧辊轴承，适用于冶金行业热轧轧辊轴承、连铸设备的大包回转台、结晶器、二冷区、扇形段辊道、拉矫机和摆剪机、输送棍的润滑。使用温度范围：-20~150℃。供脂方式：适用于集中润滑系统加注或手涂。

技术参数

众城万润 100 高温多效润滑脂的典型数据见表 4-15-206。

表 4-15-206　众城万润 100 高温多效润滑脂典型数据

项　　目	典 型 值		试验方法
	1 号	2 号	
工作锥入度/0.1mm	320	284	GB/T 269
滴点/℃	>300	>300	GB/T 3498
腐蚀(T_2 铜片，100℃，24h)	铜片无绿色或黑色变化		GB/T 7326 乙法
钢网分油(100℃，24h)/%	—	5.2	SH/T 0324
水淋流失量(79℃，1h)/%	1.10	0.56	SH/T 0109
防腐蚀性(52℃，48h)/级	1		GB/T 5018
极压性能(四球机法)，P_D 值/N	6076		SH/T 0202

注意事项

勿与其他油脂混用。启用后，应及时将盒盖严，避免水分、杂质混入而影响使用效果。请存放于阴凉干燥处。

生产厂家

长沙众城石油化工有限公司。

4.15.203 众城 ZCOG800 极压开式齿轮润滑脂

产品性能

黑色均匀油膏。具有优异的极压安抗磨性能和粘附性能，优良的喷射性能和良好的防腐防锈性，能在极压条件下提供长时间的边界润滑保护。

主要用途

适用于钢铁、化工、电力、水泥、矿山等行业各种类型的大型、重负荷、低速至中速的开式齿轮的润滑，也适用于大型锻压机开式齿轮的润滑，负荷承载能力达20000kgf/cm^2(2000MPa)以上。使用温度范围：-10～120℃。

生产方法

采用复合皂基稠化剂稠化合成基础油并加有多种高性能添加剂制成。

技术参数

众城 ZCOG800 极压开式齿轮润滑脂的典型数据见表 4-15-207。

表 4-15-207 众城 ZCOG800 极压开式齿轮润滑脂典型数据

项目	典型值				试验方法
	000 号	00 号	0 号	1 号	
外观	黑色均匀油膏				目测
工作锥入度/0.1mm	451	416	375	325	GB/T 269
滴点/℃	— —	175 —	195 —	— 265	GB/T 4929 GB/T 3498
腐蚀(45#钢片，100℃，3h)	合格				SH/T 0331
四球试验，P_D 值/N	>7840				SH/T 0202
防腐蚀性(52℃，48h)/级	1				GB/T 5018

注意事项

勿与其他油脂混用。启用后，应及时将盒盖严，避免水分、杂质混入而影响使用效果。请存放于阴凉干燥处。

生产厂家

长沙众城石油化工有限公司。

4.15.204 众城 SM-100 烧结机专用润滑脂

产品性能

具有优良耐高温型、抗磨损性和氧化安定性，粘附性和防腐防锈性良好，能在粉尘或酸性气体等恶劣环境下提供有效保护。

生产方法

采用脲基稠化剂稠化深度精制矿物油并加有多种高性能添加剂制成。

主要用途

适用于冶金行业烧结机滚动轴承钢-钢摩擦副的润滑及密封，及矿山、机械等行业处于高温、中等负荷、潮湿等情况下轴承润滑。使用温度范围：-20～120℃。供脂方式：集中加注或手工涂抹。

技术参数

众城 SM-100 烧结机专用润滑脂的典型数据见表 4-15-208。

表 4-15-208　众城 SM-100 烧结机专用润滑脂典型数据

项目	典型值			试验方法
	1 号	T1 号	2 号	
工作锥入度/0.1mm	328	301	286	GB/T 269
滴点/℃	276	278	284	GB/T 3498
钢网分油(100℃，24h)/%	3.4	2.7	1.8	SH/T 0324
腐蚀(T_2 铜片，100℃，24h)	合格	合格	合格	GB/T 7326
极压性能(四球机法)，P_B 值/N	804	804	804	SH/T 0202

注意事项

勿与其他油脂混用。启用后，应及时将盒盖严，避免水分、杂质混入而影响使用效果。请存放于阴凉干燥处。

生产厂家

长沙众城石油化工有限公司。

4.15.205　众城连铸机专用长效聚脲润滑脂

产品性能

具有优良耐高温性、抗磨损性和氧化安定性，粘附性和防腐防锈性良好，能在粉尘或酸性气体等恶劣环境下提供有效保护。

生产方法

采用脲基稠化剂稠化合成油并加有多种高性能添加剂制成。

主要用途

适用于冶金行业烧结机滚动轴承钢-钢摩擦副的润滑及密封，及矿山、机械等行业处于高温、中等负荷、潮湿等情况下轴承润滑。使用温度范围：-20～120℃。供脂方式：集中加注或手工涂抹。

技术参数

众城连铸机专用长效聚脲润滑脂的典型数据见表 4-15-209。

表 4-15-209　众城连铸机专用长效聚脲润滑脂典型数据

项目	典型值			试验方法
	0 号	1 号	2 号	
工作锥入度/0.1mm	378	321	276	GB/T 269
滴点/℃	263	271	281	GB/T 3498
钢网分油(100℃，24h)/%	—	2.3	1.2	SH/T 0324
水淋流失量(79℃，1h)/%	—	3.2	1.5	SH/T 0109
腐蚀(T_2 铜片，100℃，24h)	合格	合格	合格	GB/T 7326
极压性能(四球机法)，P_B 值/N	862	862	862	SH/T 0202

注意事项

请勿与其他油脂混用。启用后，应及时将盒盖严，避免水分、杂质混入而影响使用效果。请存放于阴凉干燥处。

生产厂家

长沙众城石油化工有限公司。

4.15.206 众城高温极压聚脲润滑脂

产品性能

具有优异的机械安定性，优良耐高温性、抗磨损性和氧化安定性，优秀的粘附性和防腐防锈性，能在高温环境下提供长时间的润滑。

生产方法

采用脲基稠化剂稠化合成油并加有多种高性能添加剂制成。

主要用途

适用于冶金行业烧结机台车轮毂钢-钢摩擦副的轴承和其他材料-钢摩擦部位的润滑、化工设备端面密封，及矿山、机械、化工等行业处于高温、潮湿、酸性环境、长寿命要求等情况下的轴承润滑及设备密封。使用温度范围：-20～150℃。供脂方式：集中加注或手工涂抹。

技术参数

众城聚脲润滑脂的典型数据见表4-15-210。

表4-15-210　众城聚脲润滑脂的典型数据

项目	典型值			试验方法
	0号	1号	2号	
工作锥入度/0.1mm	369	312	273	GB/T 269
滴点/℃	270	281	289	GB/T 3498
钢网分油(100℃，24h)/%	—	2.1	1.7	SH/T 0324
水淋流失量(79℃，1h)/%	—	2.7	1.5	SH/T 0109
腐蚀(T_2铜片，100℃，24h)	合格	合格	合格	GB/T 7326
防腐蚀性(52℃，48h)/级	1	1	1	GB/T 5018
极压性能(四球机法)，P_B值/N	862	862	862	SH/T 0202

注意事项

勿与其他油脂混用。启用后，应及时将盒盖严，避免水分、杂质混入而影响使用效果。请存放于阴凉干燥处。

生产厂家

长沙众城石油化工有限公司。

4.15.207 众城ZC9642高温多效润滑脂

产品性能

具有优异的机械安定性，优良耐高温性、抗磨损性、抗水性和氧化安定性，优秀的粘附性和防腐防锈性，能在高温环境下提供长时间的润滑。

生产方法

采用聚脲稠化剂稠化合成油、矿物油并加有多种高性能添加剂制成。

主要用途

适用于冶金行业烧结机台车轮毂钢-钢摩擦副的轴承和其他材料-钢摩擦部位的润滑，及矿山、机械、化工等行业处于高温、潮湿、长寿命要求等情况下轴承润滑。使用温度范围：-20～150℃。供脂方式：集中加注或手工涂抹。

技术参数

众城 ZC9642 高温多效润滑脂的典型数据见表 4-15-211。

表 4-15-211 众城 ZC9642 高温多效润滑脂典型数据

项目	典型值			试验方法
	0 号	1 号	2 号	
工作锥入度/0.1mm	381	321	276	GB/T 269
滴点/℃	267	281	290	GB/T 3498
钢网分油(100℃，24h)/%	—	2.5	1.2	SH/T 0324
水淋流失量(79℃，1h)/%	—	2.2	1.5	SH/T 0109
腐蚀(T_2 铜片，100℃，24h)	合格	合格	合格	GB/T 7326
极压性能(四球机法)，P_B 值/N	921	921	921	SH/T 0202

注意事项

勿与其他油脂混用。启用后，应及时将盒盖严，避免水分、杂质混入而影响使用效果。请存放于阴凉干燥处。

生产厂家

长沙众城石油化工有限公司。

4.15.208 ZC9252 抗卡咬密封脂

产品性能

黑色均匀油膏。具有优良的热稳定性、化学安定性，极压防粘扣性、密封性和抗介质性能，其该产品高低温性能良好，使用温度范围宽，是新一代环保型丝扣润滑剂。

生产方法

采用特种稠化剂稠化合成油，并加有多种固体润滑剂和结构改善剂精制而成。

主要用途

适用于油气田和地质勘探钻铤和钻杆组合件螺纹、各种高温高压阀门阀杆，以及其他油封、螺纹接头、法兰等部位的密封和润滑。使用温度范围：-50～200℃。

技术参数

ZC9252 抗卡咬密封脂的典型数据见表 4-15-212。

表 4-15-212　ZC9252 抗卡咬密封脂典型数据

项目	典型值		试验方法
	Ⅰ型	Ⅱ型	
外观	黑色均匀油膏	黑色均匀油膏	目测
滴点/℃	≥340	≥340	GB/T3498
工作锥入度/0.1mm	276	298	GB/T 269
蒸发量(99℃，22h)/%	0.32	0.28	GB/T 7325
极压性能(烧结负荷)，P_D 值/N	6076	6076	SH/T 0202
防腐蚀性(52℃，48h)/级	1	1	GB/T 5018
湿热试验(钢片，1000h)/级	A	A	GB/T 2361

注意事项

存放于阴凉干燥处，避免水份、杂质混入。请勿与其他油脂混合使用，禁止混入其他杂物。使用前应将涂抹部位清洗干净、晾干或吹干后，再涂抹本产品。

生产厂家

长沙众城石油化工有限公司。

4.15.209　ZC9253 钻头螺纹润滑脂

产品性能

具有优良的耐高温性能，以及良好极压防粘扣性、密封性和抗介质性能。

生产方法

采用金属皂基稠化剂稠化高品质基础油，并添加固体填料、抗氧剂和油性剂制成。

主要用途

适用于油气田和地质勘探钻铤和钻杆组合件螺纹的密封和润滑。使用温度范围：-30～200℃。

技术参数

ZC9253 钻头螺纹润滑脂的典型数据见表 4-15-213。

表 4-15-213　ZC9253 钻头螺纹润滑脂典型数据

项目	典型值		试验方法
	Ⅰ型	Ⅱ型	
滴点/℃	191	182	GB/T3498
工作锥入度/0.1mm	298	325	GB/T 269
腐蚀(T_2 铜片，100℃，20h)	合格	合格	GB/T 7326
相似黏度(-10℃，$D=10s^{-1}$)/Pa	232	143.5	SH/T 0048
烧结负荷(1500r/min)/N	6076	6076	SH/T 0202

注意事项

存放于阴凉干燥处，避免水分、杂质混入。请勿与其他油脂混合使用，禁止混入其他杂物。使用前应将涂抹部位清洗干净、晾干或吹干后，再涂抹本产品。

生产厂家

长沙众城石油化工有限公司。

4.15.210 ZC9254 螺纹丝扣脂

产品性能

黑色均匀细腻油膏。具有优良的热稳定性、化学安定性，极压防粘扣性、密封性和抗介质性能，其该产品高低温性能良好，使用温度范围宽，且该产品符合 Reach、Rosh 等法则的环保要求，属于第 4 代环保型丝扣脂产品。

生产方法

采用特种稠化剂稠化合成基础油，加入极压、防锈等添加剂和固体填料，经特殊生产工艺制成。

主要用途

适用于油气田和地质勘探钻铤和钻杆组合件螺纹、各种高温高压阀门阀杆、以及其他油封、螺纹接头、法兰等部位的密封和润滑。该产品还适用于各种螺纹紧固件的润滑，可有效防止金属结合面在高温下的咬合，防止螺栓擦伤及腐蚀。使用温度范围：-50～200℃。

技术参数

ZC9254 螺纹丝扣脂的典型数据见表 4-15-214。

表 4-15-214 ZC9254 螺纹丝扣脂典型数据

项　目	典型值	试验方法
外观	黑色均匀细腻油膏	目测
工作锥入度/0.1mm	294	GB/T 269
滴点/℃	>260	GB/T 3498
腐蚀(45#钢片，100℃，24h)	合格	SH/T 0331
蒸发量(100℃，24h)/%	0.18	GB/T 7325
钢网分油(100℃，24h)/%	3.49	SH/T 0324

注意事项

存放于阴凉干燥处，避免水分、杂质混入。请勿与其他油脂混合使用，禁止混入其他杂物。使用前应将涂抹部位清洗干净、晾干或吹干后，再涂抹本产品。

生产厂家

长沙众城石油化工有限公司。

4.15.211 ZC9411 电力复合脂

产品性能

均匀油膏。具有优异的高温热稳定性、抗氧化安定性、导电性、耐潮湿、抗霉菌和抗化学腐蚀性能，以及优良的高低温性能，低温下不龟裂，高温下不流失。是可替代紧固连接接触面的搪锡、镀银工艺的新一代经济环保型导电、润滑材料。

生产方法

采用特种稠化剂稠化合成基础油，并加入导电、抗氧、防腐、抑弧等添加剂，经特殊生产工艺制成。

主要用途

适用于变电所、配电所中的母线与母线、母线与设备接线端子连接处的接触面和开关触头的接触面上，相同和不同金属材质的导电体(铜与铜、铜与铝、铝与铝)的连接均可使用。还适用于电接触摩擦件、电力开关及导电机械设备的导电与防护，以及湿热或含有化工腐蚀性气体的恶劣环境下的导电与防电化腐蚀。

技术参数

ZC9411 电力复合脂的典型数据见表 4-15-215。

表 4-15-215　ZC9411 电力复合脂典型数据

项　　目	典型值	试验方法
外观	均匀油膏	目测
滴点/℃	>300	GB/T 3498
不工作锥入度/0. 1mm	278	GB/T 269
腐蚀试验(铜片、铝片，100℃，3h)	合格	SH/T 0331
蒸发损失(99℃，22h)/%	0. 65	GB/T 7325
接触电阻稳定系数 K	0. 57	企业方法
pH 值	7	企业方法
盐雾试验	A	GB/T 2423. 17
低温性能(-40℃，2h)	无龟裂	GB/T 2423. 1

注意事项

存放于阴凉干燥处，避免水分、杂质混入。使用前，必须保证涂抹部位平整、干净和干燥，涂敷的工具要清洁。根据导电润滑脂的导电机理，要求将产品在涂抹部位涂抹均匀后(一般涂抹 0. 2mm)，再将连接处的螺栓拧紧固定即可。

生产厂家

长沙众城石油化工有限公司。

4. 15. 212　ZC9611 密封润滑脂

产品性能

均匀油膏。具有极好的的密封性和耐介质性，不与水、油、醇或其他化学介质发生反应或互溶，以及优良的高低温性、粘附性和流变性。是新一代环境友好型润滑脂。

生产方法

采用特种稠化剂稠化高黏度合成油，并加入抗氧、防腐等添加剂制成。

主要用途

适用于原油、燃气、水和乙醇等介质相接触的机械设备、管路接头、阀门等静密封面和低速滑动下滑动、转动动密封面的密封与润滑。使用温度范围：-40 ~ 150℃，使用阀门承受的最高压力为：105MPa。

技术参数

ZC9611 密封润滑脂的典型数据见表 4-15-216。

表 4-15-216　ZC9611 密封润滑脂典型数据

项　　目	典型值		试验方法
	Ⅰ型	Ⅱ型	
外观	均匀油膏	均匀油膏	目测
滴点/℃	>330	>330	GB/T 3498
不工作锥入度/0.1mm	276	294	GB/T 269
腐蚀试验(钢片，100℃，24h)	合格	合格	SH/T 0331
湿热试验(钢片，720h)/级	A	A	GB/T 2361
低温启动扭矩(-40℃)/(N·m)	0.42	0.40	SH/T 0338
抗介质性	通过	通过	SH/T 0453

注意事项

存放于阴凉干燥处，避免水份、杂质混入。请勿与其他油脂混合使用，禁止混入其他杂物。使用前应将涂抹部位清洗干净、晾干或吹干后，再涂抹本产品。

生产厂家

长沙众城石油化工有限公司。

4.15.213　ZC9913 轮带专用润滑剂

产品性能

均匀油膏。具有优异的极压抗磨性和抗擦伤能力，优良的高低温性能、抗氧化性、防腐性、附着性和渗透性，是新一代环境友好型润滑剂。

生产方法

采用特种稠化剂稠化合成油，并加入极压抗磨、抗氧、抗腐等功能添加剂，以及超微固体填料，经特殊工艺制成。

主要用途

适用于水泥行业、钢铁行业等回转窑、干燥机轮带润滑。使用温度范围：-35～800℃。

技术参数

ZC9913 轮带专用润滑剂的典型数据见表 4-15-217。

表 4-15-217　ZC9913 轮带专用润滑剂典型数据

项　目	典型值			试验方法
	A 型	B 型	C 型	
外观	均匀油膏	均匀油膏	均匀油膏	目测
腐蚀(钢片，100℃，24h)	合格	合格	合格	SH/T0331
极压性能(最大无卡咬负荷)，P_B 值/N	1254	1049	1049	SH/T 0202
极压性能(烧结负荷)，P_D 值/N	7840	6076	4900	SH/T 0202

注意事项

存放于阴凉干燥处，避免水分、杂质混入。请勿与其他油脂混合使用。当产品长时间放置时，使用前请摇匀。

生产厂家

长沙众城石油化工有限公司。

4.15.214 ZC9925 滑动机构润滑剂

产品性能

均匀流体。具有优异的储存稳定性、耐高温性、附着性和渗透性，在高温高负荷的情况下，可形成有效的润滑油膜来防止磨耗、咬死和熔损。

生产方法

采用特殊固体润滑剂和合成基础液，使用独特工艺制备而成。

主要用途

适用于钢铁厂钢包滑动水口装置的滑道、转动部、螺栓等部位。使用温度范围：-35～1000℃。

技术参数

ZC9925 滑动机构润滑剂的典型数据见表 4-15-218。

表 4-15-218 ZC9925 滑动机构润滑剂典型数据

项　目	典型值	试验方法
外观	均匀流体	目测
闪点(开口)/℃	275	GB/T 267
腐蚀(钢片，100℃，3h)	合格	SH/T0331
极压性能(烧结负荷)，P_D 值/N	2450	SH/T 0202

注意事项

存放于阴凉干燥处，避免水分、杂质混入。请勿与其他油脂混合使用。当产品长时间放置时，使用前请摇匀。

生产厂家

长沙众城石油化工有限公司。

4.15.215 IRIS-200 钢丝绳润滑脂

产品性能

黑色油膏。具有优良的附着力、润滑性、防锈性和高滴点。附着力强，能克服钢绳高速运动甩油、滴油现象。润滑性好，始终保持钢丝、股绳间处于良好的润滑状态。防锈性好，能有效延长钢丝绳的使用寿命黑色油膏滴点高，适应钢丝绳工作环境宽温要求。

生产方法

采用高性能树脂、防锈剂、润滑剂、稳定剂和联结剂炼制而成。

主要用途

适用于起重机、工程机械、港机、渔业、海上用钢丝绳及绳芯的润滑保护。

技术参数

IRIS-200 钢丝绳润滑脂的企业标准见表 4-15-219。

表 4-15-219　IRIS-200 钢丝绳润滑脂企业标准

项　目		质量指标	试验方法
外观		黑色油膏	目测
滴点/℃，	不低于	80	SH/T 0115
闪点/℃，	不低于	240	GB/T 3536
运动黏度(100℃)/(mm^2/s)	不小于	90	GB/T 265
粘附率/%	不小于	95	SH/T 0637
脆性点 (75g/m^2)/℃	不高于	-30	ASTM D746
施油温度/℃		110~130	—
湿热试验(钢片，30d)		合格	GB/T 2361
盐雾试验(钢片，75g/m^2)/h	不小于	200	SH/T 0081

注意事项

装卸时轻起轻放。置于阴凉、防火库房保存。

生产厂家

扬州中化南方科技有限公司。

4.15.216　IRIS-230 钢丝绳润滑脂

产品性能

具有优良的附着力、润滑性、防锈性和高低温性能。滴点高，低温性好，适应工作环境宽温要求。附着力强，能显著降低钢绳高速运动跑油现象。防锈性好，能有效延长钢丝绳的使用周期。

生产方法

由高性能树脂、防锈剂、润滑剂、稳定剂和联结剂炼制而成。

主要用途

适用于热带、亚热带和高寒地区起重机、工程机械、港机、电梯、索道、电力、矿机(不含摩擦提升机)钢丝绳及绳芯的润滑保护。

技术参数

IRIS-230 钢丝绳润滑脂的企业标准见表 4-15-220。

表 4-15-220　IRIS-230 钢丝绳润滑脂企业标准

项　目		质量指标	试验方法
外观		黄色油膏	目测
滴点 / ℃	不低于	80	SH/T 0115
闪点 / ℃	不低于	220	GB/T 3536
运动黏度(100℃)/(mm^2/s)	不小于	30	GB/T 265
粘附率/%	不小于	90	SH/T 0637
脆性点 (75g/m^2)/℃	不高于	-50	ASTM D746
施油温度/℃		110~130	—
湿热试验(钢片，30d)		合　格	GB/T 2361
盐雾试验(钢片，50μm)/h	不小于	200	SH/T 0081

注意事项

装卸时轻起轻放。置于阴凉、防火库房保存。

生产厂家

扬州中化南方科技有限公司。

4.15.217 IRIS-400 钢丝绳增摩脂(戈培油)

产品性能

具有高的摩擦系数、优良的附着性和防锈性。型号有 IRIS-400 钢丝绳增摩脂、IRIS-400M 钢丝绳增摩维护油。摩擦系数大，符合《煤矿安全规程》和相关技术规范的要求。附着力强，能克服钢绳高速运动甩油、滴油现象。防锈性好，能有效延长钢丝绳的使用寿命。滴点高，可满足矿用钢丝绳工作环境宽温要求。

生产方法

采用植物树脂、防锈剂、增摩剂、稳定剂和联结剂炼制而成。

主要用途

适用于矿用摩擦提升机钢丝绳及绳芯的润滑保护。

技术参数

IRIS-400 钢丝绳增摩脂的企业标准见表 4-15-221。

表 4-15-221 IRIS-400 钢丝绳增摩脂企业标准

项目		质量指标		试验方法
		IRIS 400	IRIS 400M	
外观		黑色油膏	黑色油体	目测
滴点/℃	不低于	90	—	SH/T 0115
闪点/℃	不低于	220	35	GB/T 3536
粘附率/%	不小于	95	—	SH/T 0637
脆性点(75g/m^2)/℃	不高于	-30	—	ASTM D746
施油温度/℃		100~130	0~30	—
湿热试验（钢片，30d）		合格	—	GB/T 2361
盐雾试验（钢片，75g/m^2)/h	不小于	200	—	SH/T 0081
摩擦系数（20℃）	不小于	0.33	—	
摩擦系数（30℃）	不小于	0.25	—	

注意事项

IRIS-400M 可以方便地喷涂、刷涂，应单绳依次涂刷。涂后风干 1~2h，在钢丝绳表面形成 IRIS-400 弹性固体膜。IRIS 400M 含有溶剂，施油时禁止明火。装卸时轻起轻放。置于阴凉、防火库房保存。

生产厂家

扬州中化南方科技有限公司。

4.15.218 RIPP AUJ 等速万向节润滑脂

产品性能

极压、抗磨特性优异，可满足苛刻的工业润滑要求。高低温性能良好，使用寿命长。具有良好的氧化安定性、防锈、防腐蚀性。不含重金属及亚硝酸盐等危害人体健康的物质，对环境不会造成新的污染。

生产方法

采用复合皂稠化矿物油或合成油，并添加多种添加剂制备而成。

主要用途

适用于前轮驱动的轿车、越野车、小型卡车的等速万向节(CVJ)的润滑，以及极压、抗磨要求苛刻的工业装备的润滑。

技术参数

RIPP AUJ 等速万向节润滑脂的企业标准见表 4-15-222。

表 4-15-222 RIPP AUJ 等速万向节润滑脂企业标准

项目		质量指标	试验方法
滴点/ ℃	不低于	250	GB/T 3498
工作锥入度/0.1mm		265～295	GB/T 269
延长工作锥入度(10 万次)/0.1mm	不大于	350	GB/T 269
蒸发量(100℃，22h)/%	不大于	2.0	GB/T 7325
腐蚀(T_2 铜片，100℃，24h)		合格	GB/T 7326
钢网分油(100℃，24h)/ %	不大于	5.0	SH/T 0324
极压性(四球法)			GB/T 3142
P_D/N	不小于	4000	
ZMZ/N	不小于	491	
Timken *OK* 值/ N	不小于	267	SH/T 0203
防腐蚀性(52℃，48h)/ 级	不大于	2	GB/T 5018
氧化安定性(100℃，100h)压力降/kPa	不大于	50	SH/T 0325
水淋流失量(38℃，1h)/ %	不大于	5.0	GB/T 0109
相似黏度(-50℃，$10s^{-1}$)/(Pa·s)	不大于	1500	SH/T 0048

注意事项

使用前，将涂脂部位清洗干净并吹干后用专用工具涂抹本产品。严禁与其他润滑脂混合使用。启用后，应及时将包装重新密闭，以免混入有害物质影响使用效果。

生产厂家

中国石化股份有限公司石油化工科学研究院。

4.15.219 RIPP LB 低噪音润滑脂

产品性能

具有优良的低噪音特性，可降低设备噪音。高温性和抗氧化性良好，高温寿命长。胶体安定性和抗磨性良好。不含重金属及亚硝酸盐等危害人体健康的物质，对环境不会造成新的污染。

生产方法

采用合成润滑油、有机脲稠化剂和多种添加剂制成。

主要用途

适用于各种环境下具有低噪音要求的轴承润滑。使用温度范围为-30～180℃。

技术参数

RIPP LB 低噪音润滑脂的典型数据见表 4-15-223。

表 4-15-223 RIPP LB 低噪音润滑脂典型数据

项 目	典型值	试验方法
工作锥入度/0.1mm	287	GB/T 269
滴点/℃	300	GB/T 3498
钢网分油(100℃，24h)/%	2.9	SH/T 0324
腐蚀(T_2 铜片，100℃，24h)	铜片无绿色或黑色变化	GB/T 7326 乙法
轴承寿命(150℃)/h	1000	ASTM D3336
蒸发量(99℃，22h)/%	0.06	GB/T 7325
相似黏度(-30℃，$10s^{-1}$)/(Pa·s)	476	SH/T 0048
防腐蚀性(52℃，48h)	1	GB/T 5018
氧化安定性(100℃，100h,)压力降/MPa	0.008	SH/T 0325
极压性能(四球机法)P_B/N	1177	SH/T 0202
抗磨性能(392N，1200r/min，60min)/mm	0.43	SH/T 0204
震动性能(高频)/(μm/s)	14	—

注意事项

在密封防水环境下储存。使用前，将涂脂部位清洗干净并吹干后用专用工具仔细涂抹本产品。严禁与其他润滑脂混合使用。启用后，应及时将包装重新密闭，以免混入有害物质影响使用。

生产厂家

中国石化股份有限公司石油化工科学研究院。

4.15.220 RIPP DG 电梯导轨润滑脂

产品性能

具有优良的润滑性、粘附性、防锈性和极压抗磨性，与法国 F01 导轨润滑脂相当。能降低电梯运行噪声，并克服了用油污染电梯坑道问题。

生产方法

采用高分子化合物稠化精制基础油，并加有多种添加剂制成。

主要用途

适用于电梯导轨润滑。

技术参数

DG 电梯导轨润滑脂的企业标准见表 4-15-224。

表 4-15-224 DG 电梯导轨润滑脂企业标准

项 目		质量指标	试验方法
工作锥入度/0.1mm		265~295	GB/T 269
滴点/ ℃	不低于	40	GB/T 4929
腐蚀(T_2 铜片，60℃，3h)		合格	SH/T 0331
抗磨性能/mm	不高于	0.7	SH/T 0204
极压性能 P_B/N	不低于	400	SH/T 0329
低温柔韧性(-15℃)		合格	—

注意事项

在贮存和运输过程中，防止水、杂质进入。禁止与其他脂混合使用。

生产厂家

中国石化股份有限公司石油化工科学研究院。

4.15.221 高炉用 AT 高温润滑脂

产品性能

具有良好的泵送性、抗腐蚀性、高温性和抗水性。其胶体安定性、抗水性、热稳定性和抗磨性能等优于国外 AMT 润滑脂。不变软、不流失，应用寿命长。

生产方法

采用有机稠化剂和硅胶稠化剂稠化精制润滑油，并加入高温抗氧剂、聚四氟乙烯粉等制成。

主要用途

适用于大型高炉炉顶布料溜槽传动机构的轴承和齿轮的润滑。

技术参数

高炉用 AT 高温润滑脂的企业标准见表 4-15-225。

表 4-15-225 高炉用 AT 高温润滑脂企业标准

项目		质量指标	试验方法
工作锥入度/0.1mm		330～360	GB/T 269
滴点/℃	大于	260	GB/T 4929
腐蚀(T_3 铜片，100℃，24h)		合格	GB/T 7326
钢网分油(100℃，30h)/%	小于	5.0	SH/T 0324
水淋流失量(38℃，1h)/%	小于	10.0	SH/T 0109
相似黏度($10s^{-1}$)/(Pa·s)	小于	1500	SH/T 0048

注意事项

在贮存和运输过程中，防止水、杂质进入。禁止与其他脂混合使用。

生产厂家

中国石化股份有限公司石化石油化工研究院。

4.15.222 RIPP REP 抗辐射润滑脂

产品性能

均匀黄色或褐色油膏。包括 REP-1 抗辐承润滑脂和 REP-2 抗辐射齿轮箱润滑脂两种产品。具有良好的抗氧化性、抗辐射性、耐热性、耐热老化性、机械安定性和润滑性，对金属无腐蚀。耐辐射剂量范围为 6×10^{5}Gy。

生产方法

采用精制矿物基础油、复合皂稠化剂和多种添加剂制成。

主要用途

REP-1 适用于核电站安全壳内密封性好的阀门电机轴承和一般风机轴承，也用于密封性较差的高温风机轴承。REP-2 适用于核电站安全壳内阀门电动装置齿轮箱润滑。使用温度范围为-25

~150℃。

技术参数

REP 抗辐射润滑脂的典型数据见表 4-15-226。

表 4-15-226　REP 抗辐射润滑脂典型数据

项　目	典型值		试验方法
	REP-1	REP-2	
外观	均匀黄色或褐色油膏	均匀黄色或褐色油膏	目测
工作锥入度(60 次)/0.1mm	250	368	GB/T 269
滴点/℃	255	255	GB/T 3498
钢网分油(100℃，24h)/%	2.0	—	SH/T 0324
腐蚀(T_3 铜片，100℃，3h)	合格	合格	GB/T 7326 乙法
蒸发量(99℃，22h)/%	1.9	1.9	GB/T 7325
杂质(显微镜法)/(个/cm^3) >25μm >75μm >125μm	 500 40 0	 500 40 0	SH/T 0336

注意事项

使用前，将涂脂部位清洗干净并吹干后用涮子或专用工具涂抹。严禁与其他润滑脂混合使用。启用后，应及时将包装重新密闭，以免混入有害物质影响使用。

生产厂家

中国石化股份有限公司石油化工科学研究院。

4.15.223　egols-8515 钢绳防护剂

产品性能

细腻油膏。在高低温、潮湿等苛刻环境也能具有有效的保护功能。在金属表面形成化学隔绝分子膜，快速水分离性能，从而防止水分与盐雾的侵蚀，并且可保留在钢索、钢绳表面。浸润、渗透性能优异，从而保证润滑剂能快速渗入缆芯与股丝缝隙。黏温性好，在低温不结块，高温不流失，长期高湿度条件下，也可继续使用。润滑性好，可承受较重负荷，且无黑色污染。

生产方法

采用润滑材料为基础，添加抗氧、抗磨、防锈等添加剂精制而成。

主要用途

适用于码头、矿山、冶金、建筑等多种工况环境中，对钢绳、钢索的保护。可用于钢绳主芯、外层股钢丝。使用温度范围为-20～130℃。

技术参数

egols-8515 钢绳防护剂的典型数据见表 4-15-227。

表 4-15-227　egols-8515 钢绳防护剂典型数据

项目	典型值	试验方法
外观	细腻油膏	目测
基础油	矿物油	—
滴点/℃	190	GB/T 4929
稠度（NLGI）	1	—
四球烧结负荷 P_D 值/ N	3000	GB/T 3142
锈蚀测试 蒸馏水(45 号钢片，52℃，48h) 盐水(45 号钢片，3% NaCl，52℃，12h)	 通过 通过	—
粘附率/%	≥0. 95	SH/T 0637

注意事项

储存在干燥、通风、避阳光的仓库内。不可与其他润滑脂混用。

生产厂家

无锡意格尔润滑科技有限公司

4. 15. 224　egols-8012 洁净微型电机润滑脂

产品性能

清洁度高，经良好细化处理，润滑油膜稳定，可满足高精密轴承的静音要求。阻力小，低温至-40℃仍然能快速起动，节约电力，对温度敏感性低。合成油组份，时间稳定性强，寿命长，能维持轴承长期润滑。

生产方法

采用锂皂稠化合成油制成。

主要用途

适用于高速轴承(转速因数达 $8×10^5$)，或北方或极地低气温区轴承的润滑，也用于有起动阻力要求的轴承、用于家用电器、办公器械电器等静音轴承的润滑。使用温度范围为-40～130℃。

技术参数

egols-8012 洁净微型电机润滑脂的典型数据见表 4-15-228。

表 4-15-228　egols-8012 洁净微型电机润滑脂典型数据

项　　目	典型值	试验方法
外观	乳白色	目测
稠度	1 号，2 号，3 号	—
滴点/℃	205	GB/T 4929
基础油黏度（40℃）/(mm^2/s)	28	GB/T 265
基础油凝点/℃	-50	GB/T 510
四球负荷能力/N	1600	SH/T 0202

注意事项

在贮存和运输过程中，防止水、杂质进入。禁止与其他脂混合使用。

生产厂家

无锡意格尔润滑科技股份有限公司。

4.15.225 egols-8022 静音轴承润滑脂

产品性能

具有特别高的洁净度，含有的机械杂质等颗粒少。减摩抗磨性良好，对减少轴承运转噪声有较长的时效性。

生产方法

采用锂皂稠化黏度指数的精制混合基础油，再加有抗氧、抗磨、防锈等多种添加剂制成。

主要用途

适用于密封轴承的润滑。使用温度范围为-20～130℃。

技术参数

egols-8022 静音轴承润滑脂的典型数据见表 4-15-229。

表 4-15-229 egols-8022 静音轴承润滑脂典型数据

项　　目	典型值	试验方法
外观	棕色	目测
稠度号	NLGI-2	—
滴点/℃	190	GB/T 4929
基础油黏度/(40℃)/(mm^2/s)	80	GB/T 265
基础油黏度指数	87	GB/T 1995
基础油凝点/℃	-18	GB/T 510
dn 值/(mm·min)	350000	—
极压承载能力(四球法)P_D 值/N	2500	SH/T 0202
机械杂质数量(10μm 以上)/(个/cm^3)	50	SH/T 0336

注意事项

在贮存和运输过程中，防止水、杂质进入。禁止与其他脂混合使用。

生产厂家

无锡意格尔润滑科技股份有限公司。

4.15.226 CP 2100 超级汽车多用途润滑脂

产品性能

具有优良的抗磨极压性能、防锈性、抗水性、高低温性能和耐高转速性能。抗微动磨损效果好，使用寿命长，能耗低。密封性好，可保护轴承免受杂质和水分的侵入。

生产方法

采用脲类化合物稠化基础油，添加新型耐高温抗磨极压剂，以及其他抗氧、防锈等多种添加剂制成。

主要用途

适用于所有汽车，特别是轿车、重型汽车、大型客车的轮毂轴承、万向节、底盘等部位的润滑。使用温度范围：-30～230℃。

技术参数

CP 2100 超级汽车多用途润滑脂的典型数据见表 4-15-230。

表 4-15-230 CP 2100 超级汽车多用途润滑脂典型数据

项 目	典 型值	试验方法
滴点/℃	270⁺	GB/T 4929
腐蚀(T_2 铜片，100℃，24h)	合格	GB/T 7326(乙)
钢网分油(100℃，24h)/%	1.2	SH/T 0324
蒸发度(120℃)/%	≯2.0	SH/T 0337
水淋流失量(38℃，1h)/%	1.0	SH/T 0109
滚筒安定性(25℃，2h)变化值/0.1mm	8	SH/T 0122
四球试验		GB/T 3142
P_B/kg	90	
P_D/kg	315	
基础油运动黏度(40℃)/(mm^2/s)	350	GB/T 265

注意事项

贮存和使用中尽量避免杂质的混入。

生产厂家

杭州得润宝油脂股份有限公司。

4.15.227 CP 2108A 汽车单向器专用脂

产品性能

具有优异的高低温性能、机械安定性、胶体安定性和氧化安定性。润滑周期长。抗微动磨损性良好。与多种塑料相容。低温启动扭矩小。

生产方法

采用复合稠化剂稠化合成基础油，并添加抗氧、抗腐蚀等多种高效复合添加剂制成。

主要用途

适用于各种结构类型的高级汽车单向器的润滑。使用温度范围：-50～220℃。

技术参数

CP 2108A 汽车单向器专用脂的典型数据见表 4-15-231。

表 4-15-231 CP 2108A 汽车单向器专用脂典型数据

项 目	典 型值	试验方法
滴点/℃	>300	GB/T 4929
腐蚀(T2 铜，100℃，24h)	合格	GB/T 7326
钢网分油(100℃，24h)/%	≯1.0	SH/T 0324
相似黏度(-50℃，$10s^{-1}$)/(Pa·s)	≯1500	SH/T 0048
基础油运动黏度(40℃)/(mm^2/s)	170	GB/T 265

注意事项

使用中避免杂质的混入。不宜与其他油脂混用。使用前，应事先清洗润滑部位。宜存放在清洁、干燥及避光处。注意所选橡胶与本品的匹配性。

生产厂家

杭州得润宝油脂股份有限公司。

4.15.228 CP 2101A 万向节低温专用润滑脂

产品性能

具有良好的抗磨极压性能、防锈性和抗水性。低温性能和粘附性能优良，使用寿命长，能耗低。还有良好的机械安定性、胶体安定性和氧化安定性。

生产方法

采用新型复合稠化剂稠化精制基础油，并添加复合添加剂制成。

主要用途

适用于各种车辆苛刻要求的十字架、轮毂轴承、底盘万向节、等速万向节以及其他高温部位的滚动、滑动摩擦部位等的润滑。

技术参数

CP 2101A 万向节低温专用润滑脂的典型数据见表 4-15-232。

表 4-15-232 CP 2101A 万向节低温专用润滑脂典型数据

项　　目	典型值	试验方法
外观	均匀油膏	目测
锥入度/ 0.1mm	275	GB/T 269
水喷雾试验/ %	12	SH/T 0643
滴点/ ℃	>275	GB/T 3498
Timken OK 载荷值/N	200	SH/T 0203
抗水淋试验（79℃）/%	2.2	SH/T 0109
低温转矩(-40℃)/（N·m)	11.8	SH/T 0338
油分离测试/ %	<0.3	—
防锈试验(蒸馏水)	通过	—
四球试验 P_D 值/kg	>500	GB/T 3142
基础油黏度(40℃)/(mm^2/s)	350	GB/T 265

注意事项

存放在清洁、干燥及避光处。使用中避免杂质的混入。不宜与其他油脂混用。

生产厂家

杭州得润宝油脂股份有限公司。

4.15.229 CP 2102 球笼万向节高级专用润滑脂

产品性能

具有优良的密封性能，可有效防止污垢的侵入。具有优良防锈性、抗水性和高低温性能，可防止零部件、轴承受锈蚀和腐蚀而损坏。减摩和抗极压性能良好，可最大程度地降低在极压、有震动和冲击条件下产生的机械磨损，减少震动和降低噪音，延长零部件和轴承的使用寿命。

生产方法

采用新型复合稠化剂稠化精制基础油，并添加复合添加剂制成。

主要用途

适用于机动车辆等速万向节(CVJ)、以及其他工业万向节、动力输出万向传动轴、球笼接头等要求防水、防腐蚀、抗氧化等部位的润滑。

技术参数

CP 2102 球笼万向节高级专用润滑脂的典型数据见表 4-15-233。

表 4-15-233　CP 2102 球笼万向节高级专用润滑脂典型数据

项　　目	典型值	试验方法
滴点/℃	>300	GB/T4929
腐蚀(T_2 铜片，100℃，24h)	合格	GB/T 7326
钢网分油(100℃，24h)/%	≯1.0	SH/T 0324
四球试验 P_B/kg P_D/kg	 >100 >250	SH/T 0202
基础油运动黏度(40℃)/(mm^2/s)	150	GB/T 265

注意事项

贮存和使用中尽量避免杂质的混入。

生产厂家

杭州得润宝油脂股份有限公司。

4.15.230 TOTAL NEVASTANE HT/AW 食品级润滑脂

产品性能

透明灰琥珀色。在高温和有水的情况下，应有良好的抗磨能力。可以有效减少污染问题，延长设备使用寿命。具有高金属粘合力、抗水冲洗性和高温稳定性。

生产方法

采用复合铝皂稠化白油制成。

主要用途

适用于食品加工机械的平轴承和抗摩擦轴承滑道，以及导轨、饮料加工机械、封盖设备和包装设备等。使用温度范围为-20～160℃。

技术参数

TOTAL NEVASTANE HT/AW 食品级润滑脂的典型数据见表 4-15-234。

表 4-15-234　TOTAL NEVASTANE HT/AW 食品级润滑脂典型数据

项目	典型值				试验方法
	00 号	0 号	1 号	2 号	
锥入度(25℃)/ 0. 1mm	400～430	355～385	310～340	265～295	ASTM D217
外观	透明，灰琥珀色				目测
滴点 /℃	200	200	200	200	ASTM D2265
四球磨斑直径	0. 6	0. 53	0. 53	0. 53	ASTM D2266
基础油运动黏度(40℃)/ (mm^2/s)	105	105	105	105	ASTM D445
防锈试验	通过	通过	通过	通过	ASTM D1743
铜腐蚀试验/级	1a	1a	1a	1a	ASTM D4048

注意事项

在贮存和运输过程中，防止水、杂质进入。禁止与其他脂混合使用。

生产厂家

道达尔润滑油(中国)有限公司。

4. 15. 231　TOTAL AXA GR1 食品级多用途润滑脂

产品性能

浅褐色光滑粘稠油膏。得到 NSF-H1 及美国食品药品管理局的认证，符合 CNERNA 指南。具有良好的耐水冲洗性和防锈性。对金属粘附性优异，在食品工业中经常性的设备清洗，需要非常黏性的润滑脂，以保护设备防尘和防腐蚀。

生产方法

采用复合钙皂基和白油基础油制成。

主要用途

适用于食品工业中各种表面、机械部件、包装设备及加工机器的涂脂润滑，包括轴承、联轴器、减速 器、滑道、凸轮机构、密封装置及各型传动部件等。工作温度范围：-20～150℃。

技术参数

TOTAL AXA GR1 食品级多用途润滑脂的典型数据见表 4-15-235。

表 4-15-235　TOTAL AXA GR1 食品级多用途润滑脂典型数据

项目	典型值	试验方法
锥入度(25℃) /0. 1mm	295～335	ASTM D217
颜色/外观	浅褐色/光滑粘稠	目测
密度(15℃) /(kg/m^3)	930	ASTM D1298
皂剂/稠化剂	复合钙基	—
滴点 /℃	>250	ASTM D566
基础油类型	白油	—
运动黏度(40℃)/(mm^2/s)	150	ASTM D445
水冲刷试验(80℃)/%	<10	ASTM D1264

注意事项

在贮存和运输过程中，防止水、杂质进入。禁止与其他脂混合使用。

生产厂家

道达尔润滑油(中国)有限公司。

4.15.232 TOTAL 食品级开式齿轮润滑脂

产品性能

灰白色光滑有黏性油膏。是一种非常黏性的润滑脂。能形成一层坚韧的油膜，具有优良的承载和抗磨损能力，同时能抵抗盐和食品酸的腐蚀，抗水性良好。能延长设备使用寿命，同时按照危险分析临界控制点系统(HACCP)的要求，可以有效减少污染。NSF 注册目录分类号为 H1。

生产方法

采用复合铝皂制成。

技术参数

TOTAL 食品级开式齿轮润滑脂的典型数据见表 4-15-236。

表 4-15-236　TOTAL 食品级开式齿轮润滑脂典型数据

项目	典型值	试验 方 法
锥入度(25℃) /0.1mm	265 ~ 295	ASTM D217
外观/质地	灰白色/光滑有黏性	目测
皂剂/稠化剂	复合铝基	—
滴点/℃	200	ASTM D2265
基础油运动黏度(100℃) /SUS	215	ASTM D445

注意事项

在贮存和运输过程中，防止水、杂质进入。禁止与其他脂混合使用。

生产厂家

道达尔润滑油(中国)有限公司。

4.15.233 美孚朗力士 MP

产品性能

具有中等的负荷和极压承受能力，还有抗水和抗腐蚀能力。氧化和热稳定性好。与大多数的人造橡胶密封材料相容。在长期的使用寿命期间或者在恶劣的运行环境下，能保持优异的抗高温降解能力。具有很好的极压和抗磨特性，可保护和延长轴承和其他润滑机构的使用寿命，包括冲击载荷。高温和低温性能优异。抗水性能良好，能保证在有水存在的不利环境下能够可靠润滑 。满足 NLGI GC-LB 对车轮轴承和底盘润滑的要求。

生产方法

采用矿物基油和复合锂皂基稠化剂调配而成，并含有用于强化性能的添加剂。

主要用途

适用于工业上需要使用抗水和极压的润滑脂的轴承、齿轮和联轴器，也可用于美国电气制造商协会（NEMA）A 级和 B 级绝缘类电动机。朗力士 MP 是一种多功能汽车润滑脂，可作为底盘润滑脂、车轮轴承润滑脂使用。适宜用作蝶式制动器车辆的车轮轴承润滑，也可以作为球关节接合部位的润滑脂。

技术参数

美孚朗力士 MP 的典型数据见表 4-15-237。

表 4-15-237 美孚朗力士 MP 典型数据

项　目	典型值	试验方法
颜色	绿色	目测
工作锥入度(25℃)/0.1 mm	280	ASTM D217
滴点/℃	280	ASTM D2265
基础油黏度(40℃)/(mm^2/s)	150	ASTM D445
四球磨损测试/mm	0.5	ASTM D2266
四球焊接承载能力/kg	150	ASTM D2596
蒂姆肯 OK 承载能力/N	200	ASTM D2509
氧化稳定性(100 h)压力降/kPa	69	ASTM D942
抗腐蚀性	通过	ASTM D1743
抗锈蚀性(蒸馏水)	0-0	IP 220
铜片腐蚀性	1A	ASTM D4048

注意事项

室内存放，避免日晒雨淋。启用后应及时封严，防止灰尘污染。

生产厂家

埃克森美孚(中国)投资有限公司。

4.15.234 美孚润滑脂 CM 系列

产品性能

在重负荷下具有良好的抗软化性、附着力和凝聚性，同时具有独特的抗磨和冲击载荷的能力，以及抗高温氧化和抗锈蚀能力。CM-L 含有 3% 的二硫化钼，进一步提高抗磨能力。耐低温性、抗水冲失性能好，在高温下运行的轴承中具有长的使用寿命。在重负荷和恶劣环境中，具有优异的结构和化学稳定性。不腐蚀钢或铜的轴承合金，与常用密封材料相容。

生产方法

采用温复合锂基稠化剂配制而成。

主要用途

适合高负荷应用或在严重进水的环境下使用，尤其适合于压力机和采矿业。包括重型卡车，尤其是铰链和铲斗销、采矿和建筑设备、承重的滑动轴承和减摩工业轴承等。CM-P 推荐用于承重滑动轴承和减摩轴承等。使用温度范围为-20～175℃。CM-S 推荐用于工作在重负荷和恶劣气候条件下，压力机和采矿车的滑动轴承和减摩轴承的润滑。使用温度范围为 -20～175℃。CM-L 和 CM-W 为冬季应用产品。使用温度范围为 -30～175℃。

技术参数

美孚润滑脂 CM 系列的典型数据见表 4-15-238。

表 4-15-238 美孚润滑脂 CM 系列典型数据

项　目	典型值				试验方法
	CM-L	CM-P	CM-W	CM-S	
稠化剂类型	锂复合基	锂复合基	锂复合基	锂复合基	—
颜色	灰色	灰色	橙色	橙色	目测
工作锥入度(25℃)/0.1 mm	325	280	325	280	ASTM D217

续表

项目	典型值				试验方法
	CM-L	CM-P	CM-W	CM-S	
滴点/℃	260	260	260	260	ASTM D2265
锥入度变化值/0.1 mm	-15	-3	-15	-4	ASTM D1831
承载能力(梯姆肯 OK)/N	≮200	≮200	≮200	≮200	ASTM D2509
四球磨损测试/mm	0.5	0.5	0.5	0.5	ASTM D2266
抗腐蚀性	合格	合格	合格	合格	ASTM D1743
铜片腐蚀	1A	1A	1A	1A	ASTM D4048
水冲失(1h, 79℃)/%	12	6	12	6	ASTM D1264

注意事项

贮存和使用中尽量避免杂质的混入。

生产厂家

埃克森美孚(中国)投资有限公司。

4.15.235 美孚力富 SHC 润滑脂

产品性能

美孚力富 SHC 润滑脂是针对极端温度条件而研发的产品。融合了合成基础油和高质量复合锂皂稠化剂的性质。与矿物油相比，合成基础油具有无蜡和低牵引系数的特点，使润滑脂具有优异的低温泵送性以及极低的启动和运转扭矩。具有节能潜力，并可降低圆锥滚子轴承和滚珠轴承负荷区的工作温度。复合锂基增稠剂则提供出色的粘附性、结构稳定性和抗水性。这类润滑脂的化学稳定性高，配方中含有特殊添加剂组合，具有卓越的抗磨、防锈和防腐能力，并可提供高、低温下的操作黏度。美孚力富 SHC 润滑脂共分 7 个等级，其基础油的黏度介于 ISO VG 100 至 1500 之间，NLGI 级别则为 2 至 00。

生产方法

采用复合锂皂稠化合成基础油并加入特殊添加剂制成。

主要用途

SHC100 是抗磨损和极压润滑脂，主要用于要求摩擦低、磨损小和使用期长的高速装置，如电动马达中。该产品属于含有 ISO VG 100 合成基础油的 NLGI 2 润滑脂。工作温度范围-40 ~ 150℃。SHC220 采用 ISO VG 220 合成基础油，是多用途的 NLGI 2 号极压润滑脂。推荐用于重型汽车与工业设备中。工作温度范围-40 ~ 150℃。SHC221 采用 ISO VG 220 合成基础油，是多用途的极压润滑脂。推荐用于重型汽车与工业设备中，尤其是采用中央润滑系统的设备。本产品。工作温度范围-40 ~ 150℃。SHC460 含有 ISO VG 460 合成基础油，是 NLGI 1.5 级润滑脂，属于极压润滑脂。推荐用于要求苛刻的炼铁、造纸等工业以及船舶装置中，特别是高负荷、中低速运行的轴承以及耐水性要求高的轴承。美孚 SHC460 在厂及船舶设备中展示了其优异的性能。工作温度范围-30 ~ 150℃。SHC1000 特级是 NLGI 2 号润滑脂，采用 ISO VG 1000 合成基础油，并添加 11% 石墨和 1% 二硫化钼的固体润滑剂，可在极低速和高温条件下延长轴承寿命。工作温度-30 ~ 150℃。SHC1500 是含有 ISO VG 1500 合成基础油的 NL GI1.5 润滑脂。专供在极低速、重负荷及高温下工作的滑动与滚动轴承使用。对于严苛工作情况下的辊压机轴承、回转窑的滚子轴承和运送矿石的轨道车轴承，可有效延长寿命。工作温度范围-30 ~ 150℃。SHC007 是含有 ISO VG 460 合成基础油的 NLGI 00 润滑脂，工作温度-50 ~ 150℃。主要用在注满润滑脂、在高温下工作的工业齿轮箱中，也用于重型卡车拖车的非驱动轮毂。

技术参数

美孚力富 SHC 润滑脂的典型数据见表 4-15-239。

表 4-15-239　美孚力富 SHC 润滑脂的典型数据

项目	100	220	221	460	1000 Special	1500	007	试验方法
NLGI 等级	2	2	1	1.5	2	1.5	00	—
增稠剂类型	复合锂基							—
外观	红	红	淡赭	红	灰黑	红	红	—
工作锥入度(25℃)/0.1 mm	280	280	325	305	280	305	415	ASTM D217
滴点/℃	265	265	265	265	265	265	—	ASTM D2265
基础油黏度(40℃)/(mm^2/s)	100	220	220	460	1000	1500	460	ASTM D445
四球烧接负荷/kg	250	250	250	250	620	250	250	ASTM D2596
水冲失(79℃)失重/%	6	3	4	3	2.6	2.5	—	ASTM D1264
防锈试验	0，0	0，0	0，0	0，0	0，0	0，0	—	ASTM D6138
防腐保护/ 等级	通过	通过	通过	通过	通过	通过	—	ASTM D1743
四球磨损试验(擦痕)/mm	0.50	0.50	0.50	0.50	0.50	0.50	0.50	ASTM D2266
低温扭矩/(g·cm) 起动/1h(测试温度)	9520/2199 (-50℃)	4361/836 (-40℃)	—	9060/2944 (-40℃)	—	1874/<1000 (-20℃)	—	ASTM D1478
美国钢铁流动性测试(-18℃)/(gms/min)	20.0	11.0	—	5.0	—	3.0	—	AM-S 1390

注意事项

美孚力富 SHC 系列润滑脂与大多数矿物油基润滑脂相溶，但混用可能减弱其性能。因此，在系统改用 Mobilith SHC 系列产品之一代替其他润滑脂之前，建议彻底清除旧品，以获得最大的性能效益。

生产厂家

埃克森美孚(中国)投资有限公司。

4.15.236 美孚润滑脂 XHP™ 220 系列

产品性能

具有优良的高温性能和极高附着力、结构稳定性和抗水污染能力。润滑脂化学稳定性高，抗锈蚀和腐蚀性能优异。滴点高，其最高推荐应用温度为 140°C。美孚润滑脂 XHP 222 特级是一种极压润滑脂，含 0.75% 的二硫化钼。抗水冲失和喷淋能力优异，在严重的进水条件下可确保可靠的润滑。具有高附着和凝聚结构，润滑脂的韧度高，可减少泄漏和延长添加润滑脂周期，从而降低设备维护要求。抗锈蚀和抗腐蚀性能优异，在恶劣的含水特别是在酸性水环境中，可对金属零件进行有效防护。抗磨和极压（EP）性能良好，在高滑动和冲击载荷下，可延长设备寿命和减少意外停工。

生产方法

采用复合锂皂稠化 ISO VG 220 基础油并加入特殊添加剂制成。

主要用途

美孚润滑脂 XHP 220 系列润滑脂广泛适用于各种设备，包括工业、汽车、建筑和船舶业等行业，特别适用于恶劣的工作条件，包括高温、水污染、冲击载荷以及加脂周期长的场合。XHP 005/ 220 是较软的高温润滑脂，更适用于集中供脂系统、齿轮润滑，以及需要极低温泵送性的应用场合。XHP 221 具有优良的低温性能，适用于工业和船舶应用、底盘部件和农场设备。XHP 222 适用于工业和船舶应用、底盘部件和农场设备。XHP 223 推荐用于要求高温性能和抗泄漏性能好的情况，特别适用于在恶劣条件下行驶的卡车车轮轴承或经受震动的滚动轴承，或者高速运行要求润滑脂更为稳定且具有沟流特点的轴承。XHP 222 特级适合中等负荷的工业应用、底盘部件和农场设备。它也可用于中心销、U 形接合器和铲斗销等。

技术参数

美孚润滑脂 XHP™ 220 系列的典型数据见表 4-15-240。

表 4-15-240 美孚润滑脂 XHP™ 220 系列典型数据

项目	005	220	221	222	223	222 特级	试验方法
NLGI 等级	00	0	1	2	3	2	—
稠化剂类型	锂复合锂基						—
颜色	深蓝色	深蓝色	深蓝色	深蓝色	深蓝色	灰黑色	目测
二硫化钼/%	—	—	—	—	—	0.75	—
工作后锥入度(25℃)/ 0.1mm	415	370	325	280	235	280	ASTM D217
滴点/℃	—	270	280	280	280	280	ASTM D2265
基础油黏度(40℃)/(mm²/s)	220	220	220	220	220	220	ASTM D445
四球磨损测试(磨痕)/mm	0.50	0.50	0.5	0.5	0.5	0.5	ASTM D2266

续表

项目	005	220	221	222	223	222 特级	试验方法
四球焊接承载能力/kg	315	315	315	315	315	315	ASTM D2596
梯姆肯 OK 承载能力/N	178	178	178	178	178	178	ASTM D2509
氧化稳定性(100h)/kPa	35	35	35	35	35	35	ASTM D942
抗腐蚀性	合格	合格	合格	合格	合格	合格	ASTM D1743
锈蚀保护(蒸馏水冲失)	0，0	0，0	0，0	0，0	0，0	0，0	IP 220-mod
铜片腐蚀	1B	1B	1B	1B	1B	1B	ASTM D4048
锥入度稳定性(滚筒稳定性测试)/0.1mm	—	-15	-15	0	0	0	ASTM D1831

注意事项

在贮存和运输过程中，防止水、杂质进入。禁止与其他脂混合使用。

生产厂家

埃克森美孚(中国)投资有限公司。

4.15.237 Mobil SHC 润滑脂 460 WT

产品性能

具有良好的低温泵送性，起动及运行转矩低。还有良好的粘附性、结构稳定性和抗水性。特殊的添加剂组合配方，使产品在高温和低温条件下均有良好的的防磨损、防锈和防腐蚀性。与常规润滑脂相比，可抗微震磨损，延长轴承寿命，应用温度范围更广，且提高机械效率。对重负荷、低速至中速运行并必须耐水作业的轴承有良好的润滑性能。

生产方法

采用 ISO VG 460 合成基础油加上复合锂皂配制而成。

主要用途

适用于风力发电机偏航系统、变桨系统及主轴承的润滑。使用温度范围为-40 ~ 150℃。

技术参数

Mobil SHC 润滑脂 460 WT 的典型数据见表 4-15-241。

表 4-15-241 Mobil SHC 润滑脂 460 WT 典型数据

项　　目	典型值	试验方法
增稠剂类型	锂复合物	—
颜色	红	目测
锥入度（工作，25℃）/0.1mm	305	ASTM D217
滴点/℃	255	ASTM D2265
基础油黏度(40℃)/(mm²/s)	460	ASTM D445

续表

项　　目	典型值	试验方法
铁姆肯 TimkenOK 负荷/N	245	ASTM D2509
四球焊接测试/kg	250	ASTM D2596
水冲洗测试(在 79℃条件下的损失量)/%	10	ASTM D1264
防锈保护(蒸馏水)	0，0	ASTM D6138
防腐蚀保护	通过	ASTM D1743

注意事项

在贮存和运输过程中，防止水、杂质进入。禁止与其他脂混合使用。

生产厂家

埃克森美孚(中国)投资有限公司。

4.15.238　壳牌爱万利 RLQ2 润滑脂

产品性能

具有独特的化学成分、制造方法和结构，能确保低噪音轴承的要求。对金属具有很强的吸附力，可减少轴承的动力损失，增加设备效率，降低能耗。机械稳定性优良，能有效减少脂的泄漏。启动和运行扭矩小、润滑脂寿命长、噪声低。

生产方法

采用高黏度指数矿物基油和锂皂并加入抗氧化剂、防锈剂和无铅抗磨添加剂制成。

主要用途

适用于马达、家用电器、医用设备和办公室设备的低噪音轴承的润滑。使用温度范围为-25～120℃。

技术参数

壳牌爱万利 RLQ2 润滑脂的典型数据见表 4-15-242。

表 4-15-242　壳牌爱万利 RLQ2 润滑脂典型数据

项　　目	典型值	试验方法
皂基类型	锂基	—
锥入度(25℃) 0 次/ 0.1mm 60 次/ 0.1mm	 266 266	ASTM D217
滴点/ ℃	195	
基础油黏度 40℃/(mm^2/s) 100℃/(mm^2/s)	 75 8.3	ASTM D445

注意事项

在贮存和运输过程中，防止水、杂质进入。禁止与其他脂混合使用。

生产厂家

壳牌(中国)有限公司。

5 石油蜡

5.1 液体石蜡

5.1.1 轻质液体石蜡

产品性能

无色透明油状液体，在日光下观察不显荧光。室温下无嗅无味，加热后略有石油臭。相对密度0.86～0.905(25℃)，不溶于水、甘油、冷乙醇。溶于苯、乙醚、氯仿、二硫化碳、热乙醇。与除蓖麻油外大多数脂肪油能任意混合，樟脑、薄荷脑及大多数天然或人造麝香均能被溶解。轻质液体石蜡(简称轻蜡)烷烃中碳原子数 C_9 ～ C_{13}。

生产方法

煤油或柴油馏分为原料，经分子筛吸附分离或异丙醇～尿素脱蜡，得到的含止构烷烃的的液体石蜡。

主要用途

适用于用作化工原料，可以制得一系列化工产品，如氯化石蜡、农药乳化剂、脂肪醇、可被降解的合成洗涤剂、塑料增塑剂、化肥添加剂及化妆品、蛋白浓缩物等。

技术参数

轻质液体石蜡石化行业标准见表 5-1-1。

表 5-1-1　轻质液体石蜡石化行业标准(NB/SH/T 0417—2013)

项　目		质量指标		试验方法
		1号	2号	
外观		透明液体，无不溶水及机械杂质		目测[a]
赛波特颜色/号	不低于	+30	+30	GB/T 3555
氮含量/(mg/kg)	不大于	1.0		SH/T 0657
硫含量[b]/(mg/kg)	不大于	3.0		SH/T 0689 SH/T 0253
溴指数/(mgBr/100g)	不大于	25		SH/T 0630
芳烃/%(质量分数)	不大于	0.4		SH/T 0409
正构烷烃总含量/%(质量分数)	不小于	98.5	98.5	SH/T 0410
正构烷烃组成				SH/T 0410
小于等于 C_9 组分/%(质量分数)	不大于	0.5	—	
小于等于 C_{10} 组分/%(质量分数)	不大于	—	0.5	
C_{10} 组分/%(质量分数)		报告	—	
C_{11} 组分/%(质量分数)		报告	报告	
C_{12} 组分/%(质量分数)		报告	报告	
C_{13} 组分/%(质量分数)		报告	报告	
C_{14} 组分/%(质量分数)		—	报告	
大于等于 C_{14} 组分/%(质量分数)	不大于	0.5	—	
大于等于 C_{15} 组分/%(质量分数)	不大于	—	0.5	
正构烷烃平均分子量		由供需双方协商		计算方法[c]

续表

项　目	质量指标		试验方法
	1号	2号	

a 将试样注入100mL玻璃量筒中，在20℃±3℃下观察，应透明、无不溶水及机械杂质。对机械杂质有争议时，用GB/T 511方法进行测定，结果应为无。

b 允许采用SH/T 0253、SH/T 0689。有争议时，以SH/T 0689测定结果为准。

c 1号液蜡平均相对分子质量=正构烷烃总含量/(小于等于C_9组分/128+C_{10}组分/142+C_{11}组分/156+C_{12}组分/170+C_{13}组分/184+大于等于C_{14}组分/196)；

2号液蜡平均相对分子质量=正构烷烃总含量/(小于等于C_{10}组分/142+C_{11}组分/156+C_{12}组分/170+C_{13}组分/184+C_{14}组分/196+大于等于C_{15}组分/212)。

注意事项

储存在阴凉，干燥处。避免与强氧化物混放。

生产厂家

中国石油天然气股份有限公司抚顺石化分公司、中国石油化工股份有限公司金陵石化分公司、葫芦岛京岛双树精细化工厂。

5.1.2 重质液体石蜡

产品性能

无色透明的油状液体。无臭，无味，在日光下不显荧光。主要由C_{14}～C_{16}正构烷烃组成，芳香烃含量低，安定性较好。在氯仿、乙醚或挥发油中溶解，在水或乙醇中均不溶。

生产方法

原油经常压得直馏馏分经尿素脱蜡精制而得。

主要用途

广泛用途化工原料，适于作增塑剂、农药乳化剂、氯化石蜡等。

技术参数

重质液体石蜡石化行业标准见表5-1-2。

表5-1-2 重质液体石蜡石化行业标准[SH/T 0416—1992(2005)]

项　目		一级品	合格品	试验方法
熘程：				
初馏点/℃	不低于	220	195	GB/T 6536
98%(体积分数)馏出温度/℃	不高于	310	310	
颜色/赛波特号	不低于	+20	+15	GB/T 3555
芳香烃含量/%(质量分数)	不大于	0.7	1.0	SH/T 0411
正构烷烃含量/%(质量分数)	不大于	95	90	附录A
溴值/(gBr/100 g)	不大于	1.5	2.0	SH/T 0236
硫/ppm(质量分数)	不大于	40	—	SH/T 0253
闪点(闭口)/℃	不低于	90	80	GB/T 261
水溶性酸或碱		无	无	GB/T 259
水分及机械杂质		无	无	注

注：将样品注入100 mL量筒中，在20±5℃时观察，应当是透明的，不应有悬浮物和机械杂质及水。遇有争议时须依GB/T 511及GB/T 260测定。

注意事项

储存在阴凉，干燥处。避免与强氧化物混放。

生产厂家

中国石油天然气股份有限公司抚顺石化分公司、中国石油化工股份有限公司金陵石化分公司、常州长润石油有限公司。

5.2 石蜡

5.2.1 粗石蜡

产品性能

片状或针状结晶。含油量较高 ，且产品的颜色也较深。具有较好的热安定性，一定的韧性和收缩性。与具有相同熔点的全精炼石蜡相比，质量相对较差。含油量较高的粗石蜡抗张强度较低，结构也较软且易碎。

生产方法

以天然原油生产的含油蜡为原料，经发汗或溶剂脱油而制得。

主要用途

适用于橡胶制品、篷帆布、火柴及其他工业原材料。

技术参数

粗石蜡国家标准见表 5-2-1。

表 5-2-1 粗石蜡国家标准(GB 1202—1987)

项目		质量指标						试验方法
		50 号	52 号	54 号	56 号	58 号	60 号	
熔点/℃	不低于	50	52	54	56	58	60	GB/T 2539
	低于	52	54	56	58	60	62	
含油量/%	不大于	2.0						GB/T 3554
色度/号	不大于	-10						GB/T 3555
嗅味/号	不大于	3						SH/T 0414
机械杂质及水分		无						注

注：机械杂质及水分测定：将约 10 克蜡放入容积为 100 ~ 250mL 的锥形瓶内，加入 50mL 初馏点不低于 70℃的无水直馏汽油，并在振荡下于 70℃的水浴内加热，直到石蜡溶解为止，将该溶液在 70℃的水浴内放置 15min 后，溶液中不应呈现眼睛可以看出的浑浊、沉淀或水分，允许溶液有轻微乳光。

注意事项

储运应远离火源，以免失火，并注意包装不要破损，以免杂质进入。产品应储存在阴凉地方，不要在日光下暴晒，储存地方温度不宜太高，以免蜡块变软，互相黏结。各牌号粗石蜡应分别存放，以免错用。

生产厂家

中国石油天然气股份有限公司抚顺石化分公司、中国石油天然气股份有限公司大庆石化分公司、中国石油天然气股份有限公司大连石化分公司、中国石油天然气股份有限公司兰州石化分公司，中国石油天然气股份有限公司大庆炼化分公司、中国石油化工股份有限公司高桥石化分公司、中国石油化工股份有限公司茂名石化分公司、中国石油化工股份有限公司燕山石化分公司、中国石油化工股份有限公司荆门石化分公司、中国石油化工股份有限公司南阳石蜡精细化工厂。

5.2.2 皂用蜡

产品性能

片状或针状结晶。具有优良的塑性。熔点范围适宜，由固体蜡向液体转化的平均温度适中，抗断裂性能好。馏程范围和平均碳原子数适宜，作氧化生产合成脂肪酸原料，有利于生成接近原料平均碳原子数一半及与原料烃中最长链烃相同的脂肪酸。碘值小，含不稳定的不饱和烃组分少，化学稳定性好。含机械杂质及水分少，不残存溶剂，洁净性好。

生产方法

由天然原油生产的含油蜡，经溶剂脱油或发汗脱油所制成。

主要用途

适用于做催化氧化制取合成脂肪酸的原料。

技术参数

皂用蜡石化行业标准见表 5-2-2。

表 5-2-2　皂用蜡石化行业标准[SH 0014—1990(2005)]

<table>
<tr><td colspan="2">项　目</td><td colspan="3">质量指标</td><td rowspan="2">试验方法</td></tr>
<tr><td colspan="2">等　级</td><td>优级品</td><td>一级品</td><td>合格品</td></tr>
<tr><td colspan="2">外观</td><td>白色结晶稍带黄色</td><td>淡黄色</td><td>黄色</td><td>目测</td></tr>
<tr><td>含油量/%</td><td>不大于</td><td>2</td><td>6</td><td>8</td><td>GB/T 3554</td></tr>
<tr><td colspan="2">熔点/℃</td><td>44 ~ 52</td><td>42 ~ 52</td><td>40 ~ 52</td><td>GB/T 2539</td></tr>
<tr><td>馏程：
5% 馏出温度/℃
400℃前馏出量/%
95% 馏出温度/℃</td><td>
不低于
不小于
不高于</td><td>
320
60
460</td><td>
320
—
460</td><td>—</td><td>GB/T 9168</td></tr>
<tr><td>机械杂质</td><td></td><td colspan="3">无</td><td></td></tr>
<tr><td>水分/%</td><td>不大于</td><td>0.2</td><td>0.2</td><td>实测</td><td>GB/T 260</td></tr>
<tr><td>碘值/(gI/100 g)</td><td>不大于</td><td>2.0</td><td>2.0</td><td>2.5</td><td>SH/T 0243</td></tr>
</table>

注意事项

在储运过程中注意保持包装物完好，注意防水、防雨、应储存于室温、干燥、通风处，并远离火源。

生产厂家

中国石油天然气股份有限公司大连石化分公司、中国石油天然气股份有限公司大庆石化分公司、中国石油天然气股份有限公司锦西石化分公司、中国石油化工股份有限公司茂名石化分公司。

5.2.3　半精炼石蜡

产品性能

板块状白色固体。其相对密度随熔点的上升而增加。碳原子数约为 18 ~ 30 的烃类混合物，主要组分为直链烷烃(约为 80% ~95%)，还有少量带个别支链的烷烃和带长侧链的单环环烷烃(两者合计含量 20% 以下)。产品化学稳定性好，含油量适中，具有良好的防潮和绝缘性能，可塑性好。

生产方法

以含油蜡为原料，经溶剂、发汗脱油，再经白土精制而成。

主要用途

适用于蜡烛、蜡笔、蜡纸、一般电讯材料及化工原料等。

技术参数

半精炼石蜡国家标准见表 5-2-3。

表 5-2-3　半精炼石蜡国家标准(GB/T 254—2010)

项　目		质量指标											试验方法
		50 号	52 号	54 号	56 号	58 号	60 号	62 号	64 号	66 号	68 号	70 号	
熔点/℃	不低于	50	52	54	56	58	60	62	64	66	68	70	GB/T 2539
	低于	52	54	56	58	60	62	64	66	68	70	72	
含油量(质量分数)/%	不大于	2.0											GB/T 3554
颜色/赛波特颜色号	不小于	+18											GB/T 3555
光安定性/号	不大于	6					7						SH/T 0404
锥入度	(100 g, 25 ℃)/0.1mm 不大于	23											GB/T 4985
	(100 g, 35 ℃)/0.1mm	报告											
运动黏度(100 ℃)/(mm²/s)		报告											GB/T 265
嗅味/号	不大于	2											SH/T 0414
水溶性酸或碱		无											SH/T 0407
机械杂质及水		无											目测[a]

[a] 将约 10 g 蜡放入容积为 100～250 mL 的锥形瓶内，加入 50 mL 初馏点不低于 70 ℃的无水直馏汽油馏分，并在振荡下于 70 ℃水浴内加热，直到石蜡溶解为止，将该溶液在 70 ℃水浴内放置 15 min 后，溶液中不应呈现眼睛可以看见的浑浊、沉淀或水。允许溶液有轻微乳光。

注意事项

存在阴凉处，不要在日光下暴晒，储存地方温度不要太高，以免蜡块变软，相互粘结。应远离火源，以免失火。

生产厂家

中国石油天然气股份有限公司抚顺石化分公司、中国石油天然气股份有限公司大庆石化分公司、中国石油天然气股份有限公司大连石化分公司、中国石油天然气股份有限公司兰州石化分公司，中国石油天然气股份有限公司大庆炼化分公司、中国石油天然气股份有限公司大连玉门分公司、中国石油天然气股份有限公司独山子石化分公司、中国石油化工股份有限公司高桥石化分公司、中国石油化工股份有限公司茂名石化分公司、中国石油化工股份有限公司燕山石化分公司、中国石油化工股份有限公司荆门石化分公司、中国石油化工股份有限公司济南石化分公司、中国石油化工股份有限公司南阳石蜡精细化工厂。

5.2.4　全精炼石蜡

产品性能

白色固体，有块状和颗粒状产品。主要成份为饱和直链混合物，碳数在 20～55 之间。常温时为白色晶体。可溶于苯、醚、氯仿、二硫化碳、四氯化碳、松节油等有机溶剂。熔点为 55.5～75℃。其产品熔点较高，含油量少，在常温下不黏结，不发汗，无油腻感。防水，防潮和电绝缘性好。精制程度深，稠环芳烃含量低，化学稳定性和光、热安定性良好，韧性强，可塑性好。颜色洁白，无机械杂质及水分。

生产方法

以含油蜡为原料，经发汗或溶剂脱油、再经白土或加氢精制所得到。

主要用途

适用于高频瓷、复写纸、铁笔蜡纸、精密铸造、装饰吸音板等产品。

技术参数

全精炼石蜡国家标准见表5-2-4。

表5-2-4 全精炼石蜡国家标准(GB/T 446—2010)

项目		质量指标										试验方法
牌号		52号	54号	56号	58号	60号	62号	64号	66号	68号	70号	
熔点/℃	不低于	52	54	56	58	60	62	64	66	68	70	GB/T 2539
	低　于	54	56	58	60	62	64	66	68	70	72	
含油量(质量分数)/%	不大于	0.8										GB/T 3554
颜色/赛波特颜色号	不小于	+27					+25					GB/T 3555
光安定性/号	不大于	4					5					SH/T 0404
针入度(25 ℃)/(0.1mm)	不大于	19					17					GB/T 4985
运动黏度(100 ℃)/(mm^2/s)		报告										GB/T 265
嗅味/号	不大于	1										SH/T 0414
水溶性酸或碱		无										SH/T 0407
机械杂质及水		无										目测[a]

[a] 将约10 g蜡放入容积为100～250 mL的锥形瓶内，加入50 mL初馏点不低于70 ℃的无水直馏汽油馏分，并在振荡下于70 ℃水浴内加热，直到石蜡溶解为止，将该溶液在70 ℃水浴内放置15 min后，溶液中不应呈现眼睛可以看见的浑浊、沉淀或水。允许溶液有轻微乳光。

注意事项

存在阴凉处，不要在日光下暴晒，储存地方温度不要太高，以免蜡块变软，相互粘结。应远离火源，以免失火。

生产厂家

中国石油天然气股份有限公司抚顺石化分公司、大庆石化分公司、大连石化分公司、兰州石化分公司，大庆炼化分公司，中国石油化工股份有限公司高桥石化分公司、茂名石化分公司、燕山石化分公司、荆门石化分公司、南阳石蜡精细化工厂。

5.2.5 食品级石蜡

产品性能

无色无味的蜡状固体。

生产方法

含油蜡为原料，经发汗或溶剂脱油，再经加氢精制或白土精制等工艺制得。

主要用途

食品石蜡适用于食品和药物组分的脱模、压片、打光等直接接触食品和药物的用蜡以及食品的添加组分。食品包装石蜡适用于与食品接触的容器、包装材料的浸渍用蜡，以及药物封口和涂敷用蜡。

技术参数

食品级石蜡国家标准见表 5-2-5。

表 5-2-5　食品级石蜡国家标准(GB 7189—2010)

项目		质量指标																试验方法
		食品石蜡								食品包装石蜡								
牌号		52号	54号	56号	58号	60号	62号	64号	66号	52号	54号	56号	58号	60号	62号	64号	66号	
熔点/℃	不低于	52	54	56	58	60	62	64	66	52	54	56	58	60	62	64	66	GB/T 2539
	低于	54	56	58	60	62	64	66	68	54	56	58	60	62	64	66	68	
含油量(质量分数)/%	不大于	0.5								1.2								GB/T 3554
颜色/赛波特颜色号	不小于	+28								+26								GB/T 3555
光安定性/号	不大于	4								5								SH/T 0404
针入度(25 ℃)/0.1 mm	不大于	18				16				20				18				GB/T 4985
运动黏度(100 ℃)/(mm^2/s)		报告								报告								GB/T 265
嗅味/号	不大于	0								1								SH/T 0414
水溶性酸或碱		无								无								SH/T 0407
机械杂质及水		无								无								目测[a]
易炭化物		通过								—								GB/T 7364
稠环芳烃, 紫外吸光度/cm 280～289 nm 290～299 nm 300～359 nm 360～400 nm	 不大于 不大于 不大于 不大于	 0.15 0.12 0.08 0.02								 0.15 0.12 0.08 0.02								GB/T 7363

[a] 将约 10 g 蜡放入容积为 100～250 mL 的锥形瓶内，加入 50 mL 初馏点不低于 70 ℃的无水直馏汽油馏分，并在振荡下于 70 ℃水浴内加热，直到石蜡溶解为止，将该溶液在 70 ℃水浴内放置 15 min 后，溶液中不应呈现眼睛可以看见的浑浊、沉淀或水。允许溶液有轻微乳光。

注意事项

在储运过程中注意保持包装物完好，注意防水、防雨、应储存于室温、干燥、通风处，并远离火源。

生产厂家

中国石油天然气股份有限公司大庆炼化公司、中国石油天然气股份有限公司抚顺石化公司。

5.3　微晶蜡

5.3.1　微晶蜡

产品性能

无臭无味，白色无定形非晶状固体蜡。以 C_{31}～C_{70} 的支链饱和烃为主，含少量的环状、直链烃。无臭无味。不溶于乙醇，略溶于热乙醇，可溶于苯、氯仿、乙醚等；可与各种矿物蜡、植物蜡及热脂肪油互溶。结晶微细，晶粒比普通石蜡小，能改变石蜡的晶体结构，提高熔点，硬度，增强石蜡韧性。有较强的亲油能力，与油形成混合物。有较好的渗透性，附着性和韧性，防潮绝缘性好。黏性较大，且具有延展性，在低温下不脆裂。

生产方法

由石油的重馏分或减压渣油的溶剂脱沥青油经过溶剂精制、脱蜡、脱油、再经白土或加氢精制等工艺制得。

主要用途

适用于军工、电子、冶金和化工等行业的用蜡，如防潮、防腐、粘结、上光、钝感、铸模、绝缘、橡胶、医药、化妆、食品及食品包装等。

技术参数

微晶蜡石化行业标准见表5-3-1。

表5-3-1 微晶蜡石化行业标准(SH/T 0013—2008)

<table>
<tr><td colspan="2">项目</td><td colspan="5">质量指标</td><td rowspan="2">试验方法</td></tr>
<tr><td colspan="2">牌号</td><td>70</td><td>75</td><td>80</td><td>85</td><td>90</td></tr>
<tr><td rowspan="2">滴熔点/℃</td><td>不低于</td><td>67</td><td>72</td><td>77</td><td>82</td><td>87</td><td rowspan="2">GB/T 8026</td></tr>
<tr><td>低于</td><td>72</td><td>77</td><td>82</td><td>87</td><td>92</td></tr>
<tr><td rowspan="2">针入度/0.1 mm
35 ℃/100 g
25 ℃/100 g</td><td rowspan="2">

不大于</td><td colspan="5">报　告</td><td rowspan="2">GB/T 4985</td></tr>
<tr><td>30</td><td>30</td><td>20</td><td>18</td><td>14</td></tr>
<tr><td>含油量/%(质量分数)</td><td>不大于</td><td colspan="5">3.0</td><td>SH/T 0638</td></tr>
<tr><td>颜色/号</td><td>不大于</td><td colspan="5">3.0</td><td>GB/T 6540</td></tr>
<tr><td>运动黏度(100 ℃)/(mm²/s)</td><td>不小于</td><td>6.0</td><td colspan="4">10</td><td>GB/T 265</td></tr>
<tr><td colspan="2">水溶性酸或碱</td><td colspan="5">无</td><td>SH/T 0407</td></tr>
</table>

注意事项

在储运过程中注意保持包装物完好，注意防水、防雨、应储存于室温、干燥、通风处，并远离火源。

生产厂家

中国石油天然气股份有限公司抚顺石化分公司、中国石油化工股份有限公司荆门石化分公司、中国石油化工股份有限公司南阳石蜡精细化工厂。

5.3.2 食品级微晶蜡

产品性能

熔点和相对分子质量高，折光指数、相对密度和熔化后黏度大，收缩力和表面张力小。其硬度小，柔韧性好，受力下倾向于塑性流动，延伸度大。

生产方法

由石油的重馏分或减压渣油的溶剂脱沥青油经溶剂精制、脱蜡、脱油，再经白土或加氢精制而制得。

主要用途

适用于食品的保护涂层、消泡剂、表面处理剂和口香糖基料用蜡。

技术参数

食品级微晶蜡国家标准见表5-3-2。

表 5-3-2　食品级微晶蜡国家标准（GB 22160—2008）

项　目		质量指标					试验方法
牌号		70	75	80	85	90	
滴熔点/℃	不低于 低于	67 72	72 77	77 82	82 87	87 92	GB/T 8026
针入度(25 ℃，100 g)/0.1mm	不大于	35	35	30	23	15	GB/T 4985
含油量（质量分数）/%	不大于	3.0					SH/T 0638
颜色/号	不大于	1.5					GB/T 6540
运动黏度（100 ℃）/（mm^2/s）	不小于	6.0	10				GB/T 265
5%蒸馏点碳数	不小于	25					SH/T 0653
平均相对分子质量	不小于	500					SH/T 0398
灼烧残渣[a]（质量分数）/%	不大于	0.1					附录 A SH/T 0129
铅[b]/（mg/kg）	不大于	3					附录 B GB/T 5009.75
嗅味/号	不大于	1					SH/T 0414
稠环芳烃/（紫外吸光度/cm） 280～289 nm 290～299 nm 300～359 nm 360～400 nm	 不大于 不大于 不大于 不大于	 0.15 0.12 0.08 0.02					GB/T 7363

[a] 灼烧残渣允许用 SH/T 0129 测定，仲裁试验以附录 A 方法测定结果为准。

[b] 铅含量允许用 GB/T 5009.75 测定，仲裁试验以附录 B 方法测定结果为准。

注意事项

在储运过程中注意保持包装物完好，注意防水、防雨、应储存于室温、干燥、通风处，并远离火源。

生产厂家

中国石油化工股份有限公司南阳石蜡精细化工厂、中国石油化工股份有限公司抚顺石油化工研究院、上海艾欧精细化工有限公司、河南东洋蜡业有限公司。

5.3.3　氧化微晶蜡

产品性能

微晶蜡经氧化改性，使其具有天然动植物蜡特性。由于在氧化过程引入了大量的含氧基团，降低了乳化时的界面张力，可制得稳定的乳状液，且还可以降低乳化剂的用量。此外，还具有良好的颜料分散性、润滑性和油溶性，同时改善原料蜡的柔韧性。

生产方法

以微晶蜡为原料，经氧化而成。

主要用途

广泛应用于上光、防锈、油墨、皮革、砂轮、陶瓷等领域，可以代替天然蜡如蜂蜡、蒙旦蜡、卡拉巴蜡等。

技术参数

OW80 型氧化微晶蜡企业标准见表 5-3-3 ，OW105 型氧化微晶蜡企业标准见表 5-3-4。

表 5-3-3　OW80 型氧化微晶蜡企业标准

项目		OW1080	OW2080	OW3080	OW4080	试验方法
滴点/℃		80±1	80±1	78±2	77±2	GB 4929
酸值/(mgKOH/g)		10±5	20±5	30±5	40±5	ASTM 1386
皂化值/mgKOH/g	大于	25	35	45	60	ASTM 1387
针入度　(25℃)/0. 1mm		15～20	15～25	15～25	20～30	GB 4985
黏度　(100℃)/(mm^2/s)		18±2	22±2	25±2	30±2	GB 265
机械杂质		无	无	无	无	GB 511
水分		无	无	无	无	GB 512
颜色		浅黄	浅黄	浅黄	浅黄	目测

表 5-3-4　OW105 型氧化微晶蜡企业标准

项目		OW10105	OW20105	OW30105	OW40105	试验方法
滴点/℃		105±1	105±1	102±2	102±2	GB 4929
酸值/(mgKOH/g)		10±5	20±5	30±5	40±5	ASTM 1386
皂化值/(mgKOH/g)	大于	25	35	45	60	ASTM 1387
针入度　(25℃)/ 0. 1mm		5～10	5～10	5～10	5～10	GB 4985
黏度 (100℃)/(mm^2/s)		25±5	25±5	25±5	25±5	GB 265
机械杂质		无	无	无	无	GB 511
水分		无	无	无	无	GB 512
颜色		浅黄	浅黄	浅黄	浅黄	目测

注意事项

在储运过程中注意保持包装物完好，注意防水、防雨、应储存于室温、干燥、通风处，并远离火源。

生产厂家

中国石油化工股份有限公司抚顺石油化工研究院。

5. 4　凡士林

5. 4. 1　工业凡士林

产品性能

淡褐色至深褐色均质无块软膏。溶于乙醚、氯仿、汽油及苯等有机溶剂。不溶于水。具有良好的抗氧化安定性、稳定性、光安定性、拉丝性，可塑性和胶体安定性。常温不流淌，低温不脆裂，防冻性能好。粘附性好，气密性好，耐水防潮性能好。

生产方法

采用高黏度润滑油馏分，经脱蜡所得的蜡膏掺合机械油经白土精制后加入防腐蚀添加剂而制得。

主要用途

适用于作橡胶软化剂、金属器件防锈、防锈脂原料使用。

技术参数

工业凡士林石化行业标准见表 5-4-1。

表 5-4-1　工业凡士林石化行业标准[SH 0039—1990(2005)]

项　目		质量指标		试验方法
		1号	2号	
外观		淡褐色至深褐色 均质无块软膏	淡褐色至深褐色 均质无块软膏	目测
滴熔点/℃		45～80		GB/T 8026
酸值/(mgKOH/g)	不大于	0.1		GB/T 264
腐蚀(钢片、铜片、100℃，3h)		合格		SH/T 0331
水溶性酸或碱		无		GB/T 259
闪点(开口)/℃	不低于	190		GB/T 3536
运动黏度(100℃)/(mm^2/s)		10～20	15～30	GB/T 265

注意事项

在储运过程中注意保持包装物完好，注意防水、防雨、应储存于室温、干燥、通风处，并远离火源。

生产厂家

中国石油化工股份有限公司金陵石化分公司、中国石油化工股份有限公司茂名石化分公司。

5.4.2　电容器用凡士林

产品性能

白色至浅黄色均匀油膏。电阻率大，绝缘强度高。

生产方法

由高黏度石油润滑油馏分，经脱蜡所得的蜡膏和矿物油经溶剂或硫酸精制土或粉末硅酸铝催化剂接触精制而得。

主要用途

适用于浸渍和浇铸电容器。

技术参数

电容器凡士林国家标准见表5-4-2。

表 5-4-2　电容器凡士林国家标准[GB/T 6733—1986(2004)]

项　目		质量指标	试验方法
外观		均匀的介于白色及 淡黄色之间的膏状物	目测
滴点/℃	不低于	43	GB/T 270
运动黏度(70 ℃)/(mm^2/s)	不小于	18	GB/T 265
酸值/(mgKOH/g)	不大于	0.05	GB/T 264
灰分/%		0.004	GB/T 508
水溶性酸或碱		无	GB/T 259
机械杂质		无	GB/T 511
水分		无	GB/T 260
体积电阻率(100 ℃)/(Ω·cm)	不小于	1×10^{12}	GB/T 1044 及注①
绝缘强度(50 Hz 及 20 ℃时)/(kV/cm)	不小于	200	GB/T 507 及注②
介质损失角正切(1000 Hz，100℃)	不大于	0.002	SH/T 0268 及注③

注：①其试验用电极与试样处理同“介质损失角正切”项目。
②试样须在圆盘电极直径为25 mm，圆边半径为2 mm的放电器中，在残余压力不大于1 mm Hg，温度80 ~85 ℃及火花间距为2.5 mm时，预先干燥10 h。
③本试验为1000 Hz交变电场作用下，用高压交流电桥，测定电容器凡士林之损耗，以介质损失角的正切(值)表示。

注意事项

在储运过程中注意保持包装物完好，注意防水、防雨、应储存于室温、干燥、通风处，并远离火源。

生产厂家

中国石油化工股份有限公司金陵石化分公司。

5.4.3 医药凡士林

产品性能

白色均匀的软膏状物。无臭。与皮肤接触有滑腻感，具有一定的拉丝性。在约35℃的苯中易溶，在约35℃的氯仿中溶解，在乙醚中微溶，在乙醇或水中几乎不溶。极具防水性，是一种非常好的保湿用品。

生产方法

由石油馏分，经精制而得到。

主要用途

适用于配制医药的药膏及皮肤保护用油膏。

技术参数

医药凡士林国家标准见表5-4-3。

表5-4-3 医药凡士林国家标准(GB 1790—2012)

项　目	质量指标		试验方法
	白凡士林	黄凡士林	
外观	呈白色，熔化后颜色不深于参比液A	呈黄色，熔化后颜色不深于参比液B	附录B
酸碱度	无		附录C
滴点/℃	35 ~ 70	40 ~ 60	SH/T 0678
稠环芳烃	通过	通过	SH/T 0655
锥入度(150 g，25 ℃)/0.1 mm	60 ~ 300	100 ~ 300	GB/T 269
硫酸盐灰分(质量分数)/%　不大于	0.05		SH/T 0131

注意事项

在储运过程中注意保持包装物完好，注意防水、防雨、应储存于室温、干燥、通风处，并远离火源。

生产厂家

中国石油化工股份有限公司抚顺石油化工研究院、中国石油化工股份有限公司金陵分公司。

5.4.4 化妆用凡士林

产品性能

在皮肤角质层表面形成一种隔离膜，具有防止皮肤表面水份减少的作用，保护皮肤免受外界刺激。

生产方法

由高黏度石油润滑油馏分经脱蜡所得的蜡膏，掺合机械油，再经精制而得。

主要用途

可作为发蜡、香脂、润肤脂等化妆品的原料。

技术参数

化妆用凡士林石化行业标准见表 5-4-4。

表 5-4-4　化妆用凡士林石化行业标准[SH 0008—1990(2005)]

项　目		质量指标	试验方法
外观		白色至微黄色均质软膏状物，几乎无嗅无味	目测
紫外吸光度(290 nm)	不大于	0.25	SH/T 0406
酸碱性试验		中性[①]	
硫化物		通过	GB/T 11084
重金属(铅)/ppm	不大于	30	SH/T 0405
砷/ppm	不大于	2	GB 9928
灼烧残渣/%	不大于	0.05	GB 9927
锥入度(25 ℃，150 g)/0.1 mm		95～250	GB/T 269
闪点(开口)/℃	不低于	190	GB/T 3536
滴点/℃		45～58	GB/T 270
滴熔点/℃		报告	GB/T 8026
运动黏度(100 ℃)/(mm^2/s)		8～18	GB/T 265
有机杂质		无[②]	

①取 10 g 样品，加热熔化，加 10 mL 95% 热中性乙醇，经振荡混合后静置，分离后的乙醇层用石蕊试纸试验，应显中性。

②取 2 g 样品，置于瓷蒸发皿中，用暗电炉直接加热(注意勿着火)，不应发生刺激性嗅味。

注意事项

在储运过程中注意保持包装物完好，注意防水、防雨、应储存于室温、干燥、通风处，并远离火源。

生产厂家

中国石油化工股份有限公司抚顺石油化工研究院、中国石油化工股份有限公司金陵分公司。

5.4.5　食品用凡士林

产品性能

白色至带黄色或淡琥珀色的半固体油脂状物。薄层状时透明，微有荧光。不溶于水，几乎不溶于冷的或热的乙醇和冷的无水乙醇中。溶于乙醚、己烷和大多数挥发或不挥发性油，易溶于苯、二硫化碳、氯仿和松节油。

生产方法

由高黏度石油润滑油馏分，经脱蜡所得的蜡膏掺合润滑油基础油，再经精制而得到。

主要用途

适用于食品加工中的润滑剂、脱模剂、防护涂层、消泡剂等。

技术参数

食品级凡士林石化行业标准见表5-4-5。

表5-4-5 食品级凡士林石化行业标准(SH/T 0767—2005)

项　目		质量指标	试验方法
外观		白色到淡黄色或浅琥珀色的半固体物质，薄层时透明，几乎无荧光	目测
滴熔点/℃		38～60	GB/T 8026
红外吸收 3000^{-1}～2800 cm^{-1} 1500^{-1}～1300 cm^{-1} 750^{-1}～700 cm^{-1}		 高强度 中等强度 低等强度	附录B
运动黏度(100℃)/(mm^2/s)		3～20	GB/T 265
碳数少于18的分子/%(体积分数)	不大于	5	SH/T 0558
平均相对分子质量		350～650	SH/T 0398
灼烧残渣/%	不大于	0.05	SH/T 0129
颜色		合格	附录C
酸碱度		合格	附录D
硫		合格	附录E
易炭化物		通过	附录F
稠环芳烃(吸光度/cm) 280～289 nm 290～299 nm 300～359 nm 360～400 nm	 不大于 不大于 不大于 不大于	 0.15 0.12 0.08 0.02	SH/T 0655
铅/(mg/kg)	不大于	2	GB 8449或原子吸收法
注：铅含量的仲裁试验采用原子吸收方法。			

注意事项

在储运过程中注意保持包装物完好，注意防水、防雨、应储存于室温、干燥、通风处，并远离火源。

生产厂家

中国石油化工股份有限公司抚顺石油化工研究院、中国石油化工股份有限公司金陵分公司。

5.5 特种蜡

5.5.1 橡胶防护蜡

产品性能

具有适当分子结构和分子量，能在制品表面形成一层极薄的与橡胶粘结度高且曲挠性好的物理防护蜡膜。可使产品抗氧、抗臭氧、抗日光侵袭，延缓胎面龟裂，延长贮存时间和使用寿命等方面得到进一步提高。

生产方法

石蜡、微晶蜡为主要原料，通过添加其他助剂得到。

主要用途

适用于各种橡胶制品的物理防老。

技术参数

橡胶防护蜡石化行业标准见表 5-5-1。

表 5-5-1 橡胶防护蜡石化行业标准(NB/SH/T 0871—2013)

项 目		质量指标			试验方法
		1 号	2 号	3 号	
非正构烷烃含量/%(质量分数)	不低于 低于	15 34	34 44	44 65	SH/T 0653
滴熔点/℃		62 ~ 75			GB/T 8026
运动黏度(100℃)/(mm^2/s)		5.0 ~ 7.5			GB/T 265
颜色/号	不大于	1.0	1.5		GB/T 6540
折光率(80℃)		1.420 ~ 1.440			GB/T 6488
含油/%(质量分数)	不大于	2.0		3.0	GB/T 3554
灰分/%(质量分数)	不大于	0.05			GB/T 508
热重损失/%(质量分数)	不大于	0.2			附录 A
正构烷烃、非正构烷烃碳数分布/%(质量分数)		报告			SH/T 0653

注意事项

在储运过程中注意保持包装物完好，注意防水、防雨、应储存于室温、干燥、通风处，并远离火源。

生产厂家

中国石油化工股份有限公司南阳石蜡精细化工厂、中国石油化工股份有限公司抚顺石油化工研究院、中国石油化工股份有限公司荆门分公司、中国石油化工股份有限公司上海高桥分公司、百瑞美特殊化学品（苏州）有限公司、莱茵化学（青岛）有限公司、上海绿菱特种蜡制品厂、抚顺油研特种蜡有限公司。

5.5.2 橡胶防护蜡系列产品

产品性能

具有合适的正、异构烷烃含量，合理的碳原子数分布及分子量。迁移速度适当，抗臭氧温度范围较宽。抗天候老化性能良好，对延长橡胶制品的使用寿命效果明显。

生产方法

可作为乘用子午线轮胎、载重子午线轮胎、斜交轮胎、工程轮胎及其他橡胶制品的物理防老剂。

生产方法

精选石蜡、混晶蜡、微晶蜡及多种改性添加剂加工而成。

技术参数

FYT-1 型橡胶防护蜡企业标准见表 5-5-2，SFC 型橡胶防护蜡见表 5-5-3，FLY-3 型橡胶防护蜡企业标准见表 5-5-4，FYT-0301 型橡胶防护蜡企业标准见表 5-5-5，FYT-C32 型橡胶防护蜡企业标准见表 5-5-6，P 型橡胶防护蜡企业标准见表 5-5-7，FYT-652 型橡胶防护蜡企业标准见表 5-5-8，FYT-652K 型橡胶防护蜡企业标准见表 5-5-9，FYT-N 型橡胶防护蜡企业标准见表 5-5-10，N-3 型橡胶防护蜡企业标准见表 5-5-11，ND-6 型橡胶防护蜡企业标准见表 5-5-12，FYT-502 型橡胶防护蜡企业标准见表 5-5-13，FYT-521 型橡胶防护蜡企业标准见表 5-5-14，FYT-6266 型橡胶防护蜡企业标准见表 5-5-15，FYT-FWJ 型橡胶防护蜡企业标准见表 5-5-16。

表 5-5-2　FYT-1 型橡胶防护蜡企业标准

项　目		质量指标	试验方法
外观		白至浅黄色粒状	目 测
滴点/℃		62.0～66.0	SH/T 0115
运动黏度(100℃)/(mm^2/s)		5.8～7.8	GB/T 265
折光指数(80℃)		1.425～1.440	GB/T 6488*
灰分/%(质量分数)	不大于	0.1	GB/T 508*
针入度(25℃)/0.1mm	不大于	16	GB/T 4985*
正构烷烃/%(质量分数)		70.0～85.0	SH/T 0653*
碳数分布高峰/%(质量分数)		C_{29}～C_{31}	SH/T 0653*

注：* 为定期检验项目。

表 5-5-3　SFC 型橡胶防护蜡企业标准

项　目		质量指标	试验方法
外观		白至浅黄色粒状	目 测
冻凝点/℃		60.0～64.0	SH/T 0132
运动黏度(99℃)/(mm^2/s)		5.8～6.5	GB/T 265
折光指数(80℃)		1.432～1.440	GB/T 6488*
灰分/%(质量分数)	不大于	0.1	GB/T 508*
含油/%(质量分数)	不大于	1.5	GB/T 3554*
密度(20℃)/(g/cm^3)		0.91～0.92	GB/T 13377*

注：* 为定期检验项目。

表 5-5-4　FLY-3 型橡胶防护蜡企业标准

项　目		质量指标	试验方法
外观		白色至黄色粒状	目 测
凝固点/℃		61.0～67.0	皮列里公司方法
运动黏度(100℃)/(mm^2/s)		5.5～7.5	GB/T 265
折光指数(100℃)		1.425～1.435	GB/T 6488*
灰分/%(质量分数)	不大于	0.1	GB/T 508*
异构烷烃/%(质量分数)		34.0～44.0	SH/T 0653*
碳数分布/%(质量分数)			SH/T 0653*
C_{25}～C_{29}		18.0～26.0	
C_{30}～C_{34}		36.0～48.0	
C_{35}～C_{39}		18.0～26.0	
最大碳分布		C_{31}～C_{33}	

注：* 为定期检验项目。

表 5-5-5 FYT-0301 型橡胶防护蜡企业标准

项　目		质量指标	试验方法
外观		白至浅黄色粒状	目 测
凝固点/℃		63.0～69.0	皮列里公司方法
运动黏度(100℃)/(mm^2/s)		6.0～8.0	GB/T 265
灰分/%（质量分数）	不大于	0.1	GB/T 508*
异构烷烃/%（质量分数）		30.0～45.0	SH/T 0653*
碳数分布/%（质量分数）			SH/T 0653*
$\leqslant C_{26}$		7.0～21.0	
C_{27}～C_{32}		15.0～29.0	
C_{33}～C_{44}		44.0～58.0	
$\geqslant C_{45}$		4.0～18.0	
注：* 为定期检验项目。			

表 5-5-6 FYT-C32 型橡胶防护蜡企业标准

项　目		质量指标	试验方法
外观		兰色粒状	目 测
凝固点/℃		63.0～69.0	皮列里公司方法
正构烷烃/%（质量分数）		54.5～74.5	SH/T 0653*
碳数分布中心/%（质量分数）		C_{31}～C_{33}	SH/T 0653*
灰分/%（质量分数）	不大于	0.1	GB/T 508*
热重损失/%（质量分数）	不大于	0.2	05072 MM 132 IKA*
含油/%(质量分数)	不大于	2.0	GB/T 3554*
聚乙烯含量/%(质量分数)		0.5～2.0	05167 MM 049 IKA*
注：* 为定期检验项目。			

表 5-5-7 P 型橡胶防护蜡企业标准

项 目	质量指标	试验方法
外观	白至浅黄色粒状	目 测
凝固点/℃	60.0～66.0	皮列里公司方法
运动黏度(100℃)/(mm^2/s)	5.0～7.0	GB/T 265
折光指数(100℃)	1.425～1.435	GB/T 6488*
灰分/%（质量分数）	0.1	GB/T 508*
碳数分布/%（质量分数）		SH/T 0653*
C_{22}～C_{32}	50.0～70.0	
C_{33}～C_{42}	30.0～50.0	
C_{30}	8.0～12.0	
C_{32}	8.0～12.0	
C_{35}	3.5～7.5	
注：* 为定期检验项目。		

表 5-5-8 FYT-652 型橡胶防护蜡企业标准

项　目	质量指标	试验方法
外观	白至浅黄色粒状	目 测
熔点/℃	60.0～65.0	GB/T 2539
运动黏度(100℃)/(mm^2/s)	5.0～7.0	GB/T 265
灰分/%（质量分数）　不大于	0.1	GB/T 508*
密度(20℃)/(g/cm^3)	0.91～0.94	GB/T 13377*
碳数分布/%（质量分数） ≤C_{27} C_{28}～C_{34} ≥C_{35}	 9.0～23.0 65.0～79.0 4.0～18.0	SH/T 0653*
注：* 为定期检验项目。		

表 5-5-9 FYT-652K 型橡胶防护蜡企业标准

项 目	质 量 指 标	试验方法
外观	白至浅黄色粒状	目 测
熔点/℃	62.0～68.0	GB/T 2539
运动黏度(100℃)/(mm^2/s)	5.5～7.5	GB/T 265
灰分/%（质量分数）　不大于	0.1	GB/T 508*
密度(20℃)/(g/cm^3)	0.85～0.95	GB/T 13377*
碳数分布　%（质量分数） ≤C_{27} C_{28}～C_{34} ≥C_{35}	 5.0～23.0 51.0～69.0 19.0～35.0	SH/T 0653*
注：* 为定期检验项目。		

表 5-5-10 YT-N 型橡胶防护蜡企业标准

项　目	质量指标	试验方法
外观	白至浅黄色粒状	目 测
凝固点/℃	63.0～69.0	皮列里公司方法
运动黏度(100℃)/(mm^2/s)	5.5～7.5	GB/T 265
灰分/%（质量分数）　不大于	0.1	GB/T 508*
异构烷烃/%（质量分数）	35.0～45.0	SH/T 0653*
碳数分布/%（质量分数） ≤C_{26} C_{27}～C_{32} C_{33}～C_{44} ≥C_{45}	 1.0～11.0 20.0～34.0 58.0～70.0 0.0～6.0	SH/T 0653*
注：* 为定期检验项目。		

表 5-5-11 N-3 型橡胶防护蜡企业标准

项 目	质量指标	试验方法
外观	白至浅黄色粒状	目测
熔点/℃	61.4±3.0	GB/T 2539
灰分/%（质量分数） 不大于	0.01	GB/T 508*
正构烷烃/%（质量分数）	75.0±5.0	SH/T 0653*
异构烷烃/%（质量分数）	25.0±5.0	SH/T 0653*
正构碳数分布/%（质量分数） $<C_{26}$ $C_{26}\sim C_{32}$ $C_{33}\sim C_{44}$ $>C_{44}$ 异构碳数分布/%（质量分数） $<C_{26}$ $C_{26}\sim C_{32}$ $C_{33}\sim C_{44}$ $>C_{44}$	 8.0±2.0 51.0±5.0 15.75±3.0 0.25±0.25 0.25±0.25 11.5±2.5 13.0±3.0 0.25±0.25	SH/T 0653*
注：* 为定期检验项目。		

表 5-5-12 ND-6 型橡胶防护蜡企业标准

项 目	质量指标	试验方法
外观	黄色至黄褐色粒状	目 测
针入度(43℃)/0.1mm	66±16	GB/T 4985
灰分/%（质量分数） 不大于	0.01	GB/T 508*
正构烷烃/%（质量分数）	45.0±8.0	SH/T 0653*
异构烷烃/%（质量分数）	55.0±8.0	SH/T 0653*
正构碳数分布/%（质量分数） $<C_{26}$ $C_{26}\sim C_{32}$ $C_{33}\sim C_{44}$ $>C_{44}$ 异构碳数分布 %（质量分数） $<C_{26}$ $C_{26}\sim C_{32}$ $C_{33}\sim C_{44}$ $>C_{44}$	2.0±1.5 15.0±5.0 23.0±3.0 5.0±3.0 0.5±0.5 4.0±2.0 27.0±5.0 23.5±5.0	SH/T 0653*

表 5-5-13 FYT-502 型橡胶防护蜡企业标准

项　目	质量指标	试验方法
外观	白至棕黄色粒状	目 测
熔点/℃	65.0～70.0	GB/T 2539
密度(20℃)/(g/cm^3)	0.91～0.95	GB/T 13377*
加热减量(55℃，5h)/%(质量分数)　不大于	0.2	05072 MM 132 IKA*
灰分/%（质量分数）　不大于	0.3	GB/T 508*
异构烷烃/%（质量分数）	30.0～40.0	SH/T 0653*
碳数分布/%（质量分数） C_{max} C_{30}～C_{34} C_{35}～C_{38}	 C_{31}～C_{32} 36.0～46.0 21.0～31.0	SH/T 0653*
注：* 为定期检验项目。		

表 5-5-14 FYT-521 型橡胶防护蜡企业标准

项　目	质量指标	试验方法
外观	白至浅黄色粒状	目 测
熔点/℃	58.0～63.0	GB/T 2539
密度(20℃)/(g/cm^3)	0.91～0.93	GB/T 13377*
加热减量(50℃，2h)/%(质量分数)　不大于	0.1	05072 MM 132 IKA*
灰分/%（质量分数）　不大于	0.3	GB/T 508*
异构烷烃/%（质量分数）	25.0～35.0	SH/T 0653*
碳数分布/%（质量分数） C_{max} C_{26}～C_{27} C_{28}～C_{29} C_{30}～C_{32}	 C_{28}～C_{29} 14.0～24.0 15.0～25.0 24.0～34.0	SH/T 0653*
注：* 为定期检验项目。		

表 5-5-15 FYT-6266 型橡胶防护蜡企业标准

项　目	质量指标	试验方法
外观	白至浅黄色粒状	目 测
凝固点/℃	61.0～67.0	皮列里公司方法
含油/%(质量分数)	0～2.5	GB/T 3554*
聚乙烯含量/%(质量分数)	0.5～2.0	05167 MM 049 IKA*
注：* 为定期检验项目。		

表 5-5-16　FYT-FWJ 型橡胶防护蜡企业标准

项　目		质量指标	试验方法
外观		白至浅黄色粒状	目 测
熔点/℃		60.0～65.0	GB/T 2539
运动黏度(100℃)/(mm^2/s)		5.5～7.5	GB/T 265
含油/%(质量分数)	不大于	1.8	GB/T 3554*
灰分/%（质量分数）	不大于	0.1	GB/T 508*
折光指数(80℃)		1.428～1.440	GB/T 6488*
碳数分布/%（质量分数） $\leqslant C_{27}$ C_{28}～C_{34} $\geqslant C_{35}$		 13.0～27.0 58.0～72.0 8.0～22.0	SH/T 0653*
注：＊为定期检验项目。			

注意事项

在储运过程中注意保持包装物完好，注意防水、防雨、应储存于室温、干燥、通风处，并远离火源。

生产厂家

中国石油化工股份有限公司抚顺石油化工研究院。

5.5.3　炸药专用复合蜡

产品性能

具有良好的黏温特性和乳化性。

生产方法

采用不同馏程的含蜡馏分或与助乳剂、增稠剂等复合而制得。

主要用途

适用于民用爆破等行业。

技术参数

炸药专用复合蜡石化行业标准见表 5-5-17 。

表 5-5-17　炸药专用复合蜡石化行业标准(SH/T 0807—2008)

项　目		质量指标						试验方法
		1 号	2 号	3 号	4 号	5 号	6 号	
含油量(质量分数)/%	不小于	15	20	25	30	35	35	SH/T 0556
	小于	20	25	30	35	40	45	
滴熔点/℃		58～75						GB/T 8026
运动黏度(100℃)/(mm^2/s)		7.0～10					13～20	GB/T 265
闪点(开口)/℃	不低于	200						GB/T 3536
密度(20℃)/(kg/m^3)		实测						GB/T 1884 和 GB/T 1885
机械杂质(质量分数)/%	不大于	0.05						GB/T 511
水分(质量分数)/%	不大于	无						GB/T 260

注意事项

在储运过程中注意保持包装物完好，注意防水、防雨、应储存于室温、干燥、通风处，并远离火源。

生产厂家

中国石油化工股份有限公司南阳石蜡精细化工厂、南京杨山复合材料有限公司、抚顺凌众蜡业有限公司、江西万年昌科技有限公司、广东新华粤石化股份有限公司。

5.5.4 FR 型粉状乳化炸药专用蜡

产品性能

乳化效率高，成乳速度快，乳化颗粒粒径小，可提高炸药的爆轰性能。可适当提高装药密度。生产的乳化基质高温稠度小，便于管道输送，降低管道压力。制备的乳胶基质药态好，有弹性，光亮且细腻，无游离硝酸铵产生。乳化温度最高可达 160℃。

生产方法

由多种石油馏分与 FR 高分子乳化剂等组分调和而成。

主要用途

适用于各种粉状乳化炸药配方、工艺。

技术参数

FR 型粉状乳化炸药专用蜡企业标准见表 5-5-18。

表 5-5-18　FR 型粉状乳化炸药专用蜡企业标准

项目		质量指标	试验方法
滴点/℃		80～90	GB/T270
黏度(100℃)/(mm^2/s)		60.0～80.0	GB/T 256
含油量/%(质量分数)		15～25	GB/T 0556
针入度(25℃，100g)/0.1mm		50～90	GB/T 4958
酸值/(mgKOH/g)	不大于	5.0	GB/T 264
闪点(开口)/℃	不小于	200	GB/T 3536
机械杂质/%(质量分数)		无	GB/T 511
水分/%(质量分数)		痕迹	GB/T 260

注意事项

产品按一般难燃性油品贮存和运输。贮存场所阴凉干燥，远离火源。产品有效期三年。

生产厂家

中国石油化工股份有限公司抚顺石油化工研究院。

5.5.5 自愈式金属化电容器用蜡

产品性能

外观为白色固体，滴熔点高，具有适宜的高温性能，且防湿、防潮、绝缘、抗氧化性能优异，损耗小，相容性好。

生产方法

以微品蜡、混晶蜡为主要原料，添加添加剂改性而制得。

主要用途

产品按击穿电压分为 1 号、2 号、3 号三个牌号。其中 1 号适用于击穿电压在 60kV/2.5mm 以上的电容器的浸渍和封固，2 号适用于击穿电压在 50kV/2.5mm 以上的电容器的浸渍和封固，3 号适用于击穿电压在40kV/2. 5 mm以上的电容器的浸渍和封固。

技术参数

自愈式金属化电容器用蜡的技术要求和试验方法见表5-5-19。

表5-5-19 自愈式金属化电容器用蜡石化行业标准(NB/SH/T 0866—2013)

项目		质量指标			试验方法
		1号	2号	3号	
击穿电压/(KV/2.5 mm)	不小于	60	50	40	GB/T 507
体积收缩率/%(体积分数)	不大于	8	9	10	SH/T 0588
酸值/(mgKOH/g)	不大于	0.04	0.06	0.08	GB/T 264
颜色/号	不大于	2.5	3.0	3.5	GB/T 6540
体积电阻率/(Ω·cm)	不小于	1×10^{15}		1×10^{14}	GB/T 1410
滴熔点/℃	不大于	72			GB/T 8026
	不小于	64			
铜片腐蚀(100℃,3h)/级	不大于	1			GB/T 5096
熔融状态(80℃)		全熔			目测[a]

[a] 取100 g固体蜡样放入玻璃烧杯中,在80℃±1℃恒温箱中放置4 h,蜡样应全部熔化,蜡液澄清。

注意事项

在储运过程中注意保持包装物不破损,应储存于干燥、通风、低于50℃之处,宜避光保存,注意防火,远离火源。

生产厂家

中国石油化工股份有限公司南阳石蜡精细化工厂、上海泰尔精蜡有限公司。

5.5.6 电力电容器用蜡系列产品

产品性能

FX012绝缘浸渍灌封蜡具有良好电性能、防潮性能、流动性、吸气性、耐热性和耐寒性。产品性能稳定,无毒无污染。BC型薄层浸渍蜡具有黏度低,浸渍涂层薄,绝缘性、防潮性好等特点。SW135型硅片粘结蜡具有快速、强有力的粘结性能,热稳定性好,易于被某些溶剂充分溶解和清洗,无毒,产品性能稳定,使用方便。DS8660型陶瓷滤波器用蜡熔融黏度低,易渗透,无味,无嗅,高温流失后无残留物。具有良好的耐溶剂性能,滴蜡后空腔形成良好,对产品电性能无不良影响。C864型精密铸造用蜡抗弯强度高、灰分小,收缩率小且稳定,涂挂性和复用性好,表面硬度和光洁度高,无毒、无污染。

生产方法

微晶蜡等原料改性而制得。

主要用途

FX012绝缘浸渍灌封蜡主要用于CBB系列电容器、交流电容器、低压电力电容器等金属化膜电容器的浸渍灌封,也可用于其他电子元件的浸渍灌封。BC型薄层浸渍蜡主要用于瓷介电容器、云母电容器、彩电延迟线等电子元器件的浸渍和包封。SW135型硅片粘结蜡可用作硅片研磨抛光粘合剂和其他电子元器件粘合材料。DS8660型陶瓷滤波器用蜡主要用于陶瓷滤波器生产中所用的空腔形成材料。C864型精密铸造用蜡主要用于大型薄壁整体结构件的精密铸造。

技术参数

FX012绝缘浸渍灌封蜡企业标准见表5-5-20。BC型薄层浸渍蜡企业标准见表5-5-21。SW135

型硅片粘结蜡企业标准见表 5-5-22 。DS8660 型陶瓷滤波器用蜡企业标准见表 5-5-23 。C864 型精密铸造用蜡企业标准见表 5-5-24 。

表 5-5-20　FX012 绝缘浸渍灌封蜡企业标准

型　号	FX012-1	FX012-2	FX012-3	FX012-3B	FX012-4
滴熔点/℃	80～83	75～80	70～74	68～72	74～78
针入度(20℃)/0.1mm	36～42	100～114	46～52	52～65	46～52
运动黏度(125℃)/(mm^2/s)	10～14	15～20	10～14	10～24 (100℃)	10～14
体积电阻率(50℃)/Ω·m　不小于	1×10^{12}				
介质损耗(50℃)/ tgδ　不大于	9×10^{-3}				
介电常数	2.0～2.5				
酸值/(mgKOH/g)　不大于	<0.1				
水分/%	NO				
机械杂质/%	NO				

表 5-5-21　BC 型薄层浸渍蜡企业标准

项　目	指标范围	检验方法
滴熔点/ ℃	75～80	GB/T 8026
针入度(25℃)/0.1mm	8～15	GB/T 4985
运动黏度(100℃)/(mm^2/s)	6～12	GB/T 265
体积电阻率/Ω·m　不小于	1×10^{15}	GB/T 5654
介质损耗　不大于	9×10^{-3}	GB/T 5654

表 5-5-22　SW135 型硅片粘结蜡企业标准

项　目	指标范围	检验方法
软化点/℃	70～78	GB/T 4507
运动黏度(130℃)/(mm^2/s)	26～36	GB/T 265
针入度(25℃)/0.1mm	2～6	GB/T 4985

表 5-5-23　DS8660 型陶瓷滤波器企业标准

项　目	指标范围	检验方法
熔点/℃	60～62	GB/T 2539
针入度(25℃)/0.1mm	8～15	GB/T 4985
运动黏度(100℃)/(mm^2/s)	3～8	GB/T 265

表 5-5-24　C864 型精密铸造用蜡企业标准

项　目	指标范围	检验方法
滴熔点/℃	70～80	GB/T 8026
针入度(25℃)/0.1mm	8	GB/T4985
运动黏度(100℃)/(mm^2/s)	60～80	GB/T265
灰 分/ %	0.05	GB/T508
线性收缩率/%	1	GB/T14235.4
抗弯强度/MPa	5	GB/T14235.2

注意事项

在储运过程中注意保持包装物完好，注意防水、防雨、应储存于室温、干燥、通风处，并远离火源。

生产厂家

中国石油化工股份有限公司抚顺石油化工研究院。

5.5.7 家禽拔毛专用蜡

产品性能

符合国家安全食品标准。在产品中添加符合食品安全的抗氧剂、稳定剂等，比传统的沥青、松香更具有耐久性。剥离强度大，脱毛效果好，可满足各类禽畜的脱毛加工。

生产方法

以食品级石油蜡为基础组分，添加一定量的食品级改性添加剂，经物理调和而制得。

主要用途

适用于家禽拔毛。

技术参数

家禽拔毛专用蜡石化行业标准见表 5-5-25 。

表 5-5-25 家禽拔毛专用蜡石化行业标准(NB/SH/T 0875—2013)

项目		质量指标				试验方法
		6 号	8 号	10 号	12 号	
剥离强度/(kN/m)	不小于	0.6	0.8	1.0	1.2	附录 A
	小于	0.8	1.0	1.2	—	
耐油性		通过				附录 B
软化点/℃		55 ~ 65				GB/T 4507
运动黏度(80℃)/(mm^2/s)		50 ~ 100				GB/T 265
运动黏度(100℃)/(mm^2/s)	不大于	50				GB/T 265
重金属含量/(mg/kg)	不大于	10				GB/T 5009.74
铅含量/(mg/kg)	不大于	1				GB/T 5009.75
砷含量/(mg/kg)	不大于	1				GB/T 5009.76
急性毒性试验		无毒				GB/T 15193.3

注意事项

在储运过程中注意保持包装物完好，注意防水、防雨、应储存于室温、干燥、通风处，并远离火源。

生产厂家

江苏泰尔新材料科技有限公司、山东六和集团食品事业部、抚顺凌众蜡业有限公司。

5.5.8 蜡烛用石蜡

产品性能

生产蜡烛的主要原料是石蜡，辅助原料是硬脂酸，微量原料有蜂蜡、香精、颜料、金属盐等。要求石蜡燃烧时无黑烟，不流泪、无灰尘、耐燃烧、亮度大，夏天不变软，杂质含量低。

生产方法

以含油蜡为原料，经发汗或溶剂脱油，再经白土或加氢精制所得到。

主要用途

适用于蜡烛用石蜡。

技术参数

蜡烛用石蜡轻工行业标准见表 5-5-26 。

表 5-5-26　蜡烛用石蜡轻工行业标准(QB/T 4362—2012)

项　目		要　求						
		50 号	52 号	54 号	56 号	58 号	60 号	62 号
熔点/℃	≥	50	52	54	56	58	60	62
	<	52	54	56	58	60	62	64
赛波特色彩指数/号	≥	+24						
气味/号	≤	2						
含油量/%，(质量分数)	≤	1.8						
灰分含量/%，(质量分数)	≤	0.1						
多环芳烃，紫外吸光度/cm		低于测试方法中的吸收限值						
硫含量/(mg/kg)	≤	20						
苯含量/(mg/kg)	≤	0.5						
甲苯含量/(mg/kg)	≤	5.0						
光安定性/号	≤	7						
针入度(25℃)/0.1mm	≤	23						
水溶性酸或碱		无						
重金属含量(以铅计)/(mg/kg)	≤	10						
砷含量(以 As_2O_3 计)/(mg/kg)	≤	2						
无机物含量/%	≤	0.05						

注意事项

在储运过程中注意保持包装物完好，注意防水、防雨、应储存于室温、干燥、通风处，并远离火源。

生产厂家

中国石油天然气股份有限公司抚顺石化分公司、中国石油天然气股份有限公司大庆石化分公司、中国石油天然气股份有限公司大连石化分公司、中国石油天然气股份有限公司兰州石化分公司，中国石油天然气股份有限公司大庆炼化分公司、中国石油天然气股份有限公司大连玉门分公司、中国石油天然气股份有限公司独山子石化分公司、中国石油化工股份有限公司高桥石化分公司、中国石油化工股份有限公司茂名石化分公司、中国石油化工股份有限公司燕山石化分公司、中国石油化工股份有限公司荆门石化分公司、中国石油化工股份有限公司济南石化分公司、中国石油化工股份有限公司南阳石蜡精细化工厂。

5.5.9　感温蜡

产品性能

利用感温蜡固液相变时的体积变化控制阀门开度，从而达到根据环境温度变化调节物流流量的作用。其膨胀性能是其所含各种烃的结构及比例的综合反映。烃类物质相变过程中体积膨胀可达到 11% ~15% 。

生产方法

由适当的石油蜡或合成蜡经精细加工而制成。

主要用途

主要用于蜡质感温元件，在其中起接收温度变化信息和输出动作的双重作用，是蜡质感温元件中的核心部分。

技术参数

汽车用感温蜡系列(A 系列)企业标准见表 5-5-27，内燃机用感温蜡系列(B 系列)企业标准见表 5-5-28，船舶用感温蜡系列(C 系列)企业标准见表 5-5-29 ，其他用途感温蜡系列(D 系列)企业标准见表 5-5-30。

表 5-5-27 汽车用感温蜡系列(A 系列)企业标准

产品名称	(控温范围)/℃	质量指标	
		绝对行程值/mm 大于	相对行程值/% 大于
A13	13 ~ 17	—	80
A25	25 ~ 35	5. 5	80
A33	33 ~ 37	—	80
A35	35 ~ 45	6	80
ZK-4075T	40 ~ 75	—	80
A45	45 ~ 55	8	80
A50	50 ~ 60	8	80
A55	55 ~ 65	8	80
A65	65 ~ 75	8	80
A70A	68 ~ 84	8	80
74#	70 ~ 80	8	80
CX70A-1	70 ~ 80	8	80
76#	72 ~ 82	8	80
78#	74 ~ 84	8	80
80#	76 ~ 86	8	80
CX76A-1	76 ~ 86	8	80
82#	78 ~ 88	8	80
A80	80 ~ 90	8	80
CX82A-1	82 ~ 90	8	80
A82	82 ~ 92	8	80
83#	83 ~ 92	8	80
A84	84 ~ 94	8	80
A87	87 ~ 97	8	80
A89	89 ~ 99	8	80
A92	90 ~ 104	8	80

表 5-5-28　内燃机用感温蜡系列(B 系列)企业标准

产品名称	质量指标	
	控温范围/℃	相对行程值/%　大于
B42	42～50	80
B45	45～55	80
B50	50～60	80
B56	56～64	80
B60	60～72	80
B65-1	65～75	80
B65-2	66～74	90
B70	70～80	80
B74-1	74～82	80
B74-2	74～82	90
B75-1	75～81	80
B75-2	75～85	80
B76	76～83	80
B80	80～88	80
B85	85～95	80

表 5-5-29　船舶用感温蜡系列(C 系列)企业标准

产品名称	(控温范围)/℃	相对行程值/%　大于
C25	25～35	80
C30-1	30～40	80
C30-2	30～45	80
C35	35～50	80
C40	40～55	80
C45	45～60	80
C50	50～65	80
C55	55～70	80
C60	60～75	80
C65	65～80	80
C70	70～85	80
C75	75～90	80

表 5-5-30　其他用途感温蜡系列(D 系列)企业标准

产品名称	控温范围/℃	相对行程值/%　大于
D－5	-5～5	80
DK-0728	7～28	80
DZK-2065	0～120	80
D25	25～60	80

注意事项

在储运过程中注意保持包装物完好，注意防水、防雨、应储存于室温、干燥、通风处，并远离火源。

生产厂家

中国石油化工股份有限公司抚顺石油化工研究院。

5.5.10 地板防潮蜡

产品性能

外观为淡黄色固体。具有结晶细腻、致密性、疏水性极好的特点，渗入木地板表面微孔可形成连续、致密、柔韧性极好的网状及片状混合结构的防水密闭层，具有良好的防水、防潮性能。对地板企口进行密封处理，可阻挡水汽的侵入，解决地板涨、翘的问题，同时封住密度板中甲醛释放，增强地板的环保性，并使地板企口润滑、静音，从而延长地板的使用寿命。

生产方法

多种石油蜡组分为主要原料，加入添加剂调和而成。

主要用途

适用于高、中档木地板和强化木地板。

技术参数

地板防潮蜡企业标准见表 5-5-31。

表 5-5-31 地板防潮蜡企业标准

项 目		质量指标	试验方法
滴熔点/℃		67 ~ 77	GB/T 8026
针入度(25℃，100g)/0.1mm	不大于	30	GB/T 4985
含油量/%	不大于	3	GB/T 3554
颜色/号	不大于	4.5	GB/T 6540
运动黏度(100℃)/(mm^2/s)	不小于	6	GB/T 265
机杂及水分		无	GB/T 260

注意事项

在储运过程中注意保持包装物完好，注意防水、防雨、应储存于室温、干燥、通风处，并远离火源。

生产厂家

中国石油化工股份有限公司南阳石蜡精细化工厂。

5.5.11 地板微晶防水蜡

产品性能

外观为淡黄色固体。具有结晶细腻、致密性、疏水性极好的特点，渗入木地板表面微孔可形成连续、致密、柔韧性极好的网状及片状混合结构的防水密闭层，具有良好的防水、防潮性能。

生产方法

以多种石油蜡组分为主要原料，加入添加剂调和而成。

主要用途

适用于高、中档木地板和强化木地板，用于对地板企口进行密封处理。

技术参数

地板微晶防水蜡企业标准见表 5-5-32。

表 5-5-32　地板微晶防水蜡企业标准

项　目	质量指标		试验方法
	WR-1(夏)	WR-2(冬)	
外观	淡黄色膏体	淡黄色膏体	目测
凝固点/℃	45～60	40～50	参照 GB/T 510 空气中自然冷却
比色/号　　不大于	3.5	3.5	GB/T 6540
机械杂质及水分	无	无	目测
防水性	好	好	目测

注意事项

在储运过程中注意保持包装物完好，注意防水、防雨、应储存于室温、干燥、通风处，并远离火源。

生产厂家

中国石油化工股份有限公司南阳石蜡精细化工厂。

6 石油沥青

6.1 道路沥青

6.1.1 道路石油沥青

产品性能

常温下为黑色发亮半固体，加热时逐渐熔化，能溶于有机溶剂。具有较好的流动性、热稳定性、持久的粘附性、弹塑性、电绝缘性及抗水性。石油沥青是由许多高分子碳氢化合物及非金属(主要为氧、硫、氮等)衍生物组成的复杂混合物。从使用的角度出发，沥青的组分主要有油分、树脂和沥青质。油分是淡黄色至红褐色的粘性液体，决定沥青流动性的组分。树脂为黄色至黑褐色的沾稠状半固体，决定沥青塑性和粘结性的组分。沥青质是深褐色至黑褐色无定形固体粉末，决定沥青粘性和温度稳定性的组分。

生产方法

采用石油为原料经各种工艺制得。

主要用途

适用于中、低等级道路及城市道路非主干道的道路沥青路面，也可作为乳化沥青和稀释沥青的原料。

技术参数

道路石油沥青石化行业标准见表6-1-1。

表6-1-1 道路石油沥青石化行业标准(NB/SH/T 0522—2010)

项 目		质量指标					试验方法
		200号	180号	140号	100号	60号	
针入度(25 ℃，100 g，5 s)/(1/10 mm)		200~300	150~200	110~150	80~110	50~80	GB/T 4509
延度(25℃)/cm	不小于	20	100	100	90	70	GB/T 4508
软化点/℃		30~48	35~48	38~51	42~55	45~58	GB/T 4507
溶解度/%	不小于	99.0					GB/T 11148
闪点(开口)/℃	不低于	180	200	230			GB/T 267
密度(25℃)/(g/cm^3)		报告					GB/T 8928
蜡含量/%	不大于	4.5					SH/T 0425
薄膜烘箱试验(163℃，5h)							
质量变化/%	不大于	1.3	1.3	1.3	1.2	1.0	GB/T 5304
针入度比/%		报告					GB/T 4509
延度(25℃)/cm		报告					GB/T 4508
注：如25℃延度达不到，15℃延度达到时，也认为是合格的，指标要求与25℃延度一致							

注意事项

沥青的运输方式主要有船运、铁运、汽运等专用工具，为了防止沥青老化，在沥青的热储存和运输过程中温度最好维持在80~90℃。对于袋装和桶装沥青，则不用使用专用的保温罐车，可以常温保存和运输。沥青在贮运、使用和存放过程中应有良好的防水、防尘措施，避免雨水或加热管道蒸汽和杂质进入沥青中，同时无论是沥青的存储还是运输过程中，都要将沥青产品按照产地、品种分开运输和存储，以免影响产品品质。

生产厂家

中国石油化工股份有限公司、中国石油天然气股份有限公司、中海沥青股份公司、中海沥青(四川）有限公司、中海沥青（泰州）有限责任公司、山东瑞青道路材料有限公司、盘锦北方沥青股份有限公司、天津海泰环保科技发展有限公司、路翔股份有限公司、深圳路安特沥青高新技术有限公司、四川正中路面科技有限公司、山东东明石化集团有限公司、山东垦利石化有限公司、青岛安邦石化有限公司、潍坊弘润石化助剂有限公司、山东高速道路材料有限公司、青岛安邦路法沥青有限公司、淄博清源石化石化有限公司、江苏宝利沥青股份有限公司、江苏宝利沥青股份有限公司、湖北国创高新材料股份有限公司、泰普克沥青（大众）有限公司、佛山中油高富石油有限公司、四川盛马化工股份有限公司。

6.1.2 重交通道路沥青

产品性能

常温下为黑色发亮半固体，加热时逐渐熔化，能溶于有机溶剂。具有较好的流动性 、热稳定性、持久的粘附性、弹塑性、电绝缘性及抗水性。

生产方法

采用原油经常减压蒸馏或残余物经氧化及调合而制得，也可由溶剂脱沥青工艺及调合方法而制得。

主要用途

适用于修筑高速公路、一级公路和城市快速路、主干路等重交通道路石油沥青，也可用于其他各等级公路、城市道路、机场道面等，以及作为乳化沥青、稀释沥青和改性沥青的原料。

技术参数

重交通道路沥青国家标准见表 6-1-2。

表 6-1-2 重交通道路沥青国家标准（GB/T 15180—2000）

项 目		质量指标						试验方法
		AH-130	AH-110	AH-90	AH-70	AH-50	AH-30	
针入度(25 ℃，100 g，5 s)/(0.1 mm)		120～140	100～120	80～100	60～80	40～60	20～40	GB/T 4509
延度(15 ℃)/cm	不小于	100	100	100	100	80	报告[a]	GB/T 4508
软化点/℃		38～51	40～53	42～55	44～57	45～58	50～65	GB/T 4507
溶解度/%	不小于	99.0	99.0	99.0	99.0	99.0	99.0	GB/T 11148
闪点(开口杯法)/℃	不小于	230					260	GB/T 267
密度(25 ℃)/(kg/m^3)		报告						GB/T 8928
蜡含量(质量分数)/%	不大于	3.0	3.0	3.0	3.0	3.0	3.0	SH/T 0425
薄膜烘箱试验(163℃，5h)								GB/T 5304
质量变化/%	不大于	1.3	1.2	1.0	0.8	0.6	0.5	GB/T 5304
针入度比/%	不小于	45	48	50	55	58	60	GB/T 4509
延度(15℃)/cm	不小于	100	50	40	30	报告[a]	报告[a]	GB/T 4508
[a] 报告应为实测值。								

注意事项

按 SH 0164 进行。保证以液态形式贮运，用专用石油沥青保温车运输。贮运及使用中注意防水、防烫伤、防混入不同种类和质量的其他沥青及杂质，防加热时间过长、保温过高。

生产厂家

中国石油化工股份有限公司、中国石油天然气股份有限公司、中海沥青股份公司、中海沥青(四川)有限公司、中海沥青(泰州)有限公司、大连西太平洋石油化工有限公司、青岛广源发集团有限公司、四川盛马化工股份有限公司、许昌金欧特沥青股份有限公司、阿尔法(江阴)沥青有限公司、东莞泰和沥青产品有限公司、天津海泰环保科技发展有限公司、路翔股份有限公司、深圳路安特沥青高新技术有限公司、四川正中路面科技有限公司。

6.1.3 A级/B级/C级道路石油沥青

产品性能

在常温下是黑色或黑褐色的粘稠的液体、半固体或固体，主要含有可溶于三氯乙烯的烃类及非烃类衍生物，其性质和组成随原油来源和生产方法的不同而变化。色黑而有光泽，具有较高的感温性。具有较好的流动性、热稳定性、持久的粘附性、弹塑性、电绝缘性及抗水性。

生产方法

由原油经常减压蒸馏或残余物经氧化及调合而制得，也可由溶剂脱沥青工艺及调合方法而制得。

主要用途

A级石油沥青适用于各个等级的公路，包括任何场合和层次。B级道路石油沥青适用于高速公路、一级公路沥青下面层及以下的层次，二级及二级以下公路的各个层次，也用做改性沥青、乳化沥青、改性乳化沥青、稀释沥青的基质沥青。C级石油沥青适用于三级及三级以下公路的各个层次。

技术参数

A级/B级/C级道路石油沥青交通行业标准见表6-1-3。

注意事项

对高速公路、一级公路，夏季温度高、高温持续时间长、重载交通、山区及丘陵区上坡路段、服务区、停车场等行车速度慢的路段，尤其是汽车荷载剪应力大的层次，宜采用稠度大、60℃黏度大的沥青，也可提高高温气候分区的温度水平选用沥青等级；对冬季寒冷的地区或交通量小的公路、旅游公路宜选用稠度小、低温延度大的沥青；对温度日温差、年温差大的地区宜注意选用针入度指数大的沥青。当高温要求与低温要求发生矛盾时应优先考虑满足高温性能的要求。沥青必须按品种、标号分开存放。除长期不使用的沥青可放在自然温度下存储外，沥青在储罐中的贮存温度不宜低于130℃，并不得高于170 ℃。桶装沥青应直立堆放，加盖苫布。道路石油沥青在贮运、使用及存放过程中应有良好的防水措施，避免雨水或加热管道蒸气进入沥青中。

生产厂家

中国石油化工股份有限公司、中国石油天然气股份有限公司。

6.1.4 高粘高弹道路沥青

产品性能

可提高沥青黏度、增强沥青弹性恢复能力，有助于强化沥青对集料的粘结、减小沥青混合料塑性变形，提高沥青混合料的高温稳定性、耐疲劳性能和水稳定性等路用性能，进而提高路面使用寿命和服务性能。

生产方法

采用重交通道路沥青或以石油为原料经常减压工艺生产的减压渣油为原料，经沥青改 性工艺生产而得。

主要用途

适用于道路应力吸收层、桥面铺装和排水性路面用高粘高弹道路沥青，对于其他有相似要求的路面可参照使用。其中AVE-1用于排水性路面和桥面铺装，AVE-2用于压力吸收层。

技术参数

高黏高弹道路沥青国家标准见表6-1-4。

表 6-1-3　A 级/B 级/C 级道路石油沥青交通行业标准(JTG F40-2004)

指标	单位	等级	沥青标号																试验方法[①]
			160 号[④]	130 号[④]	110 号			90 号					70 号[③]					50 号[③]	30 号[④]	
针入度(25 ℃，5 s，100 g)	0. 1 mm		140 ~ 200	120 ~ 140	100 ~ 120			80 ~ 100					60 ~ 80					40 ~ 60	20 ~ 40	T 0604
适用的气候分区			注[④]	注[④]	2-1	2-2	3-2	1-1	1-2	1-3	2-2	2-3	1-3	1-4	2-2	2-3	2-4	1-4	注[④]	附录 A
针入度指数 PI[②]		A	-1. 5 ~ +1. 0																	T 0604
		B	-1. 8 ~ +1. 0																	
软化点(R&B)　不小于	℃	A	38	40	43			45			44		46		45			49	55	T 0606
		B	36	39	42			43			42		44		43			46	53	
		C	35	37	41			42					43					45	50	
60℃动力黏度[②]　不小于	Pa · s	A	—	60	120			160			140		180		160			200	260	T 0620
10℃延度[②]　不小于	cm	A	50	50	40			45	30	20	30	20	20	15	25	20	15	15	10	T 0605
		B	30	30	30			30	20	15	20	15	15	10	20	15	10	10	8	
15℃延度　不小于	cm	A、B	100															80	50	
		C	80	80	60			50					40					30	20	
蜡含量(蒸馏法) 不大于	%	A	2. 2																	T 0615
		B	3. 0																	
		C	4. 5																	

续表

指　标	单位	等级	沥青标号							试验方法①
			160 号④	130 号④	110 号	90 号	70 号③	50 号③	30 号④	
闪点　不小于	℃		230			245	260			T 0611
溶解度　不小于	%		99.5							T 0607
密度(15℃)	g/cm³		实测记录							T 0603
TFOT(或 RTFOT)后⑤										T 0610 或 T 0609
质量变化　不大于	%		±0.8							
残留针入度比(25℃)　不小于	%	A	48	54	55	57	61	63	65	T 0604
		B	45	50	52	54	58	60	62	
		C	40	45	48	50	54	58	60	
残留延度(10℃)　不小于	cm	A	12	12	10	8	6	4	—	T 0605
		B	10	10	8	6	4	2	—	
残留延度(15℃)　不小于	cm	C	40	35	30	20	15	10	—	T 0605

注：①试验方法按照现行《公路工程沥青及沥青混合料试验规程》(JTJ 052—2000)规定的方法执行。用于仲裁试验求取 *PI* 时的 5 个温度的针入度关系的相关系数不得小于 0.997。

②经建设单位同意，表中 *PI* 值、60℃动力黏度、10℃延度可作为选择性指标，也可不作为施工质量检验指标。

③70 号沥青可根据需要要求供应商提供针入度范围为 60～70 或 70～80 的沥青，50 号沥青可要求提供针入度范围为 40～50 或 50～60 的沥青。

④30 号沥青仅适用于沥青稳定基层。130 号和 160 号沥青除寒冷地区可直接在中低级公路上直接应用外，通常用作乳化沥青、稀释沥青、改性沥青的基质沥青。

⑤老化试验以 TFOT 为准，也可以 RTFOT 代替。

表 6-1-4　高黏高弹道路沥青国家标准（GB/T 30516—2014）

项目			单位	质量指标		试验方法
				AVE-1	AVE-2	
针入度(25℃，5s，100g)			1/10mm	40～80	60～100	GB/T 4509
延度(5cm/min，5℃)			cm	≮20	≮30	GB/T 4508
延度(5cm/min，15℃)			cm	报告	报告	GB/T 4508
软化点(环球法)			℃	≮70	≮75	GB/T4507
黏度(60℃)			mm^2/s	≮20000	≮20000	SH/T 0557
黏度(135℃)			Pa·s	报告	报告	SH/T 0739
弹性恢复(25℃)			%	≮85	≮85	SH/T 0737
离析(软件点差)[a]			℃	≯2.5	≯2.5	SH/T 0740
闪点(开口杯)			℃	≮230	≮230	GB/T 267
粘韧性(25℃)			N·m	—	报告	SH/T 0735
韧性(25℃)			N·m	—	报告	SH/T 0735
薄膜烘箱试验(163℃，5h)	质量变化		%	≯1.0	≯0.6	GB/T 5304
	针入度比	25℃	%	≮65	≮60	GB/T 4509
	延度	5℃	cm	≮15	≮20	

[a] 产品为现场制作和桶装时可不作要求，也可以在满足运输施工要求的情况下，由供需双方商定。

注意事项

沥青在生产和使用过程中可能需要在贮罐内保温贮存，如果处理适当，沥青可以重复加热即可在较高温度保持相当长的时间而不会使其性能受到严重损害。但是如果接触氧、光和过热就会引起沥青的硬化，最显著的标志是沥青的软化点上升，针入度下降，延度变差，使沥青的使用性能受到损失。

生产厂家

中海沥青股份有限公司、宁波炎日改性沥青有限公司、宁波丰诚改性沥青有限公司、广州路翔股份有限公司。

6.1.5　液体石油沥青

产品性能

黏度小，流动性好，涂刷在混凝土、砂浆或木材等基面上，能很快渗入基层孔隙，待溶剂挥发后，便与基面牢固结合。一方面使基面呈憎水性，另一方面有利于粘结同类防水材料。可常温下使用，作为防水工程的底层，故也称冷底子油。

生产方法

采用汽油、煤油、轻柴油等溶剂将石油沥青稀释而成。

主要用途

适用于透层、粘层及拌制冷拌沥青混合料。根据使用目的与场所，可选用快凝、中凝、慢凝的液体石油沥青。

技术参数

液体石油沥青交通行业标准见表 6-1-5。

表 6-1-5　液体石油沥青交通行业标准(JTG F40—2004)

试验项目		单位	快凝		中凝						慢凝						试验方法
			AL(R)-1	AL(R)-2	AL(M)-1	AL(M)-2	AL(M)-3	AL(M)-4	AL(M)-5	AL(M)-6	AL(S)-1	AL(S)-2	AL(S)-3	AL(S)-4	AL(S)-5	AL(S)-6	
黏度	$C_{25.5}$	s	<20	—	<20	—	—	—	—	—	<20	—	—	—	—	—	T 0621
	$C_{60.5}$	s	—	5～15	—	5～15	16～25	26～40	41～100	101～200	—	5～15	16～25	26～40	41～100	101～200	
蒸馏体积	225℃前	%	>20	>15	<10	<7	<3	<2	0	0	—	—	—	—	—	—	T 0632
	315℃前	%	>35	>30	<35	<25	<17	<14	<8	<5	—	—	—	—	—	—	
	360℃前	%	>45	>35	<50	<35	<30	<25	<20	<15	<40	<35	<25	<20	<15	<5	
蒸馏后残留物	针入度(25℃)	0.1mm	60～200	60～200	100～300	100～300	100～300	100～300	100～300	100～300	—						T 0604
	延度(25℃)	cm	>60	>60	>60	>60	>60	>60	>60	>60	—	—	—	—	—	—	T 0605
	浮漂度(5℃)	s	—	—	—	—	—	—	—	—	<20	>20	>30	>40	>45	>50	T 0631
闪点(TOC 法)		℃	>30	>30	>65	>65	>65	>65	>65	>65	>70	>70	>100	>100	>120	>120	T 0633
含水量　不大于		%	0.2	0.2	0.2	0.2	0.2	0.2	0.2	0.2	2.0	2.0	2.0	2.0	2.0	2.0	T 0612

注意事项

液体石油沥青在制作、贮存、使用的全过程中必须通风良好，并有专人负责，确保安全。基质沥青的加热温度严禁超过 140℃ ，液体沥青的贮存温度不得高于 50℃。

生产厂家

中国石油化工股份有限公司。

6.1.6　阻燃道路沥青

产品性能

阻燃沥青是利用复合型的阻燃剂以一定的工艺添加到沥青中，从而使沥青性增加了在空气中难燃的特性。阻燃沥青除基本上保持原来基质沥青性能之外，还具有阻燃的性能。

生产方法

采用道路石油沥青为原料，通过添加一定量的阻燃剂而制得。

主要用途

适用于桥梁、隧道等防火要求高的路面。

技术参数

阻燃道路沥青石化行业标准见表 6-1-6。

表 6-1-6　阻燃道路沥青石化行业标准(NB/SH/T 0820—2010)

项　目		70 号阻燃道路沥青		90 号阻燃道路沥青		试验方法
		Ⅰ型	Ⅱ型	Ⅰ型	Ⅱ型	
氧指数/%	不小于	23	25	23	25	SH/T xxxx
针入度(25 ℃, 100 g, 5 s)/0.1 mm		60～80		80～100		GB/T 4509
延度(15 ℃, 5 cm/min)/cm	不小于	80	60	80	60	GB/T 4508
软化点/℃	不小于	45				GB/T 4507
溶解度/%	不小于	90.0				GB/T 11148
闪点(开口杯法)/℃	不小于	230				GB/T 267
蜡含量/%	不大于	3.0				SH/T 0425
离析(软化点差值)/℃	不大于	2.5				SH/T 0740

续表

项　目		70 号阻燃道路沥青		90 号阻燃道路沥青		试验方法
		Ⅰ型	Ⅱ型	Ⅰ型	Ⅱ型	
密度(25℃)/(g/cm^2)		实测记录				GB/T 8928
薄膜烘箱试验(163℃，5h)						GB/T 5304
质量变化/%	不大于	0.8		1.0		GB/T 5304
针入度比/%	不小于	55		50		GB/T 4509
延度(15℃，5 cm/min)/cm	不小于	15	10	15	10	GB/T 4508

注意事项

按 SH 0164 进行。保证以液态形式贮运，用专用石油沥青保温车运输。贮运及使用中注意防水、防烫伤、防混入不同种类和质量的其他沥青及杂质，防加热时间过长、保温过高。

生产厂家

中国石油天然气股份有限公司、中国石油化工股份有限公司、盘锦北方沥青股份有限公司、深圳海川实业股份有限公司。

6.1.7　聚合物改性道路沥青

产品性能

沥青作为一种复杂的高分子碳氢化合物，在一定温度与荷载作用下表现为典型的弹-粘-塑性，并且在高温与紫外线照射下会产生老化现象。加入热塑性弹性体(SBS)、丁苯橡胶(SBR)、乙烯-醋酸乙烯共聚物(EVA)、聚乙烯(PG)等改性剂而得到的聚合物改性道路沥青，具有优良的高温稳定性，更好的低温抗裂和抗反射裂缝的能力以及粘结力及抗水损害能力，同时延长使用寿命。

生产方法

采用热塑性弹性体(SBS)、丁苯橡胶(SBR)、乙烯-醋酸乙烯共聚物(EVA)、聚乙烯(PE)为改性外掺材料制成。

主要用途

主要用于机场跑道、防水桥面、停车场、运动场、重交通路面、交叉路口和路面转弯处等特殊场合的铺装应用。

技术参数

聚合物改性道路沥青石化行业标准见表 6-1-7。

表 6-1-7　聚合物改性道路沥青石化行业标准(SH/T 0734—2003)

项　目		SBS 类(Ⅰ类)				SBR 类(Ⅱ类)		EVA、PE 类(Ⅲ类)				试验方法
		Ⅰ-A	Ⅰ-B	Ⅰ-C	Ⅰ-D	Ⅱ-A	Ⅱ-B	Ⅲ-A	Ⅲ-B	Ⅲ-C	Ⅲ-D	
针入度(25 ℃，100 g，5 s)/(1/10 mm)		100～150	75～100	50～75	40～75	≥100	≥80	≥80	≥60	≥40	≥30	GB/T 4509
针入度指数[a](PI)		报　告										
延度(5 ℃，5 cm/min)/cm	>	50	40	30	20	60	50					GB/T 4508
软化点/℃	>	45	50	60	65	45	48	51	54	57	60	GB/T 4507
黏度[b](135℃)/(Pa·s)	<	<3				>0.3		0.15～1.5				SH/T 0739
闪点(开口杯)/℃	>	230				230		230				GB/T 267

续表

项目		SBS类（Ⅰ类）				SBR类（Ⅱ类）		EVA、PE类（Ⅲ类）				试验方法
		Ⅰ-A	Ⅰ-B	Ⅰ-C	Ⅰ-D	Ⅱ-A	Ⅱ-B	Ⅲ-A	Ⅲ-B	Ⅲ-C	Ⅲ-D	
溶解度[c]/%	≥	99				99						SH/T 0738
离析（软化点差）/℃		≤2.5						无改性剂明显析出、凝聚[d]				SH/T 0740
弹性恢复（25℃）/%	≥	65	70	75	80							SH/T 0737
粘韧性/（N·m）						≥5						SH/T 0735
韧性/（N·m）						≥2.5						SH/T 0735
旋转薄膜烘箱后[e] 质量损失/%	≤	1.0										SH/T 0739
旋转薄膜烘箱后[e] 针入度比（25℃）/%	>	50	55	60	65	50	55	50	55	58	60	GB/T 4509
旋转薄膜烘箱后[e] 延度（5℃，5cm/min）/cm	>	30	25	20	15	30	20					GB/T 4508

[a] 针入度指数由实测15℃、25℃、30℃等不同温度下的针入度按式 $\lg P=AT+K$ 直线回归求得参数 A 后。以下式求得：$PI=(20-500A)/(1+50A)$，该经验式的直线回归的相关系数 R 不得低于0.997。

[b] 如果生产者能保证沥青在泵送和施工条件下安全使用，135℃黏度可不作要求。

[c] GB/T 11148《石油沥青溶解度测定法》可以替代SH/T 0738—2003《聚合物改性沥青1，1，1-三氯乙烷溶解度测定法》，但必须在报告中注明；仲裁试验用前者。EVA、PE类（Ⅲ类）改性沥青对溶解度不作要求；SBS（或SBR）改性沥青中如加入PE等三氯乙烷不溶物后，则不得称为SBS（或SBR）改性沥青，其溶解度指标按照具体工程上的技术要求处理。

[d] 定性观测法见SH/T 0740—2003《聚合物改性沥青离析试验法》的附录A。

[e] 老化试验以旋转薄膜烘箱试验（RTFOT）为准，允许以薄膜烘箱（TFOT）代替，但必须在报告中注明，且不得作为仲裁试验。

注意事项

按SH 0164进行。保证以液态形式贮运，用专用石油沥青保温车运输。贮运及使用中注意防水、防烫伤、防混入不同种类和质量的其他沥青及杂质，防加热时间过长、保温过高。

生产厂家

中国石油化工股份有限公司、中国石油天然气股份有限公司、中海沥青（四川）有限公司、洛阳亿丰石油化工有限公司、深圳海川实业股份有限公司、深圳海川工程科技有限公司、江门鑫鹏道路改性沥青有限公司、江阴市宝利沥青有限公司、盘锦中油辽河沥青有限公司、深圳路安特沥青高科技术有限公司、山东高速公路建设材料有限公司、佛山三水海盛达道路材料有限公司、盘锦三鑫路用材料有限公司、新疆金石沥青股份有限公司、江苏宝利沥青股份有限公司。

6.1.8 路用阻燃改性沥青

产品性能

沥青主要由饱和烃、芳香烃、胶质和沥青质组成，在空气中具有可燃性。在燃烧中可分解出氢、甲烷、苯及烷烃类易燃气体，而这些气体的燃烧又促进了沥青的热分解。沥青火灾的特点是来势猛、扩展快、范围广、损失大。阻燃剂的加入能控制燃烧热能的分散，使可燃物与空气隔绝，或稀释燃烧分解产生的可燃性气体来达到阻燃效果，而化学途径就是把燃烧过程的HO·自由基连锁反应切断以达到阻燃效果。与一般沥青比较，路用阻燃改性沥青具有良好的阻燃性能、高温稳定性和低温抗裂性能。

生产方法

采用SBS改性沥青、SBR改性沥青为原料，通过添加一定量的阻燃剂而制得。

主要用途

适用于公路隧道沥青路面。

技术参数

路用阻燃改性沥青石化行业标准见表 6-1-8。

表 6-1-8　路用阻燃改性沥青石化行业标准(NB/SH/T 0821—2010)

项　目		SBS 改性沥青类		SBR 改性沥青类		试验方法
		Ⅰ型	Ⅱ型	Ⅰ型	Ⅱ型	
氧指数/%	不小于	23	25	23	25	SH/T 0815
针入度(25 ℃，100 g，5 s)/(1/10 mm)		40～75		60～100		GB/T 4509
延度(5 ℃，5 cm/min)/cm	不小于	20		40		GB/T 4508
软化点/℃	不小于	60		48		GB/T 4507
溶解度/%	不小于	90				GB/T 11148
闪点(开口杯法)/℃	不小于	230				GB/T 267
弹性恢复(25℃)/%	不小于	75		—		SH/T 0737
黏度(135℃)/(Pa·s)	不大于	3				SH/T 0739
离析(软化点差值)/℃	不大于	2.5	3	2.5	3	SH/T 0740
RTFOT 后残留物						SH/T 0736
质量变化/%	不大于	1.0				SH/T 0736
针入度比/%	不小于	60		55		GB/T 4509
延度(15，5cm/min)/cm	不小于	15	10	15	10	GB/T 4508
注：老化试验以 RTFOT 为准，允许以 TFOT 代替，但必须在报告中注明，且不得作为仲裁试验。						

注意事项

按 SH0164 进行。保证以液态形式贮运，用专用石油沥青保温车运输。贮运及使用中注意防水、防烫伤、防混入不同种类和质量的其他沥青及杂质，防加热时间过长、保温过高。

生产厂家

中国石油化工股份有限公司、中国石油天然气股份有限公司、中海沥青(四川)有限公司、洛阳亿丰石油化工有限公司、深圳海川实业股份有限公司、深圳海川工程科技有限公司、江门鑫鹏道路改性沥青有限公司、江阴市宝利沥青有限公司、盘锦中油辽河沥青有限公司、深圳路安特沥青高科技术有限公司、山东高速公路建设材料有限公司、佛山三水海盛达道路材料有限公司、盘锦三鑫路用材料有限公司、新疆金石沥青股份有限公司、江苏宝利沥青股份有限公司。

6.2　建筑沥青

6.2.1　建筑石油沥青

产品性能

常温下为黑色发亮半固体，加热时逐渐熔化，能溶于有机溶剂。具有较好的流动性、热稳定性、持久的粘附性、弹塑性、电绝缘性及抗水性。建筑石油沥青粘性较大，耐热性较好，但塑性较小。

生产方法

天然原油的减压渣油经氧化或其他工艺而制得。

主要用途

适用于建筑屋面和地下防水的胶结料、制造涂料、油毡和防腐材料等产品，也可用于轻交通量道路沥青路面。

技术参数

建筑石油沥青国家标准见表6-2-1。

表6-2-1 建筑石油沥青国家标准(GB/T 494—2010)

项 目		质量指标			试验方法
		10号	30号	40号	
针入度(25 ℃, 100 g, 5 s)/(1/10 mm)		10~25	26~35	36~50	GB/T 4509
针入度(46 ℃, 100 g, 5 s)/(1/10 mm)		报告[a]	报告[a]	报告[a]	
针入度(0 ℃, 200 g, 5 s)/(1/10 mm)	不小于	3	6	6	
延度(25 ℃, 5 cm/min)/cm	不小于	1.5	2.5	3.5	GB/T 4508
软化点(环球法)/℃	不低于	95	75	60	GB/T 4507
溶解度(三氯乙烯)/%	不小于	99.0			GB/T 11148
蒸发后质量变化(163 ℃, 5 h)/%	不大于	1			GB/T 11964
蒸发后25 ℃针入度比[b]/%	不小于	65			GB/T 4509
闪点(开口杯法)/℃	不低于	260			GB/T 267

[a] 报告应为实测值。

[b] 测定蒸发损失后样品的25 ℃针入度与原25 ℃针入度之比乘以100后，所得的百分比，称为蒸发后针入度比。

注意事项

按SH 0164进行。一般保证以液态形式贮运，用专用石油沥青保温车运输。对于屋面防水工程，应注意防止过分软化。据高温季节测试，沥青屋面达到的表面温度比当地最高气温高25~30℃。为避免夏季流淌，屋面用沥青材料的软化点应比当地气温下屋面可能达到的最高温度高20℃以上。

生产厂家

中国石油化工股份有限公司、中国石油天然气股份有限公司、中国海洋石油有限公司、新疆独山子天利高新技术股份有限公司、新疆巴州天源石油化工有限公司、盘锦北方沥青股份有限公司、皇岛中油石化有限公司沥青厂、山东东明石化集团、山东华星石油化工集团有限公司、佛山中油高富石油有限公司、四川盛马化工股份有限公司。

6.2.2 防水防潮石油沥青

产品性能

常温下为黑色发亮半固体。与氧化沥青相比具有针入度大，脆点低、低温柔性优良的特点。制成的油毡高温下不流淌，低温下不脆裂，具有开卷温度低，施工期长，防水效果显著的优点。

生产方法

采用不同原油的减压渣油经加土制得。

主要用途

适用做油毡的涂覆材料及建筑屋面和地下防水的粘结材料。其中3号沥青温度敏感性一般，质地较软，用于一般温度下的室内及地下结构部分的防水；4号沥青温度敏感性较小，用于一般地区可行走的缓坡屋面防水；5号沥青温度敏感性小，用于一般地区暴露屋顶或气温较高地区的屋面防水；6号沥青温度敏感性最小，并且质地较软，除一般地区外，主要用于寒冷地区的屋面及其他防水防潮工程。

技术参数

防水防潮石油沥青石化行业标准见表6-2-2。

表 6-2-2　防水防潮石油沥青石化行业标准[SH/T 0002—1990(1998)]

项　目		质量指标				试验方法
牌　号		3 号	4 号	5 号	6 号	
软化点/℃	不低于	85	90	100	95	GB/T 4507
针入度/0.1 mm		25 ~ 45	20 ~ 40	20 ~ 40	30 ~ 50	GB/T 4509
针入度指数	不小于	3	4	5	6	附录 A
蒸发损失(163 ℃, 5 h)/%	不大于	1				GB/T 11964
闪点(开口)/℃	不低于	250	270			GB/T 267
溶解度/%	不小于	98	98	95	92	GB/T 11148
脆点/℃	不高于	-5	-10	-15	-20	GB/T 4510
垂度/mm	不大于	—	—	8	10	SH/T 0424
加热安定性/℃	不高于	5				附录 B

注意事项

贮运及使用中注意防水、防烫伤、防混入不同种类和质量的其他沥青及杂质，防加热时间过长、保温过高。

生产厂家

新疆巴州天源石油化工有限公司。

6.2.3　防水用塑性体改性沥青

产品性能

普通沥青缺点是低温脆，高温流淌、抗老化性能差。塑性体改性沥青可提高沥青的耐热性能，改善沥青在高温条件下易变形流淌的弱点。

生产方法

采用沥青与无规聚丙烯(APP)或非晶态聚 α-烯烃(APAO 或 APO)为改性剂融混制成。

主要用途

适用于生产 APP(APAO)改性沥青防水卷材。

技术参数

防水塑性体改性沥青国家标准见表 6-2-3。

表 6-2-3　防水塑性体改性沥青国家标准(GB/T 26510—2011)

项　目			技术指标	
			Ⅰ型	Ⅱ型
软化点/℃		≥	125	145
低温柔度(无裂纹)/℃			-7 通过	-15 通过
渗油性	渗出张数	≤	2	
可溶物含量/%		≥	97	
闪点/℃		≥	230	

注意事项

贮运及使用中注意防水、防烫伤、防混入不同种类和质量的其他沥青及杂质，防加热时间过长、保温过高。

生产厂家

中国石油化工股份有限公司、盘锦禹王防水建材集团有限公司、颐中（青岛）化学建材有限公司。

6.2.4 防水用弹性体（SBS）改性沥青

产品性能

与沥青基质形成空间立体网络结构，从而有效地改善沥青的温度性能、拉伸性能、弹性、内聚附着性能、混合料的稳定性、耐老化性等。与其他改性剂比较，SBS 能够同时改善沥青的高低温性能及感温性能。

生产方法

采用沥青与苯乙烯-丁二烯-苯乙烯（SBS）热塑性弹性体改性剂制成。

主要用途

适用于防水卷材和涂料的改性。

技术参数

防水用弹性体（SBS）改性沥青国家标准见表 6-2-4。

表 6-2-4 防水用弹性体（SBS）改性沥青国家标准（GB/T 26528—2011）

项　目			技术指标	
			Ⅰ型	Ⅱ型
软化点/℃		≥	105	115
低温柔度（无裂纹）/℃			-20 通过	-25 通过
弹性恢复/%		≥	85	90
渗油性	渗出张数	≤	2	
离析	软化点变化率/%	≤	20	
可溶物含量/%		≥	97	
闪点/℃		≥	230	

注意事项

贮运及使用中注意防水、防烫伤、防混入不同种类和质量的其他沥青及杂质，防加热时间过长、保温过高。

生产厂家

中国石油化工股份有限公司、盘锦禹王防水建材集团有限公司、颐中（青岛）化学建材有限公司。

6.2.5 水工石油沥青

产品性能

具有优良的抗老化性能、低温性能、高温稳定性和防渗效果。

生产方法

采用脱油沥青调制而成。

主要用途

适用于大型水利工程。

技术参数

水工石油沥青石化行业标准见表 6-2-5。

表 6-2-5　水工石油沥青石化行业标准(SH/T 0799-2007)

项　目		质量指标			试验方法
		1 号	2 号	3 号	
针入度(25 ℃, 100 g, 5 s)/0.1mm		70 ~ 90	60 ~ 80	40 ~ 60	GB/T 4509
延度(15 ℃, 5 cm/min)/cm	不小于	150	150	80	GB/T 4508
延度(4 ℃, 1 cm/min)/cm	不小于	20	15	—	GB/T 4508
软化点(环球法)/℃		44 ~ 52	46 ~ 55	48 ~ 60	GB/T 4507
溶解度(三氯乙烯)/%	不小于	99.0	99.0	99.0	GB/T 11148
脆点/℃	不大于	-12	-10	-8	GB/T 4510
闪点(开口杯法)/℃	不低于	230	230	230	GB/T 267
蜡含量(蒸馏法)/%	不大于	2.2	2.2	2.2	SH/T 0425
灰分/%	不大于	0.5	0.5	0.5	SH/T 0422
密度(25 ℃)/(g/cm^3)		报告	报告	报告	GB/T 8928
薄膜烘箱试验(163 ℃, 5 h)					GB/T 5304
质量变化/%	不大于	0.6	0.5	0.4	GB/T 5304
针入度比/%	不小于	65	65	65	GB/T 4509
延度(15 ℃, 5 cm/min)/cm	不小于	100	80	10	GB/T 4508
延度(4 ℃, 1 cm/min)/cm	不小于	6	4	—	GB/T 4508
脆点/℃	不大于	-8	-6	-5	GB/T 4510
软化点升高/℃	不大于	6.5	6.5	6.5	GB/T 4507

注意事项

贮运及使用中注意防水、防烫伤、防混入不同种类和质量的其他沥青及杂质，防加热时间过长、保温过高。

生产厂家

中国石油化工股份有限公司、中国石油天然气股份有限公司、中国海洋石油有限公司。

6.3　乳化沥青

6.3.1　阳离子乳化沥青

产品性能

阳离子乳化沥青的沥青微粒带正电荷，当阳离子乳化沥青与骨料表面接触时，由于所带电荷不同，产生异性相吸，两者在有水膜的情况下能使沥青微粒裹覆在骨料表面，仍能很好吸附结合。因而在阴湿、低温情况下(5℃以上)仍可以施工。其主要特性表现为它的储存稳定性、在混合过程中设稳定性、表面处治和黏度特性及养护速度。在这些特性中有许多是随着微粒尺寸和微粒在乳液中的分布情况而起作用的。在一般情况下，颗粒直径在 1 ~ 5μm 范围内时具有最好特性。

生产方法

采用道路石油沥青与乳化剂和水经乳化而制得。

主要用途

适用于道路铺装。按施工方法分为贯入洒布用和拌合用两大类。贯入洒布用以字母“G”表示，分为 G-1、G-2、G-3；拌合用以字母“B”表示，分为 B-1、B-2、B-30。其中 G-1 适用于贯入式路面及表面处治，G-2 适用于透层油及沥青稳定土、G-3 适用作粘层油、表面处治及贯人式主层路面用；B-1 适用于拌制粗粒式常温沥青混合料，B-2 适用于拌制中粒式及细粒式常温沥青混合料，B-3 适用于拌制砂粒式常温沥青混合料及稀浆封层。

技术参数

阳离子乳化沥青石化行业标准见表 6-3-1。

表 6-3-1　阳离子乳化沥青石化行业标准[SH/T 0624—1995(2004)]

<table>
<tr><td colspan="2" rowspan="2">项　目</td><td colspan="6">质量指标</td><td rowspan="2">试验方法</td></tr>
<tr><td>G-1</td><td>G-2</td><td>G-3</td><td>B-1</td><td>B-2</td><td>B-3</td></tr>
<tr><td colspan="2">恩氏黏度(25 ℃)/°E</td><td>3 ~ 15</td><td>1 ~ 6</td><td>1 ~ 6</td><td colspan="3">3 ~ 40</td><td>SH/T 0099. 1</td></tr>
<tr><td colspan="2">筛上剩余量/%　不大于</td><td colspan="6">0. 3</td><td>SH/T 0099. 2</td></tr>
<tr><td colspan="2">附着度　不小于</td><td colspan="3">2/3</td><td colspan="3">—</td><td>SH/T 0099. 7</td></tr>
<tr><td colspan="2">粗骨料拌合试验</td><td colspan="3">—</td><td>均匀</td><td colspan="2">—</td><td>SH/T 0099. 9</td></tr>
<tr><td colspan="2">密骨料拌合试验</td><td colspan="3">—</td><td>—</td><td>均匀</td><td>—</td><td>SH/T 0099. 9</td></tr>
<tr><td colspan="2">水泥拌合性试验/%　不大于</td><td colspan="3">—</td><td colspan="2">—</td><td>5</td><td>SH/T 0099. 6</td></tr>
<tr><td colspan="2">颗粒电荷</td><td colspan="6">正</td><td>SH/T 0099. 3</td></tr>
<tr><td colspan="2">蒸发残留物/%　不小于</td><td>60</td><td>50</td><td>50</td><td colspan="3">57</td><td>SH/T 0099. 4</td></tr>
<tr><td rowspan="3">蒸发残留物性质</td><td>针入度(25 ℃，100 g)/0. 1 mm</td><td>80 ~ 200</td><td>80 ~ 300</td><td>40 ~ 160</td><td>40 ~ 200</td><td>40 ~ 300</td><td>40 ~ 200</td><td>GB/T 4509</td></tr>
<tr><td>延度(25℃)/cm　不小于</td><td colspan="6">40</td><td>GB/T 4508</td></tr>
<tr><td>溶解度/%　不小于</td><td colspan="3">98</td><td colspan="3">97</td><td>GB/T 11148</td></tr>
<tr><td colspan="2">贮存稳定度(5d)/%　不大于</td><td colspan="6">5</td><td>SH/T 0099. 5</td></tr>
<tr><td colspan="2">冷冻安定性</td><td colspan="6">无粗粒、
无结块</td><td>SH/T 0099. 8</td></tr>
</table>

注意事项

应保存在通风干燥的室内，防止阳光直接照射，在 5 ~ 35℃运输和贮存。

生产厂家

中海沥青股份有限公司、中国石油天然气股份有限公司、盘锦华冠中交路星道路沥青有限公司。

6. 3. 2　阴离子乳化沥青

产品性能

具有自流平性能好，耐开裂性能优异的特点，耐侯性能优异，能满足不同气候条件，特别是便于在寒冷、温差大的地区进行施工和路基保养。

生产方法

沥青、水和阴离子乳化剂等为原料制成。

主要用途

按凝结速度与使用要求将阴离子乳化沥青分为快凝、中凝、慢凝 3 种类型 7 个。RS-1、RS-2 为快凝型，适用于表面处治及贯入式碎石路面；MS-1、MS-2、MS-3 为中凝型，适用于开级配混合料、碎石封层与即时修补；SS-1、SS-2 为慢凝型，适用于密级配混合料及洒布处理。

技术参数

阴离子乳化沥青石化行业标准见表 6-3-2。

表 6-3-2　阴离子乳化沥青石化行业标准(SH/T 0798—2007)

项　目	快凝型				中凝型						慢凝型				试验方法
	RS-1		RS-2		MS-1		MS-2		MS-3		SS-1		SS-2		
	min	max	min	max	min	max	min	max	min	max	min	max	min	max	
赛波特黏度(25 ℃)/s	20	100			20	100	100		100		20	100	20	100	SH/T 0779
赛波特黏度(50 ℃)/s			75	400											SH/T 0779
储存稳定性(24 h)/%		1		1		1		1		1		1		1	SH/T 0099.5
破乳能力(35 mL, 1.11g/L $CaCl_2$)/%	60		60												SH/T 0780
裹覆能力和抗水性															SH/T 0099.10
干集料上					好		好		好						
喷水后粘附程度					中		中		中						
湿集料上					中		中		中						
喷水后粘附程度					中		中		中						
水泥拌合试验/%												2.0		2.0	SH/T 0099.6
筛上剩余物含量/%		0.1		0.1		0.1		0.1		0.1		0.1		0.1	SH/T 0099.2
蒸馏残留物含量/%	55		60		55		55		55		55		55		SH/T 0099.17
蒸馏残留物试验															SH/T 0099.17
针入度(25 ℃, 100 g, 5 s)/(0.1 mm)	50	200	50	200	50	200	50	200	40	90	50	200	40	90	GB/T 4509
															GB/T 4508
延度(15 ℃, 5 cm/min)/cm	40		40		40		40		40		40		40		GB/T 11148
溶解度(三氯乙烯)/%	97.5		97.5		97.5		97.5		97.5		97.5		97.5		

注意事项

应保存在通风干燥的室内，防止阳光直接照射，在 5～35℃运输和贮存。

生产厂家

中国石油天然气股份有限公司、盘锦华冠中交路星道路沥青有限公司。

6.3.3　PC/BC/PA/BN 乳化沥青

产品性能

乳化沥青分为阳离子乳化沥青、阴离子乳化沥青和非离子乳化沥青。阳离子乳化沥青的沥青微粒带正电荷，阴离子乳化沥青微粒带负电荷。当阳离子乳化沥青与骨料表面接触时，由于所带电荷不同，产生异性相吸，两者在有水膜的情况下能使沥青微粒裹覆在骨料表面，仍能很好吸附结合。因而在阴湿、低温情况下(5℃以上)仍可以施工。相反，阴离子乳化沥青与潮湿骨料表面都带负电荷，使其产生同性相斥，沥青微粒不能很快粘附在骨料表面上。若要使沥青微粒裹覆在骨料表面，必须待乳化液中水分蒸发后才行，所以在阴湿或低温季节时就难以施工。乳化沥青混合料采用乳化沥青与矿料混合料在常温状态下拌合的，经铺筑与压实成型后形成沥青路面。种工艺避免了高温操作、加热和有害排放。

生产方法

沥青、水和乳化剂等为原料制成。

主要用途

适用于沥青表面处治路面、沥青贯入式路面、冷拌沥青混合料路面，修补裂缝，喷洒透层、粘层与封层等。PC/BC/PA/BN 乳化沥青的品种和适用范围宜符合表 6-3-3 的规定。

表 6-3-3　PC/BC/PA/BN 乳化沥青品种及适用范围(JTG F40—2004)

分　类	品种及代号	适用范围
阳离子乳化沥青	PC-1	表处、贯入式路面及下封层用
	PC-2	透层油及基层养生用
	PC-3	粘层油用
	BC-1	稀浆封层或冷拌沥青混合料用
阴离子乳化沥青	PA-1	表处、贯入式路面及下封层用
	PA-2	透层油及基层养生用
	PA-3	粘层油用
	BA-1	稀浆封层或冷拌沥青混合料用
非离子乳化沥青	PN-2	透层油用
	BN-1	与水泥稳定集料同时使用(基层路拌或再生)

技术参数

乳化沥青交通行业标准见表 6-3-4。

表 6-3-4　乳化沥青交通行业标准

试验项目		品种及代号										试验方法
		阳离子				阴离子				非离子		
		喷洒用			拌和用	喷洒用			拌和用	喷洒用	拌和用	
		PC-1	PC-2	PC-3	BC-1	PA-1	PA-2	PA-3	BA-1	PN-2	BN-1	
破乳速度		快裂	慢裂	快裂或中裂	慢裂或中裂	快裂	慢裂	快裂或中裂	慢裂或中裂	慢裂	慢裂	T 0658
粒子电荷		阳离子(+)				阴离子(-)				非离子		T 0653
筛上残留物(1.18 mm 筛)/% 不大于		0.1				0.1				0.1		T 0652
黏度	恩格拉黏度计 E_{25}	2~10	1~6	1~6	2~30	2~10	1~6	1~6	2~30	1~6	2~30	T 0622
	道路标准黏度计($C_{25.3}$)/s	10~25	8~20	8~20	10~60	10~25	8~20	8~20	10~60	8~20	10~60	T 0621
蒸发残留物	残留分含量/%　不小于	50	50	50	55	50	50	50	55	50	55	T 0651
	溶解度/%　不小于	97.5				97.5				97.5		T 0607
	针入度(25 ℃)/0.1mm	50~200	50~300	45~150		50~200	50~300	45~150		50~300	60~300	T 0604
	延度(15℃)/cm　不小于	40				40				40		T 0605
与粗集料的粘附性，裹附面积 不小于		2/3			—	2/3			—	2/3	—	T 0654
与粗、细粒式集料拌和试验		—			均匀	—			均匀			T 0659
水泥拌和试验的筛上剩余/% 不大于		—				—				—	3	T 0657
常温贮存稳定性/% 1 d，不大于 5 d，不大于		1 5				1 5				1 5		T 0655

续表

试验项目	品种及代号										试验方法
	阳离子				阴离子				非离子		
	喷洒用			拌和用	喷洒用			拌和用	喷洒用	拌和用	
	PC-1	PC-2	PC-3	BC-1	PA-1	PA-2	PA-3	BA-1	PN-2	BN-1	
注：①P 为喷洒型，B 为拌和型，C、A、N 分别表示阳离子、阴离子、非离子乳化沥青。 ②黏度可选用恩格拉黏度计或沥青标准黏度计之一测定。 ③表中的破乳速度与集料的粘附性、拌和试验的要求、所使用的石料品种有关，质量检验时应采用工程上实际的石料进行试验，仅进行乳化沥青产品质量评定时可不要求此三项指标。 ④贮存稳定性根据施工实际情况选用试验时间，通常采用5d，乳液生产后能在当天使用时也可用1d的稳定性。 ⑤当乳化沥青需要在低温冰冻条件下贮存或使用时，尚需按 T 0656 进行-5℃低温贮存稳定性试验，要求没有粗颗粒、不结块。 ⑥如果乳化沥青是将高浓度产品运到现场经稀释后使用时，表中的蒸发残留物等各项指标指稀释前乳化沥青的要求。											

注意事项

阳离子乳化沥青可适用于各种集料品种；阴离子乳化沥青适用于碱性石料。制备乳化沥青用的基质沥青，对高速公路和一级公路，宜符合 A、B 级道路石油沥青的要求，其他情况可采用 C 级沥青。

生产厂家

中国石油天然气股份有限公司、盘锦华冠中交路星道路沥青有限公司。

6.4 专用沥青

6.4.1 电缆沥青

产品性能

电缆沥青作为输电电缆的外涂层，起着密封防腐、绝缘等作用。与普通沥青比较，电缆沥青有着以下几个特点：(1)软化点高，同时针入度要大；(2)有良好的热稳定性；(3)好的粘附性和优良的低温性能。

生产方法

天然石油减压蒸馏的渣油经氧化而制得。

主要用途

适用于作电缆外护层的防腐涂料。

技术参数

电缆沥青石化行业标准见表 6-4-1。

表 6-4-1　电缆沥青石化行业标准[SH/T 0001—1990(2004)]

项　目		指　标		试验方法
		1 号	2 号	
软化点/℃		85～100		GB/T 4507
针入度/0.1 mm	不小于	35		GB/T 4509
闪点(开口)/℃	不低于	260		GB/T 267
垂度(70 ℃)/mm	不大于	60		SH/T 0424
冷弯(ϕ20 mm)	0 ℃	合格	—	附录 A
	-10 ℃	—	合格	
粘附率(0℃)/%	不小于	95		附录 B
热稳定性(200 ℃，24 h)				附录 C
软化点升高/℃	不大于	15		
针入度比/%	不小于	80		

注意事项

贮运及使用中注意防水、防烫伤、防混入不同种类和质量的其他沥青及杂质，防加热时间过长、保温过高。

生产厂家

淄博大启石化技术有限公司、山东斯泰普力高新建材有限公司。

6.4.2 油漆石油沥青

产品性能

黑色液体，半固体或固体。具有光泽，耐水性和防腐性良好，与干性油互溶。

生产方法

石油渣油经加工制得。

主要用途

适于制取各种沥青漆。

技术参数

油漆石油沥青石化行业标准见表6-4-2。

表6-4-2 油漆石油沥青石化行业标准[SH 0523—1992(2005)]

项目		1号	2号	3号	试验方法
外观		黑亮，无杂质			目测
软化点(环球法)/℃		140～165	125～140	105～125	GB/T 4507
针入度(25 ℃，100 g)/0.1 mm	不大于	6	6	10	GB/T 4509
溶解度/%	不小于	99.5			GB/T 11148
闪点(开口)/℃	不低于	260			GB/T 267
灰分/%	不大于	0.3			SH/T 0422
油溶性(沥青：亚麻油)		完全(1：0.5)	完全(1：1)	完全(1：1)	附录A

注意事项

贮运及使用中注意防水、防烫伤、防混入不同种类和质量的其他沥青及杂质，防加热时间过长、保温过高。

生产厂家

山东斯泰普力高新建材有限公司、盘锦华冠中交路星道路沥青有限公司。

6.4.3 橡胶沥青

产品性能

具有高温稳定性、低温柔韧性、抗老化性、抗疲劳性、抗水损坏性等性能，是较为理想的环保型路面材料。可提高沥青混合料的耐久性和抗疲劳寿命，改善抵抗路面产生疲劳裂缝和反射裂缝的能力。

生产方法

废橡胶粉和其他添加剂在充分拌合的高温条件下，与基质沥青充分熔胀反应制成。

主要用途

主要应用于道路结构中的应力吸收层和表面层中。

技术参数

橡胶沥青石化行业标准见表6-4-3。

表 6-4-3　橡胶沥青石化行业标准（NB/SH/T 0818—2010）

指标名称		类型Ⅰ	类型Ⅱ	类型Ⅲ	测试方法
175 ℃黏度/（Pa·s）	min	1500	1500	1500	SH/T 0739
	max	5000	5000	5000	
25℃针入度（100 g，5 s）/0.1mm	min	25	25	50	GB/T 4509
	max	75	75	100	
4℃针入度（200 g，60 s）/0.1mm	min	10	15	25	GB/T 4509
软化点/℃	min	58	54	52	GB/T 4507
25℃弹性恢复/%	min	25	20	10	NB/SH/T 0816
闪点/℃	min	230	230	230	GB/T 267
薄膜烘箱（TFOT）或旋转薄膜烘箱（RTFOT）试验后性质					GB/T 5304 或 SH/T 0736
4℃针入度为原沥青的%	min	75	75	75	
注：NB/SH/T 0816 与本标准同时确定。					

注意事项

生产厂家

四川正中路面科技有限公司。

6.4.4　管道防腐沥青

产品性能

具有良好的耐水、防潮、防腐蚀性能。

生产方法

天然石油减压渣油经氧化或经溶剂脱沥青工艺制得。

主要用途

适用于管道输送介质温度低于 80℃的金属管道防腐。其中输送介质温度低于 50℃用 1 号；输送介质温度在 51～80℃用 2 号。

技术参数

管道防腐沥青石化行业标准见表 6-4-4。

表 6-4-4　管道防腐沥青石化行业标准［SH 0098—1991（2005）］

项　目		质量指标		试验方法
		1 号	2 号	
软化点（环球法）/℃		95～110	125～140	GB/T 4507
延度 25 ℃/cm	不小于	2	1	GB/T 4508
针入度（25 ℃，100 g）/0.1mm	不小于	15	5	GB/T 4509
溶解度（三氯乙烯）/%	不小于	99.0	99.0	GB/T 11148
闪点（开杯）/℃	不小于	230	230	GB/T 267
粘附率20 ℃/%		实测	实测	附录 A
0 ℃/%		实测	实测	
脆点/C	不高于	-3	0	GB/T 4510
蒸发损失（160 ℃，5 h）/%	不大于	1	1	GB/T 11964
蒸发后针入度比①/%	不小于	60		
含蜡量②（裂解法）/%	不大于	—	5.5	SH/T 0425

注：①测定蒸发损失后样品的针入度与原针入度之比乘以 100 后所得的百分比称蒸发后针入度比。

②作为出厂保证项目。

注意事项

贮运及使用中注意防水、防烫伤、防混入不同种类和质量的其他沥青及杂质，防加热时间过长、保温过高。

生产厂家

中国石油天然气股份有限公司、东营石大胜华沥青材料有限公司。

6.4.5 绝缘沥青

产品性能

具有绝缘性能好，不透水性、抗变形能力强等特点。

生产方法

采用渣油经氧化或石油沥青添加改性剂制得。

主要用途

70 号、90 号、110 号绝缘沥青适用于灌注电缆接线中间盒和终端盒做绝缘填充用。130 号、140 号、150 号绝缘沥青适用于灌注避电器、镇流器、汽车点火线圈等电器做绝缘填充用，做调制特种蓄电池封口剂及蓄电池壳体的配料，也适用于做电解槽涂料及其他需要高软化点沥青的场合用。

技术参数

绝缘沥青石化行业标准见表 6-4-5。

表 6-4-5 绝缘沥青石化行业标准（SH/T 0419—1994）

项目		质量指标						试验方法
		70 号	90 号	110 号	130 号	140 号	150 号	
软化点（环球法）/℃		65～75	85～95	105～115	125～135	135～145	145～155	GB/T 4507
针入度(25 ℃，100 g)/0.1mm		>35	>30	>25	15～25	10～20	5～15	GB/T 4509
溶解度/%	不小于	99	99	99	99	99	99	GB/T 11148
闪点（开口）/℃	不低于	240	240	240	260	260	260	GB/T 267
冻裂点/℃	不高于	-40	-30	-20	—	—	—	SH/T 0060
绝缘电压（60 ℃，2.5 mm，球电极）/kV	不小于	35	35	35	20	20	20	附录 A
收缩率（150 ℃冷至 20 ℃）/%	不大于	8	8	8	8	8	8	附录 B
粘附率（20℃）/%	不小于	95	95	95	—	—	—	SH 0001 附录 B

注意事项

贮运及使用中注意防水、防烫伤、防混入不同种类和质量的其他沥青及杂质，防加热时间过长、保温过高。

生产厂家

中国石油化工股份有限公司、淄博大启石化技术有限公司、淄博天壳沥青有限公司、山东省锐博化工有限公司、青州市天一化工有限公司。

6.4.6 电池封口剂

产品性能

具有黏稠度适中、可保持一定的涂布厚度、可形成连续的黏弹性胶膜、价格便宜等优点。但同时也存在以下缺点：没有高弹性，在温度、压力的作用下，因胶膜易流动和蠕变而失去密封作用；在低温条件下易开裂，造成电池中的气体、液体外漏；易老化、氧化而使本身凝聚，搁置时间过长易变脆，严重影响电池的电性能。

生产方法

由石油沥青或石油沥青添加改性剂而制得。

主要用途

20 号用于干电池封口，30 号、35 号、40 号用于各种蓄电池封口。

技术参数

电池封口剂石化行业标准见表 6-4-6。

表 6-4-6 电池封口剂石化行业标准[SH 0421—1992(2005)]

项 目		质量指标				试验方法
		20 号	30 号	35 号	40 号	
软化点(环球法)/℃		90～110				GB/T 4507
针入度(25 ℃，100 g)/0.1mm	不小于	40	50	60	70	GB/T 4509
耐寒性(器皿法)/℃	不高于	-20	-30	-35	-40	附录 A
耐热性/℃	不低于	65				附录 B
粘附率/%	不小于	95				SH/T 0423
闪点(开口杯法)/℃	不低于	220				GB/T 267
耐冲击性(0℃±2℃)		合格				附录 C
耐酸性		合格				附录 D

注意事项

贮运及使用中注意防水、防烫伤、防混入不同种类和质量的其他沥青及杂质，防加热时间过长、保温过高。

生产厂家

淄博大启石化技术有限公司。

7 石油焦

7.1 生焦

7.1.1 延迟石油焦

产品性能

黑褐色块状固体，本质是一种部分石墨化的炭素形态。主要的元素组成为碳，占80%以上，其余的为氢、氧、氮、硫和金属元素，有时还带有水分。色黑多孔，呈堆积颗粒状，不能熔融。具有传热效能和导电效能好。根据硫含量的不同，石油焦可分为高硫焦(硫含量3%以上)和低硫焦(硫含量3%以下)。含硫量取决于渣油的含硫量，渣油中的硫分有30%～40%残留在石油焦中。石油焦中的硫可分为硫的有机化合物(硫醚、硫醇、磺酸等)和硫的无机化合物(硫化铁、硫酸盐)两类。一般煅烧到1300℃左右脱硫效果不大，只有将煅烧温度提高到1450℃左右才能有较明显的脱硫效果，一部分硫化物需在石墨化的高温下才能排出。对生产铝电解用阳极材料及生产石墨制品而言，硫是一种有害元素，含硫量较大的石油焦生产的石墨电极在石墨化过程中产生"气胀"现象，容易导致产品裂纹。含硫较高的石墨电极炼钢时，吨钢电极消耗量有所增加。中国多数产地的石油焦硫分较低，但使用国内高硫原油或进口高硫原油生产的石油焦硫分较高。

生产方法

采用各种渣油、沥青或重油为原料经过延迟焦化生产制得。

主要用途

一级品与合格品中的1A、1B焦适用于炼钢工业中制作普通功率石墨电极，也适用于炼铝工业中制作铝用炭素。合格品中2A、2B焦适用于炼铝工业中制作铝用炭素，3A、3B适用于化学工业中制作碳化物或作燃料。4A、4B、5和6等四个牌号，主要作为碳素行业用原料、CFB(循环流化床锅炉)或有脱硫设施的工业炉用燃料，也可作为水煤浆掺用原料。

技术参数

延迟石油焦石化行业标准见表7-1-1，对硫含量大于3%的石油焦制定了中国石油化工股份有限公司企业标准，见表7-1-2。

表7-1-1 延迟石油焦石化行业标准[SH 0527—1992(1998)]

项目		质量指标							试验方法
		一级品	合格品						
			1A	1B	2A	2B	3A	3B	
硫含量/%	不大于	0.5	0.5	0.8	1.0	1.5	2.0	3.0	GB/T 387
挥发分/%	不大于	12	12	14		17	18	20	SH/T 0026
灰分/%	不大于	0.3	0.3	0.5			0.8	1.2	SH/T 0029
水分/%	不大于	3							SH/T 0032
真密度/(g/cm^3)		2.08～2.13	报告		—				SH/T 0033
粉焦量(块粒8 mm以下)/%	不大于	25	报告		—				附录A
硅含量/%	不大于	0.08	—						SH/T 0058
钒含量/%	不大于	0.015	—						SH/T 0058
铁含量/%	不大于	0.08	—						SH/T 0058

表 7-1-2　中国石油化工股份有限公司石油焦企业标准（Q/SH PRD392—2010）

项目		质量指标				试验方法
		4A	4B	5	6	
硫含量（质量分数）/%	不大于	5	7	9	12	GB/T 387[a]
挥发分（质量分数）/%	不大于	14	16	18	18	SH/T 0026
灰分（质量分数）/%	不大于	0.8	1	1	1	SH/T 0029
水分[b]（质量分数）/%		报告				SH/T 0032

[a] 硫含量试验方法也可按 GB/T 214—2007 中第 4 章规定进行或由生产企业与用户商定分析方法，有争议时以 GB/T 387 为仲裁法。

[b] 水分报告值仅作为出厂计量依据。

注意事项

标志、包装、运输、贮存及交货验收按 SH 0164 进行。其中铁路运输装车后宜用水喷淋车上焦堆。

生产厂家

中国石油化工股份有限公司、中国石油天然气股份有限公司、中国海洋石油有限公司、山东海化集团有限公司石油化工厂、山东利津石化有限公司、山东富海石化有限公司、山东广饶石化有限公司、山东弘润化工有限公司、山东昌邑石化有限公司、山东京博石化有限公司、山东华星化工有限公司、山东汇丰石化有限公司、山东金诚石化有限公司、山东恒源石化有限公司、镇江汉魁碳素有限公司、辽宁华锦集团、盘锦宝来石化有限公司、盘锦嘉泰石油化工有限公司、梁山力健碳素有限公司。

7.1.2　石墨化阴极炭块用石油焦

产品性能

具有更低的硫含量、挥发分和灰分，可有效保证石墨化过程中成品的成品率，减少环境污染，提高制品真空率和电阻率。粉焦含量低。

生产方法

采用各种渣油、沥青或重油为原料经过延迟焦化生产制得。

主要用途

适用于作为石墨化阴极炭块用石油焦原料。

技术参数

石墨化阴极炭块用石油焦有色金属行业标准见表 7-1-3。

表 7-1-3　石墨化阴极炭块用石油焦有色金属行业标准（YS/T 842—2012）

牌号	硫含量/%	挥发分/%	灰分/%	粉焦量（<8 mm）/%
	≤	≤	≤	≤
YJTKJ-1	0.30	10.00	0.30	30.0
YJTKJ-2	0.50	12.00	0.50	40.0

注意事项

产品运输、贮存应保持清洁，不同牌号的产品不得混装。

生产厂家

中国石油化工股份有限公司、中国石油天然气股份有限公司、中国海洋石油有限公司。

7.1.3 预焙阳极用石油焦

产品性能

除要求控制硫含量外，对石油焦的灰分、挥发分指标控制更为严格，且提出了微量元素质量指标要求。较低的硫含量可以提高沥青的结焦率，降低结焦的孔隙率。硫还可以与金属杂质结合，降低了金属杂质的催化作用，从而间接地降低阳极消耗。阳极消耗随硫含量的增加而减少，但若硫质量分数过高(大于4.0%)，将腐蚀煅烧设备，增大碳阳极的热脆性影响产品等级，同时带来严重的环境污染。

生产方法

采用各种渣油、沥青或重油为原料经过延迟焦化生产制得。

主要用途

适用于作为预焙阳极用石油焦原料。

技术参数

预焙阳极用石油焦有色金属行业标准见表7-1-4。

表7-1-4 预焙阳极用石油焦有色金属行业标准(YS/T 843—2012)

项　目		质量指标	
		YBYJJ-1	YBYJJ-2
硫含量/%	≤	2	4
挥发分/%	≤	10	12
灰分/%	≤	0.3	0.5
水分/%	≤	报告	报告
粉焦量(8mm以下)/%	≤	30	40
固定碳含量/%	≥	85	85
弹丸焦含量/%		0	0

注意事项

产品运输、贮存应保持清洁，不同牌号的产品不得混装。

生产厂家

中国石油化工股份有限公司、中国石油天然气股份有限公司、中国海洋石油有限公司。

7.2 煅烧焦

7.2.1 锻烧石油普通焦

产品性能

黑色或暗灰色坚硬固体石油产品，带有金属光泽，呈多孔性，是由微小石墨结晶形成粒状、柱状或针状构成的炭体物。石油焦组分是碳氢化合物，含碳90%~97%，含氢1.5%~8%，还含有氮、氯、硫及重金属化合物。可减少石油焦再制品的氢含量，使石油焦的石墨化程度提高，从而提高石墨电极的高温强度和耐热性能，并改善了石墨电极的电导率。

生产方法

石油焦经高温煅烧、筛分等工艺制得。

主要用途

主要用于生产石墨电极、炭糊制品、金刚沙、食品级磷工业、冶金工业及电石等，其中应用最广泛的是石墨电极。生焦不经锻烧可直接用于碳化钙作电石主料，生产碳化硅和碳化硼作研磨材料。也可直接作为冶金工业鼓风炉用焦炭或高炉墙衬炭砖，也可作铸造工艺用致密焦等。

技术参数

锻烧石油普通焦中国标准化协会标准见表7-2-1。

表7-2-1　锻烧石油普通焦中国标准化协会标准(CAS 105—2004)

项　目		指　标		试验方法
		1号焦	2号焦	
真密度/(g/cm³)	不小于	2.04	2.00	GB/T 6155
硫/%(质量分数)	不大于	0.5	0.7	GB/T 387
水分/%(质量分数)	不大于	0.5	0.5	GB/T 1428
灰分/%(质量分数)	不大于	0.6	0.7	GB/T 1429
挥发分/%(质量分数)	不大于	0.5		ASTM D3175
固定炭/%(质量分数)	不低于	99.0		5.1
注：粒度可根据用户要求协商确定。				

注意事项

产品运输、贮存应保持清洁，不同牌号的产品不得混装。

生产厂家

中国石油天然气股份有限公司、镇江市碳素制品厂、锦州巨路石化有限公司、镇江汉魁碳素有限公司、盘锦嘉泰石油化工有限公司、山东桓台县众鑫炭素有限公司、葫芦岛荣达实业有限公司、天津云海碳素制品有限公司。

7.2.2　煅烧石油针状焦

产品性能

外观为银灰色、有金属光泽的多孔固体。其结构具有明显流动纹理，孔大而少且略呈椭圆形，颗粒有较大的长宽比，有如纤维状或针状的纹理走向，摸之有润滑感。用针状焦制成的石墨电极具有耐热冲击性能强、机械强度高、氧化性能好、电极消耗低及允许的电流密度大等优点。

生产方法

在延迟焦化的基础上，利用变温操作、加大循环比和延长焦化周期等工艺方法制得。

主要用途

适用于生产超高功率电极、特种炭素材料、炭纤维及其复合材料等高端炭素制品。

技术参数

煅烧石油针状焦中国标准化协会标准见表7-2-2。

表7-2-2　煅烧石油针状焦中国标准化协会标准(CAS 105—2004)

项　目		指　标			试验方法
		UHP	HP-1	HP-2	
真密度/(g/cm³)	不小于	2.13	2.12	2.10	
硫/%(质量分数)	不大于	0.5	0.6	0.6	GB/T 6155
挥发分/%(质量分数)	不大于	0.4	0.5	0.5	GB/T 387
灰分/%(质量分数)	不大于	0.2	0.3	0.4	ASTM D3175
水分/%(质量分数)	不大于	0.15			GB/T 1429
固定碳/%(质量分数)	不低于	99.5	99.5	99.2	GB/T 1428
热膨胀系数(CTE)(10^{-6}/℃)	不大于	1.30	1.40	报告	5.1
注：粒度可根据用户要求协商确定。					5.2

注意事项

产品运输、贮存应保持清洁，不同牌号的产品不得混装。

生产厂家

中国石油天然气股份有限公司。

7.2.3 预焙阳极煅后石油焦

产品性能

S含量低。煅后石油焦制成预焙阳极经电解反应后，其内部的硫分变成 SO_2 进入大气污染环境。预焙阳极中含3.0%的S时，在电解过程中每生产1吨铝将排放约25kg二氧化硫。因此，需严格限定预焙阳极原料煅后石油焦中的S含量。灰分、水分含量低。具有良好的电性能。

生产方法

石油焦经高温煅烧等工艺制得。

主要用途

适用于作为铝电解行业预焙阳极的生产原料。

技术参数

预焙阳极煅后石油焦有色金属行业标准见表7-2-3。

表7-2-3 预焙阳极煅后石油焦(YS/T 625—2012)

牌号	灰分/% ≤	水分/% ≤	挥发分/% ≤	硫分/% ≤	真密度/(g/cm^3) ≥	粉末电阻率/(μΩ·m) ≤
DHJ-1	0.40	0.30	0.7	1.8	2.05	500
DHJ-2	0.60	0.30	1.0	3.0	2.02	600

牌号	粉焦含量(-2 mm)/% ≤	CO_2 反应性/% ≤	空气反应性[a]/(%/min) ≤
DHJ-1	25	20	0.18
DHJ-2	35	28	0.35

[a] 空气反应性的表示温度由点火温度的大小来确定。

注意事项

产品运输、贮存应保持清洁，不同牌号的产品不得混装。

生产厂家

山东晨阳新型碳材料股份有限公司、芦岛荣达实业有限公司、索通发展股份有限公司。

附录一 石油产品及润滑剂分类

石油产品及润滑剂
分类方法和类别的确定

GB/T 498—2014

1 范围

本标准建立了石油产品、润滑剂及相关产品的通用分类体系。

本标准定义了石油产品、润滑剂及相关产品的类别及名称。

该分类体系的准则适用于各类产品，所涉及的各类产品的分类将在有关标准中规定。

2 规范性引用文件

下列文件对于本文件的应用是必不可少的。凡是注日期的引用文件，仅注日期的版本适用于本文件。凡是不注日期的引用文件，其最新版本(包括所有的修改单) 适用于本文件。

GB/T 7631.1 润滑剂、工业用油和有关产品(L类)的分类 第1部分：总分组(GB/T 7631.1—2008，ISO 6743-99：2002，IDT)

GB/T 12692.1 石油产品 燃料(F类)分类 第1部分：总则(GB/T 12692.1—2010，ISO 8216-99：2002，IDT)

3 总分类体系和所用符号的说明

3.1 尽可能选择“应用场合”这一准则来制定一个分类，该准则被大多数润滑剂所采用(见 GB/T 7631.1)。在某些情况下可不采用该准则。这种情况下，可以根据产品的类型来分类，燃料的分类首先根据类型，其次考虑最终应用(见 GB/T 12692.1)。

3.2 本分类的原则是基于石油产品的主要类别特征的英文名称的一个前缀字母而确定的。

在本分类体系中产品是用统一的方式命名，产品的整体名称组成如下：

——词首为 ISO。

——石油产品或有关产品的类别用一个字母表示(见表1)，该前缀字母应和其他符号用短横“-”相隔。

——品种，由一组英文字母(1个~4个)所组成，其首字母总是表示组别，任何后面所跟的字母单独存在时可有或无含义，但都将给予定义。在所有情况下，应在有关组或品种的详细分类标准中给予明确规定。

——数字，位于产品名称的最后，其含义应在相应的标准中规定。

产品代号的一般形式如下所示：

ISO-类-品种-数字

或用简式：

类-品种-数字

3.3 产品分类举例：

例1：

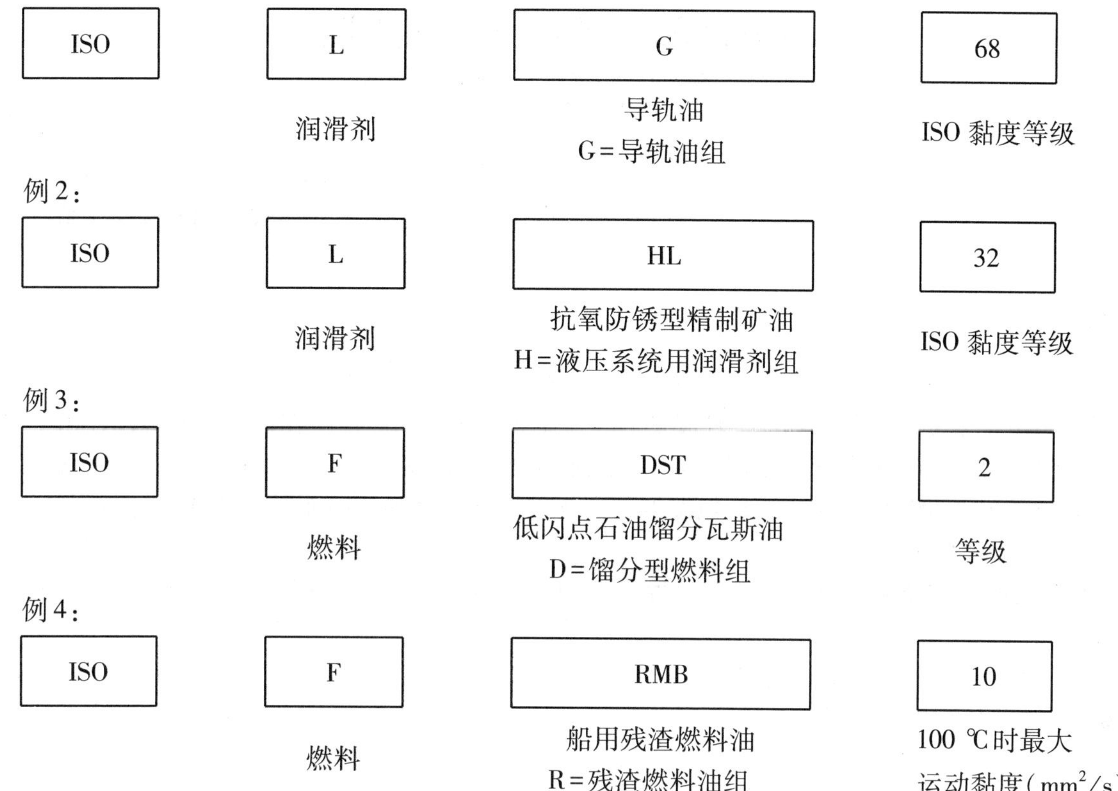

4 石油产品和有关产品的总分类

石油产品和有关产品的总分类见表1。

表1 石油产品和有关产品的总分类

类别	类别的含义
F	燃料
S	溶剂和化工原料
L	润滑剂、工业润滑油和有关产品
W	蜡
B	沥青

石油产品　燃料(F类)分类
第1部分：总则

GB/T 12692.1—2010/
ISO 8216-99：2002

1　范围

GB/T 12692的本部分规定了由前缀字母F表示的石油燃料总分类的一般原则。

在F类中，根据燃料类型和挥发性降低顺序规定了五组产品。由于在世界不同地区，出于安全考虑，对于属于D组燃料给出了不同名称，因此根据燃料挥发性和闪点按照副组进一步定义。副组L(轻馏分)是闪点(闭口)低于正常环境温度的高挥发性液体燃料，因而需要特殊的危险预防措施，副组M和H可不需要。

每组的详细分类根据用途、类型和性质等补充因素确定，每类详细产品的定义在GB/T 12692的相关部分给出。

注1：如果石油燃料或它们的组分在调配为成品之前未用于其他用途，这些燃料仅适用于GB/T 12692本部分的要求。

注2：已在ISO 8681石油产品分类方法部分中定义了F类代表燃料。

2　规范性引用标准

下列文件中的条款通过GB/T 12692的本部分的引用而成为本部分的条款。凡是注日期的引用文件，其随后所有的修改单(不包括勘误的内容)或修订版均不适用于本部分，然而，鼓励根据本部分达成协议的各方研究是否可使用这些文件的最新版本。凡是不注日期的引用文件，其最新版本适用于本部分。

ISO 8681　石油产品和润滑剂　分类方法　类别定义

注：GB/T 498—1987　石油产品及润滑剂的总分类(neq ISO/DIS 8681：1985)

3　符号说明

3.1　根据ISO 8681的规定，各种产品用统一的形式表示，由一组字母组成的符号构成一个代号，例如ISO-F-DST-2。

此代号包括：

——词首字母ISO；

——表示类别的第一个字母(F表示燃料)。该字母应与其他符号明显分开；

——表示燃料类型的一组字母(从1~4个)。该组字母的第一个字母通常表示燃料的组别。对于D组，括号内还将包括一个字母(参见3.2注)。其后任何单独存在的字母可能有或可能没有含义；

—表示特殊性质的数字。该数字将在GB/T 12692标准的相关部分中规定。

3.2　在相关的分类标准或产品标识中，代号应以完整的形式表示，但在明确了引用标准(例如，规格)时，代号也可以简写。

注：一个完整的示例是ISO-F-D(M)ST-2，在以缩写方式描述产品性质与(L)或(H)副组不冲突的地方，在文件中可以缩写为F-DST-2。

4 石油燃料分类

4.1 总分类

石油燃料总分类见表1。在D组燃料产品命名中是否使用副组是可选的。副组的进一步说明见4.2。

4.2 馏分燃料(D组)的副组

4.2.1 副组(L)

副组(L)与“轻质馏分”一同使用，表示沸点在230 ℃以下、闪点(闭口)低于室温的石脑油及汽油。本副组通常应在文本中标识出来，以便强调采取适当措施预防危险。

4.2.2 副组(M)

副组(M)与“中质馏分”一同使用，表示沸点接近150 ℃～400 ℃之间，闪点(闭口)在38 ℃以上的煤油及瓦斯油。

4.2.3 副组(H)

副组(H)与“重质馏分”一同使用，表示含有大量的沸点在400 ℃以上，闪点(闭口)超过60 ℃的无沥青质的燃料和原料。

注：减压瓦斯油(VGO)，闪蒸馏分，某些船用燃料及溶剂抽提物归入本副组。

表1 石油燃料分类

组 别	副 组	组 别 定 义
G	—	气体燃料： 主要由来源于石油的甲烷和/或乙烷组成的气体燃料。
L	—	液化石油气： 主要由C_3和C_4烷烃或烯烃或其混合物组成，并且更高碳原子数的物质液体体积小于5%的气体燃料。
D	(L)(M)(H)	馏分燃料： 由原油加工或石油气分离所得的主要来源于石油的液体燃料。轻质或中质馏分燃料中不含加工过程的残渣，而重质馏分可含有在调合、贮存和/或运输过程中引入的、规格标准限定范围内的少量残渣。具有高挥发性和很低闪点(闭合)的轻质馏分燃料要求有特殊的危险预防措施。
R	—	残渣燃料： 含有来源于石油加工残渣的液体燃料。规格中应限制非来源于石油的成分。
C	—	石油焦： 由原油或原料油深度加工所得，主要由碳组成的来源于石油的固体燃料。

石油产品　燃料(F类)分类
第2部分：船用燃料油品种

GB/T 12692.1—2010/
ISO 8216-1：2005

1　范围

本部分规定了F类(石油燃料)中船用燃料的详细分类。本部分应与GB/T 12692.1联系起来理解。

所有船用燃料油有很多类似之处，但使用目的不同。很多船用燃料油，比如以原油残渣为基础的船用燃料油很难明确定义其类别，但仍可划分到本部分范围内。

2　规范性引用文件

下列文件中的条款通过GB/T 12692的本部分的引用而成为本部分的条款。凡是注日期的引用文件，其随后所有的修改单(不包括勘误的内容)或修订版均不适用于本部分，然而，鼓励根据本部分达成协议的各方研究是否可使用这些文件的最新版本。凡是不注日期的引用文件，其最新版本适用于本部分。

GB/T 12692.1　石油产品　燃料(F类)分类　第1部分，总则(GB/T 12692.1—2010，ISO 8216-99：2002，IDT)

ISO 8217：2005　石油产品　燃料(F类)　船用燃料规格

3　符号说明

3.1　根据GB/T 12692.1燃料分组总则，船用燃料油按照产品用途和性能分为两组(D组和R组)(D组为馏分燃料或主要是馏分燃料，R组为残渣燃料)。

3.2　根据GB/T 12692.1规定，产品的命名形式由组合在一起的字母符号来表示。

该类产品符号构成：

——词首字母ISO；

——代表燃料类的字母F；

燃料品种由三个字母构成：

——品种的第一个字母通常是组别字母，D代表馏分，R代表残渣；

——第二个字母M代表燃料应用于“船舶”

——第三个字母，X，A，B，C，…，K单独存在时无意义，仅在产品规格中涉及产品特殊性能时有意义；

——数字，用于残渣燃料产品，表示产品50 ℃时的最大运动黏度，以毫米平方每秒为单位。

3.3　在本分类体系中，产品以统一的方式命名。例如某产品可用完整的形式表示，即ISO-F-RMA 30，或简写为F-RMA 30。

4　详细分类

船用燃料油详细分类如表1所示。

表 1　船用燃料油分类

组： 按燃料类型细分	命名符号 ISO-F-		说明
	品种： 按用途和性能细分	50℃运动黏度最大值/ (mm^2/s)	
船用馏分燃料	DMX	—	机舱外应急目的使用
	DMA	—	一般用途，不含残渣组分
	DMB	—	一般用途，可含微量残渣组分
	DMC	—	一般用途，可含少量残渣组分
船用残渣燃料	RMA	30	在 ISO 8217：2005 中，对所有类型的产品规定有密度最大限值。
	RMB	30	
	RMD	80	
	RME	180	
	RMF	180	
	RMG	380	
	RMH	380	
	RMK	380	
	RMH	700	
	RMK	700	

石油产品　燃料(F类)分类
第3部分　工业及船用燃气轮机燃料品种

Petroleum products—Fuels(class F)—
Classification—Part 3;
Categories of gas turbine fuels
for industrial and marine applications

GB 12692.3—1990(2010)

本标准等效采用国际标准 ISO 8216/2—1986《石油产品　燃料(F类)分类　第2部分　工业及船用燃气轮机燃料品种》。

1　主题内容与适用范围

本标准规定了工业及船用燃气轮机燃料的分类。它应和 CB 12692.1[1]联系起来理解。

本分类规定的燃气轮机燃料适用于工业燃气轮机及由航空发动机改装的用作工业或船用的燃气轮机。本分类仅包括在常压和正常贮存温度下为液态的石油燃料[1]。

本分类规定的燃料不适用于航空燃料。

注：1)本标准中的 GB 12692.1 应理解为 ISO 8216/0。

2　引用标准

GB 12692.1　石油产品　燃料(F类)分类　第1部分　总则

3　代号说明

3.1　工业及船用燃气轮机燃料的详细分类由 GB 12692.1 规定的两组产品(D组和R组)来确定用于工业和船用的产品品种。

3.2　根据 GB 12692.1 规定，工业及船用燃气轮机燃料由一组大写字母和数字组成的代号表示。

代号组成为：

a.　代表燃料类的字母F；

b.　工业及船用燃气轮机燃料品种由三个字母组成，第一个字母始终是组别字母(D代表馏分燃料，R代表残渣燃料)。第二个字母表示应用领域(S代表固定装置，M代表船用)。第三个字母T表示燃气轮机；

c.　数字(0，1，2，3和4)是产品性能上区分的标志。从产品性能方面来说，这些数字没有数值的含义。

采用说明：

1)本标准删去了泛指世界范围的描述："由于加工不同产地的原油，石油燃料不可能从化学上划分，但可以在 ISO 8216 的这部分范围内概括地分类。"

3.3　本分类中的产品用统一的方式表示。如柴油型船用燃气轮机燃料用 F-DMT2 表示[1]。

国家技术监督局 1990-12-30 批准　　　　1991-11-01 实施

4 工业及船用燃气轮机燃料的分类

<table>
<tr><th rowspan="2">燃料类型</th><th colspan="2">代号表示 F-</th><th rowspan="2">备 注</th></tr>
<tr><th>品种按照应用细分</th><th>区分数字</th></tr>
<tr><td rowspan="4">馏分燃料</td><td>DST</td><td>0</td><td>低闪点石油馏分，石脑油型</td></tr>
<tr><td>DST
DMT[1)]</td><td>1
1</td><td>中闪点石油馏分，煤油型</td></tr>
<tr><td>DST
DMT[1)]</td><td>2
2</td><td>石油馏分，柴油型</td></tr>
<tr><td>DST
DMT</td><td>3
3</td><td>低灰分重质馏分，可含少量蒸馏残油[2)]</td></tr>
<tr><td rowspan="2">残渣燃料</td><td>RST
RMT</td><td>3
3</td><td>低灰分石油残渣燃料，可含有石油加工成的重质组分</td></tr>
<tr><td>RST
RMT</td><td>4
4</td><td>石油残渣燃料，含有石油加工成的重质组分</td></tr>
</table>

注：1）关于 F-DMT1 和 F-DMT2 应注意在 1981 年修正的《1974 年海上人命安全国际公约》对闪点不低于 60 ℃的规定[3)]。

采用说明：

1）ISO 8216/2 规定代号可用全称 ISO-F-DMT 2 或者用简称 F-DMT 2 表示。我国标准正文中，一般不用“ISO”字样，所以，本标准只用简称。

2）ISO 8216/2 的原文为：“低灰分石油馏分”。为了便于理解“低灰分石油馏分”的含义把 GB 12692.1 中有关馏分燃料的说明移写于此。

3）ISO 8216/2 注 1）是：“关于 DMT 1 和 DMT 2 应注意 1981 年修正的《1974 年海上人命安全国际公约》对最低闪点的规定”。为了使读者便于理解最低闪点的含义，此处按《1974 年海上人命安全国际公约》规定的具体闪点数值直接描述。

石油产品　燃料(F类)分类
第4部分　液化石油气(L组)

Petroleum product—Fuel(class F)—
Classification—Part 4: Liquefied
petroleum gases(family L)

GB 12692.4—1992(2004)

本标准参照采用ISO 8216-3:1987《石油产品　燃料(F类)分类　第3部分　液化石油气(L组)》。

1　主题内容与适用范围

本标准规定了F类(燃料)中液化石油气的详细分类，它是GB 12692的一部分。

本标准适用于原油加工得到的液化石油气和从天然气或原油开采中回收的液化石油气。

本标准应和GB 12692.1联系起来理解。

2　引用标准

GB 12692.1　石油产品　燃料(F类)分类　第1部分　总则

3　代号说明

3.1　液化石油气的分类由其组成确定。

3.2　根据GB 12692.1液化石油气产品用下述代号表示。

代号组成为：

a.　字母F代表燃料类；

b.　由两个字母组成液化石油气品种。第一个字母表示组别(L代表液化石油气组)。第二个字母是区分符号，在单独存在时，其本身无含义。

3.3　本分类中的产品用统一的方法表示。如：某一特定产品可用F-LP表示。

4　液化石油气的分类

	品种代号 F-	说　明
液化石油气	LP	以丙烷、或丙烯、或丙烷和丙烯组成为主的烃类产品，其余主要是乙烷-乙烯和丁烷-丁烯异构体
	LB	以丁烷、或丁烯、或丁烷和丁烯组成为主的烃类产品，其余主要是丙烷-丙烯和戊烷-戊烯异构体
	LC	以丙烷-丙烯和丁烷-丁烯组成为主的烃类混合物，其余主要是乙烷-乙烯和戊烷-戊烯异构体

润滑剂、工业用油和有关产品(L 类)的分类 第 1 部分：总分组

GB/T 7631.1—2008/
ISO 6743—99：2002

1 范围

本部分规定了润滑剂、工业用油和有关产品(L 类)的分类原则，属于 GB 7631 系列标准的第一部分，本类产品的类别名称用英文字母“L”为字头表示。

在此分类中，根据尽可能包括润滑剂、工业用油和有关产品的所有应用场合这一原则将产品分为 18 个组。每一个组的详细分类由 GB/T 7631 的其他部分给出。

本分类仅适用于新产品。

2 规范性引用文件

下列文件中的条款通过本部分的引用而成为本部分的条款。凡是注日期的引用文件，其随后所有的修改单(不包括勘误的内容)成修订版均不适用于本部分，然而，鼓励根据本部分达成协议的各方研究是否可使用这些文件的最新版本。凡是不注日期的引用文件，其最新版本适用于本部分。

GB/T 3141 工业液体润滑剂 ISO 黏度分类

GB/T 7631.2 润滑剂、工业用油和相关产品(L 类)的分类 第 2 部分：H 组(液压系统)

GB/T 7631.4 润滑剂和有关产品(L 类)的分类 第 4 部分：F 组(主轴、轴承和有关离合器)

GB/T 7631.5 润滑剂和有关产品(L 类)的分类 第 5 部分：M 组(金属加工)

GB/T 7631.6 润滑剂和有关产品(L 类)的分类 第 6 部分：R 组(暂时保护防腐蚀)

GB/T 7631.7 润滑剂和有关产品(L 类)的分类 第 7 部分：C 组(齿轮)

GB/T 7631.8 润滑剂和有关产品(L 类)的分类 第 8 部分：X 组(润滑脂)

GB/T 7631.9 润滑剂和有关产品(L 类)的分类 第 9 部分：D 组(压缩机)

GB/T 7631.10 润滑剂和有关产品(L 类)的分类 第 10 部分：T 组(汽轮机)

GB/T 7631.11 润滑剂和有关产品(L 类)的分类 第 11 部分：G 组(导轨)

GB/T 7631.12 润滑剂和有关产品(L 类)的分类 第 12 部分：Q 组(热传导液)

GB/T 7631.13 润滑剂和有关产品(L 类)的分类 第 13 部分：A 组(全损耗系统)

GB/T 7631.14 润滑剂和有关产品(L 类)的分类 第 14 部分：U 组(热处理)

GB/T 7631.15 润滑剂和有关产品(L 类)的分类 第 15 部分：N 组(绝缘液体)

GB/T 7631.16 润滑剂和有关产品(L 类)的分类 第 16 部分：P 组(气动工具)

GB/T 7631.17 润滑剂、工业用油和相关产品(L 类)的分类 第 17 部分：E 组(内燃机油)

3 所用符号的说明

3.1 各组的详细分类是根据该组主要应用场合所要求产品的种类而确定的。下表列出了 L 类细分的 18 个分组的情况。

3.2 每种产品用由一组字母组成的符号来表示。

注：这组符号的第一字母表示产品所属组别，其后面的字母单独存在时无意义。

每个产品完整的名称还要附加 GB/T 3141 规定的黏度等级或 NLGI 润滑脂的稠度等级(参见附录 A)。

3.3 在本分类体系中，产品以统一的方式命名，例如，一个特定的产品可以按下面完整的形式命名，即：ISO-L-AN32，或用其简式，即：L-AN32。其中数值为 GB/T 3141 规定的黏度等级。

4 润滑剂、工业用油和相关产品(L 类)的分类(根据应用场合划分)

润滑剂、工业用油和相关产品(L 类)的分类见表 1。

表 1 润滑剂、工业用油和相关产品(L 类)的分类

组 别	应用场合	已制定的国家标准编号
A	全损耗系统 Total loss systems	GB/T 7631.13
B	脱模 Mould release	—
C	齿轮 Gears	GB/T 7631.7
D	压缩机(包括冷冻机和真空泵) Compressors (including refrigeration and vacuum pumps)	GB/T 7631.9
E	内燃机油 Internal combustion engine oil	GB/T 7631.17
F	主轴、轴承和离合器 Spindle bearings, bearings and associated clutches	GB/T 7631.4
G	导轨 Slideways	GB/T 7631.11
H	液压系统 Hydraulic systems	GB/T 7631.2
M	金属加工 Metalworking	GB/T 7631.5
N	电器绝缘 Electrical insulation	GB/T 7631.15
P	气动工具 Pneumatic tools	GB/T 7631.16
Q	热传导液 Heat transfer fluid	GB/T 7631.12
R	暂时保护防腐蚀 Temporary protection against corrosion	GB/T 7631.6
T	汽轮机 Turbines	GB/T 7631.10
U	热处理 Heat treatment	GB/T 7631.14
X	用润滑脂的场合 Grease	GB/T 7631.8
Y	其他应用场合 Miscellaneous	—
Z	蒸汽气缸 Cylinders of steam machines	—

附　录 A
（资料性附录）
润滑脂稠度等级

表 A.1　润滑脂稠度等级

稠度等级	工作锥入度(60 次)/(0.1 mm)
000	445 ~ 475
00	400 ~ 430
0	355 ~ 385
1	310 ~ 340
2	265 ~ 295
3	220 ~ 250
4	175 ~ 205
5	130 ~ 160
6	85 ~ 115

润滑剂、工业用油和相关产品(L类)的分类
第2部分：H组(液压系统)

GB/T 7631.2—2003/
ISO 6743—4：1999

1 范围

GB/T 7631的本部分规定了L类(润滑剂、工业用油和相关产品)的H组(液压系统)产品的详细分类。它应与GB/T 7631.1联系起来理解。本部分暂不包括汽车刹车液和航空液压液，但包括环境可接受液压液品种HETG、HEPG、HEES和HEPR。

2 规范性引用文件

下列文件中的条款通过GB/T 7631的本部分的引用而成为本部分的条款。凡是注日期的引用文件，其随后所有的修改单(不包括勘误的内容)或修订版均不适用于本部分，然而，鼓励根据本部分达成协议的各方研究是否可使用这些文件的最新版本。凡是不注日期的引用文件，其最新版本适用于本部分。

GB/T 3141　工业液体润滑剂　ISO黏度分类

GB/T 7631.1　润滑剂和有关产品(L类)的分类　第1部分：总分组

3 所用符号的说明

3.1　H组的详细分类根据符合本组产品品种的主要应用场合和相应产品的不同组成来确定。

3.2　每个品种由一组字母组成的符号表示，它构成一个编码，编码的第一个字母(H)表示产品所属的组别。后面的字母单独存在时本身无含义。

注：每个品种的符号中可以附有按GB/T 3141规定的黏度等级。

3.3　各产品可用统一的形式表示。一个特定的产品可用一种完整的形式表示为ISO-L-HV32，或用缩写形式表示为L-HV32，数字表示GB/T 3141中规定的黏度等级。

4 详细分类

H组详细分类见表1。

表1　液压液的分类

组别符号	应用范围	特殊应用	更具体应用	组成和特性	产品符号ISO-L	典型应用	备注
H	液压系统	流体静压系统		无抑制剂的精制矿油	HH		
				精制矿油，并改善其防锈和抗氧性	HL		
				HL油，并改善其抗磨性	HM	有高负荷部件的一般液压系统	
				HL油，并改善其黏温性	HR		
				HM油，并改善其黏温性	HV	建筑和船舶设备	
				无特定难燃性的合成液	HS		特殊性能

表 1(续)

组别符号	应用范围	特殊应用	更具体应用	组成和特性	产品符号 ISO-L	典型应用	备注
H	液压系统	流体静压系统	用于要求使用环境可接受液压液的场合	甘油三酸酯	HETG	一般液压系统(可移动式)	每个品种的基础液的最小含量应不少于 70%(质量分数)
				聚乙二醇	HEPG		
				合成酯	HEES		
				聚α烯烃和相关烃类产品	HEPR		
			液压导轨系统	HM 油，并具有抗粘-滑性	HG	液压和滑动轴承导轨润滑系统合用的机床在低速下使振动或间断滑动(粘-滑)减为最小	这种液体具有多种用途，但并非在所有液压应用中皆有效
			用于使用难燃液压液的场合	水包油型乳化液	HFAE		通常含水量大于80%(质量分数)
				化学水溶液	HFAS		通常含水量大于80%(质量分数)
				油包水乳化液	HFB		
				含聚合物水溶液[a]	HFC		通常含水量大于35%(质量分数)
				磷酸酯无水合成液[a]	HFDR		
				其他成分的无水合成液[a]	HFDU		
		液体动力系统	自动传动系统		HA		与这些应用有关的分类尚未进行详细地研究，以后可以增加
			偶合器和变矩器		HN		

[a] 这类液体也可以满足 HE 品种规定的生物降解性和毒性要求。

润滑剂和有关产品(L类)的分类
第4部分：F组(主轴、轴承和有关离合器)

Lubricants and related products (class L)—
Classification—Part 4: Family F
(spindle bearings, bearings and associated clutches)

GB 7631.4—1989(2004)

本标准等效采用国际标准ISO 6743/2—1981《润滑剂、工业润滑油和有关产品(L类)的分类—第2部分；F组(主轴、轴承和有关离合器)》。

1 主题内容与适用范围

本标准规定了L类(润滑剂和有关产品)中F组(主轴、轴承和有关离合器)产品的详细分类，它是GB 7631的一部分。

本标准应与GB 7631.1联系起来理解。

2 引用标准

GB 3141 工业用润滑油黏度分类

GB 7631.1 润滑剂和有关产品(L类)的分类 第1部分：总分组

3 所用符号的说明

3.1 F组的详细分类是根据符合本组主要应用场合的产品品种来确定的，进一步细分又根据其产品的组成和特性而定的。

3.2 每个品种由一组大写英文字母所组成的符号来表示，符号的第一个字母(F)总是表示该产品所属的组别，第二个字母单独存在时本身没有含义。

3.3 每个品种名称中可以附有按GB 3141规定的黏度等级。

3.4 在本类体系中，各产品系用统一的方法命名。例如，一个特定的产品可命名为L-FD15[1)]，其数字为产品的黏度等级。

采用说明：

1)本分类与ISO 6743.2的小差异为：ISO中一个特定的产品可命名为ISO-L-FD15，而本分类规定命名为L-FD15。

中国石油化工总公司1989-03-28批准　　1990-04-01实施

润滑剂和有关产品(L类)的分类
第4部分：F组(主轴、轴承和有关离合器)

组别符号	总应用	特殊应用	更具体应用	组成和特性	产品符号L-	典型应用	备　注
F	主轴、轴承和有关离合器		主轴、轴承和有关离合器	精制矿油，并加入添加剂以改善其抗腐蚀和抗氧性	FC	滑动或滚动轴承和有关离合器的压力、油浴和油雾(悬浮微粒)润滑	离合器不应使用含抗磨和极压(EP)添加剂的油，以防腐蚀(或以防“打滑”)的危险
			主轴和轴承	精制矿油，并加入添加剂以改善其抗腐蚀、抗氧化和抗磨性	FD	滑动或滚动轴承的压力、油浴和油雾(悬浮微粒)润滑	

润滑剂和有关产品(L类)的分类
第5部分：M组(金属加工)

Lubricants and related products(class L)—
Classification—Part 5: Family M
(metalworking)

GB 7631.5—1989(2004)

本标准等效采用国际标准ISO 6743/7—1986《润滑剂、工业用油和有关产品(L类)的分类——第7部分：M组(金属加工)》。

1 主题内容与适用范围

本标准规定了L类(润滑剂和有关产品)中M组(金属加工)产品的详细分类，它是GB 7631的一部分。

本标准应与GB 7631.1标准联系起来理解。

为了阐明正文和避免误解，增加以下附录：附录A 按使用范围的M组产品品种分类表。附录B 按性质和特性的M组产品品种分类表。

2 引用标准

GB 3141 工业润滑油黏度分类

GB 7631.1 润滑剂和有关产品(L类)的分类 第1部分：总分组

3 所用符号的说明

3.1 M组产品的详细分类是根据本组产品所要求的主要应用场合来确定。

3.2 每个品种是由三个英文字母组成的一个符号来表示，每个品种的第一个英文字母M表示该产品所属的组别，后面的字母单独存在时无任何含义。每个产品可以附有按GB 3141标准确定的黏度等级。

3.3 在本分类中，各产品采用统一方法命名。每个产品的完整代号为L-MHA32，英文字母后面的数字表示按GB 3141标准确定的黏度等级。

4 定义

4.1 液体：按任何比例的一种液态矿物质、液态动物油、液态植物油或液态的合成物质，金属加工液中可含抗微生物剂。

4.2 浓缩物：一种合适的乳化剂和添加剂(例如防锈、抗微生物和其他添加剂)与精制矿物油混合而成的水剂乳化液，或与合适的化学产品混合形成的水溶液，最后需稀释后使用。对于特殊场合应用时，可以不稀释直接使用。

4.3 有化学活性的润滑剂：是一种对铜及其合金有腐蚀性的液体；反之无化学活性的润滑剂对铜及其合金无腐蚀。

4.4 含有填充剂：加有固态形式的添加剂，例如固体润滑剂(石墨、二硫化钼)、金属盐、金属皂、金属氧化物等，当承受高压(尤其在锻造和热加工下)时以提高润滑性。

中国石油化工总公司1989-03-28批准 1990-04-01实施

5 金属加工润滑剂的分类

类别字母符号	总应用	特殊用途	更具体应用	产品类型和(或)最终使用要求	符号	应用实例	备注
M	金属加工	用于切削、研磨或放电等金属除去工艺；用于冲压、深拉、压延、强力旋压、拉拔、冷锻和热锻、挤压、模压、冷轧等金属成型工艺	首先要求润滑性的加工工艺	具有抗腐蚀性的液体	MHA	见附录A表	使用这些未经稀释液体具有抗氧性，在特殊成型加工可加入填充剂
M	金属加工	用于切削、研磨或放电等金属除去工艺；用于冲压、深拉、压延、强力旋压、拉拔、冷锻和热锻、挤压、模压、冷轧等金属成型工艺	首先要求润滑性的加工工艺	具有减摩性的 MHA 型液体	MHB	见附录A表	使用这些未经稀释液体具有抗氧性，在特殊成型加工可加入填充剂
M	金属加工	用于切削、研磨或放电等金属除去工艺；用于冲压、深拉、压延、强力旋压、拉拔、冷锻和热锻、挤压、模压、冷轧等金属成型工艺	首先要求润滑性的加工工艺	具有极压性(EP)无化学活性的 MHA 型液体	MHC	见附录A表	
M	金属加工	用于切削、研磨或放电等金属除去工艺；用于冲压、深拉、压延、强力旋压、拉拔、冷锻和热锻、挤压、模压、冷轧等金属成型工艺	首先要求润滑性的加工工艺	具有极压性(EP)有化学活性的 MHA 型液体	MHD	见附录A表	
M	金属加工	用于切削、研磨或放电等金属除去工艺；用于冲压、深拉、压延、强力旋压、拉拔、冷锻和热锻、挤压、模压、冷轧等金属成型工艺	首先要求润滑性的加工工艺	具有极压性(EP)无化学活性的 MHB 型液体	MHE	见附录A表	
M	金属加工	用于切削、研磨或放电等金属除去工艺；用于冲压、深拉、压延、强力旋压、拉拔、冷锻和热锻、挤压、模压、冷轧等金属成型工艺	首先要求润滑性的加工工艺	具有极压性(EP)有化学活性的 MHB 型液体	MHF	见附录A表	
M	金属加工	用于切削、研磨或放电等金属除去工艺；用于冲压、深拉、压延、强力旋压、拉拔、冷锻和热锻、挤压、模压、冷轧等金属成型工艺	首先要求润滑性的加工工艺	用于单独使用或用 MHA 液体稀释的脂、膏和蜡	MHG	见附录A表	对于特殊用途可以加入填充剂
M	金属加工	用于切削、研磨或放电等金属除去工艺；用于冲压、深拉、压延、强力旋压、拉拔、冷锻和热锻、挤压、模压、冷轧等金属成型工艺	首先要求润滑性的加工工艺	皂、粉末、固体润滑剂等或其他混合物	MHH	见附录A表	使用此类产品不需要稀释
M	金属加工	用于切削、研磨等金属除去工艺；用于冲压深拉、压延、旋压、线材拉拔、冷锻和热锻、挤压、模压等金属成型工艺	首先要求冷却性的加工工艺	与水混合的浓缩物，具有防锈性乳化液	MAA	见附录A表	
M	金属加工	用于切削、研磨等金属除去工艺；用于冲压深拉、压延、旋压、线材拉拔、冷锻和热锻、挤压、模压等金属成型工艺	首先要求冷却性的加工工艺	具有减摩性的 MAA 型浓缩物	MAB	见附录A表	
M	金属加工	用于切削、研磨等金属除去工艺；用于冲压深拉、压延、旋压、线材拉拔、冷锻和热锻、挤压、模压等金属成型工艺	首先要求冷却性的加工工艺	具有极压性(EP)的 MAA 型浓缩物	MAC	见附录A表	
M	金属加工	用于切削、研磨等金属除去工艺；用于冲压深拉、压延、旋压、线材拉拔、冷锻和热锻、挤压、模压等金属成型工艺	首先要求冷却性的加工工艺	具有极压性(EP)的 MAB 型浓缩物	MAD	见附录A表	
M	金属加工	用于切削、研磨等金属除去工艺；用于冲压深拉、压延、旋压、线材拉拔、冷锻和热锻、挤压、模压等金属成型工艺	首先要求冷却性的加工工艺	与水混合的浓缩物，具有防锈性半透明乳化液(微乳化液)	MAE	见附录A表	使用时，这类乳化剂会变成不透明
M	金属加工	用于切削、研磨等金属除去工艺；用于冲压深拉、压延、旋压、线材拉拔、冷锻和热锻、挤压、模压等金属成型工艺	首先要求冷却性的加工工艺	具有减摩性和(或)极压性(EP)的 MAE 型浓缩物	MAF	见附录A表	使用时，这类乳化剂会变成不透明
M	金属加工	用于切削、研磨等金属除去工艺；用于冲压深拉、压延、旋压、线材拉拔、冷锻和热锻、挤压、模压等金属成型工艺	首先要求冷却性的加工工艺	与水混合的浓缩物，具有防锈性透明溶液	MAG	见附录A表	对于特殊用途可以加填充剂
M	金属加工	用于切削、研磨等金属除去工艺；用于冲压深拉、压延、旋压、线材拉拔、冷锻和热锻、挤压、模压等金属成型工艺	首先要求冷却性的加工工艺	具有减摩性和(或)极压性(EP)的 MHG 型浓缩物	MAH	见附录A表	对于特殊用途可以加填充剂
M	金属加工	用于切削、研磨等金属除去工艺；用于冲压深拉、压延、旋压、线材拉拔、冷锻和热锻、挤压、模压等金属成型工艺	首先要求冷却性的加工工艺	润滑脂和膏与水的混合物	MAI	见附录A表	对于特殊用途可以加填充剂

附 录 A
按使用范围的 M 组产品品种分类表
（参考件）

表 A1 中列出按金属加工液主要组别提出一般的、不很详细的应用示例。专业用户可参考此表得到通常应用的主要产品总体情况。本表可以为按使用范围的规范基础。

表 A1 按使用范围的 M 组产品品种分类表

加工 品种　　工艺	切削	研磨	电火花加工	变薄拉伸旋压	挤压	拔丝	锻造模压	轧制
L-MHA	○		○					○
L-MHB	○			○	○	○	○	○
L-MHC	○	○		○		●	●	
L-MHD	○			○				
L-MHE	○	○		○	○			
L-MHF	○	○		○				
L-MHG				○		○		
L-MHH						○		
L-MAA	○			○				●
L-MAB	○			○		○	●	○
L-MAC	○			●		●		
L-MAD	○			○	○			
L-MAE	○	●						
L-MAF	○	●						
L-MAG	●	○		●			○	○
L-MAH	○	○					○	
L-MAI				○		○		

注：○为主要使用，●为可能使用。

附　录　B
按性质和特性的 M 组产品品种分类表
（参考件）

为了对金属加工液的实际使用提供帮助，表 B1 和表 B2 列出纯油和水溶液分类的概要说明，并对上述两种产品性质和特性进行比较。

表 B1　按性质和特性的 M 组产品品种分类表第 1 部分：纯油

	符号	产品类型和主要性质					
		精制矿物油[1]	其他	减摩性	EP[2]（cna）[3]	EP[2]（ca）[4]	备注
纯油	L-MHA	○					
	L-MHB	○		○			
	L-MHC	○			○		
	L-MHD	○				○	
	L-MHE	○		○	○		
	L-MHF	○		○		○	
	L-MHG		○				润滑脂
	L-MHH		○				皂

注：1）或合成液。

2）EP：极压性。

3）cna：无化学活性。

4）ca：有化学活性。

表 B2　按性质和特性的 M 组产品品种分类表第 2 部分：水溶液

	符号	产品类别和主要性质						
		乳化液	微乳化液	溶液	其他	减摩性	EP[1]	备注
水溶液	L-MAA	○						
	L-MAB	○				○		
	L-MAC	○						
	L-MAD	○				○		
	L-MAE		○					
	L-MAF		○			○和（或）○		
	L-MAG			○				
	L-MAH			○		○和（或）○		
	L-MAI							润滑脂膏

注：1）EP：极压性。

润滑剂和有关产品(L类)的分类
第6部分：R组(暂时保护防腐蚀)

Lubricants and related products(class L)—
Classification—Part 6：Family R
(temporary protection against corrosion)

GB 7631.6—1989(2004)

本标准等效采用国际标准ISO 6743—8—1987《润滑剂、工业润滑油和有关产品(L类)的分类第8部分R组(暂时保护防腐蚀)》产品的分类标准制订的。

1 主题内容与适用范围

本标准规定了L类(润滑剂和有关产品)中R组(暂时保护防腐蚀)产品的详细分类，它是GB 7631的一部分，它需要和GB 7631.1标准联系起来理解。

本分类适用于暂时保护防腐蚀的产品。它只包括主要作用是暂时保护防腐蚀的产品，“暂时”不是指这类产品的防锈期而是指其经过一定时间后能被去除。

本分类不包括用于其他目的但也具有暂时保护防腐蚀的产品；也不包括气相防腐剂及性能不同于石油产品的其他化学产品。

本分类适用于裸露金属和有涂层金属的防护(涂漆的金属表面、车身等)。腐蚀被认为是所有金属表面的破坏，不仅是黑色金属。

2 引用标准

GB 3141 工业用润滑油黏度分类

GB 7631.1 润滑剂和有关产品(L类)的分类第1部分：总分组

3 所用符号的说明

3.1 R组的详细分类是根据产品品种所要求的暂时保护防腐蚀的主要应用场合确定的，与工作条件(见附录A)及防护膜的性质密切相关。

3.2 每个品种由一组大写英文字母所组成的代号表示。代号的第一个英文字母R表示该产品所属的组别，而后面任何字母单独存在时无任何含义。

3.3 每个产品的名称可以附有按GB 3141确定的黏度等级。

3.4 在本分类标准中，各产品系用统一的方法命名。例如，一个特定的产品完整的代号为L-RE或L-RD15，其中15表示黏度等级。

中国石油化工总公司1989-03-28批准 1990-04-01实施

4 暂时保护防腐蚀产品的分类

<table>
<tr><th>组别符号</th><th>总应用</th><th>特殊应用</th><th>具体应用</th><th>膜的特性和状态</th><th>产品符号L-</th><th>典型应用</th><th>备 注</th></tr>
<tr><td rowspan="11">R</td><td rowspan="11">暂时保护防腐蚀</td><td rowspan="9">主要用于裸露金属的防护</td><td rowspan="3">缓和工作条件（见附录A）</td><td>具有薄防护膜的水置换性液体</td><td>RA</td><td rowspan="3">工序间机加工和磨削的零件</td><td rowspan="3">用合适的溶剂或水基清洗剂去除（也可不去除）</td></tr>
<tr><td>具有薄油膜的水稀释型液体
具有水置换性的RB产品</td><td>RB
RBB</td></tr>
<tr><td>未稀释液体
具有水置换性的RC产品</td><td>RC
RCC</td></tr>
<tr><td rowspan="6">较苛刻工作条件（见附录A）</td><td>未稀释液体
具有水置换性的RD产品</td><td>RD
RDD</td><td rowspan="2">薄钢板、钢板
金属零件
钢管、钢棒、钢丝
铸件、内加工或完全拆卸的机械零件
螺母、螺栓、螺杆
薄钢板</td><td rowspan="2">用合适的溶剂和/或水基清洗剂去除</td></tr>
<tr><td>具有油或脂状膜的溶剂稀释型液体
具有水置换性的RE产品</td><td>RE
REE</td></tr>
<tr><td>具有蜡至干膜的溶剂稀释型液体
具有水置换性的RE产品</td><td>RF
RFF</td><td>完全拆卸的机械零件
薄铝板</td><td>用合适的溶剂和/或水基清洗剂去除</td></tr>
<tr><td>具有沥青膜的溶剂稀释型液体</td><td>RG</td><td>重负荷机械管轴</td><td>用合适的溶剂和机械力去除</td></tr>
<tr><td>具有蜡至脂状膜的水稀释型液体</td><td>RH</td><td>管线和机械零件</td><td>用合适的溶剂或水基清洗剂去除</td></tr>
<tr><td>具有可剥性膜的溶剂或水稀释型液体</td><td>RP</td><td>薄铝板
薄不锈钢板</td><td>剥离或用合适的溶剂或水基溶液去除</td></tr>
<tr><td></td><td>融化使用的型性化合物</td><td>RT</td><td>机加工和磨削的零件小型脆性工具</td><td>撕除</td></tr>
<tr><td></td><td>热或冷涂的软或厚的石油脂</td><td>RK</td><td>轴承
机械零件</td><td>用合适的溶剂或简单地擦掉去除</td></tr>
<tr><td></td><td></td><td rowspan="2">主要用于有涂层金属的防护</td><td rowspan="2">所有条件</td><td>未稀释液体</td><td>RL</td><td>镀层薄钢板（镀锡板除外）
薄镀锌板
发动机和武器的装配件</td><td rowspan="2">剥离或用合适的溶剂或水基溶液去除</td></tr>
<tr><td></td><td></td><td>具有蜡至干膜的溶剂和/或水稀释型液体</td><td>RM</td><td>上漆表面
车身
镀层薄钢板</td></tr>
</table>

附 录 A
具体用途中所用术语的说明
（补充件）

A1 缓和工作条件

A1.1 贮存期少于4个月，零件不能暴露于反复凝露的湿度条件下（仓库或房间温度易发生变化），也不能暴露于特殊的腐蚀条件下（酸或碱蒸气、烟雾等）。

A1.2 在密闭干燥条件下零件的短期运输（例如密封包装、密封容器或密闭式车辆）。

A2 较苛刻工作条件

除缓和工作条件（A1）外的所有情况。

润滑剂和有关产品(L类)的分类 第7部分：C组(齿轮)

Lubricants and related products(class L) —Classification—Part 7: family C(gears)

GB/T 7631.7—1995(2004)

代替 GB/T 7631.7—89

本标准等效采用国际标准 ISO 6743-6：1990《润滑剂、工业润滑油和有关产品(L类)的分类——第6部分：C组(齿轮)》。

1 主要内容与适应范围

本标准规定了L类(润滑剂和有关产品)中C组(齿轮)产品的详细分类，它是 GB/T 7631 的一部分，并应和 GB/T 7631.1 联系起来理解。

本分类目前只包括工业齿轮润滑剂，暂不包括发动机车辆齿轮润滑剂。

为了更进一步理解本标准中提到"负荷"的含义，所以在本标准附录A中考虑了两个基本参数系列，即一个是环境温度，另一个是齿轮的操作条件。

2 引用标准

GB/T 3141 工业用液体润滑剂—ISO 黏度分类

GB/T 7631.1 润滑剂和有关产品(L类)的分类 第1部分：总分组

GB/T 7631.8 润滑剂和有关产品(L类)的分类 第8部分：X组(润滑脂)

GB/T 7631.13 润滑剂和有关产品(L类)的分类 第13部分：A组(全损耗系统)

3 所用代号的说明

3.1 C组的详细分类是根据工业齿轮的主要应用场合所要求的产品品种来确定的。

3.2 每个品种由一组大写英文字母所组成的代号来表示，代号的第一个字母(C)表示产品的组别，第二个字母用"K"表示为工业齿轮润滑剂，第三个字母单独存在时本身没有含义。

每个品种代号后面可以附有按 GB/T 3141 规定的 ISO 黏度等级。

3.3 在本分类体系中，产品系采用统一的方法命名的。例如一个特定的产品可命名为 L-CKD320，其中"320"为按 GB/T 3141 规定的 ISO 黏度等级。

4 详细分类

工业齿轮润滑剂的详细分类见表1。

国家技术监督局 1995-12-21 批准　　1996-08-01 实施

表1　工业齿轮润滑剂的分类

组别符号	应用范围	特殊应用	更具体应用	组成和特性	品种代号 L-	典型应用	备　注
C	齿轮	闭式齿轮	连续润滑（用飞溅循环或喷射）	精制矿油，并具有抗氧、抗腐（黑色和有色金属）和抗泡性	CKB	在轻负荷下运转的齿轮	见附录 A
				CKB 油，并提高其极压和抗磨性	CKC	保持在正常或中等恒定油温和重负荷下运转的齿轮	
				CKC 油，并提高其热/氧化安定性，能使用于较高的温度	CKD	在高的恒定油温和重负荷下运转的齿轮	
				CKB 油，并具有低的摩擦系数	CKE	在高摩擦下运转的齿轮（即蜗轮）	
				在极低和极高温度条件下使用的具有抗氧、抗摩擦和抗腐（黑色和有色金属）性的润滑剂	CKS	在更低的、低的或更高的恒定流体温度和轻负荷下运转的齿轮	本品种各种性能较高，可以是合成基或含合成基油，对原用矿油型润滑油的设备在改用本产品时应作相容性试验见附录 A
				用于极低和极高温度和重负荷下的 CKS 型润滑剂	CKT	在更低的、低的或更高的恒定流体温度和重负荷下运转的齿轮	
			连续飞溅润滑	具有极压和抗磨性的润滑脂	CKG①	在轻负荷下运转的齿轮	见附录 A

表 1(续)

组别符号	应用范围	特殊应用	更具体应用	组成和特性	品种代号 L-	典型应用	备　注
C	齿轮	装有安全挡板的开式齿轮	间断或浸渍或机械应用	通常具有抗腐蚀性的沥青型产品	CKH	在中等环境温度和通常在轻负荷下运转的圆柱型齿轮或伞齿轮	1) AB 油(见 GB/T 7631.13)可以用于与 CKJ 润滑剂相同的应用场合 2)为使用方便，这些产品可加入挥发性稀释剂后使用，此时产品的标记为 L-CKH/DIL 或 L-DKJ/DIL 3)见附录 A
				CKH 型产品，并提高其极压和抗磨性	CKJ		
				具有改善极压、抗磨、抗腐和热稳定性的润滑脂	CKL①	在高的或更高的环境温度和重负荷下运转的圆柱形齿轮和伞齿轮	见附录 A
			间断应用	为允许在极限负荷条件下使用的、改善抗擦伤性的产品和具有抗腐蚀性的产品	CKM	偶然在特殊重负荷下运转的齿轮	产品不能喷射

注：①这些应用可涉及到某些润滑脂，根据 GB/T 7631.8，由供应者提供合适的润滑脂品种标记。

附　录　A
指导工业齿轮润滑剂选用的主要参数
（参考件）

本附录介绍了在选用工业齿轮润滑剂时可作参考用的两个参数，即油的恒定温度（或环境温度）和齿轮的操作条件（负荷水平和滑动速度），这些参数仅作为选油指南。

A1　油的恒定温度或环境温度

更低温——<-34℃；
低　温——-34℃～-16℃；
正常温——-16℃～70℃；
中等温——70℃～100℃；
高　温——100℃～120℃；
更高温——>120℃。

A2　齿轮的操作条件举例

A2.1　轻负荷——当齿轮具有接触压力通常小于500 MPa（500 N/mm^2）和具有在齿面上的最大滑动速度（V_g）通常小于1/3的在运转节圆柱上齿节速度（V）时，该齿轮的负荷水平通常称为“轻负荷”。

A2.2　重负荷——当齿轮具有接触压力通常大于500 MPa（500 N/mm^2）和具有在齿面上的V_g可能大于1/3的在运转节圆柱上的V时，该齿轮的负荷水平通常称为“重负荷”。

附　录　B
我国车辆齿轮油名称与API（美国石油协会）汽车变速器和驱动桥润滑剂使用分类中各品种的对应关系
（参考件）

表B1

我国油名	API的品种
普通车辆齿轮油（SH/T 0350—92）	GL-3
中负荷车辆齿轮油（GL-4）	GL-4
重负荷车辆齿轮油（GL-5） （GB 13895—92）	GL-5

润滑剂和有关产品(L类)的分类 第8部分：X组(润滑脂)

Lubricants and related products (Class L)—Classification—Part 8: Family X (Creases)

GB 7631.8—1990(2004)

代替 GB 501—65

本标准等效采用国际标准 ISO 6743/9—1987《润滑剂、工业润滑油和有关产品(L类)的分类——第9部分：X组(润滑脂)》。

1 主题内容与适用范围

本标准规定了润滑剂和有关产品(L类)的分类中X组(润滑脂)的详细分类体系，它应和GB 7631.1联系起来理解。

本标准适用于润滑各种设备、机械部件、车辆等所有种类的润滑脂的分类；不适用于特殊用途的润滑脂(例如接触食品、高真空、抗辐射等)的分类。

在本标准的分类体系里，一种润滑脂仅有一个代号，这个代号应与该润滑脂在应用中的最严格操作条件(温度、水污染和负荷等)相对应。

2 引用标准

GB 7631.1 润滑脂和有关产品(L类)的分类 第1部分：总分组

3 所用符号的说明

3.1 X组的分类，是根据润滑脂应用的操作条件确定的。

3.2 一种润滑脂完整标记应包括以下几部分：

3.2.1 L为润滑剂和有关产品的类别代号。

3.2.2 每一种润滑脂用一组(5个)大写字母组成的代号来表示，每个字母及其在该构成中的书写顺序都有其特定含义。

字母1，X系指润滑脂的组别代号；

字母2，系指最低的操作温度；

字母3，系指最高的操作温度；

字母4，系指润滑脂在水污染的操作条件下，其抗水性能和防锈水平；

字母5，系指润滑脂在高负荷或低负荷场合下的润滑性能。

每个品种代号的第一个字母X表示润滑脂组别，其后面的字母单独存在时无任何含义。

3.2.3 润滑脂的稠度分为9个等级：000，00，0，1，2，3，4，5，6，各个等级的锥入度范围见GB 7631.1附录A。

3.3 在本标准的分类体系里，用统一的方式标记所有种类的润滑脂产品，必须采用表1所列的书写顺序。

3.3.1 润滑脂标记的字母顺序[1)]

国家技术监督局 1990-12-30 批准 1991-11-01 实施

表 1

L	X(字母 1)	字母 2	字母 3	字母 4	字母 5	稠度等级
润滑剂类	润滑剂组别	最低温度	最高温度	水污染(抗水性、防锈性)	极压性	稠度号

4 润滑脂分类

4.1 X 组(润滑脂)的分类

表 2

代号字母(字母 1)	总的用途	使用要求									标记	备注
		操作温度范围				水污染[3]	字母 4	负荷 EP	字母 5	稠度		
		最低温度[1],℃	字母 2	最高温度[2],℃	字母 3							
X	用润滑脂的场合	0 -20 -30 -40 <-40	A B C D E	60 90 120 140 160 180 >180	A B C D E F G	在水污染的条件下,润滑脂的润滑性、抗水性和防锈性	A B C D E F G H I	在高负荷或低负荷下,表示润滑脂的润滑性和极压性,用 A 表示非极压型脂;用 B 表示极压型脂	A B	可选用如下稠度号: 000 00 1 2 3 4 5 6	一种润滑脂的标记是由代号字母 X 与其他 4 个字母及稠度等级号联系在一起来标记的	包含在这个分类体系范围里的所有润滑脂彼此相容是不可能的,而由于缺乏相容性,可能导致润滑脂性能水平的剧烈降低,因此,在允许不同的润滑脂相接触之前,应和产销部门协商

注:1)设备起动或运转时,或者泵送润滑脂时,所经历的最低温度。
2)在使用时,被润滑的部件的最高温度。
3)见表 3。

采用说明:
1)本标准与 ISO 6743/9 的小差异为:本标准删去开头的“ISO”。

4.2 字母4(水污染)的确定

表3

水污染		
环境条件[1)]	防锈性[2)]	字母4
L	L	A
L	M	B
L	H	C
M	L	D
M	M	E
M	H	F
H	L	G
H	M	H
H	H	I

注：1)L表示干燥环境；M表示静态潮湿环境；H表示水洗。

2)L表示不防锈；M表示淡水存在下的防锈性；H表示盐水存在下的防锈性。

4.3 举例

一种润滑脂，使用在下述操作条件：

最低操作温度：-20℃；

最高操作温度：160℃；

环境条件：经受水洗；

防锈性：不需要防锈；

负荷条件：高负荷；

稠度等级：00。

这种润滑脂的标记应为：L-XBEGB 00。

润滑剂、工业用油和有关产品（L类）的分类　第9部分：D组（压缩机）

GB/T 7631.9—2014

1　范围

GB/T 7631的本部分规定了L类（润滑剂、工业用油和有关产品）的D组空气压缩机润滑剂、气体压缩机润滑剂和制冷压缩机润滑剂的详细分类。

本部分适用于特定领域的润滑剂的使用，尤其适用于固定式空气压缩机，以尽可能减少着火和爆炸的危险。相关的安全规则见GB 10892。本部分目的是提供国内常用空气压缩机润滑剂、气体压缩机润滑剂和制冷压缩机润滑剂一个合理使用范围，而不是通过产品规格或产品描述对这些压缩机润滑剂进行不必要的限制。

本部分宜与GB/T 7631.1联系起来理解。

2　规范性引用文件

下列文件对于本文件的应用是必不可少的。凡是注日期的引用文件，仅注日期的版本适用于本文件。凡是不注日期的引用文件，其最新版本（包括所有的修改单）适用于本文件。

GB/T 498　石油产品及润滑剂的总分类（GB/T 498—1987，ncq ISO/DIS 8681：1985）

GB/T 3141　工业液体润滑剂　ISO黏度分类（GB/T 3141—1994，eqv ISO 3448：1992）

GB 10892　固定的空气压缩机　安全规则和操作规程（GB 10892—2005，ISO 5388：1981，MOD）

GB 23820　机械安全　偶然与产品接触的润滑剂　卫生要求（GB 23820—2009，ISO 21469：2006，IDT）

3　代号说明

3.1　D组的详细分类是根据该组主要应用场合所要求产品的种类而确定的。

3.2　每个品种由一组字母组成的符号表示，符号合起来构成一个代号。

注：代号的第一个字母D表示产品所属的组别，第二个字母单独存在时本身无含义。

每个品种的名称可以附加按GB/T 3141规定的黏度等级。

3.3　每个品种根据GB/T 498统一命名。可以用完整的形式表示，如ISO-L-DAB 68，或用缩写形式表示，如L-DAB 68，数字表示根据GB/T 3141给出的黏度等级。

4　详细分类

压缩机润滑剂的详细分类见表1～表3。

表1　空气压缩机润滑剂的分类

组别符号	应用范围	特殊应用	更具体应用	产品类型和(或)性能要求	产品代号(ISO-L)	典型应用	备　注
D	空气压缩机	压缩腔室有油润滑的容积型空气压缩机	往复的十字头和筒状活塞或滴油回转(滑片)式压缩机	通常为深度精制的矿物油，半合成或全合成液	DAA	普通负荷	见附录A
				通常为特殊配制的半合成或全合成液，特殊配制的深度精制的矿物油	DAB	苛刻负荷	
			喷油回转(滑片和螺杆)式压缩机	矿物油，深度精制的矿物油	DAG	润滑剂更换周期≤2000 h	
				通常为特殊配制的深度精制的矿物油或半合成液	DAH	2000 h<润滑剂更换周期≤4000 h	
				通常为特殊配制的半合成或全合成液	DAJ	润滑剂更换周期>4000 h	
		压缩腔室无油润滑的容积型空气压缩机	液环式压缩机，喷水滑片和螺杆式压缩机，无油润滑往复式压缩机，无油润滑回转式压缩机	—	—	—	润滑剂用于齿轮、轴承和运动部件
		速度型压缩机	离心式和轴流式透平压缩机	—		—	润滑剂用于轴承和齿轮
	真空泵	压缩腔室有油润滑的容积型真空泵	往复式、滴油回转式、喷油回转式(滑片和螺杆)真空泵	—	DVA	低真空，用于无腐蚀性气体	低真空为 10^{2} kPa ~ 10^{-1} kPa
				—	DVB	低真空，用于有腐蚀性气体	
			油封式(回转滑片和回转柱塞)真空泵	—	DVC	中真空，用于无腐蚀性气体	中真空为 10^{-1} kPa ~ 10^{-4} kPa
				—	DVD	中真空，用于有腐蚀性气体	
				—	DVE	高真空，用于无腐蚀性气体	高真空为 10^{-4} kPa ~ 10^{-8} kPa
				—	DVF	高真空，用于有腐蚀性气体	

表 2　气体压缩机润滑剂的分类

组别符号	应用范围	特殊应用	更具体应用	产品类型和(或)性能要求	产品代号(ISO-L)	典型应用	备　注
D	气体压缩机	容积型往复式和回旋式压缩机，用于除制冷循环或热泵循环或空气压缩机以外的所有气体压缩机	不与深度精制矿物油发生化学反应或不会使矿物油的黏度降低到不能使用程度的气体	深度精制的矿物油	DGA	$<10^4$ kPa 压力下的 N_2、H_2、NH_3、Ar、CO_2，任何压力下的 He、SO_2、H_2S $<10^3$ kPa 压力下的 CO	氨会与某些润滑油中所含的添加剂反应
			用于 DGA 油的气体，但含有湿气或凝缩物	特定矿物油	DGB	$<10^4$ kPa 压力下的 N_2、H_2、NH_3、Ar、CO_2	氨会与某些润滑油中所含的添加剂反应
			在矿物油中有高的溶解度而降低其黏度的气体	通常为合成液	DGC[a]	任何压力下的烃类，$>10^4$ kPa 压力下的 NH_3、CO_2	氨会与某些润滑油中所含的添加剂反应
			与矿物油发生化学反应的气体	通常为合成液	DGD[a]	任何压力下的 HCl、Cl_2、O_2 和富氧空气，$>10^3$ kPa 压力下的 CO	对于 O_2 和富氧空气应禁止使用矿物油，只有少数合成液是合适的
			非常干燥的惰性气体或还原气(露点-40℃)	通常为合成液	DGE[a]	$>10^4$ kPa 压力下的 N_2、H_2、Ar	这些气体使润滑困难，应特殊考虑

注：高压下气体压缩可能会导致润滑困难(咨询压缩机生产商)。

[a] 用户在选用 DGC、DGD 和 DGE 三种合成液时应注意，由于牌号相同的产品可以有不同的化学组成，因此在未向供应商咨询前不得混用。

表 3　制冷压缩机润滑剂的分类

组别符号	应用范围	制冷剂	润滑剂类别	部分润滑剂类型（典型-非包含）	产品代号（ISO-L）	典型应用	备　注
D	制冷压缩机	氨（NH_3）	不互溶	深度精制的矿物油（环烷基或石蜡基），烷基苯，聚α烯烃	DRA	工业用和商业用制冷	开启式或半封闭式压缩机的满液式蒸发器
			互溶	聚（亚烷基）二醇	DRB	工业用和商业用制冷	直接膨胀式蒸发器；聚（亚烷基）二醇用于开启式压缩机或工厂组装装置
		氢氟烃（HFC）	不互溶	深度精制的矿物油（环烷基或石蜡基）、烷基苯、聚α烯烃	DRC	家用制冷，民用和商用空调、热泵，公交空调系统	适用于小型封闭式循环系统
			互溶	多元醇酯，聚乙烯醚，聚（亚烷基）二醇	DRD	车用空调，家用制冷，民用和商用空调、热泵、商用制冷包括运输制冷	—
		氯氟烃（CFC）氢氯氟烃（HCFC）	互溶	深度精制的矿物油（环烷基或石蜡基），烷基苯，多元醇酯，聚乙烯醚	DRE	车用空调，家用制冷，民用商用空调，热泵，商用制冷包括运输制冷	制冷剂中含氯有利于润滑
		二氧化碳（CO_2）	互溶	深度精制的矿物油（环烷基或石蜡基），烷基苯，聚（亚烷基）二醇，多元醇酯，聚乙烯醚	DRF	车用空调，家用制冷，民用和商用空调，热泵	聚（亚烷基）二醇用于开启式车用空调压缩机
		烃类（HC）	互溶	深度精制的矿物油（环烷基或石蜡基），烷基苯，聚α烯烃，聚（亚烷基）二醇，多元醇酯，聚乙烯醚	DRG	工业制冷，家用制冷，民用和商用空调，热泵	典型应用是工厂组装低负载装置

表 3 仅适用于润滑剂与制冷剂接触的系统。此外，也存在食品与润滑剂偶然接触的可能性，此种润滑剂应遵守 GB 23820 的有关规定。

附 录 A
（资料性附录）
有关压缩机负荷的信息

A.1 介绍

本附录介绍了空气压缩机“普通负荷”和“苛刻负荷”的区别。

A.2 有油润滑的往复式和滴油回转式空气压缩机

往复式和滴油回转式压缩机的负荷分为普通负荷和苛刻负荷（见表 A.1）取决于许多参数，例如：

a） 压缩机设计：冷却方式、压缩级数、滑片速度、润滑油停留时间等；

b） 环境条件：吸入空气温度、冷却剂温度、起催化作用的尘埃或气体的存在等；

c） 操作条件：连续或间断运转、排气系统布置、维护保养、换油期等。

首要的准则是防止在高温空气排放系统中有过量的润滑油残留或结焦，使空气压缩机有满意可靠的运行。

表 A.1 有油润滑的往复式和滴油回转式空气压缩机

负荷	产品代号（ISO-L）	工作循环	操作条件		
			排气温度[a]/℃	压力差[b,d]/MPa	排气压力[c,d]/MPa
普通[e]	DAA	间断或连续运转	≤165	≤2.5	≤7.0
苛刻[f]	DAB	间断或连续运转	>165	>2.5	>7.0

[a] 气缸排气阀的最高温度。

[b] 气缸吸气阀和排气阀的最高压力差。

[c] 气缸排气阀的最高压力。

[d] 1 MPa＝10 bar。

[e] 所有使用条件满足时采用。

[f] 其中任何一项使用条件满足或所有使用条件都满足时采用。

A.3 喷油回转式空气压缩机

除了空气/润滑剂的温度不超过100℃的连续式或接近连续式操作外，喷油回转式空气压缩机的工作循环（见表 A.2）都被视为苛刻工况。在某些操作条件下，为保证压缩机的轴承、空气/润滑剂分离器和/或润滑剂循环过滤系统正常工作而使用的高黏度润滑剂可能导致压缩机启动困难。因为润滑剂还有冷却功能，压缩机从无载荷到部分载荷再到满载荷的工作循环中，润滑剂要承受苛刻的剪切、热和氧化作用，所以润滑剂的黏度、水分离性能、与结构材料的相容性等性能需要满足喷油回转式空气压缩机最低使用性能规格标准。然而，抗老化性是最重要的指标。

a）压缩机设计：排气压力和压力比、压缩级数、油循环率、油分离系统等；

b）环境条件：吸入空气温度和湿度、污染物（尘埃或气体）的存在等；

c）操作条件：连续或间断运转、维护保养、换油期、排气温度等。

注：当出现下列情况时，推荐使用最苛刻负荷用油：

——空气相对湿度较高（>80%）；

——循环油量低；

——润滑剂在室温和<100℃之间进行日常循环的间断运转，会促进油箱中凝缩物的积累，并加速轴承和转子的磨损。

表 A.2 喷油回转式空气压缩机

负荷	产品代号(ISO-L)	工作循环	操作条件
普通	DAG	接近连续或连续运转	在任何一级的排气阀上空气/润滑剂的最高温度≤100℃
苛刻	DAH	间断运转	油箱中润滑剂日常循环温度从室温~<100℃，或在任何一级的排气阀上空气/润滑剂的最高温度>100℃
		连续运转	在任何一级的排气阀上空气/润滑剂的最高温度>100℃

附 录 B

（资料性附录）

本部分与 GB/T 7631.9—1997 的主要变化

本部分与 GB/T 7631.9—1997 的产品分类主要变化见表 B.1。

表 B.1　本部分与 GB/T 7631.9—1997 产品分类的主要变化

	产品代号(ISO-L)		产品类型和(或)性能要求		典型应用	
	本部分	GB/T 7631.9—1997	本部分	GB/T 7631.9—1997	本部分	GB/T 7631.9—1997
空气压缩机润滑剂的分类	DAA	DAA	通常为深度精制的矿物油，半合成或全合成液	—	普通负荷	轻负荷
	DAB	DAB	通常为特殊配制的半合成或全合成液，特殊配制的深度精制的矿物油	—	苛刻负荷	中负荷
	—	DAC	—	—	—	重负荷
	DAG	DAG	矿物油、深度精制的矿物油	—	润滑剂更换周期≤2 000 h	轻负荷
	DAH	DAH	通常为特殊配制的深度精制的矿物油或半合成液	—	2 000 h<润滑剂更换周期≤4 000 h	中负荷
	DAJ	DAJ	通常为特殊配制的半合成或全合成液	—	润滑剂更换周期>4 000 h	重负荷

	产品代号(ISO-L)		操作温度制冷剂类型		产品类型和(或)性能要求		备注	
	本部分	GB/T 7631.9—1997	本部分	GB/T 7631.9—1997	本部分	GB/T 7631.9—1997	本部分	GB/T 7631.9—1997
制冷压缩机润滑剂的分类	DRA	DRA	NH_3，与润滑剂不互溶	>-40℃(蒸发器) 氨或卤代烷	深度精制的矿物油(环烷基或石蜡基)、烷基苯、聚α烯烃	深度精制矿物油(环烷基油、石蜡基油或白油)和合成烃油	开启式或半封闭式压缩机的满液式蒸发器	—
	DRB	DRB	NH_3，与润滑剂互溶	<-40℃(蒸发器) 氨或卤代烷	聚(亚烷基)二醇	合成烃油、容许烃/制冷剂混合物有适当互溶性控制。这些合成烃应互溶	直接膨胀式蒸发器；聚(亚烷基)二醇用于开启式压缩机或工厂组装装置	装有干式蒸发器时，相容性不重要。在某些情况下，根据制冷剂的类型可使用深度精制矿物油(要考虑低温和相容性)

表 B.1(续)

	产品代号(ISO-L)		操作温度制冷剂类型		产品类型和(或)性能要求		备注	
	本部分	GB/T 7631.9—1997	本部分	GB/T 7631.9—1997	本部分	GB/T 7631.9—1997	本部分	GB/T 7631.9—1997
制冷压缩机润滑剂的分类	DRC	DRC	HFC，与润滑剂不互溶	>0℃(蒸发器或冷凝器)和/或高排气压力和温度卤代烷	深度精制的矿物油(环烷基或石蜡基)、烷基苯、聚α烯烃	深度精制矿物油，具有良好热/化学稳定性的合成烃油	适用于小型封闭式循环系统	允许对烃、制冷剂的相容性适当控制的合成烃油或烃、矿物油的混合物
	DRD	DRD	HFC，与润滑剂互溶	所有蒸发温度(蒸发器)烃类	多元醇酯、聚乙烯醚、聚(亚烷基)二醇	合成液(与制冷剂、矿物油或合成烃油无互溶性)	—	通常用于某些开放式压缩机
	DRE	—	CFC，HCFC，与润滑剂互溶	—	深度精制的矿物油(环烷基或石蜡基)、烷基苯、多元醇酯、聚乙烯醚	—	制冷剂中含氯有利于润滑	—
	DRF	—	CO_2，与润滑剂互溶	—	深度精制的矿物油(环烷基或石蜡基)、烷基苯、聚(亚烷基)二醇、多元醇酯、聚乙烯醚	—	聚(亚烷基)二醇用于开启式车用空调压缩机	—
	DRG	—	HC，与润滑剂互溶	—	深度精制的矿物油(环烷基或石蜡基)、烷基苯、聚α烯烃、聚(亚烷基)二醇、多元醇酯、聚乙烯醚	—	典型应用是工厂组装低负载装置	—

附 录 C
（资料性附录）
本部分章条编号与 ISO 6743-3：2003 章条编号对照

表 C.1 给出了本部分章条编号与 ISO 6743-3：2003 章条编号对照一览表。

表 C.1 本部分章条编号与 ISO 6743-3：2003 章条编号对照

本部分章条编号	ISO 6743-3：2003 章条编号
1	1
2	2
3	3
4	3
附录 A	附录 A
附录 B	—
附录 C	—

附　录　D
（资料性附录）
本部分与 ISO 6743-3：2003 的技术差异及其原因

表 D.1 给出了本部分与 ISO 6743-3：2003 的技术差异及其原因的一览表。

表 D.1　本部分与 ISO 6743-3：2003 的技术差异及其原因

<table>
<tr><th>本部分的章条编号</th><th>技术性差异</th><th>原　因</th></tr>
<tr><td rowspan="2">1</td><td>删除 ISO 6743-3：2003 第 1 章范围中“应对 ISO 5388 标准进行修订，以反映 ISO 6743-3 中压缩机负荷级别描述的变化”的有关陈述</td><td>ISO 5388 至今并未进行修订。固定空气压缩机的安全规则中没有涉及负荷级别。有关负荷级别已在本部分的其他地方提及</td></tr>
<tr><td>等效采用国际标准的 GB/T 7631.1 代替 ISO 6743-99</td><td rowspan="2">适应我国技术条件</td></tr>
<tr><td>2</td><td>关于规范性引用文件，本部分做了具有技术性差异的调整，调整的情况集中反映在第 2 章“规范性引用文件”中，具体调整如下：
——用修改采用国际标准的 GB/T 498 代替 ISO 8681（见 3.3）；
——用等效采用国际标准的 GB/T 3141 代替 ISO 3448（见 3.2 和 3.3）；
——用修改采用国际标准的 GB/T 10892 代替 ISO 5388（见第 1 章）；
——增加 GB 23820（见表 3）</td></tr>
<tr><td rowspan="2">4，表 2</td><td>将 ISO 6743-3：2003 表 2 中 DGD 合成液对应的典型应用中“$>10^3$ kPa 压力下的 CO_2”修改为“$>10^3$ kPa 压力下的 CO”</td><td>10^3 kPa 为压缩 CO 的压力分界值，大于此压力，压缩机通常采用合成液 DGD 进行润滑</td></tr>
<tr><td>将 ISO 6743-3：2003 表 2 中 DGE 合成液对应的典型应用中“$<10^4$ kPa 压力下的 N_2、H_2、Ar”修改为“$>10^4$ kPa 压力下的 N_2、H_2、Ar”</td><td>10^4 kPa 为压缩 N_2、H_2、Ar 的压力分界值，大于此压力，压缩机通常采用合成液 DGE 进行润滑</td></tr>
<tr><td>附录 A，表 A.2</td><td>删除脚注：在某些国家，由于法律限制，空气/润滑剂最高排放温度应 <100℃</td><td>我国没有相应的法律限制</td></tr>
<tr><td>附录 B</td><td>增加</td><td>按照我国标准编写要求</td></tr>
<tr><td>附录 C</td><td>增加</td><td>按照我国标准编写要求</td></tr>
</table>

润滑剂、工业用油和有关产品(L类)的分类　第10部分：T组(涡轮机)

GB/T 7631.10—2013

1　范围

GB/T 7631 的本部分规定了L类的T组(涡轮机)产品的详细分类。

本部分宜与 GB/T 7631.1 联系起来理解。

本部分不包括航空涡轮机产品。但是，某些陆地电站可能会使用航空涡轮机，这类涡轮机润滑剂的选用建议根据制造商的推荐，根据用途使用 TGA、TGB、TGCH、TGCE 或更特殊的航空涡轮机润滑剂。

本部分也不包括风动涡轮机润滑剂。风动涡轮机使用的齿轮润滑剂规定在 GB/T 7631.7 和 ISO 12925-1 中。

2　规范性引用文件

下列文件对于本文件的应用是必不可少的。凡是注日期的引用文件，仅注日期的版本适用于本文件。凡是不注日期的引用文件，其最新版本(包括所有的修改单)适用于本文件。

GB/T 3141　工业液体润滑剂　ISO 黏度分类(GB/T 3141—1994，eqv ISO 3448：1992)

3　所用符号说明

3.1　T组的详细分类是通过定义该组的各种应用场合所要求的产品类型而确定的。

3.2　每种产品用一组字母组成的符号来表示。这些符号合起来构成一个代号。

每组产品的第一个字母(T)表示产品的所在组别，其后的字母单独存在时无意义。

每种产品的命名可以附加按 GB/T 3141 规定的黏度等级。

3.3　在本分类体系中，产品以统一的形式命名。例如，一个特定的产品可以用完整的形式表示为 ISO-L-TSA 46，或以简化的形式表示为 L-TSA 46。

3.4　在本分类体系中，涡轮机润滑剂是分别分类的。常见某些涡轮机润滑剂可用于不同类型的涡轮机。下面是一些例子(这些例子不是限制性的)。

——上述的润滑剂可以是 L-TSA、L-TGA 和 L-THA 类；

——上述的润滑剂可以是 L-TSE 和 L-THE 类；

——上述的润滑剂可以是 L-TGB 和 L-TGSB 类；

——上述的润滑剂可以是 L-TGF 和 L-TGSE 类；

——上述的润滑剂可以是 L-TSD、L-TGD 和 L-TCD 类。

4　详细分类

润滑剂、工业用油和有关产品(L类)—T组(涡轮机)的详细分类见表1。

表1　润滑剂、工业用油和有关产品(L类)—T组(涡轮机)分类

组别符号	一般应用	特殊应用	更具体应用	产品类型和/或性能要求	符号ISO-L	典型应用	备注
T	涡轮机	蒸汽	一般用途	具有防锈和抗氧化性的深度精制的石油基润滑油	TSA	不需要润滑剂具有抗燃性的发电、工业驱动装置和相配套的控制机构和不需改善齿轮承载能力的船舶驱动装置	
			齿轮连接到负荷	具有防锈、抗氧化性和高承载能力的深度精制的石油基润滑油	TSE	需要润滑剂改善齿轮承载能力的发电、工业驱动装置、船舶齿轮装置及其相配套的控制系统	
			抗燃	磷酸酯基润滑剂	TSD	要求润滑剂具有抗燃性的发电、工业驱动装置及其相配套的控制装置	
		燃气直接驱动，或通过齿轮驱动	一般用途	具有防锈和抗氧化性的深度精制的石油基润滑油	TGA	不需要润滑剂抗燃性的发电、工业驱动装置和相配套的控制机构和不需改善齿轮承载能力的船舶驱动装置	
			高温使用	具有防锈和抗氧化性的深度精制的石油基润滑油	TGB	要求润滑剂具有抗高温性的发电、工业驱动装置和相配套的控制系统	
			特殊用途	聚α烯烃和相关烃类的合成液	TGCH	要求润滑剂具有特殊性能(增强的氧化安定性，低温性能的发电、工业驱动装置和相配套的控制系统)	
			特殊用途	合成酯型的合成液	TGCE	需要润滑剂具有特殊性能(增强的氧化安定性，低温性能的发电、工业驱动装置和相配套的控制系统)	这些液体可能具有一些环境可接受的特征
			抗燃	磷酸酯基润滑剂	TGD	要求润滑剂具有抗燃性的发电、工业驱动装置及其相配套的控制装置	
			高承载能力	具有防锈、抗氧化性和高承载能力的深度精制的石油基润滑油	TGE	需要润滑剂改善齿轮承载能力的发电、工业驱动装置、船舶齿轮装置及其相配套的控制系统	
			高温使用高承载能力	具有防锈、抗氧化性和高承载能力的深度精制的石油基润滑油	TGF	要求润滑剂具有抗高温和承载性能的发电、工业驱动装置及其相配套的控制系统	

表1(续)

组别符号	一般应用	特殊应用	更具体应用	产品类型和/或性能要求	符号ISO-L	典型应用	备注
T	涡轮机	具有公共润滑系统，单轴连接循环涡轮机	高温使用	具有防锈和抗氧化性的深度精制的石油基或合成基润滑油	TGSB	不需要润滑剂抗燃性的发电和控制系统	
			高温使用和高承载能力	具有高承载能力、防锈和抗氧化性的深度精制的石油基或合成基润滑油	TGSE	不需要润滑剂抗燃性，但需要改善齿轮承载能力的发电和控制系统	
		控制系统	抗燃	磷酸酯控制液	TCD	润滑剂和抗燃液需分别(独立)供给的蒸汽、燃气、水力轮机控制装置	
		水力涡轮机	一般用途	具有防锈和抗氧化性的深度精制的石油基润滑油	THA	具有液压系统的水力涡轮机	
			特殊用途	聚α烯烃和相关烃类的合成液	THCH	需要润滑剂具有排水毒性低和环境保护性能的水力涡轮机	
			特殊用途	合成酯型的合成液	THCE	需要润滑剂具有排水毒性低和环境保护性能的水力涡轮机	
			高承载能力	具有抗摩擦和/或承载能力的防锈和抗氧化性的深度精制的石油基润滑油	THE	没有液压系统的水力涡轮机	

附　录　A

（资料性附录）

本部分与 GB/T 7631.10—1992 的产品种类变化

本部分与 GB/T 7631.10—1992 的产品种类变化见表 A.1。

表 A.1　本部分与 GB/T 7631.10—1992 的产品种类变化

对应标准	本部分	GB/T 7631.10—1992
	TSA	TSA
	—	TSC
	TSE	TSE
	TSD	TSD
	TGA	TGA
	TGB	TGB
	—	TGC
	TGCH	—
	TGCE	—
	TGD	TGD
品种变化	TGE	TGE
	TGF	—
	TGSB	—
	TGSE	—
	TCD	TCD
	THA	—
	THCH	—
	THCE	—
	THE	—
	—	TA
	—	TB

附　录　B
（资料性附录）
本部分与 ISO 6743-5：2006 章条编号对照一览表

本部分章条编号与 ISO 6743-5：2006 章条编号对照一览表见表 B.1。

表 B.1　本部分与 ISO 6743-5：2006 章条编号对照一览表

本部分章条编号	ISO 6743-5：2006 章条编号
1	1
2	—
3	2
4	3
附录 A	—
附录 B	—

参　考　文　献

[1]　GB/T 7631.1　润滑剂、工业用油和有关产品(L 类)的分类　第 1 部分：总分组

[2]　GB/T 7631.7　润滑剂和有关产品(L 类)的分类　第 7 部分：C 组(齿轮)

[3]　ISO 12925-1, Lubricants, industrial oils and related products (class L)—Family C(Gears)—Part 1: Specifications for lubricants for enclosed gear systems

润滑剂、工业用油和有关产品(L类)的分类　第11部分：G组(导轨)

GB/T 7631.11—2014

1　范围

GB/T 7631的本部分规定了L类(润滑剂、工业用油和有关产品)的G组(导轨)产品的详细分类。

本部分宜与GB/T 7631.1联系起来理解。

2　规范性引用文件

下列文件对于本文件的应用是必不可少的。凡是注日期的引用文件，仅注日期的版本适用于本文件。凡是不注日期的引用文件，其最新版本(包括所有的修改单)适用于本文件。

GB/T 3141　工业液体润滑剂　ISO黏度分类(GB/T 3141—1994，eqv ISO 3448：1992)

3　所用符号的说明

3.1　G组的详细分类是根据该组各种不同应用所要求的产品品种而确定的。

3.2　每种品种由一组字母组成的符号表示，符号合起来构成一个代号。

注：代号的第一个字母(G)表示产品所属的组别，第二个字母单独存在时本身无含义。

每个品种的命名可以附加按GB/T 3141规定的黏度等级。

3.3　在本分类体系中，产品以统一的形式命名。一个特定的产品可用完整的形式表示(见示例1)，或以简化的形式表示(见示例2)。

示例1：ISO-L-GA 150

示例2：L-GA-150

4　详细分类

G组详细分类见表1。

表1　润滑剂、工业用油和有关产品(L类)的分类G组(导轨)

组别符号	应用范围	特殊应用	更具体应用	产品类型和/或性能要求	产品代号(L-)	典型应用	备　注
G	导轨	润滑	两个接触表面是金属的导轨系统润滑	精制矿油，并改善其抗磨性、抗腐蚀性、黏性和抗黏滑性	GA	机床的润滑部位包括普通导轨，螺母螺杆系统，球形螺母螺杆系统，普通轴承。润滑油应具有抗黏滑性和减摩特性	L-GA油可以由具有相同黏度等级的L-HG[a]油代替，需满足抗黏滑性的要求

表 1(续)

组别符号	应用范围	特殊应用	更具体应用	产品类型和/或性能要求	产品代号(L-)	典型应用	备 注
G	导轨	润滑	两个接触表面之一是由非金属材料(聚合物、树脂等)组成的导轨系统润滑	精制矿油，并改善其抗磨性、抗腐蚀性、黏性、抗黏滑性以及含水液体的分离特性	GB	机床的润滑部位包括对水基切削液的污染具有敏感性的非金属材料的普通导轨，螺母螺杆系统，球形螺母螺杆系统，普通轴承。润滑油应具有抗黏滑性和减摩特性	在含水冷却介质存在的情况下，应考虑非金属滑动材料与导轨润滑剂之间的相容性
			两个接触表面是金属的导轨系统润滑	合成型润滑剂，并改善其抗磨性、抗磨蚀性以及防止滑动器不连续或间断运动(黏滑)的特性	GS	机床的润滑部位包括普通导轨，螺母螺杆系统，球形螺母螺杆系统，普通轴承。润滑油应具有抗黏滑性、减摩特性、与冷却介质相容性	应考虑导轨润滑剂和含水冷却介质之间的相容性；导轨润滑剂污染了冷却介质后，对冷却介质特性的影响是最小的(导轨润滑剂是可乳化的或可溶解的)

[a] 见 GB/T 7631.2。

参 考 文 献

[1] GB/T 7631.1 润滑剂、工业用油和有关产品(L类)的分类 第1部分：总分组
[2] GB/T 7631.2 润滑剂、工业用油和有关产品(L类)的分类 第2部分：H组(液压系统)

润滑剂、工业用油和有关产品(L类)的分类　第12部分：Q组(有机热载体)

GB/T 7631.12—2014

1　范围

GB/T 7631的本部分规定了Q组(有机热载体)的详细分类。列入本分类的所有产品均属L类(润滑剂、工业用油和有关产品)。

本部分宜与GB/T 7631.1联系起来理解。

2　规范性引用文件

下列文件对于本文件的应用是必不可少的。凡是注日期的引用文件，仅注日期的版本适用于本文件。凡是不注日期的引用文件，其最新版本(包括所有的修改单)适用于本文件。

GB/T 265　石油产品运动黏度测定法和动力黏度计算法

GB/T 7631.1　润滑剂、工业用油和有关产品(L类)的分类　第1部分：总分组

GB/T 23800　有机热载体热稳定性测定法

GB 23971—2009　有机热载体

3　所用符号说明

3.1　Q组的详细分类是根据本组的主要应用场合所要求的产品品种来确定的。

3.2　每个产品的代号由两个英文字母组成的符号来表示。

注：每个品种的第一个字母(Q)表示产品的组别，即有机热载体。后面的字母单独存在时无含义。每个品种的命名可附有一个或一组数字，具体含义在3.3中规定。

3.3　在本分类体系中，各种产品以统一的形式命名。

一个特定的QA、QB，QC和QD类产品可用完整形式或简式命名，例如ISO-L-QC320或L-QC320。在上面两种形式中，数字均代表经GB/T 23800检测确定的最高允许使用温度。

一个特定的QE类产品可用完整形式或简式命名，例如ISO-L-QE300/-40或L-QE300/-40。在上面两种形式中，一组数字的前一部分代表经GB/T 23800检测确定的最高允许使用温度(见GB 23971—2009中的3.8)，一组数字的后一部分代表经GB/T 265检测确定的最低使用温度。

4　详细分类

详细分类见表1。

表1　有机热载体分类

<table>
<tr><th>组别符号</th><th>应用范围</th><th>特殊应用使用温度范围</th><th>更具体应用使用条件</th><th>产品性能和类型</th><th>符号(ISO-L-)</th><th>应用实例</th><th>备　注</th></tr>
<tr><td rowspan="5">Q</td><td rowspan="5">传热</td><td>最高允许使用温度≤250 ℃</td><td>敞开式系统</td><td>具有氧化安定性的精制矿油或合成液</td><td>QA</td><td>用于加热机械零件或电子元件的敞开式油槽</td><td rowspan="5">对特殊应用场合，包括系统、操作环境和液体本身，应考虑着火的危险性。
1. 带有有机热载体加热系统的装置，应配上有效的膨胀槽，排气孔和过滤系统。
2. 加热食品的热交换装置中，使用有机热载体应符合国家卫生和安全要求</td></tr>
<tr><td>最高允许使用温度≤300 ℃</td><td>带有或不带有强制循环的开式和闭式系统</td><td>具有热稳定性的精制矿油或合成液</td><td>QB</td><td>——有机热载体加热系统；
——闭式循环油浴</td></tr>
<tr><td>最高允许使用温度>300 ℃并≤320 ℃</td><td>带有强制循环的闭式系统</td><td>具有热稳定性的精制矿油或合成液</td><td>QC</td><td>有机热载体加热系统</td></tr>
<tr><td>最高允许使用温度>320 ℃</td><td>带有强制循环的闭式系统</td><td>具有特殊高热稳定性的合成液</td><td>QD</td><td>有机热载体加热系统</td></tr>
<tr><td>最高允许使用温度及最低使用温度[a]>－60 ℃并≤320 ℃</td><td>带有强制循环的闭式冷却系统或冷却/加热系统</td><td>具有在低温时低黏度和热稳定性的精制矿油或合成液</td><td>QE</td><td>有机热载体冷却系统或冷却/加热系统</td></tr>
<tr><td colspan="8">[a] 在最低使用温度下产品的运动黏度应不大于12 mm^2/s。</td></tr>
</table>

润滑剂、工业用油和有关产品(L类)的分类　第13部分：A组(全损耗系统)

GB/T 7631.13—2012

1　范围

GB/T 7631的本部分规定了L类(润滑剂、工业用油和有关产品)的A组(全损耗系统)产品的详细分类。

本部分宜与GB/T 7631.1联系起来理解。

2　规范性引用文件

下列文件对于本文件的应用是必不可少的。凡是注日期的引用文件，仅注日期的版本适用于本文件。凡是不注日期的引用文件，其最新版本(包括所有的修改单)适用于本文件。

GB/T 3141　工业液体润滑剂　ISO黏度分类(GB/T 3141—1994，eqv ISO 3448：1992)

3　代号说明

3.1　A组的详细分类是根据该组主要应用场合所要求的产品品种而确定的。

3.2　每个品种由一组字母组成的符号表示，符号合起来构成一个代号。

注：代号的第一个字母(A)表示产品所属的组别，第二个字母单独存在时本身无含义。

每个品种的名称可以附加按GB/T 3141规定的黏度等级。

3.3　对于AY、AN和AB品种，根据GB/T 3141给出的黏度等级来命名，可以用完整的形式表示(见示例1)，或用缩写形式表示(见示例2)。

示例1：ISO-L-AN 32

示例2：L-AN 32

注：对于增加的AC品种，将在制定的规格标准中规定，能满足各种水平的低温操作性能、氧化安定性和环境可接受性(毒性和生物降解性)的要求。

4　详细分类

A组详细分类见表1。

表 1　润滑剂、工业用油和有关产品(L 类)的分类　A 组(全损耗系统)

组别符号	应用范围	更具体应用	组成和特性	品种代号 L	典型应用	备　注
A	全损耗系统	组别符号	浅度精制矿物油	AY	粗加工应用，轴，铁轨道岔等[a]	这类品种的一些产品可能含有对身体健康和环境有害的组分
			精制矿物油	AN	轻负荷部件(滑动轴承，齿轮)，处于流体动力润滑状态的普通轴承	
			精制矿物油，含有沥青或改善某些性能(例如：粘附性，极压性和抗腐蚀性)的添加剂	AB	开式齿轮，钢丝绳，机械传动的链条[b]	
			基础油是矿物油、动物油、植物油或是合成油中的任一种，含有适当的添加剂以给予产品需要的特性	AC	链锯的链条	

[a]对于这种直接排放到环境中的润滑剂，应不影响周围环境。

[b]对于某些应用，如开式齿轮、钢丝绳、开式链条、铁轨道岔、铁轨弯道和普通轴承等，可以使用半流体的润滑脂。这种润滑脂的分类和规格将单独给出。

润滑剂和有关产品(L类)的分类 第14部分：U组(热处理)

Lubricants and related products(class L)—Classification—Part 14: Family U (Heat treatment)

GB/T 7631.14—1998(2004)

eqv ISO 6743-14:1994

1 范围

本标准规定了L类(润滑剂和有关产品)中U组(热处理)产品的详细分类。它是GB/T 7631的一部分。

本标准提供了用于金属材料热处理过程的润滑剂和有关产品的分类。本标准与GB/T 7631.1联系起来理解。

本组产品根据不同应用场合分成几个品种。

2 引用标准

以下标准包括的条文，通过引用而构成本标准一部分，除非在标准中另有明确规定，下述引用标准都应是现行有效标准。

GB/T 3141 工业液体润滑剂 ISO黏度分类

GB/T 7631.1 润滑剂和有关产品(L类)的分类 第1部分：总分组

3 所用代号的说明

3.1 U组产品的详细分类是根椐本组主要热处理加工工艺所要求的产品品种来确定。

3.2 每个品种可由两个或三个英文字母组成的一组代号来表示。每个品种的第一个英文字母U表示该品种所属的组别，即为热处理用淬火液。第二个英文字母表示产品的品种。

H——表示矿物油型产品；

A——表示水基液体，例如水或聚合物水溶液；

S——表示熔融盐；

G——表示气体；

F——表示用于流化床的淬火产品；

K——其他。

第三个英文字母表示在每一类型产品中每个产品品种的性质或操作条件。

对于矿物油型产品(UH)，在每个品种之后可以附加按GB/T 3141规定的黏度等级。

3.3 本分类中各产品采用统一方法命名。一个特定产品完整的表示方法为L-UHG，一般允许以缩写形式UHG来表示。

国家质量技术监督局1998-08-20批准 1999-02-01实施

4 热处理用淬火液的分类

表 1 热处理用淬火液的分类

<table>
<tr><th>代号字母</th><th>应用范围</th><th>特殊用途</th><th>更具体应用</th><th>产品类型和性能要求</th><th>代号 L-</th><th>备注</th></tr>
<tr><td rowspan="26">U</td><td rowspan="26">热处理</td><td rowspan="10">热处理油</td><td rowspan="2">冷淬火
θ≤80℃</td><td>普通淬火油</td><td>UHA</td><td rowspan="17">某些油品易用水冲洗，由于在配方中加入破乳化剂而具有此特性，这类油称为“可洗油”。此特性是由最终用户要求，由供应商规定</td></tr>
<tr><td>快速淬火油</td><td>UHB</td></tr>
<tr><td rowspan="2">低热淬火
80℃<θ≤130℃</td><td>普通淬火油</td><td>UHC</td></tr>
<tr><td>快速淬火油</td><td>UHD</td></tr>
<tr><td rowspan="2">热淬火
130℃<θ≤200℃</td><td>普通淬火油</td><td>UHE</td></tr>
<tr><td>快速淬火油</td><td>UHF</td></tr>
<tr><td rowspan="2">高淬火
200℃<θ≤310℃</td><td>普通淬火油</td><td>UHG</td></tr>
<tr><td>快速淬火油</td><td>UHH</td></tr>
<tr><td>真空淬火</td><td></td><td>UHV</td></tr>
<tr><td>其他</td><td></td><td>UHK</td></tr>
<tr><td rowspan="7">热处理
水基液</td><td rowspan="3">表面淬火</td><td>水</td><td>UAA</td></tr>
<tr><td>慢速水基淬火液</td><td>UAB</td></tr>
<tr><td>快速水基淬火液</td><td>UAC</td></tr>
<tr><td rowspan="3">整体淬火</td><td>水</td><td>UAA</td></tr>
<tr><td>慢速水基淬火液</td><td>UAD</td></tr>
<tr><td>快速水基淬火液</td><td>UAE</td></tr>
<tr><td>其他</td><td></td><td>UAK</td></tr>
<tr><td rowspan="3">热处理
熔融盐</td><td>150℃<θ<500℃</td><td>熔融盐
150℃<θ<500℃</td><td>USA</td><td rowspan="3"></td></tr>
<tr><td>500℃≤θ<700℃</td><td>熔融盐
500℃≤θ<700℃</td><td>USB</td></tr>
<tr><td>其他</td><td></td><td>USK</td></tr>
<tr><td rowspan="4">热处理
气体</td><td rowspan="4"></td><td>空气</td><td>UGA</td><td rowspan="4"></td></tr>
<tr><td>中性气体</td><td>UGB</td></tr>
<tr><td>还原气体</td><td>UGC</td></tr>
<tr><td>氧化气体</td><td>UGD</td></tr>
<tr><td>流化床</td><td></td><td></td><td>UF</td><td></td></tr>
<tr><td>其他</td><td></td><td></td><td>UK</td><td></td></tr>
<tr><td colspan="7">注：θ 表示在淬火时的液体的温度。</td></tr>
</table>

润滑剂和有关产品(L类)的分类 第15部分：N组(绝缘液体)

Lubricants and related products(class L)—Classification—Part 15: Family N (Insulating liquids)

GB/T 7631.15—1998(2004)

eqv IEC 1039：1990

1 范围

本标准规定了润滑剂和有关产品(L类)中N组(绝缘液体)产品的详细分类。它是GB/T 7631的一部分。

本标准规定了N组(绝缘液体)的一般分类。本标准与GB/T 7631.1联系起来理解。

2 引用标准

以下标准包括的条文，通过引用而构成本标准的一部分。除非在标准中另有明确规定，下述引用标准都应是现行有效标准。

GB/T 498　石油产品及润滑剂的总分类

GB/T 7631.1　润滑剂和有关产品(L类)的分类　第1部分：总分组

3 所用代号的说明

3.1　N组产品的详细分类是根据本组主要使用场合和IEC出版物(标准)的号等部分组成来确定。

3.2　每个品种可由两个英文字母和数码组成的一组代号来表示。每个品种的第一个英文字母N表示该品种所属的组别，即为绝缘液体。第二个英文字母表示该产品品种主要应用范围，其中：

C——表示用于电容器；

T——表示用于变压器和开关；

Y——表示用于电缆。

两个英文字母和数码之间用“-”隔开，数码表示IEC出版物(标准)号，随后用“-”隔开的数码或英文字母，其意义在相应的IEC出版物中规定，单独无意义。

3.3　本分类中各产品采用统一方法命名，如一个特定的产品，其完整的表示方法为L-NT-296-ⅡA，一般允许以缩写的形式NT-296-ⅡA表示。

4 绝缘液体的分类

表1　绝缘液体分类

类别	组别	IEC出版物号	IEC出版物小分类	参见IEC出版物
L	NT	296	Ⅰ，Ⅱ，Ⅲ	IEC 296，矿物油
L	NT	296	ⅠA，ⅡA，ⅢA	IEC 296，加抑制剂矿物油

国家质量技术监督局1998-08-20批准　　1999-02-01实施

表 1(续)

类别	组别	IEC 出版物号	IEC 出版物小分类	参见 IEC 出版物
L	NY	465	Ⅰ，Ⅱ，Ⅲ	IEC 465，电缆油
L	NC	588	C-1，C-2	IEC 588-3，电容器用氯化联苯
L	NT	588	T-1，T-2，T-3，T-4	IEC 588-3，变压器用氯化联苯
L	NY	867	1	IEC 867，第 1 部分，烷基苯
L	NC	867	2	IEC 867，第 2 部分，烷基二苯基乙烷
L	NC	867	3	IEC 867，第 3 部分，烷基萘
L	NT	836	1	IEC 836，硅液体
L	NY	963	1	IEC 963，聚丁烯

附 录 A
(提示的附录)
参考出版物

IEC 296(1982)　用于变压器和开关中未使用过的矿物绝缘油规格

IEC 465(1988)　用于充油电缆中未使用过的矿物绝缘油规格

IEC 588-3(1977)　用于变压器及电容器中的氯化联苯　第 3 部分：新的氯化联苯规格

IEC 836(1988)　电工用的硅液体规格

IEC 867(1986)　未用过的合成芳烃绝缘液体规格

IEC 963(1988)　未用过的聚丁烯规格

润滑剂和有关产品(L类)的分类 第16部分：P组(气动工具)

Lubricants and related products(class L) classification —Part 16：Family P (Pneumatic tools)

GB/T 7631.16—1999(2010)

eqv ISO 6743-11：1990

1 范围

本标准规定了L类(润滑剂和有关产品)中P组(气动工具)润滑剂和由压缩空气驱动的机械用润滑剂的详细分类。

本标准只包括与压缩空气接触的润滑剂。不包括气动工具或气动机械中其他润滑点所用的润滑剂(例如：内部轴承、齿轮等)

本标准应与GB/T 7631.1联系起来理解。

2 引用标准

下列标准所包含的条文，通过引用而构成为本标准的一部分，除非在标准中另有明确规定，下述引用标准都应是现行有效标准。

GB/T 3141　工业液体润滑剂　ISO黏度分类

GB/T 7631.1　润滑剂和有关产品(L类)的分类　第1部分：总分组

GB/T 7631.8　润滑剂和有关产品(L类)的分类　第8部分：X组(润滑脂)

3 所用符号的说明

3.1　P组的详细分类是根据符合本组产品品种的主要应用场合来确定的。

3.2　每个品种的符号由一组大写英文字母组成，符号的第一个字母(P)表示产品所属的组别，即表示气动工具用润滑剂。后面的字母单独存在时本身无含义。

3.3　每个品种的符号中可以附有按GB/T 3141规定的黏度等级。

3.4　在本分类标准中，各产品的符号用统一的方法表示。例如：一个特定的产品可表示为L-PAB。

4 详细分类

P组详细分类列于表1。

国家质量技术监督局1999-08-10批准　　2000-06-01实施

表 1　气动工具用润滑剂的分类

<table>
<tr><th>组别符号</th><th>应用范围</th><th>特殊应用</th><th>更具体应用</th><th>产品类型</th><th>品种代号 L-</th><th>典型应用</th></tr>
<tr><td rowspan="9">P</td><td rowspan="9">气动工具和机械</td><td rowspan="5">冲击式气动工具</td><td rowspan="4">自动或手动润滑</td><td>无抑制剂的直馏矿物油</td><td>PAA</td><td>压缩空气中无冷凝物条件下使用的轻型气动工具</td></tr>
<tr><td>具有抗腐蚀性和抗磨性的矿物油</td><td>PAB</td><td>压缩空气中有冷凝物条件下使用的重型气动工具</td></tr>
<tr><td>具有抗腐蚀、抗磨、抗泡沫及乳化性能的矿物油</td><td>PAC</td><td>压缩空气中有冷凝物，以及在延长使用周期的条件下使用的中型到重型气动工具</td></tr>
<tr><td>合成基润滑剂</td><td>PAD</td><td>尤其在零度以下室外使用的气动工具</td></tr>
<tr><td>润滑脂润滑</td><td>半流体润滑脂</td><td>PAE</td><td>用于特殊使用条件，例如减少油雾排出1)</td></tr>
<tr><td rowspan="4">回转式气动工具和气动机械</td><td rowspan="4">自动或手动润滑</td><td>无抑制剂的直馏矿物油</td><td>PBA</td><td>压缩空气中无冷凝物条件下使用的轻型气动工具</td></tr>
<tr><td>具有抗腐蚀性的矿物油</td><td>PBB</td><td>压缩空气中有冷凝物条件下使用的轻型到中型气动工具</td></tr>
<tr><td>具有抗腐蚀、抗磨、抗泡沫及乳化性能的矿物油</td><td>PBC</td><td>压缩空气中有冷凝物，以及在延长使用周期的条件下使用的中型到重型气动工具</td></tr>
<tr><td>合成基润滑剂</td><td>PBD</td><td>特殊应用场合</td></tr>
<tr><td colspan="7">1)根据 GB/T 7631.8 规定的 L-XBIB000 润滑脂也可适用</td></tr>
</table>

润滑剂、工业用油和有关产品（L类）的分类　第17部分：E组（内燃机油）

GB/T 7631.17—2014

1　范围

GB/T 7631的本部分规定了用于下列内燃式发动机的发动机润滑油的详细分类。

本部分所涉及的润滑油包括二冲程摩托车汽油机油和四冲程摩托车汽油机油，其中：

二冲程摩托车汽油机油适用于拥有曲轴箱扫气系统的二冲程火花点燃式汽油发动机，可用于运输、休闲和其他用途的相关机具，如：摩托车、雪橇和链锯等的润滑。

四冲程摩托车汽油机油适用于拥有一个共用机油箱的四冲程火花点燃式汽油发动机，对于摩托车、轻便摩托车、全地形车（ATV_S）及相关设备，该共用机油箱储存的润滑剂既润滑发动机，也同时润滑动力传动系统、启动器和变速器（箱）。

有关舷外发动机和船用发动机的应用参见附录A中的A.2。

本部分宜与GB/T 7631.1联系起来理解。

2　规范性引用文件

下列文件对于本文件的应用是必不可少的。凡是注日期的引用文件，仅注日期的版本适用于本文件。凡是不注日期的引用文件，其最新版本（包括所有的修改单）适用于本文件。

GB/T 14906　内燃机油黏度分类

GB/T 28772　内燃机油分类

SAE J300　发动机油黏度分类

3　术语和定义

下列术语和定义适用于本文件。

3.1

润滑性　lubricity

除单纯的黏度性能外所具有的减少磨损和摩擦的能力。

3.2

清净性　detergency

发动机油具有防止和/或去除发动机表面沉积物，保持发动机内部部件清净的能力。

注：沉积物如：漆膜或积炭，产生于发动机油和燃料。

3.3

排烟　exhaust smoke

由发动机油和/或燃料中未燃烧或部分燃烧产生的固体颗粒物和悬浮微粒所组成的可见排放物通过排气管排出。

3.4

排气系统堵塞　exhaust-system blocking

由发动机油和/或燃料中未燃烧部分产生的沉积物沉积在由气缸排气口、排气管和消音器构成的排气系统中。

3.5

活塞环冷黏结　cold sticking of piston rings

当发动机运转时，活塞环在环槽中可移动，但当活塞冷却时，活塞环黏结在环槽中。

注：活塞环冷黏结通常表现为在活塞环的外表面无漆膜或其他沉积物，在活塞裙部无漏气现象，且不伴有动力损失。

3.6

活塞环热黏结　hot sticking of piston rings

当发动机运转时，活寒环黏结在环槽中。

注：活塞环热黏结通常表现为在活塞环的外表面有漆膜或其他沉积物，在活塞裙部有漏气现象，或者两者兼有，且可能伴有动力损失。

3.7

摩擦系数　coefficient of friction

两物体之间的摩擦力(F)与施加在其上的法向力(N)之比。

注：静摩擦系数和动摩擦系数通常是有区别的，这两个系数的区别在于与法向力相切的物体间是否存在相对运动。

3.8

润滑剂摩擦特性　lubricant frictional properties

描述润滑流体的初始摩擦系数以及在设备换油周期内润滑流体在一定滑动速度和温度条件下经过一段时间运行后的摩擦系数变化特征。

注：为了达到满意的使用效果，摩托车中的动力传动系统、启动器和变速器(箱)等某些典型的摩擦部件需要具有相对较高或较低摩擦系数的润滑剂。用于动力传动系统、启动器、变速器(箱)等部件的润滑剂在经过一定温度和运行一段时间后，其静摩擦系数和动摩擦系数保持稳定是重要的。

4　所用符号说明

4.1　E组的详细分类根据其主要应用场合及这些主要应用场合所需的产品类别制定。

4.2　每个类别由三个字母组成的符号表示，这三个字母组合构成一个品种代号。

注：代号的第一个字母(E)表示产品所属的组别，在二冲程摩托车汽油机油的特定条件下，第二、第三个字母与ISO类别有关，EGB、EGC和EGD与JASO分类的FB、FC和FD相对应，成为全球使用的分类代号。同样，对于四冲程摩托车汽油机油，第二、第三个字母与ISO类别有关，EMA和EMB与JASO分类的MA和MB相对应。在ISO-L-EMA的特定条件下，存在ISO-L-EMA1和ISO-L-EMA2两个副类别。这两个副类别可以用润滑剂相对较高的摩擦系数来进一步区分成两个截然不同的类别。

本部分的使用者可以选择是否使用EMA1或EMA2，或简单地使用较宽泛的EMA类别。总之，在同一时间仅可以使用所命名的一个类别。对于副类别的更详细的描述，包括使用指南，参见ISO 24254。在ISO-L-EMB中没有类似的副类别。

每一个类别的命名可以按照GB/T 28772补充质量等级，也可以按照GB/T 14906或SAE J300补充黏度等级。

4.3　各产品采用统一的形式表示。

示例：一种特定的产品可用一种完整的形式表示为ISO-L-EGD或ISO-L-EMA或ISO-L-EMA1，也可用两种缩写形式中的任一种表示为L-EGD或EGD、L-EMA或EMA、L-EMA1或EMA1。

5 详细分类

详细分类见表1。

表1 陆用小型汽油发动机润滑油分类

组别代号	一般应用	特殊应用	更具体应用	组成和特性	品种代号(L-)	典型应用	备注
E	内燃式发动机	火花点燃式汽油机	二冲程	由润滑油基础油和清净剂、分散剂及抑制剂组成，具有润滑性和清净性	EGB	对防止排气系统沉积物的形成及降低排烟水平无要求的一般性能发动机	
				由润滑油基础油和清净剂、分散剂及抑制剂组成，具有润滑性和较高的清净性。加入的合成液可减少排烟并抑制引起动力降低的排气系统沉积物	EGC	对防止排气系统沉积物的形成有要求的一般性能发动机，这种发动机可通过降低排烟水平而获益	
				由润滑油基础油和清净剂、分散剂及抑制剂组成，具有润滑性和更高的清净性。加入的合成液可减少排烟并抑制引起动力降低的排气系统沉积物。良好的清净性可防止在苛刻条件下活塞环的黏结	EGD	对防止排气系统沉积物的形成有要求的一般性能发动机，这种发动机可通过降低排烟水平而获益。这些发动机也可从使用具有更高清净性的润滑剂中受益	
			四冲程	由润滑油基础油和清净剂、分散剂及抑制剂组成，具有润滑性、磨损保护、氧化控制和清净性。可以使用或可以不使用黏度指数改进剂。目前一般不使用润滑剂摩擦改进剂	EMA/EMA1/EMA2	拥有一个共用机油箱，包括发动机和动力传动系统、启动器、变速器(箱)部件的一般性能发动机。这些发动机和动力传动系统、启动器、变速器(箱)等部件的设计要求使用具有相对高摩擦系数的润滑剂	
				由润滑油基础油和清净剂、分散剂及抑制剂组成，具有润滑性、磨损保护、氧化控制和清净性。可以使用或可以不使用黏度指数改进剂。可以使用润滑剂摩擦改进剂以降低和/或改进油品的摩擦特性	EMB	拥有一个共用机油箱，包括发动机和动力传动系统、启动器、变速器(箱)等部件的一般性能发动机。这些发动机和动力传动系统、启动器、变速器(箱)等部件的设计要求使用具有相对低摩擦系数的润滑剂	

附 录 A

(资料性附录)

ISO 6743-15：2007 提供的与二冲程摩托车汽油机油分类有关的背景和补充信息

A.1 介绍

ISO 6743 的本部分的表 1 最初制定于 1996 年，在二冲程摩托车汽油机油物化特性和使用性能的基础上，根据润滑性、初始扭矩、清净性、排烟和排气系统堵塞这 5 个重要特性参数指标规定其性能分类。ISO 6743 的本部分是在日本汽车工程师协会(JSAE)所属日本汽车标准组织(JASO)制定的试验方法和规格标准基础上制定的。为了制定润滑剂和发动机燃料性能试验方法，JASO 联合了美国试验与材料协会(ASTM)和欧洲协调委员会(CEC)。如果 JASO 试验方法能满足欧洲原设备制造商(OEM)的要求，则可建立一系列的试验方法。人们认识到需要建立一种比 JASO M341 更苛刻的清净性试验方法，该方法可以更好地判断某油品与参比油比较是否具有更好的清净性。在 JASO 帮助下，CEC L-058 制定了 CEC L-079 试验方法。随后，JASO 扩大了其性能分类体系，增加了一个新的类别 JASO FD，并制定了一个类似于 CEC L-079-A-99 清净性试验方法的试验方法。由于使用已制定的这两个试验方法中的任一方法所获得的数据都是等价的，所以可使用这两个试验方法中的任一方法测定 ISO-L-EGD 或 JASO FD 油品。与此同时，JASO 增加了 FD 类别，废止了 FA 类别。就二冲程摩托车汽油机机油而言。ISO 和 JASO 的性能分类体系现已统一。

本分类中规定的性能要求是目前获知的最低要求。为了适应发动机技术发展的需要，必要时，ISO 6743 的本部分将被更新，ASTM、CEC 和 JASO 计划共同合作，制定新的试验程序和/或修订技术指标。

一些二冲程汽油发动机和特殊负荷条件的机具需要性能特点不同于 ISO 6743 的本部分所规定的润滑剂。因此，最终用户应参考制造商的用户手册来选择合适的润滑剂。

ISO 6743 的本部分所规定的二冲程摩托车汽油机油可用在曲轴箱扫气二冲程火花点燃式汽油发动机上，适用于运输、休闲和其他用途的相关机具如摩托车、雪橇、链锯等的润滑(舷外式发动机也可参见 A.2)

A.2 其他相关规格

国家船舶制造商协会(NMMA)拥有一个用于二冲程舷外式发动机的发动机油性能规格体系。该规格的最新牌号是 NMMA TC-W3®，NMMA 确认发动机油的性能符合这一规格并准许使用已注册的商标标志。这些商标许可证一年更换一次。人们已经认识到四冲程舷外式发动机的使用在不断增加，为此 NMMA 制定了一个用于船用四冲程发动机的发动机油规格。NMMA 负责维护 NMMA FC-W® 规格，而且已经建立了一个类似于 NMMA TC-W3® 的认证程序。

附 录 B
（资料性附录）
ISO 6743-15：2007 提供的与四冲程摩托车汽油机油分类有关的背景和补充信息

由于世界上没有专门用于摩托车、轻便摩托车、全地形车和相关设备的四冲程摩托车汽油机油的润滑性能标准，导致这类设备的制造商遇到了四冲程摩托车汽油机油不能满足这类发动机使用所要求的特殊需要的问题，为了详细说明和认证用于这些场合的发动机油的性能，日本汽车工程师协会(JSAE) 建立了一个体系。该体系包括 JASO T903 和 JASO T904 文本。JSAE 所属的日本汽车标准组织(JASO)向 ISO/TC 28/SC 4 提出了将 JASO T903 规格发展成为 ISO 标准的要求。此工作项目安排给了 ISO/TC 28/SC 4 第 12 工作组，并增加了欧洲协调委员会调查组、IL-058 和 ASTM D02 B0 06 的代表，以帮助其评估和制定这些新的国际标准。

本分类中规定的性能要求是目前获知的最低要求。为了适应发动机技术发展的需要，必要时，ISO 6743 的本部分将被更新。ASTM、CEC 和 JASO 计划共同合作，制定新的试验程序和/或修订技术指标。

包括美国石油协会(API)、国际润滑剂标准化和批准委员会(ILSAC)、欧洲汽车制造商协会(ACEA)和欧洲共同市场汽车制造商协会(CCMC)在内的一系列发动机性能要求规格均纳入 ISO 6743 的本部分中。一些四冲程汽油发动机和特殊负荷条件的机具需要性能特点不同于 ISO 6743 的本部分所规定的润滑剂。因此，最终用户应参考制造商的用户手册来选择合适的润滑剂。黏度等级的规格可由制造商自行决定，但蒸发损失、剪切安定性和高温高剪切黏度方面的性能应在允许的范围内。

参 考 文 献

[1]GB/T 7631.1 润滑剂、工业用油和有关产品(L类)的分类 第1部分：总分组

[2]ISO 24254 Lubricants, industrial oils and related products(class L)—Family E(internal combustion engine oils)—Specifications for oils for use in four-stroke cycle motorcycle gasoline engines and associated drivetrains(categories EMA and EMB)

[3]JASO M341 Two-stroke-cycle gasoline engine—Engine oils—Detergency test procedure

[4]CEC L-079 Two stroke gasoline engine detergency test(Honda AS 27 motor scooter engine)

[5]NMMA TC-W3® Two-Stroke Cycle Gasoline Engine Lubricants

[6]NMMA FC-W® Four-Stroke Cycles, Water—Cooled Gasoline Engine Lubricant

[7]JASO T903 Motorcycles—Four-stroke cycle gasoline engine oils

[8]JASO T904 Motorcycles—Four-stroke cycle gasoline engine oils—Test procedure for friction property of clutch system

内燃机油分类

GB/T 28772—2012

1 范围

本标准规定了汽车用及非道路用内燃机润滑油(汽油机油、柴油机油和农用柴油机油)的代号说明和详细分类。

本标准不适用于铁路内燃机车柴油机油和船用柴油机油的分类。

2 规范性引用文件

下列文件对于本文件的应用是必不可少的。凡是注日期的引用文件，仅注日期的版本适用于本文件。凡是不注日期的引用文件，其最新版本(包括所有的修改单)适用于本文件。

GB/T 14906 内燃机油黏度分类

3 代号说明

3.1 内燃机油的详细分类是根据产品特性、使用场合和使用对象划分的。

3.2 每一个品种由两个大写英文字母及数字组成的代号表示。当代号的第一个字母为“S”时代表汽油机油，“GF”代表以汽油为燃料的、具有燃料经济性要求的乘用车发动机油，第一个字母与第二个字母或第一个字母与第二个字母及其后的数字相结合代表质量等级。当代号的第一个字母为“C”时代表柴油机油，第一个字母与第二个字母相结合代表质量等级，其后的数字2或4分别代表二冲程或四冲程柴油发动机。每个特定的品种代号应附有按GB/T 14906规定的黏度等级。

3.3 本分类体系中，产品以统一的方法命名。

示例：一个特定的汽油机油可命名为SE30、GF-1 5W-30；一个特定的柴油机油可命名为CF-4 15W-40；一个特定的汽油机/柴油机通用油可命名为SJ/CF-4 15W-40或柴油机/汽油机通用油可命名为CF-4/SJ 15W-40。

注：所用代号说明不包括农用柴油机油。

4 详细分类

内燃机油的详细分类见表1。

注：废止的内燃机油品种见附录A。

表1　内燃机油分类

应用范围	品种代号	特性和使用场合
汽油机油	SE	用于轿车和某些货车的汽油机以及要求使用 API SE、SD[a] 级油的汽油机。此种油品的抗氧化性能及控制汽油机高温沉积物、锈蚀和腐蚀的性能优于 SD[a] 或 SC[a]
	SF	用于轿车和某些货车的汽油机以及要求使用 API SF、SE 级油的汽油机。此种油品的抗氧化和抗磨损性能优于 SE，同时还具有控制汽油机沉积、锈蚀和腐蚀的性能，并可代替 SE
	SG	用于轿车、货车和轻型卡车的汽油机以及要求使用 API SG 级油的汽油机。SG 质量还包括 CC 或 CD 的使用性能。此种油品改进了 SF 级油控制发动机沉积物、磨损和油的氧化性能，同时还具有抗锈蚀和腐蚀的性能，并可代替 SF、SF/CD、SE 或 SE/CC
	SH、GF-1	用于轿车、货车和轻型卡车的汽油机以及要求使用 API SH 级油的汽油机。此种油品在控制发动机沉积物、油的氧化、磨损、锈蚀和腐蚀等方面的性能优于 SG，并可代替 SG GF-1 与 SH 相比，增加了对燃料经济性的要求
	SJ、GF-2	用于轿车、运动型多用途汽车、货车和轻型卡车的汽油机以及要求使用 API SJ 级油的汽油机。此种油品在挥发性、过滤性、高温泡沫性和高温沉积物控制等方面的性能优于 SH。可代替 SH，并可在 SH 以前的“S”系列等级中使用 GF-2 与 SJ 相比，增加了对燃料经济性的要求，GF-2 可代替 GF-1
	SL、GF-3	用于轿车、运动型多用途汽车、货车和轻型卡车的汽油机以及要求使用 API SL 级油的汽油机。此种油品在挥发性、过滤性、高温泡沫性和高温沉积物控制等方面的性能优于 SJ。可代替 SJ，并可在 SJ 以前的“S”系列等级中使用 GF-3 与 SL 相比，增加了对燃料经济性的要求，GF-3 可代替 GF-2
	SM、GF-4	用于轿车、运动型多用途汽车、货车和轻型卡车的汽油机以及要求使用 API SM 级油的汽油机。此种油品在高温氧化和清净性能、高温磨损性能以及高温沉积物控制等方面的性能优于 SL。可代替 SL，并可在 SL 以前的“S”系列等级中使用 GF-4 与 SM 相比，增加了对燃料经济性的要求，GF-4 可代替 GF-3
	SN、GF-5	用于轿车、运动型多用途汽车、货车和轻型卡车的汽油机以及要求使用 API SN 级油的汽油机。此种油品在高温氧化和清净性能、低温油泥以及高温沉积物控制等方面的性能优于 SM。可代替 SM，并可在 SM 以前的“S”系列等级中使用 对于资源节约型 SN 油品，除具有上述性能外，强调燃料经济性、对排放系统和涡轮增压器的保护以及与含乙醇最高达 85% 的燃料的兼容性能 GF-5 与资源节约型 SN 相比，性能基本一致，GF-5 可代替 GF-4
柴油机油	CC	用于中负荷及重负荷下运行的自然吸气、涡轮增压和机械增压式柴油机以及一些重负荷汽油机。对于柴油机具有控制高温沉积物和轴瓦腐蚀的性能，对于汽油机具有控制锈蚀、腐蚀和高温沉积物的性能
	CD	用于需要高效控制磨损及沉积物或使用包括高硫燃料自然吸气、涡轮增压和机械增压式柴油机以及要求使用 API CD 级油的柴油机。具有控制轴瓦腐蚀和高温沉积物的性能，并可代替 CC
	CF	用于非道路间接喷射式柴油发动机和其他柴油发动机，也可用于需有效控制活塞沉积物、磨损和含铜轴瓦腐蚀的自然吸气、涡轮增压和机械增压式柴油机。能够使用硫的质量分数大于 0.5% 的高硫柴油燃料，并可代替 CD
	CF-2	用于需高效控制气缸、环表面胶合和沉积物的二冲程柴油发动机，并可代替 CD-Ⅱ[a]
	CF-4	用于高速、四冲程柴油发动机以及要求使用 API CF-4 级油的柴油机，特别适用于高速公路行驶的重负荷卡车。此种油品在机油消耗和活塞沉积物控制等方面的性能优于 CE[a]，并可代替 CE[a]、CD 和 CC

续表 1

应用范围	品种代号	特性和使用场合
柴油机油	CG-4	用于可在高速公路和非道路使用的高速、四冲程柴油发动机。能够使用硫的质量分数小于0.05%～0.5%的柴油燃料。此种油品可有效控制高温活塞沉积物、磨损、腐蚀、泡沫、氧化和烟炱的累积，并可代替CF-4、CE[a]、CD和CC
	CH-4	用于高速、四冲程柴油发动机。能够使用硫的质量分数不大于0.5%的柴油燃料。即使在不利的应用场合，此种油品可凭借其在磨损控制、高温稳定性和烟炱控制方面的特性有效地保持发动机的耐久性；对于非铁金属的腐蚀、氧化和不溶物的增稠、泡沫性以及由于剪切所造成的黏度损失可提供最佳的保护。其性能优于CG-4，并可代替CG-4、CF-4、CE[a]、CD和CC
	CI-4	用于高速、四冲程柴油发动机。能够使用硫的质量分数不大于0.5%的柴油燃料。此种油品在装有废气再循环装置的系统里使用可保持发动机的耐久性。对于腐蚀性和与烟炱有关的磨损倾向、活塞沉积物、以及由于烟炱累积所引起的粘温性变差、氧化增稠、机油消耗、泡沫性、密封材料的适应性降低和由于剪切所造成的黏度损失可提供最佳的保护。其性能优于CH-4，并可代替CH-4、CG-4、CF-4、CE[a]、CD和CC
柴油机油	CJ-4	用于高速、四冲程柴油发动机。能够使用硫的质量分数不大于0.05%的柴油燃料。对于使用废气后处理系统的发动机，如使用硫的质量分数大于0.0015%的燃料，可能会影响废气后处理系统的耐久性和/或机油的换油期。此种油品在装有微粒过滤器和其他后处理系统里使用可特别有效地保持排放控制系统的耐久性。对于催化剂中毒的控制、微粒过滤器的堵塞、发动机磨损、活塞沉积物、高低温稳定性、烟炱处理特性、氧化增稠、泡沫性和由于剪切所造成的黏度损失可提供最佳的保护。其性能优于CI-4，并可代替CI-4、CH-4、CG-4、CF-4、CE[a]、CD和CC
农用柴油机油	—	用于以单缸柴油机为动力的三轮汽车(原三轮农用运输车)、手扶变型运输机、小型拖拉机，还可用于其他以单缸柴油机为动力的小型农机具，如抽水机、发电机等。具有一定的抗氧、抗磨性能和清净分散性能
[a] SD、SC、CD-Ⅱ和CE已经废止(见附录A)。		

附 录 A
（资料性附录）
废止的内燃机油品种

表 A.1 给出了废止的内燃机油品种。

表 A.1 废止的内燃机油品种

应用范围	品种代号	特性和使用场合
汽油机油	SA	用于运行条件非常温和的老式发动机，该油品不含添加剂，对使用性能无特殊要求
	SB	用于缓和条件下工作的货车、客车或其他汽油机，也可用于要求使用 API、SB 级油的汽油机。仅具有抗擦伤、抗氧化和抗轴承腐蚀性能
	SC	用于货车、客车或其他汽油机以及要求使用 API SC 级油的汽油机。可控制汽油机高低温沉积物及磨损、锈蚀和腐蚀
	SD	用于货车、客车和某些轿车的汽油机以及要求使用 API SD、SC 级油的汽油机。此种油品控制汽油机高、低温沉积
柴油机油	CA	用于使用优质燃料、在轻到中负荷下运行的柴油机以及要求使用 API CA 级油的发动机。有时也用于运行条件温和的汽油机。具有一定的高温清净性和抗氧抗腐性
	CB	用于燃料质量较低、在轻到中负荷下运行的柴油机以及要求使用 API CB 级油的发动机，有时也用于运行条件温和的汽油机。具有控制发动机高温沉积物和轴承腐蚀的性能
	CD-Ⅱ	用于要求高效控制磨损和沉积物的重负荷二冲程柴油机以及要求使用 API CD-Ⅱ级油的发动机，同时也满足 CD 级油性能要求
	CE	用于在低速高负荷和高速高负荷条件下运行的低增压和增压式重负荷柴油机以及要求使用 API CE 级油的发动机，同时也满足 CD 级油性能要求

车辆齿轮油分类

GB/T 28767—2012

1 范围

本标准规定了车辆齿轮油的代号说明和详细分类。

本标准适用于车辆齿轮油的分类和标记。

2 规范性引用文件

下列文件对于本文件的应用是必不可少的。凡是注日期的引用文件，仅注日期的版本适用于本文件。凡是不注日期的引用文件，其最新版本(包括所有的修改单)适用于本文件。

BG/T 17477 汽车齿轮润滑剂黏度分类

3 代号说明

3.1 每一个类型是根据产品特性、使用场合和使用对象确定的。

3.2 每一个类型由两个大写英文字母或两个大写英文字母和一个数字组成的代号表示。在字母和数字之间用“-”连接，由字母、符号和数字相组合代表质量等级。

3.3 本分类体系中，产品以统一的方法命名。每个特定的类型代号之后应附有按 GB/T 17477 规定的黏度等级。

示例1：一个特定的车辆齿轮油产品可命名为 GL-4 90，其中“90”为按 GB/T 17477 规定的黏度等级。

示例2：一个特定的车辆齿轮油产品可命名为 GL-5 80W-90，其中“80W-90”为按 GB/T 17477 规定的黏度等级。

4 详细分类

车辆齿轮油的详细分类见表1。

表1 车辆齿轮油的详细分类

应用范围	品种代号	使用说明
车辆齿轮	GL-3	适用于速度和负荷比较苛刻的汽车手动变速器及较缓和的螺旋伞齿轮驱动桥
	GL-4	适用于速度和负荷比较苛刻的螺旋伞齿轮和较缓和的准双曲面齿轮，可用于手动变速器和驱动桥
	GL-5	适用于高速冲击负荷、高速低扭矩和低速高扭矩下操作的各种齿轮，特别是准双曲面齿轮
	MT-1	适用于在大型客车和重型卡车上使用的非同步手动变速器。该类润滑剂对于防止化合物热降解、部件磨损及油封劣化提供保护，这些性能是 GL-4 和 GL-5 要求的润滑剂所不具有的 MT-1 没有给出乘用车和重负荷车辆中同步器的和驱动桥的性能要求

附　录　A
(资料性附录)
本标准分类与我国车辆齿轮油名称的对应关系

本标准分类与我国车辆齿轮油名称的对应关系见表 A.1。

表 A.1　本标准分类与我国车辆齿轮油名称的对应关系

本标准的分类品种	油品名称
GL-3	普通车辆齿轮油(SH/T 0350—1992)
GL-4	中负荷车辆齿轮油(GL-4)
GL-5	重负荷车辆齿轮油(GL-5) (GB 13895—1992)
MT-1	非同步手动变速箱油

内燃机油黏度分类

Viscosity classification of internal combustion ergine oil

GB/T 14906—1994(2004)

1 主要内容与适用范围

本标准规定了内燃机油的黏度分类，用以确定内燃机油的黏度等级。

2 引用标准

GB/T 265　石油产品运动黏度测定法和动力黏度计算法
GB/T 6538　发动机油表观黏度测定法(冷启动模拟机法)
GB/T 9171　发动机油边界泵送温度测定法
SH/T 0562　低温下发动机油屈服应力和表观黏度测定法

3 分类方法

本分类标准仅从流变学角度来建立内燃机油的黏度分类，不涉及油的其他特性。

本分类标准采用含字母 W 和不含 W 两组黏度等级系列，黏度等级号前者以最大低温黏度、最高边界泵送温度以及 100℃时最小运动黏度划分，后者仅以 100℃时运动黏度划分。

一个多黏度级内燃机油，其低温黏度和边界泵送温度满足系列中一个 W 级的需要，并且 100℃运动黏度是在系列中一个非 W 级分类规定的黏度范围之内。

4 黏度牌号表示方法

4.1　本标准中黏度等级以六个含 W 的低温黏度级号(0W、5W、10W、15W、20W、25W)和五个不含 W 的 100℃运动黏度级号(20、30、40、50、60)表示。

4.2　黏度牌号有单级油和多级油之分。任何一个牛顿油可标为单级油。一些经聚合物黏度指数改进剂调配，具有多黏度等级的产品是非牛顿油，应标上适当的多黏度级，即含 W 的低温黏度级和 100℃运动黏度级，并且两黏度级号之差至少等于 15。例如，一个多级油可标为 10W/30 或 20W/40，而不可标为 10W/20 或 20W/20。一个产品可能同时符合多个 W 级，所标记的含 W 级号或多黏度级号只取最低 W 级号。例如，一个多级油同时符合 10W、15W、20W、25W 和 30 级号，黏度牌号只能标为 10W/30。

国家技术监督局 1994-01-02 批准　　　　1994-10-01 实施

5 内燃机油黏度分类

黏度等级号	低温黏度[1)]/(mPa·s)不大于	边界泵送温度[2)]/℃不高于	运动黏度[3)](100℃)/(mm^2/s)不小于	
0W	3250 在 -30℃	-35	3.8	—
5W	3500 在 -25℃	-30	3.8	—
10W	3500 在 -20℃	-25	4.1	—
15W	3500 在 -15℃	-20	5.6	—
20W	4500 在 -10℃	-15	5.6	—
25W	6000 在 -5℃	-10	9.3	—
20	—	—	5.6	小于9.3
30	—	—	9.3	小于12.5
40	—	—	12.5	小于16.3
50	—	—	16.3	小于21.9
60	—	—	21.9	小于26.1

注：1)采用GB/T 6538方法测定。

2)对于0W、20W和25W油采用GB/T 9171方法测定。对于5W、10W和15W油采用SH/T 0562方法测定。

3)采用GB 265方法测定。

附加说明：

本标准由中国石油化工总公司提出。

本标准由石油化工科学研究院技术归口。

本标准由石油化工科学研究院负责起草。

本标准主要起草人杨秉陆、梁红。

本标准参照采用美国汽车工程师协会SAE J300-1987《发动机油黏度分类》制定。

汽车齿轮润滑剂黏度分类

GB/T 17477—2012

1 范围

本标准规定了汽车齿轮润滑剂的黏度等级、代号说明和详细分类。

本标准适用于汽车齿轮润滑剂的黏度分类和标记。

表1中的黏度等级仅从流变性质方面规定了汽车齿轮润滑剂的分类限值，没有考虑其他润滑剂特性。

2 规范性引用文件

下列文件对于本文件的应用是必不可少的。凡是注日期的引用文件，仅注日期的版本适用于本文件。凡是不注日期的引用文件，其最新版本(包括所有的修改单)适用于本文件。

GB/T 265 石油产品运动黏度测定法和动力黏度计算法

GB/T 11145 车用流体润滑剂低温黏度测定法(勃罗克费尔特黏度计法)

NB/SH/T 0845 传动润滑剂黏度剪切安定性的测定 圆锥滚子轴承试验机法

3 黏度等级和代号说明

3.1 黏度等级

本标准根据高温和低温下润滑剂的黏度划分黏度等级。

3.2 代号说明

3.2.1 本标准采用含字母W和不含W的两组黏度等级系列。含字母的黏度等级代号由一组数字和字母W组成(如：70W、75W、80W和85W)；不含字母的黏度等级代号由一组数字组成(如：80、90、110、140、190和250)。前者以低温黏度达150000mPa·s时的最高温度和100℃时最小运动黏度划分；后者以100℃时运动黏度划分。

3.2.2 黏度等级有单级和多级之分。一个多级润滑剂，其低温黏度满足表1中含W级的要求，并且100℃运动黏度在一个不含W级规定的黏度范围之内，两个标记之间用连号“-”分隔。

示例：80W-90，其黏度应满足80W的低温要求并且在90高温要求规定范围之内。

3.2.3 汽车齿轮润滑剂的黏度等级不应与内燃机油黏度等级相混淆。当汽车齿轮润滑剂与内燃机油有相同的黏度时，两者黏度分类所定义的黏度等级相差较大。

示例：75W齿轮润滑剂与10W发动机油有相同的黏度，90齿轮润滑剂与40或50内燃机油黏度相当。

4 详细分类

汽车齿轮润滑剂的黏度分类见表1。

表1 汽车齿轮润滑剂黏度分类

黏度等级	最高温度[a] (黏度达到150000mPa·s)/℃	运动黏度[b](100℃)/ (mm^2/s)，最小[c]	运动黏度[b](100℃)/ (mm^2/s)，最大
70W	-55[d]	4.1	—
75W	-40	4.1	—

续表

黏度等级	最高温度[a]（黏度达到150000mPa·s)/℃	运动黏度[b]（100℃)/(mm^2/s)，最小[c]	运动黏度[b]（100℃)/(mm^2/s)，最大
80W	-26	7.0	—
85W	-12	11.0	—
80	—	7.0	<11.0
85	—	11.0	<13.5
90	—	13.5	<18.5
110	—	18.5	<24.0
140	—	24.0	<32.5
190	—	32.5	<41.0
250	—	41.0	—

[a] 采用GB/T 11145测定。

[b] 采用GB/T 265测定。

[c] 在经NB/SH/T 0845(20h)试验后，也应满足限值要求。

[d] GB/T 11145方法尚未建立在测定温度低于-40℃时的精确度。生产者与消费者中任何一方均应仔细考虑这一因素。

附录二　润滑油换油指标

柴油机油换油指标

GB/T 7607—2010

1　范围

本标准规定了柴油机油在使用过程中的换油指标。

本标准适用于CC、CD、SF/CD、CF-4、CH-4质量等级柴油机油在车用柴油机、固定式柴油机和船用柴油机（不包括使用重质燃油的柴油机）使用过程中的质量监控。

2　规范性引用文件

下列文件中的条款通过本标准的引用而成为本标准的条款。凡是注日期的引用文件，其随后所有的修改单（不包括勘误的内容）或修订版均不适用于本标准，然后，鼓励根据本标准达成协议的各方研究是否可使用这些文件的最新版本。凡是不注日期的引用文件，其最新版本适用于本标准。

GB/T 260　石油产品水分测定方法

GB/T 261　闪点的测定　宾斯基-马丁闭口杯法（GB/T 261—2008，ISO 2719：2002，MOD）

GB/T 7304　石油产品和润滑油酸值测定法（电位滴定法）

GB/T 8926　用过的润滑油不溶物测定法

GB/T 11137　深色石油产品运动黏度测定法（逆流法）和动力黏度计算法

GB/T 17476　使用过的润滑油中添加剂元素、磨损金属和污染物以及基础油中某些元素测定法（电感耦合等离子体发射光谱法）

SH/T 0077　润滑油中铁含量测定法（原子吸收光谱法）

SH/T 0251　石油产品碱值测定法（高氯酸电位滴定法）

SH/T 0688　石油产品和润滑剂碱值测定法（电位滴定法）

ASTM D6595　使用过的润滑油及液压轴中磨损金属及污染物含量测定法（旋转圆盘电极原子发射光谱法）

3　要求和试验方法

3.1　柴油机油换油指标的技术要求和试验方法见表1，当使用中的油品有一项指标达到换油指标时应更换新油。

3.2　运动黏度变化率按式（1）计算：

$$\eta_1=\frac{v_2-v_1}{v_1}\times 100 \qquad (1)$$

式中：

η_1——运动黏度变化率，%；

v_1——新油运动黏度实测值，单位为平方毫米每秒（mm^2/s）；

v_2——使用油运动黏度实测值，单位为平方毫米每秒（mm^2/s）。

3.3　碱值下降率按式（2）计算：

$$\eta_2=\frac{X_1-X_2}{X_1}\times 100 \qquad (2)$$

式中：

η_2——碱值下降率,%;

X_1——新油碱值实测值(以 KOH 计),单位为毫克每克(mg/g);

X_2——使用油碱值实测值(以 KOH 计),单位为毫克每克(mg/g)。

4 取样

4.1 取样应在发动机处于热状态怠速运转时,从发动机主油道取样,或在油标尺口抽取油面中下部的油样。

4.2 取样前的 200km 或运转 4h 内不得向机油箱内补加新油。

4.3 每次取样量以满足分析项目要求为准。

4.4 取样容器要求清洁、干燥。

表 1 柴油机油换油指标的技术要求和试验方法

<table>
<tr><th rowspan="2" colspan="2">项 目</th><th colspan="4">换油指标</th><th rowspan="2">试验方法</th></tr>
<tr><th>CC</th><th>CD、SF/CD</th><th>CF-4</th><th>CH-4</th></tr>
<tr><td>运动黏度变化率(100℃)/%</td><td>超过</td><td colspan="2">±25</td><td colspan="2">±20</td><td>GB/T 11137 和本标准 3.2</td></tr>
<tr><td>闪点(闭口)/℃</td><td>低于</td><td colspan="4">130</td><td>GB/T 261</td></tr>
<tr><td>碱值下降率/%</td><td>大于</td><td colspan="4">50[b]</td><td>SH/T 0251[c]、SH/T 0688 和本标准 3.3</td></tr>
<tr><td>酸值增值(以 KOH 计)/(mg/g)</td><td>大于</td><td colspan="4">2.5</td><td>GB/T 7304</td></tr>
<tr><td>正戊烷不溶物质量分数/%</td><td>大于</td><td colspan="4">2.0</td><td>GB/T 8926 B 法</td></tr>
<tr><td>水分(质量分数)/%</td><td>大于</td><td colspan="4">0.20</td><td>GB/T 260</td></tr>
<tr><td>铁含量/(μg/g)</td><td>大于</td><td>200
100[a]</td><td>150
100[a]</td><td colspan="2">150</td><td>SH/T 0077、GB/T 17476[c]
ASTM D6595</td></tr>
<tr><td>铜含量/(μg/g)</td><td>大于</td><td>—</td><td>—</td><td colspan="2">50</td><td>GB/T 17476</td></tr>
<tr><td>铝含量/(μg/g)</td><td>大于</td><td>—</td><td>—</td><td colspan="2">30</td><td>GB/T 17476</td></tr>
<tr><td>硅含量(增加值)/(μg/g)</td><td>大于</td><td>—</td><td>—</td><td colspan="2">30</td><td>GB/T 17476</td></tr>
<tr><td colspan="7">注 1:执行本标准的柴油发动机技术状况和使用情况正常。
注 2:本标准 3.1 中涉及的项目参见附录 A。</td></tr>
<tr><td colspan="7">[a] 适合于固定式柴油机。
[b] 采用同一检测方法。
[c] 此方法为仲裁方法。</td></tr>
</table>

附　录　A
（资料性附录）
柴油机油换油指标说明

A.1　运动黏度变化率(100℃)

油品的黏度是发动机正常润滑的基本保证。发动机工作过程中油品黏度的变化受多种因素的影响，如油品中增黏剂受到剪切作用降解、燃油稀释等会使黏度下降，油品氧化、油泥生成及不溶物的增加等会导致油品黏度增加。运动黏度变化率一定程度上表征了油品质量的衰变情况。油品运动黏度增长快，说明氧化加剧、油泥增多，油品的流动性变差，润滑性降低，可能会引起发动机故障；运动黏度下降会导致柴油机油的油膜变薄，润滑性能下降，发动机会由于油膜不够而拉缸。

A.2　闪点(闭口)

柴油机油中如果出现燃油稀释的现象，则闪点检测值明显下降，燃油稀释会削弱油膜的承载能力，增大磨损，影响油品的使用性能。采用闭口杯法能更有效地掌握柴油机油燃油稀释的情况，及时更换新油。

A.3　碱值下降率

柴油机油都有一定的碱值，碱值的变化主要和所用燃料油的含S量及油品使用过程中氧化变质有关，反映了油品抑制氧化和中和酸性物质能力的强弱，碱值下降到一定程度，油品失去了中和酸性物质的能力，会引起油泥增多，发动机部件有可能产生腐蚀、磨损等现象。

A.4　酸值增值

酸值主要监测油中某些功能剂的消耗情况及油品的老化程度。在用柴油机油的酸值增加主要来自两方面：一是油品高温氧化产生的酸性产物，二是燃料燃烧生成的酸性物质。酸值增值过大，说明油品产生了大量的酸性物质，会促进变质，生成油泥，对发动机造成一定程度的机械腐蚀，同时在金属的催化作用下继续加速油品的老化状况，影响发动机的正常运行。

A.5　正戊烷不溶物

正戊烷不溶物反映了在用油容纳污染物的能力，主要由氧化产物和磨损金属颗粒组成，戊烷不溶物的增加反映了润滑油的老化程度和污染程度。

A.6　水分

在用油由于缸套老化渗漏、燃烧室产生的水汽等原因，可能造成油品带水，水的存在会破坏油膜强度，并造成添加剂水解，有机酸还会腐蚀发动机部件。当油品中水含量较少时，由于发动机工作温度较高，因此极少量的水有可能被蒸发，对发动机危害不大，随着油中水分量的增加，油品乳化会加剧，引起金属部件的锈蚀。

A.7　铁、铜、铝磨损金属含量

在用油铁含量主要来源于汽缸套-活塞环的磨损，铜含量反映了发动机轴承的腐蚀或磨损状况，铝含量主要来自活塞与气缸壁的磨损，监控这些磨损金属元素，可以掌握发动机的磨损情况。

A.8 硅含量

硅含量主要与砂蚀、尘土以及外界异物产生的磨损有关，当车辆行驶在路况较差或灰尘较多的道路时，在用油的硅含量会明显增加；对于发动机本身来讲，当空气过滤器长时间不换而失去作用时，也会引起硅含量的增加，造成发动机零部件的磨料磨损。

汽油机油换油指标

GB/T 8028—2010

1 范围

本标准规定了汽油机油在使用过程中的换油指标。

本标准适用于汽车汽油发动机和固定式汽油发动机所用汽油机油在使用过程中的质量监控和换油要求。

2 规范性引用文件

下列文件中的条款通过本标准的引用而成为本标准的条款。凡是注日期的引用文件，其随后所有的修改单(不包括勘误的内容)或修订版均不适用于本标准，然而，鼓励根据本标准达成协议的各方研究是否可使用这些文件的最新版本。凡是不注日期的引用文件，其最新版本适用于本标准。

GB/T 260　石油产品水分测定法

GB/T 261　闪点的测定　宾斯基-马丁闭口杯法(GB/T 261—2008，ISO 2719：2002，MOD)

GB/T 265　石油产品运动黏度测定法和动力黏度计算法

GB/T 7304　石油产品和润滑剂酸值测定法(电位滴定法)

GB/T 8926　用过的润滑油不溶物测定法

GB/T 11137　深色石油产品运动黏度测定法(逆流法)和动力黏度计算法

GB/T 17476　使用过的润滑油中添加剂元素、磨损金属和污染物以及基础油中某些元素测定法(电感耦合等离子体发射光谱法)

SH/T 0077　润滑油中铁含量测定法(原子吸收光谱法)

SH/T 0251　石油产品碱值测定法(高氯酸电位滴定法)

SH/T 0474　用过汽油机油中稀释汽油含量测定法(气相色谱法)

ASTM D 6595　使用过的润滑油及液压油中磨损金属及污染物含量测定法(旋转圆盘电极原子发射光谱法)

3 要求和试验方法

3.1　汽油机油换油指标的技术要求和试验方法见表1，当使用中的油品有一项指标达到换油指标时应更换新油。

表1　汽油机油换油指标技术要求和试验方法

项　目		换油指标		试验方法
		SE、SF	SG、SH、SJ(SJ/GF-2)、SL(SL/GF-3)	
运动黏度变化率(100℃)/%	>	±25	±20	GB/T 265 或 GB/T 11137[a] 和本标准的 3.2
闪点(闭口)/℃	<	100		GB/T 261

表 1(续)

<table>
<tr><th rowspan="2">项 目</th><th colspan="2">换油指标</th><th rowspan="2">试验方法</th></tr>
<tr><th>SE、SF</th><th>SG、SH、SJ(SJ/GF-2)、SL(SL/GF-3)</th></tr>
<tr><td>(碱值 - 酸值)(以 KOH 计)/(mg/g) <</td><td>—</td><td>0.5</td><td>SH/T 0251
GB/T 7304</td></tr>
<tr><td>燃油稀释(质量分数)/% ></td><td>—</td><td>5.0</td><td>SH/T 0474</td></tr>
<tr><td>酸值(以 KOH 计)/(mg/g)增加值 ></td><td colspan="2">2.0</td><td>GB/T 7304</td></tr>
<tr><td>正戊烷不溶物(质量分数)/% ></td><td colspan="2">1.5</td><td>GB/T 8926 B 法</td></tr>
<tr><td>水分(质量分数)/% ></td><td colspan="2">0.2</td><td>GB/T 260</td></tr>
<tr><td>铁含量/(μg/g) ></td><td>150</td><td>70</td><td>GB/T 17476[a]
SH/T 0077
ASTM D 6595</td></tr>
<tr><td>铜含量/(μg/g)增加值 ></td><td>—</td><td>40</td><td>GB/T 17476</td></tr>
<tr><td>铝含量/(μg/g) ></td><td>—</td><td>30</td><td>GB/T 17476</td></tr>
<tr><td>硅含量/(μg/g)增加值 ></td><td>—</td><td>30</td><td>GB/T 17476</td></tr>
<tr><td colspan="4">注 1：执行本标准的汽油发动机技术状况和使用情况正常。
注 2：本标准 3.1 中涉及的项目参见附录 A。</td></tr>
<tr><td colspan="4">[a] 此方法为仲裁方法。</td></tr>
</table>

3.2 运动黏度变化率 η(%)按式(1)计算：

$$\eta=\frac{v_2-v_1}{v_1}\times100 \qquad (1)$$

式中：

v_1——新油运动黏度实测值，单位为平方毫米每秒(mm^2/s)；

v_2——使用中油运动黏度实测值，单位为平方毫米每秒(mm^2/s)。

4 取样

4.1 取样应在发动机处于热状态怠速运转时，从发动机主油道取样，或在油标尺口抽取油面中下部的油样。

4.2 取样前 200km 或运转 4h 内不得向机油箱内补加新油。

4.3 每次取样量以满足分析项目要求为准。

4.4 取样容器要求清洁、干燥。

附　录　A
（资料性附录）
汽油机油换油指标说明

A.1　运动黏度变化率（100℃）

运动黏度是衡量油品油膜强度、流动性的重要指标，而运动黏度变化率反映了油品的油膜强度、流动性的变化情况。

在用油运动黏度的变化反映了油品发生深度氧化、聚合、轻组分挥发生成油泥以及受燃油稀释、水污染和机械剪切的综合结果。黏度的增长会增加动力消耗，过高的黏度增长甚至会带来泵送困难，从而影响润滑造成事故。黏度的下降则会造成发动机油油膜变薄，润滑性能下降，机件磨损加大，黏度大幅下降往往会造成拉缸的后果。

A.2　燃油稀释

车辆在使用过程中，因种种原因燃料会部分窜入机油油底壳，污染发动机油，甚至会造成拉缸的严重后果。通常只有发动机活塞间隙变大或发生不正常磨损等异常情况发生时，燃油才会大量的进入润滑油中。

A.3　闪点（闭口）

汽油机油的闪点反映出油品馏分的组成，是确保油品安全运输、储存的重要数据。润滑油在使用中其闪点如显著下降，可能发生燃油稀释等，需引起重视。由于在用油中不可避免存在燃油稀释，采用闭口杯法能更有效地检测燃油稀释对油品闪点的影响。

A.4　水分

发动机在做功过程中，燃料燃烧生成的水汽以及通过油箱呼吸孔吸入的水汽，会进入发动机油中带来污染。油中的水分会导致油品乳化变质，并造成发动机零部件表面的锈蚀、腐蚀。由于在工作中发动机油始终处于相对较高的温度（>80℃）下，正常情况下油中的水含量均较低。

A.5　酸值增加和碱值的变化

油品在使用中受温度、水分或其他因素的影响，油品会逐渐老化变质。随着油品老化程度增加，产生较多的酸性物质，使油品酸值增加；较大量的酸性物质对设备造成一定程度的腐蚀，并在金属的催化作用下继续加速油品的老化状况，影响发动机正常运行。

油品的碱值是用于中和燃烧生成的强酸性物质及油品自身氧化产生的有机酸，因此碱值的下降直接反映了油品中添加剂有效组分的消耗、使用性能的下降。

A.6　正戊烷不溶物

正戊烷不溶物是反映油品容污能力的一个指标。在用油正戊烷不溶物含量达到一定值后，油品黏度增大、流动性变差，油品中的不溶物聚集成团，堵塞油路，造成润滑不良等严重后果。

A.7　铁、铜、铝磨损金属含量

发动机的主要磨损件为缸套、曲轴、活塞环等，因此油品的抗磨损性能和在行驶过程中机件的磨损情况可通过定期分析试油中 Fe、Cu、Al 等金属含量的变化来评价。

A.8 硅含量

在用油中硅元素的来源主要与车辆的行驶环境有关，当车辆行驶于尘土飞扬的恶劣环境中或空气滤清器不正常，都会造成油中硅含量的大量增加，造成发动机零部件的磨料磨损。

重负荷车辆齿轮油(GL-5)换油指标

GB/T 30034—2013

1 范围

本标准规定了重负荷车辆齿轮油在使用过程中的换油指标。

本标准适用于驱动桥齿轮传动系统所用重负荷车辆齿轮油在使用过程中的质量监控和换油要求。

执行本标准要求驱动桥技术状况和使用情况正常，并在使用过程中对油品的性质实行定期监测。

2 规范性引用文件

下列文件对于本文件的应用是必不可少的。凡是注日期的引用文件，仅注日期的版本适用于本文件。凡是不注日期的引用文件，其最新版本(包括所有的修改单)适用于本文件。

GB/T 260 石油产品水分测定法

GB/T 265 石油产品运动黏度测定法和动力黏度计算法

GB/T 7304 石油产品和润滑剂酸值测定法(电位滴定法)

GB/T 8926 在用的润滑油不溶物测定法

GB/T 11137 深色石油产品运动黏度测定法(逆流法)和动力黏度计算法

GB/T 17476 使用过的润滑油中添加剂元素、磨损金属和污染物以及基础油中某些元素测定法(电感耦合等离子体发射光谱法)

SH/T 0102 润滑油和液体燃料中铜含量测定法(原子吸收光谱法)

ASTM D6595 用转盘式电极原子发射光谱法测定用过的润滑油和用过的液压油中污染物和金属磨损评定法

3 要求和试验方法

3.1 重负荷车辆齿轮油换油指标的技术要求和试验方法见表1，换油指标说明见附录A。

表1 重负荷车辆齿轮油换油指标技术要求和试验方法

项目		换油指标	试验方法
100℃运动黏度变化率/%	>	+10 ~ −15	GB/T 265 和本标准 3.3 条
酸值(变化值，以 KOH 计)/(mg/g)	>	±1	GB/T 7304
正戊烷不溶物/%	>	1.0	GB/T 8926 B 法
水分(质量分数)/%	>	0.5	GB/T 260
铁含量/(μg/g)	>	2000	GB/T 17476、ASTM D6595
铜含量/(μg/g)	>	100	GB/T 17476、SH/T 0102 ASTM D6595

3.2 当使用中的重负荷车辆齿轮油有一项指标达到换油指标时应更换新油。

3.3 运动黏度变化率 η(%)按式(1)计算：

$$\eta=\frac{v_2-v_1}{v_1}\times100\% \qquad (1)$$

式中

v_2——使用中油运动黏度实测值，单位为平方毫米每秒，(mm^2/s)；

v_1——新油运动黏度实测值，单位为平方毫米每秒，(mm^2/s)。

4 取样

4.1 取样应在驱动桥热机状态下进行，从驱动桥中部进行取样。

4.2 取样前 200km 不得向驱动桥内补加新油。

4.3 每次取样量以满足分析项目要求为准，一般不小于 50mL。

4.4 取样容器要求清洁、干燥。

附 录 A
（资料性附录）
重负荷车辆齿轮油（GL-5）换油指标说明

A.1 运动黏度变化率（100℃）

运动黏度是衡量油品油膜强度、流动性的重要指标，而运动黏度变化率反映了油品的油膜强度、流动性的变化情况。

在用油运动黏度的变化反映了油品发生深度氧化、聚合、轻组分挥发生成油泥以及机械剪切的综合结果。黏度的过快增长标志着油品的过度氧化衰变，添加剂逐步失效，从而影响润滑造成事故，黏度的下降则会造成齿轮摩擦副间油膜变薄，润滑性能下降，机件磨损加大，黏度大幅下降往往会造成齿轮的胶合。

A.2 水分

车辆齿轮油在使用过程中，车辆齿轮传动系统可能会通过油箱呼吸孔吸入水汽，给车辆齿轮油带来污染。油中的水分会导致油品乳化变质，并造成齿轮传动系统零部件表面的锈蚀、腐蚀。

A.3 酸值变化值

油品在使用中受温度、水分或其他因素的影响，油品会逐渐老化变质。随着油品老化程度增加，产生较多的酸性物质，使油品酸值增加；较大量的酸性物质对设备造成一定程度的腐蚀，并在金属的催化作用下继续加速油品的老化状况，影响工作部件的正常运行。同时，车辆齿轮油中呈酸性的含磷抗磨极压添加剂的消耗降解，将使碱性增加，导致酸值减小，呈降低趋势。

A.4 正戊烷不溶物

正戊烷不溶物是反映油品容污能力的一个指标。在用油正戊烷不溶物含量达到一定值后，油品黏度增大、流动性变差，油品中的不溶物聚集成团，造成润滑不良等严重后果。

A.5 铁、铜磨损金属含量

齿轮传动系统的主要磨损件为齿轮摩擦副和轴承，因此油品的抗磨损性能和在行驶过程中机件的磨损情况可通过定期分析试油中 Fe、Cu 等金属含量的变化来评价。

抗氨汽轮机油换油指标

NB/SH/T 0137—2013

1 范围

本标准规定了抗氨汽轮机油的换油指标。

本标准适用于大型化肥装置离心式合成气压缩机、冰机及汽轮机组使用的抗氨汽轮机油在运行过程中的质量监控。

2 规范性引用文件

下列文件对于本文件的应用是必不可少的。凡是注日期的引用文件，仅所注日期的版本适用于本文件。凡是不注日期的引用文件，其最新版本(包括所有的修改单)适用于本文件。

GB/T 260 石油产品水分测定法

GB/T 265 石油产品运动黏度测定法和动力黏度计算法

GB/T 7304 石油产品和润滑剂酸值测定法(电位滴定法)

GB/T 7305 石油和合成液水分离性测定法

GB/T 11143 加抑制剂矿物油在水存在下防锈性能试验法

SH/T 0193 润滑油氧化安定性的测定 旋转氧弹法

SH/T 0302 抗氨汽轮机油抗氨性能试验法

3 技术内容

3.1 技术要求：

抗氨汽轮机油换油指标的技术要求和试验方法见表1。

表1 抗氨汽轮机油换油指标的技术要求和试验方法

项目		换油指标	试验方法
运动黏度(40℃)变化率/%	超过	±10	GB/T 265 及标准 3.2 条
酸值增加/(mgKOH/g)	大于	0.3	GB/T 7304
水分(质量分数)/%	大于	0.1	GB/T 260
破乳化时间/min	大于	80	GB/T 7305
液相锈蚀试验(蒸馏水)		不合格	GB/T 11143
氧化安定性(旋转氧弹，150℃)/min	小于	60	SH/T 0193
抗氨性能试验		不合格	SH/T 0302

3.2 40℃运动黏度变化率 X(%)按式(1)计算：

$$X=\frac{v_2-v_1}{v_1}\times 100 \tag{1}$$

式中：

v_1——新油的运动黏度，mm^2/s；

v_2——使用中油的运动黏度，mm^2/s。

4 取样

4.1 应在热机状态下从油冷却器出口处取样，取样前应将出口管线中的积水和剩余油料放净。

4.2 取样前24小时内向油箱内不得补加新油。
4.3 尽可能减少取样量，以分析项目所需的最少量为准。
4.4 取样容器要求清洁、干燥。

5 检测和处置

5.1 检测项目和检测周期

运动黏度、酸值、水分、破乳化时间每月测试一次，液相锈蚀每季度测试一次，氧化安定性和抗氨性能试验每半年测试一次。

5.2 判定和处置

当使用中抗氨汽轮机油有一项指标达到本标准的技术要求时，应采取相应的维护措施或更换新油。

水分大于0.05%或破乳化时间上升较快时，应及时开动净化装置。

普通车辆齿轮油换油指标

SH/T 0475—1992(2003)

(2003年确认)

代替 ZB E01 001—89

1 主题内容与适用范围

本标准规定了普通车辆齿轮油在使用过程中的换油要求。

本标准适用于普通车辆齿轮油在后桥渐开线齿轮润滑过程中的质量监控。当使用中油品有一项指标达到换油指标时应更换新油。

执行本标准要求汽车后桥技术状况要良好，主动和从动齿轮的装配间隙符合检修公差，不漏油，并在使用过程中对油品的性质进行定期监测。

2 引用标准

GB/T 260 石油产品水分测定法

GB/T 265 石油产品运动黏度测定法和动力黏度计算法

GB/T 8030 润滑油现场检验法

GB/T 8926 用过的润滑油不溶物测定法

SH/T 0197 润滑油中铁含量测定法

3 技术内容

3.1 技术要求

项目		换油指标	试验方法
100 ℃运动黏度变化率/%	超过	+20 ~ −10	本标准3.2条
水分/%	大于	1.0	GB/T 260
酸值增加值/(mgKOH/g)	大于	0.5	GB/T 8030
戊烷不溶物/%	大于	2.0	GB/T 8926
铁含量[1)]/%	大于	0.5	SH/T 0197

注：1)铁含量测定方法允许采用原子吸收光谱法。

3.2 100 ℃运动黏度变化率 η(%)按下式计算：

$$\eta=\frac{\gamma_1-\gamma_2}{\gamma_2}\times100$$

式中：γ_1——使用中油的黏度实测值，mm^2/s；

γ_2——新油黏度实测值，mm^2/s。

注：γ_1、γ_2 按 GB/T 265 测定。

4 采样

4.1 车辆在热车状态下采样，用取样注射器从后桥油位孔取试样150mL。

4.2 取样器和容器必须清洁。

4.3 取样前不得加入新油，取样后才能补充新油。

附　录　A
执行本标准的换油里程
（参考件）

A1　技术措施

A1.1　被润滑部件技术状况良好，各齿轮工况正常，不漏油。

A1.2　认真执行“一保”、“二保”维修。

A2　换油里程

由于地区气候差异，汽车型号不同，使用工况复杂，因此换油里程定为45000km。

轻负荷喷油回转式空气压缩机油换油指标

NB/SH/T 0538—2013

1 范围

本标准规定了轻负荷喷油回转式空气压缩机油在使用过程中的换油指标。

本标准适用于GB 5904的轻负荷喷油回转式空气压缩机油在运行过程中的质量监控。

2 规范性引用文件

下列文件对于本文件的应用是必不可少的。凡是注日期的引用文件，仅所注日期的版本适用于本文件。凡是不注日期的引用文件，其最新版本(包括所有的修改单)适用于本文件。

GB/T 260 石油产品水分测定法

GB/T 265 石油产品运动黏度测定法和动力黏度计算法

GB/T 7304 石油产品和润滑剂酸值测定法(电位滴定法)

GB/T 8926 用过的润滑油不溶物测定法

SH/T 0193 润滑油氧化安定性的测定 旋转氧弹法

3 技术内容

3.1 技术要求：

轻负荷喷油回转式空气压缩机油换油指标的技术要求和试验方法见表1。

表1 轻负荷喷油回转式空气压缩机油换油指标的技术要求和试验方法

项目		换油指标	试验方法
运动黏度(40 ℃)变化率/%	超过	±10	GB/T 265及本标准3.2条
酸值增加值/(mgKOH/g)	大于	0.2	GB/T 7304
正戊烷不溶物(质量分数)/%	大于	0.2	GB/T 8926
氧化安定性(旋转氧弹，150 ℃)/min	小于	50	SH/T 0193
水分(质量分数)/%	大于	0.1	GB/T 260

3.2 40 ℃运动黏度变化率$X(\%)$按下式计算：

$$X(\%)=\frac{v_2-v_1}{v_1}\times100$$

式中：v_1——新油的运动黏度，mm^2/s；

v_2——使用中油的运动黏度，mm^2/s。

4 取样

4.1 应在停机卸压后及时从放油口取样，取样前应先放掉储存在放油管中的油。

4.2 取样前的24小时(工作时间)内不得向油箱内补加新油。

4.3 尽可能减少取样量，以分析项目所需的最少量为准。

4.4 采样容器要清洁、干燥。

5 检测和处置

5.1 检测项目和检测周期

运动黏度、酸值、正戊烷不溶物、水分每500小时(工作时间)测试一次，氧化安定性每1000小时(工作时间)测试一次。

5.2 判定和处置

当使用中轻负荷喷油回转式空气压缩机有一项指标达到本标准的技术要求时，应采取相应的维护措施或更换新油。

工业闭式齿轮油换油指标

NB/SH/T 0586—2010

1 范围

本标准规定了L-CKC、L-CKD工业闭式齿轮油在使用过程中的换油指标。

本标准适用于L-CKC、L-CKD工业闭式齿轮油在使用过程中的定期质量监控。

2 规范性引用文件

下列文件中的条款通过本标准的引用而成为本标准的条款。凡是注日期的引用文件，其随后所有的修改单(不包括勘误的内容)或修订版均不适用于本标准，然而，鼓励根据本标准达成协议的各方研究是否可使用这些文件的最新版本。凡是不注日期的引用文件，其最新版本适用于本标准。

GB/T 260 石油产品水分测定法

CB/T 265 石油产品运动黏度测定法和动力黏度计算法

GB/T 511 石油产品和添加剂机械杂质测定法(重量法)

GB/T 5096 石油产品铜片腐蚀试验法(GB/T 5096—85(91)，eqv ASTM D 130-1983)

GB/T 7304 石油产品和润滑剂酸值测定法(电位滴定法)(GB/T 7304—2000，eqv ASTM D 664-1995)

GB/T 11144 润滑油极压性能测定法(梯姆肯试验机法)(GB/T 11144—2007，neq ASTM D 2782-77(82))

GB/T 17476 使用过的润滑油中添加剂元素、磨损金属和污染物以及基础油中某些元素测定法(电感耦合等离子体发射光谱法)(GB/T 17476—1998，eqv ASTM D 5185-95)

3 技术内容

工业闭式齿轮油换油指标的技术要求和试验方法见表1。

表1 工业闭式齿轮油换油指标的技术要求和试验方法

项目		L-CKC 换油指标	L-CKD 换油指标	试验方法
外观		异常[a]	异常[a]	目测
运动黏度(40 ℃)变化率/%	超过	±15	±15	GB/T 265
水分(质量分数)/%	大于	0.5	0.5	GB/T 260
机械杂质(质量分数)/%	大于或等于	0.5	0.5	GB/T 511
铜片腐蚀(100 ℃，3h)/级	大于或等于	3b	3b	GB/T 5096
梯姆肯 OK 值/N	小于或等于	133.4	178	GB/T 11144
酸值增加/(mgKOH/g)	大于或等于	—	1.0	GB/T 7304
铁含量/(mg/kg)	大于或等于	—	200	GB/T 17476

[a] 外观异常是指使用后油品颜色与新油相比变化非常明显(如由新油的黄色或棕黄色等变为黑色)或油品中能观察到明显的油泥状物质或颗粒状物质等。

当其中一项指标达到标准中换油指标规定值时，应更换新油。

4 计算

运动黏度(40 ℃)变化率Δ(%)按下式计算：

$$\Delta v = \frac{v_2 - v_1}{v_1} \times 100$$

式中：v_1——新油黏度实测值，mm^2/s；

v_2——使用中油品黏度实测值，mm^2/s。

5 取样

5.1 取样应在机械正常运转停止后的 10 min 内于油箱的代表性部位取得所需试样。

5.2 取样前的 24 工作小时内不得向油箱内补加新油。

5.3 取样器和盛样容器(带盖)要清洁、干燥。

L-HL 液压油换油指标

SH/T 0476—1992(2003)

(2003 年确认)

代替 ZB E01 002—89

1 主要内容与适用范围

本标准规定了 L-HL 液压油在使用过程中的换油要求。

本标准适用于一般机床的主轴箱、液压箱和齿轮箱或类似的机械设备循环系统润滑的 L-HL 液压油在使用过程中的质量监控。当使用中的 L-HL 液压油有一项指标达到换油指标时应更换新油。

执行本标准要求设备技术状况正常，根据设备的润滑部位、工作条件选用合适牌号的 L-HL 液压油并在使用过程中对油品的性质实行定期监测。

2 引用标准

GB/T 260　石油产品水分测定法

GB/T 264　石油产品酸值测定法

CB/T 265　石油产品运动黏度测定法和动力黏度计算法

GB/T 511　石油产品和添加剂机械杂质测定法(重量法)

GB/T 5096　石油产品铜片腐蚀试验法

GB/T 6540　石油产品颜色测定法

3 技术内容

3.1　技术要求

项目		换油指标	试验方法
外观		不透明或浑浊	目测
40 ℃运动黏度变化率/%	超过	±10	本标准 3.2 条
色度变化(比新油)/号	等于或大于	3	GB/T 6540
酸值/(mgKOH/g)	大于	0.3	GB/T 264
水分/%	大于	0.1	GB/T 260
机械杂质/%	大于	0.1	GB/T 511
铜片腐蚀(100 ℃，3h)/级	等于或大于	2	GB/T 5096

3.2　40 ℃运动黏度变化率 η(%)按下式计算：

$$\eta=\frac{\gamma_1-\gamma_2}{\gamma_2}\times 100$$

式中：γ_1——使用中油的黏度实测值，mm^2/s；

γ_2——新油黏度实测值，mm^2/s。

注：γ_1，γ_2 按 GB/T 265 测定。

4 取样

4.1　取样应在机床正常运转停止 15～20min 内，于油箱上、中、下三点各取相同数量的油样混合作

中国石油化工总公司 1992-05-20 批准　　1992-05-20 实施

为分析用油样。

4.2 取样前不得向机油箱内补加新油。

4.3 采样器要清净，盛样容器要清净并带盖。

L-HM 液压油换油指标

NB/SH/T 0599—2013

1 范围

本标准规定了符合 GB/T 11118.1 液压油中的 L-HM 液压油在使用过程中的换油指标。

本标准适用于 L-HM 液压油在使用过程中的质量监控。

本标准适用于技术状况正常的设备。

2 规范性引用文件

下列文件对于本文件的应用是必不可少的。凡是注日期的引用文件，仅所注日期的版本适用于本文件。凡是不注日期的引用文件，其最新版本(包括所有的修改单)适用于本文件。

GB/T 260 石油产品水分测定法

GB/T 264 石油产品酸值测定法

GB/T 265 石油产品运动黏度测定法和动力黏度计算法

GB/T 5096 石油产品铜片腐蚀试验法

GB/T 6540 石油产品颜色测定法

GB/T 7304 石油产品和润滑剂酸值测定法(电位滴定法)

GB/T 8296 用过的润滑油不溶物测定法

GB/T 11118.1 液压油

GB/T 12579 润滑油泡沫特性测定法

GB/T 14039 液压传动 油液 固体颗粒污染等级代号

GB/T 17484 液压油取样容器 净化方法的鉴定和控制

GB/T 17489 液压颗粒污染分析 从工作系统管路中提取液样

NAS 1638 用于液压系统的部件对清洁度的要求

3 要求和试验方法

3.1 L-HM 液压油换油指标的技术要求和试验方法见表 1。

表 1 L-HM 液压油换油指标的技术要求和试验方法

项目		换油指标	试验方法
40℃运动黏度变化率/%	超过	±10	GB/T 265 及本标准 3.2 条
水分(质量分数)/%	大于	0.1	GB/T 260
色度增加/号	大于	2	GB/T 6540
酸值增加[a]/(mgKOH/g)	大于	0.3	GB/T 264，GB/T 7304
正戊烷不溶物[b]/%	大于	0.10	GB/T 8926 A 法
铜片腐蚀(100℃，3h)/级	大于	2a	GB/T 5096
泡沫特性(24℃)(泡沫倾向/泡沫稳定性)/(mL/mL)	大于	450/10	GB/T 12579
清洁度[c]	大于	—/18/15 或 NAS 9	GB/T 14039 或 NAS 1638

表1（续）

项 目	换油指标	试验方法
清洁度[c]	报告	DL/T 432 GJB 380.4 A

[a] 当使用100号油时，测试温度为82℃。

[b] 当使用于船舶设备时采用合成海水法，指标为中等锈蚀或严重锈蚀。

[c] 根据设备制造商的要求。

3.2 40℃运动黏度变化率η（%）按下式计算：

$$\eta=\frac{v_2-v_1}{v_1}\times 100$$

式中：v_1——新油的运动黏度，mm^2/s，按GB/T 265测定；

v_2——使用中油的运动黏度，mm^2/s，按GB/T 265测定。

4 取样

试样应在油冷却器出口处采取。

取样前应将油冷却器出口取样管线中的积水和剩余油料放净。

取样前的24工作小时内不得向油箱内补加新油。

尽可能减少取样量，以分析项目所需的最少量为准。

取样器和盛样容器（带盖）要清洁、干燥，清洁度油样的取样瓶要求按DL/T 432，GJB 380.1 A。

5 检测与处置

5.1 检测周期与项目

酸值、水分、清洁度每3个月（工作时间）测定一次，运动黏度、抗乳化每6个月（工作时间）测定一次，液相锈蚀、旋转氧弹（工作时间）每12个月测定一次。

5.2 判定与处置

当其中一项指标达到标准中换油指标规定值时，应采取措施处理或更换新油。

内燃机车柴油机油换油指标

TB/T 1739—2005

1 范围

本标准规定了内燃机车柴油机油在运用过程中的换油指标和内燃机车柴油机油斑点试验方法。

本标准适用于内燃机车柴油机油在运用过程中的质量监测。

2 规范性引用文件

下列文件中的条款通过本标准的引用而成为本标准的条款。凡是注日期的引用文件，其随后所有的修改单(不包括勘误的内容)或修订版均不适用于本标准，然而，鼓励根据本标准达成协议的各方研究是否可使用这些文件的最新版本。凡是不注日期的引用文件，其最新版本适用于本标准。

GB/T 260　石油产品水分测定法

GB/T 265　石油产品运动黏度测定法和动力黏度计算法

GB/T 267　石油产品闪点与燃点测定法(开口杯法)

GB/T 1914　化学分析滤纸

GB/T 3536　石油产品闪点和燃点测定法(克利夫兰开口杯法)

GB/T 5822.2　铁路内燃机车柴油机油石油醚不溶物测定方法

GB/T 11137　深色石油产品运动黏度测定法(逆流法)和动力黏度计算法

TB/T 2545　铁路内燃机车柴油机油换油指标总碱值和 pH 值测定方法(电位差法)

3 技术要求

3.1　铁路内燃机车三代柴油机油(以下简称三代油)、铁路内燃机车单级四代柴油机油(以下简称单级四代油)和铁路内燃机车多级四代柴油机油(以下简称多级四代油)换油指标见表 1。

3.2　运用中的柴油机油有一项指标达到换油指标时应更换新油。

3.3　ND_5 型内燃机车除指标换油外，到 6×10^4km 时应更换新油。

4 试验方法

4.1　运动黏度试验方法按 GB/T 265 或 GB/T 11137 规定执行。

4.2　石油醚不溶物试验方法按 GB/T 5822.2 规定执行。

4.3　闪点试验方法按 GB/T 267 或 GB/T 3536 规定执行。

4.4　水分试验方法按 GB/T 260 规定执行。

4.5　总碱值试验方法按 GB/T 2545 规定执行。

4.6　斑点试验方法按附录 A 规定执行。

5 取样

5.1　在柴油机运转 20min 以后，或停机后 20min 内，接取油样 0.5kg，接取油样前要适当排出管中的污物。

5.2　接取油样的位置应从粗滤器后接取，不允许从油底壳接取油样。

表1　换油指标

项　目			换油指标			试验方法
			北京、东风$_{4A}$，东风$_5$、东风$_7$系列、东方红系列及其他老型机车	东风$_{4B}$、东风$_{4C}$、东风$_{4D}$、东风$_8$系列、东风$_{11}$系列、NY_6、NY_7	ND_5	
运动黏度(100℃) mm²/s	三代油		<10.5或>18	<11或>18	—	GB/T 265或GB/T 11137
	单级四代油		<10.5或>18	<11或>18	<13或>18	
	多级四代油		<10.5或>18.5	<11或>18.5	<13或>18.5	
石油醚不溶物 %	三代油	体积法	>12			GB/T 5822.2
		重量法	>3.8			
	单级和多级四代油	体积法	>14			
		重量法	>4.5			
闪点(开口)℃			<180			GB/T 267或GB/T 3536
水分　%			>0.1			GB/T 260
总碱值　mgKOH/g			<3.0			TB/T 2545
斑点级	三代油		≥4(a≥1.4)			附录A
	单级四代油和多级四代油		—			
注：a为油斑直径与污斑直径之比值。						

附　录　A
（规范性附录）
内燃机车柴油机油斑点试验方法

A.1　仪器与材料

A.1.1　温度计：0℃～100℃，分度 1℃。
A.1.2　滤纸：符合 GB/T 1914 的中速定性滤纸。
A.1.3　框架：用有机玻璃或木板制作的框架，框架平板上有 2～4 个 ϕ(30mm±5mm)的空心圆孔。
A.1.4　滴油棒：直径为 4mm、长为(160±5)mm、端顶部为光滑圆形的黄铜棒或玻璃棒。

A.2　试验步骤

A.2.1　将滤纸平放在空心圆孔的框架上，使滤纸上滴油斑点背面不与物体接触。
A.2.2　将油样加热至 20℃～30℃（夏秋季可省略）充分搅拌或摇动油样 2min～3min，使沉积在油样底部的污染杂质分散均匀再进行滴试。
A.2.3　将滴油棒浸入试油 50mm 深处，垂直提起，使清油棒上的油间断滴落时（油滴不呈线状）取第三或第四滴油滴在滤纸上，滴油时油棒底部应距离滤纸面 30mm 高度。
A.2.4　将滴过油的滤纸在室温下停放 10min，然后放入 80℃的烘箱中保持 30min，取出滤纸，观察油斑的扩散形态与颜色，与标准图谱对比分析，判断斑点等级。

A.3　斑点形态示意图

A.3.1　斑点形态示意图见图 A.1。

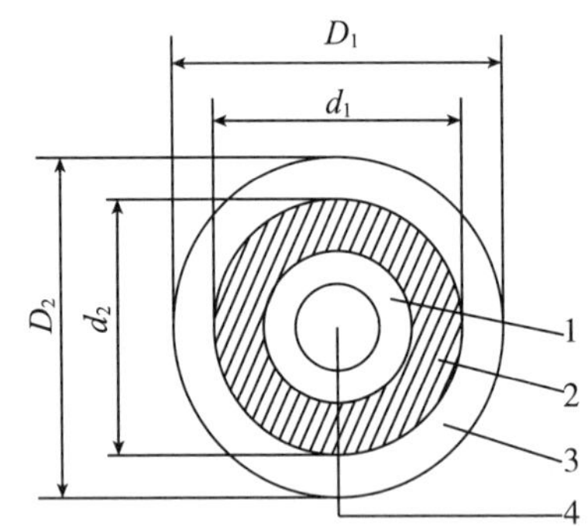

D_1，D_2—油环直径，油斑指中心区加扩散区加浸油区之总称；
d_1，d_2—污环直径，污斑指中心区加扩散区；
1—暗色轮圈；　2—扩散区；　3—浸油区；　4—中心区。

图 A.1　斑点形态示意图

A.3.2　中心区：在斑点的中心，一般被一种颜色较深的暗色轮圈围绕着（分散性能好的油，中心无明显暗色轮圈界限），它是油内粗颗粒杂质沉积物集中的区域。1 级、2 级、3 级图谱主要看中心区颜色的深浅。
A.3.3　扩散区：中心区暗色轮圈外圈的环带叫扩散区。扩散区的宽度是重要因素，扩散区越宽，表明机油分散能力越好，宽度较窄或趋于消失，表明分散能力差或已失去分散能力，应更换新油。
A.3.4　浸油区：为半透明颜色由浅黄到琥珀色，颜色的深浅表示氧化深度。

A.4　斑点等级的鉴别与判断

A.4.1　将测试的斑点与标准斑点图谱及其特征进行对比分析，必要时(区别三级与四级)还需测量斑点直径进行分散性能计算，就可判断其等级。斑点一级～四级图谱见图A.2。

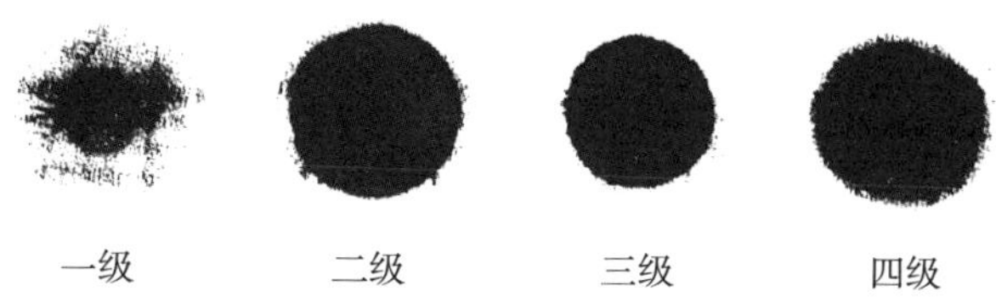

一级　　二级　　三级　　四级

图A.2　斑点图谱

A.4.2　斑点1级至4级的特征：

a)　1级　中心区与扩散区相近为灰白或灰黄色，污染程度轻，分散性能很好；

b)　2级　中心区扩散区相近为灰色或深灰色，污染程度稍重，分散性能良好；

c)　3级　中心区与扩散区相近或一致均匀的黑色，但污斑直径大，分散性能好，只是污染较重；

d)　4级　中心区黑色，扩散区较窄，污染程度严重，污斑直径缩小到靠近中心区的范围，分散性 a 值(即油斑与污斑直径之比值)大于或等于1.4，分散能力差，应更换新油。

A.4.3　斑点形态变化异常：观察与判断斑点等级时，还应注意斑点形态和色泽随机油运用公里增加的变化，例如机油运用 1×10^4km时，污斑颜色很黑，而至 1.3×10^4km时颜色突然变淡，或者黑色的中心区突然变为一个环痕清楚的空心圆圈，则表示分散性能变坏，油内污染沉积物不能继续保持悬浮分散状态而开始沉淀，这时油内不溶物含量也在减少，如果不是补油量过大，则应考虑更换新油。

A.4.4　判断斑点是否达到4级，除观察斑点图像之外，还应计算分散性 a 值，a 值大于或等于1.4以后油的分散性已变坏，斑点则为4级。

A.4.5　油斑与污斑的直径：从烘箱内取出滤纸后，将滤纸放光亮处通过斑点中心划出两条互相垂直的直线，与扩散区和浸油区的外边缘线相交四点，测量与浸油区外边缘线水平方向相交两点之间距离为油斑直径 D_1，测量与浸油区外边缘线竖直方向相交两点之间距离为油斑直径 D_2，测量与扩散区外边缘线水平方向相交两点之间距离为污斑直径 d_1，测量与扩散区外边缘线竖直方向相交两点之间距离为污斑直径 d_2，记下测量结果。

A.4.6　分散性 a 值的计算公式如下：

$$a=\frac{D_1+D_2}{d_1+d_2}$$

式中：

a——油斑直径与污斑直径之比；

D_1，D_2——油环直径，单位为毫米(mm)；

d_1，d_2——污环直径，单位为毫米(mm)。